Handbuch zu DIN 4109 – Schallschutz im Hochbau

Jetzt diesen Titel zusätzlich als E-Book downloaden und 70 % sparen!

Als Käufer dieses Buchtitels haben Sie Anspruch auf ein besonderes Kombi-Angebot: Sie können den Titel zusätzlich zum Ihnen vorliegenden gedruckten Exemplar für nur 30 % des Normalpreises als E-Book beziehen.

Der BESONDERE VORTEIL: Im E-Book recherchieren Sie in Sekundenschnelle die gewünschten Themen und Textpassagen. Denn die E-Book-Variante ist mit einer komfortablen Volltextsuche ausgestattet!

Deshalb: Zögern Sie nicht. Laden Sie sich am besten gleich Ihre persönliche E-Book-Ausgabe dieses Titels herunter.

In 3 einfachen Schritten zum E-Book:

❶ Rufen Sie die Website **www.beuth.de/e-book** auf.

❷ Geben Sie hier Ihren persönlichen, nur einmal verwendbaren E-Book-Code ein:

27405D5F5K98562

❸ Klicken Sie das „Download-Feld" an und gehen dann weiter zum Warenkorb. Führen Sie den normalen Bestellprozess aus.

Hinweis: Der E-Book-Code wurde individuell für Sie als Erwerber dieses Buches erzeugt und darf nicht an Dritte weitergegeben werden. Mit Zurückziehung dieses Buches wird auch der damit verbundene E-Book-Code für den Download ungültig.

Handbuch zu DIN 4109 –
Schallschutz im Hochbau

Heinz-Martin Fischer
Martin Schneider

Handbuch zu DIN 4109 – Schallschutz im Hochbau

Grundlagen | Anwendung | Kommentare

1. Auflage 2019

Herausgeber:
DIN Deutsches Institut für Normung e. V.

Herausgeber: DIN Deutsches Institut für Normung e. V.

Saatwinkler Damm 42/43
13627 Berlin

Telefon: +49 30 2601-0
Telefax: +49 30 2601-1260
Internet: www.beuth.de
E-Mail: kundenservice@beuth.de

Rotherstraße 21
10245 Berlin

Telefon: +49 30 470 31-200
Telefax: +49 30 470 31-270
Internet: www.ernst-und-sohn.de
E-Mail: info@ernst-und-sohn.de

Titelbild: Titima Ongkantong, Benutzung unter Lizenz von shutterstock.com
Satz: B & B Fachübersetzergesellschaft mbH, Berlin
Druck: COLONEL, Kraków
Gedruckt auf säurefreiem, alterungsbeständigem Papier nach DIN EN ISO 9706

ISBN 978-3-410-27405-6 (Beuth Verlag)
ISBN (E-Book) 978-3-410-27406-3 (Beuth Verlag)
ISBN 978-3-433-01835-4 (Verlag Ernst & Sohn)
ISBN (ePDF) 978-3-433-60923-1 (Verlag Ernst & Sohn)

Autorenporträts

Prof. Dr.-Ing. Heinz-Martin Fischer

Prof. Dr.-Ing. Heinz-Martin Fischer studierte an der Technischen Universität Berlin Elektrotechnik mit dem Schwerpunkt Technische Akustik und promovierte dort im Bereich Akustik. Von 1985 bis 1995 war er am Fraunhofer-Institut für Bauphysik in Stuttgart tätig, zuletzt als Leiter der Abteilung Bau- und Raumakustik. Von 1995 bis 2015 war er im Studiengang Bauphysik der Hochschule für Technik Stuttgart (HFT) als Professor für Bauakustik, Raumakustik und Schallimmissionsschutz tätig. Neben seiner Lehrtätigkeit leitete er an der HFT das Zentrum für Bauphysik, führte mit einer eigenen Arbeitsgruppe Forschungs- und Entwicklungsvorhaben im Bereich der Bauakustik durch und veröffentliche dazu zahlreiche Beiträge. Als Mitarbeiter mehrerer deutscher Normen- und Fachausschüsse sowie als deutscher Delegierter in mehreren internationalen Normungsgremien bei CEN und ISO wirkt er seit vielen Jahren aktiv an der Gestaltung des Fachgebietes Bauakustik mit. Bei der Erarbeitung der neuen DIN 4109 (Schallschutz im Hochbau) war er als Obmann verantwortlich für die rechnerischen Nachweise in DIN 4109-2 und für den Bauteilkatalog und ist derzeit verantwortlich für die Weiterentwicklung dieser Regelwerke.

Dipl.-Ing. (FH) M. Sc. Martin Schneider

Diplomstudium „Bauphysik" an der Hochschule für Technik Stuttgart. Master-Studium „Sound and Vibration Research" am Institute of Sound and Vibration Research (ISVR) in Southampton. Beratender Ingenieur im Ingenieurbüro Prof. P. Lutz, Leinfelden, und im Ingenieurbüro Kurz und Fischer, Winnenden. Seit 1996 wissenschaftlicher Mitarbeiter an der Hochschule für Technik Stuttgart. Betreuung von Diplom- und Bachelorarbeiten. Durchführung von Forschungsprojekten mit Schwerpunkt Bauakustik im Massiv- und Leichtbau. Breite messtechnische Erfahrung bei Messungen im Labor und am Bau im Bereich Bau- und Raumakustik, Körperschallmesstechnik und Strukturdynamik. Seit 2014 Vorsitzender des Fachausschusses Bau- und Raumakustik in der Deutschen Gesellschaft für Akustik (DEGA). Mitarbeit in der nationalen (z. B. DIN 4109 und VDI 4100) und internationalen Normung (EN 12354, ISO 19488). Veröffentlichungen und Vorträge zu bauakustischen Themen.

Vorwort der Autoren

Im Juli 2016 erschien die neue DIN 4109 „Schallschutz im Hochbau“, die nach langer Bearbeitungszeit in wesentlichen Teilen völlig überarbeitet wurde und nach beinahe 30 Jahren die DIN 4109:1989 abgelöst hat. Mit derzeit 9 Teilen ist die Norm gegenüber der Version von 1989 an Umfang und Inhalt deutlich gewachsen. Sie enthält außer den Anforderungen neue Berechnungsverfahren, einen umfangreichen Bauteilkatalog und Festlegungen für messtechnische Nachweise.

Auf der Basis der europäischen Berechnungsnormen der EN 12354 ermöglichen die neuen Berechnungsverfahren der DIN 4109 eine wesentlich bessere und detailliertere Behandlung unterschiedlicher Bausituationen und Baukonstruktionen. Ein völlig neuer Bauteilkatalog liefert die benötigten Daten für die Berechnungen. Da sich die grundlegenden Ansätze für Berechnung und Datenermittlung z. T. wesentlich vom Vorgehen der alten Norm unterscheiden, ergeben sich für die Anwender dieser Norm gravierende Neuerungen.

Das „Handbuch zu DIN 4109“ führt in das Konzept der neuen Norm ein. Es erläutert die fachlichen und normungstechnischen **Grundlagen** der einzelnen Normteile, behandelt relevante Fragen zur praktischen **Anwendung** der Anforderungen und Nachweise und liefert einen **Kommentar** zu allen 9 Teilen des Normungspakets.

Ohne ein Kommentar zur vorherigen DIN 4109:1989 und deren Beiblättern sein zu wollen, geht das „Handbuch zu DIN 4109“ detailliert auf die Änderungen gegenüber der alten Norm von 1989 ein. Dies erschien den Autoren erforderlich, da die Denkweise der alten Norm für die letzten 3 Jahrzehnte für breite Kreise prägend war und ihre Bedingungen bei der Planung und bauaufsichtlichen Genehmigung aller Bestandsgebäude dieser Zeit zugrunde gelegt wurden. Einschlägige Kenntnisse der alten Norm sind damit für längere Zeit noch notwendig.

Darüber hinaus sind die Autoren der Meinung, dass das Zustandekommen der aktuellen Regelungen der neuen DIN 4109 nur dann verständlich ist, wenn – auch über die Vorgängernorm von 1989 hinaus – immer wieder der Blick auf die historische Entwicklung der DIN 4109 geworfen wird. Aus diesem Grund wird, zum Teil mit Originalzitaten, im entsprechenden Zusammenhang sowohl auf vorhergehende Normfassungen als auch auf frühere Normentwürfe eingegangen. Ein Verständnis der gegenwärtigen DIN 4109 erscheint den Autoren nur dann möglich, wenn man auch ihre Vergangenheit kennt. Den an dieser Thematik interessierten Lesern soll damit die Möglichkeit geschaffen werden, die jetzige DIN 4109 im historischen Kontext zu sehen.

Auch bei der Erörterung fachlicher Fragestellungen war es den Autoren ein Anliegen, die historische Quellenlage angemessen zu berücksichtigen. Ohne den aktuellen Stand des Fachgebietes zu vernachlässigen, wurde bei den Literaturzitaten deshalb immer wieder bewusst auch auf „alte“ Literatur verwiesen, um darauf aufmerksam zu machen, dass wesentliche Ansätze und Lösungswege der Bauakustik schon vor vielen Jahren, z. T. Jahrzehnten, prägnant formuliert worden sind und bis heute Gültigkeit besitzen. Hier muss das Rad nicht jedes Mal neu erfunden werden. Der zum Teil erstaunliche Weitblick und die grundlegenden Ansätze zur Behandlung bauakustischer Fragestellungen früherer Publikationen und deren Verfassern verdienen es vielmehr gewürdigt zu werden. Das erscheint den Autoren auch deshalb bedeutsam, da in der Diskussion um die „neue“ DIN 4109 immer wieder vor „neuen“ und „nicht erprobten“ Ansätzen und Methoden gewarnt wurde. Dass diese vermeintlich neuen und nicht erprobten Wege oft schon vor Jahrzehnten bekannt gemacht und anschließend auch in Gebrauch genommen worden sind, auch wenn sie nicht (immer) Eingang in einen genormten Rahmen gefunden haben, sollte durchaus in Erinnerung gerufen werden.

Die Betrachtung der gewählten kennzeichnenden Größen zur Formulierung der Anforderungen lässt erkennen, dass die Autoren hier eine kritische Position einnehmen und die getroffenen Festlegungen der DIN 4109 nicht für zweckmäßig halten. Die Anforderungen selbst werden in einem weiten Kontext diskutiert. Da es neben der DIN 4109 auch andere Regelwerke (z. B. VDI 4100, DEGA-Schallschutzausweis, Beiblatt 2 zu DIN 4109:1989) gibt, die sich mit bauakustischen Anforderungen beschäftigen, wird auch auf diese Regelwerke eingegangen. In diesem Zusammenhang wird auch der so genannte erhöhte Schallschutz thematisiert.

Mit den neuen Rechenverfahren und dem dazugehörigen Bauteilkatalog kann die neue DIN 4109 für sich in Anspruch nehmen, nicht nur die Bedürfnisse der bauaufsichtlich geforderten Schallschutznachweise (deren Bedeutung von der Bauaufsicht selbst immer mehr zurückgestutzt wird) zu befriedigen – das wäre gemessen am Aufwand für die Überarbeitung viel zu wenig –, sondern ein umfassendes und unverzichtbares Planungsinstrument für den baulichen Schallschutz zu sein.

Die Autoren sind der Meinung, dass die Nachweismethoden der DIN 4109 nicht „Rezepte“ sein sollten. Diese Tendenz war bei der DIN 4109:1989 und ihrem Beiblatt 1 stark ausgeprägt (und kam zweifellos auch dem damaligen Bedürfnis vieler Anwender entgegen). Ein wirkliches Verständnis für die Zusammenhänge der Bauakustik konnte damit nicht geweckt werden. Das war auch nicht die Intention der Nachweisverfahren. Im Gegensatz dazu lässt sich anhand der Berechnungsverfahren der DIN 4109-2 und der Angaben im Bauteilkatalog ableiten und aufzeigen, wie baulicher Schallschutz funktioniert und Eingang in die Planung finden kann. Die elementaren Ansätze der neuen Berechnungsverfahren orientieren sich an den physikalischen Grundsätzen der Bauakustik und fördern somit eine auf Verstehen basierende Planung und Auslegung des baulichen Schallschutzes. Dem will das „Handbuch zu DIN 4109“ dadurch Rechnung tragen, dass es die Berechnungsverfahren ausführlich erläutert und für den an den akustischen Voraussetzungen interessierten Leser auch die dafür geltenden Grundlagen erläutert. Dem didaktischen Aspekt der neuen DIN 4109 wollen die Autoren damit Geltung verschaffen. Ergänzend wird auch auf die detaillierten frequenzabhängigen Berechnungsverfahren der EN 12354 eingegangen, so dass sich die in der DIN 4109-2 verwendeten Ansätze erschließen. Bei Bedarf werden auch alternative oder ergänzende Methoden beschrieben, um dem Anwender dort, wo die DIN 4109 (noch) Lücken hat, Lösungsansätze zu nennen.

Die Nennung weiterführender Literatur ermöglicht eine vertiefte Beschäftigung mit den behandelten Themenbereichen. Wo es aktuell noch Regelungsbedarf in der neuen Norm gibt, wird dieser benannt und durch Hinweise für die Ergänzung und Weiterentwicklung der Norm konkretisiert. Auf Fehler und notwendige Korrekturen in den aktuellen Normdokumenten wird an den entsprechenden Stellen hingewiesen. Auf Probleme bei der bauaufsichtlichen Einführung der DIN 4109 nach der Muster-Verwaltungsvorschrift Technische Baubestimmungen (MVV TB) vom August 2017 wird ebenfalls eingegangen.

Damit stellt das „Handbuch zu DIN 4109" mehr als nur einen Kommentar dar. Es versteht sich als kritische Auseinandersetzung mit der neuen Norm, als ein Nachschlagewerk zu Fragen ihrer praktischen Anwendung und als Einführung in planungsorientierte Prognoseverfahren und deren Grundlagen. Es wendet sich an alle, die mit dem baulichen Schallschutz zu tun haben: Bauingenieure, Architekten, Bauakustiker, Bauphysiker, Sachverständige, Baustoffhersteller, Bauindustrie, ausführende Firmen, Mitarbeiter von Baubehörden, aber auch Lehrende und Studierende an Hochschulen, die sich mit dieser Materie beschäftigen. Da bei der Vermittlung bauakustischer Grundlagen an Hochschulen die DIN 4109 erfahrungsgemäß eine wichtige Rolle spielt, oft sogar Kernthema der Curricula ist, wird von den Autoren gerne darauf hingewiesen, dass die Berechnungsverfahren der neuen DIN 4109 im Gegensatz zur bisherigen DIN 4109 nun einen didaktisch sinnvollen Zugang zur Bauakustik und den entsprechenden Zusammenhängen ermöglichen. Vor allem die die akustischen Grundlagen betreffenden Ausführungen dieses Buches mögen in diesem Zusammenhang gesehen werden.

In seinem Gliederungsaufbau folgt das „Handbuch zu DIN 4109" nach den einführenden Kapiteln der Gliederung der DIN 4109 mit den jeweiligen Normteilen. So ist anhand des Inhaltsverzeichnisses eine schnelle Orientierung zu den einzelnen Normteilen und den dazugehörigen behandelten Themen möglich. Eine genauere Suche nach bestimmten Themen ermöglicht das umfangreiche Stichwortverzeichnis. Als „Handbuch" muss das Buch nicht von vorne nach hinten durchgearbeitet werden. Vielmehr können einzelne Themen separat herausgegriffen werden. Querverweise auf andere Kapitel versuchen, die erforderlichen Zusammenhänge herzustellen. Damit bei den Verweisen zwischen Abschnitten aus dem Handbuch und Abschnitten aus Normendokumenten unterschieden werden kann, werden Abschnitte aus dem Handbuch nur mit deren Abschnittsnummer genannt. Bei Abschnitten aus Normendokumenten wird dagegen auf „Abschnitt x.y.z." verwiesen.

Seit dem erstmaligen Erscheinen der neuen DIN 4109 im Jahr 2016 sind im Januar 2018 so genannte „konsolidierte Fassungen" der Normteile DIN 4109-1 und DIN 4109-2 erschienen, die einige Änderungen und Korrekturen enthalten. Dem „Handbuch zu DIN 4109" liegen diese derzeit aktuellsten Fassungen zugrunde.

In das „Handbuch zu DIN 4109" sind die Erfahrungen der Autoren aus vielen Jahren der Normungsarbeit und aus der langjährigen Beschäftigung mit zahlreichen Fragestellungen der Bauakustik eingeflossen. Selbstverständlich haben die Autoren die Akzente aus ihren eigenen Erfahrungsbereichen und Interessengebieten heraus gesetzt, so dass nicht erwartet werden kann, dass alle Norminhalte mit derselben Intensität und Tiefe behandelt werden. So sind beispielsweise die Geräusche gebäudetechnischer Anlagen im Vergleich zu anderen Themen ausführlicher behandelt worden, was aber dadurch entschuldigt werden mag, dass gerade dort in anderen Publikationen die wenigsten Hinweise zu finden sind.

Mit dem „Handbuch zu DIN 4109" hoffen die Autoren, nicht nur einen Beitrag zum Verständnis und zur Anwendung dieses Regelwerkes zu liefern, sondern auch Impulse für die Diskussion dieser Norm und deren Weiterentwicklung zu geben.

Stuttgart, im Januar 2019 — Heinz-Martin Fischer und Martin Schneider

Benutzerhinweise

Um den Lesern die Nutzung des Handbuchs zu erleichtern, wurden Textzitate aus DIN 4109 „Schallschutz im Hochbau“ gesondert hervorgehoben:

Zitat aus DIN 4109

Die gekennzeichneten Zitate entstammen den bei Drucklegung gültigen Ausgaben 2018-01 und 2016-07 sowie historischen Normen und Normenentwürfen von DIN 4109.

Zitate aus anderen Quellen – dazu zählen auch alle weiteren Normen, ausgenommen DIN 4109 – sind durch einen senkrechten grauen Balken am linken Rand gekennzeichnet:

Zitat aus anderer Quelle

Inhaltsverzeichnis

1 Einführung

1.1 Aufgabe und Bedeutung der DIN 4109

Lärm

Geräusche sind allgegenwärtig, aber nicht alle sind erwünscht. Wenn Geräusche eine beeinträchtigende Wirkung auf den Menschen haben, werden sie als Lärm bezeichnet [122]. Durch Lärm kann es zu vielerlei Beeinträchtigungen kommen (siehe Bild 1.1). Als Beeinträchtigungen werden Auswirkungen von Geräuschbelastungen bezeichnet, die das körperliche, seelische oder soziale Wohlbefinden mindern oder zu Krankheiten führen. Bei den Lärmwirkungen werden aurale und extra-aurale Wirkungen unterschieden. Aurale Wirkungen sind solche, die direkt das Gehör betreffen (z. B. Hörminderungen), extra-aurale Wirkungen treten außerhalb des Gehörs auf. Zu ihnen zählen:

- vegetative Reaktionen (z. B. Einflüsse u. a. auf den Kreislauf, die Atmung, die Muskelanspannung, Funktionen des Magen-Darm-Kanals)
- Beeinträchtigung des Schlafes
- Beeinträchtigung der Erholung und Entspannung
- Beeinträchtigung der Kommunikation
- (kognitive) Leistungsstörungen
- Auswirkungen auf das Wohn- und Sozialverhalten

Der Schutz vor Lärm besitzt deshalb einen hohen Stellenwert. Eine Übersicht über Lärmbelästigungen und Lärmwirkungen findet sich z. B. in [165] und [166].

In regelmäßigen Abständen werden vom Umweltbundesamt Daten zur Lärmbelästigung in Deutschland erhoben. Die aktuellen Daten von 2016 zeigt Bild 1.2.

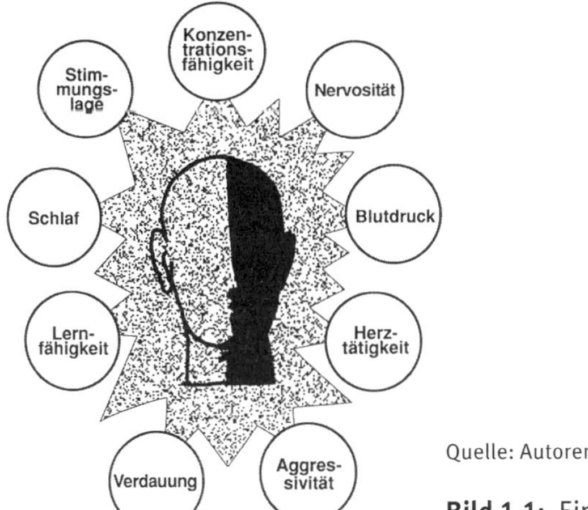

Quelle: Autoren

Bild 1.1: Einige Auswirkungen vom Lärm

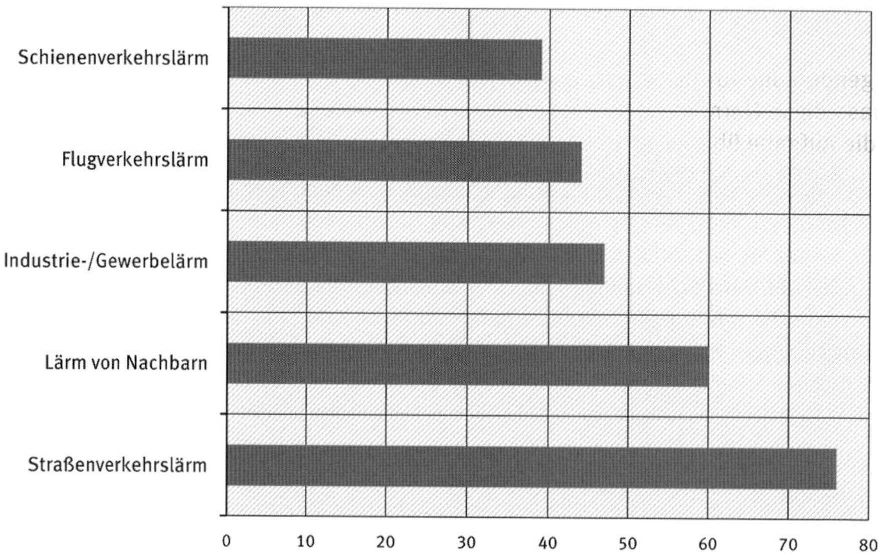

Quelle: Umweltbundesamt 2017

Bild 1.2: Lärmbelästigung in Deutschland 2016 (Angaben in Prozent)

Im Jahr 2016 nannten 76 % der Befragten Straßenverkehrslärm als Ursache von Störungen oder Belästigungen in ihrem Wohnumfeld. Nach dem Straßenverkehrslärm steht der Lärm von Nachbarn an zweiter Stelle der stärksten Lärmursachen. 59 % der Bewohner fühlen sich durch Lärm aus der Nachbarschaft beeinträchtigt. Zu vergleichbaren Ergebnissen führten auch die früheren Erhebungen. Schon 2002 hieß es dazu in [167].

> Auffällig ist die hohe Zahl derjenigen, die durch ihre Nachbarn gestört und belästigt werden. Diese Lärmquelle ist mittlerweile die zweitwichtigste Belästigungsursache.

Schallschutz im Hochbau in der Normung

Ohne Zweifel kommt dem Schallschutz von Gebäuden angesichts der Fakten zur Lärmbelästigung eine hohe Bedeutung zu. Nicht nur der Nachbarschaftslärm, sondern auch der Straßenverkehrslärm weist auf die Notwendigkeit von Schallschutzmaßnahmen in und an Gebäuden hin. Wenn vom Schallschutz im Hochbau gesprochen wird, sind somit zwei Aspekte zu betrachten:

- Die Schutzwirkung des Gebäudes gegenüber Lärm von außen (z. B. Verkehrslärm, Industrie- und Gewerbelärm, Sport- und Freizeitlärm)
- Die Schutzwirkung des Gebäudes gegen Lärm von innen (Nachbarschaftsgeräusche, gebäudetechnische Anlagen)

Daraus ergeben sich die Aufgaben der Bauakustik, die die Planung, Auslegung und technische Realisierung von Schallschutzmaßnahmen im und am Gebäude beinhalten.

Bauakustik hat in Deutschland eine lange Tradition, die sich schon früh auch in bauakustischer Normung niedergeschlagen hat (siehe 1.2). So spielt die DIN 4109 seit Jahrzehnten eine prägende Rolle für den baulichen Schallschutz in Deutschland. Das liegt nicht nur daran, dass diese Norm durch die bauaufsichtliche Einführung im öffentlich-rechtlichen Bereich die Aufgabe übernommen hat, die Anforderungen zu formulieren und die bauaufsichtlich geforderten Schallschutznachweise zu regeln, sondern auch daran, dass sie bei der Planung des baulichen Schallschutzes eine wesentliche Rolle spielt.

Um der Fürsorgepflicht des Staates und dem Schutzanspruch der Bevölkerung Rechnung zu tragen, werden an den baulichen Schallschutz bauaufsichtliche Anforderungen gestellt. Die Musterbauordnung (MBO) [145] sagt dazu:

> Gebäude müssen einen ihrer Nutzung entsprechenden Schallschutz haben. Geräusche, die von ortsfesten Einrichtungen in baulichen Anlagen oder auf Baugrundstücken ausgehen, sind so zu dämmen, dass Gefahren oder unzumutbare Belästigungen nicht entstehen.

Auch durch europäische Vorgaben werden an den baulichen Schallschutz (allgemeine) Anforderungen gestellt. Im „Grundlagendokument 5 Schallschutz" von 1990 [135] heißt es:

> Das Bauwerk muss derart entworfen und ausgeführt sein, dass der von den Bewohnern oder in der Nähe befindlichen Personen wahrgenommene Schall auf einem Pegel gehalten wird, der nicht gesundheitsgefährdend ist und bei dem zufriedenstellende Nachtruhe-, Freizeit- und Arbeitsbedingungen sichergestellt sind.

Das ist dieselbe Formulierung, auf die sich auch die Bauproduktenverordnung von 2011 [136] bezieht und auf die sich DIN 4109-1:2016 in der Einleitung beruft.

Schon von Anfang an hat die DIN 4109 die Aufgabe übernommen, die von staatlicher Seite im Zuge des Bauordnungsrechtes gestellten Anforderungen an den baulichen Schallschutz zu formulieren. Darin wurde auch ihre wichtigste Aufgabe gesehen. Um den Festlegungen der DIN 4109 Rechtsgeltung zu verschaffen, die eine Norm per se nicht besitzt, wurde die DIN 4109 durch so genannte Einführungserlasse als Technische Baubestimmung in das Bauordnungsrecht der Bundesländer übernommen. Durch die Muster-Verwaltungsvorschrift Technische Baubestimmungen (MVV TB) vom 31.08.2017 [146] (siehe 3.1.5) sind auch die Anforderungen aus DIN 4109-1:2016 zur Übernahme in den Bestand der Technischen Baubestimmungen vorgesehen worden.

Anforderungen der DIN 4109 sind deshalb Mindestanforderungen, die nicht unterschritten werden dürfen. Oft wurden sie auch als diejenigen Anforderungen betrachtet, die vertragsrechtlich geschuldet werden. Doch ist die vertraglich geschuldete Qualität des Schallschutzes nicht automatisch diejenige der Anforderungen aus DIN 4109 (siehe 3.1.4). Im zivilrechtlichen Bereich kann der geschuldete Schallschutz derjenige der DIN 4109 sein, muss es aber nicht und ist es immer seltener. Die Bedeutung der DIN 4109 als Anforderungsnorm muss im bauordnungsrechtlichen Bereich also anders bewertet werden als im privatrechtlichen Bereich. Immer wieder gerieten die Anforderungen der DIN 4109 in die Kritik, da von ihnen neben der Festlegung von Mindestanforderungen, die seit DIN 4109-1:2016 auch in der Norm wieder so heißen, auch die Erfüllung weitergehender Ansprüche erwartet wurde, die im privatrechtlichen Bereich anzusiedeln sind, wie z. B.

- Darstellung eines „üblichen" Schallschutzes
- Beschreibung der allgemein anerkannten Regeln der Technik (a. a. R. d. T.) für den baulichen Schallschutz
- Herstellung von Rechtssicherheit
- Beschreibung eines zeitgemäßen Schallschutzes aus der Sicht der Bewohner.

Dieser Doppelrolle als bauordnungsrechtlich referenzierter Norm für den Mindestschallschutz und als Regelwerk zum privatrechtlich geschuldeten Schallschutz konnte die DIN 4109 schon lange nicht mehr gerecht werden (siehe dazu die einschlägigen Urteile des BGH [158], [159] und die Ausführungen in 3.1.4).

Wenn über die DIN 4109 diskutiert wurde, dann fast immer über deren Anforderungen. Schon seit langem gehen die Norminhalte der DIN 4109 aber über die Festlegung von Anforderungen hinaus. Wenn Anforderungen gestellt werden, dann muss auch sichergestellt werden, dass sie eingehalten werden können. Dazu gehört, dass das geforderte Schallschutzniveau bautechnisch realisiert und die Erfüllung der Anforderungen nachgewiesen werden kann (siehe Bild 1.3). Die DIN 4109 hat deshalb schon früh Hinweise für Planung und Ausführung gegeben und später auch die rechnerischen und messtechnischen Nachweise geregelt. Dazu wurde ein komplettes Nachweissystem etabliert und in die DIN 4109 implementiert.

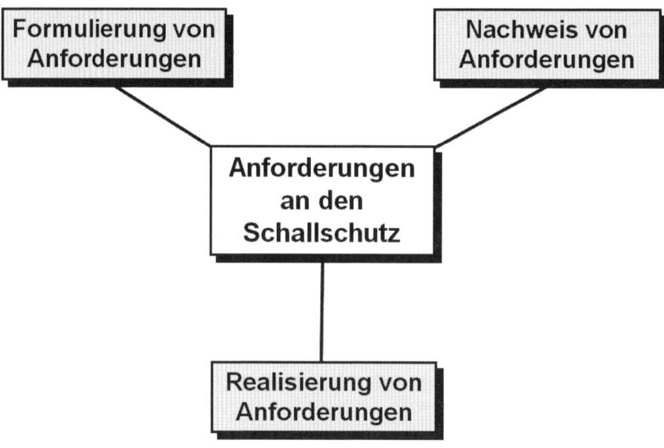

Quelle: Autoren

Bild 1.3: Aufgabenbereiche der DIN 4109

So wurde die DIN 4109 schon mit der Ausgabe von 1962 ein mehrteiliges Normenwerk und erreichte mit DIN 4109:1989, zusammen mit den Beiblättern 1 und 2, einen Anwendungsbereich, der über die Anforderungen hinaus große Teile des baulichen Schallschutzes umfasste. In dieser Rolle wurde sie dadurch bekräftigt, dass mit DIN 4109:1989 und ihrem Beiblatt 1 neben den Anforderungen auch die rechnerischen Nachweise zusammen mit den dafür benötigten Ausführungsbeispielen bauaufsichtlich in Bezug genommen wurden. Damit wurde sie zum maßgeblichen Regelwerk für den baulichen Schallschutz. Durch die Herausgabe des Normenpakets von 2016 wurde diese Rolle als zentrales bauakustisches Regelwerk noch einmal gestärkt.

1.2 DIN 4109 einst und jetzt

Im Jahr 2018 sind seit dem Erscheinen der DIN 4110 [43] genau 80 Jahre vergangen. Als diese Norm 1938 bekannt gegeben wurde, war sie die erste deutsche Norm, die sich mit dem baulichen Schallschutz beschäftigte und zahlenmäßige Festlegungen für die Luft- und Trittschallübertragung traf. Was damals mit einem Umfang von etwa einer Seite begonnen hatte, endete (vorläufig) mit DIN 4109:2016 auf 381 Seiten, verteilt auf neun einzelne Normteile ([31] bis [39]). Alleine diese quantitative Betrachtung lässt erahnen, dass der normativ geregelte bauliche Schallschutz einer ständigen Entwicklung und Erweiterung seines Anwendungsbereichs unterworfen war. Von den ersten Festlegungen zum Schallschutz bis zum heutigen Stand ist – dann unter dem Namen DIN 4109 – ein Normenwerk geworden, das nicht nur die Anforderungen festlegt, sondern auch messtechnische und rechnerische Nachweise behandelt, Bauteildaten („Ausführungsbeispiele") nennt und Hinweise für die Planung und Ausführung gibt. Damit hat sich diese Norm schrittweise von der Sicherstellung des Schutzanspruchs aus staatlicher Sicht zum zentralen Regelwerk des baulichen Schallschutzes entwickelt, das nicht nur für den staatlich geregelten Bereich das Anforderungs- und Nachweiskonzept liefert, sondern auch für die bauakustische Planung ein modernes und leistungsfähiges Werkzeug darstellt.

Einige wichtige Etappen auf diesem Weg seien herausgegriffen:

- DIN 4110:1938 bildete als „Technische Bestimmungen für die Zulassung neuer Bauweisen" den Anfang der normativen Regelungen für den baulichen Schallschutz.
- DIN 4109:1944 [4] war die erste eigene Norm zum baulichen Schallschutz und begründete unter dem erstmals verwendeten Namen DIN 4109 die Tradition dieser Norm.
- DIN 4109:1962 [5] führte mit insgesamt 5 Blättern zur ersten großen Neufassung der DIN 4109 und wurde bauaufsichtlich eingeführt.
- Die Normentwürfe zu DIN 4109 von 1979 [11] und 1984 [15] stellten den Versuch dar, in 5 bzw. 6 Normteilen die Normeninhalte in zeitgemäßer Form neu zu gliedern und zu erweitern.
- DIN 4109:1989 [21] erhielt zusammen mit den Beiblättern 1 [22] und 2 [23] eine neue Struktur und enthielt zum ersten Mal rechnerische Nachweise für den Massiv- sowie den Skelett- und Holzbau. Dazu wurden die benötigten Bauteildaten in Form von „Ausführungsbeispielen" bereitgestellt. In die Norm wurde ein Nachweissystem mit Eignungs- und Güteprüfungen implementiert.
- Mit DIN 4109:2016 wurde die DIN 4109 an die europäischen Normen des baulichen Schallschutzes angepasst und erfuhr eine komplette Neugestaltung.

Man erkennt, dass etwa alle 25 Jahre (1938/1962/1989/2016) wesentliche Schritte zur Weiterentwicklung der Norm erfolgten.

Dieser kurze Überblick möge hier genügen. Für eine eingehende Beschäftigung mit der historischen Entwicklung der DIN 4109 sei auf die umfassenden Darstellungen von Kutzer [168] und Sälzer [169], die die Entwicklung bis zur DIN 4109:1989 beschreiben, und die systematische Zusammenstellung von Moll [170], die die Entwicklung bis zum Jahr 2001 verfolgt, verwiesen.

Detaillierte Betrachtungen der historischen Entwicklung bestimmter Themenbereiche der DIN 4109, die in dieser Art nicht in der Literatur zu finden sind, erfolgen in einzelnen Abschnitten des Handbuches. Diese Darstellungen verfolgen das Ziel, zu bestimmten Fragestellungen den Hintergrund zu beleuchten, der zu den heutigen Regelungen geführt hat, so dass aus der historischen Entwicklung heraus ein Verständnis für den aktuellen Stand der Norm entwickelt werden kann.

1.3 Neuerarbeitung der DIN 4109: Hintergründe und Vorgehensweise

1.3.1 Europäische Entwicklung

Seit Juli 2016 liegt die DIN 4109 als völlig überarbeitetes Normenpaket in insgesamt neun Teilen vor. Der Anstoß für die Überarbeitung wurde bereits 1988 durch die europäische Bauproduktenrichtlinie [134], [171] gegeben. Aus der Intention, Regelwerke für Produkte und auch Dienstleistungen des Baubereichs innerhalb der damaligen Europäischen Wirtschaftsgemeinschaft (EWG) zu harmonisieren, wurden die maßgeblichen Vorgaben für die Harmonisierung festgelegt. In Anhang I der Richtlinie wurde gefordert, dass die Bauprodukte so beschaffen sein müssen, dass aus ihnen Bauwerke errichtet werden können, die unter der Berücksichtigung der Wirtschaftlichkeit gebrauchstauglich sind. Dazu wurden die wesentlichen Anforderungen an Bauwerke formuliert:

1) Mechanische Festigkeit und Standsicherheit
2) Brandschutz
3) Hygiene, Gesundheit und Umweltschutz
4) Nutzungssicherheit
5) Schallschutz
6) Energieeinsparung und Wärmeschutz.

Während sich diese wesentlichen Anforderungen an Gebäude richteten, lag der Anwendungsbereich der Richtlinie bei den Bauprodukten. Es war ein Zusammenhang zwischen den Anforderungen an Gebäude und den Anforderungen an Bauprodukte herzustellen. Dafür waren die so genannten Grundlagendokumente zuständig, aus denen sich die Verbindungen zwischen Normungsmandaten und wesentlichen Anforderungen ergaben und die die Anforderungen weiter präzisieren sollten.

Die Grundlagendokumente sollten auch die Vorgaben für Berechnungsverfahren und technische Entwurfsregeln festlegen, mit denen der Zusammenhang zwischen Bauprodukten und kompletten Gebäuden so hergestellt werden konnte, dass die Gebäude den wesentlichen Anforderungen entsprechen.

Unter den wesentlichen Anforderungen findet sich auch der bauliche Schallschutz, für den die erforderlichen Präzisierungen im „Grundlagendokument 5 Schallschutz“ (1990) [135]

vorgenommen wurden. Als zu behandelnde akustische Eigenschaften von Bauprodukten wurden festgelegt:

- direkte Luftschalldämmung
- Flanken-Luftschalldämmung
- direkte Übertragung von Trittschall
- Flankenübertragung von Trittschall
- Trittschallminderung
- Schallabsorption verschiedener Produkte
- Geräuschverhalten von Armaturen und Geräten der Wasserinstallation
- Geräuschverhalten von Produkten der Abwasserinstallation
- Schallleistungspegel fest eingebauter Ausrüstungen (auch Körperschall-Emissionspegel).

Für diese Eigenschaften sollten geeignete Messverfahren zur Verfügung gestellt werden. Darüber hinaus wurden Verfahren zur Ermittlung von Einzahlangaben für Produkte gefordert, die folgender Vorgabe genügen sollten: „Beschreibung der Leistung der Produkte durch einen einzigen Wert, der dem Lärm entspricht, vor dem geschützt werden soll.“ Für die schon in der Bauproduktenrichtlinie genannten Berechnungsverfahren wurden folgende Aufgabenbereiche festgelegt:

- Dämmung gegen Außenlärm
- Dämmung gegen Lärm aus anderen umbauten Räumen
- Übertragung von Trittschall
- Schalldruckpegel von technischen Anlagen
- Nachhallzeit oder Schallabsorptionsfläche
- Schalldruckpegel außerhalb eines Bauwerks.

Die durch das Grundlagendokument Schallschutz vorgegebenen Aufgaben wurden beim Europäischen Komitee für Normung CEN (European Committee for Standardization/Comité Européen de Normalisation) im Technischen Komitee TC 126 (Akustische Eigenschaften von Bauteilen und von Gebäuden) bearbeitet. Dafür wurden 7 Arbeitsgruppen (Working groups WG) eingerichtet:

- WG 1: Methods for measuring the sound insulation of building elements and the acoustic performance of buildings
- WG 2: Prediction of the acoustic performance of buildings from the performance of products
- WG 3: Laboratory test of noise from hydraulic equipment used in water installations
- WG 4: Single number rating of the acoustic performance of buildings and building products
- WG 5: Coordination of the replies to be given to product TCs
- WG 6: Laboratory measurement of flanking transmission
- WG 7: Laboratory measurement of noise from waste water installations.

Bei den Messverfahren konnte zu einem großen Teil auf schon bestehende internationale Normen zurückgegriffen werden, die bei Bedarf zu adaptieren oder zu aktualisieren waren [172]. Zum Teil aber mussten auch neue Verfahren entwickelt werden, um neue Kenngrößen wie das Stoßstellendämm-Maß K_{ij} ermitteln zu können, die in den neuen Berechnungsverfahren benötigt wurden. Bei den Bewertungsverfahren zur Ermittlung von Einzahlwerten standen sich zwei verschiedene Konzepte gegenüber: In vielen Ländern, auch in Deutschland, wurden bewertete Schalldämm-Maße nach dem Bezugskurvenverfahren der ISO 717 verwendet. Vor allem in Frankreich wurde für die Einzahlwerte stattdessen eine für bestimmte Geräuschspektren definierte A-bewertete Schallpegeldifferenz herangezogen. Als Kompromiss wurden beide Konzepte beibehalten, die über die neu definierten Spektrumanpassungswerte miteinander verknüpft werden konnten. Bei den Berechnungsverfahren wurde keines der in Europa schon bestehenden Verfahren übernommen, so dass hier ein Neuanfang erforderlich war.

1.3.2 Konsequenzen für das deutsche Normungskonzept der DIN 4109

Die Umsetzung der Vorgaben des „Grundlagendokuments Schallschutz" führte zu wesentlichen Veränderungen gegenüber der bisherigen Praxis der DIN 4109. Schon in einem sehr frühen Stadium der Erarbeitung der europäischen Regelwerke zeigte sich, dass eine Besonderheit des deutschen Regelwerkes im Umkreis der DIN 4109 nicht durchsetzbar war: der Prüfstand mit bauähnlicher Flankenübertragung, wie er in DIN 52210 Teil 2 [61] beschrieben wurde und der für die Bauteilkennzeichnung im Massivbau für die Luftschalldämmung zur Kenngröße $R'_{w,R}$ und für die Trittschalldämmung zur Kenngröße $L'_{n,w,R}$ führte. Diese Größen waren auch noch in der DIN 4109:1989 die maßgeblichen Größen zur Beschreibung der Bauteileigenschaften und damit bis zum Erscheinen der DIN 4109:2016 in Gebrauch. Man kann sie ohne Zweifel als Fundament der Nachweise der DIN 4109:1989 bezeichnen. Als klar war, dass diese deutsche Besonderheit auf europäischer Ebene nicht durchsetzbar war, geriet dieses Fundament ins Wanken.

Zwei unvereinbare Philosophien verbargen sich hinter den heftig geführten Diskussionen:

- Kennwerte für Wände und Decken im Massivbau enthielten in DIN 4109 eine bereits im Messverfahren nach DIN 52210-2 [61] festgelegte Flankenübertragung, „wie sie bei üblichen massiven Wohnbauten im Mittel vorhanden ist". Dadurch sollte erreicht werden, „dass sich für den gleichen Prüfgegenstand im Prüfstand und im Bau etwa dieselben Werte des Schalldämm-Maßes ergeben". Beim rechnerischen Schallschutznachweis musste dann nach Beiblatt 1 zu DIN 4109:1989 [22] nur noch eine Korrektur mit den Korrekturwerten $K_{L,1}$ und $K_{L,2}$ durchgeführt werden, wenn die Eigenschaften der Flankenwege im Gebäude von den festgelegten abwichen. Die so definierten Kenngrößen waren also elementarer Bestandteil des Nachweiskonzepts der DIN 4109. Sie waren allerdings keine Größe zur Charakterisierung der Bauteileigenschaften, sondern beschrieben das Bauteil in einem definierten Übertragungssystem.
- Bauteil- und Gebäudeeigenschaften sind nach den europäischen Vorgaben der Bauproduktenrichtlinie und des „Grundlagendokuments Schallschutz" auch im baulichen Schallschutz konsequent voneinander zu trennen (siehe Bild 1.4). Bauteilkennwerte beschreiben nur die akustische Leistungsfähigkeit des Bauteils alleine und müssen so auch gemessen werden (siehe Bild 1.5). Flankenwege hingegen gehören zum ge-

samten Übertragungssystem zwischen zwei Räumen (siehe Bild 1.6). Sie sind eine Gebäudeeigenschaft und können deshalb nicht den Bauteileigenschaften zugeschlagen werden.

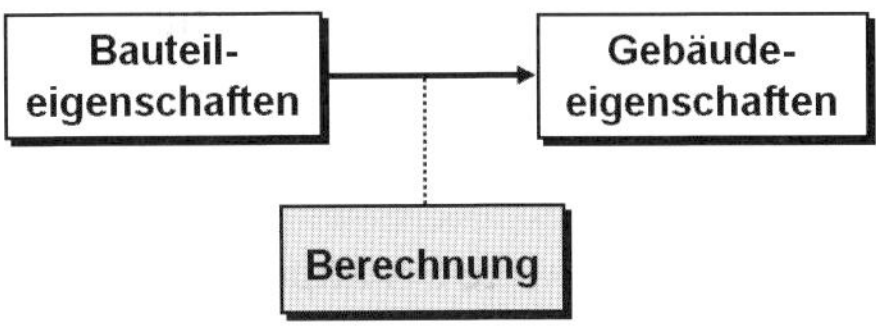

Quelle: Autoren

Bild 1.4: Trennung von Bauteil- und Gebäudeeigenschaften und Zusammenhang über die Berechnung

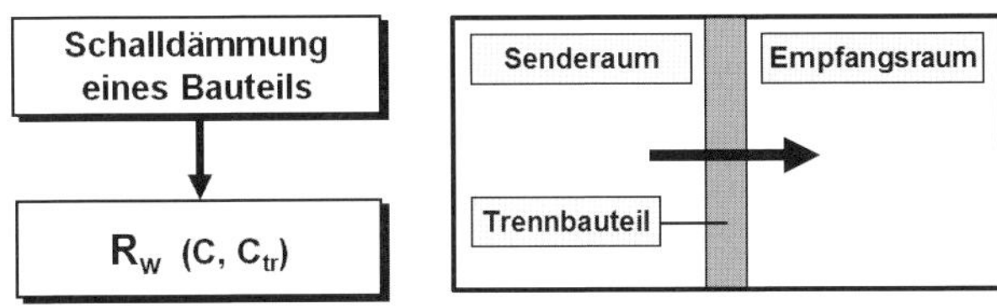

Quelle: Autoren

Bild 1.5: Nebenwegsfreier Prüfstand ohne Flankenübertragung, Schalldämm-Maß R_w als Bauteilkenngröße

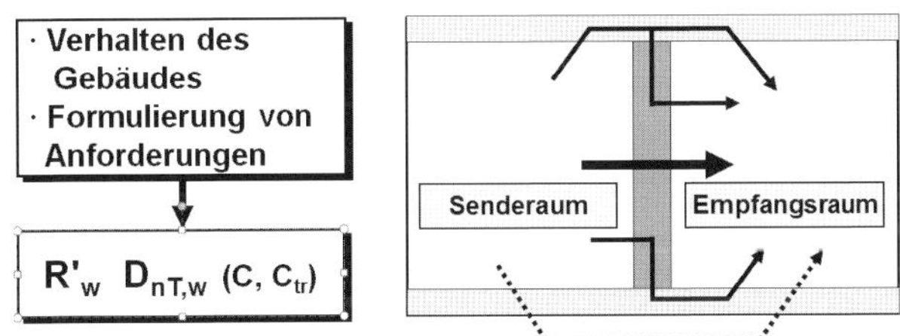

Quelle: Autoren

Bild 1.6: Schallübertragung im Gebäude, Bau-Schalldämm-Maß R'_w und Standard-Schallpegeldifferenz $D_{nT,w}$ als Gebäudeeigenschaften

Dass in DIN 4109 mit $R'_{w,R}$ und $L'_{n,w,R}$ Bauteileigenschaften mit Gebäudeeigenschaften zu einer Kenngröße zusammengeführt wurden, widersprach bei der Erarbeitung der europäischen Regelwerke des baulichen Schallschutzes der Mehrheitsmeinung. Man forderte, entsprechend dem Auftrag der Bauproduktenrichtlinie und des Grundlagendokuments Schallschutz, vielmehr eine eindeutige Trennung zwischen Bauteil- und Gebäudeeigenschaften, so wie man es auch in den internationalen Regelwerken der DIN EN ISO 717-1 [88] und DIN EN ISO 717-2 [89] wiederfindet.

Als Eingangsdaten für Berechnungen konnten deshalb nur noch harmonisierte Bauteilkennwerte verwendet werden, also z. B. für die Luftschalldämmung R oder R_w, aber nicht R' oder R'_w (siehe Bild 1.7). Die neuen Berechnungsverfahren sind deshalb (weitgehend) nicht kompatibel mit den Verfahren der DIN 4109:1989.

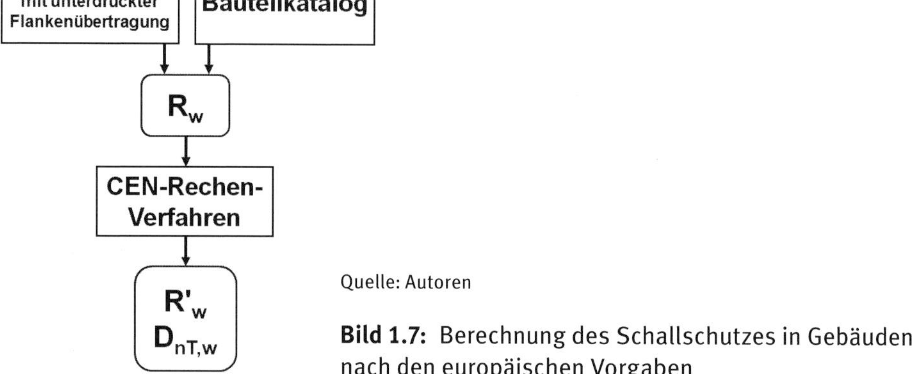

Quelle: Autoren

Bild 1.7: Berechnung des Schallschutzes in Gebäuden nach den europäischen Vorgaben

Der Wegfall des Prüfstandes mit bauähnlicher Flankenübertragung und der damit verbundenen Kenngrößen kann als der primäre Anlass zur Überarbeitung der DIN 4109 bezeichnet werden. Die Handlungsfähigkeit der DIN 4109 war für die Schallschutznachweise dadurch nicht nur geschwächt, sondern komplett in Frage gestellt.

1.3.3 Umsetzung in Deutschland

Die europäische Normung griff tief in die deutsche Normungspraxis des baulichen Schallschutzes ein. Zwar waren die Anforderungswerte davon ausdrücklich nicht betroffen, doch berührten Änderungen bei den Prüfverfahren und Rechenmethoden das Konzept und den Inhalt der DIN 4109 in großem Maße. Im für DIN 4109 zuständigen deutschen Normenausschuss NABau AA 00.71.00 „Schallschutz im Hochbau" kam man deshalb schon frühzeitig zu dem Schluss, dass eine Überarbeitung der DIN 4109 erforderlich sei, um die zukünftige Handlungsfähigkeit sicherzustellen. Man dachte anfänglich nur an eine Überarbeitung des Beiblatts 1 zu DIN 4109:1989, da dort die Nachweisverfahren für den Massivbau und der Bauteilkatalog mit den für die Schallschutznachweise heranzuziehenden Daten enthalten waren. Zur Unterstützung des Normenausschusses „Schallschutz im Hochbau" wurde dafür der Unterausschuss „Anpassung Beiblatt 1 zu DIN 4109 aufgrund der Europäischen Normung" (Obmann H.-M. Fischer/HFT-Stuttgart) gegründet, der Anfang 1995 seine Arbeit aufnahm.

Als wesentlich sah man folgende Aufgaben an:

- die Schallschutznachweise auf die europäischen Rechenverfahren umzustellen und diese hinsichtlich der deutschen Baubedingungen zu validieren,
- Handlungsanleitungen zur Handhabung der Rechenverfahren unter den Bedingungen der in Deutschland üblichen Bauweisen zu erstellen (Anwendungsdokumente),

- den derzeitigen Bauteilkatalog (Ausführungsbeispiele in Beiblatt 1) völlig zu überarbeiten, vor allem Eingangsdaten für die Direktdämmung massiver Bauteile (R_w) und Eingangsdaten für Stoßstellendämm-Maße (K_{ij}) verfügbar zu machen.

Um in einer Übergangszeit die Handlungsfähigkeit zu gewährleisten, wurde aufgrund von Forschungsarbeiten [173] im neuen Beiblatt 3 zu DIN 4109:1996 [25] eine Umrechnungsmöglichkeit zwischen alten und neuen Kenngrößen für die Luftschalldämmung aufgenommen. Damit konnten (ersatzweise) die für DIN 4109 benötigten Rechenwerte $R'_{w,R}$ aus Prüfungen im Prüfstand ohne Flankenwege ermittelt werden, so dass interimsweise mit den alten Kenngrößen weiter gearbeitet werden konnte. Als dauerhafte Lösung kam das aber nicht in Frage. Wegen der europäischen Vorgaben hatten die Kenngrößen der DIN 4109:1989 für den Massivbau trotz Beiblatt 3 keine Daseinsberechtigung mehr. Umso erstaunlicher ist es, dass die DIN 4109:1989 bis zur Vorlage der neuen DIN 4109:2016 noch mit diesen auf dem europäischen Markt schon seit vielen Jahren obsolet gewordenen Kenngrößen gearbeitet hat. Man muss das nachträglich als Manko betrachten, da damit letztlich verhindert wurde, dass sich große Teile der Anwender frühzeitig auf diese Änderungen einstellen konnten und deshalb bis heute in der Denkweise der alten DIN 4109 verhaftet sind.

Im September 1996 wurden die Normentwürfe zu den neuen europäischen Rechenverfahren prEN 12354-1 und -2 im Normenausschuss „Schallschutz im Hochbau“ ohne Gegenstimme angenommen. 1997 nahm eine vom damaligen Bundesbauministerium initiierte Strategiekommission zur Überarbeitung von DIN 4109 ihre Arbeit auf, die sich vor allem mit Fragen der Forschung und deren Finanzierung zur Umsetzung der europäischen Normen des baulichen Schallschutzes in der DIN 4109 beschäftigen sollte. Von ihr wurde eine Überarbeitung der gesamten DIN 4109 vorgeschlagen. Bestand anfangs noch die „Hoffnung“, es bei einer Überarbeitung des Beiblatts 1 zu belassen, so wurde schnell klar, dass auch die eigentliche DIN 4109 von den Änderungen betroffen war. Außerdem wurden von der Strategiekommission folgende Übergangsfristen vorgeschlagen: 5 Jahre für Vorbereitung und Anpassung der neuen Norm und nach spätestens 10 Jahren Ablösung der damaligen DIN 4109:1989. Noch im selben Jahr wurden im NABau-Arbeitsausschuss „Schallschutz im Hochbau“ die vorgesehenen Übergangsfristen und der Forschungsbedarf bestätigt.

Auch die Überarbeitung der gesamten DIN 4109 wurde beschlossen, so dass auch der Hauptteil der Norm (Anforderungen und Nachweise) ins Bearbeitungsprogramm aufgenommen wurde. In diesem Zusammenhang wurde einvernehmlich die Umstellung der Anforderungen von den auf die Trennbauteile bezogenen Kenngrößen R'_w und $L'_{n,w}$ auf die den Schallschutz zwischen zwei Räumen charakterisierenden so genannten „nachhallzeitbezogenen“ Kenngrößen $D_{nT,w}$, $L_{nT,w}$ und $L_{AF,max,nT}$ beschlossen. Dazu hieß es im entsprechenden Beschluss:

> Der Vorschlag zur neuen Schallschutzkonzeption wurde akzeptiert, jedoch mit der Bedingung, dass das bestehende Anforderungsniveau bestehen bleibt.

Man wollte zum damaligen Zeitpunkt zwar die formalen „Unverträglichkeiten“ im Anforderungsteil der Norm beseitigen, war auch bereit zur Umstellung des Anforderungskonzeptes, nicht aber zu einer Änderung des Anforderungsniveaus. Im weiteren Verlauf der Normungsarbeit wurde diese Festlegung dann so gehandhabt, dass „keine wesentlichen Änderungen des Anforderungsniveaus" erfolgen dürften. Auch wenn andere Beschlüsse, die zur Überarbeitung getroffen wurden, später vom Normenausschuss aus unterschiedlichen Gründen wieder geändert oder fallengelassen wurden – insbesondere der Beschluss zur Umstellung des Anforderungskonzeptes –, wurde von manchen an der Normung beteiligten Kreisen bis zur Veröffentlichung der neuen DIN 4109 auf Einhaltung dieser Festlegung bestanden. So ist zu erklären, dass das Schallschutzniveau der DIN 4109:2016 trotz hoher Erwartungen in der Öffentlichkeit 27 Jahre nach Erscheinen von DIN 4109:1989 nicht im erwünschten Maß an heutige Vorstellungen eines zeitgemäßen Schallschutzes angepasst wurde.

Von der Strategiekommission wurde ein detaillierter Bearbeitungsplan aufgestellt. Für die Finanzierung der Arbeiten wurde eine Förderung durch die öffentliche Hand (damaliges Bundesbauministerium und Deutsches Institut für Bautechnik DIBt) und durch Mittel der Wirtschaft (Verbände, Hersteller etc.) vorgesehen. Schnell war allerdings erkennbar, dass die knapp kalkulierten Mittel nicht (bzw. nicht im vorgesehenen Zeitraum) aufgebracht werden konnten. So wurde an verschiedenen Stellen (u. a. Bundesanstalt für Materialprüfung Berlin (BAM), Fraunhofer-Institut für Bauphysik Stuttgart (IBP), Hochschule für Technik Stuttgart (HFT), Institut für Fenstertechnik Rosenheim (ift), Materialprüfungsamt NRW Dortmund, Physikalisch-Technische Bundesanstalt Braunschweig (PTB)) mit den dringlichsten Fragestellungen begonnen. Letzten Endes wurden die deklarierten Aufgaben mehr oder weniger bearbeitet – nur nicht in dem von der Strategiekommission vorgesehenen Zeitraum von 5 Jahren, sondern mit beinahe dem dreifachen Zeitbedarf. Eine detaillierte Darstellung der Arbeiten wird in 4.1.4 gegeben. Parallel dazu waren aber die Arbeiten für DIN 4109-1 (Anforderungen) und für den erhöhter Schallschutz (Harmonisierung von Beiblatt 2 und VDI 4100) so zäh und kontrovers geworden, dass auch hier ein enormer Zeitverzug eintrat.

Mit Hinblick auf die Umsetzung der zum Teil recht komplexen und umfangreichen europäischen Normen des baulichen Schallschutzes, insbesondere derjenigen zur Berechnung des Schallschutzes nach EN 12354, wurde des Öfteren eingewendet, dass sich daraus ein zu starker wissenschaftlicher Hintergrund der neuen DIN 4109 ergeben hätte. Es sei jedoch daran erinnert, dass bereits bei der Einführung der Normausgabe 1962 folgender Hinweis gegeben wurde:

> Das Normblatt DIN 4109 ist also ein typisches Beispiel für die Auswertung wissenschaftlicher Untersuchungen für die unmittelbare Arbeit der Baupraxis.

Der bei der Umsetzung der europäischen Normen verfolgte Ansatz war also nicht neu. Er versuchte in dieser Tradition stehend lediglich, aus dem erweiterten wissenschaftlichen Umfeld der letzten Jahre heraus und auf der Grundlage aktueller Erfahrungen eine neue und zeitgemäße Fassung der DIN 4109 zu formulieren, die dem aktuellen Stand des Wissens und den Bedürfnissen des baulichen Schallschutzes entspricht.

Ein erster Normentwurf zu DIN 4109-1 konnte im Oktober 2006 erscheinen [29]. Gegenüber DIN 4109:1989 enthielt er gemäß der Beschlusslage im Normenausschuss ein neues Konzept für die Anforderungen. Diese wurden nicht mehr an die Schalldämmung der trennenden Bauteile, sondern an den Schallschutz zwischen Räumen gestellt, die als Raumgruppen einander zugeordnet waren. Dazu war die Umstellung der Kennwerte für die Anforderungen auf die so genannten „nachhallzeitbezogenen Kenngrößen“ $D_{nT,w}$, $L'_{nT,w}$ und $L_{AF,max,nT}$ vorgesehen. Eine Darstellung des vorgesehenen Anforderungskonzepts findet sich in [174] und [175]. Eine Behandlung der vorgesehenen neuen Anforderungsgrößen im Vergleich zu den bisherigen erfolgt in 3.2.1.

Angesichts der unbefriedigenden Bearbeitungssituation im Normenausschuss wurde 2006 eine Neustrukturierung der Normungsarbeit für DIN 4109 vorgenommen. An die Stelle des bisherigen, auch „Hauptausschuss“ genannten NABau-Arbeitsausschusses AA 00.71.00 „Schallschutz im Hochbau“ (Obmann bis 1999 H. Ehm/BMBau, ab 1999 bis 2006 D. Kutzer/MPA NRW Dortmund) traten vier Ausschüsse, die als eigenständige Gremien eigenverantwortlich für die ihnen zugewiesenen Aufgaben zuständig sein sollten.

Der bisherige „Hauptausschuss“ wurde zum NABau-Arbeitsausschuss NA 005-55-74 AA „DIN 4109“ (Obmann O. Kornadt). Er sollte die Verantwortung für die Anforderungen der DIN 4109-1 übernehmen. Außerdem erhielt er die Funktion der Koordination der einzelnen Ausschüsse. Er sollte die Kompatibilität aller Normenteile erklären, diese abschließend als komplettes Normenpaket freigeben und den Zeitpunkt der Veröffentlichung festlegen. Zusätzlich sollte er abschließend über das neue Sicherheitskonzept der DIN 4109 befinden, da dieses in engem Zusammenhang mit den Anforderungen steht.

Der neue NABau-Arbeitsausschuss NA 005-55-75 AA „Nachweisverfahren, Bauteilkatalog, Sicherheitskonzept“ (Obmann H.-M. Fischer/HFT-Stuttgart) trat die Nachfolge des bisherigen Unterausschusses „Anpassung Beiblatt 1 zu DIN 4109 aufgrund der Europäischen Normung“ an. Er war zuständig für DIN 4109-2 (Rechnerische Nachweise) und DIN 4109-31 bis -36 (Bauteilkatalog) und behandelte das Sicherheitskonzept der DIN 4109.

Der neue NABau-Arbeitsausschuss NA 005-55-76 AA „Messtechnische Nachweise“ (Obmann W. Scholl/PTB) war für die Erarbeitung von DIN 4109-4 (Bauakustische Prüfungen) zuständig.

Die Aufgabe des neuen NABau-Arbeitsausschusses NA 005-55-77 AA: „Umsetzung der europäischen Produktnormen in der DIN 4109“ (Obmann F. Iffländer/DIBt) bestand darin, Produkte nach harmonisierten Normen hinsichtlich der Regelungen zum Schallschutz für die Nachweise des Schallschutzes nach DIN 4109 anwendbar zu machen.

Die neu konstituierten Ausschüsse nahmen 2006 ihre Arbeit auf. Nachdem der erste Normentwurf zu DIN 4109-1 im selben Jahr veröffentlicht worden war, dauerte es aufgrund zahlreicher Einsprüche dann bis 2013, bis ein neuer Normentwurf für DIN 4109-1 zusammen mit allen anderen Teilen des Normenpakets als Entwurf veröffentlicht werden konnte. Noch im vorhergehenden Normentwurf zu DIN 4109-1:2006 war das als „$D_{nT,w}$-Konzept“ bezeichnete Konzept Grundlage der Anforderungen gewesen und war durch die eingegangenen Einsprüche nicht in Frage gestellt worden. Entgegen der im Konsens getroffenen und 10 Jahre lang als einvernehmliche Arbeitsgrundlage für die Normungsarbeit dienenden Beschlusslage zur Umstellung des Anforderungskonzepts auf die „nachhallzeitbezogenen“ Kenngrößen beschloss der Normenausschuss auf Druck von großen Teilen der Bauindustrie und der Wohnungswirtschaft im April 2012 dann den Verbleib bei den alten

Kenngrößen. So wurde erst kurz vor Abschluss der Arbeiten die Rückkehr zum alten Konzept aus dem Jahr 1989 durchgesetzt. Der dann im Normentwurf von 2013 veröffentlichte Teil 1 (Anforderungen an die Schalldämmung) ähnelte deshalb, nach über 15 Jahren der Bearbeitungszeit und einem mutigen Zwischenschritt im Entwurf von 2006, wieder der Ausgangslage von 1989 zum Verwechseln.

Bis zur Veröffentlichung des Weißdrucks wurde es dann schließlich Juli 2016, so dass vom ersten Beschluss zur Überarbeitung bis zur Veröffentlichung der neuen DIN 4109 insgesamt 21 Jahre vergangen waren.

1.4 Konzept und Gliederung der DIN 4109

1.4.1 Konzeption der DIN 4109 und des genormten baulichen Schallschutzes

Im historischen Rückblick hat sich die DIN 4109 von den Anfängen über DIN 4109:1989 bis zu DIN 4109:2016 zu einem umfangreichen Normenwerk des baulichen Schallschutzes entwickelt. Schon die bisherige DIN 4109:1989 nannte im Hauptteil [21] nicht nur die Anforderungen, sondern lieferte im Beiblatt 1 [22] die rechnerischen Nachweisverfahren, benannte dort auch die Daten, mit denen die Nachweise zu führen sind, und lieferte in Beiblatt 2 [23] Hinweise für Planung und Ausführung sowie Vorschläge für einen erhöhten Schallschutz und Empfehlungen für den Schallschutz im eigenen Wohn- und Arbeitsbereich. Mit diesem Konzept stellte die DIN 4109:1989 ein umfassendes Regelwerk zur Behandlung des baulichen Schallschutzes dar. Auch wenn die DIN 4109:2016 einen völlig neuen Rahmen bekommen hat, bleibt sie der Grundidee der vorhergehenden Version treu: sie stellt ein in sich konsistentes Regelwerk für Anforderungen, Nachweise, Planung und Ausführung des baulichen Schallschutzes zur Verfügung und ist damit das einzige Regelwerk in Deutschland, das diesen Bereich komplett abdeckt.

In der DIN 4109 nehmen die rechnerischen Nachweise zusammen mit dem Bauteilkatalog, der die Daten für die Nachweise liefert, seit DIN 4109:1989 einen großen Rahmen ein. Dass im Rahmen einer Norm zum baulichen Schallschutz auch die rechnerischen Nachweise (zusammen mit den dafür benötigten Daten) detailliert geregelt werden, ist nicht zwangsläufig erforderlich. So nennt z. B. die schweizerische SIA 181 [129] die Anforderungen, lässt aber offen, wie die Nachweise im Detail geführt werden sollen. Ganz im Allgemeinen bleibend beschränkt sich diese Norm in Abschnitt 4 auf den Hinweis, dass Prognosen für den Schallschutz am Bau „durch eigene Mittel (einfache numerische Rechenverfahren, Erfahrung) oder „durch Berechnung mit Verfahren gemäß den Normen EN 12354-1 bis -3 unter Berücksichtigung der Schallnebenwegübertragungen“ erbracht werden können. Die entsprechenden Methoden und Daten sind demnach vom Anwender festzulegen und zu verantworten. Hier wird in Deutschland ein anderer Weg verfolgt. Zum bestehenden Konzept der DIN 4109 gehört auch die anwendungsfähige Beschreibung der rechnerischen Nachweisverfahren und des Bauteilkatalogs bzw. der „Ausführungsbeispiele“. Die angegebenen Verfahren sind (im bauaufsichtlichen Zusammenhang) verbindlich anzuwenden.

Eine Verpflichtung zu rechnerischen Nachweisen gibt es seitens der europäischen Vorgaben nicht. Nach dem „Grundlagendokument Schallschutz“ ist für die Erfüllung der wesentlichen Anforderung Schallschutz (siehe 3.1.3) zwar ein Nachweis erforderlich, jedoch kann dieser auf unterschiedliche Art und Weise erfolgen. Die EU-Mitgliedstaaten können gemäß dem „Grundlagendokument Schallschutz“ den Nachweis mit jeder der nachfolgend genannten Methoden führen:

- **Rechenverfahren:** „Diese Methoden beruhen auf Verfahren, die die Berechnung der akustischen Leistung des fertigen Bauwerks auf der Grundlage der mit harmonisierten Prüfverfahren ermittelten Werte erlauben.“
- **Prüfungen mit Prototypen:** „Diese Methoden beruhen auf Verfahren, die entweder an einem vollmaßstäblichen Prototyp oder einem Modellaufbau, der alle wichtigen Merkmale aufweist, durchgeführt werden.“
- **Beschreibende Methoden:** „Diese Methoden beruhen auf der Beschreibung von Konstruktionen, die sich als zufriedenstellend erwiesen haben. Sie beziehen sich auf Elemente oder auf eine Kombination von Elementen und müssen allgemein beschrieben werden, z. B. Werkstoff, flächenbezogene Masse.“
- **Nachweisverfahren** auf der Grundlage von Prüfungen vor Ort (während und nach der Bauausführung).

Im Konzept der DIN 4109 ist der rechnerische Nachweis zur Erfüllung der Anforderungen seit DIN 4109:1989 fest verankert und stellt den Regelfall dar. Dieser Ansatz entspricht der bauaufsichtlichen Praxis und wurde nie in Frage gestellt. Er wurde von DIN 4109:2016 übernommen. Nachweise durch Prüfungen vor Ort (Güteprüfungen) haben in das Konzept der DIN 4109 ebenfalls Eingang gefunden und werden in bestimmten Fällen bauaufsichtlich gefordert.

Zum Konzept der DIN 4109 gehörte bisher auch, dass ihre Anforderungen und Nachweisverfahren aus den jahrzehntelangen Gepflogenheiten heraus für die bauaufsichtliche Einführung vorgesehen sind. Sie waren damit Bestandteil der Technischen Baubestimmungen. So war das Verständnis der DIN 4109 untrennbar mit den bauaufsichtlichen Belangen verknüpft. Diese in Deutschland vorhandene und bewährte Situation hat sich durch Erscheinen der Muster-Verwaltungsvorschrift Technische Baubestimmungen (MVV TB) [146] vom 31.08.2017 geändert. Eine ausführliche Behandlung der aktuellen Situation findet sich in 3.1.5.

Zum deutschen Normenkonzept des baulichen Schallschutzes gehört auch eine enge Verknüpfung der DIN 4109 mit den bauakustischen Prüfverfahren für Labor und Gebäude. Diese wurden in DIN 4109:1989 benötigt, um die dort genannten Eignungs- und Güteprüfungen durchführen zu können. So bildeten die auf deutscher Ebene festgelegten Messverfahren der DIN 52210 [59], DIN 52217 [65], DIN 52218 [66] und DIN 52219 [67] zusammen mit der DIN 4109 bis zu den ersten Jahren von DIN 4109:1989 ein gemeinsames deutsches Normenkonzept des baulichen Schallschutzes. Dieses wurde erst aufgelöst, als die bauakustischen Messverfahren auch für Deutschland internationalisiert wurden und die deutschen Messnormen (weitestgehend) zurückgezogen werden mussten. Darüber hinaus wurde das Konzept der in DIN 4109 verankerten Eignungsprüfungen (formal) durch allgemeine bauaufsichtliche Prüfzeugnisse (abPs) abgelöst. Seitdem beschränkt sich das deutsche Normenkonzept des baulichen Schallschutzes auf die DIN 4109 und nimmt auf die internationalen Messnormen Bezug. Lediglich Besonderheiten der Handhabung von Messverfahren, die in Deutschland abweichend oder ergänzend zu den internationalen Normen in Zusammenhang mit DIN 4109 erforderlich sind, werden noch thematisiert. Das geschieht in der aktuellen DIN 4109 in deren Teil 4 (Bauakustische Prüfungen).

1.4.2 Gliederung der DIN 4109

Historische Entwicklung

Schon **DIN 4109:1962** war eine in mehrere Blätter gegliederte Norm: Blatt 1 (Begriffe), Blatt 2 (Anforderungen), Blatt 3 (Ausführungsbeispiele), Blatt 4 (Schwimmende Estriche auf Massivdecken), Blatt 5 (Erläuterungen). Neben den Anforderungen wurden Ausführungsbeispiele genannt, rechnerische Nachweise waren nicht verfügbar.

Der **Normentwurf von 1979** sah fünf Teile vor, die neben den Anforderungen auch Nachweise (allerdings keine rechnerischen) festlegten, Ausführungsbeispiele enthielten und Hinweise für Planung und Ausführung gaben.

Der darauffolgende **Normentwurf von 1984** war ähnlich strukturiert, enthielt aber in einem zusätzlichen Teil zum ersten Mal Rechenverfahren für den Nachweis des Schallschutzes in Skelettbauten und Holzhäusern und dazugehörige Ausführungsbeispiele.

Dieser Entwurf erfuhr dann noch einmal eine völlige Umstrukturierung, die zu **DIN 4109:1989** in der bekannten Form führte (Bild 1.8). Nun waren zum ersten Mal auch rechnerische Nachweise für den Massivbau enthalten. Der Umfang der Norm war mit insgesamt drei Dokumenten gegenüber den vorhergehenden Versionen deutlich reduziert worden. Dabei war noch zu berücksichtigen, dass nur das erste Dokument (Anforderungen und Nachweise) als Norm deklarierte wurde. Die anderen beiden wurden als „Beiblatt" tituliert, was in normungstechnischer Sicht bedeutete, dass sie nicht Bestandteil der Norm waren, sondern lediglich ergänzende Informationen bereithielten.

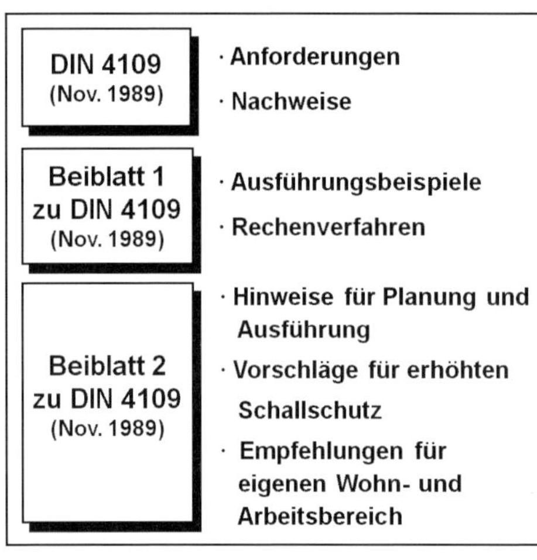

Quelle: Autoren

Bild 1.8: Gliederung der DIN 4109:1989, Stand 1989

Zu dieser ursprünglichen Gliederung kamen dann aufgrund der internationalen Entwicklung der Normungslandschaft und deren Auswirkungen auf die DIN 4109 Beiblatt 3 zu DIN 4109:1996 [25] und DIN 4109-11 [28] (als „Restnorm" zu den zurückgezogenen deutschen Messnormen) dazu. Damit sollte der Anschluss der für DIN 4109 erforderlichen bauakustischen Messungen an die internationalen Messnormen hergestellt und die Handlungsfähigkeit der DIN 4109 sichergestellt werden.

Gliederung der DIN 4109 und aktuelle Entwicklungen

Die aufgrund der europäischen Normung notwendig gewordene Überarbeitung der DIN 4109 ab 1995 zeigte, dass die bisherige Gliederung nicht mehr zweckmäßig war. So wurde im Normenausschuss „Schallschutz im Hochbau" eine völlig neue Gliederung beschlossen. Einzelne Aufgabenbereiche der Norm sollten inhaltlich sauber getrennt und in eigenen Normteilen dargestellt werden. Eine Vermischung unterschiedlicher Aspekte der bisherigen Norm sollte vermieden werden. Damit wollte man das Arbeiten mit der Norm erleichtern und bei Bedarf die Aktualisierung, Ergänzung oder Weiterentwicklung einzelner Teile unabhängig von den anderen ermöglichen.

Durch die inhaltliche Trennung der einzelnen thematischen Bereiche ergab sich eine völlig neue Anordnung der Norminhalte. Beispielsweise enthielt DIN 4109:1989 neben den Anforderungen auch die Vorgaben für die Nachweise in Form von Eignungs- und Güteprüfungen. Eignungs- und Güteprüfungen tauchen als Begriffe in DIN 4109:2016 zwar nicht mehr auf, jedoch sind entsprechende Festlegungen zur Durchführung bauakustischer Prüfungen nun in DIN 4109-4 enthalten. Auch enthielt DIN 4109:1989 Festlegungen zur Ermittlung des maßgeblichen Außenlärmpegels. Solche Ausführungen finden sich nun für die rechnerische Ermittlung in DIN 4109-2 und für die messtechnische Ermittlung in DIN 4109-4.

Die neue Gliederung der DIN 4109 folgt einem einfachen Gedanken: es werden Anforderungen an den baulichen Schallschutz formuliert, deren Einhaltung durch geeignete Verfahren überprüft werden kann. Diese Nachweise können durch Berechnung oder Messung erfolgen, so dass Berechnungsverfahren mitsamt den dafür zu verwendenden Daten sowie geeignete Messverfahren zu benennen sind. Daraus ergibt sich die folgende Gliederung:

- DIN 4109-1: Mindestanforderungen [31]
- DIN 4109-2: Rechnerische Nachweise der Erfüllung der Anforderungen [32]
- DIN 4109-3: Daten für die rechnerischen Nachweise des Schallschutzes (Bauteilkatalog)
- DIN 4109-4: Bauakustische Prüfungen [39]

Der Bauteilkatalog des Teils 3 wiederum gliedert sich in 6 einzelne Teile. Angesichts neuer, bislang nicht erforderlicher Daten (z. B. für die Direktdämmung im Massivbau oder die Stoßstellendämmung) und der Aktualisierung der Daten (insbesondere für den Holz-, Leicht- und Trockenbau) erreichte der neue Bauteilkatalog einen solchen Umfang, dass eine thematische Aufteilung in die folgenden 6 Teile vorgenommen wurde:

- DIN 4109-31: Rahmendokument [33]
- DIN 4109-32: Massivbau [34]
- DIN 4109-33: Holz-, Leicht- und Trockenbau [35]
- DIN 4109-34: Vorsatzkonstruktionen vor massiven Bauteilen [36]
- DIN 4109-35: Elemente [37]
- DIN 4109-36: Gebäudetechnische Anlagen [38]

In dieser Form wurden die insgesamt neun Normteile als Normenpaket unter dem alten Gesamttitel „Schallschutz im Hochbau" zum ersten Mal 2013 als Entwurf der Öffentlichkeit vorgestellt und nach einer längeren Überarbeitung 2016 als Weißdruck veröffentlicht. Im Vergleich mit DIN 4109:1989 ist anzumerken, dass nun alle genannten Dokumente Bestandteil der Norm sind. Bei DIN 4109:1989 war nur das „Hauptdokument“ als Norm deklariert worden, alle anderen Dokumente waren als „Beiblätter“ nicht Bestandteil der eigentlichen Norm.

Im Endergebnis konnte der in Beiblatt 1 zu DIN 4109:1989 gegebene Anwendungsbereich durch die neue Norm komplett abgedeckt werden, darüber hinaus aber wurden weitere Bereiche erschlossen, die bislang in Beiblatt 1 noch keine Berücksichtigung gefunden hatten. So sind die Nachweis- und Planungsmöglichkeiten in DIN 4109:2016 weiter gefasst, als es mit der alten DIN 4109 der Fall war. Dennoch konnten nicht alle ins Auge gefassten Anwendungsbereiche bis zur Veröffentlichung des Normentwurfs 2013 bearbeitet werden. In DIN 4109-2 und im Bauteilkatalog DIN 4109-31 bis -36 finden sich deshalb an einigen Stellen „Platzhalter“, die im weiteren Verlauf der Normungsarbeit mit Inhalt gefüllt werden sollen. Darüber hinaus sollen in diesen beiden Normteilen Aktualisierungen möglich sein, wenn sich das aus der Weiterentwicklung der Berechnungsverfahren in EN 12354 oder aus der Anpassung an aktuelle Bauweisen ergibt. Beide Normteile verstehen sich deshalb als „dynamische Dokumente“, deren Weiterentwicklung im zuständigen Normenausschuss verfolgt wird. Erste Ergänzungen sind mit der Behandlung von Wärmedämmverbundsystemen für DIN 4109-34 und mit der Behandlung von Vorhangfassaden für DIN 4109-35 in Vorbereitung.

Ein Pendant zum Beiblatt 2 der DIN 4109 [23] mit Vorschlägen für einen erhöhten Schallschutz, Empfehlungen für den eigenen Wohn- und Arbeitsbereich und Hinweisen für Planung und Ausführung gibt es in der neuen DIN 4109 nicht mehr. Vorgesehen war ursprünglich noch ein weiterer Teil, der den erhöhten Schallschutz behandeln und aus dem Normentwurf DIN 4109-10:2000 [27] übernommen werden sollte. Nach langen und kontroversen Diskussionen im Normungsgremium wurde allerdings der erhöhte Schallschutz vom für die DIN 4109 zuständigen Lenkungsgremium aus dem Normungsbereich der DIN 4109 gestrichen, da nicht abzusehen war, dass es zur Verabschiedung eines weiteren Normentwurfs kommen würde. Die neue DIN 4109 enthält somit keine Aussagen zum erhöhten Schallschutz. Gleiches gilt für die Empfehlungen für den eigenen Wohn- und Arbeitsbereich. Der letzte verbleibende Teil des Beiblatts 2, die Hinweise für Planung und Ausführung, wurde in den Bauteilkatalog übernommen und durch zahlreiche weitere Hinweise ergänzt. Bauteilspezifisch wurden diese Hinweise nun direkt den jeweiligen Bauteilen in den einzelnen Teilen des Bauteilkatalogs zugeordnet.

Im Oktober 2016 befasste sich das Lenkungsgremium zu DIN 4109 erneut mit dem erhöhten Schallschutz und beschloss, dass unter Würdigung von DIN 4109 Beiblatt 2:1989-11 und DIN SPEC 91314 [68] höhere Anforderungen an den Schallschutz erarbeitet werden, bei denen „der Schallschutz wahrnehmbar besser sein soll als in DIN 4109-1 festgelegt“. Unter dem voraussichtlichen Titel „Schallschutz im Hochbau – Erhöhte Anforderungen“ soll sich ein neuer Teil 5 der DIN 4109 mit dieser Thematik beschäftigen. Die Arbeiten an diesem Teil wurden aufgenommen. Ende 2018 war ein erster Normentwurf in Vorbereitung.

Schon relativ kurz nach Erscheinen des Normenpakets vom Juli 2016 wurden für DIN 4109-1:2016 und DIN 4109-2:2016 Änderungen in die Wege geleitet. Dabei ging es um einige inhaltliche Änderungen zu den Anforderungen, die aufgrund von Vorgaben aus Schlichtungsverhandlungen erforderlich wurden, um Änderungen zur Behandlung des Außenlärms von Schienenverkehr, um Korrekturen und redaktionelle Überarbeitungen. Beim Deutschen Institut für Normung entschloss man sich, keine zusätzlichen Änderungsblätter, sondern so genannte konsolidierte Fassungen herauszugeben, die die gesamten Normteile mit den vorgenommenen Änderungen enthalten. Die geänderten Fassungen beider Normteile erschienen im Januar 2018 als DIN 4109-1:2018 [41] und DIN 4109-2:2018 [42].

Einbindung der EN 12354 in DIN 4109

Grundlage der rechnerischen Nachweise in DIN 4109-2 und von Teilen des Bauteilkatalogs sind die in DIN EN 12354 niedergelegten europäischen Berechnungsverfahren. Prinzipiell hätte man diese Verfahren direkt in Bezug nehmen können, wie es in manchen anderen europäischen Ländern auch tatsächlich der Fall ist. Auch hätte man die in den informativen Anhängen der DIN EN 12354, Teile 1 und 2 genannten Eingangsdaten für die Berechnung direkt übernehmen können. Diese Vorgehensweise bot sich für solche Länder an, die bislang über keine eigenen Regelwerke für bauakustische Berechnungen und Bauteildaten verfügten. Eine völlig andere Situation lag dagegen in Deutschland vor. Angesichts der langen deutschen Tradition der DIN 4109, der damit verbundenen Erfahrungen und der Besonderheiten der deutschen Bauweisen kam man im Normenausschuss schon frühzeitig zu dem Schluss, die einzelnen Teile der EN 12354 nicht direkt für die Schallschutznachweise der DIN 4109 heranzuziehen. Zum einen wurden nicht alle Inhalte benötigt, da man sich grundsätzlich für die Anwendung der vereinfachten Berechnungsverfahren statt der aufwändigeren detaillierten Verfahren entschieden hatte. Zum anderen wurden für die nationale Anwendung an einigen Stellen Modifikationen an den Berechnungsverfahren der EN 12354 vorgenommen, um die Anwendbarkeit für deutsche Bauweisen zu verbessern und aktuellen Forschungsergebnissen Rechnung zu tragen. Auch die in den informativen Anhängen der EN 12354 (Teile 1 und 2) genannten Eingangsdaten für die Berechnung wurden nur partiell übernommen und bei Bedarf durch besser validierte oder für deutsche Bauweisen angepasste Daten ersetzt. Unter diesen Voraussetzungen zielte die Normungsarbeit darauf ab, für die Anwendung im nationalen Bereich der DIN 4109 Dokumente auf der Basis der EN 12345 zu erstellen, die alle für die Schallschutznachweise und die bauakustische Planung erforderlichen Verfahren und Daten enthalten, ohne dass der Anwender dafür auf die umfangreichen und nur partiell relevanten Dokumente der EN 12354 zurückgreifen muss. Man kann somit DIN 4109-2 mit den Berechnungsverfahren und den Bauteilkatalog in DIN 4109-31 bis -36 als nationale Anwendungsdokumente zur EN 12354 bezeichnen, die es erlauben, den baulichen Schallschutz komplett innerhalb der DIN 4109 zu regeln.

2 Grundbegriffe und Kenngrößen der Bauakustik

2.1 Grundbegriffe

Schalldruckpegel L_p

Der Schalldruckpegel in dB entspricht dem zehnfachen dekadischen Logarithmus des Verhältnisses des Quadrates des Effektivwertes des Schalldrucks $p_{eff}{}^2$ zu einem Referenzwert p_{ref}^2: $L_p = 10 \lg\left(p_{eff}^2/p_{ref}^2\right)$. Der Schalldruck ist dabei ein Maß für die Stärke des Schalls. Der Schalldruckpegel, häufig nur Schallpegel genannt (wobei auch auf die Kennzeichnung mit dem Index p verzichtet wird), ist eine wesentliche Größe zur Beschreibung von Geräuschen, z. B. beim Außenlärm und bei den gebäudetechnischen Anlagen.

Zur näherungsweisen Beschreibung des menschlichen Lautstärkeempfindens von Geräuschen wird häufig der mit der Frequenzbewertung A bewertete und damit einfach zu ermittelnde Schalldruckpegel L_A verwendet.

HINWEIS

Auch der A-bewertete Schalldruckpegel wird in dB angegeben. Die frühere Angabe in dB(A) wird (offiziell) nicht mehr angewendet. Die neue DIN 4109 wendet in DIN 4109-1 für A-bewertete Schalldruckpegel nur noch die heute gültige Bezeichnung in dB an. In den Teilen DIN 4109-2, DIN 4109-36 und DIN 4109-4 wird die alte Bezeichnung dB(A) dann verwendet, wenn entsprechende Angaben aus anderen Regelwerken übernommen wurden. Auch im „Handbuch zu DIN 4109“ werden A-bewertete Schalldruckpegel generell in dB angegeben. Lediglich in Zitaten wird die dort gewählte Darstellung in dB(A) beibehalten.

Äquivalente Absorptionsfläche *A*

Die äquivalente Absorptionsfläche in m^2 entspricht einer Fläche mit dem Schallabsorptionsgrad 1, die in einem halligen Raum bei diffusem Schallfeld die gleiche Schallleistung absorbiert wie ein betrachteter Gegenstand oder die betrachtete Oberfläche. Im Fall einer betrachteten Oberfläche kann die äquivalente Absorptionsfläche A aus dem Produkt aus Flächeninhalt S und Schallabsorptionsgrad α berechnet werden: $A = S \cdot \alpha$ in m^2.

Nachhallzeit *T*

Die Nachhallzeit T in s ist eine raumakustische Kenngröße zur Beschreibung der Halligkeit eines Raumes. Sie ist definiert als die Zeitspanne nach Ausschalten der Schallquelle, in der in einem Raum der Schalldruckpegel in einem gegebenen Frequenzband um 60 dB abfällt. Die Nachhallzeit T, das Raumvolumen V und die äquivalente Absorptionsfläche A sind über die Formel von Sabine miteinander gekoppelt: $T = 0{,}16\ V/A$. In Wohnräumen ist ein Wert von $T = 0{,}5$ s üblich.

Grundgeräuschpegel $L_{AF,95}$

Der Grundgeräuschpegel wird häufig durch die Größe $L_{AF,95}$ beschrieben. Das ist der Wert des in 95 % der Messzeit überschrittenen und mit der Frequenzbewertung A und der Zeitbewertung F (Fast) ermittelten Schalldruckpegels in dB. Er wird zur Beschreibung einer Geräuschsituation ohne zusätzliche Lärmquellen verwendet. Der Grundgeräuschpegel kann von der Tageszeit (z. B. bei Schallübertragung von außen durch Straßenverkehr), aber auch von den Aktivitäten der Bewohner oder von internen Geräuschquellen (z. B. PC-Lüfter, Uhrticken) abhängen.

2.2 Kenngrößen für den Luftschall

Schallpegeldifferenz D

Die Schallpegeldifferenz D in dB ist die Differenz der räumlich und zeitlich gemittelten Schalldruckpegel L_1 in einem Senderaum und L_2 in einem Empfangsraum und wird frequenzabhängig in terzbreiten Frequenzbändern ermittelt: $D = L_1 - L_2$ in dB. Die Schallpegeldifferenz beschreibt direkt die Minderung des Schalldruckpegels zwischen Sende- und Empfangsraum und entspricht dem, was von den Bewohnern in der konkreten Situation vor Ort wahrgenommen werden kann. Die Schallpegeldifferenz ist allerdings keine nur von den schalldämmenden Gebäudeeigenschaften abhängige Größe, da sie auch durch die äquivalente Absorptionsfläche des Empfangsraumes und damit durch die Einrichtung der Bewohner bestimmt wird. Sie ist deshalb für eine Beschreibung des Schallschutzes im Gebäude nicht geeignet.

Norm-Schallpegeldifferenz D_n

Die Norm-Schallpegeldifferenz D_n in dB entspricht der Schallpegeldifferenz D zwischen zwei Räumen, wobei die äquivalente Absorptionsfläche A des Empfangsraumes auf eine Bezugsabsorptionsfläche von $A_0 = 10\ \text{m}^2$ bezogen wird: $D_n = L_1 - L_2 - 10 \lg (A/A_0)$ in dB. Durch diese Normierung ist die Norm-Schallpegeldifferenz D_n geeignet, den Schallschutz zwischen zwei Räumen unabhängig von der Einrichtung des Empfangsraumes zu beschreiben. Die bewertete Norm-Schallpegeldifferenz $D_{n,w}$ ist die zugehörige, üblicherweise aus Terzwerten nach DIN EN ISO 717-1 ermittelte Einzahlangabe.

Standard-Schallpegeldifferenz D_{nT}

Die Standard-Schallpegeldifferenz D_{nT} in dB entspricht der Schallpegeldifferenz D zwischen zwei Räumen, wobei die Nachhallzeit T des Empfangsraumes auf eine Bezugsnachhallzeit T_0 bezogen wird, die bei Wohnräumen $T_0 = 0{,}5$ s beträgt: $D_{nT} = L_1 - L_2 + 10 \lg (T/T_0)$ in dB. Durch diesen Bezug der Nachhallzeit auf einen Referenzwert ist die Standard-Schallpegeldifferenz D_{nT} geeignet, den Schallschutz zwischen zwei Räumen unabhängig von der Einrichtung des Empfangsraumes zu beschreiben. Die bewertete Standard-Schallpegeldifferenz $D_{nT,w}$ ist die zugehörige, üblicherweise aus Terzwerten nach DIN EN ISO 717-1 ermittelte Einzahlangabe.

Schalldämm-Maß R

Das Schalldämm-Maß R in dB ist definiert als zehnfacher dekadischer Logarithmus des Verhältnisses der auf einen Prüfgegenstand auffallenden zu der vom Prüfgegenstand durchgelassenen Schallleistung. Das Schalldämm-Maß R eines Bauteils ist eine Bauteilkenngröße und charakterisiert damit die Eigenschaft des Bauteils, den Schall zu dämmen. Unter der Bedingung diffuser Schallfelder kann das Schalldämm-Maß in Prüfständen messtechnisch aus der Schallpegeldifferenz D bestimmt werden, wobei die Schallübertragung nur durch das Bauteil selbst erfolgt. Hierzu wird die Schallpegeldifferenz D auf das Verhältnis von gemeinsamer Trennfläche S_s in m^2 zur äquivalenten Absorptionsfläche des Empfangsraumes A in m^2 bezogen: $R = L_1 - L_2 + 10 \lg\left(\frac{S_s}{A}\right)$ in dB. Das bewertete Schalldämm-Maß R_w ist die zugehörige, üblicherweise aus Terzwerten nach DIN EN ISO 717-1 ermittelte Einzahlangabe.

Bau-Schalldämm-Maß R'

Das Bau-Schalldämm-Maß R' in dB ist definiert als zehnfacher dekadischer Logarithmus des Verhältnisses der auf eine Trennfläche im Senderaum auffallenden zu der gesamten in den Empfangsraum durchgelassenen Schallleistung. Das Bau-Schalldämm-Maß R' beschreibt die Eigenschaft einer gesamten Bau-Situation, den Schall zwischen zwei Räumen zu dämmen. Es kann unter Baubedingungen messtechnisch aus der Schallpegeldifferenz D zwischen zwei Räumen bestimmt werden, wobei alle an der Schallübertragung zwischen den Räumen beteiligten Übertragungswege einbezogen sind. Hierzu wird die Schallpegeldifferenz D bezogen auf das Verhältnis von gemeinsamer Trennfläche S_s in m^2 zur äquivalenten Absorptionsfläche des Empfangsraumes A in m^2: $R' = L_1 - L_2 + 10 \lg\left(\frac{S_s}{A}\right)$ in dB. Das bewertete Bau-Schalldämm-Maß R'_w ist die zugehörige, üblicherweise aus Terzwerten nach DIN EN ISO 717-1 ermittelte Einzahlangabe.

Verbesserung des Schalldämm-Maßes ΔR

Die Verbesserung des Schalldämm-Maßes ΔR in dB durch Vorsatzkonstruktionen (z. B. Vorsatzschale, Unterdecke) kennzeichnet die Eigenschaft der Vorsatzkonstruktion, die Schalldämmung eines Bauteils zu verbessern (für $\Delta R > 0$ dB) bzw. zu vermindern (für $\Delta R < 0$ dB). ΔR entspricht der Differenz der Schalldämm-Maße eines Bauteils mit und ohne Vorsatzkonstruktion. Die bewertete Verbesserung des Schalldämm-Maßes ΔR_w in dB ist die zugehörige, üblicherweise aus Terzwerten nach DIN EN ISO 717-1 ermittelte Einzahlangabe.

Stoßstellendämm-Maß K_{ij}

Das Stoßstellendämm-Maß K_{ij} in dB kennzeichnet die Dämmung von Körperschall an einer Stoßstelle von Bauwerksteilen und ergibt sich aus der richtungsgemittelten Differenz der Schnellepegel auf den Bauteilen an der Stoßstelle, normiert auf die Länge der Stoßstelle und auf die äquivalenten Absorptionslängen der beiden betrachteten Bauteile. Für Bauteilstöße im Massivbau wird das Stoßstellendämm-Maß meist als frequenzunabhängig angenommen.

Norm-Flankenschallpegeldifferenz $D_{n,f}$

Die Norm-Flankenschallpegeldifferenz $D_{n,f}$ in dB kennzeichnet die Minderung der Schallübertragung eines flankierenden Bauteils oder einer Konstruktion, wenn die Übertragung zwischen zwei Räumen nur über das betrachtete flankierende Bauteil bzw. die betrachtete Konstruktion erfolgt. Bei der messtechnischen Ermittlung von $D_{n,f}$ wird die Schallpegeldifferenz D über die im Empfangsraum ermittelte äquivalente Absorptionsfläche A, bezogen auf eine Bezugsabsorptionsfläche von $A_0 = 10\ m^2$ korrigiert: $D_{n,f} = L_1 - L_2 - 10 \lg\left(\frac{A}{A_0}\right)$ in dB. Die bewertete Norm-Flankenschallpegeldifferenz $D_{n,f,w}$ ist die zugehörige, üblicherweise aus Terzwerten nach DIN EN ISO 717-1 ermittelte Einzahlangabe.

Flanken-Schalldämm-Maß R_{ij}

Das Flanken-Schalldämm-Maß R_{ij} in dB kennzeichnet die Schalldämmung entlang eines bestimmten flankierenden Übertragungsweges vom angeregten Bauteil i im Senderaum auf das abstrahlende Bauteil j im Empfangsraum. Bei der messtechnischen Ermittlung von R_{ij} erfolgt ein Bezug der Schallpegeldifferenz D auf das Verhältnis von gemeinsamer Trennfläche S_s in m^2 auf die im Empfangsraum ermittelte äquivalente Absorptionsfläche A in m^2: $R_{ij} = L_1 - L_2 + 10 \lg\left(\frac{S_s}{A}\right)$ in dB. Das bewertete Flanken-Schalldämm-Maß $R_{ij,w}$ ist die zugehörige, üblicherweise aus Terzwerten nach DIN EN ISO 717-1 ermittelte Einzahlangabe.

Fugen-Schalldämm-Maß R_S

Das Fugen-Schalldämm-Maß R_S in dB kennzeichnet die Schalldämmung, wenn die Übertragung zwischen zwei Räumen nur über eine Fuge erfolgt. Die messtechnische Ermittlung von R_S erfolgt über die Schallpegeldifferenz D mit folgender Beziehung: $R_S = L_1 - L_2 + 10 \lg \frac{S_n \cdot l}{A \cdot l_n}$, wobei S_n eine Bezugsfläche von 1 m^2, l die Fugenlänge in m, A die äquivalente Absorptionsfläche des Empfangsraumes in m^2 und l_n eine Bezugslänge von 1 m ist. Das bewertet Fugen-Schalldämm-Maß $R_{S,w}$ in dB ist die zugehörige, üblicherweise aus Terzwerten nach DIN EN ISO 717-1 ermittelte Einzahlangabe.

2.3 Kenngrößen für den Trittschall

Trittschallpegel L_i

Der Trittschallpegel L_i in dB ist der räumlich und zeitlich gemittelte Schalldruckpegel im Empfangsraum in einem gegebenen terzbreiten Frequenzband, wenn die zu prüfende Decke mit dem Norm-Hammerwerk angeregt wird.

Norm-Trittschallpegel L_n

Der Norm-Trittschallpegel L_n in dB ist der auf einen Bezugswert der äquivalenten Absorptionsfläche A_0 umgerechnete Trittschallpegel: $L_n = L_i + 10\lg\left(\frac{A}{A_0}\right)$ in dB. Es gilt $A_0 = 10$ m^2.

Der bewertete Norm-Trittschallpegel $L_{n,w}$ in dB ist die zugehörige, üblicherweise aus Terzwerten nach DIN EN ISO 717-2 ermittelte Einzahlangabe.

Standard-Trittschallpegel L_{nT}

Der Standard-Trittschallpegel L_{nT} in dB ist der auf einen Bezugswert der Nachhallzeit im Empfangsraum T_0 umgerechnete Trittschallpegel: $L_{nT} = L_i - 10\lg\left(\frac{T}{T_0}\right)$ in dB. In Wohngebäuden ist $T_0 = 0{,}5$ s. Der bewertete Standard-Trittschallpegel $L_{nT,w}$ in dB ist die zugehörige, üblicherweise aus Terzwerten nach DIN EN ISO 717-2 ermittelte Einzahlangabe.

Trittschallminderung einer Deckenauflage ΔL

Die Trittschallminderung ΔL in dB einer Deckenauflage entspricht der Minderung des Trittschallpegels einer Massivdecke durch die Deckenauflage (z. B. schwimmender Estrich, Bodenbelag). Sie ergibt sich aus der Differenz der Norm-Trittschallpegel einer Decke ohne und mit Deckenauflage. Die bewertete Trittschallminderung ΔL_w in dB ist die zugehörige, üblicherweise aus Terzwerten nach DIN EN ISO 717-2 ermittelte Einzahlangabe.

2.4 Kenngrößen für Geräusche aus gebäudetechnischen Anlagen

A-bewerteter Schalldruckpegel L_{AF}

Der A-bewertete Schalldruckpegel L_{AF} in dB ist der mit der Frequenzbewertung A und der Zeitbewertung F (Fast) ermittelte Schalldruckpegel L.

A-bewerteter Norm-Schalldruckpegel $L_{AF,n}$

Der A-bewertete Norm-Schalldruckpegel $L_{AF,n}$ in dB ist ein mit der Frequenzbewertung A und der Zeitbewertung F (Fast) ermittelter und auf eine Bezugsabsorptionsfläche von $A_0 = 10$ m^2 bezogener Schallpegel: $L_{AF,n} = L_{AF} + 10\lg\left(\frac{A}{A_0}\right)$ in dB. Durch die Normierung des im Raum gemessenen Schalldruckpegels auf die Bezugsabsorptionsfläche wird der ermittelte Wert unabhängig von der im Empfangsraum bei der Messung vorhandenen Absorptionsfläche A und damit unabhängig von der Ausstattung des Raumes.

Maximaler A-bewerteter Norm-Schalldruckpegel $L_{AF,max,n}$

Der maximale A-bewertete Norm-Schalldruckpegel $L_{AF,max,n}$ in dB ist der im Bezugszeitraum maximal auftretende A-bewertete Norm-Schalldruckpegel $L_{AF,n}$. In DIN 4109-1 wird dieser Pegel in unvollständiger Weise „maximaler A-bewerteter Schalldruckpegel" genannt, wobei in der Benennung die Normierung auf A_0 unterschlagen wird.

Armaturengeräuschpegel L_{ap}

Der Armaturengeräuschpegel L_{ap} in dB ist ein das Geräuschverhalten von Armaturen kennzeichnender A-bewerteter Schalldruckpegel, der nach DIN EN ISO 3822 [91] gemessen wird.

2.5 Kenngrößen und Begriffe für den Außenlärm

Beurteilungspegel L_r

Der Beurteilungspegel L_r in dB ist die maßgebliche Größe zur Kennzeichnung der Stärke der Schallimmission während der Beurteilungszeit T_r. Er wird aus dem äquivalenten Dauerschallpegel (Mittelungspegel) unter Berücksichtigung von Zuschlägen oder Abschlägen für bestimmte Geräusche, Zeiten oder Situationen ermittelt. Im Rahmen der TA Lärm, die auch für die DIN 4109 von Bedeutung ist, ist als Beurteilungszeit für den Tag die Zeit von 6.00 Uhr bis 22.00 Uhr und für die Nacht die Zeit von 22.00 Uhr bis 6.00 Uhr vorgesehen.

Maßgeblicher Außenlärmpegel L_a

Der maßgebliche Außenlärmpegel L_a in dB ist eine Größe zur Bemessung der erforderlichen Schalldämmung zum Schutz gegen Außengeräusche, der sich in der Regel aus dem Beurteilungspegel L_r durch Addition von 3 dB ergibt.

Der maßgebliche Außenlärmpegel wird in DIN 4109-1:2018-01 in Abschnitt 3: „Begriffe" und teilweise auch in DIN 4109-4:2016-07 als „maßgeblicher Außengeräuschpegel" bezeichnet. Im restlichen Teil des Regelwerkes wird der Begriff „maßgeblicher Außenlärmpegel" verwendet. Wünschenswert wäre eine einheitliche Bezeichnung, vorzugsweise mit dem bislang verwendeten Begriff „Außenlärmpegel".

Lärmpegelbereich

Lärmpegelbereiche wurden in der DIN 4109:89 und in DIN 4109-2:2016 zur Ermittlung der erforderlichen Schalldämmung der Außenbauteile verwendet. In DIN 4109-1:2018-01 wird das erforderliche bewertete Bau-Schalldämm-Maß der Außenbauteile in der Regel direkt aus dem maßgeblichen Außenlärmpegel bestimmt, so dass dafür keine Lärmpegelbereiche mehr benötigt werden. Ist allerdings einem Bauvorhaben ein Lärmpegelbereich zugeordnet, kann dieser ebenfalls zur Ermittlung des erforderlichen bewerteten Bau-Schalldämm-Maßes herangezogen werden. Der Lärmpegelbereich I umfasst dabei alle maßgeblichen Außenlärmpegel L_a bis 55 dB, der Lärmpegelbereich VII alle Pegel über 80 dB. Dazwischen erfolgt eine Abstufung in 5-dB-Stufen.

2.6 Sonstige Kenngrößen

Spektrumanpassungswerte C, C_{tr} und C_I

Spektrumanpassungswerte werden zur Einzahlangabe des Schalldämm-Maßes, der Pegeldifferenz oder des Trittschallpegels (R_w, $D_{n,w}$, $L_{n,w}$ etc.) addiert, um die Merkmale bestimmter Geräuschspektren (z. B. innerstädtischer Verkehrslärm) oder typischer Gehgeräusche zu berücksichtigen. Für den Luftschall wurden in ISO 717-1 zwei Spektren (C für rosa Rauschen und C_{tr} für tieffrequenten Verkehrslärm) festgelegt. Für den Trittschall wurde in ISO 717-2 ein Spektrum C_I festgelegt. Zusätzliche Spektrumanpassungswerte ergeben sich, wenn ein erweiterter Frequenzbereich berücksichtigt wird, der dann durch entsprechende Indizes anzugeben ist, z. B. $C_{50\text{-}3150}$, $C_{tr,\ 100\text{-}5000}$ oder $C_{I,50\text{-}2500}$.

3 DIN 4109-1: Anforderungen

DIN 4109 hat schon immer die Anforderungen an den baulichen Schallschutz formuliert und dies als ihre vorrangige Aufgabe betrachtet. Während anfangs noch ein Normdokument für alles, was normativ zum baulichen Schallschutz zu sagen war, genügte, sind seit DIN 4109:1962 für die Anforderungen eigene Normteile vorgesehen. In DIN 4109:1962 enthielt das Blatt 2 [7] die Festlegungen zu den Anforderungen. In den Normentwürfen von 1979 und 1984 waren die Anforderungen sogar auf zwei Teile aufgeteilt, dafür aber mit den Nachweisen und den Hinweisen für Planung und Ausführung verbunden. Ein Teil 2 ([12] und [17]) war der Luft- und Trittschalldämmung gewidmet, ein Teil 5 ([14] und [19]) dem Schallschutz gegenüber Geräuschen aus haustechnischen Anlagen und Betrieben. DIN 4109:1989 [21] hatte nur einen Normteil, der Anforderungen und Nachweise enthielt. Der Rest war in den Beiblättern 1 [22] und 2 [23] untergebracht. Mit DIN 4109-1 liegt seit Juli 2016 der Anforderungsteil der neuen DIN 4109 vor, der zum ersten Mal den Titel „Mindestanforderungen" trägt. Gemäß der konsequenten Aufteilung der verschiedenen Aufgabenbereiche der Gesamtnorm beschäftigt sich dieser Teil ausschließlich mit den Anforderungen. Da schon kurz nach Erscheinen dieses Normteils erste Änderungen und Korrekturen erforderlich wurden, erschien im Januar 2018 eine überarbeitete Version des Teils 1 [41] Die Inhalte beider Ausgaben sind in weiten Teilen identisch. Ohne weitere Angabe des Ausgabedatums ist bei den nachfolgenden Erläuterungen stets die aktuelle Fassung von 2018 gemeint.

3.1 Grundsätzliche Aspekte der Schallschutzanforderungen

3.1.1 Formulierung und Festlegung von Anforderungen

3.1.1.1 Anforderungen: methodisches Vorgehen

Eine Anforderung kann als Verknüpfung qualitativer und quantitativer Festlegungen zur Erreichung eines Schutzzieles verstanden werden. Für diesen Prozess kann ein methodisches Vorgehen herangezogen werden, das in seinen Grundzügen nachfolgend skizziert wird.

Ansatz für eine methodische Betrachtung der Anforderungen

Der erste Schritt zur Festlegung einer Anforderung besteht in der Definition des **Anwendungsbereichs**, z. B. Mindestschallschutz, üblicher Schallschutz, erhöhter Schallschutz. Im zweiten Schritt erfolgt für den gewählten Anwendungsbereich eine qualitative Formulierung der **Schutzziele** (z. B. Schutz vor unzumutbaren Belästigungen durch Lärm). Schutzziele in DIN 4109 werden in 3.1.2 behandelt. Sie müssen mit geeigneten Attributen beschrieben werden können, die z. B. aus dem akustischen, psychoakustischen, psychologischen, soziologischen oder medizinischen Bereich stammen. Anschließend müssen den Schutzzielen, immer noch qualitativ, technisch-physikalische **Maßnahmen** (z. B. Schalldämmung oder Schallpegeldifferenz zwischen zwei Räumen) zugeordnet werden, die zur Erreichung eines Schutzzieles als geeignet betrachtet werden und durch eine **Kenngröße** (z. B. bewertetes Bau-Schalldämm-Maß R'_w oder bewertete Standard-Schallpegeldifferenz $D_{nT,w}$) ausreichend charakterisiert werden können. Im letzten Schritt erfolgt eine **zahlenmäßige Festlegung** für die Kenngrößen im Sinne eines Grenzwertes, der je nach Anforderung nicht über- oder unterschritten werden darf. Festlegungen für den Schallschutz müssen bei Bedarf in Zusammenhang mit anderen Zielen außerhalb des Schallschutzes gesehen werden (z. B. juristische Fragen wie anerkannte Regeln der Technik, Berücksichtigung der technischen Entwicklung, Baukosten etc.).

Zahlenmäßige Festlegungen können, je nach Art der Anforderungen, auf verschiedene Art und Weise getroffen werden. Beispielhaft werden die folgenden Möglichkeiten genannt:

- Analytische Ableitungen, wie es z. B. in der VDI 4100 ([126], [127], [128]) und in ([176], [177], [178]) beschrieben wird.
- Empirische Festlegungen (Erfahrung, Tradition). Als Beispiel kann die 1938 in DIN 4110 [43] für Wohnungstrennwände geforderte flächenbezogenen Masse von mindestens 450 kg/m^2 genannt werden, die den Anforderungen an den Luftschallschutz zugrunde gelegt wurde und auf die damals gebräuchliche (und bewährte) 25 cm dicke Vollziegelwand zurückgeht. Sie führte zu einem bewerteten Bau-Schalldämm-Maß R'_w von etwa 54 dB. Im Grunde ist diese empirische Festlegung bis hin zur heutigen DIN 4109-1:2018 die Basis des (Mindest-)Schallschutzes.
- Statistische Ableitung aus Messungen des Schallschutzes in Gebäuden. Dabei können z. B. Aussagen zu einem „üblichen" Schallschutz gewonnen werden oder es kann zwischen „Komfortkategorien" differenziert werden, wie es z. B. in [179] gemacht wurde (siehe dazu auch 3.2.2).
- Statistische Ableitung aus Umfragen bei Bewohnern (z. B. Grad der Zufriedenheit/Unzufriedenheit), wie sie z. B. in [180], [181] und [182] beschrieben werden.
- Vergleich mit Regelungen in anderen Ländern [183], [184]. Hieraus lässt sich zumindest erkennen, welche Akzeptanz Festlegungen für ein bestimmtes Schallschutzniveau gefunden haben.

Dieses methodische Vorgehen erlaubt eine begründbare Festlegung von Anforderungen. Allerdings muss der letzte Schritt, die zahlenmäßige Festlegung der Anforderungswerte, als der kritischste Schritt betrachtet werden. Es sollte immer der Zusammenhang zwischen Schutzzielen und Anforderungswerten nachvollziehbar sein.

Vorgehen in der DIN 4109-1

Einzelne Schritte des beschriebenen methodischen Vorgehens können in der DIN 4109-1 identifiziert werden. Als Anwendungsbereich nennt DIN 4109-1 schon in ihrem Titel den Mindestschallschutz und präzisiert diesen in Abschnitt 1 (Anwendungsbereich). Die Schutzziele werden in der Einleitung der Norm genannt: Gesundheitsschutz, Schutz vor unzumutbaren Belästigungen und Schutz der Vertraulichkeit. Als in Frage kommende Maßnahmen, die zu Anforderungen führen, kennt die DIN 4109 drei verschiedene Ansätze:

- Begrenzung der Emission von Schallquellen. Diese Möglichkeit nennt DIN 4109-1 nur für Armaturen und Geräte der Wasserinstallation (Kenngröße ist der Armaturengeräuschpegel L_{ap}).
- Begrenzung der Immissionspegel von Schallquellen. Diese Möglichkeit nennt DIN 4109 bei Geräuschen gebäudetechnischer Anlagen und aus Betrieben und verwendet als

Kenngrößen den maximalen A-bewerteten Norm-Schalldruckpegel $L_{AF,max,n}$ bzw. den Beurteilungspegel L_r.

- Begrenzung der Schallübertragung. Während die Begrenzung der Immissionspegel sich auf „definierte" (d.h. eindeutig identifizierbare) Schallquellen bezieht, wird die Begrenzung der Schallübertragung auf „nicht definierte" Schallquellen (z.B. bei Wohnlärm, Nachbarschaftsgeräuschen, Außenlärm) angewendet. Sie kann akustisch durch eine Schallpegeldifferenz zwischen zwei Räumen (z.B. $D_{nT,w}$) oder eine Schalldämmung (R'_w als Verhältnis von Schallleistungen im Sende- und Empfangsraum) beschrieben werden, kann aber auch durch eine Übertragungsfunktion charakterisiert werden, wie sie vom Prinzip her durch den Norm-Trittschallpegel $L'_{n,w}$ definiert wird.

Die den Maßnahmen zugeordneten Kenngrößen beschreibt DIN 4109-1 in Abschnitt 3 (Begriffe) und benennt sie in Abschnitt 4 ausdrücklich als kennzeichnende Größen für die Anforderungen. Zur Formulierung von Anforderungen werden diese Kenngrößen dann in den nachfolgenden Abschnitten 5 bis 11 der DIN 4109-1 mit zahlenmäßigen Festlegungen versehen.

In der Neuauflage der DIN 4109 von 2016 wurde gemäß der Vorgabe des Normenausschusses („keine wesentliche Änderung des Anforderungsniveaus", siehe 3.3.3) im Prinzip das Anforderungsniveau aus DIN 4109:1989 mit geringfügigen Modifikationen übernommen. Mit einer methodischen Festlegung in Bezug auf die genannten Schutzziele hatte das nichts zu tun. Den derart festgelegten Anforderungswerten wurden dann die entsprechenden Attribute der Schutzziele beigefügt. Im Anwendungsbereich der DIN 4109-1 heißt es dazu lediglich:

> Diese Norm legt Anforderungen an die Schalldämmung von Bauteilen schutzbedürftiger Räume und an die zulässigen Schallpegel in schutzbedürftigen Räumen in Wohngebäuden und Nichtwohngebäuden zum Erreichen der beschriebenen Schallschutzziele fest.

Im Gegensatz zur DIN 4109 hat die VDI 4100 [126, 127] in den Fassungen von 1994 und 2007 eine umfangreiche Begründung der zahlenmäßigen Festlegungen ihrer Anforderungen geliefert. Diese ist zwar kontrovers diskutiert worden [176], [185], jedoch können hier die methodischen Ansätze zur Festlegung des Schallschutzniveaus nachvollzogen werden.

Vorgehen in der früheren DIN 4109

Der Erarbeitung von DIN 4109:1962 wurde eine auf wissenschaftlichen Untersuchungen beruhende Vorgehensweise zugrunde gelegt. In ihrem Kommentar zur DIN 4109:1962 heißt es 1963 bei Schneider und Böckl in [186]:

> Das Normblatt DIN 4109 ist also ein typisches Beispiel für die Auswertung wissenschaftlicher Untersuchungen für die unmittelbare Arbeit der Baupraxis.

Dass dem tatsächlich so war, lässt sich z. B. an der Tatsache ablesen, dass namhafte Akustiker wie Lothar Cremer maßgeblich an der Entwicklung dieser Norm mitgewirkt hatten. Allerdings hat sich die wissenschaftliche Arbeit wohl vor allem in der Beschreibung der bauakustischen Zusammenhänge und der bauakustischen Eigenschaften von Bauteilen und Konstruktionen niedergeschlagen. Auch geeignete Kenngrößen zur Beschreibung von Anforderungen (Sollkurven etc.) waren Gegenstand der Untersuchungen. Auf diese Weise wurden die bis heute noch geltenden und selbstverständlich gewordenen methodischen Grundlagen zur Behandlung des baulichen Schallschutzes in der DIN 4109 gelegt. Vergleichbare Ansätze zur Festlegung der Anforderungswerte sind allerdings nicht erkennbar. Es finden sich in [186] einige Hinweise, wie die Anforderungswerte festgelegt wurden, doch nie aus methodischer Sicht und nicht bezogen auf bestimmte Schutzziele, sondern orientiert an den vorhandenen Bauweisen. Als methodischen Mangel sollte man das aber nicht begreifen, da die DIN 4109 auch 1962 im Gegensatz zu DIN 4109-1:2016 noch keine programmatischen Schutzziele deklariert hatte, für die sich dann die Frage gestellt hätte, wie Schutzziele und Anforderungswerte auf einander bezogen sind. In der Einleitung zu Blatt 2 der DIN 4109:1962 war lediglich von einem „ausreichenden Schallschutz" als „Voraussetzung für die ungestörte Benutzung von Aufenthaltsräumen" und von „Zahlenangaben für den Mindestschallschutz und für einen gehobenen Schallschutz" die Rede. Ausgehend von den Anfängen der DIN 4109, wo die als ausreichend betrachtete Qualität bestimmter Konstruktionen („einsteinstarke Vollziegelwand") die Grundlage für die Festlegung von Anforderungen war, blieb das im Prinzip auch weiterhin so. Im weiteren Verlauf wurden Festlegungen von Anforderungen nicht mit der Erreichung eines bestimmten Schutzzieles begründet, sondern schlicht und einfach damit, dass es Beschwerden gegeben hatte. Mit Hinblick auf die Überarbeitung von DIN 4109:1962 schrieb Eisenberg in seinem Kommentar zum Normentwurf 1979 [187]:

> Den Klagen über unzureichenden Schallschutz, auch dort, wo die Mindestanforderungen von DIN 4109, Blatt 2 Ausgabe 1962, erfüllt waren, musste Rechnung getragen werden. Insbesondere waren die Anforderungen an den Trittschallschutz anzuheben ... Bisher nicht in der Norm enthaltene Anforderungen mussten auf Grund vielfacher Beschwerden neu aufgenommen werden ...

Der Versuch einer methodischen Begründung für die Festlegung von Anforderungen wurde von Gösele 1988, kurz vor Erscheinen von DIN 4109:1989, in [185] gemacht. Die „erforderliche Luftschalldämmung aus der Sicht der Bewohner" betrachtete er anhand von Kriterien wie „Durchhören von Sprache" und „Durchhören von Musik", zog aber auch Befragungen von Bewohnern, Hörversuche und Messergebnisse aus der Literatur heran. Er kam (unter anderem) zu dem Ergebnis, „dass derartige Grenzwerte, die vom ‚Nicht mehr Durchverstehen von Sprache' ausgehen, höher liegen als die Werte, die wir heute im Durchschnitt erreichen". Allerdings warnte Gösele davor, „die Festlegung von Mindestanforderungen für den Luftschallschutz ‚wissenschaftlich' zu begründen und nicht nur wie bisher pragmatisch vorzugehen", da ein solches Ziel aus verschiedenen Gründen nicht erreichbar sei. Hier nannte er die vielen willkürlich angenommenen Werte, von denen ein derart ermittelter Grenzwert abhinge, „so dass es leicht möglich ist, mit unterschiedlichen Annahmen, die durchaus noch vertretbar sind, Anforderungen für die

R'_w-Werte zu erhalten, die um 5 dB verschieden sind“. Zusätzlich wies er darauf hin, „dass der Übergang vom Stadium ‚Verstehen‘ und ‚Nicht mehr Verstehen‘ (...) über einen Bereich von etwa 10 dB erfolgt“. Er schloss daraus: „Ein solches Verfahren ist deshalb unbrauchbar, darüber zu entscheiden, ob ein Mindestwert von R'_w von 53 oder 55 dB gewählt werden soll.“ Damit ist das Dilemma beschrieben, das auch heute noch besteht und nur mit hohem Untersuchungsaufwand zufriedenstellend gelöst werden könnte, wenn Grenzwerte mit Bezug auf deklarierte Schallschutzziele formuliert werden sollen. DIN 4109-1 nennt hier mit seinen Schutzzielen (Gesundheitsschutz, unzumutbare Belästigungen, Schutz der Vertraulichkeit) gleich drei solcher Ziele, die dieser Problematik unterliegen. In 3.1.2 wird darauf eingegangen.

3.1.1.2 Europäische Vorgaben für Anforderungen an den Schallschutz und deren Umsetzung in der DIN 4109

Was kann im baulichen Schallschutz international genormt werden? Zweifellos können normative Festlegungen für den Bereich der anzuwendenden Methoden (Mess- und Prüfverfahren, Berechnungsverfahren) getroffen werden. Das ist auf europäischer Ebene geschehen und wurde auf nationaler Ebene umgesetzt. Anders sieht es dagegen bei der Höhe des Schallschutzes aus. Europäisch betrachtet unterliegen die Vorstellungen an den baulichen Schallschutz unterschiedlichen nationalen Traditionen und Einstellungen. Die Höhe des durch Anforderungen festzulegenden Schallschutzes kann deshalb europäisch nicht genormt werden. Das hat man seinerzeit auch auf CEN-Ebene erkannt, als mit der Bauproduktenrichtlinie [134] und dem „Grundlagendokument Schallschutz“ [135] die Weichen für europäische Regelungen für den baulichen Schallschutz gestellt wurden, und hat erst gar nicht versucht, europäische Schallschutzanforderungen festzulegen. Vielmehr wurde dies den einzelnen Ländern zur individuellen Lösung auf nationaler Ebene überlassen. Vorgegeben wurden lediglich die (formalen) Rahmenbedingungen, unter denen Anforderungen formuliert werden sollen.

Im „Grundlagendokument Schallschutz“ heißt es dazu in Abschnitt 3.3:

> Die Darstellung der Anforderungen in den einzelstaatlichen Vorschriften kann unter drei verschiedenen Gesichtspunkten bzw. als Kombination dieser Punkte erfolgen:
>
> - Feststellung einer Mindestanforderung für die Leistung des Bauwerks, als Zahlen oder allgemein ausgedrückt. Bei der allgemeinen Ausdrucksweise wird eine Verbindung zwischen der Anforderung an Bauwerke und den Produkteigenschaften benötigt.
> - Feststellung der akustischen Mindestleistung der Produkte. In diesem Fall müssen die technischen Spezifikationen sich auf dieses Dokument stützen.
> - Feststellung des maximalen Geräuschpegels, dem Personen in oder in der Nähe des Bauwerks ausgesetzt sein dürfen. Hierbei ist die harmonisierte Terminologie zu verwenden.

Die DIN 4109 verwendet alle drei Möglichkeiten: die numerische Angabe einer Mindestanforderung an das Bauwerk erfolgt durch Anforderungen an die Schalldämmung im Bau

(R'_w und $L'_{n,w}$ als Kenngrößen für das Verhalten des Gebäudes). Akustische (Mindest-)Anforderungen an Produkte werden mit den Armaturengruppen (L_{ap}) bei Armaturen und Geräten der Wasserinstallation gestellt und mit dem bewerteten Schalldämm-Maß R_w auch bei Türen. Angaben eines höchsten Schalldruckpegels gibt es bei den Anforderungen an Geräusche gebäudetechnischer Anlagen und von Betrieben ($L_{AF,max,n}$ und L_r).

Darüber hinaus definiert Abschnitt 2.3 des „Grundlagendokuments Schallschutz" die Art der Anforderungen:

> Die Anforderung bezieht sich auf die Art und Weise, wie Personen die akustischen Gegebenheiten in ihrer Umgebung wahrnehmen, soweit Bauwerke dabei eine Rolle spielen.
>
> Der durch die wesentliche Anforderung „Schallschutz" angestrebte Schutz betrifft folgende Gesichtspunkte:
>
> - Schutz gegen Außenlärm
> - Schutz gegen Lärm aus anderen Räumen
> - Schutz gegen Trittschall
> - Schutz gegen Maschinenlärm
> - Schutz gegen starken Nachhall
> - Schutz der Umgebung gegen Lärm aus Lärmquellen innerhalb von Bauwerken oder im Zusammenhang mit Bauwerken.

Die ersten vier Punkte gehören zum „klassischen" Anforderungsbereich der DIN 4109 und werden auch in DIN 4109-1 umgesetzt. Schutz gegen starken Nachhall (z. B. in Treppenhäusern, Eingangsbereichen etc.) gibt es in der DIN 4109 nicht. Man findet bestenfalls einige allgemeine Angaben bei den „Hinweisen für die Planung und Ausführung". Die Notwendigkeit solcher Festlegungen ist in manchen anderen Ländern unbestritten. Die schweizerische SIA 181 [129], die ebenfalls den Namen „Schallschutz im Hochbau" führt, sieht ihren Normungsauftrag weiter als die DIN 4109 und legt neben den bauakustischen Anforderungen auch raumakustische Anforderungen an Unterrichtsräume und Sporthallen fest. Auch solche Anforderungen liegen nicht im Anwendungsbereich der DIN 4109. Sie sind in Deutschland in der DIN 18041 geregelt [48]. Der zuletzt genannte Punkt betrifft mit der Schallabstrahlung von Gebäuden ein Thema des Schallimmissionsschutzes, das in Deutschland nicht der DIN 4109 zugeordnet wurde. Behandelt wird es z. B. in der TA Lärm [140] und in Beiblatt 1 zu DIN 18005-1 [47].

3.1.1.3 Kriterien für die Festlegung von Anforderungen und Schallschutzniveaus

Die Festlegung von Schallschutzanforderungen in Regelwerken und von Schallschutzniveaus bei der Planung befindet sich nach Bild 3.1 in einem von unterschiedlichen Interessen geprägten Spannungsfeld: möglichst hoher, aber bezahlbarer Schallschutz für die Bewohner, Rechtssicherheit für den ausgeführten Schallschutz, technisch vernünftig realisierbarer Schallschutz, wirtschaftlicher Schallschutz. Nur eine gemeinsame Betrachtung dieser Aspekte und ein vernünftiger Kompromiss können zu einer akzeptablen Lösung führen.

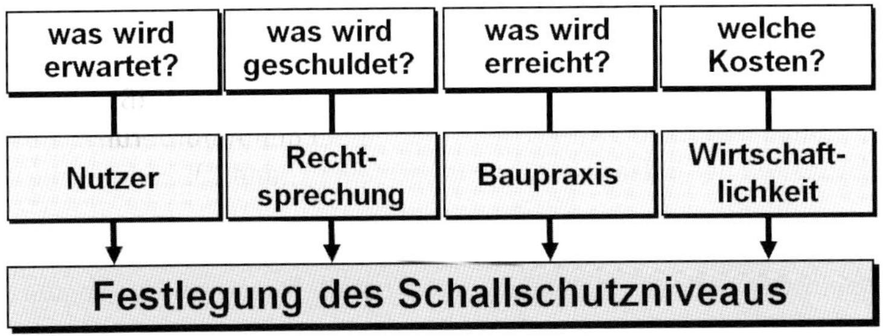

Quelle: Autoren

Bild 3.1: Kriterien zur Festlegung des Schallschutzniveaus bei Anforderungen und in der Planung

Anders ist die Situation bei der Festlegung von Mindestanforderungen. Im bauaufsichtlichen Geltungsbereich sollen die Anforderungswerte so festgelegt werden, dass der staatlich zu garantierende elementare Schutzanspruch der Bürger gewährleistet wird und die in der Einleitung der DIN 4109-1 deklarierten Schutzziele (siehe Bild 3.2) ohne jeden Zweifel erfüllt werden. Dennoch darf man davon ausgehen, dass die in Bild 3.1 aufgezeigten Kriterien bei der Festlegung der Anforderungen auch hier eine Rolle spielen.

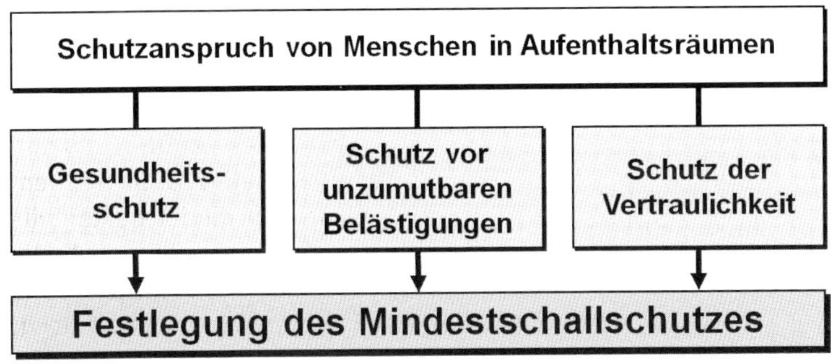

Quelle: Autoren

Bild 3.2: Schutzziele für den Mindestschallschutz nach DIN 4109-1 für Menschen in Aufenthaltsräumen

Wenn es um die Festlegung von Anforderungswerten und Schallschutzniveaus außerhalb der genannten Mindestanforderungen geht, kann eine normative Vorgabe nur einen orientierenden Rahmen bieten. Je nach vorliegender Situation wäre im konkreten Anwendungsfall die Gewichtung der einzelnen Kriterien objektbezogen vorzunehmen und könnte jeweils zu unterschiedlichen Festlegungen führen. Diese Aufgabe kann ein genormter Schallschutz (außerhalb des bauaufsichtlichen Bereichs) nicht erfüllen, so dass er eher plausible Anhaltspunkte liefert als Vorgaben, die unabdingbar einzuhalten sind.

Erwartungen der Bewohner

In einer zunehmend von Lärm erfüllten Umwelt steigt das Bedürfnis nach Ruhe in der eigenen Wohnung. Anhaltspunkte, was aus der Sicht der Bewohner gewünscht wird, können verschiedenen Umfragen entnommen werden. Auf internationaler Ebene (unter Einbeziehung deutscher Ergebnisse) stellt sich dabei heraus, dass in der Regel von den Bewohnern ein wesentlich höherer Schallschutz gewünscht wird, als er üblicherweise durch (Mindest-)Anforderungen verlangt wird [181]. Allerdings wird in Umfragen auch festgestellt, dass ein großer Teil der Befragten bereit ist, für einen besseren Schallschutz höhere Kosten auf sich zu nehmen. Auf diesem Hintergrund zeigt sich [167], dass die Wünsche der Bewohner nicht generell mit dem nach DIN 4109 geforderten Schallschutzniveau befriedigt werden können. Denn dieses garantiert nicht bereits einen guten, sondern einen vertretbaren Schallschutz, wenn es um einfache Ansprüche geht.

Selbstverständlich sind die Wünsche und Erwartungen – im Rahmen des technisch und wirtschaftlich Sinnvollen – ernst zu nehmen. Die Planung des Schallschutzes sollte deshalb differenzierter angelegt werden und sich nicht grundsätzlich nur auf die Einhaltung der Anforderungen der DIN 4109 beschränken. Gösele [185] hat sich, genauso wie Kötz und Moll [176], mit dem „Nicht mehr Durchverstehen von Sprache“ als Kriterium für die Ableitung von Grenzwerten für die Luftschalldämmung beschäftigt und folgert bezüglich entsprechender Festlegungen, dass „derartige Grenzwerte [...] höher liegen als die Werte, die wir heute im Durchschnitt erreichen. Wir können deshalb die Festlegung der Grenzwerte nur nach folgenden Gesichtspunkten machen: so hoch als aus wirtschaftlichen Gründen vertretbar“. Diese Aussage stellt auch heute noch für die Festlegung des Schallschutzniveaus eine wesentliche Prämisse dar.

Rechtliche Aspekte: Was wird geschuldet?

Eine nicht unbeträchtliche Zahl von Baustreitigkeiten vor Gericht – genannt werden etwa 20 % – sind im Bereich des baulichen Schallschutzes angesiedelt. Häufige Gründe sind, dass die Vereinbarungen über den geschuldeten Schallschutz unklar sind, dass die Erwartungshaltung der Bewohner nicht mit dem Schallschutzniveau der DIN 4109 übereinstimmt oder dass Planungs- und Ausführungsfehler vorliegen.

An dieser Stelle soll keine juristische Abhandlung zu den rechtlichen Fragen des baulichen Schallschutzes erfolgen. Dafür wird auf die einschlägige Literatur verwiesen, die sich ausgiebig mit diesen Fragestellungen beschäftig, z. B. [188], [147] und [189]. Es sollen lediglich ein paar Aspekte dargestellt werden, die in direktem Zusammenhang mit der DIN 4109 stehen. Weitere Erläuterungen zum rechtlichen Geltungsbereich der DIN 4109 werden in 3.1.4 gegeben.

Da die Anforderungen aus DIN 4109-1 bauaufsichtlich eingeführt werden, tragen sie auch über den Titel von DIN 4109-1 (Schallschutz im Hochbau – Mindestanforderungen) tatsächlich den Charakter von Mindestanforderungen. Sie sind in jedem Fall einzuhalten, da ansonsten das Gebäude nicht die Genehmigungsfähigkeit besitzt. Das heißt aber nicht zugleich, dass jedes Gebäude, wenn es (nur) die Mindestanforderungen erfüllt, auch den vertragsrechtlichen Verpflichtungen entspricht. In der einschlägigen Rechtsprechung zeigt sich seit vielen Jahren immer wieder, dass das, was nach dem Vertrag geschuldet wird, selbst wenn es keine ausdrücklichen Vereinbarungen zu einem höheren Schallschutz gibt, nicht automatisch die (Mindest-)Anforderungen der DIN 4109 sind.

Vertragsrechtlich wird die Ordnungsgemäßheit der Leistung geschuldet. Hinweise zu den privatrechtlichen Anforderungen gibt die Vergabe- und Vertragsordnung für Bauleistungen (VOB) Teil B [152]. In § 4 Nr. 2 (1) heißt es:

> Der Auftragnehmer hat die Leistung unter eigener Verantwortung nach dem Vertrag auszuführen. Dabei hat er die anerkannten Regeln der Technik und die gesetzlichen und behördlichen Bestimmungen zu beachten.

Weiterhin sagt § 13 Nr. 1:

> Der Auftragnehmer hat dem Auftraggeber seine Leistung zum Zeitpunkt der Abnahme frei von Sachmängeln zu verschaffen. Die Leistung ist zur Zeit der Abnahme frei von Sachmängeln, wenn sie die vereinbarte Beschaffenheit hat und den anerkannten Regeln der Technik entspricht. Ist die Beschaffenheit nicht vereinbart, so ist die Leistung zur Zeit der Abnahme frei von Sachmängeln, wenn sie sich für die nach dem Vertrag vorausgesetzte, sonst für die gewöhnliche Verwendung eignet und eine Beschaffenheit aufweist, die bei Werken der gleichen Art üblich ist und die der Auftraggeber nach der Art der Leistung erwarten kann.

In erster Linie wird sich die Ordnungsgemäßheit der Leistung an den vertraglichen Regelungen orientieren. Erfahrungsgemäß fehlen diese im Bereich des baulichen Schallschutzes oft oder sind unbestimmt. Es gilt dann eine Planung und Ausführung nach den allgemein anerkannten Regeln der Technik (a.a.R.d.T). Diese können schriftlich fixiert sein, müssen es aber nicht. Auch müssen sie nicht zwangsläufig mit geltenden DIN-Normen oder anderweitigen Regelwerken übereinstimmen.

Hierzu hat das Bundesverwaltungsgericht festgestellt [156]:

> DIN-Normen können anerkannte Regeln der Technik sein, sind dies aber nicht ohne weiteres kraft ihrer Existenz; sie schließen den Rückgriff auf weitere Erkenntnismittel nicht aus.

Die Frage, ob der Schallschutz den a.a.R.d.T. entspricht, wird immer wieder gestellt, z.B. bei Wohnungen mit höherem Komfort wie Eigentumswohnungen, und ist ggf. vom Sachverständigen vor Gericht zu beantworten. Der tut sich damit vielfach aber schwer und bezieht sich in seiner Not oft auf das, was er in den Regelwerken (DIN 4109, Beiblatt 2 zu DIN 4109:1989, VDI 4100) nachlesen kann. Aus solchen Fragestellungen heraus ist nachvollziehbar, dass sich der Normenausschuss in der Normungsarbeit der DIN 4109 immer wieder mit der Frage beschäftigt hat, inwiefern – auch in der Norm selbst – die Anforderungen als a.a.R.d.T. bezeichnet werden können, bzw. ob die Anforderungen so festzulegen sind, dass sie unstrittig die a.a.R.d.T. wiedergeben. Man erhoffte sich damit das Ende vieler Diskussionen und Rechtsstreitigkeiten. Geeignete Lösungen ließen sich aber nicht finden, so dass auch DIN 4109-1 nicht in der Lage war, sich dementsprechend zu äußern. Das einzige, was sie dazu dann im Endergebnis sagte, damit der Begriff der a.a.R.d.T. im

Normentext überhaupt auftauchte, war die schon oben zitierte Aussage, dass „die dargestellten Anforderungen an die Schalldämmung [...] mit allen derzeit gängigen Bauarten und Bauteildimensionen nach den allgemein anerkannten Regeln der Technik beschrieben und ausgeführt werden" können.

Wie aber kann der Schallschutz hinsichtlich der a. a. R. d. T. beurteilt werden? Lösbar ist die Aufgabe für den Sachverständigen dann, wenn er die schalltechnische Leistungsfähigkeit einer bestimmten Konstruktion oder Ausführung hinsichtlich der Einhaltung der a. a. R. d. T. beurteilen soll. Dafür gibt es objektive, überprüfbare Kriterien mit zahlenmäßigen Angaben, die ingenieurmäßig aus den technischen Eigenschaften abgeleitet werden können. Diesen Weg geht auch das DEGA-Memorandum „Die allgemein anerkannten Regeln der Technik in der Bauakustik" [147], wenn z. B. zum Schallschutz zweischaliger Haustrennwände gesagt wird:

> Zusammenfassend ist aus technischer Sicht festzustellen, dass sich aufgrund der üblichen Bauweisen für Reihenhäuser ein über den gemäß DIN 4109 mindestens einzuhaltenden Anforderungen liegender Schallschutz begründen lässt.
>
> Seit vielen Jahren haben sich jedoch für einige Bereiche der Bautechnik standardmäßige Grundkonstruktionen durchgesetzt, mit denen ein besserer Schallschutz erreicht wird, als in DIN 4109 gefordert ist. Da der Einsatz derartiger Konstruktionen seitens des Fachausschusses als allgemein anerkannt und üblich betrachtet wird, gelten diese und die mit ihnen zu erreichenden schalltechnischen Kennwerte als allgemein anerkannte Regel der Technik.

In diesem Zusammenhang sagt der Bundesgerichtshof (BGH) in einem Urteil vom 14.06.2007 [158] zum vertraglich geschuldeten Schallschutz beim Bau einer Doppelhaushälfte:

> Können durch die vereinbarte Bauweise bei einwandfreier, den anerkannten Regeln der Technik hinsichtlich der Bauausführung entsprechender Ausführung höhere Schallschutzwerte erreicht werden, als sie sich aus den Anforderungen der DIN 4109 ergeben, sind diese Werte unabhängig davon geschuldet, welche Bedeutung den Schalldämm-Maßen der DIN 4109 sonst zukommt.

Lösbar ist die Frage nach den a. a. R. d. T. auch dann, wenn der Schallschutz an eine bestimmte Aufgabe gebunden ist, beispielsweise die Errichtung einer Arztpraxis mit einer ausreichenden akustischen Vertraulichkeit. Auch dafür können bei Bedarf objektive, ingenieurmäßig überprüfbare Kriterien benannt werden, für die es ebenfalls denkbar ist, eine a. a. R. d. T. zu formulieren.

Ob hingegen „freischwebend", d. h. ohne Bezug auf eine bestimmte Konstruktion, eine konkrete Aufgabenstellung oder ein bestimmter Komfort ein bestimmtes Schallschutzniveau als „den allgemein anerkannten Regeln der Technik entsprechend" bezeichnet werden kann, lässt sich berechtigt in Frage stellen. Die immer wieder gehörte Forderung, der Schallschutz der DIN 4109 müsse den a. a. R. d. T. entsprechen und bei Bedarf diesen angepasst werden, ist nicht zielführend, solange nicht zugleich gesagt wird, wofür diese „allgemein anerkannten Regeln der Technik“ denn stehen sollen.

Als aufschlussreich ist hier der Ansatz des BGH in seinem Urteil vom 14.06.2007 [158] zu betrachten, der in seiner Beurteilung der DIN 4109:1989 die a. a. R. d. T. in direkten Zusammenhang mit einer konkreten Schallschutzaufgabe (hier: Schutz vor unzumutbaren Belästigungen) stellt:

> Wie bereits erwähnt, formuliert die DIN 4109 Anforderungen an den Schallschutz mit dem Ziel, Menschen in Aufenthaltsräumen vor unzumutbaren Belästigungen durch Schallübertragung zu schützen. Die Schallschutzanforderungen der DIN 4109 können deshalb hinsichtlich der Einhaltung der Schalldämm-Maße nur anerkannte Regeln der Technik darstellen, soweit es um die Abschirmung von unzumutbaren Belästigungen geht.

Sinngemäß weitergeführt heißt das, dass es für den baulichen Schallschutz nicht eine, sondern entsprechend der konkreten Aufgabenstellung verschiedene a. a. R. d. T. gibt, die bei Bedarf zu formulieren wären. Auf weitere Aspekte zur Handhabung der a. a. R. d. T. wird in 3.1.4 eingegangen.

Um auf das, was vertraglich geschuldet wird, zurückzukommen: Gewährleistungsfälle treten immer wieder auf, wenn für Wohnobjekte mit gehobenem Komfort („Komfortwohnungen“, „gehobene Ansprüche“, „qualitativ hochwertige Ausstattung“ etc.) lediglich der Mindest-Schallschutz nach DIN 4109 eingehalten wird. Hier geht es um die Frage, ob stattdessen ein höherer Schallschutz zu erbringen sei und wie hoch dieser ggf. anzusetzen wäre. Das schon genannte BGH-Urteil vom 14.06.2007 betrachtet (im Falle eines Doppelhauses) einen „üblichen Schallschutz“ und setzt diesen voraus. Es stellt fest, dass nicht auf die Schalldämm-Maße der DIN 4109 abzustellen ist, wenn nach dem Vertrag eine Ausführung entsprechend einem üblichen Qualitäts- und Komfortstandard zu erwarten ist. In ähnlicher Weise äußert sich (mit Bezug auf den Mehrgeschoss-Wohnungsbau) ein BGH-Urteil aus dem Jahr 2009 [159] zum Mindestschallschutz der DIN 4109:1989, indem es feststellt, dass „... diese Werte in der Regel keine anerkannten Regeln der Technik für die Herstellung des Schallschutzes in Wohnungen sind, die üblichen Qualitäts- und Komfortansprüchen genügen“. Auf die Bedeutung beider BGH-Urteile wird in [190] eingegangen.

Baupraxis: Was wird erreicht?

Stets ist bei der Festlegung des vereinbarten Schallschutzes die Frage zu beantworten, welcher Schallschutz mit der gewählten Bauweise erzielt werden kann. Eine Übersicht über die Entwicklung des baulichen Schallschutzes und das, was in der Praxis bautechnisch erreicht wird, findet sich in 3.2.2 und 3.2.3. Als grundsätzliche Aussage kann festgehalten werden, dass bei konventioneller Massivbauweise (einschalige, massive Bauteile) die resultierende Luftschalldämmung R'_w zwischen Wohnungen bei ca. 55 dB bis 60 dB liegt. Ein höherer Schallschutz ($R'_w \geq 60$ dB) muss konstruktiv umgesetzt werden. Dafür sind besondere Maßnahmen vorzusehen, für deren Auslegung in der Regel Fachplaner heranzuziehen sind. Für diese Bauarten sind nicht nur höhere Kosten, sondern auch ein erhöhter Aufwand bei der Bauausführung und -überwachung einzuplanen. Grundsätzlich gilt, dass bei höheren Anforderungen die schalltechnisch richtige Planung der Wohnungsgrundrisse von Beginn an bei der Entwurfsplanung berücksichtigt werden muss. Je höher die Anforderungen, desto sorgfältiger müssen auch die Flankenwege geplant werden. Es wird geraten, Anforderungen, die über die Schallschutzstufe I der VDI 4100:2012 hinausgehen, nur dann vertraglich zu vereinbaren, wenn bereits im Planungsstadium die sichere konstruktive Umsetzung aufgezeigt werden kann.

Wirtschaftlichkeit und Schallschutzkosten

Bewohner wünschen nicht nur einen guten Schallschutz, sondern auch günstigen Wohnraum. Es ist folglich nicht zielführend, Schallschutzziele für den Wohnungsmarkt völlig abgekoppelt von den wirtschaftlichen (und technischen) Bedingungen zu fordern. Wo aber der Wunsch nach einem höheren Schallschutz als nach DIN 4109 besteht und mit der Bereitschaft zu ggf. entstehenden Mehrkosten einhergeht, sollte auch ein über den Anforderungen der DIN 4109 liegender Schallschutz vorgesehen werden.

In der aktuellen öffentlichen Diskussion hat die Frage nach bezahlbarem Bauen und Wohnen wieder einen hohen Stellenwert erreicht und wird auf politischer Ebene, z. B. beim „Bündnis für bezahlbares Wohnen und Bauen“, thematisiert [191]. Dort heißt es:

> Ziel ist es, gemeinsam die Voraussetzungen für den Bau und die Modernisierung von Wohnraum in guter Qualität, vorzugsweise im bezahlbaren Marktsegment zu verbessern und das Wohnungsangebot in den Ballungsgebieten mit Wohnraummangel zu erweitern.

Die Bedeutung dieser Thematik und der aktuelle Handlungsbedarf stehen außer Frage. Im Zusammenhang mit den Baukosten wird allerdings immer wieder auch der (vermeintlich zu hohe) Aufwand für den geforderten baulichen Schallschutz ins Spiel gebracht. „Schallschutz als Kostentreiber“ ist eine Behauptung, die aus Kreisen der Bau- und Immobilienwirtschaft immer wieder in den Raum gestellt wird, wenn auf die steigenden Baukosten hingewiesen wird. Dabei werden die Möglichkeiten einer schallschutzgerechten Planung in diesem Zusammenhang nicht diskutiert. Man sieht sogar die neuen Nachweisverfahren aus DIN 4109-2 als einen wesentlichen Faktor für Kostensteigerungen an, befürchtet deswegen sogar den drohenden Verlust von Arbeitsplätzen, ist aber nicht bereit, die umfassenden Möglichkeiten moderner Planungsinstrumente für eine kosteneffiziente Planung des baulichen Schallschutzes in Betracht zu ziehen.

Tatsächlich ist Schallschutz nur dann teuer, wenn er falsch oder gar nicht geplant wurde, wenn er erst nachträglich realisiert wird oder gar erst durch „Reparaturmaßnahmen“ zu Stande kommt. Jeder erfahrene Planer kann bestätigen, dass eine gute Planung, die von Anfang an die Belange des Schallschutzes berücksichtigt, auch dessen kostengünstige Realisierung ermöglicht. Umgekehrt gilt aber auch, dass hohe Baukosten nicht automatisch einen guten Schallschutz sicherstellen. In [183] wird von Lang über Untersuchungen von Wohngebäuden in Österreich (Oberösterreich und Steiermark) berichtet, bei denen der Frage nachgegangen wurde, ob ein Zusammenhang zwischen dem vorhandenen Schallschutz und den Baukosten besteht. Zusammenfassend wird gefolgert, dass „keine

Korrelation zwischen errichtetem Schallschutz und Netto-Quadratmeterkosten festgestellt werden“ kann.

Keine, geringe oder vertretbare Mehrkosten entstehen, wenn der Schallschutz bereits integraler Bestandteil der Planung ist. Eine allgemein gültige Aussage zur Kostenfrage ist an dieser Stelle allerdings nicht möglich, da sie von den gegebenen Umständen (Ausgangssituation, gewählte Bauweise, angestrebtes Schallschutzniveau) abhängt. Verwiesen sei auf entsprechende Studien, die sich bei differenzierter Betrachtung dieser Frage angenommen haben, z. B. [192] und [193].

In der ganzen Kostendiskussion scheint oft vergessen zu werden, dass zu einer guten Wohnung auch ein guter Schallschutz gehört. Das wird zumindest von der Rechtsprechung so gesehen. Oft werden bei einer Kostenbetrachtung zwar die Mehrkosten, die z. B. durch dickere Wände und einen demzufolge möglichen Wohnflächenverlust begründet werden, mit „spitzem Griffel“ berechnet, auf der Habenseite fehlen dann aber die Wertsteigerung, die durch höheren Schallschutz entsteht, und der Gewinn an Wohnqualität. Eine solche „Kostenkalkulation“, die nur die eine Seite der Bilanz berücksichtigt, kann nicht gerade als aussagekräftig bezeichnet werden.

Wirtschaftlichkeit in der Normung

Die Frage der Wirtschaftlichkeit hat bei der Festlegung von Anforderungen der DIN 4109 schon immer eine Rolle gespielt. Nachdem im Normentwurf von 1979 [11] gegenüber der 1962er-Norm die Anforderungen erhöht werden sollten, hieß es dazu im darauffolgenden Normentwurf von 1984 [16] in den abschließenden „Erläuterungen des Obmanns zu den Norm-Entwürfen“:

> Zu den Anforderungen ist zu bemerken: Auf die in der ersten Entwurfsfassung vorgesehene Anhebung der Anforderungen an die Luftschalldämmung von Wohnungstrennwänden und -decken wurde insbesondere wegen der Auswirkungen auf die Bauausführungen und die -kosten weitgehend verzichtet. Die (zahlenmäßig) im Vergleich mit DIN 4109, Ausgabe 1962, angehobenen Anforderungen an den Trittschallschutz von Wohnungstrenndecken bedeuten für die heutigen Bauausführungen keine Änderungen und damit keine Baukostensteigerungen, da einwandfrei hergestellte schwimmende Estriche den Anforderungen genügen.

Bemerkenswert ist, dass sich hier der Obmann des Normenausschusses in schriftlicher Form und für die Öffentlichkeit bestimmt im Normentwurf zu diesem Thema äußerte. Offensichtlich war der Konflikt zwischen Schallschutz und Baukosten in besonders deutlicher Art und Weise zu Tage getreten.

Die Weiterführung des Zitats zeigt, dass Anforderungen der DIN 4109, egal ob sie sich „Mindestanforderungen“ nennen oder nicht, nicht eindimensional einer einzigen Vorgabe folgen, sondern letztlich immer einen Kompromiss darstellen, der insbesondere zwischen Schutzbedürfnis und Wirtschaftlichkeit getroffen wird:

Ein Teil des Arbeitsausschusses tritt nach wie vor für eine Anhebung der Anforderungen an den Schallschutz im Sinne der ersten Entwurfsfassung vom Februar 1979 insbesondere aus Gründen eines weiter verbesserten Gesundheitsschutzes ein. Der vorliegende Entwurf stellt – bei ausreichendem Schallschutz – einen Kompromiss dar, der eine Anpassung an den heutigen Stand der Technik und die auch mit Unterstützung der Rechtsprechung gewandelten Ansprüche an den baulichen Schallschutz vornimmt. Hierbei ergeben sich baupraktische und wirtschaftliche Grenzen, die mit einer Änderung üblicher Innenwandausführungen (z.B. Wanddicken) sowie anderer Innenbauteile und damit nicht vertretbaren Baukostenerhöhungen zusammenhängen und die Einordnung der Schallschutzanforderungen in die Gesamtheit anderer Anforderungen erforderlich machen.

Damit ist eigentlich alles zur bestehenden Konfliktsituation gesagt.

Wirtschaftlichkeit und Mindestanforderungen

Wenn Mindestanforderungen tatsächlich elementare Anforderungen sind, die vom Staat seinen Bürgern gegenüber garantiert werden müssen, um unabdingbare Schutzansprüche (Gesundheitsschutz, Schutz vor unzumutbaren Belästigungen) sicherzustellen, dann können und dürfen solche Anforderungen nicht von Wirtschaftlichkeitsüberlegungen beeinflusst sein. Da ist es auch kein Widerspruch, dass in den Statuten der Normungsarbeit (DIN 820 [2]) die Berücksichtigung von Wirtschaftlichkeitsaspekten geltend gemacht wird und diese von Ausschussmitgliedern der Bau- und Immobilienwirtschaft auch immer wieder ins Spiel gebracht werden. Denn solche Mindestanforderungen müssen nicht zwangsläufig in einer Norm formuliert werden, wenn sie hinterher durch bauaufsichtliche Einführung Rechtsgeltung erlangen sollen und damit ihren vorrangigen Zweck erreicht haben. In DIN 820 heißt es zwar in Abschnitt 7.2:

> Die Arbeitsprogramme der Ausschüsse müssen systematisch unter Berücksichtigung der Wirtschaftlichkeit und der Fortentwicklung von Wissenschaft und Technik sowie unter Berücksichtigung der internationalen und europäischen Harmonisierung technischer Regeln festgelegt und überwacht werden.

Gleichzeitig wäre dann allerdings auch zu beachten, was in den Allgemeinen Grundsätzen derselben Norm gesagt wird:

> Durch die Normung wird eine planmäßige, durch die interessierten Kreise gemeinschaftlich durchgeführte Vereinheitlichung von materiellen und immateriellen Gegenständen zum Nutzen der Allgemeinheit erreicht. Sie darf nicht zu einem wirtschaftlichen Sondervorteil Einzelner führen.

Will man Aspekte der Wirtschaftlichkeit mit denjenigen des Schallschutzes verknüpfen, dann hat das durchaus seine Berechtigung – nur sollte man es nicht in Zusammenhang mit den Mindestanforderungen tun, wenn diese als unabdingbare Untergrenze für den baulichen Schallschutz betrachtet werden.

Tatsächlich lassen die in der DIN 4109-1 formulierten Mindestanforderungen aber auch weitergehende Interpretationen zu, so dass neben der bauordnungsrechtlichen Relevanz dieser Anforderungen auch auf die privatrechtliche Bedeutung geschaut werden muss. Diese ergibt sich alleine schon daraus, dass es sich bei der DIN 4109 um eine (von einem privaten Träger herausgegebene) Norm und eben nicht um eine Gesetzesverordnung handelt. In diesem Zusammenhang wird dann eben doch über eine wirtschaftliche Erfüllung der Anforderungen diskutiert.

3.1.2 Schutzziele für den baulichen Schallschutz und für die DIN 4109

3.1.2.1 Schutzziele im baulichen Schallschutz

Schutzziele ergeben sich aus dem, was geschützt und wovor geschützt werden soll. Dazu ist es hilfreich, an allererster Stelle die Situation zu analysieren, für die ein Schutzkonzept zu entwickeln ist. Schick hat das in [194] getan, indem er Lärm beim Wohnen aus der Sicht der Psychologie betrachtet hat und gleich zu Anfang folgende Frage stellt:

> Welche Geräusche und Geräuschmerkmale wirken sich im Erleben und Verhalten von Personen in bestimmten Situationen, wie Arbeiten, Schlafen, sich-Unterhalten, sich-Erholen als schädlich, lästig, störend und unerwünscht aus?

Bevor er zu weiteren Ausführungen kommt, stellt er zuerst einmal die subjektive Komponente der Fragestellung klar:

> Jede Person definiert immer für sich selbst, welche Geräusche sie als Lärm bezeichnet.

Dann nennt er als Gesichtspunkte für die Qualität einer Wohnung die Privatheit, die Möglichkeit zur Verwirklichung von Individualität, Anregung und Erholung sowie Ortsverbundenheit und friedliche Nachbarschaft. Auf der Grundlage verschiedener Untersuchungen stellt er fest:

> Die Befunde der beschriebenen Untersuchungen belegen insgesamt sehr deutlich den hohen Stellenwert des Lärms für das Wohlbefinden beim Wohnen.

Schick hat sich darüber hinaus in [195] eingehend mit den Zielen des Schallschutzes aus der Sicht der Lärmwirkungsforschung beschäftigt und gibt einen Überblick über die unterschiedlichen Ansätze, Anforderungen an den Schallschutz psychologisch und sozialwissenschaftlich zu begründen. Angesichts der Schwierigkeit, dass die Belästigung durch Geräusche „nicht nur vom Geräusch, sondern letztendlich von verschiedenen Bedingungen der Person, der Wohnungssituation und dem Verhältnis der Bewohner zueinander" abhängt, fragt er ganz grundsätzlich, ob es „wenigstens einige Grundwerte (gibt), über die man sich in einem Staatswesen bzw. einem Kulturbereich weithin einig ist und aus denen man für das Wohnen weitere Ziele ableiten kann". Um es bei dieser Frage nicht zu belassen, nennt er aus der Lärmwirkungsforschung eine Reihe von Größen, „welche sich (bezüglich erheblichen Nachteilen und Belästigungen) als besonders bedeutsam erwiesen haben". Danach wird Schall beim Wohnen dann zum Lärm, wenn er

- die Unterhaltung von Menschen erschwert,
- das gemeinsame Tun von Menschen erschwert,
- die Wahrnehmung von Signalen und Geräuschen verunmöglicht,
- Ruhe, Erholung und Entspannung stört,
- den Schlaf erschwert, stört oder verunmöglicht,
- Leistungen körperlicher und geistiger Art beeinträchtigt,
- das allgemeine seelische Wohlbefinden stört, weil die mitmenschlichen Umstände einer Belastung oftmals zu erheblichem Ärger führen,
- das allgemeine körperliche Wohlbefinden, insbesondere durch das Vegetativum vermittelt, gefährdet oder gänzlich verhindert.

Diese Zusammenstellung liefert einen Katalog von Lärmwirkungen, aus dem die Schutzziele abgeleitet werden können. Dafür nennt Schick verschiedene Ansätze, die sich aus sozialwissenschaftlichen Funktionsanalysen, psychologischen Bedürfnistheorien, emotionspsychologischen Untersuchungen und Untersuchungen zum Wandel des Wohnverhaltens ergeben. Schick macht damit deutlich, dass die Ableitung geeigneter Schutzziele keine triviale Angelegenheit ist und stellt fest:

> Die Frage nach Schutzzielen und Schutzansprüchen beim Wohnen kann deshalb letztendlich nur auf dem Hintergrund eines bestimmten Menschenbildes verständlich beantwortet werden.

Es erstaunt nicht, dass bei der aktuellen Normungsarbeit an der DIN 4109 nicht nach einem Menschenbild gefragt wird, auf das sich alle an der Normung beteiligten interessierten Kreise einigen könnten und das dann als Grundlage jeglicher weiterer Normungsarbeit dienen würde. Dennoch dürfte es eine wesentliche, aber nie ausgesprochene Kernfrage bei den ständigen Auseinandersetzungen um den Schallschutz der DIN 4109 sein, unter welchem Blickwinkel und in welcher Rolle die durch die Norm zu schützenden Personen gesehen werden. Sieht man die Menschen in ihrer Individualität und in ihren Beziehungen innerhalb einer Gemeinschaft, die zu schützen sind? Leitet man ihren Schutzanspruch aus der durch Verträge definierten Rolle als Mieter, Wohnungseigentümer oder Käufer ab oder reduziert man ihn unter wirtschaftlichen Aspekten auf deren Rolle als „Konsumenten" von Wohnraum? Einer Norm, die sich mit Anforderungen an den Schallschutz beschäftigt, täte es gut, wenn sich der Normenausschuss immer wieder ins Bewusstsein ruft, wozu diese Norm gemacht und gebraucht wird. Es geht in allererster Linie um die betroffenen Menschen, so dass die Norm eigentlich „Schallschutz für Menschen im Hochbau" heißen müsste.

In der alten DIN 4109:1989 hieß es gleich im allerersten Satz dieser Norm:

> Der Schallschutz in Gebäuden hat große Bedeutung für die Gesundheit und das Wohlbefinden des Menschen.

Im Anschluss daran wurde gesagt:

> In dieser Norm sind Anforderungen an den Schallschutz mit dem Ziel festgelegt, Menschen in Aufenthaltsräumen vor unzumutbaren Belästigungen durch Schallübertragung zu schützen.

Bei solchen Aussagen, in denen der Mensch als primärer Adressat des Schallschutzes und der Anforderungen genannt wird, hat sich die neue DIN 4109-1 vom Wunsch einer „Versachlichung" leiten lassen und sie nicht übernommen. In der gesamten DIN 4109-1 wird das Wort „Mensch" kein einziges Mal mehr genannt.

3.1.2.2 Schutzziele der DIN 4109

Grundsätzlich ist der Ansatz richtig, dass eine Norm, die den Schallschutz regeln will, nicht nur nach den physikalischen Eigenschaften der Geräuschübertragung und -einwirkung (Schalldämm-Maße und Schalldruckpegel) fragt, sondern die relevanten Folgen des Lärms benennt und in die Schutzziele aufnimmt. Insofern ist die Nennung von Schutzzielen in DIN 4109-1 und deren Präzisierung („Schutz der Gesundheit", „Schutz der Vertraulichkeit" und „Schutz vor Belästigungen") durchaus sinnvoll. Die aktuelle DIN 4109-1 muss sich allerdings fragen lassen, ob sie es schafft, diese Kriterien glaubhaft und plausibel in ihr Schutzkonzept einzubinden. Es scheint zurzeit noch eine erhebliche Lücke zwischen Anspruch und Wirklichkeit zu klaffen. Der derzeitige Umgang mit den Schutzzielen wirft eine Reihe von Fragen auf, auf die nachfolgend unter verschiedenen Aspekten eingegangen wird. Da wesentliche Fragestellungen tief in Lärmwirkungsforschung hineinreichen, ist es an dieser Stelle nicht möglich, überall Antworten oder Lösungsvorschläge zu formulieren. Die nachfolgende Erörterung soll deshalb als konstruktiver Anstoß betrachtet werden, dafür zu sorgen, dass die bislang eher programmatischen Schutzziele dieser Norm und die ihnen zugeordneten Anforderungswerte auch einer kritischen Überprüfung standhalten. Dann wäre die DIN 4109-1 tatsächlich ein gutes Stück weitergekommen.

Entwicklung der Schutzziele in der DIN 4109

Nicht von Anfang an wurden in der DIN 4109 Schutzziele formuliert, die als solche auch ausdrücklich benannt wurden. Man beschränkte sich vielmehr auf eine kurze Begründung für die Notwendigkeit des baulichen Schallschutzes, wie es in DIN 4109:1944 [4] der Fall war:

> Lärmeinwirkungen können die Gesundheit der Menschen schädigen und ihre Leistungsfähigkeit herabsetzen. Deshalb muss der Mensch in seiner Wohnung vor Lärmeinwirkungen möglichst geschützt werden [...]. Der ausreichende Schutz der Aufenthalts- und Arbeitsräume gegen Lärm der verschiedensten Art ist deshalb eine wichtige Aufgabe.

Auch **DIN 4109:1962** enthielt keine programmatischen Schallschutzziele. Im Blatt 2 [7] dieser Norm hieß es in der Einleitung lediglich:

> Voraussetzung für eine ungestörte Benutzung von Aufenthaltsräumen, wie Wohn- und Schlafräumen sowie Arbeits- (z.B. Büro-)räumen, ist ein ausreichender Schallschutz gegen Störungen durch den Nachbarn, gegen Lärm von haustechnischen Anlagen, gegen Lärm aus gewerblichen Betrieben und gegen Außenlärm.

Im **Normentwurf zu DIN 4109 Teil 1:1984**[16] wurde zum ersten Mal ein Zusammenhang zwischen den Anforderungen und der Art der Einwirkung von Lärm (in Form von Belästigung) hergestellt. Dazu hieß es in Abschnitt 1 (Einführung):

> Die Mindestanforderungen und Richtwerte sind so bemessen, dass Menschen in Aufenthaltsräumen bei vertretbarem Aufwand vor erheblichen Belästigungen durch Schallübertragung geschützt werden. Dies setzt voraus, dass in benachbarten Räumen keine ungewöhnlich starken Geräusche verursacht werden.

Damit wurde erstmals in der DIN 4109 der Schutz vor Belästigungen ausdrücklich als Schutzziel genannt, gleichzeitig aber auf den „vertretbaren Aufwand" hingewiesen. Als dann nach zwei Normentwürfen die **DIN 4109:1989** veröffentlicht wurde, hieß es dort in Abschnitt 1 (Anwendungsbereich):

> Der Schallschutz in Gebäuden hat große Bedeutung für die Gesundheit und das Wohlbefinden der Menschen. Besonders wichtig ist der Schallschutz im Wohnungsbau, da die Wohnung dem Menschen sowohl zur Entspannung und zum Ausruhen dient als auch den eigenen häuslichen Bereich gegenüber den Nachbarn abschirmen soll. [...].
>
> In dieser Norm sind Anforderungen an den Schallschutz mit dem Ziel festgelegt, Menschen in Aufenthaltsräumen vor unzumutbaren Belästigungen durch Schallübertragung schützen ...
>
> Aufgrund der festgelegten Anforderungen kann nicht erwartet werden, dass Geräusche von außen oder aus benachbarten Räumen nicht mehr wahrgenommen werden. Daraus ergibt sich insbesondere die Notwendigkeit gegenseitiger Rücksichtnahme durch Vermeidung unnötigen Lärms. Die Anforderungen setzen voraus, dass in benachbarten Räumen keine ungewöhnlich starken Geräusche verursacht werden.

Während sich die Anforderungen im Normentwurf von 1984 noch *Mindestanforderungen* nannten, die vor *„erheblichen Belästigungen"* schützen sollten, wurde der Begriff der Mindestanforderungen in DIN 4109:1989 fallen gelassen und nur noch ein Schutz vor *„unzumutbaren Belästigungen"* in Aussicht gestellt. Anscheinend wollte man durch die Wortwahl das „Stigma" der Mindestanforderungen vermeiden und reduzierte (zumindest verbal) den Schutzanspruch auf „unzumutbare Belästigungen". Betrachtet man in diesem Zusammenhang die Schutzkategorien des Bundes-Immissionsschutzgesetzes (BImSchG) [137], so ist dort in § 1 (Zweck des Gesetzes) die Rede vom „Schutz und der Vorsorge gegen Gefahren, erhebliche Nachteile und *erhebliche Belästigungen*". So findet sich das dann, nun bezogen auf Geräuschimmissionen, auch in der TA Lärm [140]. Auch im Fluglärmschutzgesetz [141] geht es um den Schutz der Bevölkerung vor *„erheblicher*

Belästigung". Es scheint so, dass sich die DIN 4109 (zumindest verbal) gegenüber den aus dem Schallimmissionsschutz bekannten Rechtsvorschriften mit einem geringeren Schutzanspruch (bezogen auf Belästigungen) zufrieden gibt. Eine wirkliche Differenzierung zwischen den Begriffen „erheblich" und „unzumutbar" wurde nach Wissen der Autoren im Rahmen der Normungsarbeit zu DIN 4109 nicht vorgenommen. Wollte man tatsächlich eine sorgfältige Abgrenzung treffen, dann dürfte es wohl mehr als eine rein sprachliche Spitzfindigkeit sein. Zumindest zum Kriterium der „erheblichen Belästigung" lassen sich in anderen Regelwerken Hinweise finden. So wird in [196] ausgeführt, dass nach dem BImSchG eine Belästigung dann als „schädliche Umwelteinwirkung" definiert wird, sofern sie „erheblich" ist. Weiter wird dort ausgeführt, dass von Verkehrslärm betroffene Anwohner eine Belästigungssituation dann als erheblich einstuften, wenn der Prozentsatz Belästigter 25 % oder mehr betrug. Aus dieser Charakterisierung wird erkennbar, dass Kriterien wie „erhebliche Belästigung" oder „unzumutbare Belästigung" statistisch über den Prozentsatz der Betroffenen zu definieren sind. Zum Prozentsatz Belästigter bei „unzumutbarer Belästigung" liegen keine Angaben vor. Das ist auch nicht verwunderlich, da auf der Ebene des Immissionsschutzes die „erheblichen Belästigungen" als Kriterium herangezogen werden und darüber hinaus kein Bedarf besteht, eine Abgrenzung gegenüber „unzumutbaren Belästigungen" zu treffen. Wenn DIN 4109:1989 dieses im Schallschutz neue Kriterium verwendet, hätte man eine sorgfältige Begründung und Begriffsdefinition erwarten dürfen.

Im Normentwurf zu DIN 4109-1:2006 [29] wurde zum ersten Mal als Schutzziel der Gesundheitsschutz genannt. Der darauf folgende Entwurf DIN 4109-1:2013 [30] nannte den Gesundheitsschutz nicht mehr, dafür nun aber „Schutz vor unzumutbarer Belästigung" und „Schutz der Vertraulichkeit bei normaler Sprechweise".

Den (vorläufigen) Abschluss der Schutzzieldeklaration bildet **DIN 4109-1:2016/2018.** Dort werden, quasi als Zusammenfassung der beiden vorhergehenden Normentwürfe, als Schutzziele der Gesundheitsschutz, der Schutz der Vertraulichkeit und der Schutz vor unzumutbaren Belästigungen genannt. Eine ausführliche Behandlung findet sich in den nachfolgenden Abschnitten.

Die in den verschiedenen Ausgaben der DIN 4109 genannten Schutzziele bzw. Schutzaufgaben werden in Tabelle 3.1 noch einmal zusammengefasst.

Tabelle 3.1: Entwicklung der Schutzziele und Schutzaufgaben in der DIN 4109

DIN 4109 aus dem Jahr	Schutzziele/Schutzaufgaben
1944	ausreichender Schutz gegen Lärm (Schutz von Gesundheit und Leistungsfähigkeit)
1962	ungestörte Nutzung von Aufenthaltsräumen
Normentwurf 1979-2	Schutz vor erheblichen Belästigungen
1989	Schutz vor unzumutbaren Belästigungen
Normentwurf 2006-1	Schutz der Gesundheit

DIN 4109 aus dem Jahr	Schutzziele/Schutzaufgaben
Normentwurf 2013-1	Schutz der Vertraulichkeit bei normaler Sprechweise, Schutz vor unzumutbarer Belästigung
2016	Gesundheitsschutz, Schutz der Vertraulichkeit bei normaler Sprechweise, Schutz vor unzumutbaren Belästigungen

Schutzziele in DIN 4109-1

Die in der Einleitung der DIN 4109-1 formulierten Schutzziele folgen dem Ansatz in DIN 4109:1989, werden im Einzelnen jedoch weiter ausgedehnt. Als Ausgangspunkt wird Bezug genommen auf Anhang I „Grundanforderungen an Bauwerke" der Bauproduktenverordnung von 2011 [136], wo unter Punkt 5 (Schallschutz) gefordert wird:

> Das Bauwerk muss derart entworfen und ausgeführt sein, dass der von den Bewohnern oder von in der Nähe befindlichen Personen wahrgenommene Schall auf einem Pegel gehalten wird, der nicht gesundheitsgefährdend ist und bei dem zufrieden stellende Nachtruhe-, Freizeit- und Arbeitsbedingungen sichergestellt sind.

Diese Formulierung wird von DIN 4109-1 in der Einleitung wörtlich übernommen. In ihr wird explizit der Gesundheitsschutz gefordert. Außerdem werden mit den genannten „zufrieden stellenden" Bedingungen Schutzziele angesprochen, die sich am ehesten durch das Kriterium „Belästigung" konkretisieren lassen. In DIN 4109-1 wird das mit folgenden Schutzzielen umgesetzt:

Unter Zugrundelegung eines Grundgeräuschpegels von $L_{AF,eq} = 25$ dB werden für schutzbedürftige Räume in z. B. Wohnungen, Wohnheimen, Hotels und Krankenhäusern folgende Schutzziele erreicht:

- Gesundheitsschutz,
- Vertraulichkeit bei normaler Sprechweise,
- Schutz vor unzumutbaren Belästigungen.

Es kann nicht erwartet werden, dass Geräusche von außen oder aus benachbarten Räumen nicht mehr bzw. als nicht belästigend wahrgenommen werden, auch wenn die in dieser Norm festgelegten Anforderungen erfüllt werden.

Zieht man die von Schick genannten Kriterien für störenden Lärm in Wohnungen heran, dann erkennt man in den hier genannten Schutzzielen lediglich einen Ausschnitt dieser Schutzziele, es sei denn, man fasst unter „Belästigung" den großen Teil der genannten Kriterien zusammen. Offen bleibt die Frage, ob die nach der Bauproduktenverordnung von 2011 geltende Forderung nach „zufriedenstellenden Bedingungen" schon dann erfüllt ist, wenn lediglich „unzumutbare Belästigungen" vermieden werden. Man hätte zufriedenstellende Verhältnisse eher dann erwartet, wenn „erhebliche Belästigungen" vermieden werden.

Zu beachten ist, dass in DIN 4109-1 als Voraussetzung für das Erreichen der genannten Schutzziele ein bestimmter Grundgeräuschpegel zugrunde gelegt wird. Mit Hinblick auf die Vorgaben der Bauproduktenverordnung von 2011 muss darauf hingewiesen werden, dass die dort geforderten „zufriedenstellenden Bedingungen“ allgemein formuliert werden und in keiner Weise an einen bestimmten Grundgeräuschpegel gebunden sind. Es wäre deshalb zu klären, ob die von DIN 4109-1 gewählte Formulierung („unter Zugrundelegung eines Grundgeräuschpegels von $L_{AF,eq}$ = 25 dB“) eine zulässige Auslegung des Gewollten darstellt. Auf diesen wichtigen Zusammenhang wird an anderer Stelle (siehe 3.6.3.1) noch eingegangen. Als Korrektur sei angemerkt, dass die Kenngröße für den Grundgeräuschpegel nicht wie hier genannt ein $L_{AF,eq}$, sondern nach DIN 4109-1 Abschnitt 3.3 ein $L_{AF,95}$ sein sollte.

Falls DIN 4109-1 mit diesen Schutzzielen tatsächlich den elementaren, von staatlicher Seite im bauordnungsrechtlichen Sinne als Untergrenze festzulegenden Mindestschallschutz im Blick haben sollte (und nur diesen), dann könnten die genannten Ziele, unberücksichtigt der dazu getroffenen Festlegung von Anforderungswerten, als ein Ansatz zur qualitativen Beschreibung dieses Mindestschallschutzes betrachtet werden. Für mehr, schon gar nicht zur Beschreibung eines üblichen Schallschutzes, sind sie aber nicht geeignet. Allerdings müsste in diesem Zusammenhang gefragt werden, ob es berechtigt ist, dass sich die von staatlicher Seite geforderten Mindestanforderungen für den baulichen Schallschutz mit dem Schutz vor „unzumutbaren Belästigungen“ zufrieden geben können, wenn gleichzeitig in Gesetzen und Verordnungen zum Immissionsschutz (BImSchG, TA Lärm) auch beim Schallschutz vor „erheblichen Belästigungen“ zu schützen ist. Diese Frage ist an die Musterbauordnung (MBO) [145] zu richten. In 3.1.2.4 wird darauf eingegangen.

Damit vom derart vorgegebenen Schallschutzniveau nicht mehr erwartet wird, als es tatsächlich bietet, wird die Erklärung „Es kann nicht erwartet werden, dass ...“ hinterhergeschoben. Diese Formulierung erfolgt in Anlehnung an DIN 4109:1989, jedoch wird die Absicherung gegenüber nicht erfüllbaren Erwartungen hier noch ausgeweitet.

Abschließend findet sich in DIN 4109-1 folgende Erläuterung:

> Die empfundene Störung durch ein Schallereignis ist von mehreren Einflüssen abhängig, z. B. vom Grundgeräuschpegel und der Geräuschstruktur der Umgebung, von unterschiedlichen Empfindlichkeiten und Einstellungen der Betroffenen zu den Geräuschquellen in der Nachbarschaft und zu den Nachbarn. Daraus ergibt sich insbesondere die Notwendigkeit, gegenseitig Rücksicht zu nehmen.

Das im letzten Satz enthaltene Fazit wurde bereits in DIN 4109:1989 genannt, dort allerdings in einem völlig anderen Zusammenhang. An dieser Stelle wird richtigerweise auf einige aus der Lärmwirkungsforschung bekannte Zusammenhänge hingewiesen. Doch darf man die aus dieser Zusammenstellung gezogene Folgerung, dass sich daraus die Notwendigkeit gegenseitiger Rücksicht ergibt, durchaus in Frage stellen. Denn die Notwendigkeit gegenseitiger Rücksicht ist nicht primär eine Folge der beschriebenen Hintergründe, sondern schlichtweg zuerst einmal die Folge eines durch Mindestanforderungen festgelegten Schallschutzniveaus auf dem untersten vertretbaren Niveau.

Offizielle und inoffizielle Schutzziele der DIN 4109

Die in der Einleitung von DIN 4109-1 genannten Schutzziele (Gesundheitsschutz, Vertraulichkeit bei normaler Sprechweise und Schutz vor unzumutbaren Belästigungen) lassen erwarten, dass ein elementarer Schutz der Menschen vor Lärm in Gebäuden gemeint ist. Im Anwendungsbereich der DIN 4109-1 heißt es dann: „Diese Norm legt Anforderungen (...) zum Erreichen der beschriebenen Schallschutzziele fest." Damit wird ein direkter Zusammenhang zwischen den genannten Zielen und den Anforderungswerten dieser Norm hergestellt. Des Weiteren heißt es in der Einleitung explizit, dass diese Ziele auch erreicht werden, und zwar unter Zugrundelegung eines Grundgeräuschpegels von $L_{AF,95} = 25$ dB. Damit wird quasi eine Zusage gemacht, die die Erfüllung der Schutzziele verspricht. Es wird in den nachfolgenden Abhandlungen allerdings gezeigt, dass ein derart in Aussicht gestellter Schutzanspruch, auch wenn es sich um einen Mindestschallschutz handelt, in DIN 4109-1 an ganz unterschiedlichen Stellen relativiert oder sogar eingeschränkt wird, ohne dass das in der „Schutzzieldeklaration" der Einleitung in irgendeiner Art und Weise Erwähnung gefunden hätte. Es sind an dieser Stelle nicht die im Einzelnen getroffenen Festlegungen zu den Anforderungswerten gemeint, die damit kritisiert werden, sondern die Diskrepanzen zwischen der programmatischen Deklaration von Schutzzielen und deren tatsächlichen Umsetzung. Der Normentwurf DIN 4109-1:2013 war in dieser Beziehung zurückhaltender. Dort hieß es lediglich: „Zur Konkretisierung orientiert sich E DIN 4109-1 an folgenden Schutzzielen ...". Da DIN 4109-1:2016/2018 nicht mehr nur die Orientierung an diesen Schutzzielen nennt, sondern vielmehr deren Erreichung zusagt, muss sie sich auch gefallen lassen, dass dieser Anspruch kritisch überprüft wird.

Man könnte die deklarierten Schutzziele die „offiziellen" Schutzziele der DIN 4109 nennen. Neben diesen offiziellen Schutzzielen gibt es aber in der DIN 4109 auch „inoffizielle" Schutzziele, die sich aus der Sicht und den Interessen einzelner an der Normung beteiligter Kreise ergeben, z. B.:

- Schutz der Planer und Bauausführenden vor rechtlichen Risiken,
- Schutz der Bauherren, Investoren und Ausführenden vor wirtschaftlichen Risiken,
- Schutz der Käufer oder Mieter vor hohen Baukosten oder Mieten,
- Schutz der Investoren und Bauherren vor einer Minderung der „Wertschöpfung",
- Schutz bestimmter Bauweisen vor Marktbeschränkungen durch (für diese Bauweisen zu hohe) Schallschutzanforderungen,
- Schutz des Arbeitsmarktes vor Verlust von Arbeitsplätzen durch hohe Kosten für den baulichen Schallschutz (das wird zumindest immer wieder behauptet).

Diese Schutzziele werden von den „interessierten Kreisen" bei der Festlegung der Anforderungen durchaus (z. T. mit Vehemenz) vertreten, nur werden sie als Schutzziele in der Norm nicht genannt. So entsteht der Anschein, als ob es unter dem Titel „Schallschutz im Hochbau – Mindestanforderungen" und mit Hinblick auf die deklarierten Schutzziele tatsächlich nur um den Schutz der betroffenen Menschen ginge und dieser ein absoluter Wert an sich sei.

Die deklarierten Schutzziele bzw. deren Umsetzung stehen also im Spannungsfeld der unterschiedlichen Interessen und werden spätestens bei der zahlenmäßigen Festlegung von Anforderungen durch die nicht deklarierten Schutzziele mitdefiniert. Dass z. B. bei

Einfamilien-Reihenhäusern und Einfamilien-Doppelhäusern in Tabelle 3 der DIN 4109-1 für Aufenthaltsräume im untersten Geschoss andere Anforderungen gelten als für Aufenthaltsräume, unter denen sich mindestens 1 Geschoss befindet, hat durchaus etwas mit dem Schutz für bestimmte Bauweisen zu tun. Das Gleiche gilt für DIN 4109-1:2018, wo in Tabelle 2 Zeile 2 durch die neue Fußnote b) für Holzdecken die Anforderungen an den Trittschall von Wohnungstrenndecken (interimsweise) um 3 dB abgeschwächt werden. Aus solchen Regelungen ergibt sich dann, dass die zur Erfüllung der deklarierten Schutzziele formulierten Mindestanforderungen partiell von der Bauweise abhängen sollen. Das erhöht die Glaubwürdigkeit dieser Schutzziele nicht. Es kommt in DIN 4109-1 auch vor, dass ein Schutzziel, z. B. Schutz vor Betätigungsgeräuschen von Armaturen und Geräten der Wasserinstallation, prinzipiell als berechtigt akzeptiert wird, angesichts der anderen „Schutzziele", hier Schutz der ausführenden Gewerke vor Regressforderungen, von den Mindestanforderungen aber ausgeschlossen wird. Auf weitere Einschränkungen und Relativierungen des Schutzanspruches wird in 3.1.3 eingegangen. Entgegen dem Eindruck, der in der Einleitung von DIN 4109-1 aus der Deklaration der Schutzziele entstehen könnte, sind diese Schutzziele also nicht als für sich alleine Geltung besitzende, absolute Ziele zu verstehen, sondern sind im Kontext der sonstigen Festlegungen dieser Norm als relative Kriterien zu betrachten. Das sollte in DIN 4109-1 klargestellt werden.

3.1.2.3 Beurteilung der Schutzziele in DIN 4109-1

Wie gelingt es der DIN 4109-1, ihre Schutzziele umzusetzen? Stellt sie den geforderten Gesundheitsschutz tatsächlich sicher und schützt sie wirklich vor unzumutbaren Belästigungen? Um diese Fragen zu beantworten, müsste ein nachvollziehbarer Zusammenhang zwischen den deklarierten Zielen und den festgelegten Anforderungswerten hergestellt werden. Dazu wäre eine umfassende Untersuchung der verfügbaren Befunde der Lärmwirkungsforschung erforderlich, die an dieser Stelle nicht geleistet werden kann. Es soll deshalb lediglich auf einige Aspekte eingegangen werden, die in diesem Zusammenhang Erwähnung finden sollen, ohne dass daraus bereits konkrete Schlüsse zur Festlegung von Anforderungswerten gezogen werden können. Insbesondere geht es darum, wie DIN 4109-1 mit den deklarierten Schutzzielen umgeht. Wenn die durchaus kritische, aber konstruktiv gemeinte Auseinandersetzung mit den Schutzzielen dazu führen würde, dass deren Behandlung und Umsetzung in der DIN 4109 auf eine festere Grundlage gestellt werden können, dann wäre ein wesentliches Ziel schon erreicht.

Allgemeine Aspekte

De facto gilt der deklarierte Schutzanspruch nicht so grundsätzlich, wie es in der Einleitung von DIN 4109-1 in Aussicht gestellt wird. Denn an anderer Stelle (Anwendungsbereich) gibt es eine längere Liste derjenigen Bereiche, in denen die Anforderungen der Norm nicht gelten und damit auch der Schutzanspruch nicht geltend gemacht werden kann. Näher wird darauf in 3.1.3.2 eingegangen. Neben plausibel begründbaren Punkten wird dort u. a. auch tieffrequenter Schall nach DIN 45680 genannt, der durchaus zu beträchtlichen Belästigungen führen kann. Dann gibt es Störungen, die zu Recht als unzumutbar bezeichnet werden können, die in dieser Ausschlussliste aber gar nicht aufgezählt werden und trotzdem keinen Anforderungen unterliegen. Das sind die Betätigungsgeräusche von Armaturen und Geräten der Wasserinstallation. Nur in einer Fußnote der Anforderungstabelle 9 wird darauf hingewiesen, dass solche Geräusche „derzeit nicht zu berücksichtigen“ sind. Angesichts der in der Einleitung der Norm deklarierten Schutzziele erscheint das wie das Kleingedruckte in einem Kaufvertrag.

Ein wesentlicher Aspekt bei der Umsetzung der deklarierten Schutzziele ergibt sich daraus, dass Anforderungen nicht nur ein Zahlenwert sind, sondern in ihrer Art und Aussagekraft durch die gewählte Kenngröße bestimmt werden. Eine Beurteilung störender Lärmeinwirkungen findet nur insofern statt, als es im Definitionsbereich der gewählten Kenngröße vorgesehen ist. Das zeigt sich zum Beispiel bei der Trittschallübertragung. Ein erfahrener Bauakustiker weiß, dass berechtigterweise von Bewohnern immer wieder zum Teil starke Belästigungen geltend gemacht werden, obwohl die Messwerte vor Ort die Erfüllung der Anforderungen der DIN 4109 und oft auch die eines erhöhten Schallschutzes belegen. Der Grund ist meistens tieffrequente Trittschallübertragung, die in den Anforderungen nicht oder nur ungenügend berücksichtigt wird. Anhand dieses Beispiels ist eine ganz wesentliche Fragestellung angesprochen: sind die in DIN 4109-1 gewählten Kenngrößen überhaupt geeignet, die auftretenden Belästigungen adäquat zu beurteilen? Durch die Wahl der den Schallschutz kennzeichnenden Größen (siehe Tabelle 4 der DIN 4109-1) sind automatisch alle Implikationen dieser Kenngrößen auch Gegenstand des Schallschutzkonzeptes geworden. Deren einschränkende Randbedingungen werden weder in der Schutzzieldeklaration der Einleitung noch in der Ausschlussliste des Anwendungsbereichs genannt. So gelten die für die Anforderungen herangezogenen Kenngrößen R'_{w} und $L'_{\mathrm{n,w}}$ definitionsgemäß nur für Frequenzen ab 100 Hz. Alles, was darunter liegt, bleibt unberücksichtigt. Man könnte zuerst einmal, ohne den Frequenzbereich zu ändern, auf Spektrumanpassungswerte zurückgreifen, die mit C_{tr} z. B. beim Außenlärm oder mit C_{I} beim Trittschall tiefere Frequenzen stärker berücksichtigen und damit der realen Geräuscheinwirkung tieferer Frequenzen besser Rechnung tragen. Wenn man den Schutz unterhalb von 100 Hz für berechtigt hält, könnten auch die entsprechenden ab 50 Hz definierten Spektrumanpassungswerte, z. B. $C_{50\text{-}3150}$, $C_{\mathrm{tr},50\text{-}3150}$, $C_{\mathrm{I},50\text{-}2500}$ verwendet werden. Eine umfangreiche Erörterung der Verwendung von Spektrumanpassungswerten für tiefe Frequenzen findet sich bei Lang in [197]. Es wird dort die Notwendigkeit begründet, den Frequenzbereich ab 50 Hz zu berücksichtigen. Das alles tut die DIN 4109 momentan nicht. Angesichts noch offener Fragen, die sich bei der Umsetzung der Spektrumanpassungswerte ab 50 Hz in der DIN 4109 ergäben, kann das in der aktuellen Situation auch begründet werden. Es ist jedoch deutlich darauf hinzuweisen, dass DIN 4109-1 die Erfüllung ihrer Schutzziele (unausgesprochen, aber mit Folgen) unter den Bedingungen der aktuell verwendeten Kenngrößen definiert. Ergänzend sei in diesem Zusammenhang erwähnt, dass im Jahr 2018 auf Veranlassung des NABau-Lenkungsgremiums zu DIN 4109 in den mit der DIN 4109 befassten Normungsgremien mit der Überprüfung begonnen wurde, welche Relevanz tiefe Frequenzen für die DIN 4109 haben und ob, ggf. auch wie dem bei Bedarf Rechnung getragen werden müsse.

Grundgeräuschpegel

Eine weitere Randbedingung für die Gültigkeit der Schutzziele ist der zugrunde gelegte Grundgeräuschpegel. Schon lange ist bekannt, dass wesentliche Kriterien des Schallschutzes durch die Höhe des Grundgeräuschpegels beeinflusst werden [198]. Das gilt z. B. für die Wahrnehmbarkeit von Störgeräuschen und damit deren Lästigkeit oder für die Vertraulichkeit von Sprache. Neu sind solche Erkenntnisse nicht, jedoch hatten sie bislang bei der Formulierung von Schallschutzanforderungen der DIN 4109 keine Berücksichtigung gefunden. Beiblatt 2 zu DIN 4109:1989 enthielt einen kurzen Hinweis, dass bei „besonders geringem Hintergrundgeräusch" ein „über die Anforderungen der DIN 4109 hinausgehender erhöhter Schallschutz wünschenswert sein" könne. Als erstes Regelwerk für den baulichen Schallschutz hat die VDI 4100 [126] 1994 auf diesen Zusammenhang hingewiesen und für ihre Anforderungswerte einen methodischen Zusammenhang zu dieser Einflussgröße hergestellt. Deshalb scheint es ein Fortschritt gegenüber der DIN 4109:1989 zu sein, dass in DIN 4109-1 nun auch der Grundgeräuschpegel genannt wird, der den deklarierten Schutzzielen zugrunde gelegt wird. Es wird dafür $L_{AF,95}$ = 25 dB genannt. Ob es sich tatsächlich um einen Fortschritt handelt, ist aber zu bezweifeln. Eher dürfte es sich um einen zusätzlichen „Haftungsausschluss" bei den deklarierten Schutzzielen handeln, denn die Annahme eines solchen Wertes muss als angemessene Basis für die Festlegung der Anforderungen kritisch hinterfragt werden. Nur für Wohngebiete mit erhöhter Außenlärmbelastung ist unter heutigen Bedingungen ein Wert von 25 dB gerechtfertigt (siehe dazu die ausführliche Behandlung dieser Thematik in 3.6.3.1). Insbesondere in neueren Wohnungen kann $L_{AF,95} \leq 20$ dB als üblich betrachtet werden. Da DIN 4109-1 ja für neue Gebäude gelten soll, wäre eine Anpassung an diese Situation richtig gewesen. Das hätte allerdings – bei gleichem Schutzniveau – zu schärferen Anforderungswerten führen müssen. Dem stand entgegen, dass man im Normenausschuss „im Wesentlichen" keine Änderung der bisherigen Anforderungen wollte. Wenn die Schutzziele der DIN 4109-1 unter der Voraussetzung von $L_{AF,95}$ = 25 dB deklariert werden, dann impliziert das, dass sie bei $L_{AF,95} \leq 20$ dB nicht mehr erfüllt werden, sonst hätten die Schutzziele auch für einen niedrigeren Grundgeräuschpegel festgelegt werden können. Für eine große Anzahl von Wohnungen können dann unter den heute üblichen Bedingungen dieselben Schutzziele eines Mindestschallschutzes nicht erreicht werden. Dem in der Einleitung der DIN 4109-1 für $L_{AF,95}$ = 25 dB in Aussicht gestellten Mindestschallschutz hätte man der Vollständigkeit halber hinzufügen müssen, dass er für die Mehrzahl neuer Gebäude nicht zu erwarten ist.

Schutzziele und Anforderungswerte in statistischem Zusammenhang

Bei der Beurteilung der deklarierten Schutzziele sollte eine einfache Tatsache der Lärmwirkungsforschung nicht vergessen werden: Lärmwirkungen sind individuell verschieden und können für verallgemeinerte Aussagen nur als statistische Befunde formuliert werden. DIN 4109-1 vermittelt stattdessen den Eindruck, dass die deklarierten Schutzziele ganz grundsätzlich gewährleistet werden (wenn die Bedingung für den Grundgeräuschpegel erfüllt ist). Die schweizerische SIA 181 [129] hat für die Deklaration ihrer Schutzziele deshalb einen anderen Weg gewählt. In Abschnitt 2.1.6 dieser Norm heißt es kurz und pragmatisch:

> Die Anforderungen sollen dafür sorgen, dass eine Mehrheit der Benutzerinnen und Benutzer bei üblicher Nutzung vor erheblicher Störung geschützt werden. [...] Die Anforderungen stellen aber in jedem Fall einen Kompromiss zwischen Aufwand und Nutzen dar.

Nicht für alle betroffenen Personen, aber für eine Mehrheit soll der Schutzanspruch erfüllt sein. Für die auch in der Schweiz als Mindestanforderungen bezeichneten Anforderungen heißt es in Abschnitt 2.2:

> Die Mindestanforderungen gewährleisten einen Schallschutz, der lediglich erhebliche Störungen zu verhindern vermag. Bei Einhaltung dieser Anforderungsstufe ist noch mit einer deutlichen Minderheit Unzufriedener zu rechnen.

In aller Offenheit wird hier eingestanden, dass es trotz Einhaltung der Mindestanforderungen noch eine „deutliche Minderheit Unzufriedener" gibt. Es ist zwar ein methodischer Unterschied, ob im ersten Zitat nach dem Prozentsatz der vor erheblichen Störungen geschützten Personen gefragt wird oder im zweiten Zitat nach dem Prozentsatz der Unzufriedenen. Beiden Aussagen gemeinsam ist aber, dass sowohl bei der Beurteilung des Schutzanspruchs (1. Zitat) als auch bei der Beurteilung des Schallschutzniveaus (2. Zitat) ein statistischer Ansatz zugrunde gelegt wird.

Eine sinnvolle Festlegung von Anforderungswerten, denen Schutzziele wie „Gesundheitsschutz" oder „Schutz vor unzumutbaren Belästigungen" zugeordnet werden, scheint nur auf dieser Basis möglich zu sein. Maschke sagt dazu in [196], dass „die Lärmvorsorge auf die statistische Auswertung von Belästigungsurteilen beschränkt" bleibt. Er ergänzt das folgendermaßen:

> Das Schutzziel besteht in der sinnvollen Minimierung der Zahl der Belästigten bzw. der Belästigungsintensität.

Auch wenn die SIA 181 keine konkreten Zahlen für ihre statistisch orientierten Aussagen liefert, verfolgt sie einen richtigen Ansatz, da zumindest die Zusammenhänge zur statistischen Interpretation der Schallschutzziele und Anforderungswerte angesprochen werden. Aus diesem Ansatz ergibt sich, dass Anforderungswerte, z. B. zur Vermeidung unzumutbarer Belästigungen, so festzulegen sind, dass für einen bestimmten (und möglichst großen) Prozentsatz der betroffenen Personen das definierte Schutzkriterium erfüllt ist. Vergleichbar den in 4.1.6 (Sicherheitskonzept der DIN 4109) dargelegten Verhältnissen bei der Festlegung eines Sicherheitsbeiwertes für die rechnerischen Prognosen der DIN 4109-2 bedeutet im vorliegenden Zusammenhang ein größerer Prozentsatz nicht belästigter Personen eine größere Sicherheit bei der Festlegung der Grenzwerte, also schärfere Anforderungswerte. Für welchen Prozentsatz der Betroffenen ein Schutzkriterium als erfüllt gelten soll, wäre eine normungspolitische Entscheidung. Kurz und Schnelle berichten in [199] über die statistische Auswertung bauakustischer Messungen aus Klagefällen (Gerichtsgutachten und Beschwerden von Bewohnern). Zur Festlegung von Anforderungen führten sie ein 15 %-Kriterium ein und schrieben dazu: „Bei Einhaltung des entsprechenden Messwertes würden sich noch 15 % der Bewohner über einen unzureichenden Schallschutz beklagen. Das Kriterium soll annähernd dem Bevölkerungsanteil entsprechen, welcher als lärmempfindlich einzustufen ist." Sie weisen darauf hin, dass die ermittelten Werte des 15 %-Kriteriums als Grundlage für die Festlegung von Anforderungswerten verwendet werden können.

Ein umfassender Überblick über über in Europa durchgeführte statistische Untersuchungen zum „akustischen Komfort“ wird von Rasmussen und Rindel in [181] gegeben. Es wird eine Anzahl von Untersuchungen vorgestellt, „um ein wenig Licht in die Beziehung zwischen objektiv messbarem Schallschutz und der subjektiven Bewertung der akustischen Güte von Gebäuden durch die Bewohner zu bringen“. Unter anderem wird auch auf die von Weeber et al. in Deutschland durchgeführte Untersuchung [180] eingegangen, die folgendermaßen zitiert wird: „Die Ergebnisse weisen darauf hin, dass die Luftschalldämmung mindestens 58 dB und die Trittschalldämmung 48 dB oder weniger betragen sollte, damit weniger als 15 % der Befragten den Schallschutz als unzureichend bezeichnen.“ Zusammenfassend kommen die Autoren zu folgendem Ergebnis:

> Um die Forderung der Bewohner nach akustischer Güte von Wohnungen zu erfüllen, wird empfohlen, dass der Schallschutz zwischen Wohnungen in neuen Gebäuden folgende Werte einhalten sollte:
>
> $$R'_{w} \geq 60 \text{ dB} \quad \text{und} \quad L'_{n,w} \leq 48 \text{ dB}$$
>
> Dieses Schallschutz-Niveau wird von der Mehrzahl der Personen als „zufriedenstellend“ beurteilt, und nur eine begrenzte Anzahl von Beschwerden können erwartet werden.

Zu den statistischen Zusammenhängen zwischen Schutzzielen und Anforderungen äußert sich DIN 4109-1 nicht. Um den Ansprüchen an eine zeitgemäße Anforderungsnorm zu genügen, wäre es für diese Norm der richtige Weg, den deklarierten Schallschutzzielen Anforderungswerte aufgrund statistischer Untersuchungen der Lärmwirkungsforschung zuzuweisen. Das wäre selbstverständlich eine anspruchsvolle, aber lohnende Angelegenheit. Im ersten Schritt wäre es deshalb schon hilfreich, dass solche statistischen Zusammenhänge bei der Deklaration der Schutzziele nicht unerwähnt bleiben (siehe SIA 181). In einem weiteren Schritt wären konkrete Festlegungen auf statistischer Basis zu treffen, die den in Aussicht gestellten Schallschutz auf der Grundlage der Lärmwirkungsforschung im statistischen Sinne beurteilbar machen. Es sieht allerdings so aus, als ob dafür noch einige Arbeit zu leisten wäre. So lange das nicht erfolgt ist, ist der DIN 4109-1 eine gewisse Zurückhaltung bei der Deklaration ihrer Schallschutzziele und der Aussage, dass diese Ziele mit den genannten Anforderungswerten erreicht werden, anzuraten.

Schutz der Gesundheit

Es dürfte schwerfallen, für das, was bei den Schutzzielen „Schutz der Gesundheit“ genannt wird, eine einfache Beschreibung zu finden. Zu vielfältig sind die gesundheitlichen Auswirkungen von Lärm und zu komplex sind die Zusammenhänge zwischen Lärmeinwirkung und Auswirkungen auf die Gesundheit [166], [200]. Da es beim baulichen Schallschutz im Anwendungsbereich der DIN 4109 nicht um so hohe Lärmbelastungen geht, dass aurale Wirkungen, also Schädigungen des Gehörs, zu befürchten sind, für die es z. B. im Arbeitsschutz Grenzwertfestlegungen gibt, bleiben die extra-auralen Lärmwirkungen im Bereich niedrigerer Schalldruckpegel zu berücksichtigen. Für diese wäre je nach Art des gesundheitlichen Risikos die Ermittlung von Grenzwerten differenziert vorzunehmen. Es fällt jedoch auf, dass in Publikationen der Lärmwirkungsforschung viel über die Zusammenhänge zwischen Lärm und gesundheitlichen Risiken berichtet wird, aber kaum Angaben zu Grenzwerten gemacht werden, die es erlauben würden, in Zusammenhang mit den Anforderungen der DIN 4109 zur Festlegung von Anforderungswerten herangezogen zu werden. Im baulichen Schallschutz geht es jedoch nicht darum, für jedes gesundheitliche Risiko einen eigenen Grenzwert festzulegen. Vielmehr wäre ein Anforderungswert so zu wählen, dass er die wesentlichen gesundheitlichen Risiken einschließt, also am unteren Bereich der in Frage kommenden Grenzwerte liegt. Anhaltspunkte für einen solchen Wert müssten aus den einschlägigen Arbeiten der Lärmwirkungsforschung abgeleitet werden. Somit ist Gesundheitsschutz als Schutzziel der DIN 4109 zwar berechtigt, stellt bei der Festlegung geeigneter Anforderungswerte aber ein problematisches Kriterium dar.

Aus dieser Problematik muss sich aber nicht ein unlösbares Problem für die Festlegung von Grenzwerten in der DIN 4109 ergeben, da auch für die Lärmbelästigungen geeignete Festlegungen zu treffen sind. Die Grenzen zwischen „Schutz der Gesundheit" und „Schutz vor Belästigungen" sind fließend. Es ist insofern fraglich, ob bei den Schutzzielen der DIN 4109-1 explizit zwischen „Schutz der Gesundheit" und „Schutz vor (unzumutbaren) Belästigungen" unterschieden werden kann. Von der Lärmwirkungsforschung werden hier i.d.R. keine Unterschiede gemacht [200], [166], [201]. Es wird im Gegenteil darauf hingewiesen, dass Belästigungen durch Lärm als gesundheitliches Risiko eingestuft werden müssen. Es kann deshalb vermutet werden, dass durch eine geeignete Festlegung von Grenzwerten für Lärmbelästigungen zugleich auch Grenzwerte für den „Gesundheitsschutz" mit eingeschlossen sind. Der Fokus wäre bei der Festlegung von Anforderungswerten deshalb auf die Belästigungswirkungen zu legen.

Im Gegensatz zur in der Einleitung von DIN 4109-1 zitierten Bauproduktenverordnung von 2011, die unter anderem auch „zufriedenstellende Nachtruhebedingungen" fordert, geht DIN 4109-1 bei den von ihr deklarierten Schutzzielen auf den Schutz der Nachtruhe nicht ein. Es bleibt offen, ob dieser Schutzanspruch stillschweigend dem „Schutz vor unzumutbaren Belästigungen" oder dem Gesundheitsschutz zugeordnet wird. Unbestritten ist aber, dass der Schutz der Nachtruhe ein elementares Schutzbedürfnis ist, da Störungen des Schlafs ein hohes Gesundheitsrisiko darstellen. Nach [166] „zeigt sich, dass vermehrte Bewegungen (erhöhte Motilität) bereits ab einem Maximalpegel im Innenraum ($L_{\mathrm{Amax,innen}}$) von 32 dB objektiv quantifizierbar ist. Für Schlafstadienwechsel, verfrühtes Erwachen am Morgen, Bluthochdruck und Herzinfarkt treten lärmbedingte Wirkungen ab $L_{\mathrm{Amax,innen}}$ von 35 dB(A) bis 50 dB(A) auf".

Hier werden Maximalpegel als Kriterium herangezogen. In der neueren Lärmwirkungsforschung wird die Bedeutung von Pegelspitzen herausgestellt. Es wäre deshalb zu überprüfen, ob die Pegelspitzen in der DIN 4109-1 nach dem aktuellen Stand des Wissens, auch in Bezug auf einen Mindestschallschutz, angemessen berücksichtigt werden. In älteren Untersuchungen wird eher noch auf Mittelungspegel abgehoben, wenn Lärmwirkungen betrachtet werden. So heißt es beispielsweise in [201]:

> Im allgemeinen sind bei Mittelungspegeln L_{Am} innerhalb von Wohnungen, die nachts unter 25–30 dB und tags unter 30–35 dB liegen, keine wesentlichen Belästigungen zu erwarten.

Die dort genannten Werte entsprechen etwa dem, was heute weitgehend noch den (Mindest-)Anforderungen des Schallschutzes zugrunde gelegt wird. Es wird allerdings Folgendes ergänzt:

> Bei der Anwendung solcher Anhaltswerte für den Lärmschutz ist zu bedenken, dass die Belästigungsreaktionen des Menschen große Streuungen aufweisen entsprechend ist deshalb auch unterhalb der Anhaltswerte mit dem Auftreten von Beeinträchtigungen zu rechnen. Deshalb wird dringend empfohlen, die Möglichkeit zur Unterschreitung der Anhaltswerte zu nutzen.

Schutz vor (unzumutbaren) Belästigungen?

Der in DIN 4109-1 als Schutzziel deklarierte „Schutz vor unzumutbaren Belästigungen" führt zu Fragestellungen, die in der Norm offengelassen wurden. Wie wird in Zusammenhang mit dem baulichen Schallschutz eine Belästigung definiert? Und wann wäre sie unzumutbar? Wie wäre das Attribut „unzumutbar" überhaupt auszulegen? Auch hier bedarf es angesichts der Unbestimmtheit der Begriffe einer weiteren Präzisierung, bevor ein brauchbarer Zusammenhang zu den Anforderungswerten der DIN 4109 hergestellt werden kann.

Diese Lücke hat in der Praxis durchaus Folgen. Da die DIN 4109 seit 1989 als Schutzziel den Schutz vor unzumutbaren Belästigungen nennt, wird auch in Klagefällen immer wieder im Beweisbeschluss des Gerichts ein Sachverständiger um Feststellung gebeten, ob „unzumutbare Belästigungen" vorliegen. Die doppelte Unbestimmtheit des Begriffs führt alleine aus methodischen Gründen dazu, dass eine fundierte Aussage schwierig ist. Eigentlich müsste sich ein Sachverständiger eingestehen, dass er ohne umfassende Würdigung der aktuellen Befunde der Lärmwirkungsforschung zu einer solchen Aussage gar nicht in der Lage ist. In vielen Fällen aber scheinen sich die Sachverständigen gar nicht dieser Problematik bewusst zu sein, da sie einfach überprüfen, ob die Anforderungswerte der DIN 4109 (ggf. auch diejenigen des Beiblatts 2 zu DIN 4109:1989 oder der VDI 4100) eingehalten wurden. Falls nein, wird unterstellt, dass die Geräuscheinwirkungen unzumutbar sind, und der Kreis hat sich geschlossen, ohne dass eine wirkliche Begründung geliefert worden wäre.

Vom Versuch einer begründeten Festlegung für das Attribut „unzumutbar" wird hier Abstand genommen, da es mit Sicherheit umfassender Untersuchungen bedürfte, um aus der qualitativen Bedeutung konkrete Folgerungen zu ziehen, die für die Festlegung von Anforderungswerten für den baulichen Schallschutz herangezogen werden könnten. Es möge eine kurze Auseinandersetzung mit dem Begriff „Belästigung" genügen.

Eine einfache Begriffsbestimmung kann z. B. nach VDI 3788 [122] vorgenommen werden. Für **Beeinträchtigungen** heißt es dort:

> Beeinträchtigungen sind Auswirkungen von Geräuschbelastungen, die das körperliche, seelische oder soziale Wohlbefinden mindern oder zu Krankheiten führen. Beeinträchtigungen werden durch medizinische, psychologische oder soziologische Befunde beschrieben.

Für **Belästigung** wird folgende Erläuterung gegeben:

> Belästigung ist die bewusste Bewertung von Beeinträchtigungen durch die betroffenen Menschen. Im Belästigungsurteil werden die Bewertungen der Wahrnehmungen von Geräuschen und die Bewertungen der bewussten Folgen dieser Geräusche zusammengefasst

Es ist nicht so, dass die Lärmwirkungsforschung keine Kriterien zur Beurteilung der Lästigkeit von Geräuschen hätte. Ganz im Gegenteil hat sich die Frage der Lästigkeit zu einem wesentlichen Bereich der Lärmwirkungsforschung entwickelt. Eine ausführliche Behandlung der Belästigung in der Lärmforschung findet sich bei Schick in [202]. In zahlreichen Untersuchungen konnte schon früh gezeigt werden, dass die Lautstärke eines Geräuschs stark mit dessen Empfindung als „störend" oder „lästig" korreliert ist. Das alleine erwies sich oft aber nicht als hinreichendes Kriterium, so dass weitere physikalisch beschreibbare Eigenschaften der Geräusche wie Dauer, Häufigkeit, zeitlicher Verlauf, Frequenzzusammensetzung (mit den spezifischen Eigenschaften Tonhaltigkeit, Schärfe und Rauigkeit) sowie Impulshaltigkeit Berücksichtigung fanden.

Dennoch bleibt die grundlegende Problematik bestehen, die Maschke [203] folgendermaßen benannt hat:

> Der Begriff **Lästigkeit** ist, obwohl Gegenstand zahlreicher psychoakustischer Untersuchungen, nirgends genau definiert. Eine allgemeine, umfassende Definition ist auch nicht möglich, da der Grad der Belästigung von der Diskrepanz zwischen Aktivierung [*des Organismus*] und Situation bestimmt wird.
>
> Eine Definition der Lästigkeit ist nur dann sinnvoll, wenn sie die jeweilige Situation (z. B. geistige Arbeit, Erholung, Schlaf usw.) mit einbezieht, was entsprechend auch für den Begriff der „Störung" gilt.

Unter diesen Voraussetzungen dürfte es eine ausgesprochen anspruchsvolle Aufgabe sein, den in DIN 4109-1 allgemein deklarierten „Schutz vor unzumutbaren Belästigungen" so zu konkretisieren, dass er mit Anforderungswerten belegt werden kann.

Als weitere Schwierigkeit beim Versuch, Anforderungswerte festzulegen, kommt hinzu, dass die im Anforderungskonzept der DIN 4109 verwendeten Kenngrößen (bewertetes Bau-Schalldämm-Maß R'_{w}, bewerteter Norm-Trittschallpegel $L'_{n,w}$, Schalldruckpegel) zur physikalischen Beschreibung von Schallübertragung und Schallimmission in Gebäuden definiert wurden, nicht aber als Kenngrößen zur Beschreibung psychoakustischer Sachverhalte. Wenn eine Norm mit „Schutz vor unzumutbaren Belästigungen" Kriterien der Psychoakustik in ihre Schutzziele aufnimmt und Anforderungswerte darauf bezieht, dann muss eine signifikante Korrelation zwischen physikalischer Bedeutung der verwendeten Kenngrößen und einer möglichen psychoakustischen Aussage vorhanden sein. Die Eignung der genannten Kenngrößen zur Beschreibung von Belästigungswirkungen und die Möglichkeit von Alternativen werden auf fachlicher Ebene nach wie vor sehr kontrovers diskutiert.

Belästigung in gesundheitlichem Zusammenhang

Von Wothge wird in [166] darauf hingewiesen, dass die Belästigung der Bevölkerung durch Lärm zu den am meisten erforschten Lärmwirkungen gehört. Diese Aussage bezieht sich allerdings auf Verkehrslärm, insbesondere Fluglärm. Über Nachbarschaftslärm liegen vergleichsweise wenige Untersuchungen vor. Von Niemann et al. wird in [200] über eine umfangreiche Studie (LARES-Studie) berichtet, bei der an über 8000 Personen bei den Wohnumfeldbedingungen auch die Lärmbelastung berücksichtigt wurde. Es heißt dort:

> Die LARES-Studie bestätigt auf epidemiologischer Ebene, dass starke Belästigung durch Nachbarschaftslärm für Erwachsene und Kinder als Gesundheitsrisiko eingestuft werden muss.

Es wird darauf hingewiesen, dass als zweite dominante Quelle nach dem Verkehrslärm der Nachbarschaftslärm ermittelt wurde. „Es handelt sich hierbei zumeist um Geräusche mit hohem Informationsgehalt, wie Sprache, Trittgeräusche oder auch Musik. Ein hohes Belästigungspotenzial kann daher bereits bei relativ niedrigen Schallpegeln vorliegen." Bei starker chronischer Belästigung durch Nachbarschaftslärm wurde „ein signifikant erhöhtes Risiko für Bluthochdruck" ermittelt. Es wurde festgehalten:

> Die erhöhten Erkrankungsrisiken lassen insgesamt erkennen, dass starke Belästigung durch Nachbarschaftslärm als eine ernstzunehmende Gesundheitsgefährdung für Erwachsene eingestuft werden muss.

Niemann et al. kommen zu folgendem Fazit:

> Die Ergebnisse der LARES-Studie zum Nachbarschaftslärm weisen darauf hin, dass es von hoher Priorität für ein gesundes Wohnen ist, die Schalldämmung zwischen den Wohnungen zu verbessern. In diesem Zusammenhang sollten aus lärmmedizinischer Sicht die erhöhten Anforderungen der VDI 4100 hinsichtlich der Schalldämmung zwischen Wohnungen als verbindlich übernommen werden.

Hier findet sich einer der wenigen Hinweise auf einen aus Sicht der Lärmwirkungsforschung erforderlichen baulichen Schallschutz. Zum Zeitpunkt der Veröffentlichung war noch VDI 4100:1994 gültig. Gemeint ist mit den erhöhten Anforderungen deren Schallschutzstufe II.

Vertraulichkeit und Sprachverständlichkeit

Zu den grundlegenden Ansprüchen, die von einem Wohnraum zu erfüllen sind, gehört, dass gegenüber den Nachbarn die Vertraulichkeit des gesprochenen Wortes gewahrt bleibt. Genauso aber will man in seiner eigenen Wohnung auch nicht verstehen, was vom Nachbarn gesprochen wird. Der daraus resultierende Schutzanspruch wird geradezu als ein „Grundrecht" des baulichen Schallschutzes betrachtet und ist deshalb zu Recht ein wichtiges Kriterium zur Festlegung und Beurteilung eines ausreichenden Schallschutzes.

In der VDI-Richtlinie 4100 erfolgt deshalb die Bestimmung des notwendigen Luftschallschutzes zwischen Räumen aufgrund von Sprachverständlichkeitskriterien.

Unter den in der Einleitung von DIN 4109-1 genannten Schutzzielen ist der Schutz der Vertraulichkeit dasjenige Kriterium, das sich vergleichsweise am einfachsten quantitativ beschreiben lässt und für das am leichtesten auch zahlenmäßige Festlegungen getroffen werden können. Der Zusammenhang zwischen der Sprachverständlichkeit und den maßgeblichen akustischen Einflussgrößen kann in verfügbaren Modellen beschrieben werden. Kötz und Moll haben in [176] in Abhängigkeit vom Schallpegel der Sprache, der Fläche des Trennbauteils, dem Volumen und der Halligkeit des Empfangsraumes und vom Grundgeräuschpegel im Empfangsraum einen analytischen Zusammenhang hergestellt und beschrieben. Die dort dargestellte Methodik hat 1994 Eingang in die VDI 4100 gefunden. In diesem Regelwerk wird u. a. auch das Verstehen von Sprache in drei unterschiedlichen Schallschutzstufen betrachtet. Werden diesen Schallschutzstufen die entsprechenden Schalldämm-Maße zugeordnet, kommt man zu dem in Tabelle 3.2 dargestellten Zusammenhang. Er zeigt beispielhaft die Wahrnehmbarkeit von Sprache in Abhängigkeit von der vorhandenen Schalldämmung.

Tabelle 3.2: Wahrnehmung von Sprache aus der Nachbarwohnung bei unterschiedlicher Schalldämmung zwischen den Wohnungen, abendlicher A-bewerteter Grundgeräuschpegel 20 dB, üblich große Aufenthaltsräume, Text in Klammern gilt für Sprache mit normaler Sprechweise

Bewertetes Bau-Schalldämm-Maß zwischen den Wohnungen R'_w in dB	**Sprache mit angehobener Sprechweise (Sprache mit normaler Sprechweise)**		
	im Allgemeinen verstehbar (im Allgemeinen nicht verstehbar)	**im Allgemeinen nicht verstehbar (nicht verstehbar)**	**nicht verstehbar (nicht hörbar)**
horizontal	53	56	59
vertikal	54	57	60

Quelle: nach [127]

Nach diesen Angaben wäre demnach für normale Sprache bei den aktuellen Anforderungswerten der DIN 4109-1 ($R'_w \geq 53$ für Wände, $R'_w \geq 54$ für Decken) die Mindestanforderung für die Vertraulichkeit („im Allgemeinen nicht verstehbar“) bei einem Grundgeräuschpegel von 20 dB eingehalten.

Von besonderer Bedeutung ist der Einfluss des Grundgeräuschs. Je geringer das aus der Umgebung vorhandene Grundgeräusch ist (z. B. bei ruhigen Wohnlagen), desto leichter kann Sprache verstanden werden und desto höher muss die notwendige Schalldämmung sein. Derselbe Schallschutz kann also in unterschiedlich lauter Umgebung zu unterschiedlichen Vorgaben an die benötigte Schalldämmung führen. Kriterium für die Wahrnehmbarkeit von Sprache ist die Verdeckung der Sprache durch das Grundgeräusch. Dabei wird berücksichtigt, um wie viel der Schalldruckpegel des Sprachsignals unter dem Schalldruckpegel des verdeckenden Grundgeräusches bleibt. Für die als „Vertraulichkeitskriterium“ bezeichnete Pegeldifferenz zwischen den Pegeln des Grundgeräuschs und des Sprachsignals nennt die VDI 4100 unter Bezug auf [204] folgende in Tabelle 3.3 dargestellten Auswirkungen der Verdeckung:

Tabelle 3.3: Hör- und Verstehbarkeit der aus der Nachbarwohnung eindringenden Sprache

vorhandene Verdeckung ($\Delta L = L_{Grundgeräusch} - L_{Sprache}$) in dB	**Wirkung**
–10	einwandfrei zu verstehen
0	noch zu verstehen
3	im Allgemeinen nicht mehr verstehbar, aber noch hörbar (Mindestwert zur Wahrung der Vertraulichkeit)
7	nicht verstehbar, Gespräch noch bemerkbar
10	nicht verstehbar, kaum hörbar, Gesprächsteilnehmer kaum feststellbar
15	nicht hörbar

Quelle: nach [126], [127] und [177]

Von Bedeutung ist hier die Angabe eines Mindestwertes der Verdeckung von 3 dB, um die Vertraulichkeit zu wahren. Nach VDI 4100 sind bei diesem Wert „deutlich weniger als 50 % der Sätze verständlich".

Als Beispiel zeigt Tabelle 3.4, wie sich der Grundgeräuschpegel auf die Wahrnehmbarkeit von Sprache auswirkt. Während bei einer recht guten Schalldämmung von 57 dB und einem A-bewerteten Grundgeräuschpegel von 30 dB Sprache nicht mehr zu hören ist, führt dieselbe Schalldämmung bei einem Grundgeräuschpegel von nur noch 20 dB dazu, dass die Sprache nun zu hören, aber nicht zu verstehen ist. 20 dB entsprechen einem üblichen Grundgeräuschpegel in Wohnungen zur ruhigen Abendzeit. Im Vergleich zu den in Tabelle 3.2 genannten Werten ergeben sich bei den hier von Gösele gemachten Angaben für vergleichbare Situationen höhere erforderliche Schalldämm-Maße. Gösele behandelt in [185] detailliert das „Durchhören von Sprache" als Ausgangspunkt für die Festlegung von Schalldämm-Maßen. Er geht dort auch auf den Ansatz von Kötz und Moll [176] ein und erklärt den Unterschied der erforderlichen Schalldämm-Maße damit, dass entsprechend seinen eigenen Untersuchungen die für die Verdeckung erforderlichen Pegeldifferenzen von Kötz und Moll mit zu geringen Werten angenommen werden.

Tabelle 3.4: Bewertetes Bau-Schalldämm-Maß R'_w und das Durchhören von normal-lauter Sprache

Sprachverständlichkeit	erforderliches bewertetes Bau-Schalldämm-Maß R'_w in dB	
	A-bewerteter Grundgeräuschpegel 20 dB	A-bewerteter Grundgeräuschpegel 30 dB
nicht zu hören	67	57
zu hören, jedoch nicht zu verstehen	57	47
teilweise zu verstehen	52	42
gut zu verstehen	42	32

Quelle: nach [205]

Man sieht, dass eine Absenkung des Grundgeräuschpegels eine gleich große Erhöhung der Schalldämmung zur Folge haben muss, wenn dasselbe Schutzziel erreicht werden soll. Es ist deshalb für das Verständnis der Schutzziele und Anforderungen in DIN 4109-1 von erheblicher Bedeutung, dass alle Festlegungen auf der Basis eines Grundgeräuschpegels von 25 dB getroffen werden.

Von Bedeutung ist darüber hinaus auch, dass in der Einleitung der DIN 4109-1 als Schutzziel „Vertraulichkeit bei normaler Sprache" genannt wird. Schon in den Einsprüchen zu den Normentwürfen E DIN 4109-1:2006 und E DIN 4109-1:2013 wurde geltend gemacht, dass das ungenügend ist, da auch für angehobene Sprache im Mindestschallschutz noch eine ausreichende Verdeckung sichergestellt sein müsse. So kritisiert Maack in [206] sowohl den zugrunde gelegten Grundgeräuschpegel von 25 dB als auch die zugrunde gelegte normale Sprechweise und kommentiert das folgendermaßen:

> Nun ist für Wohnungen nachts ein Grundgeräuschpegel von 18 bis 20 dB(A) üblich und man wünscht sich eine Vertraulichkeit auch bei leicht gehobener Sprechweise ...

Entsprechend den in Tabelle 3.2 übernommenen Angaben aus der VDI 4100 würden sich für die von Maack vorgesehenen Bedingungen bewertete Schalldämm-Maße ergeben, die gegenüber den Mindestanforderungen der DIN 4109-1 um etwa 3 dB erhöht wären: ca. 56 dB für Wände und ca. 57 dB für Decken.

3.1.2.4 Schutzziele aus anderen Regelungen

Einen Zusammenhang der Schutzziele der DIN 4109 mit Festlegungen in anderen Regelungen findet man in der Musterbauordnung (MBO). Die MBO vom November 2002 in der Fassung vom 13.05.2016 [145] enthält in § 3 (Allgemeine Anforderungen) folgende Formulierung:

> Anlagen sind so anzuordnen, zu errichten, zu ändern und instand zu halten, dass die öffentliche Sicherheit und Ordnung, insbesondere Leben, Gesundheit und die natürlichen Lebensgrundlagen, nicht gefährdet werden.

Bezüglich Lärmeinwirkungen in Gebäuden ist die Gefährdung der öffentlichen Sicherheit und Ordnung sowie des Lebens unter üblichen Bedingungen nicht relevant. Hingegen ist die Gefährdung der Gesundheit ganz bestimmt zu thematisieren. Auch die „natürlichen Lebensgrundlagen" bieten genügend Anlass für Regelungsbedarf, wenn dazu z. B. die von Schick genannten Kriterien für störende Lärmeinwirkungen beim Wohnen herangezogen werden. Selbst wenn einzuhaltende Schalldruckpegel mit Hinblick auf gesundheitliche Wirkungen nur schwer zu formulieren wären, böten die „natürlichen Lebensgrundlagen" genügend Anlass für die Festlegung von Grenzwerten.

Weiterhin heißt es in der MBO in § 15 (Wärme-, Schall-, Erschütterungsschutz) Absatz (2):

> Gebäude müssen einen ihrer Nutzung entsprechenden Schallschutz haben. Geräusche, die von ortsfesten Einrichtungen in baulichen Anlagen oder auf Baugrundstücken ausgehen, sind so zu dämmen, dass Gefahren oder unzumutbare Belästigungen nicht entstehen.

Es ist Aufgabe der Schallschutznormung, für den „ihrer Nutzung entsprechenden Schallschutz" eines Gebäudes die relevanten Kriterien der Nutzung zu benennen und diese in Zusammenhang mit dem dafür erforderlichen Schallschutz zu bringen. So ist es offensichtlich, dass in einem Hotel ungestörte Nachtruhe möglich sein muss, während in einem Bürogebäude ungestörtes Arbeiten am Tag vorauszusetzen ist. Belästigung wird auch in der MBO als Kriterium herangezogen. Wie in der DIN 4109-1 (und zuvor schon in DIN 4109:1989) ist auch hier von „unzumutbaren Belästigungen" die Rede, während im Schallimmissionsschutz (BImSchG, TA Lärm, Fluglärmgesetz) von „erheblichen Belästigungen" gesprochen wird. Ob die unterschiedlichen Regelungsbereiche des Schallimmissionsschutzes (auf Bundesebene) und des baulichen Schallschutzes (auf Länderebene) sich der unterschiedlichen Terminologie bewusst sind und angesichts der verbalen Unterschiede auf unterschiedliche Schutzniveaus abheben, wäre zu untersuchen. Es muss hinsichtlich der MBO allerdings berücksichtigt werden, dass der Schutz vor „unzumutbaren Belästigungen" dort nicht generell vorgegeben wird, sondern nur bei „ortsfesten Einrichtungen in baulichen Anlagen" gefordert wird. Dass DIN 4109-1 stattdessen den Schutz vor „unzumutbaren Belästigungen" auf den gesamten von ihr behandelten Schallschutz ausdehnt, kann als Auftrag aus der MBO nicht abgeleitet werden.

Auch ein Blick in die europäischen Regelungen führt zu Festlegungen für die Schutzziele des baulichen Schallschutzes. Zur Konkretisierung der wesentlichen Anforderung „Schallschutz" machen die Bauproduktenrichtlinie von 1988 [134] und das „Grundlagendokument Nr. 5 Schallschutz" von 1990 [135] folgende Angaben:

> Das Bauwerk muss derart entworfen und ausgeführt sein, dass der von den Bewohnern oder in der Nähe befindlichen Personen wahrgenommene Schall auf einem Pegel gehalten wird, der nicht gesundheitsgefährdend ist und bei dem zufriedenstellende Nachtruhe-, Freizeit- und Arbeitsbedingungen sichergestellt sind.

Im Grundlagendokument Nr. 5 Schallschutz [135] von 1990 heißt es außerdem im Anwendungsbereich:

> Die obige Definition der Anforderung bezieht sich auf alle Bauwerke, die von Personen bewohnt werden oder in deren Nähe sich Personen befinden, soweit deren Gesundheit durch den Schallpegel dieser Bauwerke gefährdet sein könnte. Sie wird ergänzt durch die Anforderung eines bestimmten Komforts im Hinblick auf Nachtruhe, Freizeit- und Arbeitsbedingungen. Diese Definition ist für den Anwendungsbereich ausreichend (in dem die genannten Tätigkeiten im weitesten Sinne einschließlich sämtlicher Tätigkeiten des Menschen, verstanden werden). ...

Es werden neben dem Gesundheitsschutz auch andere Kriterien genannt, die hier allerdings dem Komfortbereich zugeordnet werden. Ob die Aufteilung in die Bereiche Gesundheit und Komfort eine tragfähige Basis bildet, kann kritisch hinterfragt werden, denn die Grenzen sind nicht eindeutig sondern fließend. Insbesondere ist es problematisch, wenn die Nachtruhe der Kategorie des Komforts zugeordnet wird, wenn bereits durch zahlreiche Ergebnisse der Lärmwirkungsforschung der eindeutige Zusammenhang zur Gesundheit hergestellt wurde.

In Abschnitt 1.3 des Grundlagendokuments findet sich dann noch die Formulierung der wesentlichen Anforderung „Schallschutz“, die in die Bauproduktenverordnung von 2011 übernommen und wörtlich der Einleitung der DIN 4109-1 zugrunde gelegt wurde.

3.1.2.5 Fazit zu den Schutzzielen in DIN 4109-1

DIN 4109-1 nennt in der Einleitung als Schutzziele den Gesundheitsschutz, die Vertraulichkeit bei normaler Sprechweise und den Schutz vor unzumutbaren Belästigungen. Alle drei Schutzziele werden gemäß dem Wortlaut der Einleitung (unter der Voraussetzung eines Grundgeräuschpegels von 25 dB) erreicht, so dass daraus geschlossen werden darf, dass die in DIN 4109-1 genannten Anforderungswerte die Erfüllung der Schutzziele sicherstellen. Es bleibt aber fraglich, wie der notwendige Zusammenhang zwischen Schutzzielen und Anforderungswerten hergestellt wurde. Bemerkenswert sind auch die an unterschiedlichen Stellen der Norm formulierten Einschränkungen der Schutzziele. Insbesondere ist hier die Zugrundelegung eines Grundgeräuschpegels von 25 dB zu erwähnen. So entsteht der begründete Eindruck, dass DIN 4109-1 zum derzeitigen Zeitpunkt die Schutzziele noch nicht überzeugend in ihr Schallschutzkonzept eingebunden hat und sich der Tragweite ihrer Schutzzieldeklaration nicht völlig bewusst ist.

Gesundheit, Vertraulichkeit und Belästigung sind Kriterien, die berechtigterweise der Definition eines Mindestschallschutzes zugrunde gelegt werden. Es zeigt sich allerdings, dass es schwierig ist, den Schutzzielen „Gesundheit“ und „Belästigung“ entsprechende

Grenz- bzw. Anforderungswerte auf einfache Art und Weise zuzuordnen. Mit einigermaßen plausiblen Ansätzen, die allerdings kontrovers diskutiert werden, können zur Wahrung der Vertraulichkeit die erforderliche Schalldämm-Maße hergeleitet werden.

Das Kriterium der Belästigung dürfte aus Sicht der Lärmwirkungsforschung das herausragende Kriterium für die Errichtung eines umfassenden Schutzkonzepts für den baulichen Schallschutz sein. Vermutlich kann bei der Festlegung von Anforderungen auf das in DIN 4109-1 separat genannte Kriterium des Gesundheitsschutzes verzichtet werden, da es im Belästigungskonzept bereits enthalten ist. Deshalb könnte das entsprechende Schutzziel heißen: Schutz vor Belästigungen (Gesundheitsschutz inbegriffen). Deutlich zu hinterfragen ist allerdings, ob ein Konzept für den Mindestschallschutz lediglich den „Schutz vor unzumutbaren Belästigungen" gewährleisten kann. Anstelle dieser unbestimmten Formulierung wäre anhand statistischer Befunde der Lärmwirkungsforschung der Prozentsatz belästigter Personen als Maßstab für den Grad der Belästigung und für die Festlegung von Anforderungswerten zugrunde zu legen.

Ein solcher Ansatz könnte aufzeigen, ob gemäß dem aktuellen Stand der Lärmwirkungsforschung die derzeitigen Anforderungswerte für einen Mindestschallschutz berechtigt sind oder zu modifizieren wären. Auf jeden Fall gäbe es einen nachvollziehbaren Zusammenhang zwischen Schutzzielen und Anforderungswerten. Das ist derzeit in DIN 4109-1 nicht der Fall, da zuerst die Anforderungen festgelegt waren („keine wesentlichen Änderungen" gegenüber dem Niveau der DIN 4109:1989) und dann erst die Schutzziele komplettiert wurden. Wenn die DIN 4109-1 ihre Schutzzieldeklaration ernst nimmt, müsste sie sich, um glaubhaft zu sein, für den umgekehrten Weg entscheiden. Ohne Zweifel sind dafür erhebliche Anstrengungen erforderlich. Nachdem aber die DIN 4109 seit langer Zeit (mit Ausnahme der nicht umgesetzten Normentwürfe von 1979 und 2006) den Schritt zu einem zeitgemäßen Schallschutzkonzept der Mindestanforderungen gescheut hat, sollte man vor diesem Aufwand nicht zurückschrecken.

3.1.3 Anwendungsbereich der DIN 4109-1

DIN 4109-1 besitzt einen Anwendungsbereich, den sie mit zahlreichen Anforderungen und Regelungen, aber auch mit einschränkenden Festlegungen definiert. Wesentliche Angaben zum Anwendungsbereich werden im gleichnamigen ersten Abschnitt der DIN 4109-1 gemacht. Diese sind aber nicht vollständig, so dass bei Bedarf auf weitere Angaben aus diesem Normteil zurückgegriffen werden muss. An dieser Stelle werden die für den Anwendungsbereich in Frage kommenden Festlegungen genannt und kommentiert.

3.1.3.1 Wofür gelten die Anforderungen der DIN 4109-1?

Schallschutz im Hochbau und Mindestanforderungen

Eine übergreifende Definition ihres Anwendungsbereichs nennt DIN 4109-1 bereits in ihrem Titel „Schallschutz im Hochbau – Teil 1: Mindestanforderungen". Mit „Schallschutz im Hochbau" beschreibt die DIN 4109 schon seit ihrer Ausgabe von 1944 [4] ihre übergeordnete Zielsetzung im Bereich der Bauakustik und grenzt sich damit gegenüber anderen Bereichen des Schallschutzes, z.B. dem Schallimmissionsschutz, ab. Dass in der DIN 4109 die Mindestanforderungen festgelegt werden, ergibt sich aus der Tatsache, dass ihre Anforderungen stets auch bauaufsichtlich in Bezug genommen wurden und damit die untere zulässige Grenze des baulichen Schallschutzes beschrieben haben, die eingehalten werden muss, damit ein Gebäude genehmigungsfähig ist. Allerdings hat sich die DIN 4109 nicht nur auf diesen Mindestschallschutz beschränkt. Sie hat ihn auch nicht immer ausdrücklich so genannt. In DIN 4109:1962 trug das Blatt 2 den Namen „Anforderungen“ [7]. Im selben Normteil waren – in derselben Tabelle – „Mindestanforderungen“ und „Vorschläge für einen erhöhten Schallschutz“ enthalten. DIN 4109:1989 [21] trug den Namen „Anforderungen und Nachweise“ und beschrieb nur die Mindestanforderungen, nannte sie aber nicht so. Dafür waren im Beiblatt 2 zu DIN 4109:1989 [23] „Vorschläge für einen erhöhten Schallschutz“ enthalten. DIN 4109-1:2016 nahm dann die „Mindestanforderungen“ auch in den Titel der Norm auf, allerdings erst als Ergebnis einer Schlichtungsverhandlung im Rahmen der Einsprüche zum vorhergehenden Normentwurf von 2013. Aussagen zu einem erhöhten Schallschutz enthält die neue DIN 4109 nicht mehr.

Anwendungsbereich

In Abschnitt 1 „Anwendungsbereich“ definiert DIN 4109-1 den Anwendungsbereich der Anforderungen differenzierter und benennt die Bereiche, die durch die Anforderungen geregelt werden, sagt aber auch, wofür die Anforderungen nicht gelten. Ganz zu Anfang heißt es:

> Diese Norm legt Anforderungen an die Schalldämmung von Bauteilen schutzbedürftiger Räume und an die zulässigen Schallpegel in schutzbedürftigen Räumen in Wohngebäuden und Nichtwohngebäuden zum Erreichen der beschriebenen Schallschutzziele fest.

In diesem einen Satz werden verschiedene Aspekte des Schallschutzkonzeptes der DIN 4109 benannt:

- die Art der Anforderungen
- die Art der zu schützenden Gebäude
- der Schutz für schutzbedürftige Räume.

Außerdem wird auf die beschriebenen Schallschutzziele hingewiesen, die mit den Anforderungen sichergestellt werden sollen. Das sind diejenigen, die in der Einleitung zu DIN 4109-1 genannt und in 3.1.2 kommentiert werden. Auf die einzelnen Aspekte wird nachfolgend eingegangen.

Art der Anforderungen

Die Anforderungen werden an die Schalldämmung von Bauteilen und an Schalldruckpegel in schutzbedürftigen Räumen gestellt. Die Norm hätte hier auch allgemein von Anforderungen an den Schallschutz reden können, wie es bereits der Titel der gesamten Norm „Schallschutz im Hochbau“ tut. Allerdings versteht die DIN 4109 unter „Schallschutz“ auch ein Anforderungskonzept, das für den Luftschall auf Schallpegeldifferenzen zwischen den Räumen beruht und gelegentlich als „raumbezogen“ bezeichnet wird (siehe dazu 3.2.1). Als Abgrenzung gegenüber diesem konkurrierenden Konzept soll bereits an dieser Stelle zum Ausdruck gebracht werden, dass die Anforderungen „bauteilbezogen“ sind, sich also auf ein bestimmtes Bauteil beziehen, wie es das bewertete Bau-Schall-dämm-Maß R'_w für die Luftschalldämmung und der bewertete Norm-Trittschallpegel $L'_{n,w}$ für die Trittschalldämmung tun. Jedoch ist DIN 4109-1 hier unpräzise, wenn sie von „Anforderungen an die Schalldämmung von Bauteilen schutzbedürftiger Räume“ spricht. Die Anforderungen werden nicht nur an die Bauteile schutzbedürftiger Räume gestellt, sondern generell an Bauteile, die in schutzbedürftigen Räumen zu Geräuscheinwirkungen führen können. Das kann zwar ein Trennbauteil (Wand, Decke) zum schutzbedürftigen Raum sein, muss es aber nicht. Treppen, die Anforderungen an den Trittschall erfüllen müssen, sind keine Bauteile der schutzbedürftigen Räume, auch Decken über Bädern, (Haus-)Fluren oder WCs sind es i. d. R. nicht, genauso wenig wie Decken unter Laubengängen oder Türen zu Fluren und Dielen, an die jedoch nach Tabelle 2 der DIN 4109-1 Anforderungen gestellt werden. So wird erkennbar, dass sich (nicht nur an dieser Stelle) das „bauteilbezogene“ Denken als hinderlich erweist, wenn man unterschiedlichen Aspekten des Schallschutzes gerecht werden will.

Für welche Gebäude und Nutzungsarten gelten die Anforderungen?

Die Anforderungen gelten für den Schallschutz von schutzbedürftigen Räumen in Gebäuden, in denen sich Menschen dauerhaft oder vorübergehend aufhalten. Im Anwendungsbereich der DIN 4109-1 werden diese als „Wohngebäude und Nichtwohngebäude“ bezeichnet. An unterschiedlichen Stellen der Norm wird dann präzisiert, um welche Gebäude es sich dabei handelt. Auf der einen Seite stehen die Gebäude mit Wohn- oder Arbeitsbereichen (Anforderungen nach DIN 4109-1 Abschnitt 5). Zu dieser Kategorie werden Mehrfamilienhäuser, Bürogebäude und gemischt genutzte Gebäude, aber auch Einfamilien-Reihenhäuser und Einfamilien-Doppelhäuser gezählt. Auf der anderen Seite geht es bei den Anforderungen in Abschnitt 6 bei den „Nichtwohngebäuden“ um Hotels und Beherbergungsstätten, Krankenhäuser und Sanatorien sowie Schulen und vergleichbare Einrichtungen (z. B. Ausbildungsstätten).

Die genannten Kategorien mit jeweils unterschiedlichen Anforderungen an die Luft- und Trittschalldämmung dürfen nicht als abschließende Beschreibung der gemeinten Gebäudenutzung verstanden werden. Zum einen sind nicht alle Zuweisungen zutreffend. So dürfen öffentliche Kindertagesstätten entgegen einer Anmerkung in DIN 4109-1 Tabelle 6 i. d. R. nicht wie eine mit Schulen vergleichbare Einrichtung behandelt werden. Zum andern fehlen bestimmte Wohnformen, die sich nicht (mehr) der hergebrachten Unterscheidung von Wohngebäuden und Nichtwohngebäuden zuordnen lassen. Dazu gehören die Wohnformen im Alter wie Betreutes Wohnen, Mehrzimmerappartements in Seniorenheimen oder Pflegeheime. Da solche Nutzungsarten nicht von Anforderungen freigestellt sind, muss sinngemäß eine Zuordnung zu einem der genannten Abschnitte getroffen werden. Es zeigt sich, dass die Nutzungsbeschreibungen im Rahmen einer Norm nur schwerlich vollständig sein können und aktuelle Entwicklungen des Nutzungsverhaltens nicht vorweggenommen werden können. Allerdings hat DIN 4109-1:2016 die schon in DIN 4109:1962 [7] getroffene Einteilung in Gebäudetypen bzw. Nutzungsarten bis heute ohne wesentliche Änderung beibehalten. Neuere Entwicklungen, wie sie z. B. von Schwartzenberger und Burkhart 2004 in [207], [208] beschrieben wurden, und die z. B. bei Wohngebäuden durch die überlieferte Aufteilung in Mehrfamilienhäuser einerseits und Doppel- und Reihenhäuser andererseits nicht mehr ausreichend beschrieben werden können, haben in die neue DIN 4109 keinen Eingang gefunden.

Für welche Räume gelten die Anforderungen?

In DIN 4109-1 wird zwischen schutzbedürftigen und nicht schutzbedürftigen Räumen unterschieden. Anforderungen gelten nur für schutzbedürftige Räume. Im Sinne dieser Norm sind das gegen Geräusche zu schützende Aufenthaltsräume. In Abschnitt 3.16 nennt DIN 4109-1 Beispiele für schutzbedürftige Räume: Wohnräume (einschließlich Wohndielen und Wohnküchen), Schlafräume (einschließlich Übernachtungsräumen in Beherbergungsstätten), Bettenräume in Krankenhäusern und Sanatorien, Unterrichtsräume in Schulen, Hochschulen und ähnlichen Einrichtungen, Büroräume, Praxisräume, Sitzungsräume und ähnliche Arbeitsräume. Nicht zu den schutzbedürftigen Räumen zählen Küchen, sofern sie nicht als Aufenthaltsräume vorgesehen sind, Flure, Dielen und Nebenräume sowie Bäder, Toilettenräume oder Haustechnikräume. Darüber hinaus regelt die DIN 4109-1 die schalltechnischen Anforderungen an Aufenthaltsräume in Beherbergungsstätten (Hotels), Schulen sowie Krankenanstalten und Sanatorien. Für hier nicht genannte, aber dennoch schutzbedürftige Räume muss eine sinngemäße Zuordnung zur entsprechenden Kategorie getroffen werden. Weitere, in den Beispielen von 3.16 nicht genannte schutzbedürftige Räume finden sich in den Anforderungen selbst, z. B. in Tabelle 5 (Krankenhäuser und Sanatorien), Untersuchungs- und Sprechzimmer, Räume mit Anforderungen an erhöhtes Ruhebedürfnis und besondere Vertraulichkeit (Diskretion), Operations- und Behandlungsräume und Räume der Intensivpflege.

Für Räume in Wohnungen (und in Zusammenhang mit einem erhöhten Schallschutz) geht die VDI-4100:2012 [128] einen anderen Weg. Schutzbedürftige Räume sind dort alle gegen Geräusche zu schützenden Aufenthaltsräume. Für Wohnungen betrifft das alle Räume mit einer Grundfläche $\geq 8\ m^2$. Wegen der „gewünschten Vertraulichkeit und Intimität" werden auch Bäder (mit einer Grundfläche $\geq 8\ m^2$) als schutzbedürftige Räume betrachtet.

Beim Schallschutz innerhalb eines Gebäudes mit Wohnungen und Arbeitsräumen geht es in DIN 4109-1 ausdrücklich nur um den Schutz gegen Schallübertragung aus einem fremden Wohn- oder Arbeitsbereich. Der eigene Wohn- und Arbeitsbereich ist nicht Gegenstand der Anforderungen. Als einzige Ausnahme von diesem Prinzip wurden in DIN 4109-1 in Abschnitt 10 zum ersten Mal Anforderungen an die maximalen Schallpegel raumlufttechnischer Anlagen im eigenen Wohnbereich festgelegt.

Gegen welche Geräusche schützt die DIN 4109?

Im Anwendungsbereich definiert DIN 4109-1 auch, gegenüber welchen Geräuschen ein Schutzanspruch besteht:

> Die Anforderungen dieser Norm gelten zum Schutz
>
> – gegen Geräusche aus fremden Räumen (z. B. Nachbarwohnungen), die bei deren bestimmungsgemäßer Nutzung entstehen,

- gegen Geräusche von Anlagen der technischen Gebäudeausrüstung sowie aus Gewerbe- und Industriebetrieben, die im selben oder in baulich damit verbundenen Gebäuden vorhanden sind,
- gegen Außenlärm, z. B. Verkehrslärm und Lärm aus Gewerbe- und Industriebetrieben, die nicht mit den schutzbedürftigen Aufenthaltsräumen baulich verbunden sind

und bilden die Grundlage für erforderliche Baukonstruktionen bei Neubauten sowie für bauliche Änderungen bestehender Bauten.

Damit deckt DIN 4109-1 dieselben Bereiche ab, die bereits in DIN 4109:1989 vollständig enthalten waren

Der erste Bereich beinhaltet den Luft- und Trittschallschutz, der für übliche Wohngeräusche (z. B. Sprache, Musik, Multimediaanlagen, Radio, Fernsehen, Geräusche von Haushaltsgeräten, Gehgeräusche, Stühlerücken, Fallenlassen von Gegenständen etc.) und entsprechende Geräusche von Arbeitsräumen vorgesehen ist. Gemeint ist dabei immer die Geräuschübertragung aus einem fremden Wohn- oder Arbeitsbereich. Es geht allerdings nicht um Schutz vor beliebigem und beliebig lautem Lärm. Deshalb wird auf die „bestimmungsgemäße Nutzung“ der Räume hingewiesen. Bei dieser „bestimmungsgemäßen Nutzung“ soll der Mindestschallschutz im Sinne der deklarierten Schutzziele gewährleistet sein.

Der Terminus der „bestimmungsgemäßen Nutzung“ findet sich zum ersten Mal im Normentwurf zu DIN 4109-1:2006 [29]. In DIN 4109:1989 hatte es noch geheißen: „Die Anforderungen setzen voraus, dass in benachbarten Räumen keine ungewöhnlich starken Geräusche verursacht werden.“ Im vorhergehenden Normentwurf zu DIN 4109 Teil 1 von 1984 [16] hatte es einen gleichlautenden Passus auch schon gegeben, doch wurde er noch durch eine Anmerkung ergänzt, in der es hieß: „Der Wohnlärm sollte $L_{AF} = 80$ dB nicht überschreiten.“ Zu solchen zahlenmäßigen Angaben wollte man sich in allen folgenden Entwürfen und Ausgaben der DIN 4109 nicht mehr äußern. Man hatte wohl die Problematik einer solchen Aussage erkannt. Stattdessen ist nun von der „bestimmungsgemäßen Nutzung“ die Rede. Diese ist jedoch ein unbestimmter Begriff, da er sich schnell in einem Graubereich unterschiedlicher Interpretation befindet. Was ist z. B. „Zimmerlautstärke“? Mit Sicherheit hat man davon heute, in Zeiten leistungsstarker Medienanlagen, eine andere Vorstellung als früher zu Zeiten des Röhrenradios. Strittig ist immer wieder, ob, wann und wie lange das Spielen von Musikinstrumenten „üblich“ ist. Auch die von Kindern verursachten Geräusche werden hinsichtlich ihrer „Üblichkeit“ immer wieder hinterfragt. Von Seiten der Gerichte werden in diesem Fall sehr weite Grenzen eingeräumt, so dass solche Geräusche zwar hingenommen werden müssen, aber vermutet werden kann, dass sie sich häufig in einem Pegelbereich abspielen, der von den Mindestanforderungen nicht in Betracht gezogen wurde. Ob bei Klagen über Lärmstörungen aus dem Nachbarbereich die Grenzen einer „bestimmungsgemäßen Nutzung“ überschritten wurden, kann die DIN 4109 nicht beantworten. Das wird im Zweifelsfall auch weiterhin Aufgabe der Gerichte sein.

Um Erwartungen vorzubeugen, die nicht durch die Anforderungen der DIN 4109 erfüllt werden können (Mindestanforderungen!), weist diese Norm in der Einleitung auf „die Notwendigkeit, gegenseitig Rücksicht zu nehmen“, hin. Ebenfalls in der Einleitung heißt es außerdem:

Es kann nicht erwartet werden, dass Geräusche von außen oder aus benachbarten Räumen nicht mehr bzw. als nicht belästigend wahrgenommen werden, auch wenn die in dieser Norm festgelegten Anforderungen erfüllt werden.

Der gegenüber Geräuschen gebäudetechnischer Anlagen und Geräuschen aus Gewerbe- und Industriebetrieben geltend gemachte Schallschutz gilt für Anlagen und Betriebe aus demselben Gebäude oder aus baulich damit verbundenen Gebäuden, stets aber (mit einer Ausnahme) aus einem fremden Bereich. DIN 4109-1 enthält in Abschnitt 9 eine kurze Übersicht über in Frage kommende Anlagen. Eine umfangreiche Auflistung von Anlagen der Technischen Gebäudeausrüstung findet sich in DIN 4109-36 [38] (Bauteilkatalog Gebäudetechnische Anlagen). Als Beispiele für Betriebe nennt DIN 4109-1 in Abschnitt 8 Betriebsräume von Handwerks- und Gewerbebetrieben aller Art, Verkaufsstätten, Gaststätten (einschließlich Küchen), Cafés und Imbissstuben. Diese Aufzählung hat beispielhaften Charakter. So wurden in DIN 4109:1989 auch Theater dazu gezählt.

Bei den gebäudetechnischen Anlagen werden die Anforderungen an maximale A-bewertete Schalldruckpegel gestellt, bei Gewerbe- und Industriebetrieben wird dafür der Beurteilungspegel L_r herangezogen, der bei genehmigungspflichtigen Anlagen auch die Anforderungen der TA Lärm [140] erfüllen muss.

Der Schutz vor Außenlärm richtet sich gegen Lärm unterschiedlicher Schallquellen außerhalb des Gebäudes: Gewerbe- und Industriebetriebe, Straßen-, Schienen-, Luft-, Wasserverkehr. Die in Tabelle 9 der DIN 4109-1 gestellten Anforderungen gelten allerdings nicht für Fluglärm, soweit er im „Gesetz zum Schutz gegen Fluglärm“ (FluLärmG) [141] geregelt ist. Bei den Anforderungen der DIN 4109-1 geht es nicht um die Begrenzung der von den genannten Quellen ausgehenden Schallimmission durch Grenz- und Richtwerte. Das wird im Rahmen des Schallimmissionsschutzes durch die einschlägigen Gesetze und Verordnungen geregelt. Die Aufgabe der DIN 4109-1 besteht vielmehr darin, für die Außenbauteile eines Gebäudes eine der Lärmbelastung (beschrieben durch den so genannten maßgeblichen Außenlärmpegel) entsprechende Schalldämmung zu fordern („passiver Schallschutz“).

Neu ist in DIN 4109 die Formulierung, dass „die Anforderungen ... die Grundlage für erforderliche Baukonstruktionen bei Neubauten sowie für bauliche Änderungen bestehender Bauten“ bilden. Der erste Teil dieser Aussage ist eine Binsenweisheit: die (Mindest-) Anforderungen der DIN 4109 sind bei Neubauten einzuhalten, und die erforderlichen Baukonstruktionen müssen so bemessen sein, dass diese Anforderungen erfüllt werden. Im zweiten Teil dieser Aussage wird darauf aufmerksam gemacht, dass z. B. bei der Sanierung von Gebäuden die aktuellen Schallschutzanforderungen (mindestens) eingehalten werden müssen. Beides hätte man im Anwendungsbereich nicht formulieren müssen, da es entweder selbstverständlich oder rechtlich anderweitig geregelt ist. Es scheint bei dieser Formulierung eher darum zu gehen, den nun (Mindest)-Anforderungen genannten

Anforderungen angesichts des aktuellen Bedeutungsverlustes noch eine Daseinsberechtigung zuzuschreiben.

3.1.3.2 Wofür gelten die Anforderungen der DIN 4109 nicht?

Um strittige Auslegungsfragen zu vermeiden, nennt DIN 4109-1 im Anwendungsbereich diejenigen Bereiche, in denen explizit die Anforderungen der Norm nicht gelten. Eine derartige Aufzählung von Ausschlusskriterien gab es schon in DIN 4109:1989. Die dort genannten drei Punkte wurden in DIN 4109-1 übernommen und durch drei weitere Punkte ergänzt. Die im Folgenden erläuterten Einzelpunkte sind fast alle in Zusammenhang damit zu sehen, dass DIN 4109 Mindestanforderungen formuliert und dafür den Anwendungsbereich der Anforderungen einschränkt.

Aufenthaltsräume mit höherem Eigengeräusch

Die Anforderungen dieser Norm gelten nicht zum Schutz von Aufenthaltsräumen, in denen infolge ihrer Nutzung nahezu ständig Geräusche mit $L_{AF,95} \geq 40$ dB vorhanden sind.

Wenn in einem Aufenthaltsraum durch die vorhandenen eigenen Aktivitäten ständig eine größere Geräuschentwicklung vorliegt, ist es nicht sinnvoll, die üblichen Anforderungen der DIN 4109-1 auf einen solchen Raum anzuwenden. Es wäre mit Hinblick auf die eintretende Verdeckung unsinnig, z. B. für einen Arbeitsraum Anforderungen an Geräusche gebäudetechnischer Anlagen nach Tabelle 9 mit $L_{AF,max,n} \leq 35$ dB zu stellen, wenn im Raum selbst schon höhere Schallpegel erzeugt werden. Ähnliches gilt auch für die Luft- und Trittschalldämmung, wenn durch die vorhandenen Anforderungen die durch Luft- und Trittschallübertragung verursachten Geräusche aus fremden Nutzungseinheiten unter dem Schalldruckpegel der selbstverursachten Geräusche liegen würden. In DIN 4109-1 tritt diese Regelung in Kraft, wenn für die durch die eigene Nutzung verursachten Geräusche $L_{AF,95} \geq 40$ dB gilt.

Eine entsprechende Regelung gab es schon in DIN 4109:1989, wo allerdings von Geräuschen die Rede war, „die einem Schalldruckpegel L_{AF} von 40 dB(A) entsprechen". Da mit dieser Größe der jeweilige Augenblickswert des A-bewerteten und mit der Zeitbewertung F (Fast) gemessenen Schalldruckpegels gemeint war und nicht etwa ein Mittelungspegel, war nicht eindeutig zu erkennen, wie mit dieser Angabe umzugehen ist. Die Kenngröße wurde in DIN 4109-1 nun präziser gefasst, indem der zur Beschreibung von Grundgeräuschpegeln übliche Perzentilwert $L_{AF,95}$ herangezogen wird. Dieser beschreibt bei zeitlich schwankenden Geräuschen denjenigen Schalldruckpegel, der in 95 % der Messzeit überschritten wird. In Wohnräumen ist unter üblichen Bedingungen zumindest in ruhigen Zeiten (abends und nachts) nicht damit zu rechnen, dass $L_{AF,95} = 40$ dB überschritten wird. Die betreffende Ausschlussregelung bezieht sich deshalb auf andere Räume, z. B. bestimmte Arbeitsräume. Es ist allerdings zu hinterfragen, ob diese Regelung so generell, wie sie formuliert wurde, anzuwenden ist. Erstens wäre zu fragen, ob in den zutreffenden Fällen dann überhaupt keine Anforderungen mehr gelten sollen. Zweitens nennt DIN 4109-1 durchaus Anforderungen für Räume mit höheren Eigengeräuschen, die dennoch Schallschutzanforderungen unterliegen, z.B. nach Tabelle Zeile 8 (Wände zwischen Räumen der Intensivpflege). Die Anforderungen an das bewertete Bau-Schalldämm-Maß R'_w sind in diesem Fall gegenüber Wänden zwischen üblichen Krankenräumen zwar um 10 dB reduziert worden, aber es werden dennoch Anforderungen gestellt. Untersuchungen zum Lärm auf Intensivstationen, über die in [209] berichtet wird, nennen für solche Räume (Zweibett-Patientenzimmer) einen Grundgeräuschpegel $L_{AF,95}$ von etwa 50 dB und einen energieäquivalenten Dauerschallpegel L_{AFeq} von etwa 56 dB. Damit würde nach dem Wortlaut der hier betrachteten Regelung in diesem Fall kein Schallschutz erforderlich sein. Es wäre wünschenswert, dass DIN 4109-1 die Anwendung des in der genannten Ausschlussregel definierten Kriteriums präzisieren würde.

Nicht ausdrücklich angesprochen wird mit der genannten allgemeinen Regelung eine weitere Vorgabe, die sinngemäß demselben Themenkreis zuzuordnen ist, aber in anderem Zusammenhang und an anderer Stelle zu finden ist. In DIN 4109:1989, Fußnote a zur Tabelle 8 (Luftschalldämmung von Außenbauteilen) heißt es:

> An Außenbauteile von Räumen, bei denen der eindringende Außenlärm aufgrund der in den Räumen ausgeübten Tätigkeiten nur einen untergeordneten Beitrag zum Innenraumpegel leistet, werden keine Anforderungen gestellt.

Fluglärm nach Fluglärmgesetz

Als Einschränkung des Anwendungsbereiches heißt es in Abschnitt 1 der DIN 4109-1 außerdem:

> Die Anforderungen dieser Norm gelten nicht gegen Fluglärm, soweit die Schallschutzmaßnahmen durch das „Gesetz zum Schutz gegen Fluglärm" geregelt sind.

Eine entsprechende Regelung gab es schon in DIN 4109:1989, jedoch wurde sie in der jetzigen Fassung sprachlich präziser formuliert, ohne dass sich an der Geltung etwas geändert hätte. Diese Regelung bezieht sich auf DIN 4109-1 Abschnitt 7, wo die Anforderungen gegenüber Außenlärm festgelegt werden, in einer Fußnote zur dortigen Anforderungstabelle 7 aber auf die gesonderte Behandlung von Fluglärm hingewiesen wird. Für Flugplätze, für die Lärmschutzbereiche nach dem Gesetz zum Schutz gegen Fluglärm (FluLärmG) [141] festgesetzt sind, gelten innerhalb der Schutzzonen die Regelungen dieses Gesetzes. § 7 (Schallschutz) des FluLärmG verweist darauf, dass durch Rechtsverordnung „Schallschutzanforderungen einschließlich Anforderungen an Belüftungseinrichtungen unter Beachtung des Standes der Schallschutztechnik im Hochbau" festgesetzt werden. Die entsprechende Rechtsverordnung findet sich in der Flugplatz-Schallschutzmaßnahmenverordnung (2. FlugLSV) vom September 2009 [142]. Sie enthält Schallschutzanforderungen zum Schutz gegen Fluglärm, die für die Errichtung von schutzbedürftigen Einrichtungen und Wohnungen im Lärmschutzbereich eines Flugplatzes gelten. Für Flugplätze, die nicht dem Gesetz zum Schutz gegen Fluglärm unterliegen, können die Geräuschimmissionen nach DIN 45684-1, DIN 45684-2 oder nach der Landeplatz-Fluglärmleitlinie des Länderausschusses für Immissionsschutz ermittelt werden. Damit ist in diesen Fällen dann eine Behandlung des von Flugverkehr verursachten Außenlärms nach den Festlegungen in DIN 4109 Abschnitt 7 möglich.

Im Einspruchsverfahren zum Normentwurf DIN 4109-1:2013 wurden die Regelungen für den Fluglärm von einzelnen Einsprechern heftig kritisiert und eine Verbesserung des baulichen Schallschutzes in den Schutzgebieten gefordert. Es wurde dabei geltend gemacht, dass der bauliche Schallschutz in den Schutzgebieten unzureichend sei und insbesondere keinen hinreichenden Schutz vor lauten Einzelereignissen biete. Auch wurde eine ungenügende Berücksichtigung des tieffrequenten Charakters von Fluglärm bemängelt.

Tieffrequenter Schall

Als tieffrequenter Schall wird im vorliegenden Zusammenhang Schall im Frequenzbereich unterhalb von 100 Hz verstanden. Im Bereich der Bauakustik ist er sowohl auf nationaler wie auch auf internationaler Ebene ein intensiv diskutiertes Thema geworden, da die Geräuschbelastung durch tieffrequenten Schall im Wohnumfeld zugenommen hat und sich sowohl aus Sicht der Betroffenen als auch des Lärmschutzes ein gesteigertes Bewusstsein gegenüber dieser Lärmeinwirkung entwickelt hat [210]. Als Einschränkung des Anwendungsbereiches heißt es dazu in Abschnitt 1 der DIN 4109-1:

> Die Anforderungen dieser Norm gelten nicht gegen tieffrequenten Schall nach DIN 45680 (in der Regel, wenn die Differenz $L_{CF} - L_{AF} > 20$ dB beträgt).

Eine entsprechende Regelung war in DIN 4109:1989 noch nicht enthalten. Seit dem Erscheinen dieser Norm hat sich das Bewusstsein gegenüber Schallschutz bei tiefen Frequenzen stark verändert und spielt auch in der Diskussion um die DIN 4109 eine immer größere Rolle. So wird bemängelt, dass die Norm der technischen Weiterentwicklung (neue Quellen mit starken tieffrequenten Anteilen) und den geänderten Ansprüchen an einen zeitgemäßen Schallschutz nicht Rechnung getragen habe.

Die den tieffrequenten Schall betreffende Ausschlussklausel im Anwendungsbereich der DIN 4109-1 stellt den Bezug zur DIN 45680 [57], [58] her. In dieser Norm wird ein Verfahren zur Messung und Bewertung tieffrequenter Geräuschimmissionen für die Terzbänder von 8 Hz bis 125 Hz innerhalb von Gebäuden in schutzbedürftigen Räumen bei Luft- und/oder Körperschallübertragung festgelegt.

Die genannte Differenz zwischen dem C-bewerteten und dem A-bewerteten Schalldruckpegel $L_{CF} - L_{AF}$ ist ein Kriterium für die Störwirkung tieffrequenten Schalls, die bei der heute üblichen A-Bewertung nicht ausreichend berücksichtigt wird. In der TA Lärm wird das genannte Kriterium herangezogen, um zu entscheiden, ob von tieffrequenten Geräuschen mit vorherrschenden Energieanteilen im Frequenzbereich unter 90 Hz schädliche Umwelteinwirkungen ausgehen und ob ggf. geeignete Minderungsmaßnahmen zu prüfen sind.

Das von der TA Lärm beschriebene Vorgehen bei schädlichem tieffrequenten Lärm wird in DIN 4109-1 durch die oben genannte Regelung ausgeschlossen. Selbst wenn eine Beurteilung nach DIN 45680 eine schädliche tieffrequente Geräuschimmission ergäbe, hätte das im Rahmen der DIN 4109 keine verpflichtenden Konsequenzen.

Im Geltungsbereich des Bundes-Immissionsschutzgesetzes (BImSchG) sind die Anlagen allerdings so zu errichten und zu betreiben, dass keine schädlichen Umwelteinwirkungen und sonstige Gefahren, erhebliche Nachteile und erhebliche Belästigungen für die Allgemeinheit und die Nachbarschaft hervorgerufen werden können. Für die konkrete Umsetzung dieser Vorgaben ist die TA Lärm zuständig.

In 3.6.2.5 wird auf die Handhabung tiefer Frequenzen in Zusammenhang mit gebäudetechnischen Anlagen ausführlich eingegangen. Ergänzend sei darauf hingewiesen, dass DIN 4109-1 auch bei den bauakustischen Anforderungen an R'_w und $L'_{n,w}$, insbesondere beim Außenlärm, keine Anforderungen an tiefe Frequenzen kennt. Gemeint ist damit eine besondere Berücksichtigung des tiefen Frequenzbereichs durch eine geänderte Einzahlwertermittlung anhand des Spektrumanpassungswertes C_{tr}. Dieser führt, auch wenn nicht $C_{tr,\ 50\text{-}5000}$ verwendet wird, zu einer stärkeren Bewertung tieferer Frequenzen. Im Einspruchsverfahren zum Normentwurf DIN 4109:2013 wurde in zahlreichen Stellungnahmen die Berücksichtigung tiefer Frequenzen gefordert. Der Normenausschuss gab dem aber nicht statt. Da die Verwendung von Spektrumanpassungswerten, weder ab 50 Hz noch ab 100 Hz, für die Luft- und Trittschalldämmung in der aktuellen DIN 4109-1 nicht vorgesehen ist, gelten (unausgesprochen) die Anforderungen an die Schalldämmung erst ab 100 Hz und ohne besondere Berücksichtigung tieferer Frequenzen.

Eigener Wohn- und Arbeitsbereich

> Die Anforderungen dieser Norm gelten nicht für den Schallschutz im eigenen Wohn- und Arbeitsbereich, ausgenommen der Schutz gegen Geräusche von Anlagen der Raumlufttechnik, die vom Nutzer nicht beeinflusst werden können.

Schallschutz im eigenen Wohn- oder Arbeitsbereich wird im Rahmen der DIN 4109 nicht als Regelungsgegenstand betrachtet. Das war schon so in DIN 4109:1962 und in DIN 4109:1989. Aus bauaufsichtlicher Sicht besteht an entsprechenden Festlegungen kein Interesse, so dass sich auch die Mindestanforderungen damit nicht beschäftigen. An einer Stelle weicht DIN 4109-1 allerdings davon ab, da Abschnitt 10 (Maximal zulässige A-bewertete Schalldruckpegel in schutzbedürftigen Räumen in der eigenen Wohnung, erzeugt von raumlufttechnischen Anlagen im eigenen Wohnbereich) neu in die Norm aufgenommen wurde. Mit dieser neuen Regelung wird dem Umstand Rechnung getragen, dass in vielen neueren Gebäuden fest installierte Einrichtungen der Raumlufttechnik im eigenen Wohn- und Arbeitsbereich zu Geräuschen führen, die i. d. R. vom Bewohner oder Nutzer nicht beeinflusst werden können. Dieselben Kriterien treffen auch für solche Heizungsanlagen zu, die sich als dezentrale Anlagen im eigenen Wohnbereich befinden. Hier begnügte sich DIN 4109-1 vorerst damit, vergleichbare Regelungen in einen lediglich informativen Anhang B aufzunehmen.

Über den Bereich des Mindestschallschutzes und der bauaufsichtlich eingeführten Anforderungen hinaus gibt es aber durchaus einen Bedarf an Festlegungen für den eigenen Wohn- oder Arbeitsbereich. So enthielt Beiblatt 2 zu DIN 4109:1989 [23] Empfehlungen für den Schallschutz im eigenen Wohn- oder Arbeitsbereich. Andere Regelwerke beschäftigen sich ebenfalls mit dem Schallschutz im eigenen Bereich. Eine Behandlung des

Schallschutzes im eigenen Wohn- oder Arbeitsbereich findet sich in 3.2.5. Auf Geräusche gebäudetechnischer Anlagen im eigenen Bereich wird in 3.6.5 eingegangen.

Räume ohne Schallschutzanforderungen

Nicht alle Räume im eigenen Wohn- oder Arbeitsbereich sind gegenüber Geräuschen aus einem fremden Bereich geschützt. Im Anwendungsbereich der DIN 4109-1 finden sich gleich zwei Klauseln, mit denen Schallschutzanforderungen gegenüber solchen nicht schutzbedürftigen Räumen ausgeschlossen werden. Die erste Klausel betrifft den Trittschall und die Geräusche gebäudetechnischer Anlagen:

> Die Anforderungen dieser Norm gelten nicht zum Schutz vor Trittschallübertragung und Geräuschen aus gebäudetechnischen Anlagen in Küchen, sofern diese nicht als Aufenthaltsräume (Wohnküchen) vorgesehen sind, sowie in Flure, Bäder, Toilettenräume und Nebenräume.

In der zweiten Klausel wird die Luftschallübertragung angesprochen:

> Die Anforderungen dieser Norm gelten nicht zum Schutz vor Luftschallübertragung in Küchen, Flure, Bäder, Toilettenräume und Nebenräume, sofern diese nicht als Aufenthaltsräume vorgesehen sind. Eine Absenkung der schalltechnischen Qualität der schallübertragenden Trennbauteile (z. B. durch Schächte oder Kanäle oder reduzierte Bauteildicken) im Bereich dieser Räume im Vergleich zum bemessungsrelevanten Raum ist jedoch nicht zulässig.

In beiden Klauseln werden dieselben nicht schutzbedürftigen Räume genannt. Dass man die Klauseln nicht zusammengefasst hat, dürfte daran liegen, dass für die Luftschallübertragung noch zusätzliche Bedingungen geltend gemacht werden, die beim Trittschall und den gebäudetechnischen Anlagen nicht anzuwenden sind. Allerdings bleibt offen, ob es dafür noch einen weiteren Grund gibt, denn die Formulierungen sind nicht völlig identisch, wenn es um die Frage geht, ob Räume eventuell als Aufenthaltsräume genutzt werden und damit doch den Anforderungen unterliegen. In der ersten Klausel gibt es keine Anforderungen „in Küchen, sofern diese nicht als Aufenthaltsräume (Wohnküchen) vorgesehen sind". In der zweiten Klausel gibt es keine Anforderungen zur Luftschallübertragung „in Küchen, Flure, Bäder, Toilettenräume und Nebenräume, sofern diese nicht als Aufenthaltsräume vorgesehen sind". Es ist unklar, ob der unterschiedliche Geltungsbereich der Sonderregelung beabsichtigt oder ein redaktionelles Versehen war.

Wohnküchen werden in DIN 4109-1 an anderer Stelle (Abschnitt 3.16) ausdrücklich den schutzbedürftigen Räumen zugeordnet. Bei Fluren wären sinngemäß so genannte Wohndielen mit einzubeziehen. Auch diese wurden bereits in Abschnitt 3.16 zu den schutzbedürftigen Räumen gezählt. Bei Bädern könnte man entsprechend sich geänderter Nutzungsgewohnheiten und geändertem Stellenwert solcher Räume gegenüber den Verhältnissen, die noch bei der Erarbeitung der DIN 4109:1989 galten, durchaus den Anspruch auf Anforderungen begründen. Dem folgt DIN 4109:2016 aber nicht. Im Gegensatz dazu hat die VDI 4100:2012 [128] eine klare Festlegung getroffen. In Abschnitt 1 (Anwendungsbereich) heißt es dort: „Schutzbedürftige Räume im Sinne dieser Richtlinie sind gegen Geräusche zu schützende Aufenthaltsräume, das heißt in Wohnungen alle Räume mit einer Grundfläche $\geq 8\ m^2$. Wegen der gewünschten Vertraulichkeit und Intimität werden in dieser Richtlinie auch Bäder (mit einer Grundfläche $\geq 8\ m^2$) als schutzbedürftige Räume betrachtet." Diese Festlegung ist zeitgemäßer und eindeutiger als diejenige der DIN 4109-1:2016.

In der zweiten Klausel dürfte der ergänzende Satz zur „Absenkung der schalltechnischen Qualität der schallübertragenden Trennbauteile" nicht auf Anhieb verständlich sein. In 3.3.1 wird darauf ausführlich eingegangen. Im Endergebnis geht es darum, dass auch die Decken und Wände der genannten nicht schutzbedürftigen Räume eine bestimmte schalltechnische Qualität aufweisen müssen, auch wenn diese Räume nicht den Anforderungen unterliegen.

Weitere Ausschlussregeln

Die oben genannte Aufzählung ist nicht vollständig, da auch durch Regelungen an anderen Stellen bestimmte Bereiche von den Anforderungen ausgenommen werden.

Der Hinweis, dass ein erhöhter Schallschutz im Rahmen dieser Norm nicht behandelt wird, findet sich im Vorwort zu DIN 4109-1. Dort heißt es: „Vorschläge für einen erhöhten Schallschutz zur Erzielung höherer Qualitäten sind in dieser Norm nicht enthalten." Nachdem im Juli 2016 das Normenpaket der DIN 4109 erschienen ist, wird nun in einem neuen Anlauf versucht, ein Dokument zum erhöhten Schallschutz zu erarbeiten. Dies wäre dann der zukünftige Teil 5 der DIN 4109.

Von zusätzlichen Einschränkungen sind die Geräusche der Wasserinstallationen betroffen. Fast schon versteckt wird in DIN 4109-1 in einer Fußnote zu Tabelle 9 für die Anforderungen an Geräusche von Wasserinstallationen festgelegt, dass „einzelne kurzzeitige Geräuschspitzen, die beim Betätigen der Armaturen und Geräte nach Tabelle 11 (Öffnen, Schließen, Umstellen, Unterbrechen) entstehen, ... derzeit nicht zu berücksichtigen" sind. Damit wird ein Hauptverursacher von Geräuschstörungen durch Wasserinstallationen ausgeklammert und dem Anspruch eines Mindestschallschutzes („... Schutz vor unzumutbaren Belästigungen") wird nicht genügt. In 3.6.3.3 wird auf diese Regelung ausführlich eingegangen.

In DIN 4109-1 Abschnitt 9 (Schalldruckpegel von gebäudetechnischen Anlagen und baulich mit dem Gebäude verbundenen Gewerbebetrieben) werden Nutzergeräusche explizit von den Anforderungen nach Tabelle 9 ausgenommen. Hierbei handelt es sich um Geräusche, die von den Bewohnern beim Hantieren mit Gegenständen oder bei der Benutzung von gebäudetechnischen Anlagen, insbesondere denjenigen der Sanitärinstallation, entstehen können, z. B. Aufstellen eines Zahnputzbechers auf einer Abstellplatte, Öffnen und Schließen des WC-Deckels etc. Immer wieder werden durch solche Nutzergeräusche erhebliche Störungen verursacht. Sie lassen sich aber nur schwer in ein Anforderungskonzept einbinden, so dass sich die DIN 4109 z. B. in DIN 4109-36 Abschnitt 5.4.5 mit allgemeinen Hinweisen begnügt. Näheres zu den Nutzergeräuschen findet sich in 3.6.3.4.

3.1.4 Geltungsbereich und rechtliche Relevanz der DIN 4109-1

3.1.4.1 Abgrenzung von Mindestschallschutz und erhöhtem Schallschutz

Aus der Definition des Mindestschallschutzes als der unteren, nicht unterschreitbaren Grenze der Schallschutzanforderungen ergibt sich, dass alles, was über diesem Mindestniveau liegt, bereits ein erhöhter Schallschutz ist, unabhängig davon, wie hoch oder niedrig dieser Mindestschallschutz tatsächlich angesiedelt ist. Ein „erhöhter Schallschutz" beschreibt also zuerst einmal eine relative Eigenschaft, nicht aber eine absolute Schallschutzqualität. Es handelt sich lediglich um eine (zahlenmäßige) Abgrenzung gegenüber dem Mindestschallschutz. Um wie viel sich z. B. die Werte der Luft- und Trittschalldämmung von den Mindestanforderungen unterscheiden sollen, hängt von den zugrunde gelegten Prämissen und Absichten ab, die im konkreten Fall durchaus sehr unterschiedlich sein können. Beispielsweise hatte Beiblatt 2 zu DIN 4109:1989 als „Vorschlag für erhöhten Schallschutz" für die Luftschalldämmung von Wohnungstrenndecken gegenüber den Mindestanforderungen der DIN 4109:1989 nur einen Unterschied von 1 dB vorgesehen. Ein so definierter „erhöhter Schallschutz" bedeutet damit nicht automatisch, dass auch ein für den Einzelfall angemessener Schallschutz vorliegt. Insofern ist „erhöhter Schallschutz" ein unbestimmter Begriff, der je nach Zielsetzung und Interessenlage sehr unterschiedlich interpretiert werden kann. Das belegen die zahlreichen Regelwerke und Stellungnahmen zum „erhöhten Schallschutz", auf die in 3.2.4 näher eingegangen wird.

Eine solche relative Begriffsdefinition für den erhöhten Schallschutz ist in der Praxis problematisch. Wer als Käufer oder Mieter einen „erhöhten Schallschutz" angeboten bekommt, weiß i. d. R. nichts von den Mindestanforderungen und von deren tatsächlicher Qualität auf dem untersten möglichen Niveau. Es kann vermutet werden, dass der Begriff „erhöhter Schallschutz" als ein eigenständiges (und nicht nur relatives) Qualitätskriterium verstanden wird, das billigerweise einen guten Schallschutz erwarten lässt. Dass er möglicherweise den Mindestschallschutz gerade so weit übertrifft, dass eine heute übliche Schallschutzqualität erreicht wird, wird sich dem betroffenen Personenkreis ohne sachkundige Beratung nicht von selbst erschließen. Jedes Regelwerk, das für sich in Anspruch nimmt, den „erhöhten Schallschutz" zu behandeln, sollte sich dieser Problematik bewusst sein und für Klarheit sorgen.

Betrachtet man deshalb einen erhöhten Schallschutz aus einer allgemeineren Warte, dann wird er, wie Bild 3.3 zeigt, durch einen bestimmten Abstand von einem Bezugsniveau definiert.

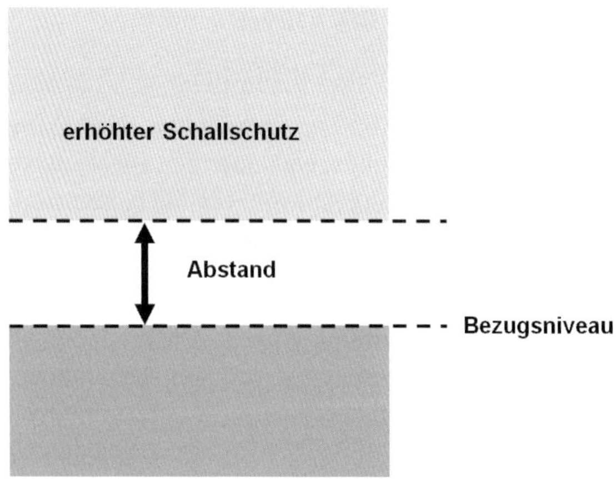

Quelle: Autoren

Bild 3.3: Festlegung eines erhöhten Schallschutzes

Dieses Bezugsniveau kann der Mindestschallschutz der DIN 4109-1 sein. Es könnte dafür aber aus guten Gründen auch ein heute üblicher Schallschutz herangezogen werden. „Erhöhter Schallschutz" wäre demnach das, was über dem üblicherweise zu erwartenden Niveau liegt. Man käme dann bei der zahlenmäßigen Festlegung des erhöhten Schallschutzes zu einem anderen Ergebnis. Während im ersten Fall auf den Mindestschallschutz gleich ein erhöhter Schallschutz folgt, wäre im zweiten Fall die Reihenfolge der Qualitätsstufen Mindestschallschutz, dann üblicher Schallschutz und erst danach erhöhter Schallschutz. Für fachlich bewanderte Personen mag diese Unterscheidung keine Rolle spielen, da sie unabhängig vom Namen die Verhältnisse anhand der zahlenmäßigen Festlegungen für den Schallschutz in den richtigen Zusammenhang einordnen können. Vermutlich ist es für einen fachlich nicht vorgebildeten Personenkreis, der sich an den Begriffen (und ihrer üblichen Bedeutung) orientiert, aber schon ein Unterschied, ob man sich für einen üblichen oder einen erhöhten Schallschutz entscheidet. Deshalb geht es, gleichgültig für welches Prinzip zur Herleitung eines „erhöhten Schallschutzes" man sich entscheidet, darum, für den großen Kreis der Nichtfachleute Transparenz herzustellen bezüglich der realen Einordnung der vorgesehenen Schallschutzqualität. Das hat die VDI 4100 ([126] und [127]) von Anfang an getan, indem sie für die drei Schallschutzstufen (SSt.) verbale Beschreibungen der Qualität des subjektiv empfundenen Schallschutzes gab und in einer Tabelle die Wahrnehmung üblicher Geräusche aus Nachbarwohnungen für jede dieser Schallschutzstufen beschrieb [211]. Tabelle 3.5 zeigt diese tabellarische Darstellung, die der VDI 4100:1994 und VDI 4100:2007 entnommen wurde, da dort die SSt. I noch identisch mit den Anforderungen aus DIN 4109:1989 war. Das ist in VDI 4100:2012 nicht mehr der Fall. Eine orientierende Beschreibung der subjektiven Wahrnehmbarkeit von üblichen Geräuschen aus benachbarten Wohneinheiten für unterschiedliche Schallschutzklassen enthält auch der DEGA-Schallschutzausweis in tabellarischer Form.

Tabelle 3.5: VDI 4100, Tabelle 1 – Wahrnehmung üblicher Geräusche aus Nachbarwohnungen und Zuordnung zu drei Schallschutzstufen (SSt)

Spalte	**1**	**2**	**3**	**4**
Zeile	**Art der Geräusch-emission**	**Wahrnehmung der Immission aus der Nachbarwohnung, (abendlicher A-bewerteter Grundgeräuschpegel von 20 dB, üblich groß Aufenthaltsräume)**		
1		**SSt I**	**SSt II**	**SSt III**
2	Laute Sprache	verstehbar	im Allgemeinen verstehbar	im Allgemeinen nicht verstehbar
3	Sprache mit angehobener Sprechweise	im Allgemeinen verstehbar	im Allgemeinen nicht verstehbar	nicht verstehbar
4	Sprache mit normaler Sprechweise	im Allgemeinen nicht verstehbar	nicht verstehbar	nicht hörbar
5	Gehgeräusche	im Allgemeinen störend	im Allgemeinen nicht mehr störend	nicht störend
6	Geräusche aus haustechnischen Anlagen	unzumutbare Belästigungen werden im Allgemeinen vermieden	gelegentlich störend	nicht oder nur selten störend
7	Hausmusik, laut eingestellte Rundfunk- und Fernsehgeräte, Parties	deutlich hörbar		im Allgemeinen hörbar

Quelle: [126], [127]

Sinnvoller als eine Norm zum „erhöhten Schallschutz“ ist in diesem Zusammenhang ein Klassifizierungssystem, wie es z. B. beim DEGA-Schallschutzausweis [148], [208], [212] vorliegt. Die Einteilung in zahlenmäßig definierte Schallschutzklassen interessiert sich a priori nicht für Mindestschallschutz oder erhöhten Schallschutz, sondern für unterschiedliche Schallschutzqualitäten, denen eine Wohneinheit zugeordnet werden kann (siehe Bild 3.4). In einem solchen System kann man dann auch den Mindestschallschutz einsortieren. Wenn dann der Mindestschallschutz der DIN 4109 z. B. im DEGA-Schallschutzausweis mit der Schallschutzklasse D abgedeckt wird, dann ist klar, dass jede darüber liegende Stufe einen besseren Schallschutz liefert. Man kann in einem solchen System aber auch zum Ausdruck bringen, durch welche Schallschutzklasse z. B. ein üblicher Schallschutz in Mehrfamilienhäusern beschrieben wird. Dann wird auch sofort erkennbar, dass ein Doppel- oder Reihenhaus gegenüber einer Wohnung in einem Mehrfamilienhaus üblicherweise eine höhere Schallschutzqualität besitzt.

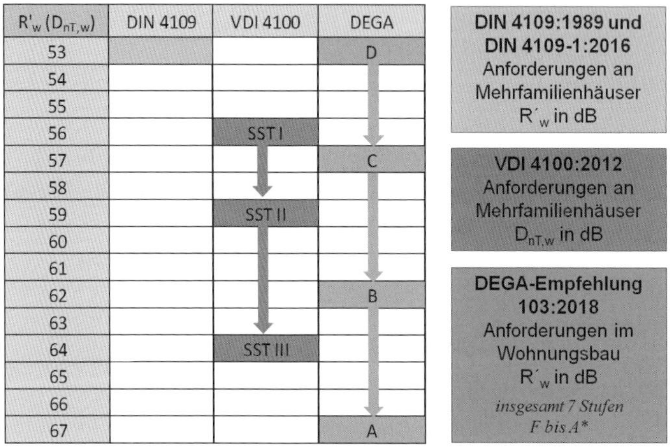

R'_w ($D_{nT,w}$)	DIN 4109	VDI 4100	DEGA
53			D
54			
55			
56		SST I	
57			C
58			
59		SST II	
60			
61			
62			B
63			
64		SST III	
65			
66			
67			A

DIN 4109:1989 und DIN 4109-1:2016
Anforderungen an Mehrfamilienhäuser
R'_w in dB

VDI 4100:2012
Anforderungen an Mehrfamilienhäuser
$D_{nT,w}$ in dB

DEGA-Empfehlung 103:2018
Anforderungen im Wohnungsbau
R'_w in dB
*insgesamt 7 Stufen F bis A**

Quelle: Autoren

Bild 3.4: Anforderungen an die Luftschallübertragung (Wände) in DIN 4109:1989 und DIN 4109-1:2016/2018, VDI 4100:2012 und DEGA-Empfehlung 103:2018

Wenn für die Festlegung eines „erhöhten Schallschutzes", wie in Bild 3.5 gezeigt wird, als Bezugsniveau der Mindestschallschutz aus DIN 4109-1 gewählt wird, wenn außerdem wie für die Mindestanforderungen dieser Norm ein Grundgeräuschpegel von 25 dB zugrunde gelegt wird (was den Gegebenheiten für einen höheren Schallschutz i. d. R. nicht entspricht) und wenn der Abstand zum Bezugsniveau so gewählt wird, dass es gerade zu einem wahrnehmbaren Qualitätsunterschied kommt, dann wird damit nicht per se „der erhöhte Schallschutz" definiert. Vielmehr ist es die unterste Grenze, die als nächste Abstufung gegenüber den Mindestanforderungen in Frage kommt.

Zum erforderlichen Abstand hat sich der BGH folgendermaßen geäußert [158]:

> Ein die Mindestanforderungen überschreitender Schallschutz muss deutlich wahrnehmbar einen höheren Schutz verwirklichen.

Nach allgemeiner Auffassung ist z. B. beim Luftschallschutz ein Unterschied von wenigstens 3 dB, vorzugsweise aber mehr, erforderlich.

Man könnte im vorliegenden Fall also von „Mindestanforderungen an einen erhöhten Schallschutz" sprechen. Alles, was über dieser Grenze liegt, beschreibt dann den Bereich des gegenüber den Mindestanforderungen erhöhten Schallschutzes. Erhöhter Schallschutz ist also nicht das, was durch zahlenmäßige Festschreibung nur einer einzigen Qualitätsstufe beschrieben wird, sondern alles, was oberhalb eines „Schwellenwertes" liegt. Wenn im konkreten Fall ein „erhöhter Schallschutz" gewünscht wird, dann wäre individuell abzuklären, wo er in dem in Frage kommenden Bereich anzusiedeln wäre. Auch weiterhin besteht deshalb Bedarf, den über der Untergrenze liegenden Bereich in sinnvoller Art und Weise zu gliedern (siehe Bild 3.4). Regelwerke wie die VDI 4100 oder das Klassifizierungssystem des DEGA-Schallschutzausweises haben also auch zukünftig ihre Daseinsberechtigung.

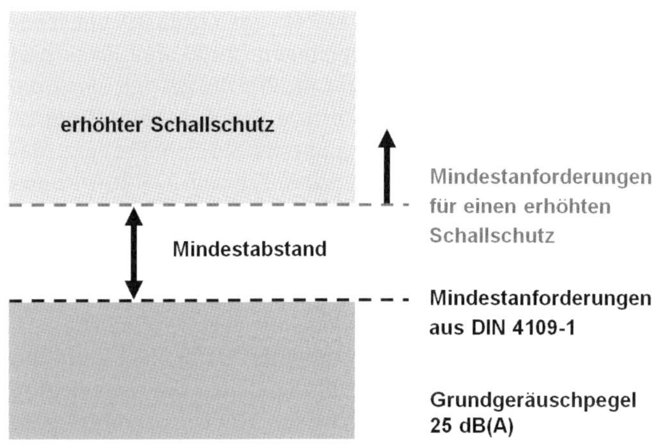

Quelle: Autoren

Bild 3.5: Festlegung einer unteren Grenze für einen erhöhten Schallschutz

3.1.4.2 Welchen Schallschutz meint DIN 4109-1?

DIN 4109-1 widmet ihrem Anwendungsbereich ein eigenes Kapitel (siehe 3.1.3). Ein Überblick, was diese Norm bezüglich des vorgesehenen Schallschutzniveaus wirklich beabsichtigt, ergibt sich allerdings erst, wenn man einzelnen Aussagen in den Abschnitten „Vorwort", „Änderungen", „Einleitung" und „Anwendungsbereich" zusammenträgt.

Die Norm trägt den Titel „Mindestanforderungen". Außer im Titel taucht dieser Begriff im ganzen Dokument allerdings nicht wieder auf. Nicht einmal bei den Begriffen in Abschnitt 3 der DIN 4109-1 wird er näher erläutert. Dabei ist dieser Begriff durchaus nicht selbsterklärend. Zumindest zwei unterschiedliche Ansätze zur Definition ergeben sich, die auch im Gesamtkontext dieser Norm eine Rolle spielen, wie nachfolgend erläutert wird. Zum einen könnte ein Schallschutz gemeint sein, der mit Hinblick auf die deklarierten Schutzziele der DIN 4109 einen elementaren Schutzanspruch der betroffenen Menschen beschreibt, der nicht unterschritten werden darf. Zum anderen aber könnte damit ein Schallschutz gemeint sein, der aus den baukonstruktiven Gegebenheiten der betrachteten Gebäude abgeleitet wird und als anerkannte Regel der Technik für einen Mindestschallschutz betrachtet wird, der von einem Gebäude in jedem Fall erfüllt werden muss. Beide Ansätze sind nicht identisch und können zu unterschiedlichen Folgerungen bei der Festlegung von Anforderungen führen. Beide finden sich aber in DIN 4109-1 und werden dort inhaltlich nicht gegeneinander abgegrenzt. Hier wäre eine klare Aussage erforderlich.

Warum es sich bei den Anforderungen um Mindestanforderungen handelt, muss aus den Aussagen der genannten Kapitel zusammengesucht und interpretiert werden. Indirekt geht das „Vorwort" zum ersten Mal darauf ein. Dort heißt es:

> Die dargestellten Anforderungen an die Schalldämmung können mit allen derzeit gängigen Bauarten und Bauteildimensionen nach den allgemein anerkannten Regeln der Technik beschrieben und ausgeführt werden. Die Anforderungen stellen eine nicht zu unterschreitende schalltechnische Qualitätsgrenze dar.

Diese Aussage hat mit bestimmten Schutzzielen zuerst einmal gar nichts zu tun, sondern orientiert sich alleine an den konstruktiven Gegebenheiten. Auch ohne dass hier der Begriff „Mindestschallschutz" genannt wird, ist damit im Prinzip gesagt, dass die Anforderungen eine allgemein anerkannte Regel der Technik (a. a. R. d. T.) für den Mindestschallschutz darstellen. Mindestschallschutz in diesem Sinne ist ein Schallschutz, der von allen derzeit gängigen Konstruktionen erfüllt werden kann. Die a. a. R. d. T. wird aus der Leistungsfähigkeit dieser Konstruktionen abgeleitet.

Der zweite Satz dieser Aussage beschreibt, auf andere Art und Weise, ebenfalls einen Mindestschallschutz. Er ist in einer Norm als privatem technischen Regelwerk und im zivilrechtlichen Geltungsbereich dieser Norm verwunderlich, da dort eine solche verpflichtende Festlegung als „Qualitätsgrenze" für den Anwender der Norm nicht getroffen werden kann. Erst als Folge einer bauaufsichtlichen Einführung stellen die festgelegten Anforderungen im bauordnungsrechtlichen Sinn „eine nicht zu unterschreitende schalltechnische Qualitätsgrenze" dar.

So wird in diesen beiden Sätzen (vermutlich ungewollt) der Mindestschallschutz einmal aus der Sicht des zivilrechtlichen Geltungsbereichs der DIN 4109 (siehe 3.1.4.4) und einmal aus der Sicht des öffentlich-rechtlichen Geltungsbereichs (siehe 3.1.4.3) dargestellt. Die Art der Darstellung weist darauf hin, dass es (nach wie vor) für die DIN 4109 schwierig ist, sich zwischen zivilrechtlichem und öffentlich-rechtlichem Bereich zurechtzufinden. Als privates Regelwerk ist sie a priori nur für den zivilrechtlichen Bereich anwendbar. Erst durch die bauaufsichtliche Einführung erlangt sie öffentlich-rechtliche Geltung. Aus der Tradition heraus fühlt sie sich für beide Bereiche zuständig, schafft es aber nicht, beide gegeneinander klar abzugrenzen. Das ist ein wesentlicher Grund dafür, dass in der Vergangenheit die Anwendbarkeit der Anforderungen immer wieder hinterfragt und interpretiert wurde und nicht zuletzt eine juristische Klärung bis hinauf zu den höchsten Instanzen gesucht wurde.

In ihrer Einleitung nennt DIN 4109-1 Schutzziele (siehe Bild 3.2 und 3.1.2). Diese Schutzziele sind so formuliert, dass sie (in qualitativer Hinsicht) ebenfalls einen Mindestschallschutz beschreiben. Weniger als das, was mit diesen Zielen zugesagt wird, darf es für die betroffenen Menschen nicht sein. Aus diesen deklarierten Schutzzielen wäre zu schließen, dass es um einen elementaren Schutzanspruch geht, wie er vom Staat seinen Bürgern gegenüber zu garantieren ist und wie man ihn deshalb in Zusammenhang mit bauaufsichtlichen Anforderungen als Mindestschallschutz erwartet. An anderer Stelle wird dagegen der Eindruck erweckt, dass ein „üblicher" Schallschutz beschrieben wird, wenn es z. B. in den Änderungsvermerken der Norm unter Punkt f zur Überarbeitung der Anforderungstabellen 2 und 3 heißt:

ANMERKUNG Die Erhöhung der Anforderungen an den Trittschallschutz in den Tabellen 2, Zeilen 1 bis 4 und Zeile 10, und Tabelle 3, Zeile 1 entsprechen in den letzten Jahren regelmäßig festzustellenden Qualitäten in ausgeführten Gebäuden mit Regelbauweisen. Die Anforderungen können mit den für die einzelnen Bauweisen üblichen Deckenaufbauten nach den allgemein anerkannten Regeln der Technik erzielt werden.

Die gewählten Formulierungen lassen ohne Zweifel erkennen, dass mit „regelmäßig festzustellenden Qualitäten“ und „üblichen Deckenaufbauten“ auch ein „üblicher“ Schallschutz angesprochen wird.

Wie schon vom BGH [158], [159] hinsichtlich der DIN 4109:1989 festgestellt wurde, sind Mindestschallschutz und üblicher Schallschutz nicht dasselbe. Das dürfte sich auch mit DIN 4109-1 nicht wesentlich geändert haben, da sich laut Normenausschuss ja das Schallschutzniveau der neuen Norm „im Wesentlichen nicht ändern“ sollte. DIN 4109-1 bewegt sich hier in einem Graubereich und vermeidet eine eindeutige Festlegung. Selbst der eindeutig scheinende Begriff der Mindestanforderungen ist durchaus noch auslegungsbedürftig und bedarf in der Norm einer klaren Begriffsbestimmung und Abgrenzung.

Da sich in DIN 4109-1 Anforderungen, die für den realen Schallschutz essenziell sind wie z. B. die Schalldämmung von Wohnungstrennwänden oder Wohnungstrenndecken, gegenüber der DIN 4109:1989 nicht geändert haben, kann man die im zuvor genannten Zitat angesprochene Erhöhung der Anforderungen an den Trittschallschutz als den Versuch werten, der DIN 4109-1 im zivilrechtlichen Bereich eine höhere Legitimation zu verschaffen. Auch hier zeigt sich, dass es der DIN 4109 schwerfällt, ihre Position und Aufgabe zwischen zivilrechtlicher und öffentlich-rechtlicher Geltung klar zum Ausdruck zu bringen.

3.1.4.3 DIN 4109 im öffentlich-rechtlichen Geltungsbereich

Anforderungen an den baulichen Schallschutz finden sich in unterschiedlichen Bereichen des Baurechts wieder. Auf der einen Seite steht das private Baurecht nach BGB, auf der anderen Seite das öffentlichen Baurecht. Dieses wiederum ist aufgeteilt in das Bauplanungsrecht nach Raumplanungsgesetz und Baugesetz und in das Bauordnungsrecht gemäß Landesbauordnungen. Anforderungen der DIN 4109 interessieren hier in Zusammenhang mit dem Bauordnungsrecht.

Die Anforderungen der DIN 4109 wurden in der Vergangenheit durch Einführungserlasse der Bundesländer als Technische Baubestimmung in das Bauordnungsrecht der Länder übernommen. Damit wird § 15 (2) der Musterbauordnung [145] Rechnung getragen, wonach Gebäude einen ihrer Nutzung entsprechenden Schallschutz haben müssen. Die Anforderungen sind deshalb öffentlich-rechtlich geschuldet und dürfen nicht unterschritten werden. Damit tragen sie automatisch den Charakter von „Mindestanforderungen“, ohne dass damit bereits eine Wertung vorgenommen wird und ohne dass das ausdrücklich im Namen der Anforderungen zum Ausdruck gebracht werden müsste. Die öffentlich-rechtliche Wirkung entsteht für die neue DIN 4109 erst ab dem Zeitpunkt ihrer Einführung. In der Muster-Verwaltungsvorschrift Technische Baubestimmungen (MVV TB) vom 31. August 2017 [146], auf die in 3.1.5 eingegangen wird, ist die bauaufsichtliche Einführung von DIN 4109-1 vorgesehen. In einigen Bundesländern ist sie seit Ende 2017 bereits erfolgt, in anderen steht sie noch aus.

In derart im Bauordnungsrecht eingebundenen Mindestanforderungen treffen sich der Schutzanspruch der Bürger gegen Lärm und die Fürsorgepflicht des Staates den Bürgern gegenüber. Ganz pragmatisch kann daraus abgeleitet werden, dass derart verstandene Mindestanforderungen ganz elementaren Schutzzielen dienen müssen, sie aber nicht zum Erreichen eines bestimmten akustischen Komforts vorgesehen sind. Darauf hat schon Gösele in [185] hingewiesen:

> Der staatlich festgelegte Mindestschallschutz zwischen Wohnungen muss mit dem Hinweis auf die Gesundheitsgefahren bei zu geringem Schallschutz begründbar sein. Etwas anderes ist der Wunsch der Bewohner auf höheren Schallschutz. Dies ist jedoch keine Sache des Staates, sondern eine Frage von Angebot und Nachfrage, wobei man den nötigen Wettbewerb durch entsprechend gewählte Vorschläge für einen erhöhten Schallschutz unterstützen sollte.

Die in der Einleitung zu DIN 4109-1 genannten Schutzziele (Gesundheitsschutz, Schutz vor unzumutbaren Belästigungen und Wahrung der Vertraulichkeit) beschreiben recht gut den bauordnungsrechtlichen Anspruch, der an Mindestanforderungen zu richten ist. Eine andere Frage ist, ob sie auch im zivilrechtlichen Bereich eine belastbare Festlegung für den Schallschutz liefern. Darauf wird in 3.1.4.4 eingegangen.

Wenn die Festlegung des aus bauaufsichtlicher Sicht geforderten Mindestschallschutzes die einzige Aufgabe der DIN 4109 wäre, benötigte man dazu nicht einmal eine Norm. Der Staat (in diesem Fall die Bundesländer, bei denen die bauordnungsrechtlichen Zuständigkeiten liegen) könnte die Festlegungen für den Mindestschallschutz durchaus selbst treffen, z. B. in Form entsprechender Verordnungen oder Erlasse (wie es z. B. in Frankreich der Fall ist). In Deutschland wurde stattdessen der Weg über eine Norm gewählt, die dann bauaufsichtlich eingeführt wird und dadurch bauordnungsrechtliche Wirksamkeit erhält.

Einen Hinweis darauf, weshalb das so gemacht wurde, liefern Schneider und Böckl 1963 in ihrem Kommentar zur Neufassung von DIN 4109:1962 [186]:

> In den neuen Bauordnungen wurde vermieden, Anforderungen zahlenmäßig auszudrücken, wie dies bisher in älteren Bauordnungen, z. B. durch die Vorschrift einer bestimmten Wanddicke geschehen ist. Gesetze können im allgemeinen nicht so schnell geändert werden wie Normblätter. Bei der heutigen Entwicklung der Technik sind aber manchmal – auch in Bezug auf Anforderungen und Ausführung – Änderungen in kürzeren Zeitabständen nicht zu vermeiden. Dieser Tatsache ist in der Weise Rechnung getragen worden, dass in den Bauordnungen nur die allgemeinen Anforderungen niedergelegt sind, die durch Einzelangaben in den Normblättern ergänzt werden.

Diese Begründung klingt plausibel und dokumentiert den damals noch vorhandenen Willen, die Anforderungen an die aktuelle technische Entwicklung anzupassen. Dass es dann bis zur nächsten Überarbeitung bis zur DIN 4109:1989 insgesamt 27 Jahre dauerte und danach weitere 27 Jahre bis zur DIN 4109:2016, und dass sich in diesen 5 Jahrzehnten die Anforderungen z. B. beim Luftschallschutz kaum weiterentwickelten, steht auf einem anderen Blatt.

Da bei der Erarbeitung einer Norm nach den Statuten der Normungsarbeit (DIN 820 [2]) die interessierten Kreise einzubinden sind, kann für diesen Prozess zuerst einmal vermutet werden, dass eine ausgewogene Zusammensetzung des Normungsgremiums vorliegt und unterschiedliche Aspekte und Interessen angemessen berücksichtigt werden. Am Normungsprozess sind auch die in die bauaufsichtlichen Belange eingebundenen Kreise (z. B. DIBt) beteiligt. Der Gesetzgeber verlässt sich sozusagen auf die (vermutete) fachliche Kompetenz des Normungsgremiums und dessen (vermutete) ausgewogene Zusammensetzung, ohne in eigener Verantwortung eine sachgerechte Festlegung der Anforderungen treffen zu müssen. Bei der bauaufsichtlichen Einführung bleibt es den Instanzen der obersten Bauaufsicht auf Länderebene aber immer noch vorbehalten, die durch die DIN 4109 gegebenen Festlegungen vollständig in die Landesbauordnungen zu übernehmen, sie zu modifizieren oder nur teilweise einzuführen. Eine länderübergreifende Vorgehensweise findet sich in der Muster-Verwaltungsvorschrift Technische Baubestimmungen (MVV TB) [146], auf die in 3.1.5 eingegangen wird.

Im Gegensatz zum Mindestschallschutz hat ein erhöhter Schallschutz für die staatlichen Vorgaben des öffentlich-rechtlichen Bereichs keinerlei Relevanz, da er nicht zum staatlich garantierten Schutzanspruch gehört. Das gilt genauso für den Schallschutz im eigenen Wohn- oder Arbeitsbereich. Sowohl ein erhöhter Schallschutz als auch Schallschutz im eigenen Wohn- oder Arbeitsbereich sind deshalb ausschließlich im zivilrechtlichen Bereich angesiedelt. Eine Überschneidung der Anforderungen beider Bereiche gibt es lediglich dann, wenn der Mindestschallschutz auch als zivilrechtliche (vertragsrechtliche) Qualität vereinbart werden soll. Darauf wird nachfolgend eingegangen.

3.1.4.4 DIN 4109 im zivilrechtlichen Geltungsbereich

Die (Mindest-)Anforderungen der DIN 4109 werden im Planungsalltag in ihrer bauordnungsrechtlichen Funktion nur dann gesehen, wenn der bauaufsichtlich geforderte Schallschutznachweis zu erbringen ist. Ansonsten wird gefragt, inwiefern sie im zivilrechtlichen Bereich als geeignete Festlegung für den geschuldeten Schallschutz herangezogen werden können. Die unstrittige Rolle wie im öffentlich-rechtlichen Geltungsbereich kann der DIN 4109 hier nicht zugesprochen werden. Da dies in der einschlägigen Literatur (siehe z. B. [213], [147]) vielfach behandelt worden ist, soll an dieser Stelle nur auf einige wenige Aspekte eingegangen werden.

Mindestschallschutz, geschuldeter Schallschutz und a. a. R. d. T.

Ständig hinterfragt wird, ob mit Einhaltung der (Mindest-)Anforderungen auch auf zivilrechtlicher Ebene bereits ein ausreichender Schallschutz gewährleistet wird. Diese Frage kann nicht generell mit einem klaren Ja oder Nein beantwortet werden, wie einer langjährigen Rechtsprechung entnommen werden kann. Eindeutig ist allerdings das Vorgehen, um im Einzelfall zu einer Antwort zu kommen, welcher Schallschutz geschuldet ist. So findet sich z. B. im DEGA-Memorandum BR 101 [147] im Anhang B (Prüfung des geschuldeten Schallschutzes) ein dreistufiges Prüfungsschema, nach dem sich der geschuldete Schallschutz ermitteln lässt.

Stets geht es im zivilrechtlichen Bereich darum, dass in Zusammenhang mit der Erstellung eines Gebäudes die erbrachte Leistung den vertraglichen Vereinbarungen entspricht. Das gilt auch für den baulichen Schallschutz, der allerdings in vielen Fällen vertraglich nicht oder nicht eindeutig festgelegt wurde. In diesem Fall wird dann vorausgesetzt, dass die Leistung den allgemein anerkannten Regeln der Technik (a. a. R. d. T.) genügt (siehe dazu auch 3.1.1.3). Das wird so auch vom BGH bestätigt (siehe BGH, Urteil vom 04.06.2009 [159]):

> Der Erwerber kann ungeachtet der sonstigen Vereinbarungen grundsätzlich erwarten, dass der Veräußerer (...) den Schallschutz nach der zur Zeit der Abnahme geltenden anerkannten Regeln der Technik herstellt.

Ob der vorhandene Schallschutz den a. a. R. d. T. entspricht, ist im rechtlichen Kontext für den baulichen Schallschutz eine zentrale Frage. Insbesondere ist dabei zu erörtern, ob die a. a. R. d. T. durch das Anforderungsniveau der DIN 4109 wiedergegeben werden, oder ob ein darüber hinaus gehender Schallschutz geschuldet wird. Eine grundsätzliche juristische Würdigung dieser Fragestellungen findet sich z. B. in [147] und [213]. Inwiefern a. a. R. d. T. für den Schallschutz formuliert werden können, wird in 3.1.1.3 genauer betrachtet.

Wesentliche Aussagen zu dieser Thematik lieferten in der letzten Zeit die BGH-Urteile vom Juni 2007 [158] und Juni 2009 [159], in welchen die Anwendbarkeit der Anforderungen der DIN 4109:1989 als ein übliches Schallschutzniveau in Frage gestellt wurde. So heißt es im Urteil vom 14.06.2007:

> In aller Regel wird (...) der Erwerber einer Wohnung oder eines Doppelhauses eine Ausführung erwarten, die einem üblichen Qualitäts- und Komfortstandard entspricht. Haben die Parteien einen üblichen Qualitäts- und Komfortstandard vereinbart, so muss sich das einzuhaltende Schalldämm-Maß an dieser Vereinbarung orientieren. Insoweit können aus den Regelwerken die Schallschutzstufen II und III der VDI-Richtlinie 4100 aus dem Jahre 1994 oder das Beiblatt 2 zur DIN 4109 Anhaltspunkte liefern.

Das belebte in den letzten Jahren die aktuelle Diskussion um das notwendige Schallschutzniveau der DIN 4109 (siehe z. B. [206] und [214]), indem schon früher formulierte Positionen erneut vorgebracht wurden, z. B.:

- Anpassung des Schallschutzniveaus der DIN 4109 an die heutigen Bedürfnisse,
- Anpassung des Schallschutzniveaus der DIN 4109 an die technische Entwicklung,
- Garantie der Rechtssicherheit dadurch, dass die Anforderungen unstrittig die allgemein anerkannten Regeln der Technik für den baulichen Schallschutz wiedergeben.

So hieß es z. B. bei Hils zum Normentwurf DIN 4109-1:2013 in [214]:

> Was das Anforderungsniveau anbelangt, wird jedoch mit dem jetzt vorliegenden Entwurf eine historische Chance vertan, die Norm auch nur annähernd an die bauliche und baurechtliche Realität sowie die heutigen Behaglichkeits- und Komforterwartungen der Nutzer anzupassen.

Diese Positionen stellen in unterschiedlichem Maße das derzeitige Schallschutzniveau der DIN 4109 in Frage. Vor allem wird immer wieder die Stellung der Mindestanforderungen gegenüber den a. a. R. d. T. hinterfragt. So stellte Maack mit Hinblick auf den Normentwurf zu DIN 4109-1:2006 in [206] fest:

> In Bezug auf den Mindestschallschutz bezeichnen die allgemein anerkannten Regeln der Technik das von der überwiegenden Zahl der Fachleute als angemessen betrachtete Anforderungsniveau.

Stellvertretend für zahlreiche gleichlautende Äußerungen von anderer Seite wurde von Maack daraus gefolgert:

> Es ist von zentraler Bedeutung, dass das in DIN 4109 formulierte Anforderungsniveau für den Mindestschallschutz den a. a. R. d. T. entspricht.

Mit Hinblick auf die Festlegung des Normenausschusses, die Anforderungen der DIN 4109 im Zuge der Überarbeitung gegenüber DIN 4109:1989 „im Wesentlichen nicht zu ändern", schrieb er:

> Diese Festlegung ist nach Auffassung des Autors nicht aufrechtzuerhalten, denn damit wird der Anspruch aufgegeben, den Mindestschallschutz entsprechend den a. a. R. d. T. zu beschreiben.

Maack kommt zu folgendem Schluss:

> Wenn eine baurechtlich relevante DIN 4109 nicht mehr den a. a. R. d. T. entspricht und von Fachleuten nicht mehr als ernstzunehmender Maßstab wahrgenommen wird, hat dies gravierende Folgen. Einerseits werden die in der Einleitung benannten Aufgaben eines angemessenen Schallschutzes nicht mehr sichergestellt, weiterhin ist damit eine Zunahme der juristischen Auseinandersetzungen mit hohen Belastungen sowohl für Bauherren, Planungsbeteiligte und Bauausführende verbunden.

Diese Aussage beschreibt das Dilemma, in dem sich die Anforderungen der DIN 4109 befinden. Das hat sich durch das Erscheinen von DIN 4109-1:2016/2018 auch nicht wesentlich geändert, da sich der Normenausschuss ja darauf festgelegt hatte, das Schallschutzniveau der DIN 4109 gegenüber DIN 4109:1989 „im Wesentlichen nicht zu ändern". Deshalb ist davon auszugehen, dass die eingetretene Entwicklung auch für die jetzige DIN 4109-1 zutrifft. Man kann vermuten, dass die Mindestanforderungen aus DIN 4109-1 weitgehend nur noch in bauaufsichtlichem Bezug relevant sind und von dort ihre Daseinsberechtigung beziehen, für die reale Planung des baulichen Schallschutzes aber nur noch eine geringe Bedeutung haben.

Vielleicht trägt die aktuelle Situation dazu bei, sich des grundlegenden Problems der Mindestanforderungen und der a. a. R. d. T. bewusst zu werden. A priori sind nämlich die Zielsetzungen eines bauaufsichtlich zu fordernden Mindestschallschutzes nicht zwangsläufig identisch mit den Zielsetzungen, die sich aus dem zivilrechtlichen Bereich ergeben. Schutzanspruch der Bürger im bauordnungsrechtlichen Sinne einerseits und Sicherstellung der anerkannten Regeln der Technik andererseits, verbunden mit einer Anpassung des Schallschutzniveaus an die heutigen Bedürfnisse und die technische Entwicklung, sind eben zwei verschiedene Dinge in zwei unterschiedlichen Rechtsbereichen. Die Absicht des Normenausschusses, in der Vergangenheit immer wieder zu versuchen, hier eine Einheit herzustellen, wurde von der Realität jedes Mal in Frage gestellt und hatte (über längere Zeit) nie zufriedenstellend funktioniert. So blieb es über die bauaufsichtliche Relevanz der Anforderungen hinaus immer wieder offen, welche Bedeutung die Anforderungen im zivilrechtlichen Bereich haben. Die Antwort musste dann durch Gerichte (bis hinauf zum BGH) gegeben werden. Ob das befriedigend ist, sei dahingestellt, es beschreibt aber die Rechtswirklichkeit in Deutschland.

Die Einheit von bauaufsichtlich gefordertem (Mindest-)Schallschutz und den im zivilrechtlichen Bereich geschuldeten Anforderungen wird auch von Anwenderseite immer wieder reklamiert. So hat Hils in [214] den Entwurf zu DIN 4109-1:2013 folgendermaßen kommentiert:

> Schlussendlich sollte der normativ festgelegte „Basis-Schallschutz" nach DIN 4109 neu jedoch zumindest eine Qualität dergestalt aufweisen, dass die festgelegten Anforderungen nicht regelmäßig vor Gericht als unzureichend oder als nicht mehr zeitgemäß abgelehnt und als rechtlich unwirksam erklärt werden. Diesem Anspruch hat eine neue oder überarbeitete Norm nach Auffassung des Autors zumindest zu genügen! Wenn also beim Anforderungsniveau hier nicht nachgebessert wird, bleibt zu befürchten, dass die Norm u. a. vor dem Hintergrund des privaten Baurechts völlig in der Bedeutungslosigkeit verschwindet und im Ergebnis nur noch auf andere Regelwerke ausgewichen wird.

Mehr als nur eine a. a. R. d. T.

Ein Schritt zum pragmatischen Umgang mit diesem permanenten und letztlich nicht auflösbaren Zielkonflikt wäre ein differenzierterer Umgang mit dem Begriff der a. a. R. d. T. Einen wichtigen Hinweis hat hier der BGH in seinem Urteil vom 14. Juni 2007 [158] gegeben:

> Wie bereits erwähnt, formuliert die DIN 4109 Anforderungen an den Schallschutz mit dem Ziel, Menschen in Aufenthaltsräumen vor unzumutbaren Belästigungen durch Schallübertragung zu schützen. Die Schallschutzanforderungen der DIN 4109 können deshalb hinsichtlich der Einhaltung der Schalldämm-Maße nur anerkannte Regeln der Technik darstellen, soweit es um die Abschirmung von unzumutbaren Belästigungen geht. Soweit weitergehende Schallschutzanforderungen an Bauwerke gestellt werden, wie z. B. die Einhaltung eines üblichen Komfortstandards oder eines Zustandes, in dem die Bewohner „im Allgemeinen Ruhe finden" (...), sind die Schalldämm-Maße der DIN 4109 von vornherein nicht geeignet, als anerkannte Regeln der Technik zu gelten.

Es gibt also mehr als nur eine a. a. R. d. T. für den baulichen Schallschutz. In diesem Sinne sollten die Mindestanforderungen der DIN 4109 mit Hinblick auf die von ihr deklarierten Schutzziele (Gesundheitsschutz, Schutz vor unzumutbaren Belästigungen) die anerkannte Regel der Technik wiedergeben. Diese ist aber nicht identisch mit einer a. a. R. d. T. für einen üblichen Schallschutz.

Während eine a. a. R. d. T. im ersten Fall (Mindestanforderungen) einen eher statischen Charakter hat, es sei denn, dass sich wesentliche neue Erkenntnisse der Lärmwirkungsforschung zu den genannten Schutzzielen ergäben, kann im zweiten Fall („üblicher Schallschutz") von einer eher dynamischen Situation der a. a. R. d. T. ausgegangen werden, da das, was üblich ist, einem Wandel unterzogen ist. Auch dazu hat sich der BGH in seinem Urteil vom 14. Juni 2007 geäußert:

> Die Anforderungen an den Schallschutz unterliegen einer dynamischen Veränderung. Sie orientieren sich einerseits an den aktuellen Bedürfnissen der Menschen nach Ruhe und individueller Abgeschiedenheit in den eigenen Wohnräumen. Andererseits hängen sie von den Möglichkeiten des Baugewerbes und der Bauindustrie ab, unter Berücksichtigung der wirtschaftlichen Interessen beider Vertragsparteien einen möglichst umfangreichen Schallschutz zu gewährleisten. In privaten technischen Regelwerken festgelegte Schalldämm-Maße können nicht als anerkannte Regeln der Technik herangezogen werden, wenn es wirtschaftlich akzeptable, ihrerseits den anerkannten Regeln der Technik entsprechende Bauweisen gibt, die ohne weiteres höhere Schalldämm-Maße erreichen.

Normative Festlegungen für einen „üblichen Schallschutz" müssten demnach einer regelmäßigen Überprüfung und ggf. Aktualisierung unterzogen werden.

Selbst die Festlegung der Mindestanforderungen als a. a. R. d. T. scheint nicht ohne Probleme zu sein. So hat der BGH, ohne auf die Konsequenzen für die DIN 4109 weiter einzugehen, in seinem Urteil vom 14. Juni 2007 Folgendes ausgesagt:

> Darüber hinaus wäre es verfehlt, in der DIN 4109 formulierte Schallschutzanforderungen, sei es für einen Mindeststandard, sei es für einen erhöhten Schallschutz, unabhängig von den zur Verfügung stehenden Bauweisen als anerkannte Regeln der Technik zu bewerten. Der Senat hat wiederholt darauf hingewiesen, dass DIN-Normen keine Rechtsnormen sind, sondern nur private technische Regelungen mit Empfehlungscharakter. DIN-Normen können die anerkannten Regeln der Technik wiedergeben oder hinter diesen zurückbleiben (BGH, Urteil vom 16. Dezember 2004 – VII ZR 257/03.

Selbst für einen „Mindeststandard" können nach dieser Feststellung die Anforderungen der DIN 4109 ohne Bezug zur Bauweise nicht als eine a. a. R. d. T. betrachtet werden. Das hieße aber, dass sogar die allgemeine Formulierung einer a. a. R. d. T. für den Mindestschallschutz in der DIN 4109 nicht wirklich gelingen kann. Das allerdings widerspricht der (nicht juristischen) Vorstellung, dass gerade ein die Schutzziele des Mindestschallschutzes (Gesundheitsschutz, Schutz vor unzumutbaren Belästigungen) erfüllender Schallschutz allgemein, d. h. unabhängig von der Bauweise, formuliert werden muss und dass es dafür auch eine a. a. R. d. T. geben kann.

So erscheint insgesamt der Anspruch, bauaufsichtliche Belange und zivilrechtliche Erfordernisse konfliktfrei in einem Dokument regeln zu wollen, problematisch. Es wäre gut, wenn der Normenausschuss – in Abstimmung mit den die Bauaufsicht vertretenden Stellen – die für die Normung gegebene Konfliktsituation der unterschiedlichen Rechtsbereiche und deren unterschiedliche Zielsetzungen zum Anlass einer grundsätzlichen Klärung der Aufgabe der DIN 4109-1 nehmen würde.

Wege aus dem Dilemma

Die nachfolgende Übersicht ist ein Versuch, Thesen zusammenzustellen, wie der Konflikt zwischen bauaufsichtlich benötigten Mindestanforderungen und zivilrechtlichen Anforderungen für einen üblichen Schallschutz nach den a. a. R. d. T. gelöst werden kann.

- Die Einheit der Zielsetzungen dadurch herstellen, dass die Schutzziele für den Mindestschallschutz an einen üblichen Schallschutz angepasst und dafür entsprechende zahlenmäßige Festlegungen getroffen werden. Damit wäre der Forderung Rechnung getragen, dass „Bauen nach DIN 4109" auch ein „Bauen nach den a. a. R. d. T." (für einen üblichen Schallschutz) entspräche. Dieses neu definierte Schutzniveau wäre durch den bauaufsichtlichen Bezug allerdings automatisch wieder ein „Mindestschallschutz", obwohl er mit dem derzeitigen Mindestschallschutz der bauaufsichtlichen Anforderungen nichts mehr zu tun hätte. „Üblicher Schallschutz" und „Mindestschallschutz" wären de facto identisch. Es wäre fraglich, ob der staatlich zu gewährleistende Schutzanspruch derart ausgedehnt werden könnte. Fraglich wäre auch, ob die am Normungsprozess beteiligten interessierten Kreise das mittragen würden. Immerhin hatte sich ja der Normenausschuss bei der Überarbeitung von DIN 4109:1989 dafür ausgesprochen, das Schallschutzniveau „im Wesentlichen nicht zu ändern". Eine Erhöhung des Schutzniveaus der (bauaufsichtlichen) Mindestanforderungen hätte zur Folge, dass zukünftig keine Gebäude mehr gebaut werden könnten, die dem heutigen Niveau der Mindestanforderungen entsprechen. Auch wenn dieses Schutzniveau in der heutigen Baupraxis keine große Bedeutung mehr hat, wäre zu klären ob es für Gebäude mit bewusst einfachem Standard dafür nicht weiterhin Bedarf gibt. Insgesamt erscheint dieser Ansatz keine wirkliche Problemlösung zu sein, da er neue Probleme, zumindest aber weitere Fragestellungen aufwirft.
- Die bislang (vergeblich) angestrebte Einheit von bauaufsichtlichen und zivilrechtlichen Anforderungen an den Schallschutz auflösen. Dass könnte dadurch geschehen, dass DIN 4109-1 ausdrücklich nur noch die bauaufsichtlich benötigten Mindestanforderungen formuliert. Ein darüber hinausgehender üblicher Schallschutz müsste dann separat festgelegt werden, z. B. in einem anderen Teil der DIN 4109, oder auch außerhalb der DIN 4109.
- Eine Variante der Auflösung von bauaufsichtlichen und zivilrechtlichen Belangen wäre der Verzicht der DIN 4109 (und der Bauaufsicht), Anforderungen für einen staatlichen Mindestschallschutz in einer Norm regeln zu wollen. Die DIN 4109 würde sich dann, so wie es jetzt schon die VDI 4100:2012 tut, nur noch mit einem Schallschutz beschäftigen, der mit dem (bauaufsichtlichen) Mindestschallschutz nichts mehr zu tun hat.

Die Autoren sind sich dessen bewusst, dass mit diesen Thesen nur eine weiterführende Diskussion angestoßen werden kann, die aber geführt werden sollte, damit die ständigen Unklarheiten der Aufgaben und Ziele der DIN 4109 beseitigt werden.

A. a. R. d. T. für einen erhöhten Schallschutz?

Da sich der zivilrechtliche Bereich am Kriterium der a. a. R. d. T. orientiert, stellt sich über einen Mindestschallschutz und einen üblichen Schallschutz hinaus auch beim erhöhten Schallschutz die Frage, inwiefern dafür a. a. R. d. T. formuliert werden können und inwiefern das in einer Norm geschehen kann. Während (zumindest vom Prinzip her) die Festlegungen für einen Mindestschallschutz, der sich am Gesundheitsschutz und den anderen deklarierten Schutzzielen ausrichtet, objektivierbar und ableitbar sind, und auch das, was üblich ist, (zumindest vom Prinzip her) durch Erhebungen in Erfahrung gebracht werden kann, sind die Verhältnisse beim erhöhten Schallschutz etwas anders gelagert. Erhöhter Schallschutz hat mit dem elementaren Schutzanspruch nichts mehr zu tun. Er bewegt sich im Komfortbereich. Dort aber sind die Vorstellungen und Bedürfnisse der betroffenen Kreise individuell sehr verschieden, so dass sich die Frage stellt, ob das einheitlich genormt und ob dafür eine anerkannte Regel der Technik aufgestellt werden kann. Welcher Schallschutz in diesem Bereich geschuldet wird, sollte deshalb grundsätzlich durch eindeutige vertragliche Regelungen vereinbart werden, die den ausdrücklichen Absichten der Vertragsparteien entsprechen und den aktuellen Umständen des konkreten Bauvorhabens gerecht werden. Ein solches Vorgehen kann in einem konkreten Einzelfall zu anderen Lösungen führen als in einem anderen Fall. Das Beharren auf fest vorgegebene Qualitätsstufen (z. B. in Schritten von 3 oder 5 dB) würde aus Sicht der Autoren den individuellen Gestaltungsspielraum und die Vertragsfreiheit unangemessen einschränken. Plausible und von den Vertragspartnern gewollte Lösungen können im konkreten Fall durchaus zwischen zwei abgegrenzten Qualitätsstufen liegen, wenn es sich z. B. aus Gründen der Wirtschaftlichkeit oder der Höhe des benötigten Schallschutzes so ergibt. Man sollte also im Bereich des erhöhten Schallschutzes von zu starren (vor allem normativen) Regelungen absehen. Ein erhöhter Schallschutz ist in dem Sinne auch nicht normbar, da er der Vielfalt der unterschiedlichen Bedürfnisse nicht gerecht werden kann. Wohl aber ist es sinnvoll, eine untere Grenze zu definieren, ab der von einem erhöhten Schallschutz überhaupt gesprochen werden kann. Sinnvoll ist es dann auch, im Sinne eines Klassifizierungssystems (wie beim DEGA-Schallschutzausweis) Qualitätsstufen zu beschreiben, die eine Einordnung des vorhandenen Schallschutzes ermöglichen und als Orientierung zur Festlegung im konkreten Fall dienen können.

3.1.4.5 Geltungsbereich verschiedener Regelwerke

Neben der DIN 4109 gibt es eine Reihe weiterer Regelwerke zum baulichen Schallschutz. Immer wieder wird die Frage gestellt, wo welches Regelwerk anzuwenden ist. Tatsächlich ist die Situation für nicht mit der Materie vertraute Personen unübersichtlich oder sogar verwirrend. Neben der DIN 4109-1:2018 gibt es immer noch das Beiblatt 2 zu DIN 4109:1989, das noch nicht zurückgezogen wurde. Dazu kommt die VDI 4100, wobei eher deren Version von 2007 [127] als die aktuelle Ausgabe von 2012 [128] in Bezug genommen wird, außerdem die DEGA-Empfehlung 103 (Schallschutzausweis) [148], die DIN SPEC 91314 [68] und dann noch ein ISO-Normentwurf ISO/DIS 19488 zur Klassifizierung von Wohnungen [132]. Darüber hinaus gibt es noch einige Hinweisblätter verschiedener Verbände, die sich ebenfalls mit dem baulichen Schallschutz beschäftigen. Außer dem in jedem Fall geschuldeten Schallschutz gegenüber einem fremden Wohn- oder Arbeitsbereich sind bei Bedarf auch Regelungen für den eigenen Wohn- oder Arbeitsbereich in Betracht zu ziehen. Hierfür kommen außer Beiblatt 2 zu DIN 4109:1989 ebenfalls die VDI 4100, der DEGA-Schallschutzausweis und das DEGA-Memorandum BR 0104 [147] in Frage. Eine inhaltliche Behandlung der genannten Regelwerke findet sich für den Schallschutz gegenüber einem fremden Bereich in 3.2.4 und für den Schallschutz im eigenen Wohn- oder Arbeitsbereich in 3.2.5.

Tabelle 3.6 zeigt eine Übersicht über den Geltungsbereich der genannten Regelwerke. DIN 4109-1 hat ihren angestammten Geltungsbereich im Bereich der bauaufsichtlich geforderten Mindestanforderungen. Dort muss sie aufgrund der bauaufsichtlichen Einführung als Technische Baubestimmung beachtet werden. Selbstverständlich kann sie auch für zivilrechtliche Vereinbarungen herangezogen werden, wenn das Schallschutzniveau der Mindestanforderungen ausdrücklich so gewollt ist (und dazu entsprechende vertragliche Vereinbarungen getroffen wurden). In der aktuellen Situation, insbesondere auf dem Hintergrund der aktuellen Rechtsprechung des BGH und anderer Gerichte, beschreibt sie allerdings keinen üblichen Schallschutz mehr, so dass ihre Bedeutung im zivilrechtlichen Bereich zunehmend geringer geworden ist. Der anstelle der Mindestanforderungen geschuldete Schallschutz muss dann anderweitig festgelegt werden. Das sollte in jedem Fall durch vertragliche Vereinbarungen mit zahlenmäßigen Festlegungen oder mit Bezug auf anderweitig definierte Schallschutzqualitäten (z. B. eine Schallschutzstufe der VDI 4100 oder eine Schallschutzklasse des DEGA-Schallschutzausweises) geschehen. Was im konkreten Einzelfall geschuldet ist oder was dafür eine angemessene Festlegung der Schallschutzanforderungen wäre, kann auf einfache Weise nicht beantwortet werden. Hier gibt es unterschiedliche Sichtweisen und Interessenlagen der beteiligten Kreise, was die Anzahl der vorhandenen Regelwerke erklärt. Zumindest kann gesagt werden, dass dann, wenn ein erhöhter Schallschutz erwartet werden kann, dieser entsprechend der aktuellen Rechtsprechung auch als erkennbare Qualitätsverbesserung wahrnehmbar sein muss. Nach Meinung einer großen Mehrheit von Fachleuten muss z. B. beim Luftschallschutz eine Verbesserung von mindestens 3 dB, eher aber noch mehr, gegenüber den Mindestanforderungen vorliegen. Diesem Kriterium würde das Beiblatt 2 zu DIN 4109:1989 beim Luftschallschutz nicht genügen, so dass es für die Festlegung eines erhöhten Schallschutzes keine Bedeutung mehr hat.

Tabelle 3.6: Geltungsbereich verschiedener Regelwerke zum baulichen Schallschutz

<table>
<tr><th rowspan="2"></th><th colspan="2">Schallschutz gegenüber einem fremden Wohn- oder Arbeitsbereich</th><th colspan="2">Schallschutz im eigenen Wohn- oder Arbeitsbereich</th></tr>
<tr><th>öffentlich-rechtlich</th><th>zivilrechtlich</th><th>öffentlich-rechtlich</th><th>zivilrechtlich</th></tr>
<tr><td>Mindestanforderungen</td><td>DIN 4109-1</td><td>(DIN 4109-1)</td><td>–</td><td rowspan="2">Beiblatt 2 zu DIN 4109:1989
VDI 4100
DEGA-Empfehlung 103
DEGA-Memorandum BR 0104</td></tr>
<tr><td>erhöhter Schallschutz</td><td>–</td><td>Beiblatt 2 zu DIN 4109:1989
VDI 4100
DEGA-Empfehlung 103
DIN SPEC (DIN 4109-5)</td><td>–</td></tr>
</table>

3.1.5 Bauaufsichtliche Einführung der DIN 4109 und Muster-Verwaltungsvorschrift Technische Baubestimmungen 2017-08 (MVV TB)

Die Muster-Verwaltungsvorschrift Technische Baubestimmungen (MVV TB) vom August 2017 [146] hat lediglich die DIN 4109-1 (Mindestanforderungen) als technisches Regelwerk für den baulichen Schallschutz vorgesehen. Ohne als technische Regel genannt zu werden, kann für die rechnerischen Nachweise DIN 4109-2 in Verbindung mit DIN 4109-31 bis -36 (Bauteilkatalog) herangezogen werden. Für „Bauteile im Massivbau" ist im Nachweisverfahren aber auch die Verwendung von Beiblatt 1 zu DIN 4109:1989 möglich. Diese alternative Verwendbarkeit neuer und alter Nachweisverfahren und eine Reihe weiterer Festlegungen der MVV TB sorgen bei der Anwendung der Schallschutznachweise im bauaufsichtlichen Bereich für unklare Verhältnisse und erhebliche Probleme, auf die nachfolgend eingegangen wird.

3.1.5.1 Die MVV TB vom 31.08.2017

In den Landesbauordnungen ist vorgeschrieben, dass die von den obersten Bauaufsichtsbehörden durch öffentliche Bekanntmachung eingeführten technischen Regeln zu beachten sind. Durch Einführungserlasse galt das bisher auch für die DIN 4109. So wurde auf diese Art DIN 4109:1989 [21] zusammen mit Beiblatt 1 zu DIN 4109:1989 [22] bauaufsichtlich eingeführt, so dass neben den als Mindestanforderungen zu betrachtenden Anforderungen auch die Art der rechnerischen Nachweise und die dafür benötigten Ausführungsbeispiele verbindlich festgelegt worden waren. Bei der langjährigen Erarbeitung der DIN 4109:2016 wurde stets vorausgesetzt und von der mitarbeitenden Bauaufsicht auch so bestätigt, dass DIN 4109-1 (Mindestanforderungen) [31], DIN 4109-2 (Rechnerische Nachweise) [32] und DIN 4109-31 bis -36 (Bauteilkatalog) ([33] bis [38]) zur bauaufsichtlichen Einführung vorgesehen sind und DIN 4109-4 (Bauakustische Prüfungen) [39] bauaufsichtlich in Bezug genommen werden soll. Dieser Grundsatz prägte maßgeblich die Arbeit an den neuen Regelwerken. Im Juli 2016 wurde dann das gesamte Normenpaket der neuen DIN 4109 veröffentlicht, und DIN 4109:1989 sowie das dazugehörige Beiblatt 1 wurden zurückgezogen.

Am 31. August 2017 erschien die neue Muster-Verwaltungsvorschrift Technische Baubestimmungen (MVV TB). Die neue Verwaltungsvorschrift wird seit Ende 2017 sukzessive von den Bundesländern – gemeinsam mit den jeweiligen, an die neue Musterbauordnung angepassten Landesbauordnungen – als Ersatz für die Bauregelliste und die Liste der Technischen Baubestimmungen eingeführt. In dieser MVV TB wird auch Bezug auf die DIN 4109:2016 genommen. Das geschieht allerdings in einer Art und Weise, die für die praktische Umsetzung erhebliche Fragen aufwirft.

3.1.5.2 MVV TB und baulicher Schallschutz nach DIN 4109

Unter den Technischen Baubestimmungen, die bei der Erfüllung der Grundanforderungen an Bauwerke zu beachten sind, findet sich in Teil A der MVV TB unter A 5 auch der Schallschutz. Dafür heißt es allgemein in A 5.1:

> Gemäß § 3 und § 15 Absatz 2 MBO1 sind bauliche Anlagen so zu errichten, zu ändern und instand zu halten, dass sie einen ihrer Nutzung entsprechenden Schallschutz haben.
>
> Zur Erfüllung dieser Anforderung sind die technischen Regeln bezüglich des Schallschutzes aus Abschnitt A 5.2 zu beachten.

In A 5.2 wird dann unter „Technische Anforderungen hinsichtlich Planung, Bemessung und Ausführung an bestimmte bauliche Anlagen und ihre Teile gem. § 85a Abs. 2 MBO" als technisches Regelwerk DIN 4109-1:2016 aufgeführt. Eine Nennung anderer Teile der DIN 4109 erfolgt an dieser Stelle nicht. Somit wird durch die MVV TB lediglich DIN 4109-1 als technische Regel im bauaufsichtlichen Sinne gesehen, nicht jedoch die Rechenverfahren in DIN 4109-2 und der Bauteilkatalog in DIN 4109-31 bis -36. Diese werden an anderer Stelle der MVV TB zwar genannt, sind aber explizit nicht als technische Regel aufgeführt. Damit wird durch die MVV TB vom bisherigen Verständnis abgewichen, dass Anforderungen und Nachweisverfahren der DIN 4109 auch bauaufsichtlich als Einheit gesehen werden.

Unter „Weitere Maßgaben gem. § 85a Abs. 2 MBO" wird dann auf die Anlagen A 5.2/1 bis A 5.2/4 Bezug genommen.

Anlage A 5.2/1 enthält weitergehende Festlegungen zur Anwendung von DIN 4109-1. Für Tabelle 7 (Anforderungen an die Luftschalldämmung zwischen Außen und Räumen in Gebäuden) wird für Fußnote b vorgegeben, dass die Anforderungen im Einzelfall von der Bauaufsichtsbehörde festzulegen sind. Dies betrifft die Lärmpegelbereiche VI und VII für Bettenräume in Krankenanstalten und Sanatorien und den Lärmpegelbereich VII für Aufenthaltsräume in Wohnungen, Übernachtungsräume in Beherbergungsstätten und Unterrichtsräume.

Zu Tabelle 8 (Anforderungen an die Luft- und Trittschalldämmung von Bauteilen zwischen „besonders lauten" und schutzbedürftigen Räumen) wird ausgeführt, dass die Anforderungen an die Luft- und Trittschalldämmung von Küchen- und Gasträumen nur gegenüber schutzbedürftigen Wohn-, Schlaf- oder Bettenräumen gelten. In Zusammenhang mit Tabelle 9 (Maximal zulässige A-bewertete Schalldruckpegel in fremden schutzbedürftigen Räumen, erzeugt von gebäudetechnischen Anlagen und baulich mit dem Gebäude verbundenen Betrieben) wird bei Gaststätten einschließlich Küchen, Verkaufsstätten, Betrieben u. Ä. der Nachweis durch bauakustische Messungen gefordert. Die Einhaltung des geforderten Schalldruckpegels ist durch Vorlage von Messergebnissen nachzuweisen. Das Gleiche gilt für die Einhaltung des geforderten Schalldämm-Maßes bei Bauteilen nach Tabelle 8 (Besonders laute Räume) und bei Außenbauteilen, an die Anforderungen entsprechend Tabelle 7, Spalten 3 (Bettenräume in Krankenanstalten und Sanatorien) und 4 (Aufenthaltsräume in Wohnungen, Übernachtungsräume in Beherbergungsstätten, Unterrichtsräume und Ähnliches) gestellt werden, sofern das bewertete Schalldämm-Maß $R'_{w,res} \geq 50$ dB betragen muss. Diese Messungen sind unter Beachtung von DIN 4109-4:2016 von bauakustischen Prüfstellen durchzuführen, die entweder nach § 24 Abs. 1 Nr. 1 MBO1 anerkannt sind oder in einem Verzeichnis über „anerkannte Schallschutzprüfstellen" beim Verband der Materialprüfungsanstalten VMPA geführt werden. Damit ist zumindest für einen Teil der messtechnischen Nachweise DIN 4109-4 bauaufsichtlich in Bezug genommen. Sie ist jedoch nicht als technische Regel eingeführt und wird auch anderweitig in der MVV TB nicht mehr genannt.

Die informativen Anhänge A (Erläuternde Angaben zum Schallschutz) und B (Empfehlungen für maximale A-bewertete Schalldruckpegel in der eigenen Wohnung, erzeugt von heiztechnischen Anlagen im eigenen Wohnbereich) sind in bauaufsichtlichem Zusammenhang nicht anzuwenden.

Unter Punkt 5 der Anlage A 5.2/1 heißt es:

> E DIN 4109-1/A1:2017-01 darf für bauaufsichtliche Nachweise herangezogen werden. In diesem Fall gelten die Ziffern 1 und 3 sinngemäß.

Diese Festlegung ist nicht unmittelbar verständlich, da DIN 4109-1 nicht die Nachweise, sondern die Anforderungen regelt. Die durch E DIN 4109-1/A:2017-01 [40] benannten Änderungen zu DIN 4109-1 betreffen neben einigen Korrekturen vor allem den Schutz gegen Außenlärm. Darauf wird auch mit dem Hinweis auf die Ziffern 1 und 3 in Anlage A 5.2/1 der MVV TB Bezug genommen, so dass vermutet werden kann, dass mit dem Anwendungsbereich dieser Regelung tatsächlich der Schutz gegen Außenlärm gemeint ist. Hier muss allerdings darauf hingewiesen werden, dass dieser Entwurf der Änderung von DIN 4109-1 bereits nicht mehr dem aktuellen Stand entspricht. Im Januar 2018 ist die neue Fassung DIN 4109-1:2018 erschienen, die sich nochmals vom Änderungsentwurf unterscheidet.

Für die rechnerischen Nachweise ist Anlage A 5.2/2 von Bedeutung. Dort heißt es:

> Der schalltechnische Nachweis kann nach DIN 4109-2:2016-07 in Verbindung mit DIN 4109-31:2016-07, DIN 4109-32:2016-07, DIN 4109-33:2016-07, DIN 4109-34:2016-07, DIN 4109-35:2016-07 und DIN 4109-36:2016-07 geführt werden.

Damit sind die rechnerischen Nachweise zusammen mit dem Bauteilkatalog der DIN 4109:2016 gemeint, die hier berechtigterweise als Einheit in Bezug genommen werden. Nicht zu übersehen ist dabei, dass es sich hier um eine Kann-Bestimmung handelt, bei der die genannten Normteile gegenüber DIN 4109-1:2016 nicht explizit als technische Regel gelistet werden. Diese Kann-Bestimmung wird durch eine zweite Kann-Bestimmung ergänzt:

> Für Bauteile im Massivbau kann Beiblatt 1 zu DIN 4109:1989-11 herangezogen werden. Wenn Mauerwerk aus Lochsteinen zur Anwendung kommt, gilt dies nur für Mauerwerk, welches den Bedingungen in DIN 4109-32, Abschnitt 4.1.4.2.1, entspricht.

Somit stehen für die rechnerischen Nachweise im Massivbau zwei Möglichkeiten zur Auswahl. Ob generell darüber hinaus auch noch andere Verfahren angewendet werden dürfen, lässt der Wortlaut der MVV TB offen. Zumindest wäre nach üblichem Sprachverständnis davon auszugehen, dass eine „Kann-Bestimmung“ keinen Ausschließlichkeitscharakter hat, sondern weitere Möglichkeiten zulässt.

Die weiteren Regelungen der MVV TB zum baulichen Schallschutz betreffen DIN 4109-2 und DIN 4109-36. Die informativen Anhänge B (Ermittlung von Kenngrößen zur Planung des Schallschutzes), C (Detaillierte Ermittlung der Unsicherheit für die Schalldämmung) und D (Rechenbeispiele) aus DIN 4109-2 und A (Hinweise zu weiteren gebäudetechnischen Anlagen) aus DIN 4109-36 sind nicht anzuwenden. Auf dem Hintergrund, dass DIN 4109-2 und DIN 4109-31 bis -36 sowieso nur unter der genannten „Kann-Bestimmung" genannt werden, erscheint es etwas widersprüchlich, dass ausgerechnet die informativen Anhänge, die sowieso keinen normativen Charakter haben, dezidiert von der Anwendung ausgeschlossen werden.

Weitere Festlegungen betreffen die Anwendung bestimmter Trittschalldämmstoffe. In Anlage A 5.2/3 geht es um Dämmstoffe aus granuliertem Polystyrol und Bindemittelgemisch, in Anlage A 5.2/4 um solche mit Gummifasermatten und/oder Polyurethan(PU)-Schaummatten. Neben bestimmten Anwendungsbedingungen wird festgelegt, dass die Nachweise nach DIN 4109-2 geführt werden müssen.

3.1.5.3 Auswirkungen der MVV TB

Aktuelle Situation

Insgesamt ergibt sich, dass von der MVV TB als technische Regel ausdrücklich nur DIN 4109-1 (Mindestanforderungen) genannt wird. DIN 4109-2 (Rechnerische Nachweise) zählt explizit nicht zu diesen technischen Regeln. Sie wird – zusammen mit dem Bauteilkatalog DIN 4109-31 bis -36 – als eine Möglichkeit für den Nachweis genannt. DIN 4109-4 (Bauakustische Prüfungen) wird für bestimmte bauaufsichtlich geforderte Messungen in Bezug genommen, ohne als Ganzes als technische Regel genannt zu werden.

Aus der Vorgeschichte kann vermutet werden, dass der bis auf politische Ebene erzeugte Druck bestimmter interessierter Kreise (u. a. Bundes- und Zentralverbände des Baugewerbes und der Immobilienwirtschaft, aber auch Bundesarchitektenkammer, Bundesingenieurkammer und Bundesverband der öffentlich bestellten und vereidigten Sachverständigen) gegenüber den rechnerischen Nachweisen aus DIN 4109-2 zu den derzeitigen Formulierungen in der MVV TB geführt hat.

Den genannten Kreisen war es, wie von ihnen bereits bei den Einsprüchen zum Normentwurf DIN 4109:2013 geltend gemacht, zuerst einmal darum gegangen, die Luftschalldämmung im Massivbau weiterhin nach einem „vereinfachten Verfahren" nachweisen zu können. Dazu wurde ein erster Vorschlag unterbreitet, der sich allerdings als ungeeignet erwies. Grundsätzlich können alternative Berechnungsverfahren beim bauaufsichtlichen Nachweis nach § 85 a (1) MBO angewendet werden, wobei sich allerdings die Frage nach der Gleichwertigkeit stellt. Trotz der in den Normenausschüssen zu DIN 4109 immer wieder bestätigten Haltung, dass bei Vorlage eines geeigneten Vorschlags ein solches Verfahren ergänzend zu den bereits vorhandenen Nachweismethoden in die DIN 4109 aufgenommen werden könne, wurde kein weiterer Vorschlag mehr unterbreitet. Stattdessen wurde offensichtlich auf anderer Ebene versucht, wieder die alten Nachweisverfahren aus Beiblatt 1 zu DIN 4109:1989 bauaufsichtlich ins Spiel zu bringen. Darüber hinaus war es von diesen Kreisen aber auch beabsichtigt, die Nachweise der DIN 4109-2 aus den bauaufsichtlichen Bezügen ganz herauszuhalten. Begründet wurde das stets mit der Behauptung, ohne dass dafür jemals konkrete belastbare Belege erbracht wurden, dass die neuen Nachweise zu einer Kostensteigerung und einer versteckten Erhöhung der Anforderungen führen würden.

Mit den „Kann-Bestimmungen" hat die MVV TB nun dafür gesorgt, dass keines der genannten Nachweisverfahren als technisches Regelwerk zur bauaufsichtlichen Einführung vorgesehen werden soll. Die von den genannten interessierten Kreisen geforderte weitere Verwendbarkeit der alten Nachweise für den Massivbau aus Beiblatt 1 zu DIN 4109:1989 ist damit ermöglicht worden. Der Intention derselben Kreise, die neuen Nachweise nach DIN 4109-2 erst gar nicht bauaufsichtlich in Bezug zu nehmen, ist die MVV TB allerdings nicht gefolgt.

Als ausgesprochen problematisch sind die Kann-Bestimmungen zur Durchführung der rechnerischen Nachweise zu betrachten. Es geht aus den Formulierungen der MVV TB nicht hervor, ob es neben den als Kann-Bestimmung aufgeführten Nachweisen nach DIN 4109-2 und Beiblatt 1 zu DIN 4109:1989 auch andere Möglichkeiten für die Nachweise geben kann. Möglicherweise ist das so nicht gemeint, könnte aber durchaus aus der Formulierung der MVV TB geschlossen werden. Bei dieser Lesart wäre es damit dem Nachweisverantwortlichen für die bauaufsichtlich geforderten rechnerischen Nachweise letztlich freigestellt, mit welcher Methode er den Nachweis erbringt.

Selbst wenn man der (vermutlich gemeinten) Lesart folgt, dass für die rechnerischen Nachweise nur zwei Möglichkeiten vorgesehen werden, nämlich generell nach DIN 4109-2:2016 und speziell für den Massivbau außerdem nach Beiblatt 1 zu DIN 4109:1989, ergeben sich zwangsläufig erhebliche Probleme in der Umsetzung dieser Festlegungen. Auch wenn mit der Formulierung der MVV TB, dass „für Bauteile im Massivbau" Beiblatt 1 zu DIN 4109:1989-11 herangezogen werden kann, möglicherweise nur der Nachweis der Luftschalldämmung gemeint sein sollte, lässt der derzeitige Wortlaut die Möglichkeit offen, überall da, wo es sich um massive Bauteile handelt, die Nachweise nach Beiblatt 1 anstelle von DIN 4109-2:2016 zu führen. Die daraus entstehenden Konsequenzen werden nachfolgend für die einzelnen Bereiche des Schallschutzes diskutiert.

Nachweise im Massivbau

Wenn die MVV TB in Anlage A 5.2/2 festlegt, dass Beiblatt 1 bei Mauerwerk aus Lochsteinen nur dann angewendet werden darf, wenn dieses den Bedingungen in DIN 4109-32, Abschnitt 4.1.4.2.1 entspricht, ist das ein Indiz dafür, dass der Bezug auf Beiblatt 1 eigentlich die Luftschalldämmung im Massivbau meint. Die in der MVV TB getroffene Formulierung lässt das so allerdings nicht unmittelbar erkennen. Vielmehr geht sie weit darüber hinaus, indem es ganz generell heißt: „Für Bauteile im Massivbau kann Beiblatt 1 zu DIN 4109:1989-11 herangezogen werden." Da diese Formulierung an anderer Stelle der MVV TB nicht weitergehend präzisiert wird, muss sie so verstanden werden, dass überall da, wo es sich um massive Bauteile handelt, nach Beiblatt 1 verfahren werden darf. Das ist dann eben nicht nur die Luftschalldämmung, sondern auch die Trittschalldämmung, der Schutz gegenüber Geräuschen gebäudetechnischer Anlagen und der Schutz gegen Außenlärm. Damit stehen sich auf breiter Front die „neuen" Nachweise nach DIN 4109-2 (zusammen mit dem Bauteilkatalog in DIN 4109-31 bis -36) und die „alten" Nachweise aus Beiblatt 1 gegenüber.

Luftschalldämmung im Massivbau

Schon mit dem Wortlaut der Formulierungen sorgt die MVV TB für Unklarheit in der Umsetzung ihrer Festlegungen. So heißt es in Anlage A 5.2/2: „Für Bauteile im Massivbau kann Beiblatt 1 zu DIN 4109:1989-11 herangezogen werden.“ Hätte sie stattdessen explizit auf die gemeinten Abschnitte des Beiblatts 1 verwiesen, dann müsste über den Anwendungsbereich dieser Festlegung nicht spekuliert werden. So bedarf es einer ersten Klärung, was unter Massivbau gemeint ist. Die Vorstellungen darüber haben sich seit der Erarbeitung von Beiblatt 1 (im Wesentlichen ca. 1975 bis 1985) bis heute wesentlich geändert. Der damals gemeinte „Massivbau“ ist so heute in den meisten Fällen nicht mehr anzutreffen. Im Weiteren muss dann gefragt werden, ob unter „Bauteile im Massivbau“ nur massive Bauteile gemeint sind oder auch mehrschalige biegeweiche Bauteile berücksichtigt werden dürfen (wie es in Beiblatt 1, Abschnitt 2.5 der Fall ist). Dass man vermutlich die Nachweise des Beiblatts 1 für die Luftschalldämmung im Massivbau gemeint hat (was der primären Intention der Kritiker der neuen Berechnungsverfahren entsprach), kann am ehesten noch daraus interpretiert werden, dass die Anwendung von Beiblatt 1 bei Mauerwerk aus Lochsteinen nur unter den genannten Bedingungen aus DIN 4109-32 möglich ist. Diese Bedingungen werden in DIN 4109-32 nur für die Luftschalldämmung formuliert.

Unterstellt man im Folgenden, dass tatsächlich der Nachweis für die Luftschalldämmung im Massivbau nach Beiblatt 1 zu DIN 4109:1989 gemeint ist, dann wäre der Anwendungsbereich der Festlegung durch folgende Abschnitte des Beiblatts 1 gegeben:

- Abschnitt 2 (Luftschalldämmung in Gebäuden in Massivbauart) mit:
  - Abschnitt 2.2 (Einschalige, biegesteife Wände)
  - Abschnitt 2.3 (Zweischalige Hauswände aus zwei schweren biegesteifen Schalen mit durchgehender Trennfuge)
  - Abschnitt 2.4 (Einschalige, biegesteife Wände mit biegeweicher Vorsatzschale)
  - Abschnitt 2.5 (Zweischalige Wände aus zwei biegeweichen Schalen)
  - Abschnitt 2.6 (Decken als trennende Bauteile)
- Abschnitt 3 (Luftschalldämmung in Gebäuden in Massivbauart; Einfluss flankierender Bauteile)

Anwendbar wäre Beiblatt 1 nach dem derzeitigen Wortlaut der MVV TB dann nicht, wenn es um Bauteile geht, die nicht dem Massivbau zuzuordnen sind. Das ist zuerst einmal der Holz-, Leicht- und Trockenbau, dann Mischbauweisen, wie sie im Skelettbau auftreten und in der heutigen Baupraxis immer häufiger werden. Fraglich ist dann schon, ob auch trennende Bauteile in mehrschaliger biegeweicher Ausführung noch unter diesen Anwendungsbereich fallen, auch wenn sie in Beiblatt 1 dem Massivbaunachweis zugeordnet werden. Die Festlegung der MVV TB lässt durch eine (bewusste?) Ungenauigkeit in der Formulierung solche Fragen offen. Hätte sie stattdessen die gemeinten Abschnitte aus Beiblatt 1 explizit genannt, müssten solche Auslegungsfragen nicht gestellt werden. Die praktische Umsetzung der MVV TB wird dadurch von zahlreichen Unklarheiten begleitet.

Neben den Unklarheiten in der Anwendung der Festlegung muss insbesondere aber auch deren Relevanz für die Qualität und Sicherheit des durchgeführten Nachweises betrachtet werden. Dabei geht es vor allem um die Behandlung der flankierenden Übertragung. In Beiblatt 1 geschieht das in Abhängigkeit von der mittleren flächenbezogenen Masse der flankierenden Bauteile, der Art der Trennbauteile und der Art der Flankenbauteile mit den Korrekturwerten $K_{L,1}$ und $K_{L,2}$. Damit ist ein einfacher und schneller Nachweis möglich – wenn es dem Anwender gelingt, unter den 6 möglichen Fällen den richtigen für seinen Nachweis zu identifizieren und die sonstigen Bestimmungen des Nachweisverfahrens sachgerecht umzusetzen, was offensichtlich bis heute immer wieder Probleme bereitet. Dieser Nachweis hat sich für den „üblichen" Massivbau bewährt, wie er zur Zeit der Erarbeitung von Beiblatt 1 vor mehr als 30 Jahren vorlag. Unter den geänderten Bedingungen des heutigen Massivbaus ist das Verfahren allerdings an seine Grenze gestoßen, insbesondere dann, wenn es um leichte massive Flankenbauteile geht, die in der mittleren flächenbezogenen Masse quasi „weggemittelt" werden, bauakustisch aber dennoch als starker Übertragungsweg in Erscheinung treten können.

Gegenüber den Berechnungsverfahren in DIN 4109-2 verzichtet man beim Nachweis gemäß Beiblatt 1 auf die Erweiterung des (in Beiblatt 1 nicht näher definierten) Anwendungsbereichs und läuft Gefahr, an den Grenzen oder außerhalb des Anwendungsbereiches zu problematischen Dimensionierungen des baulichen Schallschutzes zu kommen. Man verzichtet darüber hinaus auf wesentliche Informationen zur Realisierung des baulichen Schallschutzes und auf Planungsmöglichkeiten, die gerade für ein kostengünstiges Bauen von Bedeutung sind. Diese bestehen gemäß DIN 4109-2 vor allem in folgenden Punkten:

- Betrachtung und Dimensionierung aller Übertragungswege
- gezielte Behandlung der flankierenden Übertragung
- Verwendung materialspezifischer Massekurven
- aktualisierte Ermittlung der flächenbezogenen Massen massiver Bauteile
- Berücksichtigung entkoppelter massiver Bauteile
- Berücksichtigung der Eigenschaften der Stoßstellen, die im Massivbau eine bedeutsame Rolle einnehmen
- detaillierte Berücksichtigung von Vorsatzkonstruktionen
- Berücksichtigung von Mauerwerk aus Lochsteinen, das nicht als quasihomogen betrachtet werden kann
- vereinfachte Anwendung der In-situ-Korrektur für die Schalldämmung massiver Bauteile
- Berücksichtigung der Bauteilflächen
- Berücksichtigung versetzter Grundrisse

Die Nachweisverfahren aus DIN 4109-2 entsprechen damit dem aktuellen Stand und sind in der Lage, heutige Bauweisen des Massivbaus adäquat abzubilden. Da sowieso in vielen Fällen der Nachweis nach den Verfahren der DIN 4109-2 durchgeführt werden muss, weil Beiblatt 1 nicht anwendbar ist, ist zu bezweifeln, dass den Nachweisen des zurückgezogenen Beiblatts 1 bauaufsichtlich eine Sonderrolle zugestanden werden muss. Insbesondere geht es dabei darum, dass unter den heutigen Bedingungen des Massivbaus der Anwendungsbereich von Beiblatt 1 nicht exakt definiert wird, so dass deutliche Unterschiede zu den Prognosewerten nach DIN 4109-2 auftreten können. Vor den möglichen Planungsrisiken wird der Anwender allerdings nicht gewarnt.

Luftschalldämmung bei Doppel- und Reihenhäusern

Offen ist nach dem Wortlaut der MVV TB auch, wie der Nachweis für die Luftschalldämmung zwischen Doppel- und Reihenhäusern geführt werden soll, da nach der „Kann-Bestimmung“ bei „Bauteilen im Massivbau“ ebenfalls das alte Verfahren aus Beiblatt 1 zu DIN 4109:1989 herangezogen werden darf. So stehen sich auch hier zwei Verfahren konkurrierend gegenüber, die sich in wesentlichen Sachverhalten unterscheiden (siehe dazu 4.2.3). In beiden Fällen wird für die zweischalige Konstruktion die Schalldämmung aus der Schalldämmung der gleichschweren Einfachwand ermittelt. Unter Berücksichtigung des Vorhaltemaßes bei Beiblatt 1 bzw. des Sicherheitsbeiwertes bei DIN 4109-2 sind die Ausgangsdaten der gleichschweren einschaligen Wand in beiden Verfahren identisch. Die Unterschiede zeigen sich auf dem Weg zur Zweischaligkeit. Zwar ist in beiden Fällen ein Zweischaligkeitszuschlag zu berücksichtigen. Dieser wird in Beiblatt 1 jedoch pauschal mit 12 dB angesetzt und unterliegt bestimmten Anwendungsbedingungen, während bei DIN 4109-2 der Zweischaligkeitszuschlag $\Delta R_{w,Tr}$ differenziert in Abhängigkeit von der Übertragungssituation angesetzt werden muss. Maßgeblich gehen dabei die Übertragungsbedingungen im Bereich des Fundaments und der Bodenplatte sowie die Lage der schutzbedürftigen Räume ein. Zusätzlich muss gegenüber Beiblatt 1 noch die flankierende Übertragung über massive Bauteile berücksichtigt werden. Beides entspricht den heute verfügbaren und allseits bekannten Erkenntnissen. Das Vorgehen nach Beiblatt 1 entspricht insofern nicht mehr dem heutzutage vorhandenen Stand. Angesichts der genannten Unterschiede ist deshalb vorprogrammiert, dass sich in bestimmten Fällen bei gleicher Bausituation zwischen beiden Verfahren Diskrepanzen zwischen den prognostizierten Werten ergeben.

Trittschalldämmung von Decken

Die in Anlage A 5.2/2 getroffene Festlegung („Für Bauteile im Massivbau kann Beiblatt 1 zu DIN 4109:1989-11 herangezogen werden.“) ist so allgemein formuliert, dass neben der Luftschalldämmung auch die Trittschalldämmung im Massivbau einbezogen werden kann. Ob das wirklich so gemeint war, geht aus den Formulierungen der MVV TB nicht hervor.

Auch hier ergeben sich Probleme, wenn die Trittschalldämmung im Massivbau nach Beiblatt 1 zu DIN 4109 anstelle von DIN 4109-2 nachgewiesen wird. In Beiblatt 1 ergibt sich in Abschnitt 4 (Trittschalldämmung in Gebäuden in Massivbauart) der bewertete Norm-Trittschallpegel im Bau mit dem äquivalenten bewerteten Norm-Trittschallpegel $L_{n,w,eq,R}$ der massiven Rohdecke und der bewerteten Trittschallminderung $\Delta L_{w,R}$ einer Deckenauflage durch

$$L'_{n,w,R} = L_{n,w,eq,R} - \Delta L_{w,R} \ \text{dB} \tag{3.1}$$

In DIN 4109-2 (siehe 4.3.2.2 und 4.3.2.3) geschieht das durch

$$L'_{n,w} = L_{n,eq,0,w} - \Delta L_w + K \ \text{dB} \tag{3.2}$$

$L_{n,eq,0,w}$ ist die schon vor vielen Jahren eingeführte neue Bezeichnung des äquivalenten bewerteten Norm-Trittschallpegels, die die alte Bezeichnung $L_{n,w,eq}$ abgelöst hat. Die flankierende Trittschallübertragung wird hier durch einen pauschalen Korrekturwert *K* in Abhängigkeit von der mittleren flächenbezogenen Masse der flankierenden Wände berücksichtigt. Beide Nachweisverfahren unterscheiden sich also in diesem Punkt. Ein weiterer Unterschied ergibt sich in der Berücksichtigung von Unterdecken. Es muss demnach davon ausgegangen werden, dass sich im Vergleich der beiden Verfahren je nach vorhandener Bausituation unterschiedliche Prognosewerte ergeben. Zu berücksichtigen ist dabei auch, dass die Werte der bewerteten Trittschallminderung $\Delta L_{w,R}$ in Beiblatt 1 bereits ein Vorhaltemaß von 2 dB enthalten und beim Abgleich des nach Beiblatt 1 ermittelten Prognosewertes mit den Anforderungen noch ein zusätzlicher Aufschlag von 2 dB zu berücksichtigen ist. Das ist bei der Prognose nach DIN 4109-2 nicht der Fall. Dort muss der Sicherheitsbeiwert von 3 dB auf das Ergebnis der Trittschallberechnung angesetzt werden. Eingangsdaten und Berechnungsmethoden beider Verfahren können also nicht beliebig mit einander kombiniert werden. Die gleichzeitige Anwendbarkeit zweier voneinander abweichender Verfahren und die damit verbundenen Risiken sind dem für den Nachweis Verantwortlichen nur schwer zu vermitteln.

Für Dämmstoffe nach MVV TB Anlagen A 2.5/3 und A 2.5/4 muss der Trittschallnachweis nach DIN 4109-2 geführt werden. Diese Festlegung ist ohne Einschränkung formuliert, so dass sie grundsätzlich anzuwenden ist. Das gilt dann auch im reinen Massivbau, so dass der Nachweis in diesen Fällen eben doch nicht nach Beiblatt 1 geführt werden kann. Dass die Anwendbarkeit der „Kann-Bestimmung" des Nachweises nach Beiblatt 1 von der Art des Trittschalldämmstoffes abhängen soll, macht allerdings keinen Sinn. Problematisch ist auch, dass sich die Anwendungsmöglichkeiten der einzelnen Verfahren erst aus einem nicht sofort erkennbaren Zusammenhang verschiedener Einzelregelungen ergeben.

Trittschalldämmung von Treppen

Besonders zweifelhaft ist der Nachweis für den Trittschall von Treppen nach Beiblatt 1 als Alternative zum Nachweis nach DIN 4109-2. Ein rechnerischer Nachweis ist derzeit für massive Treppen noch nicht möglich. Für eine Übergangszeit hat DIN 4109-2 deshalb auf die Musterlösungen aus Beiblatt 1 zurückgegriffen und verweist dazu auf die in DIN 4109-32 genannten Daten für den bewerteten Norm-Trittschallpegel $L'_{n,w}$ und den äquivalenten bewerteten Norm-Trittschallpegel $L_{n,eq,0,w}$. Dabei handelt es sich allerdings nicht durchgängig um dieselben Werte, die schon in Beiblatt 1 den entsprechenden Konstruktionen zugeordnet waren. Vielmehr mussten die Werte aus Beiblatt 1 aufgrund begründeter Einwände im Einspruchsverfahren zu DIN 4109-32 zum Teil drastisch zu schlechteren Werten hin korrigiert werden. Der Nachweis nach Beiblatt 1 würde also mit den unkorrigierten alten Werten erfolgen. Hier sind im Vergleich zu den neuen Werten gravierende Unterschiede, verbunden mit Planungsrisiken, vorprogrammiert. Auch hier kann es nicht sein, dass dem für den Nachweis Verantwortlichen ein Nachweisinstrument nahegelegt wird, das erkennbar zu Differenzen mit den nach dem aktuellen Wissensstand zu erwartenden Werten führt.

Installationsgeräusche

Der Nachweis der schalltechnischen Eignung von Wasserinstallationen wurde bislang in Abschnitt 7 der DIN 4109:1989 geregelt. Beiblatt 1 enthielt dazu keine Angaben, da es sich nicht um einen rechnerischen Nachweis handelte. Selbst unter reinen Massivbaubedingungen wäre ein Nachweis nach Beiblatt 1 nicht möglich. Die Art des Nachweises über eine Musterlösung für die Installationswand und die Festlegung von Montage- und Betriebsbedingungen von Armaturen und Geräten der Wasserinstallation wurde (mit einigen Anpassungen) prinzipiell beibehalten, findet sich aber nicht in DIN 4109-2:2016, sondern in DIN 4109-36 (siehe 5.7.3.2). Die Anforderungen an Geräusche der Wasserinstallation können de facto also nur mit den Festlegungen in DIN 4109-36 nachgewiesen werden. Auch hier wäre anstelle der „Kann-Bestimmung" eine eindeutige Aussage der MVV TB wünschenswert.

Außenlärm

Wenn es unter Punkt 5 der Anlage A 5.2/1 heißt „E DIN 4109-1/A1:2017-01 darf für bauaufsichtliche Nachweise herangezogen werden", so sorgt auch dieser Passus für Unklarheit in der Anwendung.

Die wesentliche Änderung bestand in DIN 4109-1/A1 darin, dass die Lärmpegelbereiche nach DIN 4109-1:2016, Abschnitt 7.1 abgeschafft wurden und im neu formulierten Abschnitt 7.2 anstelle der einem Lärmpegelbereich zugeordneten erforderlichen Schalldämmung nun eine dB-genaue Interpolation des gesamten bewerteten Bau-Schalldämm-Maßes $R'_{w,ges}$ der Außenbauteile erfolgt. Nachdem DIN 4109-1:2016 in der MVV TB bereits als technische Regel benannt wurde und die Änderung DIN 4109-1/A1 mit der „Darf-Bestimmung" ebenfalls angewendet werden darf, werden für den Schutz gegen Außenlärm somit alternativ zwei Methoden zur Ermittlung der erforderlichen Schalldämmung von Außenbauteilen ermöglicht. Diese führen in der Regel zu unterschiedlichen Werten für die erforderliche Schalldämmung. Im Mittel sind die nach der geänderten Methode ermittelten Werte um 2 dB niedriger. Die aktuelle Fassung der DIN 4109-1:2018, die in Verbindung mit DIN 4109-2:2018 den Bereich des Außenlärms noch einmal in einigen wesentlichen Punkten geändert hat (siehe hierzu 4.4), ist dabei noch gar nicht berücksichtigt.

Von größter Bedeutung für die tatsächlichen Anforderungen gegenüber Außenlärm, die im konkreten Fall zu erfüllen sind, sind einige Durchführungsvorgaben für den rechnerischen Nachweis, die in DIN 4109-2 enthalten sind und die man als „versteckte" Anforderungen bezeichnen kann, da sie unmittelbar in den Wert der zu erbringenden Schalldämmung der Außenbauteile eingehen. Das Anforderungskonzept der DIN 4109-1:2016/2018 gegenüber Außenlärm ist somit untrennbar mit den Festlegungen für den Außenlärm in DIN 4109-2 verbunden. Um die von DIN 4109-1:2016/2018 gemeinten Anforderungen tatsächlich vollständig in den bauaufsichtlichen Regelungsbereich einzuführen, müsste zwangsläufig auch DIN 4109-2 bauaufsichtlich verbindlich in Bezug genommen werden. Hier ist, spätestens bei der bauaufsichtlichen Umsetzung in den Ländern, eine Klarstellung unbedingt erforderlich.

3.1.5.4 Zusätzliche Aspekte bei der Anwendung alter Verfahren

Kenngrößen und Philosophie des Nachweises

Bereits 1989 wurde durch die Bauproduktenrichtlinie [134] und das Grundlagendokument 5 (Schallschutz) [135] eine eindeutige Trennung von Produkt- und Gebäudeeigenschaften vorgegeben. Das deutsche Nachweiskonzept für den Massivbau nach DIN 4109:1989 war damit hinfällig, da die dort verwendeten Kenngrößen R'_w und $L'_{n,w}$ für die trennenden Bauteile bereits eine (hineingemessene und bei Bedarf noch zu korrigierende) Flankenübertragung enthielten. Durch die Abschaffung des Prüfstandes mit bauähnlicher Flankenübertragung wurde auch der messtechnischen Ermittlung dieser Größen die Grundlage entzogen. So arbeitete DIN 4109:1989 schon kurz nach ihrem Erscheinen noch über Jahrzehnte hinweg mit Kenngrößen, die es nach europäischen Vorgaben nicht mehr gab und die nicht mehr gemessen werden konnten. Die darauf aufbauenden Nachweise für den Massivbau aus Beiblatt 1 waren schon aus diesem Grund obsolet geworden. Es ist insofern anachronistisch, dass ausgerechnet von der Bauaufsicht mit Beiblatt 1 zu DIN 4109:1989 noch Nachweisverfahren und Kenngrößen akzeptiert werden, die offenkundig schon lange nicht mehr den europäischen Vorgaben entsprechen, nirgendwo sonst in Europa bekannt sind und außerhalb der alten DIN 4109 völlig von der Bildfläche verschwunden sind.

Abgesehen von der Pflege einer längst veralteten Vorgehensweise ist auch bedenklich, dass mit Beiblatt 1 zu DIN 4109:1989 mit den Nachweisen für den Massivbau immer noch eine Denkweise aufrechterhalten wird, die auf europäischer Ebene schon vor 30 Jahren (und davor) auf Unverständnis gestoßen ist und nicht akzeptiert wurde. Die viele Anwender irritierende Vermischung von Bauteil- und Gebäudeeigenschaften hat in der Vergangenheit immer wieder zu Fehlplanungen geführt, da die Rolle der flankierenden Übertragung nicht erkannt wurde. Auch wenn Beiblatt 1 darauf hinweist, dass die Anforderungen unter Berücksichtigung der flankierenden Übertragung gelten, wird das im Verständnis der Anwender immer wieder ignoriert, nicht zuletzt auch deshalb, weil die Anforderungen nach wie vor an die Schalldämmung der trennenden Bauteile gestellt werden. Diese Denkweise findet sich letztlich auch in der MVV TB wieder, wenn sich Anlage A 5.2/2 an „Bauteile im Massivbau“ wendet und nicht den Schallschutz im Massivbau nennt. Durch die Beibehaltung der Nachweise nach Beiblatt 1 wird eine Betrachtungsweise, die das trennende Bauteil anstelle einer Gesamtübertragungssituation in den Vordergrund stellt, leider weiter am Leben erhalten.

Die Sprache der Akustik

Ausgehend vom Grundlagendokument Schallschutz im Jahr 1989 hat die darauf basierende europäische Entwicklung der bauakustischen Normung mit der Normenreihe EN 12354 [70] und neuen bzw. erneuerten messtechnischen Verfahren dafür gesorgt, dass heute in Europa eine einheitliche Denkweise und eine gemeinsame Sprache im baulichen Schallschutz gepflegt werden. Unabhängig von nationalen Besonderheiten in den Bauweisen oder Anforderungen ist es deshalb möglich, sich europaweit auf einer gemeinsamen Basis über den baulichen Schallschutz zu verständigen. Durch die Umsetzung der europäischen Normen wurde auch im Rahmen der DIN 4109:2016 dieser Schritt vollzogen. Die alten Nachweisverfahren sind in dieses gemeinsame europäische Konzept nicht integrierbar. Sie sprechen eine alte Sprache, die nicht mehr verstanden wird.

3.1.5.5 Fazit und Empfehlung

Bei den bauaufsichtlich geforderten Nachweisen des baulichen Schallschutzes ist den Nachweisverantwortlichen Eindeutigkeit der Nachweise, Klarheit der Festlegungen und Aktualität der Methoden geschuldet. Diesem Anspruch wird die MVV TB derzeit nicht gerecht. Es darf zu Recht vermutet werden, dass die Verwaltungsvorschrift nach dem jetzigen Stand in der praktischen Anwendung zu zahlreichen Fragen und zu einer erheblichen Verunsicherung aller Beteiligten führt.

Angesichts der aufgezeigten Probleme, die mit den Regelungen der MVV TB zum baulichen Schallschutz entstehen, kann nur dringend empfohlen werden, die Unzulänglichkeiten und Unklarheiten der derzeitigen Verwaltungsvorschrift schnellstmöglich zu beseitigen. Sollte das kurzfristig nicht erfolgen, wird den Ländern bei der Umsetzung der MVV TB nahegelegt, durch eigene Festlegungen für Klarheit und eine praktikable Handhabung zu sorgen.

3.2 Grundlagen Schallschutz im (Wohnungs-)Bau

3.2.1 Schalldämmung oder Schallschutz

3.2.1.1 Begriffe und deren Verwendung

Im Rahmen der DIN 4109 wird der Begriff Schalldämmung verwendet, wenn die Anforderung an die trennenden Bauteile in Form eines Schalldämm-Maßes gestellt wird. Von Schallschutz ist in DIN 4109 gerne dann die Rede, wenn man über die so genannten „nachhallzeitbezogenen" Größen $D_{nT,w}$, $L_{nT,w}$ und $L_{AF,max,nT}$ spricht. Man verwendet also „Schalldämmung" und „Schallschutz", um zwei unterschiedliche methodische Ansätze zur Formulierung der Anforderungen gegen einander abzugrenzen. Das hat im Kontext mit der DIN 4109 zwar eine gewisse Verbreitung gefunden, entspricht aber keineswegs den üblichen eingeführten Begriffsbestimmungen, wie sie in der Terminologie der Akustik gehandhabt werden und auch in früheren Zeiten bei der DIN 4109 beachtet wurden. So hieß es in Blatt 1, Abschnitt 4 der DIN 4109:1962 [6] kurz und bündig:

> Unter Schallschutz versteht man Maßnahmen, die die Schallübertragung von einer Schallquelle zum Hörer vermindern.

Eine korrekte Abgrenzung der Begriffe erfolgte im Entwurf zu DIN 4109:1984 Teil 1 [16], wo es in Abschnitt 2.4 hieß:

> Unter Schallschutz versteht man einerseits Maßnahmen gegen die Schallentstehung (Primärmaßnahmen) und andererseits Maßnahmen, die die Schallübertragung von einer Schallquelle zum Hörer vermindern (Sekundärmaßnahmen). Bei den Sekundärmaßnahmen für den Schallschutz muss unterschieden werden, ob sich Schallquelle und Hörer in verschiedenen Räumen oder in demselben Raum befinden. Im ersten Fall wird Schallschutz hauptsächlich durch Schalldämmung, im zweiten Fall durch Schallabsorption erreicht.

Damit ist „Schalldämmung“ nicht ein gleichberechtigtes Konzept neben dem „Schallschutz“, sondern lediglich ein zum Schallschutz gehörender technischer Unterbegriff. Beide Begriffe haben mit einem bestimmten Anforderungskonzept überhaupt nichts zu tun. Die Handhabung des Begriffs „Schallschutz“ in der DIN 4109 ist so gesehen nicht glücklich, da die Maßnahmen zur Geräuschminderung und eine bestimmte Methodik zur Formulierung von Anforderungen miteinander vermischt werden.

Das Problem hat seinen Ursprung in der Art, wie in der DIN 4109 Anforderungen an den Schallschutz (hier allgemein gemeint) gestellt werden. Da in der DIN 4109 schon immer (und immer noch) die Anforderung an die Schalldämmung der trennenden Bauteile gerichtet ist, werden die Schallschutzanforderungen durch Begriffe der Schalldämmung (Schalldämm-Maß) ausgedrückt. Die (vermeintlichen) Eigenschaften der Bauteile werden somit mit dem Schallschutz gleichgesetzt. Das entspricht der traditionellen Philosophie der DIN 4109. Bereits in DIN 4110 von 1938 [43] wurde als Anforderung eine einzuhaltende „Schalldämmzahl“ genannt. Kutzer hat das in [168] so kommentiert:

> Hier beginnt in Deutschland die Tradition (oder der Sündenfall), dass – mangels besseren Wissens – die Anforderungen an den Schallschutz zwischen Wohnungen als Anforderungen an die Schalldämmung des trennenden Bauteils gestellt werden.

Tatsächlich kann der Schallschutz eines Gebäudes aber nicht mit den Eigenschaften eines (trennenden) Bauteils beschrieben werden. Er ist eine resultierende Gebäudeeigenschaft, berücksichtigt das Zusammenwirken verschiedener Bauteile und Konstruktionen und beschreibt das mehr oder weniger komplexe Gesamtverhalten einer bestimmten Übertragungssituation. Man kann zwar die Gesamtübertragung über alle Wege (direkte Übertragung und Nebenwege) per Definition dem trennenden Bauteil zurechnen, was aber nur eine fiktive Bauteileigenschaft ist und im englischen Sprachgebrauch in aller Klarheit als „apparent sound recuction index“, also „scheinbares Schalldämm-Maß“ bezeichnet wird (siehe dazu 4.2.1.1). In Deutschland wird dafür stattdessen der Begriff „Bau-Schalldämm-Maß“ verwendet, was die wirklichen Verhältnisse mehr verschleiert als sie offenzulegen. Diese rein fiktive Größe wird im Gegensatz zur wirklichen Schalldämmung R bzw. ihrem Einzahlwert R_w mit R' bzw. als Einzahlwert mit R'_w bezeichnet. Sie hat (aus akustisch-physikalischer Sicht) keine praktische Bedeutung und ist eigentlich nur eine rechnerische Hilfsgröße zur Berechnung der Schallübertragung zwischen zwei Räumen. Diese Hilfsgröße zur Grundlage eines Anforderungskonzeptes für den Schallschutz zu machen, ist kein überzeugender Ansatz und führt tatsächlich auch in der praktischen Umsetzung zu erheblichen Problemen, die sich aus dem physikalisch inkorrekten Ansatz ergeben.

Beim Schallschutz in Gebäuden geht es nicht um die Bauteilschalldämmung, auch nicht um die „Bau-Schalldämmung“, es geht vielmehr um die Minderung des Schalls in einer bestimmten Übertragungssituation. Den betroffenen Bewohner, für den (nicht zu vergessen) letzten Endes die Anforderungen gemacht werden, interessiert sich auch nicht für eine (physikalisch korrekte) Beschreibung der schalldämmenden Maßnahmen, sondern dafür, wie stark der Schall von einem Raum zum anderen gemindert wird. Deshalb wäre es sinnvoll (und im Sinne einer klaren Begriffsabgrenzung auch notwendig), den geforderten Schallschutz nicht mit der Schalldämmung in einen Topf zu schmeißen. Wird anstelle des in der DIN 4109 üblichen Bau-Schalldämm-Maßes R'_w die Standard-Schallpegeldifferenz

$D_{nT,w}$ als kennzeichnende Größe für die Formulierung der Anforderungen gewählt, dann wird deutlich zum Ausdruck gebracht, dass etwas anderes gemeint ist als die scheinbare Schalldämmung von (trennenden) Bauteilen, die sich hinter einem R'_w (Bau-Schalldämm-Maß) verbirgt. Wie Bild 3.6 zeigt, interessiert man sich beim $D_{nT,w}$ nicht dafür, wie der Schall von einem Raum zum anderen übertragen wird. Das kann man bei Bedarf mit ingenieurmäßigen Methoden durch Schalldämm-Maße beschreiben und wird in den Berechnungsverfahren der DIN 4109-2 auch so behandelt. Vielmehr interessiert man sich dafür, was sich im lauten Raum (Senderaum) tut und wie viel davon im leisen Raum (Empfangsraum) ankommt. Das wird durch eine Schallpegeldifferenz beschrieben, die somit die geeignete Größe für die Beschreibung des Schallschutzes und die Anforderungen, die an ihn gestellt werden, ist.

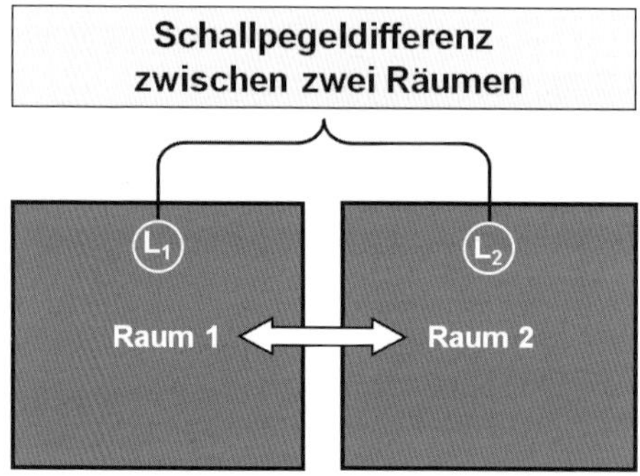

Standard-Schallpegeldifferenz $D_{nT,w}$

Schallschutz zwischen den Räumen

Quelle: Autoren

Bild 3.6: Schallpegeldifferenz zur Beschreibung des Schallschutzes

Schon alleine die unterschiedliche Begrifflichkeit sorgt dafür, dass Schalldämmung (als wirkliche Bauteileigenschaft R_w) und der Schallschutz eines Gebäudes (ausgedrückt durch $D_{nT,w}$) nicht mehr verwechselt werden. Die Möglichkeit zur Klarstellung hat die DIN 4109 entgegen dem Ansatz des Normentwurfs von 2006 nicht ergriffen, so dass in alter (und schlechter) Tradition die Schalldämmung sowohl für das Bauteilverhalten (R_w) als auch für den Schallschutz im Gebäude (R'_w) steht. Die technische Maßnahme (Schalldämmung) und das damit beabsichtigte Ziel (Schallschutz) werden mit dem (fast) gleichen Namen belegt. Dass immer noch viele Anwender der DIN 4109 auf diesem Hintergrund große Schwierigkeiten mit dem Verständnis elementarer bauakustischer Sachverhalte haben, ist angesichts der methodischen Unzulänglichkeit kein Wunder.

Um Missverständnissen vorzubeugen: es geht nicht darum, die Größen R' oder R'_w aus der Bauakustik zu verbannen. Wie in den Berechnungsverfahren der EN 12354 und DIN 4109-2 gezeigt wird, haben sie ihre Berechtigung bei der rechnerischen Ermittlung der Schallübertragung zwischen zwei Räumen und sind dafür auch notwendig. Das alleine ist aber noch kein hinreichendes Argument, sie zur kennzeichnenden Größe für die Schallschutzanforderungen zu machen.

3.2.1.2 Kenngrößen für die Anforderungen beim Luftschall

Schalldämm-Maß *R* und Bau-Schalldämm-Maß *R'*

Das Schalldämm-Maß *R* beschreibt die akustische Leistungsfähigkeit eines Bauteils in Bezug auf die Dämmung von Schall. Es ist definiert als der negative zehnfache Logarithmus des Verhältnisses der vom Trennbauteil abgestrahlten Schallleistung zur auf das Trennbauteil auftreffenden Schallleistung. Bei einer Prüfung z. B. im Wandprüfstand ist hierdurch das Schalldämm-Maß *R* als Bauteileigenschaft im Mittel unabhängig von der Wandgröße.

Das Bau-Schalldämm-Maß *R'* beschreibt die akustische Eigenschaft in Bezug auf die Dämmung von Schall zwischen zwei Räumen. Im Gegensatz zum Schalldämm-Maß gelangt beim Bau-Schalldämm-Maß Schall nicht nur über das Trennbauteil, sondern auch über andere z. B. flankierende Übertragungswege vom Sende- in den Empfangsraum. Die Definition über das Verhältnis von abgestrahlter Schallleistung zur auftreffenden Schallleistung gilt auch für das Bau-Schalldämm-Maß *R'*, wobei sich hier die abgestrahlte Leistung aus der Summe der direkt vom Trennbauteil und den flankierenden Bauteilen abgestrahlten Leistung sowie der über sonstige Wege übertragenen Leistung zusammensetzt.

Das Schalldämm-Maß *R* ist also einem einzelnen Bauteil zuzuordnen, während das Bau-Schalldämm-Maß *R'* die schalldämmenden Verhältnisse einer bestimmten Raumsituation beschreibt. Das Schalldämm-Maß *R* kann für bestimmte Konstruktionen berechnet werden, z. B. für massive Bauteile aus der flächenbezogenen Masse *m'*, oder im Prüfstand ermittelt werden. Das Bau-Schalldämm-Maß *R'* kann z. B. entsprechend DIN 4109-2 für die jeweilige Raumsituation berechnet oder am Bau für diese Situation gemessen werden. Der Unterschied zwischen Schalldämm-Maß und Bau-Schalldämm-Maß ist dann wesentlich, wenn die Schallübertragung nicht vorwiegend über das Trennbauteil erfolgt.

Bau-Schalldämm-Maß *R'* versus Standard-Schallpegeldifferenz D_{nT} und Norm-Schallpegeldifferenz D_n

Während im Entwurf zur DIN 4109-1: 2006 [29] Anforderungen an die bewertete Standard-Schallpegeldifferenz $D_{nT,w}$ gestellt wurden, werden in der neuen DIN 4109-1 die Anforderungen wieder wie in DIN 4109:1989 durch das bewertete Bau-Schalldämm-Maß R'_w formuliert. Zusätzlich kommt hinzu, dass für Trennbauteilflächen kleiner 10 m^2 die bewertete Norm-Schallpegeldifferenz $D_{n,w}$ als Kenngröße für die Anforderungen heranzuziehen ist. Nachfolgend werden die verschiedenen Größen miteinander verglichen.

Aufgrund der im Mittel sehr unterschiedlichen Trennbauteilflächen bei Trenndecken und -wänden (die Trenndecken sind in der Regel deutlich größer) werden an diese Bauteile unterschiedlich hohe Anforderungswerte für das bewertete Bau-Schalldämm-Maß R'_w gestellt, um einen zumindest im Mittel gleichen Schallschutz sicherzustellen. Die Differenz der Anforderungswerte zwischen Trenndecke und Trennwand beträgt im Wohnungsbau 1 dB, bei Klassenzimmern aber aufgrund des unterschiedlichen Flächenverhältnisses schon 8 dB. Mit solchen Unterschieden beim R'_w soll erreicht werden, dass die tatsächlichen Schallpegeldifferenzen zwischen den Räumen in horizontaler und vertikaler Richtung (annähernd) gleich sind.

Am Bau mit flankierender Schallübertragung wird das Bau-Schalldämm-Maß R' dann wesentlich durch die Größe der Trennbauteilfläche bestimmt, wenn die Flankenschallübertragung die resultierende Schallübertragung bestimmt. Besonders bei versetzten Grundrissen wie in Bild 3.7 wird dann das eigentliche Dilemma klar: die (im diffusen Schallfeld) auf das Trennbauteil auftreffende Leistung ist proportional zur Trennbauteilfläche, nicht aber die in den Empfangsraum abgestrahlte Schallleistung. Hierdurch ergibt sich bei einem Trennbauteil mit hoher Schalldämmung aufgrund der z. B. über die flankierenden Bauteile abgestrahlten Schallleistung ein von der Trennbauteilfläche abhängiges Schalldämm-Maß. Bei unterschiedlich stark gegeneinander versetzten Räumen wird bei größerem Versatz der Räume (wie in Bild 3.7 rechts) die gemeinsame Trennfläche immer kleiner.

Quelle: Autoren

Bild 3.7: Schematische Grundrisse von versetzt angeordneten Räumen mit geringem (links) und sehr starkem Versatz (rechts) der Räume

Damit verringert sich auch die auf das Trennbauteil auftreffende Schallleistung, wodurch das Bau-Schalldämm-Maß kleiner wird. Für den Grenzfall ohne gemeinsame Trennfläche (diagonale Übertragung) strebt das Bau-Schalldämm-Maß gegen $-\infty$. Da für versetzte Räume bei kleiner werdender gemeinsamer Trennfläche immer weniger Schallleistung in den Empfangsraum übertragen wird, steigt gleichzeitig die Pegeldifferenz und damit der Schallschutz zwischen den beiden Räumen. Dieses Beispiel zeigt exemplarisch, dass das Bau-Schalldämm-Maß R' aufgrund seiner physikalischen Definition zu Einschränkungen in der Anwendbarkeit führt und gegenüber einer Pegeldifferenz gerade für die Mindestanforderungen die weniger geeignete Größe zur Beschreibung des Schallschutzes ist. Im Normenausschuss wurde dies bei der Behandlung der Einsprüche zum Entwurf von 2013 [30] zwar diskutiert, man wollte mehrheitlich allerdings nicht den Schritt zurück zur Standard-Schallpegeldifferenz $D_{nT,w}$, wie es im Normentwurf zu DIN 4109-1 von 2006 [29] noch vorgesehen gewesen war. Damit nun bei kleinen Trennbauteilflächen keine extreme Überdimensionierung der Trenn- und Flankenbauteile vorgenommen werden muss, wird nach der aktuellen Regelung für Trennbauteilflächen kleiner 10 m² nun die bewertete Norm-Schallpegeldifferenz $D_{n,w}$ als Anforderungsgröße festgelegt. Für eine Trennfläche $S_s = 10\ \text{m}^2$ sind die beiden Größen R'_w und $D_{n,w}$ gleich, und für Trennflächen kleiner 10 m² ergeben sich für die bewertete Norm-Schallpegeldifferenz $D_{n,w}$ gegenüber dem Bau-Schalldämm-Maß R'_w entsprechend nachfolgender Gleichung höhere Zahlenwerte.

$$D_{n,w} = R'_w + 10 \log\left(\frac{10\,\text{m}^2}{S_s}\right)\ \text{dB} \tag{3.3}$$

Diese Regelung gilt auch bei der messtechnischen Überprüfung des Schallschutzes in Gebäuden und ersetzt dabei die Vorgabe in der alten Messnorm DIN EN ISO 140-4 [85], nach der bei der Ermittlung des Bau-Schalldämm-Maßes bei versetzten Räumen und Trennflächen kleiner 10 m^2 die anzusetzende Trennfläche S_s aus dem Maximum von Trennfläche und Volumen/7,5 zu ermitteln ist. Diese Regelung war in der zum Zeitpunkt der Normerstellung gültigen Messnorm DIN EN ISO 16283-1:2014-06 [109] nicht mehr enthalten, so dass sich hier bei kleinen Trennflächen sehr geringe Bau-Schalldämm-Maße ergeben. Sie findet sich nun allerdings wieder in einer Anmerkung in der aktuell gültigen Messnorm DIN EN ISO 16283-1 von 2018 [110]. Als nationale Regelung hat DIN 4109-4 (Bauakustische Prüfungen) das 10 m^2-Kriterium für die Anwendung von $D_{n,w}$ bei Messungen in Gebäuden berücksichtigt, und auch bei den rechnerischen Nachweisverfahren in DIN 4109-2 wurde ihm Rechnung getragen.

Konsequenterweise wurde für DIN 4109-1 auch bei den Anforderungswerten für den Trittschallschutz am bewerteten Norm-Trittschallpegel $L'_{n,w}$ festgehalten. Bei den Geräuschen gebäudetechnischer Anlagen werden die Anforderungen nach wie vor an den auf eine äquivalente Absorptionsfläche von 10 m^2 bezogenen, maximalen A-bewerteten Schalldruckpegel $L_{AF,max,n}$ gestellt.

ANMERKUNG

Um einen zeitgemäßen Mindestschallschutz zu beschreiben, wäre es richtig, aufgrund der beschriebenen Zusammenhänge als Anforderungsgrößen die bewertete Standard-Schallpegeldifferenz $D_{nT,w}$, und konsequenterweise auch den bewerteten Standard-Trittschallpegel $L'_{nT,w}$ sowie den maximalen A-bewerteten Standard-Schalldruckpegel $L_{AF,max,nT}$ zu wählen. Mit der Standard-Schallpegeldifferenz hätte man nicht nur einen direkteren Bezug zu dem von den Bewohnern wahrgenommenen Schallschutz, auch unterschiedliche Anforderungswerte für Trenndecken und Trennwände wären bei dieser Kenngröße nicht mehr erforderlich.

In DIN 4109-1, Anhang A wird versucht, die Unterschiede zwischen den Kenngrößen $D_{nT,w}$, $L'_{nT,w}$, $L_{AF,max,nT}$ und den in der Norm gewählten Anforderungsgrößen R'_w, $L'_{n,w}$, $L_{AF,max,n}$ zu erläutern, was dort allerdings nicht überzeugend gelingt.

ANMERKUNG

Dass sich bewertetes Schalldämm-Maß R_w und bewertetes Bau-Schalldämm-Maß R'_w als Kenngrößen nur durch den Apostroph unterscheiden, obwohl sie in Wirklichkeit völlig verschiedene bauakustische Sachverhalte beschreiben, führt auch heute noch bei vielen Anwendern, die keine Fachleute sind, zu Verwechslungen und zu fehlendem Verständnis für die notwendigen bauakustischen Zusammenhänge. Abgesehen von den oben erörterten Aspekten wäre es auch aus diesem Grund sinnvoll, deutlich zwischen Bauteileigenschaften (R_w) und dem Schallschutz im Gebäude ($D_{nT,w}$ statt R'_w) zu unterscheiden.

Aufgrund der gewählten Formulierung der Anforderungen an die Luft- und Trittschalldämmung von trennenden Bauteilen (Decken und Wände) und nicht an die Schallübertragung zwischen Räumen oder Raumsituationen ergibt sich zum einen eine Vielzahl von zu formulierenden Forderungen, zum anderen werden die Formulierungen der Anforderungen an Bauteile kompliziert. Zum Beispiel werden in DIN 4109-1 Tabelle 2 Zeile 4 Anforderungen an „Decken über Kellern, Hausfluren, Treppenräumen unter Aufenthaltsräumen" formuliert. Klar ist, dass in diesem Fall beim Luftschallschutz z. B. Anforderungen an das bewertete Bau-Schalldämm-Maß zwischen einem Kellerraum und dem sich darüber befindlichen Aufenthaltsraum gemeint sind. Das entsprechende Trennbauteil, an das sich die Anforderung richtet, ist also die Decke zwischen dem Kellerraum und dem Aufenthaltsraum. Klar ist auch, dass es sich hier um die Luftschallübertragung aus dem Keller in den darüber liegenden Aufenthaltsraum handelt, der geschützt werden soll.

Wie sieht das nun beim Trittschallschutz aus? Ist hier dieselbe Decke gemeint? Da die in Zeile 4 genannten darunter liegenden Räume keine schutzbedürftigen Räume sind, gibt es für die Übertragung des Trittschalls in diese Räume auch keine Anforderungen. Weshalb also werden an diese Decken Anforderungen gestellt? Hier muss dann die Bemerkung in Zeile 4 Spalte 5 bemüht werden, wo es heißt: „Die Anforderung an die Trittschalldämmung gilt für die Trittschallübertragung in fremde Aufenthaltsräume in alle Schallausbreitungsrichtungen." Daraus kann dann geschlossen werden, dass es um den Trittschallschutz der Decke in die benachbarte Wohnung (Trittschall in horizontaler Richtung) oder auch in die darüber liegende Wohnung geht. Dafür sind dann die Anforderungen nachzuweisen.

Man sieht anhand dieses Beispiels, dass trotz Nennung desselben Bauteils, an das die Anforderungen gerichtet werden, völlig verschiedene Übertragungssituationen beim Luftschall- und Trittschallschutz gemeint sind. Würde es bei den Anforderungen um die Zuordnung des Schallschutzes zu bestimmten Raumsituationen gehen, dann würde man in Zusammenhang mit Zeile 4, sinngemäß dann auch Zeile 5, fragen, welche Anforderungen an die Trittschallübertragung von Böden von Kellern, Hausfluren, Treppenräumen, aber auch Durchfahrten und Einfahrten von Sammelgaragen in darüber liegende Aufenthaltsräumen gestellt werden. Dass es einen solchen Schallschutz geben muss, zeigen ja die dafür formulierten Anforderungen an die Luftschalldämmung. Zur Trittschalldämmung aber wird für die genannten Situationen in DIN 4109-1 Tabelle 2 nichts gesagt.

Spektrumanpassungswerte

Bei der Festlegung der kennzeichnenden Größen für die Anforderungen der DIN 4109-1 wurden sowohl beim Luftschall als auch beim Trittschall Spektrumanpassungswerte nicht berücksichtigt und man blieb mit R'_{w} bzw. $L'_{n,w}$ bei der Bewertung im Frequenzbereich von 100 Hz–3 150 Hz. Beim Außenlärm wurde vielfach eine Berücksichtigung des Spektrumanpassungswerts C_{tr} gefordert. Beim Trittschall wurde wiederholt aufgrund vielfacher Klagefälle über eine Berücksichtigung des Frequenzbereiches zwischen 50 Hz und 100 Hz durch die Einführung des Spektrumanpassungswertes $C_{I,50\,2500}$ diskutiert. Aber auch bei diesen Anforderungsgrößen blieb in DIN 4109-1 alles beim Alten. Nur im informativen Anhang A „Erläuternde Angabe zum Schallschutz" wird in diesem Normteil auf die Anwendung von Spektrumanpassungswerten für die Planung des Schallschutzes hingewiesen.

Die Diskussion um die „richtige" Kenngröße im Luftschallschutz ($D_{nT,w}$, $D_{nT,w} + C_{100\text{-}3150}$, ...), zum Teil mit Vorschlägen für neue Kenngrößen, wird sowohl national [215], [216] als auch international [217], [218] geführt und ist genauso wie beim Trittschallschutz [219] noch nicht abgeschlossen.

Für die zukünftige Handhabung von Kenngrößen und Spektrumanpassungswerten für die Anforderungen der DIN 4109-1 können folgende Thesen formuliert werden:

- Beim Luftschallschutz in Wohngebäuden erscheint ein $D_{nT,w}$ als Einzahlangabe ohne Spektrumanpassungswert eine geeignete Größe zu sein.
- Beim Trittschallschutz sollten die Anforderungen auf $L_{nT,w}$ umgestellt werden, wobei die Berücksichtigung des Spektrumanpassungswertes $C_{I,50\text{-}2500}$ zeitgemäß wäre.
- Auch beim Außenlärm sollte zukünftig bei entsprechenden Lärmspektren der Spektrumanpassungswert C_{tr} Verwendung finden.

3.2.1.3 Erläuternde Angaben zum Schallschutz in DIN 4109-1 Anhang A

In DIN 4109-1 wird im informativen Anhang A (Erläuternde Angaben zum Schallschutz) auf die Thematik der unterschiedlichen Kenngrößen eingegangen. Nachdem entgegen den anfänglichen Festlegungen zur Überarbeitung der DIN 4109 das Konzept der so genannten „nachhallzeitbezogenen" Anforderungsgrößen im Normentwurf zu DIN 4109-1 von 2013 wieder rückgängig gemacht worden war, kann dieser Anhang als Versuch gewertet werden, zumindest verbal das, was ursprünglich gewollt war, nicht völlig unberücksichtigt zu lassen. Es entsteht aber eher der Eindruck, dass es sich hier um eine „Pflichtaufgabe" handelte, die keinen wirklichen Erkenntnisgewinn bringt. So bleiben dem Leser die Intentionen dieses Anhangs unklar.

Es wird erläutert, dass die bewertete Standard-Schallpegeldifferenz $D_{nT,w}$, der bewertete Standard-Trittschallpegel $L'_{nT,w}$ und der maximale A-bewertete Standard-Schalldruckpegel $L_{AF,max,nT}$ den baulichen Schallschutz kennzeichnen. Zur Schalldämmung heißt es dann:

> In dieser Norm wird der Schallschutz indirekt über die Eigenschaften der Baukonstruktion, der Schalldämmung, beschrieben.

Da fragt sich dann schon, wenn die ganze Norm „Schallschutz im Hochbau" heißt, weshalb man sich mit einer „indirekten" Beschreibung dieses Schallschutzes zufrieden gab und nicht gleich die „direkte" Beschreibung wählte.

In Zusammenhang mit den an die Schalldämmung gestellten Anforderungen der DIN 4109-1 heißt es ergänzend:

> Diese Anforderungen können durch alle üblichen Bauarten und Bauprodukte erzielt werden. Die Höhe des zu erwartenden Schallschutzes ist auf die beschriebenen Schutzziele abgestimmt.

Für beide Sätze dieses Zitats ist nicht unmittelbar erkennbar, was in Zusammenhang mit dem deklarierten Titel dieses Anhangs (Erläuternde Angaben zum Schallschutz) gemeint sein könnte. Vielmehr wirken beide Sätze wie aus einem anderen Zusammenhang stammende Formulierungen, die sich hierher verirrt haben. Man hätte sie eher in der Einleitung zu DIN 4109-1 vermuten können, wo es aber bereits folgende (sprachlich bessere) Formulierung gibt:

Die dargestellten Anforderungen an die Schalldämmung können mit allen derzeit gängigen Bauarten und Bauteildimensionen nach den allgemein anerkannten Regeln der Technik beschrieben und ausgeführt werden.

Inwiefern „die Höhe des zu erwartenden Schallschutzes" tatsächlich „auf die beschriebenen Schutzziele abgestimmt" ist, muss mit Hinblick auf die Ausführungen in 3.1.2 in Frage gestellt werden.

Es folgen Ausführungen, dass „trotz gleicher Schalldämmung der Schallschutz unterschiedlich" sein kann und dass mit üblichen Raumgrößen „häufig" der Schallschutz (gemeint ist die bewertete Standard-Schallpegeldifferenz $D_{nT,w}$) zahlenmäßig in etwa dem geforderten Wert der Schalldämmung (gemeint ist das bewertete Bau-Schalldämm-Maß R'_w) entspricht bzw. sogar bis zu 2 dB über diesem Wert liegt. Weiterhin heißt es: „Jedoch weisen etwa 25 % der Aufenthaltsräume Volumen auf, welche einen um bis zu 2 dB geringeren Trittschallschutz erwarten lassen." Nach Gl. (3.5) sind Norm- und Standard-Trittschallpegel bei einem Raumvolumen $V = 31{,}25\ \text{m}^3$ gleich. Ein um 2 dB geringerer bewerteter Standard-Trittschallpegel ergibt sich bei einem Raumvolumen von 20 m^3. Es handelt sich also um Räume, deren Grundflächen (bei einer Raumhöhe von 2,5 m) zwischen 12,5 m^2 bis 8 m^2 liegen. Mit Hinblick auf den Mindestschallschutz solch kleiner Räume hätte man angesichts dieser Aussage zum Ergebnis kommen können, dass hier aus Sicht der betroffenen Bewohner ein Schallschutzproblem vorliegt. Nimmt man an, dass für alle diese Räume die Mindestanforderungen der DIN 4109-1 (ausgedrückt durch die normativ festgelegte Kenngröße $L'_{n,w}$) erfüllt sind, dann ist der für die Bewohner real wahrnehmbare Schallschutz (ausgedrückt durch $L'_{nT,w}$) um bis zu 2 dB schlechter als bei Räumen mit einem Volumen von 31,25 m^3. Gerade für Mindestanforderungen erscheint eine solche Festlegung problematisch.

Luftschallschutz

Leider fehlt in diesem Abschnitt der Hinweis, dass bei Trennflächen $S_s < 10\ \text{m}^2$ auch die zu ermittelnde bewertete Norm-Schallpegeldifferenz $D_{n,w}$ direkt in eine bewertete Standard-Schallpegeldifferenz $D_{nT,w}$ umgerechnet werden kann:

$$D_{nT,w} = D_{n,w} + 10\lg\left(\frac{0{,}32V}{10\,\text{m}^3}\right)\ \text{dB} \tag{3.4}$$

Trittschallschutz

Beim Trittschallschutz kann die Umrechnung vom bewerteten Norm-Trittschallpegel $L'_{n,w}$ in den bewerteten Standard-Trittschallpegel folgendermaßen durchgeführt werden:

$$L'_{nT,w} = L'_{n,w} - 10\lg\left(\frac{0{,}32V}{10\,\text{m}^3}\right)\ \text{dB} \tag{3.5}$$

Zu beachten ist hier gegenüber der vorangehenden Formel das Minuszeichen vor dem letzten Term.

Selbstverständlich ergeben sich auch hier Unterschiede für unterschiedlich große Empfangsräume. Für Räume mit einem Volumen von $V = 31{,}25\ m^3$ sind die Pegel gleich, für größere Räume mit $V > 31{,}25\ m^3$ sind die Standard-Trittschallpegel niedriger ($L'_{nT,w} < L'_{n,w}$) und für kleinere Räume mit $V < 31{,}25\ m^3$ sind die Standard-Trittschallpegel höher ($L'_{nT,w} > L'_{n,w}$). Inwieweit die so ermittelten Werte mit dem tatsächlich im Empfangsraum ermittelten Pegel (und damit dem subjektiv empfundenen Schallschutz) übereinstimmen, hängt vor allem davon ab, ob im betrachteten Empfangsraum eher eine Nachhallzeit von $T_0 = 0{,}5$ s oder eine äquivalente Absorptionsfläche von $A_0 = 10\ m^2$ vorhanden ist. In 3.6.2.1 wird auf diese Fragestellung in Zusammenhang mit den für Geräusche gebäudetechnischer Anlagen in Frage kommenden Schalldruckpegeln $L_{AF,max,n}$ und $L_{AF,max,nT}$ ausführlich eingegangen. Die dafür geltenden Verhältnisse sind unmittelbar auch auf $L'_{n,w}$ und $L'_{nT,w}$ übertragbar. Deshalb kann auch hier festgehalten werden, dass mit Hinblick auf den wahrnehmbaren Schallschutz $L'_{nT,w}$ die geeignetere Größe ist.

Bei der Anforderungsgröße Norm-Trittschallpegel $L'_{n,w}$ erfolgt eine Bemessung der Trittschalldämmung von direkt übereinander liegenden Rechteckräumen unabhängig von der Raumgröße. Wenn die Anforderung an den Standard-Trittschallpegel gestellt wird, erfolgt die Bemessung in der Regel für die kleinen Räume, da sich durch die Umrechnung von einer konstanten Absorptionsfläche auf eine konstante Nachhallzeit (was nach 3.6.2.1 viel eher zutrifft) bei kleinen Räumen nach Gl. (3.5) höhere Standard-Trittschallpegel ergeben. So ergibt sich bei einer Raumhöhe von $h = 2{,}5$ z. B. bei einer Deckenfläche $S = 10\ m^2$ und einem Volumen $V = 25\ m^3$ eine Erhöhung von 1 dB. Für $S = 6{,}25\ m^2$ und $V = 15{,}6\ m^3$ beträgt die Erhöhung schon 3 dB.

Für Baumessungen (z. B. nach DIN 4109-4) ergeben sich bezüglich der Anforderungsgröße Norm-Trittschallpegel $L'_{n,w}$ bei der Auswahl der Messräume zuerst einmal keine Präferenzen hinsichtlich der Raumgröße. Falls als Anforderungsgröße der Standard-Trittschallpegel $L'_{nT,w}$ herangezogen wird, was z. B. bei Anforderungen nach VDI 4100:2012 der Fall ist, sollte der Schallschutz bei Güteprüfungen vor allem in kleinen Empfangsräumen ermittelt werden. Bei gleicher Konstruktion liefern diese den ungünstigeren Wert.

Bei diesen Betrachtungen wird vorausgesetzt, dass die wesentliche Schallübertragung über die Decke erfolgt. Die flankierende Übertragung wird beim Trittschall im Rechenmodell der DIN 4109-2 bislang nur pauschal über die Korrekturfaktoren berücksichtigt. Allerdings steigt in realen Bausituationen der Anteil der flankierenden Übertragung an der Gesamtübertragung mit abnehmender Trennfläche. Deshalb muss unter praktischen Baubedingungen auch bei einer Anforderungsgröße Norm-Trittschallpegel $L'_{n,w}$ der Trittschallübertragung bei den kleinen Räumen eine erhöhte Aufmerksamkeit geschenkt werden.

3.2.2 Entwicklung zum Stand des Schallschutzes im Wohnungsbau

Planungswerte und erreichte Werte

Wenn die Entwicklung des Schallschutzes betrachtet wird, kann einerseits auf die Entwicklung der Anforderungswerte, andererseits aber auch auf das tatsächlich geplante und ausgeführte Schallschutzniveau Bezug genommen werden. Der Unterschied zwischen erreichtem Schallschutzniveau und Anforderungswert kann, wie nachfolgend gezeigt wird, beträchtlich sein. Die Anforderungswerte der DIN 4109 liefern als Mindestschallschutz ein unterstes Niveau, das in keinem Fall unterschritten werden darf. Der tatsächlich gebaute Schallschutz liegt aus verschiedenen, nachfolgend erläuterten Gründen im Mittel zum Teil beträchtlich über diesem Niveau.

Da kein Rechenmodell die real gebaute Baukonstruktion mit all ihren Streuungen der Materialeigenschaften, der handwerklichen Ausführung und der konstruktiven Details mit absoluter Genauigkeit erfassen kann, ergeben sich hierdurch Abweichungen zwischen dem tatsächlich gebauten und dem geplanten Schallschutz. Bei einer statistischen Betrachtung können diese Differenzen vereinfacht in einer Gauß-Verteilung dargestellt werden, wobei davon ausgegangen werden kann, dass bei einem verlässlichen Prognoseverfahren im Mittel der geplante Wert erreicht wird. Das würde allerdings bedeuten, dass von 50 % der errichteten Gebäude die Anforderungen nicht eingehalten werden. Es werden deshalb bei der Planung entsprechende Sicherheiten eingeplant, damit die Anforderungen von einem als ausreichend betrachteten Prozentsatz erfüllt werden können. Abweichungen aufgrund von Ausführungsfehlern oder wegen von der Planung abweichenden Ausführungen etc. bleiben bei dieser Betrachtung unberücksichtigt.

DIN 4109-2 sieht für die Schallschutznachweise einen (pauschalen) Sicherheitsbeiwert vor, der beim Luftschall mit 2 dB festgelegt ist und auf das Ergebnis der Prognoserechnung anzusetzen ist. In Beiblatt 1 zu DIN 4109:1989 wurde stattdessen ein so genanntes Vorhaltemaß bei den Rechenwerten der Ausführungsbeispiele angewendet, das z. B. für die Luftschalldämmung zu einem Abschlag von 2 dB auf im Prüfstand gemessene Schalldämm-Maße führte. Solche Sicherheiten führen dazu, dass der messtechnisch ermittelte Wert im Mittel über dem geforderten Schallschutz liegt. Gösele nennt diese Differenz in [185] „Respektabstand“. Er beträgt sowohl für die Sicherheitsfestlegungen der DIN 4109-2 als auch der DIN 4109:1989 etwa 2 dB.

Eine weitere Sicherheit (allerdings nicht für alle Räume) ergibt sich dadurch, dass die Planung und der Nachweis des Schallschutzes in der Regel für den schalltechnisch ungünstigsten Raum erfolgen. Die Mehrzahl der verwendeten Baukonstruktionen in einem Gebäude, wie Wohnungstrenndecken, Wohnungstrennwände, Außenwände, etc. werden im gesamten Gebäude als Regelkonstruktion ausgeführt. Wird nun der Schallschutz für den ungünstigsten Raum nachgewiesen, z. B. beim Nachweis der Schalldämmung der Wohnungstrenndecken für einen kleinen Eckraum (mit zwei Außenwänden und zwei leichten massiven Innenwänden), ergibt sich für die anderen Räume der gleichen Wohnung bzw. innerhalb des gesamten Gebäudes eine höhere Schalldämmung. Das liegt daran, dass die Deckenkonstruktion (Stahlbetondecke mit schwimmendem Estrich) üblicherweise unverändert bleibt, die flankierende Übertragung (aufgrund schwererer Innenwände und eines kleineren Außenwandanteils) aber geringer wird und aufgrund der größeren Trennfläche an Einfluss verliert. Alles führt dazu, dass das bewertete Bau-Schalldämm-Maß größer wird. Bei Trenndecken im mehrgeschossigen Wohnungsbau ergeben sich gegenüber dem ungünstigsten Raum (meist das Schlaf- oder ein Kinderzimmer als Eckraum) beim bewerteten Schalldämm-Maß etwa 3 dB bis 5 dB höhere Werte für die größeren Wohnräume.

Zusammenfassend liegen aufgrund der im Nachweisverfahren berücksichtigten Sicherheiten und der Beurteilung des ungünstigsten Raumes (bei Beibehaltung der konstruktiven Ausführung in anderen Räumen) die ermittelten Schalldämm-Maße im Mittel 3 dB bis 5 dB über den Anforderungswerten. Für den Trittschall gilt Vergleichbares: hier liegen die am Bau messtechnisch ermittelten bewerteten Norm-Trittschallpegel, eine handwerklich einwandfreie Ausführung des schwimmenden Estrichs vorausgesetzt, im Mittel um 3 dB bis 4 dB unter den rechnerisch nachgewiesenen Anforderungswerten.

Entwicklung des Schallschutzes im Geschosswohnungsbau

Untersuchungen zur Entwicklung des Schallschutzniveaus in Deutschland beschränken sich meist auf den Luft- und Trittschallschutz im mehrgeschossigen Wohnungsbau. So lieferte z.B. Gösele in [220] eine kritische Betrachtung des Schallschutzniveaus für die 1970er Jahre im Vorfeld der Veröffentlichung des Entwurfs zu DIN 4109 im Jahr 1979 [11], der die damals noch gültige Norm aus dem Jahr 1962 ersetzen sollte. Der im Entwurf angegebene Mindestwert des Luftschallschutzmaßes für Wohnungstrenndecken und -trennwände von LSM = 3 dB (entspricht R'_w = 56 dB) lag 3 dB über den damals gültigen Mindestanforderungen mitten in der in Bild 3.8 dargestellten Häufigkeitsverteilung der Wohnungstrenndecken und -trennwände. Diese gegenüber DIN 4109:1962 höheren Anforderungen waren nach Angabe des Autors zum damaligen Zeitpunkt mit den zur Verfügung stehenden üblichen Bauweisen insbesondere aufgrund der flankierenden Übertragung nicht sicher zu erreichen. Mit den im Jahr 1989 dann in der DIN 4109:1989 [21] veröffentlichten, gegenüber dem Normentwurf reduzierten Anforderungswerten beim Luftschallschutz wurde diesen Bedenken dann auch Rechnung getragen.

Während Gösele in [185] die Festlegung dieser Anforderungswerte in der DIN 4109:89 damit begründete, dass das sichere Erreichen der Mindestwerte zu einem ausreichenden Schallschutz mit deutlich höheren ausgeführten Werten führt, zeigt Lutz [222], dass das erreichbare Schallschutzniveau zu diesem Zeitpunkt schon deutlich über den 1979 veröffentlichten Werten lag.

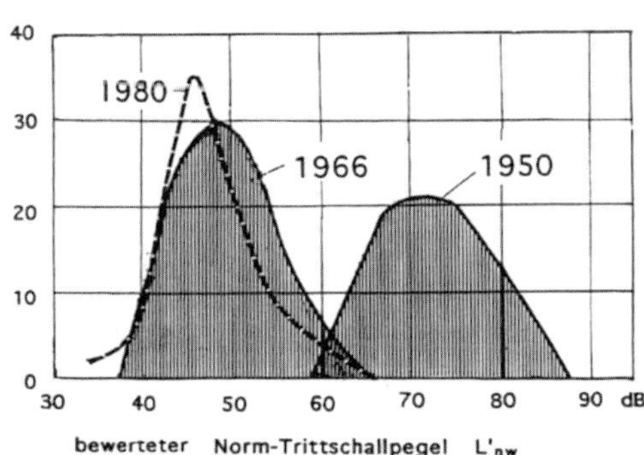

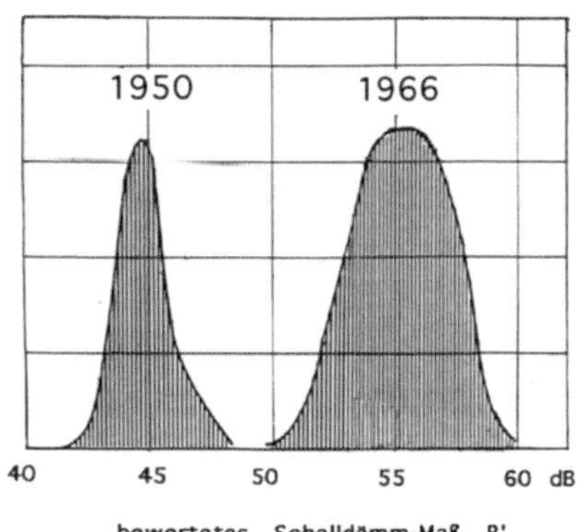

Quelle: [221]

Bild 3.8: Entwicklung des Luft- und Trittschallschutzes von Wohnungstrenndecken zwischen 1950 und 1980

Gösele beschließt seinen Artikel [185] mit der Aussage, dass der Wunsch der Bewohner nach einem höheren Schallschutz, „keine Sache des Staates, sondern eine Frage von Angebot und Nachfrage“ sei, der durch „entsprechend gewählte Vorschläge für einen erhöhten Schallschutz“ unterstützt werden sollte. Mit den gegenüber dem Entwurf von 1979 verringerten Mindestanforderungen im Luftschall des Entwurfs von 1984 und der 1989er-Ausgabe der DIN 4109 bahnte sich eine Diskrepanz zwischen den dort geforderten Mindestwerten und den allgemein anerkannten Regeln der Technik an. Damit ergab sich besonders in den 1990er Jahren eine Vielzahl von Rechtsstreitigkeiten, bei welchen besonders bei Eigentumswohnungen trotz des Erreichens des Mindestschallschutzes ein unzureichender Schallschutz beklagt wurde.

Ganz anders verhielt es sich mit dem Trittschallschutz der Wohnungstrenndecken. Die Mindestanforderungen der DIN 4109:1962 verlangten für den Trittschallschutz ein Trittschallschutzmaß von TSM = 0 dB (entsprechend $L'_{n,w}$ = 63 dB). Dieser Wert des Norm-Trittschallpegels wurde entsprechend Bild 3.8 deutlich unterschritten, so dass der im Entwurf von 1979 geforderte Wert von $L'_{n,w}$ = 53 dB bereits zu diesem Zeitpunkt vom Großteil der ausgeführten Decken erreicht wurde und dieser Wert dann auch 1989 in der Norm als Mindestanforderung zu finden war.

Betrachtet man die Baukonstruktionen, so zeigt sich vor allem in den 1960er Jahren ein Wandel. Während in den 1950er Jahren relativ leichte Decken (z. B. Hohlkörperdecken) zur Anwendung kamen, wurden danach in der Mehrzahl Stahlbetonmassivdecken verwendet. Eine Bestandsaufnahme des Schallschutzes in Mehrfamilienhäusern, die in den 1950er und 1960er Jahren erbaut wurden, liefern Veres et al. [223]. Die Autoren machen deutlich, dass ein befriedigender Schallschutz mit den zu dieser Zeit übliche Baukonstruktionen nur durch eine überlegte Grundrissgestaltung (gleichartige Raumfunktionen benachbarter Wohnungen neben- bzw. übereinander anordnen) gewährleistet werden konnte. Der Ersatz der Hohlkörperdecken durch Vollbetondecken und der Einsatz von schwimmenden Estrichen in den 1960er Jahren verbesserten vor allem den Trittschallschutz. Mit dem Einsatz des schwimmenden Estrichs trat dann auch die flankierende Übertragung beim Luftschallschutz der Wohnungstrenndecken verstärkt in Erscheinung. Besonders durch den Einsatz von wärmedämmendem und damit meist leichtem Außenwandmauerwerk (siehe auch 4.2.2.4) wurde der Schallschutz in vertikaler Richtung durch die flankierende Übertragung begrenzt.

Sälzer zeigt 2007 in [224], dass bei einer Untersuchung von 2000 Wohnungen über 80 % der Decken eine Deckenstärke von $d \geq 22$ cm aufwiesen und für über die Hälfte der Bauvorhaben eine Dicke von $d \geq 26$ cm vorgesehen war. Mit diesen Deckenstärken werden für die Luftschalldämmung von Wohnungstrenndecken bei entsprechender Wahl der flankierenden Bauteile gegenüber den Mindestanforderungen der DIN 4109:1989 deutlich höhere bewertete Bau-Schalldämm-Maße erreicht. Sälzer spricht hier von ca. R'_w = 61 dB (siehe Bild 3.9).

Bei den Wohnungstrennwänden werden nach [224] in 80 % der Fälle Mauerwerk aus KSV oder Verfüllsteine in einer Dicke von 24 cm sowie Stahlbeton (d = 20 cm oder d = 24 cm) eingesetzt. In Verbindung mit entsprechend ausgeführten flankierenden Bauteilen (schwere Massivdecke, ausreichend dämmende Außenwand- und Innenwandkonstruktionen) können hier bewertete Bau-Schalldämm-Maße von R'_w = 58 dB sicher erreicht werden.

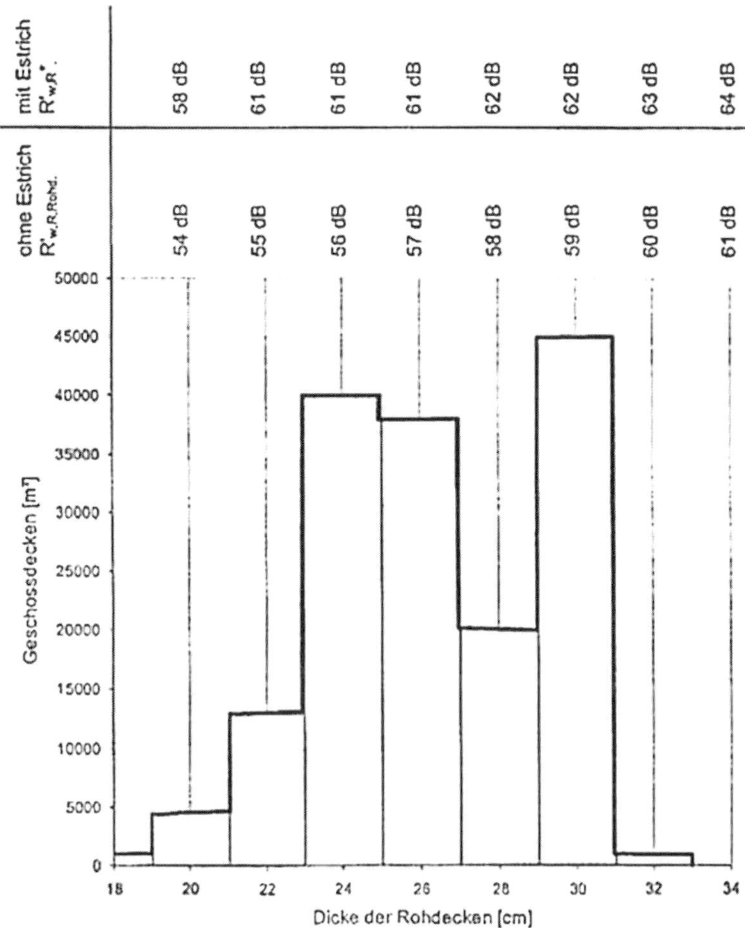

Quelle: [224]

Bild 3.9: Geschossdeckenfläche in Abhängigkeit von der Rohdeckendicke (bzw. des damit verbundenen bewerteten Schalldämm-Maßes R'_w mit und ohne Estrich)

Betrachtet man vor diesem Hintergrund die Anforderungen in DIN 4109-1, so wird deutlich, dass das Schallschutzniveau der DIN 4109:1989 im Wesentlichen beibehalten wurde. So war das im zuständigen Normenausschuss ja auch als Vorgabe für die Überarbeitung festgelegt worden.

Schon die 1989er Norm hatte gegenüber der 1962er Norm für den Luftschallschutz die Anforderungen weitgehend beibehalten. Das führte dazu, dass in den 1990er Jahren ein erhöhter Schallschutz (z. B. nach Beiblatt 2 [23] oder nach VDI 4100 [126]) im Mehrgeschosswohnungsbau privatrechtlich häufig als Standard geplant und ausgeführt wurde. Da dieses Schallschutzniveau in der neuen Norm im Wesentlichen beibehalten wurde, wird die Kluft zwischen dem geplanten und gebauten Schallschutz und den baurechtlich geforderten Werten der DIN 4109-1 weiter bestehen bleiben, so dass vermutlich nur für einfachste Wohnungen und Reihenhäuser ohne größeren Komfortanspruch, z. B. im Rahmen des kostengünstigen Bauens, bei Seniorenwohnanlagen oder bei Studentenwohnungen, die Mindestanforderungen der DIN 4109-1 noch anzuwenden sind.

Im Geschosswohnungsbau werden üblicherweise die Trenndecken in Stahlbeton und mit einem schwimmenden Estrich ausgeführt. Die Deckendicke ergibt sich im Allgemeinen aufgrund der statischen Erfordernisse und liegt meist zwischen 180 mm (inzwischen sehr selten anzutreffen) und 260 mm (bei etwas größeren Spannweiten der Decken). Mit Wohnungstrennwänden, die als Stahlbetonwände mindestens 200 mm und als Mauerwerkswände mindestens 240 mm stark sind, wird der Schallschutz in vertikaler Richtung durch die Schallübertragung über die flankierenden Innen- und Außenwände bestimmt. Für ausreichend schwere Innenwände ($m' > 200$ kg/m^2) und Außenwände in schwerer Ausführung ($m' > 300$ kg/m^2) werden bewertete Bau-Schalldämm-Maße von $R'_w \geq 58$ dB erreicht. Höhere Bau-Schalldämm-Maße werden mit leichten mehrschaligen Innenwänden in Trockenbauweise erreicht. In horizontaler Richtung bestimmen neben der Trennwand die flankierenden Wände den erreichbaren Schallschutz. Mit der am häufigsten anzutreffenden Konstruktion (Mauerwerkswand RDK 2,0 mit $d = 240$ mm und m' ca. 480 kg/m^2) werden bei schwerer Ausführung der flankierenden Wände abhängig von der konkreten Übertragungssituation meist Bau-Schalldämm-Maße von $R'_w \geq 55$–59 dB erreicht. Mit schwereren Trennwänden (Stahlbetonwand mit $d = 240$ mm oder Mauerwerkswände mit $d = 300$ mm) können auch höhere Schalldämm-Maße erzielt werden. Der Trittschallschutz der Deckenkonstruktion wird wesentlich durch die Steifigkeit der Trittschalldämmschicht bestimmt. Mit weichen Trittschalldämmplatten ($s' \leq 10$ MN/m^3) werden üblicherweise bewertete Norm-Trittschallpegel von $L_{n,w} \leq 40$ dB erzielt. Die Grenze des erreichbaren Schallschutzes im Massivbau (300 mm Stahlbetondecke, etc.) wird von Meier [225] mit $R'_w = 65$ dB und mit $L'_{n,w} = 30$ dB angegeben.

Doppel- und Reihenhäuser

Auch bei Einfamilien-Doppelhäusern und Einfamilien-Reihenhäusern waren die Mindestanforderungen der DIN 4109:1989 mit $R'_w \geq 57$ dB für die Haustrennwand nicht mehr zeitgemäß und entsprachen nicht mehr dem Stand der Technik [157], [160]. Bei Doppel- und Reihenhäusern lagen die erhöhten Anforderungen nach Beiblatt 2 zu DIN 4109:1989 zwar deutlich über den Mindestanforderungen, konnten aber bei konsequenter Trennung der beiden Wandschalen der zum Standard gewordenen zweischaligen Haustrennwand ebenfalls gut erreicht werden. Nach Sälzer [224] wurde bei 10 Reihenhaussiedlungen mit 740 Reihenhäusern in den Jahren 1995–2006 für die zweischaligen Haustrennwänden ein Schalldämm-Maß von $R'_w \geq 67$ dB geplant, das durch exemplarische Messungen bestätigt werden konnte.

In den letzten 10–15 Jahren hat bei neu erstellten Doppel- und Reihenhäusern allerdings ein Wandel in Bezug auf die Bauweise der Häuser und auf ihre Ausstattung stattgefunden. Ein großer Teil dieser Häuser wird preisgünstig ohne Kellergeschoss errichtet und ist relativ einfach ausgestattet. Aufgrund des fehlenden Kellergeschosses findet im Erdgeschoss eine verstärkte Schallübertragung über die häufig durchlaufende Bodenplatte und das Fundament statt. Diesem baukonstruktiven Umstand wurde in DIN 4109-1 durch differenzierte Anforderungswerte beim Luft- und Trittschallschutz bei den Haustrennwänden

Rechnung getragen. Unterschieden werden nun „Haustrennwände zu Aufenthaltsräumen, die im untersten Geschoss (erdberührt oder nicht) eines Gebäudes gelegen sind" und „Haustrennwände zu Aufenthaltsräumen, unter denen mindestens 1 Geschoss (erdberührt oder nicht) des Gebäudes vorhanden ist".

Im Gegensatz hierzu stehen bei Doppel- und Reihenhäusern allerdings die Erwartungen der Bauherren und Bewohner in Bezug auf Ausstattung und Schallschutz. Sie erwarten einen Schallschutz vergleichbar mit dem Schallschutz im Einfamilienhaus, wobei Schalldämm-Maße der Haustrennwände von $R'_w = 59$ dB bzw. 62 dB, wie sie in DIN 4109-1 gefordert werden, diesem Anspruch nicht genügen und auch keinesfalls dem Stand der Technik entsprechen. Entsprechend sollte bei Doppel- und Reihenhäusern ein gegenüber dem Mindestschallschutz der DIN 4109-1 deutlich erhöhter Schallschutz geplant werden.

3.2.3 Was kann mit derzeit üblichen Baukonstruktionen im mehrgeschossigen Wohnungsbau und bei Reihenhäusern erreicht werden?

Übliche Konstruktionen im Geschosswohnungsbau sind schwere Mauerwerks-Trennwände, meist in der Rohdichteklasse 2,0 oder sogar 2,2 und in einer Dicke $d = 24$ cm. Seltener werden Stahlbetontrennwände in einer Dicke von 20 cm bis 24 cm eingesetzt. Die Trenndecken bestehen meist aus Stahlbeton in einer Dicke von 20 cm bis 26 cm mit einem schwimmenden Estrich. Die flankierenden Bauteile bestehen im Außenwandbereich meist ebenfalls aus Mauerwerk, wobei hier einerseits monolithisches wärmedämmendes Mauerwerk in einer Dicke von 30 cm bis 42,5 cm oder zusatzgedämmtes Mauerwerk verwendet wird. Für tragende Innenwände wird meist ebenfalls Mauerwerk in einer Stärke von $d = 17{,}5$ oder $d = 24$ cm verwendet. Nichttragende Innenwände werden entweder ebenfalls in Mauerwerk ($d = 11{,}5$ cm und Rohdichteklasse 0,8, im Süden Deutschlands auch mit Gipswandbauplatten) oder als mit Gipsplatten beplankte Metallständerwänden ausgeführt. Bei Außenwänden mit monolithischem Mauerwerk bestimmt sowohl in horizontaler als auch in vertikaler Richtung meist die flankierende Übertragung über die Außenwände die resultierende Schalldämmung zwischen den Räumen. Mit diesen Konstruktionen werden, abhängig von der flankierenden Übertragung, meist bewertete Bau-Schalldämm-Maße von 55 dB bis 60 dB erreicht. Der erreichbare Trittschallschutz wird im Massivbau wesentlich durch die Qualität des eingebauten schwimmenden Estrichs bestimmt. Hier können bei fehlerfreier Ausführung in Verbindung mit entsprechend weichen Dämmschichten bewertete Norm-Trittschallpegel von deutlich unter $L'_{n,w} = 40$ dB realisiert werden.

Um einen wirklich hohen Schallschutz sicherzustellen, werden im Massivbau Trennwände mit einer Dicke von $d = 30$ cm und entsprechend dickere Trenndecken ($d = 30$ cm) mit schwimmenden Estrichen ausgeführt. Damit die Möglichkeiten dieser Konstruktionen ausgeschöpft werden können, ist eine wirksame Verminderung der flankierenden Übertragung unbedingt notwendig. Dazu kommen folgende Möglichkeiten in Frage: sehr schwere flankierende Bauteile, schalltechnisch entkoppelte flankierenden Bauteile oder leichte mehrschalige Bauteile in Leichtbauweise. Im Massivbau können mit Konstruktionen, die sich an der oberen Grenze befinden, bewertete Bau-Schalldämm-Maße von bis zu $R'_w \approx 65$ dB bei Trenndecken und -wänden erreicht werden. Die Grenze des erreichbaren Schallschutzes wird dabei in der Regel durch die flankierende Übertragung bestimmt.

Bei Leichtbaukonstruktionen ergibt sich im Geschosswohnungsbau häufig ein guter bis sehr guter Luftschallschutz, unter anderem dadurch, dass die flankierende Übertragung einen deutlich geringeren Einfluss auf die resultierende Schalldämmung aufweist. Das bewertete Schalldämm-Maß zwischen den Räumen liegt, abhängig von der gewählten Ausführung der Trennwand- bzw. Trenndeckenkonstruktion, dabei typischerweise in einem Bereich von 56 dB bis 65 dB sowohl bei der Übertragung in horizontaler als auch in vertikaler Richtung. Allerdings ist der zu erwartende Trittschallschutz aufgrund der geringen flächenbezogenen Massen der Leichtbaudecken im Vergleich zum Massivbau deutlich geringer. Besonders der Trittschallschutz im Frequenzbereich unter 200 Hz lässt beim Leichtbau häufig Wünsche offen. Durch entsprechende Zusatzmassen auf den Leichtdecken können aber auch hier bewertete Norm-Trittschallpegel von $L'_{n,w} \approx 40$ dB und darunter realisiert werden.

Übliche Konstruktionen bei Doppel- und Reihenhäusern sind zweischalige Haustrennwände. Hier wird eine große Spannbreite von Trennwandausführungen eingebaut, wobei die Trennwände meist zweischalig in einer Dicke von 2 × (115 mm–175 mm) in den Rohdichteklassen 0,6–2,0 und mit Trennfugenbreiten von 30 mm–50 mm ausgeführt werden. Mit diesen Konstruktionen werden bewertete Bau-Schalldämm-Maße zwischen $R'_w = 60$ dB–65 dB in Aufenthaltsräumen, die im untersten Geschoss (z.B. nicht unterkellerte Häuser) liegen, erreicht. 63 dB bis 75 dB werden erreicht für Räume, unter denen sich mindestens ein Geschoss (z.B. unterkellerte Häuser) befindet.

3.2.4 Erhöhter Schallschutz und Schallschutzklassen

Für einen über die bauaufsichtlich verbindlichen (Mindest-)Anforderungen der DIN 4109 hinausgehenden Schallschutz hat sich der Begriff „erhöhter Schallschutz“ eingebürgert. Er kann vertraglich vereinbart werden, kann sich aber auch direkt aus den Vertragsunterlagen ergeben. Eine solche Vereinbarung sollte direkt in einem Kaufvertrag oder in der Baubeschreibung mit der Nennung von Anforderungsniveaus (z.B. eine Schallschutzstufe der VDI 4100 oder eine Schallschutzklasse des DEGA-Schallschutzausweises) oder Anforderungswerten erfolgen. Dabei muss dem Vertragspartner in verständlicher Art und Weise das geplante Niveau mitgeteilt werden. Die Beratung sollte dabei auch auf mögliche Mehrkosten hinweisen. Eine Aussage „Schallschutz nach DIN 4109“ muss deshalb klarstellen, dass dieser Schallschutz den baurechtlichen Mindestanforderungen entspricht. Ein erhöhter Schallschutz kann sich auch aus der Baubeschreibung durch Schlüsselworte wie Komfort, Luxus, etc. ergeben. Ist die Höhe der schalltechnischen Anforderungen nicht festgelegt, so wurden diese im Streitfall in der Vergangenheit häufig im Rahmen von Gerichtsverfahren ermittelt [158], [159].

Erhöhter Schallschutz in der DIN 4109

Schon die DIN 4109 aus dem Jahre 1962 enthielt in ihrem Blatt 2 [7] neben den Anforderungen, die damals übrigens ohne jeden Vorbehalt „Mindestanforderungen“ genannt wurden, in derselben tabellarischen Darstellung auch „Vorschläge für einen erhöhten Schallschutz“. Das hatte immer wieder zu Unstimmigkeiten geführt, wenn es darum ging, welcher „Schallschutz nach DIN 4109“ zu erbringen sei. Um die unterschiedliche rechtliche Relevanz zu verdeutlichen, wurde deshalb der erhöhte Schallschutz in der überarbeiteten Version von 1989 aus dem Anforderungsteil der DIN 4109 herausgenommen und in das Beiblatt 2 verschoben. Dieses besaß in seinem vollen Umfang lediglich empfehlenden Charakter (Beiblätter sind nicht Bestandteil einer Norm) und wurde auch nicht in die Reihe der Technischen Baubestimmungen der Bundesländer aufgenommen. Obwohl Beiblatt 2 eine weite Verbreitung gefunden hatte, wurden dessen Vorschläge für einen erhöhten Schallschutz immer häufiger als nicht ausreichend betrachtet. Aus dem Bedarf nach weitergehenden Festlegungen für einen erhöhten Schallschutz heraus wurde 1994 die VDI-Richtlinie 4100 [126] veröffentlicht. Sie wollte in ihrem eigenen Verständnis eine Ergänzung zur DIN 4109 darstellen [226], doch wurde sie von einzelnen Seiten heftig als Konkurrenz zur DIN 4109 kritisiert, die für Irritation sorge.

Die Diskussionen in den Gremien des NALS (Normenausschuss Akustik, Lärmminderung und Schwingungstechnik, verantwortlich für die VDI 4100) und des NABau (Normenausschuss Bauwesen, verantwortlich für die DIN 4109) ließen erkennen, dass eine Vereinheitlichung der Aussagen zum erhöhten Schallschutz sinnvoll sei. Deshalb wurde 1995 ein von NALS und NABau gemeinsam verantwortetes Normungsvorhaben gestartet, das in einem paritätisch besetzten Gemeinschaftsausschuss die Harmonisierung der Inhalte der VDI 4100 und des Beiblatts 2 der DIN 4109 zum Ziel hatte. Vorgesehen war, beide Regelwerke durch ein einheitliches Normendokument zu ersetzen. Als Ergebnis dieser Arbeit wurde im Juni 2000 der Normentwurf zu DIN 4109-10 [27] veröffentlicht. Die Diskussion im Verlauf der Einspruchsverhandlungen machte jedoch deutlich, dass die Vorstellungen über einen erhöhten Schallschutz bei den einzelnen „interessierten Kreisen" so kontrovers waren, dass eine Einigung über ein dreistufiges Konzept völlig aussichtslos war. Vom Lenkungsgremium des NABau-Fachbereichs 55 wurde im Jahr 2005 konsequenterweise die Einstellung der Normungsarbeiten zum erhöhten Schallschutz im Rahmen der DIN 4109 beschlossen. In den DIN-Mitteilungen [227] wurde dann im Jahr 2005 die Zurückziehung des Normentwurfs DIN 4109-10 mitgeteilt. Damit war der Ausstieg der DIN 4109 aus dem erhöhten Schallschutz offiziell beschlossen. Die neue DIN 4109 enthält deshalb keine Vorschläge für einen erhöhten Schallschutz mehr, auch keine Empfehlungen für den Schallschutz im eigenen Wohn- oder Arbeitsbereich. Für die VDI 4100 ergab sich aus dieser Entwicklung, dass sie entgegen der ursprünglichen Absicht nicht zurückgezogen wurde, sondern redaktionell überarbeitet als Folgeausgabe ohne Entwurf im Jahre 2007 erneut herausgegeben wurde.

Ein neuer Versuch für erhöhten Schallschutz in der DIN 4109

Die Mindestanforderungen der DIN 4109-1:2016/2018 orientieren sich gemäß Wortlaut der Einleitung dieser Norm an den Schutzzielen des Gesundheitsschutzes, der Vertraulichkeit bei normaler Sprechweise und dem Schutz vor unzumutbaren Belästigungen. Ein über diese Schutzziele hinausgehender Schallschutz war bislang in DIN 4109:2016/2018 nicht vorgesehen. Im Oktober 2016 beschloss das Lenkungsgremium des NABau-Fachbereichs 55, erneut die Arbeiten zum erhöhten Schallschutz aufzunehmen und machte damit den früheren Beschluss von 2005 zum Rückzug der DIN 4109 aus dem erhöhten Schallschutz wieder rückgängig. Auf der Grundlage von Beiblatt 2 zu DIN 4109:1989 und DIN SPEC 91314 [68] soll ein neuer Teil 5 zu DIN 4109 erarbeitet werden, der den erhöhten Schallschutz behandeln und Beiblatt 2 zur DIN 4109:1989 ablösen soll. Allerdings gibt es bereits eine Reihe anderer Regelwerke zum erhöhten Schallschutz. Nachfolgend sollen die verschiedenen Regelwerke kurz dargestellt und miteinander verglichen werden.

Regelwerke zum erhöhten Schallschutz

Folgende Dokumente stehen derzeit zur Festlegung eines erhöhten Schallschutzes zur Verfügung:

- Beiblatt 2 zu DIN 4109:1989 [23]
- VDI 4100:2007-08 [127]
- VDI 4100:2012-10 [128]
- DEGA-Empfehlung 103:2018-01 [148]
- DIN SPEC 91314:2017-01 [68]
- ISO/DIS 19488:2017-09 [132]

In Tabelle 3.7 sind die in den verschiedenen Dokumenten geregelten Anwendungsbereiche zum erhöhten Schallschutz aufgeführt.

Tabelle 3.7: Übersicht zu den geregelten Bereichen unterschiedlicher Dokumente zum erhöhten Schallschutz

	Beiblatt 2 zu DIN 4109:1989	VDI 4100	DEGA-Empfehlung 103	DIN SPEC 91314	ISO/DIS 19488
Anforderungen an die Luft- und Trittschalldämmung					
Geschosswohnungen	X	X	X	X	X
Reihenhäuser	X	X	X[a]	X	X[a]
Nichtwohngebäude wie Krankenhäuser, Hotels, Schulen etc.	X	–	X	–	–
Eigener Bereich Wohngebäude:	X	–	X[b]	–	–
Büro- und Verwaltungsgebäude	X				
Sonstige Anforderungen					
Außenlärm	–	X	X	–	X
Schalldruckpegel gebäudetechnischer Anlagen	X	X	X	X	X
Nachhallzeit in Fluren, Treppenhäusern etc.	–	–	X[c]	–	X

a Keine Unterscheidung bei den Anforderungen bezüglich Geschoss- und Reihenhäusern

b Die DEGA-Empfehlung 103 vergibt Zusatzpunkte, wenn die Anforderungen des DEGA-Memorandums 104 „Schallschutz im eigenen Wohnbereich“ vereinbart werden.

c Die DEGA-Empfehlung 103 vergibt Zusatzpunkte, wenn die Anforderungen erfüllt sind.

Beiblatt 2 zu DIN 4109:1989

Nach dem Erscheinen der DIN 4109:1989 wurde über viele Jahre hinweg häufig ein erhöhter Schallschutz nach dem Beiblatt 2 zu DIN 4109:1989 geplant. Beiblatt 2 nennt dabei für die Luft- und Trittschalldämmung jeweils einen gegenüber den (Mindest-)Anforderungen der DIN 4109:1989 erhöhten Wert. Problematisch dabei war allerdings, dass die Anforderungswerte des Luftschallschutzes gegenüber den Anforderungen der DIN 4109:1989 bei Wohnungstrennwänden nur um 2 dB und bei Wohnungstrenndecken sogar nur um 1 dB erhöht waren, während der erhöhte Trittschallschutz der Trenndecke eine um 7 dB höhere Anforderung aufwies. Ein lediglich um 1 dB bis 2 dB erhöhter Schallschutz ist für die Bewohner allerdings nicht als wahrnehmbare Änderung der schalltechnischen Qualität erkennbar. Aufgrund der nur geringfügig angehobenen Werte zum Luftschallschutz wurde deshalb immer wieder Kritik am Beiblatt 2 geäußert. In Tabelle 2 macht das Beiblatt 2 neben den Vorschlägen für erhöhten Schallschutz bei Geschosshäusern auch Vorschläge für Einfamilien-Doppelhäuser und Einfamilien-Reihenhäuser sowie für Beherbergungsstätten, Krankenanstalten und Sanatorien. Weiterhin werden in Tabelle 3 Empfehlungen für den Schallschutz im eigenen Wohn- oder Arbeitsbereich formuliert. Dazu wird zwischen einem normalen und einem erhöhten Schallschutz, getrennt für Wohngebäude und für Büro- und Verwaltungsgebäude, unterschieden. Die Empfehlungen zum Schallschutz von Trennwänden in Verwaltungsgebäuden wurden in der Vergangenheit häufig für die Planung des Schallschutzes solcher Objekte benutzt.

VDI 4100

Im Jahr 1994 erschien die erste Ausgabe der VDI 4100 [126] mit der Intention, für die Planung und Bewertung des Schallschutzes von Wohnungen einen gegenüber DIN 4109 erhöhten Schallschutz zu definieren. Ihren Anspruch beschrieb sie folgendermaßen:

> In Ergänzung der Schallschutzanforderungen der Norm DIN 4109, die durch bauaufsichtliche Einführung öffentlich-rechtliche Bedeutung erlangt hat, werden in dieser Richtlinie drei Schallschutzstufen (SSt) für die Planung und Bewertung von Wohnungen definiert. Mit Hilfe dieser drei Gütestufen kann der gewünschte Schallschutz zwischen allen am Bau Beteiligten und den Wohnungsnutzern privatrechtlich vereinbart werden.

Die VDI 4100 legte dazu 3 Schallschutzstufen fest, wobei die Stufe I den Anforderungen der DIN 4109-89 entsprach. Die Stufe II entsprach einem erhöhten, die Stufe III einem deutlich erhöhten Schallschutz. Dabei wurde versucht, die Anforderungen für die Schallschutzstufe II soweit möglich analytisch herzuleiten. Ziel war es einerseits, eine ausreichende Vertraulichkeit sicherzustellen, andererseits aber auch die Geräuschbelästigungen aus der Nachbarwohnung zu vermindern. Zusätzlich wurden in der Ausgabe von 1994 in der Tabelle 4 für drei Schallschutzstufen Kennwerte für Anforderungen innerhalb des eigenen Bereichs genannt. Besonders hervorzuheben ist in der VDI 4100 die Tabelle 1 zur verbalen Beschreibung der Wahrnehmung üblicher Geräusche aus Nachbarwohnungen und deren Zuordnung zu den drei Schallschutzstufen. Mit dieser Tabelle war es dem Planer möglich, dem Nutzer den zu erwartenden Schallschutz der einzelnen Stufen mit einfachen Worten zu erklären. Neu war auch, dass bei der Schallschutzstufe III erhöhte Schalldämmwerte der Außenbauteile gefordert wurden, um die Bewohner gegen Außenlärm besser zu schützen.

Im Jahr 2007 folgte eine redaktionell überarbeitete VDI 4100 [127]. Technische Änderungen wurden in dieser Fassung nicht ausgeführt, so dass sie fachlich identisch mit der Ausgabe von 1994 war. Eigentlich sollte diese Neuauflage gar nicht erscheinen, da eine „Harmonisierung" von Beiblatt 2 und VDI 4100 vorgesehen war. Dazu wurde mit E DIN 4109-10:2000 [27] sogar ein Normentwurf veröffentlicht, der wie VDI 4100 3 Schallschutzstufen vorgesehen hatte. Im Normenausschuss konnte jedoch kein Einvernehmen zu diesem dreistufigen Konzept gefunden werden. Daraufhin wurde der Entwurf 2005 zurückgezogen, und vom zuständigen Lenkungsgremium wurde vorgegeben, die Arbeiten zum erhöhten Schallschutz im Rahmen der DIN 4109 einzustellen. Seitens des Normenausschusses NALS als Träger der VDI 4100 wurde daraufhin beschlossen, die VDI 4100 zu erhalten und die 2007er Version aufzulegen.

Im Jahr 2012 erschien dann eine inhaltlich völlig neu gestaltete VDI 4100 [128]. Diese wird ausführlich in [228] kommentiert. Wesentliche Neuerung war, dass die Schallschutzstufe I nun nicht mehr dem Mindestschallschutz der DIN 4109 entsprach, sondern bereits einen erhöhten Schallschutz beschreibt. Weiterhin erfolgte eine Umstellung der Anforderungsgrößen auf die so genannten „nachhallzeitbezogen" Größen, z. B. beim Luftschall vom bewerteten Bau-Schalldämm-Maß R'_{w} auf die bewertete Standard-Schallpegeldifferenz $D_{nT,w}$. Diese Umstellung wurde vorgenommen, da zu diesem Zeitpunkt im Normentwurf zu DIN 4109-1:2006 [29] die Anforderungen an die so genannten „nachhallzeitbezogenen" Größen gestellt wurden. Aufgrund dieser beiden Änderungen gab es in der Fachwelt kontroverse Diskussionen [229], verbunden mit ablehnenden Kommentaren zu den neuen Kenngrößen. Unglücklich war sicherlich, dass das Schallschutzniveau der Schallschutzstufe I in der Ausgabe 2012 dem Schallschutzniveau der Schallschutzstufe II in der Ausgabe 1994 bzw. 2007 entsprach und damit eine kontinuierliche Verwendung der Bezeichnungen der Schallschutzstufen nicht mehr möglich war. Die dadurch verursachte Verunsicherung hat wesentlich dazu beigetragen, dass die Ausgabe 2012 bis jetzt keine sehr breite Anwendung findet und stattdessen eher auf die VDI 4100:2007 Bezug genommen wird.

DEGA-Empfehlung 103 – Schallschutzausweis

Die DEGA-Empfehlung 103 „Schallschutz im Wohnungsbau – Schallschutzausweis" [148] liefert ein Klassifizierungssystem für den Schallschutz von einzelnen Wohnungen und gesamten Wohngebäuden. Dabei werden Wohnungen entsprechend ihrer schalltechnischen Qualität 7 Klassen (A*, A, B, C, D, E und F) zugeordnet, wobei die Anforderungen der Klasse D im Wesentlichen den Mindestanforderungen der DIN 4109 entsprechen. Die Klassen E und F sind dazu geeignet, Bestandsgebäude zu qualifizieren. Ein erhöhter Schallschutz wird dann durch die Klassen C, B, A und A* mit jeweils entsprechend höheren Anforderungen an die schalltechnische Qualität zwischen den Wohnungen beschrieben. Im Gegensatz zu den Anforderungen der DIN 4109, des Beiblattes 2 und der VDI 4100 wird beim Schallschutzausweis nicht zwischen dem mehrgeschossigen Wohnungsbau und Doppel- und Reihenhäusern unterschieden. Es gibt vielmehr eine einheitliche, von der Art des Gebäudes unabhängige Klassifizierung des Schallschutzes. Damit wird klar, dass im Doppel- und Reihenhaus gegenüber dem Mehrfamilienhaus mit der entsprechend besseren Klassifizierung ein deutlich höherer Schallschutz möglich, zu erwarten und auch meist vorhanden ist. Die in der DEGA-Empfehlung genannten Anforderungen für die verschiedenen Schallschutzklassen können auch als Planungsgrundlage für den Schallschutz bzw. den erhöhten Schallschutz verwendet und entsprechend zwischen dem Planer und dem Bauherrn vereinbart werden. Aufgrund des Erscheinens der DIN 4109:2016 wurde die DEGA –Empfehlung 103 ebenfalls inhaltlich überarbeitet und im Januar 2018 in dieser erneuerten Form veröffentlicht. Neuerungen sind vor allem eine Anpassung der Anforderungen an den Trittschallschutz sowie die grafische Gestaltung des Schallschutzausweises. Im Schallschutzausweis wurde dem Außenlärm ein weniger dominanter Bereich zugewiesen, Benchmarks für Mehrfamilienhäuser und Doppel- und Reihenhäuser wurden hinzugefügt sowie die Farbskala für den Ausweis verändert.

DIN SPEC 91314

Die DIN SPEC 91314 [68] ist ein im Januar 2017 veröffentlichtes Dokument, das wie alle DIN SPEC-Dokumente nicht Teil des deutschen Normenwerkes ist und nicht zwingend unter Einbeziehung aller interessierten Kreise erarbeitet werden muss. Für DIN SPEC 91314 wurde auch kein Entwurf veröffentlicht. In diesem Papier werden Empfehlungen für einen erhöhten Schallschutz genannt, die eine über den üblichen Schallschutz hinausgehende Qualität sicherstellen sollen. Die Initiatoren dieses Regelwerkes (im Wesentlichen die Immobilien- und Wohnungsbauwirtschaft sowie Teile der Bauwirtschaft) reagierten mit diesem zusätzlichen Dokument zum erhöhten Schallschutz auf die Klassifizierung des Schallschutzes in mehrere Stufen (VDI 4100, DEGA-Schallschutzausweis, ISO/DIS 19488) und stellten damit eine einzelne Stufe des erhöhten Schallschutzes diesen Klassifizierungsschemen gegenüber. Mit diesem Dokument sollten vor allem Anforderungswerte für den mehrgeschossigen Wohnungsbau festgelegt werden, die den Standard bei üblichen Eigentumswohnungen markieren sollten. Die Anforderungen an die Luftschalldämmung zwischen Wohnräumen betragen dabei in horizontaler Richtung $R'_w \geq 55$ dB und in vertikaler Richtung $R'_w \geq 56$ dB. Damit liegen diese Werte nur 2 dB über den Mindestanforderungen der DIN 4109. Da unter Akustikern und Sachverständigen mit großer Mehrheit die Meinung vertreten wird, dass beim Luftschallschutz deutlich wahrnehmbare Unterschiede in der Schallschutzqualität erst bei Unterschieden der Schalldämmung von mindestens 3 dB beginnen, ist auch dieses Papier in Fachkreisen umstritten.

ISO/DIS 19488

Auch auf internationaler Ebene gibt es Bestrebungen zur Klassifizierung des Schallschutzes. Bei ISO wird an einem Norm-Dokument gearbeitet, das den Schallschutz in Wohnungen beschreibt und zur Festlegung von Anforderungswerten beim erhöhten Schallschutz herangezogen werden kann. Vorrangiges Ziel ist hier allerdings wie bei der DEGA-Empfehlung 103 die schalltechnische Klassifizierung von Wohnungen. Ausgangspunkt hierzu war die COST (European **Co**operation in **S**cience and **T**echnology) Action TU 0901 „Integrating and Harmonizing Sound Insulation Aspects in Sustainable Urban Housing Constructions“. Unter anderem wurden auf europäischer Ebene gemeinsame Vorschläge zur Wahl der Kenngrößen und Kennwerte zur akustischen Klassifizierung von Wohnungen erarbeitet [230] und auf deutschen Vorschlag hin in ein internationales Normungsvorhaben bei ISO eingebracht. Als ISO/DIS 19488:2017-09 [132] wurde im September 2017 ein entsprechender Normentwurf veröffentlicht. Als Kenngrößen werden folgende auf eine Nachhallzeit von $T = 0{,}5$ s bezogene Größen herangezogen: bewertete Standard-Schallpegeldifferenz $D_{nT,w}$, bewerteter Standard-Trittschallpegel $L'_{nT,w}$ und bei Geräuschen aus gebäudetechnischen Anlagen der Standard-Schalldruckpegel $L_{A,eq,nT}$ bzw. $L_{AF,max,nT}$. Als Einzahlangaben können die nach ISO 717-1 [88] bewerteten Einzahlangaben ohne und mit Berücksichtigung der Spektrumanpassungswerte C und $C_{50\text{-}3150}$ für den Luftschall und $C_{I,50\text{-}2500}$ für den Trittschall verwendet werden. Bemerkenswert bei dieser internationalen Norm ist, dass der Schutz gegenüber Außenlärm mit jeder Klasse jeweils um 4 dB zunimmt. Dagegen werden in fast allen nationalen Dokumenten bislang keine erhöhten Anforderungen an den Schallschutz gegenüber Außenlärm gestellt. Das wird damit begründet, dass bei einer erhöhten Schalldämmung der Außenbauteile ein Sinken des Grundgeräuschpegels und damit verbunden ein erhöhtes Störpotenzial durch Geräusche aus den Nachbarwohnungen zu erwarten sei. Inwieweit diese Argumentation allerdings bei niedrigen maßgeblichen Außenlärmpegeln z. B. in ruhigen Gebieten zutrifft, ist fraglich. Kurzzeitige Einzelgeräusche wie die nächtliche Vorbeifahrt eines einzelnen PKW oder eine frühmorgendliche Zugvorbeifahrt können z. B. sehr wohl den Nachtschlaf stören. In solchen und ähnlichen Fällen kann ein erhöhter Schallschutz gegenüber Außenlärm durchaus sinnvoll sein. Für Einfamilienhäuser und für Doppel- und Reihenhäuser in ruhigen Gebieten ist auch nicht mit einer erhöhten Störwirkung durch Geräusche der Nachbarn zu rechnen, wenn der Schallschutz der Außenbauteile erhöht wird.

Vorbereitung von DIN 4109-5

Im Oktober 2016 wurde im Normenausschuss Bau (NABau) vom Fachbereichsbeirat KOA 05 beschlossen, den erhöhten Schallschutz in DIN 4109 wieder zu behandeln und das Beiblatt 2 zur DIN 4109:1989 zu überarbeiten. Dabei ist geplant, die Teile zum erhöhten Schallschutz aus dem Beiblatt 2 in einen neuen Teil 5 der DIN 4109 zu überführen, wobei einerseits auch die DIN SPEC 91314 zu berücksichtigen ist, andererseits der Schallschutz wahrnehmbar besser als in DIN 4109-1 sein soll. Hierzu sind Arbeiten in Gange und ein Entwurf soll in der ersten Jahreshälfte von 2019 vorgelegt werden.

Sonstige Regelungen

Erhöhter Schallschutz im Nicht-Wohnungsbau (z. B. Verwaltungsbau) wird bislang selten gefordert bzw. diskutiert. Allerdings gibt es auch hier Tendenzen, über die DIN 4109-1 hinausgehende Anforderungsniveaus zu etablieren. Ein Beispiel hierzu sind die Kriteriensteckbriefe des Bewertungssystems Nachhaltiges Bauen (BNB) [161]. Hier werden drei Anforderungsniveaus mit jeweils 3 dB Unterschied beim Luftschall und 5 dB Unterschied beim Trittschall vorgeschlagen: Anforderungsniveau 1: Mindestanforderungen, Anforderungsniveau 2: erhöhte Anforderungen und Anforderungsniveau 3: erhöhte Anforderungen 2.

3.2.5 Schallschutz im eigenen Wohn- und Arbeitsbereich

DIN 4109-1 regelt lediglich den Schallschutz gegenüber fremden Wohn- und Arbeitsbereichen, nicht aber den Schallschutz im eigenen Wohn- oder Arbeitsbereich und folgt damit den bauaufsichtlichen Gepflogenheiten. Sie enthält dazu in ihrem Anwendungsbereich folgenden Satz:

> Die Anforderungen dieser Norm gelten nicht für den Schallschutz im eigenen Wohn- und Arbeitsbereich, ausgenommen der Schutz gegen Geräusche von Anlagen der Raumlufttechnik, die vom Nutzer nicht beeinflusst werden können.

Genauso wie privatrechtlich ein erhöhter Schallschutz vereinbart werden kann, können auch für den Schallschutz im eigenen Wohn- oder Arbeitsbereich entsprechende Vereinbarungen getroffen werden. In neu erstellten Wohnungen oder Einfamilienhäusern wird von den Bewohnern immer wieder auch eine gewisse schalltechnische Qualität des Schallschutzes innerhalb der eigenen vier Wände gewünscht. Besonders im Hinblick auf veränderte Bauweisen, moderne Wohnformen und eine neue, energieeffiziente Gebäudeausstattung rückt der Schallschutz im eigenen Wohnbereich stärker in den Fokus der Bewohner. Beispielsweise werden mit DIN 4109-1 bei Geräuschen gebäudetechnischer Anlagen, die sich im eigenen Wohnbereich befinden, nur für RLT-Anlagen Anforderungen gestellt (siehe hierzu auch 3.6.5), obwohl auch bei anderen gebäudetechnischen Anlagen (z. B. Heizungsanlagen) im eigenen Bereich ausreichend Störpotenzial vorhanden ist. Für die Übertragung von Luft- und Trittschall im eigenen Bereich trifft DIN 4109-1 keine Festlegungen.

Bislang wurden hierzu Empfehlungen, z. B. in der Tabelle 3 im Beiblatt 2 [22] zur DIN 4109:1989, genannt. Dort wurde im eigenen Bereich zwischen Empfehlungen für „normalen" und für „erhöhten" Schallschutz sowie zwischen Wohngebäuden und Büro- und Verwaltungsgebäuden unterschieden. Für Wohngebäude gibt das Beiblatt 2 Empfehlungen z. B. für Wände ohne Türen, Decken und Treppen, jedoch keine Empfehlungen zum Schallschutz von Türen. Auch Geräusche gebäudetechnischer Anlagen werden nicht berücksichtigt.

Die VDI 4100-2012 [128] nennt ebenfalls Empfehlungen für einen verbesserten Schallschutz innerhalb von Wohnungen und Einfamilienhäusern. Hierbei werden für den eigenen Bereich in zwei Schallschutzstufen (SSt EB I und SSt EB II) Anforderungen an den Luft- und Trittschallschutz gestellt.

Vom DEGA Fachausschuss Bau- und Raumakustik wurde im Februar 2015 ein Memorandum zum „Schallschutz im eigenen Wohnbereich" veröffentlicht [149]. In diesem Papier werden drei Schallschutzstufen zum eigenen Wohnbereich (EW1, EW2 und EW3) definiert und mit den entsprechend abgestuften Anforderungen an den Luft- und Trittschallschutz sowie an Geräuschpegel von haustechnischen Anlagen versehen. Unterschieden wird zwischen Wänden ohne und mit Türen, da die Schalldämmung der Türen deutlich geringer ist. Neben den quantitativ festgelegten Anforderungswerten werden auch Empfehlungen zur Planung und Ausführung gegeben. Besonders bei offenen Wohnungsgrundrissen ist eine geeignete schalltechnische Planung wichtig. Die Planung des Schallschutzes im eigenen

Bereich muss z.B. auch eine bei modernen Lüftungskonzepten notwendige schallgedämmte Überstromöffnung in Türen oder Wänden berücksichtigen.

Während die VDI 4100 und das DEGA-Memorandum BR 0104 sich auf den Wohnbereich beschränken, werden im Beiblatt 2 zu DIN 4109:1989 auch Empfehlungen für den eigenen Arbeitsbereich formuliert, z.B. für den Schallschutz zwischen Büroräumen. Bislang wurde deshalb bei der Planung häufig auf den zweiten Teil der Tabelle 3 des Beiblatts 2 zurückgegriffen. Wie für den Wohnungsbau werden auch für den Büro- und Verwaltungsbau Empfehlungen für „normalen" und für „erhöhten" Schallschutz genannt.

Aktuelle Empfehlungen zum Schallschutz zwischen Büroräumen finden sich im Entwurf zur VDI 2569 von 2016 [117]. Dort werden für drei Schallschutzklassen Werte für die bewertete Standard-Schallpegeldifferenz $D_{nT,w}$ festgelegt (siehe Tabelle 3.8). Im Einzelbüro und Mehrpersonenbüro sind diese Schallschutzklassen folgendermaßen definiert: A (normale Sprache im Allgemeinen nicht verstehbar), B (normale Sprache teilweise verstehbar), C (normale Sprache verstehbar).

Tabelle 3.8: Empfehlungen für die bewertete Standard-Schallpegeldifferenz $D_{nT,w}$ in dB zwischen gleichartig genutzten Büroräumen nach VDI 2569, Entwurf 2016

	Schallschutzklasse		
	A	**B**	**C**
Einzelbüro	42	37	32
Mehrpersonenbüro	37	32	27
Vertrauliches Büro	50	45	

Quelle: [117]

Die in DIN 4109-2 beschriebenen Rechenverfahren mit den in den Teilen 31–36 genannten Eingangsdaten des Bauteilkatalogs können sowohl für den Nachweis des Mindestschallschutzes nach DIN 4109-1 als auch zur Planung eines erhöhten Schallschutzes oder des Schallschutzes im eigenen Bereich verwendet werden.

3.3 Anforderungen an die Luft- und Trittschalldämmung in Gebäuden mit Wohn- oder Arbeitsbereichen

3.3.1 Allgemeines aus DIN 4109-1

Kennzeichnende Größe für den Luftschallschutz zwischen Räumen ist das bewertete Bau-Schalldämm-Maß R'_w, für den Trittschallschutz in Aufenthaltsräumen der bewertete Norm-Trittschallpegel $L'_{n,w}$ und für Türen das bewertete Schalldämm-Maß R_w. Gebäudetechnische Anlagen werden schalltechnisch mittels des maximalen A-bewerteten Norm-Schalldruckpegels $L_{AF,max,n}$ beurteilt.

Aufgrund der im Anwendungsbereich dargestellten Einschränkung, dass Anforderungen nur für schutzbedürftige Räume gelten, werden keine zahlenmäßigen Anforderungen an den Schallschutz „nicht schutzbedürftiger" Räume gestellt. Jedoch heißt es im Anwendungsbereich mit Hinblick auf die Luftschallübertragung in Küchen, Flure, Bäder, Toilettenräume und Nebenräume:

Eine Absenkung der schalltechnischen Qualität der schallübertragenden Trennbauteile (z. B. durch Schächte oder Kanäle oder reduzierte Bauteildicken) im Bereich dieser Räume im Vergleich zum bemessungsrelevanten Raum ist jedoch nicht zulässig.

Diese Aussage ist nicht unmittelbar verständlich. Nicht gewollt ist, dass die schalltechnische Leistungsfähigkeit der trennenden Bauteile zwischen solchen „nicht schutzbedürftigen Räumen" gemindert wird, z. B. durch reduzierte Bauteildicken oder durch Schächte und Kanäle. Da an solche Bauteile keine Anforderungen gestellt werden, ist ersatzweise von ihrer „schalltechnischen Qualität" die Rede. Damit diese Qualität auch benannt wird, wird der Bezug zum „bemessungsrelevanten Raum" hergestellt. Das ist so zu verstehen, dass z. B. die (Roh-)Decke zwischen Bädern oder WCs konstruktiv genauso zu dimensionieren und auszuführen ist wie bei den schutzbedürftigen Räumen. Im Bereich von Bädern oder WCs würde eine so dimensionierte Decke zwar nicht dasselbe Bau-Schalldämm-Maß R'_w wie zwischen zwei Aufenthaltsräumen nachweisen können, sie hätte aber zumindest (als Bauteileigenschaft R_w!) dieselbe „schalltechnische Qualität". Man hätte deshalb die etwas schwer verständliche und interpretationsbedürftige Aussage des obigen Zitats durchaus auch so formulieren können, dass die Direktdämmung R_w des Trennbauteils im Bereich von nicht schutzbedürftigen Räumen erhalten bleiben muss. Damit wird zumindest ein gewisser, wenn auch aufgrund der bei kleinen Räumen verstärkten flankierenden Übertragung oft verminderter Schallschutz gewährleistet.

Eine unzulässige „Absenkung der schalltechnischen Qualität" von Trennbauteilen zwischen Bädern und WCs liegt auch vor, wenn solche Räume über Schächte oder Kanäle miteinander verbunden sind und deren Nebenwegübertragung die vorhandene Direktdämmung der Trennbauteile mindert. In DIN 4109-1 wird dieses Thema in Abschnitt 4 noch einmal folgendermaßen aufgegriffen:

Sind Aufenthaltsräume oder Wasch- und Toilettenräume durch Schächte oder Kanäle miteinander verbunden (z. B. bei Raumluftanlagen, Abgasanlagen, Luftheizanlagen), so dürfen die für die Luftschalldämmung R'_w des trennenden Bauteils in den folgenden Tabellen genannten Werte durch Schallübertragung über die Schacht- und Kanalanlagen nicht unterschritten werden.

Mehr wird dazu in DIN 4109-1 nicht gesagt. Wie ein Nachweis zu führen wäre, damit dieser Anforderung Rechnung getragen wird, ist in DIN 4109-2 und anderswo in DIN 4109:2016 allerdings nicht geregelt. Grundsätzlich ist mit den Berechnungsverfahren der EN 12354-1 ein Ansatz vorhanden (siehe dazu 4.2.1.1 und Übertragungsweg „s" in Bild 4.4). DIN 4109-4 nennt immerhin die Schachtpegeldifferenz $D_{k,w}$ als messbare Größe, die nach DIN 52210-6 [64] zu messen ist. Ein Bezug zur Handhabung dieser Größe findet sich aber in der ganzen DIN 4109:2016 nicht. Das war in DIN 4109:1989 noch anders. Auch dort wurde, in gleicher Weise wie in DIN 4109-1, auf die Rolle von Schächten und Kanälen bei der Einhaltung der Anforderungen hingewiesen. Dann aber wurde auf Abschnitt 9.3 des

Beiblatts 1 zu DIN 4109:1989 verwiesen, in dem die normative Handhabung der Schachtpegeldifferenz ausführlich behandelt wurde. Wenn DIN 4109-1 schon die „Absenkung der schalltechnischen Qualität" der Trennbauteile ausschließt, dann sollte sie auch die erforderlichen Maßnahmen und Nachweismöglichkeiten nennen. Die Ausführungen in Beiblatt 1 zu DIN 4109:1989 wären dazu ein geeigneter Startpunkt, um das Thema für die neue DIN 4109 aufzugreifen und zu aktualisieren.

Selbstverständlich muss auch der Schutz gegenüber Schallübertragung aus nicht schutzbedürftigen Räumen in schutzbedürftige Räume (rechnerisch oder messtechnisch) nachgewiesen werden. Das ergibt sich grundsätzlich aus dem für schutzbedürftige Räume deklarierten Schutzanspruch gegenüber einem fremden Wohn- oder Arbeitsbereich und findet sich z. B. in den Anforderung an den Luft- und Trittschallschutz von Decken unter Bad und WC in DIN 4109-1:2018-01, Tabelle 2 Zeile 10. Zur Klarstellung heißt es dort ergänzend in einer Bemerkung:

> Die Anforderung an die Trittschalldämmung gilt für die Trittschallübertragung in fremde Aufenthaltsräume in alle Schallausbreitungsrichtungen.

Es geht also nicht um die Trittschallübertragung in einen darunterliegenden anderen Sanitärraum, sondern um die Übertragung in schutzbedürftige fremde Aufenthaltsräume (horizontale oder diagonale Übertragung).

Die in Tabelle 2 Zeile 10 genannte Anforderung an die Luftschalldämmung einer Decke unter einem Bad oder WC entspricht der Anforderung an Wohnungstrenndecken unter einem schutzbedürftigen Raum. Allerdings werden an den Trittschallschutz dieser Decke mit $L'_{n,w} \leq 53$ dB geringere Anforderungen gestellt als bei Wohnungstrenndecken. So darf hier kritisch gefragt werden, ob mit Hinblick auf den Mindestschallschutz und die in der Einleitung von DIN 4109-1 deklarierten Schutzziele dieser Norm der Trittschall aus solchen Räumen weniger lästig wahrgenommen wird als aus Räumen, bei denen für die Wohnungstrenndecke als Anforderung $L'_{n,w} \leq 50$ dB festgelegt wurde.

In Abschnitt 4 der DIN 4109-1 werden in Tabelle 1 die kennzeichnenden Größen für die Anforderungen genannt. Diese Tabelle wird hier als Tabelle 3.9 dargestellt.

Tabelle 3.9: DIN 4109-1, Tabelle 1 – Kennzeichnende Größen für die Anforderungen an die Luft- und Trittschalldämmung und an die zulässigen Schalldruckpegel

Spalte	**1**	**2**	**3**	
			Kennzeichnende Größe für	
Zeile	**Bauteile**[a]	**Berücksichtigte Schallübertragung**	**Luftschall-dämmung** dB	**Trittschall-dämmung** dB
1	Wände	über das trennende und die flankierenden Bauteile sowie gegebenenfalls über Nebenwege[b]	R'_w	–
2	Decken		R'_w	$L'_{n,w}$
3	Treppen		–	$L'_{n,w}$
4	Türen[c]	nur über die Tür	R_w	–
5	Gebäudetechnische Anlagen, einschließlich Wasserinstallationen		Maximaler Norm-Schalldruckpegel $L_{AF,max,n}$ nach DIN 4109-4	
6	Baulich verbundene Gewerbebetriebe (für die Nachtzeit gilt der Pegel der lautesten Stunde)		Beurteilungspegel L_r nach DIN 45645-1 bzw. TA Lärm, zusätzlich ist der maximale Norm-Schalldruckpegel $L_{AF,max,n}$ zu ermitteln.	

a Im betriebsfertigen Zustand.
b Schallnebenwege, z. B. durch Kabelschotts, Installations- und Kabelkanäle in Massiv- und Installationswänden.
c Nach DIN 4109-2 muss ein Sicherheitsbeiwert von 5 dB berücksichtigt werden.

Quelle: [41]

Entsprechend dem Anforderungskonzept der DIN 4109 richten sich die Anforderungen mit den Größen R'_w und $L'_{n,w}$ an die Schalldämmung der Trennbauteile (Decken, Wände), die in dieser Tabelle auch als von der Anforderung betroffene Bauteile genannt werden. Aufgrund früherer schlechter Erfahrungen im Umgang mit diesen Größen findet sich zu diesen „bauteilbezogenen" Größen in dieser Tabelle folgende klarstellende Formulierung:

Berücksichtigte Schallübertragung: über das trennende und die flankierenden Bauteile sowie gegebenenfalls über Nebenwege

HINWEIS

Die Festlegung, dass die Anforderungen an Bauteile (Decken, Wände) gestellt werden, die Anforderungsgrößen R'_w und $L'_{n,w}$ aber immer den Schallschutz zwischen zwei Räumen beschreiben, führt immer noch und immer wieder zu Unklarheiten.

Unklarheiten ergeben sich dann auch aus der Zuordnung der Anforderungen zu den gemeinten Bauteilen. Beispielsweise bezieht sich die in DIN 4109-1:2018-01, Tabelle 2 Zeile 4 gestellte Anforderung an den Trittschallschutz einer „Decke über Kellern, Hausfluren, Treppenräumen unter Aufenthaltsräumen" nach Meinung der Autoren auch auf den Trittschallschutz bei Anregung des Kellerbodens oder auch des Bodens einer Tiefgarage und der entsprechenden Trittschallübertragung in den darüber liegenden Aufenthaltsraum.

Kennzeichnende Größe für den Luftschallschutz zwischen Räumen ist das bewertete Bau-Schalldämm-Maß R'_w. Das gilt aber nicht uneingeschränkt, da in DIN 4109-1 in Abschnitt 4 eine Sonderregelung enthalten ist. Ist die gemeinsame Trennfläche zwischen den Räumen nämlich kleiner als 10 m² oder gibt es keine gemeinsame Trennfläche (z. B. bei diagonalen Übertragungssituationen), ist im rechnerischen Nachweis des Schallschutzes anstelle des bewerteten Bau-Schalldämm-Maßes die bewertete Norm-Schallpegeldifferenz $D_{n,w}$ mit den in den Tabellen genannten Anforderungswerten für R'_w nachzuweisen.

Hintergrund für diese Festlegung ist der in 3.2.1.2 beschriebene Zusammenhang zwischen Bau-Schalldämm-Maß und Trennfläche, aus dem sich bei sehr kleinen Trennflächen sowohl im rechnerischen als auch im messtechnischen Nachweis unverhältnismäßig hohe Werte für die Schalldämm-Maße R_w (nicht R'_w) der an der Übertragung beteiligten Bauteile ergeben, damit die Anforderung an R'_w erfüllt werden kann. Dieses Dilemma ist nicht etwa eine Unzulänglichkeit des rechnerischen Nachweisverfahrens, sondern ergibt sich aus den Besonderheiten der gewählten Anforderungsgröße R'_w (siehe hierzu 3.2.1.1 und 3.2.1.2). Im rechnerischen Nachweis lässt sich das aus der Berechnung von direkter und flankierender Übertragung ableiten, im messtechnischen Nachweis aus der Tatsache, dass durch den Wegfall der Regelung für $S < 10\ m^2$ in DIN EN ISO 16283-1:2014-06 [109] das bewertete Bau-Schalldämm-Maß zwischen Räumen mit kleiner gemeinsamer Trennfläche deutlich unter der Schallpegeldifferenz bzw. Norm-Schallpegeldifferenz liegt. Die frühere Regelung für $S < 10\ m^2$ mit $S = \max(S \text{ und } V/7{,}5\ m^3)$ wurde durch die Änderung A1 im April 2018 allerdings wieder in die überarbeitete Messnorm DIN EN ISO 16283-1: 2018-04 [110] aufgenommen.

Abschnitt 4 der DIN 4109-1 enthält noch folgenden Passus:

> Trittschallmindernde, leicht austauschbare Bodenbeläge (z. B. weichfedernde Bodenbeläge nach DIN 4109-34:2016-07, Tabelle 2, sowie schwimmend verlegte Parkett- und Laminatbeläge) dürfen beim Nachweis im Wohnungsbau nicht angerechnet werden.

Diese Regelung fand sich so auch in DIN 4109:1989 und soll auch weiterhin angewendet werden. Es gab schon damals kritischen Anmerkungen von Sälzer [231], der auf die Vorteile von dicken Stahlbetondecken mit Verbundestrich und trittschallmindernden Bodenbelägen in zentral verwalteten Wohnanlagen (Studenten- oder Altenwohnheime) hinwies. Dem wurde allerdings nicht Rechnung getragen, obwohl in solchen Wohnanlagen ein weichfedernder Bodenbelag einen ausreichenden und kostengünstigen Trittschallschutz sicherstellt und sicher nicht einfach ausgetauscht wird.

3.3.2 Anforderungen an die Schalldämmung in Mehrfamilienhäusern, Bürogebäuden und gemischt genutzten Gebäuden

Als die Überarbeitung der DIN 4109:1989 anlässlich der europäischen Normung in die Wege geleitet wurde, sollten anfänglich die Anforderungen der DIN 4109 davon unberührt bleiben. Als im Normenausschuss zu DIN 4109 die Umstellung der Anforderungen auf die so genannten nachhallzeitbezogenen Größen beschlossen wurde (siehe Normentwurf zu DIN 4109-2:2006), wurde gleichzeitig festgelegt, dass damit „keine wesentliche Änderung" des Anforderungsniveaus erfolgen soll. Eine grundsätzliche Auseinandersetzung, inwiefern die Anforderungen der DIN 4109:1989 noch berechtigt sind, war also nicht vorgesehen. Dieser Beschluss des Normenausschusses hätte 6 oder 7 Jahre nach Erscheinen von DIN 4109:1989 möglicherweise noch mit einem gewissen Verständnis rechnen können, war aber, nachdem die Veröffentlichung einer neuen DIN 4109 sich Jahr um Jahr verschoben hatte, spätestens beim Normentwurf von 2013 und 24 Jahre nach Erscheinen der letzten Version, der Öffentlichkeit nicht mehr plausibel vermittelbar. Abgesehen von einigen wenigen Änderungen der Anforderungen beharrte eine Mehrheit des Normenausschusses auf der alten Beschlusslage, so dass die Anforderungen der DIN 4109-1:2016 im Großen und Ganzen mit denjenigen von 1989 identisch sind. Immerhin mussten dann als Ergebnis einer Schlichtungsverhandlung die Anforderungen von DIN 4109-1:2016 in „Mindestanforderungen" umbenannt werden.

Da sich in DIN 4109-1:2018 in einigen wenigen Bereichen Änderungen gegenüber DIN 4109-1:2016 ergeben haben, wird in den folgenden Ausführungen stets auf die Ausgabe von 2018 Bezug genommen. Während in DIN 4109:1989 alle Anforderungen an die Luft- und Trittschaldämmung für alle Nutzungsbereiche noch in einer einzigen umfangreichen Tabelle enthalten waren, hat DIN 4109-1 eine Aufteilung dieser Anforderungen entsprechend den unterschiedlichen Nutzungsbereichen vorgenommen. In Tabelle 2 der DIN 4109-1 sind die Anforderungen an die Schalldämmung in Mehrfamilienhäusern, Bürogebäuden und gemischt genutzten Gebäuden dargestellt. Da die Anforderungen aus DIN 4109:1989 „im Wesentlichen" in DIN 4109-1 übernommen wurden, sollen nachfolgend vor allem die Änderungen behandelt werden.

Grundsätzlich ist beim Vergleich der alten und neuen Anforderungen zu beachten, dass in DIN 4109:1989 die Anforderungswerte mit „erf. R'_w" für die Luftschalldämmung und mit „erf. $L'_{n,w}$" für die Trittschalldämmung gekennzeichnet wurden. Die Formulierung der Anforderung lautete somit z. B. „erf. R'_w = 53 dB". Diese eindeutige und praktikable Bezeichnung wurde in DIN 4109-1 nicht übernommen. Stattdessen heißt es nun in jeder Zeile und Spalte der Anforderungstabellen für die Luftschalldämmung „≥" und für die Trittschalldämmung „≤". Beispielsweise sagt dann DIN 4109-1, wenn es um den Trittschall geht: „Im Falle von baulichen Änderungen von vor 1. Juli 2016 fertiggestellten Gebäuden liegt die Anforderung bei $L'_{n,w} \leq 53$ dB." Mit dieser Schreibweise soll zum Ausdruck gebracht werden, dass es sich jeweils um Unter- bzw. Obergrenzen im Sinne von Mindestanforderungen handelt, die aber zu „besseren" Werten hin angepasst werden können.

Decken

Für Decken ergeben sich gegenüber DIN 4109:1989 die in Tabelle 3.10 dargestellten Änderungen:

Tabelle 3.10: Änderungen in DIN 4109-1:2018 gegenüber DIN 4109:1989 bei Anforderungen an die Luft- und Trittschalldämmung von Decken in Mehrfamilienhäusern, Bürogebäuden und gemischt genutzten Gebäuden

Bauteil	Anforderung DIN 4109:1989	Anforderung DIN 4109-1:2018
Decken unter Dachräumen	erf. $L'_{n,w}$ = 53 dB	$L'_{n,w} \leq 52$ dB
– Wohnungstrenndecken – Decken über Kellern – Decken über Durchfahrten – Decken unter Terrassen und Loggien – Decken und Treppen innerhalb von Wohnungen – Decken unter Hausfluren	erf. $L'_{n,w}$ = 53 dB	$L'_{n,w} \leq 50$ dB
Balkone	–	$L'_{n,w} \leq 58$ dB
Wohnungstrenndecken bei Gebäuden mit nicht mehr als zwei Wohnungen	erf. R'_{w} = 52 dB	$R'_{w} \geq 54$ dB

Unverändert blieben die Anforderungen an den Luftschallschutz der Wohnungstrenndecken mit $R'_{w} \geq 54$ dB. Nicht geändert haben sich auch die Anforderungen an den Luftschallschutz von sonstigen Decken mit Ausnahme der Gebäude mit nicht mehr als zwei Wohnungen. Diese verminderte Anforderung war ursprünglich für die in den 1980er Jahren aufgrund steuerlicher Vorteile im Einfamilienhaus errichtete so genannte „Einliegerwohnung" vorgesehen, wurde zunehmend aber auf Wohngebäude mit zwei vollwertigen Wohnungen angewendet, was nicht den ursprünglichen Intentionen entsprach. Da derartige „Einliegerwohnungen" inzwischen nicht mehr sehr häufig sind, wurde die Sonderregelung gestrichen. Für Wohngebäude mit nur zwei Wohnungen wird gegenüber Häusern mit mehr als zwei Wohnungen üblicherweise ein höherer Schallschutz erwartet, so dass verminderte Anforderungen hier nicht mehr angebracht sind. Zu diesem Thema hat das DEGA-Memorandum BR 0101 schon 2005 Stellung bezogen und klargestellt, dass „in Gebäuden mit nicht mehr als zwei Wohnungen (außer Einfamilienhäuser mit Einliegerwohnungen) ... dieselben Anforderungen an die Luft- und Trittschalldämmung der Bauteile wie in anderen Mehrfamilienhäusern mit mehreren Wohnungen" gelten.

Nicht geändert haben sich auch die Anforderungen an den Trittschallschutz von Trenndecken zwischen fremden Arbeitsräumen, Decken unter Spiel- oder Gemeinschaftsräumen, Decken unter Laubengängen und Decken unter Bad und WC. Die wesentliche Änderung bei den Decken ergibt sich durch die Erhöhung der Anforderungen an die Wohnungstrenndecken von erf. $L'_{n,w}$ = 53 dB auf $L'_{n,w} \leq 50$ dB. Diese höhere Anforderung lässt sich mit den im Massivbau üblichen schwimmenden Estrichen begründen, die bei mängelfreier Ausführung zu deutlich geringeren Norm-Trittschallpegeln führen, so dass der neue Anforderungswert unter üblichen Bedingungen unproblematisch eingehalten werden kann.

Allerdings führte diese in DIN 4109-1:2016 vorgenommene Erhöhung der Anforderungen an den Trittschallschutz von Trenndecken dazu, dass der rechnerische Nachweis des ausreichenden Trittschallschutzes nach DIN 4109-2 für viele gebräuchliche Holzbalkendeckenkonstruktionen nicht mehr möglich war. Deshalb wurden nach sehr kontroversen Diskussionen und einem Schlichtungsverfahren die Anforderungen an Wohnungstrenndecken in DIN 4109-1:2018, Tabelle 2, Zeile 2 durch eine Fußnote b ergänzt, in welcher die Anforderungen an solche Decken, die dem Bauteilkatalog in DIN 4109-33 (Holz-, Leicht- und Trockenbau) zuzuordnen sind, auf $L'_{n,w} \leq 53$ dB vermindert werden. Diese Fußnote soll allerdings zeitlich begrenzt gelten, bis entsprechende Lösungen erarbeitet und in DIN 4109-33 aufgenommen wurden. Es wird davon ausgegangen, dass diese ergänzenden Lösungen spätestens bis zur ersten anstehenden Überprüfung der DIN 4109-1 im Jahr 2021 zur Verfügung stehen. Sollte das entgegen den derzeitigen Absichten nicht der Fall sein, dann würde diese Sonderregelung gemäß einem Beschluss im Normenausschuss dennoch entfallen. Inwieweit sich die in der Einleitung der DIN 4109-1 formulierten Schutzziele (Gesundheitsschutz, Schutz vor unzumutbaren Belästigungen, ...) durch Anforderungen, die von der Bauweise abhängen, plausibel wiedergeben lassen, muss kritisch hinterfragt werden.

Da bei wesentlichen baulichen Änderungen in einem Bestandsgebäude bauaufsichtlich der Mindestschallschutz der aktuellen DIN 4109 nachzuweisen ist, wurde im Normenausschuss befürchtet, dass die um 3 dB höheren Anforderungen der neuen DIN 4109-1:2016 bei Umbauten zu erheblichen Mehrkosten führen können. Deshalb wurde in DIN 4109-1:2018 durch die Fußnote a die Anforderung bei baulichen Veränderungen für Gebäude mit einem Fertigstellungsdatum vor dem 01.07.2016 auf $L'_{n,w} \leq 53$ dB festgelegt.

Balkone

Neu in die DIN 4109-1:2018 aufgenommen wurden Trittschallanforderungen an Balkone mit $L'_{n,w} \leq 58$ dB. Weder in DIN 4109:89 noch in DIN 4109-1:2016-07 waren bislang solche Anforderungen zu finden. Allerdings kann auch hier auf Sälzer [231] verwiesen werden, der bereits im Kommentar zur DIN 4109:89 forderte, dass an den Trittschall von Balkonen Anforderungen gestellt werden und dafür die gleichen Werte wie für Terrassen und Loggien anzusetzen sind. Nun wird in DIN 4109-1:2018 für Balkone $L'_{n,w} < 58$ dB, für Terrassen und Loggien jedoch wie für Wohnungstrenndecken $L'_{n,w} \leq 50$ dB gefordert. Mit den heute sehr individuell erstellten Grundrissen bei mehrgeschossigen Wohnhäusern verwischen sich allerdings die Unterschiede zwischen einem Balkon, einer Loggia und einer Terrasse immer mehr, wie auch auf nachfolgendem Foto eines Neubaus zu erkennen ist.

Während der Architekt alle Außenbereiche in Bild 3.10 mit „Balkon" bezeichnet hat, entsprechen einige dieser Bereiche der Definition einer Loggia. Diese wird im Duden als „nicht oder kaum vorspringender, nach der Außenseite hin offener, überdachter Raum im (Ober)geschoss eines Hauses" beschrieben, so dass eigentlich die deutlich höheren Anforderungen an den Trittschallschutz von Loggien nachzuweisen wären.

Quelle: Autoren

Bild 3.10: Foto eines Mehrfamilienhauses mit Balkonen und/oder Loggien

MERKE

Außenbereiche wie Balkone, Loggien oder Terrassen werden zeitlich begrenzt genutzt. Nach Meinung der Autoren ist deshalb ein gegenüber Wohnungstrenndecken verminderter Trittschallschutz dieser Bauteile vertretbar. Allerdings sollte für alle solche Bauteile unabhängig von ihrer Benennung der gleiche Anforderungswert gelten, z. B. $L'_{n,w} \leq 53$ dB.

Blessing zeigt in [232], dass der für Balkone in DIN 4109:2018 geforderte Wert von $L'_{n,w} \leq 58$ dB aufgrund der erforderlichen thermischen Trennung des Balkons von der Wohnungstrenndecke auch ohne zusätzliche Bodenaufbauten auf dem Balkon eingehalten werden kann. Norm-Trittschallpegel im Bereich von $L'_{n,w} = 50$ dB werden dann auf den Balkonen mit üblichen Bodenaufbauten (z. B. Gehwegplatten im Splittbett auf Gummigranulatmatten) erreicht.

Wände

Für Wände ergaben sich gegenüber DIN 4109:1989 die in Tabelle 3.11 genannten Änderungen.

Tabelle 3.11: Änderungen in DIN 4109-1:2018 gegenüber DIN 4109:1989 bei Anforderungen an die Luftschalldämmung von Wänden in Mehrfamilienhäusern, Bürogebäuden und gemischt genutzten Gebäuden

Bauteil	Anforderung DIN 4109:1989	Anforderung DIN 4109-1:2018
Treppenraumwände	erf. $R'_w = 52$ dB	$R'_w \geq 53$ dB
Schachtwände von Aufzugsanlagen	–	$R'_w \geq 57$ dB

Kaum geändert haben sich die Anforderungen an den Luftschallschutz von Wänden. Insbesondere der bei Wohnungstrennwänden unveränderte Wert mit $R'_w \geq 53$ dB hat schon bei den Einsprüchen zum Normentwurf von 2013 zu Kritik geführt, da damit nahezu unverändert seit über 70 Jahren dasselbe Anforderungsniveau beibehalten wird (siehe dazu [178] und [169]). Eine Ausnahme sind die Treppenraumwände, für die die Anforderung um 1 dB angehoben wurde und die Anforderung nun wie bei den Wohnungstrennwänden $R'_w \geq 53$ dB beträgt. Befindet sich in der Treppenraumwand eine Tür, so ergibt sich das erforderliche bewertete Bau-Schalldämm-Maß der Treppenraumwand entsprechend der Bemerkung in DIN 4109-1:2018, Tabelle 2, Zeile 14 aus dem erforderlichen Schalldämm-Maß der Tür mit einem Zuschlag von 15 dB: $R'_{w\,(Wand)} = R_{w\,(Tür)} + 15$ dB. Gemäß den Gepflogenheiten der DIN 4109-1 bei der Schreibweise der Anforderungen hätte es allerdings auch hier $R'_{w\,(Wand)} \geq R_{w\,(Tür)} + 15$ dB heißen müssen. Diese Regelung soll eine Überdimensionierung der die Türe umgebenden Wand vermeiden, zumal es sich in der Regel um eher kleine Wandflächen handelt und die maßgebliche Schallübertragung über die Tür erfolgt. Die Anforderung an eine Wohnungseingangstür, die in den Flur oder eine Diele führt, beträgt nach DIN 4109-1:2018, Tabelle 2, Zeile 18 $R_w = 27$ dB. Damit ergibt sich für diesen Teil der Treppenhauswand ein erforderliches bewertetes Bau-Schalldämm-Maß von $R'_w \geq 42$ dB, so dass dieser Teil der Wand prinzipiell deutlich schlanker dimensioniert werden könnte, was aus baupraktischen Gründen allerdings eher unwahrscheinlich ist.

Neu sind die Anforderungen an den Luftschallschutz der Schachtwände von Aufzugsanlagen, die an Aufenthaltsräume grenzen. Das geforderte bewertete Bau-Schalldämm-Maß von $R'_w \geq 57$ dB entspricht dabei in etwa dem Schalldämm-Maß, das sich aus der in VDI 2566-2 (Schallschutz bei Aufzugsanlagen ohne Triebwerksraum) [119] geforderten flächenbezogenen Masse der Schachtwand von $m' = 580$ kg/m^2 ergibt. Unabhängig von dieser Anforderung an die Schachtwand gelten für Geräusche von Aufzugsanlagen aber stets die Anforderungen an die maximalen A-bewerteten Norm-Schalldruckpegel nach DIN 4109-1 Tabelle 9. Die (zusätzliche) Anforderung an die Schachtwand gleicht vom Charakter den Anforderungen an die Luft- und Trittschalldämmung von Bauteilen zwischen „besonders lauten" und schutzbedürftigen Räumen, wie sie in Tabelle 8 der DIN 4109-1 formuliert werden und die ebenfalls nur eine „unterstützende" Funktion haben. Mit einer flächenbezogenen Masse von 580 kg/m^2 sind bei heute üblichen Aufzugsanlagen erfahrungsgemäß die Anforderungen von $L_{AF,max,n} \leq 30$ dB einzuhalten.

Treppen

Anforderungen an den Trittschallschutz von Treppen wurden erstmals in DIN 4109:1989 formuliert. Noch in DIN 4109:1962 [23] wurden lediglich für Decken über Hausfluren und Treppenräumen Anforderungen an die Trittschalldämmung gestellt. Dafür galt (2 Jahre nach Fertigstellung des Gebäudes) $L'_{n,w}$ = 63 dB. Für die Treppen selbst gab es keine Anforderungen. Dazu hieß es in [233]:

> Der ausreichende Trittschallschutz von Treppen stellt bisher noch ein unzureichend gelöstes Problem dar. Ein Großteil von Beschwerden geht auf zu starke Trittschallübertragungen aus dem Treppenhausbereich in zu schützende Räume zurück. Das Problem war bereits 1962 bei der Fassung der DIN 4109 „Schallschutz im Hochbau" bekannt. In Blatt 5 wurden unter Ziffer 2.4.5 „Treppen" Empfehlungen aufgenommen, wie die Verwendung von schwimmenden Estrichen unter den Podestbelägen, die Anordnung der Treppenläufe mit Abstand von der Wand unter Zwischenschaltung von Dämmstreifen an der Konsolauflage, oder die Verwendung weicher Gehbeläge.

Zur Überarbeitung der DIN 4109, noch vor dem ersten Normentwurf 1979 schrieb Gösele 1976 in [220] zum Schallschutz von Treppen:

> Eine solche Erweiterung bei Treppen ... war dringend nötig, da die Trittgeräusche von Treppen zu den meist beanstandeten Störgeräuschen in Wohnhäusern gehören, und darüber, was man als noch tragbar oder als gut bezeichnen kann, keine Richtwerte existieren.

Für den Trittschall von Decken wurde schon damals eine deutliche Verbesserung um 10 dB, also $L'_{n,w}$ = 53 dB, ins Auge gefasst. Bezüglich des Trittschalls von Treppen heißt es in [220] weiter:

> Die hier genannten Anforderungen werden künftig auch an den Trittschallschutz von Treppen gestellt werden. ... Es ist offensichtlich, dass hier erst neue Techniken angewandt werden müssen, um den Anforderungen zu genügen. Ein solches Vorgehen ist nur dadurch zu rechtfertigen, dass einerseits Treppengeräusche zu den meistgenannten Geräuschstörungen in Häusern gehören, und andererseits die mögliche Weiterentwicklung bisher unterblieben ist. Sie soll dadurch in Gang gesetzt werden.

Bemerkenswert ist an dieser Feststellung, dass für die erstmals für Treppen vorgesehenen neuen Regelungen gleich dasselbe Schallschutzniveau wie für Decken, und zwar auf dem deutlich angehobenen Niveau von $L'_{n,w}$ = 53 dB angesetzt wurde. Bemerkenswert ist darüber hinaus, dass die Probleme bei der Realisierung dieser Anforderungen gesehen wurden, diese aber ganz bewusst in Kauf genommen wurden, um eine für den Schallschutz notwendige technische Entwicklung in Gang zu setzen. Im Werdegang der jetzigen DIN 4109:2016 hätte man eine solche Äußerung als „Ketzerei" bezeichnet.

Im Normentwurf 1979 [11) wurden dann tatsächlich auch in Tabelle 1/Zeile 7 für „Treppen, Treppenpodeste und Fußböden von Hausfluren" die vorgesehenen Anforderungen mit $L'_{n,w}$ = 53 dB festgelegt. Diese mutige Vorgabe wurde aber nicht durchgehalten. Der Normentwurf 1984 [15] verzichtete nun wieder auf Anforderungen an Treppen, da man sich über die wirtschaftliche Erfüllbarkeit dieser Anforderung nicht sicher war. In Tabelle 1/Zeile 10 wurden Treppen und Treppenpodeste zwar aufgeführt, allerdings nur mit folgender Fußnote: „ Wegen des höheren Aufwandes keine Mindestanforderungen; es wird aber empfohlen, ein TSM von 10 dB [das entspricht $L'_{n,w}$ = 53 dB wie bei den Decken] anzustreben."

Diese Entwicklung zeigt in exemplarischer Weise die unterschiedlichen Interessen bei der Formulierung von Schallschutzanforderungen und das Dilemma der DIN 4109 zwischen den Notwendigkeiten des Schallschutzes und den geltend gemachten wirtschaftlichen Bedürfnissen. Sieht man die weitere Entwicklung aus heutiger Sicht, dann muss man feststellen, dass die technische Weiterentwicklung zumindest für Teile der Baustoffindustrie aus Wettbewerbsgründen eine so starke Motivation ist, dass über die (Mindest-) Anforderungen der DIN 4109 hinausgehende technische Lösungen gesucht und gefunden werden, die eine wesentliche Verbesserung des Schallschutzes ermöglichen – und selbstverständlich auch wirtschaftlich sind. So ist die von Gösele in [220] angemahnte „Weiterentwicklung" durchaus in Gang gekommen. Seit dem Normentwurf von 1979 setzte eine Reihe von Untersuchungen und Entwicklungen ein [233], [234], [235], die letzten Endes zum heute erreichten technischen Stand führten. Die Anwendung entkoppelter Treppen- und Podestlager ist heute Stand der Technik und wird als übliche (und erforderliche) Maßnahme betrachtet. Die Einhaltung der 1979 geforderten Werte (und weit darüber hinaus) ist heute mit geeigneten Lösungen ohne weiteres möglich.

Während DIN 4109:1989 entgegen den Absichten des Normentwurfs 1984 dann doch noch Anforderungen an Treppen formulierte, mit $L'_{n,w}$ = 58 dB dann aber um 5 dB höher als bei den Decken und im Normentwurf 1979, wurden die Mindestanforderungen in DIN 4109-1:2016 tatsächlich auf die 1979 geforderten 53 dB gebracht. Allerdings sind diese Anforderungen immer noch nicht identisch mit dem für Decken geforderten Mindestschallschutz, der in DIN 4109-1 von 53 dB auf 50 dB verbessert wurde.

Zur Trittschalldämmung von Massivtreppenläufen und -podesten in Mehrfamilienhäusern hat sich auch das DEGA-Memorandum BR 0101 [147] geäußert und nimmt zu den „allgemein anerkannte Regel der Technik für den mindestens erreichbaren Schallschutz" folgendermaßen Stellung:

> Die trittschallgedämmte Ausführung von massiven Treppenläufen und -podesten in Mehrfamilienhäusern hat sich seit vielen Jahren bewährt und durchgesetzt und entspricht nach Auffassung des Fachausschusses der DEGA den anerkannten Regeln der Technik. Mit dieser Ausführung lässt sich ein bewerteter Norm-Trittschallpegel von $L'_{n,w} \leq 53$ dB sicher erreichen.

Zur trittschalldämmenden Ausführung werden im Memorandum elastisch gelagerte oder mit Entkopplungselementen befestigte Treppenläufe oder -podeste mit umlaufender Trennung, schwimmend verlegte Gehbeläge, schwimmende Estriche auf Podesten oder weich federnde Bodenbeläge gezählt.

Türen

Für Wohnungseingangstüren ergaben sich gegenüber DIN 4109:1989 keine Änderungen. Wenn eine Tür von einem Hausflur oder Treppenraum unmittelbar in einen Aufenthaltsraum führt, muss sie wie schon zuvor ein Schalldämm-Maß $R_w \geq 37$ dB aufweisen. Entsprechend der zuvor genannten Regelung für Treppenraumwände muss die Wand dann der Anforderung $R'_w \geq 37$ dB + 15 dB = 52 dB genügen. Die resultierende Schalldämmung liegt dann entsprechend den Flächenanteilen von Wand und Tür erkennbar unter diesem Wert. Damit bleibt der tatsächliche Schallschutz zwischen Hausflur oder Treppenraum und Aufenthaltsraum weiter deutlich hinter dem Schallschutz zwischen Wohnungen ($R'_w \geq 53$ dB) zurück. Diese geringeren Werte sind vor allem den Türen geschuldet, deren Technik trotz umlaufender, dicht schließender und z. T. doppelter Dichtungen meist keine höhere Schalldämmung bei einer noch handhabbaren Ausführung zulassen. Störungen durch Geräusche aus dem Treppenhaus könnten allerdings deutlich vermindert werden, wenn, wie in manchen anderen europäischen Ländern üblich, Anforderungen an die Höhe der äquivalenten Schallabsorptionsfläche im Treppenhaus gestellt werden. Dort könnten mit entsprechenden zusätzlichen Absorptionsflächen die Störschallpegel in den bislang häufig sehr halligen Treppenhäusern deutlich gesenkt werden.

Bei Türen muss ein Sicherheitsbeiwert von 5 dB berücksichtigt werden, was in diesem Fall dem Vorhaltemaß in DIN 4109:1989 entspricht.

3.3.3 Anforderungen zwischen Einfamilien-Reihenhäusern und zwischen Einfamilien-Doppelhäusern

Anforderungen an den Schallschutz bei Reihen- und Doppelhäusern werden in DIN 4109-1 in Abschnitt 5.2 behandelt und mit Anforderungswerten in der dortigen Tabelle 3 versehen. Die unklare Kommasetzung in der Überschrift dieses Abschnitts („*Anforderungen zwischen Einfamilien-, Reihenhäusern und zwischen Doppelhäusern*“) bzw. die dann für denselben Sachverhalt gewählte Tabellenüberschrift zu Tabelle 3 („*Anforderungen zwischen Einfamilien-Reihenhäusern und zwischen Doppelhäusern*“) kann verwirren. Gemeint sind „Einfamilien-Reihenhäuser und Einfamilien-Doppelhäuser“, wie es korrekterweise schon in DIN 4109:1989 geheißen hatte. Nicht gemeint sind Einfamilienhäuser oder auch Doppelhäuser mit mehreren Wohneinheiten. Dies sollte bei einer Überarbeitung korrigiert werden.

Dass in DIN 4109-1 genauso wie schon zuvor in DIN 4109:1989 für Einfamilien-Reihenhäuser und Einfamilien-Doppelhäuser andere, nämlich höhere Schallschutzanforderungen als für Mehrfamilienhäuser gestellt werden, hat in DIN 4109 Tradition und wird weitgehend als gegeben akzeptiert. Mit Hinblick auf die schon im Titel der Norm deklarierten Mindestanforderungen und die dafür in der Einleitung genannten Schallschutzziele darf aber durchaus kritisch hinterfragt werden, weshalb für dieselben Ziele (vor allem Gesundheitsschutz) bei Reihen- und Doppelhäusern deutlich höhere Anforderungen benötigt werden. Immer wieder werden in Normungskreisen als Begründung für die höheren Anforderungen die vermeintlich wesentlich niedrigeren Grundgeräuschpegel und die „höhere Erwartungshaltung“ der Bewohner genannt. Beide Argumente sind nicht stichhaltig, wenn es um die von DIN 4109-1 selbst deklarierten Schutzziele und die dafür vorgesehenen Anforderungen geht. Ausdrücklich wurden diese ja unter der Voraussetzung eines

Grundgeräuschpegels von 25 dB festgelegt. Da die Erwartungshaltung der Bewohner in den Schutzzielen der DIN 4109-1 keine Rolle spielt, kann sie ebenfalls nicht als Begründung herangezogen werden. Auch hier zeigt sich schlicht und einfach, dass die in der Einleitung von DIN 4109-1 genannten Schutzziele eher plakativ gemeint sind, in der Umsetzung weitgehend aber einer ernsthaften Überprüfung nicht standhalten. S. Blessing weist in Bezug auf den Normentwurf zu DIN 4109-1 von 2013 darauf hin, dass lediglich die in der Regel größere Trennfläche zwischen Reihen- und Doppelhäusern gegenüber Wohnungstrennwänden in Mehrfamilienhäusern einen höheren R'_w-Wert rechtfertigen könnten. Die Trennfläche sei jedoch selten mehr als doppelt so groß, weshalb eine Anhebung um max. 3 dB zu rechtfertigen wäre. Einen anderen Weg hat hier die Klassifizierung im DEGA-Schallschutzausweis [148] gewählt. Dort geht es um Schallschutzqualitäten unabhängig von der Bauart eines Wohngebäudes. Da Reihen- und Doppelhäuser aufgrund der konstruktiven Voraussetzungen (zweischalige Haustrennwand) per se einen höheren Schallschutz aufweisen, können sie auch einer besseren Schallschutzklasse zugeordnet werden. Die real vorhandene höhere Qualität ist unmittelbar erkennbar. DIN 4109-1 dagegen attestiert den Reihen- und Doppelhäusern trotz des gegenüber Mehrfamilienhäusern deutlich höheren Schallschutzniveaus lediglich einen Mindestschallschutz.

Wie Tabelle 3.12 zeigt, haben sich für Einfamilien-Reihenhäuser und Einfamilien-Doppelhäuser die Anforderungen sowohl an den Luftschallschutz als auch an den Trittschallschutz zum Teil deutlich erhöht.

Die Erhöhung der Anforderungen bei den Haustrennwänden ergab sich durch den Wechsel von der einschaligen zur zweischalige Ausführung der Haustrennwände in den 1970er Jahren. Mit dieser, schon zum Zeitpunkt des Erscheinens der alten DIN 4109:89 als allgemein anerkannte Regel der Technik geltenden Konstruktion können gegenüber den Anforderungen in DIN 4109:1989 (erf. $R'_w = 57$ dB) deutlich höhere Schalldämm-Maße zwischen den Gebäuden realisiert werden. Im DEGA-Memorandum BR 0101 wurde 2005 und in der überarbeiteten Version 2011 [147] hierzu Stellung genommen.

Tabelle 3.12: Änderungen in DIN 4109-1:2018 gegenüber DIN 4109:1989 bei Anforderungen an die Luft- und Trittschalldämmung von Einfamilien-Reihenhäusern und Einfamilien-Doppelhäusern

Bauteil	Anforderung DIN 4109:1989	Anforderung DIN 4109-1:2018
Decken Bodenplatte über Erdreich	erf. $L'_{n,w} = 48$ dB (erf. $L'_{n,w} = 48$ dB)[a]	$L'_{n,w} \leq 41$ dB $L'_{n,w} \leq 46$ dB
Treppen	erf. $L'_{n,w} = 53$ dB	$L'_{n,w} \leq 46$ dB
Wände Wände im untersten Geschoss	erf. $R'_w = 57$ dB (erf. $R'_w = 57$ dB)[a]	$R'_w \geq 62$ dB $R'_w \geq 59$ dB

a Nach Beiblatt 1 zu DIN 4109:1989 wird beim Nachweis für zweischalige Haustrennwände vorausgesetzt, dass sich ein schutzbedürftiger Raum nicht im untersten Geschoss befindet und die Trennfuge unter dem untersten schutzbedürftigen Raum noch bis zum Fundament durchgeht.

Während die Frage unterkellert/nicht unterkellert für DIN 4109:1989 keine Rolle spielte, da generell von unterkellerten Gebäuden ausgegangen wurde und schutzbedürftige Räume (wie z. B. in der bildlichen Darstellung in Beiblatt 1 zu DIN 4109:1989, Bild 1 erkennbar) erst im EG angesiedelt wurden, geht das DEGA-Memorandum auf den bezüglich der Unterkellerung eingetretenen Wandel der Bauausführung ein und unterscheidet zwischen unterkellerter und nicht unterkellerter Ausführung. Deshalb werden Bau-Schalldämm-Maße von $R'_{w} = 62$ dB für unterkellerte Gebäude und von $R'_{w} = 60$ dB für nicht unterkellerte Gebäude genannt, die bei zweischaliger Ausführung mindestens zu erreichen sind, um den anerkannten Regeln der Technik zu entsprechen.

Auch für DIN 4109-1 wurde bei den Anforderungen eine Differenzierung entsprechend der Lage eines schutzbedürftigen Raumes vorgenommen. Allerdings wählte man dafür nicht die Bezeichnung unterkellert/nicht unterkellert, sondern traf die Unterscheidung mit folgenden Formulierungen:

- Haustrennwände zu Aufenthaltsräumen, die im untersten Geschoss (erdberührt oder nicht) eines Gebäudes gelegen sind: $R'_{w} \geq 59$ dB
- Haustrennwände zu Aufenthaltsräumen, unter denen mindestens 1 Geschoss (erdberührt oder nicht) des Gebäudes vorhanden ist: $R'_{w} \geq 62$ dB

Das ist allerdings nicht eine etwas andere sprachliche Formulierung desselben Sachverhaltes, sondern beinhaltet eine erweiterte Geltung der Differenzierung. Unterkellerte oder nicht unterkellerte Gebäude sind damit auch gemeint. Es sind aber auch solche Situationen gemeint, bei denen zwar eine gemeinsame (in der Regel durchgehende) Bodenplatte im untersten Geschoss vorhanden ist, die aber nicht zwangsläufig erdberührt sein muss, sondern z. B. auch über einer gemeinsamen Tiefgaragenanlage verlaufen kann. Eigentliches Kriterium der Unterscheidung ist also die Lage der schutzbedürftigen Räume zur Bodenplatte, die als Körperschallbrücke zu verstärkter Schallübertragung führt und die erreichbare Schalldämmung für Räume direkt über der Platte verschlechtert. Aus den gewählten Formulierungen ergibt sich z. B., dass auch bei nicht unterkellerten Gebäuden in den oberen Stockwerken ein Schalldämm-Maß von $R'_{w} \geq 62$ dB gefordert wird, da dort der Einfluss der verstärkten Körperschallübertragung vernachlässigt werden kann.

Bei kostengünstigen Reihenhäusern wird auf einen Keller verzichtet und die Bodenplatte durchbetoniert. Um bei solchen Konstruktionen weiterhin sehr leichtes Mauerwerk (z. B. Poren- oder Leichtbetonmauerwerk) als Trennwand einsetzen zu können, wurde der im DEGA-Memorandum vorgeschlagene Wert in DIN 4109-1 von 60 dB auf 59 dB vermindert. Mit Hinblick auf den Mindestschallschutz, der laut Einleitung der DIN 4109-1 ja den dort genannten Schutzzielen dienen soll, ist es überraschend, dass diese Schutzziele einmal mit $R'_{w} \geq 59$ dB und das andere Mal mit $R'_{w} \geq 62$ dB erreicht werden. Auch ist es aus Sicht des Schallschutzes unverständlich, dass Mindestanforderungen, die ja den genannten Schutzzielen dienen sollen, von der konstruktiven Ausführung des Gebäudes bzw. der Lage eines schutzbedürftigen Raumes im Gebäude abhängen sollen.

Die Anforderungswerte für den Trittschallschutz der Decken wurden abgesenkt. Anstelle der alten Anforderung $L'_{n,w} = 48$ dB gilt nun $L'_{n,w} \leq 46$ dB für „Bodenplatte auf Erdreich bzw. Decke über Kellergeschoss“ und $L'_{n,w} \leq 41$ für Decken. Damit ist das Schallschutzniveau insgesamt höher als in DIN 4109:1989. Irritierend ist, dass in Zusammenhang mit der „Bodenplatte auf Erdreich“ (also nicht unterkellertes Gebäude) auch die „Decke über

Kellergeschoss“ mit denselben Anforderungen genannt wird. Das würde man so verstehen, dass unter einer solchen Decke noch ein Kellergeschoss liegt, so dass (zumindest ohne weitere Erläuterung, die es hier aber nicht gibt) nicht erkennbar ist, weshalb dafür dieselbe Trittschalldämmung wie für die darunterliegende Bodenplatte angesetzt werden soll.

Auch bei den nicht unterkellerten Gebäuden ist meistens ein schwimmender Estrich zum Erreichen des geforderten Trittschallschutzes notwendig.

Die Anforderungen an den Trittschallschutz der Treppen wurden deutlich erhöht. Statt $L'_{n,w} = 53$ dB gilt nun $L'_{n,w} \leq 46$ dB. In der Vergangenheit kam es bei Reihen- und Doppelhäusern mit zweischaligen Haustrennwänden immer wieder zu Beschwerden bezüglich des Trittschallschutzes von Treppen, auch wenn die bewerteten Norm-Trittschallpegel deutlich unter den neuen Anforderungen lagen. Ursache ist meistens die Übertragung tiefer Frequenzen, die bei Anregung der Leichtbautreppen (z. B. durch springende Kinder) in dem benachbarten Gebäude bei den vorgefundenen geringen Hintergrundgeräuschpegeln deutlich wahrnehmbar sind. Hier kann durch eine entsprechende Grundrissplanung sowie mit Treppen, die elastisch vom Baukörper entkoppelt und nicht an der Haustrennwand befestigt sind, Beschwerden vorgebeugt werden.

3.4 Anforderungen an die Luft- und Trittschalldämmung in Nichtwohngebäuden

Im Gegensatz zu anderen Regelwerken wie VDI 4100 oder DEGA-Schallschutzausweis behandelt DIN 4109-1 nicht nur den Wohnungsbau, sondern legt auch Anforderungen für andere Gebäude fest, die hier als Nichtwohngebäude bezeichnet werden. Dazu gehören Hotels und Beherbergungsstätten, Krankenhäuser und Sanatorien sowie Schulen und vergleichbare Einrichtungen. Gegenüber der früheren Darstellung der Anforderungen in Tabelle 3 der DIN 4109:1989 sind nun die unterschiedlichen Geltungsbereiche in eigenen Abschnitten untergebracht, so dass die Darstellung wesentlich übersichtlicher geworden ist.

Hotels und Beherbergungsstätten

In Abschnitt 6.1 behandelt DIN 4109-1 die Anforderungen an Hotels und Beherbergungsstätten. Die Anforderungen an die Luft- und Trittschalldämmung solcher Gebäude werden in Tabelle 4 genannt, die hier als Tabelle 3.13 wiedergegeben wird.

Tabelle 3.13: DIN 4109-1, Tabelle 4 – Anforderungen an die Luft- und Trittschalldämmung in Hotels und Beherbergungsstätten

Spalte	1	2	3	4	5
Zeile		Bauteile	Anforderungen R'_w dB	Anforderungen $L'_{n,w}$ dB	Bemerkungen
1	Decken	Decken, einschl. Decken unter Fluren	≥ 54	≤ 50	Die Anforderung an die Trittschalldämmung gilt für die Trittschallübertragung in Aufenthaltsräume in alle Schallausbreitungsrichtungen.
2		Decken unter/über Schwimmbädern, Spiel- oder ähnlichen Gemeinschaftsräumen zum Schutz gegenüber Schlafräumen	≥ 55	≤ 46	Wegen verstärkten tieffrequenten Schalls können zusätzliche Maßnahmen zur Körperschalldämmung erforderlich sein.
3		Decken unter Bad und WC ohne/mit Bodenentwässerung	≥ 54	≤ 53	Die Anforderung an die Trittschalldämmung gilt für die Trittschallübertragung in Aufenthaltsräume in alle Schallausbreitungsrichtungen.
4	Treppen	Treppenläufe und -podeste	–	≤ 58	Keine Anforderungen an Treppenläufe und Zwischenpodeste in Gebäuden mit Aufzug.
5	Wände	Wände zwischen Übernachtungsräumen sowie Fluren und Übernachtungsräumen	≥ 47	–	Gilt auch für Trennwände mit Türen zwischen fremden Übernachtungsräumen ($R'_{w,res}$).
6	Türen	Türen zwischen Fluren und Übernachtungsräumen	≥ 32	–	Bei Türen gilt R_w nach Tabelle 1 – siehe auch Tabelle 1, Fußnote c.

Quelle: [41]

Im Großen und Ganzen hat sich bei den Anforderungen für Hotels und Beherbergungsstätten gegenüber der DIN 4109:1989 wenig geändert. Jedoch wurden die Anforderungen an den Trittschallschutz von Decken von erf. $L'_{n,w} = 53$ dB auf $L'_{n,w} \leq 50$ dB erhöht, was den veränderten Anforderungen für Decken im Geschosswohnungsbau entspricht. Dass nun auch ein ausreichender Luftschallschutz der Decke zwischen einem Flur und einem darunter liegenden schützenswerten Raum gefordert wird, ist begrüßenswert. Diese Anforderung wird allerdings meist schon aufgrund einer geschossweise durchgängigen Konstruktion erfüllt.

Die sehr geringe Anforderung an Treppenläufe und Podeste aus DIN 4109:1989 mit $L'_{n,w}$ = 58 dB wurde beibehalten. Dass weiterhin keine Anforderungen an Treppenläufe und Treppenpodeste bei Gebäuden mit Aufzug gestellt werden, ist aus heutiger Sicht nicht mehr nachvollziehbar, da inzwischen (unter anderem aufgrund der Empfehlungen von Ärzten) viele Menschen aus gesundheitlichen Gründen die Treppe anstelle eines Aufzuges benutzen. Ein Hotelzimmer neben einem Treppenhaus mit den geringen Anforderungen der DIN 4109-1 (falls kein Aufzug vorhanden ist) bzw. ganz ohne Trittschallschutz (falls es einen Aufzug gibt) ist eigentlich undenkbar. Hier ist Nachbesserungsbedarf angezeigt.

Die wichtigste Anforderung in Hotels ist der Luftschallschutz der Wände zwischen den Übernachtungsräumen. Dieser blieb gegenüber DIN 4109:1989 mit $R'_w \geq 47$ dB unverändert und deckt wie bereits von Sälzer im Kommentar zur DIN 4109:1989 bemerkt „... nur den absolut niedrigsten Komfortbereich ab“ [231]. Wenn Türen in Wänden zwischen Übernachtungsräumen vorgesehen sind, ist die entsprechende Bemerkung in Zeile 5 Spalte 5 der Anforderungstabelle zu berücksichtigen: „Gilt auch für Trennwände mit Türen zwischen fremden Übernachtungsräumen ($R'_{w,res}$)“. Der Anforderungswert $R'_w \geq 47$ dB bezieht sich auf die resultierende Schalldämmung des zusammengesetzten Bauteils. Wie in diesem Fall mit den unterschiedlichen Sicherheitsbeiwerten für die Schalldämmung von Wänden (u_{prog} = 2 dB) und Türen (u_{prog} = 5 dB) umgegangen werden soll, wird (bis jetzt) in DIN 4109-2 nicht geregelt. Eine Behandlung dieses Themas und ein Vorschlag zur Vorgehensweise finden sich in 4.1.6.

Nicht zu vergessen ist, dass auch dem Schutz vor Geräuschen der Sanitärinstallation und anderer gebäudetechnischer Anlagen in Hotels und Beherbergungsstätten eine wichtige Rolle zukommt. Immer wieder kommt es hier zu erheblichen Störungen. Einzuhalten sind die Anforderungen nach DIN 4109-1 Tabelle 9.

Nicht explizit angesprochen werden in DIN 4109-1 (genauso wenig wie in DIN 4109:1989) „Seniorenheime“, die deshalb sinngemäß einer zutreffenden Nutzungssituation in den Anforderungstabellen der DIN 4109-1 zuzuordnen sind. Eine Zuordnung zu den Anforderungen in DIN 4109-1 Tabelle 4 würde bedeuten, dass solche Einrichtungen Hotels und Beherbergungsstätten gleichgesetzt werden. Das wäre jedoch eine unzutreffende und die legitimen Schutzansprüche der Bewohner grob verfehlende Festlegung. Im Gegensatz zu Hotelgästen bewohnen die Bewohner von Seniorenheimen ihre Räumlichkeiten langfristig. Sie haben für sie die gleiche Funktion wie eine eigene Wohnung in einem Wohngebäude und die Schutzziele sollten deshalb dieselben sein. Es sind deshalb nicht die Anforderungen an Hotels und Beherbergungsstätten aus DIN 4109-1 Tabelle 4 heranzuziehen, sondern diejenigen an Wohngebäude in DIN 4109-1 Tabelle 2.

Krankenhäuser und Sanatorien

In Abschnitt 6.2 behandelt DIN 4109-1 die Anforderungen an Krankenhäuser und Sanatorien. Die Anforderungen an die Luft- und Trittschalldämmung solcher Gebäude werden in Tabelle 5 genannt, die hier als Tabelle 3.14 wiedergegeben wird.

Tabelle 3.14: DIN 4109-1, Tabelle 5 – Anforderungen an die Luft- und Trittschalldämmung zwischen Räumen in Krankenhäusern und Sanatorien

Spalte	1	2	3	4	5
Zeile		**Bauteile**	**Anforderungen** R'_{w} dB	 $L'_{n,w}$ dB	**Bemerkungen**
1	**Decken**	Decken, einschl. Decken unter Fluren	≥ 54	≤ 53	Die Anforderung an die Trittschalldämmung gilt für die Trittschallübertragung in fremde Aufenthaltsräume in alle Schallausbreitungsrichtungen.
2		Decken unter/über Schwimmbädern, Spiel- oder ähnlichen Gemeinschaftsräumen	≥ 55	≤ 46	Wegen verstärkten Entstehens tieffrequenten Schalls können zusätzliche Maßnahmen zur Körperschalldämmung erforderlich sein.
3		Decken unter Bädern und WCs ohne/mit Bodenentwässerung	≥ 54	≤ 53	Die Anforderung an die Trittschalldämmung gilt für die Trittschallübertragung in fremde Aufenthaltsräume in alle Schallausbreitungsrichtungen.
4	**Treppen**	Treppenläufe und -podeste	–	≤ 58	Keine Anforderungen an Treppenläufe und Zwischenpodeste in Gebäuden mit Aufzug.
5	**Wände**	Wände zwischen – Krankenräumen, – Fluren und Krankenräumen, – Untersuchungs- bzw. Sprechzimmern, – Fluren und Untersuchungs- bzw. Sprechzimmern, – Krankenräumen und Arbeits- und Pflegeräumen.	≥ 47	-	

Spalte	1	2	3	4	5
			Anforderungen		
Zeile		Bauteile	R'_w dB	$L'_{n,w}$ dB	Bemerkungen
6		Wände zwischen Räumen mit Anforderungen an erhöhtes Ruhebedürfnis und besondere Vertraulichkeit (Diskretion)	≥ 52	–	
7		Wände zwischen – Operations- bzw. Behandlungsräumen, – Fluren und Operations- bzw. Behandlungsräumen	≥ 42	–	
8		Wände zwischen – Räumen der Intensivpflege, – Fluren und Räumen der Intensivpflege	≥ 37	–	
9	Türen	Türen zwischen – Untersuchungs- bzw. Sprechzimmern, – Fluren und Untersuchungs- bzw. Sprechzimmern	≥ 37	–	Bei Türen gilt R_w nach Tabelle 1 – siehe auch Tabelle 1, Fußnote c
10		Türen zwischen Räumen mit Anforderungen an erhöhtes Ruhebedürfnis und besondere Vertraulichkeit (Diskretion)	≥ 37	–	
11		Türen zwischen – Fluren und Krankenräumen, – Operations- bzw. Behandlungsräumen, – Fluren und Operations- bzw. Behandlungsräumen	≥ 32	–	

Quelle: [41]

In Krankenhäusern finden sich viele unterschiedliche Funktionsbereiche mit sehr verschiedenen Ansprüchen an den benötigten Schallschutz. Aus diesem Grund sind, wie es Tabelle 3.14 zeigt, die Anforderungen vor allem bei den Wänden sehr differenziert formuliert. Gegenüber DIN 4109:1989 hat sich auch hier kaum etwas verändert. Neu hinzugekommen sind mit $R'_w \geq 52$ dB Anforderungen an Wände zwischen Räumen mit Anforderungen an ein erhöhtes Ruhebedürfnis und besonderer Vertraulichkeit (Diskretion). Für solche Räume wird konsequenterweise auch eine höhere Schalldämmung der Türen ($R_w \geq 37$ dB) gefordert. Dass weiterhin keine Anforderungen an den Trittschallschutz von Treppen und Treppenpodesten in Gebäuden mit Aufzug (gibt es überhaupt noch Krankenhäuser bzw. Sanatorien ohne Aufzug?) gestellt werden, ist unverständlich. Ein Verzicht auf einen Mindest-Trittschallschutz zwischen den besonders nachts durch das Personal genutzten Treppenhäusern und angrenzenden Krankenräumen ist nicht zu vertreten.

Schulen und vergleichbare Einrichtungen

In Abschnitt 6.3 behandelt DIN 4109-1 die Anforderungen an Schulen und vergleichbare Einrichtungen. Die Anforderungen an die Luft- und Trittschalldämmung solcher Gebäude werden in Tabelle 6 genannt, die hier als Tabelle 3.15 wiedergegeben wird.

Was unter „vergleichbare Einrichtungen" zu verstehen ist, beantwortet DIN 4109-1 beispielhaft, aber nicht vollständig, an verschiedenen Stellen. So werden bei den Begriffserläuterungen in Abschnitt 3.16 „Unterrichtsräume in Schulen, Hochschulen und ähnlichen Einrichtungen" genannt. Im Titel des Abschnitts 6.3 heißt es erläuternd „z. B. Ausbildungsstätten". Damit werden trotz gewisser Unterschiede mehr oder weniger gleichartige Nutzungskonzepte angesprochen. Das schlägt sich auch in der Formulierung der Anforderungen nieder, wo stets von „Unterrichtsräumen oder ähnlichen Räumen" die Rede ist. Anders zu beurteilen ist das allerdings, wenn es in einer Anmerkung zur Anforderungstabelle 6 (hier Tabelle 3.15) heißt: „Zu den vergleichbaren Einrichtungen gehören beispielsweise öffentliche Kindertagesstätten". Diese Gleichsetzung von Kindertagesstätten mit „Schulen und vergleichbaren Einrichtungen" hat zu heftiger Kritik geführt. Es wird berechtigterweise darauf hingewiesen, dass die für Schulen geltenden Kriterien nicht einfach auf Kindertagesstätten übertragen werden können, da dort in der Regel ganz andere Betreuungskonzepte zu erfüllen sind und die gestellten Anforderungen an die Luftschalldämmung die Errichtung solcher Einrichtungen in Bestandsgebäuden erschweren bis unmöglich machen. Kindertagesstätten sollten nicht als mit Schulen vergleichbare Einrichtungen betrachtet werden. Die Anforderungen für Schulen sollten für solche Einrichtungen nur dann angewendet werden, wenn es sich um ausdrücklich für Unterrichtszwecke genutzte Räume handelt.

Tabelle 3.15: DIN 4109-1, Tabelle 6 – Anforderungen an die Luft- und Trittschalldämmung in Schulen und vergleichbaren Einrichtungen

Spalte	**1**	**2**	**3**	**4**	**5**
Zeile		**Bauteile**	**Anforderungen** R'_w dB	$L'_{n,w}$ dB	**Bemerkungen**
1	**Decken**	Decken zwischen Unterrichtsräumen oder ähnlichen Räumen/Decken unter Fluren	≥ 55	≤ 53	Die Anforderung an die Trittschalldämmung gilt für die Trittschallübertragung in Aufenthaltsräumen in alle Schallausbreitungsrichtungen. Zu ähnlichen Räumen gehören auch solche Räume mit erhöhtem Ruhebedürfnis, z. B. Schlafräume.
2		Decken zwischen Unterrichtsräumen oder ähnlichen Räumen und „lauten" Räumen (z. B. Speiseräume, Cafeterien, Musikräume, Spielräume, Technikzentralen)	≥ 55	≤ 46	Wegen der verstärkten Übertragung tiefer Frequenzen können zusätzlich Maßnahmen zur Körperschalldämmung erforderlich sein.
3		Decken zwischen Unterrichtsräumen oder ähnlichen Räumen und z. B. Sporthallen, Werkräumen	≥ 60	≤ 46	
4	**Wände**	Wände zwischen Unterrichtsräumen oder ähnlichen Räumen untereinander und zu Fluren	≥ 47	–	Zu ähnlichen Räumen gehören auch solche Räume mit erhöhtem Ruhebedürfnis, z. B. Schlafräume.
5		Wände zwischen Unterrichtsräumen oder ähnlichen Räumen und Treppenhäusern	≥ 52	–	

Spalte	1	2	3	4	5
Zeile		Bauteile	Anforderungen R'_w dB	$L'_{n,w}$ dB	Bemerkungen
6		Wände zwischen Unterrichtsräumen oder ähnlichen Räumen und „lauten“ Räumen (z. B. Speiseräume, Cafeterien, Musikräume, Spielräume, Technikzentralen)	≥ 55	–	
7		Wände zwischen Unterrichtsräumen oder ähnlichen Räumen und z. B. Sporthallen, Werkräumen	≥ 60	–	
8	**Türen**	Türen zwischen Unterrichtsräumen oder ähnlichen Räumen und Fluren	≥ 32		Bei Türen gilt R_w nach Tabelle 1 – siehe auch Tabelle 1, Fußnote c.
9		Türen zwischen Unterrichtsräumen oder ähnlichen Räumen untereinander	≥ 37		
ANMERKUNG Zu den vergleichbaren Einrichtungen gehören beispielsweise öffentliche Kindertagesstätten.					

Quelle: [41]

Auch für Schulen und vergleichbare Einrichtungen hat DIN 4109-1 die Anforderungen der DIN 4109:1989 nahezu direkt übernommen. Neu hinzugekommen sind die Zeile 3 und die Zeile 7 in Tabelle 6 mit Anforderungen an die Luft- und Trittschalldämmung der Decken ($R'_w \geq 60$ dB, $L'_{n,w} \leq 46$ dB) bzw. an Wände ($R'_w \geq 60$ dB) zwischen Unterrichtsräumen und besonders lauten Räumen wie Sporthallen und Werkräumen. Warum jedoch zwischen diesen Räumen für Wände und Decken der gleiche Wert gefordert wird, während zwischen Unterrichtsräumen bei den Wänden gegenüber den Decken 8 dB weniger gefordert werden, ist unklar. In der alten DIN 4109:89 wurde aufgrund der sehr unterschiedlichen Trennflächen (Decken ca. 50 m^2 bis 70 m^2 $R'_w \geq 55$ dB, Wände ca. 15 m^2 bis 20 m^2 $R'_w \geq 47$ dB) mit den unterschiedlichen Anforderungen an das bewertete Bau-Schalldämm-Maß ein vergleichbarer Schallschutz im Sinne einer gleichen Pegeldifferenz zwischen den verschiedenen Raumzuordnungen hergestellt. Mit den neuen Anforderungswerten stellt sich allerdings die Frage, ob dieses Kriterium im Normenausschuss überhaupt beachtet wurde.

Weiter hinzugekommen sind Anforderungen an den Schallschutz von Türen zwischen Unterrichtsräumen mit $R_w \geq 37$ dB. Jedem Planer sollte klar sein, dass durch solch eine Tür in Wänden zwischen Unterrichtsräumen der resultierende Schallschutz der Wand vermindert wird. Wird z. B. für die Wand ($R'_w \geq 47$ dB) eine Fläche von 15 m^2 und für die Tür ($R_w \geq 37$ dB) eine Fläche von 2 m^2 angesetzt, dann verringert sich die resultierende Schalldämmung um ca. 3 dB auf $R'_w \geq 44$ dB. Allerdings werden solche Türen immer wieder aus brandschutztechnischen Gründen gefordert.

Weiterhin fehlt in Schulen der Trittschallschutz von Treppen und Treppenpodesten.

3.5 Anforderungen an die Luftschalldämmung von Außenbauteilen

3.5.1 Festlegung der Anforderungen an den Außenlärm

Vermehrt wird in lärmbelasteten Gebieten gebaut, so dass der Schutz der Bewohner gegenüber Außenlärm immer mehr an Bedeutung gewinnt. Der Schallschutz der Außenbauteile ist deshalb schon in der Planungsphase in geeigneter Art und Weise auszulegen. Die Anforderungen der DIN 4109 zum Schutz vor Außenlärm werden nicht direkt an einzuhaltende Innenraumpegel, sondern in Abhängigkeit vom Außenlärmpegel an das gesamte bewertete Bau-Schalldämm-Maß $R'_{w,ges}$ der Außenbauteile gestellt. Gleichwohl sollen sich mit den so definierten Anforderungen Innenraumpegel einstellen, die den Schutzzielen der DIN 4109 (Gesundheitsschutz, Schutz vor unzumutbaren Belästigungen, ...) entsprechen. Abhängig von der Raumart ergeben sich unterschiedlich hohe Anforderungen. Um den gewünschten Schallschutz sicherzustellen, ist der maßgebliche Außenlärmpegel vor der jeweiligen Fassadenfläche zu bestimmen, die erforderliche Schalldämmung dieser Fassadenfläche entsprechend DIN 4109-1 festzulegen und mittels Rechenverfahren nach DIN 4109-2:2018-1 der geforderte Schallschutz nachzuweisen.

Vergleicht man die Regelungen für die Anforderungen an den Außenlärm in DIN 4109:1989 und DIN 4109-1:2018, dann sieht man, dass der grundsätzliche Ansatz beibehalten wurde: Ein maßgeblicher Außenlärmpegel ist Ausgangspunkt für die Ermittlung des Anforderungswertes für die Schalldämmung der Außenbauteile, wobei noch eine „Korrektur" hinsichtlich der Gesamtfläche des Außenbauteils und der Grundfläche des Empfangsraumes vorzunehmen ist. In DIN 4109:1989 wurde das noch vollständig über tabellarische Darstellungen festgelegt. Tabelle 8 enthielt die Zuordnung von Lärmpegelbereichen und maßgeblichen Außenlärmpegeln und lieferte für die entsprechenden Raumarten die erforderlichen bewerteten Bau-Schalldämm-Maße für die Außenbauteile. Zu diesen war dann noch eine Flächenkorrektur zu addieren, deren Werte aus Tabelle 9 entnommen werden konnten. In DIN 4109-1:2016 wurde die Darstellung der Anforderungswerte in tabellarischer Form beibehalten (nun als Tabelle 7). Es entfiel aber die tabellarische Darstellung der Flächenkorrektur. Stattdessen wurde nun der Korrekturwert K_{AL} (AL für **A**ußen**l**ärm) definiert, der zwar dieselbe Flächenkorrektur wie in DIN 4109:1989 meint, diese aber nun durch Berechnung gemäß DIN 4109-2, Gleichung (33) ermittelt:

$$K_{AL} = 10 \lg\left(\frac{S_S}{0{,}8 \cdot S_G}\right) \text{ dB} \qquad (3.6)$$

mit

S_s die vom Raum aus gesehene gesamte Fassadenfläche, in m^2;

S_G die Grundfläche des Raumes, in m^2.

Mit dieser „Korrektur" wird, wie in 4.4.1 erläutert wird, das bewertete Bau-Schalldämm-Maß der Außenbauteile auf eine bewertete Standard-Schallpegeldifferenz $D_{nT,w}$ umgerechnet, ohne dass das in DIN 4109 jemals explizit erwähnt worden wäre. „Leitgröße" für den Luftschallschutz soll in DIN 4109 eben das Bau-Schalldämm-Maß R'_w bleiben, auch wenn es (wie in diesem Fall) als Zielgröße de facto gar nicht verwendet wird. Die rechnerische Ermittlung von K_{AL} nach dieser Gleichung hat den Vorteil, dass keine Interpolation der zuvor tabellarisch gegebenen Werte mehr erforderlich ist.

Eine weitere Änderung wurde in DIN 4109-1:2018 vorgenommen. Nun werden auch die Anforderungswerte für das gesamte bewertete Bau-Schalldämm-Maß $R'_{w,ges}$ der Außenbauteile nicht mehr tabellarisch (zuvor Tabelle 7 in DIN 4109-1:2016) dargestellt, sondern ebenfalls rechnerisch ermittelt. Unter Berücksichtigung der unterschiedlichen Raumarten (Bettenräume, Aufenthaltsräume und Büroräume) ergibt sich diese Größe aus dem maßgeblichen Außenlärmpegel L_a nun nach folgender Gleichung

$$R'_{w,ges} = L_a - K_{Raumart} \text{ dB} \tag{3.7}$$

Dabei ist $K_{Raumart}$ ein Korrekturwert in dB, der dafür sorgt, dass die Anforderungen für unterschiedliche Räume entsprechend dem dafür erforderlichen Schutzniveau festgelegt werden können. Es gilt dafür

- $K_{Raumart} = 25$ dB für Bettenräume in Krankenanstalten und Sanatorien;
- $K_{Raumart} = 30$ dB für Aufenthaltsräume in Wohnungen, Übernachtungsräume in Beherbergungsstätten, Unterrichtsräume und Ähnliches;
- $K_{Raumart} = 35$ dB für Büroräume und Ähnliches.

Damit konnte die ehemals umfangreiche tabellarische Darstellung der Anforderungswerte durch eine einfache rechnerische Beziehung ersetzt werden. Diese nutzungsbezogene Korrektur führt wieder zur Abstufung der Schallschutzniveaus von 5 dB zwischen unterschiedlichen Raumarten, die zuvor schon in den Tabellen der DIN 4109:1989 und DIN 4109-1:2016 vorgegeben war. Auch wenn mit dieser neuen Vorgehensweise das Schallschutzniveau aus DIN 4109:1989 nicht generell geändert werden sollte, werden sich im Einzelfall etwas andere Anforderungswerte für die Schalldämmung der Außenbauteile ergeben. Das liegt daran, dass die zuvor grobe tabellarische Einteilung der Lärmpegelbereiche in 5-dB-Stufen durch die dB-genaue Berechnung nach Gl. (3.7) ersetzt wurde. Dadurch vermindert sich im Mittel die Anforderung an die Bauteile um 2,5 dB, da innerhalb des Lärmpegelbereichs bislang ein gestufter und damit höherer Schallschutz gefordert wurde. Allerdings entspricht der Anforderungswert der tatsächlich vorhandenen Außenlärmbelastung und eine „Überdimensionierung" des geplanten Außenlärmschutzes und damit Mehrkosten, wie sie bislang aufgrund der 5-dB-Stufung möglich waren, werden verhindert.

Sofern in bestimmten Fällen statt der maßgeblichen Außenlärmpegel L_a nur Lärmpegelbereiche vorliegen, kann der für die Berechnung nach Gl. (3.7) benötigte maßgebliche Außenlärmpegel gemäß nachfolgender Tabelle 3.16 ermittelt werden, die der Tabelle 7 in

DIN 4109-1:2018 entspricht. Nur in diesem Fall ergibt sich dann noch die bisherige Abstufung von $R'_{w,ges}$ in 5-dB-Stufen.

Tabelle 3.16: DIN 4109-1, Tabelle 7 – Zuordnung zwischen Lärmpegelbereichen und maßgeblichem Außenlärmpegel

Spalte	1	2
Zeile	Lärmpegelbereich	maßgeblicher Außenlärmpegel L_a dB
1	I	55
2	II	60
3	III	65
4	IV	70
5	V	75
6	VI	80
7	VII	> 80[a]

a Für maßgebliche Außenlärmpegel $L_a > 80$ dB sind die Anforderungen aufgrund der örtlichen Gegebenheiten festzulegen.

Quelle: [41]

Für die unterschiedlichen Raumarten sind in Tabelle 3.17 die Bestimmungsgleichungen und die Mindestwerte des gesamten bewerteten Bau-Schalldämm-Maßes $R'_{w,ges}$ angegeben.

Tabelle 3.17: Bestimmungsgleichungen und Mindestwerte für das gesamte bewertete Bau-Schalldämm-Maß $R'_{w,ges}$ von Außenbauteilen für verschiedene Raumarten

Raumart	Bestimmung von $R'_{w,ges}$ nach Gl. (3.7)	Mindestwert für $R'_{w,ges}$
Bettenräume in Krankenanstalten und Sanatorien	$R'_{w,ges} = L_a - 25$ dB	$R'_{w,ges} \geq 35$ dB
Aufenthaltsräume in Wohnungen, Übernachtungsräume in Beherbergungsstätten, Unterrichtsräume und Ähnliches	$R'_{w,ges} = L_a - 30$ dB	$R'_{w,ges} \geq 30$ dB
Büroräume und Ähnliches	$R'_{w,ges} = L_a - 35$ dB	–

Mit den angegebenen Mindestwerten des Schalldämm-Maßes wird auch bei geringer Außenlärmbelastung (z. B. aufgrund eines geringen Verkehrsaufkommens) ein Mindestschallschutz gegenüber jeglicher Art von Außenlärm sichergestellt. Dieser Mindestwert muss nachgewiesen werden, er wird aber z. B. im Wohnungsbau mit üblichen Baukonstruktionen (dicht schließende Fenster mit Isolierverglasung, übliches Mauerwerk oder auch Außenwandkonstruktion in Leichtbauweise) sicher erreicht. Allerdings zeigen z. B. Messungen der Norm-Schallpegeldifferenz von dezentralen Lüftungseinrichtungen im Prüfstand, dass diese teilweise eine so geringe Schalldämmung aufweisen, dass der Mindestwert für die Schalldämmung des Außenbauteils in Verbindung mit manchen Geräten (Einrohrlüftungssystem) gerade noch eingehalten wird [236].

Der Mindestwert von $R'_{w,ges} \geq 30$ dB ist auch (zusammen mit dem umgebenden Bauteil) für Wohnungseingangstüren, die direkt in Aufenthaltsräume führen, unter Berücksichtigung des Sicherheitsbeiwertes von 5 dB für Türen, einzuhalten. Wie in diesem Fall mit den Sicherheitsbeiwerten umzugehen ist, wird in 4.1.6 behandelt.

Mit diesen neuen Regelungen kann nun auch der Schallschutznachweis komplett rechnerisch geführt werden. Für das im konkreten Fall tatsächlich einzuhaltende gesamte bewertete Bau-Schalldämm-Maß $R'_{w,ges}$ ergibt sich dann gemäß DIN 4109-2 im Rahmen des Nachweises

$$R'_{w,ges} - 2\,\text{dB} \geq \text{erf.}\,R'_{w,ges} + K_{AL} \quad \text{dB} \tag{3.8}$$

Der beim Nachweis und bei der Planung zu berücksichtigende Wert des gesamten bewerteten Bau-Schalldämm-Maßes $R'_{w,ges}$ auf der linken Seite dieser Gleichung wurde bereits mit dem erforderlichen Sicherheitsbeiwert ($u_{prog} = 2$ dB) versehen. Auf der rechten Seite der Gleichung steht der hier zur besseren Unterscheidbarkeit mit erf. $R'_{w,ges}$ bezeichnete Anforderungswert nach Gl. (3.7), der mit der Flächenkorrektur nach Gl. (3.6) korrigiert wurde.

Aus dem genannten Vorgehen ist erkennbar, dass die wirklichen Anforderungen an den Außenlärm nicht nach Gl. (3.7) gestellt werden, obwohl der dort beschriebene Zusammenhang in DIN 4109-1:2018 als „Anforderungen an die gesamten bewerteten Bau-Schalldämm-Maße $R'_{w,ges}$ der Außenbauteile von schutzbedürftigen Räumen" bezeichnet wird. Offensichtlich sind, wie z. B. die Berücksichtigung des Korrekturwertes K_{AL} in Gl. (3.8) zeigt, noch weitere Bedingungen zu berücksichtigen, die im konkreten Fall die tatsächliche Anforderung mitbestimmen.

Man könnte beim Außenlärm von „versteckten Anforderungen" reden, die nicht unmittelbar in DIN 4109-1 erkennbar sind, sondern sich erst bei der Berechnung nach DIN 4109-2 zeigen. Zu diesen „versteckten Anforderungen" gehört die Art und Weise der Ermittlung des maßgeblichen Außenlärmpegels L_a. Hier haben sich durch DIN 4109-1:2018 Änderungen ergeben, die im Einzelfall gegenüber der bisherigen Vorgehensweise zu größeren Unterschieden bei der Auslegung der Außenbauteile führen. Diese Festlegungen in DIN 4109-2 Abschnitt 4.4.5 (Festlegungen zur rechnerischen Ermittlung des maßgeblichen Außenlärmpegels) können die Höhe der Anforderungen an den Schallschutz gegenüber Außenlärm wesentlich bestimmen und werden hier deshalb zusammen mit DIN 4109-1 behandelt.

Neu ist, dass der maßgebliche Außenlärmpegel nun für den Tag (6.00 Uhr bis 22.00 Uhr) und die Nacht (22.00 Uhr bis 6.00 Uhr) aus den zugehörigen Beurteilungspegeln getrennt ermittelt werden muss. Bei den Werten für die Nacht ist bei Bedarf ein Zuschlag zur Berücksichtigung der erhöhten nächtlichen Störwirkung (größeres Schutzbedürfnis in der

Nacht) anzusetzen. Dieser gilt für Räume, die überwiegend zum Schlafen genutzt werden können. Für die Festlegung der Anforderungen wird die Lärmbelastung derjenigen Tageszeit herangezogen, die die höhere Anforderung ergibt.

Es gibt Außenlärmsituationen, bei welchen die Nachtpegel nicht wesentlich (ca. 10 dB) unter die Pegel am Tag fallen. Dieser Wert von 10 dB wird aber z. B. in der TA Lärm als Richtwert für die Differenz Tag – Nacht angegeben. Um einen ausreichenden Schutz der Bewohner beim Nachtschlaf sicherzustellen, wenn die Differenz zwischen Tag und Nacht geringer als 10 dB ist, wurde deshalb die zusätzliche Anforderung an den Nachtpegel gestellt.

Gegenüber DIN 4109:1989 ergeben sich daraus in DIN 4109-1:2018 in Verbindung mit DIN 4109-2:2018 folgende Änderungen:

- Berechnung des maßgeblichen Außenlärmpegels unter Berücksichtigung des Schutzes von Schlaf- bzw. Wohnräumen in der Nacht.
- Falls der zu beurteilende Pegel bei allen Lärmarten (Straßen-, Schienen-, Wasser- und Luftverkehr, Gewerbe- und Industrieanlagen) in der Nacht um weniger als 10 dB unter dem Pegel am Tag liegt, ist der Nachtpegel mit einem Zuschlag von 10 dB heranzuziehen.
- Alle zu ermittelnden Pegel für den Tag bzw. für die Nacht sind mit einem zusätzlichen Aufschlag von 3 dB zu versehen. In DIN 4109:1989 war der Gewerbelärm von diesem 3-dB-Zuschlag ausgenommen.

Der zur Bildung des maßgeblichen Außenlärmpegels erforderliche Zuschlag rührt nach [237] im Wesentlichen daher, dass das Schalldämm-Maß im Prüfstand im diffusen Schallfeld ermittelt wird, während beim Außenlärm in der Regel ein gerichteter Schalleinfall vorliegt. Abhängig vom Schalleinfallswinkel ist hierdurch das Schalldämm-Maß für den gerichteten Einfallswinkel gegenüber dem Diffusfeld um bis zu 6 dB geringer. Für eine typische Verkehrssituation mit einer Linienschallquelle ergibt sich eine Differenz aufgrund des gerichteten Schalleinfalls von 3 dB.

Die besondere Berücksichtigung des Schutzes des Nachtschlafes führt bei Nachtpegeln, die weniger als 10 dB unter den Tagpegeln liegen (häufig bei stark befahrenen Straßen bzw. Autobahnen und bei Bahnstrecken mit Güterverkehr), zu entsprechend höheren Anforderungen an den Schallschutz.

Die neuen Regelungen zum Schutz des Nachschlafes wurden schon in der Entwurfsphase kontrovers diskutiert. Im Einspruchsverfahren zum Normentwurf DIN 4109-1:2013 gab es sowohl Einsprüche, die eine Erhöhung unnötig fanden und eine Kostensteigerung des Bauens hierdurch befürchteten, als auch Einsprüche, die eine weitere Erhöhung der Anforderungen an den Außenlärm forderten. Für die im Juli 2016 erschienene DIN 4109 wurden in DIN 4109-1 und DIN 4109-2 für den Außenlärm die Festlegungen aus dem Normentwurf von 2013 beibehalten. Angesichts von Fragen, die kurzfristig nicht geklärt werden konnten, wurde im zuständigen Normungsgremium ein Arbeitsausschuss gegründet, der die Aufgabe hatte, die offenen Fragen eingehend zu behandeln und dazu rechnerische Untersuchungen durchzuführen. Die Ergebnisse dieser Arbeit flossen in die im Januar 2018 erschienenen Überarbeitungen DIN 4109-1:2018 und DIN 4109-2:2018 ein. Über die durchgeführten Arbeiten wird in [238] berichtet.

DIN 4109-2 behandelt in 4.4.5.7 auch das Vorgehen für den Fall, dass eine Geräuschbelastung von mehreren (gleich- oder verschiedenartigen) Quellen vorliegt. Nach Gl. (3.9) wird vorgesehen, dass der resultierende Außenlärmpegel $L_{a,res}$, jeweils getrennt für Tag und Nacht, durch energetische Addition aus den einzelnen maßgeblichen Außenlärmpegeln $L_{a,i}$ ermittelt wird:

$$L_{a,res} = 10 \lg \sum_{i=1}^{n} 10^{0,1 \cdot L_{a,i}} \text{ dB} \tag{3.9}$$

Unklar ist dabei, wie bei einer Mischung von Straßen-, Schienen- und Gewerbelärm mit unterschiedlichen Beurteilungspegeln für die Tag- und Nachtwerte zu verfahren ist. Es wird empfohlen, die verschiedenen Beurteilungspegel sowohl für die Tag- als auch für die Nachtzeit (mit Berücksichtigung der unterschiedlichen Zuschläge für die Nacht) getrennt energetisch zusammenzufassen und den höchsten Pegel dann zu beurteilen [239].

3.5.2 Behandlung von Schienenverkehrslärm in DIN 4109-1 und DIN 4109-2

Zu erheblichen und kontroversen Diskussionen haben die Festlegungen in DIN 4109-1:2018 für den Schienenverkehrslärm geführt. Auf die Hintergründe der Änderungen gegenüber der Fassung vom Juli 2016 wird in [238] ausführlich eingegangen.

In Abschnitt 4.4.5.3 der DIN 4109-2:2018 findet sich folgende neue Formulierung:

> Aufgrund der Frequenzzusammensetzung von Schienenverkehrsgeräuschen in Verbindung mit dem Frequenzspektrum der Schalldämm-Maße von Außenbauteilen ist der Beurteilungspegel für Schienenverkehr pauschal um 5 dB zu mindern.

Hintergrund für diese Regelung ist die Berücksichtigung der spektralen Zusammensetzung des Außenlärms und des Spektrums des Schalldämm-Maßes von Fenstern bei der Berechnung von Innenpegeln über Einzahlwerte (A-bewertete Schalldruckpegel beim maßgeblichen Außenlärmpegel und beim Innenpegel sowie bewertete Schalldämm-Maße bei den Außenbauteilen).

Die Anwendung des Abschlags für Schienenverkehr von 5 dB wird vor dem Hintergrund sich verändernder Außenlärmspektren und veränderter Verglasung (von der Zweifach- zur Dreifachverglasung) allerdings noch immer kontrovers diskutiert. Im Besonderen steht hier noch der Ausgang eines Schiedsverfahrens bei DIN zur Bestimmung des maßgeblichen Außenlärmpegels bei Schienenverkehrslärm aus. In der scharfen Kritik wird von den Einwendern davon ausgegangen, dass durch den oben genannten Abschlag in der DIN 4109 wieder der „Schienenbonus“ von 5 dB eingeführt werde, der in den Regelwerken des Schallimmissionsschutzes [138] abgeschafft worden war.

Berechnungen zu den Festlegungen für den Außenlärm in DIN 4109-1 und DIN 4109-2 mit einem Vergleich zu VDI 2719 [121] wurden von A. Meier [238] veröffentlicht. Dort wird auch auf den in VDI 2719 verwendeten Korrektursummanden K eingegangen, der bei der Rechnung mit Einzahlwerten die unterschiedlichen Spektren des Außenlärms und die damit sich ergebenden Innenraumpegel bei typischen Schalldämm-Maßen der Außenhülle adäquat abbilden soll. Dieser Korrektursummand hat dabei nichts zu tun mit dem inzwischen abgeschafften „Schienenbonus“, der die Unterschiede in der relativen Lästigkeit zwischen Schienen- und Straßenverkehrslärm berücksichtigen sollte. Eine umfangreiche Zusammenstellung von Forschungsergebnissen zur Wirkung von Schienen- und Straßenverkehrslärm findet sich z. B. bei [240].

Der Korrektursummand *K* ergibt sich aus den unterschiedlichen Geräuschspektren der Schallquellen und der frequenzabhängigen Schalldämmung der Außenbauteile. Er kann z. B. nach VDI 2719 ermittelt werden. Werte aus VDI 2719 enthält Tabelle 3.18.

Tabelle 3.18: Korrektursummand *K* nach VDI 2719 für verschiedene Verkehrsarten

Art des Verkehrs	Korrektursummand *K*
Bahnstrecke mit überwiegendem Personenverkehr	0 dB
übrige Bahnstrecken	3 dB
innerstädtische Straßen	6 dB
andere Straßen	3 dB
Verkehrsflughäfen	6 dB

Aufgrund der Berechnungen und Vergleiche mit VDI 2719 kommt Meier bezüglich der Änderung in DIN 4109-2:2018 in [238] zu folgendem Ergebnis:

> Berücksichtigung eines Spektrum-Anpassungswertes von 0 dB für Schienenverkehrsgeräusche statt 5 dB für Straßenverkehr, da diese aufgrund der spektralen Zusammensetzung von Außenlärm und Fassadenbauteilen immer noch gerechtfertigt erscheint. In der Folge ist bei der Ermittlung des maßgeblichen Schienenverkehrslärms ein Wert von 5 dB abzuziehen, da ein Spektrum-Anpassungswert von 5 dB in den Anforderungen nach DIN 4109-1 enthalten ist.

3.6 Anforderungen an Schalldruckpegel von gebäudetechnischen Anlagen und baulich mit dem Gebäude verbundenen Gewerbebetrieben

3.6.1 Einführung und Grundlagen

3.6.1.1 Gebäudetechnische Anlagen in der DIN 4109

Während in den Vorgängernormen der DIN 4109:2016 stets von „haustechnischen Anlagen“ die Rede war, spricht man in DIN 4109:2016 in allen Normteilen durchgängig von „gebäudetechnischen Anlagen“. Damit sollte eine Angleichung an den in anderen Regelwerken mittlerweile üblichen Sprachgebrauch vorgenommen werden.

Gebäudetechnische Anlagen können zu erheblichen Geräuscheinwirkungen führen. Da bei ihnen die Phänomene der Geräuscherzeugung, Geräuschübertragung und Geräuschminderung i. d. R. wesentlich komplexer sind als bei der Luft- und Trittschallübertragung, finden sich dort die anspruchsvollsten Aufgaben des baulichen Schallschutzes. In der neuen DIN 4109 werden sie an verschiedenen Stellen behandelt. DIN 4109-1 regelt die Anforderungen an gebäudetechnische Anlagen umfassend, während in DIN 4109-2 die Nachweise für gebäudetechnische Anlagen nur sehr eingeschränkt behandelt werden, da dafür noch keine geeigneten rechnerischen Möglichkeiten vorliegen. Dafür gibt es in DIN 4109-36 (Bauteilkatalog, Gebäudetechnische Anlagen) umfangreiche Hinweise für die Planung und Ausführung.

Während in anderen Bereichen (Luftschallübertragung, Trittschallübertragung, Übertragung von Außenlärm) die Anforderungen als Vorgaben für die zu erbringende Schalldämmung formuliert werden, da auf die Schallquellen i. d. R. kein Einfluss genommen werden kann, werden bei den gebäudetechnischen Anlagen die Anforderungen an einzuhaltende Schalldruckpegel in den schutzbedürftigen Räumen gestellt. Dasselbe gilt auch für Geräusche aus baulich mit dem Gebäude verbundenen Gewerbebetrieben. Weiterhin gibt es Anforderungen an raumlufttechnische Anlagen im eigenen Wohnbereich und (informative) Empfehlungen für maximale A-bewertete Schalldruckpegel in der eigenen Wohnung, erzeugt von heiztechnischen Anlagen im eigenen Wohnbereich. So wird der Bereich der gebäudetechnischen Anlagen insgesamt durch eine Reihe von Anforderungen abgedeckt.

Zur Einhaltung der Anforderungen an die zulässigen Schalldruckpegel in schutzbedürftigen Räumen sind Maßnahmen anlagentechnischer Art und baulicher Art erforderlich. Diese werden im Allgemeinen nicht genauer spezifiziert, so dass bei der Planung beide Möglichkeiten auf angemessene Weise zu berücksichtigen sind. Das ist i. d. R. die Aufgabe von Fachplanern. Allerdings gibt es dazu zwei Ausnahmen. An die Luft- und Trittschalldämmung von Bauteilen zwischen „besonders lauten" und schutzbedürftigen Räumen werden in Abschnitt 8 und Tabelle 8 besondere Anforderungen gestellt. Diese werden in 3.7 gesondert behandelt. Des Weiteren gibt es in Abschnitt 11 Anforderungen an Armaturen und Geräte der Trinkwasser-Installation. Diese werden in Abschnitt 3.6.4 behandelt. Ergänzend trifft DIN 4109-36 Festlegungen für Betrieb und Anbringung von Wasserinstallationen und gibt umfangreiche Hinweise für Planung und Ausführung. Darauf wird in Abschnitt 5.7 eingegangen.

Mit ihren Anforderungen und Festlegungen folgt die DIN 4109 derselben Methodik, die auch als Grundprinzip der Geräuschbekämpfung bezeichnet werden kann (Bild 3.11): Maßnahmen sind an der Schallquelle, am Übertragungsweg und am Einwirkungsort möglich.

Genauso können Anforderungen an jeden dieser Teilbereiche gestellt werden. Das tut DIN 4109 durch folgende Maßnahmen:

– **Begrenzung der Schallemission:** bei Armaturen und Geräten der Trinkwasser-Installation werden in DIN 4109-1, Abschnitt 11 (Anforderungen an Armaturen und Geräte der Trinkwasser-Installation) Vorgaben für den Armaturengeräuschpegel L_{ap} gemacht (siehe Abschnitt 3.6.4). Auch die Regelungen zu den Betriebsbedingungen im Trinkwasserbereich (DIN 4109-36, Abschnitt 6.4.4.2.3) zählen zu den Vorgaben für die Quellen.

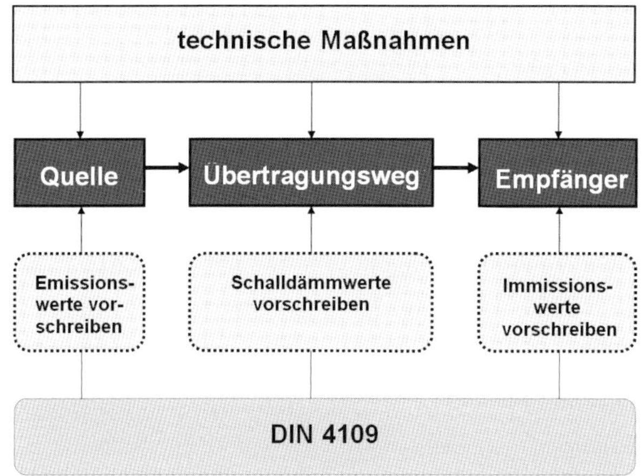

Quelle: Autoren

Bild 3.11: Methodik des Schallschutzes und der Anforderungen bei gebäudetechnischen Anlagen

- **Begrenzung der Schalltransmission:** hier greift DIN 4109 an verschiedenen Stellen durch Vorgaben an das Gebäude ein. In DIN 4109-1 werden in Abschnitt 8 Anforderungen an die Luft- und Trittschalldämmung von Bauteilen zwischen „besonders lauten" und schutzbedürftigen Räumen gestellt (siehe Handbuch 3.7). Vorgaben für Installationswände werden in DIN 4109-36, Abschnitte 6.4.4.2.2 und 6.4.4.3.2 gemacht (siehe Handbuch 5.7.3.5). Vorgaben für Grundrisse in Zusammenhang mit Armaturengruppen und der Art der Sanitärinstallation finden sich in DIN 4109-36, Abschnitt 6.4.4.2.5.
- **Begrenzung der Schallimmission** durch die Festlegung maximal zulässiger Pegel in den schutzbedürftigen Räumen in DIN 4109-1, Abschnitt 9.

3.6.1.2 Anwendungsbereich

In Abschnitt 1 (Anwendungsbereich) von DIN 4109-1 heißt es:

> Die Anforderungen dieser Norm gelten zum Schutz gegen Geräusche von Anlagen der technischen Gebäudeausrüstung sowie aus Gewerbe- und Industriebetrieben, die im selben oder in baulich damit verbundenen Gebäuden vorhanden sind.

Anforderungen an die zulässigen Schalldruckpegel werden in Abschnitt 9 der DIN 4109-1 behandelt. Angesichts der Besonderheiten bestimmter Geräuscharten wird bei deren Formulierung zwischen Geräuschen der Sanitärtechnik, Geräuschen sonstiger technischer Schallquellen und Geräuschen von Gewerbebetrieben unterschieden. Um welche gebäudetechnischen Anlagen es dabei geht, beschreibt DIN 4109-1 so:

> Gebäudetechnische Anlagen sind nach dieser Norm dem Gebäude dienende Versorgungs- und Entsorgungsanlagen, Transportanlagen, fest eingebaute, betriebstechnische Anlagen. Als gebäudetechnische Anlagen gelten außerdem Gemeinschafts-

waschanlagen, Schwimmanlagen, Saunen und dergleichen, Sportanlagen, zentrale Staubsauganlagen, Garagenanlagen, fest eingebaute, motorbetriebene außenliegende Sonnenschutzanlagen und Rollläden.

Eine weiterführende Zusammenstellung gebäudetechnischer Anlagen findet sich in DIN 4109-36. Neben den sanitärtechnischen Anlagen werden dort genannt:

- Wärmeversorgungsanlagen (Wärmeerzeugungsanlagen, Wärmepumpen, Kraftwärmekopplung, Solaranlagen),
- Lufttechnische Anlagen (RLT-Anlagen) (Zentrale Lufttechnische Anlagen, dezentrale Lufttechnische Anlagen, Kälteanlagen, Kompressoren, Rückkühlanlagen),
- Starkstromanlagen,
- Förderanlagen (Aufzüge),
- Nutzungsspezifische Anlagen (Zentralstaubsaugeranlagen, Müllentsorgungsanlagen).

Grundsätzlich geht es dabei um fest installierte Schallquellen in Gebäuden und nicht um Quellen, die ausschließlich der individuellen Nutzung im eigenen Haushalt dienen. Deshalb heißt es in DIN 4109-1 ergänzend:

Außer Betracht bleiben Geräusche von ortsveränderlichen Maschinen und Geräten (z. B. Staubsauger, Waschmaschinen, Küchengeräte und Sportgeräte) im eigenen Wohnbereich.

Eine gleichlautende Formulierung findet sich bereits in DIN 4109:1989, die dann auch in die Normentwürfe E DIN 4109-1:2006 sowie E DIN 4109-1:2013 und schließlich in den Weißdruck DIN 4109-1:2016 übernommen wurde. Es handelt sich dabei um eine missverständliche Formulierung, da man daraus schließen könnte, dass Geräusche von Staubsaugern, Waschmaschinen und Küchengeräten, die nicht aus dem eigenen Wohnbereich kommen, den Anforderungen unterliegen. Außerdem könnte daraus geschlossen werden, dass fest eingebaute Küchengeräte (Einbaugeräte) als nicht ortsveränderliche Geräte den Anforderungen unterliegen.

Ein Blick in die Entwicklung dieser Angabe erschließt das, was eigentlich gemeint ist. Im Normentwurf von 1979 zu DIN 4109 Teil 5 [14] werden die Anforderungen gegenüber (fremden) Aufenthaltsräumen auch an „ortsfeste Kücheneinrichtungen in Beherbergungsstätten, Krankenhäusern, Wohnheimen u. a.“ gerichtet ... „nicht dagegen (an) ortsveränderliche Haushaltsgeräte, z. B. Staubsauger, Wasch- und Küchenmaschinen“. Eindeutig war auch der Normentwurf DIN 4109:1984 Teil 5 [19]. Dort hieß es dazu in Abschnitt 3.3 (Haustechnische Anlagen) noch:

Außer Betracht bleiben Maschinen, Geräte und dergleichen, soweit sie ortsveränderlich sind, z. B. Staubsauger, Waschmaschinen, Küchengeräte und Sportgeräte.

Aus der Historie lässt sich ableiten, dass mit dem Zusatz „im eigenen Wohnbereich" eigentlich eine Präzisierung dahingehend gemeint war, dass es um Geräte geht, die im eigenen Wohnbereich Verwendung finden (Waschmaschinen, Staubsauger etc.), nicht aber um eine Ausdehnung der Anforderungen auf solche Geräte, wenn sie außerhalb des eigenen Wohnbereichs (also in der Nachbarwohnung) zum Einsatz kommen. DIN 4109-1 sollte bei der Überarbeitung hierzu eine präzise Formulierung vorsehen, aus der der Regelungsbereich eindeutig hervorgeht.

Dennoch wurden die nicht ortsfesten Geräte von den früheren Regelungen nicht vollständig übersehen. So hieß es nämlich im Normentwurf zu DIN 4109 Teil 2 von 1979 [12] in Abschnitt 1 (Geltungsbereich und Zweck):

> Diese Norm gilt ... für den Schallschutz von Aufenthaltsräumen gegenüber Geräuschen aus benachbarten Räumen, z. B. Sprache, Musik, sowie durch Gehen, Stühlerücken, und den Betrieb von Haushaltsgeräten, z. B. Staubsauger, Wasch- und Küchenmaschinen, nicht jedoch gegenüber Geräuschen aus haustechnischen Anlagen und Betrieben dafür gilt DIN 4109 Teil 5 (z. Zt. noch Entwurf).

Während für die ortsfesten Geräte und Anlagen einzuhaltende Schalldruckpegel festgelegt wurden, ging man für die nicht ortsfesten Geräte davon aus, dass sie durch die Anforderungen an die Luft- und Trittschalldämmung mit abgedeckt wurden.

Mit Hinblick auf die Situation der Betroffenen hat hier die Schweizer Norm SIA 181 [129] eine andere Regelung getroffen. Dort werden unter den bei den Anforderungen zu berücksichtigenden Dauergeräuschen als Schallquellen explizit auch „Geschirrspüler, Waschmaschine und Tumbler" genannt.

Dass bei den Anforderungen nicht die Geräte und Anlagen im eigenen Wohn- oder Arbeitsbereich gemeint sind, hat in der DIN 4109 Tradition.

Im Anwendungsbereich von DIN 4109-1 heißt es: „Die Anforderungen dieser Norm gelten zum Schutz gegen Geräusche von Anlagen der technischen Gebäudeausrüstung sowie aus Gewerbe- und Industriebetrieben, die im selben oder in baulich damit verbundenen Gebäuden vorhanden sind." Diese Formulierung gab es sinngemäß auch in DIN 4109:1989. Während es dort aber auch ganz klar hieß: „Diese Norm gilt nicht zum Schutz von Aufenthaltsräumen gegen Geräusche von haustechnischen Anlagen im eigenen Wohnbereich", heißt es jetzt: „Die Anforderungen dieser Norm gelten nicht für den Schallschutz im eigenen Wohn- und Arbeitsbereich, ausgenommen der Schutz gegen Geräusche von Anlagen der Raumlufttechnik, die vom Nutzer nicht beeinflusst werden können." Hier ist also ein neues Element in die Anforderungen aufgenommen worden, das es vorher noch nicht gab. Darauf wird in Abschnitt 3.6.5 näher eingegangen.

3.6.1.3 Entwicklung der Anforderungen an Geräusche von gebäudetechnischen Anlagen und Betrieben

Die Anforderungen der DIN 4109 an die Geräusche gebäudetechnischer Anlagen und von Betrieben unterlagen ständigen Veränderungen. Das betraf weniger die Höhe der Anforderungswerte als den Regelungsumfang und die Randbedingungen der Anforderungen. Eine ausführliche Darstellung der Entwicklung der Anforderungen an die Geräusche gebäudetechnischer Anlagen, insbesondere bei Wasserinstallationen, bis zur DIN 4109:1989 findet sich in [241]. An dieser Stelle soll deshalb nur auf die wesentlichen Entwicklungen dieser Zeit eingegangen werden sowie die weitere Entwicklung ab DIN 4109:1989 in Kürze dargestellt werden. Im Vordergrund stehen dabei die Anforderungen an die Geräusche der Wasserinstallation, da diese den größten Änderungen und Diskussionen unterworfen waren.

DIN 4109:1944

Erstmalig werden Geräusche gebäudetechnischer Anlagen in DIN 4109:1944 [4] genannt. Anforderungswerte sind dort noch nicht enthalten, jedoch werden Hinweise auf die Planung des baulichen Schallschutzes gegeben.

DIN 4109:1962

DIN 4109:1962 enthält in Blatt 2 [7] die Anforderungen an den baulichen Schallschutz und nennt in Abschnitt 5 (Schallschutz bei haustechnischen Anlagen, gewerblichen Betrieben und gegenüber Außenlärm) erstmalig auch konkrete Anforderungen für gebäudetechnische Anlagen. Diese sind noch so knapp formuliert, dass sie vollständig wiedergegeben werden können. Abschnitt 5.1 (Haustechnische Gemeinschaftsanlagen und gewerbliche Betriebe) lautet:

Bei allen Geräten, Maschinen und Einrichtungen haustechnischer Gemeinschaftsanlagen und gewerblicher Betriebe muss ein ausreichender Schutz gegen die Übertragung von Luft- und Körperschall vorhanden sein, wenn von den Geräten und Maschinen Geräusche in Aufenthaltsräume übertragen werden können. Die Lautstärke solcher Geräusche darf in Wohn-, Schlaf- und Arbeits- (z. B. Büro-)räumen, in Raummitte gemessen, 30 DIN-phon nach DIN 5045 nicht überschreiten. Bei Anlagen, die nur in der Zeit von 7.00 bis 22.00 Uhr in Betrieb sind, darf diese Lautstärke ausnahmsweise bis zu 40 DIN-phon nach DIN 5045 betragen. Hinweise für Schallschutzmaßnahmen bei haustechnischen Gemeinschaftsanlagen enthält Blatt 5. Für lüftungstechnische Anlagen wird auf DIN 1946 Blatt 1 – Lüftungstechnische Anlagen, Grundregeln – und Blatt 2 – Lüftung von Versammlungsräumen – verwiesen.

Die Angaben in DIN-phon können dem heute verwendeten A-bewerteten Schalldruckpegel gleichgesetzt werden.

In Abschnitt 5.2 (Haustechnische Einzelanlagen) heißt es:

Geräusche aus haustechnischen Einzelanlagen (insbesondere bei Wasser- und Abwasseranlagen) dürfen in fremden Wohn-, Schlaf- und Arbeits- (z. B. Büro-)räumen die in Abschnitt 5.1 festgelegten Lautstärken nicht überschreiten. Wasser- und Abwasseranlagen dürfen deshalb – insbesondere an Wänden, die an Wohn-, Schlaf- und Arbeits-

(z. B. Büro-)räume angrenzen – nur unter Beachtung besonderer Maßnahmen angeordnet werden. Empfehlungen zur Geräuschminderung bei Wasser- und Abwasseranlagen enthält Blatt 5 Abschnitt 4.5.3.

Die Anforderungen konnten für die damalige Zeit als fortschrittlich betrachtet werden und orientierten sich insbesondere bei den Geräuschen der Wasserinstallation stärker an den Notwendigkeiten des benötigten Schallschutzes als an den damals verbreiteten technischen Möglichkeiten. In [186] wird das folgendermaßen kommentiert:

> Für die hierbei hauptsächlich angesprochenen Installationsgeräusche bedeutet die Festlegung zur Zeit zweifellos eine sehr hohe Anforderung. Jedoch lassen sich für alle Armaturengruppen (Badewannenarmaturen, Waschbeckenarmaturen und Abortarmaturen) bei Einbeziehung einer zweckmäßigen Grundrissgestaltung, Auswahl geeigneter Armaturen und Durchführung geeigneter bauakustischer Maßnahmen nach dem heutigen Stand der Technik auch diese Werte erreichen. Da jedoch gerade diese Nachweise und Erkenntnisse erst jüngeren Datums sind und zunächst noch weitere Erkenntnisse gesammelt werden sollen, ist für die Einführung dieser Norm als Richtlinie für die Bauaufsicht für diesen Abschnitt 5.2 eine Übergangsfrist festgelegt worden.

Nach den inzwischen üblichen Gepflogenheiten des für die Anforderungen des baulichen Schallschutzes zuständigen Normenausschusses wären solche Festlegungen heute undenkbar. Offensichtlich wurden solche Entscheidungen damals ganz bewusst getroffen, um die für den Schallschutz als erforderlich gehaltenen Entwicklungen in Gang zu setzen. Diese Entwicklungen traten tatsächlich auch ein und führten zu deutlichen Verbesserungen des erreichten Schallschutzniveaus. Beispielhaft seien für Armaturengeräusche die Untersuchungen von Gösele und Voigtsberger genannt [242], [243].

Ergänzungserlass 1968

Von Bedeutung für die weitere Entwicklung der Anforderungen an Armaturengeräusche sind die Ergänzungserlasse, in denen ab 1968 in den einzelnen Bundesländern [144] die Handhabung der Anforderungen an Armaturen und Geräte der Wasserinstallation durch eine Reihe von Festlegungen geregelt wurde. Abweichend von DIN 4109 Blatt 2 Abschnitt 5.2 durfte „bis auf weiteres bei Geräuschen der Betätigung von Armaturen und Geräten der Wasserinstallation und bei den hierbei entstehenden Ein- und Auslaufgeräuschen der zulässige Schallpegel in fremden Wohn-, Schlaf- oder Arbeitsräumen höchstens 35 dB sein“. Die entscheidende Festlegung war jedoch die Kennzeichnung von Armaturen hinsichtlich ihrer Geräuscherzeugung, die auf Prüfungen beim kennzeichnenden Fließdruck nach der damaligen Vornorm DIN 52218 [66] beruhte. Damit wurde zum ersten Mal die Geräuschprüfung von Armaturen verbindlich eingeführt und die anzuwendende Messnorm DIN 52218 benannt. Auf der Grundlage der Geräuschprüfungen wurden die Armaturen in 2 Armaturengruppen eingestuft. Entsprechend dieser Eingruppierung wurde die Anwendbarkeit für bestimmte Grundrissanordnungen geregelt. Nähere Ausführungen dazu werden in den Abschnitten 3.6.4.3 und 5.7.3.5 gegeben.

Normentwurf DIN 4109:1979 Teil 5

Einen ausführlichen Kommentar zum Normentwurf von 1979 einschließlich der Geräusche gebäudetechnischer Anlagen gibt Eisenberg in [187]. Gebäudetechnische Anlagen finden nun eine erweiterte Behandlung. Basierend auf den bisherigen Regelungen in DIN 4109:1962 und im zuvor genannten Ergänzungserlass werden nun die Festlegungen für gebäudetechnische Anlagen in einem eigenen Normteil DIN 4109 Teil 5 [14] zusammengefasst und durch weitere Regelungen entsprechend den zwischenzeitlich gemachten Erfahrungen ergänzt. Neben den Anforderungen werden nun auch die Nachweise behandelt und die Hinweise für Planung und Ausführung in diesen Normteil übernommen.

Erstmals werden die Anforderungen in einer eigenen Tabelle (Tabelle 1: Höchstwerte für die zulässigen Schallpegel in Aufenthaltsräumen von Geräuschen aus haustechnischen Anlagen und Betrieben) dargestellt. Es wird nun zwischen Wohn-, Schlaf- und Übernachtungsräumen auf der einen Seite und Unterrichts- und Arbeitsräumen auf der anderen Seite unterschieden. Außerdem werden Armaturen und Geräte der Wasserinstallation gegenüber den „Anlagen zur Heizung, Lüftung und Klimatisierung und sonstigen haustechnischen Anlagen“ separat dargestellt.

Nachdem für die Anforderungen an Armaturen und Geräte der Wasserinstallation im Ergänzungserlass „bis auf weiteres“ 35 dB festgelegt gewesen waren, werden sie nun wieder (mit einigen Einschränkungen) auf einen zulässigen Schalldruckpegel von 30 dB gesetzt. Begründet wird das (siehe [187]) mit den zwischenzeitlich gemachten positiven Erfahrungen.

Ein Novum, das so nur in diesem Normentwurf zu finden war, ohne später jemals derart weitgehend umgesetzt worden zu sein, sind Anforderungen an Anlagen im eigenen Bereich. Dazu heißt es in Abschnitt 4.1:

> Diese Anforderungen gelten nicht für haustechnische Anlagen des eigenen Wohn- und Arbeitsbereiches, mit Ausnahme der selbsttätig schaltenden oder für lange Betriebszeiten bestimmten Anlagen, z. B. Etagenheizungen oder Lüftungsanlagen für innenliegende Bäder.

Zusätzlich heißt es in einer Fußnote zu den Anforderungen an Anlagen zur Heizung, Lüftung, Klimatisierung und an sonstige gebäudetechnische Anlagen:

> Gültig auch für derartige Anlagen im eigenen Wohnbereich, jedoch bei Etagenheizungen nur für Wohn- und Schlafräume

Damit wurden erstmalig auch Anlagen im eigenen Bereich als zum baulichen Schallschutz gehörend betrachtet. Erst in DIN 4109:2016 wurde dieser allgemeine Ansatz dann in Teilbereichen wieder aufgegriffen.

Neu sind die in Tabelle 2 (Mindestwerte für die Luft- und Trittschalldämmung von Bauteilen zwischen Räumen haustechnischer Anlagen bzw. Räumen von Betrieben („laute Räume“)

und baulich mit diesen verbundenen Aufenthaltsräumen) festgelegten Anforderungen für „laute Räume".

Erstmalig werden nun auch die Nachweise zur Einhaltung der zulässigen Schalldruckpegel gebäudetechnischer Anlagen geregelt. DIN 4109 Teil 5 sieht dafür den Nachweis durch Messungen („Gütenachweis am Bau") und für Armaturen und Geräte der Wasserinstallation den Eignungsnachweis durch Prüfzeichen vor. In diesem Zusammenhang werden die Einstufung der Armaturen und ihre Kennzeichnung und die Zuordnung der Armaturengruppen zu Grundrissanordnungen geregelt. Für den Nachweis durch Messungen am Bau wird DIN 52219 [67] in Bezug genommen.

Die Hinweise für Planung und Ausführung werden gegenüber den Ausführungen in DIN 4109 Blatt 5:1963 [10] erweitert.

Normentwurf DIN 4109:1984 Teil 5

Dem Normentwurf von 1979 folgte 1984 ein neuer Normentwurf, der ebenfalls einen Teil 5 für die gebäudetechnischen Anlagen enthielt [19]. Die Definition schutzbedürftiger Räume und „besonders lauter Räume" wurde präzisiert. Während man im Normentwurf von 1979 für alle Anforderungen an Geräusche von gebäudetechnischen Anlagen und Betrieben mit dem maximal auftretenden Schalldruckpegel noch eine einheitliche Behandlung vorgesehen hatte, wurde nun für die Geräusche aus Betrieben der Beurteilungspegel nach DIN 45645 [54] als maßgebende Kenngröße vorgesehen. Damit wurde für diesen Bereich nachvollzogen, was in anderen Regelwerken wie der TA Lärm [140] oder der VDI 2058 [113] bereits gängige Praxis war. Auch wenn sich die Anforderungsgröße geändert hatte, blieb der Anforderungswert mit 35 dB tags und 25 dB nachts gleich. Die Differenzierung der Anforderungen zwischen Wohn- und Schlafräumen einerseits und Unterrichts- und Arbeitsräumen andererseits wurde beibehalten. Dagegen wurde bei den gebäudetechnischen Anlagen die Aufteilung in Armaturen und Geräte der Wasserinstallation bzw. sonstige gebäudetechnische Anlagen wieder aufgegeben und stattdessen eine einheitliche Darstellung der Anforderungen gewählt. Der kennzeichnende Schallpegel (auch hier wiederum ein maximaler A-bewerteter Schalldruckpegel) durfte weiterhin 30 dB nicht überschreiten.

Gegenüber dem Normentwurf von 1979 wurde die Berücksichtigung gebäudetechnischer Anlagen im eigenen Wohnbereich fallengelassen. Eine erhebliche Änderung war die erstmalige separate Berücksichtigung von Betätigungsgeräuschen, in diesem Normentwurf noch beschränkt auf Umschaltgeräusche automatischer Umsteller von Auslaufarmaturen in Fußnote 1 zu Tabelle 5 und die Auslösespitze von WC-Spüleinrichtungen in Fußnote 4 zu Tabelle 1. Diese Geräuschspitzen durften um 5 dB über dem üblichen Anforderungswert von 30 dB liegen. Damit wurde Betätigungsgeräuschen der Wasserinstallation zum ersten Mal eine Sonderrolle zugestanden, was im weiteren Verlauf der Normentwicklung zu einer völligen Freistellung von Anforderungen für jegliche Art von Betätigungsgeräuschen führen sollte. In Abschnitt 3.6.3.3 wird darauf detailliert eingegangen.

Eine Neugestaltung erfuhren die Festlegungen für „besonders laute" Räume (zuvor „laute Räume"). Die Tabelle der Mindestwerte der Luft- und Trittschalldämmung solcher Räume wurde überarbeitet. In einer eigenen Tabelle kamen Ausführungsbeispiele für trennende und flankierende Bauteile solcher Räume dazu. Außerdem wurden Korrekturwerte für die Trittschalldämmung bei verschiedenen räumlichen Zuordnungen „besonders lauter" Räume aufgenommen. Diese finden sich als K_T-Werte bis heute in der DIN 4109.

Überarbeitet wurden auch die Festlegungen für Armaturen und Geräte der Wasserinstallation. Wesentlich ergänzt wurden die Anforderungen an Installation und Betrieb und die Anforderungen an das Gebäude. Neben den schon zuvor getroffenen Regelungen für die Anordnung von Armaturen (Grundrissanordnungen) wurde nun zum ersten Mal auch eine Festlegung für die Installationswände getroffen. Deren flächenbezogene Masse sollte mindestens 220 kg/m^2 betragen. In davon abweichenden Fällen wurde eine Eignungsprüfung vorgesehen. Mit den nun vorhandenen Regelungen sollte der „Nachweis der ordnungsgemäßen Planung" für Armaturen und Geräte der Wasserinstallation geführt werden können, obwohl z. B. die Abflussgeräusche nicht berücksichtigt wurden. Das damit formulierte Nachweisprinzip wurde mangels Alternativen bis zur heutigen DIN 4109:2016 beibehalten.

DIN 4109:1989

Als schließlich DIN 4109:1989 erschien, war der Bereich der gebäudetechnischen Anlagen noch einmal einer größeren Überarbeitung unterzogen worden. Die Aufteilung der Norm in zuletzt 6 Normteile des letzten Entwurfs von 1984 war aufgegeben worden. Stattdessen gab es neben der „eigentlichen" DIN 4109 noch die Beiblätter 1 und 2 zu DIN 4109. Auf diese drei Dokumente wurden nun die zuvor in einem einheitlichen Dokument der Normentwürfe enthaltenen Regelungen für gebäudetechnische Anlagen und Betriebe aufgeteilt. Der größte Teil fand sich in den Anforderungen der DIN 4109 [21] wieder. In Beiblatt 1 [22] wurde in Abschnitt 9 nur noch der „Nachweis einer ausreichenden Luft- und Trittschalldämmung von Bauteilen zwischen „besonders lauten" und schutzbedürftigen Räumen" behandelt. Beiblatt 2 [23] enthielt nun die ganzen Hinweise für Planung und Ausführung.

DIN 4109:1989 behandelte bezüglich der Anforderungen an gebäudetechnische Anlagen in Abschnitt 4 (Schutz gegen Geräusche aus haustechnischen Anlagen und Betrieben) nun folgende Teilbereiche:

- zulässige Schallpegel in schutzbedürftigen Räumen (Abschnitt 4.1)
- Anforderungen an die Luft- und Trittschalldämmung von Bauteilen zwischen „besonders lauten" und schutzbedürftigen Räumen (Abschnitt 4.2)
- Anforderungen an Armaturen und Geräte der Wasserinstallation; Prüfung, Kennzeichnung (Abschnitt 4.3)

Die Nachweise der schalltechnischen Eignung von Wasserinstallationen wurden in Abschnitt 7 der DIN 4109 folgendermaßen geregelt:

- Nachweise ohne bauakustische Messungen (Abschnitt 7.2). Wie schon im vorhergehenden Normentwurf wurden dafür Anforderungen an Armaturen und Geräte, an Installation und Betrieb sowie an Installationswände und die Anordnung von Armaturen festgelegt. Damit stellt die Wasserinstallation den einzigen Bereich der gebäudetechnischen Anlagen dar, für den ein solcher Nachweis im Planungsstadium vorgesehen ist.
- Nachweise mit bauakustischen Messungen in ausgeführten Bauten (Abschnitt 7.3).

Wie schon in der ersten Fassung von 1962, wurde auch hier ausdrücklich festgehalten, dass sich der Schutz gegenüber Geräuschen haustechnischer Anlagen auf Aufenthaltsräume im fremden Wohnbereich und nicht auf den eigenen Wohnbereich bezieht. Die im Normentwurf von 1979 vorgesehenen Regelungen für gebäudetechnische Anlagen im eigenen Wohnbereich wurden nicht wieder aufgegriffen, so dass dafür weiterhin eine Regelungslücke bestand. Beibehalten wurde die schon in den vorhergehenden Normentwürfen aufgenommene Unterscheidung zwischen Wohn- und Schlafräumen auf der einen Seite und Unterrichts- und Arbeitsräumen auf der anderen Seite. Gegenüber DIN 4109:1962 war diese Unterscheidung zu begrüßen. Nutzergeräusche wurden explizit von den Anforderungen ausgenommen. Im Normentwurf von 1984 hatte es noch geheißen:

Für Nutzergeräusche von sanitären Einrichtungen können z.Z. keine zahlenmäßigen Anforderungen festgelegt, sondern nur allgemeine Planungsempfehlungen gegeben werden.

Nun hieß es:

Nutzergeräusche unterliegen nicht den Anforderungen nach Tabelle 4; allgemeine Planungsempfehlungen siehe Beiblatt 2 zu DIN 4109.

Auf die Nutzergeräusche wird in Abschnitt 3.6.3.4 ausführlich eingegangen.

Die Anforderungen an Geräusche aus Betrieben blieben gegenüber dem letzten Normentwurf unverändert. Bei den gebäudetechnischen Anlagen wurde nun aber wieder unterschieden zwischen Geräuschen der Wasserinstallation und Geräuschen „sonstiger haustechnischer Anlagen". Bei den letzteren entfiel die Sonderregelung, dass der Anforderungswert von 30 dB tagsüber (6 Uhr bis 22 Uhr) um bis zu 5 dB überschritten werden durfte.

Die wesentlichen Änderungen ergaben sich bei den Anforderungen an die Wasserinstallation. Gegenüber der vorhergehenden Fassung von 1962 sowie den Entwurfsfassungen von 1979 und 1984 wurde nun der Installations-Schallpegel L_{In} für die Formulierung der Anforderungen herangezogen. Diese Größe war schon 1972 in DIN 52219 [67] festgelegt und definiert worden und diente der Beurteilung der Geräusche der Wasserinstallation am Bau.

In der Fassung des Jahres 1962 waren für Geräusche aus haustechnischen Anlagen (einschließlich Wasser- und Abwasseranlagen) 30 dB vorgesehen. Da diese Anforderungen bei Installationsgeräuschen für die damaligen Verhältnisse nicht durchgängig einzuhalten waren, wurden in einzelnen Bundesländern durch Ergänzungserlasse zur DIN 4109 Schalldruckpegel bis zu 35 dB zugelassen. In den Entwürfen zur neuen DIN 4109 (Februar 1979 und Oktober 1984) wurde als zulässiger Schalldruckpegel für Armaturen und Geräte der Wasserinstallation wieder 30 dB vorgesehen, wobei dieser Wert von Armaturengeräuschen um bis zu 5 dB überschritten werden durfte, wenn die Armaturen mit einem höheren als dem kennzeichnenden Fließdruck von 0,3 MPa betrieben wurden. Entgegen diesen Entwürfen wurde in der Fassung des Jahres 1989 der Wert für den zulässigen

Schalldruckpegel der Wasserinstallation („Wasserversorgungs- und Abwasseranlagen gemeinsam“) generell auf 35 dB angehoben, während bei sonstigen haustechnischen Anlagen nach wie vor 30 dB galten. Weiterhin wurde in der DIN 4109:1989 in Tabelle 4, Fußnote 1, festgelegt, dass einzelne kurzzeitige Spitzen, die beim Betätigen (Öffnen, Schließen, Umstellen, Unterbrechen u. a.) der Armaturen und Geräte entstehen, „zur Zeit“ nicht zu berücksichtigen sind. Diese besonders störenden, kurzzeitigen Geräuscheinwirkungen wurden bei der Wasserinstallation demnach erstmalig aus der Beurteilung völlig herausgenommen. In einmaliger Weise ließ es die DIN 4109 damit zu, dass diese Geräuschkategorie letztlich mit beliebig hohen Spitzenpegeln in schutzbedürftigen Räumen auftreten darf. In Abschnitt 3.6.3.3 wird diese Thematik ausführlich behandelt. Die gemeinsame Basis für einen in sich stimmigen baulichen Schallschutz wurde mit diesen Regelungen zu den Wasserinstallationen verlassen. Diese Regelungen, die erst kurz vor Veröffentlichung der Norm in dieser abschließenden Form zustande kamen, führten in der Öffentlichkeit zu starker Kritik und beschäftigten den Normenausschuss dann intensiv noch über weitere 12 Jahre. Aus heutiger Sicht handelte es sich bei diesen Regelungen um eine wesentliche Änderung gegenüber dem Normentwurf von 1984, die zu einem neuen Normentwurf und damit der Möglichkeit zu erneuter Stellungnahme hätte führen müssen.

Änderung A1 zu DIN 4109 (Januar 2001)

Die in DIN 4109:1989 in Tabelle 4 vorgenommene Anhebung der Anforderungswerte für die Wasserinstallation auf 35 dB wurde durch die Änderung DIN 4109/A1 [26] vom Januar 2001 wieder zurückgenommen. Die Änderung A1 war das Ergebnis des vom Umweltbundesamt (UBA) – wegen der kurz vor Veröffentlichung vorgenommenen Änderungen – beantragten Schiedsverfahrens. Als Anforderungswert wurde $L_{In} \leq 30$ dB festgelegt. Im Vorwort zu diesem Änderungsblatt heißt es:

> Um Verwirrungen in der Öffentlichkeit zu vermeiden, soll auf eine derzeitige Neuausgabe von DIN 4109 verzichtet werden und die Änderung A1, die Tabelle 4 betrifft, als Norm veröffentlicht werden, da die vorgenommene Änderung eine wesentliche Verbesserung für den Verbraucher darstellt.

Als Kompromiss in der über mehr als ein Jahrzehnt (!) geführten Debatte um die Anforderungen an die Geräusche der Wasserinstallation wurde eine neue Fußnote b) zu den Anforderungen der Tabelle 4 aufgenommen, in der die „werkvertraglichen Voraussetzungen zur Erfüllung des zulässigen Installationsschalldruckpegels“ formuliert wurden. An der bestehenden Sonderregelung für Betätigungsgeräusche der Wasserinstallation änderte sich durch die Änderung A1 gegenüber DIN 4109:1989 hingegen nichts.

Vorausgegangen war der Änderung ein jahrelanger erbitterter Streit um die Anforderungen an die Wasserinstallation, der sowohl in der Öffentlichkeit wie auch im zuständigen Normenausschuss zu DIN 4109 geführt wurde. Die Position der Befürworter der Regelung in DIN 4109:1989 wurde beispielsweise in [244] vertreten. Kritik an den getroffenen Regelungen wurde schon 1989 in [245] und danach u. a. in [246] und [247] geäußert. Anhand der Auswertung von über 1000 Baumessungen an Sanitärinstallationen, die vom Umweltbundesamt vorgenommen worden war, kam [246] zu folgendem Resultat:

> Aufgrund der hier vorgestellten Ergebnisse von Installationsgeräuschmessungen in 118 Gebäuden lässt sich sagen, dass ein Grenzpegel von 30 dB(A) bau- und installationstechnisch ohne Schwierigkeiten einzuhalten ist.

Letzter Anlass, sich im Normenausschuss wieder ernsthaft mit diesem Thema zu beschäftigen, gab das von 65 Akustikern unterzeichnete Memorandum zu den Anforderungen der DIN 4109 an Wasserinstallationen, das 1993 an verschiedenen Stellen, u. a. in [248], veröffentlicht wurde. Dieses Memorandum bezieht sich auf die schon genannte Datenbasis des Umweltbundesamtes und äußert sich zum Sachverhalt folgendermaßen:

> Lärmarme Techniken für Wasserinstallationen sind heutzutage bauüblich und haben sich bewährt, dennoch sind nach DIN 4109 auch unzumutbar laute Anlagen zugelassen.

> Installationsgeräuschpegel von 35 dB(A) werden allgemein als zu laut empfunden und führen in erheblichem Umfang zu Beschwerden und Gerichtsklagen, dennoch gelten nach DIN 4109 diese hohen Pegel als zumutbar.

Als Fazit heißt es:

> Die Akustiksachverständigen haben sich daher darauf verständigt, in dieser Frage künftig nicht die derzeitigen Anforderungen der DIN 4109 zu vertreten.

Verbunden wird diese Feststellung mit der eindringlichen Forderung, zum Schutz vor erheblichen Belästigungen in der DIN 4109 endlich Anforderungen für Wasserinstallationen festzuschreiben, die den allgemein anerkannten Regeln der Technik entsprechen.

Normentwurf DIN 4109-1:2006

Im Normentwurf zu DIN 4109-1:2006 war die Umstellung auf so genannte nachhallzeitbezogene Größen vorgesehen gewesen. Für die Anforderungen an gebäudetechnische Anlagen ergab sich daraus als kennzeichnende Größe der maximale A-bewertete Standard-Schalldruckpegel $L_{AF,max,nT}$. Dieser sollte bei den messtechnischen Nachweisen gemäß DIN EN ISO 10052, die die bisherige DIN 52219 ersetzte, mit der so genannten Eckmethode gemessen werden. Die neue Kenngröße galt auch für die Wasserinstallation und ersetzte den bisherigen Installationsgeräuschpegel L_{In} nach DIN 52219. Eine nähere Behandlung dieser Kenngröße findet sich in 3.6.2.1.

Insgesamt gab es nach den langen Auseinandersetzungen, die zum Änderungsblatt 2001 geführt hatten, dieses Mal im Normenausschuss keine grundsätzlichen Diskussionen zu den Geräuschen gebäudetechnischer Anlagen. Die Höhe der Anforderungswerte wurde für Wasserinstallationen und sonstige gebäudetechnische Anlagen aus dem Änderungsblatt A1 zu DIN 4109:2001 unverändert übernommen. Genauso wurde für Geräusche aus Betrieben verfahren, allerdings wurde als Ergänzung eine Begrenzung der maximalen

Schalldruckpegel auf höchstens 10 dB über dem Beurteilungspegel eingeführt. Damit wurde die Vorgehensweise der TA Lärm auch in die DIN 4109 übernommen.

Normentwurf DIN 4109:2013

Erstmals wurde 2013 ein Entwurf des gesamten Normenpakets mit insgesamt 7 Teilen veröffentlicht, deren Gliederung auch für gebäudetechnische Anlagen übernommen wurde: die Anforderungen fanden sich nun in DIN 4109-1, die (rudimentären) Nachweisverfahren in DIN 4109-2 und Hinweise für Planung und Ausführung im Bauteilkatalog DIN 4109-36. Als kennzeichnende Größe für die Anforderungen wurde für gebäudetechnische Anlagen statt des $L_{\mathrm{AF,max,nT}}$ des vorhergehenden Normentwurfs wieder der maximale A-bewertete Norm-Schalldruckpegel $L_{\mathrm{AF,max,n}}$ verwendet. Im Prinzip wurden die Anforderungswerte für gebäudetechnische Anlagen und Betriebe aus dem Normentwurf von 2006 übernommen. Allerdings erfolgte bei den Wasserinstallationen und den sonstigen gebäudetechnischen Anlagen eine „Anpassung“ der Anforderungswerte, die berücksichtigen sollte, dass durch Verwendung der inzwischen für die Messungen vorgeschriebenen Eckmethode eine Erhöhung der gemessenen Werte zu erwarten sei. Um eine befürchtete Verschärfung der Anforderungen zu vermeiden, wurden deshalb die Anforderungswerte um 2 dB auf 32 dB erhöht. In 3.6.2.1 wird auf diese Thematik näher eingegangen.

Neu gegenüber dem letzten Normentwurf war ein informativer Anhang mit „Empfehlungen für maximale A-bewertete Norm-Schalldruckpegel im eigenen Wohnbereich, erzeugt von gebäudetechnischen Anlagen im eigenen Wohn- und Arbeitsbereich“. Dieser Anhang griff zum ersten Mal seit dem Vorstoß des Normentwurfs von 1979 wieder die Anlagen im eigenen Bereich auf, dieses Mal allerdings nicht als Anforderung, sondern als Empfehlung. Gemeint waren fest installierte technische Schallquellen der Heizungs-, Klima- und Lüftungstechnik im eigenen Wohn- und Arbeitsbereich. Auf die dann in DIN 4109-1:2016 getroffenen Regelungen für den eigenen Bereich wird in Abschnitt 3.6.5 eingegangen.

Übersicht über die Normentwicklung bei gebäudetechnischen Anlagen

Ausgehend von DIN 4109:1962 bis zu DIN 4109:2016 gibt die nachfolgende Tabelle 3.19 für unterschiedliche Aspekte des Normungsbereichs „gebäudetechnische Anlagen“ eine Übersicht über die Entwicklung der Normung. Bewusst werden dabei auch die veröffentlichten Normentwürfe berücksichtigt, da sich so erkennen lässt, wie sich die Vorstellungen zur Behandlung dieser Geräusche geändert haben. Um die Übersicht zu wahren, werden in dieser Zusammenstellung nur die Geräusche gebäudetechnischer Anlagen betrachtet. Auf Geräusche aus Betrieben, bei denen sich vergleichsweise wenig geändert hat, wird an dieser Stelle nicht eingegangen. In den Zeilen 2 bis 7 werden die Geräusche der Wasserinstallation, in den Zeilen 8 bis 11 die Geräusche „sonstiger Anlagen“ behandelt.

Tabelle 3.19: Entwicklung der Anforderungen an gebäudetechnische Anlagen in der DIN 4109

Zeile	1	2	3	4	5	6	7	8	9
Spalte		**DIN 4109:1962 Blatt 2**	**Entwurf DIN 4109:1979 Teil 5**	**Entwurf DIN 4109:1984 Teil 5**	**DIN 4109:1989**	**DIN 4109 A1:2001**	**Entwurf DIN 4109-1:2006**	**Entwurf DIN 4109-1:2013**	**DIN 4109-1:2016**
1	Kennzeichnende Größe	Schallpegel nach DIN 5045 [DIN-phon] ≙ L_A [dB] „im Zweifelsfall auf A_0 = 10 m² bezogen“	A-bewerteter Schallpegel nach DIN 45633 Teil 1 (Maximalwerte) ($L_{AF,max}$)	$L_{AF,max}$ (wird als solcher nicht explizit genannt), Bezug auf DIN 52219 („z. Z. Entwurf“)	Wasser-installation: Installations-Schallpegel L_{In} nach DIN 52219 sonstige haustechn. Anlagen: max. Schalldruckpegel $L_{AF,max}$ in Anlehnung an DIN 52219	entfällt	$L_{AF,max,nT}$ nach DIN EN ISO 10052	$L_{AF,max,n}$ nach E DIN 4109-4 (ersetzt auch L_{In})	$L_{AF,max,n}$ nach DIN 4109-4
2	Anforderungen an Wasser-installationen (Wohn- und Schlafräume)	30 DIN phon ≙ 30 dB	30 dB Armaturen +5 dB bei Fließdruck 5 bar (= 0,5 MPa)	30 dB Armaturen +5 dB bei Fließdruck 5 bar (= 0,5 MPa)	35 dB	30 dB (siehe auch Zeile 11)	30 dB (siehe auch Zeile 11)	32 dB mit Eckmethode nach DIN EN ISO 10052	30 dB nach DIN 4109-4 ohne Eck-methode
3	Anforderungen an Betätigungs-geräusche	ja gemäß Blatt 5, Abschnitt 4	keine Aussage bei Messung Verweis auf DIN 52219:1978	+ 5 dB für kurzzeitige Spitzen von WC-Anlagen und für Armaturen mit automatischem Umsteller	„werden z. Z. nicht berück-sichtigt“	„werden z. Z. nicht berück-sichtigt“	„werden z. Z. nicht berücksichtigt“	„sind nicht zu berück-sichtigen“	„werden derzeit nicht berück-sichtigt“

Zeile	1	2	3	4	5	6	7	8	9
Spalte		DIN 4109:1962 Blatt 2	Entwurf DIN 4109:1979 Teil 5	Entwurf DIN 4109:1984 Teil 5	DIN 4109:1989	DIN 4109 A1:2001	Entwurf DIN 4109-1:2006	Entwurf DIN 4109-1:2013	DIN 4109-1:2016
4	Anforderungen an Nutzergeräusche	keine Aussage	keine Aussage	Planungshinweise	unterliegen nicht den Anforderungen; Planungshinweise in Beiblatt 2	entfällt	unterliegen nicht den Anforderungen	unterliegen nicht den Anforderungen	unterliegen nicht den Anforderungen
5	Anforderungen an Armaturen und Geräte der Wasserinstallation	–	ja	ja	ja	entfällt	ja	ja	ja
6	Anforderungen an Installation und Betrieb	–	Einbaubedingungen für Armaturen	ja	ja	entfällt	für E DIN 4109-36 vorgesehen (siehe Entwurf 2013)	installationstechnische Randbedingungen in E DIN 4109-36	Festlegungen für Armaturen und Geräte und für den Betrieb von Trinkwasser-Installationen in DIN 4109-36
7	werkvertragliche Voraussetzungen zur Erfüllung des zulässigen L_{In}	–	–	–	–	ja	ja	ja	ja
8	Anforderungen an sonstige Anlagen tags	7:00–22:00 40 DIN phon ≙ 40 dB	30 dB + 5 dB 7:00–22:00	30 dB + 5 dB 7:00–22:00	30 dB	entfällt	30 dB	32 dB mit Eckmethode nach DIN EN ISO 10052	30 dB nach DIN 4109-4 ohne Eckmethode
9	Anforderungen sonstige Anlagen nachts	30 DIN-phon ≙ 30 dB	30 dB	30 dB					

Zeile	1	2	3	4	5	6	7	8	9
Spalte		**DIN 4109:1962 Blatt 2**	**Entwurf DIN 4109:1979 Teil 5**	**Entwurf DIN 4109:1984 Teil 5**	**DIN 4109:1989**	**DIN 4109 A1:2001**	**Entwurf DIN 4109-1:2006**	**Entwurf DIN 4109-1:2013**	**DIN 4109-1:2016**
10	Dauergeräusche Lüftungsanlagen	–	+5 dB	+5 dB	+5 dB	entfällt	+5 dB	+5 dB	keine Sonder-regelung mehr
11	Anforderungen eigener Wohn- oder Arbeitsbereich	keine Aussage	ja für „selbsttätig schaltende oder für lange Betriebszeiten bestimmte Anlagen“	–	–	entfällt	sonstige fest installierte technische Schallquellen (ohne Wasserinstallationen) im eigenen Wohnbereich 30 dB	Empfehlungen für fest installierte technische Schallquellen der Heizungs-, Klima- und Lüftungstechnik im eigenen Wohn- und Arbeitsbereich 32/35 dB	Anforderungen an raumlufttechnische Anlagen 30/33 dB Empfehlungen für heiztechnische Anlagen 30/33 dB

3.6.2 Anforderungsgrößen

3.6.2.1 Kennzeichnende Größen

Geräusche von gebäudetechnischen Anlagen und Betrieben werden hinsichtlich der Anforderungen durch die Immissionspegel in den schutzbedürftigen Räumen beurteilt. DIN 4109-1 kennt dafür in Tabelle 9 (hier als Tabelle 3.25 wiedergegeben) nach Abschnitt 4, Tabelle 1 zwei verschiedene kennzeichnende Größen: für gebäudetechnische Anlagen (einschließlich Wasserinstallationen) den maximalen A-bewerteten Norm-Schalldruckpegel $L_{AF,max,n}$ und für baulich verbundene Gewerbebetriebe den Beurteilungspegel L_r.

Norm-Schalldruckpegel kontra Standard-Schalldruckpegel

Während im Normentwurf DIN 4109-1:2006, genauso wie in VDI 4100:2012, als kennzeichnende Größe für die Anforderungen an Geräusche gebäudetechnischer Anlagen der maximale A-bewertete Standard-Schalldruckpegel $L_{AF,max,nT}$ festgelegt war, wurde in DIN 4109-1:2016, genauso wie zuvor in DIN 4109:1989, der maximale A-bewertete Norm-Schalldruckpegel herangezogen.

Sowohl beim Norm-Schalldruckpegel als auch beim Standard-Schalldruckpegel wird eine Eliminierung der individuellen raumakustischen Eigenschaften vorgesehen, so dass die Messwerte aus verschiedenen Räumen unabhängig von der Art der Raumausstattung und sonstiger raumakustischer Eigenheiten unter einander vergleichbar werden. Der Abgleich mit den Anforderungswerten kann damit für verschiedene Räume auf einer objektiv vergleichbaren Basis erfolgen. So gesehen erfüllen beide Kenngrößen ihren Zweck, und es erscheint zuerst einmal gleichgültig, welche zur Formulierung der Anforderungen herangezogen wird. Tatsächlich aber, und wie nicht anders zu erwarten, haben zwei unterschiedliche Methoden auch zwei unterschiedliche Absichten und Ziele.

Der A-bewertete Schalldruckpegel L_{AF} ist der mit der Frequenzbewertung A und der Zeitbewertung F (Fast) bewertete Schalldruckpegel. Beim maximalen A-bewerteten Schalldruckpegel $L_{AF,max}$ werden die auftretenden Geräuschspitzen (Maximalwerte) herangezogen und sind Maßstab der Beurteilung. Der maximale A-bewertete **Norm-Schalldruckpegel** $L_{AF,max,n}$ ergibt sich aus dem $L_{AF,max}$ durch den Bezug der Pegelgröße auf eine äquivalente Absorptionsfläche $A_0 = 10\ \text{m}^2$:

$$L_{AF,max,n} = L_{AF,max} + 10 \lg \frac{A}{A_0} \text{ dB} \tag{3.10}$$

wobei A die äquivalente Absorptionsfläche des Raumes ist. Mit dieser Normierung werden unterschiedliche Absorptionseigenschaften von Räumen auf eine einheitliche Absorption zurückgeführt, so dass unabhängig von der aktuellen Raumausstattung ein einheitlicher Beurteilungsmaßstab zugrunde gelegt werden kann.

Der Bezug auf eine äquivalente Absorptionsfläche von 10 m² führt zwar zu einer Vereinheitlichung und Vergleichbarkeit der unter verschiedenen raumakustischen Umständen gemessenen Schalldruckpegel, sinnvoller wäre aber der Bezug auf eine einheitliche Nachhallzeit T_0, wie es beim **Standard-Schalldruckpegel** der Fall ist. Dort wird auf $T_0 = 0{,}5$ s bezogen. Die entsprechende Größe, wie sie im Normentwurf DIN 4109-1:2006 verwendet wurde, ist dann der maximale A-bewertete Standard-Schalldruckpegel $L_{AF,max,nT}$:

$$L_{AF,max,nT} = L_{AF,max} - 10\lg\frac{T}{T_0}\ \text{dB} \qquad (3.11)$$

Diese Größe wird in VDI 4100:2012 [128] als kennzeichnende Größe zur Formulierung der Anforderungen verwendet.

Die Eliminierung spezifischer raumakustischer Eigenschaften kann rein methodisch also durch Bezug auf die äquivalente Absorptionsfläche A_0 oder auf die Nachhallzeit T_0 erfolgen. Grundsätzlich kann gesagt werden, dass die Absorptionsfläche eine rein physikalisch definierte und physikalisch bedeutsame Größe ist, die im Gegensatz zur Nachhallzeit für den Höreindruck keine maßgebliche Größe ist. Dazu kommt, dass sich übliche Wohnräume raumakustisch eher durch eine Nachhallzeit von 0,5 s als durch eine äquivalente Absorptionsfläche von 10 m^2 beschreiben lassen. Während, wie nachfolgend noch näher erörtert wird, in möblierten Räumen die Unterschiede der Nachhallzeiten i. d. R. gering sind und gut mit einem Wert von 0,5 s angenähert werden können, unterliegt die äquivalente Absorptionsfläche größeren Schwankungen. Bei einem kleinen Raum (Kinderzimmer mit V = 20 m^3) kann sie typischerweise z. B. 6 m^2 betragen, während bei einem größeren Raum (Wohnzimmer mit V = 100 m^3) ein Wert von z. B. 27 m^2 realistischen Bedingungen entspricht. Während sich in den beiden genannten Beispielen die auf die Nachhallzeit bezogenen Korrekturen der Standard-Schalldruckpegel kaum unterscheiden, ergibt sich beim Norm-Schalldruckpegel im Falle des Kinderzimmers eine Korrektur von ca. −2 dB, während sie beim Wohnzimmer ca. +4 dB beträgt. Beide Werte, die dann mit dem Anforderungswert zu vergleichen sind, unterscheiden sich, falls der gemessene Pegel gleich ist, also um 6 dB. Das kann bei der Einhaltung der Anforderungen durchaus eine wesentliche Rolle spielen. Nimmt man im vorliegenden Beispiel an, dass in beiden Räumen als Messwert $L_{AF,max}$ = 28 dB ermittelt wurde, was auch dem von den Bewohnern wahrgenommenen Pegel entspricht, dann ergibt sich durch die Korrektur als Norm-Schalldruckpegel für den kleinen Raum $L_{AF,max,n}$ = (28 − 2) = 26 dB und für den großen Raum $L_{AF,max,n}$ = (28 + 4) = 32 dB. Im ersten Fall wäre die Anforderung $L_{AF,max,n} \leq 30$ dB eingehalten, im zweiten Fall wäre der zulässige Wert überschritten. Hätte man stattdessen als kennzeichnende Größe für die Anforderungen den Standard-Schalldruckpegel festgelegt, dann hätte sich trotz Korrektur an dem gemessenen Pegelwert von 28 dB kaum etwas geändert. Es ist also nicht gleichgültig, ob als kennzeichnende Größe für die Anforderungen der Norm- oder der Standard-Schalldruckpegel anzusetzen ist.

Eine genauere Betrachtung erlauben die Angaben in DIN EN ISO 10052 [93]. Dort wird zur Berücksichtigung der unterschiedlichen raumakustischen Eigenschaften von Räumen das so genannte Nachhallmaß k eingeführt:

$$k = 10\lg\frac{T}{T_0}\ \text{dB} \qquad (3.12)$$

mit T_0 = 0,5 s.

Mit diesem Nachhallmaß ergibt sich der Standard-Schalldruckpegel zu

$$L_{AF,nT} = L_{AF} - k\ \text{dB} \qquad (3.13)$$

und der Norm-Schalldruckpegel zu

$$L_{AF,n} = L_{AF} - k - 10\lg\frac{A_0 \cdot T_0}{0{,}16\,V}\ \text{dB} \tag{3.14}$$

Diese Beziehung kann mit den genannten Zahlenwerten für A_0 und T_0 auch so geschrieben werden:

$$L_{AF,n} = L_{AF} - k - 10\lg\frac{31{,}25}{V}\ \text{dB} \tag{3.15}$$

Während beim Standard-Schalldruckpegel das Nachhallmaß zur Korrektur ausreicht, muss beim Norm-Schalldruckpegel zusätzlich noch das Raumvolumen berücksichtigt werden. Der volumenabhängige letzte Summand in Gl. (3.15) ist zugleich der Unterschied zwischen Standard- und Norm-Schalldruckpegel. Werte für das Nachhallmaß werden in DIN EN ISO 10052 in Tabelle 3 angegeben. Ein Auszug aus dieser Tabelle findet sich hier in Tabelle 3.20. Die dort genannten Werte wurden aus Umfragen in mehreren europäischen Ländern gewonnen.

Tabelle 3.20: Nachhallmaße *k* in dB in Oktavbändern und für A- oder C-bewertete Schalldruckpegel für möblierte Räume mit unterschiedlichem Volumen

	Oktavbänder [Hz]	**125**	**250**	**500**	**1000**	**2000**	**A, C**
$V < 15$ m³	Küchen	0	0	0	0	0	0
	Bäder	1	1	0	0	−0,5	0
	Sonstige	0	0	−0,5	−0,5	−1	−0,5
$15 \leq V < 35$ m³	Küchen	0	0,5	0	0	0	0
	Bäder	1,5	1,5	0,5	0,5	0	0,5
	Sonstige	0	0	0	0	−0,5	0
$35 \leq V < 60$ m³	Räume außer Küchen und Bäder	0,5	0,5	0,5	0	0	0
$60 \leq V < 150$ m³		0,5	0,5	0,5	0,5	0	0,5

Quelle: nach [93]

Eine genauere Betrachtung dieser Werte findet sich in [249], wo für ausgewählte Volumenbereiche möblierter Räume auch die statistischen Merkmale genannt werden. Im Volumenbereich $15 \leq V < 35$ m³ beträgt die Standardabweichung bei den in Tabelle 3.20 genannten Oktavpegeln 1 dB, im Volumenbereich $35 \leq V < 60$ m³ bis 250 Hz 1 dB und oberhalb 250 noch 0,5 dB.

Die Nachhallzeitkorrektur bewegt sich also bei allen möblierten Raumarten insgesamt um Werte von 0 dB mit einer sehr geringen Standardabweichung. Das, was von den Bewohnern in solchen Räumen wirklich gehört wird, wird beim Standard-Schalldruckpegel durch die Nachhallzeitkorrektur also nicht wesentlich verändert. Ein auf eine Nachhallzeit von $T_0 = 0{,}5$ s bezogener Schalldruckpegel wäre für Geräusche gebäudetechnischer Anlagen und aus Betrieben zur Beurteilung des Schallschutzes also die richtige Größe. Im Gegensatz dazu ergeben sich bei der Normierung der Schalldruckpegel auf $A_0 = 10\ m^2$ je nach Raumvolumen z. T. erhebliche Korrekturen. Beispiele für diese Korrektur für Räume unterschiedlichen Volumens bei einer jeweils angenommenen Nachhallzeit von 0,5 s zeigt Tabelle 3.21.

Tabelle 3.21: Korrektur von gemessenen Schalldruckpegeln in Räumen unterschiedlichen Volumens und einer Nachhallzeit von 0,5 s durch Bezug auf eine äquivalente Absorptionsfläche $A_0 = 10\ m^2$

Volumen [m^3]	**äquivalente Absorptionsfläche** A [m^2]	**Korrektur** $10 \lg A/A_0$ [dB]
15	4,9	–3,0
35	11,4	+0,6
60	19,6	2,9
150	48,9	6,9

Bei gleichem gemessenem Schalldruckpegel unterscheiden sich die Norm-Schalldruckpegel hier in einem Bereich von etwa 10 dB.

Genauso wie bei der für die Luftschallübertragung möglichen Größe $D_{nT,w}$ (siehe dazu Abschnitt 3.2.1) werden auch beim Standard-Schalldruckpegel Einwände wegen der vermeintlichen Abhängigkeit vom Raumvolumen gemacht. Diese „Abhängigkeit" ergibt sich aber nur, wenn man den Norm-Schalldruckpegel in einem Raum als gegebene, primäre Größe betrachtet. Dann suggeriert die Umrechnung der beiden Größen nach der folgenden Beziehung

$$L_{AF,nT} = L_{AF,n} + 10 \lg \frac{31{,}25}{V}\ \text{dB} \qquad (3.16)$$

dass der Standard-Schalldruckpegel im Gegensatz zum Norm-Schalldruckpegel eine volumenabhängige Größe sei. Geht man jedoch von einem tatsächlich gemessenen (und noch nicht normierten) Schalldruckpegel L_{AF} in einem Raum aus, dann zeigt sich (bei möblierten Räumen) entsprechend den in Tabelle 3.20 und Tabelle 3.21 gezeigten Verhältnissen, dass sich beim Bezug auf die Nachhallzeit ($L_{AF,nT}$) bei unterschiedlichen Raumvolumina nur wenig gegenüber dem gemessenen Wert ändert, während beim Bezug auf die äquivalente Absorptionsfläche ($L_{AF,n}$) volumenabhängige Änderungen in der Größenordnung von bis zu 10 dB auftreten können. Die wirkliche volumenabhängige Größe ist also, entgegen der immer wieder vorgebrachten Meinung, der Norm- und nicht der Standard-Schalldruckpegel.

Diese Aussage ergibt sich unmittelbar auch aus Gl. (3.10), wenn dort für die äquivalente Absorptionsfläche $A = 0{,}16\ V/T$ gesetzt wird. Dann gilt

$$L_{AF,n} = L_{AF} + 10 \lg \frac{0{,}16 V/T}{A_0} = L_{AF} + 10 \lg \frac{V}{T} - 18\ \text{dB} \qquad (3.17)$$

Wenn, wie bereits festgestellt, in üblichen (möblierten) Räumen die Nachhallzeit etwa 0,5 s beträgt, dann ist der Norm-Schalldruckpegel $L_{AF,n}$ (im Wesentlichen) eine vom Raumvolumen abhängige Größe.

Wie schon beim Norm-Trittschallpegel gezeigt wurde, ist auch ein Norm-Schalldruckpegel letztlich eine Kenngröße für den Pegel der übertragenen Schallleistung L_W. Dieser ist nach Abschnitt 4.3.1 unter Diffusfeldbedingungen, wenn L der Schalldruckpegel im diffusen Schallfeld ist:

$$L_W = L + 10\lg\frac{A \cdot p_0^2}{4\rho c \cdot W_0} = L + 10\lg\frac{A}{4}\ \text{dB} \tag{3.18}$$

Im Vergleich mit dem Norm-Schalldruckpegel in Gl. (3.10) unterscheiden sich beide nur um den konstanten Wert 10 lg 10/4, was einem Unterschied von 4 dB entspricht. Es gilt also

$$L_W = L_n + 4\ \text{dB} \tag{3.19}$$

Wird die Anforderung, wie in DIN 4109-1, über einen Norm-Schalldruckpegel gestellt, so wird damit de facto nichts anderes gemacht, als die in einen schutzbedürftigen Raum übertragene Schallleistung einer gebäudetechnischen Anlage zu begrenzen. Damit liegt zwar eine physikalisch korrekte Behandlung der Übertragung vor, die aber für den tatsächlichen Schallschutz nicht die relevante Größe liefert. Nicht die in einen Raum übertragene Schallleistung ist maßgebend für die Hörwahrnehmung, sondern der Schalldruck, der im Raum auf das Ohr eintrifft. Das Ohr ist (am Trommelfell) quasi ein Druckempfänger, und der Reiz, der zur Hörempfindung führt, ist der Schalldruck [250], nicht aber die in den Raum übertragene Schallleistung. So beruht auch die Definition der Lautstärke auf dem Vergleich eines Schallereignisses mit dem Schalldruck eines Referenzsignals. Eine am Schallschutz orientierte Größe sollte also nicht der Norm-Schalldruckpegel sein. Damit kommt man als geeignete Größe zwangsläufig zum Standard-Schalldruckpegel, der einen lediglich auf eine einheitliche Nachhallzeit korrigierten Schalldruckpegel darstellt und zur Beurteilung des Schallschutzes die sinnvollere Größe ist. Vor allem wenn es um den Mindestschallschutz wie in DIN 4109-1 geht, sollte eine Größe gewählt werden, die dem wahrgenommenen Geräusch im schutzbedürftigen Raum am ehesten entspricht. In diesem Zusammenhang spricht auch für den Standard-Schalldruckpegel, dass bei seiner messtechnischen Bestimmung das Raumvolumen (im Gegensatz zum Norm-Schalldruckpegel) nicht bestimmt werden muss, was insbesondere bei offenen Grundrissen erhebliche Unsicherheiten vermeidet.

Es ist also nicht gleichgütig, ob eine Norm zum baulichen Schallschutz für die Festlegung von Anforderungen den Norm- oder den Standard-Schalldruckpegel als kennzeichnende Größe wählt. Bei der Formulierung von Anforderungen steht eine Schallschutznorm grundsätzlich vor der Wahl, ob sie sich für die physikalische, leistungsbasierte Beschreibung der Schallübertragungsvorgänge (ausgedrückt durch R'_w, $L'_{n,w}$ und $L_{AF,max,n}$) entscheidet oder mit den Größen $D_{nT,w}$, $L'_{nT,w}$ und $L_{AF,max,nT}$ eine Beschreibung wählt, die den wahrnehmbaren Schallschutz im Blick hat. Nach dem gescheiterten Versuch des Normentwurfs DIN 4109-1: 2006, die zweite Variante als Schallschutzkonzept der DIN 4109 einzuführen, hat sich die DIN 4109 mit der Neuausgabe von DIN 4109-1:2016 dazu entschlossen, das alte Konzept weiterzuführen, anstatt einem konsequenten Schallschutz den Weg zu ebnen.

Um Missverständnissen vorzubeugen, muss allerdings gesagt werden, dass die Wahl des Standard-Schalldruckpegels denselben Einschränkungen wie der Norm-Schalldruckpegel unterliegt, wenn es um die als diffus angenommenen Schallfeldbedingungen geht. Es wäre aber falsch, diese „Abweichungen von der reinen Lehre“ alleine dem Standard-

Schalldruckpegel zuzuschreiben oder generell sogar allen so genannten „nachhallzeitbezogenen“ Größen, wie es aus Unkenntnis der methodischen Voraussetzungen immer wieder geschieht.

Damit erweist sich eine weitere, gegenüber dem $L_{AF,nT}$ genauso wie gegenüber dem $L'_{nT,w}$ und dem $D_{nT,w}$ immer wieder als Gegenargument vorgebrachte Aussage als hinfällig. So wird behauptet, dass bei den „nachhallzeitbezogenen“ (gelegentlich auch „raumbezogenen“) genannten Größen $D_{nT,w}$, $L'_{nT,w}$ und $L_{AF,nT}$ im Gegensatz zu den „bauteilbezogenen“ Größen R'_w, $L'_{n,w}$ und $L_{AF,n}$ die Position der im Raum anwesenden Person eine Rolle spiele. Als Paradebeispiel wird dann darauf hingewiesen, dass sich (bei größeren Räumen) in der Realität nahe der Trennwand gegenüber einem weiter entfernt liegenden Ort im Raum ein deutlich schlechterer Schallschutz ergäbe, als er durch $D_{nT,w}$ oder $L_{AF,nT}$ suggeriert werde. Es wird in diesem Zusammenhang darauf verwiesen, dass bei den „nachhallzeitbezogenen“ Größen „ein theoretisches Modell für Mittelungspegel“ zugrunde gelegt werde, das aber unzutreffend sei, da in realen größeren Räumen eine entfernungsabhängige Abnahme des Schalldruckpegels auftrete. Es wird bei dieser Betrachtungsweise allerdings übersehen, dass diese Feststellung lediglich aus den Abweichungen von den idealen Diffusfeldbedingungen folgt und in gleichem Maße selbstverständlich auch für die „bauteilbezogenen“ Größen gilt. Genauso wie bei der messtechnischen und rechnerischen Ermittlung der „nachhallzeitbezogenen“ Größen $D_{nT,w}$, $L'_{nT,w}$ und $L_{AF,nT}$ von diffusen Schallfeldern in den Räumen ausgegangen wird, ist das in exakt derselben Art und Weise auch bei den „bauteilbezogenen“ Größen R'_w, $L'_{n,w}$ und $L_{AF,n}$ der Fall. Es gibt aus methodischen Gründen hier keinen Unterschied zwischen den unterschiedlichen Größen. Es gibt allerdings in der Realität beliebige Abweichungen von der idealisierenden Annahme diffuser Schallfelder. Diese betreffen aber beide Arten von Kennwerten gleichermaßen. Mit diesem Sachverhalt ist die gesamte Bauakustik in Theorie und Praxis ständig konfrontiert, nicht alleine nur aber die „nachhallzeitbezogenen“ Größen.

Beurteilungspegel

Im Schallimmissionsschutz wird der Beurteilungspegel zum Vergleich mit vorgegebenen Immissionsrichtwerten einschlägiger Verordnungen, Vorschriften oder Richtlinien verwendet. Er dient zur Kennzeichnung und Beurteilung der mittleren Geräuschbelastung mit zeitlich schwankenden Schalldruckpegeln während einer bestimmten Beurteilungszeit. In der TA Lärm [140] und anderen Regelwerken ist er die maßgebliche Kenngröße für die Immissionsrichtwerte. DIN 4109-1 verwendet ihn zur Formulierung der Anforderungen an Betriebe, die baulich mit dem Gebäude verbunden sind.

Grundlage des L_r ist der Mittelungspegel L_{Aeq}, der nach DIN 45641 [53] als zeitlicher Mittelwert während einer bestimmten Beurteilungszeit aus dem zeitlichen Verlauf des A-bewerteten Schalldruckpegels des zu beurteilenden Geräuschs bestimmt wird. Entsprechend der vorliegenden Geräuschsituation sind bei Bedarf Zuschläge für besondere Auffälligkeiten des Geräuschs (Ton- und Informationshaltigkeit, Impulshaltigkeit) und für Tageszeiten mit erhöhter Empfindlichkeit zu erteilen. Näheres ist den Regelwerken [55], [140] und der einschlägigen Literatur (z. B. [251]) zu entnehmen.

Während für die Geräusche gebäudetechnischer Anlagen die Einhaltung der Anforderungen hinsichtlich der maximal auftretenden Pegel zu überprüfen ist, wird den Geräuschen aus

Betrieben durch den Beurteilungspegel ein zeitlicher Mittelwert über eine vorgegebene Beurteilungszeit zugrunde gelegt. Dennoch gibt es auch in diesem Konzept eine Begrenzung von Pegelspitzen, so dass diese nicht grundsätzlich im Mittelwert verschwinden. Das geschieht durch eine zusätzliche Betrachtung der Pegelspitzen, für die wie bei den gebäudetechnischen Anlagen der maximale A-bewertete Schalldruckpegel heranzuziehen ist. Dieser darf die in Tabelle 9 der DIN 4109-1 für verschiedene Tageszeiten und Raumarten spezifizierten Werte des Beurteilungspegels um nicht mehr als 10 dB überschreiten.

Ergänzend heißt es dazu in DIN 4109-1 Tabelle 1, Zeile 6 für Betriebe: „Zusätzlich ist der maximale Norm-Schalldruckpegel $L_{AF,max,n}$ zu ermitteln“. Die Anforderungen an Betriebe in Tabelle 9 nennen dagegen nur den $L_{AF,max}$, so dass dort der Bezug der Messgröße auf eine äquivalente Absorptionsfläche von 10 m^2 nicht genannt wird.

Schon in der DIN 4109:1989 gab es die Begrenzung von Pegelspitzen bei den Geräuschen von Betrieben. Dort wurde die Messgröße allerdings nicht explizit genannt. Es hieß in Abschnitt 4.1 dieser Norm lediglich: „Einzelne, kurzzeitige Spitzenwerte des Schalldruckpegels dürfen die ... angegebenen Werte um nicht mehr als 10 dB überschreiten.“ Das ist dieselbe Formulierung, die sich (mit datiertem Bezug auf DIN 4109:1989) auch in der TA Lärm [140] findet. Dort heißt es in Abschnitt 2.8 (Kurzzeitige Geräuschspitzen) aber präzisierend: „Kurzzeitige Geräuschspitzen werden durch den Maximalpegel $L_{AF,max}$ des Schalldruckpegels L_{AF}(t) beschrieben.“ Die TA Lärm kennt somit den normierten Schalldruckpegel $L_{AFmax,n}$ nicht. Offensichtlich wurde in DIN 4109-1 die in Tabelle 1 vorgenommene Präzisierung hinsichtlich der Normierung auf 10 m^2 nicht in Tabelle 9 übernommen. DIN 4109-4 [39] liefert dazu keine weitergehenden Aussagen. Da DIN 4109-1 in Tabelle 9 bei gebäudetechnischen Anlagen den auf 10 m^2 bezogenen $L_{AF,max,n}$ verwendet, sollte man das bei den Pegelspitzen von Betrieben ebenfalls tun, so wie es in Tabelle 1 vorgesehen ist.

3.6.2.2 Historische Entwicklung der kennzeichnenden Größen $L_{AF,max}$ und L_r

Bereits in **DIN 4109:1962** [7] Abschnitt 5.1 (Haustechnische Gemeinschaftsanlagen und gewerbliche Betriebe) werden die Anforderungen an Geräusche gebäudetechnischer Anlagen und Betriebe durch einen bewerteten Schallpegel gestellt:

> Die Lautstärke solcher Geräusche darf in Wohn-, Schlaf- und Arbeits- (z. B. Büro-) räumen, in Raummitte gemessen, 30 DIN-Phon nach DIN 5045 nicht überschreiten.

In einer Fußnote heißt es zusätzlich zur DIN 5045:

> DIN 5045 – Messgeräte für DIN-Lautstärken, Richtlinien –, jedoch immer gemessen mit Bewertungskurve 2. In Zweifelsfällen ist auf A_0 = 10 m^2 zu beziehen.

Die DIN-Lautstärkemesser nach DIN 5045 [44] dienten der Messung von Lautstärkepegeln in DIN-phon. Sie waren mit 3 so genannten Ohrkurvenfiltern ausgestattet, mit denen für verschiedene Pegelbereiche die Kurven gleicher Lautstärke angenähert wurden. Die DIN-Kurve 2 war für Lautstärkepegel zwischen 30 DIN-phon bis 60 DIN-phon vorgesehen. Diese entspricht etwa der heutigen A-Bewertungskurve. Anstelle von Lautstärkepegeln in DIN-phon werden heute bewertete Schalldruckpegel verwendet. Eine Anforderung von 30 DIN-phon mit Bewertungskurve 2 kann somit in die noch heute gültige Anforderung von 30 dB übersetzt werden. Damit hat DIN 4109:1962 die ersten wesentlichen, noch heute gültigen Festlegungen getroffen: es wurde die A-Bewertung eingeführt, das Schallschutzniveau wurde auf einer heute (mit Modifikationen) noch gültigen Ebene festgelegt, und auch der Bezug auf A_0 = 10 m^2 wurde bereits vorweggenommen. Alle späteren Vorgaben der DIN 4109 basieren auf diesen Festlegungen.

Im **Entwurf DIN 4109 Teil 5:1979** [14] heißt es dann in Abschnitt 3 (Kennzeichnende Größen für den Schallschutz gegenüber Geräuschen aus haustechnischen Anlagen und Betrieben):

> Zur Beurteilung des Lärms, der von haustechnischen Anlagen oder von Betrieben ausgeht, dient der A-bewertete Schallpegel, im folgenden Schallpegel genannt. Dabei ist der zeitlich maximal auftretende Schallpegel zugrunde gelegt.

Damit wird auf die mittlerweile aktuellen Bezeichnungen umgestellt, vor allem aber wird präzisiert, dass die maximalen Schalldruckpegel für die Beurteilung heranzuziehen sind.

Im Abschnitt 5 dieses Normentwurfs wird auch auf den Nachweis durch Messungen eingegangen und dabei auf das messtechnische Vorgehen nach DIN 52219 [67] verwiesen, das nicht nur für die Anlagen der Wasserinstallation, sondern analog auch für Geräusche anderer gebäudetechnischer Anlagen oder von Anlagen und Einrichtungen in Betrieben gilt. Dazu heißt es:

> Maßgeblich ist der maximal auftretende Schallpegel; einzelne, selten auftretende, kurzzeitige Schallpegelspitzen dürfen unberücksichtigt bleiben.

In einer Fußnote 4) heißt es zusätzlich:

> Das hier angegebene Mess- und Beurteilungsverfahren unterscheidet sich wegen der Besonderheiten haustechnischer Anlagen (keine definierte zeitliche Folge der Geräusche, z. B. bei Heizungen oder Installationsbenutzung) von dem Mess- und Beurteilungsverfahren der TA-Lärm oder VDI 2058, wo eine zeitliche Mittelung über die störenden Geräusche vorgenommen wird. Dieses Verfahren wird auch auf Geräusche aus Betrieben angewandt, um in dieser Norm für alle in Aufenthaltsräume übertragenen Geräusche ein einheitliches Mess- und Bewertungsverfahren festzulegen.

Um über ein einheitliches Konzept für alle Geräusche aus Anlagen und Betrieben zu verfügen, wurde bewusst der Bezug zu den Regelwerken des Schallimmissionsschutzes (TA Lärm und VDI 2058) vermieden. Somit wurde für die Geräusche aus Betrieben ebenfalls der $L_{AF,max\,(n)}$ und nicht wie später der Beurteilungspegel L_r als kennzeichnende Größe für die Anforderungen angesetzt.

Das änderte sich dann im Normentwurf **DIN 4109 Teil 5 von 1984** [19]. Dort heißt es zwar in Abschnitt 4.1 (Zulässige Schallpegel in schutzbedürftigen Räumen) noch:

> Der kennzeichnende Schallpegel für Geräusche aus haustechnischen Anlagen und aus Betrieben, wie Imbißstuben, Gaststätten, Kegelbahnen, Tanzlokale, Theater, Lichtspielhäuser und ähnliches, ist der maximale Schallpegel L_{AF} nach DIN 52219 (z. Z. Entwurf).

Hier bleibt es also (vorerst) bei der Bewertung durch maximale Schalldruckpegel. Weiter wird aber ausgeführt:

> Der kennzeichnende Schallpegel für Geräusche aus anderen Betrieben ist der Beurteilungspegel nach DIN 45645 Teil 1, Abschnitt 4.4.2. Einzelne, kurzzeitige Spitzenwerte des Schallpegels dürfen die in Tabelle 1, Zeile 2, angegebenen Werte um nicht mehr als L_{AF} = 10 dB überschreiten.

Damit wird erstmals in der DIN 4109 auch der Beurteilungspegel als kennzeichnende Größe für Anforderungen genannt.

Einen Schritt weiter geht dann der Weißdruck **DIN 4109:1989**. In Abschnitt 2.2 (Kennzeichnende Größen für Schalldruckpegel haustechnischer Anlagen und aus Betrieben) wird der Beurteilungspegel nun für alle Arten von Betrieben vorgesehen, so dass es dafür eine einheitliche Vorgehensweise gibt. Neu ist auch, dass bei den gebäudetechnischen Anlagen eine Differenzierung der kennzeichnenden Größen vorgenommen wird. Eigentlich bleibt es für diese Kategorie von Geräuschquellen bei einem maximalen Schalldruckpegel $L_{AF,max}$. Direkt benannt wird er allerdings nur für „sonstige haustechnische Anlagen“. Das sind alle außer denjenigen der Wasserinstallation. Als Anforderungsgröße wird der auf die Absorptionsfläche normierte maximale Schalldruckpegel $L_{AF,max,n}$ aber nicht explizit erwähnt. Lediglich aus dem Hinweis auf DIN 52219 [67] in Tabelle 2 kann abgeleitet werden, dass für die kennzeichnende Größe $L_{AF,max}$ der Bezug auf A_0 = 10 m^2 vorzunehmen ist.

Für Geräuschquellen der Wasserinstallation wird der Installations-Schallpegel L_{In} als neue Größe in die Anforderungen eingebracht. DIN 4109:1989 sagt dazu in Abschnitt 4 (Schutz gegen Geräusche aus haustechnischen Anlagen und Betrieben):

> Der Installations-Schallpegel L_{In} der Wasserinstallationen wird nach DIN 52219 bestimmt.

Damit wird eine Anforderungsgröße unmittelbar durch eine messtechnisch zu ermittelnde Größe definiert. Um welche Größe es sich dabei handelt, muss durch den Blick in die DIN 52219:1993 [67] erschlossen werden. Dort wird im Endergebnis nichts anderes gemacht, als den $L_{AF,max,n}$ als relevante Größe zu benennen. Allerdings muss diese Anweisung stückweise zusammengesucht werden, da es in dieser Norm (Abschnitt 2.3) zuerst einmal nur heißt:

> Der Installations-Schallpegel L_{In} ist der in Gebäuden bei Gebrauch einer Armatur gemessene A-bewertete Schallpegel L_A.

In Abschnitt 3 (Messgeräte) wird dann ergänzt, dass die Messungen mit Zeitbewertung F (Fast) durchzuführen sind. Abschnitt 4.3 (Berücksichtigung der Schallabsorption) weist noch darauf hin, dass sich der L_{In} durch Bezug auf $A_0 = 10\ m^2$ ergibt. Vollständig werden die Vorgaben für die Mess-(und Anforderungs-)Größe schließlich durch Abschnitt 4.2 (Messung des Installations-Schallpegels L_{In} der Anlage), wo folgende Angabe zur Messdurchführung formuliert wird:

> Als Messwert gilt bei Untersuchung von Auslaufarmaturen und Klosett-Spüleinrichtungen der größte A-bewertete Schallpegel, der sich bei dreimaligem Öffnen und Schließen der Armatur im energetischen Mittel ergibt.

So ergibt sich schließlich für den L_{In} als relevante Messgröße insgesamt ein $L_{AF,max,n}$. Neben diesen rein messtechnisch zu betrachtenden Festlegungen zu dieser Größe gibt es aber weitere Festlegungen, die mit der eigentlichen Messtechnik nichts zu tun haben, sondern direkt aus der Umsetzung von Anforderungen der DIN 4109:1989 stammen. Dazu findet sich in Abschnitt 4.2 folgende Formulierung:

> Einzelne, kurzzeitige Spitzen, die beim Betätigen der Armaturen und Geräte (Öffnen, Schließen, Umstellen, Unterbrechen u. a.) entstehen, sind zur Zeit nicht zu berücksichtigen.

Diese Formulierung gibt es wortwörtlich schon in den Anforderungen der DIN 4109:1989, wo sie als Fußnote 1) in der Anforderungstabelle 4 auftaucht. In früheren Ausgaben der DIN 52219 war diese Formulierung nicht enthalten. Sie wurde erst in die Ausgabe von 1993 aufgenommen, nachdem DIN 4109:1989 die Betätigungsgeräusche von den Anforderungen ausgeschlossen hatte. Auf die Hintergründe und beträchtlichen Konsequenzen dieser Vorgabe wird in Abschnitt 3.6.3.3 ausführlich eingegangen.

3.6.2.3 A-Bewertung für Geräusche von haustechnischen Anlagen und aus Betrieben

Vom menschlichen Gehör werden Töne mit unterschiedlichen Schalldruckpegeln meistens auch unterschiedlich laut wahrgenommen. Der Schalldruckpegel als eine physikalische Größe, die auch messtechnisch bestimmbar ist, ist aufgrund der Wahrnehmungseigenschaften des Gehörs allerdings nicht unmittelbar als Maß für die wahrgenommene Lautstärke geeignet. Auf unterschiedliche Art und Weise wird deshalb versucht, bei der Beurteilung von Geräuschen den psychoakustischen Bedingungen Rechnung zu tragen. An dieser Stelle kann nur auf ein paar wenige Aspekte der Beurteilung eingegangen werden. Für eine weiterführende Beschäftigung mit diesem Thema sei auf die einschlägige Literatur, z. B. [259], [252], [253] und [254] verwiesen. Die Kurven gleicher Lautstärkepegel, wie sie in ISO 226 [87] angegeben werden, stellen (für reine Töne) einen Zusammenhang zwischen dem Schalldruckpegel L (in dB) und dem Lautstärkepegel L_N (in phon) dar (siehe Bild 3.12).

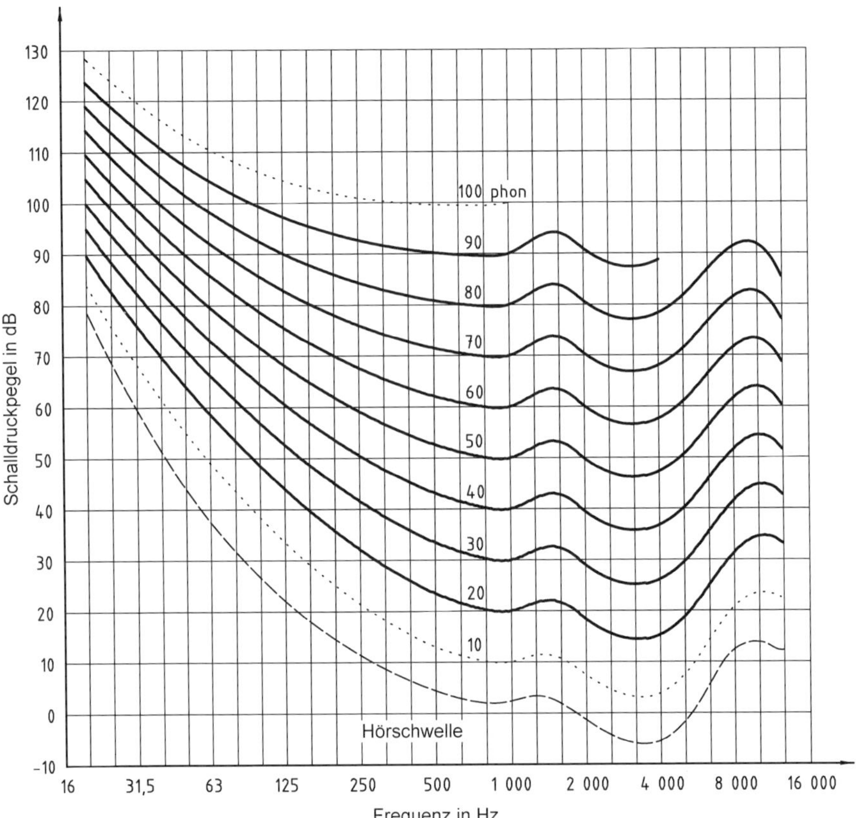

Quelle: [87]

Bild 3.12: Kurven gleicher Lautstärkepegel für reine Töne im freien Schallfeld

Alle Töne, die auf derselben Kurve liegen, werden als gleichlaut empfunden. Man erkennt, dass eine ausgeprägte Frequenzabhängigkeit vorliegt. Besonders bei tiefen Frequenzen ist die Empfindlichkeit gegenüber dem als Referenzton dienenden 1 000-Hz-Ton deutlich geringer. Der Zusammenhang zwischen Frequenz und Lautstärkewahrnehmung ist allerdings stark vom Pegel abhängig. Es ist also nicht trivial, die wahrgenommene Lautstärke eines Schallsignals messtechnisch oder durch entsprechende Signalverarbeitung nachzubilden. Die verbreitetste Methode zur Annäherung an eine „gehörrichtige" Bewertung, die auch in den Regelwerken zum Schallschutz Eingang gefunden hat, ist die Verwendung von Bewertungskurven, die der Empfindlichkeit des menschlichen Gehörs in bestimmten Bereichen des Lautstärkepegels nachempfunden werden. Genormt wurden dafür anfänglich die Bewertungskurven A, B, C und D, die für bestimmte Lautstärkebereiche stehen. Die A-Bewertung wurde aus der 40-phon-Kurve abgeleitet, die B-Bewertung aus der 70-phon-Kurve und die C-Bewertung aus der 100-phon-Kurve. So stehen im Prinzip für unterschiedliche Pegelbereiche die dafür geeigneten Bewertungskurven zur Verfügung. Von allen Kurven hat weltweit allerdings nur die A-Kurve Eingang in Verordnungen und Regelwerke gefunden. In der aktuellen Norm für Schallpegelmesser [112] sind nur noch die Kurven für die A- und C-Bewertung normativ festgelegt. Die anderen haben keine aktuelle Bedeutung mehr.

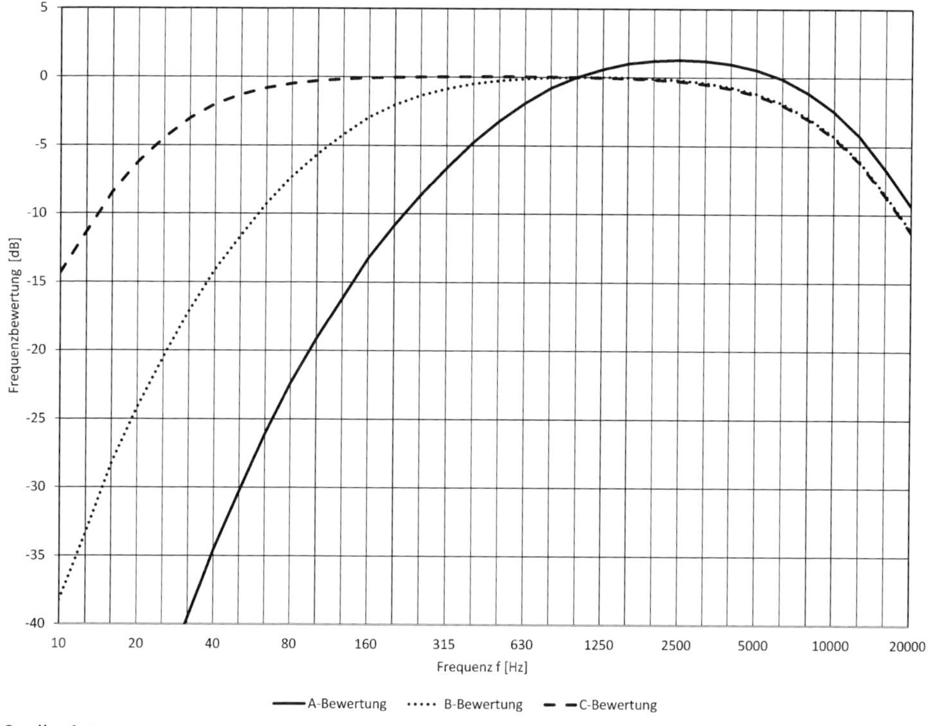

Quelle: Autoren

Bild 3.13: Bewertungskurven A, B und C nach DIN 45633-1

Die numerische Angabe der Frequenzbewertungen A und C enthält Tabelle 3.22.

Tabelle 3.22: Frequenzbewertungen nach DIN EN 61672-1 [84] in Terzbändern

Nennfrequenz	Frequenzbewertungen	
	A	C
10	−70,4	−14,3
12,5	−63,4	−11,2
16	−56,7	−8,5
20	−50,5	−6,2
25	−44,7	−4,4
31,5	−39,4	−3,0
40	−34,6	−2,0
50	−30,2	−1,3
63	−26,2	−0,8
80	−22,5	−0,5
100	−19,1	−0,3

Nennfrequenz	Frequenzbewertungen	
	A	C
125	−16,1	−0,2
160	−13,4	−0,1
200	−10,9	0,0
250	−8,6	0,0
315	−6,6	0,0
400	−4,8	0,0
500	−3,2	0,0
630	−1,9	0,0
800	−0,8	0,0
1 000	0	0
1 250	+0,6	0,0
1 600	+1,0	−0,1
2 000	+1,2	−0,2
2 500	+1,3	−0,3
3 150	+1,2	−0,5
4 000	+1,0	−0,8
5 000	+0,5	−1,3
6 300	−0,1	−2,0
8 000	−1,1	−3,0
10 000	−2,5	−4,4
12 500	−4,3	−6,2
16 000	−6,6	−8,5
20 000	−9,3	−11,2

Auch die DIN 4109 hat sich schon früh, anfänglich noch mit der DIN-Kurve 2 für DIN-Lautstärkemesser nach DIN 5045 [44], für die A-Bewertung entschieden. Berechtigt ist die Frage, ob diese Bewertungsart den hier betrachteten Geräuschen von gebäudetechnischen Anlagen und Betrieben gerecht wird.

Als Schutzziel geht man bei Pegeln in schutzbedürftigen Innenräumen, verursacht durch baulich verbundene Betriebe, nach TA Lärm und DIN 4109-1 von Werten zwischen 25 bis 35 dB (je nach Art des Geräusches, des schutzbedürftigen Raumes und der Tageszeit) aus. Nimmt man noch die Begrenzung kurzzeitiger Geräuschspitzen ($L_{AF,max}$ nicht mehr als 10 dB über dem Immissionsrichtwert nach TA Lärm bzw. dem Anforderungswert nach DIN 4109-1) hinzu, so kommt man auf einen relevanten Bereich zwischen 25 und 45 dB. Auch die Geräusche der gebäudetechnischen Anlagen können (unter Berücksichtigung von Pegelspitzen) in diesem Bereich angesiedelt werden. Die A-Bewertung liefert also für den vorliegenden in Frage kommenden Pegelbereich eine durchaus angemessene Frequenzbewertung. Die Einwendungen, die gegenüber der A-Bewertung bei der Beurteilung hoher Pegel im Rahmen der Lärmminderung gemacht werden, sind hier nicht zutreffend. Es bleibt aber das grundlegende Problem, dass bei der A-Bewertung (wie auch bei allen Kurven gleichen Lautstärkepegels) letztlich nur die Lautstärkewahrnehmung bei reinen Tönen bzw. schmalbandigen Geräuschen abgebildet wird. Da bei gebäudetechnischen Anlagen in sehr vielen Fällen breitbandige Geräusche vorliegen, kann die aktuell vorgenommene Bewertung nur als eine eher grobe Annäherung an eine gehörrichtige Beurteilung betrachtet werden. Es ist bekannt, dass bei gleichem A-Schallpegel breitbandige Geräusche gegenüber schmalbandigen Schallsignalen eine deutlich höhere Lautheit aufweisen (zum Begriff der Lautheit siehe nachfolgenden „Exkurs“). Nach Fastl [255] zeigt sich, „dass bei gleichem Schallpegel breitbandige Geräusche als wesentlich lauter wahrgenommen werden als schmalbandige Geräusche. [...] Lediglich bei sehr geringen Lautheiten (0,05 sone) spielt die Bandbreite der Geräusche für die Lautstärkewahrnehmung keine Rolle mehr.“ Beispiele, bei denen sich trotz gleicher Schalldruckpegel sehr unterschiedliche Lautheiten ergeben, finden sich in [254].

Über die tatsächliche, subjektiv wahrgenommene Lautstärke kann mit einem A-bewerteten Schalldruckpegel somit keine abschließende Aussage getroffen werden. Noch viel weniger ist er ein Maß für die empfundene Lästigkeit eines Schallsignals. Relevante Merkmale, die bei der so genannten psychoakustischen Lästigkeit eine Rolle spielen (Lautheit, Rauigkeit, Schärfe, Schwankungsstärke und Ausgeprägtheit der Tonhöhe), sind damit in keiner Weise berücksichtigt. Auch bezüglich der Beurteilung anhand dieser Merkmale sei auf die zuvor genannte Literatur verwiesen. In die Festlegung von Anforderungen haben solche psychoakustisch hergeleiteten Merkmale bis jetzt noch nicht Eingang gefunden.

3.6.2.4 Exkurs zur Lautheitsbewertung

Lautstärkepegel bieten die Möglichkeit, für verschiedene Schallereignisse eine Aussage zu treffen, ob sie gleich laut oder unterschiedlich laut wahrgenommen werden. Nachteilig ist bei den Lautstärkepegeln aber, dass sie keine direkte Skalierung für die wahrgenommene Lautstärkeempfindung bieten. Es ist also nicht möglich, eine Aussage zum wahrgenommenen Unterschied der Lautstärke zu erhalten. Deshalb wurde unter dem Begriff „Lautheit“ eine Größe definiert, die zu einer linearen Skala für die Lautheit N (Einheit: sone) führt. Zahlenmäßige Verhältnisse der Lautheit zweier Schallereignisse sind zugleich das Verhältnis der wahrgenommenen Lautstärkeempfindung. So verdoppelt oder halbiert sich die Lautstärkeempfindung bei Verdoppelung oder Halbierung der Lautheit. Beispielsweise ist ein Schallereignis mit $N = 10$ sone doppelt so laut wie ein Ereignis mit $N = 5$ sone. Es wird festgelegt, dass ein Schallereignis mit dem Lautstärkepegel $L_N = 40$ phon einer Lautheit $N = 1$ sone entspricht.

Zwischen dem Lautstärkepegel L_N und der Lautheit N besteht nach DIN 45631 [49] folgender Zusammenhang, der in Bild 3.14 auch grafisch dargestellt wird:

Für $N > 1$ gilt

$$N = 2^{0,1(L_N/\text{phone}-40)} \text{ sone} \tag{3.20}$$

bzw.

$$L_N = 40 + 33{,}2 \lg(N/\text{sone}) \text{ phon} \tag{3.21}$$

für $N < 1$ gilt

$$L_N = 40(N/\text{sone} + 0{,}0005)^{0,35} \text{ phon} \tag{3.22}$$

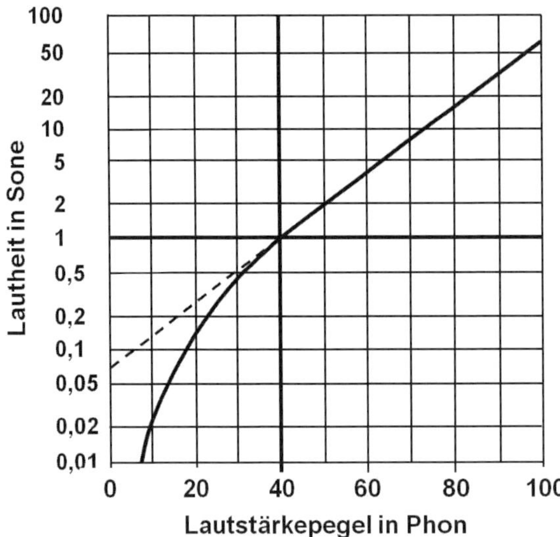

Quelle: Autoren

Bild 3.14: Zusammenhang zwischen Lautstärkepegel L_N und Lautheit N

Im Bereich 40 bis 120 phon führt ein Unterschied des Lautstärkepegels L_N von 10 phon zu einer Verdoppelung bzw. Halbierung der Lautheit. Bei Lautstärkepegeln, die kleiner als 40 phon sind, genügen dafür schon kleinere Änderungen. Tabelle 3.23 zeigt für Schallsignale unterhalb 40 phon die Lautstärkepegel, die sich für eine jeweilige Halbierung der Lautheit ergeben. Es ergibt sich, dass mit kleiner werdenden Lautstärkepegeln ein immer kleinerer Unterschied benötigt wird, um eine Halbierung der Lautheit zu erzielen.

Tabelle 3.23: Lautstärkepegel bei fortschreitender Halbierung der Lautheit

Lautheit [sone]	**Lautstärkepegel** [phon]
1	40
0,5	31,4
0,25	24,6
0,125	19,3
0,0625	15,2

Geräusche gebäudetechnischer Anlagen haben in schutzbedürftigen Räumen i. d. R. A-bewertete Schalldruckpegel unter 40 dB, so dass man näherungsweise die Lautheit mit $N < 1$ annehmen kann. Die Verhältnisse aus Tabelle 3.23 können deshalb für Geräusche gebäudetechnischer Anlagen als Anhaltspunkt herangezogen werden. Bei 25 phon werden für eine Verdoppelung der Lautheit ca. 7 phon und für eine Halbierung ca. 5,4 phon benötigt, im Mittel also etwa 6 phon. Bei einem Schallsignal von 1 000 Hz entspricht das auch einem Pegelunterschied von 6 dB. Wäre das Signal tieferfrequent (100 Hz), dann würde dazu im Mittel ein Pegelunterschied von etwa 5 dB genügen. Bei kleineren Pegeln und tieferen Frequenzen genügen also schon kleinere Pegelunterschiede, um zu einer merklichen Veränderung der wahrgenommenen Lautheit zu gelangen. Aus diesen Erkenntnissen lassen sich Folgerungen für die Festlegung unterschiedlicher Stufen des Schallschutzniveaus ableiten. Als eine wesentliche und merkbare Änderung, die z. B. für eine unstrittige Festlegung unterschiedlicher Qualitätsstufen des Schallschutzes herangezogen werden kann, kann die Halbierung der Lautheit betrachtet werden. In [256] und [257] wurde auf derartige Erkenntnisse zurückgegriffen, um für den DEGA-Schallschutzausweis [148] eine sinnvolle Abstufung der Schallschutzklassen herzuleiten.

Die zuvor genannten Beziehungen gelten allerdings nur für Sinustöne. Bei breitbandigen Signalen sind sie nicht zutreffend. Aussagen zu realen Geräuschen wie z. B. von gebäudetechnischen Anlagen, die auf dieser Basis getroffen werden, sind daher nur als eine Näherung und nicht als exakte quantitative Beschreibung zu betrachten.

Eine Behandlung von Signalen unterschiedlicher spektraler Eigenschaften (schmal- oder breitbandig) erlaubt die Lautheitsermittlung nach Zwicker, die in DIN 45631 [49] für stationäre Geräusche genormt wurde und in der Ergänzung von 2010 [50] auch auf zeitinvariante Geräusche erweitert wurde. Damit besteht die Möglichkeit, unterschiedliche zeit- und frequenzstrukturierte Geräusche bezüglich der wahrgenommenen Lautheit zu beurteilen. In die Regelwerke zur Festsetzung von Anforderungen hat dieses Konzept bis jetzt aber noch keinen Eingang gefunden.

Beispiele für typische Schalldruckpegel von Haushaltsgeräten oder Tätigkeiten und deren Lautheit werden in [149] (dort Anhang A, Tabelle A1) genannt. Einen Auszug aus dieser Tabelle mit Angabe der maximalen A-bewerteten Schalldruckpegel $L_{AF,max}$, der A-bewerteten Mittelungspegel $L_{AF,m}$ und der Lautheit N (für den 5 %-Perzentilwert, d. h. den Wert, der in 5 % der Messzeit überschritten wird) enthält Tabelle 3.24.

Tabelle 3.24: Typische Werte für Schalldruckpegel und Lautheit von Haushaltsgeräten oder Tätigkeiten in unterschiedlichen Räumen

Gerät	$L_{AF,max}$ [dB]	$L_{AF,m}$ [dB]	5 % N [sone]	Raum
Geschirrspüler	–	43	5,9	Küche (1)
Dunstabzughaube, Stufe 1	51	50	7,3	Küche (1)
Dunstabzughaube, Stufe 2	60	60	16,3	Küche (1)
Dunstabzughaube, Stufe 3	64	63	21,2	Küche (1)
Dunstabzughaube, Stufe 4	67	66	25,5	Küche (1)

Gerät	$L_{AF,max}$ [dB]	$L_{AF,m}$ [dB]	5 % N [sone]	Raum
Küchenmaschine, Stufe 1	68	65	24,5	Küche (1)
Küchenmaschine, Stufe 2	67	65	25,2	Küche (1)
Küchenmaschine, Stufe 3	71	70	29,3	Küche (1)
Kühlschrank	35	34	2,4	Küche (1)
Radio (Musik)	–	47	8,2	Wohnen (2)
Stereoanlage	–	62	25,5	Wohnen (2)
Staubsauger	–	68	31,8	Wohnen (2)
(1) Küche mit $V = 26{,}8\ m^3$, $T = 0{,}4$ s, $A = 10{,}2\ m^2$ (2) Wohnzimmer mit $V = 114{,}5\ m^3$, $T = 0{,}7$ s, $A = 27{,}4\ m^2$				

Quelle: Auszug aus Tabelle A1 in [149]

3.6.2.5 Heranzuziehender Frequenzbereich für Geräusche von gebäudetechnischen Anlagen und Betrieben

Bei den Anforderungen der DIN 4109 wird immer wieder diskutiert, welcher Frequenzbereich ihnen zugrunde zu legen ist. Gleich in Abschnitt 1 (Anwendungsbereich) sagt DIN 4109-1:

> Die Anforderungen dieser Norm gelten nicht gegen tieffrequenten Schall nach DIN 45680 (in der Regel, wenn die Differenz $L_{CF} - L_{AF} > 20$ dB beträgt).

Mit dieser sehr allgemein gehaltenen Formulierung könnte der Eindruck entstehen, dass damit alle Anforderungen der DIN 4109-1 gemeint sind. Das lässt sich aus dieser Aussage allerdings nicht ableiten, da sich DIN 45680 ausschließlich mit tieffrequenten Geräuschimmissionen und somit mit Schalldruckpegeln beschäftigt. Gemeint sein können also nur die Anforderungen an gebäudetechnische Anlagen und Betriebe, wo es um Immissionspegel in schutzbedürftigen Räumen geht. Nicht gemeint sind aber, auch wenn das so nicht klar zum Ausdruck gebracht wird, die Anforderungen an die Luft- und Trittschalldämmung und an den Schutz gegen Außenlärm. Die dafür geltenden kennzeichnenden Größen R'_w und $L'_{n,w}$ beinhalten für die Beurteilung bereits per Definition (DIN EN ISO 717-1 [88] und DIN EN ISO 717-2 [89]) nur Frequenzen ab 100 Hz und darüber. Frequenzen unterhalb von 100 Hz sind ausgeschlossen, solange nicht die entsprechenden Spektrumanpassungswerte einbezogen werden. Das ist in DIN 4109-1 aber nicht der Fall.

Auf den ersten Blick nicht so eindeutig ist die Situation bei Geräuschen von gebäudetechnischen Anlagen und Betrieben, da dort keine unmittelbaren Angaben zum Frequenzbereich gemacht werden.

Die geltende Version der DIN 45680 ist die Ausgabe von 1997 [57]. Der Entwurf von 2013 [58] ist bis jetzt nicht als Weißdruck veröffentlicht worden. Zum Frequenzbereich, der im Rahmen der DIN 45680 heranzuziehen ist, heißt es dort in Abschnitt 3.1 (Bereich tiefer Frequenzen):

> Der Bereich tiefer Frequenzen im Sinne dieser Norm umfasst die Terzbänder mit den Mittenfrequenzen von 10 Hz bis 80 Hz. In Sonderfällen, wenn geräuschbestimmende Anteile diesem Frequenzbereich dicht benachbart sind, kann dieser Bereich um eine Terz nach oben oder unten erweitert werden.

Wenn DIN 4109-1 in Abschnitt 3 (Begriffe) den „Bereich tiefer Frequenzen" mit „Terzbänder mit den Mittenfrequenzen von 50 Hz bis 80 Hz" definiert, so ergibt sich zumindest für die Anwendung bei gebäudetechnischen Anlagen und Betrieben ein Widerspruch zu dem durch DIN 45680 genannten Bereich. Es ist nicht wirklich ersichtlich, für welchen Zweck diese „Begriffsbestimmung" getroffen wurde, da sie ohne erkennbare Umsetzung im Wortlaut dieser Norm bleibt.

In Abschnitt 3.2 (Tieffrequenter Schall) der DIN 45680 wird erläutert:

> Schall wird als tieffrequenter Schall im Sinne dieser Norm bezeichnet, wenn seine vorherrschenden Energieanteile unter 90 Hz liegen. Dies ist in der Regel der Fall, wenn die Differenz der Schalldruckpegel $L_{CF} - L_{AF} > 20$ dB ist.

Anhand der Bewertungskurven, wie sie in Bild 3.13 dargestellt werden, und der in Tabelle 3.22 enthaltenen Werte für die Frequenzbewertung ist ersichtlich, dass die C-Bewertung bei tieferen Frequenzen erst unterhalb von 200 Hz eine (moderate) Frequenzbewertung vornimmt. Im Gegensatz zur A-Bewertung fällt die Abschwächung der Pegel tiefer Frequenzen nur gering aus. Eine große Differenz zwischen dem C-bewerteten und dem A-bewerteten Pegel eines Schallereignisses ist also ein Indiz für ein stark tieffrequent geprägtes Geräusch.

Die Formulierung im Anwendungsbereich der DIN 4109-1 besagt allerdings nicht, dass tieffrequenter Schall (im Sinne von Frequenzen unterhalb 100 Hz) generell nicht zu berücksichtigen sei, wie gelegentlich zu hören ist. Für die Geräusche gebäudetechnischer Anlagen und aus Betrieben gilt nämlich, dass dort generell der Frequenzbereich unterhalb 100 Hz zum Beurteilungsbereich gehört. Das wird nachfolgend näher betrachtet.

Die Anforderungen bei gebäudetechnischen Anlagen (einschließlich Wasserinstallationen) werden in DIN 4109-1 in Tabelle 1 an den maximalen Norm-Schalldruckpegel $L_{AF,max,n}$ nach DIN 4109-4 gerichtet. Die Anforderungsgröße ist also direkt an die in DIN 4109-4 messtechnisch definierte Größe gekoppelt. In diesem Normteil wird für Installationsgeräusche und sonstige gebäudetechnische Anlagen in Tabelle 8 die Messung des $L_{AF,max,n}$ nach DIN EN ISO 10052 [93] gefordert, zusätzlich als nationale Ergänzung noch das Vorgehen nach den Anhängen B.4.1 und B.4.2. Der Verweis auf Anhang B.4.3 wurde an dieser Stelle allerdings vergessen.

In B.4.1 heißt es:

Geräusche von gebäudetechnischen Anlagen sind nach DIN EN ISO 10052:2010-10, 6.3.3, zu messen.

Der Bezug auf Abschnitt 6.3.3 ist nicht vollständig. Weitere Abschnitte aus DIN EN ISO 10052 wären im Sinne einer vollständigen Messvorgabe zu nennen gewesen. Hierauf wird im Handbuch in 6.6.3.3 näher eingegangen. In Abschnitt 6.3.3 der genannten Norm werden keine Hinweise auf den Frequenzbereich gegeben. Auch die dort genannten Frequenzbänder für die Ermittlung der Nachhallzeiten sind hier nicht relevant, da es dabei lediglich um die Bestimmung des Nachhallmaßes (für den Bezug des A-bewerteten Schalldruckpegels auf $A_0 = 10\ m^2$) geht. Eine allgemeine Angabe zur Durchführung der Prüfung liefert in DIN EN ISO 10052 aber der Abschnitt 6.1:

> Die Messungen der Luftschall- und der Trittschalldämmung werden in Oktavbändern durchgeführt. Bei Messungen der Schalldruckpegel von haustechnischen Anlagen wird der A-bewertete oder C-bewertete Schalldruckpegel bestimmt.

Zum Frequenzbereich der Messungen heißt es in Abschnitt 6.4 dann:

> Die unter Anwendung von Oktavbandfiltern gemessenen Schalldruckpegel müssen mindestens die folgenden Bandmittenfrequenzen in Hz abdecken:
>
> 125 Hz 250 Hz 500 Hz 1000 Hz 2 000 Hz

Diese Aussage zum zu berücksichtigenden Frequenzbereich bezieht sich allerdings nur auf Messungen für die Luft- und Trittschalldämmung. Sie gilt nicht für die Messung von Schalldruckpegeln gebäudetechnischer Anlagen. Dafür heißt es nämlich im selben Abschnitt:

> Der Schall der eingebauten haustechnischen Anlagen wird als A- oder C-bewerteter Schalldruckpegel mit der spezifischen Zeitbewertung gemessen.

Ein A-bewerteter Schalldruckpegel ist in diesem Zusammenhang stets als ein Gesamtpegel zu betrachten, der über den gesamten Frequenzbereich des Schallpegelmessers mit der A-Bewertung gemessen wurde. Schallpegelmesser decken nach den entsprechenden Spezifikationen den gesamten Frequenzbereich des menschlichen Gehörs ab. Das war bereits in der früher geltenden DIN 5045 [44] so, dann aber auch in den Nachfolgenormen DIN 45633-1 [52], DIN EN 60651 [83] und DIN EN 61672-1 [84]. Tabelle 3.22 zeigt, dass in DIN EN 61672-1 die Frequenzbewertung für die Nennfrequenzen von 10 Hz bis 20000 Hz gegeben ist. Durch die Vorgabe, dass ein A-Schallpegel mit den entsprechenden Messgeräten zu ermitteln ist, ist damit alles zum Frequenzbereich gesagt, der zu berücksichtigen ist: es ist der gesamte Hörbereich. So war es schon von Anfang an durch DIN 4109:1962 gewollt, als in Blatt 2 Abschnitt 5 die Anforderung mit „30 DIN-phon nach DIN 5045" gestellt wurde. Im Kommentar zu dieser Normausgabe [186] heißt es dazu denn auch:

> Lediglich in einem Sonderfall dieses Normblatts musste ein über den ganzen Frequenzbereich gleichzeitig gemessener sogenannter „frequenzabhängig bewerteter Schallpegel" festgelegt werden, um auf einfache Weise die höchst zulässige ‚Lautstärke', z. B. bei haustechnischen Anlagen, festlegen zu können.

Und so wurde es ab dem Normentwurf zu DIN 4109:1979 weitergeführt, da als Anforderungsgröße explizit der A-bewertete Schallpegel nach DIN 45633-1 genannt wurde.

Eigentlich bedürfte es dazu keiner weiteren Diskussion. Es ist allerdings in der Fachdiskussion immer wieder festzustellen, dass ein ebenfalls „A-Schallpegel" genannter Wert gelegentlich aus der energetischen Summation von A-bewerteten Terzpegeln eines bestimmten Frequenzbereichs (als untere Frequenz oft 100 Hz, manchmal auch 50 Hz, als obere Frequenz meistens 5 000 Hz) gebildet wird. Eine solche Vorgehensweise findet man in den Prüfvorgaben für Labormessungen an gebäudetechnischen Anlagen, z. B. in DIN EN 14366 für die Geräusche von Abwasserinstallationen [80], wo der Messbereich von 100 Hz bis 5 000 Hz vorgeschrieben ist. Aus den Messverfahren im Labor darf allerdings nicht abgeleitet werden, dass die dortigen Regelungen zum Frequenzbereich auch für Messungen in Gebäuden gelten. Allerdings kennt auch DIN 16032 [108], die ebenfalls Messungen von Schalldruckpegeln haustechnischer Anlagen behandelt, diese Vorgehensweise. Dort wird als „A-bewerteter Schalldruckpegel aus Oktavbandwerten" eine energetische Summation A-bewerteter Oktavbandpegel im Frequenzbereich 63 Hz bis 8 000 Hz definiert. Diese Norm grenzt sich gegenüber der DIN EN ISO 10052 als „Standardverfahren" ab. Sie ist aber im Rahmen der DIN 4109 nicht als Messverfahren vorgesehen.

Wie ist unter den vorgenannten Erörterungen die Vorgabe der DIN 4109-1 in Abschnitt 1 zu verstehen, dass die Anforderungen dieser Norm nicht gegen tieffrequenten Schall nach DIN 45680 gelten? Aus dem beschriebenen Zusammenhang ist zu ersehen, dass für Geräusche von gebäudetechnischen Anlagen durch die Vorgabe des A-bewerteten Schalldruckpegels L_A der gesamte Frequenzbereich zu berücksichtigen ist. Da bei der Ermittlung des Beurteilungspegels ebenfalls A-bewertete Schalldruckpegel die Grundlage bilden, gilt diese Aussage auch für Geräusche aus baulich mit dem Gebäude verbundenen Betrieben. Da sich die A-Bewertung nicht zur Beurteilung tieffrequenter Geräusche eignet, werden eventuell vorhandene Störungen im tieffrequenten Bereich in beiden Fällen nicht ausreichend berücksichtigt. TA Lärm nennt als Beispiele für Schallquellen, von denen störende tieffrequente Geräusche verursacht werden können, u. a. langsam laufende Ventilatoren, Auspuffanlagen, Brenner in Verbindung mit Feuerungsanlagen und Kolbenkompressoren. Nach TA Lärm (Abschnitt 7.3) ergibt sich im Falle tieffrequenter Geräusche folgendes Vorgehen:

> Für Geräusche, die vorherrschende Energieanteile im Frequenzbereich unter 90 Hz besitzen (tieffrequente Geräusche), ist die Frage, ob von ihnen schädliche Umwelteinwirkungen ausgehen, im Einzelfall nach den örtlichen Verhältnissen zu beurteilen.

> Schädliche Umwelteinwirkungen können insbesondere auftreten, wenn bei deutlich wahrnehmbaren tieffrequenten Geräuschen in schutzbedürftigen Räumen bei geschlossenen Fenstern die nach Nummer A.1.5 des Anhangs ermittelte Differenz $L_{Ceq} - L_{Aeq}$ den Wert 20 dB überschreitet.

Anhang A.1.5 bezieht sich auf die DIN 45680 [57]. Weiterhin heißt es:

> Wenn unter Berücksichtigung von Nummer A.1.5 des Anhangs schädliche Umwelteinwirkungen durch tieffrequente Geräusche zu erwarten sind, so sind geeignete Minderungsmaßnahmen zu prüfen.

Das von der TA Lärm beschriebene Vorgehen bei schädlichem tieffrequenten Lärm wird im Geltungsbereich der DIN 4109-1 durch die oben genannte Ausschlussregelung zum tieffrequenten Frequenzbereich nicht in Gang gesetzt. Selbst wenn eine Beurteilung nach DIN 45680 eine schädliche tieffrequente Geräuschimmission ergäbe, hätte das im Rahmen der DIN 4109 keine verpflichtenden Konsequenzen.

Allerdings ist zu beachten, dass im Geltungsbereich der TA Lärm auch deren Regelungen anzuwenden sind. Dazu sagt z. B. das Beschlussbuch der VMPA-Prüfstellen [151] in Abschnitt 6.5.1 (Prüfung und Bewertung nach DIN 4109 und TA Lärm):

> Anlagen, die dem Gebäude dienen, aber gewerblich genutzt werden, sind nach TA Lärm zu beurteilen (dies sind technische Anlagen, wie z. B. Heizungsanlagen, BHKWs, Wärmepumpen, Lüftungszentralen, die gewerblich von einer Betriebsgesellschaft/Eigen tümergemeinschaft betrieben werden). In Fällen, in denen eine genaue Abgrenzung zwischen privater und gewerblicher Nutzung nicht möglich ist, wird empfohlen, eine Beurteilung sowohl nach DIN 4109 als auch nach TA Lärm vorzunehmen und situativ zu entscheiden. Einen solchen Grenzfall kann ein BHKW darstellen, welches von den Eigentümern einer Wohnanlage betrieben wird und nicht nur dem Gebäude dient, sondern zusätzlich Strom in das öffentliche Netz einspeist.

3.6.2.6 Weitere Festlegungen für die Anforderungen durch den Verweis auf DIN 4109-4

Im Gegensatz zur DIN EN ISO 10052 [93] ist DIN 4109-4 keine Norm zur Formulierung des Messverfahrens für Schalldruckpegel gebäudetechnischer Anlagen, sondern sie nennt (unter anderem) die Besonderheiten der nationalen Anwendung. Da sie für gebäudetechnische Anlagen (einschließlich Wasserinstallationen) in Tabelle 1 der DIN 4109-1 aber in direktem Zusammenhang mit der kennzeichnenden Anforderungsgröße steht („Maximaler Norm-Schalldruckpegel $L_{AF,max,n}$ nach DIN 4109-4"), gehen die in DIN 4109-4 formulierten Besonderheiten direkt in die Anforderungen ein. In diesem Fall geht es um zwei Besonderheiten: Nach DIN 4109-4 Anhang B.4.1 wird bei gebäudetechnischen Anlagen grundsätzlich die in DIN EN ISO 10052 geforderte „Eckmethode" (d. h. eine Messposition auch in der Ecke eines Raumes mit den akustisch härtesten Oberflächen) nicht angewandt. In Anhang B.4.2 werden bei Armaturen und Geräten der Wasserinstallation die Betätigungsgeräusche bei der Überprüfung der Anforderungen nicht herangezogen. Beide Festlegungen haben unmittelbare Auswirkungen auf den zu erreichenden Schallschutz. Darauf wird detailliert in den Abschnitten 3.6.3.3 und 6.6.3.5 eingegangen.

3.6.2.7 Alternative Kennzeichnung und Erfassung von Geräuschen gebäudetechnischer Anlagen und von Betrieben

Die in DIN 4109 herangezogenen kennzeichnenden Größen für die Anforderungen an Geräusche von gebäudetechnischen Anlagen und Betrieben sind nicht zwangsläufig. Die Entwicklung der DIN 4109 in diesem Bereich zeigt, dass es mehrfach Änderungen in der Festlegung der kennzeichnenden Größen gab.

Für Geräusche aus Betrieben wird seit DIN 4109:1989 der Beurteilungspegel L_r herangezogen. Damit erfolgte eine Angleichung an das Vorgehen der TA Lärm. Diese Vorgehensweise hat sich bewährt und wird nicht in Frage gestellt. Anders sieht es bei Geräuschen gebäudetechnischer Anlagen aus. Alleine schon ein Blick in DIN EN ISO 10052 [93] zeigt, dass rein messtechnisch eine Vielzahl möglicher Kenngrößen herangezogen werden kann. In Frage kommen maximale A- oder C-bewertete Schalldruckpegel mit der Zeitbewertung „Fast" oder „Slow" und äquivalente Schalldruckpegel (Mittelungspegel), ebenfalls A- oder C-bewertet. Zusätzlich können alle genannten Größen normiert (mit Bezug auf eine einheitliche äquivalente Absorptionsfläche $A_0 = 10\ m^2$) oder standardisiert (mit Bezug auf eine einheitliche Nachhallzeit $T_0 = 0{,}5$ s) werden. Die aktuell in DIN 4109 verwendete Kenngröße $L_{AF,max,n}$ entspricht einer dieser in Frage kommenden Möglichkeiten.

Die Festlegung von Anforderungen an Geräusche gebäudetechnischer Anlagen anhand maximaler Schalldruckpegel ist in den europäischen Ländern weit verbreitet. Möglich wäre aber auch die Festlegung anhand von Beurteilungspegeln auf der Basis zeitlich gemittelter Pegel L_{Aeq}, vergleichbar mit dem Vorgehen der DIN 4109 bei Geräuschen aus Betrieben. Eine solche Vorgehensweise wird in der Schweiz nach SIA 181 [129] für so genannte Dauergeräusche vorgesehen. Als Dauergeräusche werden, im Gegensatz zu Einzelgeräuschen mit kurzer Zeitdauer, Geräusche mit einer Dauer von mehr als 3 Minuten oder einer großen Häufigkeit des Auftretens betrachtet. Als Beispiele werden u. a. Geräusche von Lüftungs- und Klimaanlagen, Heizungen, Ventilatoren und Wärmepumpen genannt. Der „Gesamtwert für Geräusche haustechnischer Anlagen" $L_{H,tot}$ in dB ergibt sich aus

$$L_{H,tot} = L_{Aeq} + K1 + K2 + K3 + C_V \text{ dB} \tag{3.23}$$

L_{Aeq} ist der A-bewertete äquivalente Schalldruckpegel, der sich während der Mittelungszeit ergibt. $K1$ ist eine Pegelkorrektur zur Berücksichtigung der Schallabsorption im Empfangsraum, $K2$ berücksichtigt die Tonhaltigkeit und $K3$ die Impulshaltigkeit des Geräuschs. C_V enthält eine Volumenkorrektur. Mit den Korrekturen $K2$ und $K3$ werden Auffälligkeiten des Geräuschs, vergleichbar mit dem Beurteilungspegel der TA Lärm, berücksichtigt. Deren Werte liegen zwischen 0 bis 6 dB.

Neuerdings werden, allerdings nicht im Normenausschuss, ähnliche Ansätze auch für eine mögliche Anwendung im Rahmen der DIN 4109 diskutiert. In [258] und [259] werden verschiedene Vorschläge zur Einbeziehung eines Beurteilungspegels auch für gebäudetechnische Anlagen untersucht. Die alleine durch einen maximalen Schalldruckpegel gegebene Beurteilung wird hinsichtlich der wirklichen Störwirkung als unzureichend betrachtet. Ziel ist „eine verbesserte Korrelation zwischen subjektivem Empfinden und Geräuschbeurteilung“. Der dafür vorgeschlagene „Beurteilungspegel gebäudetechnischer Anlagen“ $L_{r,GA}$ wird in Anlehnung an die TA Lärm und DIN 45645-1 [55] ermittelt. Berücksichtigt werden Zuschläge für Informations- bzw. Tonhaltigkeit, für Impulshaltigkeit und für tieffrequente Immissionen. Begründet wird dieser Ansatz damit, dass die bisherige Beurteilung auf der Basis eines maximalen Schalldruckpegels zu undifferenziert und messtechnisch gelegentlich auch problematisch ist. Vor allem geht es aber darum, die größere Störwirkung besonders lästiger ton- oder informationshaltiger Geräusche berücksichtigen zu können. In einem ersten Ansatz wird die energetische Summe aus dem Maximalpegel $L_{AF,max,nT}$ und dem ggf. mit Zuschlägen versehenen energieäquivalenten Schalldruckpegel $L_{AFeq,nT}$ gebildet. Die Messdauer soll einen kompletten Betriebszyklus umfassen. In einem zweiten Ansatz wird in Anlehnung an die TA Lärm ein Beurteilungspegel für eine Bezugszeit von 30 s vorgesehen, wobei Zuschläge für Informations- bzw. Tonhaltigkeit, für Impulshaltigkeit und für tiefe Frequenzen berücksichtigt werden. Beide Ansätze wurden einer ersten Überprüfung anhand ausgewählter Datensätze unterzogen. Als erstes vorläufiges Ergebnis zeigt sich in [259] erwartungsgemäß, dass die Berücksichtigung von Beurteilungszuschlägen in einzelnen Fällen zu einer deutlich anderen Bewertung als nach dem bisherigen Verfahren führen kann. Beide untersuchten Verfahren führen zu recht ähnlichen Ergebnissen, wobei tendenziell das erste Verfahren zu einer etwas strengeren Beurteilung führt. Weitere Untersuchungen sind vorgesehen. Dabei wäre auch zu überprüfen, inwiefern bei Einführung solcher neuer Beurteilungsgrößen die Anforderungswerte anzupassen wären.

3.6.3 Anforderungen an Schalldruckpegel von gebäudetechnischen Anlagen und baulich mit dem Gebäude verbundenen Gewerbebetrieben in fremden schutzbedürftigen Räumen

3.6.3.1 Allgemeine Aspekte zu DIN 4109-1 Abschnitt 9

Begriffsbestimmung

DIN 4109-1 behandelt in Abschnitt 9 „maximal zulässige A-bewertete Schalldruckpegel in fremden schutzbedürftigen Räumen, erzeugt von gebäudetechnischen Anlagen und baulich mit dem Gebäude verbundenen Gewerbebetrieben“. Die Überschrift dieses Abschnitts ist unpräzise. Entgegen dem Wortlaut geht es nämlich nicht nur um „maximal zulässige A-bewertete Schalldruckpegel“ (was besser als „zulässige maximale A-bewertete Schalldruckpegel“ zu bezeichnen wäre, da die Maximalpegel $L_{AF,max}$ begrenzt werden), sondern es geht (bei Betrieben) auch um Beurteilungspegel. Dasselbe gilt für die Überschrift zur Tabelle 9 desselben Abschnitts. Die alte Formulierung in DIN 4109:1989 war da mit der Formulierung zu Tabelle 4 („Werte für die zulässigen Schalldruckpegel ...“) zwar allgemeiner, aber korrekter.

Ähnlich ungenau ist DIN 4109-1 bei diesem Thema schon in den Begriffsbestimmungen des Abschnitts 3. Die nachfolgende Erörterung soll lediglich als exemplarisches Beispiel für den gelegentlich sorglosen Umgang der DIN 4109 mit den Bezeichnungen und Begriffen dienen. In Abschnitt 3.13 der DIN 4109-1 heißt es für den $L_{AF,max,n}$ „maximaler A-bewerteter Schalldruckpegel“, während dieselbe Größe in Tabelle 1 dieser Norm als kennzeichnende Größe (fast korrekt) „maximaler Norm-Schalldruckpegel“ genannt wird.

DIN 4109-4 nennt dafür in Tabelle 1 diese Größe „maximaler A-bewerteter Schalldruckpegel mit Zeitbewertung FAST, auf A_0 = 10 m^2 bezogen". Das ist zwar inhaltlich korrekt, entspricht aber nicht der üblichen Benennung einer solchen Größe. Es handelt sich vielmehr um die Begriffserläuterung aus DIN EN ISO 16032. Nicht nur hier, sondern auch an anderen Stellen ist eine Vereinheitlichung der Begriffe geboten.

Allgemeines

Während in DIN 4109:1962 noch einheitliche Anforderungen an den Schallschutz bei gebäudetechnischen Anlagen und gewerblichen Betrieben gestellt wurden, wurde in DIN 4109:1989 eine Aufspaltung der Anforderungen an Wasserinstallationen, an sonstige gebäudetechnische Anlagen und an Betriebe vorgenommen. Diese Aufteilung wurde auch für DIN 4109-1:2016 beibehalten.

Bei der bisherigen Entwicklung der DIN 4109 standen immer wieder die Anforderungen an die Geräusche der Sanitärinstallation im Mittelpunkt der Diskussion. Im Vergleich dazu blieben die Anforderungen an die „sonstigen" technischen Schallquellen im Wesentlichen ohne große Diskussionen und bereiteten wenige Probleme. Auch die Anforderungen an baulich mit dem Gebäude verbundene Gewerbebetriebe wurden kaum in Frage gestellt. In der vorliegenden Behandlung der gebäudetechnischen Anlagen stehen deshalb die Wasserinstallationen im Vordergrund.

Übersicht über die Anforderungen in Abschnitt 9

Die zahlenmäßigen Anforderungen enthält Tabelle 9 aus DIN 4109-1. Diese wird hier als Tabelle 3.25 dargestellt. Die dort getroffenen Regelungen werden ergänzt durch Fußnoten in der Tabelle und durch weitere Festlegungen im Text des Abschnitts 9 der DIN 4109-1, so dass die vollständigen Anforderungen sich erst in der Gesamtbetrachtung ergeben.

Tabelle 3.25: DIN 4109-1, Tabelle 9 – Maximal zulässige A-bewertete Schalldruckpegel in fremden schutzbedürftigen Räumen, erzeugt von gebäudetechnischen Anlagen und baulich mit dem Gebäude verbundenen Betrieben

Spalte	**1**	**2**	**3**	**4**
Zeile	**Geräuschquellen**		**Maximal zulässige A-bewertete Schalldruckpegel** dB	
			Wohn- und Schlafräume	**Unterrichts- und Arbeitsräume**
1	Sanitärtechnik/Wasserinstallationen (Wasserversorgungs- und Abwasseranlagen gemeinsam)		$L_{AF,max,n} \leq 30^{a,b,c}$	$L_{AF,max,n} \leq 35^{a,b,c}$
2	Sonstige hausinterne, fest installierte technische Schallquellen der technischen Ausrüstung, Ver- und Entsorgung sowie Garagenanlagen		$L_{AF,max,n} \leq 30^{c}$	$L_{AF,max,n} \leq 35^{c}$

Spalte	1	2	3	4
Zeile	Geräuschquellen		Maximal zulässige A-bewertete Schalldruckpegel dB	
			Wohn- und Schlafräume	Unterrichts- und Arbeitsräume
3	Gaststätten einschließlich Küchen, Verkaufsstätten, Betriebe u. Ä.	tags 6 Uhr bis 22 Uhr	$L_r \leq 35$ $L_{AF,max} \leq 45$	$L_r \leq 35$ $L_{AF,max} \leq 45$
4		nachts nach TA Lärm	$L_r \leq 25$ $L_{AF,max} \leq 35$	$L_r \leq 35$ $L_{AF,max} \leq 45$

a Einzelne kurzzeitige Geräuschspitzen, die beim Betätigen der Armaturen und Geräte nach Tabelle 11 (Öffnen, Schließen, Umstellen, Unterbrechen) entstehen, sind derzeit nicht zu berücksichtigen.

b Voraussetzungen zur Erfüllung des zulässigen Schalldruckpegels:

- Die Ausführungsunterlagen müssen die Anforderungen des Schallschutzes berücksichtigen, d. h. zu den Bauteilen müssen die erforderlichen Schallschutznachweise vorliegen;
- außerdem muss die verantwortliche Bauleitung benannt und zu einer Teilabnahme vor Verschließen bzw. Bekleiden der Installation hinzugezogen werden.

c Abweichend von DIN EN ISO 10052:2010-10, 6.3.3, wird auf Messung in der lautesten Raumecke verzichtet (siehe auch DIN 4109-4).

Quelle: [41]

Abschnitt 9 der DIN 4109-1 präzisiert zuerst die in Frage kommenden gebäudetechnischen Anlagen, die den Anforderungen unterliegen, und grenzt diese ab gegenüber Maschinen und Geräten, für die die Anforderungen nicht gelten. Im Handbuch wird in 3.6.1.2 auf den damit definierten Anwendungsbereich näher eingegangen.

Grundgeräuschpegel als Kriterium für das erreichte Schallschutzniveau

In der Einleitung von DIN 4109-1 werden die Schutzziele für den Mindestschallschutz folgendermaßen beschrieben:

> Unter Zugrundelegung eines Grundgeräuschpegels von $L_{AF,eq} = 25$ dB werden für schutzbedürftige Räume in z. B. Wohnungen, Wohnheimen, Hotels und Krankenhäusern folgende Schutzziele erreicht:
> - Gesundheitsschutz,
> - Vertraulichkeit bei normaler Sprechweise,
> - Schutz vor unzumutbaren Belästigungen.

Zur Kennzeichnung des Grundgeräuschpegels wird in diesem Zitat ein Mittelungspegel (äquivalenter Dauerschallpegel) $L_{AF,eq}$ genannt. Diese Bezeichnung ist nicht konsistent mit der Begriffserläuterung zum Grundgeräuschpegel in Abschnitt 3.3 der DIN 4109-1. Dort wird die präzise Angabe genannt und der Grundgeräuschpegel als $L_{AF,95}$ bezeichnet. Damit ist ein A-bewerteter Pegel gemeint, der in 95 % der Messzeit überschritten wird (deshalb auch 95 %-Überschreitungspegel oder 95 %-Perzentilpegel genannt). Dies entspricht einer heute üblichen Kennzeichnung des Grundgeräuschpegels.

Als Kriterium für das erreichte Schallschutzniveau kann die vorhandene Störwirkung herangezogen werden. Wie stark ein Geräusch als störend in Erscheinung treten kann, hängt wesentlich davon ab, wie sehr es in der Lage ist, aus dem vorhandenen Grundgeräusch herauszutreten.

Schon Finke und Martin haben 1974 in [198] auf diesen Zusammenhang hingewiesen:

> Die Auffälligkeit des Störgeräuschs gegenüber dem Grundgeräusch erweist sich als ein sehr wichtiges Kriterium.

Zu Recht werden deshalb die Schutzziele des baulichen Schallschutzes in Zusammenhang mit dem Grundgeräuschpegel gesehen. Darauf hat als erstes Regelwerk schon 1994 die VDI 4100 [126] hingewiesen und eine methodische Ableitung von Anforderungswerten beschrieben, bei der der Grundgeräuschpegel als Größe für die Dimensionierung des benötigten Schallschutzes eingeht. Neben den methodischen Hinweisen in der VDI 4100 findet sich eine ausführliche Darstellung der Grundgeräuschthematik in [178].

Der Zusammenhang zum Grundgeräuschpegel gilt auch für die Störwirkung von Geräuschen gebäudetechnischer Anlagen und von Betrieben. Je mehr sich solche Geräusche aus dem Grundgeräusch herausheben, umso störender treten sie in Erscheinung. Das ist insbesondere abends und nachts der Fall, wenn das allgemeine Grundgeräusch gesunken ist. Somit orientiert sich das erreichte Schallschutzniveau an den nächtlichen Bedingungen. Dann ist das Schutzbedürfnis besonders groß ist, und die Hintergrundpegel sind besonders niedrig.

Der in DIN 4109-1 zugrunde gelegte Grundgeräuschpegel von 25 dB wird allerdings massiv in Frage gestellt. So werden bereits in der 1994 erschienenen VDI 4100 [126] Werte für den Grundgeräuschpegel genannt, die nur für Wohngebiete mit erhöhter Außenlärmbelastung einen Wert von 25 dB als gerechtfertigt erscheinen lassen (siehe nachfolgende Tabelle 3.26).

Tabelle 3.26: Übliche abendliche A-bewertete Grundgeräuschpegel L_{GA} in Wohnungen, geschlossene und dichte Fenster mit ausreichender Dämmung vorausgesetzt

Zeile	Wohnsituation	L_{GA} [dB]
1	Ruhige ländliche Einzelwohnlage	15
2	Wohngebiete ohne stärkere Einwirkung von Außenlärm	20
3	Wohnungen mit erhöhter Außenlärmbelastung, z. B. in Kern- und Mischgebieten, und im Einwirkungsbereich lauter Straßen	25
4	Wohnungen an lauten Straßen	30

Quelle: abgeleitet aus [176], nach VDI 4100:1994 [126]

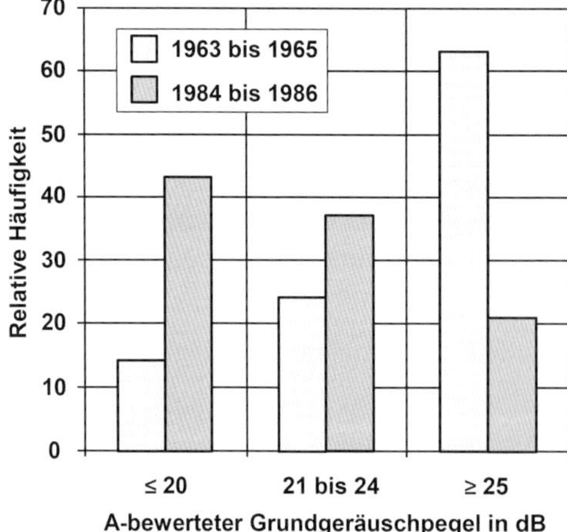

Quelle: [178]

Bild 3.15: Grundgeräuschpegel in den Jahren 1963–1965 und 1984–1986

Moll hat in [178] anhand eigener Messungen aufgezeigt, wie sich die Grundgeräuschpegel im Zeitraum von etwa 20 Jahren entwickelt haben (siehe Bild 3.15). Im Vergleich zu den Messwerten Mitte der 1960er-Jahre ist Mitte der 1980er-Jahre eine deutliche Senkung der Grundgeräuschpegel zu verzeichnen. Das wird mit der immer besser werdenden Schalldämmung der Fenster begründet. Während in den 1960er-Jahren mehrheitlich Werte ≥ 25 dB vorlagen (was bis heute in der DIN 4109 zugrunde gelegt wird), liegt schon in den 1980er-Jahren die Mehrzahl der gemessenen Werte unterhalb von 25 dB, wobei die größte relative Häufigkeit bei Werten ≤ 20 dB liegt. Schon bei DIN 4109:1989 wäre somit eine Anpassung an diese Situation gerechtfertigt gewesen. Aber auch bei der Neufassung DIN 4109-1:2016 wurde auf eine Anpassung der zugrunde gelegten Grundgeräuschpegel verzichtet, da das – bei gleichem Schutzniveau – notwendigerweise zu einer generellen Erhöhung der Anforderungen hätte führen müssen. Das jedoch war nicht gewünscht, da man „im Wesentlichen“ keine Änderung der bisherigen Anforderungen wollte.

In Neubauten – und für diese gelten ja die Anforderungen der neuen DIN 4109 primär – wird abends und nachts heute mehrheitlich ein Grundgeräuschpegel von 20 dB und weniger erreicht. Das sollte also der Maßstab für eine Beurteilung des erreichten Schallschutzniveaus sein. Die Festlegung eines relevanten Grundgeräuschpegels von 25 dB führte deshalb beim Normentwurf DIN 4109-1:2013 [30] vermehrt zu Einsprüchen.

Kriterien für einen Zusammenhang zwischen Störgeräusch und Grundgeräusch bei der Beurteilung des erreichten Schallschutzes nennt DIN 4109-1 nicht. Jedoch hat sich die VDI 4100 bereits in ihrer ersten Ausgabe von 1994 ausgiebig mit dem Zusammenhang von Grundgeräuschpegel und Anforderungswert beschäftigt. So hieß es dort:

> Erfahrungsgemäß werden immer dann erhebliche Störungen beklagt, wenn der A-bewertete Grundgeräuschpegel L_{GA} durch A-bewertete Störgeräusche um mehr als 10 dB überschritten wird.

Bei einem üblichen abendlichen Grundgeräuschpegel von 20 dB wäre somit der von der DIN 4109 als Mindestschallschutz in Aussicht gestellte Schutz vor unzumutbaren Belästigungen bei einem Anforderungswert von 30 dB gerade noch sichergestellt. Dieser Wert gilt auch für die Pegelspitzen $L_{AF,max,n}$ der sonstigen gebäudetechnischen Anlagen, aber nicht für die von den Anforderungen ausgenommenen Betätigungsgeräuschen der Wasserinstallation. Deren Geräuschspitzen dürfen seit DIN 4109:1989 in beliebiger Höhe auftreten. Eine deutliche Überschreitung von 30 dB ist somit vorprogrammiert. Tatsächlich wird durch die in [260] angegebene Häufigkeitsverteilung von Sanitärgeräuschen (siehe Abschnitt 3.6.3.2 und Bild 3.19) belegt, dass die Betätigungsgeräusche ihre größte Häufigkeit im Bereich 31 bis 35 dB besitzen und selbst bei noch höheren Pegeln eine hohe Häufigkeit aufweisen. Damit kann von erheblichen Störungen ausgegangen werden.

Auch bei den Geräuschen aus Betrieben würden die nach DIN 4109-1 nachts in Wohn- und Schlafräumen zulässigen Pegelspitzen mit $L_{AF,max,n} \leq 35$ dB noch zu erheblichen Störungen führen. Darauf hat der DEGA-Schallschutzausweis bereits in seiner ersten Auflage von 2009 reagiert, indem er die Anforderungen an die Geräusche aus Betrieben gegenüber der DIN 4109 generell um 5 dB abgesenkt hat, so dass nachts auch für die Pegelspitzen $L_{AF,max,n} \leq 30$ dB gilt. In seiner aktualisierten Version von 2018 [148] liefert der Schallschutzausweis dafür auch die entsprechende Begründung, indem er auf die Angleichung an die Verhältnisse bei den sonstigen gebäudetechnischen Anlagen hinweist, um einen einheitlichen Schallschutz zu gewährleisten.

Ein kleinerer Abstand des Störgeräuschs vom Hintergrundgeräusch wirkt sich vorteilhaft aus. So kann (nach VDI 4100) davon ausgegangen werden, dass bei einer Überschreitung des Grundgeräuschpegels um höchstens noch 5 dB die Geräusche im Allgemeinen nicht als störend empfunden werden. Dieses Kriterium kann zur Ableitung eines erhöhten Schallschutzes verwendet werden, der sich um etwa 5 dB vom Mindestschallschutz unterscheiden würde.

Eine Darstellung dieser Zusammenhänge findet sich in Bild 3.16.

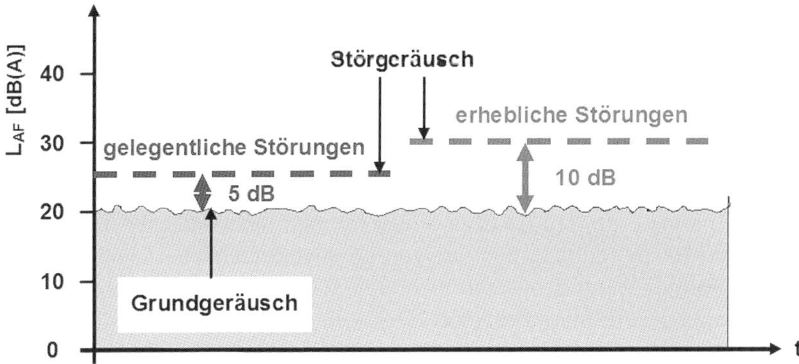

Quelle: Autoren

Bild 3.16: Störwirkung in Abhängigkeit vom Grundgeräusch

Tiefe Frequenzen

Bei gebäudetechnischen Anlagen spielen tiefe Frequenzen unterhalb 100 Hz in vielen Fällen eine Rolle und führen zu störenden Schallimmissionen. Das ist z. B. der Fall, wenn in Wohngebäuden Blockheizkraftwerke eingebaut werden. Dass bei der Ermittlung des A-Schallpegels dieser Frequenzbereich mitgemessen wird (siehe Abschnitt 3.6.2.5), löst das Problem aber nicht, da durch die Charakteristik der A-Bewertung die tieffrequente Störwirkung nicht adäquat erfasst wird. Eine andere Art der Bewertung ist jedoch nicht vorgesehen, da DIN 4109-1 schon im Anwendungsbereich dies mit der Formulierung „Die Anforderungen dieser Norm gelten nicht gegen tieffrequenten Schall nach DIN 45680“ explizit ausschließt.

Angabe der erforderlichen Maßnahmen zur Minderung der Geräuschausbreitung

Neu bei der Behandlung gebäudetechnischer Anlagen ist folgende Festlegung:

> Die erforderlichen Maßnahmen zur Minderung der Geräuschausbreitung sind vom Produkthersteller anzugeben.

Eine solche Formulierung findet sich weder in DIN 4109:1989 noch in den vorhergehenden Normentwürfen von 1979 oder 1984. Erstmalig wurde sie im Januar 2001 in die DIN 4109 aufgenommen, als die Änderung DIN 4109/A1 [26] mit einer für die Wasserinstallationen überarbeiteten Tabelle 4 erschien. Es wird nicht gesagt, um welche erforderlichen Maßnahmen es sich handeln soll und in welcher Art und Weise diese anzugeben sind. Mangels konkreter Umsetzungshinweise läuft diese Festlegung somit Gefahr, lediglich als Absichtserklärung betrachtet zu werden.

Im Gegensatz zu Fußnote b) in Tabelle 9, die sich nur auf die Wasserinstallation bezieht, gilt diese Vorgabe uneingeschränkt für alle gebäudetechnischen Anlagen. Die Vorgabe ist, so wie sie im Text steht, auch auf baulich mit dem Gebäude verbundene Betriebe anzuwenden. Durch die bauaufsichtliche Einführung von DIN 4109-1 bekommt diese Festlegung einen verbindlichen Charakter.

Wie geht man nun damit um? Bei der Lärmminderung kommen primäre Maßnahmen (als Maßnahmen bei der Geräuscherzeugung der Schallquellen) und sekundäre Maßnahmen (als Maßnahmen bei der Geräuschausbreitung und -abstrahlung) in Frage (siehe Bild 3.17). Es wird davon ausgegangen, dass vom Hersteller die geräteseitigen Maßnahmen bereits ergriffen wurden. Maßnahmen an den Geräten selbst können nicht Aufgabe der Planer und schon gar nicht der für den Einbau zuständigen Handwerksbetriebe sein. Zu Recht ist in der getroffenen Formulierung deswegen nicht von Maßnahmen zur Minderung der Geräuscherzeugung, sondern zur Minderung der Geräuschausbreitung die Rede. Für die (Fach-)Planer und die ausführenden Handwerker stellt sich deshalb die Frage, ob beim Einbau von Geräten und Anlagen bestimmte Maßnahmen zur Minderung der Schallübertragung zu ergreifen sind.

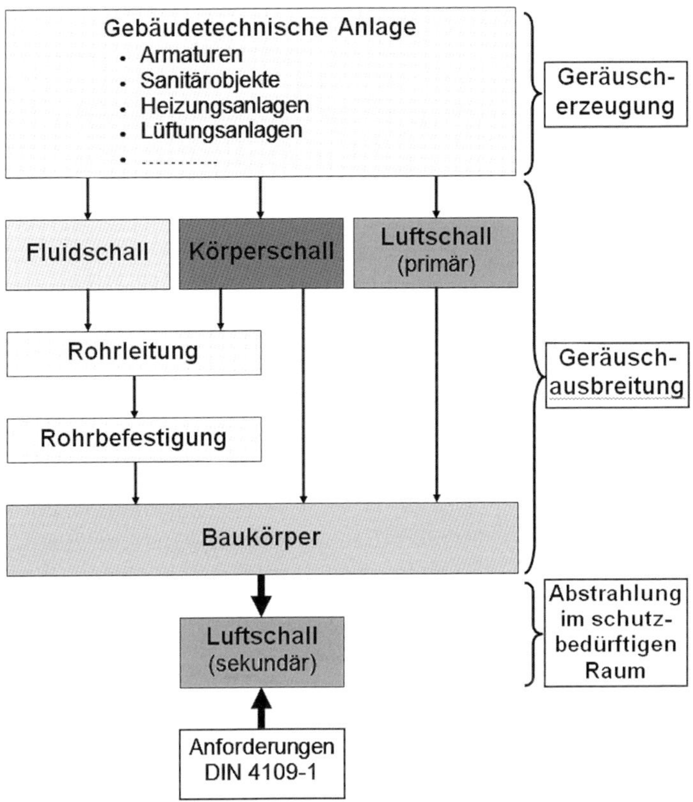

Quelle: Autoren

Bild 3.17: Geräuscherzeugung und -ausbreitung bei gebäudetechnischen Anlagen

Dabei ist nicht nur an die Verminderung der Luftschallübertragung zu denken, sondern in vielen Fällen vor allem an die Verminderung der Körperschallübertragung von Anlagenteilen auf das Gebäude. Das können z. B. Maßnahmen zur Körperschallentkopplung von Anlagen und Geräten bei deren Montage sein oder die Entkopplung von Rohrleitungen. Da solche Maßnahmen nicht generell und schon gar nicht gerätespezifisch im Detail in einer Norm geregelt werden können, belässt es DIN 4109-1 an dieser Stelle mit der allgemeinen Vorgabe. Es ist also Aufgabe des Herstellers, die für sein Gerät oder seine Anlage erforderlichen Maßnahmen zu kennen und sie auch zu benennen. Wie praktikabel eine solche allgemeine Vorgabe tatsächlich ist, muss sich noch erweisen. Problematisch für den Produkthersteller ist, dass er zur Angabe der erforderlichen Maßnahmen aufgefordert wird, ohne die konkrete Einbausituation (Art des Gebäudes, Bauweise, Grundrissanordnung etc.) zu kennen. Was im Einzelfall tatsächlich erforderlich ist, ist für ihn vorab nicht erkennbar. In welcher Art und Weise die Umsetzung dieser Vorgabe zu geschehen hat, und ob dazu entsprechende akustische Kennwerte für die Wirksamkeit der Maßnahmen zu nennen sind, lässt DIN 4109-1 offen.

Gerade für die hauptsächlich zu betrachtende Körperschallentkopplung von Anlagen und deren Komponenten ist der Handlungsbedarf evident. Mangels rechnerischer Nachweismethoden existieren derzeit noch keine verbindlichen Festlegungen zur Angabe der Wirksamkeit von Minderungsmaßnahmen. Ein erster Versuch, allerdings ohne methodischen Bezug zu Prognosemethoden für den Körperschall, war die vorgesehene Erarbeitung einer VDI-Richtlinie 3768 (Schallschutz durch akustisch entkoppelte Installation), die aber seit Jahren ruht und nicht wieder aufgegriffen wurde.

Zielführend ist ein Blick auf die Prognoseverfahren der DIN EN ISO 12354-5 [75], in der rechnerische Prognoseverfahren für die Körperschallübertragung beschrieben werden. Eine detaillierte Behandlung des dort vorgesehenen Vorgehens findet sich in 4.5.3.1. Daraus kann methodisch abgeleitet werden, welche Kenngrößen benötigt werden (und im Bedarfsfall nachgewiesen werden müssen):

- Die erzeugte Körperschallleistung der Schallquelle. Eine Bestimmung dieser Größe ist für viele Quellen schon jetzt nach DIN EN 15657 [82] möglich.
- Die Körperschallminderung einer Entkopplungsmaßnahme, angegeben z. B. als Einfügungsdämmung. Auch diese Größe kann nach DIN EN 15657 durch Messung der Körperschallleistung ohne und mit Entkopplungsmaßnahme ermittelt werden.

Für die rechnerische Dimensionierung der erforderlichen Maßnahme wäre eine Prognoserechnung des zu erwartenden Immissionspegels im betrachteten schutzbedürftigen Raum für die aktuelle Gebäudesituation und die geplante Anlage erforderlich. Durch den Vergleich mit dem Anforderungswert könnte dann abgeleitet werden, in welchem Umfang körperschallentkoppelnde Maßnahmen erforderlich sind. Diese wären im Bedarfsfall nachzuweisen. In entsprechenden Untersuchungen (z. B. [261], [262]) konnte die grundsätzliche Richtigkeit eines solchen auf DIN EN ISO 12354-5 und DIN EN 15657 basierenden Vorgehens nachgewiesen werden. Eine entsprechende Verankerung des Vorgehens ist zukünftig für DIN 4109-2 und DIN 4109-36 vorzusehen.

Eine weitere Vorgabe betrifft die Nutzergeräusche. Dafür heißt es in Abschnitt 9 der DIN 4109-1:

> Nutzergeräusche (z. B. Aufstellen eines Zahnputzbechers auf einer Abstellplatte, Öffnen und Schließen des WC-Deckels) unterliegen nicht den Anforderungen nach Tabelle 9.

Eine detaillierte Behandlung dieses Themas findet sich in 3.6.3.4.

Differenzierung der Anforderungen

Für die zahlenmäßige Formulierung der Anforderungen unterscheidet die Tabelle 9 aus DIN 4109-1 (hier: Tabelle 3.25) drei verschiedene Kriterien:

1) Unterscheidung nach **Art der Quellen**:
   - Sanitärtechnik/Wasserinstallation,
   - sonstige gebäudetechnische Anlagen: sonstige hausinterne, fest installierte technische Schallquellen der technischen Ausrüstung, Ver- und Entsorgung sowie Garagenanlagen,

– baulich mit dem Gebäude verbundene Betriebe: Gaststätten einschließlich Küchen, Verkaufsstätten, Betriebe u. Ä.

Nicht behandelt werden Geräusche von nicht baulich verbundenen Gewerbebetrieben. Diese fallen bei der DIN 4109 unter die Anforderungen an Außengeräusche. Ansonsten sind sie durch die TA Lärm abgedeckt.

Bei den Geräuschquellen der Sanitärtechnik/Wasserinstallationen und den sonstigen hausinternen, festinstallierten technischen Schallquellen ist die kennzeichnende Größe für die Anforderungen mit $L_{AF,max,n}$ dieselbe, und alleine aus den Zahlenwerten lässt sich ebenfalls kein Unterschied erkennen. Dass hier dennoch zwei unterschiedliche Kategorien aufgeführt werden, liegt an den Fußnoten (a) und (b), auf die nachfolgend näher eingegangen wird.

2) Unterscheidung nach **Art der schutzbedürftigen Räume**: Wohn- und Schlafräume einerseits, Unterrichts- und Arbeitsräume andererseits.

Das Kriterium der Unterscheidung ist der Grad der Schutzbedürftigkeit in den Räumen. Es ist bei den gebäudetechnischen Anlagen berechtigt, diese Unterscheidung zu treffen. Ein Unterschied von 5 dB zwischen den beiden genannten Kategorien ist angemessen und trägt der üblichen Situation in Unterrichts- und Arbeitsräumen Rechnung. Bei baulich mit dem Gebäude verbundenen Betrieben wird diese Unterscheidung allerdings nur für die Nachtwerte getroffen. Dies entspricht der Regelung der TA Lärm, die sich dabei aber auf DIN 4109:1989 bezieht.

Zu beachten ist, dass im ganzen Abschnitt 9 der DIN 4109-1 generell von „fremden schutzbedürftigen Räumen" die Rede ist und keine weitere Differenzierung nach Art des Gebäudes (z. B. Mehrfamilienhäuser, Reihen- und Doppelhäuser, Hotels, Krankenhäuser) erfolgt, wie es bei der Luft- und Trittschalldämmung der Fall ist. Während in DIN 4109:1989 im entsprechenden Abschnitt 4 bei den Schlafräumen noch explizit auch auf „Übernachtungsräume in Beherbergungsstätten und Bettenräume in Krankenhäusern und Sanatorien" hingewiesen wurde, fehlt in Abschnitt 9 der DIN 4109-1 diese Präzisierung. Zur weiteren Präzisierung des Geltungsbereichs muss deshalb auf Abschnitt 3.16 dieser Norm zurückgegriffen werden, wo die Begriffsbestimmung für schutzbedürftige Räume vorgenommen wird. Dort werden „Schlafräume, einschließlich Übernachtungsräumen in Beherbergungsstätten" als eigene Kategorie ausgewiesen. Eine andere Kategorie sind „Bettenräume in Krankenhäusern und Sanatorien". Dadurch wird hinsichtlich des Anwendungsbereichs der Kategorie „Schlafräume" in Tabelle 9 lediglich für Beherbergungsstätten Klarheit geschaffen. Für Bettenräume in Krankenhäusern und Sanatorien bleibt die Anwendbarkeit der Festlegungen offen. Man sollte sich in diesem Fall an der schon in DIN 4109:1989 getroffenen Regelung orientieren, bei der Bettenräume in Krankenhäusern und Sanatorien explizit genannt wurden und den Schlafräumen zugewiesen wurden.

3) Unterscheidung nach der **Tageszeit**: dieses Kriterium gilt nur für Geräusche aus Betrieben, die wechselnden Nutzungszeiten unterliegen können. Die Anforderungen werden getrennt für tags (6 Uhr bis 22 Uhr) und nachts (22 Uhr bis 6 Uhr) festgelegt. Die zeitabhängige Differenzierung der Anforderungen wird allerdings nur für Wohn- und Schlafräume vorgenommen, für die in den Abend- und Nachtstunden ein erhöhter Schutzanspruch besteht. Sie entfällt bei Unterrichts- und Arbeitsräumen.

Verzicht auf die Eckpositionen bei den messtechnischen Nachweisen

Die Anforderungen an die Geräusche der Wasserinstallationen und an sonstige gebäudetechnische Anlagen werden in Tabelle 9 der DIN 4109-1 durch folgende Fußnote c) ergänzt:

> Abweichend von DIN EN ISO 10052:2010-10, 6.3.3, wird auf Messung in der lautesten Raumecke verzichtet (siehe auch DIN 4109-4).

Es mag aufs erste verwundern, dass bei der Formulierung von Anforderungen auch auf messtechnische Besonderheiten eingegangen wird. Diese messtechnische Vorgabe, auf deren fachlichen Hintergrund in 6.6.3.5 eingegangen wird, steht jedoch in direktem Bezug zur Höhe der Anforderungswerte in Tabelle 9 der DIN 4109-1. Da es bei Schalldruckpegeln gebäudetechnischer Anlagen bis jetzt eine rechnerische Prognose noch nicht gibt, kann der Nachweis der Einhaltung der Anforderungen nur durch Messungen im Gebäude erbracht werden. Festlegungen für das messtechnische Vorgehen sind damit unmittelbar auch Festlegungen für die Anforderungen.

Noch während der Laufzeit von DIN 4109:1989 wurde die damals noch geltende Messvorschrift DIN 52219 [67] durch die internationale Norm DIN EN ISO 10052 [93] ersetzt. DIN EN ISO 10052 war damit für die DIN 4109, zusammen mit zusätzlichen Angaben in DIN 4109-11 [21] heranzuziehen. Mit DIN EN ISO 10052 wurde für die Messungen eine Festlegung für die notwendigen Messpositionen getroffen, die hier als „Eckmethode“ bezeichnet wird. Während nach DIN 52219 die Messung von Schalldruckpegeln „etwa in Raummitte“ durchzuführen war, wurde durch DIN EN ISO 10052 eine zusätzliche Messung in einer Raumecke mit der akustisch härtesten Oberfläche vorgeschrieben (Eckmethode). Man erwartete sich davon eine größere messtechnische Sicherheit, vor allem bei tieferen Frequenzen. Die für die DIN 4109 vorgenommene Änderung der Messmethode ließ jedoch die Höhe der Anforderungswerte für Geräusche gebäudetechnischer Anlagen unberücksichtigt. Diese verblieben entsprechend der Änderung A1 zu DIN 4109:2001 bei 30 dB. Bei der Erarbeitung des Normentwurfs zu DIN 4109-1:2013 wurde dann allerdings thematisiert, ob die Änderung des Messverfahrens (bei gleicher Geräuschsituation) zu einer systematischen Veränderung der Messwerte führe. In Untersuchungen, auf die in 6.6.3.5 eingegangen wird, wurde dies bestätigt. Gegenüber den mit der bisherigen Messmethode ermittelten Messwerten wurde eine Erhöhung von im Mittel 2 dB genannt. Aus diesem Anlass wurden im Normentwurf DIN 4109-1:2013 die Anforderungswerte für Geräusche von Wasserinstallationen und von sonstigen Anlagen von zuvor 30 dB auf 32 dB angehoben. Deshalb hieß es im Normentwurf von 2013:

> Aufgrund des geänderten Messverfahrens nach DIN EN ISO 10052 (gegenüber DIN 52219) ergeben sich etwa 2 dB höhere Messwerte. Damit sind Messergebnisse aus Prüfzeugnissen oder Prüfberichten, die auf Messungen nach DIN 52219 beruhen, entsprechend zu korrigieren.

Das war nicht als Absenkung des Schallschutzniveaus gedacht, sondern lediglich als Anpassung an die geänderten Messbedingungen. Der gewährleistete Schallschutz sollte also gegenüber dem früheren Zustand (mit Messung ohne die Eckmethode) der gleiche sein. Aus diesem Grund wurden auch die Anforderungen an die Geräusche aus baulich mit dem Gebäude verbundenen Betrieben im Normentwurf unverändert belassen, da dort für die Messung des Beurteilungspegels nach TA Lärm und DIN 45645-1 vorzugehen und die Eckmethode nicht vorgesehen ist.

Im Einspruchsverfahren zu den Normentwürfen von 2013 wurde das Thema erneut aufgegriffen. Vermehrt wurden Zweifel am Sinn der Eckmethode und deren tatsächlichen Auswirkungen auf das Messergebnis geäußert. Anhand praktischer Erfahrungen bei Baumessungen wurde eine pauschale Erhöhung der Anforderungen aufgrund der Messmethode in Frage gestellt, und in der „Anpassung" der Anforderungswerte auf 32 dB wurde eine Absenkung des Anforderungsniveaus gesehen. Als Konsequenz der Diskussion wurde die in DIN EN ISO 10052 vorgesehene Anwendung der Eckmethode durch eine entsprechende Regelung in DIN 4109-4 (Fußnote a) in Tabelle 8) aufgehoben:

Abweichend von den Vorgaben aus DIN EN ISO 10052 werden zur Ermittlung der Bewertungsgrößen die Eckpositionen nicht herangezogen.

Genauso wurde in Tabelle 9 der DIN 4109-1 zum selben Sachverhalt die Fußnote c) aufgenommen. Im Gegenzug zur Aufhebung der Messung mit Eckposition wurden wieder die alten Anforderungswerte von 30 dB eingesetzt. Wie die messtechnische Umsetzung dieser Regelung aussehen soll, wird in 6.6.3.5 behandelt.

Zu beachten ist, dass Fußnote c) nur bei Geräuschen von Wasserinstallationen und von sonstigen gebäudetechnischen Anlagen Anwendung findet, nicht aber bei den Geräuschen aus baulich mit dem Gebäude verbundenen Betrieben, da sie dafür keine Relevanz hat. Kennzeichnende Größe nach Tabelle 1 in DIN 4109-1 ist in diesem Fall nämlich der Beurteilungspegel L_r nach DIN 45645-1 bzw. TA Lärm. In TA Lärm heißt es dazu in Anhang A.1.3 zum maßgeblichen Immissionsort, dass dieser „in dem am stärksten betroffenen schutzbedürftigen Raum" zu ermitteln ist. Verwiesen wird bezüglich Mikrofonaufstellung und Messdurchführung auf DIN 45645-1, Ausgabe Juli 1996, Abschnitt 6.1. Aus diesem datierten Verweis ergibt sich Folgendes:

> In schutzbedürftigen Räumen sind die Messungen bei üblicher Raumausstattung und bei geschlossenen Fenstern und Türen an bevorzugten Aufenthaltsorten der Menschen durchzuführen. Maßgebend ist der höchste Beurteilungspegel, der an diesen Orten ermittelt wurde.

Da damit (unter üblichen Bedingungen) nicht eine Eckposition gemeint sein kann, sind nach Wegfall der Eckmethode die Messbedingungen für die unterschiedlichen Geräuscharten wieder vergleichbar. Auch aus diesem Grund ist die neue Regelung zu begrüßen.

3.6.3.2 Anforderungen an Geräusche sanitärtechnischer Anlagen

Allgemeines

Geräusche sanitärtechnischer Anlagen sind auch in der heutigen Bausituation immer wieder Anlass zu Beanstandungen. Unbestritten gehören sie zu den unangenehmsten Störungen im Wohnbereich. Zu Recht erwarten Bewohner deshalb einen zeitgemäßen Schallschutz gegenüber Installationsgeräuschen. Entgegen der früheren Situation, die noch der DIN 4109:1962 zugrunde gelegt wurde, sind es heute i. d. R. aber nicht mehr die (stationären) Armaturengeräusche, die zu den größten Störungen führen. Im Vordergrund stehen die Geräusche der Sanitärobjekte (WC-Einrichtungen, Wannen) und die immer noch nicht geregelten Betätigungsgeräusche. Völlig zu Recht werden deshalb in DIN 4109-1 auch für die Sanitärtechnik zulässige Schalldruckpegel in fremden schutzbedürftigen Räumen festgelegt. Während es in DIN 4109-1 inzwischen neue Regelungen für bestimmte Anlagen im eigenen Bereich gibt (siehe hierzu Abschnitt 3.6.5), bezieht sich der Schutz gegenüber Geräuschen der Sanitärinstallation ausschließlich auf Aufenthaltsräume im fremden Wohn- und Arbeitsbereich.

Schallquellen der Sanitärtechnik

Auch heute noch gehört der Bereich der sanitärtechnischen Anlagen zu den komplexesten Teilen des baulichen Schallschutzes. Dass dem so ist, zeigt sich schon an der Vielfalt ganz unterschiedlicher Schallquellen, bei denen Phänomene des Luftschalls, Wasserschalls und Körperschalls zu berücksichtigen sind. Damit ergibt sich gegenüber den Verhältnissen bei der Luftschalldämmung eine ungleich anspruchsvollere Situation. Beispielhaft seien nachfolgend einige der wesentlichen Quellen im sanitärtechnischen Bereich aufgelistet.

1 Trinkwasserbereich
- Auslaufarmaturen
- Geräteanschlussarmaturen
- Durchgangsarmaturen
- Drosselarmaturen
- Druckminderer
- Druckspüler
- Spülkästen
- Brausen
- Durchflusswassererwärmer

2 Abwasserbereich
- Abwasserleitungen, vor allem Fallrohre

3 Sanitärgegenstände
- WC-Einrichtungen
- Waschtische
- Dusch- und Badewannen

- Bidets
- Urinale
- Ablagen

4 Sonstiges
- Pumpen
- Hebeanlagen

Übersicht über Anforderungen an Geräusche sanitärtechnischer Anlagen

Da die Festlegungen für sanitärtechnische Anlagen in DIN 4109-1 auf mehrere Stellen des Abschnitts 9 verteilt sind, gibt Bild 3.18 eine zusammenfassende Darstellung. Neben den bei den Anforderungen zu berücksichtigenden Geräuschen der Wasserversorgungs- und Abwasseranlagen werden auch die Betätigungs- und die Nutzergeräusche dargestellt.

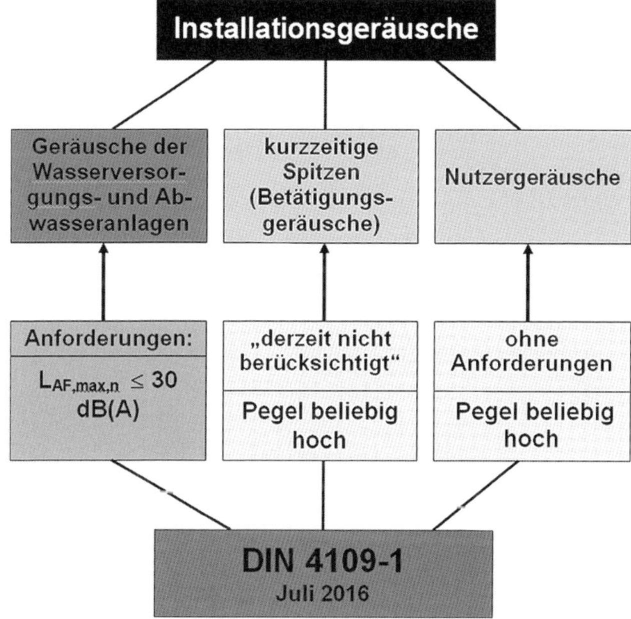

Quelle: Autoren

Bild 3.18: Übersicht über die Regelungen der DIN 4109-1 für Geräusche sanitärtechnischer Anlagen

Den Anforderungen unterliegen somit die maximalen Pegel der Wasserinstallationen, sofern sie nicht als Betätigungs- oder Nutzergeräusche zu charakterisieren sind. Diese Geräusche wurden in DIN 4109:1989 noch als „Installations-Schallpegel L_{In}“ bezeichnet. Die dabei berücksichtigten Geräuschanteile (unter Ausschluss der Betätigungsgeräusche) stellen heutzutage i. d. R. allerdings kein wirkliches Problem mehr dar. Durch die Einführung der Prüfzeichenpflicht für Armaturen und Geräte der Wasserinstallation (siehe 3.6.4.1) und damit verbundene Maßnahmen zur Geräuschminderung [263] bis [266] sind die Armaturengeräusche derart zurückgegangen, dass sie nur in seltenen Fällen noch zu Überschreitungen der Anforderungen führen.

Was stört wirklich?

Eine statistische Auswertung von Messergebnissen aus dem Sanitärbereich zeigt Bild 3.19. Mit „Installationsgeräusche" sind die nach DIN 4109-1 zu berücksichtigenden Geräuschanteile gemeint, die identisch sind mit dem früheren „Installations-Schallpegel L_{In}" der DIN 4109:1989. Normgemäß sind Betätigungsgeräusche darin nicht enthalten. Diese wurden deshalb separat ausgewertet. Außerdem wurden Nutzergeräusche, die normgemäß ebenfalls nicht berücksichtigt werden, in die Auswertung einbezogen. Bei den dargestellten Ergebnissen handelt es sich um Untersuchungen in Beschwerdefällen. Die Autoren folgern aus diesen Ergebnissen, „dass gegenwärtig nicht die Fließgeräusche Probleme bereiten, an die nach DIN 4109 entsprechende Anforderungen gestellt werden, sondern die zu lauten Betätigungs- und Nutzergeräusche, die i. d. R. auch in der Praxis immer häufiger die Auslöser für Klagen der Bewohner sind".

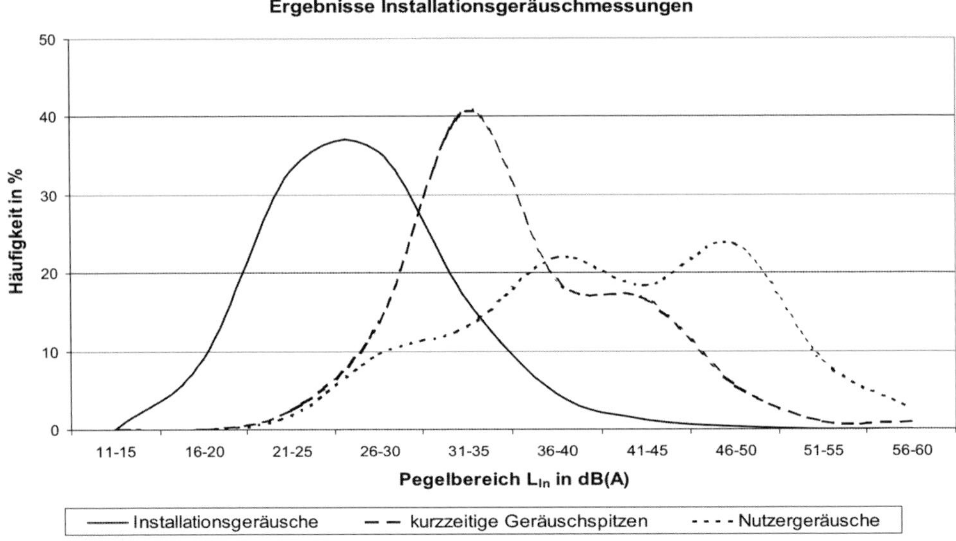

Legende

Installationsgeräusche: 512 Messungen
Betätigungsgeräusche: 206 Messungen
Nutzergeräusche: 114 Messungen
alle Messwerte entsprechen jeweils 100 %

Quelle: [260]

Bild 3.19: Häufigkeitsverteilung von Geräuschen sanitärtechnischer Anlagen

Eine detaillierte Behandlung der Betätigungsgeräusche findet sich in 3.6.3.3 und der Nutzergeräusche in 3.6.3.4.

Besondere Störwirkung

Die Störwirkung informationshaltiger Geräusche liegt bei gleichem Schalldruckpegel über derjenigen von Geräuschen ohne besonderen Informationsgehalt (z. B. Verkehrsgeräusche). Nach Fasold [267] ist das Risiko des Aufweckens bei informationshaltigen Geräuschen gegenüber Geräuschen ohne besonderen Informationsgehalt deutlich höher (Bild 3.20). Derselbe Prozentsatz aufgeweckter Personen ist bei informationshaltigen Geräuschen schon bei wesentlich geringeren Pegeln zu verzeichnen als bei informationslosen.

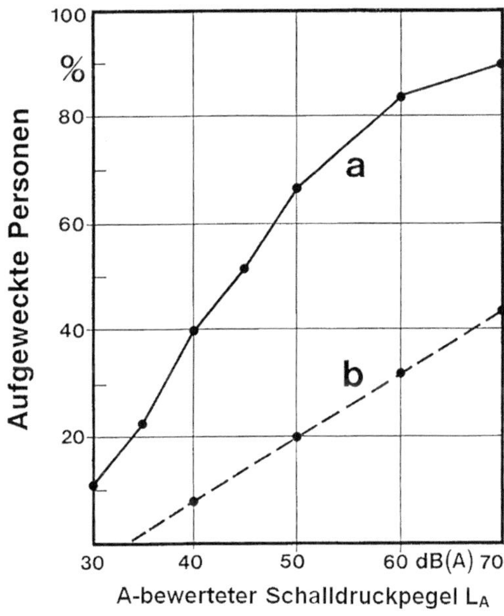

Legende

a) Geräusche mit hohem Informationsgehalt

b) Verkehrsgeräusch

Quelle: [267]

Bild 3.20: Risiko des Aufweckens

Bei der Ermittlung des Beurteilungspegels kann diesem Einfluss durch Berücksichtigung eines Zuschlags für Ton- und Informationshaltigkeit in gewisser Weise Rechnung getragen werden (siehe hierzu auch 3.6.2.7). Wollte man die Geräusche der Wasserinstallation, die ohne Zweifel einen hohen Informationsgehalt aufweisen, mit diesem Maßstab messen, dann müsste gegenüber den zulässigen Werten für Geräusche anderer gebäudetechnischer Schallquellen eine Absenkung der Anforderungswerte in Betracht gezogen werden. Schon 1979 hat Eisenberg dazu in seinem Kommentar zum Normentwurf DIN 4109:1979 [187] geschrieben:

> Die Abwassergeräusche gehören zu den unangenehmsten ihrer Art. Wenn in einer Abwasserleitung, verlegt innerhalb der Trennwand zwischen Bad und Wohnraum, Abwässer von den darüber wohnenden Nachbarn herunterprasseln, sind Beanstandungen nur zu berechtigt, auch wenn die Geräusche den Grenzwert von 30 dB(A) noch nicht überschreiten.

Gemeinsame Berücksichtigung von Wasserversorgungs- und Abwasseranlagen

Meistens treten beim Betrieb von Sanitärinstallationen mehrere Geräuscharten auf, die auf unterschiedliche Anregungsvorgänge zurückzuführen sind und an verschiedenen Stellen entstehen. Als Beispiel zeigt Bild 3.21 die Verhältnisse beim Betrieb einer Armatur. Es treten Leitungseigengeräusche, die eigentlichen Armaturengeräusche und die Geräusche beim Füllen (Prallgeräusche) und Entleeren von Behältern (Wannen, Becken, Spülkästen etc.) auf. Zu den Entleergeräuschen sollen hier die Abflussgeräusche in den Abwasserleitungen mit hinzugerechnet werden.

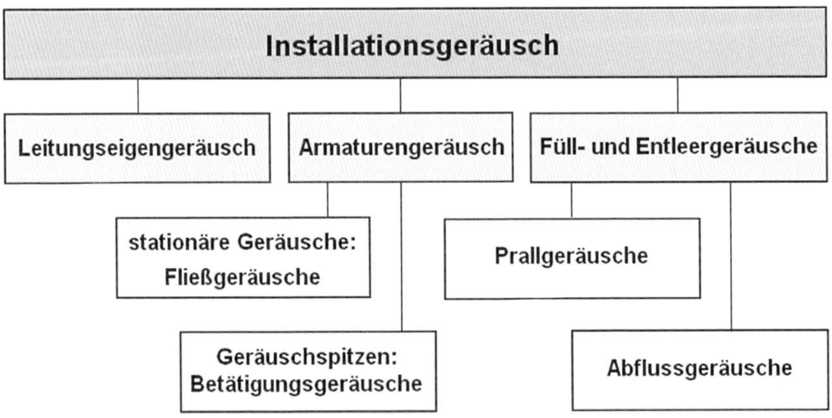

Quelle: Autoren

Bild 3.21: Zusammensetzung des Installationsgeräuschs aus verschiedenen Geräuschanteilen

Bis auf die Betätigungsgeräusche von Armaturen und Geräten der Wasserinstallation werden in DIN 4109-1 alle Bestandteile in die Anforderungen einbezogen. Eine Aufteilung in die einzelnen Geräuscharten und deren separate Beurteilung ist nicht vorgesehen. So heißt es in Tabelle 9, Zeile 1 der DIN 4109-1 bei den Anforderungen an die Sanitärtechnik/ Wasserinstallationen auch ausdrücklich: **„Wasserversorgungs- und Abwasseranlagen gemeinsam"**. Lediglich in DIN 52219 [67] (und später in den nationalen Ergänzungen zu DIN EN ISO 10052 in DIN 4109-11, ersetzt durch DIN 4109-4) wurde bei Bedarf eine Aufteilung in verschiedene Geräuschanteile (Armaturengeräusch, Eigengeräusch der Anlage, Prallgeräusche, Wasserablaufgeräusche) vorgesehen, jedoch mit der Absicht, im Falle einer Überschreitung der Anforderungen die Ursache der Überschreitung herauszufinden, nicht jedoch, um die Anforderungen aufzuteilen.

DIN 4109:1962 kannte die Formulierung zur gemeinsamen Berücksichtigung von Wasserversorgungs- und Abwasseranlagen noch nicht. Das Thema wurde jedoch schon ab 1968 in den Ergänzungserlassen der einzelnen Bundesländer [144] beschrieben. Im Normentwurf DIN 4109:1979 Teil 5 wurden „Armaturen und Geräte der Wasserinstallation" und „Wasserein- und Ablauf" bei den Anforderungen in Tabelle 1 separat aufgeführt. Im Normentwurf DIN 4109:1984 Teil 5 war in Tabelle 1 nur von haustechnischen Anlagen ohne weitere Differenzierung (allerdings mit Fußnote für die Armaturengeräusche) die

Rede. DIN 4109:1989 nannte zum ersten Mal in Tabelle 4 „Wasserinstallationen (Wasserversorgungs- und Abwasseranlagen gemeinsam)" und hatte dafür einen zulässigen Schalldruckpegel von 35 dB vorgesehen. Diese Formulierung wurde so dann auch in die Normentwürfe DIN 4109-1:2006 und DIN 4109-1:2013 sowie in die veröffentlichte Fassung DIN 4109-1:2016 übernommen. Bevor dieser Wortlaut in der Fassung vom November 1989 veröffentlicht wurde, war es anlässlich der vorhergehenden Formulierung der Normvorlage zu erheblichen Diskussionen gekommen. Von Gösele wurde zu der in DIN 4109:1989 abschließend getroffenen Formulierung 1990 in [268] Stellung genommen. Er bezog sich auf die aufgetretenen Auslegungsschwierigkeiten, „ob bei der Festlegung der zulässigen Geräuschpegel von Wasserinstallationen ≤ 35 dB das Gesamtgeräusch beim Betätigen der Armaturen, nämlich Zu- und Abfluß, zu verstehen sei oder nur das Zuflussgeräusch. Bisher waren selbstverständlich alle Geräusche zusammengefasst worden – auch im Normentwurf von 1984." Er wies darauf hin, dass die nun gültige Formulierung diese Auslegungsprobleme beseitigen solle, da nun explizit die gemeinsame Berücksichtigung von Wasserversorgungs- und Abwasseranlagen erforderlich sei. Er wies auch darauf hin, dass gegenüber einer anderen Formulierung der Anforderungen, nämlich ≤ 35 dB für Armaturen und ≤ 30 dB für Abwasseranlagen, und deren getrennter Betrachtung insgesamt (bei energetischer Pegeladdition) ein Gesamtpegel von 36 dB zulässig gewesen wäre, so dass durch die nun getroffene Regelung keine Verschlechterung eingetreten sei.

Von W. Moll wurde (noch vor Erscheinen des Weißdrucks) allerdings in einem von ihm in die Öffentlichkeit gebrachten Schreiben darauf hingewiesen, dass mit dieser Regelung einzeln auftretende Abwassergeräusche (z. B. beim Ablauf von Badewannen oder WC-Anlagen) ebenfalls 35 dB betragen dürfen. Moll hatte für diesen häufigen Fall (als Kompromiss) im Normenausschuss eine Begrenzung auf 30 dB vorgeschlagen. In diesem Zusammenhang traf Moll auch die häufig zitierte Aussage: „Abwassergeräuschpegel von 35 dB sind keine Anforderung, sondern eine Zumutung!"

Er konnte dabei an Eisenberg und dessen zuvor zitierte Aussage aus [269] zu den Abwassergeräuschen anknüpfen. In der VDI-Richtlinie 4100 (Ausgaben 1994 [126] und 2007 [127]) wurde auf diesen Umstand Rücksicht genommen. Dort hieß es für die Schallschutzstufen II (Anforderung an die Wasserinstallation: 30 dB) und III (Anforderung an die Wasserinstallation: 25 dB):

> Wenn Abwassergeräusche gesondert (ohne die zugehörigen Armaturengeräusche) auftreten, sind wegen der erhöhten Lästigkeit dieser Geräusche um 5 dB (A-bewertet) niedrigere Werte einzuhalten.

Zusätzliche Festlegungen für die Anforderungen an Installationsgeräusche

Die Anforderungen an die Geräusche der Wasserinstallation werden in DIN 4109-1, Tabelle 9 durch insgesamt 3 Fußnoten ergänzt und präzisiert:

Fußnoten a) und b) gelten nur für Geräusche der Wasserinstallation, Fußnote c) zusätzlich auch für die „sonstigen Anlagen". Auf Geräusche aus baulich mit dem Gebäude verbundenen Betrieben finden die Regelungen dieser Fußnoten keine Anwendung.

Fußnote a) Betätigungsgeräusche

> Einzelne kurzzeitige Geräuschspitzen, die beim Betätigen der Armaturen und Geräte nach Tabelle 11 (Öffnen, Schließen, Umstellen, Unterbrechen) entstehen, sind derzeit nicht zu berücksichtigen.

Eine ausführliche Behandlung der Betätigungsgeräusche findet sich in 3.6.3.3. Während mit dieser Regelung die Betätigungsgeräusche der Sanitärinstallation von den Anforderungen vollständig ausgenommen werden und damit gravierend die Grundsätze eines in sich stimmigen Schallschutzkonzeptes verletzt werden, unterliegen Pegelspitzen bei Geräuschen sonstiger gebäudetechnischer Anlagen in Tabelle 9, Zeile 2 und aus Betrieben in den Zeilen 3 und 4 den Anforderungen. Bei den sonstigen gebäudetechnischen Anlagen sind sie durch die kennzeichnende Größe $L_{AF,max,n}$ bereits berücksichtigt. Für Geräusche aus Betrieben wird festgehalten, dass einzelne kurzzeitige Spitzenwerte des Schalldruckpegels $L_{AF,max}$ die angegebenen Werte für den einzuhaltenden Beurteilungspegel um nicht mehr als 10 dB überschreiten dürfen.

Die Pegelspitzen sind hier im Gegensatz zu den Anforderungswerten bei gebäudetechnischen Anlagen anscheinend nicht auf $A_0 = 10\ m^2$ zu normieren. Tatsächlich sollte aber auch hier, wie in Abschnitt 3.6.2.1 ausgeführt wird, die Normierung vorgenommen werden.

Fußnote b) Voraussetzungen zur Erfüllung der Anforderungen

Ausschließlich für die Anforderungen an Geräusche der Sanitärtechnik in Tabelle 9, Zeile 1 gilt die Fußnote b):

> Voraussetzungen zur Erfüllung des zulässigen Schalldruckpegels:
> - Die Ausführungsunterlagen müssen die Anforderungen des Schallschutzes berücksichtigen, d. h. zu den Bauteilen müssen die erforderlichen Schallschutznachweise vorliegen;
> - außerdem muss die verantwortliche Bauleitung benannt und zu einer Teilabnahme vor Verschließen bzw. Bekleiden der Installation hinzugezogen werden.

Diese Fußnote geht auf die Änderung A1 zu DIN 4109:2001 [26] zurück. Die darin erstmals formulierte Regelung war ein wesentliches Ergebnis der seit dem Erscheinen von DIN 4109:1989 geführten heftigen Debatte um die Anforderungshöhe bei Geräuschen der Wasserinstallation. In der Änderung A1 wurde der zulässige Schalldruckpegel von Geräuschen der Wasserinstallationen von dem zwischenzeitlich in DIN 4109:1989 auf 35 dB erhöhten Wert wieder auf 30 dB reduziert. Als Kompromiss für diesen Schritt wurden als Fußnote in der Anforderungstabelle so genannte „werkvertragliche Voraussetzungen zur Erfüllung des zulässigen Installationsschalldruckpegels" benannt. Zusätzlich hieß es in dieser Fußnote: „Weitergehende Details regelt das ZVSHK-Merkblatt". Dieses Merkblatt [270] des Zentralverbands Sanitär Heizung Klima (ZVSHK) erschien 2003 und behandelte neben den anforderungsrelevanten Aspekten ausführlich technische Aspekte bei Planung und Ausführung von Anlagen der Sanitär-, Heizungs- und Klimatechnik.

Zu den Ausführungsunterlagen hieß es dort:

> Aus den Ausführungsunterlagen muss der Installateur erkennen können, welche Schallschutzmaßnahmen insgesamt vorgesehen sind, welche von den anderen Gewerken zu erfüllen sind und welche er selbst in seinem Leistungsumfang hat.

Die inhaltlichen Angaben der Ausführungsunterlagen wurden folgendermaßen präzisiert:

> Die Ausführungsunterlagen müssen eindeutige Angaben zu
> - Anordnung der Nassräume gegenüber schutzbedürftigen Räumen,
> - Aufbau, Konstruktion und Materialeigenschaften der Installationswände (mindestens 220 kg/m^2 oder Eignungsnachweis) und deren flankierenden Wände,
> - Art, Führung (z. B. keine starken Richtungsänderungen von Abwasserleitungen) und Befestigung (z. B. körperschallgedämmte Rohrschellen) aller Rohrleitungen,
> - Art der Sanitärausstattungsgegenstände (z. B. wandhängende oder bodenstehende WCs, Bade- und Duschwannen, Waschtische, Ablagen, Urinale u. a.) und deren Körperschalldämmung,
> - vorgesehener Vorwandinstallation sowie
> - vorgesehenen Armaturen (Gruppe I oder II) und deren Durchflussklasse enthalten.

Zu den vorzulegenden Schallschutznachweisen wurde Folgendes ausgeführt:

> Schallschutznachweise für Bauteile und Sanitärgegenstände können durch Eignungsprüfungen, Vorlage geeigneter Prüfberichte aus einem unabhängigen Labor oder aus bauakustischen Messungen von qualifizierten Prüfstellen in vergleichbaren Bauwerken erfolgen. Für diese Produkte müssen die Hersteller Einbau- und Montageanweisungen zur Verfügung stellen, die detaillierte Hinweise auf erforderliche Maßnahmen zum Schutz gegen Körperschallübertragung auf den Baukörper enthalten.

In DIN 4109-1 heißt es gegenüber der Formulierung in DIN 4109/A1:2001 nun nicht mehr „werkvertragliche Voraussetzungen", sondern nur noch „Voraussetzungen", da zu Recht in den Einsprüchen zum Normentwurf DIN 4109-1:2013 angemerkt worden war, dass eine (bauaufsichtlich eingeführte) Norm nicht in die werkvertragliche Gestaltung eingreifen kann. Sprachlich richtig hätte es übrigens „Voraussetzungen zur Erfüllung der Anforderungen an den zulässigen Schalldruckpegel" heißen müssen. Auch ist gegenüber der A1-Änderung der Hinweis auf das ZVSHK-Merkblatt entfallen. Das wurde damit begründet, dass in der Zwischenzeit die Inhalte dieses Merkblatts in der Fachwelt hinreichend bekannt seien, das Merkblatt vergriffen und ggf. eine Neuauflage vorgesehen sei.

Fußnote c) Verzicht auf Messung in der lautesten Raumecke

Diese in Fußnote c) neu eingeführte Regelung bezieht sich nicht nur auf die Messung der Geräusche von Wasserinstallationen, sondern generell auf alle gebäudetechnischen Anlagen. Deshalb wird auf diese Regelung in der allgemeinen Behandlung der Anforderungen an gebäudetechnische Anlagen in 3.6.3.1 näher eingegangen.

Beurteilung der Anforderungen an Geräusche sanitärtechnischer Anlagen

Aus der Sicht des Schallschutzes besteht Einvernehmen darin, dass Störgeräusche von mehr als 30 dB in schutzbedürftigen Räumen zu vermeiden sind und den zeitgemäßen Erwartungen an den Schallschutz schon lange nicht mehr Rechnung tragen. Schalldruckpegel gebäudetechnischer Anlagen sollten diesen Wert keinesfalls überschreiten. Als Mindestanforderung kann deshalb auch für Geräusche sanitärtechnischer Anlagen $L_{AF,max,n} \leq 30$ dB akzeptiert werden. Angesichts der heute möglichen und üblichen Produkte und Installationsweisen sollten allerdings niedrigere Werte angestrebt werden, da besonders in ruhigen Wohnungen mit Grundgeräuschpegeln ≤ 20 dB auch deutlich leisere Geräusche beanstandet werden. Dass die Betätigungsgeräusche der Wasserinstallationen derzeit keinerlei Anforderung unterliegen, verletzt das Grundprinzip eines in sich stimmigen Schallschutzes, auch beim Mindestschallschutz, eklatant. Hier sollte eine Begrenzung auf $L_{AF,max,n} \leq 35$ dB vorgenommen werden. Auf die speziellen Aspekte der Betätigungsgeräusche wird nachfolgend in 3.6.3.3 ausführlich eingegangen.

Schon 1992 wurde vom Umweltbundesamt in [246] anhand umfangreicher Erhebungen von Baumessungen festgestellt, dass dieses Schallschutzniveau mit den zum Zeitpunkt der Veröffentlichung von DIN 4109:1989 vorliegenden technischen Gegebenheiten eingehalten werden konnte. Herangezogen wurden Messdaten aus Neubauten, die überwiegend von Güteprüfstellen (heute VMPA-Prüfstellen) ermittelt worden waren. Ausgewertet wurden über 1000 Messwerte aus Messungen in 118 Gebäuden, wobei 83 % der Messwerte auf Beschwerdefälle und 17 % auf Abnahmemessungen entfielen. Spätere statistische Auswertungen, die 2003 von Kurz und Schnelle in [199] veröffentlicht wurden, bestätigen diese Aussage. Beim gegenwärtige Stand der Installationstechnik kommt es zu Überschreitungen der in DIN 4109-1 gestellten Anforderungen nur noch bei groben Planungs- oder Ausführungsfehlern. Geräusche sanitärtechnischer Anlagen (einschließlich der in DIN 4109-1 nicht erfassten Nutzergeräusche) sind in allererster Linie ein Körperschallproblem. Maßnahmen zur Minderung der Installationsgeräusche müssen deshalb bei einer konsequenten Körperschallentkopplung ansetzen. Unter Nutzung einer schallschutzorientierten Grundrissgestaltung und einer körperschallentkoppelten Vorwandinstallation können die Anforderungswerte der DIN 4109-1 deutlich unterschritten werden. Deren Anforderungen sind deshalb vom Charakter her tatsächlich Mindestanforderungen.

Im Installationsbereich sind die Hauptverursacher von Geräuschbelästigungen weder bei den (stationären) Armaturengeräuschen noch bei den eigentlichen Abwassergeräuschen zu suchen. Die höchsten Werte werden vielmehr von den Betätigungsgeräuschen erreicht, in ungünstigen Fällen übertroffen nur noch von Prallgeräuschen der Dusche in Wannen. Bezogen auf ein Schallschutzniveau von $L_{AF,max,n} \leq 30$ dB sind Armaturen- und Abwassergeräusche unkritisch. Mit den heutzutage zahlreich auf dem Markt verfügbaren Produkten und den schalltechnisch günstigen Installationsweisen ist bei sachgerechtem Einbau und Berücksichtigung der in DIN 4109 genannten Planungsgrundsätze sichergestellt, dass in benachbarten schutzbedürftigen Räumen Schalldruckpegel von 30 dB nicht überschritten werden, und üblicherweise deutlich niedrige Werte erreicht werden. Auch für die reinen

Abwassergeräusche ist mit den verfügbaren technischen Möglichkeiten ein Schallschutzniveau unterhalb 30 dB völlig legitim.

Probleme mit Betätigungsgeräuschen können sich außer bei Armaturen bei WC-Spülkästen ergeben, wenn der Spülvorgang ausgelöst oder unterbrochen wird. Kritisch ist in diesem Zusammenhang die Unterputzmontage von Spülkästen, die ausgesprochen anfällig gegenüber Körperschallbrücken ist und nicht als zeitgemäße Installationsweise betrachtet werden kann. Die sicherste Methode zur Vermeidung entsprechender Störungen besteht in einer geeigneten Grundrissplanung (keine Montage an Wänden, die an schutzbedürftige Räume grenzen) und der Trennung von Installation und Baukörper (Vorwandinstallation mit wirksamer Körperschallentkopplung).

Über ein besonderes Störpotenzial verfügen die Prallgeräusche bei Dusch- und Badewannen. Hier können bei starrem Einbau der Wannen und bei ungünstigen Grundrissanordnungen in den nächsten schutzbedürftigen Räumen Schalldruckpegel von mehr als 40 dB auftreten. Eine wirkungsvolle Geräuschminderung erfolgt auch hier am sichersten mit körperschallisoliertem Einbau der Wannen und geeigneten Grundrisssituationen. Mit Hinblick auf ein Schallschutzniveau von 30 dB sind Wannen (und andere sanitäre Ausstattungsgegenstände) bei der Grundrissanordnung sinngemäß wie Armaturen der Armaturengruppe II zu behandeln, solange keine Nachweise über ein günstigeres Verhalten vorliegen. Dafür heißt es in DIN 4109-36 (Abschnitt 6.4.4.2.5):

> Armaturen der Armaturengruppe II und deren Wasserleitungen, Abwasserleitungen und sanitäre Ausstattungsgegenstände ohne besonderen Nachweis dürfen nicht an Wänden angebracht werden, die im selben Geschoss, in den Geschossen darüber oder darunter an schutzbedürftige Räume grenzen.
>
> Armaturen der Armaturengruppe II und deren Wasserleitungen, Abwasserleitungen und sanitäre Ausstattungsgegenstände ohne besonderen Nachweis dürfen außerdem nicht an Wänden angebracht sein, die auf vorgenannte Wände stoßen.

3.6.3.3 Betätigungsgeräusche

Geräuschspitzen bei der Betätigung

Bei Armaturen und Geräten der Wasserinstallation ist zu unterscheiden zwischen den stationären Geräuschen, die durch kontinuierliche Strömungsvorgänge hervorgerufen werden [264], [265], und transienten Geräuschen, die durch Öffnen, Schließen oder Umschalten von Armaturen oder Geräten entstehen und meistens mit abrupten Änderungen der Strömungsvorgänge verbunden sind, so dass starke Geräuschspitzen auftreten können. Als Beispiel zeigt Bild 3.22 die Geräuschcharakteristik einer Wannenfüll- und Brausebatterie mit automatischem Umsteller. Neben den stationären Geräuschen für das Fließgeräusch der Armatur und das Aufprallgeräusch aus der Dusche sind als transiente Geräuschanteile die Pegelspitzen beim Öffnen, Umstellen und Schließen der Armatur deutlich zu erkennen. Zweifellos kann davon ausgegangen werden, dass die stärksten Geräuschbelästigungen von den Pegelspitzen hervorgerufen werden.

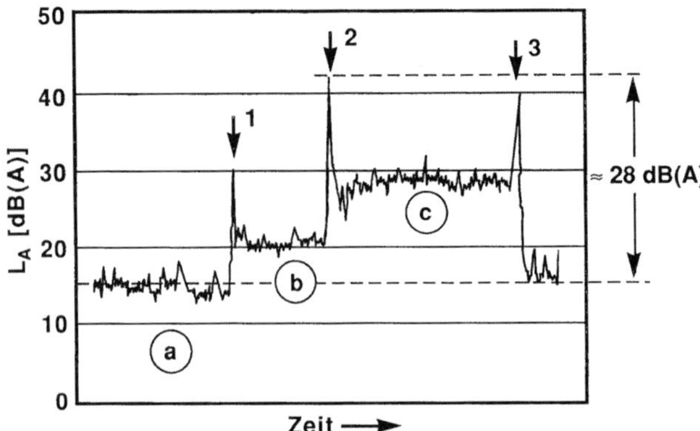

Quelle: Autoren

Legende

stationäre Geräusche: ⓐ Hintergrundgeräusch
ⓑ Fließgeräusch bei 0,3 MPa
ⓒ Aufprallgeräusch

kurzzeitige Spitzen: 1 Öffnen der Armatur (Auslauf Wanne)
2 Umstellen auf Brauseauslauf
3 Schließen der Armatur

Bild 3.22: Geräuschcharakteristik einer Wannenfüll- und Brausebatterie (gemessen im Bau, nächster schutzbedürftiger Raum)

Seit DIN 4109:1989 unterliegen diese Geräuschspitzen (unter dem Namen Betätigungsgeräusche) nicht mehr den Anforderungen. Das war allerdings nicht immer so. Nachfolgend wird aufgezeigt, wie die Entwicklung bis zu dieser Regelung verlaufen ist. Damit können auch Missverständnisse, die heute im Umgang mit solchen Betätigungsgeräuschen auftreten, erkannt und richtiggestellt werden.

Anforderungen an Betätigungsgeräusche?

DIN 4109:1962 kannte in Blatt 2 [7] für haustechnische Anlagen und Betriebe nur eine globale Anforderung. Sowohl nach Abschnitt 5.1 (für alle Geräte, Maschinen und Einrichtungen haustechnischer Gemeinschaftsanlagen und gewerblicher Betriebe) als auch nach Abschnitt 5.2 (für haustechnische Einzelanlagen, insbesondere Wasser- und Abwasseranlagen) galt ohne weitere Differenzierung eine höchstzulässige Lautstärke von 30 DIN-phon nach DIN 5045. Dass man damals explizit auch die Betätigungsgeräusche der Wasserinstallation mitberücksichtigt wissen wollte, geht aus folgender Formulierung in DIN 4109:1963 Blatt 5 [10], Abschnitt 4.1.1. (Schallschutz bei Wasserleitungen) hervor:

> Ursache der Armaturengeräusche sind Stöße bei plötzlichem Öffnen und Schließen der Ventile und Strömungsvorgänge an starken Querschnittsverengungen in den Ventilen ...

Eine entsprechende Formulierung war sogar schon in DIN 4109:1944 enthalten. Man hatte bei den Armaturen also nicht nur die stationären Fließgeräusche im Blick, sondern auch die später „Betätigungsgeräusche" genannten Geräuschspitzen und deren Ursachen (z. B. bei Druckspülern).

Vermutlich waren die von Armaturen verursachten Betätigungsgeräusche damals aber noch kein so großes Problem, da Wannenarmaturen noch mit Handumstellern versehen waren und automatische Umsteller und schnell schließbare und zu öffnende Armaturen wie z. B. Einhebelmischer oder Drehgriffarmaturen mit Keramikscheiben-Oberteil erst später auf den Markt kamen.

Nachdem die Betätigungsgeräusche über 20 Jahre lang nicht weiter thematisiert wurden, änderte sich das mit dem **Normentwurf zu DIN 4109:1984**. Im Teil 5 [19] des Entwurfs tauchte zum ersten Mal in der Anforderungstabelle 1 folgende Fußnote 4 auf:

> Bei WC-Anlagen sind kurzzeitige Spitzen bis 35 dB(A) zulässig.

In Tabelle 5 (Armaturengruppen) desselben Normblatts hieß es außerdem in einer Fußnote 1:

> Bei Armaturen mit automatischen Umstellern darf der Geräuschpegel beim Umstellvorgang, gemessen bei Anzeigecharakteristik „Fast" der Messinstrumente, die in Spalte b aufgeführten Werte um bis zu 5 dB(A) überschreiten. Für eine Bewertung zur Eingruppierung einer Armatur wird der Geräuschpegel beim Umstellvorgang erst nach dem 30. Juni 1989 herangezogen.

Mit diesen beiden Fußnoten wurden für einen Teil der Betätigungsgeräusche erstmalig Ausnahmen formuliert, die es so in DIN 4109:1962 und im Normentwurf 1979 nicht gegeben hatte. Die automatischen Umsteller wurden von den Wasserversorgungsunternehmen Anfang der 1980er Jahre aus Hygienegründen (Vermeidung von Rücksaugung) verlangt.

Hintergrund der Fußnote 4 in Tabelle 1 war die Beobachtung, dass es beim Auslösen des Spülvorgangs von WC-Spülkästen zu starken Geräuschspitzen kam, die weit über 40 dB hinausgehen konnten [271]. Ein typisches Beispiel für einen solchen Spülvorgang bei einem Produkt aus dieser Zeit zeigt Bild 3.23. Aktuelle Untersuchungen zum Geräuschverhalten von WC-Anlagen finden sich z. B. in [272].

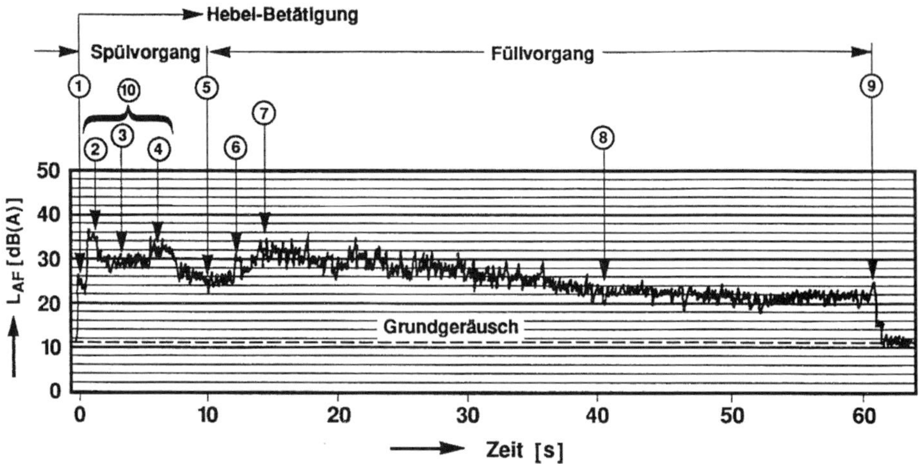

Legende

① Hebelbetätigung
② erster Ausströmimpuls
③ eigentlicher Spülvorgang
④ Gurgelgeräusche
⑤ Schließen des Boden-Ventils
⑥ Füllen in den leeren Spülkasten
⑦ Füllen auf freie Wasseroberfläche
⑧ Fließgeräusch des Füllventils
⑨ Schließen des Füllventils
⑩ beim zur Wassereinsparung vorgesehenen Unterbrechen des Spülvorgangs zeigen einige Bauarten noch erheblich höhere Pegelspitzen zwischen ② und ④

Quelle: Autoren

Bild 3.23: Geräuschcharakteristik eines WC-Spülkastens (gemessen hinter einer Installationswand mit 220 kg/m^2)

Aufgrund eines Einspruchs der Vertreter des Zentralverbands Sanitär Heizung Klima (ZVSHK) wurden deshalb im Normentwurf 1984 in Tabelle 1 (Fußnote 4) für das Spülgeräusch bei WC-Anlagen am Bau kurzzeitige Geräuschspitzen bis 35 dB zugelassen, weil noch zu wenig Kenntnisse über die Einflussgrößen bei Abwassergeräuschen vorliegen würden. Durch Vorlage von Messergebnissen sollte bei der Beratung der endgültigen Fassung der Norm entschieden werden, ob die zusätzliche Toleranz dieser Fußnote von +5 dB entfallen kann.

Fußnote 1 in Tabelle 5 des Normentwurfs von 1984 ging vom zuständigen Sachverständigenausschuss „Armaturen" des DIBt aus, der die Ansicht vertrat, dass die kurzzeitigen Pegelspitzen mitzumessen, zu prüfen und zu beurteilen seien, sobald man die Messverfahren hierfür geschaffen hätte. Die zwischenzeitlich erteilten Prüfzeichen sollten deswegen nach einem Beschluss aus dem Jahre 1984 ursprünglich auch nur bis zum 30.6.1989 gelten. Dieser Fußnote hätte man durchaus folgen können, wenn für die Messung eines transienten Armaturengeräuschpegels die Durchführung geregelt worden wäre. Wie in 3.6.4.4 näher erläutert wird, kam eine solche Regelung allerdings bis heute nicht zustande.

In einer (nicht veröffentlichten) **Normvorlage von 1986** wurde aus Fußnote 4 der Tabelle 1 dann:

Einzelne kurzzeitige Spitzen bis 35 dB(A) sind zulässig

Nun galt die Sonderregelung für Geräuschspitzen auf einmal nicht mehr nur für WC-Anlagen und automatische Umsteller, sondern ganz generell für alle Arten von Geräuschspitzen. Daraus wurde dann im selben Jahr in einer weiteren Änderung folgende Formulierung:

Für einzelne, kurzzeitige Spitzen, die beim Betätigen der Armaturen und Geräte der Wasserinstallation (Öffnen, Schließen, Umstellen u. a.) entstehen, sind bis zu 35 dB(A) zulässig.

Hier wurde zum ersten Mal der Begriff der Betätigungsgeräusche ins Spiel gebracht. Immer noch waren die Pegelspitzen aber auf 35 dB begrenzt.

In einer weiteren (unveröffentlichten) **Normvorlage vom Juli 1987** wurden dann zum ersten Mal Wasserinstallationen bei den Anforderungen getrennt von den haustechnischen Anlagen aufgeführt. Als Fußnote 1 hieß es nun speziell für die Wasserinstallationen:

Einzelne, kurzzeitige Spitzen bis zu 40 dB(A), die beim Betätigen der Armaturen und Geräte der Wasserinstallation (Öffnen, Schließen, Umstellen, Unterbrechen u. a.) entstehen, sind z. Z. nicht zu berücksichtigen.

Damit waren die Pegelspitzen der Betätigungsgeräusche schon bei 40 dB angekommen. Eine weitere Version lautete dann:

Einzelne, kurzzeitige Spitzen, die beim Betätigen der Armaturen und Geräte der Wasserinstallation (Öffnen, Schließen, Umstellen, Unterbrechen u. a.) entstehen, sind z. Z. nicht zu berücksichtigen.

Von da an war die Begrenzung der Pegelspitzen für Betätigungsgeräusche vollständig aufgehoben worden.

In der veröffentlichten **DIN 4109:1989** wurde dann schließlich in Tabelle 4 (Werte für die zulässigen Schalldruckpegel in schutzbedürftigen Räumen aus haustechnischen Anlagen und Gewerbebetrieben) zu den Anforderungen an Wasserinstallationen folgende Fußnote 1 aufgenommen:

Einzelne, kurzzeitige Spitzen, die beim Betätigen der Armaturen und Geräte nach Tabelle 6 (Öffnen, Schließen, Umstellen, Unterbrechen u. a.) entstehen, sind z. Z. nicht zu berücksichtigen.

Damit hatte die Regelung für Betätigungsgeräusche bis heute ihren Abschluss gefunden. Nachdem im **Normentwurf zu DIN 4109-1:2013** noch die zeitliche (allerdings unbestimmte) Limitierung dieser Regelung entfallen war, schloss sich **DIN 4109-1:2016** mit einer (fast) gleichlautenden Formulierung in Fußnote a zu Tabelle 9 der Regelung von 1989 an. Somit unterliegen die Betätigungsgeräusche auch weiterhin keinen Anforderungen.

Betätigungsgeräusche bei der Messung von Installationsgeräuschen

Auf zweierlei Art und Weise nimmt die neue DIN 4109 Bezug auf messtechnische Bedingungen, die in Zusammenhang mit den Betätigungsgeräuschen stehen. DIN 4109-1 nennt in Abschnitt 10 Anforderungen an Geräte und Armaturen der Trinkwasser-Installation und geht dabei in Fußnote c) zu Tabelle 11 auf die Geräuschspitzen von Betätigungsgeräuschen ein. Auf die Hintergründe dieser Regelung wird in 3.6.4.4 eingegangen. DIN 4109-4 nennt als anzuwendendes Verfahren für die Messung von Installationsgeräuschen im Bau die DIN EN ISO 10052. Als nationale Ergänzung zum Messverfahren wird in Anhang B 4.2 (Messung von Geräuschen der Wasserinstallation) der DIN 4109-4 darauf verwiesen, dass Betätigungsgeräusche nicht zu berücksichtigen sind. Auf den messtechnischen Sachverhalt dieser Regelung wird in 6.6.3.4 eingegangen. In beiden Fällen setzen die genannten Regelungen die aus den Anforderungen von DIN 4109-1 stammende Auslassung der Betätigungsgeräusche im messtechnischen Bereich um.

Zeitgemäße Anforderungen für Betätigungsgeräusche

Die in Bild 3.22 beispielhaft gezeigten Verhältnisse bei der Betätigung einer Wannenfüll- und Brausebatterie verdeutlichen die aktuelle Problematik: die stationären Fließ- und Aufprallgeräusche, die nach DIN 4109-1 in die Beurteilung einzubeziehen sind, erfüllen die Anforderungen der DIN 4109-1. Spitzen erreichen in diesem Fall aber Werte von bis zu 43 dB. Sie liegen um bis zu 28 dB über dem Hintergrundgeräusch. Selbst ein Hintergrundgeräusch von 25 dB, wie es den Anforderungen der DIN 4109-1 zugrunde gelegt wird, würde von der Pegelspitze noch um 18 dB überschritten werden. Ohne Zweifel liegt hier eine ganz erhebliche Belästigung vor, die aber nach den Kriterien der DIN 4109 bei der Beurteilung nicht zum Tragen kommt. Die in Bild 3.19 dargestellte statistische Auswertung von Installationsgeräuschmessungen im Bau zeigt, dass die Betätigungsgeräusche im Mittel deutlich über den in DIN 4109 berücksichtigten Installationsgeräuschen liegen. Die wirklichen Geräuschbelästigungen stammen nicht aus den nach Norm für die Beurteilung heranzuziehenden Geräuschanteilen, sondern aus den kurzzeitigen Geräuschspitzen der Betätigungsgeräusche. Die Häufigkeitsverteilung hat ihr Maximum zwar bei Pegelspitzen im Bereich 31 dB bis 35 dB, die unsymmetrische Verteilung mit breiter Flanke zu hohen Pegeln hin zeigt aber, dass auch höhere Pegelspitzen oberhalb 35 dB noch stark vertreten sind. Wenn DIN 4109-1 in der Einleitung die Einhaltung der deklarierten Schutzziele, darunter Schutz vor unzumutbaren Belästigungen, bei einem Grundgeräuschpegel von 25 dB zusichert, dann muss konstatiert werden, dass das bei den Betätigungsgeräuschen mit den aktuellen Regelungen nicht der Fall ist. Schon gar nicht gilt das, wenn unter realistischen Bedingungen ein Grundgeräuschpegel von ≤ 20 dB vorausgesetzt wird. Mit der bis heute geltenden Ausnahmeregelung hat man die gemeinsame Basis des gesamten technischen Schallschutzes verlassen. In keinem anderen Bereich des Immissionsschutzes hat man vergleichbare (nach oben offene) Festlegungen getroffen.

Wurde bei der Sonderregelung für Betätigungsgeräusche ursprünglich argumentiert, dass die Ursachen solcher Spitzen nicht bekannt seien und deshalb eine (vorübergehende) Ausnahmeregelung erforderlich sei, wurde später (und bis heute) geltend gemacht, dass es für solche Betätigungsgeräusche kein Messverfahren gäbe und deshalb auch keine Anforderungen gestellt werden könnten.

Selbstverständlich können solche Betätigungsgeräusche mit den üblichen Messmethoden (zuerst DIN 52219, später dann DIN EN ISO 10052 in Verbindung mit DIN 4109-11 [28] und zuletzt DIN 4109-4) im Bau bzw. im Labor (Installationsprüfstand oder ähnlichen Messanordnungen) gemessen werden, nur eben nicht mit der genormten Laborprüfmethode, wie sie für den Armaturengeräuschpegel L_{ap} in DIN 52218 (später DIN EN ISO 3822) vorgesehen war. Weitere Ausführungen zum Laborverfahren finden sich in 3.6.4.2. In anderen Bereichen des Schallschutzes ist es selbstverständlich, dass die Anforderungen im Gebäude eingehalten werden müssen (und auch eingehalten werden können), auch wenn es für die betroffene Anlage kein Laborprüfverfahren gibt. Das gilt sogar bei Aufzugsanlagen, deren Geräuschverhalten als komplexer betrachtet werden muss als dasjenige von Armaturen. Auch dort sind die Geräuschspitzen (z. B. beim Schließen der Türen oder beim Anfahren) selbstverständlich zu berücksichtigen und unterliegen der Anforderung $L_{\mathrm{AF,max,n}} \leq 30$ dB. Die Ausnahmeregelung bei Betätigungsgeräuschen der Wasserinstallation ist deshalb in Frage zu stellen.

Dass etwa drei Jahrzehnte nach Erscheinen der DIN 4109:1989 die Pegelspitzen von Betätigungsgeräuschen immer noch aus den Anforderungen ausgenommen bleiben, obwohl gerade sie bei den Geräuschen der Wasserinstallation das höchste Störpotenzial aufweisen, ist mehr als unbefriedigend und nicht mehr zeitgemäß. Das wurde auch im Einspruchsverfahren zum Normentwurf DIN 4109-1:2013 in zahlreichen Einsprüchen heftig kritisiert. Es wurde darauf hingewiesen, dass kurzzeitige Geräuschspitzen, die trotz sachgerechter Betätigung von Armaturen und Geräten der Wasserinstallation unvermeidbar entstehen, vor allem in den Abend- und Nachtstunden ein besonders hohes Störpotenzial haben und deren Nichtberücksichtigung in den Anforderungen eklatant gegen die Schutzziele der Norm verstößt. Gefordert wurde eine Begrenzung der Pegelspitzen.

Von einigen Einsprechern wurde auch mit Bezug auf das Beschlussbuch der VMPA-Prüfstellen [151] auf die aktuelle Handhabung im Rahmen von bauakustischen Güteprüfungen der VMPA-Prüfstellen hingewiesen. Dort ist unter Abschnitt 6.5.2 (Besondere Hinweise zur Prüfung von Anlagengeräuschen) für die WC-Spülung vorgesehen, dass der Messzyklus die gesamte Zeit einschließlich des Auslösens des Spülvorgangs umfasst und die Pegelspitze beim Auslösen somit in die Beurteilung einbezogen wird. Hier hat man sich offensichtlich für eine Lösung nach dem gesunden Menschenverstand entschieden, obwohl de facto die Pegelspitzen der WC-Spülung ein Auslöser der ganzen Entwicklung gewesen waren. Es zeigt sich, dass die damaligen Gründe, die zu dieser Regelung in der DIN 4109 geführt haben, heute weitgehend nicht mehr bekannt sind und nicht mehr akzeptiert werden. Mit heute gängigen Produkten und Montagebedingungen ist es möglich, auch bei Spülvorgängen ohne die Sonderbehandlung der Auslösespitze die Anforderungen von 30 dB einzuhalten. Nicht zuletzt mit Hinblick auf die deklarierten Schutzziele dieser Norm besteht Handlungsbedarf, die derzeitigen Regelungen für Betätigungsgeräusche einer kritischen Bewertung zu unterziehen.

Ein erster Schritt würde darin bestehen, eine Begrenzung der Betätigungsgeräusche einzuführen. Deren Geräuschspitzen sollten den Anforderungswert um nicht mehr als 5 dB überschreiten. Damit würde erreicht, dass die Pegelspitzen der Betätigungsgeräusche nicht über 35 dB hinausgehen und nicht mehr als 10 dB über einem Grundgeräuschpegel von 25 dB liegen, der den Mindestanforderungen der DIN 4109-1 zugrunde gelegt wird. Diese Regelung würde von den zulässigen Pegelspitzen her auch der Regelung der TA Lärm für Betriebe entsprechen. Dort gilt nachts (siehe DIN 4109-1, Tabelle 9, Zeile 4) für die Geräuschspitzen ebenfalls $L_{AF,max,n} \leq 35$ dB. Damit dürften die Betätigungsgeräusche der Sanitärinstallation immer noch um bis zu 5 dB höher sein als die Geräuschspitzen bei den „sonstigen gebäudetechnischen Anlagen".

Eine solche Festlegung darf durchaus als moderat bezeichnet werden. In [199] werden von Kurz und Schnelle die Summenhäufigkeiten ihrer statistischen Auswertungen betrachtet, die für Beschwerdefälle bei der Luft- und Trittschalldämmung sowie für Geräusche der Wasserinstallation erhoben wurden. Als Maßstab für die Festlegung von Anforderungen definieren sie als sogenanntes 15%-Kriterium den Messwert, bei dem sich noch 15% der Bewohner über die Geräusche beklagen. Von 85% der Bewohner würden in diesem Fall also keine Beschwerden mehr vorliegen. Für die Betätigungsgeräusche wird dieser Wert mit 32 dB angegeben. Würde man entsprechend der zugrunde gelegten Summenhäufigkeit den maximal zulässigen Wert stattdessen bei 35 dB festlegen, so würde das schon bei etwa 40% der Bewohner zu Beschwerden führen.

Es ist also anzustreben, in einem zweiten Schritt die Sonderrolle der Betätigungsgeräusche bei der Wasserinstallation aufzuheben. Einzuhalten wäre dann auch hier, wie schon jetzt bei den Geräuschspitzen (z. B. Ein- und Ausschaltvorgänge) der sonstigen gebäudetechnischen Anlagen, ein $L_{AF,max,n} \leq 30$ dB. Damit könnten auch bei einem häufig anzutreffenden abendlichen Grundgeräuschpegel von 20 dB Überschreitungen von mehr als 10 dB vermieden werden. Der Schutz vor unzumutbaren Belästigungen könnte damit auch in diesem Fall gewährleistet werden. Die DIN 4109-1 hätte dann für alle gebäudetechnischen Anlagen ein einheitliches Schallschutzkonzept und würde den deklarierten Schutzzielen in diesem Punkt endlich gerecht werden. Die Unterscheidung zwischen Sanitärinstallation und „sonstigen gebäudetechnischen Anlagen" könnte wieder aufgehoben werden. Die bei den messtechnischen Nachweisen problematischen „Betätigungsgeräusche" könnten als eigene Geräuschkategorie entfallen.

3.6.3.4 Nutzergeräusche

Einführung

Als Nutzergeräusche werden solche Geräusche bezeichnet, die von Bewohnern durch manuelle Tätigkeiten oder durch die Handhabung von Ausstattungsgegenständen verursacht werden. DIN 4109 nennt dafür als Beispiele „Aufstellen eines Zahnputzbechers auf einer Abstellplatte, hartes Schließen des WC-Deckels, Spureinlauf, Rutschen in der Badewanne usw." Sie unterliegen nicht den Anforderungen der DIN 4109. Da derartige Geräusche stark von der individuellen Nutzungssituation, in gewisser Weise aber auch von den individuellen Gewohnheiten des Nutzers abhängen, erscheint es von dieser Seite her nachvollziehbar, dass sie aus den Anforderungen ausgeklammert werden. Andererseits muss jedoch berücksichtigt werden, dass Nutzergeräusche zu starken Belästigungen führen können und ihre Wahrnehmbarkeit im Nachbarbereich in vielen Fällen ein Indiz für mangelhafte Planung oder Ausführung im Bau- und Installationsbereich ist. In Rechtsstreitigkeiten zum baulichen Schallschutz wird immer wieder die Belästigung durch Nutzergeräusche geltend gemacht, und von einzelnen Gerichten werden Festlegungen zu ihrer Begrenzung erlassen. Wie Bild 3.19 zeigt, gehen die Schalldruckpegel der Nutzergeräusche über die nach DIN 4109-1 zu berücksichtigenden Installationsgeräusche und auch die Betätigungsgeräusche deutlich hinaus. Entsprechend der unterschiedlichen Herkunft und ihrer Abhängigkeit von individuellen Gewohnheiten weisen die Nutzergeräusche eine sehr breite statistische Verteilung auf, bei der wesentliche Pegel zwischen 40 dB bis 60 dB liegen. Unbestreitbar besitzen die Nutzergeräusche damit ein sehr hohes Störpotenzial.

Nutzergeräusche in der DIN 4109: Entwicklung in der Norm

DIN 4109:1962 Blatt 2 [7] sagte im Rahmen der Anforderungen zu den Nutzergeräuschen nichts. Auch in Blatt 5 (Erläuterungen) [10] fanden sich dazu keine Angaben. Das heißt aber nicht, dass damals noch kein Bewusstsein für solche Geräusche vorhanden war. 1968 schrieb Gösele in [273]:

> Es ist bekannt, dass eine Decke oder Wand durch einen Stoß auch eines sehr leichten Körpers zu störender Geräuschabstrahlung angeregt werden kann. ... Diese Probleme sind bei Decken heute durch die Verwendung des schwimmenden Estrichs gelöst. Bei Wänden sind derartige Lösungen nicht möglich. Aber auch dort können vor allem von Stößen herrührende Körperschallanregungen auftreten, die dann nachts sehr störend wirken können.

Weiter war bei Gösele mit Hinblick auf seine Untersuchungen zu lesen:

> Aus den Ergebnissen ist zu entnehmen, dass die Störungen meist über den in DIN 4109 „Schallschutz im Hochbau", Ausgabe 1962, für die Nachtstunden genannten Grenzwerten von 30 dB (A) bzw. DIN-phon liegen, die dort z. B. für das Geräusch haustechnischer Gemeinschaftsanlagen genannt sind. Es ist deshalb nötig, sich mit den genannten Geräuschen näher zu beschäftigen.

Auch der Normentwurf 1979 zu DIN 4109 Teil 5 [14] enthielt noch keine Hinweise auf Nutzergeräusche. Erst im Normentwurf 1984 Teil 5 [19] fand sich in Abschnitt 2 (Zweck) zum ersten Mal ein Hinweis auf Nutzergeräusche. Es hieß dort:

> Für Nutzergeräusche von sanitären Einrichtungen können z. Z. keine zahlenmäßigen Anforderungen festgelegt, sondern nur allgemeine Planungshinweise gegeben werden.

Bemerkenswert ist dabei, dass die Nutzergeräusche im Sanitärbereich angesiedelt wurden. Eine darüber hinausgehende Definition, wie sie z. B. in der schweizerischen SIA 181 [129] zu finden ist (siehe nachfolgende Ausführungen), war nicht vorgesehen. Bei dieser Zuordnung ist es im Rahmen der DIN 4109 bis heute geblieben. Offensichtlich war man sich der Störungswirkung solcher Geräusche bewusst, sah sich aber (noch) nicht in der Lage, Anforderungen zu formulieren, so dass man sich auf Planungsempfehlungen beschränkte. Diese Vorgehensweise hat sich im Rahmen der DIN 4109 bis heute nicht geändert.

Im Anhang A (Hinweise für Planung und Ausführung) gab der Normentwurf von 1984 in Abschnitt A.3.4 (Verbesserung der Körperschalldämmung) Hinweise, die die Verringerung der Körperschallübertragung betreffen. Richtigerweise wurden in diesem Zusammenhang Nutzergeräusche in erster Linie als ein Körperschallproblem betrachtet.

In der Normvorlage DIN 4109 Juni 1987, Abschnitt 4.1 (Zulässige Schallpegel in schutzbedürftigen Räumen) hieß es dann:

> Dabei werden Nutzergeräusche von sanitären Einrichtungen zahlenmäßig nicht erfasst; allgemeine Planungshinweise siehe Beiblatt 2 zu DIN 4109.

Daraus wurde dann in DIN 4109:1989 in Abschnitt 4.1:

> Nutzergeräusche unterliegen nicht den Anforderungen nach Tabelle 4; allgemeine Planungshinweise siehe Beiblatt 2 zu DIN 4109.

Zusätzlich wurden die Nutzergeräusche in einer Fußnote präzisiert:

> Unter Nutzergeräuschen werden z. B. das Aufstellen eines Zahnputzbechers auf Abstellplatte, hartes Schließen des WC-Deckels, Spureinlauf, Rutschen in Badewanne usw. verstanden.

Diese Regelung wurde in DIN 4109-1:2016 beibehalten. In Abschnitt 9 heißt es jetzt:

> Nutzergeräusche (z. B. Aufstellen eines Zahnputzbechers auf einer Abstellplatte, Öffnen und Schließen des WC-Deckels) unterliegen nicht den Anforderungen nach Tabelle 9.

Wie schon in DIN 4109:1989 beschränken sich die Angaben der Beispiele für Nutzergeräusche auf solche aus dem Sanitärbereich.

Behandlung von Nutzergeräuschen

Nutzergeräusche im Sanitärbereich sind ausschließlich ein Körperschallproblem. Es handelt sich um Geräusche, die von den Nutzern durch mechanische Anregung verursacht und als Körperschall übertragen werden. Probleme mit Nutzergeräuschen sind deshalb eine Frage der ausreichenden Körperschallentkopplung von Sanitärobjekten, Ablagen, und anderen Ausstattungsgegenständen, die durch äußere Krafteinwirkungen mechanisch angeregt werden. Konsequenterweise gibt deshalb DIN 4109-36 in Abschnitt 5.4.5 Hinweise zur Körperschallentkopplung. Heute sind zahlreiche Produkte zur Körperschallentkopplung verfügbar (z. B. Schallschutzsets zur Entkopplung von WC-Schüsseln oder Waschbecken, körperschallentkoppelter Einbau von Badewannen etc.), so dass mit vergleichsweise geringem Aufwand in vielen Fällen eine deutliche Minderung der Nutzergeräusche möglich ist. Es ist deshalb berechtigt, eine Begrenzung von Nutzergeräuschen vorzusehen. Zumindest für einen erhöhten Schallschutz gegenüber den Mindestanforderungen der DIN 4109-1 ist das eine stimmige Vorgehensweise. In einigen Regelwerken, wie z. B. dem DEGA-Schallschutzausweis oder der schweizerischen Norm SIA 181, auf die weiter unten näher eingegangen wird, finden sich entsprechende Vorgaben.

Zur Überprüfung der Störwirkung von Nutzergeräuschen sind im Rahmen der DIN 4109 keine Festlegungen getroffen worden. Prinzipiell kommen dafür aber zwei Möglichkeiten in Frage. Im ersten Fall werden die Nutzergeräusche durch manuelle Betätigung so realistisch wie möglich simuliert. Der Vorteil ist, dass die fraglichen Anregezustände der Beurteilung zugrunde gelegt werden können. Der große Nachteil liegt jedoch in der schlechten Reproduzierbarkeit solcher Anregevorgänge und der damit verbundenen Streuung der Pegelwerte. Es bleibt also immer offen, wie repräsentativ die ermittelten Pegelwerte tatsächlich sind. Um die Nutzergeräusche aus dem „Graubereich“ der schlechten Reproduzierbarkeit zu holen und zu objektiven Resultaten zu kommen, empfiehlt sich ein anderes Vorgehen. Es geht dabei nicht darum, die von der individuellen Handhabung der Nutzer abhängige Höhe des Nutzergeräusches auf absolute Werte zu begrenzen, sondern für die dahinterstehende Körperschallübertragung eine Mindestdämmung zu verlangen. Man kommt damit zu einer objektiven Behandlung des Körperschallproblems. Die Vorgehensweise wäre damit direkt vergleichbar mit der Behandlung des Trittschalls. Der tatsächliche Trittschall, der durch Gehvorgänge ausgelöst wird, unterliegt wie die Nutzergeräusche einem starken individuellen Einfluss des Verursachers. Man begrenzt aber nicht die Pegel der realen Gehvorgänge sondern die Pegel des Norm-Hammerwerks als einer genormten Körperschallquelle. Wie in 4.3.1.1 gezeigt wurde, ist der dafür verwendete Norm-Trittschallpegel vom Charakter her eigentlich eine Übertragungsfunktion, die auf eine bestimmte Art von Körperschallquelle bezogen wird. Man könnte sie auch als Körperschallempfindlichkeit der übertragenden Gebäudestruktur bezeichnen. Anforderungen an den Norm-Trittschallpegel sind so gesehen Anforderungen an die Körperschallempfindlichkeit des Gebäudes. Auf dieser Grundlage können auch Nutzergeräusche objektiv und reproduzierbar behandelt werden. Mit einer standardisierten Anregung kann überprüft werden, ob eine nach dem Stand der Technik mögliche Körperschallentkopplung vorliegt, die eine ausreichende Minderung der Nutzergeräusche gestattet.

Zurzeit werden dafür zwei Methoden verfolgt. In der schweizerischen SIA 181 [129] wird der so genannte Pendelfallhammer [274], [275] als Körperschallquelle angewendet (siehe Bild 3.24). Für bestimmte Arten von Nutzergeräuschen werden Pegelkorrekturen zur Berücksichtigung der Differenz zwischen dem Geräusch des Pendelfallhammers und dem Originalgeräusch definiert. Nachdem diese Methode in der Schweiz seit mehreren Jahren in Gebrauch ist und mittlerweile eine Reihe von Erfahrungen vorliegt, haben sich einige Anwendungsfragen ergeben, denen zurzeit nachgegangen wird [276].

Quelle: Autoren

Bild 3.24: Pendelfallhammer nach SIA 181 (EMPA-Pendelfallhammer)

In [277] wird ein Kleinhammerwerk (siehe Bild 3.25) beschrieben, das für die Untersuchung der Körperschallübertragung im Sanitärbereich eingesetzt wird. Zur Kennzeichnung der Körperschallübertragung wird bewusst auf den Norm-Trittschallpegel Bezug genommen und es wird auch die Einzahlwertermittlung anhand der Bezugskurve für den Trittschall nach DIN EN ISO 717-2, wie sie bei der Trittschallbewertung üblich ist, vorgeschlagen. Über Untersuchungen zur Anwendung dieser Methodik im Bereich der Nutzergeräusche wird in [278] und [279] berichtet. In [279] werden zur Bewertung des Körperschallschutzes 5 Schallschutzklassen in Stufen von 5 dB vorgeschlagen, die von Klasse A („geringer Körperschallschutz“) bis Klasse E („besonders guter Körperschallschutz“) reichen. Der DEGA-Schallschutzausweis bezieht sich bei seinen Orientierungswerten für Nutzergeräusche auf die Anregung mit dem Kleinhammerwerk und greift die Werte dieser Schallschutzklassen auf.

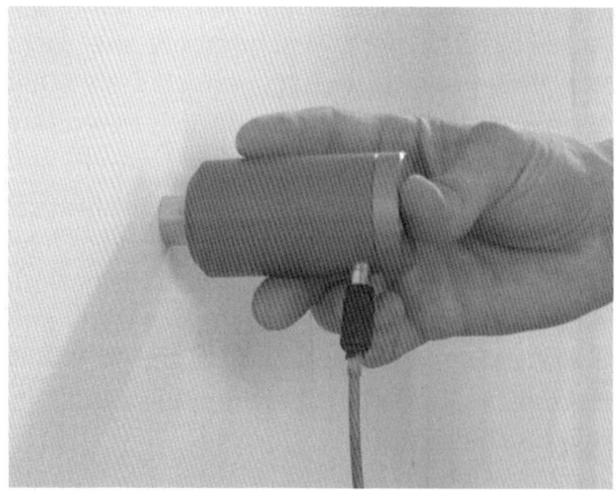

Quelle: Autoren

Bild 3.25: Anwendung eines Kleinhammerwerkes

Nutzergeräusche in anderen Regelwerken

Am weitesten geht die **Schweizer SIA 181** [129], die ein eigenes System zur Charakterisierung von Nutzergeräuschen und deren Beurteilung im Rahmen von Anforderungen aufgestellt hat. Zu den „Geräuschen haustechnischer Anlagen und fester Einrichtungen in Gebäuden" heißt es:

> Dieser Geräuschart werden neben den Geräuschen der eigentlichen Haustechnik auch Geräusche fester Einrichtungen in Gebäuden wie z. B. Türen, Fenster, Bad- und Kücheneinrichtungen zugeordnet.

Unterschieden wird zwischen Einzelgeräuschen und Dauergeräuschen. In beiden Fällen können so genannte Funktions- und Benutzungsgeräusche auftreten. In der Definition von Benutzungsgeräuschen, die den Nutzergeräuschen in DIN 4109 entsprechen, geht die SIA 181 aber über den von der DIN 4109 in Bezug genommenen Sanitärbereich hinaus und bezieht auch andere störende Bereiche mit ein. Als Beispiele für solche Benutzungsgeräusche werden im Falle von Einzelgeräuschen genannt:

> Dusche und Badewanne nutzen; Klosettsitz (Deckel, Brille) fallen lassen; Pfannen und Geschirr auf Arbeitsflächen abstellen; Schrankauszüge und Schranktüren betätigen; Garagentore, Drehflügel-Eingangstüren, Schiebetüren und -fenster, Storen, Cheminéeklappen, -gitter, -türen und Backofenklappen manuell betätigen.

Bei Dauergeräuschen zählen zu den Benutzungsgeräuschen „Geräusche gewerblicher Einrichtungen mit manueller Betätigung".

Kennzeichnende Größe für die Anforderungen ist der Beurteilungspegel mit Volumenkorrektur $L_{H,tot}$. Dieser ergibt sich für Einzelgeräusche aus dem $L_{AF,max}$, einer Pegelkorrektur zur Berücksichtigung der Schallabsorption im Raum, einer Pegelkorrektur, die bei Verwendung des Pendelfallhammers angewendet wird, und einer Volumenkorrektur.

Die Anforderungen der SIA richten sich nach der Lärmempfindlichkeit der betroffenen Räume. Eine mittlere Empfindlichkeit wird z. B. für Wohn- und Schlafräume angesetzt. In diesem Fall wird für Benutzungsgeräusche als Einzelgeräusche ein Anforderungswert $L_H = 38$ dB festgelegt. Die Anforderungen für Benutzungsgeräusche liegen 5 dB über denen für Funktionsgeräusche.

Aus der Erkenntnis heraus, dass Nutzergeräusche zu erheblichen Belästigungen führen können, hat auch die **DEGA-Empfehlung 103 (DEGA-Schallschutzausweis)** [148] diese Geräusche in ihr Schallschutzkonzept eingebunden. Als Nutzergeräusche nennt die DEGA-Empfehlung nicht nur diejenigen aus dem Sanitärbereich, sondern auch solche, die in Gebäuden durch Schließvorgänge von Türen, Betätigung von Rollläden und Briefkastenanlagen auftreten. Störungen durch Nutzergeräusche werden richtigerweise als ein Problem ungenügender Körperschallentkopplung gesehen, so dass Tabelle 6 dieser Empfehlung nicht nur Anforderungswerte für die Schalldruckpegel von Nutzergeräuschen nennt, sondern zusätzlich auch Werte für die „Körperschallentkopplung" (gemessen mit dem Kleinhammerwerk). Die „Körperschallentkopplung" wird dabei durch den Norm-

Schalldruckpegel des Kleinhammerwerkes $L'_{Kn,w}$ in einem schutzbedürftigen Raum ausgedrückt. Es handelt sich also nicht um die Angabe einer wirklichen Entkopplung, sondern um den Immissionswert des Kleinhammerwerkes. Angaben für die mit dem EMPA-Pendelfallhammer gemessene „Körperschallentkopplung“ sollen noch erarbeitet werden.

Die in Tabelle 6 der DEGA-Empfehlung genannten Anforderungswerte zeigt Tabelle 3.27.

Tabelle 3.27: Anforderungswerte für Nutzergeräusche und Körperschallentkopplung

	F	E	D	C	B	A	A*
Nutzergeräusche [$L_{AF,max,n}$]	> 45 dB	≤ 45 dB	≤ 40 dB	≤ 35 dB	≤ 30 dB	≤ 25 dB	≤ 20 dB
Körperschall-entkopplung Kleinhammerwerk [$L'_{Kn,w}$]	> 63 dB	≤ 63 dB	≤ 58 dB	≤ 53 dB	≤ 48 dB	≤ 43 dB	≤ 38 dB

Quelle: nach Tabelle 6 aus [148]

Für die Klasse D, deren Schallschutz im Wesentlichen die Anforderungen der DIN 4109:1989 für Geschosshäuser mit Wohnungen und Arbeitsräumen erfüllt, wird der Orientierungswert mit $L_{AF,max,n} \leq 40$ dB angegeben. Bei Klasse D gibt die DEGA-Empfehlung bezüglich der Nutzergeräusche folgenden Hinweis:

> Die Kennwerte der Klasse D weichen in folgenden Punkten von denen in DIN 4109:1989-11 für Geschosshäuser ab:
>
> – Nutzergeräusche und kurzzeitige Pegelspitzen, die beim Betätigen von Armaturen der Wasserinstallation auftreten, weisen ein hohes Störpotenzial auf. Deshalb werden in dieser Empfehlung sinnvolle und erreichbare Orientierungswerte angegeben.
> – An das Nutzergeräusch Urinieren (Spureinlauf) wird aufgrund des sehr hohen Störpotenzials die gleiche Anforderung gestellt wie an Geräusche aus Wasserinstallationen.

Die auf das Kleinhammerwerk bezogenen Werte für die Körperschallentkopplung in Tabelle 3.27 können mit dem in Anhang V.2 der DEGA-Empfehlung beschriebenen Verfahren ermittelt werden.

Eingehend beschäftigt sich die **VDI 4100:2007** mit den Nutzergeräuschen in Anhang C, wo auch die subjektiven Einflüsse der Nutzer thematisiert werden. Zur Störwirkung von Nutzergeräuschen wird in diesem Anhang gesagt:

> Regelmäßig treten Belästigungen und massive Beschwerden der Nachbarn dann auf, wenn A-bewertete Nutzergeräusche mehr als 10 dB bis 15 dB über dem Grundgeräuschpegel liegen. Die Anwendung dieser Kriterien setzt ein „normales“ Verhalten des Nachbarn voraus.

Für die Geräusche von Wasserinstallationen und haustechnischen Anlagen wird durch eine Fußnote in Tabelle 2 dieser Richtlinie für den erhöhten Schallschutz der Schallschutzstufen II und III folgender Hinweis gegeben:

> Nutzergeräusche sollten durch Maßnahmen ... soweit wie möglich gemindert werden. Wegen fehlender Messverfahren werden jedoch keine Kennwerte angegeben.

In der **VDI 4100:2012**, wo die Schallschutzstufe I im Unterschied zur Ausgabe von 2007 bereits einen erhöhten Schallschutz beschreibt, werden Nutzergeräusche ebenfalls angesprochen. Über den Sanitärbereich hinaus werden als Beispiele für diese Geräusche auch „Zuschlagen der Türen – auch von Wand- und Einbauschränken usw." genannt. Weiter heißt es:

> Für die häufig zu Beschwerden führenden Nutzergeräusche ... wurden auch für die Schallschutzstufen SSt II und SSt III keine Kennwerte festgelegt, da diese Geräusche sehr schlecht reproduzierbar sind und von der jeweiligen Bausituation abhängen. Es wird jedoch davon ausgegangen, dass diese Geräusche – bei bestimmungsgemäßer Nutzung – durch Verwendung üblicher Maßnahmen zur Körperschalldämmung bei der Montage von Sanitärausstattungsgegenständen und Schränken so weit wie möglich gemindert werden.

3.6.3.5 Anforderungen an Geräusche sonstiger gebäudetechnischer Anlagen

Allgemeine und übergeordnete Aspekte, die auch für die Geräusche sonstiger gebäudetechnischer Anlagen Geltung haben, wurden bereits in den vorhergehenden Abschnitten angesprochen. Hier soll deshalb nur noch auf einige zusätzliche Aspekte eingegangen werden.

Im Gegensatz zu den Geräuschen der sanitärtechnischen Anlagen wurden die Anforderungswerte an sonstige gebäudetechnische Anlagen seit den Normentwürfen zu DIN 4109:1989 kaum diskutiert. Beim Normentwurf DIN 4109-1:2013 ergaben sich die einzigen strittigen Punkte bei der möglichen Berücksichtigung tiefer Frequenzen technischer Anlagen (Wärmepumpen etc.), den erhöhten zulässigen Pegeln bei gleichmäßigen Lüftungsgeräuschen und bei der Berücksichtigung der Eckpositionen bei der messtechnischen Überprüfung nach DIN EN ISO 10052 („Eckmethode"). Zwar wurde am Rande darauf hingewiesen, dass bei Wohn- und Schlafräumen in Wohngebäuden dem technischen Stand entsprechend um 5 dB niedrigere zulässige Schalldruckpegel anzusetzen seien, eine grundsätzliche Infragestellung der Anforderungswerte ergab sich allerdings nicht. So wurden dann auch die schon in DIN 4109:1989 festgelegten Anforderungswerte in DIN 4109-1:2016, Tabelle 9, Zeile 2 übernommen. Hinsichtlich der in 3.6.3.1 diskutierten Abhängigkeit der Störwirkung vom Grundgeräuschpegel genügen die in DIN 4109-1 genannten Anforderungswerte der Erfüllung der Schutzziele für einen Mindestschallschutz, wie sie in der Einleitung zu DIN 4109-1 formuliert wurden. Im Sinne eines ungestörten Wohnens wäre dagegen die zuvor schon angesprochene Absenkung der vorhandenen Werte um 5 dB vorzunehmen. Dann sollte allerdings auch die derzeitige

Behandlung tiefer Frequenzen neu überdacht werden, die in zunehmendem Maße zu Störungen führen.

Dass gegenüber dem Normentwurf von DIN 4109-1:2013 die Anforderungswerte im Weißdruck von 2016 um 2 dB niedriger ausfallen, hat nichts mit einer Verbesserung des Schallschutzes zu tun. Es geht dabei lediglich um den Verzicht auf die „Eckmethode" bei der messtechnischen Überprüfung, so dass die Anforderungen wieder auf die alten Werte der DIN 4109:1989 gesetzt wurden. Die Anwendung der Eckmethode wurde bereits in 3.6.3.1 angesprochen und wird in 6.6.3.5 vertieft.

Eine wirkliche Änderung ergab sich allerdings bei der Behandlung der Geräusche lüftungstechnischer Anlagen. Im Normentwurf DIN 4109-1:2013 hieß es noch in einer Fußnote:

> Bei lüftungstechnischen Anlagen sind um 5 dB(A) höhere Werte zulässig, sofern es sich um Dauergeräusche ohne auffällige Einzeltöne handelt.

Diese Regelung bezog sich auf die Anforderungen an die Geräusche solcher Anlagen in Unterrichts- und Arbeitsräumen. Auf Wohn- und Schlafräume wurde sie im Gegensatz zur DIN 4109:1989 allerdings nicht mehr angewendet. Anstelle der im Normentwurf für sonstige haustechnische Anlagen vorgesehenen Anforderung $L_{AF,max,n} \leq 37$ dB hätte damit in diesem Fall $L_{AF,max,n} \leq 42$ dB gegolten. Eine solche Regelung hatte es in DIN 4109:1962 Blatt 2 [7] noch nicht gegeben. Erstmals tauchte sie im Normentwurf DIN 4109 Blatt 5:1979 auf und galt dort auch für Wohn- und Schlafräume. Diese Regelung wurde dann auch in DIN 4109:1989 umgesetzt. Auch der Normentwurf DIN 4109-1:2006 übernahm diese Anforderung. Der Normentwurf zu DIN 4109-1:2013 war somit der erste Schritt zur Aufhebung dieser Regelung.

In DIN 4109-1 fehlt eine solche Regelung für Lüftergeräusche nun völlig. Sie findet sich auch nicht mehr bei den Unterrichts- und Arbeitsräumen. Vorausgegangen waren zahlreiche Einsprüche zum Normentwurf DIN 4109-1:2013. Es wurde darauf hingewiesen, dass eine Sonderregelung für Dauergeräusche ohne Einzeltöne veraltet ist und nicht den allgemein anerkannten Regeln der Technik entspricht. Die dank dieser Sonderregelung zulässigen Werte des Schalldruckpegels wurden als unzumutbar bezeichnet. Für Büroräume und ähnliche Räume in Nichtwohngebäuden wurde auf die VDI 2081 [114] verwiesen, wo ein Sollwert von 35 dB angesetzt wird. Für Klassen- und ähnliche Räume wurde dort ein Sollwert von 30 dB genannt, genauso für Hotelzimmer und Bettenzimmer in Krankenhäusern. Die aktuellen Anforderungen der DIN 4109-1 ohne Bonus für Dauergeräusche sind mit diesen Regelungen konform.

Auf die Behandlung lüftungstechnischer Anlagen im eigenen Wohnbereich wird in 3.6.5 eingegangen.

Im Gegensatz zu den Geräuschen der Wasserinstallationen sind Geräuschspitzen, wie sie beim Ein- oder Ausschalten oder beim Anfahren von Anlagen auftreten können, bei den sonstigen gebäudetechnischen Anlagen in den Anforderungen enthalten. Auch wenn es in den meisten Fällen keine Laborprüfverfahren für solche Anlagen gibt, auf die sich DIN 4109 beziehen könnte, werden die Anforderungen dort nicht in Frage gestellt. Es zeigt sich damit, dass die Diskussion bei den Betätigungsgeräuschen der Wasserinstallationen

(„Einzelne kurzzeitige Geräuschspitzen, die beim Betätigen der Armaturen und Geräte nach Tabelle 11 (Öffnen, Schließen, Umstellen, Unterbrechen) entstehen, sind derzeit nicht zu berücksichtigen“) eine isolierte Diskussion ist, die bei den ganzen „restlichen“ gebäudetechnischen Anlagen nicht geführt wird. Bei Aufzugsanlagen oder Wärmepumpen (um nur zwei Beispiele zu nennen) sind die technischen Probleme, insbesondere bei der Körperschallübertragung auf das Gebäude, bestimmt nicht geringer als bei den Wasserinstallationen. Dennoch wird auch hier vorausgesetzt, dass die Anforderungen an den $L_{AF,max,n}$ eingehalten werden, auch wenn es in der Regel weder für stationäre Geräusche noch für Geräuschspitzen entsprechende Laborprüfverfahren gibt. Stattdessen wird auf ein Bündel möglicher Maßnahmen an den Anlagen und am Gebäude zurückgegriffen, wie sie beispielsweise für Aufzugsanlagen in der VDI 2566 [118] behandelt werden.

3.6.3.6 Anforderungen an Betriebe

Geltungsbereich

Der Beurteilungspegel L_r ist diejenige Größe, auf die sich die Immissionsrichtwerte der TA Lärm [140] für Immissionspegel in Innenräumen und die gleichlautenden Anforderungen der DIN 4109-1 für Geräusche aus Betrieben in schutzbedürftigen Räumen beziehen. DIN 4109-1 nennt in Abschnitt 1 (Anwendungsbereich) Gewerbe- und Industriebetriebe (aller Art), die im selben oder in baulich damit verbundenen Gebäuden vorhanden sind. Es geht also nicht um Lärm aus Gewerbe- und Industriebetrieben allgemein. Betriebe, die mit dem betrachteten Gebäude nicht baulich verbunden sind, werden vielmehr den Anforderungen gegen Außenlärm zugeordnet. Der im Abschnitt 1 der DIN 4109-1 allgemein gefasste Geltungsbereich wird in diesem Normteil in den Tabellen 8 und 9 durch beispielhafte Nennung einzelner Betriebe präzisiert: Betriebsräume von Handwerks- und Gewerbebetrieben, Verkaufsstätten, Gaststätten einschließlich Küchen und Kegelbahnen. DIN 4109:1989 nannte zusätzlich noch Theater.

Anforderungsniveau

Die in DIN 4109-1, Tabelle 9 genannten Zahlenwerte entsprechen den in der TA Lärm [140] Abschnitt 6.2 genannten Immissionsrichtwerten für Immissionsorte innerhalb von Gebäuden. Die TA Lärm bezieht sich dabei auf die datierte DIN 4109:1989. DIN 4109-1 hat diese Werte ohne Änderungen übernommen, so dass auch weiterhin die einheitliche Behandlung in TA Lärm und DIN 4109 gewährleistet ist. Es gab zu diesen Werten auch bei den Einsprüchen zum Normentwurf 2013 keine Einwände, so dass sie unverändert in die Schlussversion übernommen wurden. Sie können als akzeptiert gelten und definieren ein brauchbares Schallschutzniveau für die Mindestanforderungen. Mit den heute verfügbaren technischen Möglichkeiten sind allerdings deutlich niedrigere Werte erreichbar. So werden im DEGA-Schallschutzausweis [148] bei Schallschutzklasse D, die ansonsten weitgehend den Mindestanforderungen in DIN 4109-1 entspricht, um 5 dB niedrigere Anforderungswerte festgelegt. Begründet wird diese Abweichung mit einer Angleichung an die Beurteilung von Pegelspitzen bei den sonstigen gebäudetechnischen Anlagen, so dass der gleiche Maßstab für den Schallschutz gilt.

Bereits Anfang der 1970er-Jahre haben sich Finke und Martin mit Innengeräuschen im Schallpegelbereich unter 30 dB beschäftigt [198]. Die Autoren stellten Richtwerte für die Beurteilung von Geräuschen in Wohnungen zusammen (VDI 2058, VDI 2565, VDI 2569, VDI 2719, DIN 4109, TA Lärm, ISO R 1996) und kamen zu dem Ergebnis, dass „als mittlerer Richtwert für den Mittelungs- oder Beurteilungspegel sich dabei ein Wert von 25 dB abzeichnet". Die Akzeptanz dieses Richtwertes wird folgendermaßen kommentiert:

> Man muss sich stets vergegenwärtigen, dass das Einhalten der Richtwerte ebenso wenig eine Garantie für das Nichtauftreten von Beschwerden ist, wie das Überschreiten sofort Klagen nach sich zieht. Die Richtwerte sind als Grenzwerte mit Wahrscheinlichkeitscharakter zu betrachten, bei deren Einhaltung in der Regel für die Mehrzahl der Betroffenen annehmbare Bedingungen vorliegen. Die bei vielen subjektiven Reaktionen vorhandene stetige Abhängigkeit der Betroffenheit (Störung, Belästigung) von dem Anwachsen des Reizes (Geräusch) macht alle Arten von Grenzwerten problematisch. Die aus der ISO-Empfehlung R 1996 [131] abgeleitete Tabelle 2 [*hier als Tabelle 3.28 wiedergegeben*] macht dies deutlich. Möchte man hieraus Richtwerte ableiten, so scheint ein Wert von 25 dB sinnvoll, der bis auf vereinzelte Ausnahmen zu annehmbaren Verhältnissen bei den Betroffenen führt.

Tabelle 3.28: Reaktionen bei verschiedenen Mittelungspegeln
(nach ISO R 1996 für die Geräuschsituation: Innen, nachts, Einzeltöne, Vorstadt mit wenig Verkehr)

Mittelungspegel	Reaktion der Betroffenen
20 dB	keine Reaktionen
25 dB	vereinzelte Beschwerden
30 dB	verbreitete Beschwerden
35 dB	Androhung gemeinsamer Aktionen
40 dB	heftige Gemeinschaftsaktionen

Quelle: nach [198]

Ein Vergleich mit den Anforderungen in anderen Regelwerken zeigt, dass die VDI 4100:1994 und VDI 4100:2007 dieses Niveau über die Mindestanforderungen nach DIN 4109:1989 (entsprechend der Schallschutzstufe I) hinaus auch für die Schallschutzstufe II vorgesehen haben. Allerdings wurde nur der Tagwert mit $L_r \leq 35$ dB angegeben. Ergänzend hieß es dazu in einer Fußnote: „möglichst nur tagsüber arbeitende Gewerbebetriebe zulassen". VDI 4100:2012 sagt zwar in Abschnitt 1 (Anwendungsbereich): „Die Kennwerte dieser Richtlinie gelten ... zum Schutz gegen Geräusche von TGA-Anlagen, die nicht im eigenen Bereich montiert sind sowie aus Gewerbe- und Industriebetrieben im selben oder in baulich damit verbundenen Gebäuden." In den Anforderungstabellen werden aber nur die gebäudetechnischen Anlagen genannt. Geräusche aus Gewerbe- und Industriebetrieben kommen dort nicht explizit vor.

Im DEGA-Schallschutzausweis [148] findet sich eine detaillierte Behandlung von Geräuschen aus gebäudetechnischen Anlagen und Betrieben. Für die Klasse D, die im Wesentlichen den Mindestanforderungen aus DIN 4109:2016/2018 entspricht, wird darauf hingewiesen, dass dort für Geräusche aus Betrieben und Gaststätten höhere Anforderungen als in DIN 4109:1989 gestellt werden. Die zulässigen Werte sind jeweils 5 dB niedriger als in der DIN 4109 und der TA Lärm. Damit ergibt sich tags $L_r \leq 30$ dB (mit einer Begrenzung der Pegelspitzen auf $L_{AF,max} \leq 40$ dB) und nachts $L_r \leq 20$ dB (mit einer Begrenzung der Pegelspitzen auf $L_{AF,max} \leq 30$ dB). In einem Hinweis wird diese Abweichung von den Mindestanforderungen im DEGA-Schallschutzausweis auf schlüssige Weise so begründet:

> Die Abweichung der Werte von der TA Lärm in der Stufe D resultiert aus der Abstimmung mit den Geräuschen aus gebäudetechnischen Anlagen. Die maximalen Schalldruckpegel sind gemäß DIN 4109-1 und DEGA-Empfehlung 30 dB, nach TA Lärm wären nachts 35 dB zulässig. Diese Unschlüssigkeit wurde behoben und an die Anforderungen der gebäudetechnischen Anlagen nach DIN 4109-1 angeglichen. Weil das Schutzbedürfnis der Bewohner im Vordergrund steht, dürfen Geräusche aus Betrieben nicht lauter sein als sonstige Geräusche aus gebäudetechnischen Anlagen oder Wasserinstallationen. Entsprechend wurden auch die Werte für die Beurteilungspegel angepasst.

Dieser Begründung könnte sich auch die DIN 4109 anschließen.

In Tabelle 9 der DIN 4109-1 ist zu beachten, dass die für Betriebe geltenden Werte der Zeilen 3 und 4 nicht unmittelbar mit denen für Wasserinstallationen und „sonstige gebäudetechnische Anlagen" der Zeilen 1 und 2 verglichen werden können, da zwei unterschiedliche Beurteilungskonzepte zugrunde gelegt werden. Im ersten Fall handelt es sich mit dem Beurteilungspegel um einen über eine bestimmte Beurteilungszeit gemittelten Pegel, im anderen Fall um Maximalwerte des Schalldruckpegels (Geräuschspitzen).

Geräuschspitzen

Für die Geräusche aus Betrieben sind gemäß den Vorgaben zur Ermittlung des Beurteilungspegels auch die Pegelspitzen zu berücksichtigen und bei Bedarf mit einem Impulszuschlag zu versehen. Während bei den Anforderungen an die Wasserinstallation und sonstige gebäudetechnische Anlagen jedoch die Werte einzelner Pegelspitzen als $L_{AF,max,n}$ für die Beurteilung herangezogen werden, gehen die Pegelspitzen beim Beurteilungspegel in den zeitlichen Mittelwert während der Beurteilungszeit ein. Das geschieht nach TA Lärm durch die Messung nach dem Taktmaximalpegelverfahren, das den Zuschlag für die Impulshaltigkeit des Geräuschs liefert (Näheres dazu siehe z. B. [251]). Damit besonders störende Pegelspitzen nicht im Mittelwert „weggemittelt" werden (und die Anforderungen damit möglicherweise eingehalten werden), gibt es nach TA Lärm für einzelne Pegelspitzen noch ein weiteres Kriterium. In Abschnitt 6.2 der TA Lärm heißt es nämlich:

> Einzelne kurzzeitige Geräuschspitzen dürfen die Immissionsrichtwerte um nicht mehr als 10 dB(A) überschreiten.

Damit werden die zulässigen Maximalpegel entsprechend den Immissionsrichtwerten tags auf 45 dB und nachts auf 35 dB begrenzt. In DIN 4109:1989 wurde eine entsprechende Formulierung in den erläuternden Text zu den Anforderungen aufgenommen. DIN 4109-1 dagegen nennt diese zusätzliche Anforderung direkt in den Zahlenwerten der Anforderungen in Tabelle 9 in der Form $L_{AF,max} \leq 45$ dB (tags) und $L_{AF,max} \leq 45$ dB (nachts). Wie bereits in Abschnitt 3.6.2.1 ausgeführt wurde, müsste es aber anstelle des genannten $L_{AF,max}$ hier richtigerweise $L_{AF,max,n}$ heißen. Wie bei den Anforderungswerten für gebäudetechnische Anlagen ist also eine Normierung auf $A_0 = 10\ m^2$ vorzunehmen.

Was die TA Lärm unter „kurzzeitige Geräuschspitzen" versteht, definiert sie in Abschnitt 2.8 so:

> Kurzzeitige Geräuschspitzen im Sinne dieser Technischen Anleitung sind durch Einzelereignisse hervorgerufene Maximalwerte des Schalldruckpegels, die im bestimmungsgemäßen Betriebsablauf auftreten.

Das entspricht auch den Regelungen, die durch die Festlegungen in DIN 4109-4 Abschnitt B 4.3 für die Geräusche sonstiger gebäudetechnischer Anlagen getroffen werden. Es gibt also keine Ausnahmen für bestimmte Geräuscharten, wie das in Tabelle 9 mit Fußnote a) für die Wasserinstallationen bei den so genannten Betätigungsgeräuschen der Fall ist. Mit dieser Sonderregelung bei den Wasserinstallationen verstößt die DIN 4109 gegen den Grundsatz einer einheitlichen Regelung des Schallschutzes. Für die betroffenen Bewohner ist es nicht nachvollziehbar, dass sowohl Geräusche aus Betrieben als auch von sonstigen gebäudetechnischen Anlagen einer Begrenzung der Pegelspitzen unterliegen, nicht aber die Betätigungsgeräusche der Wasserinstallation.

Vergleicht man die zulässigen maximalen Pegelwerte für Geräuschspitzen von Betrieben und von gebäudetechnischen Anlagen, dann zeigt sich, dass (bei den kritischeren Nachtwerten) bei Betrieben die Maximalpegel auf $L_{AF,max,n} \leq 35$ dB begrenzt werden, während bei den gebäudetechnischen Anlagen nur 30 dB zulässig sind. Mit Hinblick auf ein einheitlichen Konzept für den Schallschutz mit gleichen Kriterien für jegliche Art von Pegelspitzen macht es durchaus Sinn, dass der DEGA-Schallschutzausweis bei der Klasse D, die im Wesentlichen den Mindestanforderungen der DIN 4109:1989 entspricht, von $L_{AF,max,(n)} \leq 35$ dB abgewichen ist und stattdessen $L_{AF,max,(n)} \leq 30$ dB festgelegt hat.

Beurteilungszeiten

Während in DIN 4109-1 die Anforderungen an die Geräusche von gebäudetechnischen Anlagen keine Unterscheidung nach Tageszeiten kennen, folgen die Anforderungen an die Geräusche aus Betrieben der üblichen Vorgehensweise des Schallimmissionsschutzes mit unterschiedlichen Anforderungen für Tag und Nacht. Diese Unterscheidung wird allerdings nur für Wohn- und Schlafräume getroffen, denen nachts ein höheres Schutzbedürfnis eingeräumt wird. Bei Unterrichts- und Arbeitsräumen gibt es eine solche Unterscheidung berechtigterweise nicht. Die TA Lärm nennt dafür die Zeiträume „tags 6.00–22.00 Uhr" und „nachts 22.00–6.00 Uhr". Der Tagzeitraum wird in DIN 4109-1 Tabelle 9 genannt. Für den Nachtzeitraum findet sich im Gegensatz zur Vorgängernorm keine Angabe. Während nach TA Lärm tags der Beurteilungszeitraum 16 Stunden beträgt, ist der maßgebliche Zeitraum zur Ermittlung des Beurteilungspegels nachts auf die lauteste volle Nachtstunde (Stunde mit dem höchsten Beurteilungspegel) festlegt. Auch DIN 45645-1 [51] wendet diese Regelung an: „In der Nacht ist jeweils die volle Stunde mit dem höchsten Beurteilungspegel innerhalb des Zeitblocks maßgebend." In DIN 4109-1 findet sich zur Nachtregelung in den Anforderungen der Tabelle 9, wo sie eigentlich hingehörte, allerdings keine direkte Aussage. Nur indirekt wird diese Regelung dadurch in Bezug gebracht, dass es in dieser Tabelle in Zeile 4 für Gaststätten, Verkaufsstätten und Betriebe heißt: „nachts nach TA-Lärm". Versteckt, wo man es eigentlich nicht erwartet, nämlich in Tabelle 1 der DIN 4109-1, wo die kennzeichnenden Größen für die Anforderungen zusammengestellt werden, heißt es dazu in Zeile 6 dann: „Baulich verbundene Gewerbebetriebe (für die Nachtzeit gilt der Pegel der lautesten Stunde)". Eine klarere Darstellung wäre hier wünschenswert, damit die relevanten Festlegungen nicht an verschiedenen Stellen zusammengesucht werden müssen.

Zuschläge für den Beurteilungspegel

Die Handhabung von Zuschlägen bei der Ermittlung des Beurteilungspegels ist in TA Lärm und DIN 45645-1 geregelt. Da DIN 4109-1 sich bei den kennzeichnenden Größen für die Anforderungen in Tabelle 1 Zeile 6 ausdrücklich auf den „Beurteilungspegel L_r nach DIN 45645-1 bzw. TA Lärm" bezieht, gelten die in den genannten Regelwerken getroffenen Festlegungen auch für den Geltungsbereich der DIN 4109. Neben den Zuschlägen für Impulshaltigkeit und Ton- und Informationshaltigkeit kennen beide Regelwerke auch einen Zuschlag für Tageszeiten mit erhöhter Empfindlichkeit (Ruhezeiten). Dieser Zuschlag ist nach TA Lärm allerdings nur für Immissionsorte außerhalb von Gebäuden zu vergeben. Für Immissionsorte innerhalb von Gebäuden entfällt dieser Zuschlag.

3.6.4 Anforderungen an Armaturen und Geräte der Trinkwasser-Installation

DIN 4109-1 enthält in Abschnitt 11 und den Tabellen 11 und 12 Anforderungen an Armaturen und Geräte der Trinkwasser-Installation, die mit den sonstigen Anforderungen dieser Norm an die Schalldämmung oder an maximale A-bewertete Schalldruckpegel nichts zu tun haben. Warum und in welcher Art solche Anforderungen gestellt werden, soll an dieser Stelle erläutert werden.

3.6.4.1 Prüfzeichenpflicht für Armaturen

Laut Beschluss der Fachkommission Baunormung unterliegen Armaturen und Geräte der Trinkwasser-Installation seit dem 1. Januar 1971 durch Prüfzeichenverordnung zu den Landesbauordnungen der Prüfzeichenpflicht. Das Prüfzeichen, das als Eignungsnachweis gilt, wurde gemäß Musterbauordnung (MBO) durch ein „allgemeines bauaufsichtliches Prüfzeugnis" (abP) ersetzt. Dieses abP dient zum Nachweis der Verwendbarkeit hinsichtlich des Geräuschverhaltens im Sinne der Landesbauordnungen. Es enthält auch die für die geprüften Armaturen oder Geräte geltenden Verwendungsauflagen.

Eine Prüfung ist für folgende Armaturen und Geräte haustechnischer Anlagen erforderlich:

- Auslaufarmaturen
- Durchgangsarmaturen

- Spülkästen (einschließlich Füllventil)
- Druckspüler
- Gas- und Elektrogeräte zum Bereiten von warmem und heißem Wasser

Die Regelungen für die auf den Prüfzeichen anzugebende Armaturengruppe finden sich in DIN 4109-1, Abschnitt 11.

Im Rahmen der Anforderungen von DIN 4109-1 nimmt dieses Kapitel eine Sonderrolle ein, da es das einzige ist, in dem Anforderungen an die Geräuscherzeugung der Schallquellen gestellt werden. Die Notwendigkeit dafür ergab sich daraus, dass Armaturen und Geräte der Wasserinstallation schon im stationären Betrieb zu erheblichen Geräuschbelästigungen geführt hatten, so dass man richtigerweise daranging, die Geräuscherzeugung solcher Schallquellen zu begrenzen. Es wurden technische Anforderungen an die Geräuscherzeugung der Armaturen gestellt. Waren Armaturengeräusche früher ein dringliches Problem, das zur Realisierung eines stimmigen baulichen Schallschutzes gelöst werden musste, so ist die Einhaltung der Anforderungen bei den heutigen Armaturen (zumindest bei den stationären Geräuschen, für die die Anforderungen der DIN 4109 gelten) und den heute üblichen Installationsweisen kein Problem mehr [247]. Dies ist der Prüfzeichenpflicht für Armaturen und Geräte der Trinkwasser-Installation zu verdanken, die auf der Grundlage einer Messnorm (DIN 52218 [66], inzwischen ersetzt durch DIN EN ISO 3822 [91]) für Armaturengeräusche dafür gesorgt hat, dass die technischen Probleme der Armaturengeräusche erkannt, quantifiziert und behoben werden konnten. Die normative Verankerung der Qualitätskriterien für Armaturen und Geräte in der DIN 4109, verbunden mit Kriterien für deren Anwendung in Gebäuden, sorgte dafür, dass Störungen durch (stationäre) Armaturengeräusche heute weitgehend beseitigt sind. Hierzu schrieb Gösele 1986 an den für die DIN 52218 zuständigen Normenausschuss:

> Vor etwa 20 Jahren bestanden Sanitärgeräusche im Wesentlichen aus Armaturengeräuschen. Zur Prüfung und Entwicklung von Armaturen ist der Prüfstand nach DIN 52218 festgelegt worden. Dabei sollte bewusst nur der Wasserschall der Armatur erfasst werden. Die damals vorliegende Aufgabe ist – von Feinheiten abgesehen – voll gelöst worden. Die Armaturen sind etwa 15–25 dB (A) leiser geworden.

Nachdem an der Notwendigkeit dieser Regelungen in früherer Zeit nicht gezweifelt wurde, da ihr Sinn evident war, wird heute immer wieder gefragt, was eine solche Regelung in der heutigen DIN 4109 zu suchen hat. Offensichtlich hat der Erfolg dieser Regelung dafür gesorgt, dass ihr Anliegen etwas aus dem Blick geraten ist. Dennoch haben die Prüfzeichenpflicht und die Verankerung der technischen Anforderungen in der DIN 4109 auch heute noch ihre Berechtigung, auch wenn sich ihr Stellenwert geändert hat. So sorgt die Prüfzeichenpflicht für Armaturen dafür, dass auf geprüfte Armaturen zurückgegriffen werden kann, mit denen das Risiko von Überschreitungen der Anforderungswerte minimiert werden kann. Dass bei Verwendung nichtgeprüfter Armaturen ohne Prüfzeichen erhebliche Risiken mit hohen Schadenssummen entstehen können, wird anhand eines konkreten Schadensfalls in [280] ausgeführt. Eine in [281] beschriebene Untersuchung von Armaturen mit und ohne Prüfzeichen kommt zum Ergebnis, dass die Armaturen mit gültigem abP ausnahmslos niedrige Geräuschpegel aufwiesen und meistens der Armaturengruppe I zugeordnet werden konnten. Von den Armaturen ohne abP wurde dagegen in 70 % der Grenzwert der Armaturengruppe II ($L_{ap} \leq 30$ dB) überschritten, so dass die Anforderungen der DIN 4109-1, Tabelle 11, nicht eingehalten werden konnten.

DIN 4109:1989 gab in den Abschnitten 4.3.2 (Prüfung) und 4.3.3 (Kennzeichnung und Lieferung) noch ausführliche Hinweise zur Handhabung des Prüfzeichens. Diese auch noch im Normentwurf DIN 4109-1:2013 enthaltenen Passagen wurden allerdings in DIN 4109-1:2016 nicht mehr aufgenommen. Zu Recht war bei den Einsprüchen zum Normentwurf 2013 eingewendet worden, dass solche Regelungen mit den Anforderungen des Teils 1 nichts zu tun haben. Auch wurde darauf hingewiesen, dass die Festlegungen zu Kennzeichnung und Lieferung von Armaturen im allgemeinen bauaufsichtlichen Prüfzeugnis (abP) getroffen werden und nicht in der Norm. Dies betrifft insbesondere auch die in den abPs festgelegten Verwendungsauflagen. Die ebenfalls gestrichenen Hinweise zu den Prüfungen hätten in DIN 4109-4 aufgenommen werden können. Dort wurden sie aber als verzichtbar betrachtet.

3.6.4.2 Armaturengeräuschpegel

Der nach DIN EN ISO 3822-1 bis -4 [91] beim kennzeichnenden Druck gemessene Armaturengeräuschpegel L_{ap} (in DIN 4109:1989 noch L_{AG} genannt) ist der charakteristische Wert für das Geräuschverhalten einer Armatur und die Grundlage für die Einstufung von Armaturen in die entsprechende Armaturengruppe.

Gemäß Bild 3.26 besteht die Grundidee dieser Messnorm darin, dass das Strömungsgeräusch einer am Armaturenanschluss angebrachten Armatur über eine Messleitung übertragen wird. Die Befestigung dieser Messleitung an einer Messwand führt dazu, dass das Geräusch von der Rohrleitung auf die Wand gelangt und von dieser als Luftschall abgestrahlt wird. Dieser wird dann im Messraum als Schalldruckpegel in Oktavbändern mit den Mittenfrequenzen 125 Hz bis 4000 Hz gemessen. Um die Messung von laborspezifischen Eigenschaften der Messanordnung zu befreien, wird eine zweite Messung mit einer Referenzschallquelle, dem so genannten Installationsgeräuschnormal (IGN), durchgeführt, auf die die Ergebnisse der Armaturenmessung bezogen werden. Das Resultat dieser Prozedur ist der Armaturengeräuschpegel L_{ap}.

Der L_{ap} wird als Maß für die Geräuscherzeugung einer Armatur betrachtet. An ihn richten sich die Anforderungen der DIN 4109-1 in Tabelle 11. Das auf die frühere DIN 52218 [66] zurückgehende Verfahren gestattet aufgrund der physikalischen Eigenschaften der genormten Messanordnung im Wesentlichen nur die Erfassung des von einer Armatur erzeugten Wasserschalls. Die Körperschallerzeugung derselben Armatur wird dabei weitgehend ausgeblendet. Das spielte in den Anfangszeiten dieser Norm keine bedeutende Rolle, da die damaligen Armaturen, genauso wie das IGN, im Wesentlichen als Wasserschallquellen betrachtet werden konnten. Damit war das Verfahren unter den damaligen Voraussetzungen geeignet und erfüllte den beabsichtigten Zweck. In [282] heißt es dazu treffend:

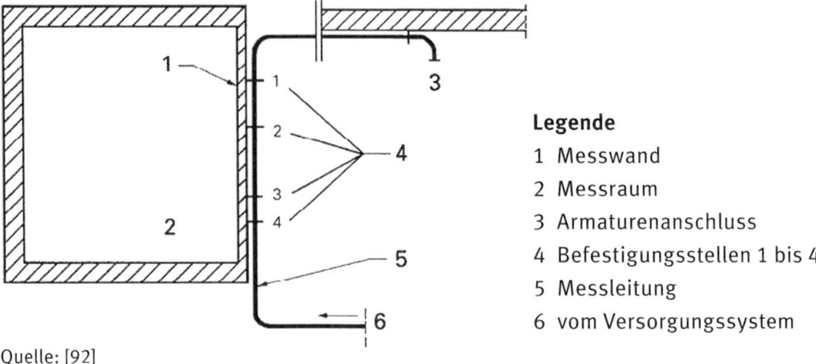

Quelle: [92]

Bild 3.26: Beispiel einer Prüfanordnung nach DIN EN ISO 3822-1

Aus der positiven Erfahrung mit der DIN 52218 wissen wir, dass ein klar erkanntes Problem zügig gelöst werden kann, wenn eindeutige und einfach zu handhabende Qualitätskriterien geschaffen werden.

Seit längerer Zeit hat sich allerdings gezeigt, dass das Messverfahren nach DIN 52218 bzw. DIN EN ISO 3822 den heutigen Ansprüchen nicht mehr genügt. Es ist entsprechend den festgelegten Prüfvorschriften nur für stationäre Betriebszustände der Armaturen vorgesehen und gestattet (zumindest ohne normative Änderungen) nicht die Erfassung von Betätigungsgeräuschen. Als wesentliches Manko muss aus heutiger Sicht vor allem gesehen werden, dass die Messanordnung eine Erfassung des von den Armaturen erzeugten Körperschalls nicht vorsieht. Insbesondere der direkt am Armaturenanschluss in den Baukörper eingeleitete Körperschall wird ignoriert. Dieser aber ist bei den heutigen Armaturen in vielen Fällen für die wahrnehmbaren Armaturengeräusche in schutzbedürftigen Räumen verantwortlich. Das gilt besonders auch bei den Betätigungsgeräuschen, die sich vorrangig als ein Körperschallproblem darstellen. So genügt es zur vollständigen Charakterisierung von Armaturen als Schallquellen nicht mehr, sich auf die Erzeugung von Wasserschall zu konzentrieren [283], [284]. Hinsichtlich der Belange des Schallschutzes wäre eine Änderung des Prüfverfahrens geboten, die zu einer erweiterten Charakterisierung der Armaturengeräusche hinsichtlich Körperschall und Betätigungsgeräuschen führt.

Während man anfänglich noch mit dem im Labor ermittelten Armaturengeräuschpegel auch Armaturengeräusche in Gebäuden prognostizieren wollte, hat man heute davon Abstand genommen, da die Erfahrungen gezeigt haben, dass auf der Grundlage der im Labor gewählten Messanordnung keine ausreichend realistische Abbildung der tatsächlichen Verhältnisse im Bau möglich ist. Die inzwischen sehr detailliert gewordenen Festlegungen für den im Prüfverfahren zu verwendenden Armaturenanschluss in DIN EN ISO 3822 sorgen zwar für verbesserte Vergleichbarkeit zwischen verschiedenen Prüfstellen, sind jedoch weit entfernt von realen Montagebedingungen in Gebäuden. Ziel ist deshalb ein geändertes Prüfverfahren, das nicht nur eine praxisgerechte Kennzeichnung der Armaturen gestattet, sondern auch zu Kennwerten führt, die bei der (rechnerischen) Prognose von Schalldruckpegeln in Gebäuden herangezogen werden können. Über Ansätze für ein solches Verfahren wird z. B. in [283] bis [288] berichtet.

3.6.4.3 Armaturengruppen nach DIN 4109-1 Tabelle 11

Entsprechend dem Armaturengeräuschpegel L_{ap} werden die Armaturen nach DIN 4109-1, Tabelle 11 (siehe nachfolgende Tabelle 3.29), in zwei Armaturengruppen eingeteilt:

- Armaturengruppe I („sehr geräuscharm“)
- Armaturengruppe II („geräuscharm“)

Für Armaturen und Geräte der Zeilen 1 bis 9 gilt für Armaturengruppe I $L_{ap} \leq 20$ dB und für Armaturengruppe II $L_{ap} \leq 30$ dB. Für Auslaufvorrichtungen nach Zeile 10, die direkt an die Auslaufarmatur angeschlossen werden, liegen die Werte für die beiden Armaturengruppen um jeweils 5 dB niedriger.

Die Armaturengruppe ist im allgemeinen bauaufsichtlichen Prüfzeugnis (abP) die das Geräuschverhalten kennzeichnende Größe. Die Einstufung zu einer Armaturengruppe gilt nur bei Einhaltung der im abP festgelegten Verwendungsauflagen. Falls bei der Prüfung die Grenzwerte der Armaturengruppe II in DIN 4109-1, Tabelle 11, überschritten werden, wird keine Einstufung vorgenommen und auch kein Prüfzeichen für diese Armatur erteilt.

Tabelle 3.29: DIN 4109-1, Tabelle 11 – Anforderungen an Armaturen und Geräte der Trinkwasser-Installation

<table>
<tr><th>Spalte</th><th>1</th><th>2</th><th>3</th></tr>
<tr><th>Zeile</th><th>Armaturen</th><th>Armaturengeräuschpegel L_{ap} [a] für kennzeichnenden Fließdruck oder Durchfluss nach DIN EN ISO 3822-1 bis DIN EN ISO 3822-4[b]
dB</th><th>Armaturen-gruppe</th></tr>
<tr><td>1</td><td>Auslaufarmaturen</td><td rowspan="5">≤ 20[c]</td><td rowspan="5">I</td></tr>
<tr><td>2</td><td>Anschlussarmaturen
– Geräte-Anschlussarmaturen
– Elektronisch gesteuerte Armaturen mit Magnetventil</td></tr>
<tr><td>3</td><td>Druckspüler</td></tr>
<tr><td>4</td><td>Spülkästen</td></tr>
<tr><td>5</td><td>Durchflusswassererwärmer</td></tr>
</table>

<table>
<tr><th>Spalte</th><th>1</th><th>2</th><th>3</th></tr>
<tr><th>Zeile</th><th>Armaturen</th><th>Armaturengeräuschpegel L_{ap} [a] für kennzeichnenden Fließdruck oder Durchfluss nach DIN EN ISO 3822-1 bis DIN EN ISO 3822-4 [b]
dB</th><th>Armaturen-gruppe</th></tr>
<tr><td>6</td><td>Durchgangsarmaturen, wie
– Absperrventile
– Eckventile
– Rückflussverhinderer
– Sicherheitsgruppen
– Systemtrenner
– Filter</td><td rowspan="4">≤ 30 [c]</td><td rowspan="4">II</td></tr>
<tr><td>7</td><td>Drosselarmaturen, wie
– Vordrosseln
– Eckventile</td></tr>
<tr><td>8</td><td>Druckminderer</td></tr>
<tr><td>9</td><td>Duschköpfe</td></tr>
<tr><td rowspan="2">10</td><td rowspan="2">Auslaufvorrichtungen, die direkt an die Auslaufarmatur angeschlossen werden, wie
– Strahlregler
– Durchflussbegrenzer
– Kugelgelenke
– Rohrbelüfter
– Rückflussverhinderer</td><td>≤ 15</td><td>I</td></tr>
<tr><td>≤ 25</td><td>II</td></tr>
</table>

a Die Messungen von L_{ap} müssen bei 0,3 MPa und 0,5 MPa erfolgen.

b Dieser Wert darf bei dem in DIN EN ISO 3822-1 bis DIN EN ISO 3822-4 für die einzelnen Armaturen genannten oberen Fließdruck von 0,5 MPa oder Durchfluss Q 1 um bis zu 5 dB überschritten werden.

c Geräuschspitzen, die beim Betätigen der Armaturen entstehen (Öffnen, Schließen, Umstellen, Unterbrechen u. a.), werden bei der Prüfung nach DIN EN ISO 3822-1 bis DIN EN ISO 3822-4 im Allgemeinen nicht erfasst. Der A-bewertete Schallpegel dieser Geräusche, gemessen mit der Zeitbewertung FAST wird erst dann zur Bewertung herangezogen, wenn es die Messverfahren nach einer nationalen oder Europäischen Norm zulassen.

Quelle: [41]

Die Zuordnung der Armaturen zu den Armaturengruppen und deren maximalen Armaturengeräuschpegeln ist in der tabellarischen Darstellung von DIN 4109-1 missverständlich. Gemeint ist, dass für alle Armaturen und Geräte der Zeilen 1 bis 9 die Einstufung in Armaturengruppe I erfolgt, wenn für den Armaturengeräuschpegel $L_{ap} \leq 20$ dB gilt und die Einstufung in Armaturengruppe II für $L_{ap} \leq 30$ dB erfolgt. Entsprechend gelten für alle

Auslaufvorrichtungen der Zeile 10 $L_{ap} \leq 15$ dB für Armaturengruppe I und $L_{ap} \leq 25$ dB für Armaturengruppe II.

Gegenüber der entsprechenden Tabelle in DIN 4109:1989 (dort Tabelle 6) wurden in der vorliegenden Tabelle neben den Auslaufarmaturen die Anschlussarmaturen in Zeile 2 als eigene Kategorie definiert. In ihr finden sich neben den Geräteanschlussarmaturen nun auch elektronisch gesteuerte Armaturen mit Magnetventil. Die Kategorie der Durchgangsarmaturen in Zeile 6 wurde mit Sicherheitsgruppen, Systemtrennern und Filtern aktualisiert.

Die in der Kopfzeile dieser Tabelle in Spalte 2 genannten Fußnoten a) und b) sind im Zusammenhang zu sehen und betreffen die hydraulischen Betriebsbedingungen der Armaturen und Geräte.

Neu gegenüber der früheren Tabelle 6 in DIN 4109:1989 ist nun die Fußnote a), die darauf hinweist, dass der Armaturengeräuschpegel L_{ap} nicht nur bei einem Fließdruck von 0,3 MPa, sondern auch bei 0,5 MPa ermittelt werden muss. Der Sachverhalt als solcher ist zwar nicht neu, doch wird nun an dieser Stelle ausdrücklich darauf hingewiesen. Hintergrund ist, dass die Strömungsgeräusche von Armaturen vom Fließdruck abhängen. Der Zusammenhang zwischen Schallpegel L des Armaturengeräuschs und Fließdruck Δp_{fl} kann theoretisch durch

$$L = 20 \lg \frac{\Delta p_{fl}}{\Delta p_0} + \text{const dB} \tag{3.24}$$

beschrieben werden und lässt sich auch empirisch bestätigen. Δp_0 ist in dieser Beziehung ein Referenzdruck. Daraus ergibt sich für die Pegeländerung ΔL bei einer Änderung des Fließdrucks von $\Delta p_{fl,1}$ auf $\Delta p_{fl,2}$

$$\Delta L = 20 \lg \frac{\Delta p_{fl,2}}{\Delta p_{fl,1}} \text{ dB} \tag{3.25}$$

Eine Verdoppelung des Fließdrucks führt demnach zu einer Erhöhung des Armaturengeräuschs um 6 dB, und bei einer Änderung von 0,3 MPa auf 0,5 MPa ergibt sich eine Erhöhung von etwa 4,5 dB. Es ist also berechtigt, die Prüfungen auch beim höheren Fließdruck durchzuführen und eine Einstufung in die entsprechende Armaturengruppe vorzunehmen. Darauf wird in Fußnote b) Bezug genommen, wo es für die Einstufung in eine Armaturenklasse heißt:

> Dieser Wert darf bei dem in DIN EN ISO 3822-1 bis DIN EN ISO 3822-4 für die einzelnen Armaturen genannten oberen Fließdruck von 0,5 MPa oder Durchfluss Q 1 um bis zu 5 dB überschritten werden.

3.6.4.4 Betätigungsgeräusche bei der Messung des Armaturengeräuschpegels

Nachdem Betätigungsgeräusche bei Armaturen und Geräten der Wasserinstallation schon bei den Anforderungen in Tabelle 9 ausgeklammert wurden (siehe 3.6.3.3), wird in gleicher Weise auch bei der Ermittlung des Armaturengeräuschpegels in Tabelle 11 in Fußnote c) auf die Betätigungsgeräusche Bezug genommen:

Geräuschspitzen, die beim Betätigen der Armaturen entstehen (Öffnen, Schließen, Umstellen, Unterbrechen u. a.), werden bei der Prüfung nach DIN EN ISO 3822-1 bis DIN EN ISO 3822-4 im Allgemeinen nicht erfasst. Der A-bewertete Schallpegel dieser Geräusche, gemessen mit der Zeitbewertung FAST wird erst dann zur Bewertung herangezogen, wenn es die Messverfahren nach einer nationalen oder Europäischen Norm zulassen.

Auch diese Fußnote unterlag über die Jahre hinweg einer längeren Entwicklung, die den Umgang mit den Betätigungsgeräuschen von Armaturen wiedergibt. Zum ersten Mal wurde in der Normvorlage zu DIN 4109 (August 1984) darauf Bezug genommen, als folgende Anmerkung vorgesehen war:

Bei den Messverfahren nach DIN 52218, Teile 1 bis 4 werden Geräusche, die beim Betätigen (Öffnen, Schließen, Umstellen, Unterbrechen u. a.) der Armaturen und Geräte der Wasserinstallation – hauptsächlich als Körperschall – entstehen, z. Z. nur teilweise oder nicht erfasst. Es ist geplant, das Messverfahren so zu erweitern, dass die genannten Geräuschanteile mit erfasst werden und das so erweiterte Messverfahren in eine Folgeausgaben von DIN 52218 aufzunehmen.

Daraus wurde in der Normvorlage vom Juli 1987 als Fußnote zur Tabelle der Armaturengruppen:

Bei Geräuschen, die beim Betätigen der Armaturen entstehen (Öffnen, Schließen, Umstellen, Unterbrechen u. a.) darf der A-bewertete Schallpegel, gemessen bei Anzeigecharakteristik „Fast“ der Messinstrumente, die in Spalte 2 aufgeführten Werte um bis zu 5 dB(A) überschreiten.

ANMERKUNG Diese Geräusche werden z. Z. bei der Erteilung des bauaufsichtlichen Prüfzeichens nicht berücksichtigt.

Man beabsichtigte zu diesem Zeitpunkt noch die Berücksichtigung der Betätigungsgeräusche, jedoch mit bis zu 5 dB höheren Armaturengeräuschpegeln als für die stationären Fließgeräusche vorgesehen. Der für die Prüfzeichen zuständige Sachverständigenausschuss „Armaturen“ des DIBt vertrat die Ansicht, dass die kurzzeitigen Pegelspitzen mitzumessen, zu prüfen und zu beurteilen seien, sobald man die Messverfahren hierfür geschaffen hätte. Die zwischenzeitlich erteilten Prüfzeichen sollten deswegen nach einem Beschluss aus dem Jahre 1984 ursprünglich auch nur bis zum 30.06.1989 gelten.

Die einschlägige Messnorm (DIN 52218, später DIN ISO 3822) sah eine Regelung zur Messung der kurzzeitigen Pegelspitzen nicht vor. In dem mit der Messung von Armaturengeräuschen befassten Normenausschuss war das Interesse an einer Lösung des Problems vorhanden. Dort war auch ein entsprechender Antrag des ZVSHK gestellt worden. Allerdings wurden keine greifbaren Ansätze gesehen. Da die messtechnische Umsetzung nicht klar war, war von den Vertretern der Prüfstellen noch 1988 vorgesehen gewesen, kurzfristig einen Vorschlag zur Erfassung der Betätigungsgeräusche im Labor zu machen. Ein solcher Vorschlag kam angesichts ungeklärter technischer Fragestellungen nicht zustande.

Mit den damals bekannten technischen Einschränkungen und dem für die Umsetzung benötigten Zeitrahmen hätte man aber durchaus entsprechende Schritte in die Wege leiten können. Für Armaturen hätte sich eine rasche Umsetzung hauptsächlich auf die als Wasserschall übertragene Komponente der Geräuschspitze bezogen. Der bereits am Armaturenanschluss als Körperschall in das Gebäude eingeleitete Anteil der Betätigungsgeräusche wäre dabei allerdings nicht erfasst worden. Immerhin hätte man damit eine erste (vorläufige) Möglichkeit zur Kennzeichnung gehabt und hätte die Betätigungsgeräusche von Armaturen später nicht vollständig aus den Anforderungen herausnehmen müssen. Auch für die Geräuschspitzen beim Auslösen des Spülvorgangs waren bereits 1984 Möglichkeiten zu deren praxisgerechter Erfassung aufgezeigt worden [289].

Nachdem die DIN 52218 auf internationaler Ebene als ISO 3822 übernommen worden war, gab es einen deutschen Antrag zur Erfassung von Geräuschspitzen bei der Betätigung von Armaturen. Dieser wurde jedoch abgelehnt, und bis heute hat sich das für ISO 3822 zuständige Normungsgremium mit dieser Frage nicht beschäftigt.

Vorschläge zur Messung des von Armaturen erzeugten Körperschalls und deren Betätigungsgeräusche im Prüfstand wurden seit Anfang der 1990er Jahre vorgelegt ([283] bis [288]). Alle diese Ansätze fanden weder auf nationaler noch auf internationaler Ebene Eingang in die Normungsarbeit. Aus heutiger Sicht wäre das in DIN EN 15657 [82] genormte Verfahren zur Charakterisierung der Körperschallerzeugung technischer Schallquellen eine geeignete Methode sowohl für Armaturen wie für Sanitärobjekte. Bild 3.27 zeigt ein Beispiel für Messungen an einer WC-Vorwandinstallation.

Quelle: Autoren

Bild 3.27: Messung der Körperschallerzeugung einer WC-Vorwandinstallation im Empfangsplattenprüfstand nach DIN EN 15657 der Hochschule für Technik, Stuttgart

Nachdem die Bemühungen um ein Messverfahren zur Charakterisierung der Betätigungsgeräusche angesichts ungeklärter technischer Fragestellungen erfolglos geblieben waren, beschränkte man sich in der weiteren Normungsarbeit der DIN 4109 auf folgende Formulierung:

> Bei Geräuschen, die beim Betätigen der Armaturen entstehen (Öffnen, Schließen, Umstellen, Unterbrechen u. a.) wird der A-bewertete Schallpegel dieser Geräusche erst dann berücksichtigt, wenn das Messverfahren nach DIN 52218 die Erfassung dieser Geräusche zulässt.

Dieser Wortlaut entspricht sinngemäß dem, was dann in DIN 4109-1:2016 als Fußnote c) zu Tabelle 11 veröffentlicht wurde. In DIN 4109:1989 hatte es dagegen noch in Abschnitt 4.3 (Anforderungen an Armaturen und Geräte der Wasserinstallation) als Anmerkung geheißen:

> Bei dem Messverfahren nach DIN 52218 Teil 1 bis Teil 4 werden Geräusche, die beim Betätigen (Öffnen, Schließen, Umstellen, Unterbrechen u. a.) der Armaturen und Geräte der Wasserinstallation – hauptsächlich als Körperschall – entstehen, z. Z. nur teilweise oder nicht erfasst. Es ist geplant, das Messverfahren so zu erweitern, dass die genannten Geräuschanteile mit erfasst werden und das so erweiterte Messverfahren in Folgeausgaben von DIN 52218 Teil 1 bis Teil 4 aufzunehmen.

Man begnügt sich in der DIN 4109 also weiterhin damit, dass ein geeignetes Laborprüfverfahren für Betätigungsgeräusche nicht zur Verfügung steht und solange auch keine Anforderungen gestellt werden können. Nachdem die DIN 4109:1989 ohne Anforderungen an Betätigungsgeräusche erschienen war, wurde in [282] auf die vorhandene messtechnische Lücke folgendermaßen hingewiesen:

> Danach wird man an die Überarbeitung der Mess- und Prüfvorschriften für Armaturen und Geräte der Wasserinstallationen gehen müssen. Ziel muss ein Verfahren sein, das das Anregungspotential dieser Schallerzeuger für die Körperschalleinleitung in den Baukörper erfasst. (...) Ob wieder eine Einzahlangabe wie der L_{AG} für das aktuelle Körperschallproblem ausreichen wird, muss noch geklärt werden. Dass eine solche Mühe lohnt, zeigen die ja durchweg positiven Erfahrungen mit der Prüfzeichenpflicht für Armaturen.

3.6.4.5 Durchflussklassen

Für Armaturen muss eine Einstufung in die jeweilige Durchflussklasse nach DIN 4109-1, Tabelle 12, erfolgen, die hier in Tabelle 3.30 wiedergegeben wird. Dabei muss der maximale Durchfluss bei einem Fließdruck von 0,3 MPa eingehalten werden.

Tabelle 3.30: DIN 4109-1, Tabelle 12 – Durchflussklassen

Spalte	**1**	**2**
Zeile	**Durchflussklasse**	**Maximaler Durchfluss *Q*** l/s (bei 0,3 MPa Fließdruck)
1	Z	0,15
2	A	0,25
3	S	0,33
4	B	0,42
5	C	0,5
6	D	0,63

Quelle: [41]

Nachdem die noch in DIN 4109:1989 enthaltenen Hinweise der Abschnitte 4.3.2 (Prüfung) und 4.3.3 (Kennzeichnung und Lieferung) in DIN 4109-1 nicht mehr aufgenommen wurden, stehen die Vorgaben für die Durchflussklassen in DIN 4109-1, Abschnitt 11, in keinem erkennbaren Zusammenhang. Der Sinn der Festlegung ist ohne Hintergrundinformationen nicht mehr unmittelbar erkennbar.

In den gestrichenen Passagen wurde der Zusammenhang zum allgemeinen bauaufsichtlichen Prüfzeugnis (abP) hergestellt. Es wurde festgelegt, dass im abP zusätzlich zu den nach DIN EN ISO 3822-1 erforderlichen Angaben „bei Auslaufarmaturen sowie diesen nachgeschalteten Auslaufvorrichtungen außerdem noch die Einstufung in Durchflussklassen A, B, C, D oder Z, bei Eckventilen in Durchflussklassen A oder B“ enthalten sein muss. Weiterhin wurde darauf hingewiesen, dass die Durchflussklasse auch auf dem Prüfzeichen anzugeben ist. Dass auch die Durchflussklasse zu nennen ist, hat seinen akustischen Grund darin, dass die Höhe des Armaturengeräuschs von der Strömungsgeschwindigkeit im Ventil und damit auch vom Durchfluss abhängt. Die Einhaltung der Anforderung einer Armaturengruppe kann sich also nur auf einen bestimmten maximal zulässigen Durchfluss der Armatur beziehen. Erhöht sich dieser gegenüber den der Prüfung zugrunde gelegten Bedingungen, dann kann es zu Überschreitungen der Anforderungen der Tabelle 11 kommen. Dieser Fall ist z. B. möglich, wenn Auslaufvorrichtungen nach DIN 4109-1 Tabelle 11, Zeile 10 (z. B. Strahlregler, Durchflussbegrenzer) ausgetauscht werden und dabei die vorgesehene Durchflussklasse überschritten wird. Armaturengruppe und Durchflussklasse müssen bei Armatur und Auslaufvorrichtung also übereinstimmen.

3.6.4.6 Armaturengruppen und zulässige Grundriss-Situationen

Den Armaturengruppen werden bestimmte Grundriss-Situationen zugeordnet, in denen die Armaturen entsprechend ihrer Einstufung eingebaut werden dürfen. Nur zusammen mit diesen Grundriss-Situationen macht die Einteilung der Armaturen in zwei unterschiedliche Armaturengruppen überhaupt Sinn. Angesichts der komplexen Verhältnisse bei Armaturengeräuschen und deren Übertragung in Gebäuden, deren rechnerische Prognose bis heute nicht derart gelöst ist, dass eine praktikable Anwendung im Rahmen der Nachweise der DIN 4109 möglich wäre, muss das erstmals im Normentwurf DIN 4109-5:1979 vorgelegte Nachweiskonzept für die damalige Zeit als wegweisend bezeichnet werden. Es hat nach wie vor seine Berechtigung und wurde deshalb mangels praktikabler Alternativen in die aktuelle DIN 4109 übernommen. Der einfache Grundgedanke dieses Nachweises ist, dass die Armaturen aufgrund der messtechnisch charakterisierten Geräuscherzeugung in zwei Armaturengruppen eingeteilt werden und entsprechend dieser Eingruppierung nur bei bestimmten Grundrissen und bestimmten Einbaubedingungen zum Einsatz kommen dürfen. Im Normentwurf zu DIN 4109-5:1979 waren die Kennzeichnung der Armaturen, ihre Einstufung in Armaturengruppen und deren Zuordnung zu den Grundrissanordnungen im selben Kapitel enthalten. Damit waren dieses Nachweiskonzept und seine Vorgehensweise als in sich schlüssige Einheit erkennbar. Zusätzlich wurden auch Grundrissbeispiele für die Grundrissanordnungen I („bauakustisch ungünstig") und II („bauakustisch günstig") aufgeführt. Diese Grundrissbeispiele waren zuvor bereits in den Ausführungsvorschriften über bauaufsichtliche Anforderungen an den Schallschutz bei Armaturen und Geräten der Wasserinstallation [144] veröffentlicht worden. Eine Darstellung dieser Beispiele findet sich in 5.7.3.5, wo sie auch detailliert behandelt werden. In DIN 4109:1989 wurden die zu diesem Konzept gehörenden Inhalte auf verschiedene Kapitel aufgeteilt, waren aber noch im selben Normteil enthalten. Abschnitt 4.1 enthielt die Anforderungen an die zulässigen Schalldruckpegel, Abschnitt 4.3 die Anforderungen an die Armaturen und Geräte der Wasserinstallation und Abschnitt 7.2 den Nachweis ohne bauakustische Prüfungen, bei dem die Grundrissanordnung zum Tragen kam. Die Grundrissbeispiele wurden allerdings nicht mehr berücksichtigt. Auch wurde auf die Bezeichnungen „Grundrissanordnung I (bauakustisch ungünstig)" und „Grundrissanordnung II (bauakustisch günstig)" verzichtet. Noch einen Schritt weiter ging DIN 4109:2016. DIN 4109-1 enthält in Abschnitt 11 zwar die Anforderungen an Armaturen und Geräte der Trinkwasser-Installation mit der Eingruppierung in die beiden Armaturengruppen. Es findet sich jedoch an keiner Stelle mehr ein Hinweis, was mit diesen Armaturengruppen zu geschehen hat. So wird das ursprünglich in sich stimmige Konzept auseinandergerissen und bleibt ohne zusätzliche Lektüre anderer Normteile dem Anwender der Norm unverständlich. Diesbezügliche Einsprüche zum Normentwurf DIN 4109-1:2013 waren also berechtigt, blieben aber unberücksichtigt. Erst in DIN 4109-36 finden sich in Abschnitt 6.4.4.2.5 (Bauliche Randbedingungen: Grundrisse) die entsprechenden Hinweise, wie mit den Armaturengruppen und Grundrissanordnungen im Rahmen der Nachweise umzugehen ist. Diese inhaltliche Trennung ist dem Konzept der DIN 4109:2016 geschuldet, das in Teil 1 nur noch die Anforderungen vorsieht und die Nachweise in anderen Teilen (Rechenverfahren und Bauteilkatalog) behandelt. Zumindest eine kurze Darstellung des vorgesehenen Nachweiskonzeptes und ein Hinweis auf die Ausführungen in Teil 36 wären in Teil 1 zusammen mit den Anforderungen in Abschnitt 11 notwendig gewesen. Die im Einspruchsverfahren aufgetretene und auch im Normenausschuss aufgeworfene Frage, ob man in DIN 4109-1 überhaupt die Regelungen des Abschnitts 11 benötige, wäre damit hinfällig gewesen.

3.6.5 Anforderungen an Schalldruckpegel in schutzbedürftigen Räumen in der eigenen Wohnung, erzeugt von gebäudetechnischen Anlagen im eigenen Wohnbereich

DIN 4109-1 trifft Festlegungen für gebäudetechnische Anlagen im eigenen Wohnbereich in zwei verschiedenen Abschnitten: Abschnitt 10 enthält (normative) Anforderungen an raumlufttechnische Anlagen und Anhang B (informative) Empfehlungen für heiztechnische Anlagen. Beide Abschnitte werden hier gemeinsam behandelt.

3.6.5.1 Schallschutz gegenüber gebäudetechnischen Anlagen im eigenen Bereich

Ausgangspunkt

Es hatte sich im Verständnis der Anwender der DIN 4109:1989 eingebürgert, dass die eigentliche, bauaufsichtlich eingeführte Norm keine Anforderungen für den eigenen Wohn- und Arbeitsbereich formulierte und der Schallschutz im eigenen Bereich außerhalb der Anforderungen als Empfehlung in Beiblatt 2 zu DIN 4109:1989 behandelt wurde. Das galt auch für die Geräusche gebäudetechnischer Anlagen. So hatte DIN 4109:1989 im Abschnitt 1 (Anwendungsbereich und Zweck) den Schutz von Aufenthaltsräumen gegen Geräusche aus haustechnischen Anlagen im eigenen Wohnbereich explizit ausgeschlossen.

In DIN 4109-1 heißt es nun im Anwendungsbereich:

> Die Anforderungen dieser Norm gelten nicht ... für den Schallschutz im eigenen Wohn- und Arbeitsbereich, ausgenommen der Schutz gegen Geräusche von Anlagen der Raumlufttechnik, die vom Nutzer nicht beeinflusst werden können ...

Entsprechende Anforderungen finden sich in Abschnitt 10 (Maximal zulässige A-bewertete Schalldruckpegel in schutzbedürftigen Räumen in der eigenen Wohnung, erzeugt von raumlufttechnischen Anlagen im eigenen Wohnbereich). Darüber hinaus gibt es im informativen Anhang B noch Empfehlungen für maximale A-bewertete Schalldruckpegel in der eigenen Wohnung, erzeugt von heiztechnischen Anlagen im eigenen Wohnbereich.

Auf die neuen Regelungen im Bereich der gebäudetechnischen Anlagen soll in diesem Abschnitt eingegangen werden. Ein außerhalb der DIN 4109 geregelter Schallschutz gegenüber Luftschall und Trittschall im eigenen Bereich wird in 3.6.5.4 behandelt.

Wird Schallschutz im eigenen Bereich geschuldet?

Über mangelhaften Schallschutz im eigenen Wohnbereich werden nicht nur Beschwerden geführt. Immer wieder kommt es auch zu juristischen Auseinandersetzungen zu diesem Thema. Typisch ist folgender Fall, wo in einem Einfamilienhaus (Baujahr 2007) im Kinder- und Arbeitszimmer von der WC-Spülung Installationsgeräuschpegel bis 47 dB gemessen wurden. Bei der Bestandsaufnahme zeigte sich, dass die Spülkästen in einer Vormauerung untergebracht waren und Spülrohre und Abflussrohre ohne schalldämmende Isolierung eingemörtelt worden waren. Der betreffende Generalunternehmer war jedoch nicht bereit, einen Mangel anzuerkennen, da zum Zeitpunkt des Vertragsabschlusses (2006) keine Anforderungen bestanden hätten.

Ohne hier in die juristischen Details einsteigen zu wollen, ist klarzustellen, dass auch bei Einfamilienhäusern (und generell im eigenen Wohn- oder Arbeitsbereich) die allgemein anerkannten Regeln der Technik einzuhalten sind und ein entsprechender Schallschutz geschuldet ist, auch wenn das nicht in DIN 4109 (oder einer anderen Norm) geregelt ist [155]. Dass die DIN 4109 dafür keine Anforderungen stellt, bedeutet nicht, dass hier ein rechtsfreier Raum herrscht. Dass keine bauaufsichtlichen Anforderungen gestellt werden, schließt nicht aus, dass vertragsrechtlich dennoch ein bestimmter Schallschutz eingehalten werden muss.

Abgrenzung gebäudetechnischer Anlagen im eigenen Bereich

Als im Normentwurf zu DIN 4109-1:2013 das Thema „gebäudetechnische Anlagen im eigenen Bereich" wieder aufgegriffen wurde, wurde auch versucht, für die Anlagen des eigenen Bereichs eine Abgrenzung zu treffen zwischen solchen Anlagen, die den Anforderungen unterliegen, und denjenigen, die nicht unter die Anforderungen fallen sollten. So hieß es im Anhang B (Empfehlungen für maximale A-bewertete Norm-Schalldruckpegel im eigenen Wohnbereich, erzeugt von gebäudetechnischen Anlagen im eigenen Wohn- und Arbeitsbereich) dieses Normentwurfs:

> Im eigenen Wohn- und Arbeitsbereich fest installierte technische Schallquellen, die (bei bestimmungsgemäßem Betrieb) nicht vom Bewohner selbst betätigt bzw. in Betrieb gesetzt werden, sollten in Gebäuden mit mehreren Wohneinheiten im eigenen Wohnbereich die in Tabelle B.1 genannten Empfehlungen einhalten. Diese Empfehlungen gelten für Anlagen der Heiz- und Raumlufttechnik, nicht aber für die im eigenen Wohn- und Arbeitsbereich betriebenen Wasserinstallationen, Rollläden, Raumklimageräte, Kaminöfen und dergleichen.

Diese Formulierung wurde noch durch ausführliche Erläuterungen zum Anwendungsbereich dieser Empfehlungen ergänzt:

> Gemeint sind solche fest installierten Anlagen und technischen Einrichtungen, die zur eigenen Wohnung gehören und (im bestimmungsgemäßen Betrieb) nicht vom Bewohner selbst betätigt bzw. in Betrieb gesetzt werden. Ausdrücklich nicht gemeint sind deshalb:
>
> – alle gebäudetechnischen Anlagen außerhalb der eigenen Wohnung, die den schon bestehenden Anforderungen unterliegen, also technische Gebäudeausrüstung für Abwasser-, Wasser-, Gasanlagen; Wärmeversorgungsanlagen; Lufttechnische Anlagen; Starkstromanlagen; Fernmelde- und informationstechnische Anlagen; Förderanlagen; Nutzungsspezifische Anlagen; Gebäudeautomation,
> – die im eigenen Wohnbereich betriebene Sanitärtechnik (Wasserinstallation),
> – handbetätigte und motorisch betriebene Rollläden und ähnliche Einrichtungen des eigenen Wohnbereichs,
> – Außenluftdurchlässe mit Gebläsen.

Da die dann in DIN 4109-1:2016 getroffenen Regelungen (normativ für raumlufttechnische Anlagen und informativ für heiztechnische Anlagen) diese ausführliche Abgrenzung nicht mehr enthält, wird sie hier im vollen Wortlaut wiedergegeben.

3.6.5.2 Bisherige Behandlung gebäudetechnischer Anlagen im eigenen Bereich in der DIN 4109

Auch wenn die DIN 4109 bislang grundsätzlich keine Anforderungen an die Geräusche gebäudetechnischer Anlagen im eigenen Bereich stellte, zeigt die Entwicklung dieser Norm, dass man sich relativ früh über das Störpotenzial von Anlagen im eigenen Bereich bewusst war. Schon der Entwurf zu DIN 4109-5:1979 [14] enthielt Anforderungen an gebäudetechnische Anlagen im eigenen Bereich. In Abschnitt 4.1 (Zulässige Schallpegel in Aufenthaltsräumen) dieses Normentwurfs in Abschnitt 4.1 hieß es:

> Diese Anforderungen gelten nicht für haustechnische Anlagen des eigenen Wohn- und Arbeitsbereiches, mit Ausnahme der selbsttätig schaltenden oder für lange Betriebszeiten bestimmten haustechnischen Anlagen, z. B. Etagenheizungen oder Lüftungsanlagen für innenliegende Bäder. Wenn Etagenheizungen in Wohndielen und Wohnküchen aufgestellt sind, gelten diese Anforderungen nicht für diese Räume. Zum Schutz der anderen Aufenthaltsräume sind gegebenenfalls Türen mit erhöhter Schalldämmung zu verwenden.

Damit wurde für die damalige Zeit alles Nötige gesagt. Vor allem wurden die in Frage kommenden Anlagen unmissverständlich benannt. In einer Fußnote zu Tabelle 1 (Höchstwerte für die zulässigen Schallpegel in Aufenthaltsräumen von Gebäuden aus haustechnischen Anlagen und Betrieben) dieses Normentwurfs hieß es zu „Anlagen zur Heizung, Lüftung, Klimatisierung und sonstige haustechnische Anlagen (z. B. Druckerhöhungsanlagen)“ zusätzlich:

> Gültig auch für derartige Anlagen im eigenen Wohnbereich, jedoch bei Etagenheizungen nur für Wohn- und Schlafräume.

Mit diesen Regelungen wurden zum ersten Mal Anforderungen für gebäudetechnische Anlagen im eigenen Bereich ins Auge gefasst. Konsequenterweise wurden die Anforderungswerte, da es um den Mindestschallschutz ging, dem Schallschutz gegenüber Geräuschen in fremden Bereichen gleichgesetzt. Von dieser Regelung waren allerdings Geräusche der Wasserinstallation ausgenommen. Eisenberg schrieb dazu 1979 in einem Kommentar zum Normentwurf [187]:

> Richtwerte für höchstzulässige Schallpegel von Geräuschen aus Wasser- und Abwasseranlagen des eigenen Wohn- und Arbeitsbereichs wurden in den Norm-Entwurf nicht aufgenommen. Dieser Beschluss ist zu bedauern und sollte noch einmal überdacht werden. Es müsste erreicht werden, dass auch innerhalb einer Wohnung oder eines Einfamilienhauses Wasser- und Abwasseranlagen so projektiert werden und geräuscharme Armaturen erhalten, wie es dem im Norm-Entwurf beschriebenen Stand der Technik zum Schutz des fremden Bereichs entspricht.

Der Normentwurf zu DIN 4109-5:1979 wurde im Mai 1983 zurückgezogen und durch den Normentwurf zu DIN 4109-5:1984 ersetzt. Dieser enthielt keine Anforderungen mehr an Anlagen der Heizung und Lüftung im eigenen Bereich, da es viele Einsprüche seitens der Industrie und des Handwerks gegeben hatte. Im Anwendungsbereich (Abschnitt 1) des neuen Entwurfs hieß es nun:

> Die Norm gilt für den Schutz von Aufenthaltsräumen gegenüber Geräuschen aus haustechnischen Anlagen und aus Betrieben im selben Gebäude oder in baulich damit verbundenen Gebäuden. Die Norm gilt nicht für den Schutz von Aufenthaltsräumen gegenüber Geräuschen von haustechnischen Anlagen im eigenen Wohnbereich.

In Abschnitt 2 (Zweck) des Entwurfs DIN 4109:1984 Teil 5 hieß es weiterführend:

> In dieser Norm werden Anforderungen an den Schallschutz mit dem Ziel festgelegt, Menschen in Aufenthaltsräumen vor starken Geräuschen von haustechnischen Anlagen oder von Betrieben im selben Gebäude oder baulich damit verbundenen Gebäuden zu schützen, soweit die Geräusche nicht von haustechnischen Anlagen des eigenen Wohnbereichs oder durch bestimmungsgemäße Nutzung eines Aufenthaltsraumes als Arbeitsraum entstehen.

Der vollständige Ausschluss des eigenen Bereichs wurde dann mit der Formulierung

> Diese Norm gilt nicht zum Schutz von Aufenthaltsräumen gegen Geräusche aus haustechnischen Anlagen im eigenen Wohnbereich.

auch in DIN 4109:1989 Abschnitt 1 (Anwendungsbereich und Zweck) übernommen und hatte dann fast 30 Jahre lang Gültigkeit.

Erst in den Normentwürfen zur neuen DIN 4109-1:2006 und 2013 wurde dieses Thema wieder aufgegriffen. Im Anwendungsbereich des Normentwurfs von 2006 [29] hieß es:

> Die Anforderungen dieser Norm gelten nicht zum Schutz von Aufenthaltsräumen gegen Geräusche der Wasserinstallation im eigenen Wohnbereich

Diese Aussage bezog sich auf die Festlegung in Abschnitt 11 (Maximal zulässige Schalldruckpegel in fremden schutzbedürftigen Räumen, erzeugt von haustechnischen Anlagen und baulich mit dem Gebäude verbundenen Betrieben), wo in Tabelle 11 neben den Anforderungen gegenüber Geräuschen technischer Schallquellen aus fremden Räumen („sonstige hausinterne, fest installierte technische Schallquellen der technischen Ausrüstung, Ver- und Entsorgung sowie Garagenanlagen") auch Anforderungen an technische Schallquellen im eigenen Wohnbereich gestellt wurden. Diese wurden folgendermaßen benannt:

Sonstige fest installierte technische Schallquellen (ohne Wasserinstallationen) im eigenen Wohnbereich (z. B. Wärmeerzeuger, Lüftungseinrichtungen, Ausnahme: Schallquellen, die von Hand betätigt werden).

Das ist mit dem Regelungsumfang vergleichbar, wie er bereits im Normentwurf zu DIN 4109:1979 vorgesehen gewesen war. Die gestellte Anforderung betrug wie bei den Schallquellen aus fremden Bereichen $L_{\mathrm{AFmax,nT}} \leq 30$ dB.

Im Normentwurf DIN 4109-1:2013 [30] wurde die zuerst beabsichtigte Regelung weitgehend wieder zurückgenommen, indem der eigene Bereich nur noch im informativen Anhang B (Empfehlungen für maximale A-bewertete Norm-Schalldruckpegel im eigenen Wohnbereich, erzeugt von gebäudetechnischen Anlagen im eigenen Wohn- und Arbeitsbereich) auftauchte. Die Empfehlung bezog sich auf „fest installierte technische Schallquellen der Heizungs-, Klima- und Lüftungstechnik im eigenen Wohn- und Arbeitsbereich“. Die Kenngröße wurde dabei gegenüber dem Normentwurf von 2006 von $L_{\mathrm{AFmax,nT}}$ wieder auf die alte Größe $L_{\mathrm{AFmax,n}}$ zurückgesetzt.

In Wohn- und Schlafräumen wurden in diesem Normentwurf mit $L_{\mathrm{AFmax,n}} \leq 32$ dB dieselben Werte wie gegenüber Geräuschen aus fremden Bereichen vorgesehen. Für Wohnküchen und Flure sollte $L_{\mathrm{AFmax,n}} \leq 35$ dB gelten, und für Arbeitsräume, Küchen, Bäder, Toilettenräume, Nebenräume und Hobbyräume gab es keine Empfehlungen. Die Werte waren wegen des anzuwendenden Messverfahrens unter Berücksichtigung der Eckmethode (siehe 6.6.3.5) um 2 dB angehoben worden. Einzelne, kurzzeitige Geräuschspitzen, die beim Ein- und Ausschalten der Anlagen auftreten (z. B. Zündgeräusche bei Heizungsanlagen), durften die genannten Empfehlungen um maximal 5 dB überschreiten.

In den Diskussionen zum Normentwurf DIN 4109-1:2013 und zum Weißdruck DIN 4109-1:2016 um die Anforderungen im eigenen Bereich zeigte sich, dass Handlungsbedarf besteht, da die zentralen Heizungsanlagen zunehmend dezentralisiert wurden und z. B. als Heizthermen in den einzelnen Wohnungen Einzug hielten. In ähnlicher Weise galt das dann auch für die dezentralen Lüftungsanlagen im eigenen Wohnbereich, die bei vielen energieoptimierten Wohngebäuden inzwischen zum üblichen Standard gehören. Es wurde aber auch geltend gemacht, dass insbesondere für Heizungsanlagen noch keine ausreichenden Erfahrungen vorlägen, die eine sichere Einhaltung der vorgesehenen Anforderungen sicherstellen könnten.

Als Kompromiss einigte man sich für DIN 4109-1 darauf, im eigenen Bereich Anforderungen nur an raumlufttechnische Anlagen zu stellen (Abschnitt 10) und für heiztechnische Anlagen Empfehlungen zu formulieren (informativer Anhang B). Von den Autoren wird deshalb folgender Hinweis gegeben:

HINWEIS

Anhand verfügbarer Erfahrungswerte sollte bei der nächsten Überarbeitung von DIN 4109-1 geprüft werden, ob die Empfehlungen für heiztechnische Anlagen in Anforderungen überführt werden können.

3.6.5.3 Regelungen in DIN 4109-1 für gebäudetechnische Anlagen im eigenen Bereich

Allgemeine Festlegungen

Bei der Festlegung der Anforderungen und Empfehlungen an Geräusche gebäudetechnischer Anlagen im eigenen Wohnbereich werden drei Kategorien von Räumen unterschieden:

- Wohn- und Schlafräume: mit Anforderungen
- Küchen: mit verringerten Anforderungen
- Arbeitsräume, Flure, Bäder, WCs, Nebenräume, Hobbyräume etc.: ohne Anforderungen.

Damit ist klar, dass im Rahmen der Mindestanforderungen nicht der gesamte eigene Wohnbereich als schutzbedürftig betrachtet wird. Lediglich Räume mit hohem Schutzanspruch sollen durch die Regelungen abgedeckt werden. Deshalb ist die Frage berechtigt, warum Küchen (die hier nicht explizit als Wohnküchen deklariert werden) ebenfalls in die Anforderungen aufgenommen werden, nicht aber z. B. Arbeitsräume, Flure (Wohndielen) etc. Auch wenn das an dieser Stelle nicht ausdrücklich gesagt wird, werden die Anforderungen an Küchen erst verständlich, wenn auch die folgende Formulierung des Abschnitts 1 (Anwendungsbereichs) in Erinnerung gebracht wird:

> Die Anforderungen dieser Norm gelten nicht ... zum Schutz vor Trittschallübertragung und Geräuschen aus gebäudetechnischen Anlagen in Küchen, sofern diese nicht als Aufenthaltsräume (Wohnküchen) vorgesehen sind ...

Ausdrücklich beziehen sich die Anforderungen und Empfehlungen auf die eigene Wohnung, so dass damit nur Wohngebäude berücksichtigt werden. Nichtwohngebäude (wie Hotels und Beherbergungsstätten oder Krankenhäuser und Sanatorien) werden hier nicht behandelt. Optional wäre es denkbar und sinnvoll gewesen, die Anforderungen sinngemäß auch auf Hotels und Beherbergungsstätten anzuwenden. Hierzu wurden im Normenausschuss aber keine Vorschläge erarbeitet. Das gilt auch für andere Zweckbauten (Krankenhäuser und Sanatorien, Schulen und vergleichbare Einrichtungen), da dort kein aktueller Handlungsbedarf gesehen wurde. Bürogebäude unterliegen im eigenen Arbeitsbereich den technischen Regeln für Arbeitsstätten (Arbeitsstättenrichtlinien etc.). Krankenhäuser werden bezüglich solcher Anforderungen in der Zuständigkeit der Fachplaner gesehen.

Da die Anforderungen und Empfehlungen für den eigenen Bereich im Rahmen der DIN 4109 neu sind, war man im Normenausschuss der Meinung, vorerst mit moderaten Anforderungen in DIN 4109-1 zu gehen. Deshalb wurde bei den Anforderungswerten die unterschiedliche Schutzbedürftigkeit einzelner Räume berücksichtigt. In Wohn- und Schlafräumen sollte ein Schalldruckpegel von 30 dB nicht überschritten werden. Für Pegelspitzen beim Ein- und Ausschalten (z. B. Zündgeräusche bei Heizungsanlagen) im eigenen Wohnbereich wurden gegenüber den genannten Grenzwerten um bis zu 5 dB höhere Werte zugelassen.

HINWEIS

Die für DIN 4109-1:2016 getroffenen Festlegungen für Geräusche gebäudetechnischer Anlagen im eigenen Wohnbereich sollten bei der nächsten regulären Überarbeitung der Norm kritisch überprüft werden.

Festlegung von Schalldruckpegeln

In Tabelle 10 (nachfolgend als Tabelle 3.31 gezeigt) enthält DIN 4109-1 nun die Anforderungen an maximal zulässige A-bewertete Schalldruckpegel in schutzbedürftigen Räumen in der eigenen Wohnung, die von raumlufttechnischen Anlagen im eigenen Wohnbereich erzeugt werden.

Tabelle 3.31: DIN 4109-1, Tabelle 10 – Anforderungen an maximal zulässige A-bewertete Schalldruckpegel in schutzbedürftigen Räumen in der eigenen Wohnung, erzeugt von raumlufttechnischen Anlagen im eigenen Wohnbereich

Spalte	1	2	3
Zeile	Geräuschquellen	Maximal zulässige A-bewertete Schalldruckpegel dB	
		Wohn- und Schlafräume	Küchen
1	Fest installierte technische Schallquellen der Raumlufttechnik im eigenen Wohn- und Arbeitsbereich	$L_{AF,max,n} \leq 30^{a,b,c,d}$	$L_{AF,max,n} \leq 33^{a,b,c,d}$

a Einzelne, kurzzeitige Geräuschspitzen, die beim Ein- und Ausschalten der Anlagen auftreten, dürfen maximal 5 dB überschreiten.

b Voraussetzungen zur Erfüllung des zulässigen Schalldruckpegels:
- Die Ausführungsunterlagen müssen die Anforderungen an den Schallschutz berücksichtigen, d. h. zu den Bauteilen müssen die erforderlichen Schallschutznachweise vorliegen;
- außerdem muss die verantwortliche Bauleitung benannt und zu einer Teilabnahme vor Verschließen bzw. Bekleiden der Installation hinzugezogen werden.

c Abweichend von DIN EN ISO 10052:2010-10, 6.3.3, wird auf Messung in der lautesten Raumecke verzichtet (siehe auch DIN 4109-4).

d Es sind um 5 dB höhere Werte zulässig, sofern es sich um Dauergeräusche ohne auffällige Einzeltöne handelt.

Quelle: [41]

Die Empfehlungen für maximale A-bewertete Schalldruckpegel in schutzbedürftigen Räumen in der eigenen Wohnung, die von heiztechnischen Anlagen im eigenen Wohnbereich erzeugt werden, sind in DIN 4109-1 in Tabelle B.1 (nachfolgend als Tabelle 3.32 gezeigt) enthalten.

Tabelle 3.32: DIN 4109-1, Tabelle B.1 – Empfehlungen für maximale A-bewertete Schalldruckpegel in schutzbedürftigen Räumen in der eigenen Wohnung, erzeugt von heiztechnischen Anlagen im eigenen Wohnbereich

Spalte	**1**	**2**	**3**
Zeile	**Geräuschquellen**	**Empfehlungen für den maximalen A-bewerteten Norm-Schalldruckpegel** dB	
		Wohn- und Schlafräume	**Küchen**
1	Fest installierte technische Schallquellen von heiztechnischen Anlagen im eigenen Wohnbereich	$L_{AF,max,n} \leq 30^{a,b,c}$	$L_{AF,max,n} \leq 33^{a,b,c}$

a Einzelne, kurzzeitige Geräuschspitzen, die beim Ein- und Ausschalten der Anlagen auftreten (z. B. Zündgeräusche bei Heizanlagen), dürfen die genannten Empfehlungen um maximal 5 dB überschreiten.

b Voraussetzungen zur Erfüllung des zulässigen Schalldruckpegels:
- Die Ausführungsunterlagen müssen die Empfehlungen des Schallschutzes berücksichtigen, d. h. zu den Bauteilen müssen die erforderlichen Schallschutznachweise vorliegen.
- Außerdem muss die verantwortliche Bauleitung benannt und zu einer Teilabnahme vor Verschließen bzw. Bekleiden der Installation hinzugezogen werden.

c Abweichend von DIN EN ISO 10052:2010-10, 6.3.3, wird auf Messung in der lautesten Raumecke verzichtet (siehe auch DIN 4109-4).

Quelle: [41]

In Tabelle 3.32 wird in der Fußnote a) festgelegt, dass einzelne, kurzzeitige Geräuschspitzen, die beim Ein- und Ausschalten der Anlagen auftreten (z. B. Zündgeräusche), die genannte Empfehlung um maximal 5 dB überschreiten dürfen. Sinngemäß meint die entsprechende Fußnote a) zu Tabelle 10 für die Anforderungen an die raumlufttechnischen Anlagen dasselbe, auch wenn die Formulierung unvollständig geraten ist. Richtigerweise müsste es heißen:

WARNUNG

„Einzelne, kurzzeitige Geräuschspitzen, die beim Ein- und Ausschalten der Anlagen auftreten, dürfen die genannten Anforderungen um maximal 5 dB überschreiten."

Diese Regelungen stehen im Gegensatz zu den Anforderungen an die Geräusche solcher Anlagen aus fremden Bereichen. Dort unterliegen mit dem $L_{AF,max,n}$ auch die kurzzeitigen Geräuschspitzen beim Ein- und Ausschalten der Anlagen den Anforderungen, ohne dass ein Zuschlag vorgesehen wäre. Man hat sich im Normenausschuss dazu entschlossen, den genannten Geräuschspitzen im eigenen Bereich um 5 dB höhere Schalldruckpegel zuzugestehen, da man Zweifel hatte, ob die Anforderungswerte auch bei den Geräuschspitzen eingehalten werden können. Zu berücksichtigen ist bei diesen Regelungen, dass Geräuschspitzen von 35 dB in Schlafzimmern zu erheblichen Beeinträchtigungen führen können. Von den Autoren wird dazu folgender Hinweis gegeben:

HINWEIS

Anhand verfügbarer Erfahrungswerte sollte bei der nächsten Überarbeitung von DIN 4109-1 geprüft werden, ob im Sinne eines einheitlichen Schallschutzes die Sonderregelungen für Geräuschspitzen im eigenen Bereich entfallen können.

In DIN 4109-1 sind die Fußnoten b) in beiden Tabellen 10 und 11 identisch mit Fußnote b) in Tabelle 9, wo die Anforderungen gegenüber gebäudetechnischen Anlagen aus fremden Bereichen geregelt werden. Sie benennen die Voraussetzungen zur „Erfüllung des zulässigen Schalldruckpegels". In Tabelle 9 betreffen die genannten Voraussetzungen allerdings nur die Geräusche der Wasserinstallation, während für den eigenen Bereich nun die heiz- und raumlufttechnischen Anlagen unter diese Festlegung fallen. In redaktionell nachlässiger Weise wurden die ursprünglich für die Wasserinstallationen getroffenen Formulierungen wortwörtlich nun auch für heiz- und raumlufttechische Anlagen übernommen, so dass die im zweiten Spiegelstrich der Fußnote b) geforderte „Teilabnahme vor Verschließen bzw. Bekleiden der Installation" für diese Anlagen irritierend wirkt. Es ist nicht offensichtlich, ob die Unterscheidung in der Handhabung dieser Regelung gewollt ist.

HINWEIS

Bei der nächsten Überarbeitung von DIN 4109-1 sollten die Fußnoten b) der Tabellen 10 und B.1 redaktionell überarbeitet werden. Außerdem sollte geprüft werden, ob die Anwendung der Fußnote b) bei heiz- und raumlufttechnischen Anlagen tatsächlich unterschiedlich gehandhabt werden soll (Anwendung bei Geräuschen aus dem eigenen Bereich, keine Anwendung bei Geräuschen aus fremden Bereichen).

Gleichlautend ist in allen drei Tabellen 9 – 11 die Fußnote c), in der für die messtechnische Überprüfung auf die Anwendung der Eckmethode verzichtet wird. Auf die Hintergründe dieser Regelung wird in 6.6.3.5 eingegangen.

Für die Anforderungen an raumlufttechnische Anlagen im eigenen Wohnbereich gibt es in Tabelle 10 durch Fußnote d) eine zusätzliche Regelung:

Es sind um 5 dB höhere Werte zulässig, sofern es sich um Dauergeräusche ohne auffällige Einzeltöne handelt.

Bei den Anforderungen gegenüber den Geräuschen solcher Anlagen aus fremden Bereichen wurde in Tabelle 9 dieser noch in DIN 4109:1989 (Tabelle 4) enthaltene gleichlautende Passus gestrichen. Es hatte dazu zum Normentwurf DIN 4109-2:2013 Einsprüche gegeben, in denen geltend gemacht wurde, dass eine solche Regelung veraltet sei und nicht mehr den allgemein anerkannten Regeln der Technik entspräche. Dieselben Argumente gelten auch für Lüftungsgeräusche im eigenen Wohnbereich. Kontrollierte Wohnraumlüftung und sonstige mechanische Zu- und Abluftsysteme gehören in heutigen Niedrigenergiehäusern zum Standard. Sie sind, zumindest beim Mindestluftwechsel, von den Bewohnern nicht zu beeinflussen.

Ein zulässiges Lüftergeräusch von 35 dB muss, insbesondere in Schlafzimmern, als unzumutbar laut bezeichnet werden und ist mit den Schallschutzzielen dieser Norm nicht zu vereinbaren. Es ist unklar, ob die Sonderregelung der Fußnote d) im eigenen Wohnbereich so gewollt war oder ob es sich auch hier um eine redaktionelle Nachlässigkeit handelt. Hier ist Handlungsbedarf geboten.

HINWEIS

Bei der nächsten Überarbeitung von DIN 4109-1 sollte die durch Fußnote d) gegebene Regelung für Dauergeräusche ohne auffällige Einzeltöne aufgehoben werden.

Selbst ohne Fußnote d) ist die Höhe der Anforderungen mit $L_{AFmax,n} \leq 30$ dB für die lüftungstechnischen Anlagen im eigenen Wohnbereich in Frage zu stellen. So wurde in den Einsprüchen zum Normentwurf DIN 4109-1:2013 von mehreren Einsprechern darauf hingewiesen, dass ein solcher Wert nicht den heutigen technischen Möglichkeiten entspricht und der zulässige Schalldruckpegel für Wohn- und Schlafräume deshalb auf $L_{AFmax,n} \leq 25$ dB zu begrenzen sei. In diesem Zusammenhang wird auch auf die Anforderungen des Passivhaus Instituts Darmstadt an fassadenintegrierte Lüftungsgeräte hingewiesen [290]. Dort heißt es:

> Schallschutz raumseitig: Entsprechend der Anforderungen an den Aufstellraum darf der Schalldruckpegel für den Dauerbetrieb des Geräts 25 dB(A) in Wohnräumen bzw. 30 dB(A) in Funktionsräumen (Küche und Badezimmer) nicht überschreiten.

Der allgemeine Geltungsbereich der DIN 4109-1 erstreckt sich im Wohnungsbau auf Mehrfamilienhäuser, Einfamilien-Doppel- und -Einfamilien-Reihenhäuser. Gemeint sind also solche Situationen, bei denen es zu Geräuscheinwirkungen aus einem benachbarten Bereich kommen kann. Bei Geräuschen gebäudetechnischer Anlagen im eigenen Bereich wird dieser Geltungsbereich für die normative Tabelle 10 (raumlufttechnische Anlagen) und die informative Tabelle B.1 (Heizungsanlagen) modifiziert gehandhabt. Für die Anforderungen an raumlufttechnische Anlagen heißt es in Abschnitt 10:

> Bei den **im eigenen Wohn- und Arbeitsbereich** fest installierten technischen Schallquellen, die (bei bestimmungsgemäßem Betrieb) nicht vom Bewohner selbst betätigt bzw. in Betrieb gesetzt werden, sind die in Tabelle 10 genannten Anforderungen einzuhalten.

Es gibt hier für Wohn- und Arbeitsräume keine Beschränkung auf Gebäude mit mehreren Wohneinheiten. Diese Einschränkung wird dagegen für die Empfehlungen für Heizungsanlagen gemacht. Dafür heißt es in Abschnitt B.1:

> Im eigenen Wohnbereich fest installierte technische Schallquellen, die (bei bestimmungsgemäßem Betrieb) nicht vom Bewohner selbst betätigt bzw. in Betrieb gesetzt werden, sollten **in Gebäuden mit mehreren Wohneinheiten** im eigenen Wohnbereich die in Tabelle B.1 genannten Empfehlungen einhalten.

Im Gegensatz zu den Festlegungen für raumlufttechnische Anlagen ist hier der eigene Bereich in Einfamilienhäusern, auch Reihen- und Doppelhäusern, nicht einbezogen. Es ist nicht klar, ob das so gewollt war, und sollte einer Überprüfung unterzogen werden.

Wie schon bei den Anforderungen an Geräusche gebäudetechnischer Anlagen aus fremden Bereichen in DIN 4109-1 Abschnitt 9 heißt es auch hier für den eigenen Bereich:

Die erforderlichen Maßnahmen zur Minderung der Geräuschausbreitung sind vom Produkthersteller anzugeben.

Diese Vorgabe ergänzt die Regelung der Fußnoten b) der Tabellen 10 und B.1, wo es heißt:

Die Ausführungsunterlagen müssen die Anforderungen an den Schallschutz berücksichtigen, d. h. zu den Bauteilen müssen die erforderlichen Schallschutznachweise vorliegen.

Diese sehr allgemein formulierten Vorgaben lassen offen, auf welche Weise die erforderlichen Maßnahmen zu benennen sind und welche Nachweise dafür gefordert werden. Es ist aber klar, dass hiermit die Hersteller in die Pflicht genommen werden sollen, so dass sie sich der besonderen technischen Bedingungen im eigenen Wohnbereich bewusst sind und dafür auch geeignete Produkte und Maßnahmen bereithalten, so dass die Einhaltung der Anforderungen nicht alleine in der Verantwortung der Handwerker liegt.

3.6.5.4 Gebäudetechnische Anlagen im eigenen Bereich in anderen Regelwerken

Auch in einigen anderen Regelwerken wird der Schallschutz im eigenen Bereich behandelt. Dabei finden sich zum Teil auch Festlegungen für Geräusche gebäudetechnischer Anlagen des eigenen Bereichs.

Beiblatt 2 zu DIN 4109:1989 [23] behandelt in Abschnitt 3.2 Empfehlungen für den Schallschutz gegen Schallübertragung im eigenen Wohn- oder Arbeitsbereich. Tabelle 3 enthält dafür Empfehlungen für normalen und erhöhten Schallschutz. Die Festlegungen betreffen allerdings nur die Luft- und Trittschalldämmung, nicht aber gebäudetechnische Anlagen. Schallschutz gegenüber Geräuschen gebäudetechnischer Anlagen des eigenen Bereichs wird somit in Beiblatt 2 nicht behandelt.

In **VDI 4100:1994** [126] und gleichlautend in **VDI 4100:2007** [127] müssen für die Einstufung in eine Schallschutzstufe (SSt) neben den Anforderungen gegenüber Geräuschen aus einem fremden Bereich gleichzeitig die Anforderungen der Tabelle 4 im eigenen Bereich erfüllt sein. In dieser Tabelle werden auch gebäudetechnische Anlagen aufgeführt. Geräusche von Wasserinstallationen und Geräusche sonstiger gebäudetechnischer Anlagen werden getrennt behandelt. Für SSt I wird auf die Werte des Beiblatts 2 zu DIN 4109:1989 verwiesen, was bei den gebäudetechnischen Anlagen allerdings ins Leere führt, da es dazu im Beiblatt 2 keine Regelungen gibt.

Erst für SSt II und SSt III werden im eigenen Bereich zahlenmäßige Festlegungen getroffen. Im Gegensatz zu DIN 4109-1 werden auch an die Wasserinstallationen im eigenen Bereich

Anforderungen gestellt und damit die Forderungen von Eisenberg [187] umgesetzt (siehe 3.6.5.2). Als kennzeichnende Größe wird der damals noch gebräuchliche Installations-Schallpegel L_{In} verwendet. In SSt II und III gilt $L_{In} \leq 30$ dB. In einer Fußnote wird zusätzlich gefordert, dass bei Abwassergeräuschen, die gesondert ohne zugehörige Armaturengeräusche auftreten, wegen erhöhter Lästigkeit um 5 dB niedrigere Werte einzuhalten sind. Eine weitere Fußnote empfiehlt, dass Nutzergeräusche so weit wie möglich gemindert werden.

Für Geräusche von sonstigen gebäudetechnischen Anlagen wird als kennzeichnende Größe der $L_{AF,max,n}$ herangezogen. In SSt II gilt $L_{AF,max,n} \leq 30$ dB und in SSt III $L_{AF,max,n} \leq 25$ dB. Die Werte der SSt II sind mit den Anforderungen bzw. Empfehlungen in DIN 4109-1 zu vergleichen. Jedoch fallen die dort genannten Einschränkungen weg. Es gibt keine um 5 dB höheren zulässigen Werte für Geräuschspitzen. Auch gibt es für Dauergeräusche von Lüftungsanlagen ohne auffällige Einzeltöne keinen Zuschlag von 5 dB.

Für welche Räume die genannten Werte gelten, wird folgendermaßen beschrieben:

> Die angegebenen Schallschutzkennwerte beziehen sich im Regelfall auf Aufenthaltsräume im Sinne der Landesbauordnungen, unabhängig von der Raumgröße. Danach sind Aufenthaltsräume Räume, die nicht nur zum vorübergehenden Aufenthalt von Menschen bestimmt oder geeignet sind.

VDI 4100:2012 hat gegenüber den beiden Vorgängerversionen auch für den eigenen Bereich einige Änderungen eingeführt. Bei der Einstufung von Wohnungen bzw. Gebäuden in die Schallschutzstufen wird nun der Schutz vor Geräuschen aus fremden Bereichen und aus dem eigenen Wohnbereich getrennt betrachtet. Infolgedessen werden für den Schallschutz im eigenen Bereich eigene Schallschutzstufen SSt EB I und SSt EB II ausgewiesen. SSt EB I bedeutet, dass ein gewisser Schallschutz auch im eigenen Bereich gewünscht wird. SSt EB II bedeutet, dass auch im eigenen Bereich höherer Schallschutz gewünscht wird. Die kennzeichnende Größe für die Anforderungen gegenüber gebäudetechnischen Anlagen wird vom maximalen Norm-Schalldruckpegel $L_{AF,max,n}$ auf den maximalen Standard-Schalldruckpegel $L_{AF,max,nT}$ umgestellt.

Der Geltungsbereich wird dahingehend präzisiert, dass die empfohlenen Schallschutzwerte nicht gelten „für Geräusche von im eigenen Bereich fest installierten technischen Schallquellen (Heizungs-, Lüftungs- und Klimaanlagen), die – im üblichen Betrieb – vom Bewohner beeinflusst, das heißt selbst betätigt bzw. in Betrieb gesetzt werden". Als gegen Geräusche zu schützende Aufenthaltsräume gelten alle Räume einer Wohnung mit einer Grundfläche ≥ 8 m^2. Damit ist der Geltungsbereich gegenüber den Regelungen der DIN 4109-1 deutlich weiter gefasst.

Berücksichtigt werden Anlagen für die „Ver- und Entsorgung des eigenen Bereichs". Dabei wird bei den Anforderungen nicht mehr unterschieden zwischen Wasserversorgungs- und Abwasseranlagen auf der einen Seite und allen sonstigen Anlagen andererseits. Für SSt EB I gilt $L_{AF,max,nT} \leq 35$ dB und für SSt EB II $L_{AF,max,nT} \leq 30$ dB. Betätigungsgeräusche werden nur bei Wasserinstallationen gesondert betrachtet. Dafür heißt es:

Einzelne kurzzeitige Geräuschspitzen, die beim Betätigen (Öffnen; Schließen, Umstellen, Unterbrechen u. Ä.) der Armaturen und Geräte der Wasserinstallation entstehen, sollen die empfohlenen Schallschutzwerte der SSt EB I und SSt EB II um nicht mehr als 10 dB übersteigen.

Bei den sonstigen gebäudetechnischen Anlagen gelten für Geräuschspitzen wie Ein- oder Ausschaltgeräusche bei Heizungsanlagen keine gesonderten Regelungen. Sie sind bereits in den genannten Anforderungen enthalten.

Im **DEGA-Schallschutzausweis von 2009** wird der Schallschutz gegen Geräusche des eigenen Wohnbereichs ebenfalls behandelt. Dafür werden zwei Schallschutzklassen definiert: EW1 („Schallschutz im eigenen Wohnbereich, bei welchem Vertraulichkeit nicht erwartet werden kann“) und EW2 („Schallschutz im eigenen Wohnbereich, bei welchem ein Mindestmaß an Vertraulichkeit gewährleistet werden kann und erhebliche Störungen vermieden werden“). Die angegebenen Schallschutzkennwerte beziehen sich nicht nur auf Aufenthaltsräume, sondern auf alle Räume. Die genannten Zahlenwerte sind empfohlene Kennwerte, die in die Gesamtbeurteilung einer Wohneinheit bzw. eines Gebäudes nicht einfließen. Bei Einhaltung der Empfehlungen werden jedoch im Schallschutzausweis Bonuspunkte vergeben.

Als Besonderheit kann gesehen werden, dass die Anforderungen gegenüber Geräuschen gebäudetechnischer Anlagen aus fremden Bereichen in allen Schallschutzklassen F bis A* mit denselben Werten auch für Heizungs- und Lüftungsanlagen im eigenen Bereich gelten. Es wird bei diesen Anlagen also nicht nach Herkunft der Geräusche unterschieden. Heiz- und lüftungstechnische Anlagen des eigenen Bereichs werden in ihrer Störwirkung genauso behandelt wie solche Anlagen in fremden Bereichen. Für Schallschutzklasse D (vergleichbar mit den Mindestanforderungen der DIN 4109:1989) gilt damit $L_{AF,max,n} \leq 30$ dB, für C $L_{AF,max,n} \leq 25$ dB und für B, A und A* $L_{AF,max,n} \leq 20$ dB.

Für Geräusche aus Wasserinstallationen und haustechnische Anlagen werden im eigenen Wohnbereich folgende Festlegungen getroffen: für EW1 $L_{AF,max,n} \leq 35$ dB und für EW2 $L_{AF,max,n} < 30$ dB. Für Pegelspitzen von Betätigungsgeräuschen gelten keine besonderen Festlegungen. Sie fallen unter die genannten zulässigen Werte.

Im **DEGA-Schallschutzausweis** in der Ausgabe vom Januar 2018 [148] werden auch für den eigenen Bereich einige Modifikationen vorgenommen. Auch hier gelten die Anforderungen an Geräusche gebäudetechnischer Anlagen aus fremden Bereichen gleichermaßen für Heizungs- und Lüftungsanlagen im eigenen Bereich. Gegenüber der vorhergehenden Ausgabe von 2009 werden nun die Anforderungen an gebäudetechnische Anlagen feiner abgestuft. So gilt auch bei heiz- und lüftungstechnischen Anlagen des eigenen Bereichs für Schallschutzklasse D $L_{AF,max,n} \leq 30$ dB, für C $L_{AF,max,n} \leq 27$ dB, für B $L_{AF,max,n} \leq 24$ und für A und A* $L_{AF,max,n} \leq 20$ dB. Die Empfehlungen für einen Schallschutz im eigenen Wohnbereich werden nun für drei Klassen EW1–EW3 formuliert. Diese Klassen und die dafür geltenden Zahlenwerte folgen dem DEGA-Memorandum BR 0104 vom Februar 2015 [149].

Für den eigenen Wohnbereich ergibt sich damit folgende Situation: Geräusche von Wasserinstallationen, Heizungs- und Lüftungsanlagen aus dem eigenen Bereich können bei Bedarf den Schallschutzklassen EW1 bis EW3 zugeordnet werden. Geräusche von Heizungs- und Lüftungsanlagen des eigenen Bereichs müssen in jedem Fall aber die Anforderungen der jeweiligen Schallschutzklassen F bis A* erfüllen.

Das **DEGA-Memorandum BR 0104** „Schallschutz im eigenen Wohnbereich" [149] definiert die drei Schallschutzklassen des eigenen Wohnbereichs folgendermaßen:

- EW1: Ausreichender und mindestens empfohlener Schallschutz für den eigenen Bereich, der im Allgemeinen akzeptiert wird. Geräusche aus dem eigenen Bereich sind deutlich hörbar.
- EW2: Befriedigender Schallschutz für den eigenen Bereich mit guter Akzeptanz bei höheren Erwartungen an den Schallschutz innerhalb des eigenen Wohnbereichs. Geräusche aus dem eigenen Bereich sind hörbar.
- EW3: Guter Schallschutz für den eigenen Bereich mit hoher Zufriedenheit. Geräusche aus dem eigenen Bereich sind nur noch teilweise hörbar.

Dafür werden für Geräusche von gebäudetechnischen Anlagen des eigenen Bereichs folgende Kennwerte festgelegt:

Tabelle 3.33: Kennwerte für $L_{AF,max,n}$

	EW1	EW2	EW3
Geräusche aus Wasserinstallationen	$\leq$ 35 dB	$\leq$ 30 dB	$\leq$ 25 dB
Geräusche von Heizungs- und Lüftungsanlagen	$\leq$ 30 dB	$\leq$ 25 dB	$\leq$ 25 dB

Quelle: nach [149] für Schallschutz im eigenen Wohnbereich (Auszug aus Tabelle 10)

Die einzelnen Schallschutzklassen unterscheiden sich um jeweils 5 dB. Damit ist eine ausreichende Wahrnehmbarkeit unterschiedlicher Schallschutzqualitäten sichergestellt. Mit Ausnahme von EW3 liegen die Kennwerte für Geräusche von Heizungs- und Lüftungsanlagen um 5 dB unter den Werten für Geräusche von Wasserinstallationen.

Für die Einstufung in die Klasse EW1 genügt die Einhaltung der Festlegungen aus DIN 4109-1 nicht, da hier durchweg strengere Vorgaben gemacht werden. Geräusche aus Wasserinstallationen des eigenen Bereichs werden bei DIN 4109-1 überhaupt nicht angesprochen. Bei Lüftungsanlagen entfällt die kritische Sonderregelung für Dauergeräusche ohne auffällige Einzeltöne. Bei Lüftungs- und Heizungsanlagen gibt es für Geräuschspitzen beim Ein- oder Ausschalten der Anlage keine um 5 dB erhöhten zulässigen Werte. Damit werden beim Konzept des DEGA-Memorandums BR 0104 alle in DIN 4109-1 offen gebliebenen oder unbefriedigend geregelten Punkte so behandelt, dass ein in sich stimmiges Konzept für den eigenen Bereich vorliegt. Eine Einführung zum DEGA-Memorandum BR 0104 findet sich in [291].

3.6.6 Erhöhter Schallschutz bei gebäudetechnischen Anlagen

Eine grundsätzliche Behandlung des erhöhten Schallschutzes findet in Abschnitt 3.2.4 statt. Im vorliegenden Abschnitt wird lediglich auf Besonderheiten eines erhöhten Schallschutzes bei gebäudetechnischen Anlagen eingegangen.

3.6.6.1 Grundsätze für einen erhöhten Schallschutz

Wenn ein über die Mindestanforderungen der DIN 4109-1 hinausgehender Schallschutz gegenüber Geräuschen gebäudetechnischer Anlagen gewünscht wird, sollte dieser auf vertragsrechtlicher Ebene eindeutig festgelegt werden. Es bedarf dazu keiner bestimmten Regelwerke. Es kann aber auf vorhandene Regelwerke Bezug genommen werden, was in den meisten Fällen die übliche Vorgehensweise ist. Es sollte stets darauf geachtet werden, dass durch die getroffenen Festlegungen gegenüber den Mindestanforderungen eine deutlich wahrnehmbare Verbesserung des Schallschutzniveaus erreicht wird. Ein erhöhter Schallschutz ist damit auch hier nicht primär durch absolute Werte definiert, sondern dadurch, dass er sich ausreichend vom Niveau des Mindestschallschutzes unterscheidet. Aus dem Vergleich mit den Anforderungen in DIN 4109-1 können folgende Kriterien für die Beurteilung des erhöhten Schallschutzes angegeben werden:

- Die zulässigen maximalen Schalldruckpegel $L_{AF,max,n}$ aus Tabelle 9 (Zeilen 1 und 2) sollten um mindestens 3 dB unterschritten werden.
- Einzelne kurzzeitige Spitzen beim Betätigen von Armaturen und Geräten der Wasserinstallation sind zu berücksichtigen und mit Anforderungen zu versehen. Das kann je nach angestrebtem Schallschutzniveau durch eine Begrenzung der Geräuschspitzen (z. B. nicht mehr als 5 dB über dem kennzeichnenden Wert) oder durch völligen Wegfall von Sonderregelungen geschehen.
- Anforderungen gegenüber Geräuschen gebäudetechnischer Anlagen des eigenen Bereichs gelten nicht nur für Lüftungs-, sondern auch für Heizungsanlagen. In beiden Fällen sind Sonderregelungen für Geräuschspitzen beim Ein- oder Ausschalten der Anlage kritisch zu überdenken.
- Die Einbeziehung von Nutzergeräuschen aus dem Sanitärbereich sollte im Einzelfall geprüft werden.

3.6.6.2 Erhöhter Schallschutz für gebäudetechnische Anlagen in der DIN 4109

DIN 4109:2016 enthält generell keine Angaben zum erhöhten Schallschutz. In Zusammenhang mit den gebäudetechnischen Anlagen soll hier eine Übersicht über die Behandlung des erhöhten Schallschutzes in der DIN 4109 bis zur aktuellen Neuausgabe gegeben werden:

- **DIN 4109 Blatt 2:1962:** keine Anforderungen
- **Entwurf zu DIN 4109 Teil 5:1979:** Vorschlag in Abschnitt 4 (Mindestanforderungen an den Schallschutz und Vorschläge für einen erhöhten Schallschutz):

> Die genannten Anforderungen stellen Mindestanforderungen dar. Wenn z. B. vom Bauherrn besondere, erhöhte Anforderungen an den Schallschutz gestellt werden, müssen diese gesondert vereinbart und zahlenmäßig festgelegt werden. Dafür wird vorgeschlagen, Werte zu verwenden, die um 5 dB(A) gegenüber Tabelle 1 verringert sind. Im Einzelfall sollte vorher geklärt werden, ob derartige erhöhte Anforderungen wegen sonstiger vorliegender Störgeräusche sinnvoll sind und ob sie technisch realisierbar sind. Meist werden erhöhte Anforderungen einen erhöhten Aufwand bedingen.

- **Entwurf zu DIN 4109 Teil 5:1984:** Hinweis in Abschnitt 4.1 (Zulässige Schallpegel in schutzbedürftigen Räumen) darauf, dass „Schallpegelwerte, die 5 dB und mehr unter den angegebenen Werten liegen, als wirkungsvolle Minderung angesehen werden" können.
- DIN 4109:1989: **Beiblatt 2 zu DIN 4109:1989:** Während die Vorschläge für einen erhöhten Schallschutz für die Luft- und Trittschalldämmung in Abschnitt 3.1 Tabelle 2 detailliert und mit Zahlenwerten versehen für die unterschiedlichen Nutzungszwecke aufgeführt werden, gibt es für Geräusche von gebäudetechnischen Anlagen in Abschnitt 3.3 lediglich eine kurze verbale Aussage:

> Schalldruckpegelwerte, die 5 dB(A) und mehr unter den in DIN 4109:1989, Tabelle 4, angegebenen Werten liegen, können als wirkungsvolle Minderung angesehen werden. In diesem Fall können zusätzliche Maßnahmen für den Luft- und Trittschallschutz erforderlich werden.

Entgegen einer immer wieder zu hörenden Meinung, dass der erhöhte Schallschutz nach Beiblatt 2 für gebäudetechnische Anlagen eine Absenkung der zulässigen Werte um 5 dB vorsehe, kann die zuvor genannte Formulierung nur als ein vorsichtiger Hinweis verstanden werden.

Entwurf zu DIN 4109-10:2000 [27]: Zur Harmonisierung der damals bestehenden Regelwerke zum erhöhten Schallschutz (Beiblatt 2 zu DIN 4109:1989 und VDI 4100:1994) wurde im Jahr 2000 ein Normentwurf zu DIN 4109-10 vorgelegt. Wie in der VDI 4100 gab es in diesem Entwurf drei Schallschutzstufen (SSt), von denen SSt I die Mindestanforderungen aus DIN 4109 übernahm. Für Wohnungen in Mehrfamilienhäusern wurde für Geräusche von Wasserinstallationen in SSt II $L_{\text{In}} \leq 27$ dB und in SSt III $L_{\text{In}} \leq 24$ dB vorgesehen. Für Betätigungsgeräusche galt eine Begrenzung auf maximal 5 dB über dem Anforderungswert der jeweiligen SSt. Für Nutzergeräusche wurde eine Begrenzung auf den Kennwert der jeweiligen SSt empfohlen. Für Geräusche von sonstigen haustechnischen Anlagen wurde $L_{\text{AF,max}} \leq 27$ dB in SSt II und $L_{\text{AF,max}} \leq 24$ dB in SSt III festgelegt.

Normentwürfe zu DIN 4109-1: 2006 und 2013 sowie Weißdruck DIN 4109-1:2016: Nachdem vom zuständigen Lenkungsgremium des NABau im Oktober 2005 die Harmonisierung der Regelwerke zum erhöhten Schallschutz (Beiblatt 2 zu DIN 4109:1989 und VDI 4100:1994) als gescheitert erklärt und der dafür eingerichtete Gemeinschaftsausschuss NABau/NALS aufgelöst wurde, gab es im Rahmen der DIN 4109 generell keine Regelungen zum erhöhten Schallschutz mehr.

3.6.6.3 Festlegungen in anderen Regelwerken

Neben dem unverbindlichen Hinweis in Beiblatt 2 zu DIN 4109:1989 finden sich Regelungen zum erhöhten Schallschutz gegenüber Geräuschen gebäudetechnischer Anlagen in folgenden Regelwerken:

VDI 4100:1994 [126] **und 2007** [127]

Inhaltlich sind die beiden Ausgaben identisch. Da VDI 4100:2007 trotz der Folgeversion von 2012 immer noch zur Anwendung kommt, soll auch auf diese alten Versionen eingegangen werden. Für Geräusche von Wasserinstallationen (Wasserversorgungs- und Abwasseranlagen gemeinsam) sowie für Geräusche von sonstigen gebäudetechnischen Anlagen gelten in SSt I die Anforderungen aus DIN 4109 (damals: DIN 4109:1989 mit $L_{In} \leq 35$ dB für Wasserinstallationen und $L_{AF,max,n} \leq 30$ dB für sonstige Anlagen), in SSt II darf ein Schalldruckpegel von 30 dB und in SSt III ein Schalldruckpegel von 25 dB nicht überschritten werden. Kennzeichnende Größe für die Wasserinstallationen ist wie in DIN 4109:1989 der Installations-Schallpegel L_{In}, der Betätigungsgeräusche ausschließt. Jedoch wird darauf hingewiesen, dass bei den Wasserinstallationen in SSt II und III neben den Betriebsgeräuschen auch die Betätigungsgeräusche unter die Anforderungen fallen. Kennzeichnende Größe für die sonstigen Anlagen ist der $L_{AF,max,n}$, der alle Geräuschspitzen berücksichtigt. Zusätzlich heißt es für SSt II und III:

> Wenn Abwassergeräusche gesondert (ohne die zugehörigen Armaturengeräusche) auftreten, sind wegen der erhöhten Lästigkeit dieser Geräusche um 5 dB(A) niedrigere Werte einzuhalten.

In diesen beiden Schallschutzstufen sollen Nutzergeräusche so weit wie möglich vermieden werden, ohne dass dafür jedoch Kennwerte angegeben werden. Für Doppel- und Reihenhäuser sind die Werte in SSt II und III um jeweils 5 dB niedriger. Die damit für SSt III zustande kommenden Werte von maximal 20 dB wurden immer wieder kritisch beurteilt, da derart niedrige Werte in der Planung (Nachweis geeigneter Produkte), der Ausführung und beim messtechnischen Nachweis (Grundgeräuschpegel) problematisch sind.

VDI 4100:2012 [128]

Die aktuelle Ausgabe der VDI 4100 hat die Bedeutung der Schallschutzstufen derart geändert, dass nun die SSt I nicht mehr mit den Mindestanforderungen der DIN 4109 identisch ist, sondern bereits einen erhöhten Schallschutz darstellt. Außerdem wurde auf so genannte „nachhallzeitbezogene" Größen umgestellt, bei den gebäudetechnischen Anlagen also vom maximalen Norm-Schalldruckpegel $L_{AF,max,n}$ auf den maximalen Standard-Schalldruckpegel $L_{AF,max,nT}$. Die Änderungen haben allerdings zu Akzeptanzproblemen geführt, so dass anstelle der neuen Ausgabe oft die Vorgängerversion von 2007 in Bezug genommen wird.

Neu ist, dass nicht mehr zwischen Geräuschen der Wasserinstallationen und der sonstigen gebäudetechnischen Anlagen unterschieden wird, sondern beide gemeinsam behandelt werden. Die ehemals mit 5-dB-Stufen vorgenommene Einteilung der Schallschutzstufen erfolgt nun nur noch in 3-dB-Stufen. Damit ergeben sich als empfohlene Schallschutzwerte für SSt I $L_{AF,max,nT} \leq 30$ dB, für SSt II $L_{AF,max,nT} \leq 27$ dB und für SSt III $L_{AF,max,nT} \leq 24$ dB. Diese Abstufung erscheint praktikabler als die vorherigen 5-dB-Stufen. Diese schließen gedanklich an den Hinweis in Beiblatt 1 zu DIN 4109:1989 an, dass eine Minderung um 5 dB als wirkungsvolle Minderung betrachtet werden kann. Im Pegelbereich um 30 dB und darunter kann eine Pegelminderung um 3 dB allerdings schon als deutlich wahrnehmbare

Änderung betrachtet werden, so dass dem Grundsatz (siehe BGH-Urteile von 2007 und 2009) Rechnung getragen wird, dass ein erhöhter Schallschutz auch als Qualitätsverbesserung hörbar sein muss.

Für Geräusche der Wasserinstallation wurde die Regelung für Betätigungsgeräusche neu formuliert:

> Einzelne kurzzeitige Geräuschspitzen, die beim Betätigen (Öffnen; Schließen, Umstellen, Unterbrechen u. Ä.) der Armaturen und Geräte der Wasserinstallation entstehen, sollen die Kennwerte der SSt II und SSt III um nicht mehr als 10 dB übersteigen. Dabei wird eine bestimmungsgemäße Benutzung vorausgesetzt.

Gegenüber der bisherigen Regelung bedeutet das eine deutliche Absenkung der Anforderungen gegenüber Betätigungsgeräuschen. Diese Regelung gilt auch für Einfamilien-Doppel- und Einfamilien-Reihenhäuser. Die empfohlenen Schallschutzwerte wurden dort für SSt I auf $L_{AF,max,nT} \leq 30$ dB, für SSt II auf $L_{AF,max,nT} \leq 25$ dB und für SSt III auf $L_{AF,max,nT} \leq 22$ dB gesetzt.

DEGA-Empfehlung 103 Schallschutzausweis: 2009 und 2018 [148]

In der DEGA-Empfehlung 103 entspricht innerhalb der 7 Schallschutzklassen die Klasse D weitgehend den Mindestanforderungen der DIN 4109. Die Klassen C bis A* können deshalb gegenüber den Mindestanforderungen als ein erhöhter Schallschutz betrachtet werden. Tabelle 3.34 zeigt die Werte aus der ersten Fassung von 2009 und der neuen Fassung von 2018

Tabelle 3.34: Anforderungen an Geräusche von Wasserinstallationen und gebäudetechnischen Anlagen sowie Nutzergeräusch Urinieren nach DEGA-Empfehlung 103

	Schallschutzklasse						
	F	E	D	C	B	A	A*
2009 (Tabelle 3)	> 35 dB	≤ 35 dB	≤ 30 dB	≤ 25 dB	≤ 20 dB		
2018 (Tabelle 5)	> 35 dB	≤ 35 dB	≤ 30 dB	≤ 27 dB	≤ 24 dB	≤ 20 dB	

Quelle: nach [148]

In der Version von 2009 folgt die Abstufung der Kennwerte um 5 dB dem Vorgehen der VDI 4100 von 1994 und 2007. Allerdings ergibt sich daraus bei sukzessiver Abstufung schon bei Klasse B ein Anforderungswert von 20 dB, der in der Realisierung problematisch ist. Die Fassung von 2018 nimmt dagegen (wie in der VDI 4100 von 2012) eine Abstufung von 3 dB vor, so dass eine bessere Differenzierung der einzelnen Klassen möglich wird.

3.7 Anforderungen an die Luft- und Trittschalldämmung zwischen besonders lauten und schutzbedürftigen Räumen

In Abschnitt 8 behandelt DIN 4109-1 die Anforderungen an die Luft- und Trittschalldämmung zwischen „besonders lauten" und schutzbedürftigen Räumen. Solche Anforderungen wurden zum ersten Mal im Normentwurf DIN 4109:1979, Teil 5 [14] formuliert. Dort wurden allerdings noch keine Schalldruckpegel zur Einstufung der in solchen Räumen vorhandenen Luftschallerzeugung genannt. Das geschieht dann im Normentwurf DIN 4109:1984 Teil 5 [19]. Die dort gewählte Darstellungsweise der Anforderungen und die Anforderungswerte wurden in DIN 4109:1989 übernommen. Sie fanden in dieser Form auch (weitestgehend) Eingang in DIN 4109-1:2016.

Während DIN 4109:1989 noch zwischen „lauten" und „besonders lauten" Räumen unterschieden hatte, gibt es diese Unterscheidung in DIN 4109-1 nicht mehr. DIN 4109-1 kennt nur noch „besonders laute" Räume, für die in Abschnitt 8 folgende Definition gegeben wird:

- „Räume, in denen der Schalldruckpegel des Luftschalls $L_{AF,max,n}$ häufig mehr als 75 dB beträgt",
- „Räume, in denen häufigere und größere Körperschallanregungen stattfinden als in Wohnungen".

Beim erstgenannten Kriterium ist die kennzeichnende Größe $L_{AF,max,n}$ falsch. Sie muss $L_{AF,max}$ heißen. Darauf wird weiter unten noch eingegangen. Das an zweiter Stelle genannte Kriterium war in DIN 4109:1989 noch den „lauten Räumen" zugeordnet gewesen. Da es sich aber sowieso nur um ein qualitatives Kriterium handelt, dem keine quantitative Präzisierung zugewiesen wird, kann man über diese „Beliebigkeit" der Zuordnung hinwegsehen.

Was in DIN 4109-1 unter „besonders lauten" Räumen verstanden wird, wird in Abschnitt 8 folgendermaßen erläutert:

> Beispiele sind Räume von Handwerks- und Gewerbebetrieben einschließlich Verkaufsstätten, Gasträume von Gaststätten, Cafés und Imbissstuben, Räume von Kegelbahnen, Technikräume, Küchenräume von Beherbergungsstätten, Krankenhäusern, Sanatorien, Gaststätten (ausgenommen Kleinküchen), klinische Sonderräume (Kernspintomographie), Schwimmbäder, Spiel- und ähnliche Gemeinschaftsräume, Theater, Musik- und Werkräume, Sporthallen, sofern sie nicht durch Regelungen in den Tabellen 2 bis 6 abgedeckt sind.

„Besonders laute" Räume sind also solche Räume, bei denen eine erhöhte Geräuscherzeugung insbesondere durch gewerbliche Nutzung oder durch gebäudetechnische Anlagen vorliegt. Dafür gelten aber bereits die Anforderungen nach DIN 4109-1 Tabelle 9 für gebäudetechnische Anlagen bzw. baulich mit dem Gebäude verbundene Gewerbebetriebe. Nach Zeile 2 dieser Tabelle gilt für gebäudetechnische Anlagen $L_{AF,max,n} \leq 30$ dB bei Wohn- und Schlafräumen bzw. $L_{AF,max,n} \leq 35$ dB bei Unterrichts- und Arbeitsräumen. Für „Gaststätten einschließlich Küchen, Verkaufsstätten, Betrieben u. Ä." werden die Anforderungen in den

Zeilen 3 und 4 dieser Tabelle an den Beurteilungspegel L_r und den maximal zulässigen A-bewerteten (Maximal-)Schalldruckpegel $L_{AF,max,n}$ gestellt. Für Wohnräume sind dies tagsüber $L_r \leq 35$ dB und $L_{AF,max,n} \leq 45$ dB und nachts $L_r \leq 25$ dB und $L_{AF,max,n} \leq 35$ dB. Das sind die in jedem Fall zu erfüllenden Anforderungen, die deshalb erste Priorität haben. Die Anforderungen an „besonders laute" Räume werden in DIN 4109-1 Tabelle 8 zwar als eigene Anforderungen deklariert, sind aber stets in Zusammenhang mit den Anforderungen der Tabelle 9 zu sehen, die quasi die „vorrangigen" Anforderungen sind. Insofern wäre es sinnvoll gewesen, wenn DIN 4109-1 zuerst die Anforderungen der Tabelle 9 genannt hätte und danach erst diejenigen der Tabelle 8.

Da die gegenüber einer üblichen Nutzung in Wohngebäuden erhöhte Geräuscherzeugung besondere bauakustische Maßnahmen erforderlich macht, um die Schutzziele zu gewährleisten, werden in DIN 4109-1 Tabelle 8 höhere Anforderungen an die Luft- und Trittschalldämmung zwischen den „besonders lauten Räumen" und benachbarten schutzbedürftigen Räumen gestellt. Diese Anforderungen haben sozusagen „unterstützenden" Charakter, um die Anforderungen aus Tabelle 9 einhalten zu können. Aus der Erfüllung der bauakustischen Anforderungen der Tabelle 8 darf allerdings nicht gefolgert werden, dass damit automatisch auch die Anforderungen der Tabelle 9 eingehalten werden. Ein klarer Hinweis, wie er bereits von Sälzer in [169] gefordert wurde, dass mit der Erfüllung der Anforderungen in Tabelle 8 nicht sichergestellt ist, dass die zulässigen Schalldruckpegel nach Tabelle 9 eingehalten werden, fehlt weiterhin. In DIN 4109:1989 Abschnitt 4.2 hatte es dazu noch geheißen, dass Schallschutzmaßnahmen entsprechend den Anforderungen zwischen den „besonders lauten" und schutzbedürftigen Räumen vorzunehmen sind, um die genannten zulässigen Schalldruckpegel einzuhalten. In DIN 4109-1 wird immerhin darauf hingewiesen, dass es sich um „Mindest-Maßnahmen" handelt:

> Es sind mindestens Schallschutzmaßnahmen nach den in Tabelle 8 genannten Anforderungen zwischen den „besonders lauten" Räumen und den schutzbedürftigen Räumen erforderlich, um die in Tabelle 9 genannten zulässigen Schalldruckpegel einzuhalten.

Ob diese im konkreten Einzelfall ausreichend sind, oder ob weitere bauliche Maßnahmen erforderlich werden, muss vom Planer geprüft werden. Allerdings muss berücksichtigt werden, dass bauliche Maßnahmen alleine nicht in jedem Fall ausreichend sind, um die Anforderungen der Tabelle 9 zu erfüllen. Deshalb werden in DIN 4109-1 Abschnitt 8 zusätzliche Hinweise gegeben, die erkennen lassen, dass bei Bedarf über die in Tabelle 8 genannten Maßnahmen des baulichen Schallschutzes hinaus auch Maßnahmen des technischen Schallschutzes erforderlich werden können, um die Anforderungen aus Tabelle 9 zu erfüllen. So heißt es bezüglich der Trittschalldämmung in Fußnote b der Tabelle 8:

> Die für Maschinen erforderliche Körperschalldämmung ist mit diesem Wert nicht erfasst; hierfür sind gegebenenfalls weitere Maßnahmen erforderlich. Ebenso kann je nach Art des Betriebes ein niedrigeres $L'_{n,w}$ notwendig sein; dies ist im Einzelfall zu überprüfen. Wegen der verstärkten Übertragung tiefer Frequenzen können zusätzliche Maßnahmen zur Schalldämmung erforderlich sein.

Weiter heißt es dazu:

> In vielen Fällen ist eine zusätzliche Körperschalldämmung von Maschinen, Geräten und Rohrleitungen erforderlich. Sie kann zahlenmäßig nicht genau angegeben werden, weil sie von der Größe der Körperschallerzeugung der Maschinen und Geräte abhängt, die sehr unterschiedlich sein kann (siehe auch DIN 4109-36).

Der Philosophie der DIN 4109 folgend werden auch in Tabelle 8 die Anforderungen an die Schalldämmung der (trennenden) Bauteile gestellt. Um Missverständnissen vorzubeugen, wird vorsichtshalber folgender Hinweis gegeben:

> Bei der Schallübertragung sind auch die Flankenübertragung über andere Bauteile und sonstige Nebenwegübertragungen, z. B. RLT-Anlagen, zu berücksichtigen.

In Tabelle 8 tauchen dabei zum ersten Mal in dieser Norm Anforderungen an die Trittschalldämmung eines Fußbodens auf. Es wird hier zwischen Decken (an die nur Anforderungen an die Luftschalldämmung gestellt werden) und Fußböden (an die nur Anforderungen an die Trittschalldämmung gestellt werden) unterschieden. Dabei könnte der Eindruck entstehen, dass eine Anforderung an den Trittschallschutz nur bei Anregung eines Fußbodens in einem „besonders lauten“ Raum nachzuweisen ist. Auf die Problematik anderer Fußböden, die in den Anforderungen der Tabelle 2 (Schalldämmung in Mehrfamilienhäusern, Bürogebäuden und in gemischt genutzten Gebäuden) nicht gesondert in Erscheinung treten, wird bezüglich der Zeilen 4 und 5 dieser Tabelle in 3.3.1 eingegangen.

Anforderungen an die Trittschalldämmung von Fußböden werden entsprechend einer Anmerkung in DIN 4109-1 Abschnitt 8 in zweierlei Hinsicht gestellt:

> Anforderungen an die Trittschalldämmung zwischen „besonders lauten“ und schutzbedürftigen Räumen dienen zum einen dem unmittelbaren Schutz gegen häufiger als in Wohnungen auftretende Gehgeräusche, zum anderen auch als Schutz gegen Körperschallübertragung anderer Art, die von Maschinen oder Tätigkeiten mit starker Körperschallanregung, z. B. in Großküchen, ausgehen.

Bei den in Tabelle 8 genannten Fußböden ist allerdings anzumerken, dass auch ein entsprechender Luftschallschutz nachzuweisen wäre, falls sich darunter ein schützenswerter Raum befinden sollte. Vermutlich wird in Abschnitt 8 davon ausgegangen, dass sich solche „besonders lauten“ Räume im Erdgeschoss oder Kellergeschoss eines Gebäudes befinden und sich schutzbedürftige Räume deshalb nur darüber oder daneben befinden. Das ist allerdings nicht immer der Fall. Beispielsweise werden Technikräume gelegentlich in der obersten Etage eines Gebäudes untergebracht, so dass bei den „Fußböden“ solcher Räume z. T. ganz erhebliche Maßnahmen zur Sicherstellung des geforderten Schallschutzes der darunter liegenden schutzbedürftigen Räume erforderlich sind.

Entsprechend der in DIN 4109-1 Tabelle 8 vermuteten Lage solcher Fußböden im EG oder KG eines Gebäudes ist dieses Bauteil i. d. R. auch kein Trennbauteil. Da in der Philosophie der DIN 4109 Anforderungen an trennende Bauteile gestellt werden („bauteilbezogene Anforderungen"), muss bei der Formulierung der Anforderungen an den Trittschallschutz solcher Fußböden zu einem Kunstgriff gegriffen werden. In Fußnote a der Tabelle 8 heißt es deshalb zu den Trittschallanforderungen an diese Fußböden: „Jeweils in Richtung der Schallausbreitung." Diese etwas merkwürdige und letztlich unverständliche Formulierung besagt eigentlich nur, dass damit die Trittschalldämmung des genannten Bauteils gegenüber einem schutzbedürftigen Raum (z. B. über oder neben dem „besonders lauten" Raum liegend) gemeint ist, auch wenn es nicht das Trennbauteil ist. Mit den so genannten „raumbezogenen" bzw. „nachhallzeitbezogenen" Kenngrößen, hier dem bewerteten Standard-Trittschallpegel $L'_{nT,w}$, wäre das viel einfacher auszudrücken gewesen.

Gegenüber DIN 4109:1989, Tabelle 5 sind die Anforderungswerte in DIN 4109-1, Tabelle 8 nahezu gleich geblieben. An den Luftschallschutz von Decken und Wänden zwischen Gasträumen und schutzbedürftigen Räumen wurden für die Zeit bis 22:00 Uhr in DIN 4109:1989 keine Anforderungen für „besonders laute" Räume gestellt. Diese finden sich nun in DIN 4109-1 Tabelle 8 (Zeile 4.1 Spalte 4). Wenn in der Gaststätte Schalldruckpegel zwischen 75 bis 80 dB vorliegen, wird $R'_w \geq 55$ gefordert. Für Pegel zwischen 81 und 85 dB wird die Anforderung auf $R'_w \geq 57$ dB erhöht. Mit dieser um 2 dB höheren Schalldämmung soll dem Unterschied der maximalen Schalldruckpegel von 5 dB zwischen den Spalten 3 und 4 Rechnung getragen werden. In anderen Fällen dieser Tabelle (Zeilen 1.1 und 2.1) wurden dagegen um 5 dB höhere Schalldruckpegel durch um 5 dB höhere Schalldämm-Maße kompensiert. Zu beachten ist, dass beim bauaufsichtlich geschuldeten Schallschutz die besonderen Festlegungen bei der bauaufsichtlichen Einführung der DIN 4109-1 gelten. In der Muster-Verwaltungsvorschrift Technische Baubestimmungen (MVV TB) vom 31.08.2017 [146] wird in Anlage A 5.2/1 bezüglich Tabelle 8 der DIN 4109-1 bei Küchenräumen nach den Zeilen 3.3 und 3.4 und bei Gasträumen nach den Zeilen 5.1 und 5.2, die auch nach 22:00 Uhr noch in Betrieb sind, die Einhaltung der Anforderungen nur gefordert, „sofern es sich bei den schutzbedürftigen Räumen um Wohn-, Schlaf- oder Bettenräume gemäß DIN 4109-1, Abschnitt 3.16 handelt". Darüber hinaus fordert die MVV TB, dass die Einhaltung der geforderten Schalldämm-Maße bei Bauteilen nach Tabelle 8 durch Vorlage von Messergebnissen nachzuweisen ist. Sie führt dazu aus: „Diese Messungen sind unter Beachtung von DIN 4109-4:2016-07 von bauakustischen Prüfstellen durchzuführen, die entweder nach § 24 Abs. 1 Nr. 1 MBO anerkannt sind oder in einem Verzeichnis über ‚anerkannte Schallschutzprüfstellen' bei dem Verband der Materialprüfungsanstalten VMPA geführt werden."

Bei Gaststätten wurde von Sälzer [169] schon mit Hinblick auf die DIN 4109:1989 eine zu geringe Differenzierung der Anforderungen bemängelt. Hinzuweisen ist auf die weitergehenden Festlegungen der VDI 3726 (Schallschutz bei Gaststätten und Kegelbahnen).

Eine genauere Betrachtung ist für die verwendete kennzeichnende Größe notwendig, mit der die Schalldruckpegel in den „besonders lauten" Räumen beschrieben werden. DIN 4109:89 hatte in Tabelle 5 nur von Schalldruckpegeln L_{AF} gesprochen, so dass an dieser Stelle unklar war, was damit wirklich gemeint war. In den Anmerkungen 2 und 3 des Abschnitts 4.1 dieser Norm war dann von „maximalen Schalldruckpegeln L_{AF}" die Rede, so dass klar war, dass ein Maximalpegel und nicht etwa ein äquivalenter Dauerschallpegel $L_{AF,eq}$ gemeint war. DIN 4109-1 übernimmt das in Tabelle 8 und spricht dort im Tabellenkopf vom Schalldruckpegel $L_{AF,max}$. Im erläuternden Text des Abschnitts 8 spricht DIN 4109-1 allerdings vom $L_{AF,max,n}$, was mit der Normierung (Bezug auf $A_0 = 10$ m^2) wie eine Präzisierung der in Tabelle 8 verwendeten Schreibweise aussieht. Man könnte bei dieser Variante eine Angleichung an die nach DIN 4109-1 Tabelle 1 heranzuziehende Anforderungsgröße $L_{AF,max,n}$ für gebäudetechnische Anlagen sehen und bei der Variante in Tabelle 8 lediglich eine Nachlässigkeit gegenüber dieser „richtigen" Größe. Jedoch kommt man bei einer näheren Betrachtung des Sachverhaltes genau zum umgekehrten Ergebnis: richtig ist die in der Tabelle genannte Kenngröße $L_{AF,max}$, da nur sie sinnvoll ist.

Da es um die Anforderung an einen Schalldruckpegel geht, der von den Luftschallquellen eines „besonders lauten" Raumes in einem schutzbedürftigen Raum verursacht wird, ergibt sich für den Pegel L_e im Empfangsraum aus der grundlegenden Beziehung für das Bau-Schalldämm-Maß R' die allseits bekannte Beziehung

$$L_e = L_s - R' + 10 \lg \frac{S}{A_e} \text{ dB} \tag{3.26}$$

L_s ist dabei der Pegel im lauten Raum (Senderaum), S die Fläche des Trennbauteils und A_e die äquivalente Absorptionsfläche im schutzbedürftigen Raum (Empfangsraum). Will man entsprechend den Vorgaben der DIN 4109-1 den so ermittelten Pegel im Empfangsraum noch auf $A_0 = 10$ m^2 normieren, dann lautet Gl. (3.26) so:

$$L_{e,n} = L_s - R' + 10 \lg \frac{S}{A_0} \text{ dB} \tag{3.27}$$

Daraus ist zu erkennen, dass eine Normierung des Schalldruckpegels ausschließlich für den Pegel im Empfangsraum vorzunehmen ist. Für den Pegel im Senderaum aber ist sie völlig falsch. Die kennzeichnende Größe im Tabellenkopf der Tabelle ist deshalb die richtige Größe, dagegen muss die im erläuternden Text des Abschnitts 8 genannte Größe $L_{AF,max,n}$ korrigiert werden. Die Unterschiede, die sich aus der Verwendung der falschen Größe ergeben, können beträchtlich sein, je nachdem, ob es sich beim Senderaum um einen eher halligen oder eher bedämpften Raum handelt. Eine Abschätzung der äquivalenten Absorptionsflächen nach den Näherungsformeln (4.223) und (4.224) ergibt beispielsweise für einen Raum mit einem Volumen von 100 m^3 eine (mittlere) äquivalente Absorptionsfläche von etwa 30 m^2 bei einem gedämpften Raum und etwa 5 m^2 bei einem halligen Raum. Die fälschlicherweise vorgenommene Normierung des Senderaumpegels auf $A_0 = 10$ m^2 würde beim bedämpften Raum eine Korrektur von +5 dB bewirken, beim halligen Raum dagegen eine Korrektur von –3 dB. Bei den zu erwartenden Unterschieden, die bei gleichem Senderaumpegel durch eine fälschlicherweise angewendete Normierung auftreten können, könnte es durchaus passieren, dass sich die nach Tabelle 8 (Spalten 4 oder 5) erforderlichen Schalldämm-Maße um 5 dB unterscheiden.

Will man den in einem Empfangsraum bewirkten Schalldruckpegel rechnerisch abschätzen, dann ist zu berücksichtigen, dass die in Gl. (3.27) genannte Beziehung für eine frequenzabhängige Betrachtung gilt. Näheres zum Vorgehen bei Einzahlwerten (A-bewerteter Schalldruckpegel im Senderaum, bewertetes Bau-Schalldämm-Maß R'_w) wird in 4.5.2.2 behandelt. Mit Gl. (4.235) gilt dann für den A-bewerteten Norm-Schalldruckpegel $L_{Ae,n}$ im Empfangsraum

$$L_{\mathrm{Ae,n}} = L_{\mathrm{As}} - R'_{\mathrm{w}} + 10\lg\frac{S}{A_0} + K \text{ dB} \qquad (3.28)$$

wenn L_{As} der A-bewertete Schalldruckpegel im Senderaum ist, S die Fläche des Trennbauteils und K der Korrekturwert, der bei der Rechnung mit Einzahlwerten benötigt wird und von den frequenzabhängigen Eigenschaften des Sendesignals und der Schalldämmung abhängig ist. Wird beispielsweise ein A-bewerteter Sendepegel von 80 dB angenommen, was dem oberen Bemessungswert in Tabelle 8 Spalte 3 entspricht, dann wird dafür in Tabelle 8 ein bewertetes Bau-Schalldämm-Maß $R'_{\mathrm{w}} \geq 57$ dB gefordert. Bei einer angenommenen Trennfläche von 25 m^2 (z. B. Decke über einem Technikraum) und einem Korrekturwert $K \approx 3$ dB für ein Geräusch mit nicht zu stark ausgeprägten tiefen Frequenzanteilen, ergibt sich dann im Empfangsraum ein A-bewerteter Norm-Schalldruckpegel von etwa 30 dB. Man sieht, dass mit den in Tabelle 8 genannten erforderlichen Schalldämm-Maßen A-bewertete Norm-Schalldruckpegel in den schutzbedürftigen Räumen um etwa 30 dB angestrebt werden. Ungünstigere Verhältnisse ergeben sich bei Geräuschen mit stark ausgeprägten tiefen Frequenzen. Beispielsweise wird in VDI 2715 [120] für Heizungsanlagen ein Korrekturwert $K = 8$ dB genannt. Im oben genannten Beispiel würde sich damit ein Norm-Schalldruckpegel von 35 dB ergeben.

4 DIN 4109-2: Rechnerische Nachweise

4.1 Einführung zu den neuen Berechnungsverfahren

4.1.1 DIN 4109-2 als Planungs- und Nachweisinstrument

Mit DIN 4109-2 liegt nun zum ersten Mal ein Dokument der DIN 4109 vor, das sich ausschließlich mit der Berechnung des Schallschutzes in Gebäuden beschäftigt. Noch in Beiblatt 1 zu DIN 4109:1989 [22] waren Bauteilkatalog (dort „Ausführungsbeispiele" genannt) und Rechenverfahren in einem Dokument vereint. Das war berechtigt, da die Rechenverfahren immer nur zusammen mit den dafür geeigneten Eingangsdaten gesehen werden können und im Nachweisverfahren deshalb eine untrennbare Einheit bilden. Diesem Ansatz folgt selbstverständlich auch die neue DIN 4109. Allerdings wurden dort Rechenverfahren und Bauteilkatalog aus verschiedenen Gründen auf unterschiedliche Dokumente aufgeteilt. Zum einen wollte man den Regelungsinhalt der DIN 4109 auf inhaltlich unabhängige Dokumente aufteilen, so dass sie bei Bedarf auch unabhängig voneinander aktualisiert bzw. ergänzt werden können. Zum anderen war der Umfang des neuen Bauteilkatalogs so groß geworden, dass er in mehreren eigenen Dokumenten dargestellt werden musste.

In Beiblatt 1 zu DIN 4109:1989 als Vorgängernorm zu DIN 4109-2 hatte es zu den Berechnungen geheißen:

> Der Nachweis durch Rechenverfahren für den zu erwartenden Schallschutz gilt als Eignungsnachweis für die in DIN 4109 gestellten Anforderungen.

Damit war ausdrücklich gesagt, dass die Rechenverfahren dieser Norm als Nachweis der Erfüllung der Anforderungen aus DIN 4109 vorgesehen waren. Durch die bauaufsichtliche Einführung von DIN 4109 im Rahmen der Landesbauordnungen der Bundesländer wurden die Rechenverfahren zur Grundlage der bauaufsichtlich geforderten Nachweise („Schallschutznachweise"). Dieses Verständnis, das die Rechenverfahren der DIN 4109 primär als Nachweisverfahren für den bauaufsichtlichen „Schallschutznachweis" sieht, hat sich bis heute gehalten.

Zumindest vom Titel her folgt auch DIN 4109-2 diesem Verständnis, da sie sich „Rechnerische Nachweise der Erfüllung der Anforderungen" nennt. Ausdrücklich heißt es dann auch in der Einleitung zu DIN 4109-2:

> Die Normenreihe DIN EN 12354 enthält Berechnungsverfahren und weitere Hinweise zur Berechnung des Schallschutzes von Gebäuden. Im Sinne eines Anwendungsdokumentes wurden einzelne Bestandteile der Normenreihe DIN EN 12354 in DIN 4109-2 so zusammengefasst und ergänzt, dass damit der bauordnungsrechtlich geforderte Schallschutznachweis ohne weiteren Rückgriff auf die Normenreihe DIN EN 12354 durchgeführt werden kann.

In Abschnitt 4.1 der DIN 4109-2 heißt es:

> Die nachfolgend dargestellten Berechnungsverfahren zur Berechnung der Luft- und Trittschalldämmung sind in der Normenreihe der DIN EN 12354 ausführlich dargestellt. Für die rechnerischen Nachweise der Erfüllung der Anforderungen nach DIN 4109-1 sind die nachfolgenden beschriebenen Umsetzungen dieser Verfahren heranzuziehen.

Auch hier wird der „Schallschutznachweis" als Zweck der Norm deklariert. Doch wäre der Anspruch der in DIN 4109-2 getroffenen Festlegungen zu kurz gegriffen, wenn sie lediglich als Nachweisinstrument im bauaufsichtlichen Sinne verstanden würden. Schon bei der Bearbeitung von Rechenverfahren und Bauteilkatalog für die neue DIN 4109 bildete sich zunehmend die Ansicht heraus, dass man damit nicht nur den bauaufsichtlichen Nachweis im Auge haben wollte, sondern ganz allgemein die Planung des baulichen Schallschutzes. Dieser Aspekt verdient Beachtung, da sich auf bauaufsichtlicher Ebene eine nachlassende Bedeutung der „Schallschutznachweise" konstatieren lässt. Wie in 3.1.5 erläutert wird, wird in der Musterverwaltungsvorschrift Technische Baubestimmungen (MVV TB) vom 31.08.2017 [146] nur noch DIN 4109-1 explizit als Technische Baubestimmung geführt, nicht jedoch (wie noch zuvor) die rechnerischen Nachweisverfahren und der Bauteilkatalog. Diese sind zwar angesprochen, aber auf eine unklare Art und Weise, die viele praktische Fragen hervorruft. Das darf durchaus so verstanden werden, dass die durch Berechnung zu erbringenden Schallschutznachweise für die Bauaufsicht nicht mehr den früheren Stellenwert besitzen. Die davon betroffenen Berechnungsverfahren aus DIN 4109-2 und der damit verknüpfte Bauteilkatalog sollten deshalb aus Sicht der Autoren über den Anwendungszweck als „Nachweisverfahren für den Schallschutznachweis" hinaus in erster Linie als modernes und leistungsfähiges Planungsinstrument für den baulichen Schallschutz gesehen und in diesem Sinne auch weiterentwickelt werden. Dieser Anspruch geht über die Anwendung im Rahmen der bauaufsichtlich vorgesehenen „Schallschutznachweise" hinaus. Er wird bei der zukünftigen Weiterentwicklung der DIN 4109 eine wesentliche Rolle spielen, damit DIN 4109-2 zusammen mit dem Bauteilkatalog in DIN 4109-31 bis -36 das maßgebliche Instrument für die bauakustische Planung darstellt.

In erster Linie geht es in DIN 4109-2 um die Berechnungsverfahren. Diese werden beschrieben für die Luft- und Trittschalldämmung in Gebäuden und für die Luftschalldämmung von Außenbauteilen (Außenlärm). Dafür finden sich detaillierte Darstellungen, die für verschiedene Bauweisen (Massivbau, Holz-, Trocken- und Leichtbau, Skelett- und Mischbauweise) bei Bedarf konkretisiert werden. Damit können die Anforderungen der Tabellen 2 bis 6 aus DIN 4109-1 für die Luft- und Trittschalldämmung in Gebäuden und der Tabelle 7 (Außenlärm) nachgewiesen werden. Für die Anforderungen an Geräusche gebäudetechnischer Anlagen und aus baulich mit dem Gebäude verbundenen Betrieben nach Tabelle 9 hingegen sind derzeit keine rechnerischen Nachweise möglich. Zwar enthält die EN 12354-5 rechnerische Verfahren zur Prognose der Schalldruckpegel gebäudetechnischer Anlagen, jedoch waren diese zum Zeitpunkt der Veröffentlichung von DIN 4109-2 für die Zwecke der DIN 4109 nicht umsetzbar. In 4.5 wird auf diese Verfahren eingegangen.

Wie im oben genannten Zitat aus der Einleitung zu DIN 4109-2 ausgesagt wird, beziehen sich die Berechnungsverfahren maßgeblich auf die Verfahren der DIN EN 12354.

Zu Beginn der Normungsarbeiten zu DIN 4109-2 war deshalb des Öfteren die Meinung vertreten worden, dass man für die rechnerischen Nachweise gar keinen neuen Teil der DIN 4109 benötige, da man stattdessen direkt auf die Normenreihe der DIN EN 12354 zurückgreifen könne. Dabei wurde aber übersehen, dass die Normenreihe der DIN EN 12354 einen wesentlich größeren Umfang umfasste als für die DIN 4109 und die bauakustische Planung in Deutschland erforderlich und dass für die in Deutschland üblichen Bauweisen Anpassungen und Modifikationen vorzusehen waren. Hinzu kam eine umfangreiche Validierung der Methoden, auf die in 4.1.4 eingegangen wird. So erwies es sich als zweckmäßig, alles, was für die deutschen Belange benötigt wurde, in einem eigenen Dokument zusammenzufassen. Der Anwender sollte in diesem Dokument alles vorfinden, was für Nachweis und Planung erforderlich ist, ohne jedes Mal auf bestimmte Bestandteile der umfangreichen DIN EN 12354 zurückgreifen zu müssen. In diesem Sinne kann DIN 4109-2 als Anwendungsdokument zu DIN EN 12354 betrachtet werden.

Neben den Berechnungsverfahren enthält DIN 4109-2 weitere Angaben und Festlegungen, die für die rechnerischen Prognosen herangezogen werden müssen. Das betrifft die Handhabung von Daten zur Berechnung (siehe 4.1.5) und das Sicherheitskonzept der Berechnungen (siehe 4.1.6). Das neue Sicherheitskonzept ersetzt das zuvor verwendete „Vorhaltemaß“ und schafft die methodische Grundlage zur Behandlung der Unsicherheiten bei der Prognoserechnung. Außerdem enthält DIN 4109-2 in einem informativen Anhang Berechnungsbeispiele, die die Anwendung der Berechnungsverfahren erläutern.

4.1.2 Ausgangspunkt: EN 12354

Im Jahr 1988 wurden in der Bauproduktenrichtlinie [134] auf europäischer Ebene die wesentlichen Anforderungen an Bauprodukte und Gebäude formuliert, unter denen sich auch der bauliche Schallschutz befindet. Im „Grundlagendokument Nr. 5 Schallschutz“ [135] erfolgte eine Präzisierung des Normungsauftrages. In Abschnitt 2.1 wird dort auf „Korrelationsmethoden für die Verknüpfung der Bauwerksleistungen mit den Produktleistungen (z. B. Berechnungs- und Nachweismethoden, technische Vorschriften für den Projektentwurf)“ verwiesen. An dieser Stelle wird bereits ausdrücklich auf die methodische Unterscheidung zwischen Bauteil- und Gebäudeeigenschaften, aber auch auf den Zusammenhang dieser beiden Eigenschaften hingewiesen, der durch Berechnungen hergestellt werden kann (siehe Bild 4.1).

Weiter heißt es im Grundlagendokument in Abschnitt 3.3 (Überprüfung der Einhaltung der wesentlichen Anforderung):

> Bewertungs- und Prognosemethoden für die akustische Leistung (vor dem Bau):
>
> Diese Prognosemethoden umfassen Verfahren zur Vorausschätzung der akustischen Leistungen von Bauwerken, wobei eine zufriedenstellende Bauausführung unterstellt wird. Sie stützen sich teilweise auf empirische Methoden und geben die unterschiedlichen Bauweisen in den verschiedenen Mitgliedstaaten wieder.

Explizit gehören also die Prognoseverfahren zum europäischen Normungsauftrag. Deren Erarbeitung erfolgte bei CEN im Technischen Komitee TC 126 (Akustische Eigenschaften von Bauteilen und von Gebäuden) innerhalb der Arbeitsgruppe WG 2 (Berechnung der akustischen Eigenschaften von Gebäuden aus den Bauteileigenschaften). Dabei entstand ein neues Normungskonzept für die umfassende Berechnung des baulichen Schallschutzes, das in der Normenreihe EN 12354 (Bauakustik – Berechnung der akustischen Eigenschaften von Gebäuden aus den Bauteileigenschaften) umgesetzt wurde.

Gemäß dem „Grundlagendokument Schallschutz“ wurden dabei die in Bild 4.1 dargestellten Aufgabenbereiche abgedeckt.

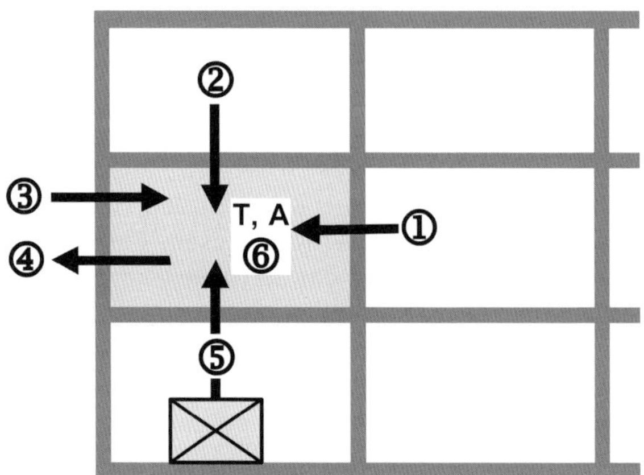

Legende

① Luftschallschutz (EN 12354-1)
② Trittschallschutz (EN 12354-2)
③ Außenlärm (EN 12354-3)
④ Schallübertragung nach außen (EN 12354-4)
⑤ haustechnische Anlagen (EN 12354-5)
⑥ Nachhallzeit und äquivalente Absorptionsfläche von Räumen (EN 12354-6)

Quelle: Autoren

Bild 4.1: Normungsbereich der EN 12354

Der Ausgangspunkt für die Normungsarbeit war in den einzelnen europäischen Ländern sehr verschieden: in manchen Ländern gab es gar keine rechnerischen Prognoseverfahren. In den anderen Ländern waren die vorhandenen Verfahren so unterschiedlich, dass ein Rückgriff auf eines dieser Verfahren schon ganz zu Anfang ausgeschlossen wurde. Das betraf auch die Verfahren der DIN 4109:1989. Das in Beiblatt 1 zu DIN 4109:1989 festgelegte Nachweisverfahren für den Massivbau kam aufgrund seiner Vereinfachungen und Einschränkungen als allgemeingültiges Verfahren nicht in Frage. Vor allem aber war es wegen der Verwendung der Kenngrößen R'_{w} und $L'_{n,w}$, in denen bereits eine bestimmte flankierende Übertragung enthalten war, nicht kompatibel mit den Vorgaben zur Kennzeichnung der Bauteileigenschaften. Die strikte Trennung von Bauteil- und Gebäudeeigenschaften war nicht erfüllt. Der ebenfalls in Beiblatt 1 zu DIN 4109:1989 festgelegte Nachweis für den Skelett- und Holzbau verfolgte mit der getrennten Betrachtung der Direktübertragung über das Trennbauteil (Kenngröße R_{w}) und der flankierenden Übertragung (Kenngröße Schall-Längsdämm-Maß $R_{L,w}$) ein Konzept, das zwar dem grundlegenden Ansatz der EN 12354-1 schon nahe kam, wegen mehrerer Vereinfachungen aber noch nicht dem gewünschten allgemeingültigen Ansatz genügen konnte. Auch das in Deutschland außerhalb der DIN 4109 bekannte Verfahren nach Gösele [292], [293] (siehe 4.1.3) – nicht dasjenige in Beiblatt 1! – kann aus dem allgemeineren Modell der EN 12354-1 durch verschiedene Vereinfachungen hergeleitet werden. Diese Vereinfachungen erlauben allerdings nur eine Behandlung des Massivbaus. Es stellt damit, wie auch das Verfahren für den Skelett- und Holzbau aus Beiblatt 1 zu DIN 4109:1989, einen vereinfachten Sonderfall des EN 12354-Verfahrens für einen beschränkten Anwendungsbereich dar.

Um der Zielsetzung eines einheitlichen europäischen Berechnungsmodells gerecht zu werden, sollte deshalb ein neuer und so allgemeiner Ansatz gewählt werden, dass die unterschiedlichen Bauweisen darin abgebildet werden konnten.

Im März 2000 konnten aus der Normenreihe EN 12354 die Teile 2 und 3 veröffentlicht werden, im April desselben Jahres folgte Teil 1 und im September Teil 4. Im Februar 2002 erschien Teil 6 und erst im April 2009 wurde die Reihe mit Teil 5 abgeschlossen.

Alle Normenteile sind (mit zum Teil unbefriedigender deutscher Übersetzung) als Normenreihe DIN EN 12354 mit dem gemeinsamen Titel „Berechnung der akustischen Eigenschaften von Gebäuden aus den Bauteileigenschaften" erschienen:

- **DIN EN 12354-1:** Luftschalldämmung zwischen Räumen [71]
- **DIN EN 12354-2:** Trittschalldämmung zwischen Räumen [72]
- **DIN EN 12354-3:** Luftschalldämmung gegen Außenlärm [73]
- **DIN EN 12354-4:** Schallübertragung von Räumen ins Freie [74]
- **DIN EN 12354-5:** Installationsgeräusche [75]
- **DIN EN 12354-6:** Schallabsorption in Räumen [76]

Die Prognoseverfahren basieren konsequent auf dem Ansatz, dass die Gebäudeeigenschaften aus den Bauteileigenschaften ermittelt werden. Dazu werden die benötigten Größen zur Beschreibung der Bauteileigenschaften und der Gebäudeeigenschaften definiert. Für die Prognose der Luftschalldämmung in EN 12354-1 und der Trittschalldämmung in EN 12354-2 werden jeweils ein so genanntes detailliertes und ein vereinfachtes Modell zur Berechnung vorgesehen. Für die Zwecke der DIN 4109 hat man sich für die Verwendung der vereinfachten Modelle entschieden. Das heißt: anstelle einer frequenzabhängigen Berechnung wird mit Einzahlwerten gerechnet. Dazu kommen weitere Vereinfachungen. In 4.2.1 wird auf die Grundlagen des Berechnungsmodells für die Luftschallübertragung und in 4.3.1 auf die Grundlagen der Berechnung der Trittschallübertragung eingegangen.

4.1.3 Berechnungsmodelle

Modelle und Modellbildung

Schallschutzberechnungen der DIN 4109-2 sind eine Prognose des zu erwartenden bauakustischen Verhaltens eines Gebäudes. Da die Prognose objektbezogen durchgeführt wird, müssen Annahmen zu den konstruktiven Eigenschaften des betrachteten Gebäudes getroffen werden. Es wird ein Modell benötigt, das für eine bestimmte Gruppe von

Gebäuden (z. B. Massivbau oder Holzbau) in ausreichendem Maße zutreffend ist und auf den konkreten Fall angewendet werden kann. Als physikalisches Modell soll das Berechnungsmodell die physikalischen Gesetzmäßigkeiten berücksichtigen und die physikalisch-akustische Realität möglichst gut abbilden. Andererseits aber sollen sich der notwendige Modellierungsaufwand und damit die Komplexität des Modells am vorab definierten Nutzungszweck orientieren. Dieser ist für wissenschaftliche Fragestellungen sicherlich anders festzulegen als für die Anwendungen im Rahmen von bauaufsichtlichen Nachweisen oder für die bauakustische Planung. Das gewählte Modell wird also stets eine Approximation der realen Verhältnisse mit daraus resultierenden Einschränkungen der Anwendbarkeit sein.

Als typische Schritte der Modellbildung gelten nach [162]:

- die Abstraktion, bei der eine Begriffs- bzw. Klassenbildung erfolgt.
- die Abgrenzung, bei der irrelevante Einflüsse oder Bestandteile ausgeschlossen werden.
- die Reduktion, bei der Details oder Eigenschaften eines zu beschreibenden Objekts weggelassen werden.
- die Dekomposition, bei der die betrachtete Einheit in einzelne Segmente zerlegt wird.
- die Aggregation, bei der einzelne Segmente zusammengefasst werden.

Im Falle bauakustischer Modelle findet Abstraktion z. B. bei der Unterscheidung repräsentativer Bauweisen statt, so dass unterschiedliche Modelle für den Massiv- oder Holzbau entwickelt werden. Reduktion bedeutet z. B., dass auf Objekte wie Wandöffnungen oder Fenster bei der Modellierung flankierender Bauteile verzichtet wird oder frequenzabhängige Eigenschaften auf einen bestimmten Frequenzbereich („bauakustischer Frequenzbereich“) reduziert werden. Dekomposition wird dann angewendet, wenn beispielsweise mehrschalige Bauteile in Grundbauteil und Vorsatzkonstruktion zerlegt werden oder wenn bei der Flankenübertragung flankierende Bauteile und Knotenpunkte getrennt betrachtet werden (Direktdämmung und Stoßstellendämmung). Auch die Aufteilung der Gesamtübertragung in die Transmissionsgrade der einzelnen Übertragungswege gehört zur Dekomposition. Von Aggregation kann z. B. dann gesprochen werden, wenn im Holzbau Deckenkonstruktion und Unterdecke bei der Direktdämmung als eine akustische Einheit betrachtet werden oder wenn für die Flankendämmung als übergreifende Größe die Flankenschallpegeldifferenz D_{nf} verwendet wird.

Anwendungsbereich und Philosophie der Modelle

Grundsätzlich gilt, dass Anwendungsbereich und Aussagekraft eines Modelles umso eingeschränkter sind, je mehr bei der Modellbildung die Mittel der Reduktion und Aggregation genutzt werden. Diese sich aus der Methodik der Modellbildung zwangsläufig ergebende Konsequenz wird bei der von einzelnen Seiten immer wieder vorgebrachten Forderung nach Beibehaltung der bisherigen Verfahren aus Beiblatt 1 zu DIN 4109:1989 leider meistens außer Betracht gelassen.

Indem die EN 12354 zwischen detaillierten und vereinfachten Modellen unterscheidet, wendet sie Reduktion, Dekomposition und Aggregation auf unterschiedliche Weise an. Daraus ergeben sich für diese Modelle auch unterschiedliche Anwendungsbereiche.

DIN 4109 hat sich für die vereinfachten Modelle entschieden, was weitgehend als praktikabler Kompromiss zwischen einfachen Verfahren (Anwendungsbereich: bauaufsichtliche Schallschutznachweise) und aussagekräftigen, transparenten Schallschutz-Prognosen (Anwendungsbereich: bauakustische Planung) akzeptiert wird.

Modelle können auch einer bestimmten Denkweise verpflichtet sein. Die Verfahren in Beiblatt 1 zu DIN 4109:1989 wollten nicht in erster Linie ein Planungsinstrument für den baulichen Schallschutz, sondern ein einfach handzuhabendes Verfahren zum Nachweis der Einhaltung der Anforderungen („Schallschutznachweis") sein. Deshalb fanden Reduktion und Aggregation in einem viel stärkeren Maße Anwendung, als das in den entsprechenden Modellen der EN 12354-1 der Fall ist. Betrachtet wurde in Beiblatt 1 als Grundlage des Modells für die Luftschalldämmung im Massivbau eine „mittlere" Bausituation, wie sie dem typischen Massivbau bis etwa 1980 zugrunde lag. Dessen Eigenschaften waren bereits in den „Rechenwerten" für die trennenden Bauteile implementiert, die bei Bedarf nur noch korrigiert werden mussten. Falls von den vorausgesetzten baulichen Bedingungen in größerem Maße abgewichen wurde, musste korrigiert werden: abweichende flankierende Bedingungen bei den flächenbezogenen Massen durch den Korrekturwert $K_{L,1}$ und bei Vorsatzkonstruktionen durch den Korrekturwert $K_{L,2}$. Im Sinne der Modellbildung fand Reduktion beispielsweise dadurch statt, dass Details der Flankenübertragung nicht berücksichtigt wurden (z. B. Stoßstellendämmung zur akustischen Charakterisierung von Knotenpunkten). Aggregation erfolgte z. B. dadurch, dass die Flankenwege nicht einzeln betrachtet, sondern pauschal zusammengefasst wurden und nur bei Bedarf bei der Korrektur zu berücksichtigen waren.

Die Modelle der EN 12354 folgen einem anderen Ansatz, der programmatisch bereits im Titel der Normenreihe der EN 12354 verankert ist: „Berechnung der akustischen Eigenschaften von Gebäuden aus den Bauteileigenschaften". Hier zeigt sich gegenüber der Denkweise der DIN 4109:1989 eine völlig andere Vorgehensweise. Bauteile im Sinne von Bauprodukten werden ausschließlich durch ihre Produkteigenschaften beschrieben. Gebäudeeigenschaften, z. B. das Bau-Schalldämm-Maß R'_w, können dann mit geeigneten Ansätzen (Berechnungsmodellen) aus den Produkteigenschaften der an der Schallübertragung beteiligten Bauteile berechnet werden. Dieser Ansatz kann als eine besondere Art der Dekomposition betrachtet werden, indem das Gebäude in einzelne Produkte zerlegt wird, die einzeln mit ihren akustischen Eigenschaften charakterisiert werden können. Diese Vorgehensweise entspricht der im „Grundlagendokument Schallschutz" aufgestellten Forderung. Die Konzeption des Modells folgt also den normungspolitischen Vorgaben. Diese Denkweise ist dem Verfahren nach Beiblatt 1 zu DIN 4109:1989 fremd. Im Nachweis für den Massivbau wird zwischen Bauteil- und Gebäudeeigenschaften nicht getrennt. Diese methodische „Unschärfe" der Modellbildung hat in der Vergangenheit immer wieder zu Missverständnissen geführt und ist auch heute nicht völlig aus den Köpfen der Anwender verschwunden.

Modelle in der Bauakustik

Für die Behandlung bauakustischer Fragestellungen liegen zahlreiche unterschiedliche Modelle vor. In Gebrauch sind analytische und numerische Modelle. Als eine weitere Kategorie können empirisch hergeleitete Verfahren und solche Verfahren, die eine Mischform aus empirischen und mathematisch-physikalischen Modellen bilden, genannt werden.

Exakte analytische Modelle basieren auf der Theorie der Schallausbreitung in Strukturen, wie sie beispielsweise in [294] beschrieben wird. Als Beispiele für die Anwendung solcher Ansätze seien [295], [296], [297] und [298] genannt.

Als numerische Methoden stehen bei bauakustischen Anwendungen die Statistische Energieanalyse (SEA) und die Finite-Elemente-Methode (FEM) im Vordergrund. SEA-Modelle eignen sich zur Beschreibung des akustischen Verhaltens komplexer Strukturen. Diese werden in Subsysteme aufgeteilt, welche energetisch gekoppelt sind. Aus den Voraussetzungen der SEA (ausreichende Modendichte der Subsysteme) ergibt sich ein Anwendungsbereich bei ausreichend hohen Frequenzen. Die Grundlagen der SEA-Modellierung wurden von Lyon in [299] beschrieben. Die Anwendung der SEA in der Bauakustik wird von Craik in [300] ausführlich behandelt. Eine von Craik veröffentlichte Liste von SEA-Anwendungen in der Bauakustik und für Körperschall in Strukturen [301] nennt 337 Veröffentlichungen zu diesem Thema.

Die FEM wird den Voraussetzungen dieser Methode entsprechend im modalen Bereich und damit bei tieferen Frequenzen eingesetzt. Sie eignet sich besonders für Parameterstudien, für die zwei Beispiele in [302] und [303] zu finden sind.

Sowohl SEA als auch FEM sind für Zwecke der Forschung und Entwicklung prädestiniert. Als Prognosemodelle „für den Alltag" sind sie allerdings zu komplex und anspruchsvoll, so dass sie für die bauakustische Planung und für bauakustische Nachweise keine Bedeutung gewonnen haben.

Auf der anderen Seite der verfügbaren Modelle stehen empirisch abgeleitete, zum Teil sehr einfache Verfahren, die in der Praxis nicht zuletzt durch staatliche Vorgaben eine große Verbreitung gefunden hatten. Dazu zählte in **Frankreich** der Guide Qualitel von 1989 [153], der ein einfaches Prognoseverfahren enthielt, bei dem die flankierende Übertragung nur pauschal einbezogen wurde. Zu dieser Kategorie zählen auch die Nachweise der DIN 4109:1989. Gerretsen sagte dazu in Zusammenhang mit der Erarbeitung europäischer Prognosemodelle in [304]:

> Auf der einen Seite existieren relativ einfache Modelle, wie sie im Guide Qualitel oder in DIN 4109 dargestellt sind. Diese sind leicht anzuwenden und gründen sich hauptsächlich auf Erfahrungen aus bestehenden Gebäuden und traditionellen Bauweisen. Daher ist ihre Anwendung darauf beschränkt. Sie funktionieren ausgezeichnet in einem traditionellen Marktumfeld, können aber mit Innovationen bei Bauprodukten nicht Schritt halten.

Mit dieser Aussage sind, abgesehen von den faktischen Notwendigkeiten der geänderten Normenlandschaft, gute Gründe benannt, warum die Nachweisverfahren der DIN 4109:1989 nach etwa drei Jahrzehnten durch modernere und leistungsfähigere Verfahren abgelöst werden sollten.

Was gibt es in anderen Ländern?

Als von CEN der Auftrag zur Erarbeitung europäischer Prognoseverfahren erteilt wurde, waren in den europäischen Ländern neben den schon genannten einfachen Verfahren aus Frankreich und Deutschland auch Verfahren in Gebrauch, denen eine detailliertere Modellbildung zugrunde lag. In **Schweden** war das in [305] beschriebene Verfahren verfügbar. Neben einem ausführlichen Datenkatalog auf der Grundlage von Kenngrößen der ISO 717 enthält diese Publikation auch ein „vereinfachtes" Berechnungsverfahren für die Luftschalldämmung zwischen Räumen. Zusätzlich zur Direktübertragung des Trennbauteils werden die vier wichtigsten flankierende Übertragungswege (Wege Ff) der Berechnung separat in Betracht gezogen. Für jeden dieser Flankenwege wird auch das Stoßstellenverhalten berücksichtigt, und es werden dafür im Datenkatalog zahlreiche Beispiele angegeben.

In **Österreich** enthielt die ÖNORM B 8115, Teil 4 vom November 1992 [130] für den Nachweis der Anforderungen ein Berechnungsverfahren, das auf Basis von Einzahlwerten die Standard-Schallpegeldifferenz $D_{nT,w}$ zwischen zwei Räumen bestimmt. Neben der Direktübertragung wurden alle Flankenwege FF, Df und Fd berücksichtigt. Bei deren Berechnung wurden die Eigenschaften der Stoßstellen durch ein so genanntes Verzweigungsdämm-Maß beschrieben. Die Gesamtübertragung ergab sich durch energetische Addition aller Übertragungswege. Das Verfahren ähnelte demjenigen von Gösele, auf das nachfolgend noch eingegangen wird, war bezüglich der Flankenübertragung aber allgemeiner gehalten und entsprach (schon einige Jahre vor dem Erscheinen der EN 12354-1) dem grundlegenden Ansatz des späteren Verfahrens der EN 12354-1. Eine Beschreibung des Berechnungsverfahrens findet sich in [306].

In den **Niederlanden** war seit den 1970er Jahren eine Berechnungsmethode für die Luft- und Trittschallübertragung in Gebrauch, die auf Arbeiten der TNO/TPD Delft [307] zurückgeht und in einem Berechnungsprogramm BASluco (siehe 4.6.1) zur Verfügung stand [308]. Das frequenzabhängige Berechnungsverfahren basierte auf den Arbeiten von Gerretsen [309], [370] und hat damit dieselben Grundlagen wie die später in EN 12354 verwendeten Verfahren.

Auch in **Dänemark** fand ein Berechnungsprogramm (CADBA [310]) Anwendung, das sich wie das EN 12354-Verfahren auf die grundlegenden Arbeiten von Gerretsen bezog.

Die Situation in Deutschland

Aus dieser Übersicht ergibt sich, dass bereits bei der Veröffentlichung von DIN 4109:1989 oder kurz danach in anderen europäischen Ländern Berechnungsverfahren zur Anwendung kamen, die in ihrem Ansatz und Anspruch weit über die Verfahren der damaligen DIN 4109 hinausgingen und zum Teil bereits die wesentlichen Ansätze des späteren EN 12354-Verfahrens implementiert hatten. Es könnte dabei der Eindruck entstehen, dass die bauakustischen Berechnungen in Deutschland so stark durch die Verfahren der DIN 4109 geprägt waren, dass es keine alternativen Verfahren gab. Diese Vermutung ist unzutreffend, wenn auch der Großteil der Anwender von diesen Verfahren nicht Kenntnis genommen haben dürfte.

Exemplarisch sei hier auf das in [292] und [293] beschriebene **Verfahren von Gösele** zur Berechnung der Luftschalldämmung verwiesen, dem ein Ansatz zugrunde liegt, der auch in EN 12354-1 verwendet wird. Das Verfahren berücksichtigt neben der Direktübertragung über das trennende Bauteil (Weg Dd) die flankierenden Übertragungswege Fd, Df und Ff an allen Flankenbauteilen (siehe Bild 4.6). Die Flankendämmung wird wie in EN 12354-1 aus der Direktdämmung der Flankenbauteile und dem Übertragungsverhalten an den Stoßstellen (hier Verzweigungsdämmung genannt) zusammengesetzt. Da die Abstrahlgrade der Bauteile (siehe Herleitung des EN 12354-1-Verfahrens in 4.2.1) zur Vereinfachung mit $\sigma = 1$ angesetzt werden, liegt der Anwendungsbereich des Verfahrens im Massivbau. Weitere Vereinfachungen kommen bei der Ermittlung der Verzweigungsdämmung dazu. Das Verfahren könnte somit als ein (vereinfachter) Sonderfall des EN 12354-Verfahrens bezeichnet werden.

Ein in Denkweise und Methodik mit dem europäischen Berechnungsmodell vergleichbares Verfahren war also seit langer Zeit auch in Deutschland bekannt. Es wurde von verschiedenen bauphysikalisch vorgebildeten Fachplanern dann angewendet, wenn über den Schallschutznachweis des Beiblattes 1 zu DIN 4109:1989 hinausgehende planerische Fragen des baulichen Schallschutzes zu behandeln waren. Die Richtigkeit des Ansatzes und der Ergebnisse wurde nie angezweifelt. Schon alleine aus diesem Grund entspricht es nicht den Tatsachen, wenn kurz vor, während und nach der Veröffentlichung des Normentwurfs zu DIN 4109-2:2013 und bis zum heutigen Tag von bestimmten Kreisen der Vorwurf erhoben wird, es handele sich bei DIN 4109-2 um ein völlig neues Berechnungsverfahren, das auf keinerlei praktische Erprobung zurückgreifen könne. Spätestens seit dem Jahr 2000 waren dann auch die Verfahren der EN 12354 mit ihrem Erscheinen als DIN EN 12354 in Deutschland bekannt. Schon 2005 waren wesentliche Schritte der Validierung dieser Verfahren abgeschlossen und veröffentlicht worden (siehe 4.1.4). 2010 hatten sie dann auch bauaufsichtliche Relevanz erhalten durch die bauaufsichtliche Zulassung für Ziegelmauerwerk [311], in der verbindlich die Anwendung des Berechnungsverfahrens aus DIN 4109-2 für die Luftschalldämmung im Massivbau vorweggenommen wurde. Insbesondere sollte bei dieser (unnötigen) Diskussion auch zur Kenntnis genommen werden, dass die Prognoseverfahren der EN 12354 schon seit vielen Jahren in anderen europäischen Ländern angewendet werden und auch dort entsprechende Validierungen sowie umfangreiche Erfahrungen vorliegen (siehe dazu auch 4.1.4).

Als Kritik an den Verfahren der EN 12354 und deren Umsetzung in DIN 4109-2 wurde von denselben Kreisen auch angeführt, dass diese Verfahren in Deutschland bis jetzt keine Verbreitung gefunden hätten. Das ist mit Blick auf die „Nachweisberechtigten" für den bauaufsichtlich zu führenden Schallschutznachweis richtig, ist aber kein stichhaltiges Argument. Denn selbstverständlich wird ein bauaufsichtlicher Schallschutznachweis so durchgeführt, wie er von den Landesbauordnungen gefordert wird. Dafür waren bislang die Nachweisverfahren aus Beiblatt 1 zu DIN 4109:1989 vorgesehen. Die Voraussetzungen zur Anwendung der neuen Verfahren waren im bauaufsichtlichen Bereich (mit Ausnahme der Anwendung für Lochsteine gemäß Ziegelzulassung) schlichtweg nicht gegeben. Es ist offensichtlich, dass in diesem Bereich ein neues Verfahren erst dann angewendet wird, wenn es dafür auch vorgesehen wird. Dasselbe Argument hätte deshalb 1989 auch gegenüber den damals neu eingeführten Nachweisverfahren aus Beiblatt 1 angeführt werden können, die davor ebenfalls keine Verbreitung gefunden hatten. Die Ausgangssituation für die Verfahren der DIN 4109-2 ist also nicht anders als diejenige der Nachweise aus Beiblatt 1 zum Zeitpunkt deren Einführung.

Von der SEA zu EN 12354

Die Berechnungsmodelle der EN 12354 basieren auf Modellen der Statistischen Energieanalyse (SEA). Somit gelten die in der SEA üblichen Voraussetzungen auch hier. Als elementare Grundvoraussetzung, die für die hier betrachteten bauakustischen Anwendungen stillschweigend als erfüllt betrachtet wird, gilt die Linearität und Zeitinvarianz der Übertragungsverhältnisse. Weiterhin wird vorausgesetzt, dass alle Übertragungswege unabhängig voneinander beschrieben werden können. Auf dieser Annahme beruht der Ansatz, dass in den EN 12354-Modellen der Gesamttransmissionsgrad durch Addition der Transmissionsgrade aller beteiligten Übertragungswege ermittelt werden kann [siehe Gl. (4.20)].

SEA-Modelle sind statistische Modelle, die eine ausreichende Anzahl von Moden als Energiespeicher im betrachteten Frequenzband voraussetzen. Für die Luftschallfelder, aber auch für die Körperschallfelder auf den Bauteilen, führt diese über die Modendichte beschreibbare Forderung zu der Annahme diffuser Schallfelder. Das ist allerdings keine Besonderheit, die nun erst mit den EN 12354-Verfahren zum Tragen kommt und erst dort zu besonderen Einschränkungen führen würde. Alle für die Prognosen benötigten Kennwerte werden mit Messverfahren, z. B. in den Normenreihen der DIN EN ISO 10140, DIN EN ISO 16283 und DIN EN ISO 10848, ermittelt, bei denen diffuse Schallfelder vorausgesetzt werden. Ohne dass auf die Voraussetzung diffuser Schallfelder in Beiblatt 1 zu DIN 4109:1989 gesondert hingewiesen worden wäre, gilt sie für die dort genannten Nachweise selbstverständlich im selben Umfang wie bei den Verfahren der EN 12354.

Bei SEA-Modellen geht es um den Energietransport in gekoppelten Systemen. Zu definieren sind die Teilsysteme und deren Kopplungen. Ein Beispiel ist die Schallübertragung zwischen zwei benachbarten Räumen. Im einfachsten Fall (nur Direktübertragung) sind die Teilsysteme das Schallfeld im Senderaum, das übertragende (schalldämmende) Trennbauteil und das Schallfeld im Empfangsraum. Komplexer werden die Verhältnisse, wenn zusätzlich die Schallübertragung über andere Wege (Nebenwege) hinzukommt. Dann müssen auch diese mit den an der Übertragung beteiligten Bauteilen als Subsysteme mit den entsprechenden Kopplungsbedingungen modelliert werden. Dieser Ansatz führt in den EN 12354-Verfahren zu den Flanken-Schalldämm-Maßen R_{ij}.

Die Kopplungsbedingungen der Teilsysteme spielen bei den SEA-Modellen eine wesentliche Rolle. Die Qualität von SEA-Berechnungen wird maßgeblich durch die Formulierung der so genannten Kopplungsverlustfaktoren beeinflusst. Aus dieser Betrachtung heraus ist es naheliegend, dass die Kopplungsbedingungen auch in den EN-12354-Modellen für die Luft- und Trittschallübertragung betrachtet werden und dort zur neuen Größe des Stoßstellendämm-Maßes K_{ij} geführt haben.

Bei den EN 12354-Modellen werden nur Übertragungswege erster Ordnung berücksichtigt. Das bedeutet, dass Energieanteile, die im Baukörper über mehr als eine Kopplungsstelle (Knotenpunkt) übertragen werden, in der Berechnung nicht berücksichtigt werden. Diese Beschränkung ergibt sich allerdings nicht aus den Möglichkeiten eines SEA-Modells, das mit entsprechend höherem Modellierungsaufwand auch solche Übertragungssituationen berücksichtigen kann. Vielmehr ist diese Festlegung bei den EN 12354-Verfahren lediglich dem Umstand geschuldet, den Berechnungsaufwand zu begrenzen. Auf empirischer Ebene wird diesen Übertragungswegen allerdings dadurch Rechnung getragen, dass sie in gewisser Weise in den angegebenen Beziehungen für das Stoßstellendämm-Maß K_{ij} berücksichtigt werden.

Validierung und Anwendung von Modellen

Die Validierung eines Modells ist eine unerlässliche Voraussetzung für dessen zuverlässige Anwendung. Wenn das Modell durch Abgleich mit real existierenden Objekten des vorgesehenen Anwendungsbereichs seine Anwendbarkeit (sinnvollerweise mit Angabe von Unsicherheiten) unter Beweis gestellt hat, dann kann es als validiertes Modell auch zur Prognose des zukünftigen Verhaltens von Objekten verwendet werden, die in diesem Anwendungsbereich liegen. Bei der Umsetzung der Prognoseverfahren der EN 12354 haben die Berechnungsmodelle eine umfangreiche Validierung erfahren. Darauf wird nachfolgend in 4.1.4 eingegangen.

4.1.4 Validierung für DIN 4109 und Erfahrungen mit EN 12354

Als die rechnerischen Prognoseverfahren der EN 12354 zum ersten Mal im Jahr 2000 erschienen, mangelte es noch an praktischen Erfahrungen. Deshalb hieß es im Vorwort von DIN EN 12354-1:2000:

> Die Genauigkeit dieser Norm kann erst nach umfassenden Vergleichen mit Felddaten im Einzelnen festgelegt werden, wobei diese Daten erst nach einem gewissen Zeitraum nach Erstellung des Vorhersagemodells ermittelt werden können.

Zu systematischen oder zufälligen Fehlern gab es keine Angaben. Auch konnte insgesamt nur auf wenige Erfahrungen mit den Prognoseverfahren verwiesen werden. Nachfolgend findet sich eine Übersicht über Untersuchungen zur Validierung in Deutschland und in anderen europäischen Ländern. Dabei soll ohne Anspruch auf Vollständigkeit eine Auswahl von Untersuchungen referiert werden, die aufzeigen, was für die Validierung der EN 12354-Verfahren getan wurde und welche Erfahrungen bei ihrer Anwendung gesammelt werden konnten.

4.1.4.1 Validierung für DIN 4109 – Untersuchungen in Deutschland

Ausgangssituation und Vorgehensweise

Eine direkte Übernahme der EN 12354-Verfahren wurde in Deutschland nicht in Betracht gezogen, da eine umfassende Erprobung und Validierung für die in Deutschland üblichen Bauweisen nicht vorlag. Das bezog sich allerdings nicht nur auf die Berechnungsverfahren selbst, sondern auch auf die dafür benötigten Eingangsdaten. Auch die in den informativen Anhängen der EN 12354-1 und EN 12354-2 aufgeführten Bauteildaten konnten nicht ungeprüft für deutsche Verhältnisse übernommen werden. Somit musste auch der Bauteilkatalog in die Erprobung und Validierung aufgenommen werden, was letztlich einer (fast) völligen Neuerarbeitung gleichkam.

Eine pragmatische Art der Validierung, die im Endergebnis aber alle möglichen Unsicherheiten berücksichtigt, besteht im Vergleich von prognostizierten und im Bau gemessenen Werten für die Luft- oder Trittschalldämmung. Ein solcher Vergleich berücksichtigt die Unsicherheiten des verwendeten Berechnungsmodells, die Unsicherheiten der verwendeten Eingangsdaten, die der Berechnung zugrunde gelegt werden, aber auch Unsicherheiten der Bauprodukte und der Bauausführung. Nicht vergessen werden sollte bei dieser Validierungsmethode, dass auch die am Bau ermittelten Messwerte einer gewissen Unsicherheit unterliegen. Angaben zur Quantifizierung der messtechnischen Unsicherheit werden in DIN 4109-4 gemacht (siehe 6.4.5). Unter diesen Umständen ist eine Aussage zur Genauigkeit der Prognosen nur als statistische Aussage über eine (möglichst große) Anzahl untersuchter Objekte sinnvoll. Entsprechende Untersuchungen stellten einen wichtigen Teil der Forschungsarbeiten für die neue Norm dar und lieferten Ergebnisse, die unmittelbar in das Sicherheitskonzept der DIN 4109 einflossen.

Von entscheidender Bedeutung erweist sich bei einer Prognoserechnung die Auswahl der verwendeten Daten. Vergleichsrechnungen mit dem Ziel der Validierung der Verfahren gelten deshalb nur für die Kombination des gewählten Berechnungsverfahrens mit dem gewählten Datensatz. Für die Überführung der EN 12354-Verfahren in die DIN 4109 wurde deshalb der Ermittlung und Validierung geeigneter Daten zur Beschreibung der in Deutschland üblichen Bauweisen große Sorgfalt beigemessen. Im Endergebnis sind die Validierungsergebnisse für die Berechnungsverfahren der DIN 4109-2 in direktem Zusammenhang mit den Bauteildaten des Bauteilkatalogs in DIN 4109-31 bis -36 zu sehen. Die bereits in 1.3 beschriebene Agenda zur Umsetzung der neuen Mess- und Berechnungsnormen sah deshalb als eine wesentliche Aufgabe die Erarbeitung und Überprüfung geeigneter Daten für den neuen Bauteilkatalog der DIN 4109 vor. Schon vorhandene Daten wurden unter spezifizierten Qualitätsbedingungen gesammelt und ausgewertet. In erheblichem Umfang wurden aber auch messtechnische Untersuchungen zur Gewinnung noch benötigter, bislang nicht verfügbarer Daten in die Wege geleitet. Das betraf insbesondere die neuen „Massekurven“ für massive Bauteile, aber auch Stoßstellendämm-Maße und den Holz-, Leicht- und Trockenbau. Da die flankierende Übertragung gegenüber den Nachweisen in Beiblatt 1 zu DIN 4109:1989 einen ganz anderen Stellenwert erhielt, waren für alle Bauweisen umfangreiche Untersuchungen zu diesem Thema erforderlich.

Die aus den nachfolgend genannten Forschungsvorhaben resultierenden Ergebnisse wurden in den Normenausschuss NA 005-55-75 AA (Nachweisverfahren, Bauteilkatalog, Sicherheitskonzept) eingebracht und dort unter Beteiligung von Forschungsstellen, Herstellern, Wirtschaftsverbänden, Bauaufsicht, Fachplanern etc. in insgesamt 5 Arbeitskreisen für die Umsetzung in DIN 4109-2 und DIN 4109-31 bis -36 aufbereitet.

Untersuchungen für den Massivbau

Eine erste theoretische Untersuchung zur Genauigkeit der Berechnungsverfahren der EN 12354 gemäß den damals vorliegenden Normentwürfen für die Luft- und Trittschallübertragung wurde in [312] durchgeführt. Im Sinne einer Fehlerrechnung wurde die Genauigkeit der Berechnungsmodelle unter Berücksichtigung der Unsicherheiten der Eingabedaten betrachtet. Für das vereinfachte Modell der Luftschallübertragung, bei dem nur mit Einzahlwerten gerechnet wird, konnte gegenüber dem detaillierten Modell mit frequenzabhängiger Berechnung eine geringere Unsicherheit ermittelt werden.

In [313] erfolgten ebenfalls Untersuchungen zur Fehlerfortpflanzung. Für die Luftschalldämmung wurden Vergleiche mit konkreten Bausituationen durchgeführt. Aus der Gegenüberstellung von detailliertem und vereinfachtem Modell wurde gefolgert, dass der erhöhte Aufwand für die frequenzabhängige Berechnung nach dem detaillierten Modell nicht gerechtfertigt ist.

Vergleichende Untersuchungen zur Berechnung der Luftschalldämmung zwischen Räumen in Massivbauten wurden von Cejnek durchgeführt [314]. Es handelte sich um die erste Studie zur Anwendbarkeit des im Normentwurf zu EN 12354-1 von 1994 (7. Entwurf) genannten Verfahrens. Untersucht wurden das frequenzabhängige detaillierte Modell und das mit Einzahlwerten arbeitende vereinfachte Modell. Zusätzlich wurde auch das Verfahren nach Gösele einbezogen [292], das auf ähnlichen Ansätzen wie das Modell der EN 12354-1 beruht. Anhand von 12 Bausituationen im Massivbau wurde ein Vergleich der mit den drei Modellen errechneten R'_w-Werte mit den im Bau gemessenen Werten durchgeführt. Verwendet wurden die in den informativen Anhängen des damaligen Normentwurfs angegebenen Bauteildaten, da andere Daten für diese Berechnungen noch nicht zur Verfügung standen. Es konnte bei den späteren Untersuchungen der HFT-Stuttgart gezeigt werden, dass mit optimierten, z. T. von EN 12354-1 abweichenden Daten eine bessere Übereinstimmung erreicht werden konnte als mit den Daten aus den informativen Anhängen. Die Untersuchung von Cejnek zeigte, dass mit dem vereinfachten Modell die beste Übereinstimmung erreicht wurde. Sieben der betrachteten Situationen konnten exakt prognostiziert werden. Bei den restlichen schwankten die berechneten Werte um 1 dB um den Messwert.

Nachdem durch den Wegfall des Prüfstandes mit bauähnlicher Flankenübertragung und der damit verbundenen Kennzeichnung der Schalldämmung massiver Bauteile dem Nachweis für den Massivbau nach Beiblatt 1 zu DIN 4109:1989 die Grundlage entzogen war, bestand für den Massivbau höchster Handlungsbedarf. 1997 wurde deshalb an der HFT-Stuttgart mit umfangreichen Forschungsarbeiten begonnen, die das Ziel hatten, den Massivbau in die neue DIN 4109 zu implementieren. Diese Arbeiten lieferten die Grundlagen für die Behandlung des Massivbaus in DIN 4109-2, DIN 4109-32 und DIN 4109-34.

Dazu wurden umfangreiche Messungen in ausgeführten Bauten in Massivbauweise durchgeführt. Neben dem Bau-Schalldämm-Maß R' wurden auch die Stoßstellendämm-Maße K_{ij} [315], [316], die Flankendämm-Maße R_{ij} [317] und die Körperschall-Nachhallzeiten T_{si} ermittelt. Die messtechnisch untersuchten Objekte wurden rechnerisch überprüft. Hierzu mussten geeignete Eingangsdaten ermittelt werden, welche zur Berechnung notwendig sind. Zahlreiche Daten konnten innerhalb des Projektes ermittelt werden oder wurden durch begleitende Untersuchungen von dritter Seite beigesteuert. In Parameterstudien wurde die Art der Daten variiert. Untersuchungen zur Anwendung der Verlustfaktor-Korrektur [318], [319] führten zur Einführung der Korrektur über den Bauverlustfaktor, so dass die energetischen Bedingungen der Einbausituation auch im vereinfachten Modell für den Massivbau berücksichtigt werden konnten. Dadurch konnte eine Steigerung der Prognosegenauigkeit erreicht werden.

Auf diese Weise konnten das Rechenmodell der EN 12354-1 für den Massivbau verifiziert und Eingangsdaten für den zukünftigen Bauteilkatalog vorgeschlagen werden. Durch die rechnerische und messtechnische Analyse der zahlreichen untersuchten Bausituationen konnte eine Vielzahl von Erkenntnissen gewonnen werden, die in die Hinweise zur Handhabung des Rechenverfahrens einflossen. Auf der Grundlage dieser Arbeiten konnten auch die Festlegungen für die Anwendung des Sicherheitskonzepts im Massivbau bestätigt werden [317], [320]. Ein pauschaler Sicherheitsbeiwert von 2 dB für die Prognose der Luftschalldämmung ergab sich aus verschiedenen Gründen als geeignete Festlegung für das Sicherheitskonzept: zum einen ergab sich ein solcher Wert aus den statistischen Auswertungen der Vergleichsrechnungen, zum anderen konnte er durch andere Untersuchungen und durch die methodischen Unsicherheitsbetrachtungen der PTB bestätigt werden. Ein weiterer Punkt war, dass mit dieser Festlegung das Prognoseniveau mit demjenigen des Nachweisverfahrens aus Beiblatt 1 zu DIN 4109:1989 unter Berücksichtigung des Vorhaltemaßes übereinstimmte, wenn darauf geachtet wurde, dass es sich um Gebäude in „üblicher" Massivbauweise handelte. Damit konnte auch Kontinuität zum bisherigen Nachweisverfahren hergestellt werden.

Über die Forschungsergebnisse für Kalksandstein-Mauerwerk wird in [321] berichtet. Für Mauerwerk in Porenbeton liegen die Ergebnisse in [322] und für Mauerwerk in Leichtbeton in [323] vor.

In [324] wurde für deutsche Bauweisen im Massivbau anhand von 31 Bausituationen die Genauigkeit des detaillierten und vereinfachten Modells für die Luft- und Trittschalldämmung aus EN 12354 untersucht. Die Berechnungen wurden mit dem Berechnungsprogramm BASTIAN (siehe 4.6.1) durchgeführt. Die verwendeten Daten entsprachen noch nicht den später für DIN 4109 getroffenen Festlegungen. Für die Luftschalldämmung ergab sich beim vereinfachten Modell für die Differenz zwischen berechneten und gemessenen Werten eine mittlere Abweichung von 2,0 dB mit einer Standardabweichung von 1,8 dB. Beim detaillierten Modell wurden als mittlere Abweichung 2,1 dB und eine Standardabweichung von 1,8 dB ermittelt. Als interessantes Ergebnis wurde zusätzlich festgehalten, dass die Komplexität des Modells die Genauigkeit der Prognose verringert. Dies steht im Widerspruch zu der Erwartung, dass eine zunehmende Verfeinerung des physikalischen Modells notwendigerweise die Genauigkeit der Berechnung erhöhen sollte.

Auch für Hochlochziegelmauerwerk wurden mehrere Forschungsvorhaben durchgeführt, um diese Bauweise gemäß der Methodik der EN 12354 in die Prognoseverfahren der neuen DIN 4109 einzubringen. EN 12354-1 hatte dafür allerdings keine angepassten Lösungen vorgesehen, so dass grundlegende Untersuchungen erforderlich waren. Da Beiblatt 1 zu DIN 4109:1989 den Nachweis der Luftschalldämmung ausgeschlossen hatte, „wenn einschalige flankierende Außenwände in Steinen mit einer Rohdichteklasse $\leq$ 0,8 und in schallschutztechnischer Hinsicht ungünstiger Lochung verwendet werden", wurde das für hochwärmedämmendes Ziegelmauerwerk adaptierte und überprüfte Prognoseverfahren der EN 12354-1 bereits 2010, also 6 Jahre vor Veröffentlichung der DIN 4109-2, im Rahmen einer allgemeinen bauaufsichtlichen Zulassung [311] für die bauaufsichtlichen Nachweise eingeführt. Mit Erscheinen der DIN 4109:2016 wird diese Zulassung nicht mehr benötigt, allerdings konnten so bereits im Vorfeld vor deren Veröffentlichung Erfahrungen mit dem Rechenverfahren für Ziegelmauerwerk gesammelt werden, die das gewählte Vorgehen umfänglich bestätigten.

In [325] wird über die grundlegenden Untersuchungen für Ziegelmauerwerk berichtet. Untersuchungen zum Stoßstellendämm-Maß von Hochlochziegelmauerwerk enthält [326].

Die in [327] und [328] genannten Forschungsarbeiten beschäftigten sich mit der Verlustfaktor-Korrektur für Ziegelmauerwerk.

2016 wurde in [329] über die Anwendung des Verfahrens nach DIN 4109-2 im mehrgeschossigen Wohnungsbau mit Hochlochziegelmauerwerk berichtet. Berechnete Werte wurden mit Messwerten verglichen. Der Schwerpunkt der Vergleiche lag bei Gebäuden mit Außenwänden aus hochwärmedämmendem monolithischem HLz-Mauerwerk mit einem hohen Anteil flankierender Außenwandflächen. Die Unterschiede zwischen Mess- und Prognosewerten lagen (ohne Berücksichtigung eines Sicherheitsbeiwertes) zu 80 % in einem Korridor der Abweichungen von ±2 dB. 15 % aller Werte lagen in einem Korridor von ±(2–3) dB. Die zuletzt genannten Werte betrafen ausschließlich Gebäude mit einem über die Mindestanforderungen von DIN 4109-1 hinausgehenden Schallschutz. Für die Differenz zwischen Messung und Prognose konnte als Standardabweichung bei einem Stichprobenumfang von 135 Situationen 1,6 dB ermittelt werden. Systematische Abweichungen bezüglich bestimmter Raumanordnungen, Flankenbauteilflächen, Abmessungen der Trennflächen oder bestimmter Bauteilspezifika konnten nicht festgestellt werden. Die Verwendung von Stoßstellendämm-Maßen aus Messungen an ziegelspezifischen Knotenpunkten erwies sich als vorteilhaft. Es wurde aus diesen Ergebnissen gefolgert, dass eine mit dem üblichen Massivbau vergleichbare Genauigkeit der Prognose, wie sie z. B. in [321] beschrieben wird, erreicht werden kann und ein Sicherheitsbeiwert von 2 dB auch bei Gebäuden mit hochwärmedämmendem monolithischem HLz-Mauerwerk eine zutreffende Festlegung ist.

Auch für Gipswandbauplatten wurden eingehende Untersuchungen durchgeführt, um sie in den Bauteilkatalog der DIN 4109-32 und die Berechnung nach DIN 4109-2 einzubringen. Die Forschungsergebnisse sind in [330] und [331] dokumentiert. Neben den Schalldämm-Maßen für die Direktdämmung wurden auch Stoßstellendämm-Maße hergeleitet, bei denen die Entkoppelung über Randstreifen berücksichtigt wird.

Ergebnisse aus [332], [333] konnten für die Erweiterung des Nachweisverfahrens für Gebäude mit zweischaliger massiver Haustrennwand herangezogen werden, so dass das aus Beiblatt 1 zu DIN 4109:1989 stammende Verfahren nun eine Prognose der Schalldämmung von zweischaligen Haustrennwänden unter Berücksichtigung der unvollständigen Trennung im untersten Geschoss ermöglicht. Weiterführende Untersuchungen zu zweischaligen Haustrennwänden [334], [335] beschreiben einen vom derzeitigen Vorgehen in DIN 4109-2 abweichenden Ansatz, der vollständig kompatibel ist mit der Methodik der EN 12354-Verfahren und die Berücksichtigung aller Übertragungswege erlaubt. Eine Umsetzung konnte für den Normentwurf von 2013 nicht mehr vorgenommen werden.

Mit der Berechnung des Trittschalls im Massivbau beschäftigten sich die in [336] und [337] dargestellten Forschungsarbeiten. Untersucht wurden neben dem alten Nachweisverfahren aus Beiblatt 1 zu DIN 4109:1989 und dem vereinfachten Verfahren der EN 12354-2 auch das detaillierte frequenzabhängige Verfahren der EN 12354-2 sowie ein daraus abgeleitetes Verfahren auf der Basis von Einzahlwerten. Die durchgeführten messtechnischen und rechnerischen Untersuchungen zeigten, dass der Trittschallschutznachweis mit den Einzahlangaben aus den Anhängen der DIN EN 12354-2 geführt werden kann. Das vereinfachte Rechenmodell der EN 12354-2 kann, durch die separate Berücksichtigung der flankierenden Übertragung, den Trittschallschutz unter Berücksichtigung leichter

Flanken nachbilden. Es konnte deshalb zur Anwendung in der neuen DIN 4109 vorgesehen werden. Um Kontinuität mit dem bisherigen Sicherheitsniveau im Trittschallschutz in massiven Mehrgeschoss-Wohnungsbauten zu schaffen, wurde für die neue DIN 4109 ein Sicherheitsabstand von 3 dB zwischen Prognosewert und den Anforderungen vorgeschlagen. Dieser Wert wurde in DIN 4109-2 als Sicherheitsbeiwert für die Trittschallprognose im Massivbau festgelegt und konnte in anderen Untersuchungen auch für den Holz- und Leichtbau bestätigt werden.

Ein weiterführender Vergleich verschiedener Rechenmodelle für die Trittschalldämmung im Massivbau auf der Basis der EN 12354-2 findet sich in [338]. Für die verschiedenen Berechnungsvarianten wurden Parameterstudien durchgeführt. Die Ergebnisse der Berechnungsvarianten wurden mit Messwerten aus Gebäuden verglichen. Besondere Aufmerksamkeit galt dem Berechnungsverfahren, das auf der Basis von Einzahlwerten der Methodik des detaillierten Modells der EN 12354-2 folgt. Es wurde inzwischen als neues vereinfachtes Modell in die revidierte EN 12354:2017 aufgenommen und löst damit das alte vereinfachte Modell, das derzeit auch in DIN 4109-2 verwendet wird, ab. Es konnte gezeigt werden, dass dieses Verfahren Vorteile gegenüber dem detaillierten (frequenzabhängig rechnenden) Modell und gegenüber dem alten vereinfachten Modell der EN 12354-2 und der DIN 4109-2 aufweist. Neben einer besseren Prognosegenauigkeit bildet es auch die flankierende Trittschallübertragung besser ab.

Untersuchungen für den Holz-, Leicht- und Trockenbau

Auch für den Holz-, Leicht- und Trockenbau wurden umfangreiche Untersuchungen durchgeführt, um diese Bauweisen in den rechnerischen Nachweisen der DIN 4109-2 und im Bauteilkatalog DIN 4109-33 zu verankern. Eine kurze Übersicht wird in [339] gegeben. Eine ausführliche Darstellung findet sich in [340].

Da der Datenbestand in Beiblatt 1 zu DIN 4109:1989 nicht mehr aktuell war und große Lücken aufwies, bestand eine wesentliche Aufgabe in der Erarbeitung eines erweiterten und aktualisierten Bauteilkatalogs für den Holz-, Leicht- und Trockenbau. Dazu wurden für Wände, Decken, Dächer und flankierende Bauteile verfügbare Daten aus Prüfberichten zusammengetragen und bezüglich ihrer Verwendbarkeit beurteilt. In großem Umfang konnte dabei auf neu ermittelte Daten zurückgegriffen werden. Eine Übersicht zum neuen Bauteilkatalog für den Holz-, Leicht- und Trockenbau mit einer Darstellung der Grundsätze zur Datengewinnung und zu Herkunft und Streuung der Daten wird in [341] gegeben.

Während im Massivbau die Stoßstellendämmung im Prognoseverfahren eine wichtige Rolle spielt und üblicherweise alle Flankenwege Ff, Df und Fd berücksichtigt werden müssen, ist das für den Holz-, Leicht- und Trockenbau nicht grundsätzlich der Fall. Zur Klärung der Rolle der Stoßstellendämmung wurden deshalb grundlegende Untersuchungen für den Holzbau [342] und für Fassaden [343] durchgeführt.

Für die Prognoseverfahren des Holz-, Leicht- und Trockenbaus mussten angesichts der vom Massivbau abweichenden Übertragungsverhältnisse eigene Formulierungen getroffen werden. Für die Luftschalldämmung geschah das dadurch, das für die Berechnung der Flankenübertragung anstelle der Berechnung über Direkt- und Stoßstellendämm-Maße pauschal die bewertete Norm-Flankenschallpegeldifferenz $D_{n,f,w}$ angewendet wird. Für die Trittschalldämmung musste eine eigenständige Lösung erarbeitet werden, da das für DIN 4109-2 vorgesehene vereinfachte Verfahren der EN 12354-2 für den Holzbau nicht geeignet war. In [344] werden die Untersuchungen zur Herleitung eines holzbauspezifischen Prognoseverfahrens beschrieben, mit dem es möglich ist, im Holzbau die flankierende Trittschallübertragung bei der Prognose zu berücksichtigen.

Über die Untersuchungen zur Validierung der Prognoseverfahren für den Holz-, Leicht- und Trockenbau wird in [345] und [346] berichtet. Für 26 Bausituationen wurden für die Luft- und Trittschalldämmung Vergleichsrechnungen durchgeführt. Für die Berechnungen der Luftschalldämmung wurde festgestellt, dass die Differenz zwischen Messung und Berechnung für die Mehrzahl der Fälle ≤ 2 dB beträgt und somit in derselben Größenordnung liegt wie für Gebäude in Massivbauweise. Ein Sicherheitsabschlag von 2 dB auf das Endergebnis der Berechnung wurde diskutiert. Für das modifizierte Trittschallverfahren ergab sich, auch hier wieder vergleichbar mit den Verhältnissen im Massivbau, eine größere Unsicherheit als beim Luftschall. Aus den Untersuchungen wurde geschlossen, dass das neue Trittschallberechnungsverfahren für praktische Anwendungen geeignet ist.

Sonstige Arbeiten

Für DIN 4109-35 (Bauteilkatalog für Elemente, Fenster, Türen, Vorhangfassaden) sei auf die Untersuchungen in [347] hingewiesen, die sich mit Wohnungseingangstüren und Bürotüren aus Holz und Holzwerkstoffen beschäftigten. Sie bildeten die Grundlage für die Behandlung von Türen in diesem Normteil.

Untersuchungen zum Sicherheitskonzept der DIN 4109

Ein wesentlicher Aspekt der neuen DIN 4109 ist das Sicherheitskonzept, das bei Prognoserechnungen des baulichen Schallschutzes und bei bauakustischen Messungen implementiert wurde. Die methodischen Grundlagen dieses Konzeptes wurden im Rahmen von Forschungsvorhaben erarbeitet, die vom DIBt gefördert und an der PTB Braunschweig durchgeführt wurden [348], [349], [350], [351], [352].

4.1.4.2 Validierung und Erfahrungen zu EN 12354 in anderen europäischen Ländern

Aus den zahlreichen Arbeiten, die sich in anderen europäischen Ländern mit der Anwendung und Validierung der EN 12354-Verfahren beschäftigen, seien nachfolgende exemplarische Beispiele herausgegriffen, die aufzeigen, dass auch außerhalb Deutschlands umfangreiche Untersuchungen stattfanden und umfassende Erfahrungen mit den neuen Verfahren gesammelt werden konnten.

In **Österreich** wurde schon zu einem frühen Zeitpunkt die Implementierung der EN 12354-Verfahren in die ÖNORM betrieben. Über eine Untersuchung zur Anwendung dieser Verfahren für in Österreich im Wohnungsbau eingesetzte Bauweisen wird von Lang in [353] berichtet. Die Untersuchungen dienten der Übernahme der EN 12354-Verfahren in die ÖNORM B-8115-4. Vorgesehen werden sollten dabei die vereinfachten Modelle. Für 62 Übertragungssituationen aus 28 Gebäuden wurden Vergleichsrechnungen für die bewertete Standard-Schallpegeldifferenz $D_{nT,w}$ durchgeführt. Die nach EN 12354-1 berechneten Werte lagen stets unter den Messwerten, also auf der sicheren Seite. Die Übereinstimmung zwischen Messung und Rechnung wurde als zufriedenstellend bezeichnet, so dass eine Übernahme in die ÖNORM vorgeschlagen wurde. Diese wurde in der ÖNORM B-8115-4:2003-09 [130], zusammen mit dem vereinfachten Modell für die Trittschallübertragung aus EN 12354-2, vollzogen. Von Interesse ist, dass die für Vorsatzschalen verwendeten Angaben des informativen Anhangs D aus EN 12354-1, die auch in DIN EN 4109-34 zugrunde gelegt wurden, als zutreffend beurteilt wurden.

Für das in den **Niederlanden** schon in den 1970er Jahren für die Luftschallübertragung angewendete Berechnungsverfahren [307], das auf denselben Grundsätzen wie das spätere EN 12354-1-Verfahren beruhte, konnte aus dem Vergleich von gemessenen und durch Prognoserechnung ermittelten Werten eine Standardabweichung von 1,6 dB ermittelt werden [354]. Zu nennen sind in diesem Zusammenhang die Arbeiten von Gerretsen, die die Grundlagen der EN 12354-Verfahren beschreiben [304], [307], [309] und auf die in 4.2.1 und 4.3.1 näher eingegangen wird.

Wichtige Beiträge zur Anwendung und Validierung der EN 12354-Verfahren wurden in **Schweden und anderen skandinavischen Ländern** erbracht. Bereits 1998 wurde von Pedersen über Untersuchungen zur Berechnung der Schalldämmung in Gebäuden im Rahmen eines Nordtest-Projektes [355] berichtet, das Input aus Schweden, Dänemark, Norwegen, Finnland und Island erhalten hatte. Für die Berechnung nach EN 12354 (Normentwurf) wurden für die Luft- und Trittschalldämmung Bauteilkennwerte und Stoßstellendämm-Maße zusammengestellt. Außerdem wurden für etwa 200 Bausituationen Vergleiche zwischen gerechneten und gemessenen Werten durchgeführt, die zu Angaben zur statistischen Sicherheit der Berechnungen führten. Für Gebäude in massiver Bauweise wurde für die horizontale Luftschallübertragung anhand von 45 Bausituationen eine mittlere Abweichung von 0,2 dB und eine Standardabweichung von 1,9 dB ermittelt. Aus 56 Situationen für die vertikale Luftschallübertragung ergaben sich eine mittlere Abweichung von 0,4 dB und eine Standardabweichung von 2,6 dB. Bei Gebäuden in leichter Bauweise waren es horizontal bei 39 untersuchten Situationen 0,1 dB (mittlere Abweichung) und 3,1 dB (Standardabweichung). Bei der vertikalen Luftschallübertragung ergaben sich aus 11 untersuchten Situationen 0,4 dB (mittlere Abweichung) und 3,2 dB (Standardabweichung). Bei der Trittschalldämmung ergaben sich aus 63 Situationen im Massivbau – 0,4 dB (mittlere Abweichung) und 3,1 dB (Standardabweichung) und aus 10 Situationen im Leichtbau 0,0 dB (mittlere Abweichung) und 5,4 dB (Standardabweichung).

Von Simmons stammen Untersuchungsergebnisse, die 2005 in [356] und [357] veröffentlicht wurden. Für die gemessene vertikale Luft- und Trittschalldämmung in 40 Gebäuden (massive Decken mit unterschiedlichen Bodenaufbauten, flankierende Wände gemischt massiv/leicht) wurden Vergleiche mit den nach EN 12354-1 und EN 12354-2 berechneten Werten durchgeführt. Die Berechnungen erfolgen mit dem Programm BASTIAN, dessen Datensammlung auch die Eingangsdaten für die Bauteile entnommen wurden. Für R'_{w} wurde eine Standardabweichung von 2,3 dB und für $L'_{n,w}$ von 4,4 dB ermittelt. Die Ergebnisse werden als vergleichbar mit den früheren Untersuchungen von Pedersen [355] bezeichnet. Angesichts der kumulierten Unsicherheiten empfiehlt der Autor für die Prognoserechnung der Luftschalldämmung einen Sicherheitsabschlag von 3 dB, wenn die Anforderungen von 95 % der geplanten Gebäude eingehalten werden sollen. Die Empfehlung eines Sicherheitsabschlags von 3 dB für ein Vertrauensniveau von 95 % entspricht einem Sicherheitsbeiwert von 2 dB für ein Vertrauensniveau von 84 %, was den Festlegungen der DIN 4109-2 entspricht. Die zugrunde gelegten Standardabweichungen sind in beiden Fällen vergleichbar. Die Festlegungen zum Erweiterungsfaktor und damit zum Vertrauensniveau werden jedoch unterschiedlich getroffen (siehe dazu 4.1.6).

Falls die Eingangsdaten als abgesicherter Mittelwert aus mehreren (Prüfstands-)Untersuchungen betrachtet werden können, die Gebäudekonstruktionen gut bekannt sind und die Ausführungsqualität als gut bezeichnet werden kann, wird von Simmons sowohl für die Luft- als auch für die Trittschalldämmung ein Sicherheitsab- bzw. Zuschlag von 2 dB empfohlen.

In **Frankreich** ist zur Handhabung der EN 12354-Verfahren das vom CSTB entwickelte Berechnungsprogramm Acoubat (siehe 4.6.1) in Gebrauch. Es enthält auch eine umfassende Datenbank. Es konnte bei den Untersuchungen zu DIN 4109-2 gezeigt werden, dass die Festlegungen zur Behandlung der Verlustfaktor-Korrektur bei massiven Bauteilen mit denen für DIN 4109-2 vergleichbar sind.

Zu einem späteren Zeitpunkt wurden auch in **Spanien** Untersuchungen zur Anwendung der EN 12354-Verfahren durchgeführt. Inzwischen haben diese Verfahren dort weite Verbreitung gefunden. Eine Studie zur Anwendung dieser Verfahren und ihrer Genauigkeit unter den Bedingungen der in Spanien üblichen Bauweisen wird in [359] beschrieben. Analog zu dem in DIN 4109-2 verfolgten Ansatz eines experimentell ermittelten Bauverlustfaktors [360] wurde auch für spanische Bauweisen ein Gesamtverlustfaktor am Bau ermittelt. Sowohl das detaillierte als auch das vereinfachte Berechnungsmodell der EN 12354-1 wurde mit Messwerten aus 24 Bausituationen mit horizontaler und vertikaler Übertragung verglichen. Für das detaillierte Modell wurde für die Differenz zwischen gemessenen und berechneten Werten eine mittlere Abweichung von 0,5 dB und eine Standardabweichung von 1,9 dB ermittelt. Für das vereinfachte Modell waren es −0,6 dB und 3,3 dB. Daraus wird gefolgert, dass beide Modelle für spanische Bauweisen im Mittel korrekte Prognosen liefern. Es wird, ohne dass im Beitrag die Herkunft der Eingangsdaten näher erläutert wurde, auf die starke Abhängigkeit der Prognosegenauigkeit von der Qualität der Eingangsdaten hingewiesen.

Inzwischen liegen auch aus **Tschechien** Erfahrungen mit der EN 12354 vor. Novacek beschreibt in [361] und [362] Untersuchungen für Gebäude in Massivbauweise, die in Tschechien dominieren. In [361] stehen Eingangsdaten für massive Wände einschließlich der Behandlung des Verlustfaktors am Bau im Vordergrund. In [362] wurde für 24 Bausituationen ein Vergleich zwischen gemessenen und nach EN 12354-1 (detailliertes und vereinfachtes Modell) gerechneten Werten durchgeführt. Alle Bauteildaten wurden rechnerisch aus den physikalischen Eigenschaften ermittelt. Für die Berechnung von R'_w ergaben sich zwischen detailliertem und vereinfachtem Verfahren keine signifikanten Unterschiede. Im detaillierten Modell betrug die mittlere Abweichung zwischen gerechneten und gemessenen Werten −0,4 dB und die Standardabweichung 2,9 dB. Beim vereinfachten Modell waren es −0,8 dB und 2,5 dB. Als Sicherheitsabschlag werden 3 dB vorgeschlagen. Aus den Ergebnissen wird abgeleitet, dass die europäischen Berechnungsverfahren eine gute Prognose ermöglichen.

Weitere Untersuchungen wurden z. B. in Belgien, Italien, Polen und Ungarn, aber auch außerhalb der EU z. B. in Kanada durchgeführt.

Es zeigt sich zusammenfassend, dass die EN 12354 in ganz Europa zu einer intensiven Beschäftigung mit den neuen europäischen Prognoseverfahren des baulichen Schallschutzes geführt hat und umfangreiche Arbeiten zu deren Validierung und praktischen Anwendung durchgeführt wurden. So ist die vor etwa 30 Jahren vom Grundlagendokument Schallschutz initiierte und damals noch als Utopie betrachtete Vereinheitlichung der bauakustischen Prognoseverfahren inzwischen zur Realität geworden. Auch wenn landesspezifische Randbedingungen im Einzelfall zu Modifikationen führen, können nun Nachweise des geforderten Schallschutzes und die bauakustische Planung europaweit auf derselben methodischen Grundlage und mit denselben Begriffen durchgeführt werden.

Insgesamt wurde durch diese Untersuchungen die Eignung der Berechnungsverfahren nach EN 12354 für eine praktikable und verlässliche Prognose des baulichen Schallschutzes bestätigt. Statistische Angaben zur Prognosesicherheit, die aus Vergleichen zwischen gerechneten und gemessenen Werten ermittelt wurden, liefern Aussagen, die mit den in Deutschland ermittelten und für DIN 4109-2 angesetzten Festlegungen für das Sicherheitskonzept der DIN 4109 gut übereinstimmen.

4.1.5 Verwendung und Behandlung von Daten

DIN 4109-2 formuliert in Abschnitt 5 Vorgaben zur Verwendung und Behandlung von Daten. Im Einzelnen geht es um Festlegungen, welche Daten in den Rechenverfahren Verwendung finden können, um Rundungsregeln bei der Ermittlung und Verarbeitung von Daten und die Berücksichtigung der Unsicherheiten der Eingangsdaten und der Berechnung. Auf den letztgenannten Punkt wird in 4.1.6 eingegangen. Mit diesen Festlegungen soll sichergestellt werden, dass die für die Berechnung erforderlichen Daten nach einheitlichen Regeln behandelt und angewendet werden.

Daten für die Berechnungsverfahren

In erster Linie sind die für die Berechnungsverfahren benötigten Daten dem Bauteilkatalog der DIN 4109-31 bis -36 zu entnehmen. Sie werden ohne Zu- oder Abschläge für die Berechnungen angewendet. Darüber hinaus sind außerhalb des Bauteilkatalogs Daten aus folgenden Quellen als Eingangsdaten verwendbar:

- Werte aus allgemeinen bauaufsichtlichen Zulassungen oder Europäischen technischen Bewertungen,
- Werte auf Basis von harmonisierten Produktnormen, wenn dies in DIN 4109-32 bis DIN 4109-36 festgelegt ist,
- Werte aus Prüfberichten.

Der zuletzt genannte Fall ist allerdings keine grundsätzliche Alternative zu den Daten aus dem Bauteilkatalog. Die Heranziehung von Daten aus Prüfberichten ist an bestimmte Voraussetzungen gebunden. Diese sind erfüllt bei Konstruktionen, für die keine Kennwerte nach DIN 4109-32 bis DIN 4109-36 zur Verfügung stehen. Auch dann, wenn eine Konstruktion wegen bestimmter einschränkender oder zusätzlicher Merkmale schalltechnisch anders beurteilt werden kann als im Bauteilkatalog, ist die Verwendung von Daten aus Prüfberichten möglich. Für beide Fälle hatte DIN 4109:1989 die Eignungsprüfungen I und III vorgesehen. Dieses System von Prüfungen ist durch die allgemeinen bauaufsichtlichen Prüfzeugnisse (abPs) außer Kraft gesetzt worden. Im Rahmen bauaufsichtlicher Nachweise werden deshalb abPs gefordert. Allerdings sind abPs nur für bestimmte Fälle vorgesehen. Sollen z. B. andere Stoßstellendämm-Maße bei den Prognoserechnungen als die in DIN 4109-32 angegebenen verwendet werden, weil die konkret vorgesehene Ausführung eines Knotenpunktes signifikant von den Varianten in DIN 4109-32 abweicht, dann besteht auf formaler Ebene eine Lücke, da derzeit nicht festgelegt ist, wie ein abP (oder eine allgemeine bauaufsichtliche Zulassung) für solche Konstruktionen zu erbringen wäre. Selbst wenn durch messtechnische Untersuchungen die Brauchbarkeit von in Frage kommenden Konstruktionen nachgewiesen ist und die Daten zur Verfügung stehen (siehe z. B. [329]), ist deren Verwendbarkeit im bauaufsichtlichen Nachweis formal nicht vorgesehen. In der Baupraxis ist es allerdings üblicher Brauch, dass Werte aus „normalen“ Prüfberichten verwendet und auch akzeptiert werden, um Handlungsfähigkeit herzustellen.

Bei der Durchführung von Prüfungen sind die Vorgaben aus DIN 4109-4 zu berücksichtigen. Im Gegensatz zur Handhabung in DIN 4109:1989 werden die aus Prüfberichten stammenden Daten ohne Zu- oder Abschläge direkt in die Berechnungen übernommen. Es wird also nicht zwischen Daten aus dem Bauteilkatalog DIN 4109-32 bis DIN 4109-36 und Daten aus Prüfberichten unterschieden. Das in DIN 4109:1989 gehandhabte Prinzip, dass Daten aus Prüfberichten erst durch ein Vorhaltemaß in so genannte Rechenwerte überführt werden müssen, findet keine Anwendung mehr. Dieses Vorgehen wurde durch das neue Sicherheitskonzept der DIN 4109 abgelöst, auf das in 4.1.6 eingegangen wird. Genauso wie das „Vorhaltemaß“ gehören damit die „Rechenwerte“ aus DIN 4109:1989 der Vergangenheit an.

Schalldämm-Maße massiver einschaliger Bauteile, die nach DIN 4109-32, 4.1.4.2 ermittelt werden, enthalten bereits eine so genannte In-situ-Korrektur über den mittleren Verlustfaktor. Damit in Prüfständen ermittelte Schalldämm-Maße von massiven (einschaligen) Bauteilen als Eingangsdaten für Berechnungen nach DIN 4109-2 verwendet werden können, müssen diese ebenfalls auf den mittleren Bauverlustfaktor bezogen werden. Eine entsprechende Regelung findet sich in DIN 4109-4. Näheres wird in 6.5.2 erläutert.

Rundungsregeln

Anforderungen werden in DIN 4109-1 mit ganzzahligen Zahlenwerten festgelegt. Auch die tabellarisch gegebenen Werte des Bauteilkatalogs in DIN 4109-32 bis -36 sind ganzzahlig. In zahlreichen Fällen aber werden die Werte für bestimmte Bauteile über die im Bauteilkatalog genannten Formeln rechnerisch bestimmt oder sie stammen aus Prüfberichten. Um zu einheitlichen Ergebnissen und einer einheitlichen Anwendung der Nachweise der Erfüllung der Anforderungen zu kommen, ist zu regeln ist, welches Zahlenformat die Eingangsdaten haben sollen und wie die berechneten Ergebnisse anzugeben sind.

Es hat sich mittlerweile die Erkenntnis durchgesetzt, dass für Berechnungen die Angabe der Kennwerte mit einer Dezimalstelle sinnvoll ist. Werden als Eingangsdaten nur ganzzahlige Kennwerte verwendet, so hat das nicht nur Einfluss auf das Endergebnis der Berechnung, sondern auch auf dessen Unsicherheit. Deshalb wird in DIN 4109-2, Anhang C.3 darauf hingewiesen, dass schalltechnische Kennwerte mit einer Dezimalstelle vorliegen sollten. „Bei Verwendung ganzzahliger Kennwerte“, heißt es dort, „ist eine systematische Verschiebung der Kennwerte um 0,5 dB (wegen der besonderen Rundungsart) sowie eine zusätzliche Rundungsunsicherheit zu berücksichtigen.“

In Zusammenhang mit der Unsicherheit von Einzahlwerten für die Luftschalldämmung führt Wittstock in [363] aus, dass es viele Vorteile hat, wenn anstelle von ganzzahligen Einzahlwerten solche mit einer Dezimalstelle angegeben werden. Zusammenfassend kommt er zu folgendem Ergebnis:

> A first important conclusion is that the calculation and use of uncertainties is much more meaningful if the weighted sound reduction index is calculated by taking into account decimal digits. The main reason for omitting them was that decimal digits may suggest a large accuracy. This argument is now obsolete since uncertainties are explicitly taken into account.
>
> It is furthermore to be expected that uncertainties will have at least one decimal digit. Since uncertainties are added to or subtracted from the measured value, the result will automatically have decimal digits. The use of decimal digits furthermore opens up the possibility of a normal rounding instead of the currently used truncation.

In [364] führt er aus:

> Wenn jetzt die Unsicherheiten explizit in die Betrachtungen einbezogen werden, ist es dagegen erforderlich, Nachkommastellen einzubeziehen, da ansonsten die folgenden Berechnungen nicht sinnvoll sind.

Tatsächlich werden in DIN EN ISO 12999-1 die Unsicherheiten mit einer Dezimalstelle angegeben. DIN EN ISO 717-1 (Einzahlwerte für die Luftschalldämmung) und DIN EN ISO 717-2 (Einzahlwerte für die Trittschalldämmung) haben in der Ausgabe von 2013 die Voraussetzungen geschaffen, dass die Einzahlwerte der Kenngrößen nicht mehr nur ganzzahlig, sondern zusätzlich auch mit einer Dezimalstelle angegeben werden können. Damit ist sichergestellt, dass Unsicherheit und Kenngröße im selben Zahlenformat verwendet werden können und für entsprechende Berechnungen zur Verfügung stehen. Beide Angaben müssen gemeinsam genannt werden. Damit wird gleichzeitig dem Argument vorgebeugt, dass durch die Angabe von Dezimalstellen eine nicht vorhandene Genauigkeit suggeriert werde.

Beim rechnerischen Nachweis der Erfüllung der Anforderungen sind beim Zahlenformat insgesamt drei Anwendungsbereiche zu betrachten:

- Festlegungen für die verwendeten Eingangsdaten,
- Festlegungen für die Prognoserechnungen,
- Festlegungen für den Nachweis der Erfüllung der Anforderungen.

Handelt es sich bei den Eingangsdaten um aus Gleichungen des Bauteilkatalogs ermittelte Pegelgrößen (z. B. die aus der flächenbezogenen Masse m' berechneten Größen bewertetes Schalldämm-Maß R_w und Stoßstellendämm-Maß K_{ij} nach DIN 4109-32 oder die aus Resonanzfrequenz und Schalldämm-Maß des Grundbauteils berechnete bewertete Verbesserung der Luftschalldämmung ΔR_w nach DIN 4109-34), sind die Werte nach DIN 1333 [3] auf eine Nachkommastelle zu runden. Mit den diesen Vorgaben genügenden Eingangsdaten wird die Prognoserechnung nach den Berechnungsverfahren der DIN 4109-2 durchgeführt. Auch Pegelgrößen, die sich als berechnete Zwischenergebnisse z. B. für die einzelnen Übertragungswege ergeben (bewertetes Flanken-Schalldämm-Maß $R_{ij,w}$), sind genauso wie das Endergebnis (bewertetes Bau-Schalldämm-Maß R'_w) auf eine Nachkommastelle zu runden.

Für Eingangsdaten aus Prüfberichten wurden ebenfalls Regelungen festgelegt. In DIN 4109-4, 5.1.3 heißt es für Kenngrößen, die durch Messungen gewonnen werden:

Als Eingangsdaten für die Berechnung nach DIN 4109-2 sind die benötigten Kenngrößen mit einer Nachkommastelle anzugeben.

So wird auch für Eingangsdaten aus Prüfberichten sichergestellt, dass sie in den Prognoserechnungen mit einer Dezimalstelle verwendet werden können. Falls es sich um Prüfberichte mit Angaben ganzzahliger Kennwerte handelt, was z. B. bei älteren Prüfberichten der Fall sein kann, ist eine nachträgliche Ermittlung mit einer Dezimalstelle nach den in DIN EN ISO 717-1 und DIN EN ISO 717-2 genannten Verfahren möglich, wenn der Prüfbericht die dazu benötigten frequenzabhängigen Angaben enthält. Wird bei Prüfergebnissen einschaliger massiver Bauteile für die Schalldämm-Maße die in DIN 4109-4 geforderte und beschriebene Verlustfaktor-Korrektur durchgeführt, dann sind auch die daraus resultierenden Werte auf eine Dezimalstelle zu runden.

Eine Regelung ist auch für den Vergleich der Ergebnisse einer Prognoserechnung mit den Anforderungswerten zu treffen. Aus den Gepflogenheiten der DIN 4109:1989 heraus war es üblich, nur mit ganzzahligen Werten zu rechnen bzw. beim Nachweis der Luftschalldämmung für „Gebäude in Skelett- und Holzbauart“ (Beiblatt 1 zu DIN 4109:1989, Abschnitt 5) die im Schallschutznachweis ermittelten Zahlenwerte auf ganze dB zu runden. Diese Werte waren dann mit dem Anforderungswert zu vergleichen. Tatsächlich besteht keine sachliche Notwendigkeit, für den Nachweis der Erfüllung der Anforderungen ganzzahlige Werte für die Ergebnisse der Prognoserechnung zu verwenden. Das in DIN 4109-2, 5.1.3 aufgeführte Beispiel führt bei einem Anforderungswert von $R'_w \geq 53$ dB und einem Prognosewert von 52,9 dB (einschließlich des Sicherheitsbeiwertes) zu dem Ergebnis, dass die Anforderung nicht eingehalten wird. Eine (nicht mathematische) Rundung auf den ganzzahligen Wert zur ungünstigen Seite hin hätte 52 dB ergeben und zu keinem anderen Ergebnis geführt.

Auch wenn die Sicherheitsbeiwerte bei der vereinfachten Ermittlung nach DIN 4109-2, 5.3.3 als ganzzahlige Pauschalwerte angegeben werden, werden sie prinzipiell als eine Größe mit einer Dezimalstelle betrachtet. So wird das in DIN EN ISO 12999-1 bei der Angabe der Unsicherheiten gehandhabt, und so wird auch in DIN 4109-2, Anhang C (Detaillierte Ermittlung der Unsicherheit) verfahren. Die Anwendung der Sicherheitsbeiwerte kann dann gemäß 4.1.6 nach den Gl. (4.1) bis (4.3) erfolgen, so dass das Ergebnis ebenfalls wieder ein Zahlenwert mit einer Dezimalstelle ist und in dieser Form, nicht aber auf ganze dB gerundet, mit dem Anforderungswert verglichen wird.

4.1.6 Sicherheitskonzept der DIN 4109

Unsicherheiten in der Akustik

DIN 4109 trägt dem Umstand Rechnung, dass Messungen und Berechnungen zum baulichen Schallschutz mit Unsicherheiten behaftet sind, die nun zum ersten Mal in der DIN 4109 auch explizit behandelt und benannt werden. Damit wird ein methodischer Ansatz umgesetzt, der bei einer ingenieurmäßigen Behandlung von Mess- und Prognoseverfahren zum Standard geworden ist. Dazu heißt es in DIN 4109-2, 5.3.1:

> DIN 4109 enthält ein einheitliches Sicherheitskonzept, das auf der Basis von Unsicherheitsermittlungen aufgebaut ist. Es findet seine Anwendung in denjenigen Bereichen, für die in DIN 4109 schalltechnische Nachweise geregelt werden. Dies betrifft rechnerische und messtechnische Nachweise des Schallschutzes.

Zur Behandlung von Unsicherheiten bei Messungen kann grundsätzlich der ISO/IEV Guide „Guide to the expression of uncertainty in measurement" GUM [154] herangezogen werden, der „ein ausführliches Verfahren zur Bewertung der Unsicherheiten auf der Grundlage eines vollständigen mathematischen Modells des Messverfahrens festlegt" (zitiert nach [106]). Für in der Bauakustik verwendete Messverfahren liegt mit DIN EN ISO 12999-1 [106] ein Regelwerk vor, das auf der Basis von Vergleich- und Wiederholpräzision Aussagen zur Unsicherheit bauakustischer Messverfahren gestattet. Auf die Behandlung der messtechnischen Unsicherheit in DIN 4109-4 wird in 6.4.5 eingegangen. DIN SPEC 45660-1 [56] liefert einen „Leitfaden zum Umgang mit der Unsicherheit in der Akustik und Schwingungstechnik", der als „Anleitung zur Ermittlung der Unsicherheiten von gemessenen oder prognostizierten akustischen Kenngrößen sowie zur Verwendung der Unsicherheiten beim Vergleich mit Anforderungswerten" herangezogen werden kann. Im Gegensatz zu den zuvor genannten Regelwerken wird hier zusätzlich auf die Unsicherheitsermittlung bei der Modellbildung und (anhand von Immissionsprognosen) auf die Unsicherheiten bei Prognosen eingegangen. Auch wenn das neue Sicherheitskonzept für die DIN 4109 ein Novum ist, wird letztlich nur nachvollzogen, was in anderen Bereichen der Technik, auch der Akustik, gang und gäbe ist.

Um das Sicherheitskonzept für die DIN 4109 zu erarbeiten und dort zu verankern, wurden insbesondere an der Physikalisch-Technischen Bundesanstalt (PTB) in Braunschweig eine Reihe von Untersuchungen durchgeführt, um die wesentlichen Unsicherheitskomponenten in der Bauakustik zu identifizieren und in ihrer Größe abzuschätzen [348], [349], [350], [351], [352], [365].

Inzwischen wurde, ausgehend von dem in DIN 4109-2, Anhang C beschriebenen Vorgehen, die Abschätzung der Unsicherheit bei der Prognose der Luftschalldämmung in die revidierte Ausgabe der DIN EN 12354-1 vom November 2017 aufgenommen.

Sicherheitsbeiwert kontra Vorhaltemaß

Als 1989 die DIN 4109:1989 veröffentlicht wurde, war die Einführung des so genannten Vorhaltemaßes eine Neuerung, die nachhaltig und entscheidend die Denkweise über

Schallschutznachweise prägen sollte. Bei der Vorstellung der damals neuen Norm sagte Gösele in [366] mit Bezug auf einschalige Wände und Decken:

> In der neuen DIN 4109 sind dabei die Werte um rund 2 dB niedriger als bisher (Messwerte) festgelegt, um Streuungen und eine größere Längsleitung zu berücksichtigen.

Das neue Vorhaltemaß hatte nach Gösele also eine doppelte Bedeutung: es sollte einerseits „Streuungen" berücksichtigen, andererseits aber einer „größeren Längsleitung" Rechnung tragen. Diese wäre anhand dieser Aussage im Nachweisverfahren der DIN 4109:1989 somit gleich dreimal an verschiedenen Stellen berücksichtigt: einmal bei der Messung des $R'_{w,P}$ im Prüfstand mit bauähnlicher Flankenübertragung nach DIN 52210 [61], dann durch die Korrekturwerte $K_{L,1}$ und $K_{L,2}$ im eigentlichen Berechnungsverfahren nach Beiblatt 1 zu DIN 4109:1989 und schließlich noch, entsprechend der Aussage von Gösele, im Vorhaltemaß. Da es von anderen Seiten noch andere Aussagen zur Bedeutung und zum Zustandekommen des Vorhaltemaßes gibt, hat es aus methodischer Sicht eine andere Bedeutung als der in DIN 4109-2 verwendete Sicherheitsbeiwert. Im Rahmen einer Unsicherheitsbetrachtung der Prognose wird dieser als statistische Kenngröße im Sinne einer Standardabweichung angewendet. Während das Vorhaltemaß als Abschlag auf die im Nachweisverfahren verwendeten Werte der Luft- oder Trittschalldämmung dem trennenden Bauteil zugeschlagen wird, werden in den Prognoseberechnungen der DIN 4109-2 die gesamten Kennwerte der Bauteile ohne Abschläge eingesetzt. Erst das Endergebnis der Prognoserechnung wird mit dem Sicherheitsbeiwert versehen. Selbst wenn der Sicherheitsbeiwert bei der pauschalen Ermittlung nach DIN 4109-2, 5.3.3 mit 2 dB anzusetzen ist und damit zahlenmäßig gleich dem Vorhaltemaß aus DIN 4109:1989 ist, ist er von der Bedeutung her nicht mit dem Vorhaltemaß gleichzusetzen, da er methodisch eine andere Begründung und Herleitung hat.

Die unterschiedliche Verwendung von Vorhaltemaß und Sicherheitsbeiwert wird in Bild 4.2 erläutert.

Zum Sicherheitskonzept gehört auch, wie mit den für die Prognoserechnungen benötigten Daten umzugehen ist. In DIN 4109-2 heißt es dazu in 5.1:

> Die Eingangsdaten für die rechnerischen Nachweise des Schallschutzes sind DIN 4109-32 bis DIN 4109-36 zu entnehmen. Sie werden ohne Zu- oder Abschläge für die Berechnungen angewendet. Eingangsdaten, die in den nachfolgenden Fällen aus Prüfberichten entnommen werden, müssen ebenfalls ohne Zu- oder Abschläge übernommen werden.
>
> ANMERKUNG 1 Ein „Vorhaltemaß" nach DIN 4109:1989-11 gibt es damit nicht mehr.

Bezüglich der Unsicherheiten werden Daten aus dem Bauteilkatalog und aus Prüfberichten also gleichgestellt. Diesem Vorgehen liegen Untersuchungen der PTB zugrunde, die für beide Datenquellen vergleichbare Unsicherheiten konstatiert haben. Im Gegensatz zu DIN 4109:1989 wird somit nicht mehr zwischen „Prüfstandswerten" (z. B. $R_{w,P}$) und „Rechenwerten" (z. B. $R_{w,R}$) differenziert, die sich durch das Vorhaltemaß unterschieden.

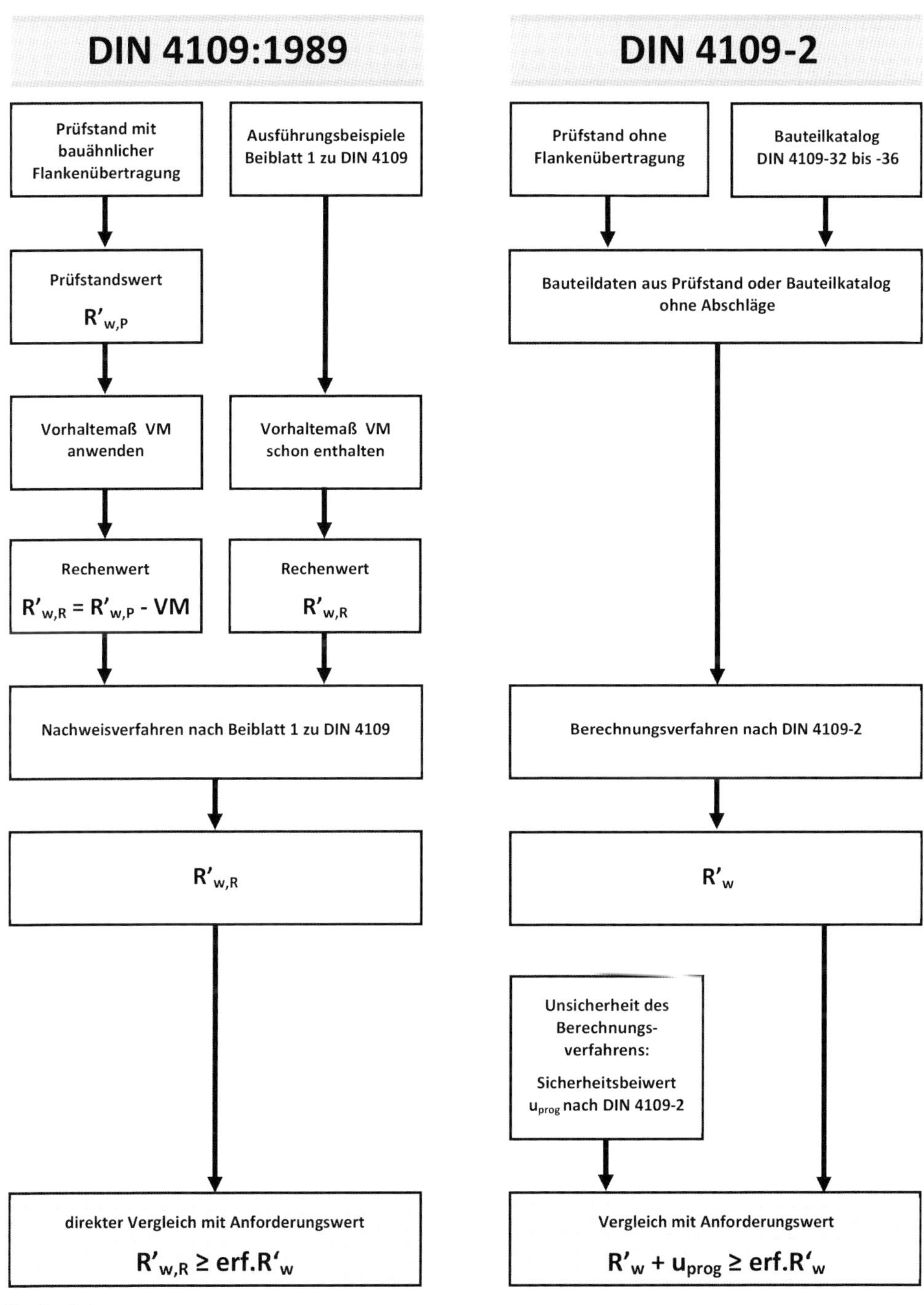

Quelle: Autoren

Bild 4.2: Anwendung des Vorhaltemaßes nach DIN 4109:1989 und des Sicherheitsbeiwertes nach DIN 4109-2 bei den Nachweisen am Beispiel der Luftschalldämmung

Statistischer Ansatz

Ebenfalls in [366] sagt Gösele zur Genauigkeit der Berechnung:

> Beim Luft- und Trittschall ist die Rechnung in aller Regel genauer als die Unsicherheiten der Bauausführung. Durch Mängel der Bauausführung können folgende negative Abweichungen gegenüber der Rechnung auftreten:
>
> - beim Luftschallschutz
>   - durch feste Verbindung des schwimmenden Estrichs mit den Wänden: 3–4 dB
>   - durch mangelnden Kontakt der Wohnungstrennwand mit der Außenwand: 3–5 dB
>   - durch Resonanzen von fehlerhaften Verkleidungen an flankierenden Bauteilen („Resonanzeffekt"): 3–10 dB
> - beim Trittschallschutz
>   - Schallbrücken bei schwimmenden Estrichen, zusammen mit harten Gehbelägen: etwa 5–20 dB

Diese Feststellung hat auch heute noch Gültigkeit. Es ist allerdings nicht Aufgabe eines Schallschutznachweises oder einer Prognoserechnung, Streuungen, die durch fehlerhafte Bauausführung verursacht werden und über eine „übliche" Streuung der Ausführung hinausgehen, bei der Prognose zu berücksichtigen. Das war weder bei DIN 4109:1989 der Fall noch trifft es bei DIN 4109:2016 zu.

Selbst wenn Mängel der Ausführung ausgeschlossen werden, unterliegt der im Gebäude erreichte Schallschutz bei nominell gleicher Bauweise einer gewissen „üblichen" Streuung. Über entsprechende Untersuchungen wird in [367] und [368] berichtet. Dort wird für Luftschall- und Körperschallübertragung eine Standardabweichung von etwa 2 dB genannt, die ausschließlich auf die Ausführung zurückzuführen ist. Es kann also selbst bei einem noch so guten und aufwändigen Prognoseverfahren nicht erwartet werden, dass in jedem Einzelfall der Prognosewert exakt mit dem für das betreffende Gebäude gemessenen Wert übereinstimmt. Es sind aber nicht nur die Streuungen der Gebäudeeigenschaften, die zu Unterschieden zwischen Mess- und Prognosewert führen. Bei einem solchen Vergleich ist zusätzlich noch zu berücksichtigen, dass auch die Messungen selbst einer statistischen Streuung unterliegen. DIN EN ISO 12999-1 [106] quantifiziert mit der Standardabweichung σ_{situ} solche Einflüsse. Selbstverständlich besitzt auch das Prognoseverfahren Unsicherheiten, und die zur Berechnung zur Verfügung stehenden Daten sind ebenfalls mit Unsicherheiten behaftet. Eine systematische Betrachtung aller zu berücksichtigenden Unsicherheitsbeiträge findet sich in DIN 4109-2, Anhang C.

Die Aussage, wie genau eine Prognose ist, kann also nur statistisch beantwortet werden. Im Mittel sollten die gemessenen Werte einer Stichprobe mit den prognostizierten Werten ohne systematische Abweichung übereinstimmen. Die vorhandene Streuung der Differenz zwischen Mess- und Prognosewert kann dann als ein Maß für die Genauigkeit der Prognose betrachtet werden. Als statistische Kenngröße kann dafür die Standardabweichung herangezogen werden. Die damit beschriebene Vorgehensweise wurde der Validierung der neuen Prognoseverfahren in DIN 4109-2 zugrunde gelegt. Näheres dazu findet sich in 4.1.4.

Festlegung eines Sicherheitsbeiwertes

Die Anwendung eines Sicherheitsbeiwertes soll bewirken, dass der beim Schallschutznachweis oder der bauakustischen Planung einzuhaltende Anforderungswert mit ausreichender Sicherheit erreicht wird. Dazu wird ein strengerer Planungswert angesetzt als der einzuhaltende Anforderungswert, der sich von diesem um den Sicherheitsbeiwert unterscheidet. Ziel ist es, den durch den Sicherheitsbeiwert gegebenen „Planungsabstand" so festzulegen, dass einerseits eine möglichst große Sicherheit bei der Erfüllung der Anforderungen erreicht wird, andererseits aber aus wirtschaftlichen Gründen keine unnötige Überdimensionierung erfolgt.

Schon bei der DIN 4109:1989 bestand dasselbe Problem, einen brauchbaren Kompromiss bei der Festlegung der Planungssicherheit zu treffen. Mit Hinblick auf das Vorhaltemaß sagte Gösele anlässlich der Einführung der DIN 4109:1989 [366]:

> Die Rechnung selbst hat man in DIN 4109 durch ein sogenanntes Vorhaltemaß von 2 dB gegenüber den Messwerten abzusichern versucht. Bei einschaligen Bauteilen wird der Zweck damit erreicht. Bei zweischaligen Bauteilen (z. B. Decken mit schwimmenden Estrichen) konnte man dieses Prinzip nicht konsequent durchsetzen, weil sonst die Baukosten zu sehr verteuert worden wären. Dort empfiehlt es sich, im Einzelfall mit den Rechenwerten einen „Respektabstand" von mindestens 2 dB von den Mindestanforderungen zu halten.

Eine Festlegung des Sicherheitsbeiwertes kann auf statistischen Grundlagen getroffen werden. Nimmt man an, dass der Prognosewert gleich dem Anforderungswert gesetzt wird, dann muss bei einem brauchbaren Prognoseverfahren im Mittel der Anforderungswert erreicht werden, wenn das Verfahren keine systematischen Fehler hat. Die tatsächlichen Werte schwanken mit einer gewissen Streuung um den Mittelwert herum. Geht man bei der statistischen Verteilung der tatsächlich erreichten Werte von einer Normalverteilung (Gauß'schen Verteilung) aus, was für die Verhältnisse der Bauakustik eine plausible Annahme ist, dann würden 50 % der betrachteten Fälle die Anforderungen erfüllen, und in den anderen 50 % wären diese nicht eingehalten. Eine solche Planung des Schallschutzes würde der geforderten Sicherheit bei der Erfüllung der Anforderungen nicht genügen. Man muss also bei der Prognose einen höheren Planungswert ansetzen als der Anforderungswert, damit in einem als ausreichend betrachteten Prozentsatz die Anforderungen trotz statistischer Streuung der tatsächlichen Werte noch eingehalten werden. Anhand der Standardabweichung σ kann unter der Annahme einer Normalverteilung eine Aussage getroffen werden, von welchem Prozentsatz der betrachteten Gebäude die Anforderung eingehalten bzw. nicht eingehalten wird.

Erhöht man – hier als Beispiel die Prognose der Luftschalldämmung – bei der Planung den Prognosewert um die (einfache) Standardabweichung, dann müsste im Mittel also dieser erhöhte Wert auch erreicht werden. Betrachtet man den Bereich der (einfachen) Standardabweichung $\pm\sigma$ um den Mittelwert herum, dann liegen 68 % der Werte in diesem Intervall (Vertrauensniveau für zweiseitigen Test). 32 % liegen außerhalb. Da man sich nur für die Werte zu interessieren braucht, die die Anforderung nicht erfüllen, betrifft das (bei der symmetrischen Normalverteilung) 16 %. Von 84 % der Werte kann dann also angenommen werden, dass sie die Anforderungen erfüllen (Vertrauensniveau für einseitigen Test). Wollte man eine höhere Sicherheit erreichen, dann müsste der „Planungsabstand" vergrößert werden. Mit 1,3 · σ würden nur noch 10 % der Werte die Anforderung verfehlen, mit 1,6 · σ wären es 5 % und mit 2 · σ noch 2,5 %. Allgemein spricht man vom Erweiterungsfaktor *k*, der ein bestimmtes Vielfaches der Standardabweichung beschreibt. Das Produkt aus beiden Größen, auch als erweitere Unsicherheit bezeichnet, ergibt den Sicherheitsbeiwert, der bei der rechnerischen Prognose anzusetzen ist.

Die Standardabweichung ergibt sich aus den statistischen Eigenschaften der betrachteten Stichprobe. Im Rahmen der Validierung der Prognoseverfahren (siehe 4.1.4) konnten für die Standardabweichung bei der Luftschalldämmung etwa 2 dB und bei der Trittschalldämmung etwa 3 dB ermittelt werden.

Die Festlegung des Erweiterungsfaktors *k* ist eine normungs- und ordnungspolitische Angelegenheit. Es handelt sich um einen Kompromiss zwischen erreichbarer Sicherheit und Wirtschaftlichkeit. Größere Sicherheit führt zu größeren Sicherheitsbeiwerten und damit zur Planung und Ausführung eines höheren Schallschutzes, damit nur noch ein kleiner Prozentsatz der Gebäude die Anforderungen verfehlt. In DIN 4109-2 heißt es in Abschnitt 5.3.2 in einer Anmerkung:

> Der Erweiterungsfaktor der Unsicherheit *k* wird mit dem Wert 1 festgelegt. Für andere Anwendungen außerhalb des Anwendungsbereichs der DIN 4109 (z. B. bei der Planung erhöhter Anforderungen an die Schalldämmung) könnten für *k* auch andere Festlegungen getroffen werden, um die erweiterte Unsicherheit der Prognose an individuelle Gegebenheiten anzupassen.

Für die „Schallschutznachweise" mit DIN 4109-2 wird damit eine verbindliche Festlegung der Sicherheitsbeiwerte getroffen. Der dafür gewählte Erweiterungsfaktor $k = 1$ schien dem zuständigen Normenausschuss und der am Normungsprozess beteiligten Bauaufsicht eine geeignete Festlegung zu sein. Im privatrechtlichen Bereich, z. B. wenn es um die Einhaltung erhöhter Anforderungen an den Schallschutz geht, muss eine solche Festlegung nicht bindend sein. Hier könnte vom Planer mit anderen Sicherheiten geplant werden, die seinem eigenen Erfahrungsbereich entsprechen und von ihm selbst zu verantworten sind. Fundierte Erfahrungen mit einer bestimmten Bauweise könnten dann z. B. zu kleineren Sicherheitsbeiwerten führen. Allerdings sollten bei einer von DIN 4109-2 abweichenden Handhabung der Sicherheitsbeiwerte die gewählten Festlegungen eindeutig benannt werden.

In der Schweizer SIA 181 [129] wird in diesem Zusammenhang zur Mess- und Rechenunsicherheit in Abschnitt 4.1.4. gesagt:

> Für jeden Nachweis ist die Größe der Mess- oder Berechnungsunsicherheit anzugeben. Ohne weitere Angaben wird darunter eine Schätzung der Standardabweichung verstanden.

Außerdem heißt es dort in Abschnitt 4 (Nachweise):

> Prognosewerte im Sinne von bewerteten Einzahl-Kennwerten sollen einen angemessenen Projektierungszuschlag KP in dB bzw. dB(A) aufweisen, damit die Einhaltung der Anforderungen unter Berücksichtigung z. B. abweichender Abmessungen gegenüber Laborprüfkörpern, üblicher Bauimperfektionen und Alterungseffekten auch bei Kontrollmessungen am Bau mit hoher Wahrscheinlichkeit erreichbar ist. Die gewählten Projektierungszuschläge sind zahlenmäßig auszuweisen.

Dieses Vorgehen überlässt die Verantwortung für die Unsicherheiten dem Anwender, genauso übrigens wie auch die Wahl des Berechnungsverfahrens und der Bauteildaten. DIN 4109 geht einen anderen Weg: die Berechnungsverfahren und die Bauteildaten haben einen Validierungsprozess durchlaufen und sind verbindlich festgelegt. Zu dieser Philosophie gehört dann auch, dass die Unsicherheiten der Prognose durch die Norm selbst festgelegt sind und nicht vom Anwender frei verantwortet werden müssen.

Handhabung des Sicherheitskonzepts in DIN 4109-2

Zum Vorgehen sagt DIN 4109-2 in 5.3.2:

> Für die Schallschutznachweise der DIN 4109 sind die nach Abschnitt 4 durchzuführenden Prognoserechnungen zur Berücksichtigung der Unsicherheit mit einem Zu- bzw. Abschlag auf das Endergebnis zu versehen. Diese Zu- bzw. Abschläge entsprechen der Unsicherheit der Prognose u_{prog} und werden nachfolgend als Sicherheitsbeiwert bezeichnet. Die für die Prognoserechnung herangezogenen Eingangsdaten werden nach 5.1 ohne Zu- bzw. Abschläge verwendet. Zum Vergleich mit den Anforderungen sind das Ergebnis der Prognoserechnung und der dazugehörige, nach 5.3.3 oder Anhang C ermittelte Sicherheitsbeiwert anzugeben.

Grundsätzlich werden zwei getrennte Schritte durchgeführt:

1) die Prognoserechnung nach DIN 4109-2, Abschnitt 4 und
2) die dazugehörige Ermittlung der Sicherheitsbeiwerte nach den Vorgaben in DIN 4109-2, 5.3.3 oder Anhang C.

Die ermittelte Unsicherheit wird dann dem Prognosewert zugeschlagen, so dass ein Abgleich mit den gestellten Anforderungen erfolgen kann. Das Vorgehen wird durch Bild 4.3 erläutert.

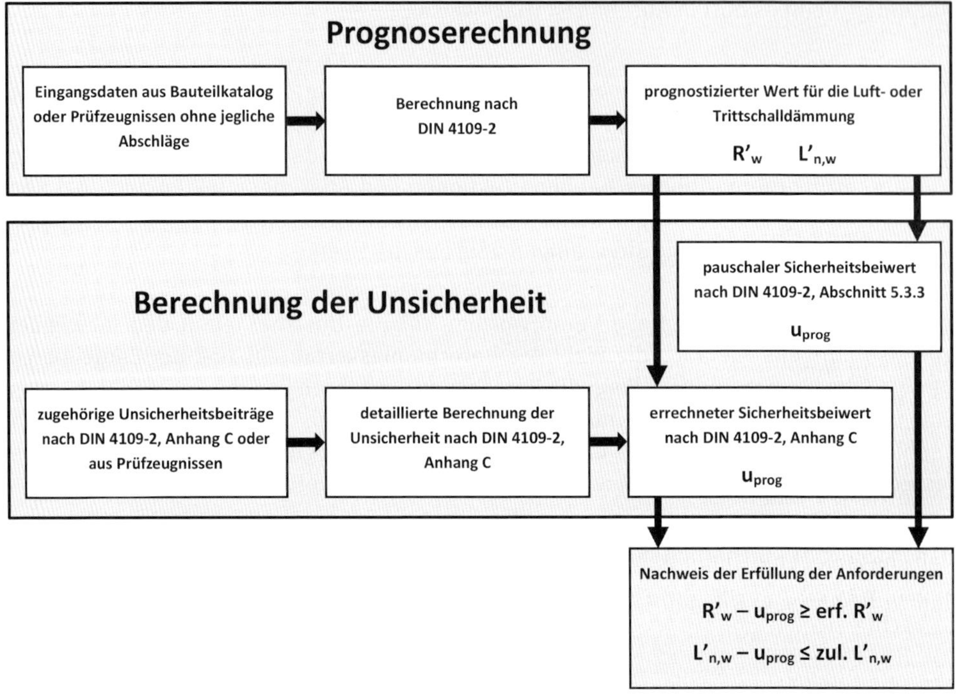

Quelle: Autoren

Bild 4.3: Nachweis der Erfüllung der Anforderungen

Der erste Schritt liefert die Größen R'_w oder $L'_{n,w}$. Im zweiten Schritt wird als Sicherheitsbeiwert die für die betrachtete Bausituation geltende Unsicherheit der Prognose u_{prog} ermittelt. Die in den beiden Schritten ermittelten Werte werden wie folgt zum Vergleich mit den Anforderungen nach DIN 4109-1 herangezogen:

– Für die Luftschalldämmung von trennenden Bauteilen im Gebäude:

$$R'_w - u_{prog} \geq \text{erf.} R'_w \text{ dB} \tag{4.1}$$

– Für die Luftschalldämmung von Außenbauteilen (Außenlärm):

$$R'_{w,ges} - u_{prog} \geq \text{erf.} R'_{w,ges} + K_{AL} \text{ dB} \tag{4.2}$$

– Für die Trittschallübertragung

$$L'_{n,w} + u_{prog} \leq \text{zul.} L'_{n,w} \text{ dB} \tag{4.3}$$

Mit dem Erweiterungsfaktor der Unsicherheit k und der erweiterten Unsicherheit $k{\cdot}u_{prog}$ lauten die Gleichungen (4.1), (4.2) und (4.3) in der allgemeinen Schreibweise:

$$R'_w - k \cdot u_{prog} \geq \text{erf.} R'_w \text{ dB} \tag{4.4}$$

$$R'_{w,ges} - k \cdot u_{prog} \geq \text{erf.} R'_{w,ges} + K_{AL} \text{ dB} \tag{4.5}$$

$$L'_{n,w} + k \cdot u_{prog} \leq \text{zul.}L'_{n,w} \text{ dB} \quad (4.6)$$

Obwohl in DIN 4109-1 auf die Bezeichnungen „erforderliches bewertetes Schalldämm-Maß“ (erf. R'_w) und „zulässiger bewerteter Norm-Trittschallpegel“ (zul. $L'_{n,w}$) bewusst verzichtet wurde, werden sie in DIN 4109-2, 5.3 verwendet, damit bei der Darstellung der mathematischen Zusammenhänge eine Unterscheidung zwischen den berechneten Werten (R'_w und $L'_{n,w}$) einerseits und den Anforderungsgrößen aus DIN 4109-1 (erf. R'_w und zul. $L'_{n,w}$) andererseits möglich ist.

Für Schalldruckpegel von gebäudetechnischen Anlagen und aus Betrieben stehen in DIN 4109-2, 5.3.2 derzeit noch keine Angaben zur Ermittlung der Unsicherheit der Prognose zur Verfügung. In [352] wird in Kürze auf die Prognoseunsicherheit von Schalldruckpegeln gebäudetechnischer Anlagen eingegangen, die nach DIN EN ISO 12354-5 berechnet werden. Anhand einer ersten groben Abschätzung wird dort je nach Anzahl der beteiligten Übertragungswege eine Unsicherheit zwischen 3,4 dB und 3,9 dB für den prognostizierten A-bewerteten Schalldruckpegel angegeben. Eine deutlich kleinere Abweichung wird in [369] zwischen prognostizierten und gemessenen Schalldruckpegeln von Heizungsanlagen genannt. Sie wird als mittlere Abweichung zwischen 1 bis 2 dB angegeben, was als durchaus ermutigendes Ergebnis für eine Prognose nach DIN EN 12354-5 betrachtet werden kann.

Zur Ermittlung der Sicherheitsbeiwerte nennt DIN 4109-2 zwei Möglichkeiten:

1) detaillierte Ermittlung der Unsicherheit nach DIN 4109-2, Anhang C,
2) vereinfachte Ermittlung der Sicherheitsbeiwerte nach DIN 4109-2, 5.3.3.

Die detaillierte Ermittlung der Sicherheitsbeiwerte beinhaltet eine Bestimmung der einzelnen Unsicherheitsbeiträge, aus denen die Gesamtunsicherheit ermittelt wird. Sie führt im Einzelfall, wenn die benötigten Daten für die einzelnen Unsicherheitsbeiträge zur Verfügung stehen, zu einer genaueren Bestimmung des Sicherheitsbeiwertes.

Für die Nachweise von DIN 4109 stellt die vereinfachte Ermittlung der Sicherheitsbeiwerte den Regelfall dar. Auch wenn es nicht die eigentliche Aufgabe der DIN 4109 ist, an dieser Stelle eine Festlegung für die bauaufsichtlichen Nachweise zu treffen, gibt Anmerkung 6 in DIN 4109-2, 5.3.2 die Meinung der an der Normung beteiligten Bauaufsicht wieder:

Für bauaufsichtliche Nachweise sind die Sicherheitsbeiwerte nach 5.3.3 zu ermitteln, wenn nicht andere Regelungen in bauaufsichtlichen Bestimmungen bestehen.

Die vereinfachte Ermittlung der Sicherheitsbeiwerte sieht ohne weitere Rechnung einen pauschalen Zu- oder Abschlag auf das Ergebnis der Prognoserechnung vor. Nach DIN 4109-2, 5.3.3 wird für die Prognose der Luftschalldämmung als Sicherheitsbeiwert

$$u_{prog} = 2 \text{ dB} \quad (4.7)$$

vorgesehen. Nur für die Luftschalldämmung von Türen wird als Ausnahme

$$u_{prog} = 5 \text{ dB} \quad (4.8)$$

angesetzt. Da bei Türen die Anforderungen ohne weitere Rechnung an die Direktdämmung gestellt werden, entspricht in diesem Fall der Sicherheitsbeiwert von 5 dB dem früheren Vorhaltemaß von 5 dB, das in DIN 4109:1989 für Türen festgelegt worden war. Auf diesen Sonderfall wird nachfolgend näher eingegangen.

Mit den für die Sicherheitsbeiwerte getroffenen Festlegungen ergibt sich für die Luftschalldämmung von trennenden Bauteilen im Gebäude:

$$R'_\mathrm{w} - 2\ \mathrm{dB} \geq \mathrm{erf.}R'_\mathrm{w}\ \ \mathrm{dB} \tag{4.9}$$

Für die Luftschalldämmung von Außenbauteilen (Außenlärm) gilt

$$R'_\mathrm{w,ges} - 2\ \mathrm{dB} \geq \mathrm{erf.}R'_\mathrm{w,ges} + K_\mathrm{AL}\ \ \mathrm{dB} \tag{4.10}$$

und für die (Direkt-)Dämmung von Türen

$$R_\mathrm{w} - 5\ \mathrm{dB} \geq \mathrm{erf.}R_\mathrm{w}\ \ \mathrm{dB} \tag{4.11}$$

Für die Trittschalldämmung ist als pauschaler Wert

$$u_\mathrm{prog} = 3\ \mathrm{dB} \tag{4.12}$$

vorgesehen. Damit ergibt sich

$$L'_\mathrm{n,w} + 3\ \mathrm{dB} \leq \mathrm{zul.}L'_\mathrm{n,w}\ \ \mathrm{dB} \tag{4.13}$$

Diese Festlegung gilt für alle Trittschallermittlungen in DIN 4109-2, also für massive Decken im Massivbau (auch Einfamilien-Doppelhäuser und Einfamilien-Reihenhäuser) und im Skelettbau nach DIN 4109-2, 4.3.2.2, für massive Treppen an massiven ein- und zweischaligen Wänden nach DIN 4109-2, 4.3.2.3 sowie für die Trittschalldämmung im Holz-, Leicht- und Trockenbau.

Behandlung der Unsicherheit bei Türen

Ein besonderer Fall liegt beim Umgang mit dem Sicherheitsbeiwert für Türen vor. Nach DIN 4109-1, Tabelle 2 wird bei Anforderungen an Türen nur die Schallübertragung über die Tür selbst (ohne jede weitere Übertragung über andere Bauteile) berücksichtigt. Die Anforderungsgröße ist deshalb ein R_w. In Fußnote c derselben Tabelle heißt es für Türen:

Nach DIN 4109-2 muss ein Sicherheitsbeiwert von 5 dB berücksichtigt werden.

Damit gilt zur Erfüllung der Anforderungen an die Luftschalldämmung von Türen die in Gl. (4.11) genannte Beziehung. Für die Tür muss also (durch Prüfzeugnis) ein um 5 dB höheres bewertetes Schalldämm-Maß als der Anforderungswert nachgewiesen werden. Das entspricht vom Vorgehen her der bereits nach DIN 4109:1989 gehandhabten Praxis.

Dieser Passus gilt in DIN 4109-1 für Türen in den Tabellen 2, 4, 5 und 6. Auch für Türen von Laubengängen mit Anforderungen an den Außenlärm nach DIN 4109-1:2016-07, Tabelle 7, wird nach DIN 4109-2, Abschnitt 5.3.3 als pauschaler Wert $u_\mathrm{prog} = 5$ dB angesetzt. Bei Laubengängen gelten allerdings auch Anforderungen zum Schutz gegen Außenlärm.

Die Anforderung wird damit an das gesamte bewertete Bau-Schalldämm-Maß $R'_{w,ges}$ der Außenbauteile gestellt. Dieses ergibt sich für das zusammengesetzte Bauteil unter Berücksichtigung aller die Fassade bildenden Bauteile (z. B. Wand und Tür). Für $R'_{w,ges}$ setzt DIN 4109-2 in 5.3.3 als Sicherheitsbeiwert 2 dB an. Unklar ist dabei, wie nun verfahren werden soll, wenn sich (wie bei Laubengängen) eine Tür in der Fassade eines schutzbedürftigen Raumes befindet, für die nach DIN 4109-2, 5.3.3 ein Sicherheitsbeiwert von 5 dB gefordert wird. Dieser Fall wurde offensichtlich nicht betrachtet, so dass es dafür (noch) keine Regelung gibt.

Ein vergleichbarer Fall liegt bei Türen zwischen Hotelzimmern vor. In DIN 4109-1:2018, Tabelle 4 Zeile 5 heißt es bei der Anforderung an Wände zwischen Übernachtungsräumen: „Gilt auch für Trennwände mit Türen zwischen fremden Übernachtungsräumen ($R'_{w,res}$)." Die Anforderung muss also vom gesamten bewerteten Bau-Schalldämm-Maß $R'_{w,ges}$, das hier irrtümlich mit $R'_{w,res}$ bezeichnet wurde, erfüllt werden. Auch hier soll für die Tür ein Sicherheitsbeiwert von 5 dB angesetzt werden, während es für den Nachweis einer Wand ohne Tür 2 dB wären. Wie nun bei einer solchen Wand mit Tür verfahren werden soll, ist in DIN 4109-2 ebenfalls nicht geregelt, so dass Klärungsbedarf besteht.

Prinzipiell wäre in beiden angesprochenen Fällen (Laubengang und Wand zwischen Hotelzimmern) die Berechnung wie beim Außenlärm nach DIN 4109-2, Gl. (34) vorzunehmen:

$$R'_{w,ges} = -10\lg\left[\begin{array}{l}\sum\limits_{i=1}^{m} 10^{-R_{e,i,w}/10} \\ +\sum\limits_{F=f=1}^{n} 10^{-R_{Ff,w}/10} + \sum\limits_{f=1}^{n} 10^{-R_{Df,w}/10} + \sum\limits_{F=1}^{n} 10^{-R_{Fd,w}/10}\end{array}\right] \text{dB} \qquad (4.14)$$

Ob dabei die für die Berücksichtigung der flankierenden Übertragung vorgesehenen Summanden mit den Übertragungswegen Ff, Df und Fd angesetzt werden müssen oder ob sie vernachlässigt werden können, müsste anhand der aktuell vorliegenden Bausituation entschieden werden.

Im Sinne der für die Behandlung von Unsicherheiten gewählten Methodik der DIN 4109-2 muss auch für diese Rechnung ein Sicherheitsbeiwert auf das Ergebnis der gesamten Berechnung angewendet werden. Das wäre prinzipiell machbar im Rahmen einer detaillierten Unsicherheitsermittlung, die sich am Vorgehen in DIN 4109-2, Anhang C orientiert und für zusammengesetzte Bauteile adaptiert werden müsste. Ein solches Vorgehen ist im Rahmen der Nachweise der DIN 4109 allerdings nicht vermittelbar. Die vereinfachte Ermittlung der Sicherheitsbeiwerte nach DIN 4109-2, 5.3.3, die pauschale Werte vorsieht, steht als praktikable Lösung aber auch nicht zur Verfügung, da systematische Untersuchungen zur Unsicherheit zusammengesetzter Bauteile mit Türen nicht vorliegen. Hier besteht noch Handlungsbedarf zur Festlegung brauchbarer Regeln.

Da in den betrachteten Fällen wegen der andersartigen Behandlung der Tür der Sicherheitsbeiwert derzeit nicht alleine auf das Endergebnis $R'_{w,ges}$ angesetzt werden kann, könnte eine pragmatische Vorgehensweise so aussehen, dass (abweichend vom üblichen Vorgehen) für jeden der vier Summanden in Gl. (4.14) separat (und differenziert) ein Sicherheitsbeiwert angesetzt wird. Für die drei Summanden der Flankenübertragung wären das jeweils 2 dB. Für den ersten Summanden, der die Direktdämmung des zusammengesetzten Bauteils beschreibt, könnte als pragmatischer Vorschlag eine flächengewichtete Berücksichtigung der unterschiedlichen Sicherheitsbeiwerte vorgesehen werden: 2 dB für die Wand und 5 dB für die Tür. Daraus ließe sich dann folgende Vorgehensweise für die Wand mit Tür ableiten:

$$R_{\text{w, Wand+Tür}} = -10\lg\left[\frac{1}{S_{\text{Wand+Tür}}} \times \left(S_{\text{Wand}} \cdot 10^{-(R_{\text{w,Wand}}-2\,\text{dB})/10} + S_{\text{Tür}} \cdot 10^{-(R_{\text{w,Tür}}-5\,\text{dB})/10}\right)\right]\text{dB} \quad (4.15)$$

Für die praktische Anwendung könnte als Näherung und Vereinfachung für die vollständige Berechnung nach Gl. (4.14) die flankierende Übertragung gleich in Gl. (4.15) angesetzt werden, so dass dafür

$$R'_{\text{w, Wand+Tür}} = -10\lg\left[\frac{1}{S_{\text{Wand+Tür}}} \times \left(S_{\text{Wand}} \cdot 10^{-(R'_{\text{w,Wand}}-2\,\text{dB})/10} + S_{\text{Tür}} \cdot 10^{-(R_{\text{w,Tür}}-5\,\text{dB})/10}\right)\right]\text{dB} \quad (4.16)$$

geschrieben werden könnte. Zu beachten ist, dass auch die flankierende Übertragung über den schwimmenden Estrich bereits in der Berechnung zur Wand zu berücksichtigen ist. Da die Sicherheitsbeiwerte bereits in dieser Beziehung enthalten sind, müssen sie beim Vergleich mit den Anforderungen nicht mehr in Ansatz gebracht werden, so dass dafür anstelle von Gl. (4.9)

$$R'_{\text{w, Wand+Tür}} \geq \text{erf.}R'_{\text{w}} \ \text{dB} \quad (4.17)$$

gilt.

Falls Türen von Laubengängen zu schutzbedürftigen Räumen führen, was in der Praxis aus verschiedenen Gründen vermieden werden sollte, könnte der hier beschriebene Ansatz sinngemäß angewendet werden.

Etwas anders gelagert ist die Situation bei Türen zu Balkonen, Terrassen oder Loggien. Geht man davon aus, dass der bei Türen geforderte Sicherheitsbeiwert von 5 dB für Türen im Innenbereich berechtigt ist, dass aber die hier betrachteten Türen von der Konstruktion her mit Fenstern verglichen werden können, so ist dafür keine gesonderte Regelung der Unsicherheit erforderlich. Sie kann nach Gl. (4.10) behandelt werden.

4.2 Luftschalldämmung: Berechnung und Nachweise

4.2.1 Grundlagen für die Berechnung der Luftschalldämmung

4.2.1.1 Grundprinzip des Rechenmodells der EN 12354-1 für die Luftschallübertragung

Die Berechnungsmodelle der EN 12354 gehen im Wesentlichen auf Arbeiten von Gerretsen zurück [309], [370]. Sie beruhen auf Ansätzen der Statistischen Energieanalyse (SEA). Daraus ergeben sich folgende Voraussetzungen:

- Die einzelnen Übertragungswege werden als voneinander unabhängig betrachtet.
- Sowohl für Luftschall als auch Körperschall liegen diffuse Schallfelder vor.

Die erste Voraussetzung kann unter realen Bedingungen im weitesten Sinne als erfüllt betrachtet werden. Man kann also die einzelnen Übertragungswege separat betrachten und berechnen. Dagegen hat die Annahme diffuser Schallfelder Konsequenzen für den Geltungsbereich des Modells, die messtechnische Beschaffung von Daten für die Berechnung und die Prognosegenauigkeit. Einschränkungen treten da auf, wo die Bedingungen diffuser Schallfelder nicht mehr hinreichend erfüllt sind, also bei „tiefen" Frequenzen. Eine weitere Einschränkung ergibt sich daraus, dass die Übertragung (vorerst) nur zwischen benachbarten Räumen berechnet werden kann. Das ist jedoch keine grundsätzliche Einschränkung, sondern ist dem Umstand geschuldet, die Komplexität der Berechnungen zu beschränken.

Der grundsätzliche Ansatz besteht darin, die Gesamtübertragung in die einzelnen Übertragungswege aufzuteilen. Die berücksichtigten Übertragungsmöglichkeiten werden in Bild 4.4 dargestellt.

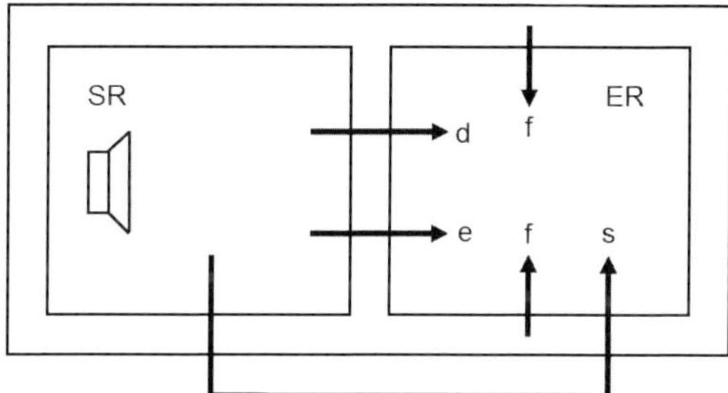

Legende

SR Senderaum,

ER Empfangsraum

Für die Übertragung über das trennende Bauteil werden berücksichtigt:

d: Körperschallübertragung über das Trennbauteil

e: Luftschallübertragung über Elemente im Trennbauteil (z. B. Schlitze, Spalte, Lüftungseinrichtungen, Lüftungsgitter, Dichtungseinrichtungen bei Durchführungen, Rollladenkästen)

Bei der indirekten Übertragung (Nebenweg-Übertragung) kommen in Frage

f: Körperschall-Nebenwegübertragung über flankierende Bauteile (Wände, Decken, Böden), auch Flankenübertragung genannt

s: Luftschall-Nebenwegübertragung über Systeme (z. B. Lüftungsanlagen, Unterdecken, Doppel- und Hohlraumböden, Korridore), auch indirekte Luftschallübertragung genannt

Quelle: Autoren

Bild 4.4: Berücksichtigte Übertragungswege im Berechnungsmodell der EN 12354-1

Zur weiteren Betrachtung werden alle Übertragungswege durch ihren Transmissionsgrad beschrieben. Dieser ist die physikalische Größe, die auf der Basis von Schallleistungen die Schallübertragung eines bestimmten Weges charakterisiert.

Für die Übertragung über ein trennendes Bauteil ergibt sich der Transmissionsgrad τ gemäß Bild 4.5 aus dem Verhältnis der vom Bauteil durchgelassenen Schallleistung W_2 zur auf das Bauteil auftreffenden Schallleistung W_1.

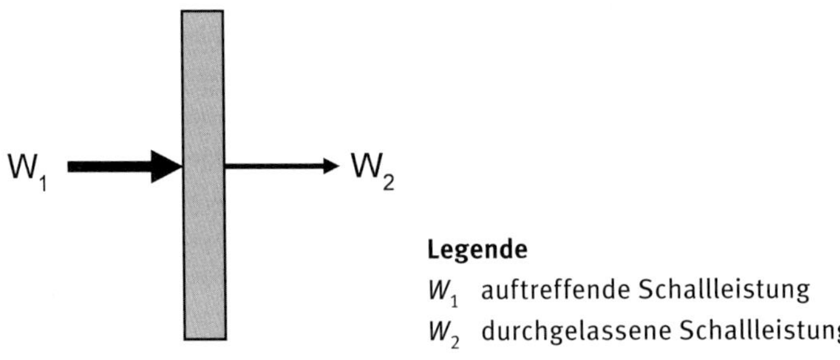

Quelle: Autoren

Bild 4.5: Zur Definition des Transmissionsgrades für die Direktübertragung

Für den Transmissionsgrad τ ergibt sich somit

$$\tau = \frac{W_2}{W_1} \quad 0 \leq \tau \leq 1 \tag{4.18}$$

Aus dem Transmissionsgrad kann dann die Schalldämmung eines Bauteils ermittelt werden, die durch das Schalldämm-Maß R beschrieben wird:

$$R = 10 \lg \frac{1}{\tau} = 10 \lg \frac{W_1}{W_2} \text{ dB} \quad R \geq 0 \tag{4.19}$$

Das Schalldämm-Maß ist also eine über Leistungen definierte Größe.

In ähnlicher Art und Weise werden auch die Transmissionsgrade für die anderen Wege definiert (für die Flankenwege: siehe τ_f in 4.2.1.2.1, für Elemente und Systeme: siehe τ_e und τ_s in Abschnitt 4.2.1.4).

Im Sinne einer Leistungsbilanz ergibt sich die insgesamt übertragene Schallleistung aus der Summation der über alle Wege übertragenen Schallleistungsanteile. Entsprechend ergibt sich der gesamte Transmissionsgrad aus der Summation der Transmissionsgrade aller Übertragungswege:

$$\tau_{\text{ges}} = \frac{W_{\text{ges}}}{W_1} = \tau_\text{d} + \sum_{\text{f}=1}^{\text{n}} \tau_\text{f} + \sum_{\text{e}=1}^{\text{m}} \tau_\text{e} + \sum_{\text{s}=1}^{\text{k}} \tau_\text{s} \tag{4.20}$$

Dabei ist

W_{ges} die gesamte in den Empfangsraum übertragene Schallleistung;

W_1 die auf das Trennbauteil auftreffende Schallleistung;

τ_d Transmissionsgrad für die über das Trennbauteil abstrahlenden Übertragungswege (siehe Gl. (4.24));

τ_f Transmissionsgrad für die über ein Flankenbauteil abstrahlenden Übertragungswege (siehe Gl. (4.25));

τ_e Transmissionsgrad für die über Elemente abstrahlenden Übertragungswege (siehe Gl. (4.50));

τ_s Transmissionsgrad für die über Systeme abstrahlenden Übertragungswege (siehe Gl. (4.52)).

Diese Beziehung stellt die Grundlage des Berechnungsmodells dar. Im weiteren Verlauf sind dann noch die einzelnen Übertragungswege zu beschreiben. So ergibt sich insgesamt ein physikalisch leicht nachvollziehbarer und plausibler Ansatz für das Berechnungsmodell. Es ist dabei für das Verständnis von Bedeutung, dass alle Transmissionsgrade einschließlich des gesamten Transmissionsgrades auf die Schallleistung bezogen werden, die auf das trennende Bauteil auftritt. Während eine solche Festlegung für die direkte Übertragung über das trennende Bauteil physikalisch einleuchtend ist, ist sie für alle anderen Übertragungswege willkürlich. Man schlägt durch diese Festlegung die gesamte Schallübertragung gedanklich dem Trennbauteil zu und tut so, als ob alle in den Empfangsraum übertragenen Schallleistungsanteile (siehe Bild 4.4), egal auf welchem Weg sie tatsächlich übertragen wurden, vom Trennbauteil abgestrahlt werden.

Auch aus diesem gesamten Transmissionsgrad kann analog zu Gl. (4.19) als Zielgröße ein Schalldämm-Maß für die gesamte Übertragung zwischen Sende- und Empfangsraum ermittelt werden. Diese Größe wird im deutschsprachigen Raum Bau-Schalldämm-Maß R' genannt, da sie alle Nebenwege in einer konkreten Bausituation berücksichtigt und damit die aktuelle Bausituation in ihrem bauakustischen Verhalten charakterisiert. Dafür gilt:

$$R' = R_{\text{ges}} = 10\lg\frac{1}{\tau_{\text{ges}}} = -10\lg\tau_{\text{ges}} = -10\lg\frac{W_1}{W_{\text{ges}}}\ \text{dB} \tag{4.21}$$

Im englischen Sprachgebrauch wird R' als „apparent sound reduction index“ bezeichnet. Dieses „scheinbare“ Schalldämm-Maß beschreibt die wahre physikalische Bedeutung dieser Größe wesentlich zutreffender als der deutsche Begriff, durch den der Eindruck erweckt wird, dass es sich dabei um eine Bauteilgröße handeln könnte. Die Gesamtübertragung als Gebäudeeigenschaft wird gedanklich einem einzelnen Bauteil (Trennbauteil) zugeschrieben. Wenn nun auch die geschuldeten Anforderungen durch diese Größe beschrieben werden, kommt es bei vielen Anwendern (wie es bei DIN 4109:1989 immer wieder der Fall war) zur Annahme, dass die Anforderungen (nur und ausschließlich) an das trennende Bauteil gestellt werden.

Schon aus diesem Grunde wäre es sinnvoll, bauakustische Anforderungen an den Schallschutz in Gebäuden nicht durch diese Größe, sondern durch die Standard-Schallpegeldifferenz D_{nT} zwischen zwei Räumen zu formulieren. Auf diese Thematik wird in 3.2.1 weiterführend eingegangen.

Transmissionsgrade und Schalldämm-Maße sind frequenzabhängige Größen. Alle bisherigen Betrachtungen sind also frequenzabhängig zu verstehen. Durch das Bewertungsverfahren der DIN EN ISO 717-1 [88] können aus den frequenzabhängigen Schalldämm-Maßen R bzw. R' als Einzahlwerte das bewertete Schalldämm-Maß R_w bzw. das bewertete Bau-Schalldämm-Maß R'_w ermittelt werden. R'_w ist die Größe, die in DIN 4109-1 für die Formulierung der Anforderungen an die Luftschalldämmung herangezogen wird.

Aus R' bzw. R'_w können bei Bedarf andere Zielgrößen zur Beschreibung des Schallschutzes abgeleitet werden, z. B. die Norm-Schallpegeldifferenz D_n bzw. $D_{n,w}$ oder die Standard-Schallpegeldifferenz $D_{n,T}$ bzw. $D_{n,T,w}$.

Zwischen diesen Kenngrößen bestehen die folgenden Zusammenhänge:

$$D_n = R' + 10\lg\frac{A_0}{S_s} = R' + 10\lg\frac{10}{S_s} \text{ dB} \tag{4.22}$$

$$D_{nT} = R' + 10\lg\frac{0{,}16V}{T_0 S_s} = R' + 10\lg\frac{0{,}32V}{S_s} \text{ dB} \tag{4.23}$$

Sie sind auch für die Einzahlwerte anwendbar.

Für die rechnerische Prognose werden in EN 12354-1 zwei Berechnungsmöglichkeiten vorgesehen: ein so genanntes detailliertes Modell (detailed model), für das die Berechnung frequenzabhängig durchgeführt wird, und ein so genanntes vereinfachtes Modell (simplified model), bei dem die Berechnung mit Einzahlwerten zuzüglich weiterer Vereinfachungen erfolgt.

Nachfolgend wird zuerst das detaillierte Modell behandelt, aus dem dann das vereinfachte Modell abgeleitet wird, das dem Nachweisverfahren in DIN 4109-2 zugrunde liegt.

4.2.1.2 Berechnung der Körperschallübertragung

4.2.1.2.1 Erfassung der Übertragungswege

Betrachtet werden unter dem Namen Körperschallübertragung alle Übertragungswege zwischen zwei benachbarten Räumen, bei denen trennende und flankierende Bauteile beteiligt sind. Zur Unterscheidung und Kennzeichnung der in Frage kommenden Wege bedient man sich der nachfolgenden Terminologie, die bereits in der zurückgezogenen DIN 52217 [65] festgelegt wurde.

Bild 4.6 zeigt die in Frage kommenden Übertragungswege und Tabelle 4.1 erläutert deren Benennung, die durch Kombination von einem angeregten Bauteil im Senderaum (Großbuchstaben D oder F) mit einem abstrahlenden Bauteil im Empfangsraum (Kleinbuchstaben d oder f) zustande kommt. Mit D oder d wird das Trennbauteil, mit F oder f ein Flankenbauteil beschrieben.

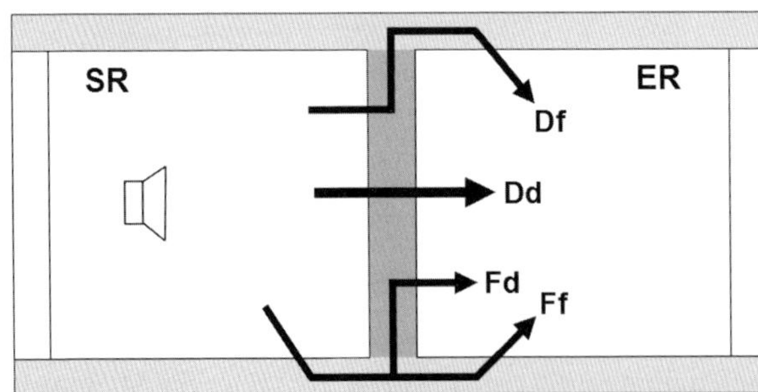

Quelle: Autoren

Bild 4.6: Mögliche Übertragungswege über trennendes Bauteil und flankierende Bauteile

Tabelle 4.1: Bezeichnung der Übertragungswege

	Anregung (SR)	Abstrahlung (ER)
Trennbauteil	D	d
flankierendes Bauteil	F	f

Die in Bild 4.6 gezeigten flankierenden Übertragungswege sind solche, die über jeweils nur eine Stoßstelle hinweg gehen. Weitere mögliche flankierende Wege, die über mehr als eine Stoßstelle hinweggehen (so genannte sekundäre Übertragungswege, z. B. bei der Abstrahlung über die Rückwand des Empfangsraumes), werden rechnerisch nicht separat berücksichtigt. DIN EN 12354-1 sagt dazu:

> Der Beitrag sekundärer Übertragungswege, an denen mehr als eine Stoßstelle beteiligt ist, wird vernachlässigt. Das wird zum Teil durch die Werte für das Stoßstellendämm-Maß ausgeglichen, soweit diese auf Messungen unter Baubedingungen basieren, könnte aber in anderen Fällen zu einer Unterschätzung der Flankenübertragung bei homogenen Bauteilen führen. Diese sekundären Übertragungswege können wichtig werden, wenn an einer Vielzahl der Bauteile Vorsatzkonstruktionen vorhanden sind.

Für spätere Analysen der Übertragungssituation kann es vorteilhaft sein, die Übertragungswege so zusammenzufassen, dass im Empfangsraum die Abstrahlung durch das Trennbauteil und jedes der flankierenden Bauteile separat betrachtet werden kann. Für die Abstrahlung durch das Trennbauteil sind der Weg Dd sowie von jedem der n Flankenbauteile der Weg Fd beteiligt, so dass sich daraus der Transmissionsgrad

$$\tau_{d} = \tau_{Dd} + \sum_{F=1}^{n} \tau_{Fd} \tag{4.24}$$

ergibt. Für jedes Flankenbauteil kommen jeweils die beiden Übertragungswege Df und Ff für die Abstrahlung in Frage:

$$\tau_{f} = \tau_{Df} + \tau_{Ff} \tag{4.25}$$

Für alle Flanken zusammen ergibt sich insgesamt:

$$\tau_{f,ges} = \sum_{f=1}^{n} \tau_{f} \tag{4.26}$$

Für den häufigen Fall zweier Seite an Seite liegenden Räume mit vier durchlaufenden Flankenbauteilen ergeben sich damit nach Bild 4.7 insgesamt 13 Übertragungswege.

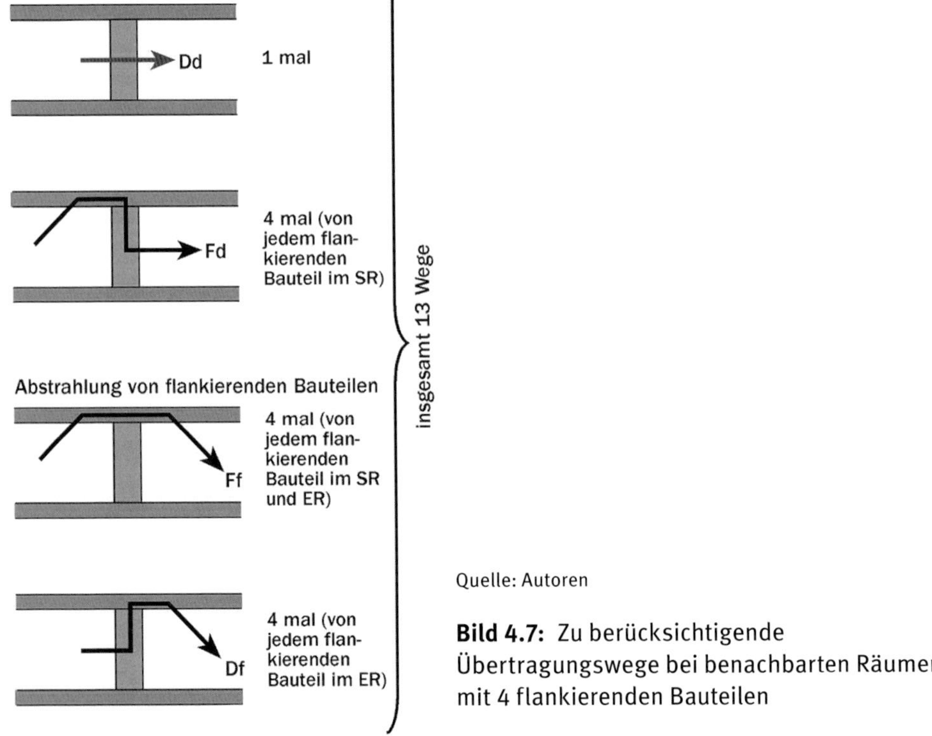

Quelle: Autoren

Bild 4.7: Zu berücksichtigende Übertragungswege bei benachbarten Räumen mit 4 flankierenden Bauteilen

Bei allen 12 Flankenwegen findet die Übertragung über einen Knotenpunkt („Stoßstelle") hinweg statt. Das akustische Verhalten des Knotenpunktes in Form der später definierten Stoßstellendämmung (4.2.1.2.2) erweist sich damit als eine wesentliche Größe bei der Beschreibung der Flankenübertragung.

Für die flankierenden Übertragungswege kann anstelle von τ_{Fd}, τ_{Df} und τ_{Ff} verallgemeinernd die Schreibweise τ_{ij} eingeführt werden. Der Index i kennzeichnet dabei das angeregte Bauteil im Senderaum und der Index j das abstrahlende Bauteil im Empfangsraum. Als Beispiel zeigt Bild 4.8 die Verhältnisse für den Weg Fd.

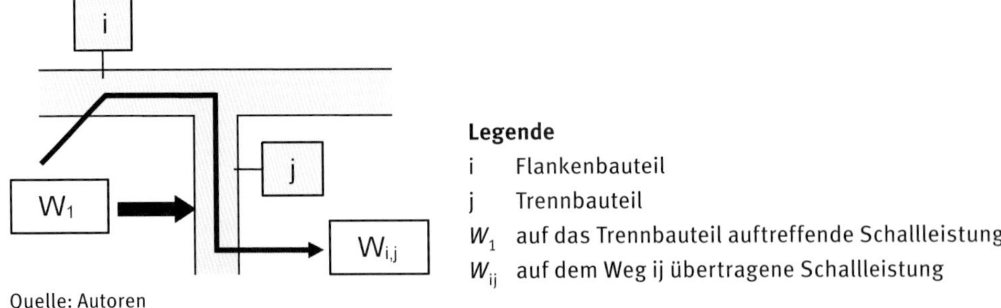

Legende

i Flankenbauteil

j Trennbauteil

W_1 auf das Trennbauteil auftreffende Schallleistung

W_{ij} auf dem Weg ij übertragene Schallleistung

Quelle: Autoren

Bild 4.8: Flankierende Übertragung auf dem Weg ij = Fd

Als verallgemeinerte Definition für die Transmissionsgrade bei Flankenübertragung ergibt sich:

$$\tau_{ij} = \frac{W_{ij}}{W_1} \tag{4.27}$$

Betrachtet wird dabei ausschließlich die auf dem Weg ij übertragene Schallleistung. Alle anderen Schallleistungsanteile anderer Übertragungswege werden ausgeblendet.

Daraus ergibt sich als zentrale Größe für das Berechnungsverfahren das Flanken-Schalldämm-Maß R_{ij}:

$$R_{ij} = -10 \lg \tau_{ij} \quad \text{und} \quad \tau_{ij} = 10^{-R_{ij}/10} \tag{4.28}$$

4.2.1.2.2 Ermittlung des Flanken-Schalldämm-Maßes R_{ij}

Ausgangspunkt für die Entwicklung eines Modells für die flankierende Übertragung ist eine nähere Betrachtung der Direktdämmung und der Übertragungsverhältnisse an einer Stoßstelle. Nach Bild 4.9 kann die Direktübertragung, beschrieben durch den Transmissionsgrad τ, in einen Anteil der Anregbarkeit, beschrieben durch den Anregegrad ε, und einen Anteil der Abstrahlfähigkeit, beschrieben durch den Abstrahlgrad σ, aufgespalten werden. Dieser Ansatz folgt dem Prinzip der Systemtheorie, dass ein Übertragungssystem in Teilsysteme zerlegt werden kann. Für die weitere Betrachtung werden sowohl für den Luftschall auf beiden Seiten des Bauteils als auch für den Körperschall auf dem Bauteil diffuse Schallfelder zugrunde gelegt. Die Anregbarkeit ist dann durch den Schalldruck p_1^2 des auf das Bauteil einfallenden Schalls und die dadurch auf dem Bauteil verursachte Körperschallschnelle v^2 beschreibbar. Entsprechend kann die Abstrahlfähigkeit durch die Körperschallschnelle v^2 auf dem Bauteil und den dadurch verursachten Schalldruck p_2^2 des abgestrahlten Luftschalls beschrieben werden.

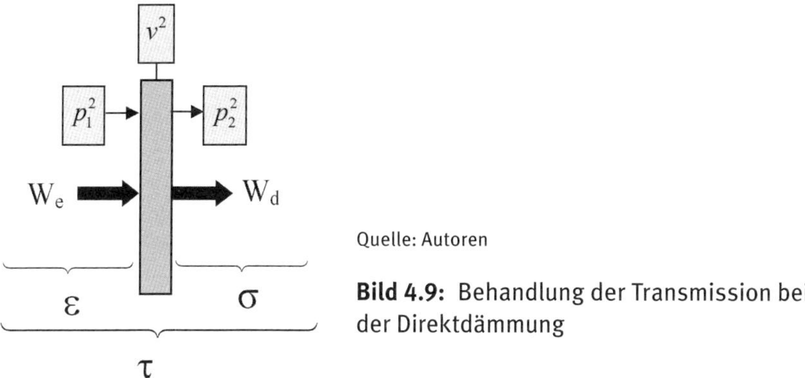

Quelle: Autoren

Bild 4.9: Behandlung der Transmission bei der Direktdämmung

τ, ε und σ sind frequenzabhängige Übertragungsfunktionen, die (entsprechend einer systemtheoretischen Methodik) multiplikativ miteinander verknüpft werden. Für die Transmission gilt dann:

$$\tau = \varepsilon \cdot \sigma \tag{4.29}$$

bzw. für die Schalldämmung

$$R = 10\lg\frac{1}{\tau} = 10\lg\frac{1}{\varepsilon} + 10\lg\frac{1}{\varepsilon} = R_\varepsilon + R_\sigma \text{ dB} \quad (4.30)$$

Die Größe R_ε kann als Anregungs-Dämm-Maß und die Größe R_σ als Abstrahl-Dämm-Maß bezeichnet werden.

Diese Betrachtung kann für die Übertragungsverhältnisse an einer Stoßstelle weitergeführt werden. Als Stoßstelle wird hier allgemein eine Diskontinuität im Körperschallausbreitungsweg bezeichnet. Diskontinuitäten können z. B. Materialwechsel, Querschnittsänderungen, Ecken oder Krümmungen und Bauteilverbindungen sein. Bei bauakustischen Berechnungen kommen als Stoßstellen in erster Linie Bauteilverbindungen (Kreuzstoß, T-Stoß, Eckverbindung) in Betracht. Nach Bild 4.10 kann das Übertragungsverhalten einer Stoßstelle durch die Körperschallschnellen v_i und v_j bzw. die Schnellepegel $L_{v,i}$ bzw. $L_{v,j}$ vor und nach der Stoßstelle beschrieben werden.

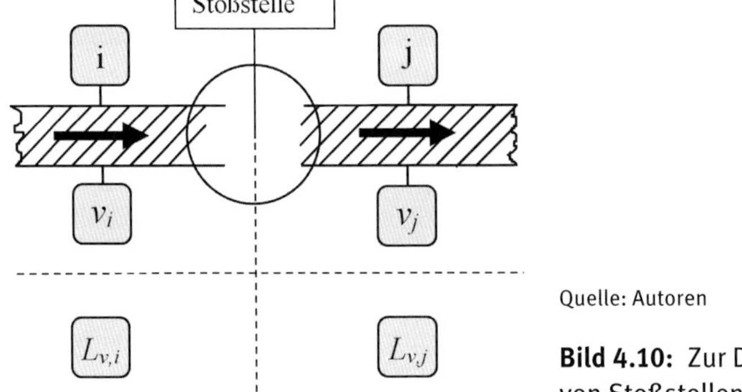

Quelle: Autoren

Bild 4.10: Zur Definition und Beschreibung von Stoßstellen

Kennzeichnende Größe für das Stoßstellenverhalten ist nach Gl. (4.31) die Schnellepegeldifferenz $D_{v,ij}$

$$D_{v,ij} = 10\lg\frac{v_i^2}{v_j^2} \text{ bzw. } D_{v,ij} = L_{v,i} - L_{v,j} \text{ dB} \quad (4.31)$$

$D_{v,ij}$ ist abhängig von den konstruktiven Eigenschaften der Bauteilverbindung. Beispielhaft zeigt Bild 4.11 anhand der Übertragung an einem T-Stoß mit dem Übertragungsweg Ff die für die Flankenübertragung maßgeblichen Vorgänge.

Zu unterscheiden sind drei Etappen der flankierenden Übertragung. In der ersten Etappe geht es um die Anregung des Bauteils i durch das Luftschallfeld im Senderaum. Dieser Vorgang kann durch das Anregungs-Dämm-Maß $R_{\varepsilon,i}$ beschrieben werden. In der zweiten Etappe geht es um die Körperschallübertragung über die Stoßstelle, was durch die Schnellepegeldifferenz $D_{v,ij}$ charakterisiert wird. Die dritte Etappe enthält die Abstrahlung von Luftschall im Empfangsraum, wofür das Abstrahl-Dämm-Maß $R_{\sigma,j}$ als beschreibende Größe herangezogen werden kann. Damit ergibt sich mit den Größen $R_{\varepsilon,i}$, $D_{v,ij}$ und $R_{\sigma,j}$ eine durchgehende Beschreibung für die flankierende Übertragung.

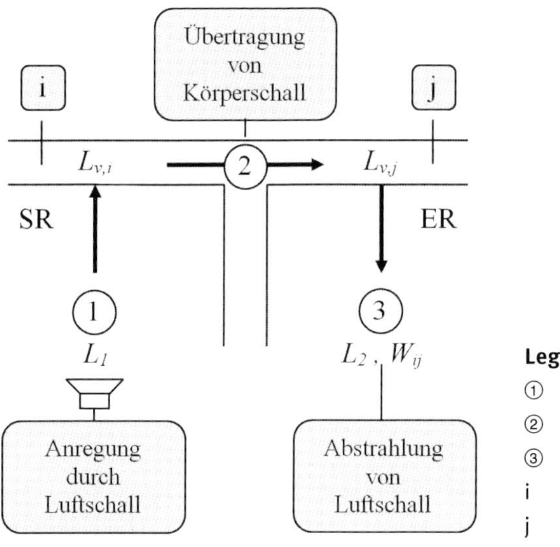

Legende

① LS → KS: $L_1 \rightarrow \boldsymbol{R}_{\varepsilon,i} \rightarrow L_{v,i}$

② KS → KS: $L_{v,i} \rightarrow \boldsymbol{D}_{v,ij} \rightarrow L_{v,j}$

③ KS → LS: $L_{v,j} \rightarrow \boldsymbol{R}_{\sigma,j} \rightarrow L_2$, W_{ij}

i Bauteil im Senderaum

j Bauteil im Empfangsraum

Quelle: Autoren

Bild 4.11: Schallübertragung an einer Stoßstelle (Beispiel: T-Stoß, Weg Ff)

Ein komplettes Modell für die flankierende Übertragung kann mit den Bezeichnungen in Bild 4.12 hergeleitet werden.

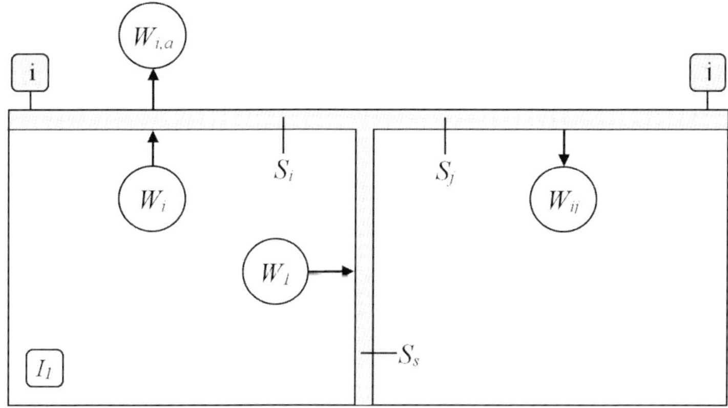

Quelle: Autoren

Legende

- i angeregtes Bauteil im Senderaum
- j abstrahlendes Bauteil im Empfangsraum
- W_1 auf das Trennbauteil auftreffende Schallleistung
- W_i auf das Bauteil i auftreffende Schallleistung
- $W_{i,a}$ vom Bauteil durchgelassene Schallleistung (Direktübertragung)
- W_{ij} vom Bauteil j abgestrahlte Schallleistung
- S_i Fläche des Bauteils i
- S_j Fläche des Bauteils j
- S_s Fläche des Trennbauteils
- I_1 Intensität des diffusen Schallfeldes im Senderaum

Bild 4.12: Schallleistungen und Flächen zur Bestimmung des Flanken-Schalldämm-Maßes R_{ij} am Beispiel des Weges Ff

Die Bestimmung des Flanken-Schalldämm-Maßes R_{ij} erfolgt nun, wie für eine Dämmung üblich, über die Schallleistungen. W_{ij} ist dabei diejenige Schallleistung, die nur über den Weg ij übertragen wird. Definitionsgemäß wird die zu ermittelnde Flankendämmung auf die Schallleistung W_1 bezogen, die auf das trennende Bauteil auftrifft. Voraussetzung für die weiteren Betrachtungen und Ableitungen sind diffuse Schallfelder in beiden Räumen.

Mit Gl. (4.27) und Gl. (4.28) gilt

$$R_{ij} = 10\lg\frac{1}{\tau_{ij}} = 10\lg\frac{W_1}{W_{ij}} \text{ dB} \tag{4.32}$$

Durch Erweiterung wird für Gl. (4.32) geschrieben:

$$R_{ij} = 10\lg\frac{W_i}{W_{i,a}} + 10\lg\frac{W_{i,a}}{W_{ij}} + 10\lg\frac{W_1}{W_i} \text{ dB} \tag{4.33}$$

Der erste Summand in Gl. (4.33) ergibt das Direktschalldämm-Maß R_i des Flankenbauteils im Senderaum. Mit Hilfe des Abstrahlgrades σ und der (mittleren) Körperschallschnelle v eines abstrahlenden Bauteils sowie der abstrahlenden Fläche S und der Schallkennimpedanz ρc (ρ: Dichte der Luft, c: Schallgeschwindigkeit in Luft) kann dessen abgestrahlte Schallleistung W über

$$W = \sigma\rho c v^2 S \tag{4.34}$$

bestimmt werden. Angewendet auf die abgestrahlten Schallleistungen im zweiten Summand von Gl. (4.33) ergibt sich

$$W_{i,a} = \sigma_i \rho c v_i{}^2 S_i \text{ und } W_{ij} = \sigma_j \rho c v_j{}^2 S_j \tag{4.35}$$

so dass der zweite Summand

$$10\lg\frac{W_{i,a}}{W_{ij}} = 10\lg\frac{\sigma_i \cdot \rho c \cdot v_i^2 \cdot S_i}{\sigma_j \cdot \rho c \cdot v_j^2 \cdot S_j} \tag{4.36}$$

lautet.

Da im diffusen Schallfeld des Senderaums die Intensität örtlich konstant ist, kann für die auf die Flächen der Bauteile auftreffenden Schallleistungen im dritten Summanden von Gl. (4.33) geschrieben werden:

$$W_1 = I_1 S_s \ \textit{und}\ W_i = I_1 S_i \tag{4.37}$$

so dass sich für den dritten Summanden

$$10\lg\frac{}{W_i} \quad 10\lg\frac{}{S_i} \tag{4.38}$$

ergibt.

Mit diesen Umformungen lautet Gl. (4.33) dann

$$R_{ij} = R_i + 10\lg\frac{\sigma_i}{\sigma_j} + 10\lg\frac{v_i^2}{v_j^2} + 10\lg\frac{S_s}{S_j} \text{ dB} \tag{4.39}$$

Da für den dritten Summanden dieser Gleichung Gl. (4.31) eingesetzt werden kann, ergibt sich abschließend

$$R_{ij} = R_i + D_{v,ij} + 10\lg\frac{\sigma_i}{\sigma_j} + 10\lg\frac{S_s}{S_j} \text{ dB} \tag{4.40}$$

Diese Gleichung liefert für alle in Frage kommenden Flankenwege eine vollständige Beschreibung ihrer Flankendämmung. Sie ist physikalisch korrekt, aber für die Anwendung nicht sehr praktisch, da die Abstrahlgrade (außer für schwere, homogene (biegesteife) Bauteile mit $\sigma = 1$) oft nur unzureichend bekannt sind und die Schnellepegeldifferenz $D_{v,ij}$ eine situationsabhängige Größe ist.

Eine mögliche Lösung dieses Problems wäre es, die Abstrahlgrade dadurch aus der Berechnung zu eliminieren, dass $\sigma_i = \sigma_j = 1$ gesetzt wird. Damit würde man das Verfahren auf ausreichend schwere Bauteile mit kleiner Koinzidenzgrenzfrequenz f_c beschränken, so dass es nur im Massivbau Gültigkeit besäße. Das ist der Weg, der beim Berechnungsverfahren nach Gösele [292] (siehe 4.1.3) gewählt wurde.

Um dem Anspruch auf allgemeine Gültigkeit gerecht zu werden, wird ein anderer Lösungsweg eingeschlagen. Nach [309] hilft eine Reziprozitätsbetrachtung weiter. Das Prinzip der Reziprozität ist für mechanische Übertragungssysteme bekannt. Verkürzt dargestellt besagt es, dass das Verhältnis von anregender Kraft an einer Stelle zu verursachter Schnelle an einer anderen Stelle gleich ist, auch wenn Anrege- und Empfangsort vertauscht werden. Von Heckl wurde gezeigt, dass reziproke Verhältnisse auch in einem akustisch-mechanischen oder einem akustischen Übertragungssystem gelten. Reziproke Verhältnisse sind daher auch für die Schalldämmung anwendbar, was zu dem bekannten Ergebnis führt, dass die Schalldämmung in beiden Übertragungsrichtungen gleich ist. Diese Eigenschaft wird hier für die Flankendämmung herangezogen. Damit gilt

$$R_{ij} = R_{ji} \tag{4.41}$$

Mit diesem Ansatz gelingt die Eliminierung der Abstrahlgrade, indem quasi eine Mittelung über beide Richtungen durchgeführt wird:

$$\begin{aligned} R_{ij} = R_{ji} &= \frac{R_{ij} + R_{ji}}{2} \\ &= \frac{1}{2}\left[R_i + R_j + D_{v,ij} + D_{v,ji} + 10\lg\frac{S_s}{S_j} + 10\lg\frac{S_s}{S_i} + 10\lg\frac{\sigma_i}{\sigma_j} + 10\lg\frac{\sigma_j}{\sigma_i}\right] \\ &= \frac{R_i + R_j}{2} + \frac{D_{v,ij} + D_{v,ji}}{2} + \frac{10}{2}\lg\frac{S_s^2}{S_i S_j} \text{ dB} \end{aligned} \tag{4.42}$$

$$R_{ij} = R_{ji} = \frac{R_i + R_j}{2} + \overline{D_{v,ij}} + 10\lg\frac{S_s}{\sqrt{S_i S_j}} \text{ dB} \tag{4.43}$$

Als neue Größe tritt hier mit $\overline{D_{v,ij}}$ die so genannte richtungsgemittelte Schnellepegeldifferenz auf, für die gilt

$$\overline{D_{v,ij}} = \frac{D_{v,ij} + D_{v,ji}}{2} \text{ dB} \tag{4.44}$$

Sie ist die charakteristische Kenngröße für das Stoßstellenverhalten. Diese Größe kann durch Messung oder Berechnung gewonnen werden (siehe 5.3.8) und ist damit prinzipiell eine bekannte Größe. Damit kann die Flankendämmung aus lauter bekannten Größen ermittelt werden: benötigt werden die Direktdämmung der den Übertragungsweg bildenden Bauteile R_i und R_j, die richtungsgemittelte Schnellepegeldifferenz $\overline{D_{v,ij}}$ an der Stoßstelle und die Flächen des Trennbauteils und der flankierenden Bauteile.

Der gewählte Ansatz für Gl. (4.43) beinhaltet, dass die Bauteile vor und nach der Stoßstelle unterschiedlich sein können. Für die Wege Df und Fd erscheint das selbstverständlich, aber auch für den Weg Ff können bei diesem Ansatz unterschiedliche Bauteile vorliegen. Keine Einschränkungen gibt es auch für die Art der Stoßstelle. Unterschiedliche Knotenpunkte (Kreuzstoß, T-Stoß, Eckverbindung), aber auch Dickenänderung oder Materialwechsel können als Stoßstelle berücksichtigt werden. Auch die Ausführung des Knotenpunktes kann variabel sein. So können starre (kraftschlüssige) oder elastische Verbindungen in die Berechnung eingebunden werden. Einzige Voraussetzung für die Berechnung der Flankendämmung ist, dass die in Gl. (4.43) und nachfolgend in Gl. (4.46) genannten Größen für die Berechnung bekannt sind. Die eigentliche Aufgabe besteht demnach in der Beschaffung der Daten zur Beschreibung der Stoßstelle. Dafür kommen drei Möglichkeiten in Frage: Messung nach den Vorgaben der DIN EN ISO 10848 [98], Berechnung mit theoretischen Ansätzen oder Entnahme aus Datenkatalogen für ausgewählte Stoßstellen.

4.2.1.3 Erweiterung des Modells durch Vorsatzkonstruktionen

Das elementare Modell nach Gl. (4.20) kann durch die Berücksichtigung zusätzlicher schalldämmender Schichten (z. B. Vorsatzschalen, schwimmende Estriche, abgehängte Unterdecken etc.) erweitert werden. Derartige Konstruktionen werden im Sprachgebrauch der EN 12354 verallgemeinernd als Vorsatzkonstruktionen bezeichnet. Sie werden vor einem Grundbauteil angebracht und können dessen Schalldämmung verbessern. Die kennzeichnende Größe für Vorsatzkonstruktionen ist ΔR. Sie wird in DIN EN 12354-1 „Luftschallverbesserungsmaß" genannt und in DIN EN ISO 10140-1 „Verbesserung des Schalldämm-Maßes". Der zuletzt genannte Begriff wird auch in DIN 4109-2 und DIN 4109-34 verwendet. Prinzipiell führen Vorsatzkonstruktionen vor einem einschaligen Bauteil zu einer zwei- oder mehrschaligen Konstruktion, deren Resonanzfrequenz über den Wert von ΔR entscheidet. Bei ungünstiger Dimensionierung kann es durch Vorsatzkonstruktionen auch zu einer Verschlechterung der Schalldämmung kommen, so dass für ΔR auch negative Werte möglich sind.

Bild 4.13 erläutert die Bezeichnungen der Vorsatzkonstruktionen vor dem trennenden und den flankierenden Bauteilen.

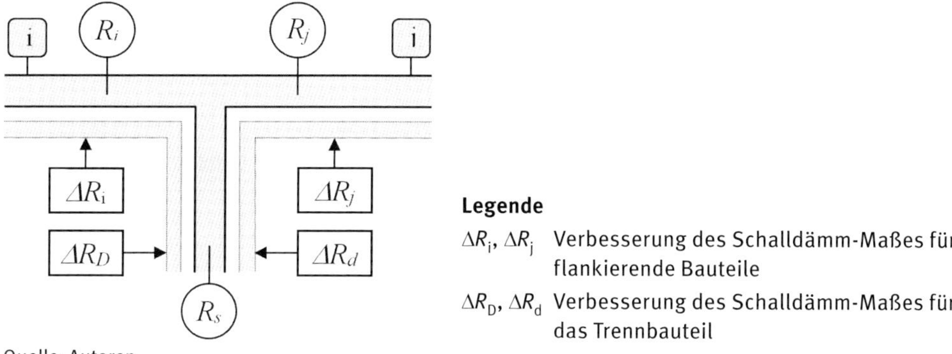

Quelle: Autoren

Bild 4.13: Berücksichtigung von Vorsatzkonstruktionen (Beispiel: T-Stoß)

Damit folgt für die Direktdämmung unter Berücksichtigung von Vorsatzkonstruktionen:

$$R_{\mathrm{Dd}} = R_{\mathrm{s}} + \Delta R_{\mathrm{D}} + \Delta R_{\mathrm{d}} \;\; \mathrm{dB} \tag{4.45}$$

und für die Flankendämmung:

$$R_{\mathrm{ij}} = \frac{R_{\mathrm{i}}}{2} + \Delta R_{\mathrm{i}} + \overline{D_{\mathrm{v,ij}}} + \frac{R_{\mathrm{j}}}{2} + \Delta R_{\mathrm{j}} + 10 \lg \frac{S_{\mathrm{s}}}{\sqrt{S_{\mathrm{i}} S_{\mathrm{j}}}} \;\; \mathrm{dB} \tag{4.46}$$

Berücksichtigt werden nur die jeweiligen, im betrachteten Übertragungsweg liegenden Vorsatzkonstruktionen. Wird z. B. in Bild 4.13 der Übertragungsweg Ff betrachtet, dann werden im Senderaum $\Delta R_{\mathrm{i}} = \Delta R_{\mathrm{F}}$ und im Empfangsraum $\Delta R_{\mathrm{j}} = \Delta R_{\mathrm{f}}$ berücksichtigt. Für den Weg Fd wären es im Senderaum $\Delta R_{\mathrm{i}} = \Delta R_{\mathrm{F}}$ und im Empfangsraum ΔR_{d}. Für den Weg Df wäre im Senderaum $\Delta R_{\mathrm{i}} = \Delta R_{\mathrm{D}}$ und im Empfangsraum $\Delta R_{\mathrm{j}} = \Delta R_{\mathrm{f}}$ zu berücksichtigen.

4.2.1.4 Berücksichtigung der Luftschallübertragung über Elemente und Systeme

Die direkte Luftschallübertragung über Elemente (z. B. Lüftungsöffnungen, Rollladenkästen etc.) wird durch die Norm-Schallpegeldifferenz $D_{\mathrm{n,e}}$ beschrieben. Sie wird nach DIN EN ISO 10140-1/Anhang E [94] und DIN EN ISO 10140-2 [95] entsprechend den Verhältnissen in Bild 4.14 und Gl. (4.47) bestimmt.

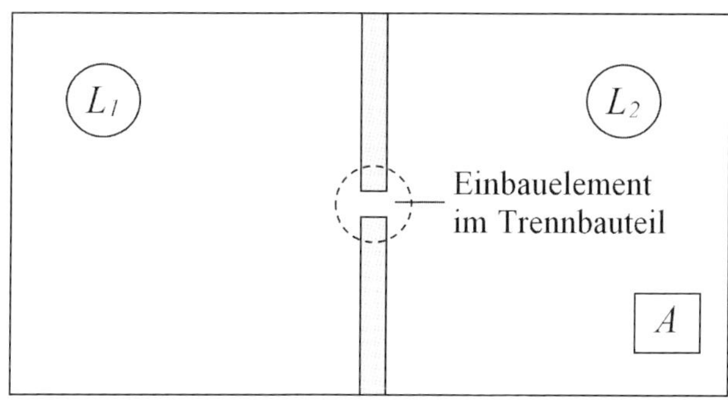

Quelle: Autoren

Bild 4.14: Bestimmung der Norm-Schallpegeldifferenz für Elemente $D_{\mathrm{n,e}}$

$$D_{n,e} = L_1 - L_2 - 10\lg\frac{A}{A_0}\ \text{dB} \tag{4.47}$$

mit $A_0 = 10\ m^2$.

Diese Größe hängt nicht von der Trennwandfläche bzw. der übertragenden Fläche des Elementes ab.

Für die Berücksichtigung von Elementen im Berechnungsmodell wird ein Schalldämm-Maß benötigt. Definitionsgemäß wird auch hier eine auf die Trennwandfläche bezogene Schalldämmung verwendet:

$$R_e = L_1 - L_2 + 10\lg\frac{S_s}{A} = D_{n,e} + 10\lg\frac{S_s}{A_0}\ \text{dB} \tag{4.48}$$

Da für die energetische Summation der einzelnen Übertragungswege ein Transmissionsgrad benötigt wird, ergibt sich dieser mit $R = 10\ \lg\ (1/\tau)$ zu

$$\tau_e = 10^{-R_e/10} = 10^{-\left(D_{n,e}+10\lg S_s/A_0\right)/10} \tag{4.49}$$

$$\tau_e = \frac{A_0}{S_s}10^{-D_{n,e}/10} \tag{4.50}$$

mit

A_0 Bezugsabsorptionsfläche, $10\ m^2$;

S_s Fläche des trennenden Bauteils.

Für die indirekte Luftschallübertragung über Systeme wird analog die Norm-Schallpegeldifferenz $D_{n,s}$ für Systeme gemäß Gl. (4.51) definiert.

$$D_{n,s} = L_1 - L_2 - 10\lg\frac{A}{A_0}\ \text{dB} \tag{4.51}$$

Daraus kann der Transmissionsgrad für Systeme ermittelt werden:

$$\tau_s = \frac{A_0}{S_s}10^{-D_{n,s}/10} \tag{4.52}$$

Bild 4.15 zeigt als Beispiel die Übertragung über den Hohlraum einer abgehängten Unterdecke.

Die messtechnische Ermittlung der Norm-Schallpegeldifferenz von Systemen erfolgt nach Gl. (4.51) und wird für Unterdecken und Doppel- und Hohlraumböden in DIN EN ISO 10848-2 [100] geregelt. In dieser Norm wird anstelle von $D_{n,s}$ die Bezeichnung $D_{n,f}$ verwendet. Für andere Systeme liegen keine normativen Festlegungen vor.

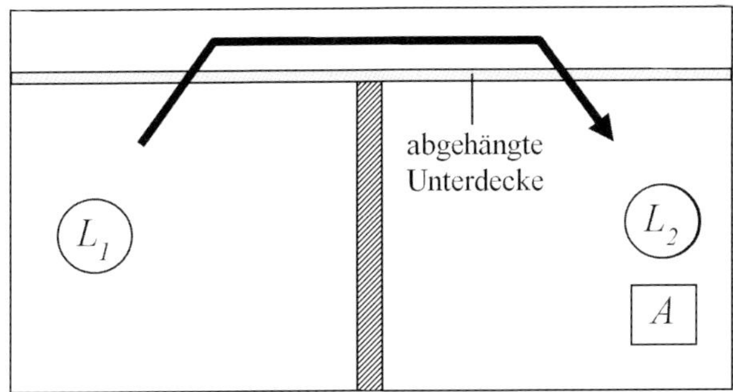

Quelle: Autoren

Bild 4.15: Bestimmung der Norm-Schallpegeldifferenz für Systeme $D_{n,s}$
Beispiel: flankierende Übertragung über eine Unterdecke

4.2.1.5 Umrechnung der Kennwerte in In-situ-Werte

Während die Berechnungsverfahren der EN 12354 in der zuvor dargestellten grundlegenden Vorgehensweise auf bereits bekannte Ansätze zurückgreifen, wird bei der so genannten In-situ-Korrektur Neuland betreten. Zahlreiche Größen zur Beschreibung der akustischen Eigenschaften sind keine invarianten Größen. Sie hängen von der jeweiligen Bausituation ab. Bauteildaten, die im Prüfstand ermittelt wurden oder einem Bauteilkatalog entnommen werden, können unter den aktuellen Einbaubedingungen im Gebäude andere Werte aufweisen. Ziel der In-situ-Korrektur ist es deshalb, solche Werte auf diejenigen der aktuellen Situation („in situ") umzurechnen. Das Resultat der Umrechnung beschreibt das Verhalten von Bauteilen und Bauteilverbindungen unter den aktuellen baulichen Bedingungen. Erst die derart umgerechneten Daten sind dann die wirklichen Werte, mit denen die Prognoserechnung durchgeführt wird.

Es ergibt sich damit das Vorgehen nach Bild 4.16:

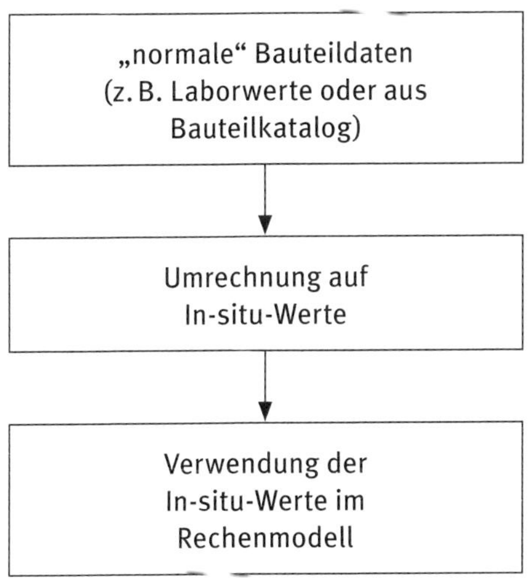

Quelle: Autoren

Bild 4.16: Verwendung von In-situ-Werten in den Rechenmodellen

Anstatt Gl. (4.45) und Gl. (4.46) werden dann folgende Beziehungen verwendet:

- für die Direktübertragung:

$$R_{Dd} = R_{s,situ} + \Delta R_{D,situ} + \Delta R_{d,situ} \text{ dB} \tag{4.53}$$

- und für die Flankenübertragung:

$$R_{ij} = \frac{R_{i,situ}}{2} + \Delta R_{i,situ} + \overline{D_{v,ij,situ}} + \frac{R_{j,situ}}{2} + \Delta R_{j,situ} + 10\lg\frac{S_s}{\sqrt{S_i S_j}} \text{ dB} \tag{4.54}$$

Ausgehend von der energetischen Betrachtung in Bild 4.5 ergibt sich für die Direktübertragung bei üblichen schalldämmenden Konstruktionen $\tau = W_2/W_1 = 10^{-2} \dots 10^{-6}$. Das heißt, dass nur ein sehr kleiner Teil der auf das Bauteil auftreffenden Schallleistung als Luftschall abgestrahlt wird. Es ist deshalb aufschlussreich, im Sinne einer Gesamtbilanz die Verhältnisse zu betrachten (Bild 4.17).

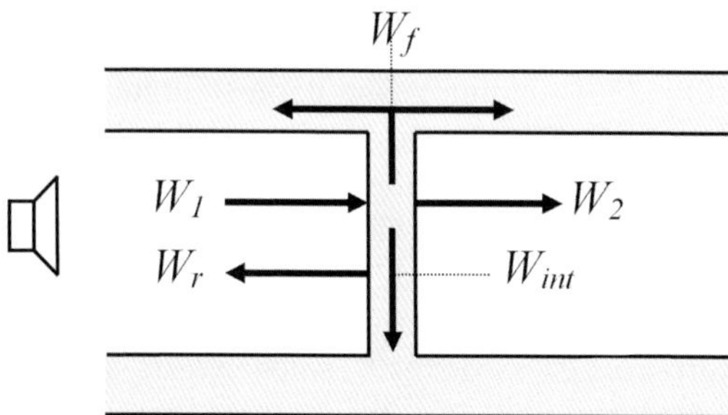

Quelle: Autoren

Legende

W_1 auf das Bauteil einfallende Schallleistung
W_2 durchgelassene Schallleistung
W_r reflektierte Schallleistung
W_f in flankierende Bauteile weitergeleitete Schallleistung
W_{int} durch interne Verluste umgewandelte Schallleistung

Bild 4.17: Leistungsbilanz für die Schallübertragung an einem trennenden Bauteil

Von weiterem Interesse sind die internen Verluste, der Abfluss von Schallleistung auf benachbarte Bauteile und die Abstrahlung von Luftschall. Diese drei Anteile beschreiben aus Sicht des angeregten Bauteils den Verbleib der in das Bauteil eingespeisten Leistung und können als Verlustfaktoren interpretiert werden:

- innere Verluste (Materialverluste): η_{int}
- Weiterleitung auf flankierende Bauteile: η_f
- Abstrahlung von Luftschall: η_σ

Aus diesen drei Anteilen ergibt sich der Gesamtverlustfaktor η_{tot}

$$\eta_{tot} = \eta_{int} + \eta_f + \eta_\sigma \tag{4.55}$$

η_{int} ist eine Materialeigenschaft, η_f hängt von der Einbausituation des Bauteils ab und η_σ von den Bauteileigenschaften. Im Weiteren wird davon ausgegangen, dass sich η_{int} bei verschiedenen Situationen nicht ändert, während η_f und η_σ situationsabhängig sind. Es ist unmittelbar erkennbar, dass Veränderungen bei der weitergeleiteten Leistung zu Veränderungen bei der abgestrahlten Schallleistung und damit auch bei der Schalldämmung führen müssen. Es kann nur abgestrahlt werden, was nicht anderweitig verloren geht. Bei den weiteren Betrachtungen zur Abstrahlung wird davon ausgegangen, dass sich der Abstrahlgrad des Bauteils in verschiedenen Bausituationen nicht ändert.

Einen typischen Verlauf für die Verlustfaktoren eines massiven Bauteils zeigt Bild 4.18.

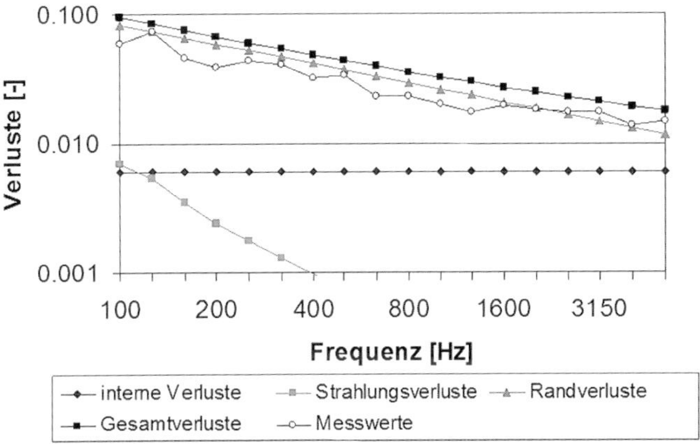

Quelle: Autoren

Bild 4.18: Typisches Verhalten der Verluste auf einem einschaligen massiven Bauteil

Als Beispiel für die Abhängigkeit des Verlustfaktors von den Einbaubedingungen zeigt Bild 4.19 die Verhältnisse einer starr und entkoppelt im Prüfstand eingebauten Mauerwerkswand.

Während der interne Verlustfaktor als frequenzunabhängig angenommen wird, ergibt sich für die Weiterleitungs- und Abstrahlungsverluste ein frequenzabhängiges Verhalten. Entsprechend den typischen Verhältnissen in Bild 4.18 kann bei weiteren Betrachtungen der Anteil der Abstrahlung in der Gesamtbilanz vernachlässigt werden. Auch kann in vielen Fällen angenommen werden, dass die Weiterleitungsverluste gegenüber den internen Verlusten dominieren. Die Erfüllung dieser Annahme ist die Grundlage für die Durchführbarkeit der In-situ-Korrektur. Aus Gl. (4.55) folgt in diesem Fall

$$\eta_{tot} \approx \eta_f \tag{4.56}$$

Mit η_{tot} kann somit η_f abgeschätzt werden und damit die für die Einbausituation des Bauteils charakteristische Größe.

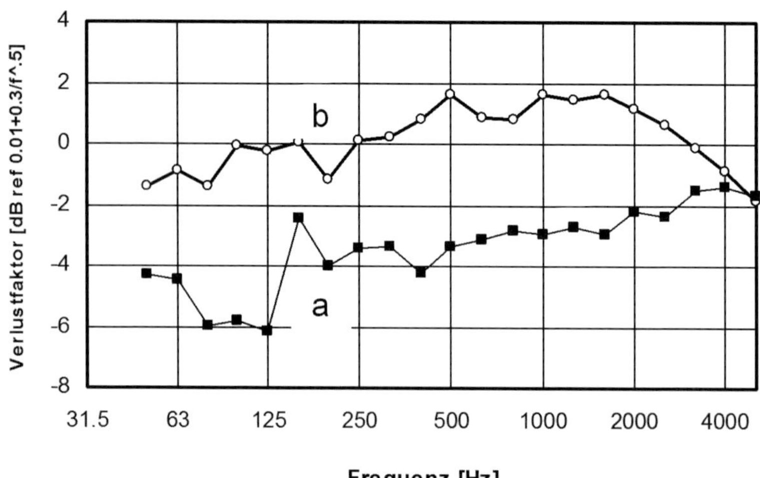

Quelle: Autoren

Bild 4.19: Verlustfaktoren einer Mauerwerkswand ($m' = 440$ kg/m²), gemessen im Wandprüfstand bei elastischer (a) und starrer (b) Randanbindung, bezogen auf den Mindestverlustfaktor nach DIN EN ISO 10140-5

Falls die Weiterleitungsverluste dominieren, gilt für die abgestrahlte Schallleistung W_2

$$W_2 \sim \frac{1}{\eta_{\text{tot}}} \tag{4.57}$$

Für das im Labor ermittelte Schalldämm-Maß R_{lab} gilt

$$R_{\text{lab}} = 10 \lg \frac{W_1}{W_{2,\text{lab}}} \text{ dB} \tag{4.58}$$

mit

R_{lab} Schalldämm-Maß im Labor;

W_1 auf das Bauteil auftreffende Schallleistung;

$W_{2,\text{lab}}$ vom Bauteil im Labor abgestrahlte Schallleistung

und für dasselbe Bauteil in der aktuellen Einbausituation im Gebäude

$$R_{\text{situ}} = 10 \lg \frac{W_1}{W_{2,\text{situ}}} \text{ dB} \tag{4.59}$$

mit

R_{situ} Schalldämm-Maß in einer konkreten Bausituation;

W_1 auf das Bauteil auftreffende Schallleistung;

$W_{2,\text{situ}}$ vom Bauteil in einer konkreten Bausituation abgestrahlte Schallleistung.

Die notwendige Korrektur des Schalldämm-Maßes ergibt sich aus dem Verhältnis der abgestrahlten Schallleistung im Labor und im Gebäude:

$$\frac{W_{2,\text{situ}}}{W_{2,\text{lab}}} = \frac{\eta_{\text{tot,lab}}}{\eta_{\text{tot,situ}}} \tag{4.60}$$

mit

$\eta_{\text{tot,lab}}$ Gesamtverlustfaktor im Labor;

$\eta_{\text{tot,situ}}$ Gesamtverlustfaktor in einer konkreten Bausituation.

Damit folgt für die interessierende abgestrahlte Schallleistung unter In-situ-Bedingungen

$$W_{2,\text{situ}} = W_{2,\text{lab}} \frac{\eta_{\text{tot,lab}}}{\eta_{\text{tot,situ}}} \tag{4.61}$$

und damit für das Schalldämm-Maß in situ

$$R_{\text{situ}} = 10 \lg \frac{W_1}{W_{2,\text{situ}}} = 10 \lg \left(\frac{W_1}{W_{2,\text{lab}}} \cdot \frac{\eta_{\text{tot,situ}}}{\eta_{\text{tot,lab}}} \right) \text{ dB} \tag{4.62}$$

Mit Gl. (4.59) ergibt sich daraus

$$R_{\text{situ}} = R_{\text{lab}} + 10 \lg \frac{\eta_{\text{tot,situ}}}{\eta_{\text{tot,lab}}} \text{ dB} \tag{4.63}$$

Damit ist eine Umrechnung von Laborwerten auf eine konkrete Bausituation möglich, die als In-situ-Korrektur bezeichnet wird. Für die praktische Umsetzung dieser Korrektur kann der Gesamtverlustfaktor η_{tot} über die Körperschall-Nachhallzeit T_s nach folgender Beziehung bestimmt werden:

$$\eta_{\text{tot}} = \frac{2{,}2}{T_s \cdot f} \text{ bzw. } T_s = \frac{2{,}2}{f \cdot \eta_{\text{tot}}} \tag{4.64}$$

T_s ist eine messbare Größe, so dass darüber eine Bestimmung des Gesamtverlustfaktors möglich ist.

So wie für den Luftschall kann auch für den Körperschall eine Nachhallzeit bestimmt werden. In diesem Fall wird der Abklingvorgang einer Körperschallgröße, in der Regel der Körperschallschnelle oder der Körperschallbeschleunigung auf einem Bauteil, herangezogen. Der Auswertung liegt auch hier die Zeit zugrunde, die für einen Pegelabfall von 60 dB benötigt wird. Im Vergleich zum Luftschall sind Körperschall-Nachhallzeiten sehr kurz, so dass i. d. R. besondere messtechnische Vorkehrungen getroffen werden müssen.

Für die In-situ-Korrektur ergibt sich damit die am häufigsten verwendete Beziehung

$$R_{\text{situ}} = R_{\text{lab}} - 10 \lg \frac{T_{\text{s,situ}}}{T_{\text{s,lab}}} \text{ dB} \tag{4.65}$$

mit

$T_{\text{s,situ}}$, R_{situ} Körperschall-Nachhallzeit und Schalldämm-Maß des Bauteils in der tatsächlichen Einbausituation;

$T_{\text{s,lab}}$, R_{lab} Körperschall-Nachhallzeit und Schalldämm-Maß des Bauteils im Prüfstand.

Das ist die auch in EN 12354-1 verwendete In-situ-Korrektur.

$T_{s,situ}$ und $T_{s,lab}$ müssen für die Korrektur bekannt sein. $T_{s,lab}$ kann in einigen Fällen Prüfberichten entnommen werden. In Deutschland ist für allgemeine bauaufsichtliche Prüfzeugnisse (abP) durch das Beschlussbuch des Arbeitskreises Schallprüfstellen [150] für Mauerwerkswände verbindlich die frequenzabhängige Ermittlung und Angabe von T_s und η_{tot} gemäß DIN EN ISO 10848-1 [99] vorgegeben. Für die Prognoserechnung kann $T_{s,situ}$ bzw. $\eta_{tot,situ}$ nur durch Berechnung ermittelt werden. Details zur Berechnung der Körperschallnachhallzeit werden im informativen Anhang C von EN 12354-1 genannt. Dazu wird Gl. (4.55) folgendermaßen präzisiert:

$$\eta_{tot} = \eta_{int} + \frac{2\rho_0 c_0 \sigma}{2\pi f m'} + \frac{c_0}{\pi^2 S\sqrt{f \cdot f_c}} \cdot \sum_{k=1}^{4} l_k \cdot \alpha_k \tag{4.66}$$

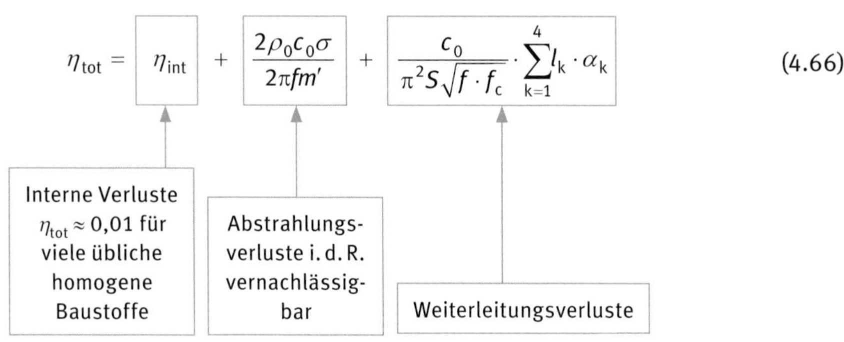

mit

η_{tot} Gesamtverlustfaktor;

f Bandmittenfrequenz [Hz];

η_{int} innerer Verlustfaktor des Werkstoffes;

m' flächenbezogene Masse [kg/m²];

σ Abstrahlgrad für freie Biegewellen;

f_c Koinzidenzgrenzfrequenz (kritische Frequenz) [Hz];

S Fläche des Bauteils [m²];

α_k Körperschall-Absorptionsgrad für Biegewellen am Rand k;

l_k Länge der Kante k eines Bauteils [m];

c_0 Schallgeschwindigkeit in Luft [m/s], $c_0 = 340$ m/s;

ρ_0 Luftdichte [kg/m³].

Für die internen Verluste können die Werte aus Baustofftabellen, z. B. Tabelle B.3 in EN 12354-1:2017, entnommen werden. Die Abstrahlungsverluste sind i. d. R. vernachlässigbar. Es verbleibt somit die Bestimmung der Weiterleitungsverluste. Diese sind die Folge der Energieweiterleitung auf benachbarte Bauteile an den Kanten des betrachteten Bauteils. Wie in Bild 4.20 gezeigt, wird jede Kante des Bauteils durch ihre Kantenlänge und ihren Körperschall-Absorptionsgrad charakterisiert.

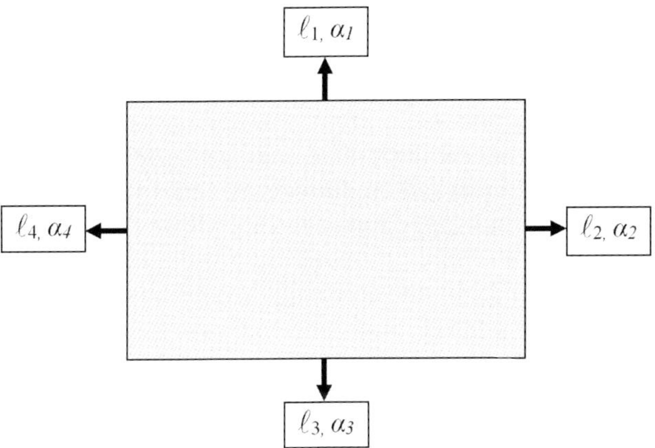

Quelle: Autoren

Legende

ℓ_k Länge der Kante k, $k = 1 \dots n$

n Anzahl der Kanten, üblicherweise $n = 4$

α_k Körperschall-Absorptionsgrad am Rand k

Bild 4.20: Festlegungen für die äquivalenten Absorptionslängen

Der Körperschall-Absorptionsgrad gilt für die Übertragung von Biegewellen. Je nach Bausituation ergibt sich $0{,}05 \leq \alpha_k \leq 0{,}5$.

Für die Weiterleitungsverluste sind die Absorptionsverhältnisse für den Körperschall an den Kanten ausschlaggebend. Aus der Sicht des betreffenden Bauteils kann die Weiterleitung auf ein benachbartes Bauteil wie eine Absorption an der gemeinsamen Kante betrachtet werden. So wie im dreidimensionalen Fall für den Luftschall in einem Raum das Absorptionsvermögen einer vom Schall beaufschlagten Fläche durch deren äquivalente Absorptionsfläche A beschrieben werden kann, so kann im zweidimensionalen Fall für den Körperschall auf einer Platte das Absorptionsvermögen eines vom Schall beaufschlagten Plattenrandes durch dessen äquivalente Absorptionslänge a_k beschrieben werden.

$$a_k = l_k \cdot \alpha_k \tag{4.67}$$

Man erkennt sofort die Analogie zum Luftschall. Dort gilt für die äquivalente Absorptionsfläche A_i einer absorbierenden Fläche S_i mit dem Absorptionsgrad α_i:

$$A_i = S_i \cdot \alpha_i \tag{4.68}$$

und für die gesamte äquivalente Absorptionsfläche A_{ges} im Raum

$$A_{ges} = \sum S_i \alpha_i \tag{4.69}$$

Entsprechend findet sich für den Körperschall die Summation über die üblicherweise 4 Kanten eines Bauteils in Gl. (4.66) im dritten Summanden wieder. Die gesamte äquivalente Absorptionslänge a des Bauteils lautet damit

$$a = \sum_{k=1}^{4} a_k = \sum_{k=1}^{4} \ell_k \cdot \alpha_k \tag{4.70}$$

In welchem Umfang die im (diffusen) Körperschallfeld der Platte befindliche Schallleistung an den Plattenrändern absorbiert wird, hängt von der Ausbildung des Knotenpunktes am jeweiligen Plattenrand ab. Bei üblichen Konstruktionen kann ein Bauteil an einer Kante auf bis zu 3 weitere Bauteile stoßen, was beim Kreuzstoß der Fall ist (bei einer Wohnungstrennwand wären das an der Bodenkante die flankierende Decke im Sende- und Empfangsraum und die Weiterführung der Trennwand im darunter liegenden Raum). Wie viel Leistung an der Kante tatsächlich abfließt, hängt dann davon ab, wie das betrachtete Bauteil mit jedem der drei anschließenden Bauteile gekoppelt ist. Für die Körperschallübertragung an einer Bauteilverbindung und damit den Leistungsfluss gibt es bereits die (richtungsgemittelte) Schnellepegeldifferenz nach Gl. (4.44), deren normierte Darstellung das Stoßstellendämm-Maß K_{ij} ist, welches in Abschnitt 4.2.1.6 aus Gl. (4.44) hergeleitet wird. Diese Größe kann zur Beschreibung des Körperschall-Absorptionsgrades α_k herangezogen werden. Nach EN 12354-1 (Anhang C) ergibt sich damit

$$\alpha_k = \sum_{j=1}^{3} \sqrt{\frac{f_{c,j}}{f_{ref}}} 10^{-K_{ij}/10} \tag{4.71}$$

mit

$f_{c,j}$ Koinzidenzgrenzfrequenz des Bauteils j [Hz];

f_{ref} Bezugsfrequenz [Hz], $f_{ref} = 1000$ Hz;

j gibt die Bauteile an, die mit dem betrachteten Bauteil i am Rand k verbunden sind.

Es ist leicht zu erkennen, dass die Ermittlung des Gesamtverlustfaktors nach Gl. (4.66) eine umfangreiche Berechnung erforderlich macht. Die Durchführung der In-situ-Korrektur wird dadurch eine aufwändige Angelegenheit. Anhand umfangreicher Untersuchungen in ausgeführten Gebäuden des üblichen Massivbaus [321], [360] konnte allerdings empirisch eine einfache und repräsentative Beziehung für den Gesamtverlustfaktor hergeleitet werden [318], [319]. Mit diesem Bauverlustfaktor ergibt sich für den Massivbau eine schnelle und praxisgerechte In-situ-Korrektur, die außerdem zu einer Steigerung der Prognosegenauigkeit führt. In den Prognoserechnungen der DIN 4109-2 werden für bewertete Schalldämm-Maße massiver Bauteile Daten verwendet, die bereits auf diesen Bauverlustfaktor umgerechnet wurden. In DIN 4109-4 wird festgelegt, wie diese Korrektur der gemessenen Schalldämm-Maße durchzuführen ist (siehe 6.5.2).

4.2.1.6 Umsetzung der In-situ-Korrektur für verschiedene Bauteile

Die Umsetzung der In-situ-Anpassung erfolgt im Rechenmodell der EN 12354 bauteilspezifisch.

Schalldämmung trennender und flankierender Bauteile

Für eine Reihe von Bauteilen wird keine Korrektur der Direktdämmung durchgeführt. Es wird angenommen, dass der Gesamtverlustfaktor im Labor und im Gebäude unverändert ist und damit auch $T_{s,situ} = T_{s,lab}$. Der Korrekturwert wird also zu null. Das gilt für folgende Fälle:

- zwei- und mehrschalige Leichtbauteile, z. B. Holz- und Metallständerwände. Bei diesen Konstruktionen sind die inneren Verluste hoch. Außerdem ist die Schallübertragung auf benachbarte Bauteile gering. Es kann also nicht mehr angenommen werden, dass der Gesamtverlustfaktor von den Weiterleitungsverlusten dominiert wird.

- Bauteile mit hohem internem Verlustfaktor: $\eta_{\text{int}} > 0{,}03$. Auch hier ist die Annahme, dass die Weiterleitungsverluste überwiegen, nicht mehr zutreffend. Beispiele für solche Bauteile sind Konstruktionen mit unterschiedlichen Schichten und Sandwich-Systeme.
- Bauteile, die sehr viel leichter sind als die umgebenden Bauteile. Hier wird davon ausgegangen, dass die Stoßstellendämmung aufgrund der unterschiedlichen Massen der verbundenen Bauteile so hoch ist, dass kein signifikanter Leistungsabfluss stattfindet. Die EN 12354-1 nennt dafür ein Masseverhältnis von schweren zu leichten Bauteilen von mindestens 3.
- Bauteile, die nicht fest mit der umgebenden Struktur verbunden sind. Es ist offensichtlich, dass in solchen Fällen keine Leistungsübertragung auf benachbarte Bauteile möglich ist und damit die In-situ-Korrektur entfällt. Dies ist beispielsweise bei leichten massiven Wänden der Fall, die mit Entkopplungsprofilen eingebaut werden. Stillschweigende Voraussetzung für das Entfallen der In-situ-Korrektur ist, dass für die Laborprüfung dieselbe entkoppelte Einbauart des Bauteils gewählt wird wie später im Gebäude vorgesehen.

In allen anderen Fällen erfolgt die In-situ-Korrektur über die Körperschallnachhallzeiten gemäß Gl. (4.65).

Üblicherweise gilt $T_{\text{s,situ}} < T_{\text{s,lab}}$. Dann sind die Weiterleitungsverluste im Bau größer als im Prüfstand. Das Bauteil strahlt weniger Schallleistung ab und die im Gebäude erreichte Schalldämmung R_{situ} wird größer als R_{lab} im Prüfstand. Die Unterschiede können bis zu 4 dB (und in Einzelfällen auch mehr) betragen.

Vorsatzkonstruktionen

Bei Vorsatzkonstruktionen wie Vorsatzschalen oder schwimmenden Estrichen wird davon ausgegangen, dass die Verbesserung des Schalldämm-Maßes ΔR unabhängig von der jeweiligen Einbausituation ist. Es findet also keine In-situ-Korrektur statt und es gilt:

$$\Delta R_{\text{situ}} = \Delta R_{\text{lab}} \text{ dB} \qquad (4.72)$$

Diese Annahme erscheint deswegen berechtigt, da Vorsatzkonstruktionen i. d. R. entkoppelt zu den angrenzenden Bauteilen eingebaut werden und erwartet werden kann, dass von den üblicherweise leichten Vorsatzkonstruktionen keine Leistung auf benachbarte Bauteile übertragen wird.

Elemente in Trennbauteilen

Auch für schallübertragende Elemente wie Lüftungsöffnungen oder Rollladenkästen wird keine In-situ-Korrektur durchgeführt. Es gilt für deren Norm-Schallpegeldifferenz also

$$D_{\text{n,e,situ}} = D_{\text{n,e,lab}} \text{ dB} \qquad (4.73)$$

Diese Festlegung scheint offensichtlich zu sein, setzt aber stillschweigend voraus, dass das im Labor geprüfte Element identisch ist mit dem Element im Gebäude. Zu Recht wird darüber hinaus in EN 12354-3 (Abschnitt 4.4) darauf hingewiesen, dass die Schallübertragung solcher kleinen Bauteile durch ihre Lage zu reflektierenden Wänden und Decken beeinflusst werden kann. Mögliche Unterschiede zwischen Labor- und Gebäudesituation können dadurch vermieden werden, dass bei der Laborprüfung dieselbe Einbaulage gewählt wird. Auch DIN EN ISO 10140-1:2016 bezieht sich deshalb bei den Prüfvorschriften in Anhang E.2.1 auf diesen Sachverhalt: „Es ist sicherzustellen, dass das Prüfbauteil in einer in der Baupraxis üblichen Weise eingebaut ist." Bezüglich des Einflusses reflektierender Flächen in der Nähe des kleinen Bauteils heißt es weiterhin: „Daher ist die zur Prüfung ausgewählte Einrichtung in der Trennwand an Positionen zu befestigen, die dem üblichen Gebrauch entsprechen."

Rechnerische Möglichkeiten zur Berücksichtigung einer abweichenden Einbausituation gegenüber der Laborprüfung werden ebenfalls in DIN EN 12354-3 (Anhang D.2) genannt.

Systeme mit indirekter Luftschallübertragung

Für die Luftschall-Nebenwegübertragung über Systeme (z. B. Lüftungssysteme, Unterdecken oder Korridore) liegen i. d. R. keine Prüfstandsmessungen vor, die unmittelbare Aussagen zur Norm-Schallpegeldifferenz $D_{n,s,situ}$ von im Gebäude vorhandenen Systemen erlauben. Auch gibt es für die rechnerische Prognose des In-situ-Verhaltens noch keine allgemeine Vorgehensweise. Anhang F der EN 12354-1 enthält jedoch Vorschläge für einige Systeme, die als Ausgangspunkt für die Weiterentwicklung von Prognosemöglichkeiten bezeichnet werden.

Stoßstellen

Die benötigte Größe für die Bestimmung der Flankendämmung in einer konkreten Bausituation ist nach Gl. (4.54) die richtungsgemittelte Schnellepegeldifferenz $\overline{D_{v,ij,situ}}$. Wie der Darstellung in Bild 4.21 für den flankierenden Übertragungsweg ij entnommen werden kann, ist diese Größe situationsabhängig, weil folgende Effekte eine Rolle spielen:

- die Größe der Bauteile, was die Verluste durch Abstrahlung und Weiterleitung beeinflusst
- die Einspannbedingungen des Bauteils, von denen die Weiterleitungsverluste ebenfalls abhängen
- die gemeinsame Kantenlänge l_{ij}, durch die die beiden Bauteile des Übertragungsweges ij verbunden sind.

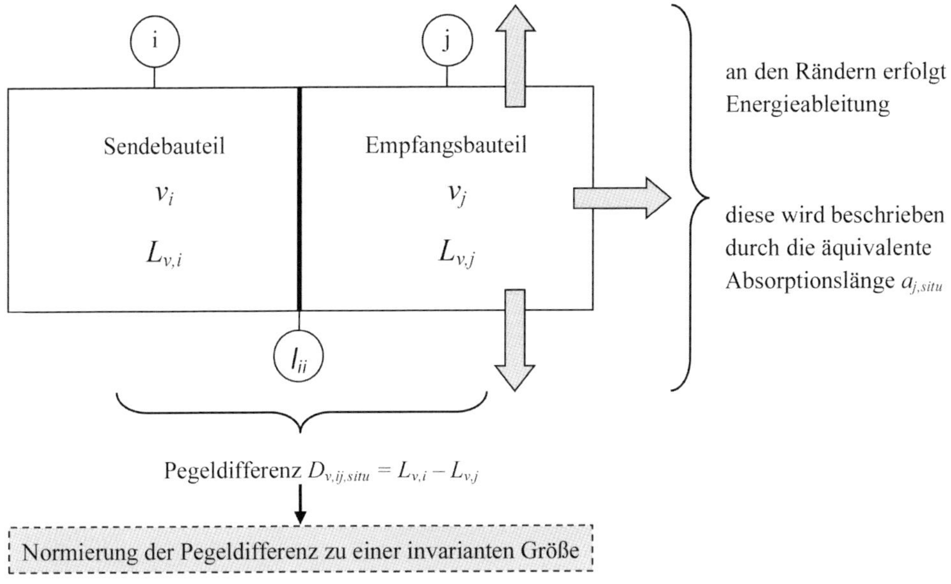

Legende

i	angeregtes Bauteil im Senderaum
j	abstrahlendes Bauteil im Empfangsraum
v_i bzw. $L_{v,i}$	Schnelle bzw. Schnellepegel auf der Platte i
v_j bzw. $L_{v,j}$	Schnelle bzw. Schnellepegel auf der Platte j
l_{ij}	gemeinsame Kantenlänge der beiden verbundenen Platten i und j

Quelle: Autoren

Bild 4.21: Schnellepegeldifferenz $D_{v,ij,situ}$ zwischen zwei gekoppelten Platten

Gesucht ist eine situationsunabhängige (invariante) Größe, die als charakteristische Größe das Stoßstellenverhalten unabhängig von situationsbedingten Einflüssen beschreibt. Diese wird **Stoßstellendämm-Maß K_{ij}** genannt. Invariant bedeutet dabei, dass diese Größe von der spezifischen Energieableitung an den Rändern und von der tatsächlichen gemeinsamen Kantenlänge unabhängig wird.

Man legt also für das Stoßstellenverhalten zwei verschiedene Beschreibungen fest:

- das Stoßstellendämm-Maß K_{ij} als invariante Größe, welches als situationsunabhängige Systemeigenschaft der Bauteilverbindung verstanden werden kann,
- die (richtungsgemittelte) Schnellepegeldifferenz, welche für die aktuelle Situation gilt und als In-situ-Eingangsgröße für die rechnerische Prognose des Schallschutzes herangezogen wird.

Man kennt ein vergleichbares Vorgehen für die Luftschallübertragung zwischen zwei Räumen, ohne dass man sich der direkten Analogie zum vorliegenden Fall der Körperschallübertragung stets bewusst wäre (Bild 4.22).

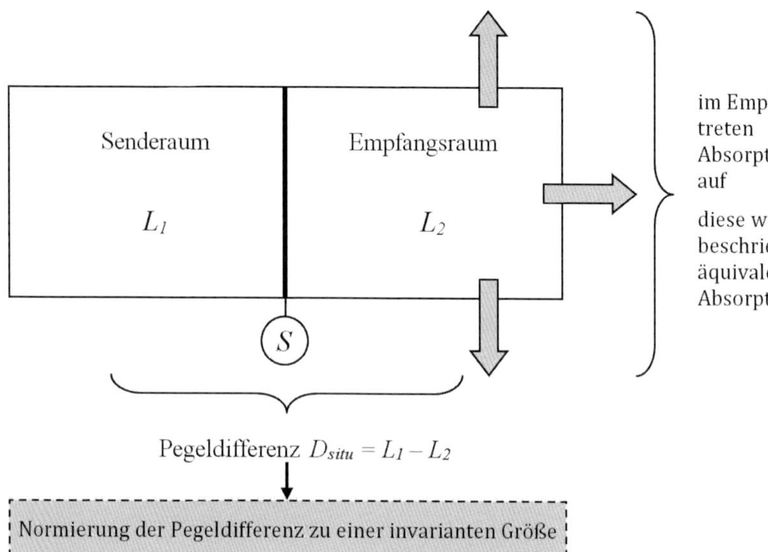

Legende

L_1 Schallpegel im Senderaum

L_2 Schallpegel im Empfangsraum

S übertragende Fläche des Trennbauteils

Quelle: Autoren

Bild 4.22: Schallpegeldifferenz D zwischen zwei benachbarten Räumen

Die situationsabhängige Größe ist hier die Schallpegeldifferenz D_{situ}. Sie ist die für den Schallschutz einer konkreten Situation eigentlich interessierende Größe:

$$D_{situ} = L_1 - L_2 \text{ dB} \tag{4.74}$$

Da D_{situ} bekanntlich von der Bauteilfläche S und der Absorptionsfläche A im Empfangsraum abhängt, ist diese Größe zur Charakterisierung der Schalldämmung des trennenden Bauteils und damit als invariante Produkteigenschaft nicht geeignet. Unabhängig von diesen Einflüssen ist hingegen das Schalldämm-Maß R, das hinsichtlich S und A eine invariante Größe darstellt:

$$R = D_{situ} + 10\lg\frac{S}{A} = L_1 - L_2 + 10\lg\frac{S}{A} \text{ dB} \tag{4.75}$$

Es ist zu beachten, dass diese Beziehung nur unter der Voraussetzung diffuser Schallfelder Gültigkeit besitzt. Das wird im Folgenden auch für die Körperschallübertragung nach Bild 4.21 vorausgesetzt. Analog zum Vorgehen bei der Luftschallübertragung (Gl. (4.74)) ist dann die Schnellepegeldifferenz als situationsabhängige Größe die in der Praxis eigentlich interessierende Größe für die Körperschallübertragung an der Stoßstelle. Mit Hinblick auf die Richtungsmittelung werden beide Übertragungsrichtungen betrachtet:

$$D_{v,ij,situ} = L_{v,i} - L_{v,j} \text{ und } D_{v,ji,situ} = L_{v,j} - L_{v,i} \text{ dB} \tag{4.76}$$

Da $D_{v,ij,situ}$ und $D_{v,ji,situ}$ von der gemeinsamen Kantenlänge l_{ij} der beiden Bauteile und der Absorptionslänge $a_{j,situ}$ bzw. $a_{i,situ}$ des „Empfangs"-Bauteils abhängen, wird analog zu Gl. (4.75) vorgegangen, um zu einer invarianten Größe für die Körperschalldämmung zu kommen:

$$D^*_{v,ij} = D_{v,ij,situ} + 10\lg\frac{l_{ij}}{a_{j,situ}} = L_{v,i} - L_{v,j} + 10\lg\frac{l_{ij}}{a_{j,situ}} \text{ dB} \tag{4.77}$$

$$D^*_{v,ji} = D_{v,ji,situ} + 10\lg\frac{l_{ij}}{a_{i,situ}} = L_{v,j} - L_{v,i} + 10\lg\frac{l_{ij}}{a_{i,situ}} \text{ dB} \tag{4.78}$$

Die Mittelung über beide Größen $D^*_{v,ij}$ und $D^*_{v,ji}$ ergibt dann als neue invariante Größe das so genannte Stoßstellendämm-Maß K_{ij}:

$$K_{ij} = \frac{D^*_{v,ij} + D^*_{v,ji}}{2} = \overline{D_{v,ij,situ}} + 10\lg\frac{l_{ij}}{\sqrt{a_{i,situ} \cdot a_{j,situ}}} \text{ dB} \tag{4.79}$$

mit

K_{ij} Stoßstellendämm-Maß [dB];

$\overline{D_{v,ij,situ}}$ richtungsgemittelte Schnellepegeldifferenz (unter In-situ-Bedingungen) [dB];

$a_{i,situ}$, $a_{j,situ}$ äquivalente Absorptionslängen [m] der Bauteile i bzw. j unter In-situ-Bedingungen;

l_{ij} gemeinsame Kopplungslänge der Stoßstelle zwischen den Bauteilen i und j [m].

Diese Gleichung liefert auch die Messvorschrift für K_{ij}, die in DIN EN ISO 10848-1 [99] umgesetzt wird.

Die für die Berechnung der Flankendämmung nach Gl. (4.54) benötigte In-situ-Größe $\overline{D_{v,ij,situ}}$ ergibt sich aus Gl. (4.79) durch

$$\overline{D_{v,ij,situ}} = K_{ij} - 10\lg\frac{l_{ij}}{\sqrt{a_{i,situ} \cdot a_{j,situ}}} \text{ dB} \tag{4.80}$$

Das ist die gesuchte In-situ-Korrektur für die Stoßstelle. Die In-situ-Größe $\overline{D_{v,ij,situ}}$ kann also aus der invarianten Größe K_{ij} durch Korrektur mit den äquivalenten Absorptionslängen und der Kopplungslänge ermittelt werden. Bei dieser Korrektur muss $\overline{D_{v,ij,situ}} \geq 0$ dB gelten.

Für die Bestimmung der äquivalenten Absorptionslängen kann auf Gl. (4.66) zurückgegriffen werden. Wenn dort die internen und die Abstrahlungsverluste vernachlässigt werden (was ja die Voraussetzung für die Durchführung der In-situ-Korrektur ist), ergibt sich mit Gl. (4.70)

$$a_{i,situ} = \sum_{k=1}^{4} \ell_k \cdot \alpha_k = \eta_{tot,i} \frac{\pi^2 S_i \sqrt{f \cdot f_c}}{c_0} \tag{4.81}$$

Wird für η_{tot} Gl. (4.64) eingesetzt, dann erhält man die auch in EN 12354-1 angegebene Beziehung

$$a_{i,situ} = \frac{2{,}2\pi^2 \cdot S_i}{c_0 \cdot T_{s,i,situ}} \sqrt{\frac{f_{ref}}{f}} \qquad (4.82)$$

mit

S_i Fläche des Bauteils i [m²];

$T_{s,i,situ}$ Körperschall-Nachhallzeit des Bauteils i unter den tatsächlichen Baubedingungen [s];

f Bandmittenfrequenz [Hz];

f_{ref} Bezugsfrequenz, f_{ref} = 1 000 Hz.

Da die Koinzidenzgrenzfrequenz f_c in Gl. (4.81) in der weiteren Berechnung herausgekürzt wird, braucht sie hier nicht explizit berechnet zu werden. Es genügt, stattdessen eine willkürlich festgelegte Bezugsfrequenz f_{ref} anzusetzen, die hier mit 1 000 Hz festgelegt wurde. Entsprechend Gl. (4.82) kann dann auch die äquivalente Absorptionslänge $a_{j,situ}$ für das Bauteil j ermittelt werden. Man sieht, dass die äquivalenten Absorptionslängen über die Körperschallnachhallzeit T_s ermittelt werden. Das gilt dann auch für deren messtechnische Bestimmung.

Da für manche Anwender die Verhältnisse im Körperschall nicht so vertraut sind wie diejenigen im Luftschall, soll nachfolgend noch einmal die Analogie der Betrachtungen für die Luft- und Körperschalldämmung in Tabelle 4.2 dargestellt werden.

Tabelle 4.2: Analogie Körperschall – Luftschall bei der Betrachtung der Dämmung

Luftschall	Körperschall
Schallfeld dreidimensional: Raum	Schallfeld zweidimensional: Ebene (Platte)
Annahme: diffuses **Luft**schallfeld	Annahme: diffuses **Körper**schallfeld
Absorption: Verluste an **Flächen**	Absorption: Verluste an **Kanten**
Beschreibung der Verluste durch die **äquivalente Absorptionsfläche** *A*	Beschreibung der Verluste durch die **äquivalente Absorptionslänge** *a*
nach Sabine: *A = 0,163 V/T* bzw. *A = const. V/T*	nach Gl. (4.82): $a = const.\ S/T_s$
Beschreibung der Dämmung[a] durch das Schalldämm-Maß *R* $R = L_1 - L_2 + 10 \lg \frac{S}{A}$ *S* gemeinsame Trennfläche	Beschreibung der Dämmung durch das Stoßstellendämm-Maß K_{ij} $K_{ij} = \overline{D_{v,ij}} + 10 \lg \frac{l_{ij}}{\sqrt{a_{i,situ} \cdot a_{j,situ}}}$ l_{ij} gemeinsame Kopplungslänge
vorhergehende Gleichung enthält die Messvorschrift für *R* (siehe DIN EN ISO 10140-2)	vorhergehende Gleichung enthält die Messvorschrift für K_{ij} (siehe DIN EN ISO 10848-1)

a Auch für die Luftschalldämmung könnte wie bei der Stoßstellendämmung eine Richtungsmittelung durchgeführt werden, was im Rahmen der Messvorgaben zulässig ist.

Für die In-situ-Korrektur in der Prognoserechnung ergibt sich zusammenfassend folgender Ablauf:

- Bestimmung von $T_{s,situ}$ nach Gl. (4.64) unter Berücksichtigung von $\eta_{tot,situ}$ nach Gl. (4.66)
- Bestimmung von $a_{i,situ}$ und $a_{j,situ}$ nach Gl. (4.82)
- Umrechnung von K_{ij} in $\overline{D_{v,ij,situ}}$ nach Gl. (4.80)

Da dieses Vorgehen aufwändig ist, empfiehlt sich für die praktische Anwendung der In-situ-Korrektur als alternatives Verfahren die Verwendung des für Massivbauten typischen mittleren Bauverlustfaktors.

Als Vereinfachung der in Gl. (4.82) beschriebenen Vorgehensweise können für einige Situationen die äquivalenten Absorptionslängen nach folgender Beziehung ermittelt werden:

$$a_{i,situ} = S_{i,situ} \text{ und } a_{j,situ} = S_{j,situ} \tag{4.83}$$

Da die genannten Größen unterschiedliche Dimensionen haben, ist die Gleichheit hier nur zahlenmäßig zu verstehen. Diese Vereinfachung kann in folgenden Fällen angewendet werden:

- zwei- und mehrschalige Leichtbauteile
- Bauteile mit $\eta_{int} > 0{,}03$
- Bauteile, die sehr viel leichter sind als die umgebenden Bauteile (mindestens Faktor 3)
- Bauteile, die nicht fest mit der umgebenden Struktur verbunden sind

Das sind genau die Fälle, für die bereits zuvor bei der Direktdämmung die In-situ-Korrektur entfallen konnte. Auch hier gilt, dass sich T_s bzw. η_{tot} nicht ändern, da η_{int} dominiert oder kein (signifikanter) Energieabfluss stattfindet. Als Variable verbleibt in Gl. (4.82) deshalb nur die aktuelle Bauteilfläche.

Als weitergehende Näherung kann Gl. (4.83) für **alle** Arten von Bauteilen angesetzt werden, wobei dabei aber

$$K_{ij} \geq K_{ij,min} = 10\lg\left[l_{ij} \cdot l_0\left(\frac{1}{S_i} + \frac{1}{S_j}\right)\right] \text{ dB} \tag{4.84}$$

mit

l_0 Bezugslänge (1 m)

gelten soll. Anderenfalls wird

$$K_{ij} = K_{ij,min} \text{ dB} \tag{4.85}$$

gesetzt. Mit der Näherung aus Gl. (4.83) kann dann aus Gl. (4.54) eine vereinfachte Bestimmung des Flanken-Schalldämm-Maßes R_{ij} abgeleitet werden. In dieser Gleichung kann gemäß den obigen Ausführungen für die Vorsatzkonstruktionen bei den Verbesserungen der Luftschalldämmung ΔR_i und ΔR_j auf die In-situ-Korrektur verzichtet werden. Als weitere Vereinfachung wird auf die In-situ-Korrektur der Direktschalldämm-Maße R_i und R_j verzichtet. Es verbleibt somit für Gl. (4.54)

$$R_{ij} = \frac{R_i}{2} + \Delta R_i + \overline{D_{v,ij,situ}} + \frac{R_j}{2} + \Delta R_j + 10 \lg \frac{S_s}{\sqrt{S_i S_j}} \text{ dB} \tag{4.86}$$

so dass die In-situ-Korrektur nur noch für die Stoßstelle durchgeführt werden muss. Mit Gl. (4.80) wird anstelle von $\overline{D_{v,ij,situ}}$ das in-situ-korrigierte Stoßstellendämm-Maß eingesetzt, und für die äquivalenten Absorptionsflächen in Gl. (4.80) wird die Näherung nach Gl. (4.83) angewendet. Damit ergibt sich für Gl. (4.86)

$$R_{ij} = \frac{R_i}{2} + \Delta R_i + \frac{R_j}{2} + \Delta R_j + K_{ij} + 10 \lg \frac{S_s \sqrt{S_i S_j}}{\sqrt{S_i S_j} l_{ij} \cdot l_0} \text{ dB} \tag{4.87}$$

$$R_{ij} = \frac{R_i}{2} + \Delta R_i + \frac{R_j}{2} + \Delta R_j + K_{ij} + 10 \lg \frac{S_s}{l_{ij} \cdot l_0} \text{ dB} \tag{4.88}$$

mit l_0: Bezugslänge l_0 = 1 m zur dimensionslosen logarithmischen Rechnung.

Diese Näherung für die Flankendämmung wird auch dem in Abschnitt 4.2.1.7 behandelten vereinfachten Berechnungsmodell zugrunde gelegt. Sie enthält als geometrische Größen nur noch die Fläche des Trennbauteils und die gemeinsame Kopplungslänge.

4.2.1.7 Vereinfachtes Modell der EN 12354-1

4.2.1.7.1 Grundprinzip des vereinfachten Modells

Das vereinfachte Modell der EN 12354-1 liegt dem Nachweisverfahren von DIN 4109-2 für die Luftschalldämmung zugrunde. Gegenüber dem bislang behandelten detaillierten Modell sind folgende Vereinfachungen vorgesehen:

- Die Rechnung erfolgt mit Einzahlwerten statt frequenzabhängig.
- Für die Schalldämm-Maße wird keine In-situ-Korrektur durchgeführt.
- Für die Stoßstellendämmung wird eine vereinfachte In-situ-Korrektur vorgenommen (siehe unten).

  Die Körperschallableitung an den Rändern wird demzufolge nicht berücksichtigt. T_s bzw. η_{tot} werden deshalb nicht benötigt. Damit entfällt die aufwändigste Prozedur des detaillierten Verfahrens.
- Es wird nur die Körperschallübertragung (Luftschalldämmung direkt und über die Flankenwege) berücksichtigt, nicht dagegen Luftschallübertragungswege über Elemente und Systeme (siehe Bild 4.23).

  Eine Ergänzung des vereinfachten Modells um diese Übertragungswege wäre allerdings ohne weiteres möglich. In der neuen Fassung der EN 12354-1:2017-11 [103] ist das vereinfachte Modell deswegen durch die Übertragungswege über Elemente und Systeme ergänzt worden. Eine entsprechende Ergänzung des Nachweisverfahrens in DIN 4109-2 wäre sinnvoll.
- Das Modell gilt hauptsächlich für homogene Bauteile. Der Anwendungsbereich liegt deshalb vorzugsweise beim Massivbau.

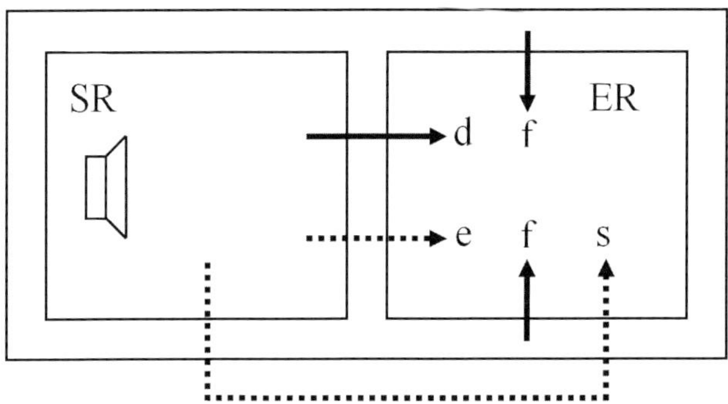

Legende

SR Senderaum,

ER Empfangsraum

⟶ berücksichtigte Übertragungswege:

d: Körperschallübertragung über das Trennbauteil

f: Körperschall-Nebenwegübertragung über flankierende Bauteile, auch Flankenübertragung genannt

⋯▸ nicht berücksichtigte Übertragungswege:

e: Luftschallübertragung über Elemente im Trennbauteil

s: Luftschall-Nebenwegübertragung über Systeme, auch indirekte Luftschallübertragung genannt

Quelle: Autoren

Bild 4.23: Berücksichtigte und nicht berücksichtigte Übertragungswege im vereinfachten Berechnungsmodell der EN 12354-1:2000-12 und in DIN 4109-2

Ausgangspunkt ist auch hier der gesamte Transmissionsgrad τ_{ges}, für den es anstelle von Gl. (4.20)

$$\tau_{ges} = \tau_d + \sum_{f=1}^{n} \tau_f \tag{4.89}$$

heißt. Für τ_d gilt mit Gl. (4.24)

$$\tau_d = \tau_{Dd} + \sum_{F=1}^{n} \tau_{Fd} \tag{4.90}$$

und für die Flankenübertragung τ_f mit Gl. (4.25) für alle n Flankenbauteile zusammen

$$\tau_{f,ges} = \sum_{f=1}^{n} \tau_f = \sum_{f=1}^{n} \tau_{Df} + \sum_{F=f=1}^{n} \tau_{Ff} \tag{4.91}$$

Für den gesamten Transmissionsgrad gilt also

$$\tau_{ges} = \tau_{Dd} + \sum_{F=1}^{n} \tau_{Fd} + \sum_{f=1}^{n} \tau_{Df} + \sum_{F=f=1}^{n} \tau_{Ff} \tag{4.92}$$

Zielgröße der Berechnung ist das bewertete Bau-Schalldämm-Maß R'_w zur Beschreibung der resultierenden Schallübertragung zwischen zwei benachbarten Räumen, das sich auch hier nach Gl. (4.21) aus dem gesamten Transmissionsgrad τ_{ges} ergibt:

$$R'_w = -10 \lg \tau_{ges} \text{ dB} \tag{4.93}$$

Da üblicherweise die Transmissionsgrade durch die Schalldämm-Maße ausgedrückt werden, gilt mit den Einzahlwerten für die Schalldämm-Maße

$$\tau_{Dd} = 10^{-R_{Dd,w}/10} \tag{4.94}$$

und

$$\tau_{ij} = 10^{-R_{ij,w}/10} \quad \text{für ij} = \text{Ff, Df und Fd} \tag{4.95}$$

für das vereinfachte Modell

$$R'_w = -10 \lg \left[10^{-R_{Dd,w}/10} + \sum_{F=f=1}^{n} 10^{-R_{Ff,w}/10} + \sum_{f=1}^{n} 10^{-R_{Df,w}/10} + \sum_{F=1}^{n} 10^{-R_{Fd,w}/10} \right] \text{ dB} \tag{4.96}$$

Bei vier flankierenden Bauteilen sind das insgesamt 13 Übertragungswege. Diese Wege werden mit Einzahlwerten, auch für die Verbesserung des Schalldämm-Maßes, dargestellt.

Für die Direktübertragung gilt (anstelle von Gl. (4.45))

$$R_{Dd,w} = R_{s,w} + \Delta R_{Dd,w} \text{ dB} \tag{4.97}$$

mit

$R_{s,w}$ bewertetes Schalldämm-Maß des trennenden Bauteils,

$\Delta R_{Dd,w}$ gesamte bewertete Verbesserung des Schalldämm-Maßes durch zusätzliche Vorsatzkonstruktionen auf Sende- und Empfangsseite des trennenden Bauteils (siehe 4.2.1.7.2).

Für die Flankenwege gilt mit Gl. (4.88):

$$R_{Ff,w} = \frac{R_{F,w}}{2} + \frac{R_{f,w}}{2} + \Delta R_{Ff,w} + K_{Ff} + 10 \lg \frac{S_s}{l_0 l_f} \text{ dB} \tag{4.98}$$

$$R_{Fd,w} = \frac{R_{F,w}}{2} + \frac{R_{s,w}}{2} + \Delta R_{Fd,w} + K_{Fd} + 10 \lg \frac{S_s}{l_0 l_f} \text{ dB} \tag{4.99}$$

$$R_{Df,w} = \frac{R_{s,w}}{2} + \frac{R_{f,w}}{2} + \Delta R_{Df,w} + K_{Df} + 10 \lg \frac{S_s}{l_0 l_f} \text{ dB} \tag{4.100}$$

mit

$R_{F,w}$, $R_{f,w}$ bewertete Schalldämm-Maße der flankierenden Bauteile im Sende- und Empfangsraum,

$\Delta R_{Ff,w}$, $\Delta R_{Fd,w}$, $\Delta R_{Df,w}$ gesamte bewertete Verbesserung des Schalldämm-Maßes durch zusätzliche Vorsatzkonstruktionen auf Sende- und Empfangsseite des flankierenden Bauteiles (siehe 4.2.1.7.2),

K_{Ff}, K_{Fd}, K_{Df} Stoßstellendämm-Maße der Flankenwege,

S_s Fläche des trennenden Bauteils (in m^2),

l_f gemeinsame Kopplungslänge zwischen trennendem und flankierendem Bauteil (in m), identisch mit l_{ij} in Gl. (4.88),

l_o Bezugslänge (1 m^2).

4.2.1.7.2 Bewertete Verbesserung des Schalldämm-Maßes ΔR_w für Vorsatzkonstruktionen

Die Verbesserung des bewerteten Schalldämm-Maßes ΔR_w wird als Einzahlwert für Vorsatzkonstruktionen nach DIN EN ISO 10140-1 (Anhang G.6.1) ermittelt. Während im detaillierten Modell die frequenzabhängigen Angaben für die Verbesserung des Schalldämm-Maßes direkt mit den frequenzabhängigen Schalldämm-Maßen der Grundbauteile kombiniert werden können, gelten für die Einzahlwerte im vereinfachten Modell modifizierte Regeln. Wenn in einem Übertragungsweg Vorsatzkonstruktionen gleichzeitig auf der Sende- und Empfangsseite angebracht sind, dann ist im vereinfachten Modell die Vorsatzkonstruktion mit dem kleineren Wert nur mit dem halben Wert anzusetzen. Das ist eine empirisch ermittelte Vorgehensweise. Sie trägt dem Umstand Rechnung, dass aufgrund der ausgeprägten Frequenzabhängigkeit der Vorsatzkonstruktionen die einfache Addition der Einzahlwerte zu zu hohen Verbesserungen führen würde.

Für die Direktübertragung Dd über das trennende Bauteil gelten die Bezeichnungen nach Bild 4.24.

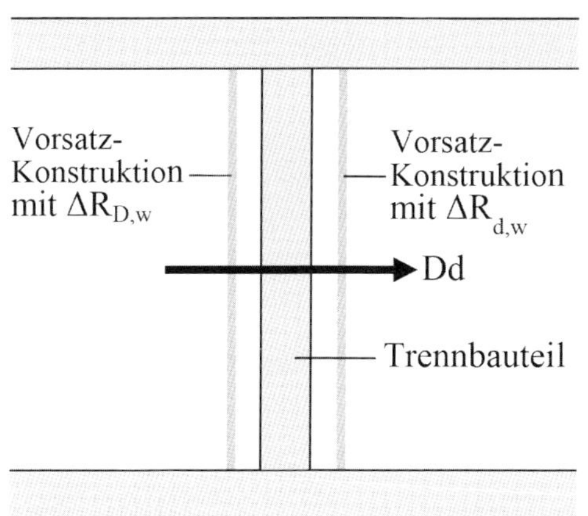

Quelle: Autoren

Bild 4.24: Übertragung über ein Trennbauteil mit Vorsatzkonstruktionen

Falls die Vorsatzkonstruktion nur auf einer Seite angebracht ist, gilt für die gesamte bewertete Verbesserung des Schalldämm-Maßes $\Delta R_{Dd,w}$

$$\Delta R_{Dd,w} = \Delta R_{D,w} \text{ oder } \Delta R_{d,w} \text{ dB} \tag{4.101}$$

Für zweiseitig angebrachte Vorsatzkonstruktionen wird die Vorsatzkonstruktion mit dem niedrigeren Wert mit dem halben Wert angesetzt:

$$\Delta R_{Dd,w} = \Delta R_{D,w} + \frac{\Delta R_{d,w}}{2} \text{ für } \Delta R_{D,w} > \Delta R_{d,w} \text{ dB} \tag{4.102}$$

oder

$$\Delta R_{Dd,w} = \Delta R_{d,w} + \frac{\Delta R_{D,w}}{2} \text{ für } \Delta R_{d,w} > \Delta R_{D,w} \text{ dB} \tag{4.103}$$

Zu berücksichtigen sind immer nur diejenigen Vorsatzkonstruktionen, die sich im betrachteten Übertragungsweg befinden. Beispiele zeigen die Bilder Bild 4.25 bis Bild 4.27.

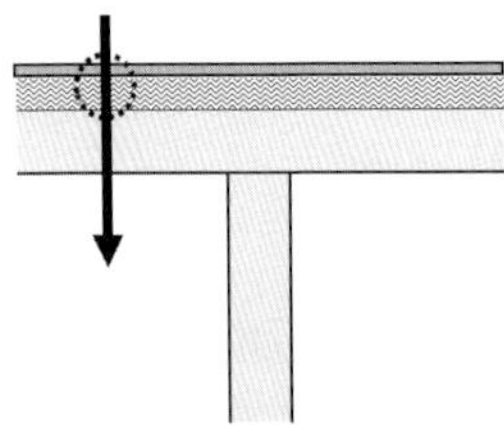

Legende

Die Vorsatzkonstruktion ist bei der Schallübertragung beteiligt

Quelle: Autoren

Bild 4.25: Außenwand mit WDVS, Schalldurchgang bei Außenlärm

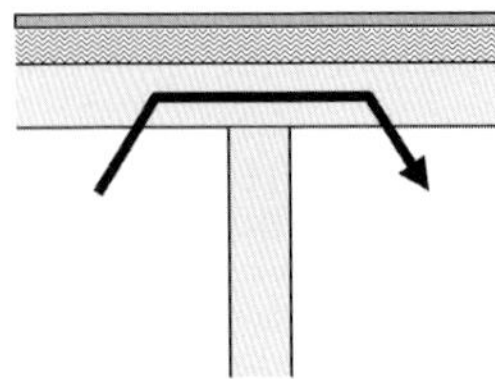

Legende

Die Vorsatzkonstruktion ist bei der Schallübertragung nicht beteiligt, da die Übertragung nur über die raumseitige Schale stattfindet

Quelle: Autoren

Bild 4.26: Außenwand mit WDVS, Schalldurchgang bei flankierender Übertragung im Innenbereich

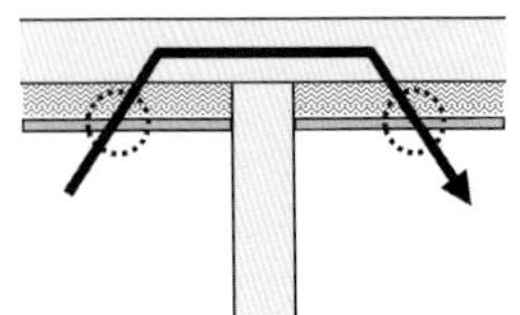

Legende

Die Vorsatzkonstruktion ist im Sende- und Empfangsraum zu berücksichtigen

Quelle: Autoren

Bild 4.27: Außenwand mit innenseitiger Wärmedämmung, Schalldurchgang bei flankierender Übertragung im Innenbereich

Bei der flankierenden Übertragung gelten im vereinfachten Modell für die Anwendung der ΔR_w-Werte sinngemäß die gleichen Regeln. Ein Beispiel für den Weg Ff zeigt Bild 4.28.

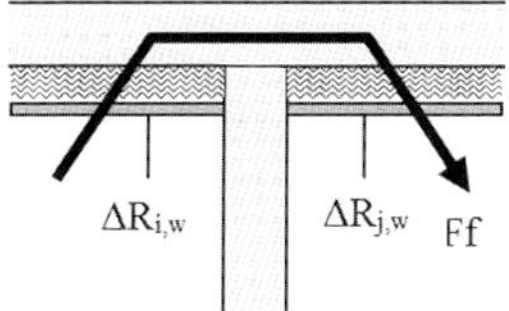

Quelle: Autoren

Bild 4.28: Übertragung über Flankenbauteile mit Vorsatzkonstruktionen, Beispiel anhand des Weges Ff

Falls die Vorsatzkonstruktion nur auf einem Bauteil i oder j des Übertragungsweges ij angebracht wird, gilt für die gesamte bewertete Verbesserung des Schalldämm-Maßes $\Delta R_{ij,w}$:

$$\Delta R_{ij,w} = \Delta R_{i,w} \text{ oder } \Delta R_{j,w} \text{ dB} \tag{4.104}$$

Bei Vorsatzkonstruktionen an beiden Bauteilen i und j des Übertragungsweges ij wird die Vorsatzkonstruktion mit dem niedrigeren Wert wieder mit dem halben Wert angesetzt:

$$\Delta R_{ij,w} = \Delta R_{i,w} + \frac{\Delta R_{j,w}}{2} \text{ für } \Delta R_{i,w} > \Delta R_{j,w} \text{ dB} \tag{4.105}$$

oder

$$\Delta R_{ij,w} = \Delta R_{j,w} + \frac{\Delta R_{i,w}}{2} \text{ für } \Delta R_{j,w} > \Delta R_{i,w} \text{ dB} \tag{4.106}$$

Ein Beispiel für die Anwendung der ΔR_w-Werte zeigt Bild 4.29.

Für die einzelnen Übertragungswege in Bild 4.29 ergeben sich folgende gesamte bewertete Verbesserungen des Schalldämm-Maßes:

- für Weg Dd: $\Delta R_{Dd,w} = 10 \text{ dB} + 6/2 \text{ dB} = 13 \text{ dB}$
- für Weg Df: $\Delta R_{Df,w} = 10 \text{ dB} + 0 \text{ dB} = 10 \text{ dB}$
- für Weg Fd: $\Delta R_{Fd,w} = 0 \text{ dB} + 6 \text{ dB} = 6 \text{ dB}$
- für Weg Ff: $\Delta R_{Dd,w} = 0 \text{ dB} + 0 \text{ dB} = 0 \text{ dB}$

Für eine Stahlbetondecke (d = 200 mm, R_w = 58 dB) ergibt sich dann z. B. für den Weg Dd:

$$R_{Dd,w} = (58 + 13) \text{ dB} = 71 \text{ dB}$$

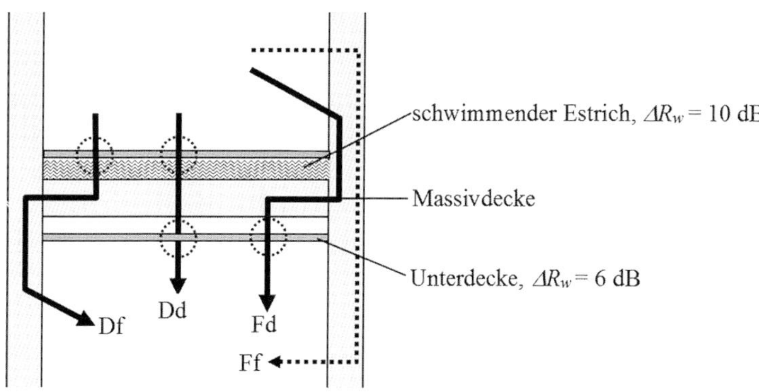

Quelle: Autoren

Bild 4.29: Luftschallübertragung bei einer Decke mit schwimmendem Estrich und abgehängter Unterdecke

4.2.1.7.3 Eingangsdaten für das vereinfachte Modell

DIN EN 12354-1 enthält in den informativen Anhängen Angaben zu Eingangsdaten, die in den behandelten Berechnungsverfahren dieser Norm verwendet werden können, darunter auch Angaben zu den benötigten Einzahlwerten für das vereinfachte Modell.

Für die Datengewinnung nennt DIN EN 12354-1 folgende Möglichkeiten:

- Daten aus genormten Prüfstandsmessungen
- Ableitung aus Berechnungen
- empirische Abschätzungen
- Messergebnisse aus Bausituationen

Diese Anhänge sind für die Anwendung der Berechnungsverfahren nicht verbindlich. DIN 4109-2 nimmt partiell Bezug auf diese Anhänge, hat in weit größerem Umfang aber eigene Daten vorgesehen, die im Bauteilkatalog der DIN 4109-31 bis -36 zusammengestellt wurden. Ausführlich wird darauf in 5.1 eingegangen.

4.2.2 Nachweise für die Luftschalldämmung im Massivbau

Der Nachweis im Massivbau erfolgt entsprechend dem bereits in Abschnitt 4.2.1.7.1 dargestellten Grundprinzip des vereinfachten Rechenmodells über Einzahlangaben. Das bewertete Schalldämm-Maß für die direkte Übertragung $R_{Dd,w}$ ergibt sich dabei aus dem bewerteten Schalldämm-Maß R_w des massiven Trennbauteils und der bewerteten Verbesserung des Schalldämm-Maßes ΔR_w durch Vorsatzkonstruktionen entsprechend Gl. (4.97). Das bewertete Flanken-Schalldämm-Maß $R_{ij,w}$ auf dem betrachteten Übertragungsweg ij ergibt sich aus dem bewerteten Schalldämm-Maß $R_{i,w}$ und $R_{j,w}$ den beiden massiven an der Schallübertragung beteiligten Bauteilen i und j, der bewerteten Verbesserung des Schalldämm-Maßes $\Delta R_{ij,w}$ durch Vorsatzkonstruktionen, dem Stoßstellendämm-Maß $K_{ij,}$ einer Korrektur über die beiden Räumen gemeinsame Trennfläche S_S und der gemeinsamen Kantenlänge l_{ij} entsprechend den Gleichungen (4.98) bis (4.100). Die Indizes i und j stehen dabei für die beiden an der Schallübertragung beteiligten Bauteile im Senderaum (Bauteil i) und im Empfangsraum (Bauteil j).

Im Massivbau sind in typischen Rechteckräumen 13 Schallübertragungswege vorhanden, für die das insgesamt sich ergebende bewertete Bau-Schalldämm-Maß R'_w nach Gl. (4.96) berechnet werden kann. Als Eingangsgrößen für die Berechnung der Direktschalldämmung des trennenden und der flankierenden Bauteile dienen die flächenbezogenen Massen der Bauteile, die entsprechend DIN 4109-32 berechnet werden.

Die zur Berechnung der Flankendämmung erforderlichen geometrischen Daten sind die gemeinsame Trennfläche, die Fläche der an der Schallübertragung beteiligten Bauteile (zur Berechnung von $K_{ij,min}$), die Geometrie der Stoßstelle und die gemeinsame Kantenlänge.

ANMERKUNG

Für die Bemessung der Schallübertragung zwischen Räumen ist es sinnvoll, Innenmaße anzusetzen. Bei einfachen geometrischen Räumen (Rechteckräumen) ergibt sich aus der Multiplikation der beiden Kantenlängen (bei Trennwänden die Raumhöhe und Wandlänge des Trennbauteils) die gemeinsame Trennfläche und unter Berücksichtigung der Raumtiefe das Raumvolumen.

Weiterhin wird die Geometrie der Stoßstelle benötigt. Möglich ist hierbei ein so genannter Kreuzstoß (X-Stoß), bei welchem beide Bauteile sich nach dem Stoß fortsetzen (z. B. Innenwand – Wohnungstrennwand), ein T-Stoß, bei welchem sich ein Bauteil nach dem Stoß fortsetzt, das andere Bauteil am Stoß endet (z. B. Außenwand – Wohnungstrennwand), und ein L-Stoß, bei welchem beide Bauteile am Stoß enden (z. B. Außenwand – Außenwand).

In Bild 4.30 ist eine horizontale Raumsituation dargestellt, an der die Flanke F1 (Außenwand im Senderaum) und Flanke f1 (Außenwand im Empfangsraum) zusammen mit der Wohnungstrennwand einen T-Stoß bilden. Die Decke im Senderaum (F2) bildet zusammen mit der Decke im Empfangsraum (f2), der Wohnungstrennwand zwischen den betrachteten Räumen und der Trennwand im darüber liegenden Geschoss einen X-Stoß.

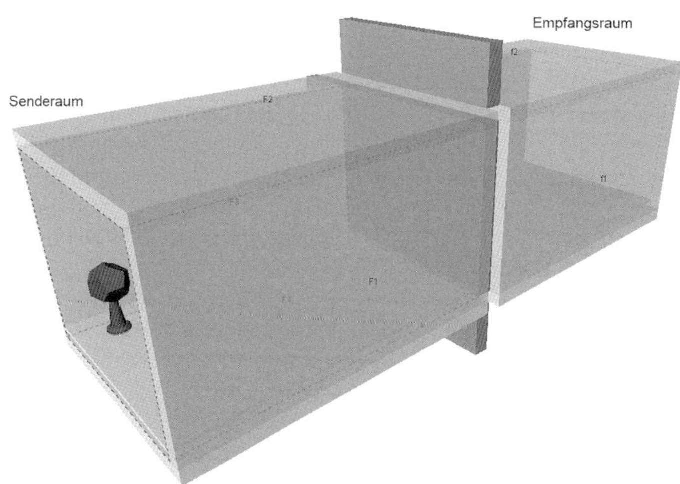

Quelle: [393]

Bild 4.30: Screenshot zur Darstellung eines Sende- und Empfangsraumes bei der Schallübertragung zwischen zwei nebeneinanderliegenden Räumen

4.2.2.1 Handhabung der In-situ-Korrektur

Bei starrer Anbindung eines massiven Bauteils an die umgebenden massiven Bauteile bestimmen die Randverluste die Gesamtverluste und beeinflussen damit die zu erwartende Schalldämmung dieses Bauteils. Dies ist im detaillierten Berechnungsmodell durch die

Verlustfaktor-Korrektur entsprechend 4.2.1.5 und 4.2.1.6 zu berücksichtigen. Im hier verwendeten vereinfachten Berechnungsmodell werden stattdessen die Einzahlwerte des Schalldämm-Maßes auf einen im Mittel am Bau zu erwartenden Verlustfaktor $\eta_{Bau,ref}$ bezogen. Für Daten aus dem Bauteilkatalog DIN 4109-32 ist bei massiven Bauteilen diese Korrektur bereits berücksichtigt. Für Schalldämm-Maße, die Prüfzeugnissen entnommen werden, ist die Verlustfaktor-Korrektur gemäß den Angaben in DIN 4109-4, Anhang A.7 durchzuführen, falls die Korrektur nicht schon im Prüfzeugnis enthalten ist.

Für Bauteile mit geringem Kontakt zu den umgebenden Bauteilen (z. B. elastisch entkoppelte Bauteile), für Bauteile mit hohen internen Verlusten und für Bauteile, die sehr viel leichter als ihre umgebenden Bauteile sind, ist die Verlustfaktor-Korrektur nicht anzuwenden. Ebenso gilt dies nur bedingt für Bauteile, deren Schalldämmung nicht mehr durch Biegeschwingungen bestimmt wird wie z. B. Lochsteine.

Lochsteine

Mauerwerk aus Lochsteinen weist häufig eine gegenüber gleichschwerem homogenem Mauerwerk verminderte Direktschalldämmung mit einem Dämmungseinbruch im Frequenzbereich von 800 Hz bis 2 000 Hz auf. Hierbei vermindern so genannte Dickenschwingungen bzw. Steinresonanzen das Schalldämm-Maß der Wände. Das Schalldämm-Maß kann deshalb nicht aus der flächenbezogenen Masse bestimmt werden und ist im Prüfstand zu bestimmen. Allerdings zeigen Untersuchungen, dass im Frequenzbereich der verminderten Schalldämmung der Gesamtverlustfaktor der Wand nicht durch die Randverluste bestimmt wird. Deshalb ist bei diesen Wänden die Verlustfaktor-Korrektur nur in einem eingeschränkten Frequenzbereich (bis drei Terzen unterhalb des lokalen Dämmungsminimums durch die Dickenresonanzen) anzuwenden [371], [328].

Entkoppelte Wände aus Gipswandbauplatten

Leichte massive Innenwände aus Gipswandbauplatten werden aus konstruktiven Gründen im Geschosswohnungsbau mit Hilfe von Randdämmstreifen von den angrenzenden massiven Bauteilen entkoppelt. Zwischen Wänden aus Gipswandbauplatten sind keine Randdämmstreifen angeordnet. Die Randdämmstreifen bestehen meist aus Kork, Bitumen oder Polyethylen-Schwerschaum und entkoppeln die Wände akustisch, so dass einerseits die Energieableitung in die angrenzenden Strukturen und damit die Direktschalldämmung, andererseits die Flankenschalldämmung verändert wird. Für diese Wände kann deshalb die Umrechnung auf einen mittleren Bauverlustfaktor nicht angewendet werden. Gleichzeitig bestimmt die Art des Randdämmstreifens das Direktschalldämm-Maß, so dass hier keine direkte Berechnung des Schalldämm-Maßes aus der flächenbezogenen Masse möglich ist. Umfangreiche Messungen zur Direktschalldämmung im Wandprüfstand [331] zeigten, dass das Schalldämm-Maß der Wände stark vom Material der Randdämmstreifen abhängt. Deshalb wurden in DIN 4109-2 in Tabelle 2 die Materialeigenschaften der Randdämmstreifen definiert, um dann in den Tabellen 3 und 4 für mit diesen Randdämmstreifen entkoppelte Wände das Direktschalldämm-Maß anzugeben. Die angegebenen bewerteten Schalldämm-Maße beziehen sich auf 100 mm dicke Gipswandbauplatten mit mittlerer ($\rho = 900$ kg/m^3) und hoher ($\rho = 1\,200$ kg/m^3) Rohdichte.

Tabelle 4.3: DIN 4109-32, Tabelle 3 – Direktschalldämm-Maße R_w von elastisch entkoppelten Gipswänden mit mittlerer Rohdichte ($\rho \approx 900$ kg/m³)

Zeile	Gipswände ($m' \approx 90$ kg/m²) umlaufend entkoppelt	R_w dB
1	Kork[a]	38
2	PE-Schwerschaum[a]	40
3	Bitumen[a] (Wollfilzpappe)	42
a Nach den in Tabelle 2 genannten Anforderungen		

Quelle: [34]

4.2.2.2 Flankierende Übertragung und Stoßstellendämm-Maße

Die Höhe der Flankenschalldämmung wird auf jedem der Übertragungswege wesentlich durch die Pegeldifferenz der Schnellen auf den Bauteilen vor und nach der Stoßstelle bzw. im Sende- und im Empfangsraum bestimmt. Diese Pegeldifferenz wird aus dem Stoßstellendämm-Maß, das nicht von den aktuellen Einbaubedingungen der Bauteile abhängt, für diese Einbausituation berechnet.

Die richtungsgemittelte Schnellepegeldifferenz $\overline{D_{v,ij,situ}}$ kennzeichnet die Schallübertragung über die Stoßstelle unter Baubedingungen. Diese ergibt sich aus dem Stoßstellendämm-Maß K_{ij}:

$$\overline{D_{v,ij,situ}} = K_{ij} - 10\lg\frac{l_{ij}}{\sqrt{a_{i,situ} \cdot a_{j,situ}}}\ \text{dB} \tag{4.107}$$

mit

K_{ij} Stoßstellendämm-Maß,

l_{ij} gemeinsame Kopplungslänge,

$a_{i,situ}$ äquivalente Absorptionslänge des Bauteils i unter den tatsächlichen Baubedingungen,

$a_{j,situ}$ äquivalente Absorptionslänge des Bauteils j unter den tatsächlichen Baubedingungen.

Diese Abhängigkeit der Schnellepegeldifferenz von den Einbaubedingungen führt zu einer neuen Beschreibung des Einflusses der Stoßstelle auf die Flankendämmung. Analog zur Luftschalldämmung wird ein Stoßstellendämm-Maß K_{ij} definiert, das sich aus der Pegeldifferenz ergibt und über die Länge und die Körperschall-Absorption normiert wird. Das Stoßstellendämm-Maß K_{ij} kennzeichnet die Übertragung von Körperschall-Leistung an einer Stoßstelle und ist normiert, damit es zu einer invarianten Größe wird.

Zur Vereinfachung der Berechnung kann als erste Näherung die äquivalente Absorptionslänge für Bauteile zu $a_{i,situ} = S_i/l_0$ und $a_{j,situ} = S_j/l_0$ angenommen werden mit der Bezugslänge $l_0 = 1$ m. S_i und S_j sind hier die Flächen der Flankenbauteile im Sende- und Empfangsraum. Unter dieser Näherung ergibt sich gemäß Gleichung (4.108) folgender Zusammenhang zwischen richtungsgemittelter Schnellepegeldifferenz $\overline{D_{v,ij,situ}}$ und Stoßstellendämm-Maß K_{ij}:

$$\overline{D_{v,ij,situ}} = K_{ij} - 10\lg \frac{l_{ij} l_0}{\sqrt{S_i \cdot S_j}} \text{ dB} \quad (4.108)$$

Für das Flanken-Schalldämm-Maß ergibt sich dabei Gl. (4.109):

$$R_{ij,w} = \frac{R_{i,w} + R_{j,w}}{2} + \Delta R_{ij,w} + K_{ij} + 10\lg \frac{S_S}{l_{ij} l_0} \text{ dB} \quad (4.109)$$

Wie man aus Gl. (4.109) erkennen kann, hängt das Flanken-Schalldämm-Maß von der Kopplungslänge l_{ij} an der Stoßstelle, aber nicht von der Fläche der flankierenden Bauteile ab. Sehr kleine flankierende Bauteile (in der Regel Bauteile mit einer geringen Tiefe senkrecht zur Stoßstelle) übertragen wenig Schallenergie. Hat solch ein flankierendes Bauteil sehr wenig oder gar keine bauliche Berührung mit dem trennenden Bauteil, ergibt sich in der Regel ein sehr geringes, manchmal sogar negatives Stoßstellendämm-Maß K_{ij}. Für solche Fällen wurde eine Begrenzung des Stoßstellendämm-Maßes $K_{ij,min}$ eingeführt. In diesen Fällen ist anstelle von K_{ij} dieser Mindestwert $K_{ij,min}$ entsprechend nachfolgender Gleichung zu verwenden:

$$K_{ij,min} = 10\lg\left[l_{ij} l_0 \left(\frac{1}{S_i} + \frac{1}{S_j}\right)\right] \text{ dB} \quad (4.110)$$

Aufgrund dieser Gleichung (4.110) werden die Flächen der flankierenden Bauteile (S_i, S_j) für die Berechnung des Flanken-Schalldämm-Maßes $R_{ij,w}$ benötigt. Üblicherweise ergeben sich die Flächen der flankierenden Bauteile (S_i, S_j) aus dem Produkt von gemeinsamer Kopplungslänge l_{ij} und der Tiefe des Bauteils senkrecht zur Kopplungslänge. Folgende Mindestwerte $K_{ij,min}$ ergeben sich nach Tabelle 4.4 in Abhängigkeit von der Bauteiltiefe:

Tabelle 4.4: Mindestwerte des Stoßstellendämm-Maßes $K_{ij,min}$ in Abhängigkeit von der Bauteiltiefe *t*

Bauteiltiefe *t* in m	0,5	1,0	2,0	4,0
Stoßstellendämm-Maß $K_{ij,min}$ in dB	6	3	0	–3

Für übliche Bauteiltiefen zwischen 2 m und 4 m ergeben sich Mindestwerte zwischen 0 und –3 dB. Mit diesen Mindestwerten $K_{ij,min}$ ergibt sich für ein durchlaufendes massives Flankenbauteil ohne bauliche Verbindung zum Trennbauteil oder bei einem Trennbauteil in Leichtbauweise ein Flanken-Schalldämm-Maß $R_{ij,w}$, das im Mittel ca. 3 dB über dem Direktschalldämm-Maß der beiden flankierenden Bauteile $R_{i,w}$ bzw. $R_{j,w}$ liegt.

4.2.2.3 Behandlung von Vorsatzkonstruktionen als separate Bauteile

Als Vorsatzkonstruktionen werden in bauakustischer Hinsicht Beplankungen oder Bekleidungen bezeichnet, die mehr oder weniger elastisch vor Massivkonstruktionen gesetzt sind. Beispielhaft sind dies Wärmedämmverbundsysteme, Innendämm-Systeme, schwimmende Estriche, abgehängte Deckenkonstruktionen etc. Typisch für diese Konstruktionen ist eine meist biegeweiche Schale (Putzschicht, Bekleidung oder Beplankung), welche vom Grundbauteil entweder durch eine elastische Schicht getrennt ist oder über eine Unterkonstruktion und einen Lufthohlraum, der meist ganz oder teilweise mit einem Dämmstoff gefüllt ist, mit dem Grundbauteil punkt- oder linienförmig verbunden ist.

Abhängig vom Typ und vor allem der akustischen Auslegung der Vorsatzschale kann die Direktschalldämmung des Bauteils, aber auch dessen Flankenschalldämmung und damit der resultierende Schallschutz zwischen Räumen durch die Vorsatzkonstruktion deutlich verbessert, aber auch deutlich vermindert werden.

Bei den Übertragungswegen für die direkte und flankierende Übertragung werden die Vorsatzkonstruktionen separat berücksichtigt (siehe 4.2.1.3). Bei massiven Bauteilen werden zur Ermittlung der Direktschalldämmung Grundbauteil und Vorsatzkonstruktion (z. B. Massivdecken mit Unterdecken, Massivdecken mit schwimmendem Estrich, Wände mit biegeweichen Vorsatzschalen) schalltechnisch separat beschrieben und zum Gesamtbauteil rechnerisch nach Gleichung (4.97) zusammengefügt. Bei der Ermittlung der Flankendämmung von Bauteilen aus massivem Grundbauteil und Vorsatzkonstruktion wird ebenso verfahren, wenn die Vorsatzkonstruktion (Unterdecke, schwimmender Estrich, Vorsatzschale) durch das trennende Bauteil vollständig unterbrochen wird, d. h., dass es an das Grundbauteil (Massivbauteil) direkt angeschlossen ist.

Vorsatzschalen und Fußbodenaufbauten werden beim Holz-, Leicht- und Trockenbau als integrierter Teil des Bauteils behandelt. Durchlaufende Vorsatzkonstruktionen vor Massivbauteilen werden nach DIN 4109-33 für Unterdecken entsprechend deren Abschnitt 5.3.3 und für durchlaufende Vorsatzschalen vor Massivwänden entsprechend Abschnitt 5.1.5 und bei schwimmenden Estrichen nach Abschnitt 5.3.4 berechnet.

Werden Vorsatzkonstruktionen vor massiven Bauteilen angeordnet, wird das akustische Verhalten der Konstruktion deutlich verändert. Die Gesamtkonstruktion verhält sich nun wie ein mehrschaliges Bauteil, dessen schalltechnisches Verhalten vereinfacht mit einem Masse-Feder-Masse-Modell (siehe nachfolgendes Bild 4.31) erklärt werden kann: die beiden Massen m_1 und m_2 (Massivwand und Beplankung) sind durch eine Feder s (Luftschicht oder Dämmschicht) miteinander akustisch gekoppelt, so dass das Schwingungsverhalten der Konstruktion durch die Resonanzfrequenz f_0 des Systems bestimmt wird.

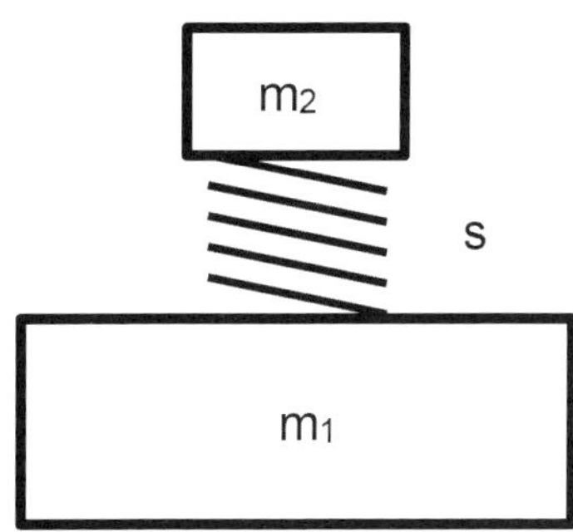

Quelle: Autoren

Bild 4.31: Masse – Feder-Masse-System zur vereinfachten Beschreibung der akustischen Wirkung der Vorsatzkonstruktion

In Abhängigkeit von der Federsteifigkeit s und den beiden Massen m_1 und m_2 kann die Resonanzfrequenz f_0 des Systems berechnet werden:

$$f_0 = \frac{1}{2\pi}\sqrt{s\left(\frac{1}{m_1}+\frac{1}{m_2}\right)}\ \text{Hz} \tag{4.111}$$

Für flächige Bauteile kann in der Berechnung auch die flächenbezogene Masse m' bzw. die flächenbezogene Steifigkeit s' verwendet werden.

$$f_0 = \frac{1}{2\pi}\sqrt{s'\left(\frac{1}{m'_1}+\frac{1}{m'_2}\right)}\ \text{Hz} \tag{4.112}$$

Aufgrund der wesentlich größeren flächenbezogenen Masse m'_1 des Grundbauteils kann der Kehrwert der flächenbezogenen Masse des Grundbauteils $1/m'_1$ meist vernachlässigt werden. Mit dem Einsetzen der dynamischen Steifigkeit in der Einheit MN/m³ und der flächenbezogenen Masse der Beplankung m' in kg/m² ergibt sich folgende Zahlenwertgleichung:

$$f_0 = 160\sqrt{\frac{s'}{m'}}\ \text{Hz mit } m' \text{ in}\left[\frac{\text{kg}}{\text{m}^2}\right] \text{ und } s' \text{ in}\left[\frac{\text{MN}}{\text{m}^3}\right] \tag{4.113}$$

Das Schwingungsverhalten der Gesamtkonstruktion kann dann in Abhängigkeit von der Resonanzfrequenz f_0 wie folgt beschrieben werden (siehe Bild 4.32): Unterhalb der Resonanzfrequenz sind die beiden Bauteilschichten (Massivbauteil und Vorsatzschale) durch die Feder steif miteinander verbunden und bei Anregung eines Bauteils schwingen beide Bauteile phasengleich mit gleicher Amplitude, und die Schalldämmung des Gesamtsystems bleibt unverändert. Wird die Konstruktion im Frequenzbereich der Resonanzfrequenz angeregt, schwingt das System verstärkt, wobei die Amplitude der leichten Vorsatzschale gegenüber dem Massivbauteil deutlich größer und phasenverschoben ist. Oberhalb der Resonanzfrequenz sind nun die beiden Bauteile durch die Feder entkoppelt und eine Anregung eines Bauteils führt zu geringen Schwingungen des gegenüberliegenden Bauteils.

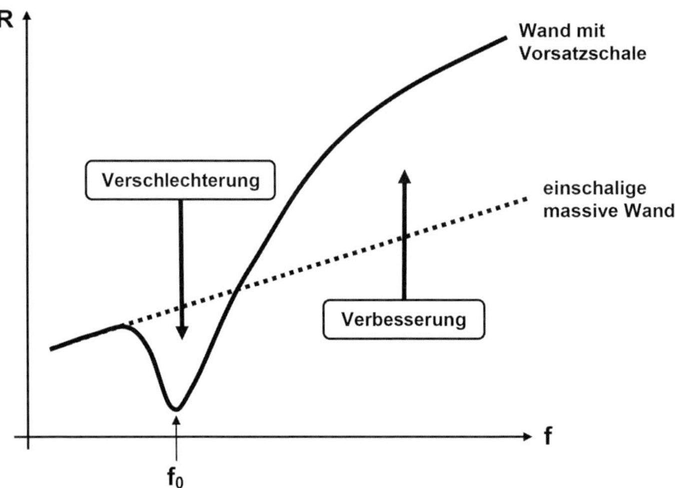

Quelle: Autoren

Bild 4.32: Prinzipielle Verminderung bzw. Verbesserung des Schalldämm-Maßes von Bauteilen durch Vorsatzschalen in Abhängigkeit von der Resonanzfrequenz

Dieses Verhalten führt, wie in Bild 4.32 gezeigt, schalltechnisch unterhalb der Resonanzfrequenz zu keiner wesentlichen Veränderung der Schalldämmung, da in diesem Frequenzbereich die Masse des Grundbauteils durch die Masse der Vorsatzkonstruktion erhöht wird. Im Frequenzbereich der Resonanz f_0 kommt es zu einer Verminderung der Schalldämmung und oberhalb der Resonanz zu einer deutlichen Verbesserung des Schalldämm-Maßes. Deshalb ist es schalltechnisch günstig, die Resonanzfrequenz möglichst tief zu legen, so dass im bauakustisch interessierenden Frequenzbereich die verbessernde Wirkung der Vorsatzkonstruktion zum Tragen kommt. Allerdings zeigt sich, dass die verbessernde Wirkung von Vorsatzschalen bei hohen Frequenzen häufig auf 15 dB bis 20 dB begrenzt ist. Der Bereich der Sättigung einer Verbesserung der Vorsatzkonstruktion wird von Weber [372] mit einer so genannten Knickfrequenz gekennzeichnet, wobei die physikalischen Effekte, die hierzu führen, noch nicht vollständig verstanden sind.

Direktschall

Gegenüber dem einfachen Modell der Massenschwinger sind reale Bauteile plattenförmig und weisen Eigenfrequenzen (Plattenmoden) auf. Betrachtet man beispielhaft eine Massivdecke mit schwimmendem Estrich, so ist in der Regel das Massivbauteil (die Stahlbetondecke) eingespannt und die Vorsatzkonstruktion (Estrichplatte) frei aufliegend. Diese beiden Platten zeigen gegenüber der einfachen Masse nun Plattenschwingungen, die von den Abmessungen, den elastischen Eigenschaften und der Einspannung bestimmt werden. Diese Platten sind flächig durch die elastische Zwischenschicht (oder gedanklich durch eine Vielzahl kleiner Federn) miteinander gekoppelt und schwingen dementsprechend als gekoppelte Platten. Nachfolgend werden messtechnisch ermittelte Schwingungsformen der beiden gekoppelten Platten für die Frequenzbereiche unterhalb (in Bild 4.33), bei und oberhalb (in Bild 4.34) der Resonanzfrequenz visualisiert.

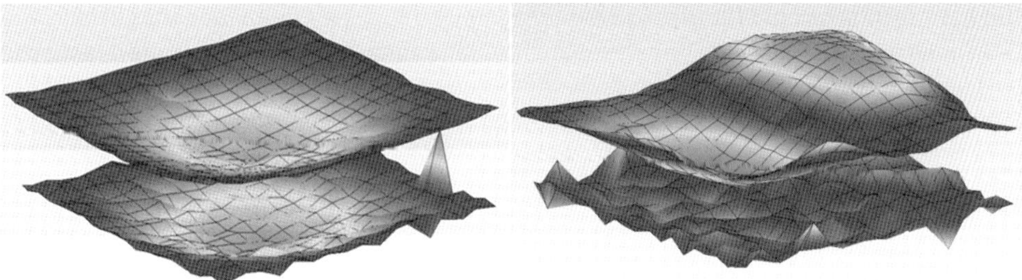

Quelle: Autoren

Bild 4.33: Messtechnisch ermittelte Amplituden des gekoppelten Systems Estrich (obere Platte) – Massivdecke bei $f = 22$ Hz (links) und $f = 51$ Hz (rechts)

Zur Darstellung der Schwingungsformen der Stahlbetondecke (140 mm Stahlbetonplatte, in Bild 4.33 untere Platte) mit dem schwimmenden Estrich (45 mm Zementestrich auf 20 mm EPS Trittschalldämmung + 40 mm EPS Wärmedämmung; s'_{ges} ca. 15 MN/m^3) wurde die Transferfunktion zwischen der Beschleunigung an einem Referenzpunkt und der eingeleiteten Kraft an den Rasterpunkten ermittelt. Das Raster bestand aus 360 Punkten auf der Unterseite der Massivdecke und aus 420 Punkte auf der Oberseite des Estrichs. Mit einem Impulshammer wurde auf jedem Rasterpunkt durch einen kurzen Kraftimpuls das Bauteil zu Schwingungen angeregt. Aus den gemessenen Zeitsignalen von Kraft und Beschleunigung wurde mittels FFT-Analyse für jedes Punktepaar die Übertragungsfunktion ermittelt. Für jede Frequenz innerhalb des Messbereichs kann die zugehörige Schwingungsform dargestellt werden. In Bild 4.33 sind die ersten beiden Eigenschwingungsformen der Massivdecke mit schwimmendem Estrich dargestellt. Im Bereich deutlich unterhalb der Resonanzfrequenz (f_0 = 65 Hz) sind dabei die beiden Platten durch die elastische Zwischenschicht noch starr miteinander gekoppelt und schwingen, wie in in diesem Bild links zu sehen, gleichphasig.

Erfolgt die Anregung im Bereich der Resonanzfrequenz, löst sich diese „starre" Kopplung, und die Platten versuchen, gegenphasig zu schwingen. Aufgrund der Plattenstruktur und den damit verbundenen Plattenmoden der „bedingt gekoppelten" Platten ist dies allerdings immer nur in bestimmten Bereichen der Platten möglich. In Bild 4.34 rechts ist solch eine Schwingung dargestellt, wobei in diesem Frequenzbereich knapp unter der Resonanzfrequenz einerseits das gegenphasige Schwingen noch nicht stark ausgeprägt ist, andererseits die Estrichplatte gegenüber der direkt angeregten Massivdecke deutlich größere Amplituden aufweist.

Im Bereich der berechneten Resonanzfrequenz tauchen dann mehrere Eigenmoden mit deutlich ausgeprägtem gegenphasigem Schwingungsverhalten auf. Eine dieser Eigenmoden, bei welcher die versetzte Phasenlage besonders deutlich zu erkennen ist, kann in Bild 4.34 links erkannt werden. Bei dieser Eigenmode des weiterhin stark gekoppelten Systems aus Massivdecke – Trittschalldämmschicht – Estrichplatte schwingen nur die Mittenbereiche von Estrichplatte und Massivdecke gegenphasig mit einer relativ großen Auslenkung. Mit steigender Frequenz werden oberhalb der berechneten Resonanzfrequenz die Amplituden der Estrichplatte gegenüber der Massivdecke wieder geringer. In Bild 4.34 rechts ist eine für diesen Frequenzbereich typische Eigenmode dargestellt. Die Estrichplatte wird oberhalb der Resonanzfrequenz immer besser durch die elastische Zwischenschicht entkoppelt, so dass die Amplituden auf der Estrichplatte gegenüber der angeregten Massivdeckenplatte immer geringer werden.

Quelle: Autoren

Bild 4.34: Messtechnisch ermittelte Amplituden des gekoppelten Systems Estrich (obere Platte) – Massivdecke bei f = 70 Hz (links) und f = 186 Hz (rechts)

Schwimmende Estriche verbessern sowohl die Luft- als auch die Trittschalldämmung von Massivdecken. In Bild 4.35 sind für die im vorigen Abschnitt beschriebene Anordnung aus Estrich und Decke die ermittelten Schalldämm-Maße R (linkes Diagramm) und Norm-Trittschallpegel L_n (rechtes Diagramm) jeweils ohne schwimmenden Estrich (gestrichelt) und mit schwimmendem Estrich (durchgezogen) im Frequenzbereich von 20 Hz bis 5 000 Hz dargestellt. Oberhalb von 100 Hz ist bei der Luftschalldämmung eine nahezu konstante Erhöhung von ca. 5 dB bis 7 dB und bei der Trittschalldämmung eine mit der Frequenz ansteigende Verbesserung von bis zu 45 dB zu erkennen. Die Verschlechterung im Frequenzbereich der Resonanzfrequenz ($f_0 = 65$ Hz) ist aufgrund der bei tiefen Frequenzen größer werdenden Messunsicherheit kaum zu erkennen. Die geringe Verbesserung des Schalldämm-Maßes ist in diesem Beispiel bei den höheren Frequenzen teilweise auch auf eine Schallübertragung über eine unverkleidete flankierende Wand zurückzuführen.

Die ermittelten Einzahlangaben lagen für den Luftschall bei R_w $(C; C_{tr}) = 54$ (−2; −5) dB ohne schwimmenden Estrich und bei R_w $(C; C_{tr}) = 60$ (−1; −5) dB mit schwimmendem Estrich. Die bewerteten Norm-Trittschallpegel liegen bei $L_{n,w}$ $(C_I; C_{I,50\text{-}2500}) = 80$ (−12; −12) dB ohne schwimmenden Estrich und bei $L_{n,w}$ $(C_I; C_{I,50\text{-}2500}) = 47$ (1; 8) dB mit schwimmendem Estrich.

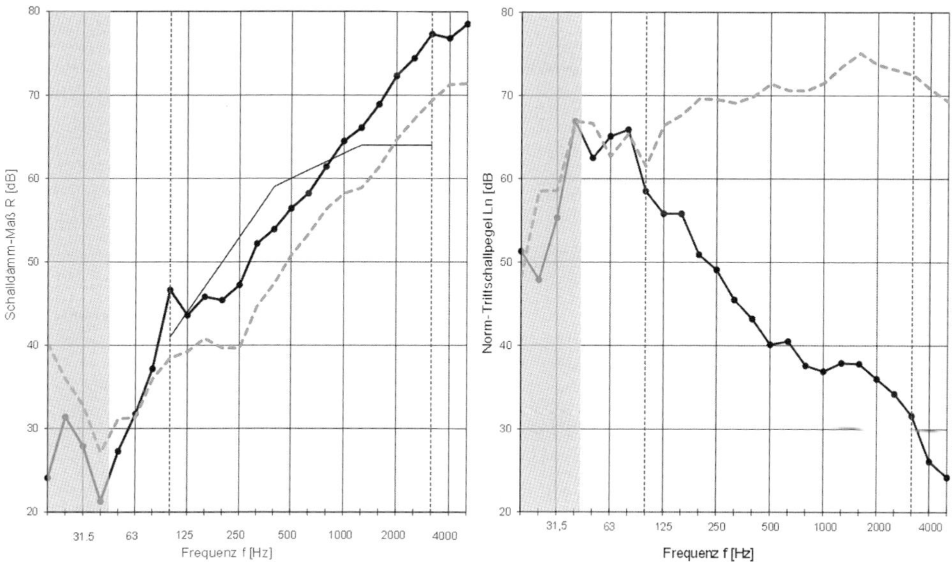

Quelle: Autoren

Bild 4.35: Schalldämm-Maß R (links) und Norm-Trittschallpegel L_n (rechts) einer Massivdecke ohne (gestrichelt) und mit (durchgezogen) schwimmendem Estrich

Flankendämmung mit Vorsatzkonstruktionen

Im Rahmen der energetischen Sanierung von Gebäuden wird häufig raumseitig auf die Außenwand eine Wärmedämmung aufgebracht. Dabei kommen verschiedenste Dämmsysteme zum Einsatz. Eines dieser Dämmsysteme, eine verputzte Mineraldämmplatte, wurde im Rahmen eines Forschungsauftrages im Flankenprüfstand der HFT Stuttgart untersucht. Über die Ergebnisse wurde von Naumann in [373] berichtet. Das Innendämm-System bestand aus einer 100 mm starken Mineraldämmplatte, die mit 5 mm Mörtel verspachtelt wurde. Die Innendämmung selbst wurde auf eine flankierende Kalksandsteinwand (d = 175 mm, RDK 1,8) aufgebracht, welche in den Flankenprüfstand der HFT Stuttgart eingebaut war. Die Trennwand selbst wurde als hochschalldämmende Leichtbauwand (Metallständerwand mit getrenntem Ständerwerk, beidseitig dreifach mit 12,5 mm Gipsfaserplatten beplankt und mit 180 mm Steinwolle bedämpft) ausgeführt. Die Norm-Flankenschallpegeldifferenz $D_{n,f}$ zwischen den Räumen wurde ohne Mineral-Dämmplatte, mit Dämmung in einem Raum und mit Dämmung in beiden Räumen ermittelt. Ein Grundriss des Prüfstandes ist in Bild 4.36 dargestellt.

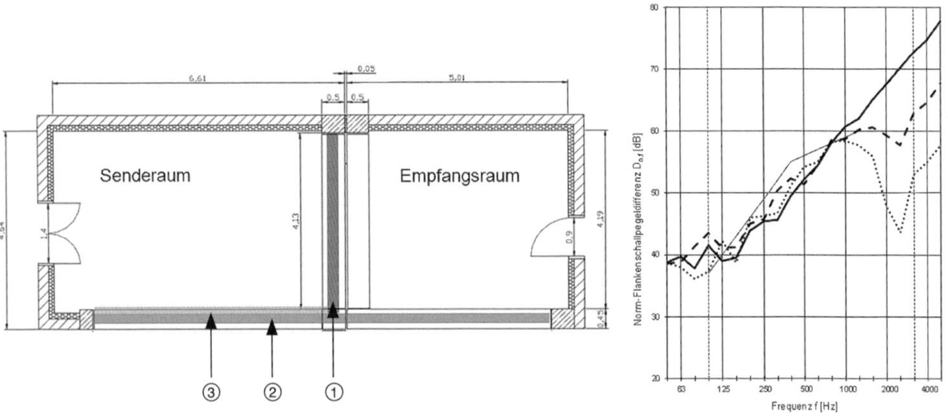

Quelle: Autoren

Bild 4.36: Grundriss des Flankenprüfstandes an der HFT Stuttgart mit Einbauten: hochschalldämmende Trennwand (①), flankierende KS-Außenwand (②) und Mineraldämmplatte (③ im Senderaum). Rechts sind die ermittelten Norm-Flankenschallpegeldifferenzen ohne Mineraldämmplatte (durchgezogene Linie), mit Mineraldämmplatte im Senderaum (gestrichelte Linie) und mit Mineraldämmplatte im Sende- und Empfangsraum (gepunktete Linie) zu sehen

Aufgrund der relativ hohen Steifigkeit des Dämmstoffes in Verbindung mit der geringen Putzdicke von 5 mm (m' ca. 5 kg/m^2) liegt die Resonanzfrequenz f_0 bei ca. 2 500 Hz.

Ca. 3 Terzen unterhalb der Resonanzfrequenz ergibt sich durch die Vorsatzkonstruktion keine signifikante Änderung in der Flanken-Schalldämmung, während sich bei der Resonanzfrequenz eine Verminderung von ca. 12 dB (für die verwendete Mineraldämmplatte mit Putz senderaumseitig aufgebracht) bzw. 25 dB (für Mineraldämmplatte sende- und empfangsraumseitig aufgebracht) ergibt. Die beiden Vorsatzschalen wirken auf dem betrachteten Schallübertragungsweg akustisch unabhängig und die Verbesserung des Schalldämm-Maßes (in diesem Fall negativ) kann frequenzabhängig addiert werden.

Betrachtet man die Einzahlangaben, ergeben sich folgende Werte für die bewertete Norm-Flankenpegeldifferenz: ohne Mineraldämmplatte: $D_{n,f,w} = 56$ dB, einseitig Mineraldämmplatte $D_{n,f,w} = 56$ dB und beidseitig Mineraldämmplatte: $D_{n,f,w} = 52$ dB. Aufgrund der sehr hohen Norm-Flankenpegeldifferenz der Grundwand im Frequenzbereich der Resonanzfrequenz ergibt sich keine Verminderung der bewerteten Norm-Flankenpegeldifferenz durch den Einbau dieser Vorsatzkonstruktion. Beim Einbau der zweiten Vorsatzkonstruktion (im Empfangsraum) wird nun im Frequenzbereich der Resonanzfrequenz die Schalldämmung nochmals um den gleichen Betrag vermindert. Hierdurch kommt es nun in diesem Frequenzbereich zu einer deutlichen Unterschreitung der Messkurve gegenüber der Bezugskurve und damit zu einer Verminderung der bewerteten Norm-Flankenpegeldifferenz um 4 dB.

Berechnung mittels Einzahlwerten

Für die Planung ist es wichtig, den zu erwartenden Einfluss der eingesetzten Vorsatzkonstruktionen auf die Schalldämmung zwischen Räumen abschätzen zu können. Da mit dem vereinfachten Rechenmodell in der neuen DIN 4109 der bauaufsichtlich geforderte Schallschutznachweis geführt wird, muss auf dem jeweiligen Übertragungsweg die bewertete Verbesserung des Schalldämm-Maßes ΔR_w der Vorsatzkonstruktion berücksichtigt werden. Dazu kann ΔR_w entsprechend DIN 4109-34 in Abhängigkeit von der Resonanzfrequenz f_0 der Vorsatzkonstruktion und bei Resonanzfrequenzen kleiner 200 Hz zusätzlich in Abhängigkeit vom bewerteten Schalldämm-Maß des Grundbauteils R_w berechnet werden. Für schwere Grundbauteile mit hohen bewerteten Schalldämm-Maßen ergibt sich dabei eine deutlich geringere Verbesserung gegenüber leichten Grundbauteilen mit niedrigen bewerteten Schalldämm-Maßen.

TIPP

Zusammenfassend sollten Vorsatzkonstruktionen so ausgelegt werden, dass die Resonanzfrequenz nicht nur außerhalb des üblichen bauakustischen Bereichs von 100 Hz bis 3 150 Hz liegt, sondern sie sollten tieffrequent so ausgelegt werden, dass keine Verminderung der Schalldämmung im erweiterten bauakustischen Frequenzbereich von 50 Hz bis 100 Hz auftritt, falls in diesem Frequenzbereich Störungen zu erwarten sind (z. B. bei tieffrequentem Außenlärm, Trittschallschutz bei schwimmenden Estrichen). Sichergestellt wird dies durch eine entsprechende Wahl des Dämmstoffs mit einer geringen Steifigkeit bzw. durch ausreichend hohe flächenbezogene Massen der Vorsatzschale. Bei einer Erhöhung der flächenbezogenen Masse der Vorsatzschale ist dabei durch mehrlagiges Anordnen dünner Platten ein Erhöhen der Biegesteifigkeit zu verhindern.

Sind zwei Vorsatzschalen auf einem Schallübertragungsweg angeordnet (z. B. auf beiden Seiten des Trennbauteils), wird bei der Berechnung mit Einzahlangaben nach 4.2.1.7.2 die resultierende bewertete Verbesserung des Schalldämm-Maßes ΔR_w durch die beiden Vorsatzkonstruktionen durch Addition der größeren bewerteten Verbesserung des Schalldämm-Maßes ΔR_w und der Hälfte der kleineren bewerteten Verbesserung des Schalldämm-Maßes ΔR_w ermittelt.

Als Beleg für diesen Ansatz bei der Berechnung der Verbesserung von zwei Vorsatzkonstruktionen mit Einzahlangaben können die von [374] messtechnisch ermittelten Werte herangezogen werden.

BEISPIEL 1

$\Delta R_{w,d} = 16$ dB; $\Delta R_{w,D} = -4$ dB; $\Delta R_{w,Dd} = +16+(-4/2) = 14$ dB

Sind beide bewerteten Verbesserungen des Schalldämm-Maßes ΔR_w negativ, so ist die Verbesserung aus dem kleineren Wert und der Hälfte des größeren Wertes zu nehmen:

BEISPIEL 2

$\Delta R_{w,d} = -8$ dB; $\Delta R_{w,D} = -4$ dB; $\Delta R_{w,Dd} = -8+(-4/2) = -12$ dB

Dass diese Herangehensweise nur eine Näherung darstellen kann, zeigt allerdings das vorangegangene Beispiel in Bild 4.36, bei welchem bei einer Vorsatzkonstruktion noch keine Verminderung ($\Delta R_{w,ij} = 0$ dB) auftritt, bei zwei Vorsatzkonstruktionen aber eine Verminderung von $\Delta R_{w,ij} = 4$ dB messtechnisch ermittelt wurde.

4.2.2.4 Lochsteine

Die Schalldämmung von hochwärmedämmendem Ziegelmauerwerk liegt aufgrund der Lochstruktur zum Teil deutlich unter dem rechnerisch aus der flächenbezogenen Masse zu erwartenden Schalldämm-Maß. Deshalb werden Lochsteine entsprechend DIN 4109-32 Abschnitt 4.1.4.3 (Bewertetes Schalldämm-Maß von Mauerwerk aus Lochsteinen) getrennt behandelt. Die damit verbundene erhöhte Schallübertragung über diese Außenwände führte in der Vergangenheit im mehrgeschossigen Wohnungsbau immer wieder zu einem verminderten Schallschutz zwischen Räumen bzw. im Sprachgebrauch der DIN 4109-1 zu einer verminderten Schalldämmung von Trenndecken und -wänden. Die Berechnung der Schalldämmung von einschaligen Wänden und Decken mit solchen Außenwänden wurde beim Berechnungsverfahren des Beiblattes 1 zu DIN 4109:1989 [22] dann ausgeschlossen, wenn die „Außenwände in Steinen mit einer Rohdichteklasse $\leq 0{,}8$ und in schallschutztechnischer Sicht ungünstiger Lochung“ ausgeführt wurden. Daraus resultierend ergaben sich folgende Fragestellungen: Wann liegt eine schalltechnisch ungünstige Lochung vor? Wie kann der Schallschutz mit flankierenden Bauteilen aus Lochsteinen berechnet werden? Welche weiteren Parameter bestimmen die Schalldämmung? Hierzu wurde Anfang der 1990er Jahre ausführlich von Gösele in [375] und [376], aber auch in [377] und [378] berichtet. Neue Entwicklungen im Bereich des Ziegels, z. B. veränderte Lochgeometrie, veränderte Rohdichten, die Verfüllung der Hohlräume etc., neue

Mauertechniken (deckelnder Dünnbettmörtel), neue konstruktive Lösungen im Bereich der Stoßstellen (Stumpfstoß, elastische Zwischenschichten, Vormauerung im Bereich der Deckenauflager) werfen diese Fragestellungen jedoch immer wieder neu auf.

Auch im Hinblick auf die Berechnung der Luftschalldämmung nach dem neuen Rechenverfahren ergibt sich für die Lochsteine eine Reihe von Fragen bezüglich der Handhabung im Rechenmodell.

Wie kann ein Planer entscheiden, ob Mauerwerk aus Lochsteinen gegenüber einem gleichschweren homogenen Mauerwerk eine verminderte Direktschalldämmung aufweist? Die sicherste Möglichkeit ist, dass er auf ein Prüfzeugnis der Schalldämmung des Mauerwerks zurückgreift und den Prüfwert des bewerteten Schalldämm-Maßes mit dem rechnerisch aus der flächenbezogenen Masse zu erwartenden Wert vergleicht. Dies kann allerdings zum einen mit einem erheblichen Aufwand verbunden sein, zum anderen existiert häufig gar kein Prüfzeugnis. In vielen Fällen ist es auch nicht notwendig, bei jedem Lochstein das Schalldämm-Maß einem Prüfzeugnis zu entnehmen, da im Wesentlichen nur an hochwärmedämmenden Außenwänden aus Lochsteinen eine verminderte Schalldämmung auftritt.

Der für diese Außenwände aus Lochsteinen typische Einbruch im Verlauf des Schalldämm-Maßes wird häufig auch als „Dickenresonanz" [375], [379] bezeichnet.

Prinzipiell weisen alle plattenförmigen Bauteile Dickenresonanzen auf, wobei sich die Frequenzlage bei homogenen Bauteilen aus der Longitudinalwellengeschwindigkeit c_L und der Dicke d des Bauteils ergibt. Die Dickenresonanz $f_{0,D}$ tritt genau bei der Frequenz auf, bei welcher die halbe Wellenlänge einer Longitudinalwelle der Wanddicke entspricht.

$$f_{0,D} = 2\frac{c_L}{d} \text{ Hz} \tag{4.114}$$

Störend sind diese Resonanzen, wenn sie im bauakustisch interessierenden Frequenzbereich auftreten. Ein für Außenwände aus hochwärmedämmenden Lochsteinen mit wärmetechnisch optimiertem Lochbild typischer Frequenzverlauf des Schalldämm-Maßes ist in Bild 4.37 (untere Kurve) dem Frequenzverlauf eines Hochlochziegels mit vergleichbarer flächenbezogener Masse ohne Dickenresonanz (obere Kurve) gegenübergestellt.

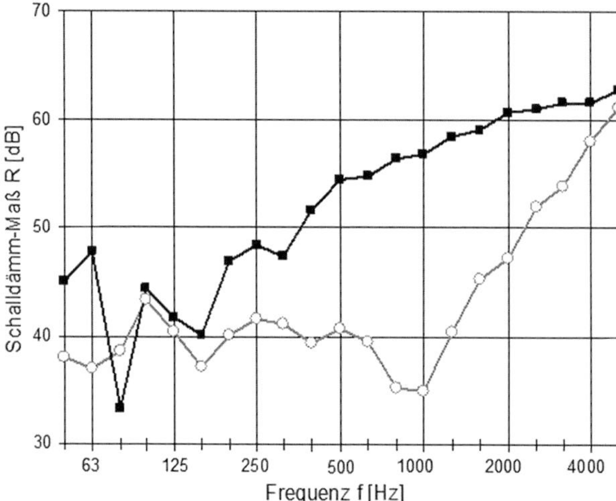

Quelle: Autoren

Bild 4.37: Typischer Verlauf des Schalldämm-Maßes zweier Hochlochziegel: Kreise: leichter hochwärmedämmender Hochlochziegel (d = 365 mm, RDK 0,7, m' = 280 kg/m^2) mit einem Dämmungseinbruch bei f = 800 Hz; Quadrate: Hochlochziegel nach DIN 105 T1 (d = 240 mm, RDK 1,0, m' = 310 kg/m^2)

Der typische Einbruch im Schalldämm-Maß im Frequenzbereich zwischen 500 Hz und 1 600 Hz (in Bild 4.37 bei 800 Hz) tritt bei Mauerwerk aus Lochsteinen auf, wenn die Wand eine bestimmte Dicke überschreitet und die Wand aufgrund der Lochstruktur entsprechend „weich" ist. Im Geschosswohnungsbau treten diese Resonanzen bei einschaligem Außenmauerwerk aus Lochsteinen auf, wenn das Mauerwerk aufgrund der wärmetechnischen Anforderungen in einer Dicke von $d > 240$ mm ausgeführt wird. Es ist deshalb festzustellen, dass für Hochlochziegel-Mauerwerk nach DIN 105 T1 (nachfolgend T1-HLz genannt) mit einer Dicke von $d \leq 240$ mm bislang keine verminderte Schalldämmung festgestellt werden konnte.

Die Rohdichte von wärmedämmendem Ziegelmauerwerk (DIN 105-100 in Verbindung mit bauaufsichtlicher Zulassung; nachfolgend werden diese Lochziegel T2-HLz genannt) liegt in der Regel unter $\rho = 1\,000$ kg/m^3. In DIN 4109, Beiblatt 1 aus dem Jahr 1989 wird für Mauerwerk aus „Lochsteinen mit in schallschutztechnischer Hinsicht ungünstigem Lochbild ..." als Grenze die Rohdichteklasse 0,8 genannt. Zwischenzeitlich befinden sich aber Lochsteine der Rohdichteklasse 0,9 auf dem Markt, deren Schalldämmung aufgrund von Resonanzen gegenüber gleichschweren Massivwänden ebenfalls deutlich vermindert ist.

Aufgrund obiger Kriterien kann die Schalldämmung von Ziegelmauerwerk entsprechend DIN 4109-32:2016-07, Abschnitt 4.1.4.2.1 nicht aus der flächenbezogenen Masse bestimmt werden, wenn Hochlochziegel mit einer Dicke von $d > 240$ mm und einer Rohdichteklasse von $\leq 0{,}9$ verwendet werden. Für diese Lochsteine ist nach DIN 4109-32:2016-07, Abschnitt 4.1.4.3 „das bewertete Schalldämm-Maß R_w entweder aus allgemeinen bauaufsichtlichen Zulassungen bzw. Europäischen Technischen Bewertungen zu entnehmen oder durch bauakustische Prüfungen nach den Vorgaben in DIN 4109-4 zu ermitteln".

Um den Prüfaufwand für die Hersteller angesichts der vielen Mauerwerksvarianten (Format, Dicke, Vermörtelung etc.) zu begrenzen, könnten Unterschiede in der Schalldämmung der Lochsteine, die sich z. B. in der Wanddicke, im Format oder in der Rohdichte ergeben, ausgehend von einer Prüfung im Wandprüfstand nach [380] berechnet werden. Entsprechend dieser Differenz kann dann das im Wandprüfstand ermittelte Messergebnis angepasst werden.

Die Verminderung $\Delta R_{w,L}$ des bewerteten Schalldämm-Maßes einer Lochsteinwand gegenüber dem bewerteten Schalldämm-Maß einer gleichschweren Massivwand R_w ist entsprechend DIN 4109-32:2016-07, Abschnitt 5.2.4.2.2 Gleichung 40 zu berechnen. Diese Verminderung $\Delta R_{w,L}$ charakterisiert einerseits die schalltechnische Qualität der Lochsteinwand, andererseits wird dieser Wert auch benötigt, um die Stoßstellendämmung von Knotenpunkten mit Lochsteinwänden berechnen zu können.

Die Eingangsdaten zur Ermittlung der Schalldämmung von HLz-Mauerwerk werden durch Messungen in Prüfständen ermittelt. Die frequenzabhängigen Messergebnisse werden nach DIN EN ISO 717-1 bewertet und sind mit $R_{w,Lab}$ bezeichnet. Werden die ermittelten Daten entsprechend 4.2.2.1 über den Verlustfaktor korrigiert und nach DIN EN ISO 717-1 bewertet, werden sie mit $R_{w,Bau,ref}$ bezeichnet Mit diesem Vorgehen ist das Schalldämm-Maß $R_{w,Bau,ref}$ als Endresultat einer Prüfstandmessung eine vernünftige Annäherung an das bewertete Schalldämm-Maß, das dasselbe Bauteil unter üblichen Verhältnissen im Massivbau erreichen würde. Dadurch bekommen die Prüfstandergebnisse ohne zusätzlichen Aufwand einen direkten Bezug zum Verhalten im realen Gebäude. $R_{Bau,ref}$ bzw. $R_{w,Bau,ref}$ beschreibt damit das Schalldämm-Maß bzw. das bewertete Schalldämm-Maß unabhängig von den energetischen Bedingungen eines bestimmten Prüfstandes, aber charakteristisch für das Element unter realen (Massivbau-)Bedingungen. In Prüfzeugnissen zur Schalldämmung von massivem Mauerwerk muss deshalb das Schalldämm-Maß auf den Referenzwert des Verlustfaktors $\eta_{Bau,ref}$ bezogen werden.

Für Lochsteine darf diese Korrektur über die Randverluste nur bedingt angewendet werden. Die Schalldämmung im Frequenzbereich des Dämmungseinbruchs wird durch lokale Schwingungen bestimmt. Die Dämpfung dieser Schwingungen ist eine Eigenschaft des Mauerwerks und die Energieableitung in benachbarte Bauteile beeinflusst den Verlustfaktor und damit die Schalldämmung des Bauteils nicht. Die als Beispiel in Bild 4.38 dargestellten Messwerte des Schalldämm-Maßes einer Hochlochziegelwand wurden bei üblicher Anbindung der Prüfwand an den Prüfstand mit Mörtel und nach dem Durchtrennen dieser Verbindung ermittelt. Im Frequenzbereich unter 1 kHz liegen im Mittel die Messwerte des Schalldämm-Maßes der fest verbundenen Wand um 3 dB bis 4 dB über den Werten der entkoppelten Wand. Ursache hierfür ist eine verminderte Energieableitung der Wand in den Prüfstand. Im Frequenzbereich oberhalb 1 kHz ändert sich die Schalldämmung durch den Trennschnitt nicht. Die Messung der Verlustfaktoren der Prüfwand zeigt, dass durch den Trennschnitt im Frequenzbereich unterhalb 1 kHz die Randverluste deutlich vermindert werden, während oberhalb 1 kHz die Verlustfaktoren unverändert bleiben.

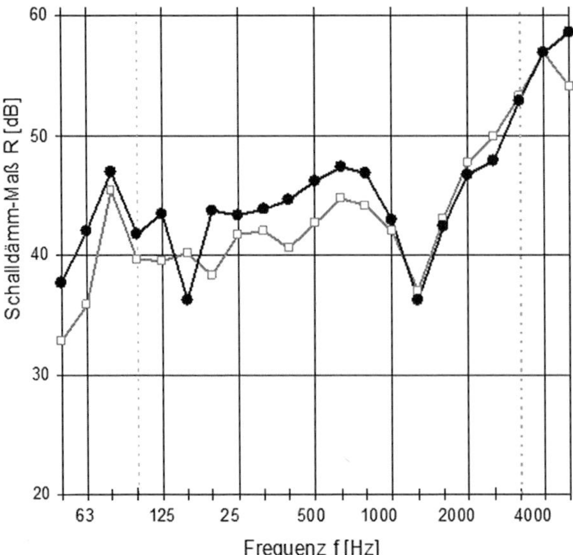

Quelle: Autoren

Bild 4.38: Verlauf des Schalldämm-Maßes einer Wand aus Hochlochziegelmauerwerk (d = 300 mm, RDK 0,7); Kreise: Prüfwand biegesteif an Prüfstand angebunden; Quadrate: Prüfwand durch Trennschnitt vom Prüfstand getrennt

Eine Korrektur des im Prüfstand ermittelten Schalldämm-Maßes über die Körperschallnachhallzeit ist deshalb im Frequenzbereich des Dämmungseinbruchs und bei höheren Frequenzen aus physikalischen Gründen nicht vorzunehmen. Im Frequenzbereich unterhalb des Dämmungseinbruchs, in der Regel bis 2 Terzen unterhalb des Maximums des Einbruchs (entspricht dem lokalen Minimum der Schalldämmung), ist jedoch die Verlustfaktor-Korrektur entsprechend DIN 4109-4 Anhang A.7 durchzuführen.

Neben der Direktschalldämmung ergeben sich für Lochsteine auch bezüglich der flankierenden Übertragung Unterschiede zu homogenen Massivbauteilen, die im 5.3.8.4 behandelt werden.

4.2.3 Nachweise für die Luftschalldämmung: zweischalige Haustrennwände

4.2.3.1 Entwicklung der Berechnung der Luftschalldämmung zweischaliger Haustrennwände

Haustrennwände werden nahezu ausschließlich insbesondere im Hinblick auf den Schallschutz in zweischaliger Bauweise erstellt. Mit dieser zweischaligen Bauweise kann gegenüber einer gleichschweren Einfachwand eine deutlich höhere Schalldämmung erreicht werden. Das in DIN 4109-2 beschriebene Rechenverfahren beruht im Wesentlichen auf dem alten Nachweisverfahren des Beiblattes 1 zu DIN 4109:1989. In diesem Verfahren wird der Rechenwert des bewerteten Bau-Schalldämm-Maßes $R'_{w,R}$ einer vollständig getrennten zweischaligen Konstruktion (im Wortlaut des Beiblattes 1: „mit durchgehender

Trennfuge“) aus der flächenbezogenen Masse der beiden Schalen nach Tabelle 1 des Beiblatts und einem Zuschlag von 12 dB berechnet. In Abhängigkeit vom Mindestgewicht der einzelnen Trennwandschalen waren unterschiedliche Ausführungen der Trennfuge zulässig. Beispielsweise musste bei $m' \geq 150$ kg/m^2 die Trennfuge eine Mindestbreite von $b = 30$ mm aufweisen und mit Faserdämmplatten gefüllt sein.

In vielen Fällen konnte der nach Beiblatt 1 rechnerisch ermittelte Schallschutz im ausgeführten Gebäude auch messtechnisch nachgewiesen werden. Ein geringerer Schallschutz wurde meist dann gemessen, wenn Ausführungsfehler wie z. B. Schallbrücken in der Trennfuge vorlagen. Allerdings wurden seit den 1990er Jahren aus Kostengründen immer mehr Einfamilien-Doppel- und Reihenhäuser ohne Keller erstellt. Die „durchgehende Trennfuge“, wie sie in Beiblatt 1 zu DIN 4109:1989, Bild 1 beschrieben wird: zweischalige Haustrennwand aus zwei schweren, biegesteifen Schalen mit bis zum Fundament im Kellergeschoss unter dem schutzbedürftigen Raum weitergeführter durchgehender Trennfuge, war nun bei dieser Bauweise nicht mehr gegeben. Damit war eine Berechnung des Schallschutzes nach Beiblatt 1 zumindest für das Erdgeschoss nicht mehr möglich. Die Körperschalldämmung ist aufgrund der höheren Anzahl von Stoßstellen, siehe Bild 4.39, im nichtunterkellerten Gebäude gegenüber dem unterkellerten Gebäude deutlich geringer.

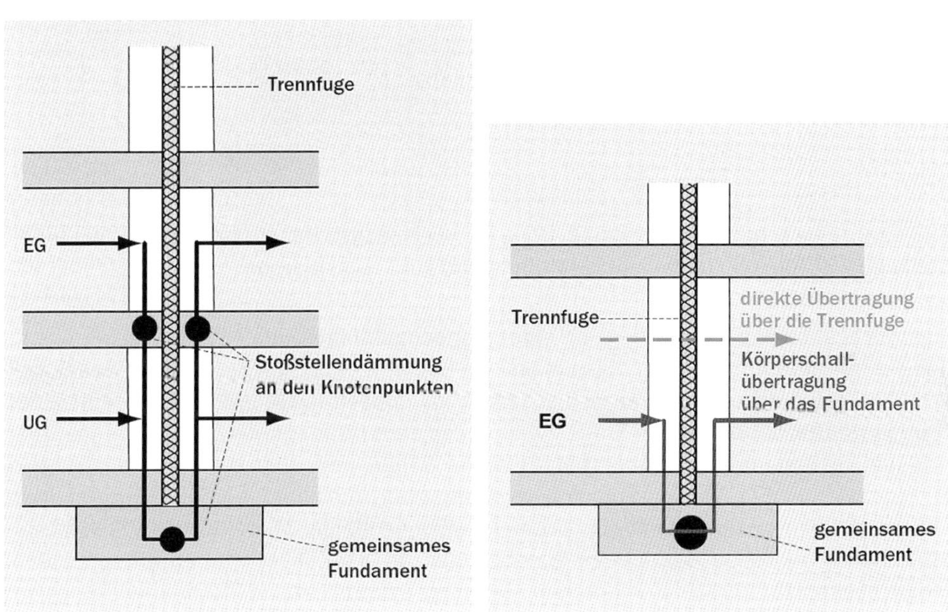

Quelle: [447]

Bild 4.39: Schematische Darstellung der Schallübertragung in einem unterkellerten (links) und einem nichtunterkellerten (rechts) Gebäude mit Darstellung der Stoßstellendämmung bei der Körperschallübertragung über das Fundament

Im Rahmen einer Forschungsarbeit wurde die „unvollständige Trennung“ bei Reihenhäusern eingehend untersucht [332] und es wurden Vorschläge zur Berechnung des Schallschutzes gemacht. Die von Maack in [333] vorgeschlagene Abstufung des Zuschlages von 12 dB auf 9 dB, 6 dB und 3 dB in Abhängigkeit von der Ausbildung der Trennung der beiden Wandschalen im untersten Geschoss findet sich so im Wesentlichen in der neuen DIN 4109-2 wieder. Eine Zusammenstellung der in DIN 4109-2 unterschiedenen konstruktiven Varianten für die Trennung zeigt Bild 4.40.

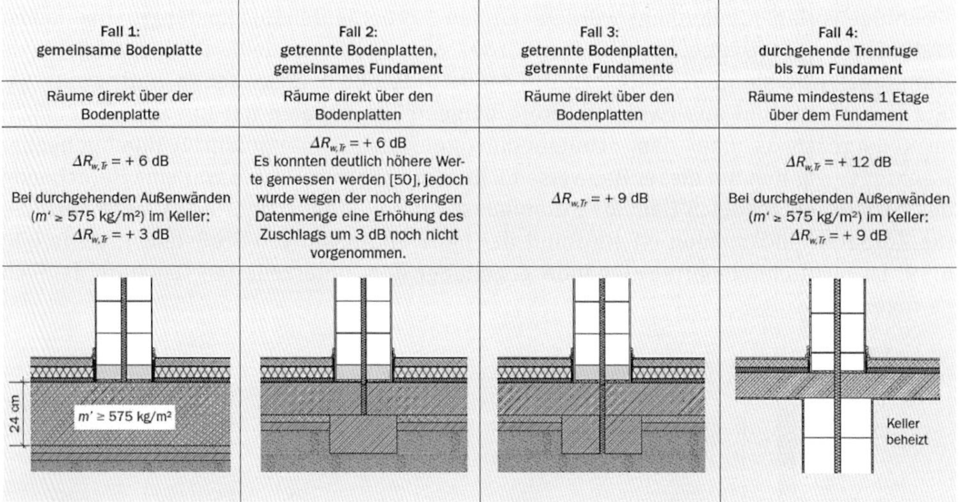

Fall 1: gemeinsame Bodenplatte	Fall 2: getrennte Bodenplatten, gemeinsames Fundament	Fall 3: getrennte Bodenplatten, getrennte Fundamente	Fall 4: durchgehende Trennfuge bis zum Fundament
Räume direkt über der Bodenplatte	Räume direkt über den Bodenplatten	Räume direkt über den Bodenplatten	Räume mindestens 1 Etage über dem Fundament
$\Delta R_{w,Tr}$ = + 6 dB Bei durchgehenden Außenwänden ($m' \geq$ 575 kg/m²) im Keller: $\Delta R_{w,Tr}$ = + 3 dB	$\Delta R_{w,Tr}$ = + 6 dB Es konnten deutlich höhere Werte gemessen werden [50], jedoch wurde wegen der noch geringen Datenmenge eine Erhöhung des Zuschlags um 3 dB noch nicht vorgenommen.	$\Delta R_{w,Tr}$ = + 9 dB	$\Delta R_{w,Tr}$ = + 12 dB Bei durchgehenden Außenwänden ($m' \geq$ 575 kg/m²) im Keller: $\Delta R_{w,Tr}$ = + 9 dB

Quelle: [447]

Bild 4.40: Zweischaligkeitszuschlag $\Delta R_{w,Tr}$ für zweischalige Haustrennwände in Abhängigkeit von der Fundamentausbildung und der Raumsituation

Eigentliches Ziel bei der Erarbeitung eines normungsfähigen Berechnungsverfahrens für den Schallschutz von zweischaligen massiven Bauteilen war eine Berechnung des Schallschutzes entsprechend dem europäischen Rechenmodell in EN 12354-1. Bei einem solchen Verfahren würden die in Frage kommenden Übertragungswege (flankierende Übertragung im Bodenbereich, über flankierende Wände und über die Dachkonstruktion) mit entsprechenden Flanken-Schalldämm-Maßen berücksichtigt werden. Man benötigte außerdem konstruktionsabhängige Daten (Stoßstellendämm-Maße) für die Körperschallübertragung zwischen den beiden Wandschalen. In [334], [335] wurden entsprechende Möglichkeiten zur Berechnung untersucht und die grundsätzliche Machbarkeit eines solchen Ansatzes aufgezeigt. Allerdings zeigte sich, dass eine Berechnung über mehrere Stoßstellen vorzusehen ist, die derzeit mit dem aktuellen Berechnungsmodell in EN 12354-1 nicht möglich ist. Hier wären Adaptionen des Verfahrens erforderlich. Auch waren während der Erarbeitung von DIN 4109-2 Daten zur Stoßstellendämmung zwischen den beiden Wandschalen nicht verfügbar. Aus diesen Gründen wurde (interimsweise) am „alten“ Verfahren zur Berechnung des Schallschutzes von zweischaligen Massivwänden festgehalten, dieses aber bezüglich folgender Punkte, dargestellt in Bild 4.41, modifiziert:

- Zweischaligkeitszuschlag in Abhängigkeit von der Trennung der beiden Wandschalen im untersten Geschoss (siehe Bild 4.40 und Tabelle 4.5);
- Berücksichtigung der flankierenden Übertragung von massiven an die Trennwand anschließenden Bauteilen über deren mittlere flächenbezogene Masse;
- Berücksichtigung der flankierenden Übertragung über das Dach.

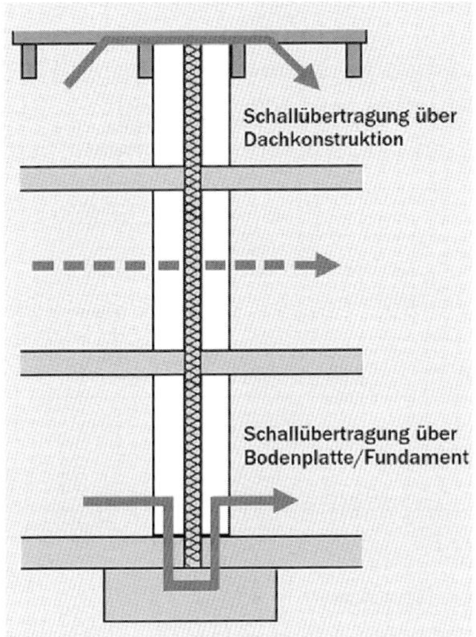

Quelle: [447]

Bild 4.41: Schallübertragungswege zwischen Doppel- und Reihenhäusern mit zweischaliger massiver Haustrennwand

Weiterhin unberücksichtigt blieben Einfluss der Breite der Trennfuge [381], eine asymmetrische Ausbildung der Wandelemente [382], die Geometrie bzw. Größe der Bauteile oder auch die Anbringung von Vorsatzschalen. Auch bleibt bei diesem Verfahren unberücksichtigt, inwieweit eine flankierende Schallübertragung von Lochsteinmauerwerk die Schalldämmung vermindert.

4.2.3.2 Der neue Nachweis zur Luftschalldämmung zweischaliger Haustrennwände

Wie in Beiblatt1 zu DIN 4109:1989 wird das bewertete Schalldämm-Maß einer zweischaligen Wand $R'_{w,2}$ aus dem bewerteten Schalldämm-Maß der gleichschweren einschaligen Wand $R'_{w,1}$ berechnet.

Das bewertete Schalldämm-Maß der gleichschweren einschaligen Wand $R'_{w,1}$ wird mit Gl. (4.115) aus der flächenbezogenen Masse der beiden Wandschalen $m'_{Tr,ges} = m'_{Tr,1} + m'_{Tr,2}$ berechnet. Die Gl. (4.115) übernimmt dabei die Zahlenwerte aus der Tabelle 1 in Beiblatt1 zu DIN 4109:1989, allerdings ohne das Vorhaltemaß von 2 dB. Bei dieser Gleichung werden keine Einschränkungen in Bezug auf den zulässigen Wertebereich der flächenbezogenen Masse gemacht. Dies geschieht allerdings in DIN 4109-32, Abschnitt 4.3.3.2. Hier wird der auch schon in Beiblatt 1 festgelegte Bereich der flächenbezogenen Massen mit $m'_{Tr1} \geq 150$ kg/m² (bzw. $m'_{Tr1} \geq 100$ kg/m² bei Trennfugenbreite $d \geq 50$ mm) genannt. Eine Begrenzung zu hohen flächenbezogenen Massen findet sich dort allerdings nicht. Es wird deshalb empfohlen, die in Beiblatt 1 genannte Begrenzung mit $m'_{Tr,ges} \leq 1\,040$ kg/m² auch hier anzuwenden.

$$R'_{w,1} = 28 \lg\left(m'_{Tr,ges}\right) - 18 \text{ dB} \tag{4.115}$$

Zu diesem Wert wird der Zweischaligkeitszuschlag $\Delta R_{w,Tr}$ nach DIN 4109-2:2018-01, Tabelle 1 addiert und ein Korrekturwert K für die flankierende Übertragung über massive flankierende Bauteile subtrahiert.

$$R'_{w,2} = R'_{w,1} + \Delta R_{w,Tr} - K \text{ dB} \tag{4.116}$$

In Bild 4.40 sind die Zuschlagswerte $\Delta R_{w,Tr}$ für zweischalige Haustrennwände in Abhängigkeit von der Fundamentausbildung und der Raumsituation dargestellt. Tabelle 1 aus DIN 4109-2 mit den Zuschlagswerten $\Delta R_{w,Tr}$ für unterschiedliche Übertragungssituationen wird hier als Tabelle 4.5 gezeigt.

Tabelle 4.5: DIN 4109-2, Tabelle 1 – Zuschlagswerte $\Delta R_{w,Tr}$ unterschiedlicher Übertragungssituationen für zweischalige Haustrennwände[a, b, c]

Spalte	**1**	**2**	**3**
Zeile	**Situation (Vertikalschnitt)**	**Beschreibung**	$\Delta R_{w,Tr}$ dB
1		vollständige Trennung der Schalen und der flankierenden Bauteile ab Oberkante Bodenplatte, auch gültig für alle darüber liegenden Geschosse, unabhängig von der Ausbildung der Bodenplatte und der Fundamente	12
2		Außenwände durchgehend mit $m' \geq 575$ kg/m² (z. B. Kelleraußenwände als „weiße Wanne“)	9
3		Außenwände durchgehend mit $m' \geq 575$ kg/m² (z. B. Kelleraußenwände als „weiße Wanne“) Bodenplatte durchgehend mit $m' \geq 575$ kg/m²	3
4		Außenwände getrennt Bodenplatte und Fundamente getrennt	9
5		Außenwände getrennt Bodenplatte getrennt auf gemeinsamem Fundament	6[d]

Spalte	1	2	3
Zeile	Situation (Vertikalschnitt)	Beschreibung	$\Delta R_{w,Tr}$ dB
6		Außenwände getrennt Bodenplatte durchgehend mit $m' \geq 575$ kg/m²	6[d]

a Falls die einzelnen Schalen nicht schwerer als 200 kg/m² sind, können die Zuschlagswerte $\Delta R_{w,Tr}$ für zweischalige Haustrennwände aus Porenbeton für die Zeilen 1, 2, 3 und 4 um 3 dB und für die Zeilen 5 und 6 um 6 dB erhöht werden.

b Falls die einzelnen Schalen nicht schwerer als 250 kg/m² sind, können die Zuschlagswerte $\Delta R_{w,Tr}$ für zweischalige Haustrennwände aus Leichtbeton um 2 dB erhöht werden, wenn die Steinrohdichte ≤ 800 kg/m³ ist.

c Falls der Schalenabstand mindestens 50 mm beträgt und der Fugenhohlraum mit Mineralwolledämmplatten nach DIN EN 13162, Anwendungskurzzeichen WTH nach DIN 4108-10 ausgefüllt wird, können die Zuschlagswerte $\Delta R_{w,Tr}$ bei allen Materialien in den Zeilen 1, 2 und 4 um 2 dB erhöht werden.

d Für eine Haustrennwand, bestehend aus zwei Schalen je 17,5 cm Porenbeton der Rohdichteklasse 0,60 (oder größer) mit einem Schalenabstand von mindestens 50 mm, verfüllt mit Mineralwolledämmplatten nach DIN EN 13162, Anwendungskurzzeichen WTH nach DIN 4108-10 kann insgesamt ein $\Delta R_{w,Tr}$ von +14 dB angesetzt werden. Zuschläge nach Fußnote a sind in diesem Zuschlag bereits berücksichtigt.

Quelle: [42]

Der Korrekturwert K ist nur dann anzuwenden, wenn die flankierende Übertragung über das Fundament/oder die Bodenplatte vernachlässigt werden kann, bzw. wenn der Zweischaligkeitszuschlag $\Delta R_{w,Tr} = 12$ dB beträgt. Der Korrekturwert K entspricht dabei der flankierenden Übertragung wie beim Trittschall. Hierzu kann man sich die Trennwandschale des Empfangsraums als das über die Trennfuge hinweg angeregte Bauteil vorstellen. Dieses Bauteil entspricht einer um 90° gedrehten Decke, die vom schwimmenden Estrich angeregt wurde und die angebundenen Massivbauteile anregt. Der Korrekturwert K kann als Anteil der flankierenden Übertragung dann wie beim Trittschall aus dem Verhältnis der flächenbezogenen Masse der Trennwandschale im Empfangsraum $m'_{Tr,1}$ und der mittleren flächenbezogenen Masse $m'_{f,m}$ der an diese Trennwandschale angeschlossenen Flankenbauteile berechnet werden.

$$K = 0{,}6 + 5{,}5 \lg\left(\frac{m'_{Tr,1}}{m'_{f,m}}\right) \text{ dB} \tag{4.117}$$

Bei Dächern über zweischaligen Haustrennwänden sind Konstruktionen zu wählen, deren bewertete Flanken-Schalldämm-Maße, berechnet aus der Norm-Flankenschallpegeldifferenz (siehe DIN 4109-33:2016-07), mindestens 5 dB über dem Anforderungswert der DIN 4109-1:2018-01 liegen.

TIPP

Der Hinweis in DIN 4109-2:2018-01 unter 4.2.3.2, dass die bewertete Norm-Flankenpegeldifferenz 5 dB über dem ermittelten Anforderungswert liegen soll, ist nicht aus reichend, da besonders im Dachgeschoss relativ große Kopplungslängen l_f auftreten können, so dass es durch die Umrechnung von der Norm-Flankenschallpegeldifferenz in ein Flanken-Schalldämm-Maß doch zu einer deutlichen Verminderung des Zahlenwertes kommen kann. Es sollte deshalb erst eine Umrechnung der Norm-Flankenpegeldifferenz in ein Flanken-Schalldämm-Maß entsprechend DIN 4109-2: Gl. (23) mit der aktuellen Trennfläche S_s und der gemeinsamer Kantenlänge l_f erfolgen. Das bewertete Flanken-Schalldämm-Maß sollte dann 5 dB über dem Anforderungswert liegen.

Für Porenbeton- und Leichtbeton-Mauerwerk ergeben sich bei gleicher flächenbezogener Masse gegenüber anderen massiven Bauteilen höhere Schalldämm-Maße. Deshalb dürfen entsprechend den Fußnoten a und b:

- bei Porenbetonmauerwerk mit $m'_{Tr,1}$ und $m'_{Tr,2} \leq 200$ kg/m² die Werte der Zeilen 1 bis 4 um 3 dB und die Werte der Zeilen 5 und 6 um 6 dB erhöht werden.
- bei Leichtbeton-Mauerwerk mit der Steinrohdichteklasse ≤ 800 kg/m³ (RDK ≤ 0,8) und mit $m'_{Tr,1}$ und $m'_{Tr,2} \leq 250$ kg/m² dürfen die Werte um 2 dB erhöht werden.

Weiterhin können bei einem Schalenabstand von 50 mm mit entsprechender Mineralwolleplatten-Füllung die Werte der Zeilen 1, 2 und 4 um 2 dB erhöht werden.

Für die Zeilen 5 und 6 wird dann zusätzlich eine Konstruktion aus Porenbetonwänden (2 × 175 mm Porenbeton RDK 0,6 oder größer mit 50 mm Trennfugenbreite mit Mineralwolle gefüllt) genannt, für die trotz durchgehender Bodenplatte ein Zuschlag von 14 dB anzuwenden ist.

Hintergrund für die Fußnoten a und b sind zum einen die bereits im Beiblatt 1 zu DIN 4109:1989 genannte Korrektur der Direktschalldämmung von Poren- und Leichtbeton, die unter anderem mit dem Argument „Bestandsschutz" in die „neue" Norm überführt wurde, zum anderen aber auch zahlreiche Messergebnisse für die oben beschriebene Porenbetonkonstruktion in ausgeführten Bauten mit $R'_w \geq 59$ dB.

Um einen ausreichenden Trittschallschutz in Reihenhäusern sicherzustellen, muss im Besonderen bei nichtunterkellerten Gebäuden im Erdgeschoss ein schwimmender Estrich vorgesehen werden, so dass auch bei der Luftschallübertragung die in der Regel sehr schwere Bodenplatte durch diese Vorsatzschale nur wenig angeregt wird. Der größere Teil der Schallübertragung erfolgt bei Luftschallanregung deshalb über die Trennwand selbst. Die Bodenplatte kann deshalb einerseits als eine starke Körperschallbrücke zwischen den beiden Trennwänden angesehen werden, gleichzeitig aber auch als Stoßstelle zwischen der angeregten ersten Schale der Haustrennwand und der zweiten Schale der Haustrennwand. Diese Stoßstellendämmung hängt nun vom Verhältnis der flächenbezogenen Massen der Trennwand und der Bodenplatte ab und ist bei leichten Trennwänden größer als bei schweren Trennwänden, gleiche flächenbezogene Masse der Bodenplatte vorausgesetzt.

Zu beachten sind auch die Begrenzungen der flächenbezogenen Massen der durchlaufenden Bodenplatten und Kelleraußenwände mit $m' \geq 575$ kg/m². Diese flächenbezogene Masse stellt sicher, dass bei der flankierenden Übertragung eine ausreichende Stoßstellendämmung gegeben ist. Sie entspricht (bei einer Berechnung der flächenbezogenen Masse von Stahlbeton nach Beiblatt 1 mit $\rho = 2\,300$ kg/m^3) einem 250 mm dicken Stahlbetonbauteil, das in der Regel bei Anforderungen an die Wasserundurchlässigkeit („Weiße Wanne“) ausgeführt wird.

Für zweischalige Haustrennwände im Holz-, Leicht- und Trockenbau werden in DIN 4109-33 direkt Angaben zum bewerteten Schalldämm-Maß der Konstruktionen gemacht. Die flankierende Übertragung über Leichtbauteile (z. B. Dächer) ist, wie oben bei den massiven Haustrennwänden beschrieben, durch Konstruktionen mit einem gegenüber dem Anforderungswert um mindestens 5 dB höheren Zahlenwert der Norm-Flankenschallpegeldifferenz sicherzustellen. Die Schallabstrahlung von Leichtbauteilen braucht bislang bei diesen zweischaligen Leicht-Konstruktionen nicht berücksichtigt zu werden. Die Flankenübertragung über durchlaufende Bodenplatten kann entsprechend den Vorgaben wie im Massivbau gerechnet werden.

4.2.4 Nachweise für die Luftschalldämmung im Holz-, Leicht- und Trockenbau

Die Bauteile des Holz-, Leicht- und Trockenbaus umfassen im Wesentlichen folgende Bauteile:

- **Wände** aus beplankten (z. B. Gips- oder Holzwerkstoffplatten) Ständern (z. B. Metall- oder Holzständer) oder Vollholzkonstruktionen mit und ohne Wärmedämmung;
- **Decken** aus beplankten Metall-, Holz- oder Holzwerkstoff-Balken oder -Trägern oder auch Massivholzkonstruktionen mit und ohne schwimmende Estriche oder Unterdecken;
- **Dächer** z. B. aus beplankten Holzbalken mit entsprechender Dacheindeckung.

Gegenüber den Massivelementen unterscheiden sich diese Bauteile durch den akustisch inhomogenen Aufbau. Hierdurch ergeben sich beim Nachweis für den Holz-, Leicht- und Trockenbau Unterschiede gegenüber dem Massivbau.

Direktschalldämmung

Die Direktschalldämmung kann nicht aus der flächenbezogenen Masse berechnet werden, da es sich um mehrschalige Bauteile mit elementierten, stark inhomogenen und sehr unterschiedlichen Aufbauten handelt.

Eine Berechnung der Direktdämmung von Leichtbauteilen mit Vorsatzkonstruktionen mittels der Verbesserung des Schalldämm-Maßes der Vorsatzkonstruktionen ist zumindest mit den bislang vorhandenen Daten mit Einzahlangaben nicht möglich, da sich das akustische Verhalten der Gesamtkonstruktion aufgrund der Vorsatzschale ändern kann. Deshalb sind Vorsatzkonstruktionen als Teil der Gesamtkonstruktion anzusehen. Das bewertete Schalldämm-Maß für den direkten Übertragungsweg $R_{\mathrm{Dd,w}}$ ergibt sich deshalb direkt aus dem Schalldämm-Maß der Trennbauteilkonstruktion. Dieses kann als bewertetes Schalldämm-Maßes R_{w} aus dem Bauteilkatalog (DIN 4109-33) übernommen werden oder wird durch eine Prüfung dieser Konstruktion im Labor ermittelt.

Flankenschalldämmung

Die flankierende Schallübertragung kann bei Leichtbaukonstruktionen abhängig von der betrachteten Konstruktion über eine Vielzahl möglicher Übertragungswege entsprechend Bild 4.42 erfolgen. Hier dargestellt ist die Anregung der Trennwandschale im Senderaum, die Abstrahlung durch die Trennwandschale im Empfangsraum und eine mögliche flankierende Übertragung über a) die innere Schale der flankierenden Wand, b) über den Hohlraum der flankierenden Wand und c) über die äußere Schale der flankierenden Wand.

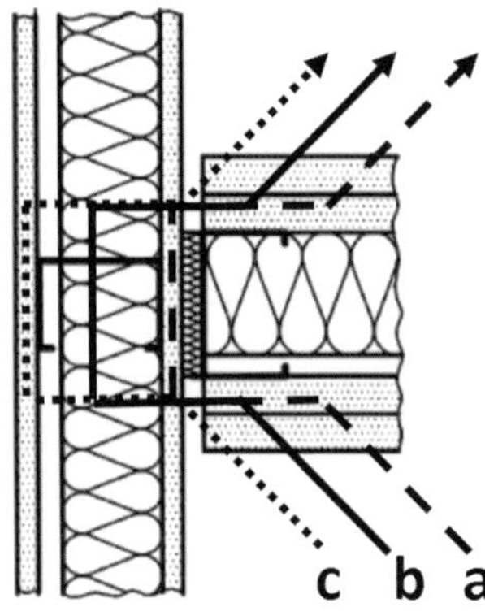

Quelle: Autoren nach [35]

Bild 4.42: Drei zusätzliche Schallübertragungswege im Leichtbau bei der Stoßstelle von zwei zweischaligen gipsplattenbeplankten Metallständerwänden

Eine Berechnung der Flankendämmung auf jedem der in Frage kommenden Übertragungswege ist mit den bislang zur Verfügung stehenden Eingangsdaten mit Einzahlangaben aufgrund fehlender Direktschalldämm-Maße der Teil- und der Gesamtkonstruktionen in Verbindung mit fehlenden Berechnungsmethoden für die Stoßstellendämm-Maße auf den unterschiedlichsten Übertragungswegen nicht möglich. Im Gegensatz zum Massivbau werden die Flanken-Schalldämm-Maße deshalb nicht aus Direkt- und Stoßstellendämmung berechnet, sondern über gemessene Flanken-Schalldämm-Maße ermittelt. Für die Gesamtkonstruktion, bestehend aus Trenn- und Flankenbauteil, wird dazu im Prüfstand die Norm-Flankenschallpegeldifferenz $D_{n,f,w}$ gemessen. Für eine Vielzahl von Bauteilverbindungen werden im Bauteilkatalog DIN 4109-33 (siehe 5.4) Angaben zur Norm-Flankenschallpegeldifferenz $D_{n,f,w}$ gemacht.

Die Ermittlung der Norm-Flankenschallpegeldifferenz $D_{n,f,w}$ im Prüfstand ist allerdings aufwändig, da die Gesamtschallübertragung über die Wege Ff, Fd und Df nicht gemessen werden kann, ohne gleichzeitig auch den Weg Dd mitzumessen. Deshalb müssen bei der Ermittlung von Norm-Flankenschallpegeldifferenzen $D_{n,f,w}$ mindestens zwei Messungen durchgeführt werden. Hierzu erfolgt zuerst die gleichzeitige Messung der Wege Ff und Df, wobei durch eine Abschirmung des Trennbauteils mit einer Vorsatzkonstruktion im Empfangsraum die Übertragung auf dem Weg Dd unterdrückt wird. Mit einer zweiten Messung wird die Übertragung des Weges Fd ermittelt, wobei das Flankenbauteil im Empfangsraum und das Trennbauteil im Senderaum durch eine Vorsatzkonstruktion abgedeckt werden müssen. Zur Ermittlung der Norm-Flankenschallpegeldifferenz $D_{n,f,w}$ sind dann die ermittelten Flankendämm-Maße energetisch zu addieren.

Alternativ hierzu kann eine Messung der Direktschalldämmung auf dem Weg Dd (durch Abschirmung der beiden Flankenbauteile im Sende- und Empfangsraum) durchgeführt werden. Zusätzlich erfolgt eine zweite Messung, bei der ohne Vorsatzkonstruktionen die komplette Übertragung über alle Wege Ff, Df, Fd und Dd erfasst wird. Zur Ermittlung der Norm-Flankenschallpegeldifferenz $D_{n,f,w}$ ist hier das ermittelte Direktdämm-Maß energetisch von der Gesamtdämmung zu subtrahieren. Die unter den genannten Bedingungen ermittelte Größe $D_{n,f,w}$ enthält die Übertragung über alle Flankenwege und berücksichtigt die konkreten Bedingungen des Knotenpunktes.

Das für die Berechnung der Gesamtübertragung benötigte bewertete Flanken-Schalldämm-Maß $R_{Ff,w}$ beinhaltet nun nicht nur den Übertragungsweg Ff, sondern steht aufgrund der Vielzahl der möglichen Flankenübertragungswege (siehe Bild 4.42) stellvertretend für die gesamte flankierende Übertragung des betrachteten Flankenbauteils. Es kann dann entsprechend nachfolgender Gleichung (4.118) durch Berechnung aus der Norm-Flankenschallpegeldifferenz $D_{n,f,w}$ bestimmt werden, indem über die Kantenlänge der betrachteten Stoßstelle l_f und die Fläche des Trennbauteils S_s korrigiert wird.

$$R_{Ff,w} = D_{n,f,w} + 10\lg\frac{l_{lab}}{l_f} + 10\lg\frac{S_s}{A_0}\ \text{dB} \qquad (4.118)$$

Die Bezugskantenlänge l_{lab} beträgt bei der horizontalen Übertragung für Fassaden und Innenwände 2,8 m, für sonstige Bauteile (z. B. Decken) und bei der vertikalen Übertragung 4,5 m.

Berechnung der Gesamtschalldämmung

Das bewertete Bau-Schalldämm-Maß R'_w ergibt sich für den Holz- und Leichtbau entsprechend nachfolgender Gleichung aus der energetischen Addition des Direktschalldämm-Maßes $R_{Dd,w}$ des trennenden Bauteils und der Flanken-Schalldämm-Maße $R_{Ff,w}$ der leichten flankierenden Bauteile, wobei das jeweilige Flanken-Schalldämm-Maß wiederum stellvertretend für die Gesamtübertragung des einzelnen flankierenden Bauteils steht.

$$R'_w = -10\lg\left[10^{-R_{Dd,w}/10} + \sum_{F=f=1}^{n} 10^{-R_{Ff,w}/10}\right]\ \text{dB} \qquad (4.119)$$

Die Übertragungswege Df und Fd sind dann bei der Berechnung des bewerteten Bau-Schalldämm-Maßes R'_w entsprechend obiger Gleichung (4.119) nicht getrennt zu addieren, da sie bereits über die Norm-Flankenschallpegeldifferenz $D_{n,f,w}$ berücksichtigt sind.

Damit entspricht die Berechnung nach Gleichung (4.119) grundsätzlich dem Vorgehen beim Nachweis im Skelettbau nach Beiblatt 1 zu DIN 4109:1989, wobei lediglich das Schall-Längsdämm-Maß $R_{L,w}$ durch das Flanken-Schalldämm-Maß $R_{Ff,w}$ ersetzt wurde.

4.2.5 Nachweise für die Luftschalldämmung: Mischbauweisen/Skelettbau

Von Skelettbauten spricht man im Allgemeinen dann, wenn Stahl oder Stahlbetonstützen Massivdecken tragen und an der Fassade und innen mehrheitlich Leichtbauteile verwendet werden. Üblicherweise werden zur Aussteifung des Gebäudes einzelne Bauteile wie Treppenhäuser oder Aufzugsschächte massiv ausgeführt. Diese Verbindung von massiven und leichten Bauteilen erfordert wie bei anderen Mischbauweisen eine Verbindung der Berechnungsmethoden für massive und leichte Bauteile. Bei der Berechnung des bewerteten Bau-Schalldämm-Maßes ist zu unterscheiden, ob das trennende Bauteil in Massiv- oder in Leichtbauweise ausgeführt wird:

a) Trennbauteil massiv: z. B. Massivdecke
   - Berechnung der Flanken-Schalldämm-Maße wie im Massivbau für die Übertragungswege Ff, Df und Fd analog der Vorgehensweise im Massivbau, wenn das betrachtete Flankenbauteil auch massiv ist (z. B. Treppenhauswand).
   - Berechnung des Flanken-Schalldämm-Maßes wie im Leichtbau für den Übertragungsweg Ff analog Gleichung (4.118), wenn das entsprechende Flankenbauteil ein Leichtbauteil ist (z. B. mit Gipsplatten beplankte Metallständerwand oder Glasfassade). Norm-Flankenschallpegeldifferenzen $D_{n,f,w}$ sind im Bauteilkatalog DIN 4109-33:2016-07 zu finden.
   - Das bewertete Bau-Schalldämm-Maß R'_w ergibt sich aus energetischer Addition des Direktschalldämm-Maßes und aller ermittelten Flankenschalldämm-Maße.

b) Trennbauteil leicht: z. B. mit Gipsplatten beplankte Metallständerwand
   - Berechnung der Flanken-Schalldämm-Maße für die Übertragungswege Ff analog der Vorgehensweise im Massivbau, wenn das betrachtete Flankenbauteil massiv und durchlaufend ist (z. B. Außenwand). Das Stoßstellendämm-Maß K_{ij} auf dem Übertragungsweg Ff ist dann gleich dem Mindestwert des Stoßstellendämm-Maßes $K_{ij,min}$ bestimmt aus Gleichung (4.110) zu setzen. Die Übertragungswege Df und Fd (Übertragung zwischen Leichtbauteil auf das Massivbauteil) sind nicht zu berücksichtigen.
   - Auf eine Berechnung der Flanken-Schalldämm-Maße bzw. der flankierenden Übertragung kann verzichtet werden, wenn das betrachtete Flankenbauteil massiv, aber durch das Leichtbauteil vollständig getrennt ist.
   - Berechnung des Flanken-Schalldämm-Maßes wie im Leichtbau für den Übertragungsweg Ff, analog Gleichung (4.118), wenn das entsprechende Flankenbauteil ein Leichtbauteil ist (z. B. Flurwand als mit Gipsplatten beplankte Metallständerwand). Norm-Flankenschallpegeldifferenzen $D_{n,f,w}$ sind im Bauteilkatalog DIN 4109-33:2016-07 zu finden.
   - Das bewertete Bau-Schalldämm-Maß R'_w ergibt sich auch hier aus der energetischen Addition des Direktschalldämm-Maßes und aller ermittelten Flanken-Schalldämm-Maße.

Üblicherweise kann die Übertragung zwischen Leicht- und Massivbauteilen vernachlässigt werden. Die Schallübertragung von Leichtbauteilen über Massivbauteile hinweg (z. B. von einer mit Gipsplatten beplankten Metallständerwand über eine Massivdecke entsprechend Bild 4.43) erfolgt in der Regel nicht über den in diesem Bild gezeigten Übertragungsweg Ff, sondern durch Anregung der flankierenden Leichtbauwand durch das Massivbauteil. Da die Wege Ff, Df und Fd in der Norm-Flankenschallpegeldifferenz $D_{n,f,w}$ zusammengefasst sind und $D_{n,f,w}$ in das Flanken-Schalldämm-Maß $R_{Ff,w}$ umgerechnet wird, macht der dargestellte Übertragungsweg Sinn. Für ein Massivbauteil mit einer flächenbezogenen Masse von $m' \leq 350\ \text{kg/m}^2$ kann für das Leichtbauteil mit einer Norm-Flankenschallpegeldifferenz von $D_{n,f,w} = 76$ dB gerechnet werden. Bei üblichen Anforderungen im Verwaltungs- und im Wohnungsbau kann die flankierende Übertragung dieser Konstruktionen häufig vernachlässigt werden.

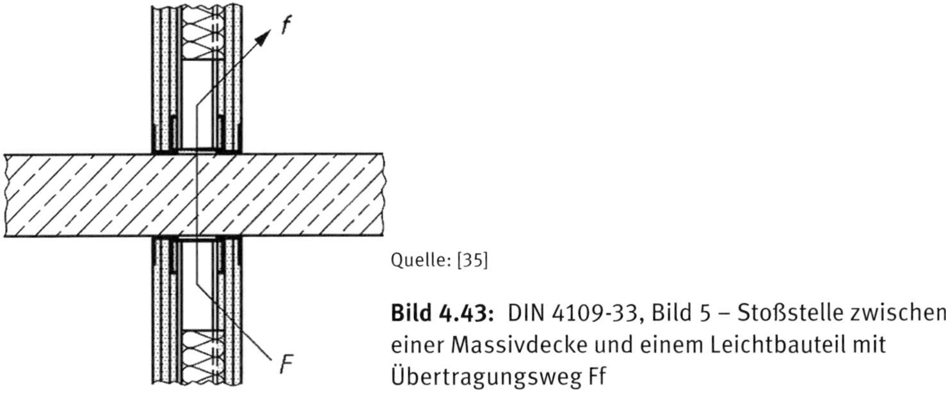

Quelle: [35]

Bild 4.43: DIN 4109-33, Bild 5 – Stoßstelle zwischen einer Massivdecke und einem Leichtbauteil mit Übertragungsweg Ff

4.3 Trittschalldämmung: Berechnung und Nachweise

4.3.1 Grundlagen der Trittschallübertragung und der Trittschalldämmung

4.3.1.1 Norm-Trittschallpegel

Auch wenn im baulichen Schallschutz von Trittschallübertragung und Trittschalldämmung die Rede ist, geht es dabei nicht nur um den durch Gehen verursachten tatsächlichen Trittschall, sondern um jegliche Art der Körperschallanregung einer Decke, wie sie z. B. durch herunterfallende Gegenstände, Stühlerücken etc. zustande kommen kann. Der im Deutschen verwendete Begriff ist deshalb nicht wirklich zutreffend gewählt, schon in Hinblick auf die bei der Messung gewählte Art der Anregung mit dem Norm-Hammerwerk nicht, die ja für die meisten Fälle mit der Anregung durch einen realen Gehvorgang wenig zu tun hat. Zutreffender ist deshalb die englische Bezeichnung „impact noise“, die den gemeinten Bereich viel weiter fasst. Es geht also um die durch Körperschallanregung verursachte Schalleinwirkung.

Zur vollständigen Beschreibung des Übertragungsverhaltens einer Decke wird eigentlich eine Übertragungsfunktion als Verhältnis der verursachten Größe (Luftschall im Empfangsraum) zur anregenden Größe (Körperschalleinwirkung auf die Decke) benötigt.

Dazu könnte man das Verhältnis von abgestrahlter (Luftschall-)Leistung zu eingeleiteter (Körperschall-)Leistung für die gewünschte Übertragungsfunktion heranzuziehen. Denkbar wäre auch das Verhältnis von abgestrahlter Leistung W zu anregender Kraft F, wenn eine Kraftquellensituation (siehe 4.5.3.1) angenommen werden kann (Bild 4.44).

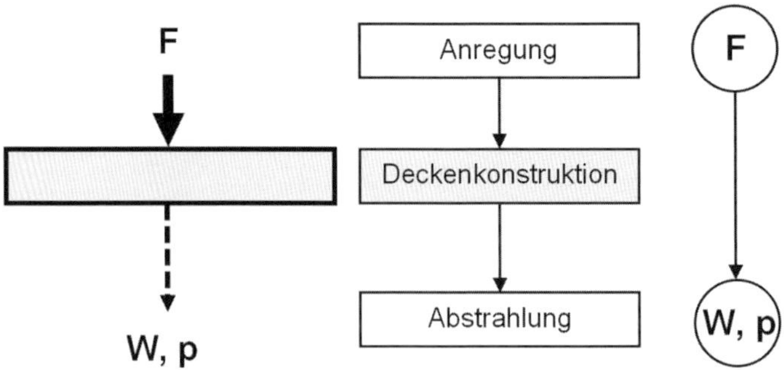

Legende

F anregende Kraft

W abgestrahlte Schallleistung

p abgestrahlter Schalldruck

Quelle: Autoren

Bild 4.44: Beschreibung der Körperschallübertragung über eine Decke durch eine Übertragungsfunktion

Die Übertragungsfunktion wäre dann definiert durch

$$T(f) = \frac{W}{F^2} \tag{4.120}$$

Dabei ergibt sich allerdings das messtechnische Problem der Bestimmung der anregenden Kraft. Als Lösung dieses Problems wird auf die Bestimmung der Kraft verzichtet und stattdessen eine genormte Körperschallquelle mit definierten Eigenschaften herangezogen. Diese genormte Körperschallquelle ist das Norm-Hammerwerk nach DIN EN ISO 10140-5 (Anhang E), bei dem 5 Hämmer à 500 g aus einer Fallhöhe von 40 mm 10-mal pro Sekunde auf der Oberfläche aufschlagen. Vorausgesetzt wird dabei, dass die Anregung durch das Norm-Hammerwerk reproduzierbar und konstant ist. Die Vorstellung, dass das Norm-Hammerwerk in jeder Situation stets mit derselben Kraft anregt, ist allerdings nicht zutreffend. Eine detaillierte Behandlung dieses Sachverhaltes findet sich z. B. in [383], [384], [385].

Eine physikalische Betrachtung der tatsächlichen Verhältnisse, wie sie allgemein z. B. in [386], [387] oder speziell bezogen auf das Norm-Hammerwerk in [384] vorgenommen wird, zeigt, dass die Anregung nicht nur von den Eigenschaften der Quelle, sondern auch den Eigenschaften der angeregten Struktur abhängt. Maßgebend ist das Verhältnis von Quellimpedanz und Strukturimpedanz. Angesichts der Vielfalt der in Frage kommenden Deckenkonstruktionen und deren Deckenaufbauten muss also konstatiert werden, dass das Norm-Hammerwerk nicht als eine Körperschallquelle mit gleichbleibendem Kraftspektrum betrachtet werden kann.

Auch wenn unter Einbeziehung des Norm-Hammerwerkes nicht mehr generell eine definierte Übertragungsfunktion ermittelt werden kann, hat dieses Vorgehen den Vorteil, dass nur noch der abgestrahlte Luftschall im Empfangsraum betrachtet werden muss (Bild 4.45).

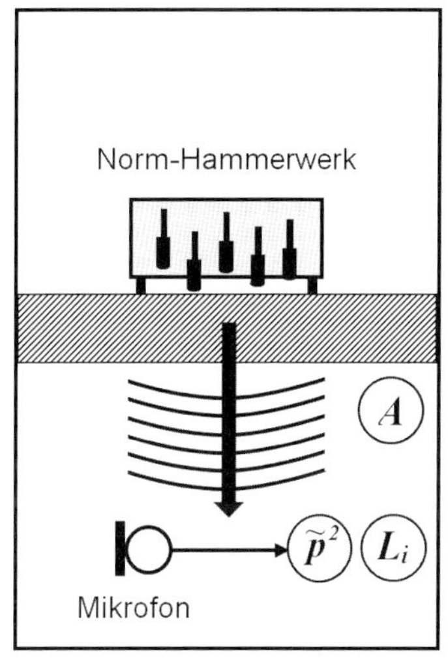

Legende

Messgrößen

$\tilde{p}^2$ Effektivwert des räumlich und zeitlich gemittelten Schalldrucks im Empfangsraum

L_i Schallpegel im Empfangsraum („Trittschallpegel")

A Äquivalente Absorptionsfläche (ermittelt über gemessene Nachhallzeit T)

Quelle: Autoren

Bild 4.45: Prinzip der Trittschallmessung

Im Diffusfeld gilt für die abgestrahlte Schallleistung W:

$$W = \frac{p^2}{4\rho c} \cdot A \tag{4.121}$$

p^2 ist hier der quadrierte Effektivwert des Schalldrucks im Diffusfeld, A die äquivalente Absorptionsfläche im Empfangsraum und ρc die Schallkennimpedanz. In Pegelschreibweise ergibt sich daraus der Schallleistungspegel L_w aus dem Schalldruckpegel L und den Bezugsgrößen p_0 und W_0 zu

$$L_\mathrm{W} = L + 10 \lg \frac{A \cdot p_0^2}{4\rho c \cdot W_0} = L + 10 \lg \frac{A}{4} \text{ dB} \tag{4.122}$$

Unter Diffusfeldbedingungen wäre das also eine einfach zu bestimmte Größe. Tatsächlich wird aber nicht der Schallleistungspegel, sondern der so genannte Norm-Trittschallpegel L_n als kennzeichnende Größe für die Trittschallübertragung herangezogen:

$$L_\mathrm{n} = L + 10 \lg \frac{A}{A_0} \text{ dB} \tag{4.123}$$

Normiert wird hier der Schallpegel („Trittschallpegel") L auf eine äquivalente Bezugs-Absorptionsfläche $A_0 = 10\ \mathrm{m}^2$. Die Größen nach Gl. (4.122) und Gl. (4.123) unterscheiden sich lediglich um einen konstanten Wert von 4 dB.

Wie beim Luftschall wird auch beim Trittschall zwischen Bauteil- und Gebäudeeigenschaft unterschieden. Der Norm-Trittschallpegel L_n berücksichtigt ausschließlich die direkte Trittschallübertragung über die Decke und beschreibt damit eine Bauteileigenschaft. Im Gegensatz dazu kommen beim Norm-Trittschallpegel im Bau L'_n je nach Bausituation noch flankierende Übertragungswege dazu. Er beschreibt somit als Gebäudeeigenschaft die resultierende Trittschallübertragung. Bild 4.46 zeigt die üblicherweise in Gebäuden auftretenden Übertragungssituationen. Bild 4.47 zeigt die in Frage kommenden Übertragungswege für typische Bausituationen.

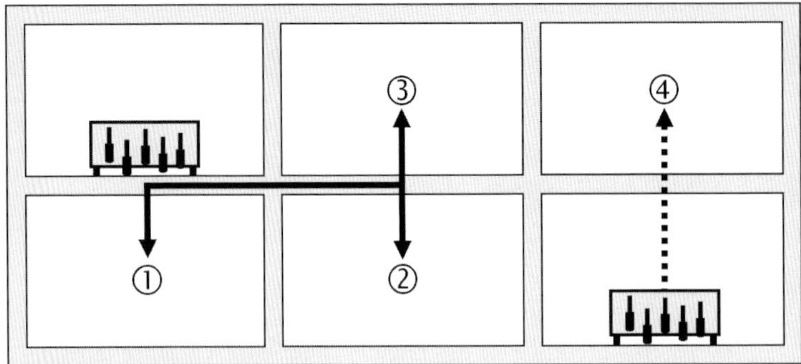

Legende

① vertikale Übertragung
② diagonale Übertragung
③ horizontale Übertragung
④ Übertragung von unten nach oben

Quelle: Autoren

Bild 4.46: Typische Übertragungssituationen für den Trittschall in Gebäuden

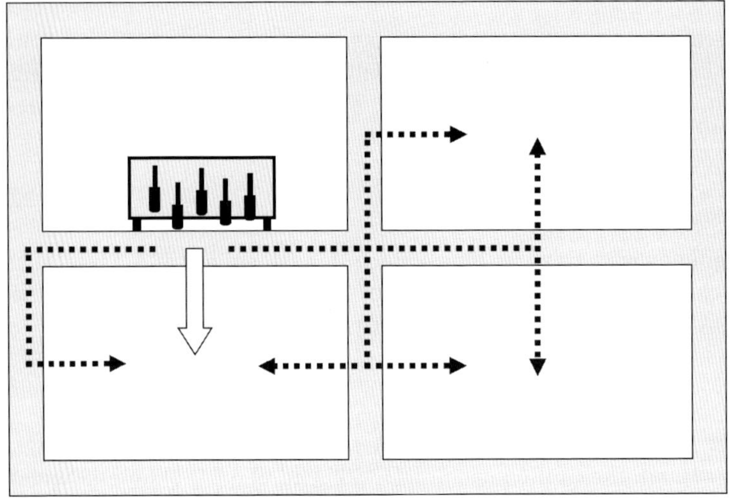

Legende

⇨ direkte Trittschallübertragung
▪▪▪▪➧ flankierende Trittschallübertragung

Quelle: Autoren

Bild 4.47: Direkte und flankierende Trittschallübertragung im Gebäude

Die Trittschallübertragung spielt außerdem auch für Treppen eine Rolle (Bild 4.48).

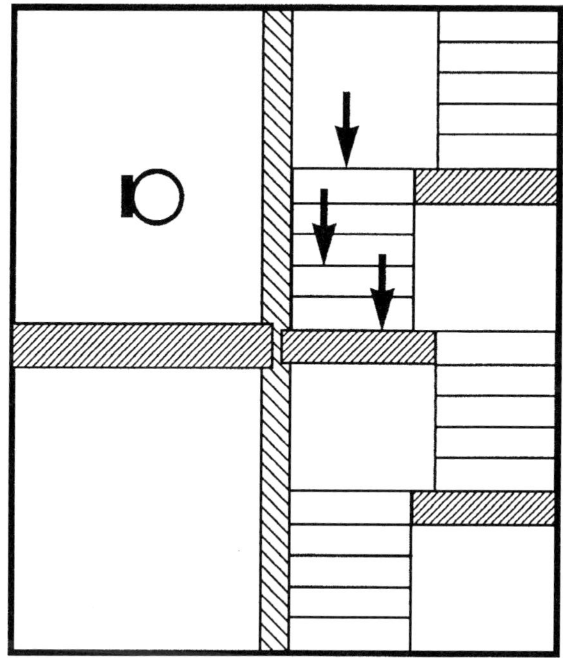

Quelle: Autoren

Bild 4.48: Trittschallübertragung einer Treppe (Treppenläufe und Podeste)

ANMERKUNG

Früher wurde nach der zurückgezogenen DIN 52210-1 [60] und -2 [61] auch im Labor die Trittschalldämmung mit „bauähnlicher Flankenübertragung" gemessen und dafür ein L'_n angegeben. Auf solche Werte nimmt die DIN 4109:1989 im Beiblatt 1 noch Bezug. Nach den geltenden internationalen Regelwerken gibt es diese Bezeichnung für Bauteile nicht mehr. Dafür wird nur noch L_n verwendet.

ANMERKUNG

Im Sinne einer Übertragungsfunktion kann auch der Norm-Trittschallpegel L_n einer Wand von Interesse sein, wenn es statt der Trittschallübertragung um die Körperschallanregung und -übertragung von Wänden geht. Ein entsprechendes Normungsvorhaben ist 2017 bei CEN/TC 126/WG 1 in die Wege geleitet worden.

Die Größen L_n und L'_n sind frequenzabhängig. Aus ihnen können durch die in DIN EN ISO 717-2 beschriebenen Bewertungsverfahren als Einzahlgrößen der bewertete Norm-Trittschallpegel $L_{n,w}$ und der bewertete Norm-Trittschallpegel im Bau $L'_{n,w}$ bestimmt werden. Hinweise zur Messung der Kenngrößen für den Trittschall werden in DIN 4109-4 gegeben (siehe 6.5 und 6.6).

ANMERKUNG

In DIN 4109:1989 wird parallel zum bewerteten Norm-Trittschallpegel $L_{n,w}$ bzw. $L'_{n,w}$ noch das längst veraltete Trittschallschutzmaß TSM (definiert in der zurückgezogenen DIN 52210) herangezogen. Dafür gilt folgende Umrechnung:

$$L_{n,w} = 63\text{ dB} - \text{TSM} \quad \text{bzw.} \quad \text{TSM} = 63\text{ dB} - L_{n,w} \tag{4.124}$$

Zur Kennzeichnung der Trittschallübertragung in Gebäuden gibt es neben dem Norm-Trittschallpegel im Bau L'_n auch den Standard-Trittschallpegel L_{nT}. Bei dieser Größe wird der im Empfangsraum vorhandene Trittschallpegel L nicht auf die äquivalente Bezugs-Absorptionsfläche A_0 = 10 m^2 bezogen, sondern auf die Bezugs-Nachhallzeit T_0:

$$L_{nT} = L - 10\lg\frac{T}{T_0}\text{ dB} \tag{4.125}$$

mit

T Nachhallzeit im Empfangsraum;

T_0 Bezugs-Nachhallzeit, 0,5 s.

Als Einzahlwert wird für diese Größe nach ISO 717-2 der bewertete Standard-Trittschallpegel im Bau $L'_{nT,w}$ ermittelt.

Es ergibt sich folgender Zusammenhang zwischen L'_n und L'_{nT}:

$$L'_{nT} = L'_n - 10\lg\frac{0{,}16V}{A_0 \cdot T_0} = L'_n - 10\lg\ 0{,}032V\text{ dB} \tag{4.126}$$

V ist das Volumen des Empfangsraumes in m^3. Diese Beziehung kann auch als

$$L'_{n,T} = L'_n - 10\lg\frac{V}{31{,}25}\text{ dB} \tag{4.127}$$

geschrieben werden. Die genannten Beziehungen gelten auch für die Einzahlwerte:

$$L'_{nT,w} = L'_{n,w} - 10\lg\ 0{,}032V\text{ dB} \tag{4.128}$$

und

$$L'_{nT,w} = L'_{n,w} - 10\lg\frac{V}{31{,}25}\text{ dB} \tag{4.129}$$

$L'_{nT,w}$ ist vom Volumen abhängig. Ein größeres Volumen ergibt bei gleichem $L'_{n,w}$ ein kleineres $L'_{nT,w}$. Für V = 31,25 m^3 sind $L'_{n,w}$ und $L'_{nT,w}$ gleich.

ANMERKUNG

Der bewertete Standard-Trittschallpegel $L'_{nT,w}$ war im Normentwurf zur DIN 4109:2006 [29] als kennzeichnende Anforderungsgröße für den Trittschallschutz vorgesehen, wurde jedoch im Normentwurf DIN 4109:2013 wieder durch die bisherige Größe $L'_{n,w}$ ersetzt. Die VDI-Richtlinie 4100:2012 hat mit Bezug auf den damaligen Normentwurf der DIN 4109 jedoch diese Größe für die Anforderungen zum erhöhten Schallschutz eingeführt.

Auch für den Trittschall gibt es einen Spektrumanpassungswert, dessen Ermittlung in DIN EN ISO 717-2 festgelegt wird. Dieser Wert C_I wird zum Einzahlwert ($L_{n,w}$, $L'_{n,w}$ oder $L'_{nT,w}$) addiert. Damit sollen die spektralen Eigenschaften typischer Gehgeräusche bei der Trittschalldämmung besser charakterisiert werden. Dies wird dadurch erreicht, dass im Frequenzbereich 100 Hz bis 2 500 Hz ein unbewerteter linearer Trittschallpegel ($L_{n,sum}$, $L'_{n,sum}$ oder $L'_{nT,sum}$) durch energetische Addition der Messwerte in Terzbändern ermittelt wird.

Für $L_{n,w}$ ergibt sich der Spektrumanpassungswert aus

$$C_I = L_{n,sum} - 15\text{ dB} - L_{n,w}\text{ dB} \tag{4.130}$$

Analog wird für $L'_{n,w}$ und $L'_{nT,w}$ vorgegangen.

ANMERKUNG

Für den Spektrumanpassungswert können zusätzlich auch tiefe Frequenzen von 50 Hz an berücksichtigt werden. Dieser Wert wird dann als $C_{I,50-2\,500}$ bezeichnet. Er ist vor allem bei Holzbalkendecken geeignet, deren typisches Verhalten bei tiefen Frequenzen besser zu beschreiben.

Solange am Norm-Hammerwerk als Trittschallquelle festgehalten wird, liefert der unbewertete (lineare) Trittschallpegel eine bessere Charakterisierung des durch Gehen verursachten A-bewerteten Schallpegels als der Norm-Trittschallpegel $L_{n,w}$ bzw. $L'_{n,w}$ [388], [389], [390], [391]. Dennoch haben weder C_I noch $C_{I,50-2\,500}$ Eingang in die Anforderungen und Nachweise der DIN 4109 gefunden. Im Bauteilkatalog für den Holz-, Leicht- und Trockenbau (DIN 4109-33) werden die C_I-Werte allerdings als zusätzliche Information für die Planung genannt.

Als Alternativen zum Norm-Hammerwerk werden in DIN EN ISO 10140-5, Anhang F noch andere Anregearten für die Messung der Trittschalldämmung vorgesehen: die Anregung mit einem modifizierten Hammerwerk und die Anregung mit einem Gummiball („schwere/weiche Trittschallquelle"). Beide Anregearten sollen eine bessere Nachbildung der realen Anregung bestimmter Gehgeräusche ermöglichen. Sie werden aber in der DIN 4109 nicht berücksichtigt.

4.3.1.2 Größen für die flankierende Trittschallübertragung

Für die in Bild 4.47 dargestellte flankierende Trittschallübertragung ist der Norm-Trittschallpegel durch Flankenübertragung $L_{n,ij}$ die charakteristische Kenngröße.

> **ANMERKUNG**
>
> In den internationalen Regelwerken werden dafür unterschiedliche Begriffe verwendet. In DIN EN 12354-2 heißt es „Norm-Trittschallpegel für flankierende Bauteile", aber auch „Norm-Trittschallpegel durch Flankenübertragung". In DIN EN 10848-2 heißt es „Norm-Flankentrittschallpegel".

DIN 4109-2 verwendet diese Größe nicht, da die flankierende Trittschallübertragung im dort verwendeten vereinfachten Berechnungsverfahren pauschal durch einen Korrekturwert berücksichtigt wird (siehe 4.3.2.3).

Herleitung und Verwendung dieser Größe im detaillierten Berechnungsmodell der DIN EN 12354-2 werden in 4.3.2.6 erläutert. Für den Massivbau kann dort die flankierende Trittschallübertragung aus den Eigenschaften des Trennbauteils und der Flankenbauteile sowie dem Stoßstellendämm-Maß ermittelt werden. Im Holz-, Leicht- und Skelettbau spielt bei durchlaufenden Bauteilen (z. B. Systemböden wie Doppel- oder Hohlraumböden, durchlaufende schwimmende Estriche) oft nur der Übertragungsweg Ff eine Rolle. Bild 4.47 zeigt als Beispiel die flankierende Trittschallübertragung bei einem Systemboden. Die Messung kann im Prüfstand nach DIN EN 10848-2 erfolgen. Zu beachten ist dabei, dass bei der messtechnischen Charakterisierung nach dieser Norm die Gesamtübertragung gemessen wird und damit im gemessenen Wert für L_{nf} auch die Übertragung über den Hohlraum enthalten ist.

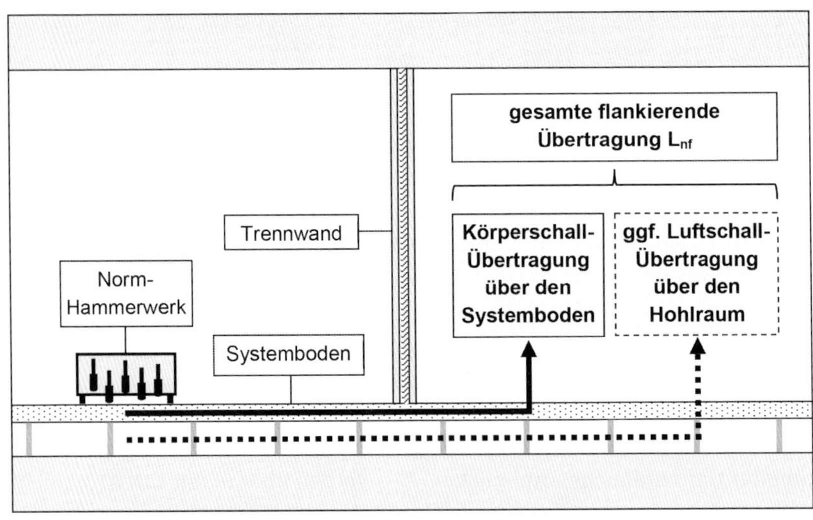

Quelle: Autoren

Bild 4.49: Flankierende Trittschallübertragung bei einem Systemboden

4.3.1.3 Gebrauchsfertige Decken: Weitere Kenngrößen für die Trittschalleigenschaften

Gebrauchsfertige Decken

Massive Rohdecken sind im Wohnungsbau ohne zusätzliche trittschallmindernde Maßnahmen (i. d. R. schwimmende Estriche) bei üblichen Deckendicken nicht in der Lage, die Anforderungen der DIN 4109-1 an die Trittschalldämmung zu erfüllen. Auch bei Bürogebäuden und in DIN 4109-1 so genannten Nichtwohngebäuden (Hotels, Krankenhäuser, Ausbildungsstätten) sind üblicherweise weitere Maßnahmen zur Trittschallminderung erforderlich. Es interessiert für den Nachweis der Anforderungen also stets die Trittschalldämmung einer gebrauchsfertigen Decke. Darunter versteht man die Rohdecke mit der gewählten Deckenauflage, ggf. auch noch mit einer Unterdecke. Deren Trittschalldämmung wird durch den (bewerteten) Norm-Trittschallpegel $L_{n,w}$ beschrieben. Mit dieser Kenngröße könnte auch der Schallschutznachweis der DIN 4109 geführt werden, so dass formal zuerst einmal kein Bedarf für die Charakterisierung einer Rohdecke besteht. Dieser ergibt sich erst aus der Datenbeschaffung. Da in der praktischen Anwendung eine große Vielfalt unterschiedlicher Rohdecken mit einer noch größeren Vielfalt von Deckenauflagen (z. B. schwimmende Estriche, Bodenbeläge, Systemböden) versehen werden kann, ergeben sich beliebig viele Kombinationsmöglichkeiten, für die der jeweilige Norm-Trittschallpegel verfügbar sein muss.

Durch messtechnische Datengewinnung ist diese Aufgabe nicht zu bewältigen. Man benötigt also eine Möglichkeit, die Trittschalleigenschaften von massiven Rohdecken und von Deckenauflagen separat zu charakterisieren und die jeweilige Kombination beider Komponenten rechnerisch vorzunehmen. Bei der Charakterisierung der Trittschalleigenschaften von Decken interessieren also drei Fälle:

1) Das Trittschallverhalten einer Rohdecke (Decke ohne Deckenauflage wie z. B. schwimmender Estrich oder Bodenbelag)
2) Die Verbesserung der Trittschalldämmung einer Rohdecke durch eine Deckenauflage
3) Das Trittschallverhalten der gebrauchsfertigen Decke, d. h. Rohdecke plus Deckenauflage.

Nur für die Nachweise der Trittschalldämmung von massiven Decken werden für alle drei Fälle die entsprechenden Daten benötigt (siehe Gl. (4.138) und Abschnitt 4.3.2.1). Für leichte Decken im Holz- und Leichtbau ist diese Möglichkeit nicht vorgesehen. Dort wird im Rahmen der Nachweise der DIN 4109-2 stets die gesamte Konstruktion (inkl. aller Schichten auf der Deckenober- und -unterseite) betrachtet. Es wird deshalb nachfolgend vorrangig auf die Verhältnisse bei Massivdecken eingegangen.

Es kann gezeigt werden, dass eine solche rechnerische Kombination für die frequenzabhängigen Werte des Norm-Trittschallpegels L_n einer massiven Rohdecke und der Trittschallminderung ΔL einer Deckenauflage auf massiver Decke ohne Probleme möglich ist. Anders sieht es dagegen aus, wenn diese Prozedur mit Einzahlwerten für den Norm-Trittschallpegel und die Trittschallminderung erfolgen soll, wie es beim Nachweisverfahren des Beiblatts 1 zu DIN 4109:1989 (siehe Abschnitt 4.3.2.1), beim vereinfachten Berechnungsverfahren der DIN EN 12354-2 (siehe Abschnitt 4.3.2.2) und beim Nachweis der DIN 4109-2 (siehe Abschnitt 4.3.2.3) vorgesehen ist.

Aufgrund der unterschiedlichen spektralen Eigenschaften verschiedener Decken und Deckenauflagen müssen deren Einzahlwerte für das beabsichtigte Verfahren zuerst tauglich gemacht werden. Dazu sind in DIN EN ISO 717-2 für die Ermittlung geeigneter Einzahlwerte spezielle Bewertungsverfahren mit einer Bezugsdecke und einer Bezugs-Deckenauflage festgelegt worden.

Die daraus resultierenden Einzahlwerte sind der äquivalente bewertete Norm-Trittschallpegel $L_{n,eq,0,w}$ für die Rohdecke, die bewertete Trittschallminderung ΔL_w für die Deckenauflage und der bewertete Norm-Trittschallpegel $L_{n,w}$ für die gebrauchsfertige Decke. Mit diesen Größen kann die Trittschalldämmung der gebrauchsfertigen Decke folgendermaßen bestimmt werden:

$$L_{n,w} = L_{n,eq,0,w} - \Delta L_w \text{ dB} \tag{4.131}$$

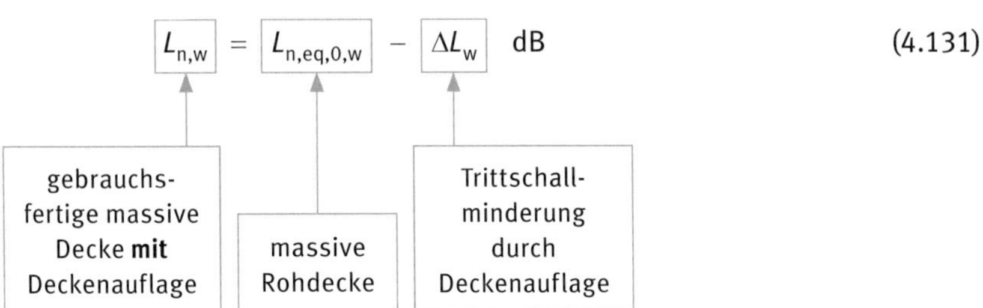

Zu beachten ist, dass mit $L_{n,w}$ im bisherigen Zusammenhang nur das Verhalten der gebrauchsfertigen Decke im Sinne einer Bauteileigenschaft gemeint ist, also ohne flankierende Trittschallübertragung. Diese muss im weiteren Berechnungsgang der DIN EN 12354-2 und der DIN 4109-2 separat ermittelt werden (siehe 4.3.2.2 und 4.3.2.3).

Decken im Massivbau

Bei massiven Decken können die charakteristischen Trittschalleigenschaften von Rohdecken und Deckenauflagen separat ermittelt werden. Die Kenngrößen $L_{n,eq,0,w}$ für die Rohdecke und ΔL_w für die Deckenauflage können dann rechnerisch miteinander kombiniert werden (siehe Gl. (4.138)), so dass die gebrauchsfertige Decke nicht gemessen werden muss. Das bedeutet für die praktische Anwendung eine große Erleichterung. Eine weitere Erleichterung ergibt sich für massive Decken bei der Datengewinnung. Der äquivalente bewertete Norm-Trittschallpegel $L_{n,eq,0,w}$ einer massiven Rohdecke kann mit hinreichender Genauigkeit aus deren flächenbezogener Masse abgeleitet werden. Angaben hierzu finden sich in DIN 4109-32 Abschnitt 4.8.4.4. Die bewertete Trittschallminderung schwimmender Estriche, im Wohnungsbau die übliche Art eines Deckenaufbaus, kann nach DIN 4109-34 aus den konstruktiven Eigenschaften ebenfalls ohne Messung ermittelt werden. Benötigt werden dafür die flächenbezogene Masse m' der Estrichplatte und die flächenbezogene dynamische Steifigkeit s' der Trittschall-Dämmschicht. Mit diesem Vorgehen unterscheidet sich in DIN 4109-2 die Behandlung massiver Decken wesentlich von den leichten Decken im Holz- und Leichtbau.

Decken im Holz- und Leichtbau

Im Holz- und Leichtbau werden in den Nachweisen der DIN 4109-2 Rohdecke und Deckenaufbau nicht wie im Massivbau getrennt betrachtet, sondern als eine komplette Einheit.

Eine getrennte Betrachtung von Rohdecke und Deckenaufbau wäre prinzipiell zwar möglich, hat sich aber in den bauakustischen Regelwerken auf nationaler und internationaler Ebene nicht niedergeschlagen.

ANMERKUNG

Von Gösele wurde ein entsprechender Vorschlag 1979 publiziert [392]. Er lehnt sich an das für den Massivbau bekannte Verfahren (siehe Abschnitt 4.3.2.1) an. Wie dort wird auch hier die Gesamtdeckenkonstruktion („gebrauchsfertige Decke") in ihre Teilelemente (Gehbelag, Fußbodenaufbau/schwimmender Estrich, Rohdecke (ggf. mit Unterdecke)) zerlegt und daraus durch Addition die Trittschalldämmung der gesamten Decke berechnet. Für Gehbelag und Bodenaufbau wird jeweils die bewertete Trittschallminderung ΔL_{wH} unter Holzbaubedingungen (Index H) ermittelt. Für Rohdecke wird wie bei einer massiven Rohdecke ein äquivalenter bewerteter Norm-Trittschallpegel ermittelt.

Die in DIN 4109-33 angegebenen Norm-Trittschallpegel $L_{n,w}$ beschreiben also stets die gebrauchsfertige Decke. Da es im Holz- und Leichtbau viele unterschiedliche konstruktive Varianten gibt, ist jede interessierende Variante mit einem eigenen Ausführungsbeispiel zu beschreiben. Der Bauteilkatalog für den Holz-, Leicht- und Trockenbau DIN 4109-33 nennt in den Tabellen 15 bis 25 insgesamt 27 verschiedene Deckenkonstruktionen.

Äquivalenter bewerteter Norm-Trittschallpegel von massiven Rohdecken

Das Trittschallverhalten einer Massivdecke ohne Deckenauflage für die spätere Verwendung als gebrauchsfertige Decke mit einer Auflage wird nach DIN EN ISO 717-2, Anhang B, durch den äquivalenten bewerteten Norm-Trittschallpegel $L_{n,eq,0,w}$ beschrieben. Er wird nach Anhang B.3 dieser Norm aus dem nach DIN EN ISO 10140-3 in einem nebenwegfreien Prüfstand gemessenen Norm-Trittschallpegel $L_{n,0}$ der zu prüfenden Rohdecke ermittelt. Damit ist er im Sinne dieser Norm eindeutig als Größe ohne Flankenübertragung festgelegt und beschreibt eine Bauteileigenschaft. Folgerichtig ist der nach Gl. (4.131) mit Hilfe von $L_{n,eq,0,w}$ ermittelte bewertete Norm-Trittschallpegel der gebrauchsfertigen Decke $L_{n,w}$ ebenfalls eine Bauteilkenngröße ohne Flankenübertragung. Die flankierende Trittschallübertragung muss demzufolge separat ermittelt werden (siehe Abschnitt 4.3.2.2). Entsprechend diesen Eigenschaften werden die genannten Kenngrößen im Berechnungsverfahren von DIN EN 12364-2 (vereinfachtes Verfahren) und DIN 4109-2 verwendet.

In Teil 4 der zurückgezogenen DIN 52210:1984 [63] und in Beiblatt 1 zu DIN 4109:1989 sowie in DIN EN 12354-2:2000 wurde der äquivalente bewertete Norm-Trittschallpegel mit $L_{n,w,eq}$ bezeichnet. DIN 4109-2, DIN 4109-32 und die revidierte DIN EN 12354-2:2017-11 folgen mit $L_{n,eq,0,w}$ der Schreibweise der DIN EN ISO 717-2 [89].

Im Gegensatz zu der klaren Definition in DIN EN ISO 717-2 ist der äquivalente bewertete Norm-Trittschallpegel im Nachweisverfahren des Beiblatts 1 zu DIN 4109:1989 bezüglich der Flankenübertragung nicht eindeutig bestimmbar (siehe nachfolgende Ausführungen). Die dort $L_{n,w,eq}$ genannte Kenngröße wird nicht als reine Bauteileigenschaft verwendet, sondern wird bei der Berechnung des bewerteten Norm-Trittschallpegels im Bau $L'_{n,w}$ als

Kenngröße mit Gebäudeeigenschaften eingesetzt. Es ist deshalb sinnvoll, diese Bezeichnung in Zusammenhang mit Beiblatt 1 zu DIN 4109:1989 beizubehalten, um Verwechslungen mit der zwar zahlenmäßig gleichen, aber von der Bedeutung her unterschiedlichen Kenngröße $L_{n,eq,0,w}$ zu vermeiden.

Für eine Decke ohne Deckenauflage kann es nach DIN EN ISO 717-2 zwei verschiedene Einzahlwerte geben. Der bewertete Norm-Trittschallpegel $L_{n,w}$ ergibt sich durch das übliche Bewertungsverfahren dieser Norm aus dem frequenzabhängigen Norm-Trittschallpegel L_n und kennzeichnet als Bauteilkenngröße das Trittschallverhalten der Konstruktion ohne Deckenauflage. Nur wenn diese Decke mit einer Auflage versehen werden soll und dafür über Einzahlwerte nach Gl. (4.131) rechnerisch ein bewerteter Norm-Trittschallpegel der Gesamtkonstruktion (gebrauchsfertige Decke) ermittelt werden soll, wird in diesem (und nur in diesem) Fall der äquivalente bewertete Norm-Trittschallpegel $L_{n,eq,0,w}$ benötigt. Er hat seine Daseinsberechtigung also nur als rechnerische Zwischengröße auf dem Weg zum bewerteten Norm-Trittschallpegel der gebrauchsfertigen Decke und als eigenständige Kenngröße keine Bedeutung.

$L_{n,eq,0,w}$ wird dadurch ermittelt, dass der frequenzabhängige Norm-Trittschallpegel der Rohdecke nach der in DIN EN ISO 717-2 beschriebenen Vorgehensweise mit einer idealisierten Bezugs-Deckenauflage mittlerer Wirkung verrechnet wird. Es ist zu beachten, dass der derart ermittelte Einzahlwert $L_{n,eq,0,w}$ auch zahlenmäßig nicht dem Einzahlwert $L_{n,w}$ einer massiven Rohdecke entspricht.

ANMERKUNG

Untersuchungen von Gerretsen haben gezeigt, dass der äquivalente bewertete Norm-Trittschallpegel als eigenständige Kenngröße eigentlich gar nicht benötigt wird, da er durch den bewerteten Norm-Trittschallpegel der Rohdecke $L_{n,0,w}$ und deren Spektrumanpassungswert $C_{I,0}$ ersetzt werden kann. DIN EN ISO 717-2 nennt dafür in Anhang B1 folgenden Zusammenhang

$$L_{n,eq,0,w} = L_{n,0,w} + C_{I,0} + 11 \text{ dB} \tag{4.132}$$

Bestimmung von $L_{n,eq,0,w}$

Prinzipiell kann der $L_{n,eq,0,w}$ messtechnisch nach DIN EN ISO 10140 in Verbindung mit ISO 717-2 durch Messungen in Prüfständen ermittelt werden. Für die Verwendung in Berechnungsverfahren ist es allerdings naheliegend, auf festgelegte Werte aus einem Bauteilkatalog zurückzugreifen, wie man das in ähnlicher Weise für die Schalldämm-Maße homogener oder quasi-homogener Bauteile in Beiblatt 1 zu DIN 4109:1989 durch Tabelle 3 oder in DIN 4109-32, Abschnitt 4.1.4.2, durch „Massekurven" getan hat. Da der Anwendungsbereich des $L_{n,eq,0,w}$ für homogene und quasi-homogene Massivdecken festgelegt ist, kann erwartet werden, dass sich entsprechende Beziehungen auch für diese Kenngröße ermitteln lassen.

Die heute gebräuchlichen Angaben für $L_{n,eq,0,w}$ können auf Arbeiten von Gösele und Gieselmann [394] zurückgeführt werden. Entsprechend der damals üblichen Bezeichnung ist dort vom $L_{n,w,eq}$ die Rede. Im nachfolgenden Zusammenhang wird diese Bezeichnung beibehalten, da sie auch bei der weiteren Umsetzung im Nachweisverfahren des Beiblatts 1 zu DIN 4109:1989 unter diesem Namen verwendet wird und wegen der flankierenden Übertragung eine etwas andere Bedeutung bekommt als die Größe $L_{n,eq,0,w}$ in DIN 4109-2.

Für einigermaßen homogene Decken kann $L_{n,eq,0,w}$ nach [394] rechnerisch abgeleitet werden. Ausgehend von einer Betrachtung der Rohdecken im Sinne einer einschaligen, homogenen Platte wird für den Norm-Trittschallpegel

$$L_n = 10\lg\frac{f^{1/2}}{E^{3/4}\cdot\rho^{5/4}\cdot h^{7/2}} + 10\lg\sqrt{S} + 10\lg\sigma + 164\,\text{dB} \qquad (4.133)$$

abgeleitet mit

f Frequenz

E E-Modul

ρ Dichte

h Plattendicke

S Deckenfläche

σ Abstrahlgrad

alle Größen in c. g. s-Einheiten

Ein Vergleich der Berechnungen nach Gl. (4.133) mit frequenzabhängigen Messungen für 3 Stahlbetondecken (140 mm, 200 mm, 300 mm) führt nach [394] zu einer guten Übereinstimmung. Es geht aus den Angaben allerdings nicht hervor, ob im Prüfstand (mit oder ohne Flankenübertragung?) oder im Bau gemessen wurde. Die Werte werden jedoch mit L'_n bezeichnet, während sich die Rechnung offensichtlich auf eine Platte ohne zusätzliche Flankenübertragung bezieht. Die Frage einer möglichen Flankenübertragung bleibt ab dieser Stelle ungewiss und muss nachfolgend (siehe Abschnitt 4.3.2.1) genauer untersucht werden. Aus diesen berechneten Werten wird dann gemäß den Festlegungen in DIN 52210-4:1975 [63] als Einzahlwert das äquivalente Trittschallschutzmaß TSM_{eq} ermittelt. In der Schreibweise für den stattdessen heute gebräuchlichen äquivalenten bewerteten Norm-Trittschallpegel ergibt sich daraus

$$L_{n,w,eq} = 164 - 35\lg\frac{m'}{m'_0}\,\text{dB} \qquad (4.134)$$

mit $m'_0 = 1\ \text{kg/m}^2$.

Der in dieser Gleichung gegebene Zusammenhang besagt, dass sich der (äquivalente) Norm-Trittschallpegel bei Verdoppelung der flächenbezogenen Masse um etwa 10 dB vermindert. Das ist auch der theoretisch für den Trittschall homogener Platten zu erwartende Zusammenhang [395].

Gösele und Gieselmann vergleichen die nach dieser Beziehung ermittelten Werte mit Messwerten des $L_{n,w,eq}$ für etwa 15 Stahlbeton-Rohdecken und konstatieren „eine befriedigende Übereinstimmung zwischen Messung und Rechnung". In [396] untersucht Gösele den $L_{n,w,eq}$ von etwa 25 Decken (Vollbeton und Decken mit Hohlraum) und kommt bezüglich des Einflusses der flächenbezogenen Masse der Rohdecke zum selben Zusammenhang. Bezüglich der Decken mit Hohlraum bemerkt er, es sei „überraschend [...], dass auch praktisch ausgeführte Decken mit Hohlräumen dieser Gesetzmäßigkeit so gut folgen". Basierend auf solchen Erkenntnissen wird der Anwendungsbereich in Beiblatt 1 zu DIN 4109:1989 nicht auf Decken aus homogenen Platten beschränkt, sondern schließt auch Decken mit Hohlräumen in das Berechnungsverfahren nach Gl. (4.134) ein. Bezüglich der Materialeigenschaften werden keine präzisierenden Vorgaben gemacht. DIN EN 12354-2 und DIN 4109-2 übernehmen diese Vorgehensweise. In DIN EN 12354-2, Anhang B.2, wird jedoch darauf verwiesen, dass diese Gleichung (eigentlich) für homogene Betondecken gilt und dass für Leicht- und Porenbeton die Werte etwas niedriger sind, so dass die Werte nach Gl. (4.134) „auf der sicheren Seite liegen".

Hier wäre also analog zur Ermittlung der Luftschalldämmung massiver Bauteile anhand materialspezifischer Massenkurven in DIN 4109-32 Abschnitt 4.1.4.2 auch für die Trittschalldämmung eine materialspezifische Behandlung vorstellbar. Eine Umsetzung dieser Aussage wurde im Bauteilkatalog für den Massivbau DIN 4109-32 aber nicht vorgenommen, da dafür keine Untersuchungsergebnisse vorlagen und eine derartige Differenzierung nicht notwendig erschien. Diese Festlegung ist insofern plausibel, als Unsicherheiten des erreichbaren Norm-Trittschallpegels einer gebrauchsfertigen Massivdecke weniger von den materialbedingten Streuungen des $L_{n,eq,0,w}$ der Rohdecke als vielmehr von den realen Streuungen der Trittschallminderung ΔL_w eines schwimmenden Estrichs abhängen.

Aus Gl. (4.134) lassen sich die in Beiblatt 1 zu DIN 4109:1989 in Tabelle 16 angegebenen Werte für $L_{n,w,eq}$ ableiten. Diese Gleichung entspricht der in DIN EN 12354-2 und in DIN 4109-2, Abschnitt 4.8.4.4 Gl. (23) angegebenen Beziehung für den $L_{n,eq,0,w}$. Sie heißt dort

$$L_{n,eq,0,w} = 164 - 35 \lg \frac{m'}{m'_0} \text{ dB} \tag{4.135}$$

DIN EN 12354-2 nennt an dieser Stelle als Bezugsstelle allerdings die ÖNORM B 8115 [130], die im Gegensatz zu Beiblatt 1 zu DIN 4109:1989 schon seit langer Zeit die von Gösele und Gieselmann abgeleitete Formel in das Regelwerk übernommen hatte.

Validierung der $L_{n,eq,0,w}$-Werte

Im Rahmen der Validierung des Berechnungsverfahrens für den Trittschall wurde in [336] auch die Ermittlung des äquivalenten bewerteten Norm-Trittschallpegels nach Gl. (4.134) einer Überprüfung unterzogen.

In DIN EN 12354-2 und DIN 4109-2 berücksichtigt der $L_{n,eq,0,w}$ keine Flankenübertragung. Die flankierende Übertragung wird separat mit dem Korrekturwert K wiedergegeben. Hingegen kann aus Tabelle 16 in Beiblatt 1 zu DIN 4109:1989 geschlossen werden, dass im dortigen Rechenwert des $L_{n,w,eq}$ die flankierende Übertragung bereits enthalten ist. Trotz dieses methodischen Unterschiedes zwischen den Berechnungsverfahren sind die berechneten Werte des äquivalenten bewerteten Norm-Trittschallpegels nahezu identisch (siehe Bild 4.50, nachfolgend).

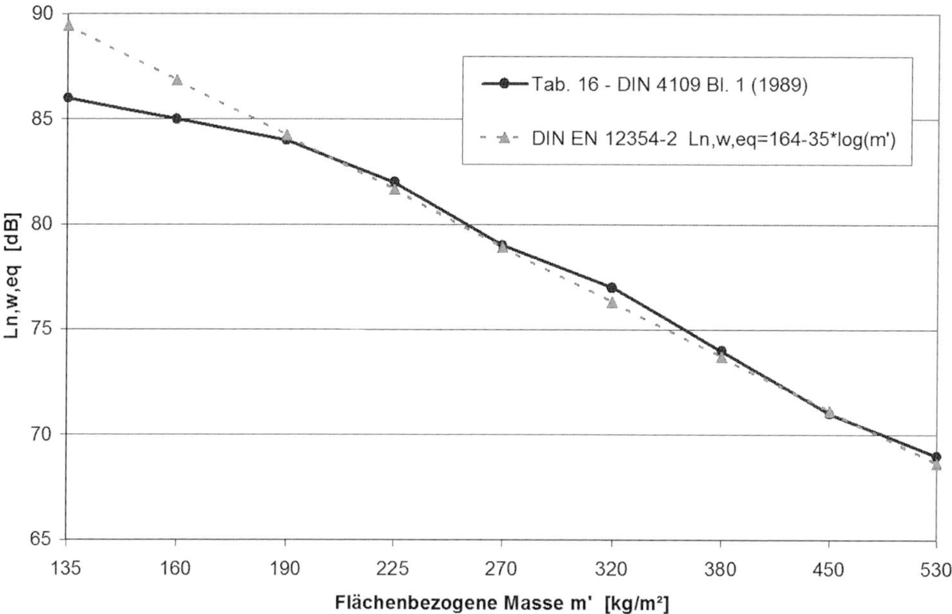

Quelle: Autoren

Bild 4.50: Äquivalenter bewerteter Norm-Trittschallpegel $L_{n,eq,0,w}$ bzw. $L_{n,w,eq}$ in Abhängigkeit von der flächenbezogenen Masse – ermittelt nach Beiblatt 1 zu DIN 4109:1989, Tabelle 16 (Werte ohne Unterdecke) und nach DIN EN 12354-2 (Vereinfachtes Verfahren)

Die Skalierung dieses Diagramms erfolgt mit den in Tabelle 16 aus Beiblatt 1 zu DIN 4109:1989 angegebenen Werten der flächenbezogenen Masse der Rohdecke. Es ist zu berücksichtigen, dass bei den in Beiblatt 1 genannten Werten des $L_{n,w,eq}$ ausdrücklich kein Vorhaltemaß enthalten ist, so dass sie direkt mit den $L_{n,eq,0,w}$-Werten aus DIN EN 12354-2 verglichen werden können. Die ab 190 kg/m^2 auftretenden Abweichungen sind der auf ganze dB vorgenommenen Rundung der $L_{n,eq,0,w}$-Werte geschuldet. Sie betragen maximal 0,3 dB. Die Abweichungen bei 135 kg/m^2 und 160 kg/m^2 betragen 2 dB bis 3 dB. Sie sind wohl eine gewollte „Anpassung“ der Werte, deren Hintergrund unklar ist. Für die praktische Anwendung ist diese Diskrepanz allerdings unerheblich, da solche leichten Massivdecken in Gebäuden mit Schallschutzanforderungen normalerweise keine Anwendung finden, weil die Mindestanforderungen nicht eingehalten werden können. Die für $m' \geq 190$ kg/m^2 vorhandene Übereinstimmung ist nicht erstaunlich, da die in DIN EN 12354-2 angegebene Formel identisch ist mit der von Gösele in Gl. (4.134) genannten Beziehung. Trotz der zahlenmäßigen Gleichheit kann aber nicht darüber hinweggesehen werden, dass in DIN EN 12354-2 mit $L_{n,eq,0,w}$ eine Größe ohne Flankenübertragung und in Beiblatt 1 mit $L_{n,w,eq}$ eine Größe mit (unbestimmter) Flankenübertragung gemeint ist. In [336] wurde die durch Gl. (4.134) gegebene Beziehung deshalb einer messtechnischen Überprüfung unterzogen. Dazu wurden in Prüfständen ohne Flankenübertragung ermittelte äquivalente bewerteter Norm-Trittschallpegel massiver homogener Deckenkonstruktionen mit den berechneten Werten verglichen. Für Prüfergebnisse, für die auch die Körperschallnachhallzeiten verfügbar waren, ergab die Auswertung nach Bezug auf einen einheitlichen Verlustfaktor (Mindestverlustfaktor $\eta_{\text{min}} = 0{,}01 + 0{,}3/\sqrt{f}$ nach DIN EN ISO 10140-5, Abschnitt 4.3.2) eine Verschiebung um −1 dB gegenüber den Werten aus Gl. (4.134). Eine weitere Auswertung von Prüfergebnissen aus Prüfständen ohne Flankenübertragung, für die keine Körperschallnachhallzeiten verfügbar waren, ergab Übereinstimmung mit den Werten aus Gl. (4.134), während die Auswertung älterer Prüfergebnisse aus Prüfständen „mit bauähnlicher Flankenübertragung" nach DIN 52210 [61] zu einer Verschiebung um +1 dB gegenüber den Werten aus dieser Gleichung führte.

Mit Abweichungen von ±1 dB bestätigen die Werte aus Prüfergebnissen insgesamt die Angaben aus Gl. (4.134) und Beiblatt 1 Tabelle 16, so dass diese als verlässliche Darstellung des äquivalenten bewerteten Norm-Trittschallpegels betrachtet werden können. Aufgrund der schweren Flanken in einem früher noch üblichen Prüfstand nach DIN 52210-2 [61] zeigt sich in den dort ermittelten Werten nur ein geringer Einfluss der Flankenübertragung. Selbst wenn die Werte aus Beiblatt 1 zu DIN 4109:1989 als Werte mit Flankenübertragung interpretiert werden, ist es daher nicht verwunderlich, dass sie mit den Werten aus DIN EN 12354-2 übereinstimmen.

Zusammenfassend kann gefolgert werden, dass der äquivalente bewertete Norm-Trittschallpegel einer homogenen massiven Deckenkonstruktion verlässlich aus der flächenbezogenen Masse nach Gl. (4.134) ermittelt werden kann und die nach dieser Beziehung bestimmten Werte für die Berechnung der Trittschalldämmung nach DIN 4109-2 geeignet sind. Trotz der etwas unklaren Hintergründe zum Anteil der Flankenübertragung können diese Werte im Berechnungsverfahren von DIN EN 12354-2 und DIN 4109-2 als $L_{\text{n,eq,0,w}}$-Werte ohne Flankenübertragung angewendet werden. Es ist also berechtigt, nach dem in Abschnitt 4.3.2.2 Gl. (4.134) beschriebenen Berechnungsverfahren die flankierende Trittschallübertragung separat durch den Korrekturwert K zu berücksichtigen. Falls $L_{\text{n,eq,0,w}}$-Werte messtechnisch und mit dem Bewertungsverfahren aus DIN EN ISO 7127-2 ermittelt werden sollten (wofür bei massiven Decken kein Bedarf besteht), können diese ohne Abschläge unmittelbar im Nachweisverfahren verwendet werden.

Trittschallminderung

Die Verbesserung der Trittschalldämmung massiver Decken wird nach DIN EN ISO 10140-1 auf einer in DIN EN ISO 10140-5 festgelegten Bezugsdecke (Stahlbetondecke der Dicke 100 mm ... 160 mm, vorzugsweise 140 mm) gemessen. Sie wird in DIN 4109-2 Trittschallminderung ΔL genannt.

ANMERKUNG zur Begriffsbestimmung

Durch ungenügende Abstimmung zwischen den internationalen Normen, Inkonsequenzen bei der Revision dieser Normen und deren nachlässige Übersetzungen ins Deutsche finden sich für ein und dieselbe Größe unterschiedliche Bezeichnungen, zum Teil sogar im selben Dokument. Dies lässt sich besonders bei den Größen für die Trittschalldämmung erkennen.

Eine Übersicht für die Benennung der Größen ΔL und ΔL_{w} zeigt die nachfolgende Tabelle.

Tabelle 4.6: Benennung der Kenngrößen ΔL und ΔLw in unterschiedlichen Regelwerken

Kenngröße / Norm	ΔL	ΔL_w
DIN 52210:1984 Teile 1 und 4	Trittschallminderung (Verbesserung des Trittschallverhaltens)	Trittschall-verbesserungsmaß
Beiblatt 1 zu DIN 4109:1989	–	Trittschall-verbesserungsmaß
DIN EN ISO 140-8:1989	Trittschallminderung, Verbesserung der Trittschalldämmung	bewertete Tritt-schallminderung
DIN EN ISO 10140-1:2016	Verbesserung der Trittschall-dämmung, Minderung des Trittschallpegels, Trittschallpegelminderung	–
DIN EN ISO 10140-5:2014	Verbesserung der Trittschall-dämmung, Minderung des Trittschallpegels	–
DIN EN ISO 717-2:2006	Trittschallminderung (Verbesserung der Trittschalldämmung)	bewertete Tritt-schallminderung
DIN EN ISO 717-2:2013	Trittschallpegelminderung (Verbes-serung der Trittschalldämmung)	bewertete Tritt-schallpegelminde-rung
DIN EN 12354-2:2000	Trittschallminderung	bewertete Tritt-schallminderung
DIN 4109-2:2016	–	bewertete Tritt-schallminderung

Die Trittschallminderung ergibt sich aus der Differenz des Norm-Trittschallpegels der massiven Bezugsdecke ohne Deckenauflage L_{n0} und dem Norm-Trittschallpegel der massiven Bezugsdecke mit Deckenauflage L_n.

$$\Delta L = L_{n,0} - L_n \text{ dB} \qquad (4.136)$$

Diese Größe ist frequenzabhängig und wird in Terzbändern gemessen. Sie charakterisiert die trittschallmindernde Wirkung einer Deckenauflage oder eines Deckenaufbaus.

Bei ausreichend schweren Rohdecken (z. B. Stahlbetondecken) ist die Trittschallminderung mit einer für die Praxis ausreichenden Genauigkeit unabhängig von der Decke [397]. Man kann also im Bereich der Gültigkeit dieses Verhaltens Gl. (4.136) auch zur rechnerischen Prognose des zu erwartenden Normtrittschallpegels einer gebrauchsfertigen Decke mit Deckenauflage verwenden, wenn der Norm-Trittschallpegel L_{no} der Rohdecke und die Trittschallminderung ΔL der Deckenauflage bekannt sind:

$$L_n = L_{n,0} - \Delta L \text{ dB} \qquad (4.137)$$

Damit steht ein einfaches Prognoseverfahren zur Verfügung, das es erlaubt, innerhalb des Gültigkeitsbereichs beliebige Rohdecken und Deckenauflagen bzw. Deckenaufbauten rechnerisch zu einer gebrauchsfertigen Decke miteinander zu kombinieren. Die Anwendung dieses Verfahrens ist auf Massivdecken beschränkt und muss frequenzabhängig in den einzelnen Frequenzbändern durchgeführt werden. Es ist in das detaillierte Berechnungsmodell der DIN EN 12354-2 implementiert (siehe Abschnitt 4.3.2.6). Auf die gleiche Art und Weise können dort auch Unterdecken zur Minderung der Trittschallübertragung rechnerisch mit einer Rohdecke kombiniert werden (siehe Gl. (4.156)). Mit Einzahlwerten ΔL_w für die Deckenauflage und $L_{n,0,w}$ für die Rohdecke funktioniert dieses Vorgehen wegen der ausgeprägten Frequenzabhängigkeit jedoch nicht. Hier müssen die Rohdecke und die Deckenauflage mit entsprechenden Bewertungsverfahren zuerst „einzahlwerttauglich" gemacht werden, damit sie für das Verfahren geeignet sind.

Die Einzahlangaben für die Trittschallminderung ist die in ISO 717-2 definierte bewertete Trittschallminderung ΔL_w. Sie wird nach dem in DIN EN ISO 717-2 vorgegebenen Bewertungsverfahren ermittelt. Auch für diese Größe gibt es in den einzelnen Regelwerken unterschiedliche Bezeichnungen, die in Tabelle 4.6 aufgeführt werden.

Naheliegend erscheint es, die bewertete Trittschallminderung dadurch zu ermitteln, dass man die bewerteten Norm-Trittschallpegel der Decke ohne und mit Auflage subtrahiert. Also

$$\Delta L_w \overset{?}{=} L_{n,0,w} - L_{n,w} \text{ dB}$$

Diese Vorgehensweise ist allerdings nicht zielführend. Während ΔL in guter Näherung von der gewählten (massiven) Rohdecke unabhängig ist, trifft das für den Einzahlwert ΔL_w nicht zu. Die frequenzabhängig ermittelten Werte für ΔL werden deshalb für eine in DIN EN ISO 717-2 festgelegte Bezugsdecke umgerechnet, die eine Idealisierung einer 120 mm dicken homogenen Betondecke darstellt. Daraus wird dann der Einzahlwert ΔL_w ermittelt. Dieser Wert ist geeignet, nach Gl. (4.138) mit dem äquivalenten Norm-Trittschallpegel einer massiven Rohdecke so kombiniert zu werden, dass sich rechnerisch der bewertete Norm-Trittschallpegel der gebrauchsfertigen Decke mit Deckenauflage ergibt.

Nach ISO 717-2 gibt es auch einen Spektrumanpassungswert $C_{I,\Delta}$ für die Trittschallminderung. Damit soll den spektralen Eigenschaften der Trittschallanregung durch einen typischen Gehvorgang gegenüber der Anregung durch das Norm-Hammerwerk Rechnung getragen werden. DIN 4109 macht von diesem Anpassungswert allerdings keinen Gebrauch.

Die Größen ΔL und ΔL_w werden messtechnisch in Verbindung mit massiven Rohdecken (Betondecken, Betonhohldecken, Hohlziegeldecken usw.) bestimmt und sind nur zur Verwendung mit solchen Decken vorgesehen. Für leichte Deckenkonstruktionen wie z. B. Holzbalkendecken können diese Kenngrößen nicht herangezogen werden, da sich auf diesen Decken für Deckenaufbauten und Bodenbeläge andere (nämlich geringere) Verbesserungen der Trittschalldämmung ergeben. Die Verbesserung ist außerdem von der Art der Deckenkonstruktion abhängig. Aus diesem Grund werden in DIN EN ISO 10140-5 neben der Bezugsdecke für massive Rohdecken auch drei Bezugsdecken für leichte Deckenkonstruktionen festgelegt (siehe Bild 4.51 bis Bild 4.53). Diese drei leichten Bezugsdecken sollen übliche leichte Deckenkonstruktionen repräsentieren.

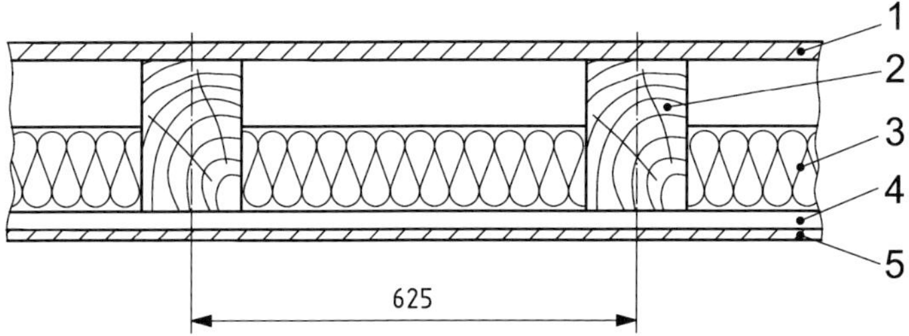

Quelle: [97]

Legende
siehe DIN EN ISO 10140-5 Anhang C.3.3.2

Bild 4.51: Leichte Bezugsdecke C1 nach DIN EN ISO 10140-5

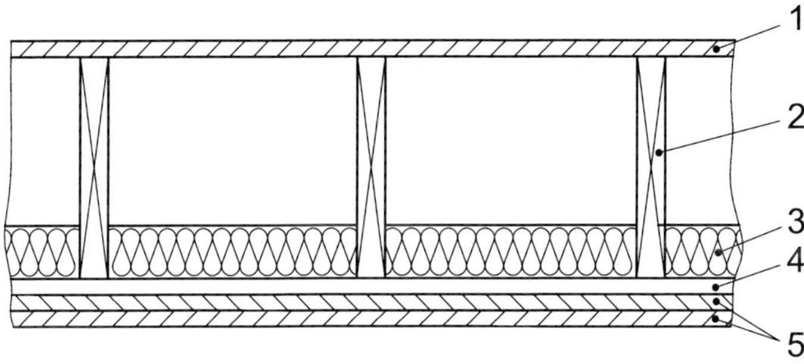

Quelle: [97]

Legende
siehe DIN EN ISO 10140-5 Anhang C.3.3.3

Bild 4.52: Leichte Bezugsdecke C2 nach DIN EN ISO 10140-5

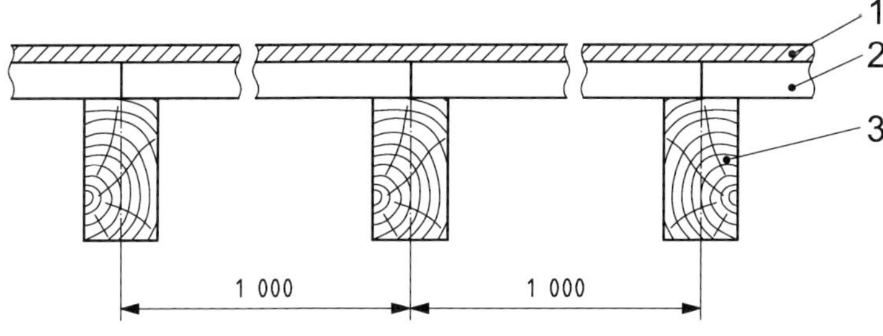

Quelle: [97]

Legende
siehe DIN EN ISO 10140-5 Anhang C.3.3.4

Bild 4.53: Leichte Bezugsdecke C3 nach DIN EN ISO 10140-5

Die Trittschallminderung wird auch bei diesen drei Bezugsdecken nach Gl. (4.136) ermittelt. Entsprechend der gewählten Deckenkonstruktion gibt es ein $\Delta L_{t,1}$, $\Delta L_{t,2}$ und $\Delta L_{t,3}$. Die entsprechenden Einzahlwerte $\Delta L_{t,1,w}$, $\Delta L_{t,2,w}$ und $\Delta L_{t,3,w}$ werden ebenfalls nach DIN EN ISO 717-2 ermittelt. Dort sind für die in Frage kommenden Deckentypen auch entsprechende Bezugskurven für die Ermittlung der Einzahlwerte festgelegt. Darüber hinaus enthält DIN EN ISO 717-2 Angaben, wie Spektrumanpassungswerte für die Trittschallminderung durch Deckenauflagen auf leichten Decken ermittelt werden können. Die genannten Kenngrößen werden in DIN 4109-2 und DIN 4109-33 allerdings nicht verwendet, da sie im gewählten vereinfachten Berechnungsverfahren für die Trittschalldämmung im Holz- und Leichtbau nicht benötigt werden.

4.3.2 Berechnungsverfahren für Trittschallübertragung und Trittschalldämmung

Nicht für alle in Bild 4.46 gezeigten Übertragungssituationen kann der Trittschall mit den verfügbaren Berechnungsverfahren berechnet werden. Tabelle 4.7 enthält eine Übersicht über die unterschiedlichen Berechnungsverfahren. Auf die verschiedenen Verfahren wird nachfolgend eingegangen. Das in DIN 4109-2 für die rechnerischen Nachweise vorgesehene Verfahren wird für den Massivbau in 4.3.2.3 und für den Holz- und Leichtbau in 4.3.2.4 behandelt.

Tabelle 4.7: Berechenbarkeit der Trittschallübertragung für verschiedene Übertragungssituationen nach Bild 4.46 und für Treppen

	Übertragungssituation nach Bild 4.46								Treppen
	① vertikale Übertragung		② diagonale Übertragung		④ horizontale Übertragung		⑤ Übertragung von unten nach oben		
	M	HLS	M	HLS	M	HLS	M	HLS	M und HLS
DIN 4109 Beiblatt 1:1989	X	HL: nur über Ausführungs-beispiele, S: Massivdecken wie im Massivbau	nur über Korrektur mit Tabelle 36	–	nur über Korrektur mit Tabelle 36	–	nur über Korrektur mit Tabelle 36	HL: – S: Korrektur über Tabelle 36	nur massive Treppen im Massivbau, Musterlösungen, aber keine Berechnung
EN 12354-2:2000 detailliertes Modell	X	allgemeines Modell für Holz- und Leichtbau nur bedingt anwendbar	X	allgemeines Modell für Holz- und Leichtbau nur bedingt anwendbar	X	allgemeines Modell für Holz- und Leichtbau nur bedingt anwendbar	–	–	–
EN 12354-2:2000 Vereinfachtes Modell	X	–	–	–	–	–	–	–	–
DIN 4109-2:2016 Verfahren für Massivbau	X	entfällt	mit Korrektur aus Tabelle 2	entfällt	mit Korrektur aus Tabelle 2	entfällt	mit Korrektur aus Tabelle 2	entfällt	wie in DIN 4109/ Beiblatt 1:1989
DIN 4109-2:2016 Verfahren für Holz- und Leichtbau	entfällt	X	entfällt	–	entfällt	–	entfällt	HL: – S: Korrektur über Tabelle 2	–

	Übertragungssituation nach Bild 4.46								Treppen
	① vertikale Übertragung		② diagonale Übertragung		④ horizontale Übertragung		⑤ Übertragung von unten nach oben		
	M	HLS	M	HLS	M	HLS	M	HLS	M und HLS
EN 12354-2:2017 detailliertes Modell	X	modifiziertes allgemeines Modell für Holz- und Leichtbau[a]	X	modifiziertes allgemeines Modell für Holz- und Leichtbau[a]	X	modifiziertes allgemeines Modell für Holz- und Leichtbau[a]	–	–	X
EN 12354-2:2017 neues Vereinfachtes Verfahren	X	modifiziertes allgemeines Modell für Holz- und Leichtbau[a]	X	modifiziertes allgemeines Modell für Holz- und Leichtbau[a]	X	modifiziertes allgemeines Modell für Holz- und Leichtbau[a]	–	–	X

M: Massivbau

HLS: Holz-, Leicht- und Skelettbau

[a] Anwendbarkeit des Verfahrens wegen mangelnder Verfügbarkeit von Daten eingeschränkt

4.3.2.1 Berechnung der Trittschalldämmung einer Massivdecke mit Deckenauflage und das Verfahren aus Beiblatt 1 zu DIN 4109:1989

Zum Verständnis des vereinfachten Berechnungsverfahrens für den Trittschall in DIN EN 12354-2 und in DIN 4109-2 ist es hilfreich, sich das Nachweisverfahren aus Beiblatt 1 zu DIN 4109:1989 genauer anzuschauen, da diese Verfahren aus dem letztgenannten unmittelbar hervorgehen.

Ausgangspunkt des Verfahrens

Ausgangspunkt für das in verschiedenen Regelwerken verwendete vereinfachte Verfahren zur Ermittlung der Trittschalldämmung ist Gl. (4.137), die nun für Einzahlwerte formuliert werden soll. Die frequenzabhängigen Größen $L_{n,0}$ und ΔL werden durch die in DIN EN ISO 717-2 beschriebenen Bewertungsverfahren mit Hilfe spezieller, für diesen Zweck definierter Bezugsdecken und Bezugsdeckenauflagen „einzahlwert-tauglich" gemacht, damit das in Gl. (4.138) genannte Vorgehen bei der Ermittlung des Einzahlwertes $L_{n,w}$ zu befriedigenden Ergebnissen führt.

$$L_{n,w} = L_{n,eq,0,w} - \Delta L_w \text{ dB} \tag{4.138}$$

mit

$L_{n,w}$ bewerteter Norm-Trittschallpegel

$L_{n,eq,0,w}$ äquivalenter bewerteter Norm-Trittschallpegel

ΔL_w bewertete Trittschallminderung

In dieser Form wird das Verfahren auch in DIN EN ISO 717-2 Anhang B.1 aufgeführt. Der Ansatz für dieses Vorgehen und die ersten Festlegungen für die Bezugsdecke und die Bezugs-Deckenauflage gehen auf Gösele zurück [396], [398] und wurden dann in DIN 52210-4 [63] und in ISO 717-2 übernommen. Die Werte für die Bezugsdecke stellen nach der alten DIN 52210-4 „eine Annäherung an den Verlauf des Norm-Trittschallpegels einer homogenen Stahlbetondecke von etwa 120 mm dar". Die Werte der Bezugs-Deckenauflage stellen nach DIN 52210-4 „eine Annäherung an den Verlauf der Trittschallminderung einer Deckenauflage mittlerer Wirkung dar". Zum Vorgehen nach Gl. (4.138) heißt es bei Gösele [366] (mit den alten Bezeichnungen TSM_{eq} und $L_{n,w,eq}$ statt $L_{n,eq,0,w}$):

> Das Trittschallschutzmaß TSM bzw. der bewertete Norm-Trittschallpegel $L'_{n,w}$ einer Massivdecke lassen sich näherungsweise folgendermaßen berechnen:
>
> $$L'_{n,w} = L_{n,w,eq} - \Delta L_w$$
>
> Diese Beziehung ist zwar nur eine Näherung, sie könnte genauer durch eine Rechnung in Abhängigkeit von der Frequenz vorgenommen werden, dies lohnt sich jedoch nicht.

Berücksichtigung der flankierenden Übertragung?

Gl. (4.138) bezieht sich zuerst einmal auf die Trittschalldämmung einer gebrauchsfertigen Decke ohne flankierende Übertragung. Doch schon Gösele spricht in [366] vom bewerteten Norm-Trittschallpegel im Bau $L'_{n,w}$ und Beiblatt 1 zu DIN 4109:1989 macht daraus in Abschnitt 4.1.1.1 Gl. (3) ganz offiziell

$$L'_{n,w} = L_{n,w,eq} - \Delta L_w \text{ dB} \tag{4.139}$$

ANMERKUNG

Diese zum Nachweis in DIN 4109:1989 verwendete Beziehung enthält mit den in Beiblatt 1 zu DIN 4109:1989 angegebenen Ausführungsbeispielen ein Vorhaltemaß von 2 dB.

Mit $L'_{n,w}$ ist dort also offensichtlich ein bewerteter Norm-Trittschallpegel im Bau mit flankierender Übertragung gemeint, der als Prognosewert mit dem Anforderungswert verglichen werden kann. Es stellt sich dabei die Frage, inwiefern und ggf. in welchem Umfang im äquivalenten bewerteten Norm-Trittschallpegel bereits die flankierende Übertragung enthalten ist. Da ΔL_w als reine Bauteilkenngröße mit der flankierenden Übertragung nichts zu tun hat, muss diese mit dem $L_{n,w,eq}$ in Zusammenhang gebracht werden. Aus Beiblatt 1 zu DIN 4109:1989 lassen sich, wie nachfolgend gezeigt wird, dazu allerdings keine eindeutigen Aussagen ableiten.

Zu vermuten wäre, dass der $L_{n,w,eq}$ bereits einen Anteil flankierender Trittschallübertragung enthält, wenn er aus Messungen an realen massiven Decken hergeleitet wird und die Messungen, wie früher üblich, in Prüfständen nach DIN 52210 Teil 2 [61] „mit bauähnlicher Flankenübertragung“ (Prüfstand DIN 52210 – PFL – D) durchgeführt wurden. Eine Überprüfung der wenigen verfügbaren Messergebnisse für Massivdecken in Prüfständen in [336] (siehe Ausführungen weiter oben) weist darauf hin, dass bei den $L_{n,w,eq}$-Werten nur ein geringer Einfluss der Flankenübertragung vorhanden sein dürfte.

Weitere „Indizien“ zum Charakter von $L_{n,w,eq}$ sind indirekt an verschiedenen Stellen in Beiblatt 1 zu DIN 4109:1989 versteckt.

Tabelle 16 in Beiblatt 1 berücksichtigt Unterdecken an einer Massivdecke mit einer separaten Spalte für die bewerteten äquivalenten Norm-Trittschallpegel $L_{n,w,eq}$. Im Vergleich mit den Werten einer Massivdecke ohne Unterdecke ergeben sich Unterschiede zwischen 11 dB (bei einer flächenbezogenen Masse m' der Decke von 135 kg/m^2) und 2 dB (bei einer flächenbezogenen Masse m' der Decke von 530 kg/m^2). Diese Unterschiede entsprechen der resultierenden Wirkung einer Unterdecke unter bauüblichen Verhältnissen im Massivbau. Es deckt sich mit der üblichen Erfahrung, dass die Wirkung einer Unterdecke vor massiver Decke umso geringer wird, je schwerer die Decke selbst wird. Ein Grund liegt darin, dass die Verbesserung der Schalldämmung durch eine Vorsatzkonstruktion auch von der Grundkonstruktion abhängt und bei höherer Schalldämmung der Grundkonstruktion abnimmt. Ein weiterer Grund ist der zunehmende Einfluss der flankierenden Trittschallübertragung über die Wände bei schwereren Decken. Eigentlich muss bei dieser Aussage die Präzisierung getroffen werden, dass die flankierende Trittschallübertragung, wie auch bei der Luftschallübertragung, von der Stoßstellendämmung am Knotenpunkt von Decke und Wänden und den Schalldämm-Maßen der beteiligten Bauteile abhängt. Diese Zusammenhänge werden explizit in 4.3.2.6 erläutert. Sie können über die flächenbezogenen Masen der beteiligten Decke und Wände beschrieben werden. Dieser Weg wird in DIN EN 12354-2 und in DIN 4109-2 beschritten (siehe Abschnitte 4.3.2.2 und 4.3.2.3). Tabelle 16 von Beiblatt 1 zu DIN 4109:1989 verzichtet dagegen auf die Darstellung dieses Zusammenhangs. Die Beschränkung auf die alleinige Angabe der flächenbezogenen Masse der Decke kann eigentlich nur so erklärt werden, dass eine „übliche" Massivbausituation vorausgesetzt wird. „Üblich" heißt hier aber das, was zum Zeitpunkt der Normerarbeitung von DIN 4109:1989 üblich war, also Massivbauverhältnisse um etwa 1980 (oder früher) herum. Seitdem haben sich die Bauweisen im Massivbau z. T. deutlich verändert, so dass nicht mehr stillschweigend von der Gültigkeit der damals getroffenen Annahmen ausgegangen werden kann. Bei der heute häufigen Bauweise im Mehrgeschoss-Wohnungsbau mit leichten Flanken kann beim Trittschall nach [336] eine Schallabstrahlung über flankierende Bauteile von 65 % auftreten. In solchen Fällen bestimmt die flankierende Übertragung den Hauptteil der Übertragung. Eine Weiterentwicklung der Trittschallberechnung über den Stand der DIN 4109:1989 hinaus erscheint also geboten. Dem trägt das vereinfachte Berechnungsverfahren der EN 12354-2 und dessen Umsetzung in DIN 4109-2 Rechnung (siehe Abschnitte 4.3.2.2 und 4.3.2.3).

Als Sonderfall werden in Beiblatt 1 zu DIN 4109:1989, Abschnitt 4.2, Holzbalkendecken im Massivbau behandelt. Dafür werden dort in Tabelle 19 die bewerteten Norm-Trittschallpegel am Bau $L'_{n,w}$ für zwei Ausführungsbeispiele genannt. Ausdrücklich wird darauf hingewiesen, dass die angegebenen Werte nur für eine mittlere flächenbezogene Masse $m' = 300\ kg/m^2$ gelten. In davon abweichenden Fällen ist eine Korrektur der Flankenübertragung mit dem ansonsten für die Luftschalldämmung vorgesehenen Korrekturwert $K_{L,1}$ nach Beiblatt 1/Tabelle 14 vorzunehmen. Dieser „Sonderweg" für Holzbalkendecken im Massivbau beinhaltet im Umkehrschluss die stillschweigende Annahme, dass das Trittschallverhalten massiver Decken nicht wesentlich durch die Flankenübertragung beeinflusst wird, da dort eine solche Korrektur der Flankenübertragung nicht vorgesehen wird.

Man kann anhand dieser Betrachtungen vermuten, dass die angegebenen $L_{n,w,eq}$-Werte in Beiblatt 1 zu DIN 4109:1989 als Werte mit einer mittleren, aber geringen Flankenübertragung zu interpretieren sind. Diese Feststellung wird dadurch bestärkt, dass im Holz- und Skelettbau (Abschnitt 8 in Beiblatt 1) für die Rohdecke ohne Unterdecke zwar dieselben $L_{n,w,eq}$-Werte wie für den Massivbau angesetzt werden sollen, für die Unterdecke aber unabhängig von der flächenbezogenen Masse der Decke durchweg 10 dB Verbesserung angesetzt werden können. Daraus lassen sich zwei Folgerungen ableiten:

1) Der Anteil der in den $L_{n,w,eq}$-Werten berücksichtigten flankierenden Übertragung ist relativ gering, so dass dieselben Werte auch (näherungsweise) für den Holz- und Skelettbau verwendet werden können.
2) Die im Holz- und Skelettbau vorausgesetzte geringe Flankenübertragung für den Trittschall führt dazu, dass die Wirkung von Unterdecken als konstante Verbesserung für alle Massivdecken betrachtet werden kann, unabhängig von deren flächenbezogener Masse. Hier werden dieselben $L_{n,w,eq}$-Werte also als quasi nebenwegfreie Größe betrachtet.

Andererseits kann die heute übliche, auch in DIN EN 12354-2 verwendete Beziehung zur Ermittlung des $L_{n,w,eq}$ nach Gl. (4.134) auch theoretisch hergeleitet werden, ohne dass von flankierenden Anteilen in dieser Größe die Rede ist (siehe Abschnitt 4.3.1.3).

Es ist zusammenfassend also nicht eindeutig, welchen Charakter $L_{n,w,eq}$ im Kontext von Beiblatt 1 zu DIN 4109:1989 tatsächlich hat. Es bleibt offen, ob es sich um eine flankenwegsfreie (und damit das Bauteil kennzeichnende) Größe oder eine Größe mit Flankenübertragung (und damit eine das Gebäude kennzeichnende Größe) handelt. Strikte Vorgabe der europäischen Normung des baulichen Schallschutzes war es gemäß Bauproduktenrichtlinie [134] und Grundlagendokument Schallschutz [135] hingegen, eindeutig zwischen Bauteileigenschaften einerseits und Gebäudeeigenschaften andererseits zu unterscheiden. Schon aus diesem Grund war das in Beiblatt 1 zu DIN 4109:1989 verwendete Verfahren nicht mehr aufrechtzuhalten. DIN EN 12354-2 und DIN 4109-2 behandeln deshalb den bewerteten äquivalenten Norm-Trittschallpegel $L_{n,eq,0,w}$ ausschließlich als eine (flankenwegsfreie) Bauteilkenngröße. Die für eine bestimmte Bausituation maßgebliche Flankenübertragung muss separat berechnet und für die resultierende Trittschalldämmung am Bau der Bauteilkenngröße hinzugeschlagen werden. Dieser Methodik folgen in DIN EN 12354-2 sowohl das detaillierte als auch das vereinfachte Berechnungsverfahren.

Anwendungsbereich des Verfahrens

Der Anwendungsbereich des durch Gl. (4.138) und Gl. (4.139) beschriebenen Verfahrens wird durch die Gültigkeit des äquivalenten bewerteten Norm-Trittschallpegels bestimmt. Diese ist auf homogene und akustisch wie homogen zu betrachtende Rohdecken beschränkt. Solche Decken wurden in Beiblatt 1 zu DIN 4109:1989 durch Tabelle 11 beschrieben. Diese Tabelle wurde in DIN EN 12354-2:2000 als Bild B.1 übernommen und deckt sich mit den in DIN 4109-2, Tabelle 5 genannten aktualisierten Angaben (siehe Tabelle 4.8).

Tabelle 4.8: Massivdecken nach DIN 4109-32, Tabelle 5, die nach Gl. (4.138) behandelt werden können

Maße in Millimeter

Spalte	1	2
Zeile	**Deckenausbildung**	
Massivdecken ohne Hohlräume, gegebenenfalls mit Putz		
1	Stahlbeton-Vollplatten aus Normalbeton oder aus Leichtbeton nach DIN 1045-2	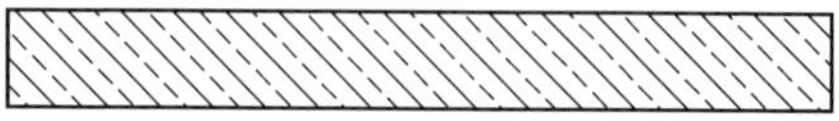
	Fertigteilplatten mit Ortbetonergänzung nach DIN EN 13747	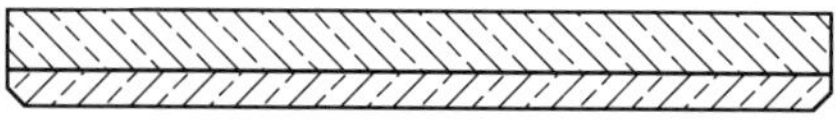
	Deckenplatten mit Stegen nach DIN EN 13224	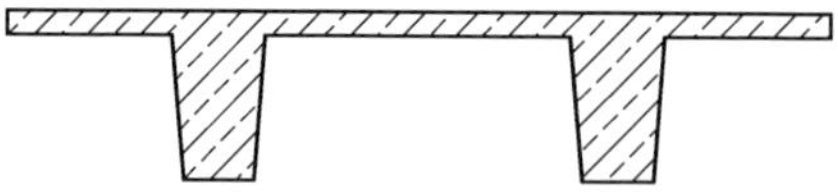
2	Porenbeton-Deckenplatten nach DIN 4223-100	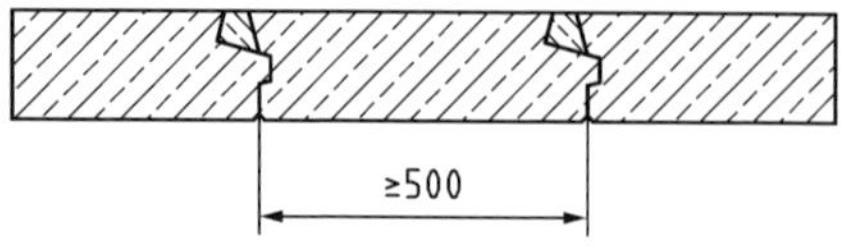 ≥500

Spalte	1	2
Zeile	Deckenausbildung	
Massivdecken mit Hohlräumen, gegebenenfalls mit Putz		
3	Ziegeldecken nach DIN 1045-100 mit Deckenziegeln nach DIN 4159	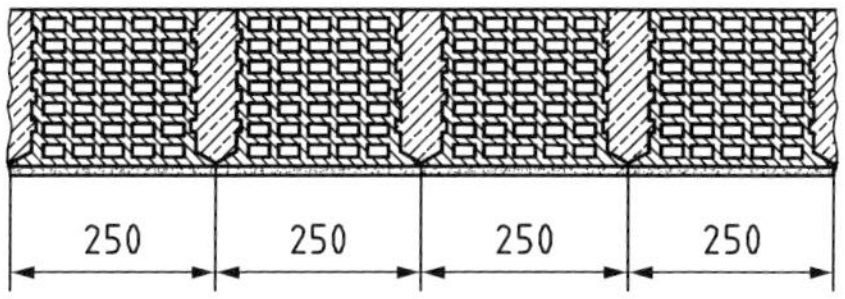 250 250 250 250
4	Stahlbetonrippendecken und -balkendecken nach DIN 1045-100 mit Zwischenbauteilen nach DIN EN 15037-2 oder DIN 4160	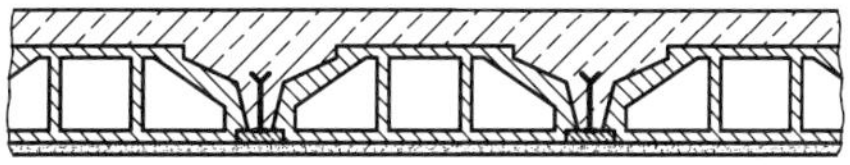
5	Stahlbetonhohldielen und -platten nach DIN 1045-2 Hohlplatten nach DIN EN 1168 Stahlbetondielen aus Leichtbeton nach DIN EN 1520 Stahlbetonhohldecke nach DIN 1045-2	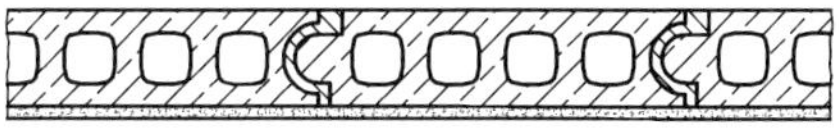
6	Balkendecken ohne Zwischenbauteile nach DIN 1045-2	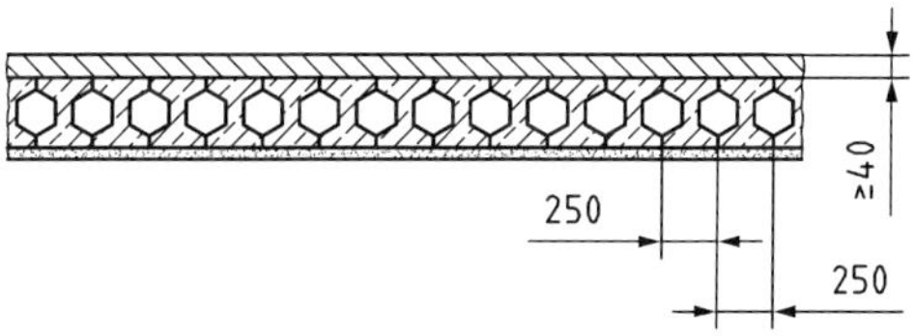 250 250 ≥40

Quelle: nach [34]

In der revidierten DIN EN ISO 12354-2:2017-11 wurde dafür eine Modifikation eingeführt. Lochziegeldecken wurden dort aus der bisherigen Tabelle herausgenommen und in einer eigenen Tabelle (siehe Tabelle 4.9) mit geänderter Bestimmung des $L_{n,eq,0,w}$ versehen.

Tabelle 4.9: Ziegeldecke mit einer oberen Leichtestrich-Schicht nach Tabelle B.4 aus DIN EN ISO 12354-2:2017

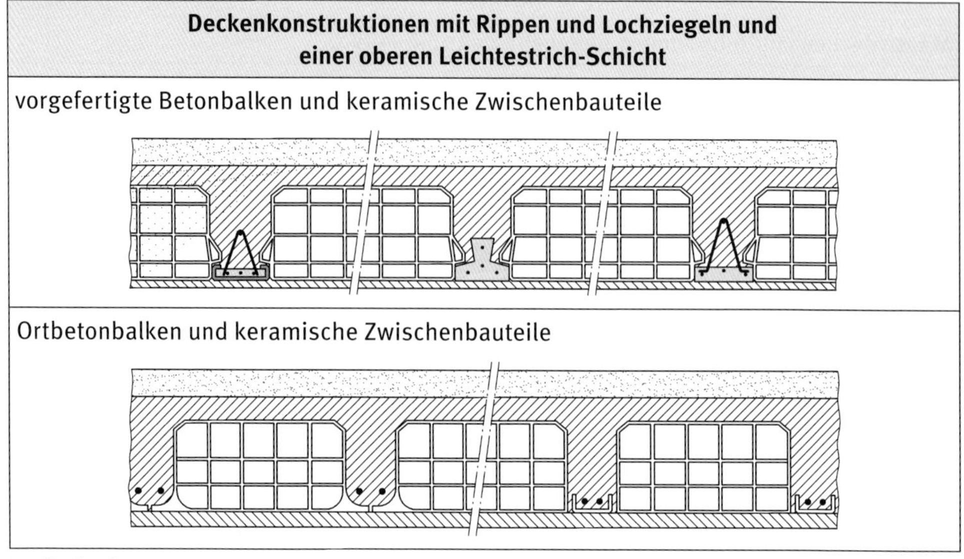

Deckenkonstruktionen mit Rippen und Lochziegeln und einer oberen Leichtestrich-Schicht
vorgefertigte Betonbalken und keramische Zwischenbauteile
Ortbetonbalken und keramische Zwischenbauteile

Quelle: [104]

Für solche in DIN EN ISO 12354-2:2017 „teilweise homogen" genannte Deckenkonstruktionen" kann an Stelle von Gl. (4.135) für die Ermittlung des äquivalenten Norm-Trittschallpegels folgende Beziehung verwendet werden:

$$L_{n,eq,0,w} = 160 - 35\lg\left(\frac{m'}{m'_0}\right) \text{ dB} \tag{4.140}$$

Diese geänderte Bestimmung geht auf Untersuchungen in [399] zurück. Sie gilt für Balkendecken mit keramischen Zwischenbauteilen, wie in EN 15037-3:2009 + A1:2011 [133] festgelegt, für flächenbezogene Massen m' im Bereich zwischen 270 kg/m² und 360 kg/m² mit einer oberen Leichtestrich-Schicht mit einer Dicke zwischen 50 mm und 100 mm und einer Dichte von 650 ± 150 kg/m³. Nach dieser Beziehung wäre für die gemeinten Deckenkonstruktionen ein um 4 dB günstigerer äquivalenter bewerteter Norm-Trittschallpegel zu erwarten. Eine Überprüfung der Angaben in Gl. (4.140) zur Anwendbarkeit in der DIN 4109 steht noch aus.

4.3.2.2 Vereinfachtes Berechnungsverfahren der EN 12354-2 zur Berechnung des Norm-Trittschallpegels

In DIN EN 12354-2 gibt es wie bei der Luftschallübertragung ein detailliertes Verfahren mit frequenzabhängiger Berechnung und ein vereinfachtes Verfahren mit Einzahlwerten und weiteren Vereinfachungen. Eine ausführliche Behandlung des detaillierten Berechnungsverfahrens findet sich in 4.3.2.6.

In diesem detaillierten Verfahren werden alle Übertragungswege für die direkte und die flankierende Trittschallübertragung separat berechnet und zum Norm-Trittschallpegel im Bau durch Addition zusammengefasst. Dafür gilt nach Gl. (4.154).

$$L'_n = 10\lg\left(10^{L_{n,d}/10} + \sum_{j=1}^{n} 10^{L_{n,ij}/10}\right) \text{ dB}$$

mit

$L_{n,d}$ Norm-Trittschallpegel durch direkte Trittschallübertragung

$L_{n,ij}$ Norm-Trittschallpegel durch flankierende Trittschallübertragung

n Anzahl der flankierenden Bauteile bei der Übertragung.

Eine direkte Umsetzung dieses Verfahrens zu einem vereinfachten Verfahren hätte prinzipiell entsprechend dem Vorgehen bei der Berechnung der Luftschalldämmung (siehe 4.2.1.7.1) erfolgen können. Man hätte im Wesentlichen also die frequenzabhängigen Größen durch die entsprechenden Einzahlwerte ersetzt und hätte Vereinfachungen bei der In-situ-Korrektur vorgenommen. Ein solches vereinfachtes Verfahren, das wie bei der Luftschalldämmung direkt aus dem detaillierten Verfahren abgeleitet wird, wurde bei der ersten Fassung der DIN EN 12354-2:2000 für die Trittschallberechnung allerdings nicht in Betracht gezogen. Erst in der revidierten Version der DIN EN ISO 12354-2:2017 wurde dieser Ansatz weiter verfolgt und als neues vereinfachtes Berechnungsverfahren für den Trittschall in die Norm eingearbeitet. Auf dieses Verfahren wird in 4.3.2.7 eingegangen. Stattdessen wurde als vereinfachtes Verfahren das aus Beiblatt 1 zu DIN 4109:1989 stammende Nachweisverfahren nach Gl. (4.139) für den Trittschall im Massivbau herangezogen und mit Modifikationen in die europäische Norm aufgenommen. Dieses Verfahren arbeitet zwar ebenfalls mit Einzahlwerten, ist aber mit dem detaillierten Verfahren nicht kompatibel. Anlass für diese inkonsistente Vorgehensweise beim Trittschall war das von deutscher Seite während der Normungsarbeit vorgebrachte Interesse, das Nachweisverfahren aus Beiblatt 1 zu DIN 4109:1989 zu „retten", um es auch zukünftig bei den Schallschutznachweisen der DIN 4109 anwenden zu können. Diesem Verlangen wurde stattgegeben, allerdings nur unter der Bedingung, dass nun die flankierende Übertragung auch in diesem Verfahren explizit berücksichtigt wird. Aus diesem Kompromiss resultiert das vereinfachte Verfahren, wie es heute in DIN EN 12354-2 enthalten ist.

Ausgangspunkt ist das Verfahren nach Beiblatt 1 zu DIN 4109:1989, wie es durch Gl. (4.139) beschrieben wird. Um forderungsgemäß die flankierende Trittschallübertragung separat zu berücksichtigen, wird diese Beziehung zuerst nach Gl. (4.138) gemäß DIN EN ISO 717-2 als Bauteilkenngröße für die gebrauchsfertige Decke ohne Flankenübertragung formuliert und dann durch einen Korrekturwert K für die Flankenübertragung über massive Wände ergänzt. Der neu eingeführte Korrekturwert soll einen Zuwachs an Genauigkeit bei der Prognose der Trittschalldämmung bringen. Aus Gl. (4.138) ergibt sich damit das vereinfachte Verfahren der DIN EN 12354-2:

$$L'_{n,w} = L_{n,eq,0,w} - \Delta L_w + K \text{ dB} \tag{4.141}$$

Hier werden also die Norm-Trittschallpegel durch flankierende Trittschallübertragung $L_{n,ij}$ nicht separat berechnet, sondern durch einen pauschalen Korrekturwert K in Abhängigkeit von der mittleren flächenbezogenen Masse der flankierenden Wände berücksichtigt. Mit diesem Vorgehen ähnelt das Verfahren dem Nachweis für die Luftschalldämmung in Beiblatt 1 zu DIN 4109:1989 (Korrekturwert $K_{L,1}$). Im Gegensatz zum Trittschallnachweis in Beiblatt 1 ist nun klar, dass die ganze flankierende Übertragung nichts mit dem äquivalenten bewerteten Norm-Trittschallpegel zu tun hat, sondern ausschließlich durch den Korrekturwert *K* beschrieben wird. Aus der Umstellung von Gl. (4.141) kann *K* ermittelt werden:

$$K = L'_{n,w} - L_{n,eq,0,w} + \Delta L_w \text{ dB} \quad (4.142)$$

Es wird also die Differenz zwischen dem bewerteten Norm-Trittschallpegel $L'_{n,w}$ mit flankierender Übertragung und ohne flankierende Übertragung ($L_{n,eq,0,w} - \Delta L_w$) gebildet. Die Berechnungen wurden mit dem detaillierten Berechnungsmodell der EN 12354-2 für Referenzsituationen mit definierten Raumgrößen und unterschiedlichen flächenbezogenen Massen für Decke und Flankenbauteile durchgeführt. Die Ergebnisse dieser Berechnungen wurden auf ganze dB gerundet im normativen Teil der DIN EN 12354-2 in Tabelle 1, Absatz 4.3.1 in Abhängigkeit von der flächenbezogenen Masse des Trennbauteils und der mittleren flächenbezogenen Masse der flankierenden Bauteile angegeben (siehe Tabelle 4.10).

Tabelle 4.10: DIN EN 12354-2:2000, Tabelle 1 – Korrekturwerte *K* für die flankierende Trittschallübertragung im vereinfachten Verfahren

Flächenbezogene Masse des trennenden Bauteils (Decke) in kg/m²	**Mittlere flächenbezogene Masse der homogenen flankierenden Bauteile, die nicht mit Vorsatzkonstruktionen belegt sind, in** kg/m²								
	100	**150**	**200**	**250**	**300**	**350**	**400**	**450**	**500**
100	1	0	0	0	0	0	0	0	0
150	1	1	0	0	0	0	0	0	0
200	2	1	1	0	0	0	0	0	0
250	2	1	1	1	0	0	0	0	0
300	3	2	1	1	1	0	0	0	0
350	3	2	1	1	1	1	0	0	0
400	4	2	2	1	1	1	1	0	0
450	4	3	2	2	1	1	1	1	1
500	4	3	2	2	1	1	1	1	1
600	5	4	3	2	2	1	1	1	1
700	5	4	3	3	2	2	1	1	1
800	6	4	4	3	2	2	2	1	1
900	6	5	4	3	3	2	2	2	2

Quelle: [72]

Eine Korrektur für die flankierende Übertragung wird angewendet, wenn die mittlere flächenbezogene Masse der flankierenden Bauteile gleich oder geringer als die flächenbezogene Masse des Trennbauteiles ist. Der Korrekturwert kann Werte zwischen 0 dB und 6 dB annehmen. Es wird deutlich, dass die flankierende Trittschallübertragung eine maßgebliche Rolle spielen kann. Das ist umso mehr der Fall, je schwerer die Decke ist und je leichter die flankierenden Bauteile sind.

In [336] wird in 40 messtechnisch untersuchten Übertragungssituationen in gängigen deutschen massiven Mehrfamilienwohnbauten (trennende Decke: $m' = 350$ kg/m² bis 500 kg/m², flankierende Bauteile $m' = 100$ kg/m² bis 400 kg/m²) nach dieser Tabelle ein Korrekturwert zwischen 1 dB und 5 dB ermittelt. $K = 1$ dB erhält man, wenn die mittlere flächenbezogene Masse der flankierenden Bauteile geringfügig leichter ist als die der trennenden Decke, 5 dB, wenn die flankierenden Bauteile um das Fünffache leichter sind. Weitere Untersuchungen in [336] konnten den Ansatz nach Gl. (4.141) mit ausreichender Genauigkeit verifizieren und die Werte aus Tabelle 4.10 bestätigen.

Das vereinfachte Verfahren ist für einschalige massive Decken und massive flankierende Bauteile vorgesehen. Während im detaillierten Modell bei der Direktübertragung trittschallmindernde Deckenaufbauten an der Deckenoberseite in Form von schwimmenden Estrichen oder Bodenbelägen und Unterdecken an der Deckenunterseite separat berücksichtigt werden können, ist das im vereinfachten Modell nur für Deckenaufbauten möglich. Unterdecken können mit diesem vereinfachten Verfahren nicht behandelt werden. Von den in Bild 4.46 gezeigten Übertragungssituationen kann nach diesem Verfahren nur die vertikale Übertragung in den direkt unter der angeregten Decke liegenden Raum behandelt werden. Andere Übertragungssituationen bleiben unberücksichtigt. Im Rahmen der Umsetzung des vereinfachten Verfahrens für den Nachweis in DIN 4109-2 wurden für diese offenen Punkte Lösungen geschaffen (siehe Abschnitte 4.3.2.3 und 4.3.2.4).

4.3.2.3 Umsetzung des vereinfachten Verfahrens in DIN 4109-2 für den Massivbau

Grundlage des rechnerischen Nachweises für den Trittschall in DIN 4109-2:2016 ist das vereinfachte Verfahren aus DIN EN 12354-2:2000. Damit wird einer wesentlichen Vorgabe der europäischen Normung des baulichen Schallschutzes Rechnung getragen, dass zwischen Bauteil- und Gebäudekenngrößen strikt zu unterscheiden ist. Das war im bisherigen Nachweisverfahren aus Beiblatt 1 zu DIN 4109:1989 nicht der Fall. Die grundsätzliche Anwendbarkeit des vereinfachten Verfahrens zur Prognose der Trittschalldämmung aus DIN EN 12354-2 für die Nachweise der DIN 4109-2 konnte durch die Untersuchungen in [336] für den Massivbau aufgezeigt werden. Neben der dort vorgenommenen Validierung des Verfahrens wurden in [336] auch Modifikationen des Verfahrens vorgenommen, die für die Umsetzung in DIN 4109-2 erforderlich waren. Dies betrifft die Ermittlung des Korrekturwertes für die flankierende Übertragung, die Berücksichtigung von Unterdecken und die Berücksichtigung von anderen Übertragungssituationen als nur der vertikalen Übertragung. Diese Modifikationen werden nachfolgend erläutert.

Korrektur der flankierenden Übertragung

Während in DIN EN 12354-2 die Korrekturwerte in tabellarischer Form angegeben wurden, wird in DIN 4109-2 derselbe Zusammenhang ausschließlich über eine Formel wiedergegeben. Unbestritten hat die tabellarische Darstellung gegenüber der „abstrakten" Formel einen „Anschaulichkeitsvorteil". Nachteilig sind in der Tabelle hingegen die vorgenommenen Rundungen auf ganze dB, verbunden mit Sprüngen zwischen den diskreten Werten der tabellierten Parameter m'_s und $m'_{f,m}$ und den damit zusammenhängenden Schwierigkeiten bei der Interpolation von Zwischenwerten. Diese Art der tabellierten Darstellung würde zwangsläufig zu Diskrepanzen mit den nach Gl. (4.135) berechneten Werten führen. Da eine Norm eindeutig sein soll, wurde in DIN 4109-2 auf die tabellarische Darstellung verzichtet, so dass ausschließlich die rechnerische Ermittlung zur Verfügung steht. Es sei dennoch auf die in Abschnitt 4.3.2.2 dargestellte tabellarische Darstellung (Tabelle 4.10) verwiesen.

ANMERKUNG

Während die Werte in Tabelle 4.10 auf ganze Zahlen gerundet wurden, sollen die nach Gl. (4.143) ermittelten Werte entsprechend dem sonstigen Vorgehen in DIN 4109-2 Abschnitt 5.2 mit einer Nachkommastelle angegeben werden.

Der Korrekturwert K wird für **Massivdecken ohne Unterdecken** über die folgenden Formeln ermittelt:

$$K = 0{,}6 + 5{,}5\lg\left(\frac{m'_s}{m'_{f,m}}\right) \quad \text{für } m'_{f,m} \leq m'_s \tag{4.143}$$

$$K = 0 \text{ dB} \quad \text{für } m'_{f,m} > m'_s \tag{4.144}$$

mit

m'_s flächenbezogene Masse der Trenndecke (ohne schwimmende Auflagen oder Unterdecken);

$m'_{f,m}$ mittlere flächenbezogene Masse der nicht mit Vorsatzkonstruktionen bekleideten, massiven flankierenden Bauteile.

Bei der flächenbezogenen Masse der Decke dürfen die Massen schwimmender Estriche und ähnlicher entkoppelter Aufbauten sowie von Unterdecken nicht berücksichtigt werden, da diese von der Rohdecke akustisch entkoppelt sind.

Gl. (4.143) geht auf Untersuchungen in [336] zurück und wurde aus den tabellierten Werten der EN 12354-2 durch Regressionsrechnung (lineare Regression) ermittelt. Sie stimmt nach [336] im Mittel gut mit den Korrekturwerten aus der Tabelle überein (0 dB Abweichung bei maximalen Differenzen von ± 0,7 dB). Zur Überprüfung des durch Gl. (4.143) gegebenen Zusammenhangs wurde in [336] der Korrekturwert K nach dem detaillierten Trittschallmodell unter Verwendung von Einzahlwerten für einen Referenzraum mit den Abmessungen 4 m × 4 m und verschiedene Stoßarten (Kreuzstoß, T-Stoß) berechnet. Für die Berechnungen wurden für die flächenbezogenen Massen der Decke und der flankierenden Wände Werte angesetzt, die den in Deutschland üblichen Konstruktionsweisen entsprechen. Es ergab sich eine gute Übereinstimmung mit den Werten aus Gl. (4.143). In [336] wird deshalb zusammenfassend empfohlen, in DIN 4109-2 für die flankierende Trittschallübertragung den in Gl. (4.141) angesetzten Korrekturwert zu verwenden und dafür die in Tabelle 4.10 angegebenen Werte bzw. die in Gl. (4.143) gegebene Beziehung anzusetzen.

Bei der Berechnung des Trittschalls findet sich weder in DIN EN 12354-2 noch in DIN 4109-2 eine Angabe zur Ermittlung der mittleren flächenbezogenen Masse der flankierenden Bauteile. Da dieselbe Größe aber schon in DIN 4109-2, Abschnitt 4.2.3.2 bei der Berechnung der flankierenden Luftschallübertragung für zweischalige massive Wände festgelegt wurde, kann hier auf diese Angabe zurückgegriffen werden. Es gilt nach Gl. (21) aus DIN 4109-2

$$m'_{\mathrm{f,m}} = \frac{1}{n}\sum_{\mathrm{i=1}}^{\mathrm{n}} m'_{\mathrm{f,i}} \tag{4.145}$$

mit

$m'_{\mathrm{f,i}}$ flächenbezogene Masse des jeweiligen nicht verkleideten massiven Bauteils i, in kg/m²;

n Anzahl der nicht verkleideten massiven Flankenbauteile.

Wie in Beiblatt 1 zu DIN 4109:1989 werden auch hier bei der mittleren flächenbezogenen Masse nur diejenigen Flankenbauteile berücksichtigt, die wesentlich an der Flankenübertragung beteiligt sind. Es werden dafür dieselben Kriterien wie in DIN 4109-2, Gl. (20) angesetzt: Wände mit akustisch verbessernd wirkenden Vorsatzschalen (Resonanzfrequenz $f_0 < 125$ Hz) und akustisch von der Decke entkoppelte Wände (keine kraftschlüssige Verbindung zwischen Decke und Wand) werden als flankierende Bauteile vernachlässigt.

Behandlung von Unterdecken

Unterdecken (als abgehängte biegeweiche Vorsatzkonstruktionen) kommen bei Decken nicht nur zur Verbesserung der Luftschalldämmung in Frage. Sie können auch die Trittschalldämmung erhöhen, indem sie die Abstrahlung von Trittschall durch die angeregte Decke vermindern. Die Berücksichtigung von Unterdecken wäre im detaillierten Berechnungsmodell der DIN EN 12354-2 (siehe Abschnitt 4.3.2.6) durch die Trittschallminderung ΔL_{d} möglich. Im Ansatz des Beiblatts 1 zu DIN 4109:1989 (siehe Abschnitt 4.3.2.1) und auch im vereinfachten Verfahren der DIN EN 12354-2 (siehe Abschnitt 4.3.2.2) sowie dessen Umsetzung im Verfahren der DIN 4109-2 ist diese Möglichkeit nicht vorgesehen. In der Philosophie des Nachweisverfahrens aus Beiblatt 1 zu DIN 4109:1989 besteht die gebrauchsfertige Decke aus der Rohdecke und einer Deckenauflage. Beide Teilbereiche werden durch eigene Kenngrößen ($L_{\mathrm{n,eq,0,w}}$ für die Rohdecke und ΔL_{w} für Maßnahmen an der Deckenoberseite) beschrieben. In diesem Konzept ist für eine eigenständige Behandlung von Unterdecken kein Platz. Deshalb wird dort die Unterdecke als Bestandteil der Rohdecke betrachtet und bei Bedarf deren $L_{\mathrm{n,eq,0,w}}$ hinzugeschlagen. Im vereinfachten Verfahren der DIN EN 12354-2 finden Unterdecken überhaupt keine Berücksichtigung. Um bei der Umsetzung dieses vereinfachten Verfahrens für die DIN 4109-2 nicht hinter den Anwendungsbereich des alten Beiblatts 1 zu DIN 4109:1989 zurückzufallen, war es erforderlich, diese Lücke zu schließen. Naheliegend wäre es gewesen, wie in Tabelle 16 aus Beiblatt 1 einen eigenen äquivalenten bewerteten Norm-Trittschallpegel $L_{\mathrm{n,eq,0,w}}$ für Massivdecken mit Unterdecken einzuführen. Dieser Ansatz wurde bei der Umsetzung des Verfahrens allerdings verworfen, da er mit der zusätzlichen Berücksichtigung der Flankenübertragung über den Korrekturwert K (siehe Gl. (4.141) nicht kompatibel war und auch der Grundidee des detaillierten Verfahrens in DIN EN 12354-2 widersprach, dass der $L_{n,eq,0,w}$ nur die Rohdecke ohne Vorsatzkonstruktionen an der Deckenober- und Unterseite repräsentiert.

In der Umsetzung des Verfahrens für DIN 4109-2 wird daher ein anderer Weg als in Beiblatt 1 gewählt. Wie im detaillierten Verfahren der DIN EN 12354-2 sind Unterdecken nicht Bestandteil der Rohdecke. Es gibt nur einen $L_{n,eq,0,w}$ für die Rohdecke allein. Stattdessen wird die Wirkung einer abgehängten Unterdecke in die Korrekturwerte für die flankierende Trittschallübertragung hineingerechnet. Dies hat zur Folge, dass die Berechnungsgleichung (4.141) unangetastet bleibt und für Situationen ohne und mit Unterdecken dieselbe Grundbeziehung gilt. Lediglich die Korrekturwerte sind für Decken mit Unterdecken separat zu ermitteln.

Durch eine Unterdecke kann die direkte Trittschallübertragung einer Trenndecke vermindert werden. Allerdings bleibt die flankierende Trittschallübertragung auf dem Weg Df davon unberührt und die Bedeutung der flankierenden Übertragung steigt. Dieser in der Praxis wichtige Fall kann mit dem vereinfachten Verfahren der DIN EN 12354-2 nicht abgebildet werden. Beide Effekte können jedoch in einem gemeinsamen Korrekturwert zusammengefasst werden. Wie schon zuvor bei der Korrektur für die flankierende Übertragung ohne Unterdecke sind auch hier die flächenbezogene Masse der Decke m'_s und die mittlere flächenbezogene Masse $m'_{f,m}$ der flankierenden Bauteile zu berücksichtigen. Würde man die Gesamtübertragung, zusammengesetzt aus direkter und flankierender Trittschallübertragung, mit dem detaillierten Verfahren aus DIN EN 12354-2 nach Abschnitt 4.3.2.6 berechnen, müsste neben den flächenbezogenen Massen der beteiligten Bauteile zu allererst aber die Trittschallminderung ΔL_d der Unterdecke berücksichtigt werden. So ergäben sich die zu ermittelnden Korrekturwerte in Abhängigkeit von der schalltechnischen Qualität der jeweiligen Unterdecke. Eine einfache Darstellung der Korrektur, wie sie für den Fall ohne Unterdecke möglich ist, käme deshalb nicht in Frage. Erschwerend kommen bei dieser Betrachtung noch weitere Aspekte hinzu:

- Die von einer Vorsatzkonstruktion bewirkte Verbesserung der Schalldämmung ist auch von der Art der Grundkonstruktion abhängig.
- Werte für die Trittschallminderung von Unterdecken ΔL_d bzw. $\Delta L_{d,w}$ stehen üblicherweise nicht zur Verfügung. Es wird ersatzweise auf Werte der Verbesserung des Schalldämm-Maßes durch eine Vorsatzkonstruktion ΔR bzw. ΔR_w zurückgegriffen. DIN EN 12354-2 sagt dazu in Abschnitt 4.2.2: „Stehen für die Trittschallminderung ΔL_d durch Unterdecken auf der Empfangsseite der trennenden Decke keine geeigneten Angaben zur Verfügung, so kann die Verbesserung des Schalldämm-Maßes ΔR bei Luftschallanregung als Abschätzung benutzt werden."
- Die vorhergehende Aussage betrifft die frequenzabhängigen Kenngrößen und deren Verwendung im detaillierten Berechnungsverfahren. Im vereinfachten Verfahren sollen hingegen Einzahlwerte verwendet werden. Wegen der frequenzabhängigen Wirkung von Unterdecken ergeben sich aufgrund der unterschiedlichen Bewertungskurven in DIN EN ISO 717-1 für die Luftschalldämmung und in DIN EN ISO 717-2 für die Trittschalldämmung jedoch Abweichungen zwischen den Einzahlwerten $\Delta L_{d,w}$ und ΔR_w. Näheres ist [336] zu entnehmen.

Die Berücksichtigung von Unterdecken kann im vorliegenden vereinfachten Verfahren deshalb nur mit pragmatischen Vereinfachungen arbeiten und stellt eine einfache Näherung dar.

Für die in [336] durchgeführten Berechnungen des Korrekturwertes wurden 3 verschiedene Unterdecken mit bewerteten Trittschallminderungen $\Delta L_{d,w}$ = 5 dB, $\Delta L_{d,w}$ = 10 dB und $\Delta L_{d,w}$ = 15 dB berücksichtigt und damit 3 verschiedene Korrekturtabellen nach dem Vorbild von Tabelle 4.10 ermittelt. In den Normentwurf E DIN 4109-2:2013 wurde davon aber lediglich die Tabelle für $\Delta L_{d,w}$ = 10 dB übernommen, um das Verfahren überschaubar zu halten. Diese Tabelle wurde im Weißdruck DIN 4109-2:2016 durch die entsprechende Formel ersetzt. Die Korrektur für die Trittschallübertragung mit Unterdecke ergibt sich daraus zu

$$K = -5{,}3 + 10{,}2 \lg\left(\frac{m'_s}{m'_{f,m}}\right) \text{ dB} \qquad (4.146)$$

Wie bei allen über eine Formel hinterlegten Kennwerten in DIN 4109-2 ist auch der nach dieser Gleichung berechnete Wert von K mit einer Nachkommastelle anzugeben.

Für Unterdecken mit einer bewerteten Trittschallminderung $\Delta L_{d,w} \geq 10$ dB können die ermittelten Korrekturwerte ebenfalls verwendet werden. Man liegt mit den für $\Delta L_{d,w}$ = 10 dB ermittelten Korrekturen dann auf der sicheren Seite.

ANMERKUNG

Die in DIN 4109-2 festgelegte Vorgehensweise berücksichtigt, genauso wie schon das Verfahren in Beiblatt 1 zu DIN 4109:1989, Unterdecken nur pauschal. Eine Differenzierung für Unterdecken unterschiedlicher Wirkung ist damit nicht möglich. Hier zeigen sich die Einschränkungen des vereinfachten Verfahrens aus DIN 12354-2:2000, die innerhalb dieses Verfahrens in praktikabler Weise nicht überwunden werden können. Eine genauere Erfassung von Unterdecken würde den Wechsel zu einem anderen Verfahren erforderlich machen. Hier bietet sich das in 4.3.2.7 behandelte Verfahren nach DIN EN 12354-2:2017 an.

Auch im Fall von Unterdecken ersetzt die rechnerische Beziehung aus Gründen der Eindeutigkeit in DIN 4109-2 die im Normentwurf von 2013 noch enthaltene tabellarische Darstellung von K. Da die Tabelle gegenüber der Formel schnell Zusammenhänge und die Größenordnung der Korrektur erkennen lässt, wird die aus dem Normentwurf stammende Tabelle nachfolgend dargestellt.

Tabelle 4.11: Korrekturwerte K in dB für die flankierende Trittschallübertragung nach Normentwurf E DIN 4109-2:2013

Flächenbezogene Masse m'_s der Trenndecke mit Unterdecke kg/m²	**Mittlere flächenbezogene Masse $m'_{f,m}$ der homogenen massiven flankierenden Bauteile, die nicht mit Vorsatzkonstruktionen belegt sind** kg/m²								
	100	**150**	**200**	**250**	**300**	**350**	**400**	**450**	**500**
100	−3	−6	−9	−9	−9	−9	−9	−9	−9
150	−3	−5	−7	−8	−9	−9	−9	−9	−9
200	−2	−4	−6	−7	−8	−8	−9	−9	−9
250	−1	−3	−5	−6	−7	−7	−8	−8	−8
300	0	−2	−4	−5	−6	−7	−7	−8	−8
350	0	−2	−3	−4	−5	−6	−6	−7	−7
400	1	−1	−2	−3	−5	−5	−6	−6	−6
450	1	0	−2	−3	−4	−5	−5	−6	−6
500	2	0	−1	−2	−3	−4	−5	−5	−5
600	3	1	0	−1	−2	−3	−4	−5	−5
700	4	2	1	0	−2	−3	−3	−4	−4
800	5	3	2	0	−1	−2	−2	−3	−3
900	6	4	2	1	0	−1	−2	−3	−3
ANMERKUNG m'_s ist die flächenbezogene Masse der Trenndecke ohne schwimmende Auflagen oder Unterdecken.									

Quelle: nach Normentwurf E DIN 4109-2:2013, Tabelle 4 für Decken mit Unterdecken

Trittschallübertragung bei unterschiedlichen Raumanordnungen

Wie in Bild 4.46 gezeigt wird, gibt es für die Trittschallübertragung neben der vertikalen Übertragung noch andere in der Praxis relevante Situationen. Für deren Behandlung werden in DIN EN 12354-2 keine Möglichkeiten angeboten. Das war hingegen in Beiblatt 1 zu DIN 4109:1989 nach Abschnitt 9.2 und Tabelle 26 über die Korrekturwerte K_T möglich. Um in DIN 4109-2 nicht hinter den Stand des Beiblatts 1 zurückzufallen, wurde der dort angewendete Ansatz in das vereinfachte Berechnungsverfahren der DIN EN 12354-2 implementiert und die K_T-Werte aus Beiblatt 1 wurden (weitgehend) übernommen. Der bewertete Norm-Trittschallpegel $L'_{n,w}$ berechnet sich nach DIN 4109-2, Abschnitt 4.3.2.1.2 bei nicht übereinanderliegenden Räumen somit nach folgender Gleichung:

$$L'_{n,w} = L_{n,eq,0,w} - \Delta L_w - K_T \text{ dB} \tag{4.147}$$

Dabei ist

$L'_{n,w}$ bewertete Norm-Trittschallpegel bei nicht übereinanderliegenden Räumen, in dB;

K_T Korrekturwert nach DIN 4109-2/Tabelle 2 zur Berücksichtigung der Ausbreitungsverhältnisse zwischen Sende- und Empfangsraum, in dB.

Diese Beziehung ist als Näherung zu betrachten. Für den Korrekturwert K_T werden in DIN 4109-2 Tabelle 2 nach Tabelle 4.12 folgende Angaben gemacht:

Tabelle 4.12: DIN 4109-2, Tabelle 2 – Korrekturwert K_T zur Ermittlung des bewerteten Norm-Trittschallpegels $L'_{n,w}$ für unterschiedliche räumliche Zuordnungen von mit Norm-Hammerwerk[a] angeregter Decke und Empfangsraum (ER)

Spalte	1		2
Zeile	**Lage der Empfangsräume (ER)**		K_T dB
1	neben oder schräg unter der angeregten Decke		+5[b]
2	wie Zeile 1, jedoch ein Raum dazwischenliegend		+10[b]
3	über der angeregten Decke (Gebäude mit tragenden Wänden)		+10[c]
4	über der angeregten Decke (Skelettbau)		+20

a Norm-Hammerwerk nach DIN EN ISO 10140-5:2014-09, Anhang E.

b Voraussetzung: Zur Sicherstellung einer ausreichenden Stoßstellendämmung müssen die Wände zwischen angeregter Decke und Empfangsraum starr angebunden sein und eine flächenbezogene Masse $m' \geq 150$ kg/m² haben.

c Dieser Korrekturwert gilt sinngemäß auch für Bodenplatten.

Quelle: [42]

Die in Tabelle 4.12 genannten Werte ermöglichen eine näherungsweise Berücksichtigung anderer Übertragungssituationen. Sie sind Erfahrungswerte, die in Massivbauten mit nicht zu leichten flankierenden Wänden erwartet werden können. Es findet sich deshalb in den Zeilen 1 und 2 für die Flankenbauteile die Einschränkung auf flächenbezogene Massen ≥ 150 kg/m^2. Außerdem wird eine starre Verbindung zwischen flankierenden Wänden und der Decke vorausgesetzt, da sonst keine ausreichende Stoßstellendämmung erreicht wird. Als Faustformel wird für die Zeilen 1 bis 2 angenommen, dass die Trittschallübertragung im Massivbau pro Stoßstelle im Übertragungsweg um etwa 5 dB gemindert wird. Das gilt dann auch für die Übertragungssituation in Zeile 3 mit einem Korrekturwert von 10 dB. Dieselbe Übertragungssituation im Skelettbau (Zeile 4) bringt es dagegen auf einen Korrekturwert von 20 dB. Das liegt an den im Skelettbau höheren Stoßstellendämm-Maßen.

Nach Zeile 1 wird für die horizontale und vertikale Übertragung dieselbe Korrektur angesetzt. Aus Bild 4.47 ist sofort zu ersehen, dass für die flankierende Trittschallübertragung für beide Situationen dieselben Stoßstellendämm-Maße angesetzt werden können, wenn die flankierenden Wände in beiden Etagen gleich sind. Es liegt für beide Situationen also die gleiche flankierende Trittschallübertragung vor. Das gilt sinngemäß auch für die beiden Übertragungssituationen in Zeile 2.

Diese Tabelle ist nun explizit für die Ermittlung von Norm-Trittschallpegeln vorgesehen, während sie in Beiblatt 1 zu DIN 4109:1989 in Abschnitt 9.2 noch in Zusammenhang mit Geräuschen aus gebäudetechnischen Anlagen und Betrieben für „besonders laute Räume“ aufgeführt wurde. Jedoch enthielt Abschnitt 4.1.1 für den Norm-Trittschallpegel auch schon den Hinweis auf Tabelle 36. Dort war auch, allerdings nur für die horizontale oder diagonale Situation (Zeile 1 in Tabelle 4.12), die flächenbezogene Masse der Flankenwände ober und unterhalb der Decke auf $m' \geq 150$ kg/m^2 gesetzt. Das wird nun auch für die Verhältnisse nach Zeile 2 (zwischenliegender Raum) vorausgesetzt. Für die Übertragung von einem unten zu einem obenliegenden Raum (Zeile 3) hätte man diese Bedingung ebenfalls übernehmen können. Jedoch lautet hier die Formulierung für die Flankenübertragung „Gebäude mit tragenden Wänden“. Es kommt dabei nicht primär auf die aus statischen Gründen erforderliche tragende Funktion an, sondern auf die flächenbezogene Masse.

Zeile 6 aus Tabelle 36 des Beiblatts 1 wurde in Tabelle 2 der DIN 4109-2 nicht aufgenommen. Hier geht es um die Trittschallübertragung von einem Fußboden in einem Kellerraum in den darüber liegenden schutzbedürftigen Raum (siehe Bild 4.54).

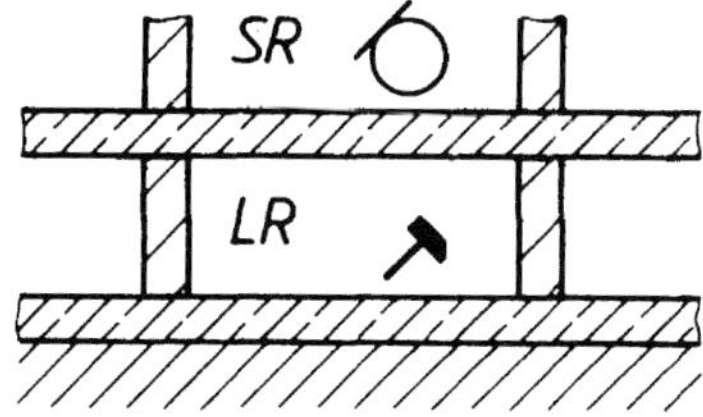

Quelle: [22]

Bild 4.54: Korrekturwert K_T für Trittschallübertragung aus einem Kellerraum („besonders lauter" Raum) in den darüber liegenden schutzbedürftigen Raum (SR) nach Beiblatt 1 zu DIN 4109 (1989), Tabelle 36, Zeile 6

Zu dieser Übertragungssituation wird kein fester K_T-Wert angegeben. Stattdessen findet sich in einer Fußnote folgende Angabe:

Angabe eines K_T-Wertes nicht möglich, es gilt

$$L'_{n,w,R} = 63 \text{ dB} - \Delta L_{w,R} - 15 \text{ dB} \tag{4.148}$$

$\Delta L_{w,R}$ ist das Trittschallverbesserungsmaß des im Kellerraum verwendeten Fußbodens.

Die hier wiedergegebene Fußnote entspricht der Korrektur aus dem Berichtigungsblatt 1 zu DIN 4109:1992 [24].

Stattdessen besagt die Fußnote c in Zeile 3 von DIN 4109-2 Tabelle 2 (siehe Tabelle 4.12), dass die dortige Übertragungssituation auch auf Bodenplatten angewendet werden kann. Diese Regelung soll die alte Regelung aus Tabelle 36 ersetzen und gilt nicht mehr nur für Kellerräume, sondern für Bodenplatten generell. Seit Erscheinen der DIN 4109:2016 wurde mehrfach das Fehlen der Zeile 6 aus Tabelle 36 des Beiblatts 1 bemängelt, da nun ein Nachweis für die Übertragung von einer Bodenplatte nicht mehr möglich sei. Die Frage ist, ob Zeile 3 (mit Fußnote c) in Tabelle 2 der DIN 4109-2 tatsächlich Zeile 7 aus Tabelle 36 des Beiblatts 1 zu DIN 4109:1989 ersetzt. Hierzu werden die Verhältnisse aus Beiblatt 1 so betrachtet, dass der allgemeine Ansatz aus Abschnitt 9.2 des Beiblatts 1

$$L'_{n,w,R} = L_{n,w,eq,R} - \Delta L_{w,R} - K_T \text{ dB}$$

und der in Beiblatt 1 Tabelle 36 Zeile 6 genannte Ansatz

$$L'_{n,w,R} = 63 \text{ dB} - \Delta L_{w,R} - 15 \text{ dB}$$

gleichgesetzt werden. Daraus kann ein angenommener K_T-Wert aus

$$K_T = L_{n,w,eq,R} - 48 \text{ dB} \tag{4.149}$$

ermittelt werden. Der hier „versteckt" angesetzte K_T-Wert wird also als eine vom bewerteten äquivalenten Norm-Trittschallpegel der Bodenplatte abhängige Größe betrachtet. Tabelle 4.13 zeigt beispielhaft für Stahlbetonplatten unterschiedlicher Dicke die nach Gl. (4.149) ermittelten K_T-Werte.

Tabelle 4.13: Korrekturwerte K_T für die Trittschallübertragung von einer Bodenplatte in einen darüber liegenden Raum nach Beiblatt 1 zu DIN 4109 (1989), Tabelle 36, Zeile 6 für eine Bodenplatte aus Stahlbeton (2 300 kg/m³)

Plattendicke in cm	**flächenbezogene Masse** in kg/m²	$L_{n,w,eq,R}$ in dB	**Korrekturwert** K_T in dB
20	460	71	23
25	575	67,5	19,5
30	690	64,5	16,5
40	920	60	12

Quelle: [22]

Diese Werte liegen durchgängig höher als der nach DIN 4109-2 Tabelle 2 Zeile 3 angegebene Wert von 10 dB. Man befindet sich nach der aktuellen Vorgehensweise also stark auf der „sicheren" Seite, läuft aber Gefahr, die erforderliche Trittschalldämmung stark zu überdimensionieren. Es wäre ratsam, die bestehenden Unterschiede beider Verfahren anhand aktueller Messwerte zu klären.

Anhand des nachfolgenden Beispiels wird exemplarisch gezeigt, welche Unterschiede sich zwischen beiden Vorgehensweisen ergeben. Dazu wird als Bodenplatte eine Stahlbetonplatte mit 25 cm Dicke und mit einem schwimmenden Estrich (Estrichplatte der flächenbezogenen Masse $m' = 90$ kg/m² und Trittschalldämmschicht mit der dynamischen Steifigkeit $s' = 10$ MN/m³) betrachtet.

Nach DIN 4109-32 ergibt sich für die Bodenplatte mit Gl. (4.135) $L_{n,eq,0,w} = 68$ dB und nach DIN 4109-34 Gl. (3) für den schwimmenden Estrich $\Delta L_w = 33$ dB. Mit Gl. (4.147) folgt für den Nachweis unter Berücksichtigung des Unsicherheitsbeiwertes von 3 dB nach DIN 4109-2, Abschnitt 5.3.3 $L'_{n,w} = 36$ dB.

Für dieselbe Konstruktion führt der Nachweis nach Beiblatt 1 zu DIN 4109:1989 gemäß Gl. (4.148) und einem $\Delta L_{w,R} = 30$ dB nach Beiblatt 1 Tabelle 17 zu einem $L'_{n,w,R} = 18$ dB. Für den Nachweis sind nach Beiblatt 1 (Abschnitt 9.2) noch 2 dB Aufschlag zu berücksichtigen, so dass sich insgesamt $L'_{n,w,R} = 20$ dB ergibt. Dieser Wert liegt 16 dB unter dem nach DIN 4109-2 ermittelten Wert.

Der Korrekturwert K_T ergibt sich aus der Differenz der Norm-Trittschallpegel für die vertikale Übertragung (als „Normalsituation") und eine andere Übertragungssituation. Für die vertikale, horizontale und diagonale Übertragungssituation ist nach 4.3.2.6 eine Berechnung nach dem detaillierten Berechnungsverfahren der DIN EN 12354-2 möglich. Am Beispiel der diagonalen Übertragung ergibt sich mit den Angaben zum detaillierten Modell mit Gl. (4.154) für die vertikale und mit Gl. (4.155) für die diagonale Übertragung

$$K_{T,\text{diagonal}} = L'_{n,\text{vertikal}} - L'_{n,\text{diagonal}} = 10\lg\left(10^{L_{n,d}/10} + \sum_{j,\text{vertikal}=1}^{n} 10^{L_{n,ij}/10}\right) - 10\lg\left(\sum_{j,\text{diagonal}=1}^{n} 10^{L_{n,ij}/10}\right) \text{dB} \tag{4.150}$$

Sinngemäß gilt diese Beziehung auch für die horizontale Übertragung. Die direkte Trittschallübertragung ohne Flankenübertragung $L_{n,d}$ kann nach Gl. (4.156) und die flankierende Übertragung $L_{n,ij}$ nach Gl. (4.157) berechnet werden. Vereinfacht wird der ganze Vorgang, wenn die Berechnung mit den genannten Gleichungen nicht frequenzabhängig, sondern mit Einzahlwerten durchgeführt wird. Das ist aktuell nach den Berechnungsverfahren der DIN EN 12354-2:2000 so (noch) nicht vorgesehen, wird aber in der revidierten DIN EN ISO 12354-2:2017 als neues vereinfachtes Verfahren möglich (siehe Abschnitt 4.3.2.7).

Gl. (4.150) zeigt, dass die Korrektur in Wirklichkeit nicht, wie in DIN 4109-2 oder in Beiblatt 1 zu DIN 4109:1989, durch einen pauschalen Wert dargestellt werden kann, sondern von der individuellen Übertragungssituation abhängig ist. Diese wird durch die Schalldämm-Maße der im flankierenden Übertragungsweg liegenden Bauteile i und j und die Stoßstellendämm-Maße an den Knotenpunkten von Decke und Wänden bestimmt. Außerdem sind noch die geometrischen Verhältnisse (Bauteilflächen) zu berücksichtigen. Da im Massivbau sowohl Schalldämm-Maße als auch Stoßstellendämm-Maße über die flächenbezogenen Massen bestimmt werden können (siehe DIN 4109-32), ist es möglich, die Korrekturen in Abhängigkeit von den flächenbezogenen Massen der beteiligten Bauteile anzugeben.

Diesem Weg ist Schnelle in [400] gefolgt. Im Unterschied zu dem durch Gl. (4.150) beschriebenen Vorgehen wurde bei der Ermittlung des Korrekturwertes jedoch bei der vertikalen Übertragung auf den Anteil der Flankenübertragung verzichtet. Für definierte Räume ($L = B = 4$ m, $H = 2{,}5$ m) ergeben sich mit den in DIN EN 12354-1 und DIN EN 12354-2 genannten Angaben für die Luftschall- und Trittschalldämm-Maße die beispielhaften Werte in Tabelle 4.14.

Tabelle 4.14: Berechnete Korrekturwerte K_T in dB für die diagonale Trittschallübertragung nach [400]

m' (Decke) [kg/m²]	*m'* (Wand) [kg/m²]		
	200	**300**	**400**
300	7,1	10,0	12,4
400	5,6	7,9	10,0
500	4,6	6,5	8,3

Auch wenn sich mit den aktuellen Werten aus DIN 4109-32 (Bauteilkatalog Massivbau) und mit Berücksichtigung des flankierenden Trittschalls bei der vertikalen Übertragung etwas andere Werte ergeben würden, zeigt dieses Beispiel doch deutlich, dass die Angabe eines pauschalen Korrekturwertes (wie in DIN 4109-2 oder in Beiblatt 1 zu DIN 4109:1989) nur eine stark vereinfachende Näherung darstellt. Zumindest für die horizontale und diagonale Trittschallübertragung stände mit dem neuen vereinfachten Berechnungsmodell der DIN EN ISO 12354-2:2017 eine Möglichkeit zur genaueren Berechnung zur Verfügung. Die Nutzung dieses Verfahrens sollte deshalb für die DIN 4109 auch aus diesem Grund vorgesehen werden.

Tabelle 36 aus Beiblatt 1 zu DIN 4109:1989 enthielt in Zeile 7 auch einen Korrekturwert für die Trittschallübertragung über die Trennfuge einer zweischaligen massiven Haustrennwand. Diese Situation mit dem in Beiblatt 1 angegebenen K_T-Wert von 15 dB wurde für DIN 4109-2 ebenfalls übernommen (siehe Bild 4.55). Sie wird in DIN 4109-2 nun einem eigenen Kapitel 4.3.2.2 (Bewerteter Norm-Trittschallpegel massiver Decken bei der Übertragung zwischen Gebäuden mit zweischaliger massiver Haustrennwand) zugeordnet.

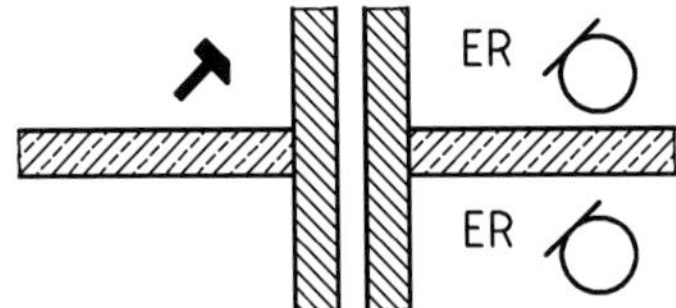

Quelle: [42]

Bild 4.55: DIN 4109-2, Bild 4 – Trittschallübertragung über eine Haustrennwand mit zwei biegesteifen Schalen und Trennfuge

Während in Beiblatt 1 für die Gültigkeit des genannten K_T-Wertes eine Fugenbreite von mindestens 50 mm vorausgesetzt wird, finden sich in DIN 4109-2 die allgemeinen konstruktiven Angaben für die Wandausbildung einer zweischaligen massiven Haustrennwand nach DIN 4109-32, Abschnitt 4.3.3.2. Dort wird neben weiteren Eigenschaften eine Fugenbreite von lediglich mindestens 30 mm gefordert.

4.3.2.4 Umsetzung des vereinfachten Verfahrens in DIN 4109-2 für den Holz- und Leichtbau

Ausgangssituation

Für den Trittschall im Holz- und Leichtbau gab es in Beiblatt 1 zu DIN 4109:1989 nur für Massivdecken in Abschnitt 8.1.1 (Trittschalldämmung in Gebäuden in Skelett- und Holzbauart – Massivdecken) ein Berechnungsverfahren, das dem Verfahren für den Massivbau entsprach. Für Deckenkonstruktionen aus Holz wurde auf die Ausführungsbeispiele aus Tabelle 34 zurückgegriffen, bei denen die kennzeichnende Größe $L'_{n,w,R}$ durch den Beistrich den Anspruch erhob, bereits die flankierende Trittschallübertragung zu berücksichtigen. Eine explizite Berücksichtigung der Flankenübertragung, wie sie beim Holz- und Leichtbau für die Berechnung der Luftschalldämmung bereits im Nachweisverfahren des Beiblatts 1 zu DIN 4109:1989 verankert war, gab es für den Tritttschall nicht. Der flankierenden Trittschallübertragung wurde in der DIN 4109:1989 im Holz- und Leichtbau also keine große Rolle zugesprochen.

Neues Berechnungsverfahren

In DIN EN 12354-2 steht für die Prognose der Trittschallübertragung ein detailliertes, frequenzabhängiges Berechnungsmodell zur Verfügung, das grundsätzlich auch für den Holz- und Leichtbau angewendet werden soll. Bei diesem Modell (siehe Abschnitt 4.3.2.6) werden die Wege für die direkte und flankierende Trittschallübertragung separat berechnet. Problematisch hat sich allerdings die Handhabung der flankierenden Trittschallübertragung erwiesen, da sich die Ansätze für die Norm-Flankentrittschallpegel für den Holz- und Leichtbau als nicht praktikabel erwiesen haben. Ein vereinfachtes Verfahren, wie es für DIN 4109-2 vorzusehen war, wurde in DIN EN 12354-2 für den Holz- und Leichtbau nicht angeboten. Um auch dafür den rechnerischen Nachweis führen zu können, wurde in DIN 4109-2 deshalb das vereinfachte Verfahren aus DIN EN 12354-2 für den Holz- und Leichtbau adaptiert. DIN EN 12354-2:2000 hat dafür im modifizierten Verfahren aus Beiblatt 1 keine Möglichkeit angeboten. Für den Holz- und Leichtbau liegt damit zum ersten Mal ein genormtes vereinfachtes Berechnungsverfahren vor, das für den Schallschutznachweis der DIN 4109 verwendbar ist. Eine Anpassung an die Besonderheiten des Holzbaus war jedoch erforderlich, was sich in den neu eingeführten Korrekturen K_1 und K_2 zeigt. Das Berechnungsverfahren geht auf Untersuchungen in [344] zurück. Die Folge des geänderten Nachweisverfahrens ist auch die Erstellung eines völlig neuen Bauteilkatalogs für Bauteile des Holz- und Leichtbaus auf der Basis von Messungen in Prüfständen ohne Nebenwege (siehe DIN 4109-33 und deren Behandlung in 5.4). Damit wird auch für die Trittschalldämmung im Holz- und Leichtbau die seitens CEN geforderte eindeutige Trennung zwischen Bauteil- und Gebäudeeigenschaften umgesetzt.

Die wesentliche Grundannahme beim Berechnungsverfahren für den Holz- und Leichtbau besteht darin, Deckenkonstruktionen mit Aufbauten an der Deckenoberseite (z.B. schwimmende Estriche) oder Verkleidungen an der Unterseite stets als eine konstruktive Einheit zu betrachten. Die kennzeichnende Größe $L_{n,w}$ im Bauteilkatalog der DIN 4109-33 charakterisiert also die gesamte Konstruktion mit allen Schichten. Eine additive Behandlung von Rohdecken, Deckenauflagen und unterseitigen Beplankungen wie bei massiven Deckenkonstruktionen ist angesichts der komplexeren Verhältnisse bei Holzkonstruktionen nicht sinnvoll und in diesem Verfahren deshalb auch nicht vorgesehen.

Berücksichtigung der flankierenden Trittschallübertragung

Da die kennzeichnende Größe $L_{n,w}$ definitionsgemäß nur die direkte Trittschallübertragung über die Deckenkonstruktion in den darunterliegenden Raum beinhaltet, muss die flankierende Trittschallübertragung separat berücksichtigt werden. Das geschieht wie beim vereinfachten Verfahren im Massivbau auch hier mit Korrekturwerten. Damit lautet das Verfahren

$$L'_{n,w} = L_{n,w} + K_1 + K_2 \quad \text{dB} \tag{4.151}$$

Dabei ist

$L'_{n,w}$ bewerteter Norm-Trittschallpegel der Holzdecke in der Bausituation;

$L_{n,w}$ bewerteter Norm-Trittschallpegel der Holzdecke ohne Flankenübertragung;

K_1 Korrekturwert zur Berücksichtigung der Flankenübertragung auf dem Weg Df, ermittelt nach Tabelle 4.15;

K_2: Korrekturwert zur Berücksichtigung der Flankenübertragung auf dem Weg DFf, ermittelt nach Tabelle 4.16.

Wie im Massivbau ist auch hier zuerst der Übertragungsweg Df nach Bild 4.56 (Fall a) zu berücksichtigen. Dafür wird der Korrekturwert K_1 ermittelt. Wie Bild 4.56 (Fall b) zeigt, gibt es für den Trittschall im Holzbau allerdings noch einen weiteren Flankenweg DFf vom schwimmenden Estrich zur flankierenden Wand. Dieser Weg ist im Massivbau nicht vorhanden. Er muss nach den Untersuchungen in [344] ebenfalls berücksichtigt werden und wird mit dem Korrekturwert K_2 erfasst.

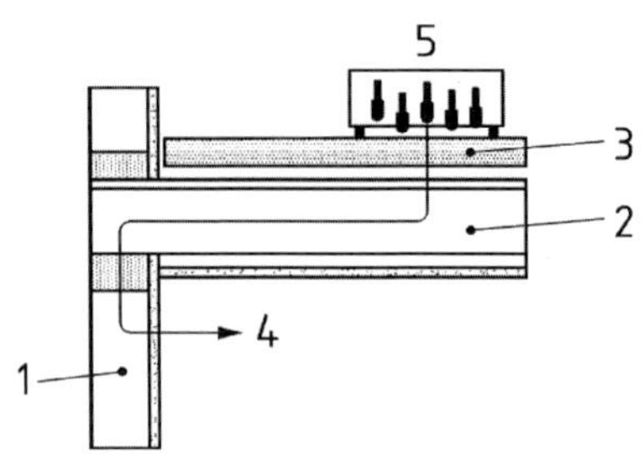

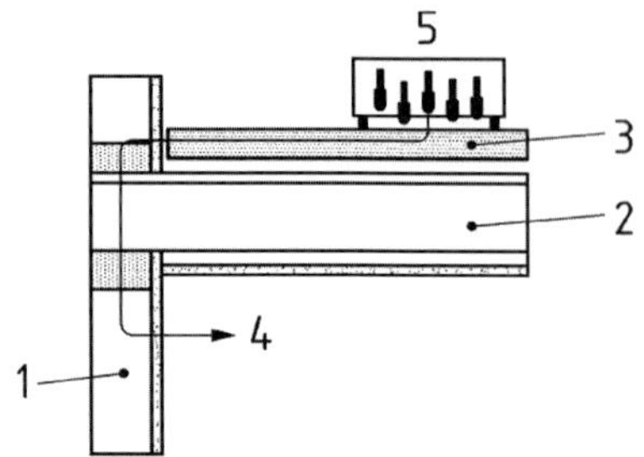

Legende

1 Wand
2 Decke
3 schwimmender Estrich
4 Weg
a) Df mit K_1
b) DFf mit K_2
5 Norm-Hammerwerk

a) Übertragung auf dem Weg Df **b) Übertragung auf dem Weg DFf**

Quelle: [42]

Bild 4.56: DIN 4109-2, Bild 5 – Flankierende Trittschallübertragung bei Holzdecken

Analog zur Ermittlung der Korrekturwerte im Massivbau (siehe Tabelle 4.10) werden auch hier die Eigenschaften der Wand- und Deckenkonstruktionen für die Ermittlung der Flankenkorrektur benötigt. Während das für den Massivbau ausschließlich über die flächenbezogenen Massen möglich war, muss die Ermittlung im Holz- und Leichtbau konstruktionsspezifisch erfolgen. DIN 4109-2 hat dafür, wie in Tabelle 4.15 und Tabelle 4.16 gezeigt wird, die Kombinationen von Decken- und Wandkonstruktionen in tabellarischer Form vorgenommen. Die Korrekturwerte werden dazu nach bestimmten Konstruktionsmerkmalen in Gruppen zusammengefasst. Entscheidend für die Anwendbarkeit der Korrekturwerte sind die konstruktiven Voraussetzungen. Flankierende Wände (Innen- oder Außenwände) in Holzrahmen- oder Holztafelbauweise müssen vollständig von der Holzdecke unterbrochen sein.

Tabelle 4.15: DIN 4109-2, Tabelle 3 – Korrekturwert K_1 zur Berücksichtigung der Flankenübertragung auf dem Weg Df (Übertragungssituation nach Bild 4.56 a))

1		2				
Wandaufbau im Empfangsraum		**Deckenaufbau**				
		2 × GK an FS	**1 × GK an FS**	**GK-Lattung oder direkt**	**offene HBD**	**BSD oder HKD**
	GK + HW	K_1 = 6 dB	K_1 = 3 dB	K_1 = 1 dB		
	GF	K_1 = 7 dB	K_1 = 4 dB	K_1 = 1 dB		
	HW	K_1 = 9 dB	K_1 = 5 dB	K_1 = 4 dB		
	Holz- oder HW-Element					

GK 9,5-mm- bis 12,5-mm-Gipsplatte nach DIN 18180/DIN EN 520, Rohdichte von $\rho \geq 680$ kg/m³, mechanisch verbunden

GF 12,5-mm- bis 15-mm-Gipsfaserplatte nach DIN EN 15283-2, Rohdichte von $\rho \geq 1\,100$ kg/m³, mechanisch verbunden

HW 13-mm- bis 22-mm-Holzwerkstoffplatte, Rohdichte von $\rho \geq 650$ kg/m³, mechanisch verbunden

HBD Holzbalkendecke

FS Federschiene

Holz- oder HW-Element Massivholzelemente oder 80-mm- bis 100-mm-Holzwerkstoffplatte, $m' \geq 50$ kg/m²

GK-Lattung oder direkt HBD mit Unterdecke an Lattung oder GK + HW direkt montiert

Offene HBD Holzbalkendecke mit sichtbarer Balkenlage

BSD oder HKD Brettstapel-, Brettschichtholz- oder Hohlkastendecke

Quelle: [42]

Tabelle 4.16: DIN 4109-2, Tabelle 4 – Korrekturwert K_2 zur Berücksichtigung der Flankenübertragung auf dem Weg DFf (Übertragungssituation nach Bild 4.56 b))

Wandaufbau im Sende- und Empfangsraum	Estrichaufbau	**Trittschallübertragung auf dem Weg** Dd + Df: $L_{n,w} + K_1$ dB																						$L_{n,DFf,w}$ dB
		35	**36**	**37**	**38**	**39**	**40**	**41**	**42**	**43**	**44**	**45**	**46**	**47**	**48**	**49**	**50**	**51**	**52**	**53**	**54**	**55**	**> 55**	
GK + HW	a)	10	9	8	7	6	5	5	4	4	3	3	2	2	1	1	1	1	1	1	0	0	0	44
	b)	6	5	5	4	4	3	3	2	2	1	1	1	1	1	1	0	0	0	0	0	0	0	40
GF	c)	5	4	4	3	3	2	2	1	1	1	1	1	1	0	0	0	0	0	0	0	0	0	38
HW	a)	11	10	10	9	8	7	6	5	5	4	4	3	3	2	2	1	1	1	1	1	1	0	46
	b)	10	10	9	8	7	6	5	5	4	4	3	3	2	2	1	1	1	1	1	1	0	0	45
Holz- oder HW-Element	c)	8	7	6	5	5	4	4	3	3	2	2	1	1	1	1	1	1	0	0	0	0	0	42

Wandaufbau im Sende- und Empfangsraum	Estrichaufbau	**Trittschallübertragung auf dem Weg** Dd + Df: $L_{n,w} + K_1$ dB																					$L_{n,DFf,w}$ dB
		35	**36**	**37**	**38**	**39**	**40**	**41**	**42**	**43**	**44**	**45**	**46**	**47**	**48**	**49**	**50**	**51**	**52**	**53**	**54**	**55**	**> 55**	

GK — 9,5-mm- bis 12,5-mm-Gipsplatte nach DIN EN 520, Rohdichte von $\rho \geq 680$ kg/m³, mechanisch verbunden
GF — 12,5-mm- bis 15-mm-Gipsfaserplatte nach DIN EN 15283-2, Rohdichte von $\rho \geq 1\,100$ kg/m³, mechanisch verbunden
HW — 13-mm- bis 22-mm-Holzwerkstoffplatte, Rohdichte von $\rho \geq 650$ kg/m³, mechanisch verbunden
Holz- oder HW-Element — Massivholzelemente oder 80 mm bis 100 mm Holzwerkstoffplatte, $m' \geq 50$ kg/m²

Estrichaufbau

a) CT/WF: mineralisch gebundener Estrich auf Holzweichfaser-Trittschalldämmplatten, Randdämmstreifen: > 5 mm Mineralwolle- oder PE-Schaum-Randstreifen; AS/EPB-MW Gussasphaltestrich auf Blähperlit/Mineralwolle Mehrschicht-Trittschalldämmplatte, Randdämmstreifen: > 5 mm Mineralwolle-Randstreifen

b) CT/MW: mineralisch gebundener Estrich auf Mineralwolle-, oder EPS Trittschalldämmplatten Randdämmstreifen: > 5 mm Mineralwolle- oder PE-Schaum-Randstreifen; AS/EPB-MW Gussasphaltestrich auf Blähperlit/Mineralwolle Mehrschicht-Trittschalldämmplatte, Randdämmstreifen: > 5 mm Mineralwolle-Randstreifen

c) TE: Fertigteilestrich auf Mineralwolle-, EPS- oder Holzfaser-Trittschalldämmplatten, Randdämmstreifen: > 5 mm Mineralwolle- oder PE-Schaum-Randstreifen

Quelle: [42]

Tabelle 4.15 zeigt deutlich, dass die flankierende Übertragung je nach den vorliegenden Konstruktionsbedingungen eine wesentliche Rolle spielen kann. Das ist besonders der Fall bei aufwändigeren mehrschaligen Decken in Verbindung mit einfachen Wandkonstruktionen. Geringere Korrekturen ergeben sich bei einfachen Deckenkonstruktionen. Dass hochwertige (sprich gut schalldämmende) Konstruktionen stärker auf die flankierende Übertragung reagieren, gilt auch im Holzbau. Tabelle 4.16 bestätigt diese allgemeine Regel.

Anhand des Berechnungsbeispiels in DIN 4109-2 (Abschnitt D.2.2) kann die Anwendung des Berechnungsverfahrens leicht nachvollzogen werden. Außerdem zeigt sich in diesem Fall, dass der Anteil der flankierenden Trittschallübertragung die direkte Trittschalldämmung (ohne Flankenübertragung) um immerhin 7 dB verschlechtert. Die Flankenübertragung ist im Holzbau also keine zu vernachlässigende Größe.

Trittschallübertragung bei unterschiedlichen Raumanordnungen

Das Berechnungsverfahren der DIN 4109-2 für den Trittschall im Holz- und Leichtbau ist für die vertikale Übertragung in einen direkt unter der Decke liegenden Raum ausgelegt. Andere Übertragungssituationen, wie sie in Bild 4.46 dargestellt werden, können in DIN 4109-2 derzeit mit diesem Verfahren nicht abgedeckt werden. In DIN 4109-2 Abschnitt 4.3.3.1.2 wird darauf hingewiesen. Ähnlich wie im Massivbau (siehe Tabelle 4.12) wäre es für solche Situationen zwar prinzipiell möglich, Korrekturwerte K_T für unterschiedliche räumliche Zuordnungen zu formulieren, jedoch liegen dafür zurzeit keine systematischen Ergebnisse vor.

Einen Sonderfall für die horizontale Trittschallübertragung, auf den sich die Anmerkung in DIN 4109-2, Abschnitt 4.3.3.1.2 bezieht, stellen unter einer Trennwand durchlaufende Bodenkonstruktionen dar, z. B. schwimmende Estriche oder Systemböden wie Doppel- oder Hohlraumböden. Bild 4.57 zeigt eine derartige Situation für einen Systemboden.

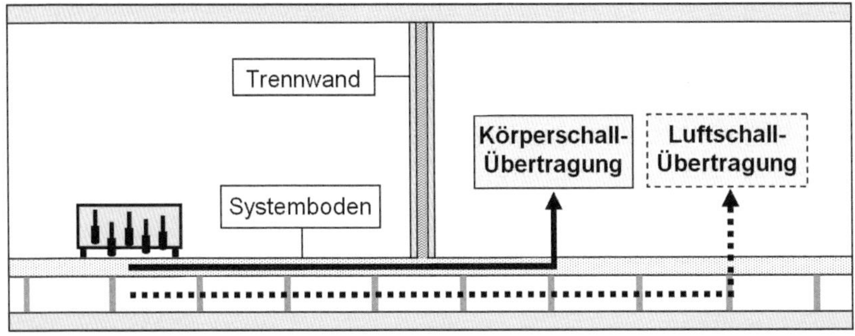

Quelle: Autoren

Bild 4.57: Flankierende Trittschallübertragung bei einem Systemboden

Die Übertragung über solche durchlaufenden Konstruktionen kann durch den Norm-Flankentrittschallpegel $L_{n,f}$ bzw. dessen Einzahlwert, den bewerteten Norm-Flankentrittschallpegel $L_{n,f,w}$ charakterisiert werden. Diese Größe kann messtechnisch nach

DIN EN ISO 10848 ermittelt werden. Die Grundlagen und Rahmenbedingungen der Messungen werden in DIN EN ISO 10848-1 festgelegt [99]. DIN EN ISO 10848-2 [100] regelt das Prüfverfahren für die Fälle, in denen das Trennbauteil (Wand) für die durchlaufende Konstruktion keine wesentliche Stoßstelle bewirkt. Führt das Trennbauteil dagegen zu einer wesentlichen Stoßstelle, dann wird $L_{n,f}$ nach DIN EN ISO 10848-3 [101] ermittelt.

Für die Messung von $L_{n,f}$ gilt

$$L_{n,f} = L_2 + 10\lg\frac{A}{A_0}\ \text{dB} \qquad (4.152)$$

Dabei ist

L_2 mittlerer Schalldruckpegel im Empfangsraum bei Anregung des flankierenden Bauteils mit dem Norm-Hammerwerk im Senderaum, in dB;

A äquivalente Schallabsorptionsfläche im Empfangsraum, in Quadratmeter;

A_0 äquivalente Bezugsschallabsorptionsfläche, in Quadratmeter; $A_0 = 10\ \text{m}^2$.

Außerhalb der Regelungen der DIN 4109-2 kann mit dieser Größe die flankierende Trittschallübertragung zwischen zwei nebeneinander liegenden Räumen in der tatsächlichen Bausituation dimensioniert werden. Hierzu wird auf den informativen Anhang D in DIN EN 12354-2 zurückgegriffen. Unter Vernachlässigung der In-situ-Korrektur kann Gl. (D.2) dieses Anhangs wie folgt geschrieben werden:

$$L_{n,Ff} = L_{n,f} + 10\lg\frac{S_{F,lab}\cdot l_{Ff}}{S_F\cdot l_{lab}}\ \text{dB} \qquad (4.153)$$

Dabei ist

$L_{n,Ff}$ Norm-Flankentrittschallpegel in einer Bausituation;

$L_{n,f}$ Norm-Flankentrittschallpegel als Prüfstandswert;

S_F Fläche des angeregten Fußbodens in der tatsächlichen Bausituation, in Quadratmeter;

$S_{F,lab}$ Fläche des angeregten Fußbodens unter Prüfstandbedingungen, in Quadratmeter;

l_{Ff} Kopplungslänge zwischen den Bauteilen F und f, in Meter;

l_{lab} Kopplungslänge zwischen den Bauteilen F und f unter Prüfstandbedingungen, in Meter.

ANMERKUNG

Die Kopplungslänge zwischen dem angeregten Teil F des Bodensystems im Senderaum und dem abstrahlenden Teil f des Bodensystems im Empfangsraum ist die Raumbreite.

Diese Beziehung gilt nur, wenn die maßgebliche Schallübertragung zwischen beiden Räumen durch Körperschallübertragung über das durchlaufende Bauteil zustande kommt. Sollte jedoch die Luftschallübertragung einen wesentlichen Beitrag zur Gesamtübertragung leisten, kann diese Beziehung nicht angewendet werden.

ANMERKUNG

Die Umrechnung des Norm-Flankentrittschallpegels von einem Prüfstandswert in einen situationsspezifischen Wert geschieht analog zur Umrechnung eines Schall-Längsdämm-Maßes $R_{L,w}$ in ein Bau-Schall-Längsdämm-Maß $R'_{l,w}$ in Beiblatt 1 zu DIN 4109:1989, Abschnitt 5.4.

Validierung des Verfahrens

Wie die Berechnungsverfahren im Massivbau wurden auch die Berechnungsverfahren im Holz- und Leichtbau einer eingehenden Validierung unterzogen. In [340] wird in kurzer Form über die Validierungsergebnisse berichtet. Eine weitere Darstellung der Validierungsergebnisse findet sich in [339]. Auf der Basis von 13 Messungen für die Trittschallübertragung ergibt sich aus dem Vergleich von Mess- und Berechnungsergebnissen, dass die Abweichungen zwischen Messung und Rechnung zwischen +4 und −4 dB liegen und die Standardabweichung 1,3 dB beträgt. Es besteht nach den genannten Quellen „praktisch keine systematische Abweichung“. Weiterhin heißt es in [340]:

> Unter Berücksichtigung der Messunsicherheiten und der Reproduzierbarkeit der beteiligten Bauteile sowie der im Rechenverfahren nicht berücksichtigten Geometrieeinflüsse kann von einer Übereinstimmung von Prognoserechnung und Ergebnis am Bau für Luft- und Trittschalldämmung gesprochen werden.

Neue Erkenntnisse zum Trittschall im Holzbau

Die in das Trittschallberechnungsverfahren für den Holz- und Leichtbau eingeflossenen Erkenntnisse geben den damaligen Stand zum Zeitpunkt der durchgeführten Untersuchungen (etwa 2000–2005) wieder. In der Zwischenzeit wurde im Holzbau intensiv an den Fragen des baulichen Schallschutzes weitergeforscht. Daraus ergeben sich weiterführende Ansätze zum derzeitigen Berechnungsverfahren in DIN 4109-2, die zu einer verbesserten Prognose führen könnten.

Weiterentwicklungen zur rechnerischen Behandlung des Trittschalls im Holz- und Leichtbau gibt es auch in DIN EN 12354-2. Die Revision der ersten Ausgabe vom September 2000 wurde 2017 abgeschlossen. In der neuen Fassung DIN EN ISO 12354-2:2017-11 werden bezüglich des Holz- und Leichtbaus ausführliche Präzisierungen vorgenommen. Neu ist die Unterscheidung zwischen Bauteilen des Typs A und Bauteilen des Typs B. Vereinfacht gesprochen handelt es sich bei Typ A um solche Bauteile, bei denen für Baubedingungen eine In-situ-Korrektur über die Körperschall-Nachhallzeiten vorgenommen wird (siehe dazu auch Abschnitt 4.3.2.6) und das Stoßstellendämm-Maß als relevante Größe herangezogen werden kann. Dies trifft üblicherweise auf Bauteile des Massivbaus zu. Bei Bauteilen vom Typ B braucht für Baubedingungen keine In-situ-Korrektur vorgenommen zu werden und die Schnellepegeldifferenz an der Stoßstelle wird von Labor- auf Baubedingungen umgerechnet. Das trifft üblicherweise auf Bauteile des Holz- und Leichtbaus zu. Präzisierungen für Bauteile vom Typ B betreffen vor allem das detaillierte Berechnungsmodell der DIN EN ISO 12354-2:2017-11. Das grundsätzliche Vorgehen bei der Trittschallberechnung ist im detaillierten Modell für Bauteile vom Typ A und B gleich. Differenziert wird jedoch bei der Handhabung der In-situ-Korrektur und der Behandlung von Stoßstellen. Für die praktische Anwendung im Holz- und Leichtbau liegen zum genannten Vorgehen derzeit noch keine abschließenden Erkenntnisse vor. Aktuelle Untersuchungen beschäftigen sich jedoch mit derartigen Fragestellungen. Man wird also im Auge behalten, inwiefern sich die aktuelle Entwicklung für eine Optimierung der Trittschallprognose für den Holz- und Leichtbau in DIN 4109-2 wird nutzen lassen.

4.3.2.5 Vergleich der rechnerischen Nachweise aus DIN 4109:1989-Beiblatt 1, EN 12354-2 und DIN 4109-2 für die Trittschalldämmung

Eine Gegenüberstellung der rechnerischen Nachweise für die Trittschalldämmung aus Beiblatt 1 zu DIN 4109:1989 und DIN 4109-2 findet sich in Tabelle 4.17.

Tabelle 4.17: Vergleich der Verfahren zur Ermittlung der Trittschalldämmung in DIN 4109 Beiblatt 1:1989 und DIN 4109-2

	Beiblatt 1 zu DIN 4109:1989		**DIN 4109-2**	
	Massivbau	**Holz- und Leichtbau, (Skelettbau)**	**Massivbau**	**Holz- und Leichtbau, Skelettbau**
Trittschall in verschiedenen Übertragungssituationen	siehe Tabelle 4.7			
flankierende Trittschallübertragung	indirekt und nicht spezifiziert	–	über den Korrekturwert K für die Trittschallübertragung über flankierende Bauteile nach Abschnitt 4.3.2.1.1	über Korrekturwerte K_1 (Tabelle 3) und K_2 (Tabelle 4)
Trittschall massiver Decken bei Übertragung über zweischalige massive Haustrennwand	über Korrekturwert aus Tabelle 36	entfällt	über Korrekturwert nach 4.3.2.2	entfällt

	Beiblatt 1 zu DIN 4109:1989		DIN 4109-2	
	Massivbau	Holz- und Leichtbau, (Skelettbau)	Massivbau	Holz- und Leichtbau, Skelettbau
schwimmende Estriche und Deckenauflagen	durch Berechnung	über Ausführungsbeispiele in Tabelle 34 (in $L_{n,w}$ enthalten)	durch Berechnung	konstruktionsspezifisch über Bauteilkatalog DIN 4109-32 (in $L_{n,w}$ enthalten)
Unterdecken	pauschal in $L_{n,w,eq,R}$ über Tabelle 16	über Ausführungsbeispiele in Tabelle 34 (in $L_{n,w}$ enthalten)	pauschal über Korrekturwerte für flankierende Übertragung	konstruktionsspezifisch über Bauteilkatalog DIN 4109-32 (in $L_{n,w}$ enthalten)
massive Treppen an massiven Treppenwänden	Musterlösungen für ausgewählte bauliche Situationen in Abschnitt 4.3	entfällt	Musterlösungen für ausgewählte bauliche Situationen in Abschnitt 4.3.2.3	entfällt
leichte Treppen an massiven Treppenwänden	–	entfällt	–	entfällt
leichte Treppen an Treppenwänden in Holzbauweise	entfällt	–	entfällt	–

4.3.2.6 Detailliertes Verfahren der EN 12354-2 zur Berechnung des Norm-Trittschallpegels

Das detaillierte Berechnungsverfahren für die Trittschallübertragung aus EN 12354-2 folgt denselben Grundgedanken wie das Verfahren für die Luftschallübertragung in EN 12354-1. Berücksichtigt werden die jeweiligen Übertragungswege, deren Eigenschaften aus den Bauteileigenschaften und der Stoßstellendämmung ermittelt werden können. Die Berechnung erfolgt ebenfalls frequenzabhängig. Es werden nach Bild 4.58 ebenfalls nur Übertragungssituationen in benachbarte Räume betrachtet.

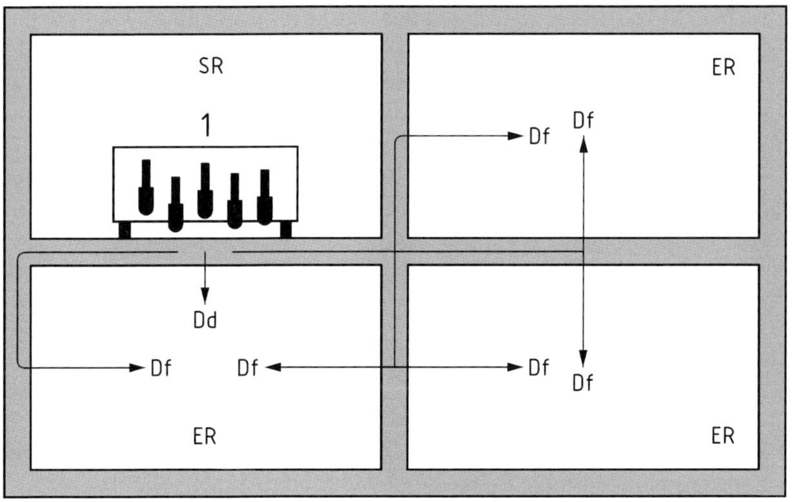

Legende

ER Empfangsraum

SR Senderaum

Dd direkte Trittschallübertragung über die Decke

Df flankierende Trittschallübertragung über Decke und Wände

1 Hammerwerk

Quelle: [42]

Bild 4.58: DIN 4109-2, Bild 3 – Schallübertragungswege für den Trittschall

Es können drei prinzipielle Situationen betrachtet werden:

Situation 1: übereinanderliegende Räume

Für übereinanderliegende Räume gelten die Verhältnisse nach Bild 4.59.

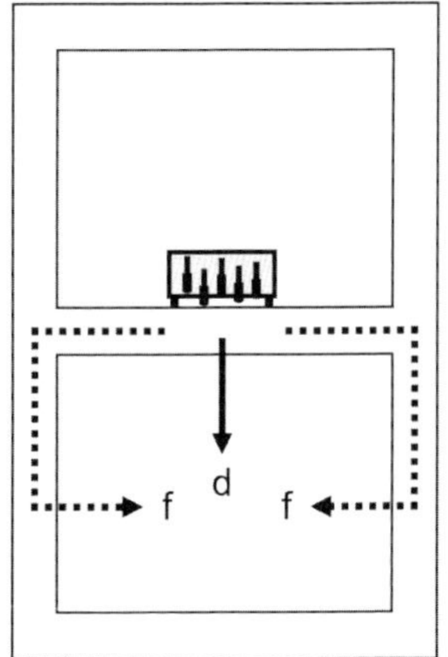

Legende

d direkte Trittschallübertragung

f flankierende Trittschallübertragung

Quelle: Autoren

Bild 4.59: Übertragungswege bei übereinanderliegenden Räumen

Die Schreibweise in EN 12354-2 für die Trittschallübertragung ist wie in EN 12354-1 für die Luftschallübertragung. i ist das angeregte Bauteil (Senderaum) und j das abstrahlende Bauteil (Empfangsraum). Auch hier wird unterschieden zwischen der Übertragung und Abstrahlung durch das trennende Bauteil (Buchstabe d) und der Übertragung und Abstrahlung durch flankierende Bauteile (Buchstabe f). Für die Verhältnisse in Bild 4.59 ist $L_{n,d}$ der von der angeregten Decke im Empfangsraum direkt abgestrahlte (Norm-)Schallpegel und $L_{n,ij}$ sind die über die flankierenden Bauteile im Empfangsraum abgestrahlten (Norm-) Schallpegel. Der Gesamtpegel im Empfangsraum L'_n (Norm-Trittschallpegel im Bau) ergibt sich durch (energetische) Addition aller genannten Schallpegel.

$$L'_n = 10\lg\left(10^{L_{n,d}/10} + \sum_{j=1}^{n} 10^{L_{n,ij}/10}\right) \text{dB} \tag{4.154}$$

mit

$L_{n,d}$ Norm-Trittschallpegel durch direkte Trittschallübertragung;

$L_{n,ij}$ Norm-Trittschallpegel durch flankierende Trittschallübertragung;

n Anzahl der flankierenden Bauteile bei der Übertragung.

Normalerweise gilt $n = 4$ für Situation 1.

Situation 2: nebeneinanderliegende Räume

Für nebeneinanderliegende Räume gelten die Verhältnisse nach Bild 4.60.

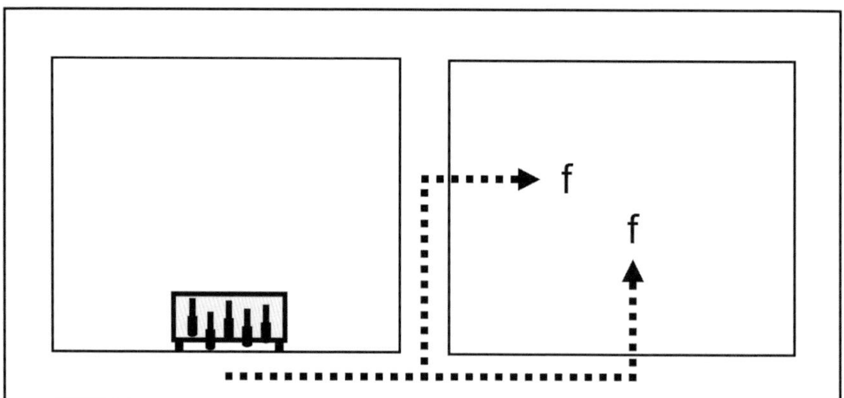

Quelle: Autoren

Bild 4.60: Übertragungswege bei nebeneinanderliegenden Räumen

Situation 3: diagonal versetzte Räume

Für diagonal versetzte Räume gelten die Verhältnisse nach Bild 4.61.

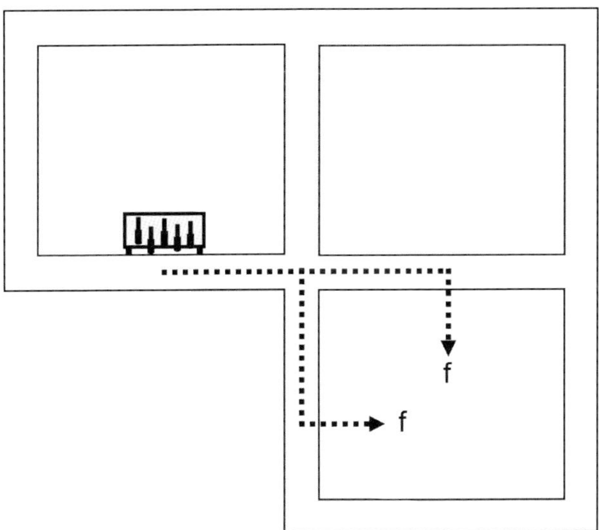

Quelle: Autoren

Bild 4.61: Übertragungswege bei diagonal versetzten Räumen

Für Situation 2 und 3 gilt für den Norm-Trittschallpegel im Bau:

$$L'_n = 10 \lg \left(\sum_{j=1}^{n} 10^{L_{n,ij}/10} \right) \text{dB} \qquad (4.155)$$

In diesen beiden Fällen gibt es nur noch flankierende Übertragung. Üblicherweise müssen zwei Flankenwege berücksichtigt werden ($n = 2$). Die weiteren Flankenwege spielen in der Regel keine Rolle, da bei ihnen die Übertragung in den Nachbarraum über mehr als eine Stoßstelle hinweg erfolgt. Der Beitrag solcher sekundären Wege wird im Berechnungsverfahren deshalb vernachlässigt.

Wie bei der Luftschallübertragung können auch für die Trittschallübertragung Vorsatzkonstruktionen für die einzelnen Wege berücksichtigt werden. Bei den Decken sind dies an der Oberseite schwimmende Estriche, andere trittschallmindernde Bodenaufbauten (wie Doppel- oder Hohlraumböden) und Bodenbeläge. An der Deckenunterseite kommen abgehängte Unterdecken in Betracht. Für die flankierenden Wände sind Vorsatzschalen zu berücksichtigen. Die entsprechenden Verhältnisse zeigt Bild 4.62.

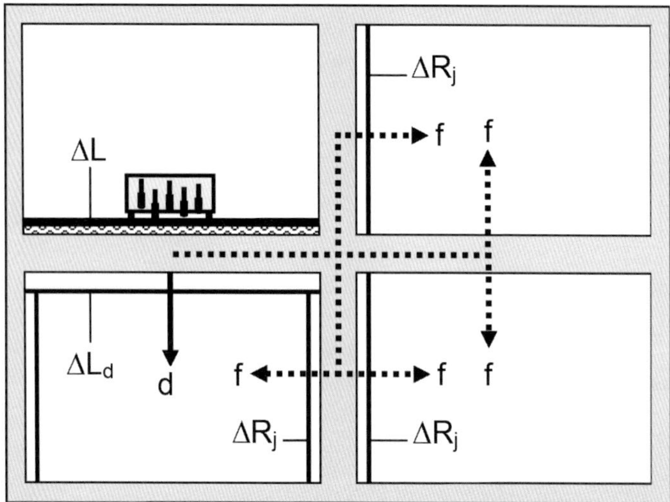

Legende

ΔL Trittschallminderung durch Deckenauflage an der Deckenoberseite

ΔL_d Trittschallminderung durch Unterdecke auf der Empfangsseite der Decke

ΔR_j Verbesserung des Schalldämm-Maßes durch Vorsatzschalen auf flankierenden Wänden in den Empfangsräumen

Quelle: Autoren

Bild 4.62: Vorsatzkonstruktionen bei der Trittschallübertragung

Für ΔL_d kann ersatzweise auch ΔR angesetzt werden, falls keine anderen Werte verfügbar sind.

Auch bei der Berechnung der Trittschallübertragung wird, wie bei der Luftschalldämmung in EN 12354-1, eine In-situ-Korrektur über die Körperschallnachhallzeiten durchgeführt. Unter Berücksichtigung von Vorsatzkonstruktionen und der In-situ-Korrektur ergibt sich für den Norm-Trittschallpegel bei direkter Übertragung:

$$L_{n,d} = L_{n,situ} - \Delta L_{situ} - \Delta L_{d,situ} \text{ dB} \tag{4.156}$$

Entsprechend gilt für die flankierende Übertragung:

$$L_{n,ij} = L_{n,situ} - \Delta L_{situ} + \frac{R_{i,situ} - R_{j,situ}}{2} - \Delta R_{j,situ} - \overline{D_{v,ij,situ}} - 10\lg\sqrt{\frac{S_i}{S_j}} \text{ dB} \tag{4.157}$$

mit

S_i Fläche der Decke;

S_j Fläche des flankierenden Bauteils im Empfangsraum;

R_i Schalldämm-Maß der Decke;

R_j Schalldämm-Maß (für direkte Übertragung) durch das flankierende Bauteil im Empfangsraum;

$\overline{D_{v,ij}}$ richtungsgemittelte Schnellepegeldifferenz.

Die In-situ-Korrektur wird für die direkte Trittschallübertragung analog zu Gl. (4.65) durchgeführt:

$$L_{\mathrm{n,situ}} = L_{\mathrm{n}} + 10\lg\frac{T_{\mathrm{s,situ}}}{T_{\mathrm{s,lab}}}\ \mathrm{dB} \tag{4.158}$$

Entsprechend erfolgt die In-situ-Korrektur für die bei der Flankenübertragung benötigten Stoßstellendämm-Maße wie in Gl. (4.80):

$$\overline{D_{\mathrm{v,ij,situ}}} = K_{\mathrm{ij}} - 10\lg\frac{l_{\mathrm{ij}}}{\sqrt{a_{\mathrm{i,situ}} \cdot a_{\mathrm{j,situ}}}}\ \mathrm{dB} \tag{4.159}$$

Wie in Gl. (4.80) sind auch hier a_i und a_j die äquivalenten Absorptionslängen und l_{ij} ist die Kopplungslänge.

Bei Vorsatzkonstruktionen kann, wie zuvor auch schon bei der Luftschallübertragung in EN 12354-1, die In-situ-Korrektur entfallen, so dass gilt:

$$\Delta L_{\mathrm{situ}} = \Delta L \qquad \Delta L_{\mathrm{d,situ}} = \Delta L_{\mathrm{d}} \qquad \Delta R_{\mathrm{situ}} = \Delta R \tag{4.160}$$

Die nachfolgend beschriebene Herleitung von Gl. (4.157) zeigt, wie die Körperschallübertragung im Gebäude berechnet und auf die Trittschallübertragung angewendet werden kann. Diese Herleitung beruht auf den von Gerretsen in [370] und [304] gegebenen Ausführungen.

Ausgangspunkt ist ein von Luftschall angeregtes Bauteil (Platte), für das nach Bild 4.63 gilt:

$$\tau_{\mathrm{i}} = \frac{W_{\mathrm{r}}}{W_{\mathrm{s}}} \tag{4.161}$$

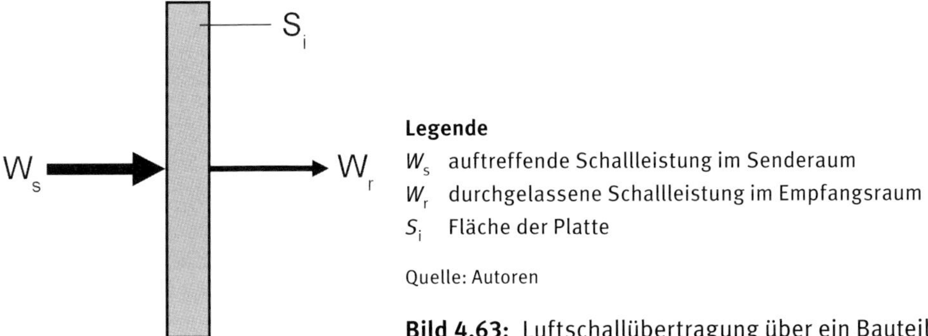

Legende

W_s auftreffende Schallleistung im Senderaum

W_r durchgelassene Schallleistung im Empfangsraum

S_i Fläche der Platte

Quelle: Autoren

Bild 4.63: Luftschallübertragung über ein Bauteil

Im Diffusfeld gilt für die Schallleistung im Senderaum W_s und im Empfangsraum W_r

$$W_{\mathrm{s}} = I_{\mathrm{s}} \cdot S_{\mathrm{i}} = \frac{\langle p_{\mathrm{s}}^2 \rangle}{4\rho c} \cdot S_{\mathrm{i}} \tag{4.162}$$

und

$$W_r = I_r \cdot S_i = \langle v_i^2 \rangle \cdot \rho c \cdot \sigma_i \cdot S_i. \qquad (4.163)$$

mit

I_s Intensität im Diffusfeld des Senderaums;

I_r Intensität im Diffusfeld des Empfangsraums;

σ_i Abstrahlgrad der Platte;

$\langle p_s^2 \rangle$ räumlich und zeitlich gemittelter Schalldruck im Senderaum;

$\langle v_i^2 \rangle$ räumlich und zeitlich gemittelte Schnelle auf der durch Luftschall angeregten Platte.

Damit folgt

$$\tau_i = \frac{\langle v_i^2 \rangle \cdot 4\rho^2 c^2 \cdot \sigma_i}{\langle p_s^2 \rangle} \qquad (4.164)$$

Für die Schnelle des angeregten Bauteils als gesuchte Größe gilt damit

$$v_i^2 = \frac{\langle p_s^2 \rangle \cdot \tau_i}{4\rho^2 c^2 \cdot \sigma_i} \qquad (4.165)$$

Dass es hier um die Anregbarkeit geht, zeigt in Gl. (4.165) das Verhältnis τ_i/σ_i. Dieses entspricht nach Gl. (4.29) dem Anregegrad ε.

Für die Körperschallübertragung zwischen 2 Bauteilen i und j gilt nach Bild 4.64 mit dem Schwingungstransmissionsgrad d_{ij}:

$$d_{ij} = \frac{\langle v_j^2 \rangle}{\langle v_i^2 \rangle} \qquad (4.166)$$

bzw.

$$\langle v_j^2 \rangle = d_{ij} \cdot \langle v_i^2 \rangle \qquad (4.167)$$

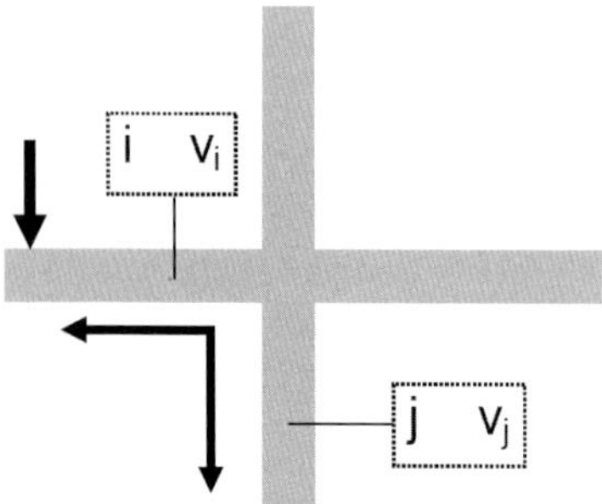

Quelle: Autoren

Bild 4.64: Körperschallübertragung am Knotenpunkt von Bauteilen

Für die im Empfangsraum vom Bauteil j mit der räumlich und zeitlich gemittelten Schnelle $\langle v_j^2 \rangle$, der Fläche S_j und dem Abstrahlgrad σ_j abgestrahlte Schallleistung W_{ij} gilt

$$W_{ij} = \langle v_j^2 \rangle \cdot \rho c \cdot \sigma_j \cdot S_j \tag{4.168}$$

Daraus ergibt sich der durch Übertragung über den Weg ij resultierende Schalldruck $\langle p_{r,ij}^2 \rangle$ im Empfangsraum, wiederum unter der Annahme eines diffusen Schallfeldes, durch

$$\langle p_{r,ij}^2 \rangle = \frac{4\rho c}{A} \cdot W_{ij} = \frac{4\rho c}{A} \cdot \langle v_j^2 \rangle \cdot \rho c \cdot \sigma_j \cdot S_j \tag{4.169}$$

Mit Gl. (4.167) folgt daraus

$$\langle p_{r,ij}^2 \rangle = \frac{4\rho^2 c^2}{A} \cdot \sigma_j \cdot S_j \cdot d_{ij} \cdot \langle v_i^2 \rangle \tag{4.170}$$

und mit Gl. (4.165)

$$\langle p_{r,ij}^2 \rangle = \frac{\langle p_s^2 \rangle}{4\rho^2 c^2 \sigma_i} \cdot \tau_i \cdot \frac{4\rho^2 c^2}{A} \cdot \sigma_j \cdot S_j \cdot d_{ij} \tag{4.171}$$

$$\langle p_{r,ij}^2 \rangle = \langle p_s^2 \rangle \cdot \tau_i \cdot d_{ij} \cdot \frac{\sigma_j}{\sigma_i} \cdot \frac{S_j}{A} \tag{4.172}$$

Das ist der Zusammenhang zwischen Schalldruck im Senderaum und Schalldruck im Empfangsraum bei Luftschallübertragung über den Weg ij.

Im folgenden Schritt soll $\langle p_{r,ij}^2 \rangle$ bestimmt werden, wenn die Anregung im Senderaum durch eine Körperschallquelle mit gegebener Kraft erfolgt (siehe Bild 4.65).

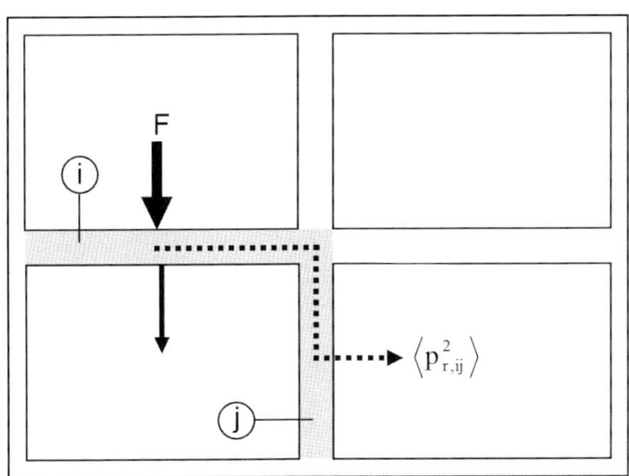

Quelle: Autoren

Bild 4.65: Anregung und Abstrahlung auf dem Weg ij

Dazu wird die Schnelle auf einem Bauteil betrachtet, wenn dieses durch eine Kraft *F* angeregt wird. Als anregende Kräfte werden Punktkräfte senkrecht zur Oberfläche des Bauteils bzw. äquivalente Kräfte (als vereinfachende Repräsentation räumlich verteilter Kräfte durch eine einzige Kraft mit derselben resultierenden Anregung der Platte) angenommen.

Nach Cremer und Heckl [294] gilt für die in eine (homogene) Platte eingeleitete Schallleistung

$$P = \left\langle \tilde{v}_{\mathrm{i}}^{\,2} \right\rangle \omega \eta_{\mathrm{i}} m_{\mathrm{i}} \tag{4.173}$$

so dass sich daraus für die mittlere Schnelle auf der Platte i

$$\left\langle \tilde{v}_{\mathrm{i}}^{\,2} \right\rangle = \frac{P}{\omega \eta_{\mathrm{i}} m_{\mathrm{i}}} \tag{4.174}$$

ergibt mit

P in die Platte eingeleitete Körperschallleistung;

ω Kreisfrequenz;

η Gesamtverlustfaktor der Platte;

m Gesamtmasse der Platte;

$\left\langle \tilde{v}_{\mathrm{i}}^{\,2} \right\rangle$ quadrierter Effektivwert der Körperschallschnelle auf der Platte, räumlich und zeitlich gemittelt.

Die genannten Beziehungen setzen ein diffuses Körperschallfeld auf der Platte voraus.

Die in die Platte eingeleitete Leistung kann auch über

$$P = \tilde{F}^2 \cdot \mathrm{Re}\left\{ Y_{\mathrm{i}} \right\} \tag{4.175}$$

mit

$\tilde{F}^2$ quadrierter Effektivwert der anregenden Kraft,

$\mathrm{Re}\left\{ Y_{\mathrm{i}} \right\}$ Realteil der Admittanz der Platte

bestimmt werden. Damit ergibt sich für die Schnelle auf der Platte

$$\left\langle \tilde{v}_{\mathrm{i}}^{\,2} \right\rangle = \frac{\tilde{F}^2 \cdot \mathrm{Re}\left\{ Y_{\mathrm{i}} \right\}}{\omega \eta_{\mathrm{i}} m'_{\mathrm{i}} S_{\mathrm{i}}} \tag{4.176}$$

Dabei wird die Masse der Platte mit deren flächenbezogener Masse m' und deren Fläche S_{i} ausgedrückt.

Im nächsten Schritt wird nun der über den Übertragungsweg ij resultierende Schalldruck $\left\langle p_{\mathrm{r,ij}}^2 \right\rangle$ im Empfangsraum für die Situation in Bild 4.65 betrachtet. Dafür gilt mit Gl. (4.172):

$$\left\langle p_{\mathrm{r,ij}}^2 \right\rangle = 4\rho^2 c^2 \cdot \left\langle v_{\mathrm{i}}^2 \right\rangle \cdot d_{\mathrm{ij}} \cdot \sigma_{\mathrm{j}} \cdot \frac{S_{\mathrm{j}}}{A} = 4\rho^2 c^2 \cdot \tilde{F}^2 \cdot \frac{\mathrm{Re}\left\{ Y_{\mathrm{i}} \right\}}{\omega \eta_{\mathrm{i}} m'_{\mathrm{i}} S_{\mathrm{i}}} \cdot d_{\mathrm{ij}} \cdot \sigma_{\mathrm{j}} \cdot \frac{S_{\mathrm{j}}}{A} \tag{4.177}$$

ANMERKUNG

Der Vergleich der Gl. (4.177) mit Gl. (4.172) zeigt, dass anstelle des für Luftschallanregung geltenden Anregegrades $\varepsilon_i = \tau_i/\sigma_i$ hier der Realteil der Deckenadmittanz steht als diejenige Größe, welche die Körperschallanregbarkeit der Decke beschreibt.

Wie bereits bei der Herleitung der flankierenden Luftschallübertragung in Abschnitt 4.2.1.2.2 kann auch in Gl. (4.177) der Abstrahlgrad durch Anwendung des Reziprozitätsprinzips eliminiert werden. Dieses wird gemäß Bild 4.66 (direkte Messung) und Bild 4.67 (indirekte/reziproke Messung) angewendet.

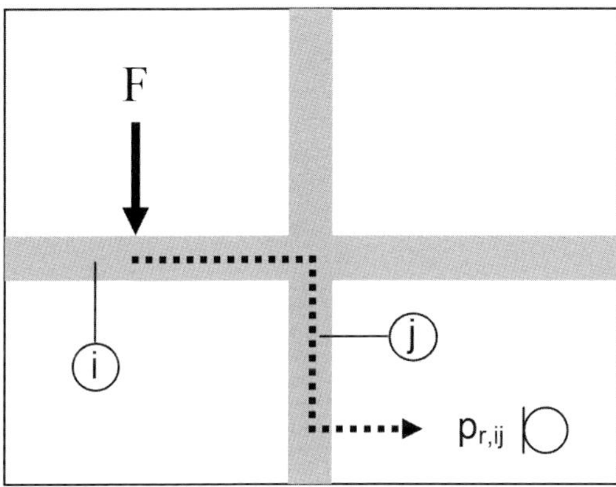

Quelle: Autoren

Bild 4.66: Anwendung des Reziprozitätsprinzips auf die (flankierende) Körperschallübertragung: direkte Messung

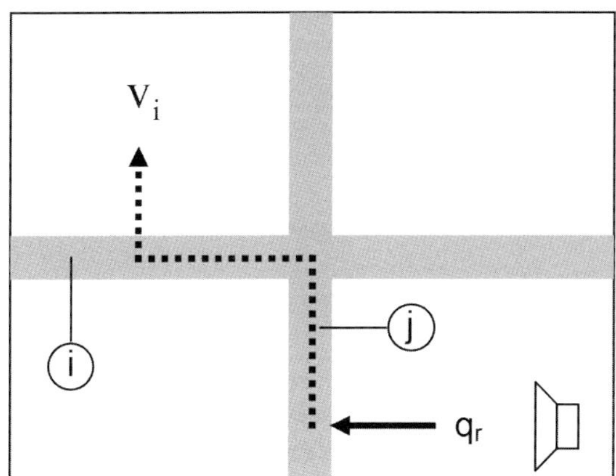

Quelle: Autoren

Bild 4.67: Anwendung des Reziprozitätsprinzips auf die (flankierende) Körperschallübertragung: indirekte (reziproke) Messung

Dazu werden in der einen Richtung („direkt") die anregende Kraft F auf dem Bauteil i und der im anderen Raum (Empfangsraum) verursachte Schalldruck p_r mit einander verknüpft. In umgekehrter Übertragungsrichtung („indirekt") wird der im Empfangsraum von einer Luftschallquelle verursachte Schallfluss q_r mit der dadurch verursachten Schnelle v_i der Platte im anderen Raum verknüpft.

> **ANMERKUNG**
>
> Der Schallfluss einer Luftschallquelle (Volumenfluss) ist das Produkt aus Schnelle und Oberfläche eines Strahlers.

Damit kann das Reziprozitätsprinzip so beschrieben werden:

$$\left(\frac{p_r^2}{F^2}\right)_{\text{direkt}} = \left(\frac{v_i^2}{q_r^2}\right)_{\text{reziprok}} \tag{4.178}$$

Nach Morse und Ingard [402] gilt für den Schalldruck im Raum:

$$\left\langle p^2 \right\rangle = \frac{\rho^2 \omega^2 \widetilde{q_r 2}}{\pi A} \tag{4.179}$$

wobei auch hier ein diffuses Schallfeld vorausgesetzt wird. Mit Gl. (4.165) (formuliert für j statt i) ergibt sich die Schnelle auf dem flankierenden Bauteil j im Empfangsraum bei Anregung durch q_r:

$$\left\langle v_j^2 \right\rangle = \frac{\left\langle p_r^2 \right\rangle \cdot \tau_j}{4\rho^2 c^2 \cdot \sigma_j} \tag{4.180}$$

Gl. (4.167) wird nun mit Hilfe von Gl. (4.179) und Gl. (4.180) für die umgekehrte Richtung formuliert. Die Plattenschnelle v_i wird also aus der Anregung im Empfangsraum berechnet.

$$\left\langle v_i^2 \right\rangle = d_{ji} \cdot \left\langle v_j^2 \right\rangle = \frac{\left\langle p_r^2 \right\rangle \cdot \tau_j \cdot d_{ji}}{4\rho^2 c^2 \sigma_j} = \frac{\rho^2 \omega^2 \widetilde{q_r}^2}{\pi A} \cdot \frac{\tau_j \cdot d_{ji}}{4\rho^2 c^2 \sigma_j} = \widetilde{q_r 2} \cdot \tau_j \cdot d_{ji} \cdot \frac{\omega^2}{\sigma_j 4\pi A c^2} \tag{4.181}$$

Aus der (quadrierten) Gl. (4.178) folgt

$$\left\langle p_r^2 \right\rangle = F^2 \cdot \frac{\left\langle v_i^2 \right\rangle}{q_r^2} \tag{4.182}$$

und mit Gl. (4.181) ergibt sich daraus

$$\left\langle p_r^2 \right\rangle = F^2 \cdot \tau_j \cdot d_{ji} \cdot \frac{\omega^2}{\sigma_j \cdot A \cdot 4\pi \cdot c^2} \tag{4.183}$$

Werden diese Gleichung und Gl. (4.177) mit einander multipliziert, wird dadurch der Abstrahlgrad σ_j eliminiert, und es ergibt sich

$$\left\langle p_{\text{r,ij}}^2 \right\rangle = \frac{\tilde{F}^2}{A} \cdot \left(d_{\text{ij}} \cdot d_{\text{ji}} \cdot \tau_{\text{j}} \cdot \frac{S_{\text{j}}}{A \cdot S_{\text{i}}} \cdot \frac{\text{Re}\{Y_{\text{i}}\} \omega \rho^2}{\pi \eta_{\text{i}} m'_{\text{i}}} \right)^{1/2} \tag{4.184}$$

Folgende Annahmen werden für dieses Vorgehen getroffen:

- $\left\langle p_{\text{r}}^2 \right\rangle = \left\langle p_{\text{r,ij}}^2 \right\rangle$
- Gl. (4.178) gilt auch für räumlich (und über Bauteile) gemittelte Größen.

Für die Pegelbildung ergibt sich daraus mit den Bezugswerten p_0 und F_0

$$L_{\text{ij}} = L_{\text{F}} - \overline{D_{\text{v,ij}}} - \frac{R_{\text{j}}}{2} + 5 \lg \left(\frac{S_{\text{j}}}{S_{\text{i}}} \right) + 5 \lg \left(\frac{\text{Re}\{Y_{\text{i}}\} 2\pi f}{\eta_{\text{i}} m'_{\text{i}}} \right) + 10 \lg \left(\frac{F_0^2 \cdot \rho^2}{p_0^2 \cdot \pi} \right)^{1/2} + 10 \lg \left(\frac{1}{A} \right) \text{ dB} \tag{4.185}$$

Bei dieser Umformung wurde eingesetzt:

$$d_{\text{ij}} \cdot d_{\text{ji}} = \overline{d_{\text{ij}}}^2 \quad \text{bzw.} \quad \overline{d_{\text{ij}}} = \sqrt{d_{\text{ij}} \cdot d_{\text{ji}}} \tag{4.186}$$

$\overline{d_{\text{ij}}}^2$ ist dabei der (geometrisch) gemittelte Schwingungstransmissionsgrad, aus dem die richtungsgemittelte Schnellepegeldifferenz durch

$$\overline{D_{\text{v,ij}}} = 10 \lg \left(\frac{1}{\overline{d_{\text{ij}}}} \right) \text{ dB} \tag{4.187}$$

ermittelt wird.

Die Normierung von Gl. (4.185) auf eine äquivalente Absorptionsfläche $A_0 = 10\ \text{m}^2$ ergibt analog zu Gl. (4.123) den Norm-Schallpegel für die Flankenübertragung

$$L_{\text{n,ij}} = L_{\text{ij}} + 10 \lg \frac{A}{A_0} \text{ dB} \tag{4.188}$$

Werden nun noch für Gl. (4.185) als Bezugswerte für p_0 und F_0 die Referenzwerte nach DIN EN ISO 1683 [90] ($F_0 = 1\ \mu\text{N}$, $p_0 = 20\ \mu\text{Pa}$) verwendet, dann folgt damit

$$L_{\text{n,ij}} = L_{\text{F}} - \frac{R_{\text{j}}}{2} - \overline{D_{\text{v,ij}}} + 5 \lg \left(\frac{S_{\text{j}}}{S_{\text{i}}} \right) + 5 \lg \left(\frac{\text{Re}\{Y_{\text{i}}\} 2\pi f}{\eta_{\text{i}} m'_{\text{i}}} \right) - 37{,}7 \text{ dB} \tag{4.189}$$

Der Verlustfaktor η_{i} (Gesamtverlustfaktor incl. Randverluste) kann messtechnisch über die Körperschall-Nachhallzeit $T_{\text{s,i}}$ ermittelt werden (siehe Gl. (4.64)). Damit folgt für (4.189):

$$L_{\text{n,ij}} = L_{\text{F}} - \frac{R_{\text{j}}}{2} - \overline{D_{\text{v,ij}}} + 5 \lg \left(\frac{S_{\text{j}}}{S_{\text{i}}} \right) + 5 \lg \left(\frac{\text{Re}\{Y_{\text{i}}\} 2\pi f^2}{2{,}2 m'_{\text{i}}} \right) + 5 \lg T_{\text{s,i}} - 37{,}7 \text{ dB} \tag{4.190}$$

Mit Gl. (4.189) oder Gl. (4.190) kann für eine Punktkraft (bzw. eine äquivalente Kraft) der Schalldruckpegel im Empfangsraum berechnet werden, der über den Weg ij zustande kommt. Falls mehrere Flankenwege an der Übertragung in den Empfangsraum beteiligt sind, werden deren Norm-Schallpegel zum Gesamtpegel addiert:

$$L_{n,ges} = \sum_{j=1}^{n} 10^{L_{n,ij}/10} \text{ dB} \tag{4.191}$$

Gl. (4.190) kann unmittelbar auch auf die direkte Übertragung nach Bild 4.68 angewendet werden, so dass der Norm-Schallpegel dann

$$L_{n,i} = L_F - \frac{R_i}{2} + 5\lg\left(\frac{\mathrm{Re}\{Y_i\}2\pi f^2}{2{,}2m'_i}\right) + 5\lg T_{s,i} - 37{,}7 \text{ dB} \tag{4.192}$$

lautet.

Diese Beziehung erlaubt die Berechnung der Direktübertragung für eine anregende Kraft F. Falls für L_F der Kraftpegel des Norm-Hammerwerks gewählt wird, ist $L_{n,i}$ der Norm-Trittschallpegel der Decke.

Wird Gl. (4.192) in Gl. (4.190) eingesetzt, ergibt sich

$$L_{n,ij} = L_{n,i} + \frac{R_i - R_j}{2} - \overline{D_{v,ij}} + 5\lg\left(\frac{S_j}{S_i}\right) \text{ dB} \tag{4.193}$$

oder in der Schreibweise der EN 12354-2

$$L_{n,ij} = L_{n,i} + \frac{R_i - R_j}{2} - \overline{D_{v,ij}} - 10\lg\sqrt{\frac{S_i}{S_j}} \text{ dB} \tag{4.194}$$

Das entspricht Gl. (4.157), falls Vorsatzkonstruktionen mit ΔL, ΔL_d und ΔR nicht berücksichtigt werden.

Mit Gl. (4.190) und Gl. (4.192) kann für Körperschallquellen, die durch (Punkt-)Kräfte beschrieben werden können, der verursachte Schallpegel für direkte und flankierende Übertragung berechnet werden.

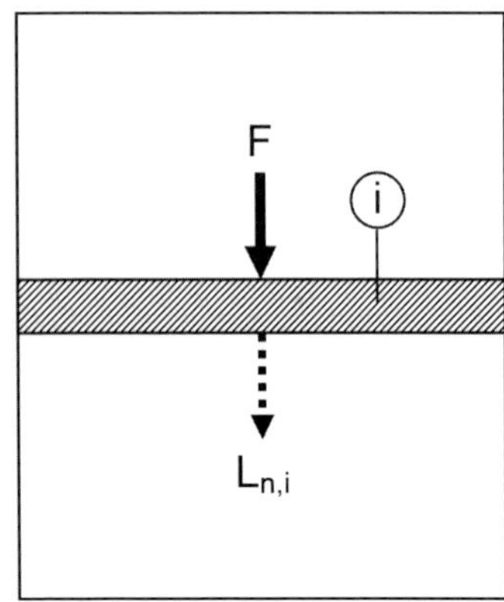

Quelle: Autoren

Bild 4.68: Direkte Übertragung von Körperschall

4.3.2.7 Modifiziertes vereinfachtes Verfahren nach DIN EN ISO 12354-2:2017

Überarbeitung von DIN EN 12354-2:2000

Im Jahr 2000 wurde DIN EN 12354-2 zum ersten Mal veröffentlicht und war seitdem die Grundlage für die Behandlung des Trittschalls auf europäischer Ebene. 2013 wurde dann, zusammen mit den Normteilen 1, 3 und 4, die Revision der EN 12354 in die Wege geleitet. Die für die DIN 4109 relevanten Teile 1–3 wurden im November 2017 als überarbeitete Normen eingeführt ([103] bis [105]). Mit DIN EN ISO 12354-2:2017 liegt nun eine neue Ausgabe vor, die für die Berechnung des Trittschalls einige Neuerungen mit sich bringt:

- Die Implementierung des Holz- und Leichtbaus in das detaillierte Berechnungsverfahren
- Ein neues vereinfachtes Berechnungsmodell
- Ein Berechnungsmodell für den Trittschall von Treppen

Hier soll auf das neue vereinfachte Berechnungsmodell und seine Relevanz für DIN 4109-2 eingegangen werden. Das neue Berechnungsmodell für den Trittschall von Treppen wird in Abschnitt 4.3.2.8 behandelt.

Gründe für ein neues vereinfachtes Nachweisverfahren in DIN EN 12354-2

Als bei CEN die erste Auflage der EN 12354-2 erarbeitet wurde, sollte genauso wie bei der Berechnung der Luftschalldämmung neben dem detaillierten Verfahren auch ein vereinfachtes Verfahren in die Norm aufgenommen werden. Da für dieses Verfahren von deutscher Seite das Nachweisverfahren aus Beiblatt 1 zu DIN 4109:1989 reklamiert wurde, war der Weg für ein aus dem detaillierten Verfahren abgeleitetes vereinfachtes Verfahren verbaut. Somit gab es in EN 12354-2:2000 ein vereinfachtes Verfahren, das einer anderen Vorgehensweise als im detaillierten Modell folgte und aus diesem nicht abgeleitet werden konnte. Bei der Revision von EN 12354-2 ab 2013 hat man im Sinne einer einheitlichen und in sich konsistenten Vorgehensweise bei den Berechnungsmodellen in EN 12354-1 (Luftschalldämmung) und EN 12354-2 (Trittschalldämmung) das bisherige vereinfachte Verfahren deshalb durch ein neues vereinfachtes Verfahren ersetzt. Das alte vereinfachte Verfahren wurde gestrichen.

Die Defizite des alten Verfahrens konnten damit beseitigt werden. Diese sind insbesondere folgende:

- Das Verfahren ist nicht kompatibel mit dem detaillierten Verfahren.
- Die einzelnen Übertragungswege sind nicht getrennt berechenbar. Die Flankenübertragung wird nur pauschal und näherungsweise behandelt.
- Es kann nur die vertikale Trittschallübertragung in den darunterliegenden Raum berechnet werden.
- Vorsatzkonstruktionen an der Deckenunterseite und an den flankierenden Bauteilen können nicht berücksichtigt werden.
- Die spezifischen Eigenschaften der Knotenpunkte Decke/Wand bleiben unberücksichtigt.
- Der Holz- und Leichtbau kann damit nicht unmittelbar behandelt werden.

Mit dem neuen vereinfachten Verfahren konnten diese Defizite beseitigt werden.

Grundsätze des neuen vereinfachten Verfahrens

Beim neuen vereinfachten Verfahren für den Trittschall folgte man denselben Grundsätzen wie bei der Luftschalldämmung in EN 12354-1. In erster Linie bedeutet das, dass der Ansatz des detaillierten Modells übernommen wurde. Es werden also alle in Frage kommenden Übertragungswege separat berechnet. Die wesentliche Vereinfachung besteht darin, dass die Berechnungen nicht frequenzabhängig, sondern mit Einzahlwerten erfolgen. Darüber hinaus wird eine vereinfachte In-situ-Korrektur angewendet. Schalldämm-Maße werden gar nicht und Stoßstellendämm-Maße in stark vereinfachter Weise korrigiert. Mit diesem Ansatz ist es möglich, neben der vertikalen auch die horizontale und diagonale Trittschallübertragung zu berechnen. Vorsatzkonstruktionen können an allen Stellen des gesamten Übertragungsweges in der Berechnung berücksichtigt werden. Da bei der Berechnung der Flankenübertragung auch die Stoßstellendämm-Maße herangezogen werden, können die spezifischen Eigenschaften des Knotenpunkts Decke/Wand bei Bedarf in die Berechnung einbezogen werden.

Die gewählte Formulierung des vereinfachten Modells ist zuerst einmal auf die Bedürfnisse des Massivbaus zugeschnitten. Die Behandlung der Flankenübertragung nach diesem Modell hat sich für den Holz- und Leichtbau als i. d. R. nicht zweckmäßig erwiesen. Hier können für die Berechnung der Flankenübertragung die bewerteten Norm-Flankentrittschallpegel $L_{n,f,w}$ herangezogen werden.

Durch die Verwendung der üblichen Einzahlwerte ist das vereinfachte Modell auf den Frequenzbereich 100 Hz bis 3 150 Hz beschränkt. Es können prinzipiell auch andere Kenngrößen verwendet werden, indem Spektrumanpassungswerte angesetzt werden.

Das neue vereinfachte Verfahren in DIN EN 12354-2

Ausgangspunkt ist für übereinanderliegende Räume Gl. (4.154) aus dem detaillierten Modell, die nun mit Einzahlwerten formuliert wird:

$$L'_{n,w} = 10\lg\left(10^{L_{n,d,w}/10} + \sum_{j=1}^{n} 10^{L_{n,ij,w}/10}\right) \text{ dB} \qquad (4.195)$$

Dabei ist

$L_{n,d,w}$ bewerteter Norm-Trittschallpegel durch direkte Trittübertragung;

$L_{n,ij,w}$ bewerteter Norm-Trittschallpegel infolge von Flankenübertragung auf dem Weg ij;

n Anzahl der Bauteile.

Entsprechend ergibt sich für die horizontale und flankierende Übertragung aus Gl. (4.155)

$$L'_{n,w} = 10\lg\left(\sum_{j=1}^{n} 10^{L_{n,ij,w}/10}\right) \text{ dB} \qquad (4.196)$$

Wie im detaillierten Modell werden auch hier alle Übertragungswege einzeln berechnet.

Aus Gl. (4.156) ergibt sich für die direkte Trittschallübertragung

$$L_{n,d,w} = L_{n,eq,0,w} - \Delta L_w - \Delta L_{d,w} \text{ dB} \qquad (4.197)$$

Dabei ist

$L_{n,d,w}$ bewerteter Norm-Trittschallpegel für den direkten Übertragungsweg;

$L_{n,eq,0,w}$ äquivalenter bewertete Norm-Trittschallpegel der Rohdecke;

ΔL_w bewertete Trittschallminderung durch die Deckenauflage;

$\Delta L_{d,w}$ bewertete Trittschallminderung durch eine Vorsatzkonstruktion an der Deckenunterseite (Unterdecke).

Im Vergleich mit Gl. (4.156) zeigt sich, dass hier keine In-situ-Korrektur vorgenommen wird. Für die Berechnung mit Einzahlwerten musste für den bewerteten Norm-Trittschallpegel der Rohdecke anstelle von $L_{n,w}$ der äquivalente bewertete Norm-Trittschallpegel $L_{n,eq,0,w}$ eingesetzt werden, da nur mit diesem eine korrekte Berechnung mit Einzahlwerten erfolgen kann. Mit Gl. (4.197) kann nun auch im vereinfachten Verfahren eine einheitliche Behandlung der gesamten Deckenkonstruktion vorgenommen werden.

Die bei der Trittschallabstrahlung im Empfangsraum wirksame Unterdecke wird mit $\Delta L_{d,w}$ berücksichtigt. Daten für diese Größe stehen in der Regel nicht zur Verfügung. Sie kann näherungsweise durch die Verbesserung des bewerteten Schalldämm-Maßes $\Delta R_{d,w}$ ersetzt werden. Was mit frequenzabhängigen Werten ΔL_d und ΔR_d unproblematisch wäre, kann bei den genannten Einzahlwerten aufgrund der unterschiedlichen Bewertungsverfahren für die Luft- und Trittschalldämmung zu einer zusätzlichen Unsicherheit führen. Weitergehende Angaben liegen dafür jedoch nicht vor.

Wenn eine Deckenauflage und eine Unterdecke gleichzeitig vorhanden sind, darf in Gl. (4.197) nur die Hälfte des Wertes von $\Delta L_{d,w}$ angesetzt werden. Diese Regelung entspricht der Regelung für die Luftschalldämmung nach Gl. (4.102) und Gl. (4.103). Es soll damit vermieden werden, dass es wegen der Einzahlwerte zu einer Überbewertung der resultierenden verbessernden Wirkung von Vorsatzkonstruktionen kommt.

Für die flankierende Trittschallübertragung wird die Beziehung aus dem detaillierten Modell nach Gl. (4.157) für das vereinfachte Modell folgendermaßen umgesetzt:

$$L_{n,ij,w} = L_{n,eq,0,w} - \Delta L_w + \frac{R_{i,w} - R_{j,w}}{2} - \Delta R_{j,w} - K_{ij} - 10 \lg\left(\frac{S_i}{l_0 \cdot l_{ij}}\right) \text{ dB} \qquad (4.198)$$

Dabei ist

$L_{n,ij,w}$ bewerteter Norm-Trittschallpegel infolge von Flankenübertragung auf dem Weg ij (i: Decke, j: abstrahlendes Flankenbauteil im Empfangsraum);

$L_{n,eq,0,w}$ äquivalenter bewerteter Norm-Trittschallpegel der Rohdecke;

ΔL_w bewertete Trittschallminderung durch eine Deckenauflage;

$R_{i,w}$ bewertetes Schalldämm-Maß der Decke;

$R_{j,w}$ bewertetes Schalldämm-Maß für das flankierende Bauteil j im Empfangsraum;

K_{ij} Stoßstellendämm-Maß für den Übertragungsweg ij;

$\Delta R_{j,w}$ Verbesserung des bewerteten Schalldämm-Maßes durch eine Vorsatzkonstruktion auf dem flankierenden Bauteil j im Empfangsraum;

S_i Fläche der Decke;

l_{ij} Kopplungslänge zwischen Decke und flankierendem Bauteil;

l_0 Bezugslänge, $l_0 = 1$ m.

Die In-situ-Korrektur wird wie bei der entsprechenden Beziehung für die Flankendämmung $R_{ij,w}$ beim vereinfachten Modell für die Luftschalldämmung (siehe Abschnitt 4.2.1.6 und Gl. (4.86) bis Gl. (4.88)) behandelt: für die Schalldämm-Maße R_i und R_j sowie für die Vorsatzkonstruktionen mit ΔL_w und $\Delta R_{j,w}$ erfolgt keine Korrektur. Korrigiert wird hingegen das Stoßstellenverhalten, indem in Gl. (4.159) bei der Berechnung der richtungsgemittelten Schnellepegeldifferenz die Absorptionslängen der Bauteile zahlenmäßig ihren Flächen S gleichgesetzt werden und diese vereinfachte Beziehung in Gl. (4.157) eingesetzt wird.

Falls im gesamten durch Gl. (4.198) beschriebenen Übertragungsweg eine Deckenauflage und eine Vorsatzschale auf der Flankenwand gleichzeitig vorhanden sind, darf für die Vorsatzschale der Wert von ΔR_w nur zur Hälfte angesetzt werden. Diese Regelung korrespondiert mit der bei der Luftschalldämmung in Abschnitt 4.2.1.7.2 getroffenen Regelung nach Gl. (4.105) und Gl. (4.106), wenn sich zwei Vorsatzkonstruktionen gleichzeitig im selben Übertragungsweg befinden.

Besonderheiten für den Holz- und Leichtbau

In der überarbeiteten DIN EN ISO 12354-2:2017 wird gegenüber DIN EN 12354-2:2000 die Anwendung der Berechnungsverfahren für den Holz- und Leichtbau präzisiert. Dafür werden Bauteile des Typs A und des Typs B definiert. Der Holz- und Leichtbau wird (weitgehend) durch Bauteile des Typs B beschrieben. Für diese Bauteile heißt es im neuen vereinfachten Verfahren, dass der bewertete Norm-Trittschallpegel für die Flankenübertragung $L_{n,ij,w}$ nicht wie im Massivbau über Gl. (4.198) ermittelt wird, sondern dafür der bewertete Norm-Flankentrittschallpegel $L_{n,f,w}$ herangezogen werden soll. Dieser wird für die flankierende Konstruktion (unter Berücksichtigung aller Bauteilschichten und der in Frage kommenden Stoßstellenbedingungen) durch Prüfstandsmessungen nach DIN EN ISO 10848-2 [100] bzw. DIN EN ISO 10848-3 [101] bestimmt. Für die rechnerische Prognose muss der im Prüfstand ermittelte Norm-Flankentrittschallpegel auf die Bedingungen der betrachteten Gebäudesituation nach der folgenden Beziehung umgerechnet werden:

$$L_{n,ij,w} = L_{n,f,ij,lab,w} + 10\lg\left(\frac{S_{i,lab} \cdot l_{ij}}{S_i \cdot l_{ij,lab}}\right) \text{ dB} \qquad (4.199)$$

Dabei ist

$L_{n,f,ij,lab,w}$ im Prüfstand ermittelter bewerteter Norm-Flankentrittschallpegel für den Übertragungsweg ij;

S_i und $S_{i,lab}$ die Deckenfläche im Gebäude bzw. im Prüfstand;

l_{ij} bzw. $l_{ij,lab}$ die Kopplungslänge zwischen Decke und Flankenbauteil im Gebäude bzw. im Prüfstand.

Benötigte Daten zur Trittschallberechnung

In Tabelle 4.18 werden die für die Berechnungsverfahren der einzelnen Regelwerke benötigten Eingangsdaten gegenübergestellt. Während das Verfahren aus Beiblatt 1 zu DIN 4109:1989 und das daraus abgeleitete Verfahren aus DIN 4109-2 mit $L_{n,eq,0,q}$, ΔL_w und den flächenbezogenen Massen der Bauteile auskommen, werden für das neue vereinfachte Verfahren aus DIN EN ISO 12354-2:2017 eine Reihe weiterer Kenngrößen benötigt. Im Vergleich mit dem in DIN 4109-2 schon eingeführten Berechnungsverfahren für die Luftschalldämmung zeigt sich allerdings, dass alle zusätzlichen Kenngrößen bereits zur Verfügung stehen. Die Trittschallberechnung nach dem neuen vereinfachten Verfahren kann also mit den schon vorhandenen Daten des Bauteilkatalogs der DIN 4109 (Teile 31 bis 36) durchgeführt werden. Insofern wäre eine Umsetzung dieses Verfahrens im Rahmen der DIN 4109 ohne größere Schwierigkeiten möglich. Auch ohne Verankerung in der DIN 4109 könnte dieses Verfahren schon jetzt für eine detaillierte Planung eingesetzt werden.

Tabelle 4.18: Benötigte Eingangsdaten für die Nachweisverfahren des Luft- und Trittschalls

Kenngröße	Bezeichnung	Trittschall Beiblatt 1 zu DIN 4109:1989	Trittschall DIN 4109-2	Luftschall DIN 4109-2	Trittschall DIN EN ISO 12354-2:2017 vereinf. Verfahren
$L_{n,eq,0,w}$	äquivalenter bewerteter Norm-Trittschallpegel	x	x	–	x
ΔL_w	bewertete Trittschallminderung	x	x	–	x
$R_{i,w}$	bewertetes Schalldämm-Maß der Decke	–	–	x	x
$R_{j,w}$	bewertetes Schalldämm-Maß der Flankenbauteile	–	–	x	x
$\Delta L_{d,w}$ bzw. $\Delta R_{d,w}$	bewertete Trittschallminderung bzw. Verbesserung des bewerteten Schalldämm-Maßes einer Unterdecke	–	–	(x) für ΔR_w	x

Kenngröße	Bezeichnung	Trittschall Beiblatt 1 zu DIN 4109:1989	Trittschall DIN 4109-2	Luftschall DIN 4109-2	Trittschall DIN EN ISO 12354-2:2017 vereinf. Verfahren
$\Delta R_{j,w}$	Verbesserung des bewerteten Schalldämm-Maßes durch eine Vorsatzkonstruktion	–	–	x	x
K_{ij}	Stoßstellendämm-Maß	–	–	x	x
S_i	Fläche der Decke	–	–	x	x
l_{ij}	Kopplungslänge	–	–	x	x
m'_s	flächenbezogene Masse der Decke	x	x	x (zur Ermittlung von R_w)	x (zur Ermittlung von $L_{n,eq,0,w}$)
$m'_{f,m}$	flächenbezogene Masse der flankierenden Bauteile	–	x	x (zur Ermittlung von R_w)	x (zur Ermittlung von R_w)

Mögliche Umsetzung in DIN 4109-2

Unbestreitbar ist es ein großer Vorteil, dass bei dem neuen vereinfachten Berechnungsverfahren auf den schon im Bauteilkatalog der DIN 4109 vorhandenen Datenpool zurückgegriffen werden kann und keine zusätzlichen Daten beschafft werden müssen. Für eine Umsetzung des Verfahrens in DIN 4109-2 sprechen aber noch weitere Gründe:

- Das Verfahren ist konsistent mit dem Verfahren zur Berechnung der Luftschalldämmung. Somit würde der DIN 4109-2 ein einheitliches Konzept für Nachweis und Planung von Luft- und Trittschalldämmung zugrunde gelegt werden. Auch die Berechnung der Trittschalldämmung würde sich an den realen Gegebenheiten des baulichen Schallschutzes orientieren und die für die Planung wesentlichen bauakustischen Zusammenhänge transparent machen.
- Neben der vertikalen Trittschallübertragung kann auch die horizontale und diagonale Übertragung situationsgerecht (und nicht nur in grober Näherung) berechnet werden.
- Im Massivbau kann der komplette Deckenaufbau (Rohdecke, Deckenauflagen, Unterdecken) einheitlich und nach demselben Konzept wie bei der Luftschalldämmung behandelt werden.
- Eine Adaption für den Holz- und Leichtbau ist denkbar, so dass auch dieser innerhalb desselben Konzepts behandelt werden könnte.

Bisherige Erfahrungen mit der Anwendung dieses vereinfachten Berechnungsverfahrens [336], [338] waren erfolgversprechend und zeigten gegenüber dem bisherigen vereinfachten Verfahren die deutlichen Vorteile auf.

4.3.2.8 Nachweise für den Trittschall von Treppen

Ausgangspunkt für die Normung

In DIN 4109:1989 wurden zum ersten Mal auch Anforderungen an den Trittschall von Treppen aufgenommen. Daraus ergab sich die Notwendigkeit, Treppen in die Schallschutznachweise des Beiblatts 1 zu DIN 4109:1989 einzubeziehen. Mit den Regelungen für Treppen wurde in DIN 4109:1989 Neuland betreten. Man war sich in einigen wesentlichen Fragen nicht sicher genug, so dass die Regelungen für Treppen „auf der sicheren Seite" angesiedelt wurden. Bei den Anforderungen wurden deshalb nicht die Anforderungen übernommen, die auch für Decken gelten (siehe dazu 3.3.2), sondern um 5 dB höhere zulässige Norm-Trittschallpegel. Während die Anforderungen in DIN 4109:1989 für alle Arten von Treppen galten, wurden bei den schalltechnischen Nachweisen des Beiblatts 1 zu DIN 4109:1989 nur massive Treppen im Massivbau berücksichtigt. Das entsprach dem damals vorhandenen Wissensstand und deckte immerhin den größten Teil der Anwendungsfälle ab.

In der Praxis kommen für Treppen folgende Fälle in Betracht:

- massive Treppen an massiven Treppenwänden;
- leichte Treppen an massiven Treppenwänden;
- leichte Treppen im Holz- und Leichtbau.

Ein Nachweisverfahren für den Trittschall von Treppen sollte die wesentlichen Maßnahmen zur Trittschalldämmung einbeziehen:

- Verminderung der Trittschalleinleitung in die Treppe;
- Verringerung der Körperschallübertragung von der Treppe in den umgebenden Baukörper.

Im Einzelnen sind das:

- weichfedernde Gehbeläge (z. B. Teppichbeläge);
- schwimmend verlegte Trittplattensysteme;
- schwimmende Estriche auf Podesten;
- elastische Auflagerung der Treppenläufe (von der Wand abgerückt) in Verbindung mit schwimmenden Estrichen auf den Podesten;
- elastische Auflagerung der Treppenpodeste (mit starrverbundenen Treppenläufen);
- zweischalige Treppenhäuser (durchgehende Trennfugen in der Trennwand zwischen Treppenraum und betroffener Wohnung).

Auf die wesentlichen Probleme des Trittschalls und die in Frage kommenden Lösungsmöglichkeiten wurde schon während der Erarbeitung der DIN 4109:1989 detailliert und fundiert eingegangen [233], [235], [403], [404], [405]. Angesichts des damaligen Standes des Schallschutzes bei Treppen [235] wird der Verbesserung des Schallschutzes von Massivtreppen durch elastische Lagerung schon damals eine besondere Rolle zugesprochen. In [234] heißt es von Ertel dazu:

> Als eine wirksame Methode zur Verminderung des Trittschallschutzes hat sich dabei die elastische Lagerung der Treppen erwiesen: Diese Bauausführung ermöglicht wesentliche Verbesserungen des Trittschallschutzes und es lassen sich Trittschallschutzmaße erreichen, die deutlich über den im Entwurf zur DIN 4109 vom Febr. 1979 vorgeschlagenen hohen Anforderungen liegen.

Nachweis in Beiblatt 1 zu DIN 4109:1989

Auf den Nachweis der Trittschalldämmung von Treppen in Beiblatt 1 zu DIN 4109:1989 wird nachfolgend detailliert eingegangen, da dieser Nachweis von DIN 4109-2 übernommen wurde.

In Beiblatt 1 zu DIN 4109:1989 wird dieser Nachweis in Abschnitt 4.3 geregelt. Es handelt sich dabei nicht um ein wirkliches Berechnungsverfahren. Maßgebliche Größe zum Vergleich mit den Anforderungen ist der mit Beistrich versehene bewertete Norm-Trittschallpegel $L'_{n,w,R}$. Dieser kann auf zwei unterschiedliche Arten ermittelt werden. Für Treppenläufe und -podeste ohne trittschallmindernde Auflage (schwimmender Estrich oder Bodenbelag) kann der Rechenwert für $L'_{n,w,R}$ direkt aus Tabelle 20 des Beiblatts 1 entnommen werden. Falls Treppenläufe und -Podeste mit einer trittschallmindernden Auflage versehen werden, die über die bewertete Trittschallminderung $\Delta L_{w,R}$ beschrieben wird, dann wird zur Ermittlung von $L'_{n,w,R}$ nach Gl. (4.139) vorgegangen. Der dafür benötigte äquivalente bewertete Norm-Trittschallpegel $L_{nw,eq,R}$ wird ebenfalls in Tabelle 20 angegeben. Tabelle 20 ist also das Kernstück des Trittschallnachweises in Beiblatt 1. Anhand der für Tabelle 20 getroffenen Randbedingungen zeigt sich, dass es sich dabei nicht um einen allgemein anwendbaren Nachweis für unterschiedliche Situationen handelt, sondern um Musterlösungen, die nur für die definierten Bedingungen anwendbar sind. Diese Musterlösungen sind durch folgende Festlegungen definiert:

- Betrachtet wird die Trittschallübertragung in einen unmittelbar angrenzenden Wohnraum.
- Die Werte der Tabelle 20 gelten „unter Berücksichtigung der Ausbildung der Treppenraumwand“.
- Für die Treppen werden Stahlbetonpodeste oder -Treppenläufe mit einer Dicke $d \geq 120$ mm vorausgesetzt (Tabelle 20/Fußnote 1).
- Weitere Angaben zur Konstruktion werden in den Bildern 8 bis 12 gemacht. Mit den dort gezeigten Ausführungen (schwimmender Estrich auf Podest, entkoppelte Lagerung) soll $L'_{n,w,R} \leq 43$ dB erreicht werden, was einem erhöhten Schallschutz nach Beiblatt 1 genügen würde.

Eine genauere Betrachtung der Übertragungsverhältnisse von der Treppe in einen hinter der Treppenraumwand liegenden schutzbedürftigen Raum würde auch die Eigenschaften der angrenzenden Treppenraumwand berücksichtigen. In [233] heißt es dazu:

Da die Trittschallübertragung der Treppe in der Regel über die Treppenhauswand erfolgt, ist die Stoßstellendämmung dieser Wand und damit ihre flächenbezogene Masse mit zu berücksichtigen.

In den Ausführungsbeispielen (Tabelle 20 in Abschnitt 4.3 des Beiblatts 1) mit fest mit der Treppenraumwand verbundenem Treppenlauf oder Treppenpodest wird für die Treppenraumwand eine flächenbezogene Masse $m' \geq 380\ \text{kg/m}^2$ festgelegt. Nach Beiblatt 1 zu DIN 4109:1989, Tabelle 3, Zeile 19 ergibt sich diese flächenbezogene Masse aus dem für die Wand geforderten bewerteten Schalldämm-Maß $R'_w = 52$ dB. Weitere Festlegungen zum Baukörper werden nicht getroffen. Offensichtlich wird von den Verhältnissen eines „üblichen“ Massivbaus, vermutlich spätestens zum Zeitpunkt der Normerarbeitung, ausgegangen. In der Beschreibung dieser Verhältnisse scheint es während der Normerarbeitung aber zu gewissen Änderungen gekommen zu sein. Im Normentwurf von 1979 war die flächenbezogene Masse der Treppenraumwand noch mit $m' \geq 480\ \text{kg/m}^2$ festgelegt worden. Erstaunlich ist, dass in den Ausführungsbeispielen trotz der vorgenommenen Änderung die Werte für $L_{n,eq,w}$ und $L'_{n,w}$ gleich geblieben sind.

Um auch eine Ausführung mit entkoppelten Treppenpodesten oder Treppenläufen in die Nachweise einbeziehen zu können, finden sich dafür Ausführungsbeispiele, die bildhaft dargestellt werden. Ohne dass weiter auf die erforderlichen Eigenschaften der elastischen Lager eingegangen wird, wird diesen Ausführungen ein $L'_{n,w} \leq 43$ dB attestiert, so dass die Einhaltung des erhöhten Schallschutzes nach Beiblatt 2 zu DIN 4109:1989 ($L'_{n,w} \leq 46$ dB) in Aussicht gestellt wird. Aus heutiger Sicht muss diese pauschale Zuschreibung einer schalltechnischen Qualität ohne nähere Spezifikationen für die elastischen Lager als kritisch und unzureichend betrachtet werden.

Als Besonderheit ist beim Schallschutznachweis für den Trittschall nach Beiblatt 1 zu DIN 4109 eine Regelung aus Abschnitt 4.1.1 zu berücksichtigen. Dort heißt es: „Der so errechnete Wert von $L'_{n,w}$ muss mindestens 2 dB niedriger sein als die in DIN 4109 genannten Anforderungen.“ Diese Regel ist auf die aus $L_{n,w,eq,R}$ ermittelte Treppenkonstruktion anzuwenden. Sie gilt für die $L'_{n,w}$-Werte der Ausführungsbeispiele nicht. Offensichtlich sollen mit dieser Regelung die bekannten Unsicherheiten bei der Anwendung trittschallverbessernder Maßnahmen (schwimmende Estriche) ausgeglichen werden.

Nachweis in DIN EN 12354-2:2000

In DIN EN 12354-2:2000 wird der Trittschall von Treppen überhaupt nicht behandelt. Das vereinfachte Verfahren bietet dazu keine Möglichkeit. Es wäre allerdings möglich, das für Decken genannte detaillierte Verfahren für Treppen zu adaptieren. Das ist allerdings erst in der revidierten DIN EN ISO 12354-2:2017 geschehen.

Nachweis für massive Treppen in DIN 4109-2

Bei der Erarbeitung von DIN 4109-2 wäre ein Ersatz für das bisherige Verfahren aus Beiblatt 1 zu DIN 4109:1989 wünschenswert gewesen. Die bekannten Einschränkungen dieses Verfahrens erschienen für die neue Norm nicht mehr aktuell und zeitgemäß. Zudem passt dieses Verfahren nicht zur von EN 12354 vorgegebenen Methodik der Berechnungsverfahren. Da jedoch DIN EN 12354-2:2000 für einen Ersatz keine Möglichkeiten lieferte, musste in DIN 4109-2 das bisherige Verfahren notgedrungenerweise übernommen werden. In deren Abschnitt 4.3.2.3 heißt es dort in einer Anmerkung deshalb ausdrücklich:

> Da für den Trittschall massiver Treppen noch kein aus DIN EN 12354-2 abgeleitetes Berechnungsverfahren vorliegt, gilt bis zur Vorlage eines solchen Verfahrens die nachfolgende Vorgehensweise.

Zu diesem Zeitpunkt war bereits bekannt, dass es umfangreiche Arbeiten zur messtechnischen und rechnerischen Charakterisierung des Trittschalls von Treppen gibt, die eine Möglichkeit für ein neues Nachweisverfahren aufzeigen [406], [407], [408]. Darauf wird im folgenden Abschnitt eingegangen. Das aus Beiblatt 1 übernommene Verfahren wurde also bewusst als Notlösung mit beschränkter Anwendungsdauer betrachtet, das lediglich aufgenommen wurde, um kurzfristige Handlungsfähigkeit für die benötigten Nachweise herzustellen.

DIN 4109-2 übernimmt deshalb den Nachweis durch Musterlösungen und verweist auf die Ausführungsbeispiele in DIN 4109-32, Abschnitt 4.9.4. Dies wird mit dem Hinweis versehen, dass die dort aufgeführten Ausführungsbeispiele „bereits die flankierende Trittschallübertragung, wie sie unter üblichen Massivbaubedingungen zu erwarten ist", berücksichtigen. Genaueres zur flankierenden Übertragung geht weder aus DIN 4109-2 noch aus Beiblatt 1 hervor.

Wie in Beiblatt 1 werden auch in DIN 4109-2 die Musterlösungen für zweischalige massive Treppenraumwände an die konstruktiven Vorgaben für zweischalige Haustrennwände angebunden, indem auf die Festlegungen in DIN 4109-32, Abschnitt 4.3.3.2, verwiesen wird.

Beim Nachweis der Anforderungen ist zu berücksichtigen, dass sowohl auf die aus $L_{n,eq,0,w}$ ermittelte Treppenkonstruktion als auf den $L'_{n,w}$-Wert nach Tabelle 6 ein Sicherheitsbeiwert von 3 dB anzusetzen ist.

Nachweis für leichte Treppen an massiven Treppenwänden in DIN 4109-2

Tragwerkstreppen sind vor allem in Doppel- und Reihenhäusern verbreitet. In [405] wird auf die Trittschallprobleme bei solchen Treppen hingewiesen, insbesondere auch in Abhängigkeit von der Ausführung der Haustrennwand.

Zurzeit ist dafür in DIN 4109-2 noch kein Berechnungsverfahren verfügbar. Das in DIN EN ISO 12354-2:2017 beschriebene Verfahren zur Berechnung der Trittschallübertragung von Treppen kann auch für leichte Treppen angewendet werden, so dass die Umsetzung dieses Verfahrens die bestehende Lücke schließen würde.

Weitere Entwicklungen: Prognose- und Prüfverfahren für elastisch entkoppelte Treppen

Wenn 1985 in [233] noch vor der erstmaligen Veröffentlichung von Anforderungen an den Trittschall von Treppen in DIN 4109:1989 festgestellt wurde, dass „am wirkungsvollsten ... Maßnahmen mit einer elastischen Lagerung der von der Wand abgerückten Läufe oder der elastischen Lagerung der Podeste“ sind, so gehören entkoppelte Treppenpodeste und Treppenläufe (Bild 4.69) heute zu den üblichen Ausführungen, um für Treppen nicht nur die Mindestanforderungen aus DIN 4109-1 sicher zu erfüllen, sondern auch einen erhöhten Schallschutz mit $L'_{n,w} \leq 46$ dB einhalten zu können.

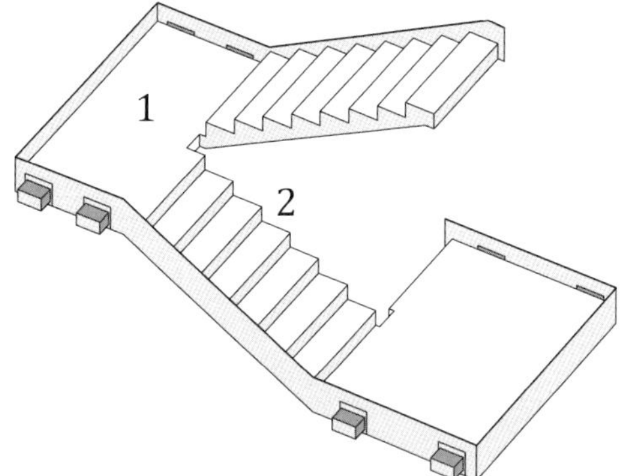

a) Entkoppelte Podestlagerung: Podeste von den Wänden entkoppelt

b) Entkoppelte Lauflagerung: Treppenläufe von Podesten und Decke entkoppelt

Legende

1 Treppenpodest
2 Treppenlauf

Quelle: [104]

Bild 4.69: DIN EN ISO 12354-2, Bild F.1 – Ausführungsmöglichkeiten für entkoppelte massive Treppen

Im Gegensatz zu ihrer Bedeutung stehen die eingeschränkten Möglichkeiten, den erreichbaren Schallschutz mit diesen Ausführungen zu prognostizieren. Es handelt sich offensichtlich um eine wesentliche Lücke im Konzept der Nachweisverfahren der DIN 4109-2, so dass hoher Bedarf an einem Prognoseverfahren besteht, das die Situation elastisch gelagerter Treppen angemessen abzubilden vermag. In direktem Zusammenhang mit dem Prognoseverfahren steht der Bedarf an geeigneten Kenngrößen zur Charakterisierung der Eigenschaften elastischer Treppenlager, die zugleich auch als Eingangsgrößen für die Berechnung verwendet werden können.

Wie kann man sich nun ein Prognoseverfahren für entkoppelte Treppen vorstellen? Ein Ansatz [406] besteht darin, die Verhältnisse einer (massiven) Decke mit schwimmendem Estrich (Bild 4.70 und Bild 4.71) auf die Situation eines körperschallentkoppelten Treppenpodestes an einer massiven Treppenwand (Bild 4.72 und Bild 4.73) zu übertragen. Die scheinbar ungewöhnliche Vorgehensweise erschließt sich allerdings sofort, wenn man sich die gleichartigen Verhältnisse einer Decke mit schwimmendem Estrich und einer Treppenwand mit entkoppeltem Podest vergegenwärtigt.

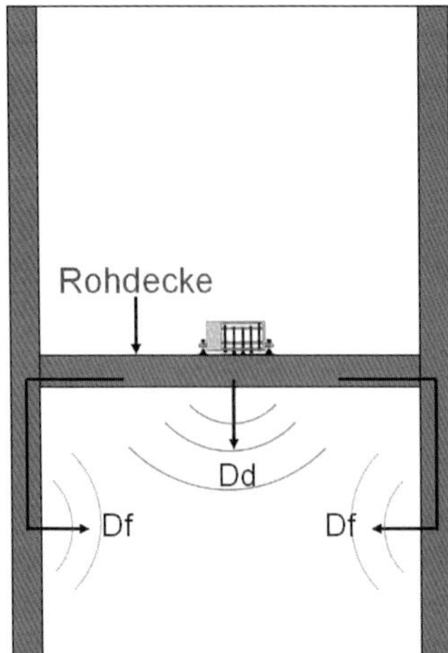

Quelle: Autoren

Bild 4.70: Trittschallanregung und -Übertragung bei einer Decke ohne Deckenauflage

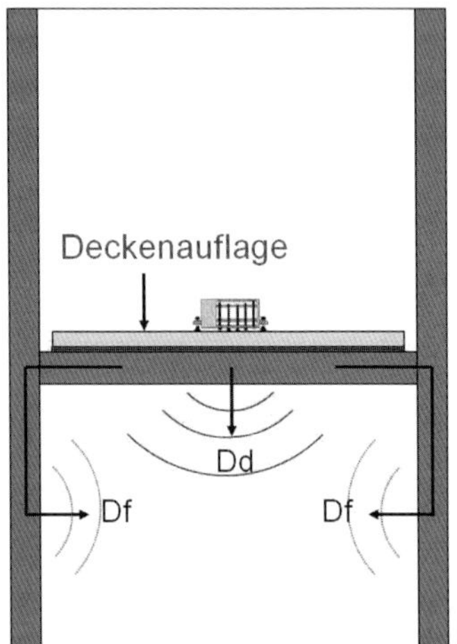

Quelle: Autoren

Bild 4.71: Trittschallanregung und -Übertragung bei einer Decke mit Deckenauflage

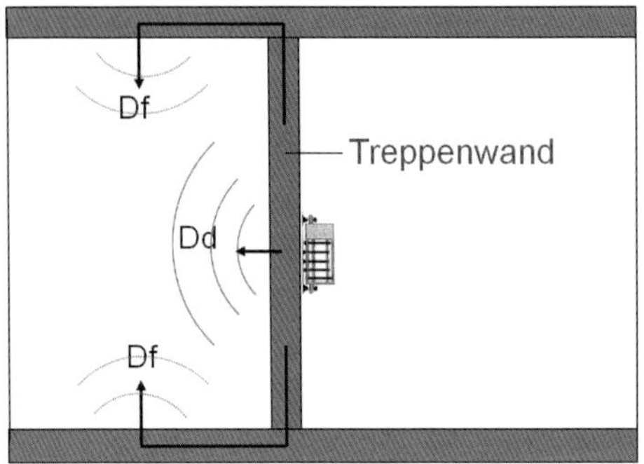

Quelle: Autoren

Bild 4.72: Trittschallanregung und -Übertragung bei einer Treppenwand ohne entkoppeltes Podest

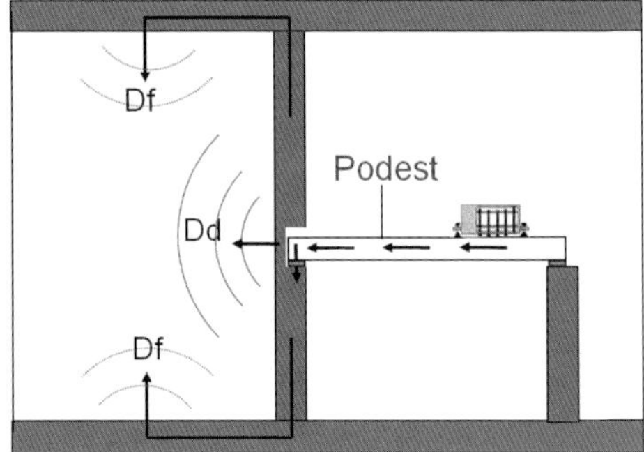

Quelle: Autoren

Bild 4.73: Trittschallanregung und -Übertragung bei einer Treppenwand mit entkoppeltem Podest

Wird eine Decke durch eine Körperschallquelle (z. B. ein Hammerwerk) direkt angeregt, strahlt sie auf der Deckenunterseite Luftschall („Trittschall") in den darunterliegenden Raum ab (Weg Dd). Ggf. wird auch noch flankierender Trittschall über die Wände übertragen (Wege Df). Wird ein schwimmender Estrich auf der Decke aufgebracht, wird die Körperschallquelle sozusagen von der Decke entkoppelt. Es tritt eine Verminderung der Anregung der Decke und des abgestrahlten Luftschalls ein. Diese Verminderung wird, wenn die Körperschallquelle ein Norm-Hammerwerk ist, bekanntlich durch die Trittschallminderung (die als Eigenschaft dem schwimmenden Estrich zugesprochen wird) beschrieben.

Unter vergleichbaren Verhältnissen kann man auch bei der Treppenwand das eine Mal die direkte und das andere Mal die entkoppelte Anregung über das elastisch gelagerte Podest betrachten. Wenn die Anregung mit einem Norm-Hammerwerk erfolgt, dann ergibt sich für das entkoppelte Podest ebenfalls eine Trittschallminderung. Man kann also die entkoppelnde Wirkung eines elastisch gelagerten Podestes durch die Trittschallminderung gegenüber der direkten Trittschallanregung der Wand beschreiben.

Mit diesem Gedankengang sind zwei Dinge geklärt: erstens ergibt sich eine Möglichkeit, die trittschallmindernde Wirkung einer entkoppelnden Lagerung durch die Trittschallminderung ΔL zu beschreiben. Zweitens ist der Weg für die Prognose des Trittschalls aufgezeigt. So wie bei einer Decke mit Deckenauflage der Norm-Trittschallpegel nach Gl. (4.137) aus dem Norm-Trittschallpegel der Rohdecke und der Trittschallminderung der Auflage berechnet werden kann, kann auch bei einer Wand der von einer Treppe übertragene und in den Raum hinter der Wand abgestrahlte Trittschall eines Treppenpodestes berechnet werden. Man benötigt dafür den Norm-Trittschallpegel der Wand und die Trittschallminderung des entkoppelten Podestes. Da bei einer homogenen massiven Wand kein anderes Verhalten erwartet werden kann als bei einer homogenen massiven Decke, können die Werte einer gleichschweren Decke direkt auf die Wand übertragen werden. Es sind dafür also keine neuen Ansätze erforderlich. Die Trittschallminderung des entkoppelten Podestes kann messtechnisch analog zur Trittschallminderung für einen schwimmenden Estrich bestimmt werden, so dass das vorhandene Prüfverfahren aus DIN EN ISO 10140-1 [94] und DIN EN ISO 10140-3 [96] dafür adaptiert werden kann. Das daraus abgeleitete Prüfverfahren wird in [407] und [408] beschrieben und ist in DIN 7396 [45] normativ umgesetzt worden. DIN 7396 enthält neben der Beschreibung des Prüfverfahrens auch die Festlegungen für Referenzwand, Referenztreppenpodest und Referenztreppenlauf. Die im Prüfstand nach DIN 7396 bestimmten Kenngrößen können direkt als Eingangsdaten zur Prognose der Trittschallübertragung in Gebäuden nach EN 12354-2-2017 verwendet werden.

Die Messung nach DIN 7396 erfolgt in einem nebenwegfreien Prüfstand, z. B. einem Wandprüfstand nach DIN EN ISO 10140-5 [97], so dass nur die direkte Trittschallübertragung über die Wand berücksichtigt wird. Nach Bild 4.74 wird ein Referenztreppenpodest mit dem zu charakterisierenden elastischen Lager an der Referenzwand angebracht. Die Anregung erfolgt mit dem Norm-Hammerwerk.

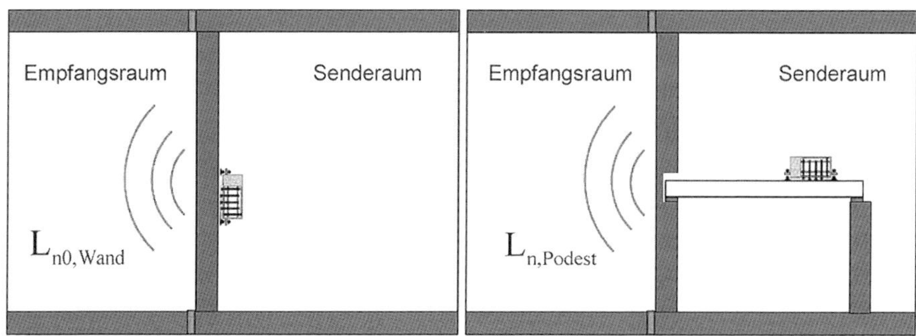

Quelle: Autoren

Bild 4.74: Prüfaufbau und Messgrößen für entkoppelte Podestlagerung

Die Größe ΔL_{Podest} beschreibt die Minderung durch Stoßstelle und Entkopplungselement als Gesamtverbesserung gegenüber der direkten Anregung der Treppenwand.

$$\Delta L_{Podest} = L_{n0,Wand} - L_{n,Podest} \text{ dB} \tag{4.200}$$

mit

ΔL_{Podest} Podest-Trittschallpegelminderung;

$L_{n0,Wand}$ Norm-Wand-Trittschallpegel der Referenzwand;

$L_{n,Podest}$ Norm-Podest-Trittschallpegel des entkoppelten Referenztreppenpodestes.

In entsprechender Weise kann auch für den Treppenlauf die Lauf-Trittschallpegelminderung ΔL_{Lauf} bestimmt werden. ΔL_{Lauf} beschreibt die Minderung durch den entkoppelten Lauf gegenüber der direkten Anregung des starr mit der Wand verbundenen Podestes:

$$\Delta L_{Lauf} = L_{n0,Podest} - L_{n,Lauf} \text{ dB} \tag{4.201}$$

mit

$L_{n0,Podest}$ Norm-Podest-Trittschallpegel des starr in die Referenzwand einbetonierten Referenztreppenpodestes;

$L_{n,Lauf}$ Norm-Lauf-Trittschallpegel des entkoppelten Referenztreppenlaufes.

In einem weiteren Schritt ist es ein Leichtes, den nun bestimmbaren Norm-Trittschallpegel der Treppenwand in das schon vorhandene Modell der EN 12354-2 zur Trittschallprognose einzubinden. Gl. (4.154) liefert dafür das notwendige Verfahren. Nachdem die direkte Trittschallübertragung (Weg Dd) mit dem beschriebenen Vorgehen bereits bestimmt wurde, muss (bei Bedarf) nur noch die flankierende Trittschallübertragung für die Wege Df, beschrieben durch den Norm-Flankentrittschallpegel $L_{n,ij}$, nach den Festlegungen des detaillierten Berechnungsmodells in Gl. (4.157) ermittelt werden. Der resultierende Trittschallpegel aus direkter und flankierender Trittschallübertragung kann dann als Norm-Trittschallpegel im Bau L'_n nach Gl. (4.154) bestimmt werden. Die Übertragungswege für ein entkoppeltes Treppenpodest zeigt Bild 4.75, für einen entkoppelten Treppenlauf Bild 4.76.

Mit den nach Gl. (4.200) und (4.201) beschriebenen Kenngrößen kann also das schon vorhandene Prognoseverfahren für Treppen so angewendet werden, wie man es bereits bei Decken mit schwimmendem Estrich kennt.

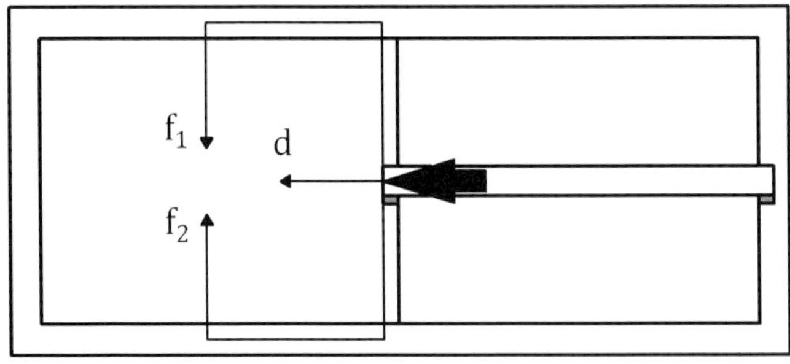

Quelle: [104]

Bild 4.75: DIN EN ISO 12354-2, Bild F.2 – Schnitt für ein von den Wänden entkoppeltes Treppenpodest

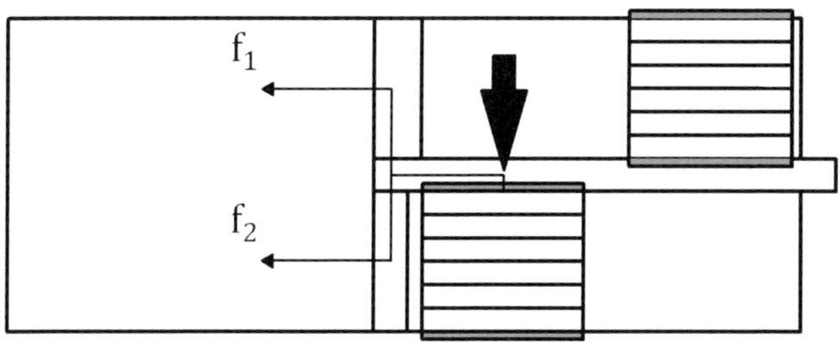

Quelle: [104]

Bild 4.76: DIN EN ISO 12354-2, Bild F.3 – Schnitt für einen von Podest und Decke entkoppelten Treppenlauf

Eine In-situ-Korrektur wird für die Kenngrößen nicht vorgenommen, so dass die Prüfstandswerte in der Rechnung verwendet werden:

$$\Delta L_{\text{Podest,situ}} = \Delta L_{\text{Podest}} \text{ dB} \tag{4.202}$$

$$\Delta L_{\text{Lauf,situ}} = \Delta L_{\text{Lauf}} \text{ dB} \tag{4.203}$$

Dieses Vorgehen ist in der revidierten DIN EN ISO 12354-2:2017 aufgenommen worden. Vorerst befindet es sich dort noch in einem (informativen) Anhang F, da auf europäischer Ebene noch kein Messverfahren zur Ermittlung der benötigten Trittschallminderung der entkoppelten Treppe verfügbar ist. In Anhang F wird deshalb auf DIN 7396 verwiesen. Damit liegt ein Prognoseverfahren für entkoppelte massive Treppen im Massivbau vor, das in DIN 4109-2 umgesetzt werden kann.

Ein vergleichbares Vorgehen wird in DIN EN ISO 12354-2:2017 Anhang F für leichte Treppen aus Holz oder Metall beschrieben, die mit massiven Bauteilen verbunden sind. Wie Bild 4.77 zeigt, kann der für die Trittschallübertragung relevante Kontakt zum Gebäude sowohl an der Treppenraumwand wie an den Decken erfolgen.

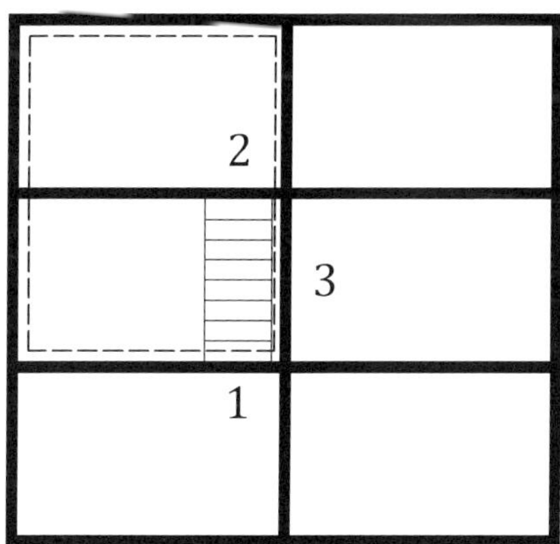

Legende

Bauteile, die mit der Leichtbautreppe verbunden sind:

1 untere Decke
2 obere Decke
3 Treppenraumwand

Quelle: [104]

Bild 4.77: DIN EN ISO 12354-2, Bild F.4 – Schnitt für eine Leichtbautreppe, verbunden mit den Decken und der Treppenraumwand

Kennzeichnende Größe für das Prognoseverfahren ist die Lauf-Trittschallpegelminderung ΔL_{Lauf}, die sich aus

$$\Delta L_{\text{Lauf}} = L_{\text{n0,Empfangsstruktur}} - L_{\text{n,Lauf}} \text{ dB} \quad (4.204)$$

mit

$L_{\text{n0,Empfangsstruktur}}$ Norm-Trittschallpegel der Empfangsstruktur ohne Treppenlauf,

$L_{\text{n,Lauf}}$ Norm-Trittschallpegel der Empfangsstruktur mit Treppenlauf, wenn der Lauf angeregt wird,

ergibt.

Für die Prognose muss nach Bild 4.77 jede in Frage kommende Trittschalleinleitung (Treppenwand, untere und obere Decke) separat betrachtet werden. Entsprechend muss in Gl. (4.204) die Trittschallminderung für die jeweilige Empfangsstruktur ermittelt werden.

4.4 Nachweis für den Außenlärm

4.4.1 Berechnung des gesamten bewerteten Bau-Schalldämm-Maßes $R'_{\text{w,ges}}$ von Außenbauteilen

Das gesamte bewertete Bau-Schalldämm-Maß $R'_{\text{w,ges}}$ zwischen dem Außenbereich und dem betrachteten Raum im Gebäude ist die in DIN 4109-1 angegebene Größe für den Nachweis einer ausreichenden Luftschalldämmung des Außenbauteils. Diese Größe ist mittels DIN 4109-2 zu berechnen und mit dem Anforderungswert aus Teil 1 zu vergleichen. Allerdings sollten Anforderungsgröße und zu berechnende Rechengröße nicht dieselbe Benennung aufweisen. Deshalb wurde der Anforderungswert aus Teil 1: $R'_{\text{w,ges}}$ im Teil 2 in erf. $R'_{\text{w,ges}}$ (gefordertes gesamtes bewertetes Bau-Schalldämm-Maß) umbenannt, der dann mit dem entsprechend den Rechenvorschriften in Teil 2 ermittelten $R'_{\text{w,ges}}$ (gesamtes bewertetes Bau-Schalldämm-Maß) verglichen werden kann. Dies geschieht mithilfe nachfolgender Gleichung:

$$R'_{\text{w,ges}} - 2\,\text{dB} \geq \text{erf.}R'_{\text{w,ges}} + K_{\text{AL}} \text{ dB} \quad (4.205)$$

In Gleichung (4.205) entsprechen die „–2 dB“ dem Sicherheitsbeiwert bei der Luftschalldämmung nach DIN 4109-2, 5.3.3, der auch beim Außenlärm zu berücksichtigen ist.

MERKE

Der pauschale Sicherheitsbeiwert von 2 dB sorgt bezüglich der Anwendung bei Türen für Diskussionen. Türen sind entsprechend DIN 4109-1, Tabelle 1, Fußnote c bzw. entsprechend DIN 4109-2, Abschnitt 5.3.3 mit einem Sicherheitsbeiwert von $u_{\text{prog}} = 5$ dB zu versehen. Beim Nachweis gegenüber Außenlärm einer Fassade mit Tür (z. B. in einem Laubengang) ist allerdings nicht das Schalldämm-Maß der Tür, sondern der Gesamtfassade nachzuweisen. Ob dabei dann 2 dB oder 5 dB als Sicherheitsbeiwert anzusetzen ist, wurde in DIN 4109-2 bis jetzt nicht geregelt.

Die Autoren empfehlen deshalb, bei der Berechnung nicht einen Sicherheitsbeiwert auf die resultierende Gesamtdämmung anzuwenden, sondern bei der Berechnung der Gesamtdämmung den Sicherheitsbeiwert von 5 dB direkt vom Schalldämm-Maß der Türen und 2 dB von den Schalldämm-Maßen der anderen an der Schallübertragung beteiligten Bauteile abzuziehen. Näheres dazu findet sich in 4.1.6.

Der **K**orrekturwert **A**ußen**l**ärm K_{AL} ist wie in DIN 4109:89 zu berücksichtigen. Neu ist, dass dieser **K**orrekturwert **A**ußen**l**ärm K_{AL} nun mit Hilfe nachfolgender Gleichung aus dem Verhältnis von Fassadenfläche S_s und Grundfläche S_G des Raumes berechnet wird, während in der alten Norm (DIN 4109:1989) die Werte tabellarisch angegeben wurden. Vorteilhaft ist die Berechnung mit einer Formel gegenüber der tabellarischen Berechnung besonders dann, wenn ein Rechenprogramm verwendet wird, da mit einer Formel keine Interpolation durchzuführen ist.

$$K_{AL} = 10\lg\left(\frac{S_s}{0{,}8\,S_G}\right)\ \text{dB} \qquad (4.206)$$

Die Fassadenfläche S_s ist die gesamte vom Raum aus gesehene Außenfläche bestehend aus der Summe aller Außenbauteilflächen des Raumes wie Außenwände, Außenfenster oder -Türen, Dachflächen, etc. Die Autoren empfehlen auch bei der Berechnung des Schallschutzes gegenüber Außenlärm die Rauminnenmaße zu verwenden.

Die Korrektur K_{AL} soll dazu führen, dass in Räumen mit gleichem $R'_{w,ges}$, aber mit unterschiedlichen großen Außenwandflächen der im Raum zu erwartende Schalldruckpegel bei gleicher Außenlärmbelastung konstant bleibt. Für Rechteckräume mit einer Raumhöhe von 2,5 m ($V_E = 2{,}5\ \text{m} \cdot S_G$) entspricht die Korrektur des Schalldämm-Maßes über K_{AL} einer Umrechnung des bewerteten gesamten Bau-Schalldämm-Maßes $R'_{w,ges}$ in eine bewertete Standard-Schallpegeldifferenz $D_{nT,w}$. Damit wird entsprechend nachfolgender Gleichung (4.207) beim Außenlärm die Anforderung tatsächlich nicht an das bewertete Bau-Schalldämm-Maß des Gesamtbauteils, sondern an die bewertete Standard-Schallpegeldifferenz $D_{nT,w}$ zwischen außen und innen gestellt. Beim Außenlärm wurde dabei keine Diskussion bezüglich der Anforderungsgröße $D_{nT,w}$ oder R'_w wie beim Schallschutz zwischen Räumen geführt.

$$R'_{w,ges} - K_{AL} = R'_{w,ges} + 10\lg\left(\frac{0{,}8\,S_G}{S_s}\right) = R'_{w,ges} + 10\lg\left(\frac{0{,}32\,V_E}{S_s}\right) = D_{nT,w}\ \text{dB} \qquad (4.207)$$

Die Schalldämmung von massiven Außenbauteilen wird wie bei Innenbauteilen nicht nur durch die Direktdämmung dieser Bauteile ($R_{e,i,w}$), sondern auch durch die flankierende Übertragung (Wege Df, Fd und Ff) der flankierenden massiven Bauteile bestimmt (siehe Bild 4.78).

Mit Gleichung (34) aus DIN 4109-2 kann das bewertete resultierende Gesamtschalldämm-Maß $R'_{w,ges}$ bestimmt werden.

$$R'_{w,ges} = -10\lg\left[\sum_{i=1}^{m} 10^{-\frac{R_{e,i,w}}{10}} + \sum_{F-f=1}^{n} 10^{-\frac{R_{Ff,w}}{10}} + \sum_{f=1}^{n} 10^{-\frac{R_{Df,w}}{10}} + \sum_{F=1}^{n} 10^{-\frac{R_{Fd,w}}{10}}\right]\ \text{dB} \qquad (4.208)$$

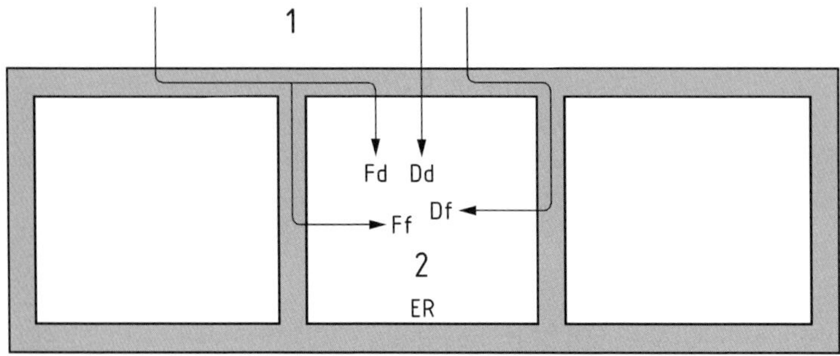

Quelle: [42]

Bild 4.78: DIN 4109-2, Bild 6 – Darstellung der Übertragungswege bei der Schallübertragung von massiven Bauteilen von außen (1) in den Empfangsraum (2)

Hierbei ist $R_{e,i,w}$ das auf die gesamte Fassadenfläche S_s bezogene bewertete Schalldämm-Maß $R_{i,w}$ des i-ten Bauteils mit der Fläche S_i in der Fassade.

$$R_{e,i,w} = R_{i,w} + 10\lg\left(\frac{S_s}{S_i}\right) \text{ dB} \tag{4.209}$$

Dieser Bezug der einzelnen Schalldämm-Maße auf die Gesamtfläche der Fassade S_s ist notwendig, um bei zusammengesetzten Bauteilen (z. B. Fenster und Wand) die unterschiedlichen Schalldämm-Maße und Bauteilflächen der einzelnen Bauteile flächenkorrekt zu gewichten. Diese Berechnungsvorschrift wurde aus DIN EN 12354-3 [73] übernommen. Sie entspricht in Verbindung mit der vorangegangenen Formel inhaltlich der in Beiblatt 1 zu DIN 4109:1989 als Formel 15 angegebenen Formel zur Addition von Schalldämm-Maßen.

$$R'_{w,R,res} = -10\lg\left(\frac{1}{S_{ges}}\sum_{i=1}^{n} S_i 10^{\frac{R'_{w,R,i}}{10}}\right) \text{ dB} \tag{4.210}$$

Allerdings geht aus Gl. (4.210) unmittelbar hervor, welchen Anteil die zusammengesetzten Bauteile an der Gesamtschallübertragung aufweisen. In der Schreibweise der DIN EN 12354-3 ist dieser Zusammenhang durch Gl. (4.209) wiedergegeben.

Fassadenelemente, deren Schalldämmung nicht durch ihre Fläche, sondern durch ihre Länge gekennzeichnet ist, z. B. schlitzförmige Lüftungsöffnungen oder Rollladenkästen, sind häufig über die im Prüfstand ermittelte Norm-Schallpegeldifferenz für Elemente $D_{n,e,lab,w}$ und die im Labor geprüfte Länge des Elements l_{lab} gekennzeichnet. Mit nachfolgender Formel kann dann die Norm-Schallpegeldifferenz von der im Labor geprüften Länge des Elements l_{lab} auf eine Norm-Schallpegeldifferenz entsprechend der tatsächliche Länge des Elements am Bau l_{situ} umgerechnet werden:

$$D_{n,e,w} = D_{n,e,lab,w} - 10\lg\left(\frac{l_{situ}}{l_{lab}}\right) \text{ dB} \tag{4.211}$$

Fassadenelemente, deren Schalldämmung nicht durch ihre Fläche oder Länge gekennzeichnet ist, z. B. Lüftungsöffnungen ohne definierte Fläche bzw. deren Länge oder

Fläche durch die Konstruktion bestimmt ist, werden üblicherweise über die im Prüfstand ermittelte Norm-Schallpegeldifferenz für Elemente $D_{n,e,w}$ gekennzeichnet. Diese ist dann mit nachfolgender Formel über die Fassadenfläche S_s auf das bewertete Schalldämm-Maß $R_{e,i,w}$ umzurechnen.

$$R_{e,i,w} = D_{n,e,i,w} + 10\lg\left(\frac{S_s}{A_0}\right)\text{ dB} \tag{4.212}$$

Nicht gedämmte Öffnungen (z.B. an Dunstabzugshauben) haben meist eine sehr geringe Schalldämmung. Der Einfluss dieser Öffnungen kann aufgrund der Öffnungsfläche $S_{Öffnung}$ und der Fassadenfläche S_s mittels nachfolgender Formel abgeschätzt werden:

$$R_{e,i,w} = +10\lg\left(\frac{S_s}{S_{Öffnung}}\right)\text{ dB} \tag{4.213}$$

BEISPIEL

Damit ergibt sich beispielsweise für eine Außenwandfläche von $S_s = 10\text{ m}^2$ und eine Öffnungsfläche von $S_{Öffnung} = 0{,}1\text{ m} \times 0{,}1\text{ m}$ ein Schalldämm-Maß der Öffnung von $R_{e,i,w} = 10\lg(10/0{,}01) = 30\text{ dB}$.

Im ersten Summanden der Gl. (4.208) werden alle Außenbauteile (Wand, Dach, Fenster, Rollläden, Lüftungsöffnungen etc.) berücksichtigt, die weiteren Summanden berücksichtigen die flankierende Übertragung von an das massive Außenbauteil anschließenden massiven Bauteilen.

Die flankierende Übertragung in Gl.(4.208) ist nur dann bei massiven Außenbauteilen zu berücksichtigen, wenn die Anforderung an das gesamte bewertete Schalldämm-Maß $R'_{w,ges} > 40$ dB beträgt oder sich aus der Anforderung ein bewertetes Schalldämm-Maß des massiven Außenbauteils von $R_w \geq 50$ dB ergibt. Liegen niedrigere Anforderungen vor oder ist das Außenbauteil als Leichtbauteil oder als Metall-Glasfassade ausgeführt, kann die flankierende Schallübertragung über angrenzende Bauteile vernachlässigt werden.

Bei Anforderungen mit $R'_{w,ges} \leq 40$ dB vereinfacht sich Gl. (4.208) zu:

$$R'_{w,ges} = -10\lg\left[\sum_{i=1}^{m} 10^{-\frac{R_{e,i,w}}{10}}\right]\text{ dB} \tag{4.214}$$

Für massive Außenbauteile hat sich gezeigt, dass der Einfluss der flankierenden Übertragung bei üblichen massiven Baukonstruktionen weniger als 1 dB ist, wenn für das bewertete Schalldämm-Maß des Außenbauteils $R_w < 50$ dB gilt.

Sind mehrere massive Außenbauteile an der Schallübertragung in den betrachteten Raum beteiligt, z.B. in einem Eckraum, wird die flankierende Schallübertragung zwischen den beiden durch den Außenlärm angeregten Außenbauteilen nicht berücksichtigt. Liegen unterschiedliche Lärmpegel an diesen Außenbauteilen an, ist es ausreichend, die flankierende Übertragung für das massive Außenbauteil mit dem höchsten Lärmpegel zu berechnen.

4.4.2 Berücksichtigung unterschiedlicher Außenlärmpegel an der Fassade eines Empfangsraumes

Nach DIN 4109-2 Abschnitt 4.4.5 darf für von der maßgeblichen Lärmquelle abgewandte Gebäudeseiten der maßgebliche Außenlärmpegel um 5 dB bei offener und um 10 dB bei geschlossener Bebauung gemindert werden. Diese Festlegung oder unterschiedliche Schallquellen aus verschiedenen Richtungen führen häufig in Eckräumen oder im obersten Geschoss zu unterschiedlichen Außenlärmpegeln auf der Fassade bzw. auf der Decke oder dem Dach.

Um in solchen Fällen, z. B. für einen Eckraum, den gleichen Innenraumpegel sicherzustellen, ist zur Ermittlung des gesamten bewerteten Schalldämm-Maßes wie folgt vorzugehen:

- Ermittlung des **K**orrekturwertes K_{LPB} aus der Differenz zwischen dem maximal vorliegenden Außenlärmpegel (bzw. **L**ärm**p**egel**b**ereich) und dem tatsächlich an der jeweiligen betrachteten Fassadefläche anliegenden Außenlärmpegel (bzw. Lärmpegelbereich).
- Addition dieses Korrekturwertes K_{LPB} auf alle Schalldämm-Maße der Außenbauteile, die einem verminderten Außenlärmpegel (bzw. Lärmpegelbereich) zugeordnet sind.
- Die gesamte Fassadenfläche S_s ergibt sich weiterhin aus allen an der Schallübertragung beteiligten Fassadenflächen.

In nachfolgender Beispielrechnung wird der Schallschutz eines Wohnraums (Eckraum mit zwei Außenwänden) mit unterschiedlichen Außenlärmpegeln an den beiden Fassadenflächen mit folgenden Abmessungen: $h = 2{,}5$ m, $l_1 = 4{,}8$ m und $l_2 = 6{,}0$ m berechnet:

BEISPIEL

Fassade 1: $L_a = 70$ dB; 12 m² Wand $R_{wand1,w} = 50$ dB; 4 m² Fenster $R_{Fenster1,w} = 37$ dB

Fassade 2: $L_a = 65$ dB; 15 m² Wand $R_{wand2,w} = 50$ dB; 6 m² Fenster $R_{Fenster2,w} = 37$ dB

Für einen maßgeblichen Außenlärmpegel von $L_a = 70$ dB ergibt sich nach Gl. (6) aus DIN 4109-1:2018 ein erforderliches bewertetes Schalldämm-Maß von $R'_{w,erf} = 40$ dB.

Der Korrekturwert K_{LPB} aus der Differenz zwischen dem maximal vorliegenden Außenlärmpegel und dem tatsächlich an der Fassade 2 anliegenden Lärmpegel beträgt $K_{LPB} = 5$ dB. Die gesamte Fassadenfläche beträgt $S_G = 12\ m^2 + 4\ m^2 + 15\ m^2 + 6\ m^2 = 37\ m^2$.

Berechnung der Schalldämm-Maße der einzelnen Bauteile $R_{e,i,w}$ und Korrektur K_{LPB} = 5 dB für die Bauteile an Fassade 2:

$R_{e,wand1,w}$ = 50 dB + 10 log(37/12) dB = 50 dB + 4,9 dB = 54,9 dB

$R_{e,Fenster1,w}$ = 37 dB + 10 log(37/4) dB = 37 dB + 9,7 dB = 46,7 dB

$R_{e,wand2,w} + K_{LPB}$ = 50 dB + 10 log(37/15) dB + 5 dB = 50 dB + 3,9 dB + 5 dB = 58,9 dB

$R_{e,Fenster2,w} + K_{LPB}$ = 37 dB + 10 log(37/6) dB + 5 dB = 37 dB + 79 dB + 5 dB = 49,8 dB

Das bewertete resultierende Schalldämm-Maß beträgt

$$R'_{w,ges} = -10 \lg \left[\sum_{i=1}^{4} 10^{-R_{e,i,w}/10} \right] = 44{,}4 \text{ dB}.$$

Mit Gl. (4.206) ist die Korrektur K_{AL} zu bestimmen:

$$K_{AL} = 10 \lg (S_s/(0{,}8 \cdot S_G) = 10 \lg (37 \text{ m}^2/(0{,}8 \cdot 28{,}8 \text{ m}^2) = 2{,}1 \text{ dB}.$$

Dieser Wert ist in Gl. (4.205) einzusetzen, um einen ausreichenden Schallschutz gegenüber dem Außenlärm nachzuweisen:

$$R'_{w,ges} - 2 \text{ dB} \geq \text{erf. } R'_{w,ges} + K_{AL} \; : 44{,}4 \text{ dB} - 2 \text{ dB} \geq 40 \text{ dB} + 2{,}1 \text{ dB}$$

Mit den vorgesehenen Bauteilen werden die Anforderungen eingehalten.

Mit diesem Vorgehen wird sichergestellt, dass der im Empfangsraum angestrebte Schalldruckpegel im Raum auch bei unterschiedlichen Außenlärmpegeln an der Fassade eingehalten wird.

4.4.3 Fugen

Neu gegenüber Beiblatt 1 zu DIN 4109:1989 ist die Berücksichtigung einer möglichen Schallübertragung durch Fugen zwischen Fenster- und Türelementen und tragenden Bauteilen. Diese sind dann zu berücksichtigen, wenn entsprechend DIN 4109-2, Tabelle 5 (hier als Tabelle 4.19 wiedergegeben) schalltechnisch kritische Einbausituationen gewählt werden. In der Regel ergeben sich diese kritischen Einbausituationen, wenn Tür- oder Fensterelemente in der Dämmebene liegen.

Tabelle 4.19: DIN 4109-2, Tabelle 5 (Ausschnitt) – Schalltechnisch unkritische und kritische Einbausituationen von Fenstern und Türen im Massivbau (Prinzipskizzen)

Außenwand	Einbaubeispiel 1	Einbaubeispiel 2	Einbaubeispiel 3
Monolithisches Mauerwerk	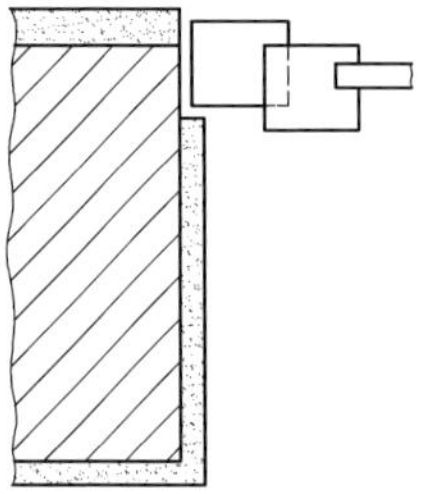	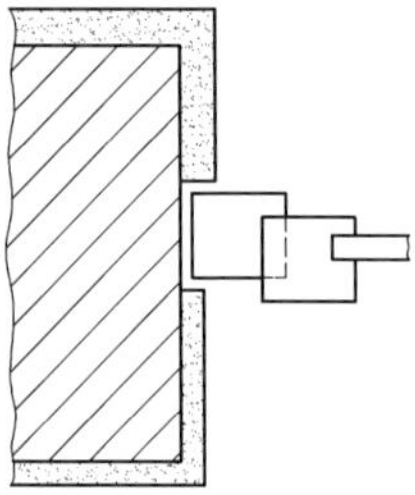	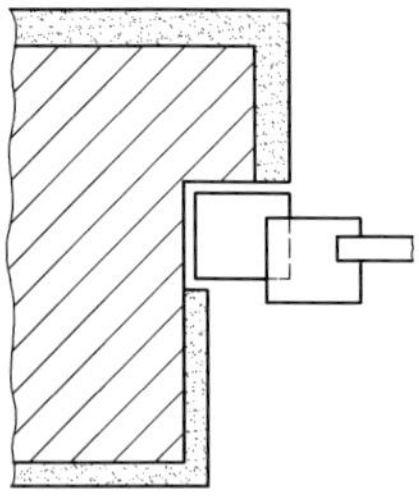
Einbaulage	Einbau außen bündig	Einbau mittig in der Wand	Einbau gegen Anschlag
Einbausituation	schalltechnisch unkritisch	schalltechnisch unkritisch	schalltechnisch unkritisch
Massivwand mit WDVS	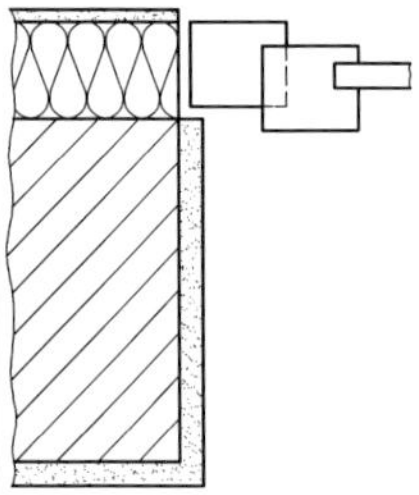	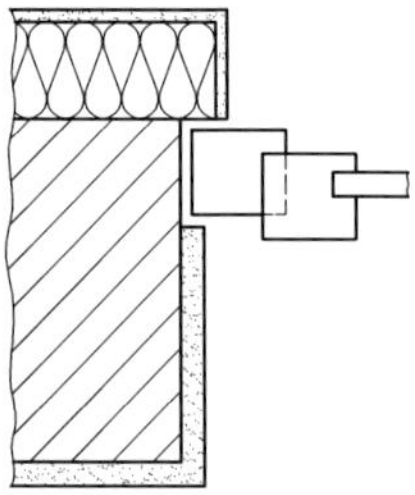	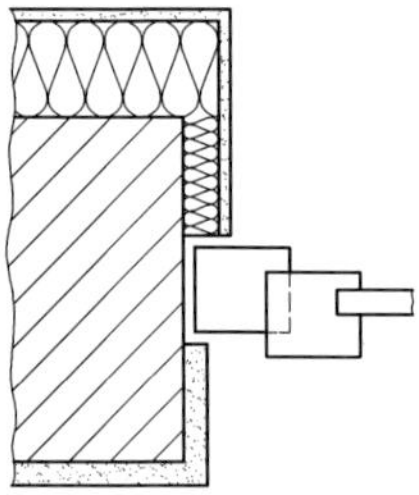
Einbaulage	Einbau in Dämmebene	Einbau außen bündig in der Massivwand	Einbau mittig in der Massivwand
Einbausituation	schalltechnisch kritisch	schalltechnisch unkritisch	schalltechnisch unkritisch
Hinterlüftete, zweischalige Massivwand	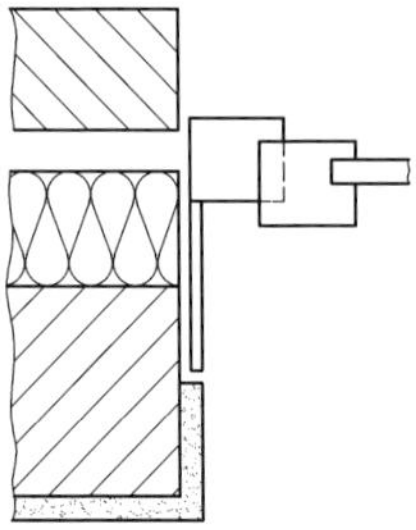	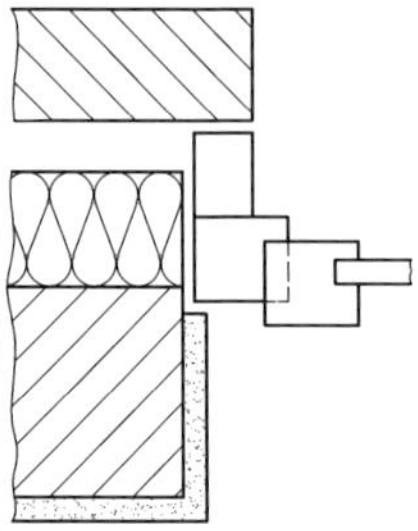	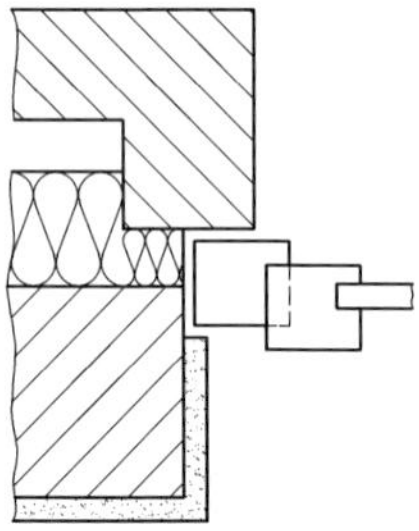
Einbaulage	Einbau in Dämmebene, außen bündig	Einbau in Dämmebene, innen bündig	Einbau außen bündig in die raumseitige Massivwand, gegen Anschlag
Einbausituation	schalltechnisch kritisch	schalltechnisch unkritisch	schalltechnisch unkritisch

Quelle: [42]

Die Fugen sind so auszuführen, dass das Fugen-Schalldämm-Maß $R_{S,w}$ mindestens um 10 dB über dem bewerteten Schalldämm-Maß R_w des entsprechenden Bauelementes liegt. Kann dies nicht gewährleistet werden, kann die resultierende Schalldämmung $R_{i,w}$ des Elementes mit der Fläche S mit der Fugenlänge l mit nachfolgender Formel berechnet werden (l_0 = 1 m).

$$R_{i,w} = -10\lg\left(10^{-0,1R_w} + \frac{l \cdot l_0}{S}10^{-0,1R_{S,w}}\right)\text{dB} \tag{4.215}$$

Die entsprechenden bewerteten Fugen-Schalldämm-Maße können in DIN 4109-35 der Tabelle 7 (Schalldämmung von Fugen, die während der Gebrauchszeit geöffnet werden können) und der Tabelle 8 (Schalldämmung von Fugen, die während der Gebrauchszeit dauerhaft abgedichtet werden (Bauanschlussfugen)) entnommen werden.

In dem nachfolgenden Berechnungsbeispiel wird der Einfluss einer beidseitig abgedichteten 20 mm breiten umlaufenden Fuge auf die Schalldämmung eines Fensters ermittelt:

BEISPIEL

Das Fenster hat die Abmessungen l = 1,75 m, h = 1,2 m (S = 2,1 m^2) und hat ein Schalldämm-Maß von R_w = 35 dB. Die umlaufende Fuge hat eine Fugentiefe von ca. 80 mm und eine Fugenbreite von ca. 20 mm (l = 2 × (1,75 m + 1,2 m) = 5,9 m).

Nach DIN 4109-35, Tabelle 8, Zeile 14 ergibt sich für solch eine beidseitig abgedichtete Bauanschlussfuge ein $R_{s,w} \geq 45$ dB. Das Schalldämm-Maß des Fensters einschließlich der Fuge beträgt dann:

$$R_{i,w} = -10 \lg (10^{-3,5} + 5{,}9\ \text{m}^2/2{,}1\ \text{m}^2 \times 10^{-4,5}) = 33{,}9\ \text{dB}$$

Durch die Fuge wird das Schalldämm-Maß des Fensters von 35 dB auf 33,9 dB vermindert.

4.4.4 Ermittlung des maßgeblichen Außenlärmpegels

DIN 4109-2:2018-01 trifft in 4.4.5.1 nachfolgende Festlegungen zur Ermittlung des maßgeblichen Außenlärmpegels, wobei dieser in der Regel rechnerisch ermittelt wird. Dabei wird getrennt für den Tag (6.00 Uhr bis 22.00 Uhr) und für die Nacht (22.00 Uhr bis 6.00 Uhr) jeweils ein Beurteilungspegel ermittelt. Der Beurteilungspegel für die Nacht wird mit einem Zuschlag von 10 dB versehen, wenn es sich bei dem zu schützenden Raum um einen Schlafraum handelt. Allerdings wird in der Norm von Räumen gesprochen, die überwiegend zum Schlafen genutzt werden können. Diese Formulierung ist etwas unklar und wird deshalb von den Autoren wie folgt interpretiert:

ANMERKUNG

Die Bezeichnung „Räume, die überwiegend zum Schlafen genutzt werden können" beinhaltet auch Wohnräume, die in den Planungsunterlagen nicht als Schlafräume ausgewiesen sind, aber als solche prinzipiell genutzt werden können, wie z. B. Arbeitszimmer, Wohnzimmer etc. Nicht im Sinne der Norm sind Räume wie Küchen, Bäder, fensterlose Abstellräume, Vorlesungssäle etc.

Der höhere Werte für Tag und Nacht kann dann in Abhängigkeit von der Ausrichtung des Gebäudes zur Lärmquelle pauschal um 5 dB bei offener Bebauung und um 10 dB bei geschlossener Bebauung abgemindert werden, wenn die betrachtete Gebäudeseite von der Lärmquelle abgewandt ist.

Das Konzept des maßgeblichen Außenlärmpegels mit mittleren Tag- und Nachtpegeln ist weiterhin in der Diskussion, da besonders nachts einzelne Schallereignisse (z. B. Zugvorbeifahrt) zu entsprechenden Störungen führen. Hier wird immer wieder der Maximalpegel als besseres Beurteilungskriterium genannt. Die Berechnungsalgorithmen für einen maßgeblichen Außenlärmpegel aus entsprechenden Maximalpegeln sind bislang allerdings weder genormt noch gibt es hierzu allgemeinen Konsens. Die Anmerkung zu Verkehrsgeräuschen mit starken Pegelschwankungen in DIN 4109-2:2018, 4.4.5.1 weist auf die Möglichkeit hin, dass der Maximalpegel bestimmt werden kann. Er liefert für den Planer „zusätzliche Informationen zur Auslegung des Schallschutzes", die Norm macht aber keine Vorschläge, wie mit solch einem Wert umzugehen ist.

Ein vergleichbares Vorgehen findet sich aber in der TA Lärm [140]. Dort sollten Pegelspitzen nicht mehr als 10 dB über dem Beurteilungspegel liegen. In der TA Lärm heißt es in 6.2 (*Immissionsrichtwerte für Immissionsorte innerhalb von Gebäuden*): „Einzelne kurzzeitige Geräuschspitzen dürfen die Immissionsrichtwerte um nicht mehr als 10 dB(A) überschreiten."

TIPP

Von den Autoren wird deshalb vorgeschlagen, in solch einem Fall den ermittelten Maximalpegel um (z. B.) 10 dB abzumindern und dann den höheren Wert aus Beurteilungspegel und abgeminderten Maximalpegeln weiter für die Berechnung der erforderlichen Schalldämmung zu verwenden.

Für Straßenverkehr können die nachfolgenden Nomogramme der DIN 18005-1:2002-07 [46] verwendet werden. Der Beurteilungspegel ergibt sich dann aus dem abgelesenen Wert, zu dem 3 dB zu addieren sind. Der Zuschlag von 3 dB ergibt sich nach Kötz [409] als Korrektur des Schalldämm-Maßes für Linienschallquellen (z. B. lange gerade Straße), die ein Bauteil unter einem Erhebungswinkel von $\varphi = 37°$ anregen, gegenüber der im Prüfstand bei diffusem Schalleinfall gemessenen Schalldämmung.

HINWEIS

Pegelgrößen sind laut Definition Größen ohne Einheit, da sie immer aus dem Verhältnis zweier gleichartiger physikalischer Größen ermittelt werden. Traditionsgemäß werden Pegelgrößen aber mit dem Zusatz „dB" versehen, wohl um auf die Prozedur der logarithmischen Pegelrechnung hinzuweisen. Im Abschnitt 4.4.5 der DIN 4109-2 sowie teilweise auch in anderen Normteilen wird für Schalldruckpegel immer wieder die Bezeichnung dB(A) verwendet, was auch der (veralteten) Schreibweise der Regelwerke entspricht, auf die in Abschnitt 4.4.5 Bezug genommen wird. Die Bezeichnung des Schalldruckpegels ist generell dB. Historisch wurde bei A-bewerteten Pegeln zur deutlichen Kennzeichnung die Bezeichnung dB(A) verwendet. Dies führt allerdings dann zu Verwirrung und Missverständnissen, wenn z. B. unterschiedliche Pegelgrößen addiert werden oder eine Korrektur (z. B. von 5 dB und nicht von 5 dB(A)) addiert wird. Richtig ist die Kennzeichnung der A-Bewertung im Formelzeichen des Pegels L durch den Index A, so dass es dann z. B. „A-bewerteter Schalldruckpegel L_A in dB" heißt.

Der Beurteilungspegel für den Tag kann mit nachfolgendem Nomogramm (Bild 4.79) ermittelt werden.

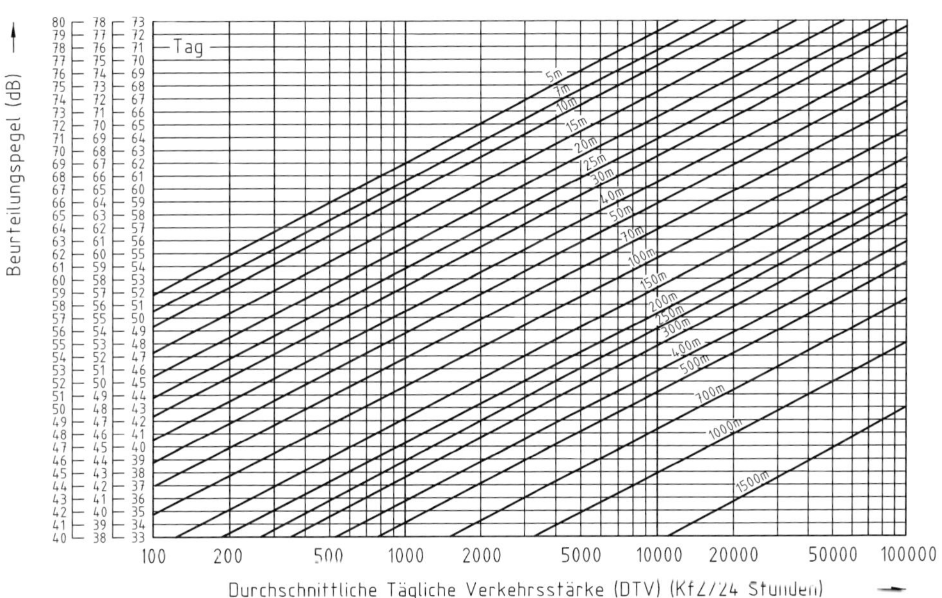

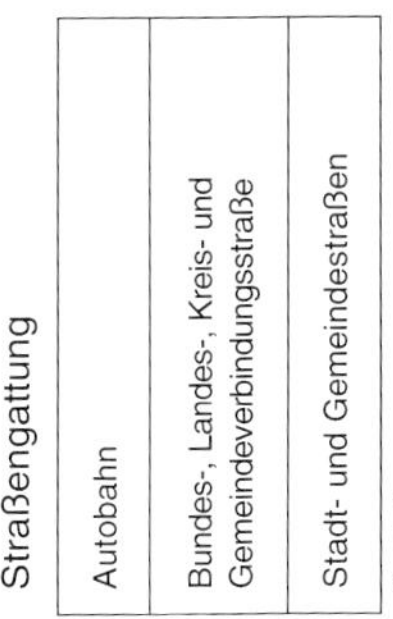

Korrekturen für Sonderfälle

Zulässige Höchstgeschwindigkeit
- auf Autobahnen 80 km/h oder auf Stadtstraßen 30 km/h: – 2,5 dB

Straßenoberfläche
- offenporiger Asphalt auf Außerortsstraßen mit zulässigen Höchstgeschwindigkeiten von mehr als 60 km/h: – 3 dB
- unebenes Pflaster auf Straßen mit zulässigen Höchstgeschwindigkeiten von 50 km/h und mehr: + 6 dB
- unebenes Pflaster auf Straßen mit zulässigen Höchstgeschwindigkeiten von 30 km/h und mehr: + 3 dB

Befindet sich ein Immissionsort in weniger als 100 m Entfernung von einer Lichtsignalanlage, sollte ein Zuschlag von 2 dB auf den Beurteilungspegel erfolgen. Auch die Beurteilungspegel für Immissionsorte in Straßenschluchten (beidseitige, mehrgeschossige und geschlossene Bebauung) sollten mit 2 dB beaufschlagt werden.

Quelle: [46]

Bild 4.79: DIN 18005-1, Bild A.1 – Diagramm zur Abschätzung des Beurteilungspegels von Straßenverkehr für verschiedene Abstände als Parameter (Tag)

Für die Nacht gilt für den Beurteilungspegel das nachfolgende Nomogramm (Bild 4.80).

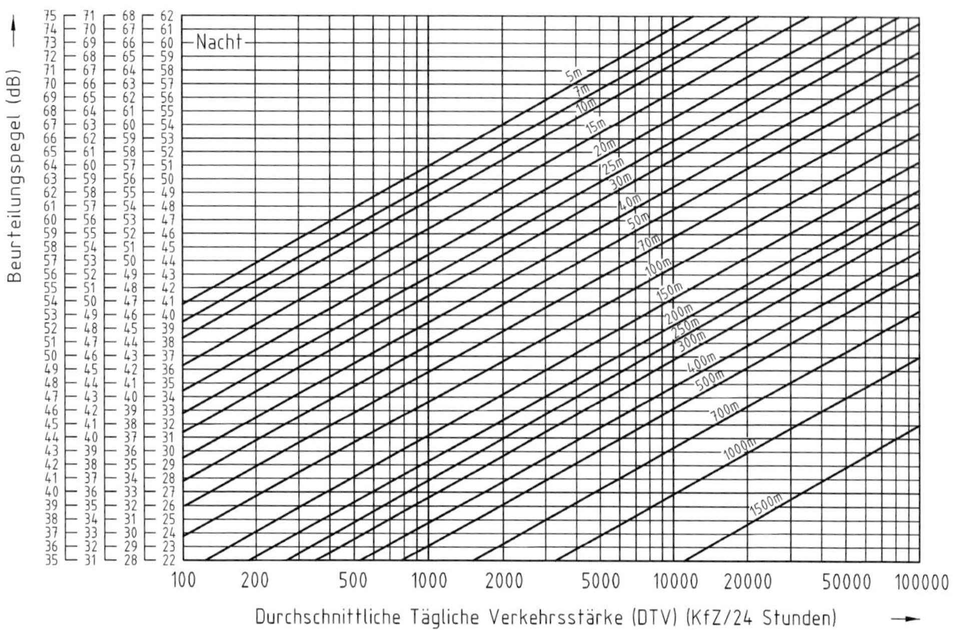

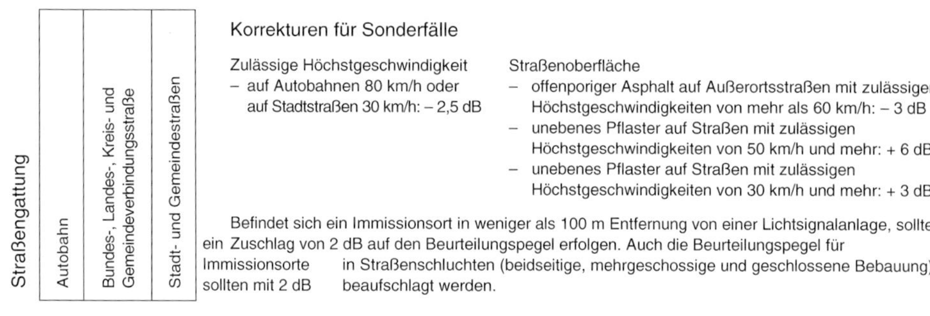

Quelle: [46]

Bild 4.80: DIN 18005-1, Bild A.2 – Diagramm zur Abschätzung des Beurteilungspegels von Straßenverkehr für verschiedene Abstände als Parameter (Nacht)

Für Stadt- und Gemeindestraßen liegen die Beurteilungspegel in der Nacht meist mehr als 10 dB unter dem Beurteilungspegel am Tag, so dass hier die Tagwerte zur Beurteilung heranzuziehen sind. Für Autobahnen, Bundes-, Landes- und Kreisstraßen sind meist die Nachtwerte mit dem entsprechenden Zuschlag von 10 dB bei Wohn- bzw. Schlafräumen zu beurteilen.

Der ermittelte maßgebliche Außenlärmpegel ist auf ganze dB zu runden.

4.5 Geräusche gebäudetechnischer Anlagen und aus Betrieben: Berechnung und Nachweise

4.5.1 Einführung und Grundlagen

4.5.1.1 Aktuelle Situation in DIN 4109-2

Die Behandlung der Schallübertragung gebäudetechnischer Anlagen erfolgt in Abschnitt 4.5 der DIN 4109-2 und beschränkt sich dort auf insgesamt knapp 1 Seite. In Abschnitt 4.5.1 (Allgemeines) heißt es dazu:

Für die Berechnung der von gebäudetechnischen Anlagen in schutzbedürftige Räume übertragenen Geräusche liegen zurzeit noch keine normungsfähigen Verfahren vor. Mit DIN EN 12354-5 ist eine Grundlage gegeben, auf der die zukünftigen Berechnungsverfahren nach DIN 4109 entwickelt werden sollen. Die in DIN EN 12354-5 genannten Prognosemodelle können als Orientierung für die Beschaffung von Daten und für die grundsätzliche Vorgehensweise bei der Prognose von Schallpegeln herangezogen werden. Hinweise zur schalltechnischen Planung und Ausführung gebäudetechnischer Anlagen finden sich in DIN 4109-36:2016-07.

Damit ist das Wesentliche bereits gesagt. In ähnlicher Weise werden die Geräusche der Sanitärinstallation kommentiert. In Abschnitt 4.5.2 heißt es dazu:

Für Anlagen der Sanitärtechnik kann ein rechnerischer Nachweis mit schalltechnischen Kennwerten der Bauteile und Installationen zurzeit nicht durchgeführt werden, da weder die Berechnungsverfahren noch die benötigten Daten der Installationen zur Verfügung stehen. In DIN 4109-36:2016-07, 6.4.4, werden deshalb zum Nachweis ohne bauakustische Messungen so genannte Musterinstallationswände als Referenzkonstruktionen aufgeführt, mit denen unter Einhaltung der beschriebenen Konstruktionsmerkmale und Randbedingungen der Nachweis zur Erfüllung der Anforderungen geführt werden kann.

Es handelt sich dabei um die einzige Nachweismöglichkeit überhaupt, die im Bereich der gebäudetechnischen Anlagen verfügbar ist. Diese Art des Nachweises wird ausführlich in 5.7.3.5 kommentiert.

Auf „sonstige gebäudetechnische Anlagen“ wird in Abschnitt 4.5.3 eingegangen. Gemeint sind dort alle weiteren gebäudetechnischen Anlagen, die nicht der Sanitärtechnik zuzuordnen sind. In einer Anmerkung wird dazu gesagt:

Für diese Anlagen existieren zurzeit noch keine Berechnungsverfahren. Für einige dieser Anlagen sind in DIN 4109-36:2016-07, Anhang A, beispielhafte Daten für die Luftschallerzeugung genannt. Hierbei handelt es sich im Wesentlichen um Angaben zum A-bewerteten Schallleistungspegel L_{WA}. Anhand üblicher Berechnungsverfahren kann mit diesen Daten der durch Luftschallabstrahlung zu erwartende Schalldruckpegel im Aufstellungsraum der Anlage und in einem benachbarten Raum abgeschätzt werden. Durch Körperschallerzeugung der Anlagen verursachte Geräuscheinwirkungen werden dabei nicht berücksichtigt.

DIN 4109-2 ist momentan also noch nicht in der Lage, Schalldruckpegel gebäudetechnischer Anlagen rechnerisch zu prognostizieren. Es handelt sich um die größte Lücke bei den rechnerischen Nachweisen in DIN 4109-2. Dies ist dem Umstand geschuldet, dass bei den Geräuschen gebäudetechnischer Anlagen die komplexesten Verhältnisse der gesamten Bauakustik vorliegen und eine praktikable Umsetzung von methodischen Ansätzen wie in DIN EN ISO 12354-5 bislang noch nicht gelungen ist.

Nachfolgend soll deshalb erläutert werden, auf welcher methodischen Vorgehensweise die Prognoseverfahren der DIN EN ISO 12354-5 beruhen und wie auf dieser Basis Nachweise für gebäudetechnische Anlagen in DIN 4109 vorstellbar sind. Der daraus resultierende Handlungsbedarf und die Weiterentwicklung der gebäudetechnischen Anlagen in DIN 4109-2 sollen aufgezeigt werden. Außerdem sollen beispielhaft (vereinfachte) Verfahren vorgestellt werden, die zurzeit (außerhalb der DIN 4109) für einfache Anwendungsfälle zur Verfügung stehen.

4.5.1.2 Entwicklung der gebäudetechnischen Anlagen in DIN 4109 und bei CEN/EN 12354-5

In Beiblatt 2 zu DIN 4109:1989 wird in Abschnitt 2.1 gesagt:

Der in schutzbedürftigen Räumen auftretende Schalldruckpegel lässt sich häufig quantitativ nicht vorhersagen. Dies liegt vor allem daran, dass die meist vorliegende Körperschallanregung der Bauteile z. Z. rechnerisch noch schwer erfassbar ist. Eine gewisse Ausnahme bilden die Armaturen der Wasserinstallation.

Die Behandlung der gebäudetechnischen Anlagen in DIN 4109-2 scheint dieses Bild zu bestätigen, da sich vordergründig an dieser Situation nichts geändert hat. Tatsächlich hat sich aber hier außerhalb der DIN 4109 viel getan, und der aktuelle Stand ist wesentlich weiter fortgeschritten, als es in DIN 4109-2 und DIN 4109-36 den Eindruck vermittelt. Allerdings fehlt es bis heute an einer normungsfähigen Umsetzung solcher neuen Ansätze im Rahmen der DIN 4109-2.

Die **DIN 4109** hat sich schon frühzeitig mit den Geräuschen gebäudetechnischer Anlagen auseinandergesetzt (siehe hierzu den Überblick über die historische Entwicklung in 3.6.1.3). **DIN 4109:1962** beschränkt sich bei den gebäudetechnischen Anlagen noch auf die Nennung der Anforderungen in Blatt 2 [7] und auf allgemein gehaltene Hinweise zur Minderung der Geräuschentstehung und -Ausbreitung in Blatt 5 [10]. Der **Normentwurf DIN 4109:1979** behandelt in Teil 5 [14] für gebäudetechnische Anlagen Güte- und Eignungsnachweise, kennt aber keine rechnerischen Nachweise. Prinzipiell ändert sich daran auch nichts im **Normentwurf von 1984.** Dort findet sich aber schon der zu Anfang dieses Abschnitts zitierte Hinweis. Anhang A.2 dieses Normentwurfs nennt dann aber eine Berechnungsmöglichkeit zur „Umrechnung des entstehenden Luftschallpegels einer Maschine aus ihrem Schallleistungspegel“. Diese Beziehung wird dann auch in **Beiblatt 2 zu DIN 4109:1989** in Abschnitt 2.3 aufgegriffen. Sie bleibt auch in **DIN 4109:1989** bei gebäudetechnischen Anlagen der einzige Hinweis auf ein rechnerisches Vorgehen. Auf diese Berechnungsmöglichkeit wird in 4.5.2.2 eingegangen. Rein äußerlich ist auch **DIN 4109:2016** auf dem Stand von 1989 stehen geblieben. Auf rechnerische Methoden zum Nachweis des Schallschutzes gegenüber Geräuschen gebäudetechnischer Anlagen wird in DIN 4109-2 vollständig verzichtet. Man beschränkt sich stattdessen in DIN 4109-36 auf beschreibende Ausführungen zum Schallschutz bei gebäudetechnischen Anlagen (siehe dazu 5.7.2) und nennt an einigen Stellen exemplarische Beispiele für die Luftschallemission von Anlagen, ohne allerdings Hinweise zu geben, wie mit diesen Daten umgegangen werden könnte. So ist zusammengefasst die Behandlung der gebäudetechnischen Anlagen in DIN 4109-2 und DIN 4109-36 nur ein erster Versuch, gebäudetechnische Anlagen weitergehend als in DIN 4109:1989 zu behandeln. Auf diesem Hintergrund ist erkennbar, dass der größte Handlungsbedarf für die Durchführung von Nachweisen bei den gebäudetechnischen Anlagen besteht.

Ein entscheidender Impuls für die rechnerische Behandlung gebäudetechnischer Anlagen ergab sich durch die Erarbeitung der **EN 12354**. Deren Teil 5, der sich mit solchen Anlagen beschäftigt, war der letzte Teil und erschien erst 2009 [75]. Irreführend ist hier die deutsche Übersetzung des Titels dieser Norm, der „Installationsgeräusche“ lautet und damit suggeriert, dass es sich um die Geräusche der Sanitärinstallation handele. Der englische Titel „Sounds levels due to the service equipment“ verweist dagegen auf die gebäudetechnischen Anlagen insgesamt.

In DIN EN 12354-5 wird zum ersten Mal versucht, die rechnerische Prognose von Schalldruckpegeln gebäudetechnischer Anlagen in Gebäuden in ein genormtes Konzept einzubinden. Vergleichbar mit dem Ansatz für die Luft- und Trittschalldämmung wird eine Berechnungsmethode zusammen mit den benötigten Eingangsdaten festgelegt. Neu ist dabei, dass neben der Charakterisierung der Luftschallemission nun auch Kennwerte zur Beschreibung der Körperschallerzeugung benötigt werden, so dass eine vollständige Quellencharakterisierung vorliegt. Ähnlich wie die EN 12354 für die Berechnung der Luft- und Trittschallübertragung in den Teilen 1 und 2 Auslöser für die Erarbeitung weiterer messtechnischer Verfahren zur Beschaffung der benötigten Eingangsdaten war, ist das auch mit EN 12354-5 der Fall. Ebenfalls 2009 erschien die DIN EN 15657-1 [81], die die Charakterisierung von Körperschallquellen unter Massivbaubedingungen behandelt. Sie wurde inzwischen überarbeitet [82], um sie auch für die besonderen Bedingungen des Holz- und Leichtbaus anwendbar zu machen. DIN EN 14366 [80] behandelt die Charakterisierung der Geräuscherzeugung von Abwassersystemen im Prüfstand. Sie wird derzeit überarbeitet, um die ermittelten Kennwerte sowohl für die Luftschall- als auch die Körperschallerzeugung auf Leistungsgrößen umzustellen, die direkt in der Berechnung nach EN 12354-5 eingesetzt werden können. In DIN EN ISO 10848 wurde in der letzten Revision [99] als neue Größe der Norm-Flankengeräteschallpegel $L_{ne0,f}$ definiert, der die Körperschallübertragung über flankierende Bauteile beschreibt, was insbesondere für den Holz- und Leichtbau von Bedeutung ist. So ist um die EN 12354-5 herum ein Normenwerk entstanden, das ein Instrumentarium zur rechnerischen Behandlung der Geräusche gebäudetechnischer Anlagen zur Verfügung stellt. In mittlerweile einer

Reihe von Forschungsvorhaben wurde die Anwendung und Validierung dieser Methoden für unterschiedliche Schallquellen und Übertragungssituationen untersucht. Es zeigt sich, dass die Methoden grundsätzlich anwendbar sind, allerdings einen aus Sicht der DIN 4109-Nachweise hohen Aufwand erfordern, so dass eine praktikable Umsetzung für die Zwecke der DIN 4109-2 noch aussteht.

HINWEIS

Die Übersetzungsqualität des englischen Originaltextes in die deutsche Fassung der DIN EN 12354-5:2009 ist teilweise so schlecht oder falsch, dass hier stattdessen immer wieder auf eigene, sich am englischen Text und an üblichen eingeführten deutschen Fachbegriffen der Akustik orientierende Formulierungen zurückgegriffen wird. Als abschreckendes exemplarisches Beispiel sei der Bildtext zu Bild DD.3 genannt. Englischer Originaltext: „ISO-tapping machine“, deutsche „Übersetzung“: „ISO-Gewindebohrmaschine“ statt „Norm-Hammerwerk“.

In Anhang F.4.2 wird der englische Text „Instead of an electrodynamic shaker, also the tapping machine could be used in some cases“ so übersetzt: „Anstelle eines elektrodynamischen Mixers kann in einigen Fällen auch die Gewindebohrmaschine verwendet werden.“ Hier ist die Grenze zum Komischen schon weit überschritten und es erweist sich insofern als Vorteil, dass die DIN EN 12354-5 bislang noch keine größere Verbreitung gefunden hat. Dem an dieser Norm Interessierten sei empfohlen, sich bei berechtigten Zweifeln am Inhalt besser an der englischen Originalfassung als an der deutschen Übersetzung zu orientieren.

4.5.1.3 Grundprinzipien der Übertragung von Geräuschen gebäudetechnischer Anlagen

Hinsichtlich Schallerzeugung und Schallübertragung finden sich bei den gebäudetechnischen Anlagen die komplexesten Verhältnisse der gesamten Bauakustik. Nicht ohne Grund ist dieser Bereich deshalb derjenige, der am wenigsten in der Bauakustik verankert ist. Ein erster Ansatz zu seiner Behandlung ergibt sich aus der prinzipiellen Wirkungskette in Bild 4.81.

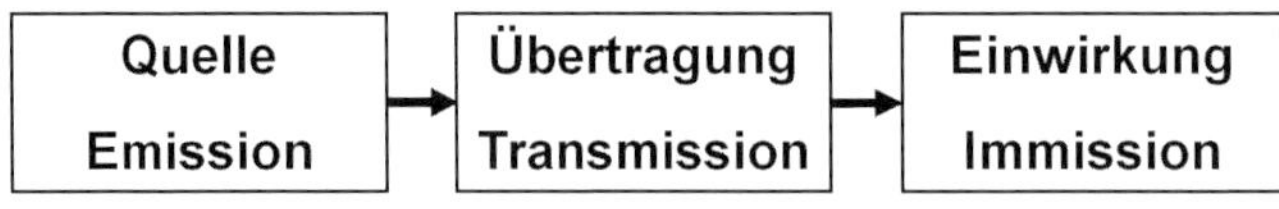

Quelle: Autoren

Bild 4.81: Wirkungskette der Akustik

Emission, Transmission und Immission sind bei der Prognose als einzelne Bereiche zu betrachten, wobei die Anforderungen nur an die Immission gestellt werden. Im Gegensatz zur Luft- und Trittschallübertragung, bei der die eigentlichen Quellen bei den Anforderungen und Nachweisen nicht explizit zu berücksichtigen sind, müssen sie bei den gebäudetechnischen Anlagen für den konkreten Einzelfall betrachtet werden. Sie können sowohl Luft- als auch Körperschallquellen sein. Dafür werden geeignete Emissionsdaten benötigt. Bei der Transmission ist zu berücksichtigen, dass die Anregung des Gebäudes sowohl durch den im Aufstellungsraum erzeugten Luftschall als auch den im Aufstellungsraum erzeugten Körperschall erfolgen kann. Der erzeugte Körperschall kann an verschiedenen Kontaktpunkten, die als Körperschallbrücken fungieren, in das Gebäude übertragen werden. Im Gebäude spielen dann Bauweise und Grundrissanordnung eine Rolle für die in einen schutzbedürftigen Raum übertragenen Geräusche. Als Beispiel für ein einigermaßen komplexes System für Schallquelle und Übertragungssituation zeigt Bild 4.82 die akustischen Verhältnisse bei einem Abwassersystem.

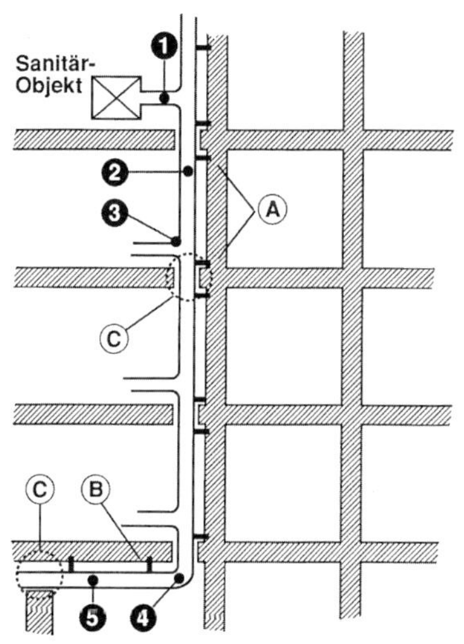

Legende

Geräuschanregung

① direkte Anregung durch angeschlossene Sanitärobjekte (WC, Wannen etc.)

② Fließ- und Plätschergeräusche im Fallstrang

③ Aufprall des abfließenden Wassers an Diskontinuitäten im Fallstrang (Geschossabzweige)

④ Aufprall bei Richtungsänderungen des Fallstrangs (Kellerbogen oder Verziehungen)

⑤ Fließgeräusche im liegenden Abschnitt

Geräuschübertragung (in fremde Bereiche)

A Befestigung des Fallstrangs an Wänden (Rohrschellen, Fallrohrstützen)

B Befestigung von horizontalen Abschnitten an Decken

C Decken- und Wanddurchgänge (Brandschutzmanschetten)

Quelle: Autoren

Bild 4.82: Einflussfaktoren für die Geräusche eines Abwassersystems im Gebäude

Vor der Installationswand dominiert die Luftschallabstrahlung durch das Rohr. Hinter der Installationswand (auf derselben und in anderen Etagen) dominiert die Körperschallübertragung. Zur vollständigen Quellenbeschreibung wird eine Charakterisierung der Luftschallabstrahlung und der Körperschallerzeugung bzw. -übertragung benötigt. Das wird in DIN EN 14366 [80] berücksichtigt (siehe dazu auch 5.7.3.3).

In verallgemeinerter Form können die Verhältnisse für beliebige Schallquellen aus dem Bereich der gebäudetechnischen Anlagen wie folgt dargestellt werden:

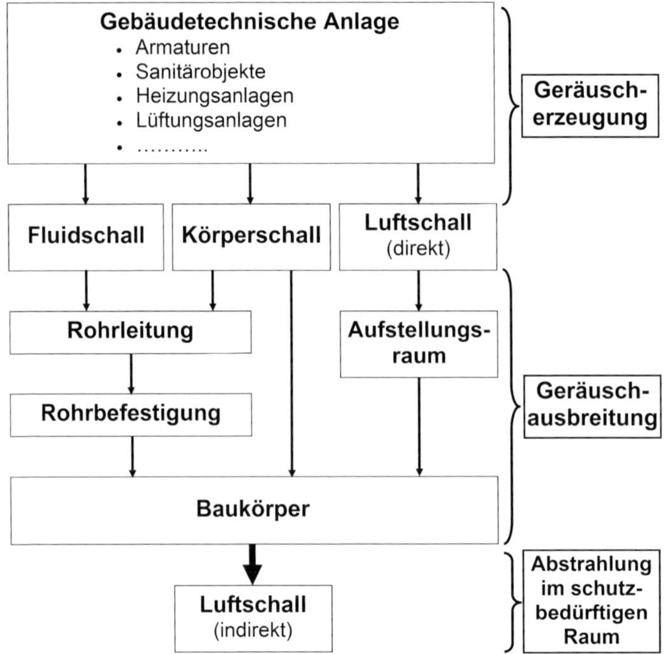

Quelle: Autoren

Bild 4.83: Erzeugung und Übertragung von Geräuschen gebäudetechnischer Anlagen

Die Quelle kann Luft-, Fluid- oder Körperschall erzeugen. Fluidschall sorgt nie für direkte Geräuscheinwirkungen. Nur der von ihm durch Anregung der Rohrwandung induzierte Körperschall kann über die Rohrbefestigungen auf das Gebäude übertragen werden. Körperschall kann von einer Quelle ebenfalls auf Rohrleitungen und von dort auf das Gebäude übertragen werden. Er kann aber auch direkt von der Schallquelle über die Befestigungselemente oder sonstige Kontaktpunkte auf das Gebäude übertragen werden. Der gesamte vom Baukörper übertragene Körperschall kann dann in einem schutzbedürftigen Raum als indirekter Luftschall abgestrahlt werden. Luftschall kann auch direkt von einer Quelle abgestrahlt werden. In manchen Fällen interessiert dann auch der Schalldruckpegel im Aufstellungsraum selbst. In den meisten Fällen aber ist von Bedeutung, wie der Baukörper im Aufstellungsraum vom angestrahlten Luftschall angeregt wird und eine Schallübertragung bis zu einem schutzbedürftigen Raum stattfindet. Auch dort kommt es dann zur Abstrahlung von Luftschall.

In schematischer Darstellung zeigt Bild 4.84 die Übertragung von Luft- und Körperschall einer gebäudetechnischen Anlage in einen Empfangsraum.

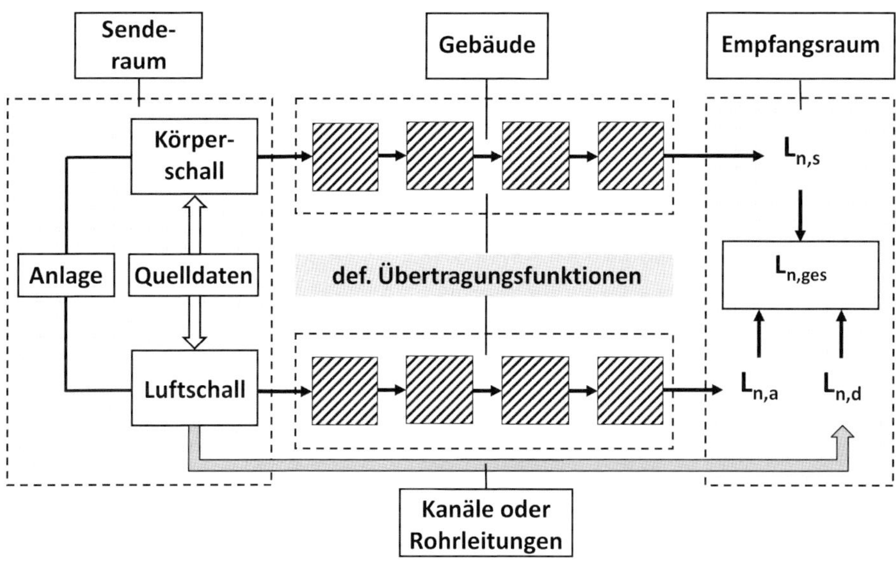

Legende

$L_{n,s}$ normierter Schalldruckpegel aus der Körperschallerzeugung einer Anlage

$L_{n,a}$ normierter Schalldruckpegel aus der Luftschallerzeugung einer Anlage

$L_{n,d}$ normierter Schalldruckpegel aus der direkten Luftschallübertragung über Kanäle oder Rohrleitungen

$L_{n,ges}$ gesamter normierter Schalldruckpegel einer Anlage in einem Empfangsraum

Quelle: Autoren

Bild 4.84: Schematische Darstellung der Übertragung von Luft- und Körperschall einer gebäudetechnischen Anlage in einen Empfangsraum

Das in verallgemeinerter Form dargestellte Prinzip zeigt die methodischen Grundlagen für ein Berechnungsmodell auf: berechnet wird (jeweils separat) die Übertragung des von einer Anlage erzeugten Luft- und Körperschalls in einen Empfangsraum. Zusätzlich kann in bestimmten Fällen auch noch die direkte Luftschallübertragung über Kanäle oder Rohrleitungen dazukommen. Alle drei Anteile werden im Empfangsraum zum gesamten Schalldruckpegel addiert. Benötigt werden die charakteristischen Emissionsdaten der Schallquelle für die Luft- und die Körperschallerzeugung. Die Anlage muss also als Luft- und Körperschallquelle charakterisiert werden. Benötigt wird außerdem zur Beschreibung der Übertragung von Luft- und Körperschall im Gebäude jeweils eine Übertragungsfunktion zwischen Sende- und Empfangsraum, die in geeigneter Weise für jeden in Frage kommenden Übertragungsweg den bauakustischen Zusammenhang zwischen beiden Räumen herstellt. Bei Bedarf ist auch noch die Transmission von Luftschall über Kanäle oder Rohrleitungen einzubinden. Damit ist die Grundlage des in DIN EN ISO 12354-5 verfolgten Berechnungsprinzips beschrieben.

4.5.1.4 Allgemeiner Ansatz in DIN EN ISO 12354-5

In der Normenreihe der EN 12354 vervollständigt deren Teil 5 [75] die Berechnungsmodelle für den baulichen Schallschutz um die Geräusche gebäudetechnischer Anlagen. Dieser Teil ist der letzte erschienene Teil der Reihe und bis heute auch derjenige, der am wenigsten Eingang in praktische Anwendungen gefunden hat. Angesichts der komplexen Zusammenhänge, insbesondere bei der Behandlung von Körperschallquellen, geben die in der aktuell vorliegenden Ausgabe von 2009 gegebenen Darstellungen noch keinen abschließenden Stand wieder und beschreiben den Handlungsbedarf für die Weiterentwicklung dieses Regelwerkes. Wesentliche Fragen konnten seitdem bereits geklärt und einiges konnte zur Validierung der genannten Verfahren getan werden, so dass die im Jahr 2017 begonnene Revision der EN 12354-5 zu einer konsistenteren Methodik und zu einem stärkeren Bezug zur praktischen Anwendung führen wird. Die wesentlichen Grundsätze der Berechnungsmodelle waren allerdings so grundlegend gewählt worden, dass sie beibehalten wurden und an dieser Stelle erläutert werden können.

Die Prognoseverfahren der EN 12354-5 sollen jedoch nicht im Detail, sondern lediglich in ihren Grundzügen erläutert werden, so dass erkennbar ist, wie eine grundsätzliche Behandlung der Geräusche gebäudetechnischer Anlagen aussehen kann und eine mögliche Umsetzung im Rahmen der DIN 4109 vorstellbar ist.

Die EN 12354-5 berücksichtigt alle in Frage kommenden Quellen und deren Übertragungswege. Eine wesentliche Aufgabe der EN 12354-5 besteht in den Festlegungen zur Quellencharakterisierung. Die Charakterisierung der Quellen erfolgt auf der Basis von Leistungsgrößen, so dass die Luftschallleistung und die Körperschallleistung einer Quelle bekannt sein müssen. Die Berechnung der Übertragungsfunktionen erfolgt nach den Prinzipien, die schon für die Berechnung der Luft- und Trittschallübertragung angewendet wurden. So entsteht ein in sich konsistentes Berechnungskonzept, das bezüglich der Gebäudeeigenschaften auf dieselbe Datenbasis zurückgreifen kann.

Ausgangspunkte ist der in Bild 4.84 dargestellte systematische Ansatz, der bereits die wesentliche Vorgehensweise beinhaltet. Es können die übertragenen Anteile verschiedener Quellen (Luft- oder Körperschallquellen) und die direkte Luftschallübertragung über Kanäle oder Rohrleitungen berücksichtigt werden. Für die einzelnen Quellen sind die jeweils in Frage kommenden Übertragungswege zum betrachteten Empfangsraum festzulegen. Da diese Wege quellenbezogen zu betrachten sind, können demselben Empfangsraum auch Quellen unterschiedlicher Senderäume zugeordnet werden. Der insgesamt im Empfangsraum verursachte Schalldruckpegel ergibt sich dann durch energetische Addition aller in diesem Raum in Frage kommender Immissionsanteile:

$$L_n = 10\lg\left[\sum_{i=1}^{m} 10^{L_{n,d,i}/10} + \sum_{j=1}^{n} 10^{L_{n,a,j}/10} + \sum_{k=1}^{o} 10^{L_{n,s,k}/10}\right] \text{dB} \qquad (4.216)$$

Dabei ist

L_n der normierte Gesamt-Schalldruckpegel in einem Raum, der auf die Schallquellen i, j und k zurückzuführen ist;

$L_{n,d,i}$ der normierte Schalldruckpegel, der auf die Schallübertragung durch eine Rohrleitung oder einen Kanal für die Quelle i zurückzuführen ist;

$L_{n,a,j}$ der normierte Schalldruckpegel, der auf die Luftschallübertragung durch die Gebäudekonstruktion für die Quelle j zurückzuführen ist;

$L_{n,s,k}$ der normierte Schalldruckpegel, der auf die Körperschallübertragung durch die Gebäudekonstruktion für die Quelle k zurückzuführen ist;

m die Anzahl der Schallquellen, für die die Übertragung über einen Kanal oder eine Rohrleitung relevant ist;

n die Anzahl der Luftschallquellen;

o die Anzahl der Körperschallquellen.

Es gibt hier kein vereinfachtes Modell. Alle Berechnungen werden deshalb frequenzabhängig durchgeführt. Angesichts der recht unterschiedlichen spektralen Eigenschaften der in Frage kommenden Geräusche gebäudetechnischer Anlagen erscheint dieser Ansatz zwingend. EN 12354-5 sieht die Berechnung in Oktavbändern vor. Die Emissionsdaten und die Daten zur Beschreibung der Transmission im Gebäude müssen deshalb ebenfalls frequenzabhängig vorliegen.

4.5.2 Berechnungsverfahren für Luftschallquellen

4.5.2.1 Berechnungsverfahren nach DIN EN ISO 12354-5 für Luftschallquellen

Das allgemeine Prinzip für die von einer Luftschallquelle ausgehende Schallübertragung zeigt Bild 4.85. Die relevanten Größen im Aufstellungsraum der Anlage (Senderaum) sind deren Schallleistungspegel L_W für den abgestrahlten Luftschall, der Schalldruckpegel $L_{s,i}$, der von der Quelle vor einem Bauelement i des Senderaumes (Wand, Decke) verursacht wird, und die äquivalente Absorptionsfläche A_s. Über den Baukörper ist ein bestimmtes angeregtes Element i im Senderaum mit einem bestimmten abstrahlenden Element j im Empfangsraum energetisch gekoppelt. R_{ij} ist das für einen solchen Übertragungsweg vorliegende Flanken-Schalldämm-Maß. Da jedes Element i mit mehreren Elementen j gekoppelt sein kann, kann es je nach vorliegender Übertragungssituation eine ganze Reihe von Flanken-Schalldämm-Maßen R_{ij} geben, die für die Gesamtübertragung zu berücksichtigen sind. Der insgesamt im Empfangsraum verursachte Schalldruckpegel L_e ergibt sich dann aus der energetischen Summe der über die einzelnen Übertragungswege ij abgestrahlten Schalldruckpegel $L_{e,ij}$.

In diesem allgemeinen Ansatz werden keine Bedingungen an die Art der Schallabstrahlung der Quelle und an das Schallfeld im Raum gestellt. Die Quelle kann deshalb auch eine bestimmte Richtcharakteristik aufweisen. Bedingt durch Raumgeometrie und Raumausstattung können die Schallfeldbedingungen von denen eines diffusen Schallfeldes abweichen. Unterschiedliche Elemente des Baukörpers im Raum können also unterschiedlich stark vom Schall beaufschlagt werden. Durch die Position der Quelle im Raum kann sich die Quelle auch so nah vor einem Bauelement befinden, dass dieses nicht nur dem Diffusfeld, sondern auch (oder sogar maßgeblich) dem Direktfeld der Quelle ausgesetzt ist. Dieser Fall ist bei gebäudetechnischen Anlagen häufig. Auf derartige Effekte wird in [410] eingegangen. Insgesamt können sich im aktuellen Fall für die Luftschallanregung eines Bauelementes im Gegensatz zu den einfachen Bedingungen eines diffusen Schallfeldes sehr komplexe Anregesituationen ergeben.

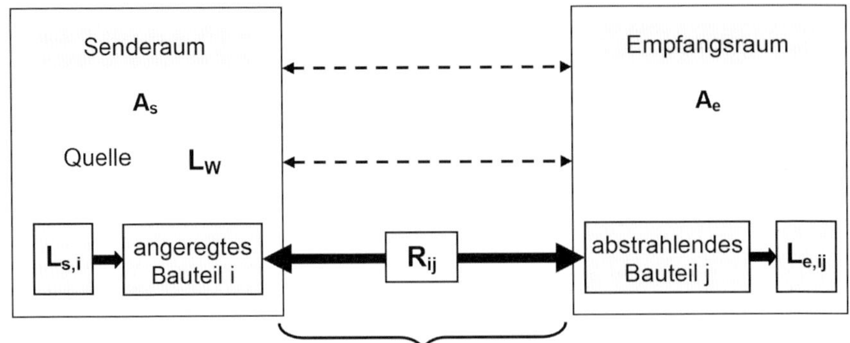

Legende

L_w	Schallleistungspegel der Anlage
A_s und A_e	äquivalente Absorptionsflächen im Senderaum und Empfangsraum
$L_{s,i}$	Schalldruckpegel vor einem Element i des Senderaumes
$L_{e,ij}$	Schalldruckpegel im Empfangsraum, der über den Weg ij übertragen und vom Bauteil j abgestrahlt wird
R_{ij}	Flanken-Schalldämm-Maß für die Übertragung von einem Element i auf ein Element j

Quelle: Autoren

Bild 4.85: Allgemeine Darstellung der Übertragung von Luftschall zwischen einem Sende- und Empfangsraum

Für jedes Bauelement i, das im Senderaum durch den Luftschall einer Anlage beaufschlagt wird, muss im allgemeinen Ansatz also der Zusammenhang zwischen dem Schallleistungspegel L_w der Quelle und dem beaufschlagenden Schalldruckpegel $L_{s,i}$ bzw. des Pegels $L_{W,i}$ der auf das Bauteil i auftreffenden Schallleistung W_i hergestellt werden, der die spezifischen Abstrahlungs- und Ausbreitungsverhältnisse im Senderaum berücksichtigt. Dies kann nach Bild 4.86 über eine Übertragungsfunktion für den Luftschall im Senderaum $D_{s,i}$ geschehen, die folgendermaßen definiert wird:

$$D_{s,i} = 10 \lg \frac{W_i}{W} \text{ dB} \qquad (4.217)$$

mit

$D_{s,i}$ Luftschall-Übertragungsfunktion zwischen Schallquelle und angeregtem Bauteil i im Senderaum;

W Schallleistung der Quelle;

W_i auf das Bauteil i auftreffende Schallleistung;

$D_{s,i}$ berücksichtigt für die aktuellen Schallfeldverhältnisse folgende Aspekte:

- Abstrahleigenschaften der Quelle (Richtcharakteristik),
- durch Geometrie und Ausstattung des Raumes bedingte Schallfeldeigenschaften,
- durch Positionierung der Quelle bedingte Anregebedingungen (Direktfeld und Hallfeld).

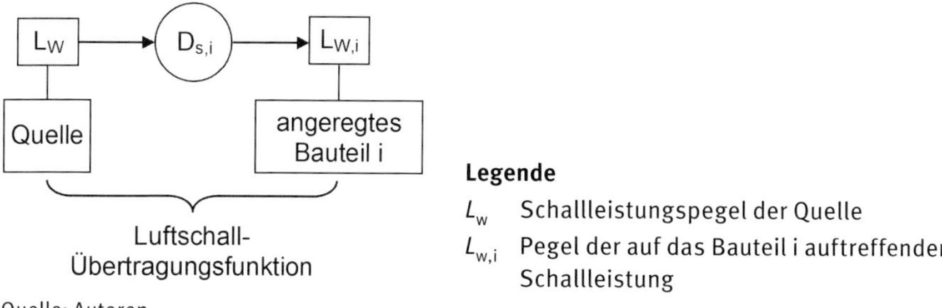

Quelle: Autoren

Bild 4.86: Übertragungsfunktion $D_{s,i}$ für die Luftschallanregung im Senderaum

Lediglich unter den idealisierenden Annahmen für ein diffuses Schallfeld lässt sich $D_{s,i}$ auf einfache Weise bestimmen. Mithilfe von Gl. (4.219) ergibt sich in diesem Fall

$$D_{s,i} = 10 \lg \frac{4S_i}{A_s} \text{ dB} \tag{4.218}$$

S_i ist dabei die vom Diffusfeld beaufschlagte Fläche des Bauteils i.

Auch an die Schallübertragung im Gebäude werden keine Bedingungen gestellt. In den Verfahren der EN 12354-1 und EN 12354-2 für die Berechnung der Luftschall- und Trittschallübertragung werden aneinander angrenzende Räume vorausgesetzt, so dass sich in den flankierenden Übertragungswegen lediglich jeweils eine Stoßstelle befindet. Für gebäudetechnische Anlagen kann eine solche Beschränkung störend sein, da in vielen Fällen auch die Übertragung in weiter entfernte Räume maßgebend sein kann, so dass Übertragungswege mit mehr als einer Stoßstelle zu berücksichtigen sind. EN 12354-5 zeigt in Anhang F.1 einen Ansatz auf, wie in solchen Fällen verfahren werden könnte. Das Verfahren ist jedoch sehr allgemein gehalten und bedarf noch eingehender Untersuchungen. Es wäre momentan für praktikable Berechnungen nicht ohne weiteres anwendbar.

Insgesamt zeigt sich, dass das aus diesem generellen Ansatz ableitbare Vorgehen zwar methodisch richtig, aber derzeit nicht praktikabel ist, so dass vereinfachte Ansätze in Betracht zu ziehen sind.

4.5.2.2 Vereinfachte Ansätze für Luftschallquellen

Für vereinfachte Verhältnisse soll aufgezeigt werden, wie unter bestimmten Bedingungen eine praktikable Vorgehensweise möglich ist. Für die zuvor allgemein gehaltenen Schallfeldbedingungen im Aufstellungsraum ist es eine wesentliche Vereinfachung, wenn – wie auch bei den Verfahren zur Berechnung der Luft- und Trittschallübertragung – von einem diffusen Schallfeld ausgegangen wird.

Luftschall im Aufstellungsraum

Für die schalltechnische Planung ist der im Aufstellungsraum vorhandene Schalldruckpegel eine wesentliche Planungsgröße. Sie wird z. B. benötigt, wenn der durch Luftschallabstrahlung der Anlage verursachte Schalldruckpegel in einem benachbarten schutzbedürftigen Raum abgeschätzt werden soll. In diesem Fall können unter der Annahme eines diffusen Schallfeldes im Raum einfache Ansätze gewählt werden. Für den Schalldruck p_s, der von einer Quelle der Schallleistung W bewirkt wird, gilt im Diffusfeld:

$$p_s^2 = \frac{4\rho c}{A_s} W \tag{4.219}$$

mit

p_s Schalldruck im Diffusfeld des Senderaumes;

ρc Schallkennimpedanz für Luft;

A_s äquivalente Absorptionsfläche im Senderaum;

W Schallleistung der Anlage.

In Pegelschreibweise lautet dieselbe Beziehung

$$L_s = L_W - 10 \lg \frac{A_s/\mathrm{m}^2}{4} \text{ dB} \tag{4.220}$$

mit

L_s Schalldruckpegel im Diffusfeld des Senderaumes;

L_W Schallleistungspegel der Anlage.

Üblicherweise wird dafür folgende Schreibweise verwendet:

$$L_s = L_W - 10 \lg \frac{A_s}{\mathrm{m}^2} + 6 \text{ dB} \tag{4.221}$$

Die genannten Zusammenhänge der Gl. (4.219) bis (4.221) sind grundsätzlich frequenzabhängig zu sehen und somit für die einzelnen Frequenzbänder des betrachteten Frequenzbereichs anzuwenden. Zur Abschätzung können stattdessen auch Einzahlwerte angesetzt werden, z. B. A-bewerte Pegel. Für Gl. (4.221) ergibt sich so

$$L_{A,s} = L_{W,A} - 10 \lg \frac{\overline{A_s}}{\mathrm{m}^2} + 6 \text{ dB} \tag{4.222}$$

mit

$L_{A,s}$ A-bewerteter Schalldruckpegel im Diffusfeld des Senderaumes;

$L_{W,A}$ A-bewerteter Schallleistungspegel der Anlage;

$\overline{A_s}$ Mittelwert der äquivalenten Absorptionsfläche im Senderaum.

Diese Beziehung kann angewendet werden, wenn z. B. mit den in DIN 4109-36 genannten Schallleistungspegeln verschiedener gebäudetechnischer Anlagen der Schalldruckpegel im Aufstellungsraum berechnet werden soll.

Für die äquivalente Absorptionsfläche muss in diesem Fall ein repräsentativer Wert angesetzt werden, der dem mittleren Absorptionsverhalten des Senderaumes in einem relevanten Frequenzbereich entspricht. Beiblatt 2 zu DIN 4109:1989, das diese Gleichung (4.222) in Abschnitt 2.3 genannt hat, gibt zur Bestimmung eines mittleren Wertes $\overline{A_s}$ folgende Näherungen an:

$$\frac{\overline{A_s}}{\mathrm{m}^2} \approx \frac{0{,}3 \cdot V_s}{\mathrm{m}^3} \quad \text{für einen gedämpften Raum} \tag{4.223}$$

$$\frac{\overline{A_s}}{\text{m}^2} \approx \frac{0{,}05 \cdot V_s}{\text{m}^3} \quad \text{für einen halligen Raum} \tag{4.224}$$

V_s ist hier das Volumen des Senderaumes.

Wenn für einen Raum frequenzabhängige Messwerte vorliegen, kann eine mittlere äquivalente Absorptionsfläche $\overline{A_s}$ in Anlehnung an DIN EN ISO 10052 [93] ermittelt werden, wo in Abschnitt 3.15 bei gebäudetechnischen Anlagen für das Nachhallmaß die arithmetische Mittelung der Nachhallzeiten für die Oktavbänder 500 Hz, 1 000 Hz und 2 000 Hz vorgeschrieben ist. Entsprechend gilt dann

$$\overline{A_s} = \frac{1}{3}\left(A_{s,500} + A_{s,1000} + A_{s,2000}\right) \text{ m}^2 \tag{4.225}$$

Luftschallübertragung in schutzbedürftige Räume

Es gelten dieselben Bedingungen, die auch für die Berechnung der Luftschallübertragung nach DIN EN ISO 12354-2 vorausgesetzt werden:

- frequenzabhängige Berechnung
- diffuse Schallfelder im Sende- und Empfangsraum
- Übertragung nur in angrenzende Räume (horizontale, vertikale oder diagonale Übertragung)

Ausgangspunkt ist die für diffuse Schallfelder geltende Beziehung

$$R = L_s - L_e + 10 \lg \frac{S}{A_e} \text{ dB} \tag{4.226}$$

mit

R Schalldämm-Maß;

L_s Schalldruckpegel des Diffusfeldes im Senderaum;

L_e Schalldruckpegel des Diffusfeldes im Empfangsraum;

S Fläche des trennenden Bauteils;

A_e äquivalente Absorptionsfläche im Empfangsraum.

Daraus kann als Immissionspegel der Schalldruckpegel L_e im Empfangsraum durch

$$L_e = L_s - R + 10 \lg \frac{S}{A_e} \text{ dB} \tag{4.227}$$

ermittelt werden. In dieser Schreibweise gilt die genannte Beziehung allerdings nur für den Fall, dass ausschließlich die Direktübertragung über das trennende Bauteil ohne weitere flankierende Übertragungswege vorliegt. Dieser Fall ist in der Praxis i. d. R. nicht anzutreffen. Unter Berücksichtigung der üblicherweise in Frage kommenden Nebenwege ist dann R durch das Bau-Schalldämm-Maß R' zu ersetzen, so dass statt Gl. (4.227)

$$L_e = L_s - R' + 10 \lg \frac{S}{A_e} \text{ dB} \tag{4.228}$$

zu verwenden ist. Wenn ein normierter Schalldruckpegel ermittelt werden soll, um von den Absorptionseigenschaften des Empfanges unabhängig zu sein und die in DIN 4109-1 geforderte Kenngröße zu erhalten, kann der auf $A_0 = 10\ \text{m}^2$ bezogene Norm-Schalldruckpegel herangezogen werden:

$$L_{e,n} = L_e + 10\lg\frac{A_e}{A_0} = L_s - R' + 10\lg\frac{S}{A_e} + 10\lg\frac{A_e}{A_0} = L_s - R' + 10\lg\frac{S}{A_0}\ \text{dB} \tag{4.229}$$

Für gebäudetechnische Anlagen mit bekanntem Schallleistungspegel L_w kann im Diffusfeld unter Berücksichtigung von Gl. (4.220) geschrieben werden:

$$L_{e,n} = L_W - R' + 10\lg\frac{S}{A_0} - 10\lg\frac{A_s/\text{m}^2}{4}\ \text{dB} \tag{4.230}$$

bzw. mit dem Zahlenwert für A_0

$$L_{e,n} = L_W - R' + 10\lg\frac{S}{A_s} - 4\ \text{dB} \tag{4.231}$$

Diese Beziehung kann für benachbarte Räume mit gemeinsamer Trennfläche angesetzt werden. Haben Senderaum und Empfangsraum keine gemeinsame Trennfläche, wie es nach Bild 4.87 z. B. bei der diagonalen Übertragungssituation oder mit einem zwischenliegenden Raum der Fall ist, dann kann der Zusammenhang zwischen den Schalldruckpegeln des Sende- und Empfangsraumes durch die Norm-Schallpegeldifferenz D_n hergestellt werden.

Dafür gilt dann mit dem in Gl. (4.22) genannten Zusammenhang zwischen R und D_n und denselben Annahmen wie zuvor sowie mit den Bezeichnungen in Bild 4.88:

$$L_{e,n} = L_W - D_n + 10\lg\frac{4}{A_s/\text{m}^2}\ \text{dB} \tag{4.232}$$

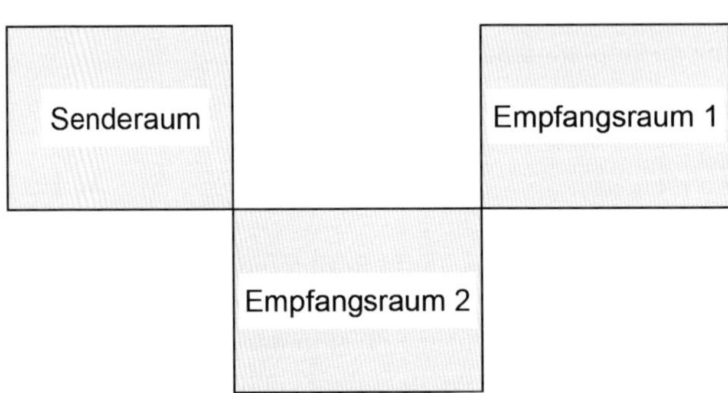

Quelle: Autoren

Bild 4.87: Verwendung der Norm-Schallpegeldifferenz für Raumsituationen ohne gemeinsame Trennfläche

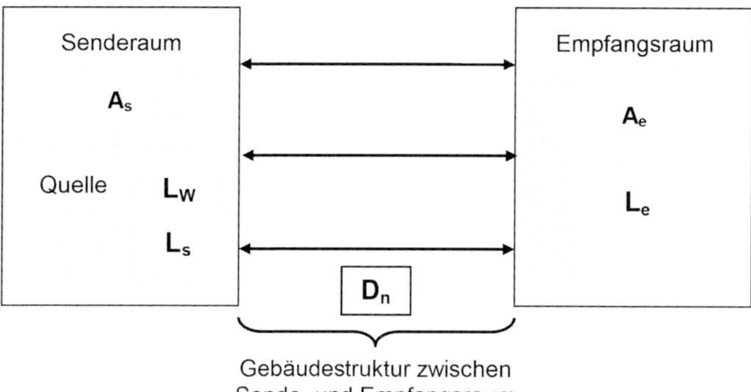

Quelle: Autoren

Bild 4.88: Vereinfachte Darstellung der Übertragung von Luftschall zwischen einem Sende- und Empfangsraum

Im Gegensatz zu den Verhältnissen in Bild 4.85 wird mit D_n nicht ein bestimmter Übertragungsweg ij beschrieben, sondern es werden alle an der Übertragung zwischen Sende- und Empfangsraum beteiligten Übertragungswege erfasst. Genauso wie R' charakterisiert D_n somit eine komplette Übertragungssituation.

Falls für die Berechnung des Immissionspegels im Empfangsraum nicht von einem gegebenen Schallleistungspegel, sondern vom Schalldruckpegel L_s im Senderaum ausgegangen wird, kann anstelle von Gl. (4.232) folgende Beziehung verwendet werden:

$$L_{e,n} = L_s - D_n \text{ dB} \tag{4.233}$$

In den Beziehungen nach Gl. (4.231) bzw. (4.232) werden R' und D_n im Sinne von Übertragungsfunktionen verwendet. Für aneinander angrenzende Räume können beide Größen mit den für die Luftschallübertragung in DIN EN 12354-1 vorgesehenen Methoden berechnet werden.

In den Fällen, für die eine rechnerische Bestimmung von R' und D_n nicht in Frage kommt, können diese Größen nach DIN EN ISO 16283-1 [109] durch Messungen für typische Übertragungssituationen bestimmt werden. Eine besondere Bedeutung hat diese Methode für den Holz- und Leichtbau, wo die Berechnung der Luftschallübertragung noch gewissen Beschränkungen unterliegt. Beispielsweise können durch Messungen in relevanten Übertragungssituationen repräsentative Werte für R bzw. D_n ermittelt werden, die dann im Sinne von Ausführungsbeispielen zur Verfügung gestellt werden können.

Es ist stets zu beachten, dass alle bis jetzt beschriebenen Zusammenhänge frequenzabhängig zu betrachten sind. Deshalb muss auch die Berechnung von R' und D_n mit den frequenzabhängigen Verfahren der EN 12354-1 erfolgen. Eine Verwendung der mit Einzahlwerten arbeitenden Berechnungsmethoden der DIN 4109-2 ist nicht ohne weiteres möglich. Unter bestimmten Voraussetzungen kann jedoch als Näherung auch mit Einzahlwerten gearbeitet werden. Darauf wird im Folgenden eingegangen.

Abschätzungen mit Einzahlwerten

Da sowohl die Geräuschspektren der Anlagen als auch die Schalldämmung von Bauteilen eine ausgeprägte Frequenzcharakteristik aufweisen können, können die bisher betrachteten frequenzabhängigen Berechnungen mit L_W und R' bzw. D_n nicht unmittelbar durch Berechnungen mit den Einzahlwerten $L_{W,A}$ und R'_w bzw. $D_{n,w}$ ersetzt werden. In geeigneter Weise sind das Spektrum des Anlagengeräusches und die Frequenzabhängigkeit des Schalldämm-Maßes zu berücksichtigen, was durch einen Korrektursummanden K geschieht.

Aus Gl. (4.228) ergibt sich somit mit Einzahlwerten

$$L_{Ae} = L_{As} - R'_w + 10\lg\frac{S}{A_e} + K \text{ dB} \tag{4.234}$$

mit

L_{Ae} A-bewerteter Schalldruckpegel im Empfangsraum;

L_{As} A-bewerteter Schalldruckpegel im Senderaum;

R'_w bewertetes Bau-Schalldämm-Maß;

S Fläche des Trennbauteils;

A_e äquivalente Absorptionsfläche im Empfangsraum;

K Korrektursummand.

Entsprechend folgt aus Gl. (4.229) für die Berechnung mit Einzahlwerten

$$L_{Ae,n} = L_{As} - R'_w + 10\lg\frac{S}{A_0} + K \text{ dB} \tag{4.235}$$

Der in Gl. (4.234) benötigte Einzahlwert der Absorptionsfläche A_e kann nach VDI 2719 [121] bei üblichen Raumhöhen und normal ausgestatteten Wohnräumen näherungsweise bestimmt werden aus $A_e \approx 0{,}8\ S_G$, wobei S_G die Grundfläche des Raumes in m^2 ist.

VDI 2719 nennt für typische Außengeräusche und die Schalldämmung von Fenstern Werte des Korrektursummanden. Diese können jedoch für Anlagengeräusche in Gebäuden nicht übernommen werden. In der VDI 2715 [120], die den Schallschutz bei Heizungsanlagen behandelt, wird der in Gl. (4.234) genannte Zusammenhang verwendet, um die benötigte Schalldämmung bei gegebenem Pegel der Heizungsanlage im Aufstellungsraum L_{As} und einem einzuhaltenden Pegel L_{Ae} im Empfangsraum zu bestimmen. Für Heizungsgeräusche mit überwiegend tiefen Frequenzen wird ein Korrekturwert von 8 dB genannt. In gleicher Weise nutzt VDI 2566 [118] die Gl. (4.235) zur Bestimmung der benötigten Schalldämmung bei Aufzugsanlagen, wenn der im Triebwerksraum vorhandene A-bewertete Schalldruckpegel von Triebwerk, Bremse und Schaltgeräten gegeben ist. Der Korrekturwert für Aufzugsgeräusche wird dort mit $K = 0$ dB angegeben. Bei beiden Regelwerken wird stillschweigend vorausgesetzt, dass es sich um die Schalldämmung eines Gebäudes in massiver Bauweise handelt. Auf andere Bauweisen können die genannten Korrekturwerte deshalb nicht übertragen werden.

Prinzipiell können solche Korrekturwerte dadurch ermittelt werden, dass für bestimmte Geräuschspektren und Schalldämm-Maße, die für eine bestimmte Bauweise repräsentativ sind, die Differenz der Ergebnisse einer frequenzabhängigen Berechnung und der Ergebnisse einer Berechnung mit Einzahlwerten ermittelt wird.

Eine weitere Möglichkeit zur vereinfachten Prognose ist die Anwendung der Spektrumanpassungswerte C und C_{tr} nach DIN EN ISO 717-1 [88] (siehe 3.2.1.2). Als Beispiel für Spektren, die durch C repräsentiert werden, werden dort in Tabelle A.1 Betriebe mit überwiegend mittel- und hochfrequenten Geräuschen genannt. Als Beispiel für Spektren, die durch C_{tr} repräsentiert werden, nennt DIN EN ISO 717-1 Betriebe mit überwiegend tief- und mittelfrequenten Geräuschen. Aus der Definition der Spektrumanpassungswerte können folgende Beziehungen als Näherungen abgeleitet werden:

$$L_{Ae} \approx L_{As} - \left(R'_{w} + C\right) + 10\lg\frac{S}{A_{e}} \text{ dB} \tag{4.236}$$

bzw.

$$L_{Ae} \approx L_{As} - \left(R'_{w} + C_{tr}\right) + 10\lg\frac{S}{A_{e}} \text{ dB} \tag{4.237}$$

Im Vergleich mit Gl. (4.234) zeigt sich, dass die Spektrumanpassungswerte den Korrekturwert K ersetzen. Bei der Anwendung dieser Näherungen muss vorausgesetzt werden, dass die Spektren der Anlagengeräusche mit den in DIN EN ISO 717-1 Abschnitt 4.3 angegebenen Referenzspektren einigermaßen übereinstimmen. Zu beachten ist dabei, dass die für die Referenzspektren genannten Schallpegel bereits A-bewertet sind. Gl. (4.236) steht dann für Geräusche, die einem A-bewerteten rosa Rauschen ähneln, während Gl. (4.237) auf Geräusche angewendet werden kann, die einem (innerstädtischen) A-bewerteten Straßenverkehrsgeräusch mit überwiegend tiefen Frequenzen ähneln. Während die Anwendung dieser beiden Gleichungen also auf zwei charakteristische Geräuschspektren zugeschnitten ist, gibt es hinsichtlich der frequenzabhängigen Übertragungseigenschaften im Gebäude keine Einschränkungen, solange die entsprechenden Spektrumanpassungswerte bekannt sind.

4.5.3 Berechnungsverfahren für Körperschallquellen

4.5.3.1 Berechnungsverfahren nach DIN EN ISO 12354-5 für Körperschallquellen

Für die Prognose der von einer Körperschallquelle ausgehenden Geräuscheinwirkung in einem schutzbedürftigen Raum sind zwei Schritte erforderlich:

- Bestimmung der von einer Schallquelle in die Gebäudestruktur eingeleiteten Körperschallleistung,
- Bestimmung der Körperübertragung zwischen Sende- und Empfangsraum.

DIN EN ISO 12354-5 nennt Möglichkeiten zur Behandlung der Körperschallleistung einer Schallquelle und zur Beschreibung der Körperschallübertragung im Gebäude. DIN EN 15657 [82] legt Messmethoden fest, mit denen die Körperschallleistung von technischen Schallquellen ermittelt werden kann. Um aufzuzeigen, welche Ansätze für eine Prognose der durch Körperschall verursachten Anlagengeräusche derzeit vorhanden sind, werden die wesentlichen Inhalte dieser Regelwerke erläutert, da sie die Grundlage für eine zukünftige Umsetzung in DIN 4109-2 sein werden.

Körperschallleistung

Bei der Luftschallerzeugung ist es üblich, dass die Schallquellen mit ihrer Schallleistung gekennzeichnet werden. Dazu existieren Messnormen (z. B. DIN EN 3740 [69]) und Festlegungen in einschlägigen Produktnormen (z. B. DIN EN ISO 15036-1 für Heizungsanlagen [107]). Völlig anders ist die Situation für die Körperschallerzeugung technischer Anlagen. Will man die durch Körperschall verursachten Immissionspegel prognostizieren, werden aber auch für den Körperschall geeignete Daten zur Charakterisierung der Schallquellen benötigt.

Wie beim Luftschall ist auch beim Körperschall die Schallleistung die richtige Größe. Während unter üblichen Abstrahlungsbedingungen bei einer Luftschallquelle die abgegebene Leistung als unabhängig von den Umgebungsbedingungen (Schallstrahlungsimpedanz) betrachtet werden kann, ist das bei einer Körperschallquelle nicht der Fall. Die abgegebene Körperschallleistung ist keine invariante Größe, sondern hängt, wie nachfolgend ausgeführt wird, von der aktuellen Situation ab.

Wenn im einfachsten Fall eine Punktquelle mit 1 Richtungskomponente eine Struktur mit der Kraft F anregt, so dass diese mit der Schnelle v schwingt (Bild 4.89), so ergibt sich die komplexe Körperschallleistung $\overline{W}$ nach [294] aus der konjugiert komplexen Kraft $\overline{F}^*$ und der komplexen Schnelle $\overline{v}$:

$$\overline{W} = \frac{1}{2}\overline{F}^*\overline{v} \tag{4.238}$$

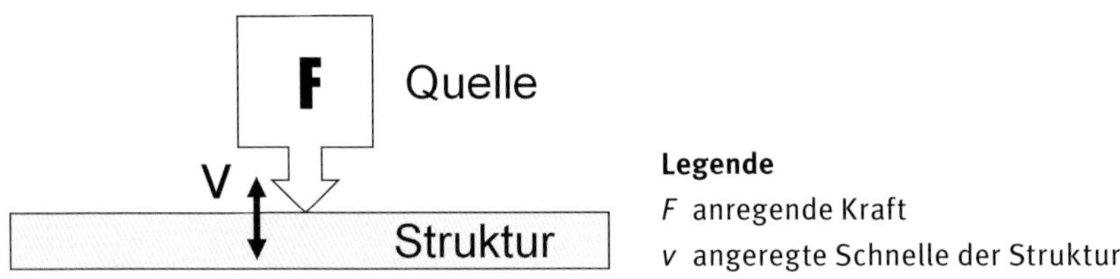

Quelle: Autoren

Bild 4.89: Anregung einer Struktur durch eine Punktquelle

Kopplung von Körperschallquelle und angeregter Struktur

Als Hauptproblem erweist sich die physikalische Tatsache, dass die in eine Struktur eingeleitete Körperschallleistung keine konstante Größe ist, die alleine von den Eigenschaften der Quelle abhängt, sondern dass auch eine Abhängigkeit von den Eigenschaften der angeregten Struktur besteht. Nach DIN EN 12354-5:2009 wird deshalb unterschieden zwischen der charakteristischen Körperschallleistung $W_{s,c}$ und der installierten Körperschallleistung $W_{s,instal}$. $W_{s,instal}$ ist die (berechnete) Körperschallleistung, die in einer konkreten Situation tatsächlich in ein Bauteil eingeleitet wird. Diese Leistung ist nach DIN EN 12354-5 die eigentliche Eingangsgröße für eine Prognose von durch Körperschall verursachten Geräuschen gebäudetechnischer Anlagen. Der gewählte Ansatz wird z. B. in [411] erläutert.

Der Zusammenhang zwischen diesen Größen wird gemäß der Betrachtungsweise der DIN EN 12354-5 in Bild 4.90 dargestellt. Dabei ist D_c die Größe, die mit den Admittanzen von Quelle und Empfangsstruktur die resultierenden Kopplungsbedingungen beschreibt. Eine grundsätzliche Behandlung dieses Themas findet sich z. B. in [387].

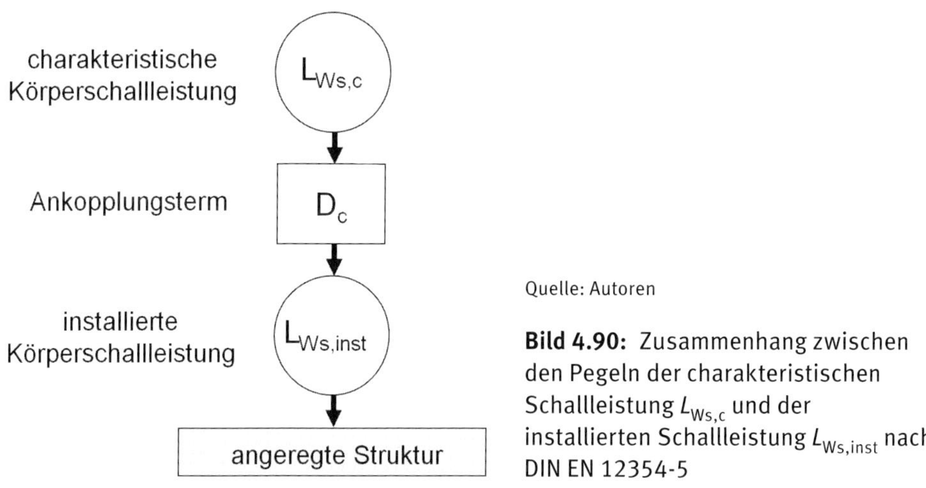

Quelle: Autoren

Bild 4.90: Zusammenhang zwischen den Pegeln der charakteristischen Schallleistung $L_{Ws,c}$ und der installierten Schallleistung $L_{Ws,inst}$ nach DIN EN 12354-5

ANMERKUNG

Im Gegensatz zu DIN EN ISO 12354-5 wird die charakteristische Körperschallleistung in DIN EN 15657-1:2009 W_{sn} genannt. DIN EN 15657:2017 verwendet diese Größe nicht mehr, sondern bestimmt die installierte Leistung direkt anhand der nach dieser Norm gemessenen Ergebnisse für die (äquivalente) freie Schnelle bzw. die (äquivalente) blockierte Kraft und die (äquivalente) Admittanz der Quelle sowie der für die Prognose benötigten (äquivalenten) Admittanz der Empfangsstruktur.

Impedanz und Admittanz

Der mechanische Widerstand einer Struktur gegenüber einer äußeren Anregung wird durch die Impedanz $\overline{Z}$ beschrieben, die nach Bild 4.89 aus der anregenden Kraft $\overline{F}$ und der auf der Struktur verursachten Schnelle $\overline{v}$ am Ort der Anregung bestimmt wird. Die genannten Größen sind im Allgemeinen komplex und frequenzabhängig. Der Kehrwert der Impedanz ist die Admittanz:

$$\overline{Y} = \frac{1}{\overline{Z}} = \frac{\overline{v}}{\overline{F}} \tag{4.239}$$

Diese beschreibt die Anregbarkeit oder Beweglichkeit (englisch: mobility) einer Struktur. Sie wird als Größe bei der Ermittlung der Körperschallleistung benötigt.

Installierte Körperschallleistung

Eine Berechnung der (komplexen) installierten Körperschallleistung ist möglich, wenn die Admittanz von Quelle (Source, Index S) und Empfangsstruktur (Receiver, Index R) und die freie Schnelle (Index f) oder die blockierte Kraft (Index b) der Quelle betrachtet werden. Die freie Schnelle beschreibt die Aktivität der Quelle an ihren Fuß- oder Befestigungspunkten, wenn diese nicht an irgendeine Struktur angekoppelt ist. Die blockierte Kraft (auch Kurzschlusskraft genannt) beschreibt deren Aktivität, wenn die Quelle auf eine unendlich starre (unbewegliche) Struktur einwirkt. Mit der freien Schnelle $\overline{v}_{Sf}$, der blockierten Kraft $\overline{F}_b$ und ihrer Quell-Admittanz $\overline{Y}_S$ am Kontaktpunkt ist eine Körperschallquelle beschreibbar. Wenn außerdem noch die Admittanz $\overline{Y}_R$ der angeregten Struktur am Kontaktpunkt bekannt ist, kann mit diesen in Bild 4.91 dargestellten Größen die vorhandene komplexe Leistung $\overline{W}$ bestimmt werden. Es genügt zur Ermittlung von $\overline{W}$, wenn entweder $\overline{v}_{Sf}$ oder $\overline{F}_b$ bekannt ist. Unter Heranziehung der freien Schnelle ergibt sich nach [386]

$$\overline{W} = \frac{1}{2} \frac{\left|\overline{v}_{Sf}\right|^2}{\left|\overline{Y}_S + \overline{Y}_R\right|^2} \overline{Y}_R \qquad (4.240)$$

Die in entferntere Bereiche der Struktur weitergeleitete Schallleistung, die auch in Form von Luftschall abgestrahlt werden kann, entspricht dem Realteil der komplexen Schallleistung $\overline{W}$:

$$W = \mathrm{Re}\{\overline{W}\} = \frac{1}{2} \frac{\left|\overline{v}_{sf}\right|^2}{\left|\overline{Y}_S + \overline{Y}_R\right|^2} \mathrm{Re}\{\overline{Y}_R\} = W_{s,inst} \qquad (4.241)$$

Dieser Ausdruck beschreibt die installierte Körperschallleistung $W_{s,inst}$ in einer bestimmten Einbausituation der Körperschallquelle.

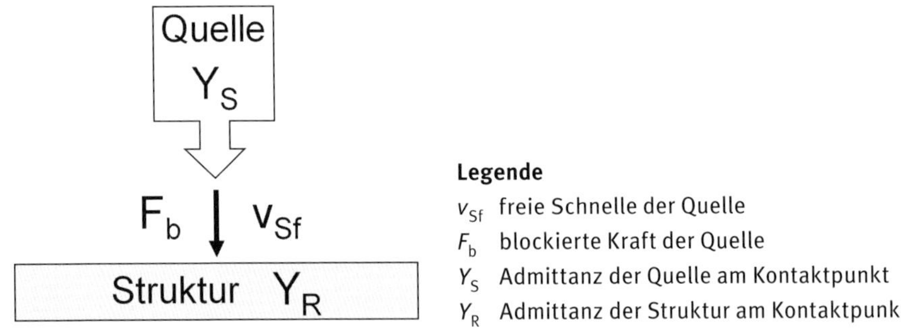

Quelle: Autoren

Bild 4.91: Größen zur Beschreibung der Körperschallanregung einer Struktur durch eine Quelle mit einem Freiheitsgrad

Gl. (4.240) lässt sich nach [386] auch so schreiben:

$$\overline{W} = \frac{1}{2}\frac{\left|\overline{v}_{\mathrm{Sf}}\right|^2}{\overline{Y}_{\mathrm{S}}^*}\;\frac{\overline{Y}_{\mathrm{S}}^*}{\left|\overline{Y}_{\mathrm{S}}+\overline{Y}_{\mathrm{R}}\right|^2}\overline{Y}_{\mathrm{R}} \tag{4.242}$$

Source Descriptor — Coupling Function

Der erste Ausdruck dieser Gleichung beschreibt den so genannten „Source Descriptor", auch „Source Strength" genannt:

$$\overline{S} = \frac{1}{2}\frac{\left|\overline{v}_{\mathrm{Sf}}\right|^2}{\overline{Y}_{\mathrm{S}}^*} \tag{4.243}$$

Er enthält nur Eigenschaften der Quelle. Der zweite Ausdruck beschreibt die so genannte „Coupling Function":

$$\overline{C_{\mathrm{f}}} = \frac{\overline{Y}_{\mathrm{S}}^*}{\left|\overline{Y}_{\mathrm{S}}+\overline{Y}_{\mathrm{R}}\right|^2}\overline{Y}_{\mathrm{R}} \tag{4.244}$$

Sie beschreibt nur die Kopplung zwischen Quelle und Empfangsstruktur.

Mit dieser Terminologie kann für die Körperschallleistung geschrieben werden

$$\overline{W} = \overline{S}\cdot\overline{C_{\mathrm{f}}} \tag{4.245}$$

Diese Schreibweise ist deshalb von Interesse, da sie das methodische Vorgehen aufzeigt: man definiert eine von den Kopplungsbedingungen unabhängige Größe zur Beschreibung der Quellenaktivität und eine weitere Größe, die die Kopplungsbedingungen zwischen Quelle und angeregter Struktur beschreibt. Allerdings ist der Ansatz nach Gl. (4.242) bzw. (4.245) für eine handhabbare praktische Anwendung nicht sehr geeignet.

Admittanzverhältnisse

Hauptproblem bei der für die rechnerische Prognose benötigten Quellencharakterisierung ist nach den vorhergehenden Ausführungen die Bestimmung der installierten Körperschallleistung. Dafür ist das Verhältnis der Admittanzen entscheidend. Für zwei idealisierte Situationen lässt sich Gl. (4.241) vereinfacht behandeln. Im ersten Fall gilt

$$\overline{Y}_{\mathrm{S}} \ll \overline{Y}_{\mathrm{R}} \tag{4.246}$$

Die Admittanz der Quelle $\overline{Y}_{\mathrm{S}}$ ist sehr viel kleiner als diejenige der Struktur $\overline{Y}_{\mathrm{R}}$. Dieser Fall trifft vereinfacht gesagt auf sehr leichte Strukturen mit ausreichend schweren Quellen zu.

In diesem Fall ergibt sich

$$W \approx \frac{1}{2}\frac{\left|\overline{v}_{\mathrm{Sf}}\right|^2}{\left|\overline{Y}_{\mathrm{R}}\right|^2}\mathrm{Re}\left\{\overline{Y}_{\mathrm{R}}\right\} \tag{4.247}$$

und die Leistung ist unabhängig von der Admittanz der Quelle. Zur Quellencharakterisierung genügt die freie Schnelle. Man spricht deshalb auch von einer Schnellequelle.

Im anderen Fall wird

$$\overline{Y}_S \gg \overline{Y}_R \tag{4.248}$$

gesetzt. Die Admittanz der Quelle ist sehr viel größer als diejenige der Struktur. Dieser Fall trifft vereinfacht gesagt auf schwere Strukturen mit (ausreichend) leichten Quellen zu und ist im Massivbau für viele Quellen der Gebäudetechnik der typische Fall. Hier gilt dann

$$W \approx \frac{1}{2}\frac{\left|\overline{v}_{Sf}\right|^2}{\left|\overline{Y}_S\right|^2}\mathrm{Re}\left\{\overline{Y}_R\right\} \tag{4.249}$$

Mit der blockierten Kraft

$$\left|F_b\right| = \frac{\left|\overline{v}_{Sf}\right|}{\left|\overline{Y}_S\right|} \tag{4.250}$$

kann diese Beziehung dann auch als

$$W \approx \frac{1}{2}\left|F_b\right|^2\mathrm{Re}\left\{\overline{Y}_R\right\} \tag{4.251}$$

geschrieben werden. Die Quelle wird in diesem Fall durch die blockierte Kraft beschrieben. Die abgegebene Kraft der Quelle ist in dieser Situation von der Admittanz der Empfangsstruktur unabhängig und kann als konstant angenommen werden – deshalb auch der oft verwendete Begriff der Kraftquellensituation. Die eingeleitete Körperschallleistung hängt nur noch von der Admittanz der Empfangsstruktur ab. Diese Beziehung ist die Grundlage zur Prognose der installierten Leistung im Massivbau.

Solange die Kraftquellenbedingung gilt, kann folgende Relation angesetzt werden

$$W_2 = W_1\frac{\mathrm{Re}\left\{\overline{Y}_{R,2}\right\}}{\mathrm{Re}\left\{\overline{Y}_{R,1}\right\}} \tag{4.252}$$

wenn W_1 die vorhandene installierte Leistung bei einer Struktur der Admittanz $\overline{Y}_{R,1}$ und W_2 die gesuchte Leistung bei einer Struktur der Admittanz $\overline{Y}_{R,2}$ ist. Die installierte Leistung kann also auf einfache Weise von einer Situation auf eine andere umgerechnet werden. Das ist der Ausgangspunkt für die Bestimmung der charakteristischen Leistung in DIN EN 15657:2009 und der installierten Leistung in einer realen Bausituation nach DIN EN 12354-5.

Die Annahme einer Kraftquellensituation hat für die praktische Anwendung eine große Bedeutung, da sie für viele technische Anlagen im Massivbau zutrifft und nach Gl. (4.252) zu einer vergleichsweise einfachen Handhabung der Körperschallleistung führt.

Unter bestimmten Umständen trifft keiner der beiden vereinfachten Fälle zu. Typischerweise liegen vielmehr die Admittanzen von Quelle und Empfangsstruktur in derselben Größenordnung. Dieser Fall ist im Holz- und Leichtbau häufig. Nach [387] wird von „Anpassung“ der Admittanzen gesprochen, wenn $0{,}3 < |Y_R/Y_S| < 3$ gilt. Einfache Beziehungen stehen für diesen Fall i. d. R. nicht zur Verfügung. Eine detaillierte Betrachtung findet sich für solche Fälle in [412].

Messtechnische Charakterisierung von Körperschallquellen nach DIN EN 15657

In der Einleitung zu DIN EN 12354-5:2009 heißt es noch:

> Für die Übertragung von Körperschall gibt es ähnliche Lösungen und Probleme wie bei der Luftschallübertragung. Geeignete Verfahren, mit deren Hilfe die Anregung von Quellen zur Emission von Körperschall zu charakterisieren ist, werden derzeit jedoch erst entwickelt, größtenteils durch Normungsarbeiten innerhalb des CEN (TC 126/WG 7). In diesem Dokument wurde daher eine Größe ausgewählt, die generell in den Prognosemodellen anzuwenden ist und als „charakteristischer Körperschallleistungspegel“ der Schallquellen bezeichnet wird, auch wenn gegenwärtig noch kein praktisches Messverfahren für diese Größe vorliegt. Mit Hilfe dieser Größe ist es möglich, die Prognosemodelle in eine allgemeine Form zu bringen, die weiter entwickelt und verbessert werden könnte.

Damit wird der Stand beschrieben, der während der Erarbeitung der EN 12354-5 vorlag. Es zeigt sich, dass auch hier die EN 12354 mit ihren Berechnungsmethoden dem tatsächlichen Stand der verfügbaren Messverfahren voraus war und Initiator für die Entwicklung neuer Messverfahren wurde. Völlig neu war das Thema der Körperschallquellen allerdings nicht. So wird z. B. in [413] eine Übersicht über mögliche Methoden zur Bestimmung der Körperschallemission gegeben.

Mittlerweile liegt mit der DIN EN 15657:2017 [82] bereits die revidierte Fassung der erstmals 2009 erschienenen Messnorm zur Bestimmung der erzeugten Körperschallleistung von Schallquellen vor. Wie der Titel dieser Norm sagt, ist ihr Anwendungsbereich nun die „Messung des Körperschalls von haustechnischen Anlagen im Prüfstand für alle Installationsbedingungen“. Gegenüber diesem allgemein gehaltenen Anwendungsbereich sah die Vorgängernorm von 2009 [81] gemäß ihrem Titel noch eine eingeschränkte Anwendung vor: „Vereinfachte Fälle, in denen die Admittanzen der Anlagen wesentlich höher sind als die der Empfänger am Beispiel von Whirlwannen“. Nach Gl. (4.248) ist das die Kraftquellensituation, so dass damit vor allem der Einsatz von Körperschallquellen im Massivbau behandelt wurde. Gegenüber diesem eingeschränkten Anwendungsbereich ist mit der Normausgabe von 2017 nun auch die allgemeine Behandlung von Körperschallquellen in Anlehnung an Gl. (4.241) und natürlich die vereinfachte Bedingung nach Gl. (4.246) behandelbar, da als Kenngrößen die freie Schnelle, die blockierte Kraft und die Admittanz der Quelle ermittelt werden.

Damit ist eine messtechnische Methode zur Bestimmung der installierten Körperschallleistung von Anlagen verfügbar, so dass das Problem der Quellencharakterisierung auch für die Körperschallerzeugung gelöst ist und für EN 12354-5 Daten für die Prognose von durch Körperschalleinleitung verursachte Schalldruckpegel gebäudetechnischer Anlagen zur Verfügung gestellt werden können.

Für die Belange des Massivbaus konnte für einige Anwendungsfälle bereits eine Erprobung und Validierung des Mess- und Prognoseverfahrens durchgeführt werden, z. B. [261], [262], [414]. Es ist zu erwarten, dass vorerst noch die Anwendung für den Massivbau im Vordergrund steht, da dieser Fall unter den aktuellen Baubedingungen überwiegt und dort gegenüber dem Holz- und Leichtbau aufgrund der einfacheren Bedingungen bereits wesentlich mehr Erfahrungen gesammelt werden konnten. Doch auch für den Holz- und Leichtbau konnten durch entsprechende Untersuchungen Fortschritte erzielt werden [415].

Grundsätzlich kann für die Ermittlung der Quelldaten der vollständige Ansatz nach Gl. (4.241) herangezogen werden. Dieser liefert die exakte Ermittlung der installierten Schallleistung. Da im allgemeinen Fall 6 Freiheitsgrade (dreimal translatorisch, dreimal rotatorisch), Einpunkt- oder Mehrpunktanregung sowie auch Kreuz- und Transferadmittanzen zu berücksichtigen sind, ist diese Methode aber ausgesprochen aufwändig und für die übliche Anwendung nicht praktikabel. In EN 15657 werden bei der direkten Messung der Quellengrößen (freie Schnelle, blockierte Kraft, Admittanz) entsprechende vereinfachende Annahmen getroffen, die für die meisten üblichen Körperschallquellen jedoch als gute Näherung betrachtet werden können und zu einer praktikablen Handhabung führen.

Als zweite Methode behandelt die EN 15657:2017 als indirektes Verfahren das Empfangsplattenverfahren, das schon vom Ansatz her zu einer praktikablen Handhabung führt. Als Empfangsplatte wird eine Platte bezeichnet, an der eine Körperschallquelle unter praxisgerechten Bedingungen angebracht wird. Die von der Quelle in die Empfangsplatte eingespeiste Körperschallleistung W_{EP} kann nach Cremer/Heckl [294] über eine Leistungsbilanz im stationären Zustand durch die Beziehung

$$W_{EP} = \tilde{\tilde{v}}^2 \eta \omega m \tag{4.253}$$

mit

$\tilde{\tilde{v}}^2$ räumlich und zeitlich gemitteltes Schnelle-Quadrat der Empfangsplatte;

η Verlustfaktor der Empfangsplatte;

ω Kreisfrequenz;

m Masse der Empfangsplatte;

bestimmt werden.

Dazu werden zwei unterschiedliche Empfangsplatten festgelegt: eine Empfangsplatte mit niedriger Admittanz (eine oder mehrere Betonplatten von ca. 10 cm Dicke, siehe Bild 4.92) und eine Empfangsplatte mit hoher Admittanz (leichte Metallplatte). Die Messungen an diesen Platten liefern die äquivalente blockierte Kraft, die äquivalente freie Schnelle und die äquivalente Admittanz der Quelle. Bild 4.92 zeigt ein Beispiel für einen Empfangsplattenprüfstand mit niedriger Admittanz [416].

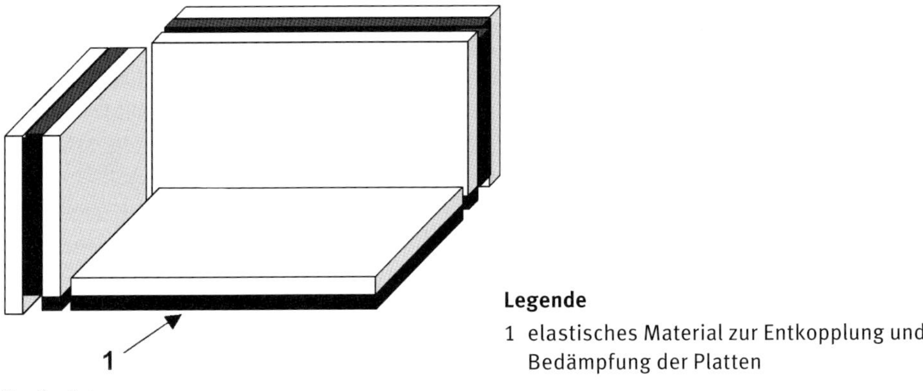

Legende

1 elastisches Material zur Entkopplung und Bedämpfung der Platten

Quelle: Autoren

Bild 4.92: Beispiel für einen Empfangsplattenprüfstand an der HFT Stuttgart mit drei senkrecht zu einander stehenden Empfangsplatten mit Bedämpfung

Die derzeit häufigste Anwendung findet die schwere Empfangsplatte, die in einfacher Weise unter Kraftquellenbedingungen eingesetzt werden kann und so für die Prognose im Massivbau die Daten der Quelle zur Verfügung stellt. Nach DIN EN 15657-1:2009 ist das die charakteristische Körperschallleistung $W_{s,c}$, die sich aus der nach Gl. (4.253) ermittelten Empfangsplattenleistung W_{EP} durch Umrechnung auf die Admittanz einer „charakteristischen Empfangsplatte" $Y_{EP,\infty}$ ergibt. Das ist die Admittanz einer unendlichen Platte, die ansonsten dieselben Eigenschaften wie die verwendete (endliche) Empfangsplatte besitzt. Unter Kraftquellenbedingungen gemäß Gl. (4.252) kann $W_{s,c}$ unmittelbar in die installierte Leistung $W_{inst,i}$ umgerechnet werden, die von der Körperschallquelle in ein Bauteil i mit der Admittanz $Y_{i,\infty}$ eingeleitet wird:

$$W_{inst,i} = W_{s,c} \frac{Y_{i,\infty}}{Y_{EP,\infty}} \tag{4.254}$$

Das angeregte Bauteil wird hier in brauchbarer Näherung ebenfalls als unendliche Platte betrachtet. $Y_{EP,\infty}$ und $Y_{i,\infty}$ können dann nach [294] in einfacher Weise als Admittanz einer unendlichen Platte durch

$$Y_{\infty} = \frac{1}{8\sqrt{B' \cdot m'}} \tag{4.255}$$

berechnet werden. m' ist hier die flächenbezogene Masse und B' die (auf die Breite bezogene) Biegesteife der Platte, die durch

$$B' = \frac{E}{1-\mu^2}\frac{h^3}{12} \tag{4.256}$$

mit

E Elastizitätsmodul der Platte,

μ Poissonzahl,

h Plattendicke

bestimmt wird. Y_{∞} ist eine rein reelle Größe.

Quelle: Autoren

Bild 4.93: Bestimmung der Körperschallleistung eines Ölheizkessels am Empfangsplattenprüfstand der HFT Stuttgart

Unter den Bedingungen der EN 15657-1:2009 werden das Empfangsplattenverfahren und seine Anwendung in [417] und [418] erläutert. Die theoretischen Hintergründe finden sich z. B. in [419].

Einige Beispiele für die Anwendung der Empfangsplattenmethode auf verschiedene Quellen der Gebäudetechnik finden sich in [369], [415] und [262] (siehe dazu auch die Beispiele in Bild 3.27 und Bild 4.93).

Sonderfall Armaturen und fluidgefüllte Rohrleitungssysteme

Ein besonderes Problem der Quellenkennzeichnung liegt bei Armaturen und Pumpen der Wasserinstallation vor. Von diesen wird Wasserschall erzeugt, der sich in der Wassersäule der Rohrleitung ausbreitet, durch energetische Kopplung von Wassersäule und Rohrwandung aber auch zu Körperschall auf der Rohrwandung wird. Armaturen (und Pumpen) sind aber auch Körperschallquellen, die direkt die Rohrwandung anregen können. Der auf der Rohrwandung vorhandene Körperschall ergibt sich daher aus der Summe des direkt eingeleiteten und des aus Wasserschall stammenden Körperschalls (siehe Bild 4.94).

Angesichts der komplexen Kopplungsbedingungen im Rohrleitungssystem, auf die in [420] detailliert eingegangen wird, ist es schwierig, Rohrleitungen als Übertragungsstrecke zu beschreiben oder sie für die Prognose der in das Gebäude eingeleiteten Geräusche als definierte Schallquelle für die Körperschallanregung des Gebäudes zu charakterisieren. Mit den heute üblichen Messmethoden, z. B. nach DIN EN ISO 3822-1 [92], sind auch für Armaturen keine brauchbaren Möglichkeiten zur Quellencharakterisierung gegeben. Folgen der Kopplung im Rohrleitungssystem für die Quellencharakterisierung werden in [283] erläutert. In [284], [287] und [288] wird gezeigt, wie mit den zuvor behandelten Methoden der Quelladmittanz und freien Schnelle als auch nach dem Empfangsplattenverfahren eine Quellencharakterisierung möglich sein kann. Eine praktikable Umsetzung dieser Methoden hat allerdings noch nicht stattgefunden. EN 12354-5 enthält für diese Quellen in Abschnitt 5.4 (Wasserversorgungsanlagen) deshalb nur sehr allgemeine Hinweise.

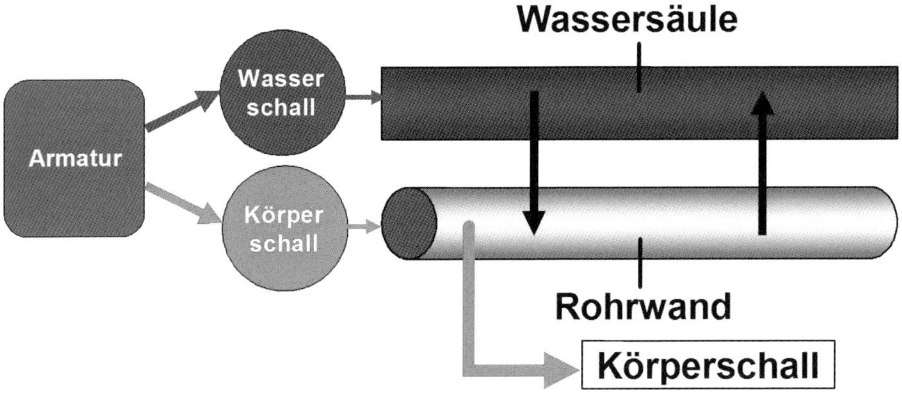

Quelle: Autoren

Bild 4.94: Erzeugung und Übertragung von Wasser- und Körperschall und deren Kopplung auf einer Rohrleitung

Die rechnerische Behandlung von Armaturengeräuschen wird zusätzlich dadurch erschwert, dass von den Armaturen durch die Montage an Becken oder an einer Wand Körperschall unabhängig von den Rohrleitungen direkt in das Gebäude eingeleitet werden kann. Die Gesamtheit der dadurch entstehenden Verhältnisse wird in Bild 4.95 gezeigt.

Es ist somit mit den aktuell verfügbaren Möglichkeiten nicht zu erwarten, dass in absehbarer Zeit eine praktikable Prognosemöglichkeit für diese Quellen vorliegt.

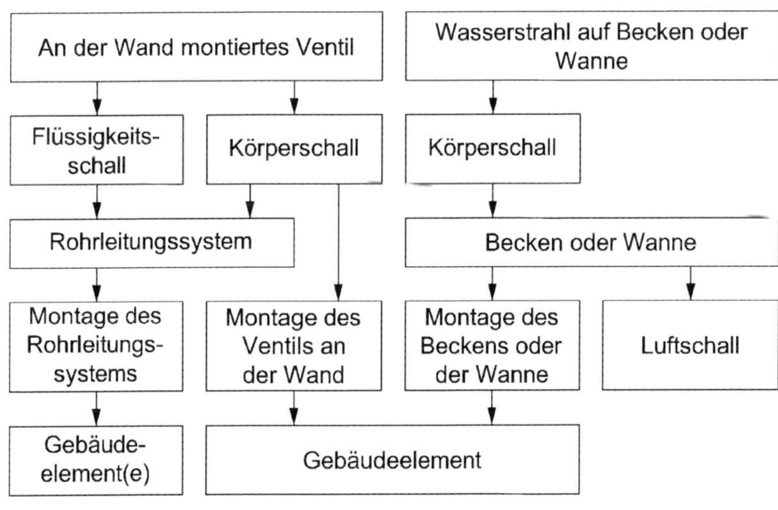

Quelle: [75]

Bild 4.95: DIN EN 12354-5, Bild 6 – Geräuscherzeugung und Schallübertragung für eine an der Wand montierte Armatur

Körperschallübertragung in Gebäuden

Erste Ansätze zur Beschreibung der Körperschallausbreitung in Gebäuden waren empirische Untersuchungen, wie sie z. B. 1960 in [421] mit Beiträgen von Heckl, Gösele, Westphal und anderen dokumentiert wurden. Ansätze für Berechnungen standen damals nicht im Vordergrund. Von Gösele und Voigtsberger wurde 1980 in [422] aufgrund empirisch ermittelter Daten ein Abschätzverfahren für die von Sanitärinstallationen unter verschiedenen baulichen Situationen erzeugten Schalldruckpegel vorgestellt. Darauf wird in 4.5.3.2 näher eingegangen. 1979 hatten Buhlert und Feldmann [423] allerdings schon ein auf dem Reziprozitätsprinzip beruhendes Verfahren begründet und experimentell validiert, das es gestattete, die von Körperschallquellen ausgeübten Anregekräfte und die so genannte Körperschallempfindlichkeit eines Gebäudes aufgrund von reziproken Messungen zu bestimmen und beide Größen für eine Prognose von Schalldruckpegeln in Zusammenhang zu bringen. Noch früher wurde 1973 von Sonntag und Klein [424] ein Berechnungsverfahren für die Luftschallabstrahlung bei Körperschallanregung durch Maschinen in angrenzenden Räumen vorgestellt, das wesentliche Ansätze des späteren Berechnungsmodells der EN 12354-5 bereits enthielt. Eine größere Verbreitung erreichten solche Ansätze allerdings nicht. Erst mit der Erarbeitung der EN 12354-5 und deren Veröffentlichung im Jahr 2009 wurde die rechnerische Behandlung der Körperschallanregung und -Ausbreitung für die Bauakustik einem größeren Kreis zugänglich gemacht.

Ansatz für die Körperschallübertragung in EN 12354-5

Nachdem die Anregung der Gebäudestruktur durch die installierte Körperschallleistung nach Gl. (4.241) im allgemeinen Fall und mit Gl. (4.251) und (4.254) für die Kraftquellensituation behandelt werden kann, bleibt als weitere Aufgabe die Ermittlung einer geeigneten Übertragungsfunktion zur Beschreibung der Körperschallausbreitung und -abstrahlung im Gebäude. Eine solche Übertragungsfunktion stellt den Zusammenhang zwischen der Anregung eines Bauteils i im Senderaum (Aufstellungsraum einer Anlage) und dem dadurch verursachten Schalldruckpegel in einem Empfangsraum her, wie es in Bild 4.96 gezeigt wird.

Es ist dabei zu berücksichtigen, dass die Übertragung vom Bauteil i im Senderaum i. d. R. zu mehreren abstrahlenden Bauteilen j im Empfangsraum erfolgt, so dass der Pegel im Empfangsraum $L_{n,s,i}$ sich üblicherweise aus der Summe aller in Frage kommender Anteile $L_{n,s,ij}$ der einzelnen Übertragungswege ij ergibt:

$$L_{n,s,i} = 10 \lg \sum_{j=1}^{n} 10^{L_{n,s,ij}/10} \text{ dB} \qquad (4.257)$$

Mit der Übertragungsfunktion $L_{ne,0,i}$ wird der gewünschte Zusammenhang hergestellt. Nach [425] und der in der neuen DIN EN 10848-1:2018 [99] sowie für die Revision von EN 12354-5 vorgesehenen Schreibweise gilt dafür:

$$L_{n,s,i} = L_{ne,0,i} + L_{Winst,i} - L_{W0} \text{ dB} \qquad (4.258)$$

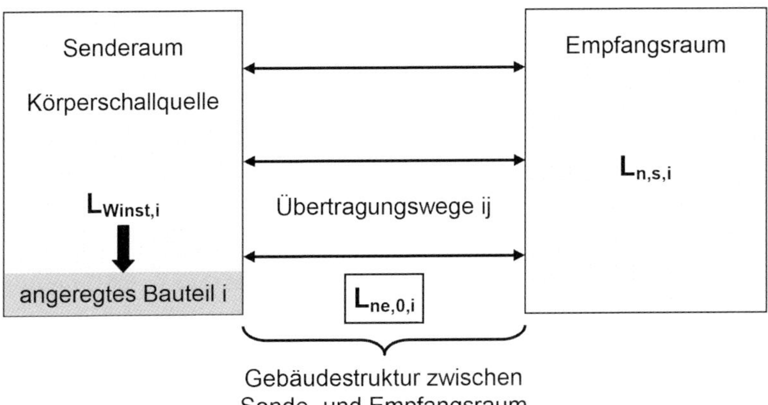

Legende

$L_{Winst,i}$ Pegel der installierten Körperschallleistung, die im Senderaum an das Bauteil i abgegeben wird

$L_{n,s,i}$ Schalldruckpegel im Empfangsraum aufgrund der Anregung des Bauteils i im Senderaum

$L_{ne,0,i}$ Übertragungsfunktion für Körperschall zwischen Bauteil i im Senderaum und Luftschall in einem Empfangsraum

Quelle: Autoren

Bild 4.96: Allgemeine Darstellung der Übertragung von Körperschall zwischen einem Sende- und Empfangsraum

Der Referenzwert L_{W0} = 120 dB ergibt sich aus dem in EN 10848-1:2018 gewählten Bezug auf 10^{-12} W. In dieser Beziehung enthält $L_{ne,0,i}$, ähnlich wie das Bau-Schalldämm-Maß R' oder der Norm-Trittschallpegel am Bau L'_n, alle in Frage kommenden Übertragungswege ij zwischen Senderaum und dem Empfangsraum. Denkbar ist jedoch auch eine Beschreibung der Übertragung über die einzelnen Wege ij, so dass dafür gilt:

$$L_{n,s,ij} = L_{ne,0,ij} + L_{Winst,i} - L_{W0} \quad \text{dB} \tag{4.259}$$

$L_{ne,0,ij}$ ist dabei die für den jeweiligen Weg ij geltende Übertragungsfunktion zwischen Bauteil i und Empfangsraum. Die Gesamtübertragung ergibt sich dann aus der Summation der Anteile aller Wege entsprechend Gl. (4.257).

Für die Ermittlung der benötigten Übertragungsfunktionen kommen grundsätzlich zwei Möglichkeiten in Frage:

- die rechnerische Ermittlung anhand von Berechnungsmodellen,
- die messtechnische Ermittlung anhand von Messungen in Prüfständen oder in realen Gebäuden.

Einen ersten rechnerischen Ansatz hat DIN EN 12354-5:2009 genannt. Dieser wird in [426] und [411] beschrieben. Er geht davon aus, dass in einem Gebäude die Übertragung von Körperschall genauso wie die Übertragung von Luftschall betrachtet werden kann. Dazu ist erforderlich, dass die Körperschallanregung eines Bauteils im Senderaum in eine äquivalente Luftschallanregung dieses Bauteils umgerechnet wird, die zur selben Schnelle auf dem Bauteil führt wie die eigentliche Körperschallanregung. Dieser Ansatz erscheint ungewöhnlich, hat aber den Vorteil, dass auf die Berechnungsansätze für die Luftschallübertragung aus DIN EN 12354-1 und die dafür vorgesehenen Kenngrößen zurückgegriffen werden kann. Dafür gilt dann nach DIN EN 12354-5:2009:

$$L_{n,s,ij} = L_{Winst,i} - D_{sa,i} - R_{ij,ref} - 10\lg\frac{S_i}{S_{ref}} - 10\lg\frac{A_{ref}}{4} \text{ dB} \tag{4.260}$$

$R_{ij,ref}$ ist das schon aus der Berechnung der Luftschallübertragung bekannte Flanken-Schalldämm-Maß, hier allerdings auf eine Fläche $S_{ref} = 10$ m^2 bezogen, mit dem die benötigte Übertragung im Gebäude beschrieben wird. S_i ist die Fläche des von der Körperschallquelle angeregten Bauteils i im Senderaum und A_{ref} eine äquivalente Absorptionsfläche von 10 m^2. Mit $D_{sa,i}$ wird die Umrechnung der Körperschallanregung (*s*: „structure-borne") des Bauteils i in eine äquivalente Luftschallanregung (*a*: „air-borne") desselben Bauteils beschrieben, so dass im weiteren Verlauf der Rechnung wie bei der Luftschallübertragung verfahren werden kann. Eine solche Umrechnung wird bereits von Sonntag in [427] beschrieben. EN 12354-5 nennt in Anhang F.2 eine Berechnungsmöglichkeit für diesen Anpassungs-Ausdruck. Die in Gl. (4.260) genannte Berechnungsvariante kommt am ehesten für den Massivbau in Frage. Es liegt dafür bereits eine Erprobung für verschiedene Arten von Körperschallquellen vor.

Eine andere Möglichkeit der Berechnung bietet sich an, wenn auf die Umrechnung der Körperschallanregung in eine äquivalente Luftschallanregung verzichtet wird und stattdessen durchgängig die Körperschallübertragung betrachtet wird. Dafür kann der Ansatz für die Trittschallübertragung nach EN 12354-2 herangezogen werden. Die dort berechnete Übertragung des vom Norm-Hammerwerk ausgehenden Norm-Trittschallpegels ist nämlich nichts anderes als die Übertragung für eine durch die Eigenschaften des Norm-Hammerwerkes definierte Körperschallquelle. Die in 4.3.2.6 beschriebene Herleitung dieses Berechnungsverfahrens der EN 12354-2 zeigt mit der dortigen Gl. (4.189), dass das Verfahren primär einen von einer (beliebigen) Kraft *F* verursachten Schalldruckpegel prognostiziert:

$$L_{n,ij} = L_F - \frac{R_j}{2} - \overline{D_{v,ij}} + 5\lg\left(\frac{S_j}{S_i}\right) + 5\lg\left(\frac{\mathrm{Re}\{Y_i\}2\pi f}{\eta_i m_i'}\right) - 37{,}7 \text{ dB} \tag{4.261}$$

Mit diesem Ansatz könnte der durch die Anregung mit einer Kraft *F* verursachte Schalldruckpegel $L_{n,ij}$ bei Übertragung über einen Weg ij vollständig berechnet werden. Eine einfachere Vorgehensweise erhält man allerdings, wenn mit der „üblichen" Beziehung für den Norm-Trittschallpegel gerechnet wird, indem für die Kraft die entsprechenden Werte des Norm-Hammerwerkes eingesetzt werden. In diesem Fall wird in üblicher Weise zuerst der Norm-Trittschallpegel berechnet, der anschließend nur noch von der Kraft des Norm-Hammerwerks auf die tatsächlich einwirkende Kraft umgerechnet werden muss. Diese Vorgehensweise setzt allerdings voraus, dass für die betrachtete Körperschallquelle mit einer unabhängig von der angeregten Struktur gleichbleibenden Kraft gerechnet werden kann. Das ist dann der Fall, wenn eine Kraftquellensituation angenommen und mit der anregenden Kraft die blockierte Kraft der Quelle herangezogen wird. Dieser Ansatz kommt deshalb primär für die Verhältnisse im Massivbau in Frage.

Die zugrunde liegenden Verhältnisse für diesen Ansatz werden in Bild 4.97 dargestellt.

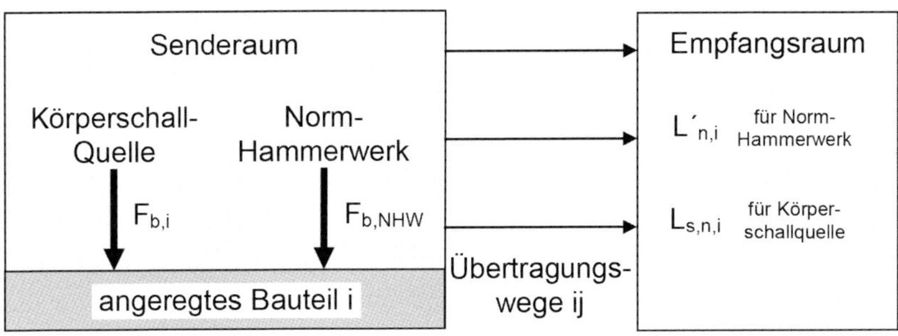

Quelle: Autoren

Bild 4.97: Norm-Schalldruckpegel $L'_{n,i}$ bzw. $L_{s,n,i}$ durch Anregung mit der blockierten Kraft $F_{b,NHW}$ des Norm-Hammerwerkes bzw. einer Körperschallquelle $F_{b,i}$

Da ein lineares Übertragungssystem vorausgesetzt wird, muss folgende Beziehung gelten:

$$L'_{n,i} - L_{Fb,NHW} = L_{n,s,i} - L_{Fb,i} \text{ dB} \tag{4.262}$$

Dabei ist

$L'_{n,i}$ der Norm-Trittschallpegel im Bau, wenn das Norm-Hammerwerk das Bauteil i anregt;

$L_{Fb,NHW}$ die (blockierte) Kraft des Norm-Hammerwerks;

$L_{n,s,i}$ der Norm-Schalldruckpegel, wenn die Körperschallquelle das Bauteil i anregt;

$L_{Fb,i}$ die (blockierte) Kraft der Körperschallquelle.

Daraus ergibt sich unmittelbar der in Gl. (4.263) dargestellte Zusammenhang:

$$L_{n,s,i} = L'_{n,i} + L_{Fb,i} - L_{Fb,NHW} \text{ dB} \tag{4.263}$$

Dabei ist

$L'_{n,i}$ der berechnete Norm-Trittschallpegel im Bau nach EN 12354-2, wenn die Quelle das Bauteil i anregt;

$L_{Fb,i}$ die anregende (blockierte) Kraft der Körperschallquelle am Bauteil i;

$L_{Fb,NHW}$ die (blockierte) Kraft des Norm-Hammerwerks.

In dieser Gleichung kann anstelle des alle Übertragungswege umfassenden $L'_{n,i}$ auch der Norm-Trittschallpegel durch Flankenübertragung $L_{n,ij}$ eingesetzt werden. Es wird dann für die Körperschallquelle nicht die gesamte Übertragung, sondern lediglich der Anteil eines bestimmten Weges ij bestimmt.

Die (blockierte) Kraft der Quelle kann nach EN 15657:2017 bestimmt werden. Für die Kraft des Norm-Hammerwerks wird in EN 12354-5 mit Bezug auf Cremer und Heckl [294] ein in Oktavpegeln bestimmtes Kraftspektrum angegeben. Anwendbar ist dieser Ansatz nicht nur für die Körperschallanregung von Decken, sondern auch von Wänden. In diesem Fall muss der Norm-Trittschallpegel L_n der betrachteten Wand zur Verfügung stehen. Dieser kann rechnerisch genauso wie für eine Decke bestimmt werden. Denkbar ist auch eine messtechnische Ermittlung des Wand-Norm-Trittschallpegels. Allerdings muss dafür eine dem Norm-Hammerwerk entsprechende horizontale Anregung für Wände zur Verfügung stehen. Seit Juni 2018 wird im zuständigen Normungsgremien CEN/TC 126/WG 1 an einer geeigneten Lösung für diese Anregung gearbeitet.

Die in Bild 4.96 benötigte Übertragungsfunktion wird in Gl. (4.263) durch $L'_{n,i}$ (bzw. bei Bedarf durch $L'_{n,ij}$) dargestellt. Mit diesem Ansatz ist der direkte Zusammenhang zur Trittschallberechnung nach EN 12354-2 hergestellt, so dass das dort beschriebene Berechnungsverfahren auch für die Prognose des Schalldruckpegels von Körperschallquellen eingesetzt werden kann. Dieser Weg kommt am ehesten für den Massivbau in Frage.

Es wäre aber auch möglich, Messwerte heranzuziehen, die unter bestimmten baulichen Voraussetzungen im Bau oder Prüfstand ermittelt werden. Die Messung im Bau erfolgt nach DIN EN ISO 16283-2 [111] und führt zu $L'_{n,i}$. Die messtechnische Ermittlung von $L'_{n,ij}$ kann dagegen unter üblichen Bedingungen nur im Prüfstand durchgeführt werden, da durch geeignete Maßnahmen (Vorsatzschalen) die nicht zu berücksichtigenden Übertragungswege abzuschirmen sind. Falls Decken die angeregten Bauteile sind, kann in beiden Fällen mit dem Norm-Hammerwerk gearbeitet werden. Falls aber die Anregung durch die Körperschallquelle auf einer Wand erfolgt, muss der Trittschallpegel mit einer für horizontale Anregung geeigneten Quelle ermittelt werden.

Während in der noch gültigen EN 12354-5:2009 die Berechnung unter Massivbaubedingungen im Vordergrund steht, hat es sich die 2017 begonnene Überarbeitung dieser Norm zum Ziel gesetzt, den Holz- und Leichtbau in die Berechnungsmodelle vollständig zu integrieren. Dazu werden eigene Ansätze erarbeitet, deren inhaltliche Ausrichtung sich schon jetzt benennen lässt. Parallel werden dazu auch die messtechnischen Voraussetzungen geschaffen, wie es z. B. in der überarbeiteten Version von EN 10848-1:2018 [99] und im Entwurf zu EN ISO 10848-5 [102] der Fall ist. Im Gegensatz zum Massivbau ist eine schrittweise Berechnung eines Übertragungsweges aus den Eigenschaften der beteiligten Bauteile im Holz- und Leichtbau i. d. R. nicht möglich. Die Übertragung muss dann „im Ganzen“ für eine bestimmte Übertragungsstrecke ermittelt und angegeben werden. Auf die methodischen Möglichkeiten von solchen so genannten „globalen Transferfunktionen“ wurde 2001 in [428] hingewiesen. Beispielhafte Messergebnisse für solche Transferfunktionen wurden dort anhand der schon 1979 in [423] vorgestellten Reziprozitätsmethode ermittelt und vorgestellt. Ausführlich wird in [429] auf die experimentelle Bestimmung von Übertragungsfunktionen im Holzbau eingegangen. Eine weitere Untersuchung von Übertragungsfunktionen unter besonderer Berücksichtigung des Leichtbaus wird in [430] beschrieben.

Bei der Überarbeitung von EN 12354-5 spielen diese globalen Übertragungsfunktionen eine wesentliche Rolle. Der grundlegende Ansatz ergibt sich aus Bild 4.96 und aus den Gl. (4.258) und (4.259). Die dort genannten Größen $L_{ne,0,i}$ und $L_{ne,0,ij}$ sind die benötigten globalen Transferfunktionen, die den unmittelbaren Zusammenhang zwischen der Anregung im Senderaum und dem abgestrahlten Luftschall im Empfangsraum darstellen. Dieser Ansatz gilt für alle Verhältnisse von Quell- und Strukturadmittanzen und alle Arten von Empfangsstrukturen. Er ist deshalb insbesondere für Körperschallquellen im Holz- und Leichtbau vorzusehen, kann aber auch unter Massivbaubedingungen anstelle der zuvor benannten Verfahren angewendet werden.

Die globalen Übertragungsfunktionen können grundsätzlich in Prüfständen oder auch in Gebäuden messtechnisch bestimmt werden. Die Voraussetzungen dafür wurden in der überarbeiteten DIN EN 10848-1 von 2018 [99] geschaffen. Dort findet sich als neue Kenngröße der Norm-Flankengeräteschallpegel $L_{\mathrm{ne0,f}}$.

Als alternative Methode zur messtechnischen Ermittlung von Übertragungsfunktionen eignet sich auch das in [423] beschriebene Verfahren zur Bestimmung der so genannten Körperschallempfindlichkeit. Es macht sich die Reziprozitätsbedingungen zwischen mechanischen Größen (Kräfte, Schnellen) und akustischen Größen (Schalldruck, Schallleistung) zu eigen und ermöglicht nicht nur die Ermittlung von Übertragungsfunktionen, sondern auch unter In-situ-Bedingungen die Bestimmung der anregenden Kräfte von Geräten oder körperschallerzeugenden Vorgängen. Vorausgesetzt werden diffuse Luftschallfelder und Punktkräfte. Der dort verwendete Kraftanregeparameter

$$\alpha_{\mathrm{F}} = \frac{\rho c}{k^2} \cdot \frac{P}{F^2} \tag{4.264}$$

mit

P abgestrahlte Schallleistung im Bezugsraum bei Anregung mit einer Wechselkraft F

F Effektivwert der an einem Anregepunkt wirkenden Wechselkraft

ρ Dichte der Luft

c Schallgeschwindigkeit in Luft

k Wellenzahl

ist nichts anderes als eine Übertragungsfunktion, die wie in den zuvor behandelten Fällen den Zusammenhang zwischen der Körperschallanregung in einem Raum und dem abgestrahlten Luftschall in einem anderen Raum herstellt. Beispiele für die Anwendung dieses Verfahrens finden sich in [431] und [432]. EN 12354-5:2009 geht in Abschnitt F.4.2 auf die reziproke Bestimmung einer Übertragungsfunktion ein.

4.5.3.2 Vereinfachte Ansätze für Körperschallquellen

Die in 4.5.3.1 genannten globalen Transferfunktionen stellen bereits einen Ansatz für eine vereinfachte rechnerische Prognose von Geräuschen gebäudetechnischer Anlagen dar. Sie setzen aber dennoch eine frequenzabhängige Berechnung voraus. Daneben gibt es einige Abschätzverfahren, die mit Einzahlwerten arbeiten und für eine einfache Prognose vorgesehen sind. Sie sind zwar nicht als Nachweisverfahren vorzusehen, können aber zur einfachen Abschätzung der Verhältnisse herangezogen werden.

Sanitärobjekte

Als Beispiel wird ein von Gösele und Voigtsberger 1979 beschriebenes Verfahren vorgestellt. Dieses beschriebene Verfahren wurde experimentell abgeleitet und gilt für den Massivbau, wie er zum Zeitpunkt der Untersuchungen üblich war. Als Eingangsgröße der Prognose dient ein A-bewerteter Schalldruckpegel $L_{\mathrm{A,ref,n}}$ eines bestimmten Sanitärobjektes, der unter definierten Referenzbedingungen gemessen wird. Diese werden in Bild 4.98 dargestellt.

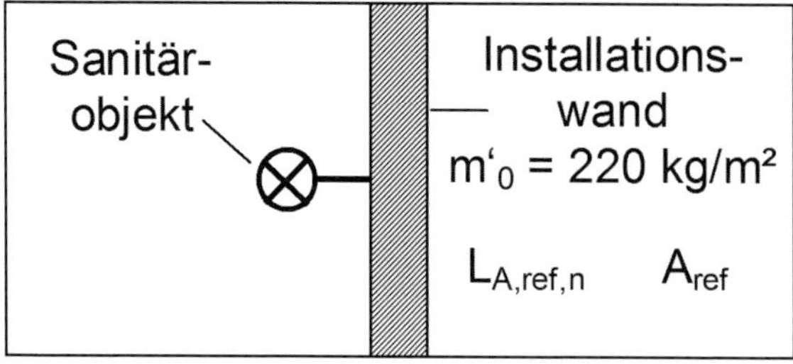

Quelle: Autoren

Bild 4.98: Referenzsituation zur Abschätzung des Schalldruckpegels von Sanitärobjekten

Die Körperschallquelle (die anstelle der genannten Sanitärobjekte auch eine andere Körperschallquelle sein könnte) wird an einer Referenzwand mit der flächenbezogenen Masse $m'_0 = 220$ kg/m² angebracht. Das entspricht der damals geltenden Mindestmasse einer massiven Installationswand und der Masse der in DIN 4109-36 festgelegten massiven Musterinstallationswand. Gemessen wird der im Empfangsraum hinter der Wand abgestrahlte Schalldruckpegel $L_{A,ref}$. Die äquivalente Absorptionsfläche des Referenzraumes A_{ref} wird auf eine äquivalente Absorptionsfläche $A_0 = 10$ m² bezogen. Damit ergibt sich:

$$L_{A,ref,n} = L_{A,ref} + 10 \lg \frac{A_{ref}}{A_0} \text{ dB} \tag{4.265}$$

Dieser Referenzwert kann nach folgender Beziehung auf den A-bewerteten Schalldruckpegel L_A einer anderen baulichen Situation umgerechnet werden:

$$L_A = L_{A,ref,n} - 20 \lg \frac{m'}{m'_0} - K_G - 10 \lg \frac{A_{ref}}{A_0} \text{ dB} \tag{4.266}$$

Der Summand 20 lg (m'/m'_0) beinhaltet die Umrechnung auf eine andere flächenbezogene Masse der Installationswand. Der Korrekturwert K_G berücksichtigt für ausgewählte Bedingungen die Bauweise und Grundrissanordnung. Beide Summanden geben damit auf einfache Weise eine Übertragungsfunktion wieder. Für K_G werden die in den Bildern Bild 4.99 bis Bild 4.103 angegebenen Situationen behandelt:

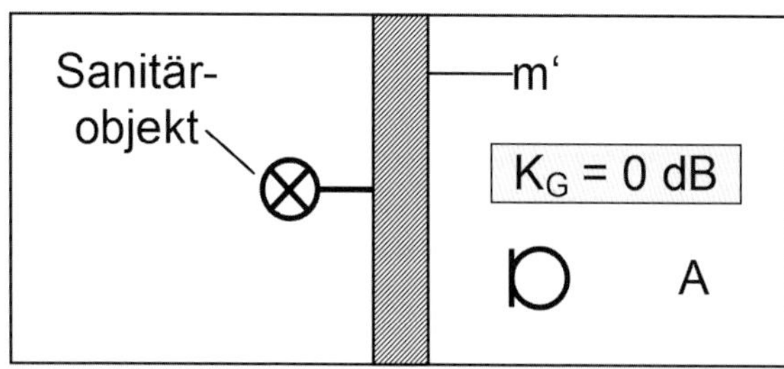

Quelle: Autoren

Bild 4.99: Korrekturwert K_G für direkte Übertragung über eine einschalige Installationswand

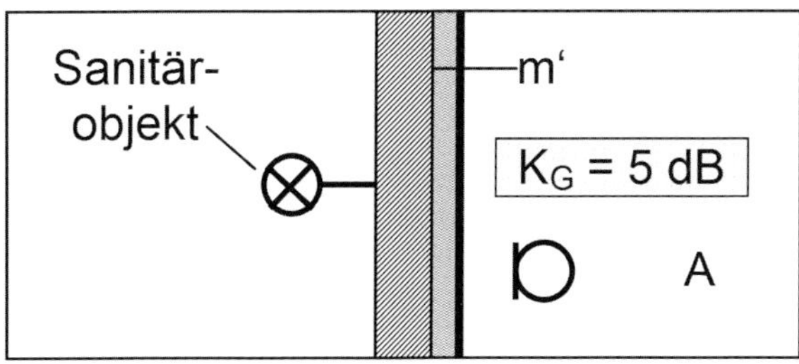

Quelle: Autoren

Bild 4.100: Korrekturwert K_G für Übertragung über einschalige Installationswand mit biegeweicher Vorsatzschale

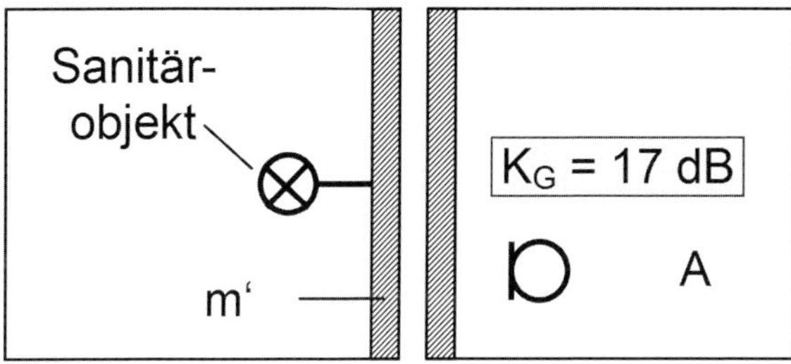

Quelle: Autoren

Bild 4.101: Korrekturwert K_G für Übertragung über zweischalige massive Trennwand mit durchgehender Trennfuge

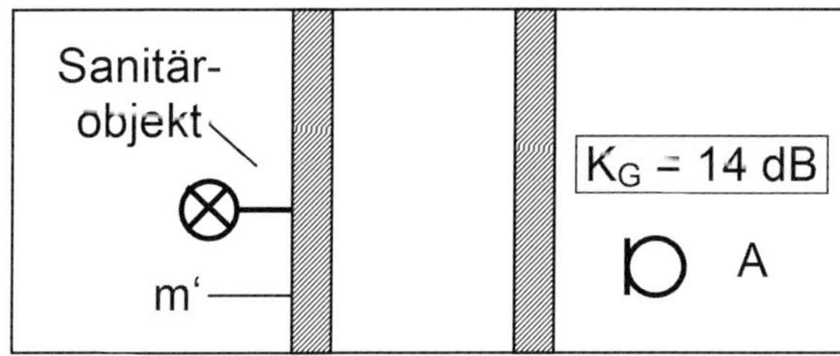

Quelle: Autoren

Bild 4.102: Korrekturwert K_G für Übertragung über einen zwischenliegenden Raum

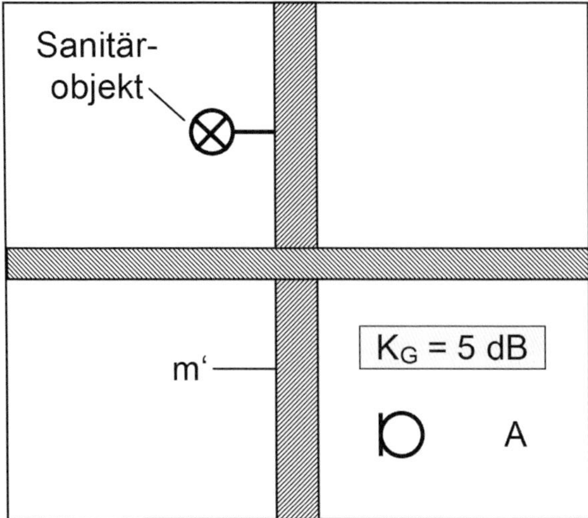

Quelle: Autoren

Bild 4.103: Korrekturwert K_G für diagonale Übertragung über die Installationswand

Die Umrechnung auf eine andere flächenbezogene Masse der Installationswand mit der Abhängigkeit 20 lg (m'/m'_0) entspricht auch den Angaben, die Gösele 1976 in [433] für „Wasserleitungsgeräusche" genannt hat. Diesem experimentell ermittelten Zusammenhang stellte er die Verhältnisse bei „Klopfschall" (also punktförmiger Körperschallanregung) mit einer Abhängigkeit gemäß 35 lg (m'/m'_0) gegenüber. Dazu hieß es:

> Der Einfluss der flächenbezogenen Massen der Wand ist bei Anregung mit der Rohrleitung eine völlig andere als mit einem Hammer. Die Ursache ist nicht bekannt.

Offensichtlich spielt also die Art der Quelle bzw. die Art ihrer Anregung eine Rolle. In [434] wird von Weber und Öhler ebenfalls eine Umrechnung auf eine andere flächenbezogene Masse genannt. Für die direkte Übertragung vom angeregten Bauteil in den dahinter liegenden Raum kann man dort dem graphisch dargestellten Zusammenhang als Korrektur 30 lg (m'/m'_0) entnehmen. Dies entspricht mehr dem zuvor für „Klopfschall" genannten Wert, den man für Sanitärobjekte auch eher erwarten würde. Für die Übertragung in einen diagonal versetzten Raum werden in [434] ebenfalls Angaben für eine Korrektur der flächenbezogenen Masse gemacht. Dabei ist allerdings zu berücksichtigen, dass die Umrechnung für diese Übertragungssituation vom Verhältnis der flächenbezogenen Massen von Wand und Decke abhängt, so dass eine Korrektur nur für vergleichbare flankierende Bedingungen gilt. Hier sind die Grenzen einer einfachen Umrechnung erreicht.

Armaturen

In [422] werden vergleichbare Situationen für die Trinkwasserinstallation untersucht. Als Quellen wird das Installationsgeräuschnormal (IGN) betrachtet sowie eine Armatur, die gerade den Anforderungen der Armaturengruppe I entspricht (Armaturengeräuschpegel $L_{ap} \leq 20$ dB(A)). IGN bzw. die Armatur sind hier zusammen mit den Rohrleitungen ohne Körperschallentkopplung an der massiven Installationswand angebracht. Es ist dabei zu berücksichtigen, dass solche Werte angesichts der heute üblichen Installationssysteme und Montagebedingungen nicht ohne weiteres auf heutige Installationen übertragen werden können.

Für die in Bild 4.99 dargestellte Übertragung in den Raum direkt hinter der Installationswand wird für den auf $A_0 = 10$ m^2 normierten Schalldruckpegel des IGN

$$L_{\text{IGN}} = 55 - 20 \lg \frac{m'}{m'_0} \text{ dB} \tag{4.267}$$

angegeben, wobei als Referenzwert $m'_0 = 220$ kg/m^2 gewählt wurde. Entsprechend gilt für den Installations-Schallpegel L_{In} einer Armatur der Armaturengruppe I

$$L_{\text{In}} = 30 - 20 \lg \frac{m'}{m'_0} \text{ dB} \tag{4.268}$$

Für die anderen in Bild 4.100 bis Bild 4.102 genannten Übertragungssituationen werden in [422] in Abhängigkeit von der Bauausführung aus Messungen in Gebäuden abgeleitete Beziehungen genannt.

Schon 1976 hatte Gösele in [433] auf die in den Gl. (4.267) und (4.268) beschriebene Abhängigkeit des Schalldruckpegels von „Wasserleitungsgeräuschen" von der flächenbezogenen Masse der Installationswand hingewiesen und aufgrund experimenteller Untersuchungen die Abhängigkeit mit 20 lg (m'/m'_0) angegeben.

Abwasserinstallationen

Für Geräusche von Abwassersystemen ist DIN EN 14366 die relevante Messnorm. Auf die Verwendung und Aussagekraft der nach dieser Norm ermittelten Kenngrößen wird in 5.7.3.3 näher eingegangen. Gl. (5.45) dieses Abschnitts zeigt, wie aus dem Kennwert für die Körperschallerzeugung des Abwassersystems der Pegel einer charakteristischen Schallleistung $L_{\text{Ws,c}}$ ermittelt werden kann, mit dem dann eine Prognose nach EN 12354-5 möglich wird. Eine Behandlung dieser Thematik findet sich in [435]. Da die DIN EN 14366 zurzeit überarbeitet wird, werden zukünftig die benötigten Schallleistungspegel entsprechend den Bedingungen in DIN EN 15657-1 zur Berechnung zur Verfügung stehen.

4.5.4 Berechnung der Übertragung über Kanäle und Rohrleitungen

Verfahren nach VDI 2081

In Deutschland ist die VDI 2081 das maßgebliche Regelwerk für die schalltechnische Planung und Ausführung von raumlufttechnischen Anlagen (RLT-Anlagen). Aktuell gültig sind VDI 2081 Blatt 1:2001 [114] und VDI 2081 Blatt 2:2005 [116]. Für Blatt 1 liegt ein Normentwurf von 2016 vor [115]. Dort heißt es:

> Die Richtlinienreihe VDI 2081 vermittelt die gesammelten Erfahrungen für den Schallschutz bei raumlufttechnischen Anlagen (RLT-Anlagen) und führt als Regel der Technik zu praxisgerechten Problemlösungen.

Der Entwurf benennt den folgenden Anwendungsbereich:

> Diese Richtlinie gilt für alle RLT-Anlagen, die der Lüftung oder Klimatisierung von Aufenthalts- und Arbeitsräumen dienen. Sie bezieht sich auf die im Zusammenhang mit der Errichtung solcher Anlagen zu stellenden schallschutztechnischen Anforderungen und die dafür zu treffenden Maßnahmen. Sie bezieht sich nicht auf Maßnahmen an der Baukonstruktion, in denen die RLT-Anlagen installiert sind.

Behandelt werden in Blatt 1 die Geräuschquellen sowie die Geräuschminderung in RLT-Anlagen. Außerdem zeigt ein Näherungsverfahren, wie der im angeschlossenen Raum durch die RLT-Anlage erzeugte Schalldruckpegel bestimmt werden kann. Teilaspekte sind die Ermittlung des vom Ventilator in das Luftleitungssystem geleiteten Geräusches, der im Luftleitungssystem erzeugten Strömungsgeräusche, der im Luftleitungssystem zu erwartenden Pegelsenkung und der erforderlichen Schallschutzmaßnahmen.

Beispiele zur Anwendung der Richtlinie werden in VDI 2081 Blatt 2 behandelt. Dabei werden anhand einer konkreten Anwendung die Berechnungsschritte mit ausführlichen Erläuterungen dargestellt.

Auf dieser Basis hat sich die VDI 2081 bei Planern, Komponentenherstellern und Anlagenerrichtern etabliert. Da die schalltechnische Planung von RLT-Anlagen i. d. R. von Fachplanern ausgeführt wird, bei denen der Umgang mit dieser Richtlinie vorausgesetzt werden kann, wurde in DIN 4109 kein Bedarf gesehen, dieser Richtlinie noch eine weitere Behandlung dieser Thematik hinzufügen. So enthält folgerichtig auch DIN 4109-2 dafür keine weiteren Angaben zur schalltechnischen Prognose. Jedoch wäre es hilfreich gewesen, wenn dort zumindest auf die Anwendung der VDI 2081 hingewiesen worden wäre.

Vorgehen nach DIN 4109-36

Dieser Hinweis findet sich stattdessen in DIN 4109-36. In deren informativem Anhang A.3 wird auf die Anwendung der VDI 2081 verwiesen. Neben dem ausführlichen Nachweisverfahren gemäß VDI 2081 wird dort auch ein vereinfachter Nachweis genannt, dessen Anwendung durch das Ablaufschema in Bild 5.33 festgelegt ist. In 5.7.4.2 werden diese Zusammenhänge erläutert.

Verfahren nach DIN EN ISO 12354-5

DIN EN ISO 12354-5 behandelt in den Abschnitten 4.2 und 5.1 die Luftschallübertragung durch Rohre und Kanalsysteme und in Anhang B ergänzend Luftschallquellen in Kanalsystemen. Die dort vorgesehene Vorgehensweise geht allerdings nicht über die VDI 2081 hinaus. Vielmehr bezieht sie sich in wesentlichen Punkten auf diese Richtlinie, allerdings mit gewissen Vereinfachungen. Da sich in Deutschland das Verfahren der VDI 2081 bei den Fachplanern durchgesetzt hat, hat das Verfahren der EN 12354-5 in der Praxis so gut wie keine Bedeutung erlangt. In anderen europäischen Ländern liegen ähnliche Erfahrungen zur Anwendung des Verfahrens der EN 12354-5 für RLT-Anlagen vor. Deshalb wird bei der Revision von EN 12354-5:2009 die Behandlung von Rohren und Kanalsystemen nur noch in beschränktem Umfang erfolgen.

Neuere Untersuchungen zur Luftschallübertragung über Kanalsysteme

In neuerer Zeit hat es einige Untersuchungen zur Schallübertragung zwischen Räumen über Kanalsysteme gegeben. Näheres ist [436], [437] und [438] zu entnehmen.

4.5.5 Geräusche aus Betrieben

In DIN 4109-2 heißt es zu den Geräuschen aus Betrieben in Abschnitt 4.6 (Berechnung der Schallübertragung aus baulich mit dem Gebäude verbundenen Betrieben):

> Für die Berechnung der von Gewerbe- und Industriebetrieben im selben oder in baulich damit verbundenen Gebäuden in schutzbedürftige Räume übertragenen Geräusche liegen zurzeit noch keine normungsfähigen Verfahren vor. Mit DIN EN 12354-5 ist eine Grundlage gegeben, auf der die zukünftigen Berechnungsverfahren nach DIN 4109 entwickelt werden sollen. Die in DIN EN 12354-5 genannten Prognosemodelle können als Orientierung für die Beschaffung von Daten und für die grundsätzliche Vorgehensweise bei der Prognose von Schallpegeln herangezogen werden.
>
> Geräusche aus baulich mit dem Gebäude verbundenen Betrieben können durch Luft- und/oder Körperschallübertragung verursacht sein. Im Allgemeinen müssen deshalb beide Übertragungsmöglichkeiten berücksichtigt und getrennt berechnet werden.
>
> Für die durch Körperschallübertragung verursachten Schalldruckpegel im Gebäude steht im Rahmen der DIN 4109 derzeit noch kein allgemeines Berechnungsverfahren zur Verfügung.

Weitgehend gelten für die Prognose der Geräusche aus Betrieben die zuvor für gebäudetechnische Anlagen gemachten Aussagen.

4.6 Durchführung von rechnerischen Nachweisen

4.6.1 Einsatz von Berechnungssoftware

Eine Berechnung der Luft- oder Trittschalldämmung „Schritt für Schritt“ ist von Hand zwar möglich, aber sehr aufwändig und fehleranfällig. Vor der Verabschiedung der neuen DIN 4109 wurde in vielen Ingenieurbüros oder im Bereich von Hochschulen das europäische Rechenmodell zum Schallschutz vor allem mit Excel Tools umgesetzt [439], [440]. Mit diesen Berechnungstools wurde in der Vergangenheit der Schallschutz zwischen Räumen mit Konstruktionen berechnet, welche z. B. nach Beiblatt 1 nicht nachweisbar waren (z. B. Mauerwerk aus Lochsteinen), oder bei denen man sich bei Beiblatt 1 unsicher war (leichte flankierende Innenwände). Diese Tools sind seit langem verfügbar und ermöglichten eine schnelle Berechnung. Für einen Schallschutznachweis sind diese Tools häufig aufgrund einer mangelnden Dokumentation der Eingangswerte, der Berechnung und der Ergebnisse sowie einer mangelnden Flexibilität nur bedingt geeignet. Sie lieferten allerdings z.B. im Rahmen von Parameterstudien für einfache Grundrisssituationen schnell hilfreiche Ergebnisse. Bei versetzten Grundrissen wird die korrekte Berechnung im Besonderen der flankierenden Übertragung allerdings schon viel komplizierter. Auch viele kommerzielle Programme machen es sich hier einfach und bilden solche Situationen, die in einem realen Gebäuden häufig vorkommen, nicht nach.

Weiterhin waren kommerzielle Berechnungsprogramme zur Ermittlung des Schallschutzes innerhalb von Gebäuden am Markt erhältlich, in welchen die Vorgaben der EN 12354-Reihe umgesetzt waren. Diese Programme (z.B. BASTIAN [163], Acoubat [164], BASluco) berechneten den Luft- und Trittschallschutz meist frequenzabhängig und waren nicht für einen Nachweis des Schallschutzes nach DIN 4109 vorgesehen. Mit dem Erscheinen des Entwurfs zur DIN 4109 im Jahr 2013 und besonders mit dem Erscheinen des Weißdrucks 2016 wurden in Deutschland verschieden Rechenprogramme auf den Markt gebracht

Die nachfolgende Übersicht über aktuell vorhandene Berechnungssoftware nennt einige der im Netz zu findenden Berechnungsprogramme mit den entsprechenden Links.

BEISPIEL

Bundesverband Kalksandstein: KS-Schallschutzrechner:
https://www.kalksandstein.de/bv_ksi/ks-schallschutzrechner?page_id = 82592

DÄMMWERK Bauphysik- und EnEV-Software: Modul Schallschutz
https://www.bauphysik-software.de/de-de/produkte/moduluebersicht/schallschutz-modul-4.html

DW-SYSTEMBAU GMBH:
https://www.dw-systembau.de/calc/

Ingenieurbüro für Bauphysik Dipl.-Ing. M. Hanneforth:
Programm „DIN 4109, Schallschutznachweis im Hochbau“:
http://www.ib-hanneforth.de/html/software_bauphysik.html

Rigips Schallschutz-Rechner 2.0
https://www.rigips.de/services/rechenservice/schallschutz-rechner-2-0

SCHULTHEIS SOFTWARE: SCHALLPLAN Software für Schallschutz im Hochbau Neu: DIN 4109 (Juli 2016)
http://www.schultheis-software.de/schallschutz-din4109/software.htm

Ziegel Bauphysiksoftware Modul Schall 4.0
https://ziegel-bauphysiksoftware.ax3000-group.de/lrz/Schall/Scope

Einige Software ist nur online verfügbar (z.B.: Rigips Schallschutzrechner 2.0), die meisten Programme jedoch werden zum Download zur Verfügung gestellt. Es gibt kostenlose und kostenpflichtige Programmen, wobei einige der kostenpflichtigen Programme als Demo-Version zeitlich begrenzt kostenlos verfügbar sind.

Eine Vergleich der Programme wurde in einer Bachelorarbeit an der HFT Stuttgart durchgeführt [441]. Bislang gibt es keine Validierung der Programme durch eine unabhängige Stelle.

Ein Vergleich der Berechnungsergebnisse zwischen den verschiedenen Berechnungsprogrammen zeigte eine sehr gute Übereinstimmung für die meisten der untersuchten Programme. Unterschiede zwischen den Programmen zeigten sich vor allem in der Bauteilmodellierung und in der Handhabung der Programme sowie in dem zur Verfügung gestellten Berechnungsumfang.

Die Programme selbst unterscheiden sich im Wesentlichen im Bereich der Eingabe der Bauteildaten, durch die grafische Darstellung der Übertragungssituation, durch den Umfang der Berechnungsmöglichkeiten (Luftschall, Massivbau/Leichtbau/zweischalige Haustrennwände, Trittschall, Treppen, Außenlärm etc.), aber vor allem auch in der Möglichkeit der Berechnung einer unterschiedlichen Raumgeometrie und unterschiedlicher Bauteilkonstruktionen. So können einige der Programme keine Luftschalldämmung von versetzten Räumen berechnen, bei anderen ist die Eingabe der Trenn- oder Flankenbauteile nur in massiver Bauweise oder in Leichtbauweise möglich.

In einigen Programmen werden auch Berechnungen durchgeführt, die normativ bislang nicht geregelt sind bzw. für die die Norm keine Daten liefert. Beispiel: Schallschutz zwischen zwei nebeneinanderliegenden Räumen in einem Mehrfamilienhaus ohne Keller mit einer Stahlbeton-Bodenplatte von $d = 320$ mm und $m' = 768$ kg/m^2. Für dieses flankierende Bauteil liefert die Gl. (5.1) keinen Wert, da das Bauteil keine flächenbezogene Masse im Bereich von $m' = 65$ kg/m^2 – 720 kg/m^2 aufweist. Wie soll nun der Schallschutz zwischen den Räumen berechnet werden?

a) Flächenbezogenen Masse einfach auf $m' = 720$ kg/m reduzieren und damit rechnen?

b) Gl. (5.1) auch für diese erhöhte flächenbezogenen Masse anwenden?

c) Keine Berechnung durchführen, da die flächenbezogene Masse des Flankenbauteils außerhalb des normativ abgedeckten Bereichs liegt?

Viele der Programme liefern als Eingabedaten nur Werte, die innerhalb der Norm auch berechnet werden können, und überlassen es dem Anwender, wie er mit Werten außerhalb des normativ abgedeckten Bereichs umgeht.

ANMERKUNG

Bei Werten außerhalb des normativ abgesicherten Bereichs empfehlen die Autoren ein ingenieurmäßiges Vorgehen: während z. B. bei einer Überschreitung der Obergrenze der flächenbezogenen Masse wie im vorangegangenen Beispiel eine Berechnung mit der Obergrenze auf der sicheren Seite liegt, ist bei einer Unterschreitung der Untergrenze ($m' < 65$ kg/m^2) sicher eine andere Vorgehensweise (zum Beispiel ein entsprechender Abschlag) zu wählen.

Bislang wird weder die am Markt vorhandene Berechnungssoftware noch neue Software zur Berechnung des Schallschutzes durch eine unabhängige Stelle geprüft. Für Raumakustiksimulationen bzw. für Raumakustiksoftware wurde dies durch die PTB im Jahr

2000 durchgeführt. Es stellt sich natürlich die Frage, ob es solch einer Prüfung bedarf. Werden z. B. die in den Anhängen der DIN 4109-2 angegebenen Beispiele korrekt gerechnet, bedeutet dies nicht, dass andere Bausituationen (z. B. versetzte Räume) ebenfalls korrekt im Sinne der Norm berechnet werden. Eine Prüfung der Software sollte durch den Softwarehersteller erfolgen, der dann eine korrekte Berechnung garantieren kann. Softwareprüfungen können immer nur stichprobenhaft durchgeführt werden, so wie die durchgeführte Bachelorarbeit nur erste Hinweise zum Umfang und zur Qualität der Umsetzung des normativen Rechenverfahrens in der Software gibt.

An dieser Stelle soll der KS-Schallschutzrechner beispielhaft vorgestellt werden, da die Hochschule für Technik Stuttgart an der Erarbeitung dieser Berechnungssoftware wissenschaftlich beratend beteiligt war. Im Wesentlichen werden durch das Programm folgende Bereiche abgedeckt:

- Luft- und Trittschalldämmung zwischen Räumen in vertikaler Richtung;
- Luftschalldämmung zwischen Räumen in horizontaler Richtung;
- Luft- und Trittschalldämmung von zweischaligen Haustrennwänden;
- Luftschalldämmung gegenüber Außenlärm.

Am häufigsten ist der Schallschutz zwischen Räumen nachzuweisen. Hierzu soll das Beispiel für die Schallübertragung zwischen zwei übereinanderliegenden Räumen aus DIN 4109-2, Anhang D2.1 verwendet werden. In Bild 4.104 ist die normativ vorgegebene Raumsituation mit den entsprechenden Raumabmessungen ($l = 4{,}65$ m; $b = 3{,}05$ m; $h = 2{,}5$ m) in die Eingabemaske des „KS-Schallschutzrechners“ eingegeben und entsprechend grafisch umgesetzt.

Im Folgenden sind die an der Schallübertragung beteiligten Bauteile hinsichtlich Geometrie und Bauteilaufbau zu beschreiben. Hierzu wird das Trennbauteil (Stahlbetondecke) mit der entsprechenden Vorsatzkonstruktion (schwimmender Zementestrich) jeweils entweder aus der vorhandenen Datenbank in das Programm geladen oder es werden die einzelnen Bauteilschichten (Rohdecke aus Normalbeton) mittels Schichtdicke ($d = 200$ mm) und Rohdichte ($\rho = 2\,400$ kg/m^3) beschrieben (Bild 4.105). Für die Vorsatzkonstruktionen wird mittels dynamischer Steifigkeit und flächenbezogener Masse die bewertete Trittschallminderung ΔL_w entsprechend Bild 4.105 berechnet. Weiterhin wird die Resonanzfrequenz f_0 der Konstruktion berechnet und entsprechend Gl. (5.34) die bewertete Verbesserung des Schalldämm-Maßes ΔR_w bestimmt.

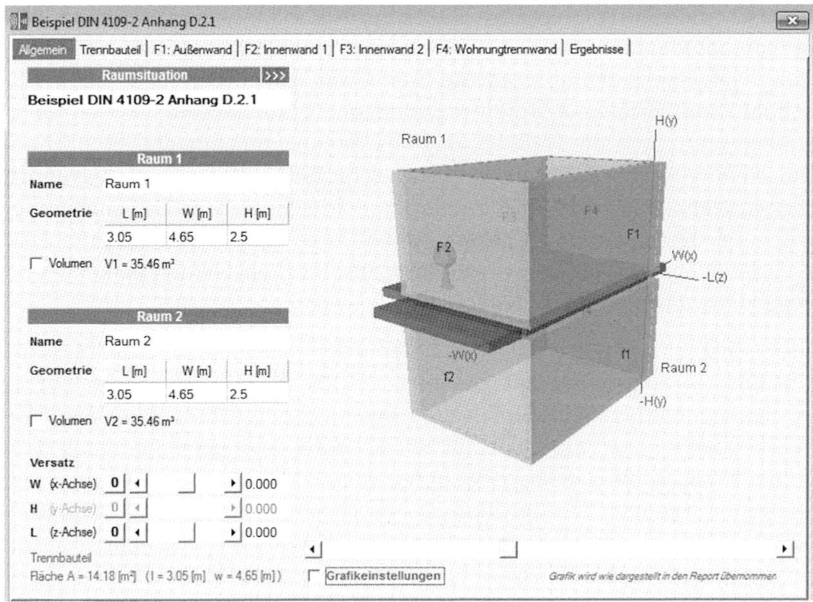

Quelle: [393]

Bild 4.104: Screenshot des Berechnungsprogrammes KS-Schallschutzrechner mit den Raumabmessungen entsprechend dem Beispiel in DIN 4109-2, Anhang D2.1

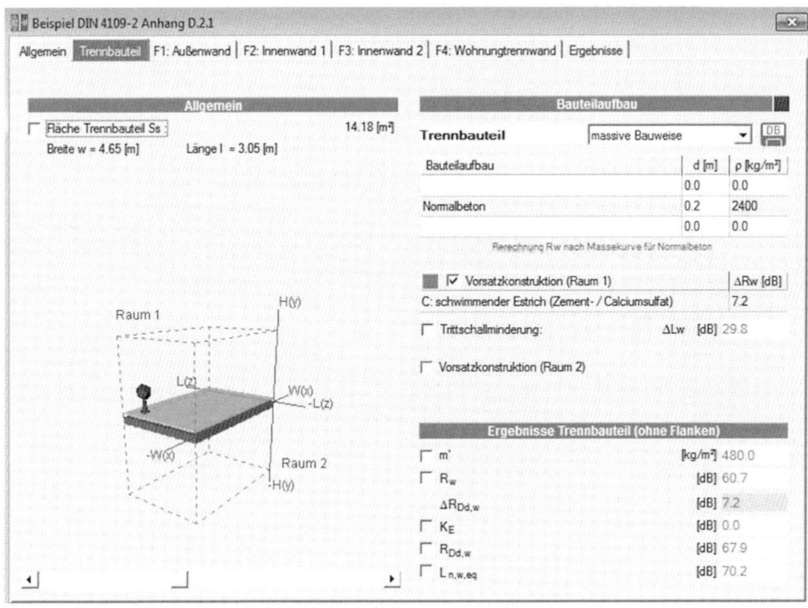

Quelle: [393]

Bild 4.105: Screenshot des Berechnungsprogrammes KS-Schallschutzrechner mit der Beschreibung der Trenndecke aus Beton mit Vorsatzkonstruktion

Im folgenden Schritt sind die flankierenden Bauteile zu beschreiben. Hierzu sind wiederum die Bauteilaufbauten der einzelnen flankierenden Bauteile anzugeben. Weiterhin ist die Anbindung der Flankenbauteile an die Trennwand zu beschreiben. Beim KS-Schallschutzrechner kann zwischen X-Stoß (Kreuzstoß) und T-Stoß gewählt werden. Beim X-Stoß wird vorausgesetzt, dass die Verlängerung des Trennbauteils die gleiche flächenbezogene Masse wie das Trennbauteil ($m'_3 = m'_1$) aufweist. Sowohl beim X-Stoß als auch beim T-Stoß können trennende und flankierende Bauteile schalltechnisch voneinander entkoppelt werden. In Abhängigkeit von der gewählten Anschlussvariante (Standard ist die biegesteife Verbindung der Bauteile wie in Bild 4.106 zu sehen) werden dann die entsprechenden Stoßstellendämm-Maße K_{ij} berechnet.

Die berechneten Flächen und schalltechnischen Daten der Flankenbauteile können durch Anklicken des Buttons „Flankenwerte" eingesehen und gegebenenfalls händisch (z. B. aufgrund von vorliegenden Prüfzeugnissen) geändert werden (Bild 4.107). Beispielsweise entspricht bei versetzten Räumen die tatsächliche Fläche des Bauteils nicht immer dem Produkt aus Kantenlänge und Raumhöhe (bzw. in horizontaler Richtung Raumtiefe). Auch können geschosshohe Öffnungen (Fenstertüren etc.) durch eine entsprechende Reduktion der Kantenlänge bzw. der Bauteilflächen berücksichtigt werden. Ist eine Raumgeometrie mit mehr als vier flankierenden Bauteilen vorhanden, können gleichartige Bauteile durch ein Bauteil mit entsprechend vergrößerter Kantenlänge und Bauteilfläche repräsentiert werden.

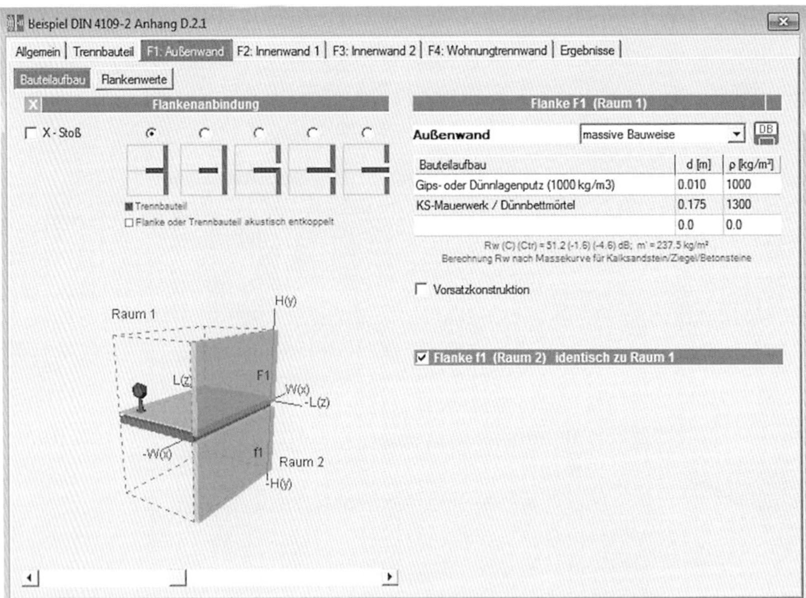

Quelle: [393]

Bild 4.106: Screenshot des Berechnungsprogrammes KS-Schallschutzrechner mit der Beschreibung eines flankierenden Bauteils (Außenwand)

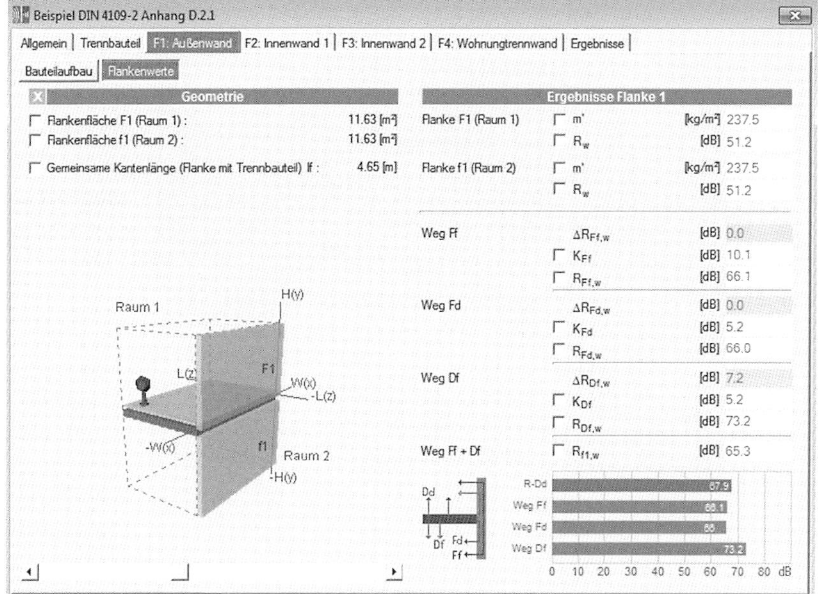

Quelle: [393]

Bild 4.107: Screenshot des Berechnungsprogrammes KS-Schallschutzrechner mit den ermittelten schalltechnischen Daten (bewertetes Schalldämm-Maß R_w, Stoßstellendämm-Maß K_{ij} und bewertete Verbesserung des Schalldämm-Maßes ΔR_w für die unterschiedlichen Übertragungswege eines flankierenden Bauteils (Außenwand))

Die berechneten Stoßstellendämm-Maße, bewerteten Verbesserungen des Schalldämm-Maßes und Flanken-Schalldämm-Maße werden für die einzelnen Übertragungswege unter „Flankenwerte" dargestellt. Auf der Registrierkarte „Ergebnisse" werden diese dann zusammengefasst aufgeführt.

Dabei werden die Schallübertragungswege Ff und Df für die Flanken 1 bis 4 zum Weg R_{f1} bis R_{f4} zu einem Wert energetisch addiert. Diese Werte charakterisieren die Schallübertragung über die entsprechende Flanke. Die Wege Fd1 bis Fd4 und Dd werden zum Weg R_d zusammengefasst (Bild 4.108). Dieser Weg charakterisiert die Schallübertragung über das Trennbauteil. Diese Art der Zusammenfassung hat den Vorteil, dass sich für das Trennbauteil und für die vier flankierenden Bauteile je ein charakteristischer Wert ergibt. Diese fünf Werte können dem messtechnisch ermittelten Direktschalldämm-Maß ($R_{d,w}$) und den Flanken-Schalldämm-Maßen ($R_{f1,w}$ bis $R_{f4,w}$), z. B. ermittelt am Bau bei Luftschallanregung im Senderaum durch Körperschallmessungen auf den entsprechenden Bauteilen im Empfangsraum, zugeordnet werden. Weiterhin kann mit diesen fünf Werten sofort das schwächste Bauteil (d. h. das Bauteil mit der geringsten Direkt- bzw. Flankendämmung) erkannt werden. Eine Verbesserung dieses Bauteils (höhere Direktschalldämmung durch höhere Masse) bzw. der Flankendämmung auf diesem Übertragungsweg (Anbringen einer Vorsatzschale) zeigt die beste Wirkung, falls z. B. die resultierende Schalldämmung zu erhöhen ist.

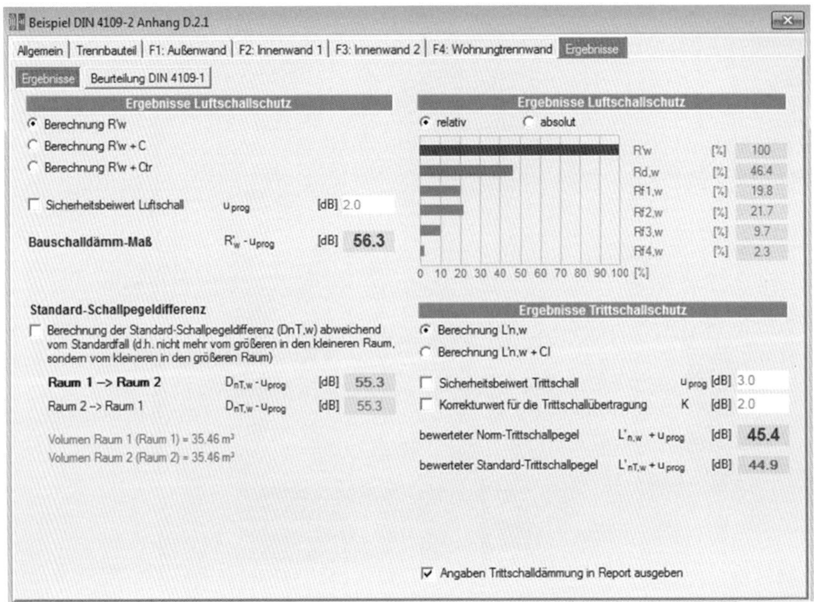

Quelle: [393]

Bild 4.108: Screenshot des Berechnungsprogrammes KS-Schallschutzrechner mit den Ergebnissen für das bewertete Schalldämm-Maß nach DIN 4109-2 Anhang D 2.1 und den bewerteten Normtrittschallpegel der Raumsituation nach DIN 4109-2 Anhang D 3

An dieser Stelle sei auch darauf hingewiesen, dass durch das Ändern einer einzelnen Zahl in einem Eingabefeld (z. B. die Deckenstärke der Trenndecke mit $d = 200$ mm, 220 mm, 240 mm, etc., oder die Rohdichteklasse einer flankierenden Wand RDK = 0,8, 1,0, 1,4, etc.) die schalltechnische Wirkung solch einer Maßnahme ermittelt werden kann. Damit kann eine Kosten-Nutzen-Analyse sehr schnell durchgeführt werden. Klar wird dabei aber auch, dass es wenig Sinn macht, ein Bauteil, das bereits eine sehr hohe Schalldämmung aufweist (z. B. eine Stahlbetondecke mit schwimmendem Estrich), weiter zu verbessern, wenn die wesentliche Schallübertragung über ein anderes, z. B. ein flankierendes Bauteil, erfolgt.

4.6.2 Berechnungsbeispiele

Luftschalldämmung am Beispiel von DIN 4109-2, Anhang D.2.1

Das zur Berechnung der Luftschalldämmung einer Trenndecke in DIN 4109-2 dargestellte Beispiel (Bild 4.109) soll an dieser Stelle detaillierter erläutert werden. Die Berechnung erfolgt dabei mit dem KS-Schallschutzrechner.

Die Fenster in den Flanken F1 und f1 sowie die Türen in den Flanken F3 und f3 werden nicht dargestellt und rechnerisch auch nicht berücksichtigt. Für die Berechnung werden die Innenmaße der Bauteile verwendet. Die Berechnung erfolgt von oben nach unten.

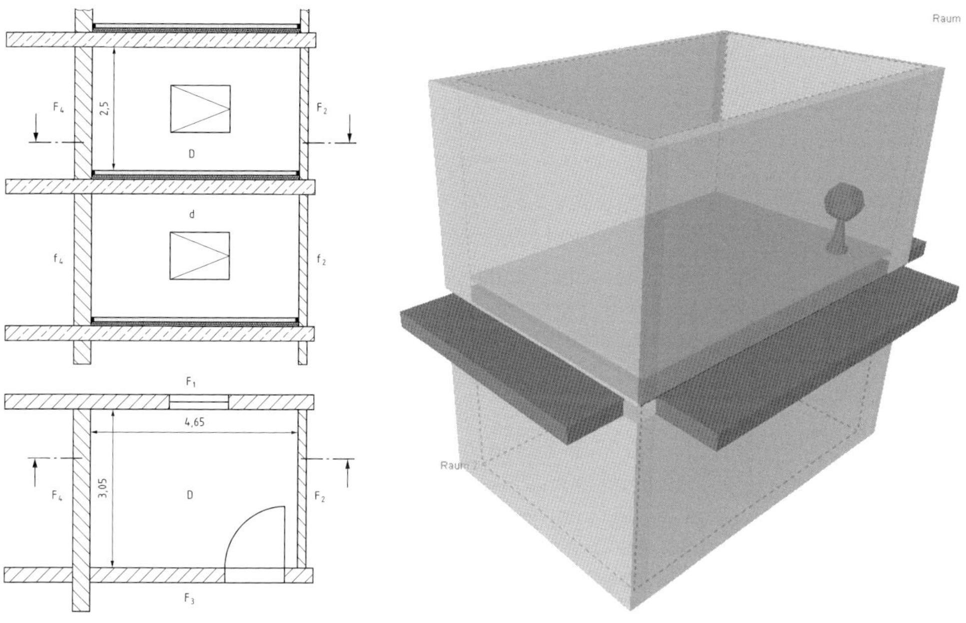

Quelle: links [42], rechts [393]

Bild 4.109: Grundriss und Schnitt zur Berechnung der Luft- und Trittschalldämmung sowie dreidimensionale Darstellung im KS-Schallschutzrechner

ANMERKUNG

Wären die beiden Türe allerdings raumhoch, so würde sich die ursprüngliche Kantenlänge von l_{ij} = 4,65 m entsprechend einer Türbreite von b = 0,9 m auf l_{ij} = 3,75 m vermindern und wäre in dem verwendeten Berechnungstool entsprechend anzusetzen. Im KS-Schallschutzrechner sind solche Sondergeometrien beispielsweise durch entsprechende händische Einträge der gemeinsamen Kantenlänge möglich.

Die Schalldämm-Maße des Trennbauteils und der Flankenbauteile können aus den flächenbezogenen Massen m' der Bauteile nach der Gl. (5.1) für die Bauteile Trenndecke, Außenwand, Innenwand 2 und Trennwand und nach Gl. (5.3) für das Bauteil Innenwand 1 (Porenbeton mit $m' < 150$ kg/m²) berechnet werden.

Zur Berechnung der bewerteten Verbesserung des Schalldämm-Maßes des schwimmenden Estrichs auf der Decke wird die Resonanzfrequenz der Deckenkonstruktion benötigt. Diese ergibt sich nach DIN 4109-34 Gl. (1) aus den flächenbezogenen Massen der Rohdecke (m' = 480 kg/m²) und des schwimmenden Estrichs (m' = 94 kg/m²) und der dynamischen Steifigkeit (s' = 15 MN/m³) der dazwischenliegenden Dämmschicht. Die Berechnung der bewerteten Verbesserung des Schalldämm-Maßes ΔR_w für den schwimmenden Estrich erfolgt aus der berechneten Resonanzfrequenz (f_0 = 69,9 Hz) gemäß Gl. (5.34) unter Berücksichtigung des bewerteten Schalldämm-Maßes der Rohdecke (R_w = 60,7 dB).

Bei sehr unterschiedlichen flächenbezogenen Massen kann bei der Berechnung der Resonanzfrequenz die größere flächenbezogene Masse vernachlässigt werden. Werden mehrere Lagen Trittschalldämmschichten eingebaut, so kann die resultierende Steifigkeit s'_{ges} aus den Steifigkeiten s'_i der einzelnen Schichten wie folgt berechnet werden:

$$s'_{ges} = \frac{1}{\sum \frac{1}{s'_i}} \text{ MN/m}^3 \qquad (4.269)$$

Die Berechnung der bewerteten Flankendämm-Maße $R_{ij,w}$ erfolgt nach Gl. (4.98) bis Gl. (4.100) aus den bewerteten Direktschalldämm-Maßen $R_{i,w}$ und $R_{j,w}$, dem Stoßstellendämm-Maß K_{ij}, der bewerteten Verbesserung des Schalldämm-Maßes durch Vorsatzschalen $\Delta R_{ij,w}$ und einem Korrekturterm $10 \lg(S_s/(l_0 \cdot l_f))$ aus gemeinsamer Kopplungslänge l_f und Trennfläche S_s.

Die Flanken 2, 3 und 4 (Innenwände) bilden zusammen mit der Trenndecke jeweils einen Kreuz-Stoß, und die Stoßstellendämm-Maße sind entsprechend den Gl. (5.18) und (5.19) für den Weg Ff bzw. Gl. (5.20) für den Weg Df und Fd zu berechnen. Die Flanke 1 (Außenwand) bildet zusammen mit der Trenndecke einen T-Stoß und das Stoßstellendämm-Maß ist entsprechend den Gl. (5.21) und (5.22) für den Weg Ff bzw. Gl. (5.23) für den Weg Df und Fd zu berechnen. Dieses Beispiel aus dem Anhang D der DIN 4109-2 ist im KS-Schallschutzrechner hinterlegt und kann dort direkt aufgerufen werden.

Luftschalldämmung horizontal

In nachfolgendem Beispiel wird das Bau-Schalldämm-Maß einer Wohnungstrennwand in horizontaler Richtung berechnet. Abmessungen und Bauteildaten entsprechen dabei dem obigen Beispiel. Die Berechnung erfolgt über die Wohnungstrennwand ($S_S = 3{,}05 \text{ m} \times 2{,}5 \text{ m} = 7{,}63 \text{ m}^2$), wobei diese von der Außenwand, (F1, f1: $l_{ij} = 2{,}5$ m) von der Betondecke (F2, f2: $l_{ij} = 3{,}05$ m), von der Innenwand (F3, f3: $l_{ij} = 2{,}5$ m) und von dem Fußboden (F4, f4: $l_{ij} = 3{,}05$ m, Betondecke mit schwimmendem Estrich) flankiert wird.

Bild 4.110 zeigt die Übertragungssituation als Grundriss und als dreidimensionale Darstellung im KS-Schallschutzrechner.

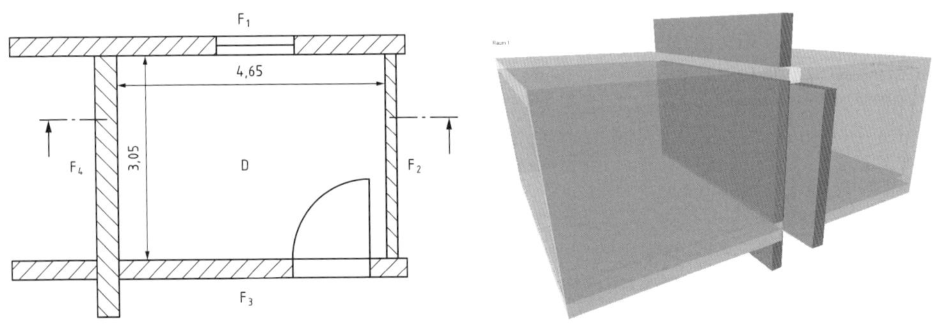

Quelle: links [42], rechts [393]

Bild 4.110: Grundriss zur Berechnung der Luft- und Trittschalldämmung sowie dreidimensionale Darstellung im KS-Schallschutzrechner

Wie im obigen Beispiel werden die Direktschalldämm-Maße aus den gleichen flächenbezogenen Massen der Bauteile berechnet. Die Wohnungstrennwand bildet mit der Außenwand einen T-Stoß und Kreuzstöße mit der Innenwand, der Decke und dem Fußboden. Die bewertete Verbesserung des Schalldämm-Maßes durch den schwimmenden Estrich wird beim Bauteil 3 (dem Fußboden) auf dem Weg Fd (schwimmender Estrich im Senderaum), auf dem Weg Df (schwimmender Estrich im Empfangsraum) und auf dem Weg Ff zweimal (schwimmender Estrich im Sende- und im Empfangsraum) berücksichtigt. Die gesamte bewertete Verbesserung des Schalldämm-Maßes $\Delta R_{w,Ff}$ durch den schwimmenden Estrich auf dem Weg Ff (F3-f3) über den Fußboden berechnet sich aus $\Delta R_{w,ges} = \Delta R_{w,F} + \Delta R_{w,f}/2 =$ 7,2 dB + 3,6 dB = 10,8 dB.

Der auf der Decke im darüberliegenden Geschoss befindliche schwimmende Estrich wird bei der flankierenden Übertragung der Decke nicht berücksichtigt, da er nicht auf dem Übertragungsweg liegt und keinen Einfluss auf das Flanken-Schalldämm-Maß hat.

Die Trennfläche beträgt $S_s = 7{,}63\ m^2$ und ist damit kleiner als 10 m^2. Deshalb ist anstelle des Bau-Schalldämm-Maßes R'_w die Norm-Schallpegeldifferenz D_{nw} auszuwerten. Die Berechnung erfolgt über Gl. (3.3) mit $D_{nw} = R'_w - 10\ \lg\,(7{,}63\ m^2/10\ m^2) = 55{,}7\ dB + 1{,}2\ dB = 56{,}9\ dB$.

Ein abschließender Vergleich mit dem in DIN 4109-1 geforderten Wert für Wohnungstrennwände von $R'_w \geq 53$ dB ergibt unter Berücksichtigung des Sicherheitsbeiwertes von 2 dB: 56,9 dB – 2 dB = 54,9 dB > 53 dB, so dass die Anforderung erfüllt ist.

Trittschalldämmung vertikal am Beispiel von DIN 4109-2, Anhang D.3.1 für massive Decken

Für die im vorigen Abschnitt angegebene Stahlbetondecke mit schwimmendem Estrich wird der Norm-Trittschallschallpegel aus dem äquivalenten Normtrittschallpegel $L_{n,eq,0,w}$ der Rohdecke, der Trittschallminderung durch den schwimmenden Estrich ΔL_w und unter Berücksichtigung des Korrekturwertes K für die Schallübertragung über flankierende Bauteile berechnet.

Der äquivalenten Normtrittschallpegel $L_{n,eq,0,w}$ der Rohdecke wird aus der flächenbezogenen Masse der Massivdecke mit Gl. (21) aus DIN 4109-32:2016-07 ermittelt:

$$L_{n,eq,0,w} = 164 - 35\,\lg\,(m'/m_0) = 164 - 35\,\lg\,(480) = 70{,}2\ dB.$$

Die bewertete Trittschallminderung ΔL_w wird aus der flächenbezogenen Masse der Estrichplatte m' und der dynamischen Steifigkeit s' der Dämmschicht mit Gl. (3) aus DIN 4109-34 ermittelt:

$$\Delta L_w = 13\,\lg\,(m'/m_0) - 14{,}2\,\lg\,(s'/s'_0) + 20{,}8 = 13\,\lg\,(94) - 14{,}2\,\lg\,(15) + 20{,}8 = 29{,}8\ dB.$$

Der Korrekturwert K für die flankierende Trittschallübertragung ergibt sich aus dem Verhältnis der flächenbezogenen Masse der Trenndecke m' zur mittleren flächenbezogenen Masse m'_{mittel} der massiven flankierenden Bauteile:

$$m'_{mittel} = 1/4\ (238 + 86 + 248 + 476)\ kg/m^2 = 262\ kg/m^2$$

$$K = 0{,}6 + 5{,}5\ \lg(m'/m'_{mittel}) = 0{,}6 + 5{,}5\,\lg(480/262) = 2{,}0\ dB.$$

Der im Mittel für diese Konstruktion am Bau zu erwartende bewertete Norm-Trittschallpegel $L'_{n,w}$ kann wie folgt berechnet werden:

$$L'_{n,w} = L_{n,eq,0,w} - \Delta L_w + K = (70{,}2 - 29{,}8 + 2)\ \text{dB} = 42{,}4\ \text{dB}.$$

Beim Vergleich mit dem Anforderungswert nach DIN 4109 muss nun noch der für Trittschall erforderliche Sicherheitsbeiwert mit $u_{prog} = 3$ dB berücksichtigt werden, indem dieser Sicherheitsbeiwert zum ermittelten bewerteten Normtrittschallpegel addiert wird:

$$L'_{n,w,erf} > L'_{n,w} + u_{prog} = 42{,}4\ \text{dB} + 3\ \text{dB} = 45{,}4\ \text{dB}.$$

Falls ein bewerteter Standard-Trittschallpegel $L'_{nT,w}$ benötigt wird, erfolgt die Umrechnung aus dem bewerteten Normtrittschallpegel L'_{nw} über das Empfangsraumvolumen V_E mit nachfolgender Gleichung:

$$L'_{nT,w} = L'_{n,w} - 10\ \lg(0{,}032\ V_E) = 42{,}4 - 10\ \lg(0{,}032 \times (2{,}5 \times 3{,}65 \times 4{,}65\ \text{m}^3)\ \text{dB}$$
$$= 42{,}4 - 0{,}5\ \text{dB} = 41{,}9\ \text{dB}.$$

TIPP

Der in DIN 4109-2:2016-07, Abschnitt D.3.1 angegebene Wert für $L'_{nT,w}$ von 42,9 dB ist falsch. Der korrekte Wert ist $L'_{nT,w} = 41{,}9$ dB.

4.6.3 Hinweise für besondere Bausituationen

Diskontinuitäten

Ein Bauteil im Sinne dieser Norm wird an jeder der vier Kanten durch andere massive Bauteile begrenzt oder endet dort. Eigenschwingungen sind dabei auf das einzelne Bauteil begrenzt, und bei mittleren und höheren Frequenzen ist ein diffuses Körperschallfeld vorhanden. Das bedeutet, dass die Schallschnelle auf dem Bauteil relativ konstant ist. An der Diskontinuität ändert sich die Schallschnelle durch eine entsprechend hohe Stoßstellendämmung. Ohne Stoßstellendämmung liegt keine Diskontinuität vor. Leichtbauteile, die an ein durchlaufendes massives Bauteil angeschlossenen sind, oder elastisch angeschlossene Bauteile führen nicht zu einer Stoßstellendämmung und sind deshalb in diesem Sinne nicht als Diskontinuitäten zu betrachten.

Fenster und Türen

Fenster- und Türflächen in massiven Flankenbauteilen haben in der Regel eine vernachlässigbare Schallabstrahlung. Im Sinne einer auf der sicheren Seite liegenden Berechnung werden aber diese Flächen bei der Berechnung nicht berücksichtigt, das bedeutet, die massiven Bauteile werden mit ihrer vollen Fläche angenommen. Ausnahmen hierzu sind geschosshohe Öffnungen in Wänden:

- in vertikaler Richtung vermindern geschosshohe Öffnungen (auch Fenster oder Türen) die dem Trennbauteil und dem Flankenbauteil gemeinsame Kantenlänge l_{ij}, wodurch das Flanken-Schalldämm-Maß $R_{ij,w}$ des Bauteils erhöht wird.

- in horizontaler Richtung vermindern geschosshohe Öffnungen (auch Fenster oder Türen) die Fläche des flankierenden Bauteiles S_i und erhöhen damit die Mindeststoßstellendämmung $K_{ij,min}$. Bei sehr kleinen Flächen kann dann dieser Mindestwert den berechneten Wert des Stoßstellendämm-Maßes überschreiten und entsprechend das Flanken-Schalldämm-Maß erhöhen.

Versetzte Räume

Versetzte Räume treten bei Wohnungstrennwänden dann auf, wenn die Grundrisse der beiden betrachteten Wohnräume nicht spiegelbildlich angeordnet sind (Bild 4.111). Bei Wohnungstrenndecken ergibt sich ein Versatz, wenn Sende- und Empfangsraum unterschiedlich groß oder im Grundriss nicht deckungsgleich sind. Die Trennfläche S_i ist die beiden Räumen gemeinsame Fläche. Der „verlängerte" Teil des Trennbauteils im größeren Raum wird dann zu einem flankierenden Bauteil, wenn der Versatz größer als 0,5 m ist. Ein kleinerer Versatz wird bei der Berechnung nicht berücksichtigt.

Die Berechnung des Stoßstellendämm-Maßes auf den verschiedenen Übertragungswegen erfolgt auch bei diesen Bauteilstößen entsprechend 5.3.8.2. Hier ist allerdings zu beachten, dass bei den versetzten Grundrissen bei der Berechnung des Stoßstellendämm-Maßes aus dem Verhältnis der flächenbezogenen Massen von Längs- und Querbauteil $m_i/m_\perp$ das Querbauteil nun nicht mehr das Trennbauteil, sondern ein flankierendes Bauteil ist.

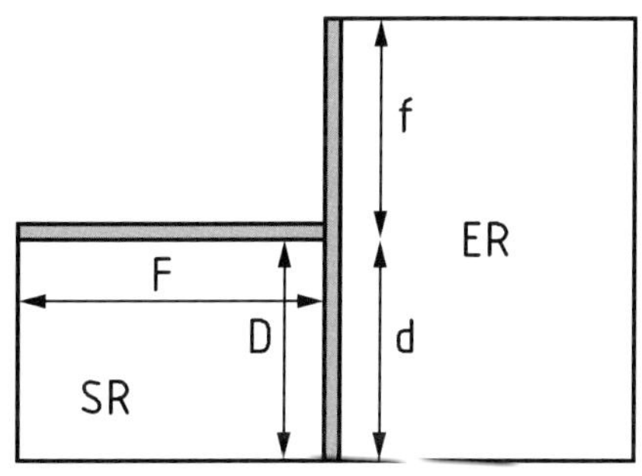

a) Grundriss

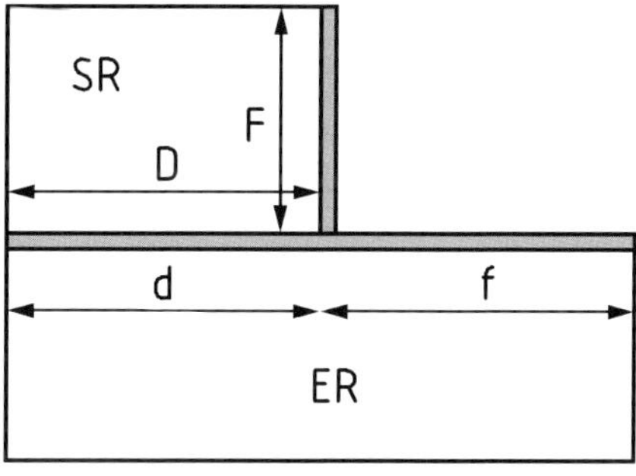

b) Schnitt

Legende

D Trennbauteil, senderaumseitig
F Flankenbauteil, senderaumseitig
d Trennbauteil, empfangsraumseitig
f Flankenbauteil, empfangsraumseitig
SR Senderaum
ER Empfangsraum

Quelle: [42]

Bild 4.111: DIN 4109-2, Bild 7 – Zuordnung von trennenden und flankierenden Bauteilen bei versetzten Räumen im Grundriss (links) und im Schnitt (rechts)

BEISPIEL

Berechnung der Stoßstellendämm-Maße in Bild 4.111 rechts:

Bauteil D = Bauteil d = Bauteil f: Trenndecke 200 mm Beton, $m'_i = 480\ \mathrm{kg/m^2}$

Bauteil F: Innenwand 115 mm KS 2,0 $m'_{\perp} = 238{,}5\ \mathrm{kg/m^2}$

$M = \lg(m'_{\perp i}/m'_i) = \lg(480/238{,}5) = 0{,}30375$

Da $M \geq 0{,}215$ gilt: $K_{Df} = K_{13} = 8 + 6{,}8M = 10{,}1$ dB

$K_{Fd} = K_{Ff} = K_{12} = 4{,}7 + 5{,}7M^2 = 5{,}2$ dB

Definition und Abmessungen von Flankenflächen

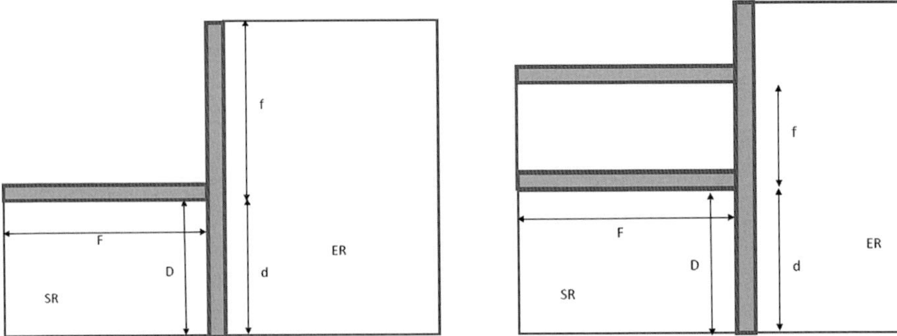

Quelle: Autoren

Bild 4.112: Skizze der zu betrachtenden Trennbauteil- und Flankenflächen

Durch weitere Stoßstellen wird die Fläche des flankierenden Bauteils vermindert. Das flankierende Bauteil beginnt am Trennbauteil und endet an der nächsten Diskontinuität (Stoßstelle, Bauteilende, Fenster, Tür etc.).

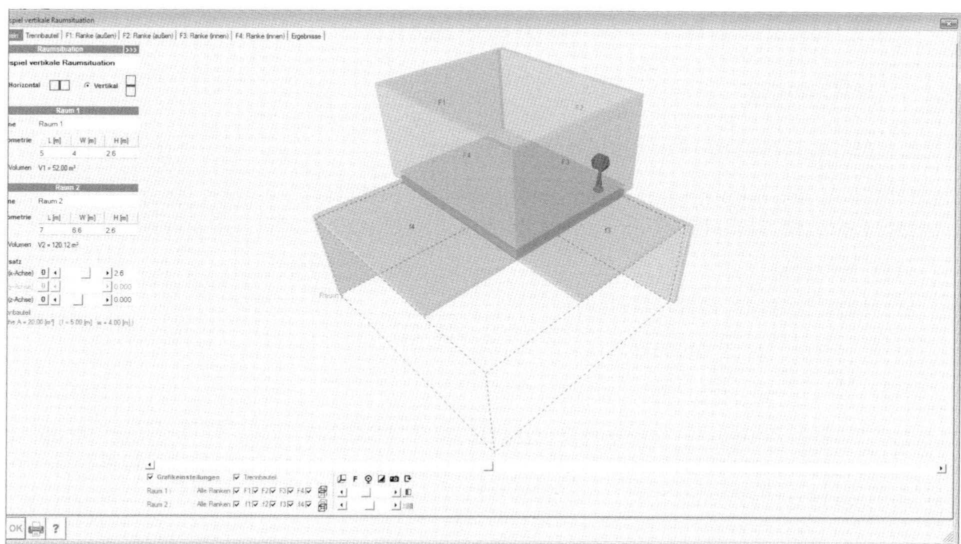

Quelle: [393]

Bild 4.113: Screenshot des Berechnungsprogrammes KS-Schallschutzrechner mit zu berücksichtigenden Trennbauteil- und Flankenflächen bei einem versetzten Grundriss

Bei unterschiedlich großen Räumen ergibt sich die Flankenfläche aus der gemeinsamen Kantenlänge zum Trennbauteil und der Entfernung zur nächsten Diskontinuität. Dabei können Teile der tatsächlichen Flankenfläche auch unberücksichtigt bleiben, da die Flankenfläche nur bei der Berechnung von $K_{ij,min}$ eingeht. Prinzipiell können natürlich auch mehr als die üblichen vier flankierenden Bauteile berücksichtigt werden. Bei vielen Rechenprogrammen ist dies allerdings nur bedingt möglich. Gleiche flankierende Bauteile (z. B. Innenwände mit gleichen flächenbezogenen Massen, die mit dem Trennbauteil einen X-Stoß bilden) können jedoch zu einem Gesamtflankenbauteil zusammengefasst werden, indem die einzelnen Kantenlängen l_{ij} dieser Bauteile addiert und die Summe der Kantenlängen dem Gesamtflankenbauteil zugewiesen wird.

5 DIN 4109-31 bis -36: Bauteilkatalog

5.1 Einführung

5.1.1 Ausgangspunkt für den Bauteilkatalog

Die Erfüllung der Anforderungen an den baulichen Schallschutz kann nach dem Grundlagendokument Schallschutz mit unterschiedlichen Mitteln nachgewiesen werden [135]:

- durch Berechnungen,
- durch beschreibende Methoden,
- durch beispielhafte Aufbauten,
- durch Messungen im ausgeführten Gebäude.

In Deutschland werden die Nachweise der DIN 4109 seit DIN 4109:1989 im Regelfall durch Berechnungen erbracht. Die DIN 4109 stellt seitdem das dafür benötigte Instrumentarium zur Verfügung, indem sie Berechnungsverfahren festlegt und die für die Berechnung benötigten Daten benennt. In Beiblatt 1 zu DIN 4109:1989 waren schon durch den Namen des Dokuments („Ausführungsbeispiele und Rechenverfahren“) Daten zur Berechnung und die Rechenverfahren selbst inhaltlich miteinander verknüpft. Das wurde dann durch die bauaufsichtliche Einführung von Beiblatt 1 noch unterstrichen. Diese Verknüpfung von Rechenverfahren und Eingangsdaten besteht auch in DIN 4109:2016 und stellt eine wesentliche Voraussetzung zur Anwendbarkeit der Prognoseverfahren dar. Schon früh war bei der Erarbeitung der neuen DIN 4109 allerdings klar, dass die alte Struktur des Regelwerks (DIN 4109 und drei Beiblätter) nicht beibehalten werden sollte. Vielmehr war es erklärte Absicht, die zu regelnden Inhalte so zu strukturieren, dass inhaltlich klar abgegrenzte und eigenständige Normteile entstehen. Da zu erkennen war, dass die Berechnungsverfahren auf der Grundlage der EN 12354 einen größeren Rahmen beanspruchten und die Zusammenstellung von Eingangsdaten nicht zuletzt wegen neuer Kenngrößen (z. B. für die Stoßstellendämmung) umfangreicher ausfallen würde, wurden Berechnungsverfahren und Datenzusammenstellung inhaltlich getrennt. Beide zusammen können als nationale Anwendungsdokumente zur Normenreihe der EN 12354 verstanden werden.

Nachdem anfangs noch ein eigener Normteil zum erhöhten Schallschutz vorgesehen war, der Beiblatt 2 zu DIN 4109:1989 [23] und VDI 4100:1994 [126] ersetzen sollte, war zu entscheiden, was nach dem Wegfall von Beiblatt 2 mit den darin enthaltenen „Hinweisen für Planung und Ausführung“ geschehen sollte. Der Normenausschuss entschied sich für die Erhaltung solcher Hinweise. Im neuen Konzept der DIN 4109 hatte ein eigenständiger Normteil „Hinweise für Planung und Ausführung“ allerdings keinen Platz. Es erschien sinnvoller, diese Aspekte im Bauteilkatalog bei der jeweiligen Bauteilgruppe zu behandeln.

In DIN 4109:2016 liegt den Nachweisen nun eine durchgängige neue Konzeption zugrunde. Den Vorgaben der Bauproduktenrichtlinie [134] und des Grundlagendokuments Schallschutz [135] folgend mussten wesentliche Ansätze der alten Nachweise in Beiblatt 1 aufgegeben werden. Es war nun konsequent, zwischen Bauteileigenschaften (im Sinne von Produkteigenschaften) und Gebäudeeigenschaften zu unterscheiden.

Die Trennung zwischen Bauteil- und Gebäudeeigenschaften führte dazu, dass ein Zusammenhang zwischen beiden Eigenschaften nur noch rechnerisch hergestellt werden kann. Die Grundlage dafür stellt die Normenreihe der EN 12354 [70] dar, die nicht zufällig den Namen „Berechnung der akustischen Eigenschaften von Gebäuden aus den Bauteileigenschaften“ führt. Die dort festgelegten Berechnungsverfahren benötigen als Eingangsdaten die notwendigen Bauteileigenschaften. Je nach verwendetem Rechenmodell kann es sich dabei um frequenzabhängige Werte (z. B. R) oder um Einzahlwerte (z. B. R_w) handeln. Es können aber auch Materialeigenschaften wie Rohdichte, flächenbezogene Masse oder Verlustfaktor als Eingangsgrößen herangezogen werden. Bei den Berechnungsverfahren der DIN 4109 hat man sich für die sogenannten vereinfachten Berechnungsverfahren der EN 12354 entschieden. Das heißt, dass alle Berechnungen mit Einzahlwerten durchgeführt werden. Damit basiert auch der Bauteilkatalog der DIN 4109 ausschließlich auf solchen Einzahlwerten.

Im Wesentlichen war der Bauteilkatalog völlig neu zu erarbeiten. Der entscheidende Grund dafür war die Anpassung an die europäischen Vorgaben. Die klare Trennung zwischen Bauteil- und Gebäudeeigenschaften und die Verwendung von harmonisierten Kenngrößen führten zur Abschaffung der Prüfstände mit „bauähnlicher Flankenübertragung“ nach DIN 52210 [61] und entzog den Nachweisen für den Massivbau ihre Basis. Als zweiter Grund ist die Verwendung neuer Kenngrößen (z. B. Stoßstellendämm-Maße) zu nennen, die in den Bauteilkatalog aufzunehmen waren. Ein weiterer Grund war die Notwendigkeit zur Aktualisierung der Daten. Die Ausführungsbeispiele in Beiblatt 1 zu DIN 4109:1989 entsprachen dem Stand der Bautechnik zur Zeit der Normerarbeitung und davor, lagen im Wesentlichen also vor 1985. Als weiterer Grund waren Lücken bei den Ausführungsbeispielen des Beiblatts 1 zu nennen, die mit dem neuen Bauteilkatalog geschlossen werden sollten.

Auf dieser Arbeitsgrundlage war es das Ziel, einen neuen Bauteilkatalog zu erarbeiten, der es erlaubt, im Rahmen der neuen DIN 4109 die notwendigen Nachweise für den Schallschutz führen zu können.

5.1.2 Historische Entwicklung des Bauteilkatalogs in DIN 4109

In **Beiblatt 1 zu DIN 4109:1989** [22] war von einem Bauteilkatalog noch nicht die Rede, es nannte sich „Ausführungsbeispiele und Rechenverfahren“. Bei einem Teil der dort genannten „Ausführungsbeispiele“ war, zumindest stillschweigend, die Intention vorhanden, dass das Beispiel schon der Nachweis war. Damit stand das Beiblatt 1 zumindest partiell noch in der Tradition früherer Ausgaben der DIN 4109. Das galt insbesondere für den Trittschall bei Treppen und die Installationsgeräusche, wo der Nachweis über Musterlösungen erfolgte. Aber auch die für den Massivbau angegebenen Schalldämm-Maße R'_w in Tabelle 1 des Beiblatts 1 waren eigentlich schon der Nachweis, wenn nicht die mittlere flächenbezogene Masse der flankierenden Bauteile abweichend von 300 kg/m^2 noch zu korrigieren war. Eine wirkliche Berechnung gab es erstmalig in der Geschichte der DIN 4109 in Beiblatt 1 für den Luftschall im Holz- und Skelettbau, wofür dann auch im Sinne eines Bauteilkatalogs in den Tabellen 23 bis 34 die benötigten Eingangsdaten für das bewertete Schalldämm-Maß R_w und das bewertete Schall-Längsdämm-Maß $R_{L,w}$ zur Verfügung gestellt wurden.

Erstmalig finden sich in **DIN 4109:1944** [4] für Wände, Decken, Fenster und Türen Ausführungsbeispiele in noch sehr allgemeiner Form. Auch **DIN 4109:1962** enthielt in Blatt 3 [8] Ausführungsbeispiele. Diese waren allerdings nicht als Eingangsdaten für rechnerische Nachweise gedacht – diese gab es im Rahmen dieser Norm noch nicht –, sondern hatten wirklich den Charakter von Ausführungsbeispielen, mit denen die damaligen Schallschutzanforderungen erfüllt werden konnten. Dazu hieß es:

> In Blatt 3 sind Beispiele für Decken und Wände mit ausreichendem Luft- und Trittschallschutz gruppenweise zusammengefasst. Bei sorgfältiger Herstellung entsprechen diese den Mindestanforderungen bzw. den Vorschlägen für einen erhöhten Luft- und Trittschallschutz nach Blatt 2 Tabelle 1. ... Bei Anwendung dieser Beispiele sind keine Eignungsprüfungen erforderlich.

Dieses Blatt 3 hatte noch einen sehr überschaubaren Umfang von 8 Seiten. Für die Ausführungsbeispiele wurde keine zahlenmäßige Beschreibung der bauakustischen Eigenschaften vorgenommen. Es handelte sich um reine Musterlösungen (siehe dazu die weiter unten folgenden Ausführungen).

Der **Normentwurf DIN 4109:1979** folgte mit Teil 3 [13] noch der Vorgehensweise der 1962er Norm, enthielt aber bereits zahlenmäßige Angaben für die Luft- und Trittschalldämmung und die Trittschallminderung.

Das änderte sich erst mit dem Normentwurf zu DIN 4109:1984, wo in Teil 3 [18] zum ersten Mal mit Tabelle 1 die „Massetabelle“ für massive Bauteile auftauchte und die Korrekturwerte $K_{L,1}$ und $K_{L,2}$ zur Berücksichtigung der flankierenden Übertragung eingeführt wurden. Damit stand in DIN 4109 zum ersten Mal ein Nachweisverfahren auf rechnerischer Grundlage zur Verfügung. Dies wurde dann auch im Titel dieses Normteils kundgetan, der den Namen „Ausführungsbeispiele mit *nachgewiesener* Schalldämmung für Gebäude in Massivbauart“ erhielt. Noch einen Schritt weiter ging Teil 7 [20] dieses Normentwurfs, wo zum ersten Mal mit der „rechnerischen Ermittlung des resultierenden Schalldämm-Maßes R'_w“ in Anhang A für den Holz- und Skelettbau ein wirkliches Berechnungsverfahren in die DIN 4109 eingeführt wurde. Für diese rechnerischen Verfahren stellten die Teile 3 (Ausführungsbeispiele Massivbau), 5 (Ausführungsbeispiele Außenlärm) und 7 (Ausführungsbeispiele Holz- und Skelettbau) den notwendigen Bauteilkatalog zur Verfügung. Damit wurde die Zusammengehörigkeit von Rechenverfahren und Bauteilkatalog für die DIN 4109 manifestiert.

An diesem Konzept hielt dann auch der im Jahr 1989 erschienene Weißdruck fest, auch wenn sich die Gliederung noch einmal deutlich veränderte. Berechnungsverfahren und Ausführungsbeispiele erschienen mit Beiblatt 1 zu DIN 4109:1989 nun komplett für alle betrachteten Bauweisen in einem einzigen Dokument. Beiblatt 2 zu DIN 4109:1989 [23] ergänzte dieses Kompendium durch die „Hinweise für Planung und Ausführung“.

5.1.3 Erarbeitung des Bauteilkatalogs

Nachdem im bisherigen Normenausschuss NA 005-55-71 AA „Schallschutz im Hochbau" die Behandlung fachlicher Themen zum Bauteilkatalog und den Nachweisverfahren angesichts der endlosen Diskussionen um Mindestanforderungen und erhöhten Schallschutz nicht mehr zufriedenstellend möglich war, wurde die Normungsarbeit zu DIN 4109 im Jahr 2005 neu strukturiert. Der für Nachweisverfahren, Bauteilkatalog und Sicherheitskonzept der DIN 4109 zuständige neue Normenausschuss NA 005-55-75 AA nahm im Mai 2006 seine Arbeit auf und führte die bisherigen Arbeiten fort. Die Erarbeitung des Bauteilkatalogs (zusammen mit der Behandlung der Berechnungsverfahren) erfolgte in den sechs Arbeitskreisen (AK) dieses Ausschusses:

- AK 1 (Massivbau)
- AK 2 (Holz-, Leicht- und Trockenbau)
- AK 3 (Elemente)
- AK 4 (Gebäudetechnische Anlagen)
- AK 5 (Außenlärm)
- AK 6 (Sicherheitskonzept)

Trotz des Normentwurfs DIN 4109:2013 wurde die Arbeit am Bauteilkatalog erst mit Erscheinen der DIN 4109:2016 wirklich abgeschlossen.

Der Inhalt des Bauteilkatalogs folgt dem Bedarf der Berechnungsverfahren in DIN 4109-2, um die benötigten Eingangsdaten für die rechnerischen Nachweise zur Verfügung zu stellen. Für die Luft- und Trittschalldämmung und den Schutz gegen Außenlärm sind das die folgenden Kenngrößen:

- das bewertetes Schalldämm-Maß von Bauteilen R_w
- die Verbesserung des bewerteten Schalldämm-Maßes durch eine Vorsatzkonstruktion ΔR_w
- das Stoßstellendämm-Maß K_{ij}
- der bewertete Norm-Trittschallpegel von Decken $L_{n,w}$
- der äquivalente bewertete Norm-Trittschallpegel einer Rohdecke $L_{n,eq,0,w}$
- die bewertete Trittschallminderung durch Deckenauflagen und Bodenbeläge ΔL_w
- die bewertete Norm-Flankenschallpegeldifferenz $D_{n,f,w}$

Dazu kommen noch Daten für gebäudetechnische Anlagen in DIN 4109-36, die vorerst allerdings nur in einem informativen Anhang aufgeführt werden.

Schon bei den ersten Normvorlagen wurde deutlich, dass angesichts des zunehmenden Umfangs eine Behandlung in einem einzigen Normteil zu einem unhandlichen und unübersichtlichen Dokument geführt hätte. Deshalb wurde für den Bauteilkatalog eine Aufteilung in einzelne Normteile vorgesehen. Davon erwartete man sich eine bessere Aktualisierbarkeit und leichtere Ergänzbarkeit der jeweiligen Datensammlung. In der Einleitung der einzelnen Teile heißt es dazu:

Der Umfang des Bauteilkatalogs (DIN 4109-31 bis DIN 4109-36) macht eine Aufteilung des Inhalts in mehrere Normenteile erforderlich. Diese sind so gefasst, dass sie unter Einbeziehung des Rahmendokuments DIN 4109-31 jeweils unabhängig von den übrigen Teilen angewendet werden können. Damit wird die Handhabung für den Anwender erleichtert.

Bei der Aufteilung folgte man der Idee, Daten, die für eine bestimmte Bauweise spezifisch sind (einerseits Massivbau, andererseits Holz-, Leicht- und Trockenbau), in jeweils einem eigenen Normteil darzustellen. In jedem Teil sollten Luft- und Trittschalldämmung gemeinsam enthalten sein. Für Elemente wie Fenster und Türen, die unabhängig von einer bestimmten Bauweise eingesetzt werden, wurde ebenfalls ein eigener Teil vorgesehen. Vorsatzkonstruktionen werden bei den Berechnungen im Massivbau als eigenständige Konstruktionen behandelt, die bei der Luftschalldämmung (z. B. als Vorsatzschalen) und Trittschalldämmung (z. B. als schwimmende Estriche) additiv zum massiven Grundbauteil berücksichtigt werden. Angesichts des darzustellenden Umfangs solcher Konstruktionen erhielten auch sie einen eigenen Teil des Bauteilkatalogs. Eine Sonderrolle spielt der Bereich der gebäudetechnischen Anlagen, für den in Anbetracht fehlender Nachweisverfahren keine wirkliche Datensammlung erstellt werden konnte. In Anbetracht der Vielfalt der in Frage kommenden Anlagen und einer zu einem späteren Zeitpunkt vorgesehenen Präzisierung der Behandlung in der DIN 4109 wurde diesem Bereich ebenfalls ein eigenes Dokument im Bauteilkatalog zugeteilt. Als einführendes und übergeordnetes Dokument kam dann noch ein so genanntes Rahmendokument dazu. Insgesamt ergaben sich so für den Bauteilkatalog sechs Teile.

Der erklärten Absicht des Normenausschusses, den Bauteilkatalog innerhalb des Normenpakets der DIN 4109 als Teil 3 erkennbar zu lassen und die einzelnen Teile des Katalogs als Teile 3.1 bis 3.6 zu führen, wurde seitens des DIN aus formalen normungstechnischen Gründen nicht entsprochen. So hat der Bauteilkatalog folgende Struktur und Nummerierung erhalten:

- DIN 4109-31: Rahmendokument
- DIN 4109-32: Massivbau
- DIN 4109-33: Holz-, Leicht- und Trockenbau
- DIN 4109-34: Vorsatzkonstruktionen vor massiven Bauteilen
- DIN 4109-35: Elemente, Fenster, Türen, Vorhangfassaden
- DIN 4109-36: Gebäudetechnische Anlagen

5.1.4 Vollständigkeit und Weiterentwicklung des Bauteilkatalogs

5.1.4.1 Aktueller Stand

Da der Bauteilkatalog komplett neu zu erarbeiten war, konnte Vollständigkeit nicht erwartet werden. Ziel war es jedoch, alle relevanten Bauweisen behandeln zu können, während solche Bauweisen, die im Baubereich nur eine untergeordnete Rolle spielen, auch nur mit untergeordneter Priorität (oder gar nicht) bei der Neuerarbeitung zu berücksichtigen waren. Im Endergebnis ist es gelungen, den von Beiblatt 1 zu DIN 4109:1989 behandelten Anwendungsbereich ebenfalls abzudecken, diesen darüber hinausgehend aber in zahlreichen Bereichen zu erweitern. Dennoch sind Lücken vorhanden, die aus folgenden Gründen unvermeidlich waren:

- Zu einem bestimmten Bereich waren keine Daten oder Erfahrungen vorhanden.
- Es handelte sich um unsichere Daten, deren Herkunft und Qualität zweifelhaft war.
- Die Bautechnik hat sich weiterentwickelt – der Bauteilkatalog hinkt der aktuellen Entwicklung hinterher.
- Die zeitlichen Möglichkeiten bei der Erarbeitung des Bauteilkatalogs waren begrenzt.

Der Bauteilkatalog wird deshalb, genauso wie DIN 4109-2, als „dynamisches Dokument" betrachtet, das kontinuierlich aktualisiert und erweitert werden kann. Im Vorwort der einzelnen Teile des Bauteilkatalogs heißt es deshalb:

Eine laufende Ergänzung durch weitere schalltechnische Daten für hier bislang nicht aufgeführte Bauteile und Konstruktionen ist vorgesehen.

Lücken, die schon bei der Erarbeitung des Bauteilkatalogs erkennbar waren, wurden in der Gliederung bereits berücksichtigt. Im Inhaltsverzeichnis sind die entsprechenden Kapitel als „Platzhalter" aufgeführt und mit „(in Bearbeitung)" gekennzeichnet.

5.1.4.2 Weiterentwicklung des Bauteilkatalogs

Stichpunktartig werden in der nachfolgenden Übersicht die wesentlichen derzeit vorhandenen Lücken des Bauteilkatalogs aufgeführt. Auf Details der anstehenden Ergänzungen und Aktualisierungen wird bei der Behandlung der einzelnen Teile des Bauteilkatalogs näher eingegangen.

DIN 4109-32 (Massivbau)

- Abschnitt 4.4 Massive Außenwände mit massiver biegesteifer Verblendschale/Vorsatzschicht: eine Aktualisierung ist vorgesehen.
- Abschnitt 4.5 Zweischalige massive Wandsysteme: es liegt noch keine Ausarbeitung vor.
- Abschnitt 4.7 Flachdächer: es liegt noch keine Ausarbeitung vor.
- Abschnitt 4.9 Treppen, massiv: eine Aktualisierung aufgrund der revidierten DIN EN ISO 12354-2:2017 [104] ist vorgesehen.
- Abschnitt 4.10 Treppen, leicht, im Massivbau: eine Aktualisierung aufgrund der revidierten DIN EN ISO 12354-2:2017 ist vorgesehen.
- Abschnitt 5.2.4.2.3 Stoßstellen mit biegesteifer Verbindung für Leichtbetonmauerwerk aus Lochsteinen: für Lochsteine aus Leichtbeton sind derzeit noch keine Angaben verfügbar.
- Abschnitt 5.5 Stoßstellen zwischen massiven und leichten Bauteilen: für die Fälle, bei denen durch die Art der Bauteilverbindung das Stoßstellen-Dämm-Maß eine Rolle spielt, liegen derzeit noch keine Angaben vor.

DIN 4109-33 (Holz-, Leicht- und Trockenbau)

In DIN 4109-33 werden derzeit in den Tabellen etwa 150 verschiedene Konstruktionen des Holz-, Leicht- und Trockenbaus mit Zahlenwerten für die benötigten Kenngrößen aufgeführt. Zum Umfang dieses Teils des Bauteilkatalogs gibt es gegensätzliche Meinungen. Einerseits wird auf die (zu) große Anzahl von Ausführungsbeispielen hingewiesen, andererseits wird bemängelt, dass einige wesentliche Konstruktionen nicht enthalten seien. Eine Aktualisierung der aufgeführten Beispiele erscheint sinnvoll, da die Grundlagen für diesen Teil des Bauteilkatalogs schon vor 2004 geschaffen wurden [340].

Mit Bezug auf DIN 4109-1, wo die Anforderungen an den Trittschall von zuvor $L'_{n,w} \leq 53$ dB auf $L'_{n,w} \leq 50$ dB geändert wurden, ist bei Holzdecken eine Ergänzung mit solchen Ausführungsbeispielen vorgesehen, für die die aktuellen Anforderungen unter wirtschaftlichen Bedingungen rechnerisch nachgewiesen werden können.

DIN 4109-34 (Vorsatzkonstruktionen)

- Abschnitt 4.3 Wärmedämmverbundsysteme: Die revidierte EN 12354-1:2017 [103] enthält nun eine gesonderte Behandlung von Wärmedämmverbundsystemen. Sie stellt eine Vereinfachung der in Deutschland im Rahmen bauaufsichtlicher Zulassungen angewendeten Regelungen für WDVS dar. Eine Umsetzung der Zulassungsregelungen in DIN 4109-34 wurde in die Wege geleitet. Der Normentwurf wurde im Oktober 2018 veröffentlicht.
- Abschnitt 4.4 Unterdecken: für Unterdecken mit gegliederten Flächen liegen derzeit keine Daten vor. Grundsätzlich gibt es noch keine Angaben zur bewerteten Trittschallminderung ΔL_w für Unterdecken.
- Abschnitt 4.8 Vorgehängte, hinterlüftete Fassaden: für diesen Abschnitt liegen zurzeit keine Ausarbeitungen vor. Eine Ergänzung ist vorgesehen.

DIN 4109-35 (Elemente, Fenster, Türen, Vorhangfassaden)

- Abschnitt 4.4 Rollladenkästen: die Daten stammen aus der VDI 2719:1987. Eine Aktualisierung ist wünschenswert.
- 4.6 Vorhangfassaden: dafür liegen derzeit keine allgemeinen Daten vor. Eine Vorlage für die Erweiterung des Bauteilkatalogs ist bereits erarbeitet worden und wurde im Normenausschuss umgesetzt [442]. Der Normentwurf wurde im Oktober 2018 veröffentlicht.

DIN 4109-36 (Gebäudetechnische Anlagen)

Für gebäudetechnische Anlagen sind in DIN 4109-2 derzeit noch keine rechnerischen Nachweisverfahren verfügbar. Zurzeit ist noch nicht klar, wie die normativen Nachweisverfahren aussehen werden und welche Eingangsdaten dafür benötigt werden. Eingangsdaten für die rechnerische Prognose von Schallpegeln sind aus diesem Grund noch nicht benennbar. DIN 4109-36 ist deshalb im Vergleich mit den anderen Normteilen (noch) kein Bauteilkatalog.

Vorgehensweise bei der Weiterentwicklung

Schon kurz nach Verabschiedung der DIN 4109:2016 hat der Normenausschuss NA 005-55-75 AA (Nachweisverfahren, Bauteilkatalog, Sicherheitskonzept) seine Arbeit wieder aufgenommen, um an Ergänzungen des Bauteilkatalogs zu arbeiten. Grundsätzlich gilt, dass die einzelnen Teile des Bauteilkatalogs inhaltlich und zeitlich unabhängig voneinander ergänzt oder aktualisiert werden können. Für die Übernahme solcher Ergänzungen oder Aktualisierungen bestehen zwei Möglichkeiten:

a) im Rahmen der alle 5 Jahre erforderlichen Überprüfung einer Norm (Bestätigung, Überarbeitung oder Zurückziehung) können neu hinzugekommene Teile in eine überarbeitete Ausgabe der Norm übernommen werden. In diesem Fall würde eine so genannte konsolidierte Fassung der Norm erstellt, was bedeutet, dass nicht nur die neu hinzugekommenen Teile veröffentlicht werden, sondern die gesamte Norm inklusive der neuen Teile veröffentlicht wird.

b) Sollte genügend Material für eine Ergänzung oder Aktualisierung eines Teils des Bauteilkatalogs vorliegen und ein entsprechender Bedarf vorhanden sein, so kann auch zwischen den fünfjährlichen Überprüfungsterminen eine überarbeitete Fassung erscheinen. Offen ist, ob dann lediglich eine Ergänzung zur Norm erscheinen würde oder eine konsolidierte Fassung herausgegeben wird. Derzeit werden beim DIN konsolidierte Fassungen bevorzugt.

5.1.4.3 Altbausanierung im Bauteilkatalog?

Während der Erarbeitung des Bauteilkatalogs wurde im Normenausschuss auch geprüft, ob die Altbausanierung durch entsprechende Ausführungen berücksichtigt werden sollte. Das wurde eindeutig verneint. Im Einspruchsverfahren zum Normentwurf 2013 wurde das Thema dann noch einmal von Einsprecherseite aufgeworfen. Auch hier folgte der Normenausschuss dem Einwand nicht. Unbestritten ist, dass der Schallschutz bei der Sanierung alter Wohngebäude eine wichtige Rolle spielt und dabei oft Unsicherheit in der Umsetzung geeigneter oder notwendiger Maßnahmen besteht. Die dabei auftretenden Probleme sind aber grundsätzlicher Art, da die Voraussetzungen für die Sanierung von Objekt zu Objekt völlig anders geartet sind und nur eine sorgfältige Bestandsaufnahme, i.d.R. durch bauakustische Messungen, aufzeigt, welche Ausgangssituation vorliegt und welche Maßnahmen erforderlich sind. Das kann durch Ausführungsbeispiele im Bauteilkatalog nicht geleistet werden.

Angesichts der oft vorhandenen Lücken und Unsicherheiten in den Bauteilbeschreibungen hilft auch eine Berechnung kaum weiter. Sälzer bemerkt dazu in [443]: „Zuletzt sei an dieser Stelle darauf hingewiesen, dass die ‚rechnerische' Ermittlung des Schallschutzes auch nach dem Entwurf zur DIN 4109 [gemeint: Normentwurf 2013] praktisch nicht möglich ist."

5.1.5 Daten im Bauteilkatalog

5.1.5.1 Gewinnung von Eingangsdaten für die Berechnung

In der Normenreihe EN 12354 wird der Grundsatz formuliert, dass für die Berechnungen solche Größen definiert werden, die auch gemessen werden können. Dafür kann heute auf ein komplettes Regelwerk von Prüfverfahren zurückgegriffen werden. Das traf während der Erarbeitung der EN 12354 allerdings noch nicht durchgängig zu. Für einige neue Kenngrößen, die in den Rechenverfahren benötigt wurden, mussten zuerst die entsprechenden Messverfahren festgelegt werden. Das war z. B. der Fall bei der messtechnischen Ermittlung von Stoßstellendämm-Maßen, was zur Erarbeitung der DIN EN ISO 10848 (Teile 1 bis 4) [98] führte. Das war auch der Fall bei der Verbesserung des Schalldämm-Maßes ΔR, für die das Verfahren in DIN EN ISO 140-16 [86] (später als Anhang G Bestandteil in DIN EN ISO 10140-1) erarbeitet wurde.

Der oben genannte Grundsatz bedeutet aber nicht, dass die Eingangsdaten für die Berechnungsverfahren aus Messungen kommen müssen. Grundsätzlich sieht EN 12354 folgende Möglichkeiten zur Datengewinnung vor:

- Prüfstandsmessungen,
- theoretische Berechnungen,
- empirische Abschätzungen,
- Messergebnisse aus Bausituationen.

Bei der Bereitstellung von Daten in den informativen Anhängen der EN 12354 werden alle diese Möglichkeiten genutzt. Im Bauteilkatalog der DIN 4109 stammt ein Großteil der Daten aus Prüfstandsmessungen. In der Regel werden die herangezogenen Messwerte einer weiteren Bearbeitung unterzogen. Im Holz-, Leicht- und Trockenbau (DIN 4109-33) sind die angegebenen Werte i. d. R. Mittelwerte aus einer bestimmten Anzahl verfügbarer Messergebnisse für eine bestimmte Konstruktion. Die Möglichkeit, Daten durch Berechnung zu gewinnen, wird vor allem im Massivbau (DIN 4109-32) genutzt. Schalldämm-Maße, Norm-Trittschallpegel, Stoßstellendämm-Maße, die Verbesserung des Schalldämm-Maßes oder die Trittschallminderung werden über Formeln ermittelt, i. d. R. in Abhängigkeit von der flächenbezogenen Masse der Bauteile. Auch hinter den mathematischen Darstellungen dieser Kenngrößen stecken i. d. R. gemessene Größen. Messergebnisse aus Bausituationen werden, ohne dass das für den Anwender des Bauteilkatalogs DIN 4109-32 in Erscheinung tritt, bei der In-situ-Korrektur der Schalldämm-Maße massiver Bauteile nach einem empirischen Ansatz berücksichtigt. Die im Bauteilkatalog der DIN 4109 aufgeführten Werte sind als „mittlere Werte“ für Konstruktionen, die keine Mängel aufweisen, zu verstehen. In den einzelnen Teilen des Bauteilkatalogs findet sich zu den jeweiligen Bauteilgruppen ein Kapitel „Herkunft der Daten“ mit Angaben zur Datengewinnung.

Unabhängig von der Herkunft der Daten muss sichergestellt sein, dass die Prognoserechnung mit den herangezogenen Daten und dem vorgesehenen Berechnungsverfahren zum „richtigen“ Ergebnis führt. Es muss also eine Validierung stattfinden, in der anhand überprüfbarerer Bausituationen die Übereinstimmung zwischen gemessenen und berechneten Werten mit ausreichender Sicherheit nachgewiesen wird. Das war ein wesentlicher Bestandteil der für die Erarbeitung der Rechenverfahren und des Bauteilkatalogs durchgeführten Untersuchungen. Näheres zur Validierung ist 4.1.4 zu entnehmen.

Da ein Bauteilkatalog niemals alle in der Baupraxis auftretenden Konstruktionen enthalten kann, besteht außerdem die Möglichkeit, auf Werte aus Prüfberichten zurückzugreifen. Dabei sind die Vorgaben der DIN 4109-4 (messtechnische Nachweise) zu berücksichtigen (siehe 6).

5.1.5.2 Übernahme der Daten aus den Anhängen der EN 12354?

Des Öfteren wurde die Frage gestellt, ob bei einer Übernahme der Berechnungsverfahren der EN 12354-Reihe überhaupt ein eigener Bauteilkatalog erforderlich sei, da die einzelnen Teile der EN 12354 ja in den Anhängen Daten für die Berechnungen enthalten. Eine solche Vorgehensweise gibt es in manchen Ländern, vor allem dort, wo es keine eigene Tradition von auf die eigenen Bauweisen zugeschnittenen Bauteilkatalogen gibt.

Die ursprüngliche Intention bei der Erarbeitung der EN 12354 war es, begleitend zu den Berechnungsverfahren auch einen europäischen Bauteilkatalog zu kreieren. Diese Zielsetzung wurde allerdings schnell aufgegeben. Es zeigte sich nämlich, dass die Vorstellungen zu einem solchen Bauteilkatalog so kontrovers waren, dass eine einheitliche Vorgehensweise in absehbarer Zeit nicht erkennbar war. Es zeigte sich aber auch, dass die zur Verfügung gestellten Daten bei ein und demselben Sachverhalt zum Teil gravierende Unterschiede der Werte aufwiesen. Ein Beispiel dafür sind die in DIN EN 12354-1 in Bild 5.1 dargestellten „Massekurven“ aus verschiedenen europäischen Ländern für die Schalldämmung homogener Bauteile in Abhängigkeit von der flächenbezogenen Masse.

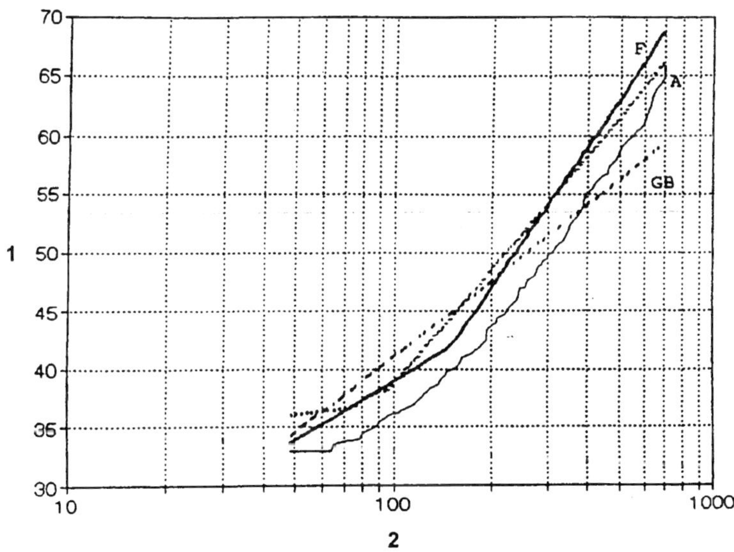

Legende

1 bewertetes Schalldämm-Maß R_w dB

2 flächenbezogene Masse m' kg/m^2

A Daten aus Österreich

F Daten aus Frankreich

GB Daten aus Großbritannien

fette Kurve Mindestwerte aus DIN EN 12354-1:2000 (Bild B.1) zum Vergleich

Quelle: [71]

Bild 5.1: Empirische Beziehungen für das bewertete Schalldämm-Maß homogener Bauteile aus verschiedenen Ländern

Eine „deutsche“ Kurve ist in diesem Diagramm nicht enthalten, da nach Beiblatt 1 zu DIN 4109:1989 mit Tabelle 1 nur R'_w-Werte zur Verfügung standen, die hier nicht verwendbar waren.

Unter diesen Voraussetzungen wurde auf die Erarbeitung eines europäischen Bauteilkatalogs verzichtet. Man einigte sich stattdessen auf informative Anhänge mit Angaben zu den benötigten Daten für die Berechnungsverfahren. Zielsetzung war es, mit der EN 12354-Reihe auch ein Minimum an Eingangsdaten zur Verfügung zu stellen, so dass es Anwendern in Ländern ohne eigene Datensammlungen möglich sein sollte, die Berechnungsverfahren anzuwenden. Die in die Anhänge aufgenommenen Daten sind unterschiedlicher Herkunft. Die Art und Weise ihres Zustandekommens ist nicht in allen Fällen bekannt. Entgegen einer immer wieder geäußerten Meinung sind die Daten als Bestandteil informativer Anhänge nicht verbindlich und schon gar nicht Bestandteil der Berechnungsverfahren.

Bezüglich der Daten war die Ausgangssituation in Deutschland allerdings eine andere: mit Beiblatt 1 zu DIN 4109:1989 gab es einen in das Normungskonzept der DIN 4109 eingebundenen Datenbestand (dort „Ausführungsbeispiele“ genannt), der auf eine lange Tradition und die entsprechenden Erfahrungen zurückgreifen konnte. Außerdem bestand mit den Eignungsprüfungen I, II und III (siehe DIN 4109:1989 und DIN 52210-3 [62]) ein geregeltes System zur Datengewinnung. Auf diesem Hintergrund war es quasi ausgeschlossen, unbesehen die Daten der informativen Anhänge zu übernehmen.

Daten der EN 12354, die im Bauteilkatalog der DIN 4109 Verwendung finden sollten, wurden deshalb einer umfangreichen Überprüfung unterzogen. Teilweise war so die direkte Übernahme möglich, teilweise wurden aber auch Modifikationen vorgenommen oder andere Lösungen bevorzugt. Auf Einzelheiten wird in den Kommentaren zu den einzelnen Teilen des Bauteilkatalogs eingegangen.

5.1.5.3 Übernahme von Daten aus Beiblatt 1 zu DIN 4109:1989

Bei der Erarbeitung des Bauteilkatalogs war es naheliegend, auf die „Ausführungsbeispiele“ des Beiblatts 1 zu DIN 4109:1989 zurückzugreifen. Das war allerdings nur in begrenztem Umfang möglich. Bei einer systematischen Sichtung des vorhandenen Datenbestands wurden mit Hinblick auf eine mögliche Übernahme Relevanz, Aktualität und Verwendbarkeit der vorhandenen Angaben überprüft. Generell mussten alle „Mischgrößen“, bei denen nicht eindeutig zwischen Bauteil- und Gebäudeeigenschaften unterschieden wurde, ausgeschieden werden. Das betraf z. B. alle Werte R'_w für massive Bauteile und damit den Kern der Nachweise für den Massivbau. Andere Kenngrößen, insbesondere die Stoßstellendämm-Maße, waren im Beiblatt 1 nicht verfügbar. Auch Vorsatzkonstruktionen vor massiven Bauteilen, z. B. Vorsatzschalen, wurden in Beiblatt 1 nur pauschal abgedeckt. Damit war eine konstruktionsbezogene Berücksichtigung bei den Nachweisen nicht möglich. Da im neuen Prognoseverfahren der DIN 4109-2 Vorsatzkonstruktionen explizit berücksichtigt werden, bestand auch hier Bedarf, die Lücken zu füllen. So war es vor allem der Massivbau, für den der Bauteilkatalog weitgehend neu zu erarbeiten war. Dies führte dazu, dass schon in einer sehr frühen Phase der Erarbeitung umfangreiche Forschungsvorhaben für den Massivbau in die Wege geleitet wurden, um diese Defizite, die auch als Wettbewerbsnachteil verstanden wurden, zu beseitigen [321–323, 325, 330].

Der Handlungsbedarf für den Holz-, Leicht- und Trockenbau ergab sich vor allem aus der eingeschränkten Aktualität der verfügbaren Ausführungsbeispiele. Diese stammten im Wesentlichen aus den Jahren der Normerarbeitung von DIN 4109:1989 und davor, so dass sie auf 3 Jahrzehnte und mehr zurückblicken konnten. Lücken gab es beim Holz-, Leicht- und Trockenbau bei den Angaben zur flankierenden Luftschallübertragung. Da die Flankendämm-Maße im Gegensatz zum Massivbau i. d. R. nicht durch Berechnung zu ermitteln sind, mussten die benötigten Daten für die bewertete Norm-Flankenschallpegeldifferenz $D_{n,f,w}$ der flankierenden Bauteile in erheblichem Umfang ergänzt und aktualisiert werden. So manifestierte sich auch beim Holz-, Leicht- und Trockenbau ein erheblicher Handlungsbedarf für den Bauteilkatalog, der zu entsprechenden Forschungsvorhaben führte [340].

Beim Trittschallschutz von Treppen wurde der Ansatz für den Nachweis aus Beiblatt 1 übernommen. Jedoch mussten die dort genannten Werte z. T. deutlich an die heutigen Erfahrungen angepasst werden.

Insgesamt ergab sich aus dem beschriebenen Sachstand, dass auf die Daten aus Beiblatt 1 nur in beschränktem Umfang zurückgegriffen werden konnte und der Bauteilkatalog im Wesentlichen neu zu erarbeiten war. Informationen zum Rückgriff auf Beiblatt 1 finden sich in den einzelnen Teilen des Bauteilkatalogs in den Abschnitten „Herkunft der Daten“.

5.1.5.4 Übernahme von Daten aus VDI-Richtlinien

In einigen Fällen wurden auch Daten aus VDI-Richtlinien verwendet. Das ist z. B. der Fall bei den Schalldämm-Maßen von Rollladenkästen in DIN 4109-35, wo VDI 2719:1987-08 in Bezug genommen wird. Bei den schalltechnischen Eigenschaften von Doppel- und Hohlraumböden wird auf VDI 3762 verwiesen. Insbesondere in DIN 4109-36 wurden Schallleistungs- und Schalldruckpegel gebäudetechnischer Anlagen aus verschiedenen VDI-Richtlinien übernommen.

5.1.5.5 Generierung neuer Daten

Daten aus Beiblatt 1 zu DIN 4109:1989 oder aus den informativen Anhängen der EN 12354 wurden auf ihre Verwendbarkeit im neuen Bauteilkatalog überprüft. Wo eine Übernahme nicht in Frage kam oder es keine geeigneten Daten gab, wurden die erforderlichen Daten mit Hinblick auf die in Deutschland üblichen Bauweisen neu generiert. Hierzu wurden in großem Maße Forschungsvorhaben (u. a. [321]–[323], [325], [330], [340]) durchgeführt, die zu den benötigten Angaben führten. Ein Überblick über solche Arbeiten wird in 4.1.4 gegeben. Die Vorgehensweise folgte stets den vom zuständigen Normenausschuss NA 005-55-75 AA erlassenen Kriterien, um die Qualität und Validierung der Daten sicherzustellen. Die im Bauteilkatalog aufgenommenen Daten können durchaus von den Daten in Beiblatt 1 zu DIN 4109:1989 und in EN 12354 abweichen. Verbindlich für die rechnerischen Nachweise der DIN 4109 sind aber stets die Angaben aus dem Bauteilkatalog.

5.1.5.6 Eingangsdaten aus anderen Quellen

Der Bauteilkatalog stellt den Kern der Datenbeschaffung dar. Darüber hinaus stehen aber noch andere Quellen zur Verfügung. DIN 4109-2 sagt dazu in Abschnitt 5.1:

Eingangswerte für den rechnerischen Nachweis können auch aus allgemeinen bauaufsichtlichen Zulassungen oder Europäischen technischen Bewertungen entnommen werden. Werte, die auf Basis von harmonisierten Produktnormen angegeben sind, können als Eingangsdaten herangezogen werden, wenn dies in DIN 4109-32 bis DIN 4109-36 festgelegt ist.

5.1.5.7 Anwendung von Produktnormen

Für eine Vielzahl von Produkten existieren auf europäischer Ebene Produktnormen. Diese können in drei Gruppen eingeteilt werden:

a) Normen für Produkte, die für den Schallschutz nicht relevant sind und daher keiner Berücksichtigung in der DIN 4109 bedürfen.

b) Normen, in denen für Produkte gewisse für den Schallschutz relevante Kennwerte behandelt werden und die redaktionell durch Inbezugnahme in der DIN 4109 berücksichtigt werden müssen (z. B Wärmedämmstoffe nach DIN EN 13162 bis DIN EN 13171).

c) Normen, die es ermöglichen, im Rahmen der CE-Kennzeichnung Werte für die Schalldämmung von Produkten oder Bauteilen zu deklarieren.

Im Fall b) wurde im Bauteilkatalog eine Reihe von europäischen Produktnormen in Bezug genommen. Grundsätzlich ist vorgesehen, dass bei den in Bauteilen und Konstruktionen verwendeten Bauprodukten auf die europäischen Produktnormen verwiesen wird, wenn erforderlich in Verbindung mit den entsprechenden nationalen Anwendungsnormen.

Im Fall c) wurden Produkte, für die im Rahmen der CE-Kennzeichnung Werte für die Schalldämmung deklariert werden können, berücksichtigt. Zu nennen sind hier z. B. Fenster nach DIN EN 14351-1, Glas (über DIN EN 12758) und Vorhangfassaden nach DIN EN 13830. Problematisch ist die Verwendung deklarierter Werte in Produktnormen dann, wenn eine Norm eigentlich ein Produkt regelt, aber auch die Möglichkeit eröffnet, im Rahmen der CE-Kennzeichnung Schalldämm-Werte für Bauteile, in denen das Produkt eingebaut ist, zu deklarieren. Diese Normen lassen i. d. R. die erforderlichen Festlegungen zur Definition des Bauteils und zu den Prüfbedingungen vermissen. Deshalb sind solche Werte für die Nachweise nur dann zugelassen, wenn im Bauteilkatalog dazu ausdrücklich entsprechende Festlegungen getroffen wurden.

Die nach Fall a) und b) vorgesehene Umsetzung von Produktnormen findet sich vor allem in DIN 4109-35 (Bauteilkatalog: Elemente, Fenster, Türen, Vorhangfassaden), wo die dort behandelten Elemente als klar abgrenzbare Produkte betrachtet werden können. Bei Fenstern, Verglasungen, Türen, Rollladenkästen, Vorhangfassaden, Lichtkuppeln, Dachlichtbändern und Sandwich-Elementen wird unmittelbar auf die für diese Produkte geltenden Produktnormen Bezug genommen. Im jeweiligen Abschnitt „Daten für den rechnerischen Nachweis" heißt es dann, dass als Eingangswert für den rechnerischen Nachweis der nach der genannten Produktnorm deklarierte Wert zu verwenden ist.

Bezüge auf die einschlägigen Produktnormen finden sich allerdings nicht nur bei den Daten für den rechnerischen Nachweis, sondern auch in den Abschnitten „Beschreibung der Bauteilgruppe", „Hinweise für Planung und Ausführung" und „Herkunft der Daten".

5.1.6 Musterlösungen

In der Baupraxis wird immer wieder auf bestimmte konstruktive Lösungen zurückgegriffen. Dies bedeutet, dass eine große Zahl von ausgeführten Bauten bezüglich des Schallschutzes die gleichen Konstruktionen aufweist. Für solche oft ausgeführten und repräsentativen Konstruktionen ist es denkbar, Musterlösungen anzugeben, in denen die für den Schallschutz relevanten Eigenschaften des Gebäudes festgelegt werden. Für Gebäude, welche entsprechend diesen Musterlösungen ausgeführt werden, könnte dann die Berechnung des Schallschutzes im Einzelfall entfallen. Diese Vorgehensweise würde somit zu einer Vereinfachung der schalltechnischen Nachweise führen. Denkbar wären Musterlösungen für unterschiedliche Schallschutzniveaus. Schon in einem sehr frühen Bearbeitungsstadium des Bauteilkatalogs der DIN 4109:2016 war die Möglichkeit für solche Musterlösungen vorgesehen gewesen.

Prinzipiell kennt die DIN 4109 seit langer Zeit Musterlösungen. Die in DIN 4109 Blatt 8:1962 genannten Ausführungsbeispiele sind Beschreibungen bestimmter Bauteile und deren Ausführung, mit denen die Schallschutzanforderungen ohne weiteren Nachweis eingehalten werden können. Es handelt sich de facto also um Musterlösungen. Auch in Beiblatt 1 zu DIN 4109:1989 sind solche beschreibenden Ausführungsbeispiele vorhanden, die vom Charakter her ebenfalls Musterlösungen sind. Das betrifft insbesondere die in Beiblatt 1 Tabelle 35 genannten Ausführungsbeispiele für die ausreichende Luftschalldämmung zwischen „besonders lauten“ und schutzbedürftigen Räumen. Dazu sagt Beiblatt 1 in Abschnitt 9.1:

Die in DIN 4109/11.89, Tabelle 5, genannten Anforderungen an die Luftschalldämmung gelten als erfüllt, wenn eine der in Tabelle 35 enthaltenen Ausführungen angewandt wird.

In dieselbe Kategorie gehören auch die zweischaligen Haustrennwände in Abschnitt 2.3 des Beiblatts 1 mit den konstruktiven Vorgaben für die Gültigkeit der ermittelten Schalldämm-Werte, wie es besonders in Beiblatt 1 Tabelle 6 zum Ausdruck kommt.

Zu den Musterlösungen zählen aber auch die Ausführungsbeispiele für den Trittschall von Treppen und die Vorgaben für die Ausführung von Installationswänden und Wasserinstallationen zum Nachweis der Anforderungen an Schallpegel von Wasserinstallationen.

Im Gegensatz zu den Beschreibungen trennender Bauteile in DIN 4109:1962 war bei den Musterlösungen für den Bauteilkatalog der DIN 4109:2016 an Festlegungen für Gebäude gedacht. Denkbar sind dafür Festlegungen kompletter Bausituationen oder bestimmte Kombinationen von Wänden und Decken, vergleichbar Tabelle 35 in Beiblatt 1 zu DIN 4109:1989. Zu berücksichtigen sind dabei Anforderungen an die Luft- und Trittschalldämmung zwischen fremden Bereichen. Dafür lassen sich konkrete Festlegungen treffen. Beim Schallschutz gegenüber haustechnischen Anlagen sind Musterlösungen allerdings nicht praktikabel zu realisieren. Auch beim Außenlärm stößt man bei Musterlösungen auf grundlegende Schwierigkeiten. Die Anforderungen und der Nachweis des Schallschutzes gegen Außenlärm sind sehr stark vom einzelnen Gebäude bzw. Raum abhängig. Im Wesentlichen hängen die notwendig werdenden Konstruktionen vom vorhandenen Außenlärmpegel, dem Verhältnis der Fläche der Außenbauteile zur Grundfläche des Raumes und dem Fensterflächenanteil in der Außenwand ab. Eine allgemeingültige Angabe einer Musterlösung ist deshalb für den Schutz gegenüber Außenlärm nicht möglich.

Grundlage für die Festlegung von Musterlösungen können Musterräume sein, deren Grundrisse und Abmessungen so gewählt werden, wie sie einerseits im üblichen Mehrgeschoss-Wohnungsbau häufig auftreten, andererseits die für die Schallübertragung ungünstigste Raumsituation darstellen. Die vorzuschlagenden Musterlösungen sollten so beschaffen sein, dass bei Beachtung der in der Musterlösung genannten Vorgaben der anzustrebende bzw. mindestens einzuhaltende Schallschutz stets erreicht wird.

Für Gebäude in Massivbauweise wurden während der Normerarbeitung erste Voraussetzungen für Musterlösungen geschaffen. Offen geblieben war, ob den Musterlösungen lediglich eine Berechnung nach den Berechnungsverfahren der DIN 4109-2 in Verbindung mit den Daten des Bauteilkatalogs zugrunde zu legen sei, oder ob zusätzlich noch eine Validierung durch Baumessungen zu erfolgen habe. Ungeklärt blieb auch die Frage nach den erforderlichen Sicherheiten solcher Musterlösungen. Vor allem zeigte sich aber, dass Musterlösungen eine Tendenz zur Überdimensionierung des Schallschutzes aufweisen, da auch im ungünstigsten Fall des von einer Musterlösung abgedeckten Geltungsbereichs der erforderliche Schallschutz erbracht werden muss.

Da im weiteren Verlauf der Normerarbeitung keine konkreten Vorschläge für Musterlösungen eingereicht wurden, wurden die offenen Fragen nicht geklärt und diese Möglichkeit blieb im Bauteilkatalog ungenutzt. Prinzipiell aber kann, wenn entsprechender Bedarf geltend gemacht wird, dieser Ansatz auch zu einem späteren Zeitpunkt wieder aufgegriffen werden.

5.1.7 Darstellung von Daten im Bauteilkatalog

Grundsätzlich kommen für die Darstellung der Daten zwei Möglichkeiten in Betracht. Im ersten Fall können die Zusammenhänge für bestimmte bauakustische Merkmale in mathematischer Form angegeben werden. Wo das (mit einfachen Mitteln) nicht möglich ist, müssen im zweiten Fall Einzelbeispiele genannt werden. Oft werden dann (konstruktionsbezogene) Abbildungen mit den für die jeweilige Konstruktion geltenden bauakustischen Kenngrößen verknüpft. Solche Einzelbeispiele können nach bestimmten konstruktiven Merkmalen zusammengefasst und in Tabellen dargestellt werden.

DIN 4109-32 (Massivbau) und Beiblatt 1 zu DIN 4109:1989

Die bauakustischen Verhältnisse im Massivbau führen dazu, dass die wesentlichen Zusammenhänge auf mathematisch einfache Art und Weise beschrieben werden können. Das gilt z. B. für die Schalldämm-Maße und Norm-Trittschallpegel einschaliger massiver Bauteile und die Stoßstellendämm-Maße, die mit ausreichender Genauigkeit in Abhängigkeit von der flächenbezogenen Masse dargestellt werden können. Überall, wo solche analytische Zusammenhänge vorhanden sind, nennt der Bauteilkatalog in **DIN 4109-32** die entsprechenden Formeln. Dies hat den Vorteil, dass in Berechnungsprogrammen eine einfache Übernahme der so beschriebenen Merkmale möglich ist. Ein Beispiel dafür sind die in DIN 4109-32 Abschnitt 4.1.4.2 enthaltenen „Massekurven", die das bewertete

Schalldämm-Maß homogener einschaliger Bauteile in Abhängigkeit von der flächenbezogenen Masse beschreiben. Auf eine tabellierte Angabe von Zahlenwerten greift DIN 4109-32 nur dort zurück, wo es sich um Einzelkonstruktionen mit spezifischen Kennwerten handelt, die analytisch nicht darstellbar sind.

Eine andere Vorgehensweise wurde in **Beiblatt 1 zu DIN 4109:1989** gewählt. Dort werden auch Daten, die ursprünglich aus formelmäßig darstellbaren Zusammenhängen stammen, in tabellarischer Form dargestellt, z. B. die bewerteten Schalldämm-Maße R'_w in Abhängigkeit von der flächenbezogenen Masse in der „berühmten" Tabelle 1 aus Beiblatt 1 oder die äquivalenten bewerteten Norm-Trittschallpegel $L_{n,w,eq}$ in Tabelle 16. Diese Art der Darstellung war dem Umstand geschuldet, dass der mathematischen Beschreibung i. d. R. logarithmische Zusammenhänge zugrunde liegen. Man wollte diese mathematische Herausforderung den Anwendern ersparen, was in solchen Zeiten verständlich war, als der Logarithmus noch mühsam aus Logarithmentafeln entnommen werden musste. Allerdings war das beim Weißdruck der DIN 4109:1989 schon nicht mehr erforderlich, da dann schon Taschenrechner zu erschwinglichen Preisen für solche Rechenvorgänge zur Verfügung standen. Auch die Korrekturwerte $K_{l,1}$ und $K_{L,2}$ wurden in Tabellenform wiedergegeben. So reduzierte sich die Berechnung im Nachweis für den Massivbau auf eine rechnerische Korrektur, die lediglich die einfache Addition von Zahlenwerten voraussetzt. Dieses Vorgehen ist für die Anwendung der Nachweise der DIN 4109 seit 1989 stilbildend gewesen und weckt auch heute noch entsprechende Erwartungen an die Art der Nachweise.

Dem Vorteil der einfachen Handhabung sowie der schnellen Übersicht über die Zahlenwerte einer Kenngröße stehen bei der tabellierten Angabe der Kenngrößen die mathematischen Nachteile gegenüber. Die Angaben gelten für diskrete Werte der Einflussgröße. Die Kennwerte sind (in Beiblatt 1) auf ganze dB gerundet. Zwischenwerte müssen interpoliert werden. Eine Umsetzung in Berechnungsprogrammen ist umständlich.

Dasselbe gilt auch für die Darstellung in Diagrammen. Unbestreitbar ist der Vorteil einer anschaulichen grafischen Darstellung, aus der die akustischen Zusammenhänge direkt erkennbar werden. Die Nachteile ungenau ermittelbarer Zahlenwerte und die Notwendigkeit der Interpolation, insbesondere wenn Einflussparameter in Kurvenscharen dargestellt werden, sprechen bei einer auf Berechnungsprogramme abzielenden Norm auch gegen diese Lösung. Bestenfalls könnten solche grafischen Darstellungen in der Norm ergänzend zur mathematischen Darstellung angegeben werden.

In DIN 4109-2 (Rechenverfahren) und im Bauteilkatalog hat man sich letztendlich dazu entschlossen, auf die Darstellung der Kennwerte in Tabellen und Diagrammen zu verzichten, wenn die Zusammenhänge in mathematischer Form angegeben werden. Eine parallele Darstellung in Tabellen oder Diagrammen und in Formeln sollte vermieden werden. Damit werden mögliche Diskrepanzen zwischen beiden Möglichkeiten der Datenermittlung vermieden, die angesichts der Einschränkungen tabellierter oder grafisch dargestellter Werte unvermeidlich sind.

DIN 4109-33 (Holz-, Leicht- und Trockenbau)

Anders ist die Situation in DIN 4109-33 (Holz-, Leicht- und Trockenbau), wo eine analytisch-mathematische Darstellung der akustischen Eigenschaften mit vertretbarem Aufwand nicht möglich ist. Hier sind Ausführungsbeispiele der Standard. Einzelkonstruktionen werden zu Bauteilgruppen zusammengefasst und mit ihren bauakustischen Kennwerten tabellarisch dargestellt.

DIN 4109-34 (Vorsatzkonstruktionen vor massiven Bauteilen)

Auch DIN 4109-34 folgt prinzipiell dem Grundsatz, dass dort, wo mathematische Beschreibungen möglich sind, diese auch angewendet werden. Wo das nicht möglich ist, werden Werte auch in Tabellen angegeben. In zwei Fällen macht dieser Normteil allerdings eine Ausnahme, so dass neben der mathematischen Formulierung der Kennwerte auch eine grafische Darstellung gegeben wird. Das ist der Fall bei der bewerteten Trittschallminderung ΔL_w schwimmender Mörtelestriche (Abschnitt 4.5.4.2.1) und schwimmender Gussasphalt- oder Fertigteilestriche (Abschnitt 4.5.4.2.2). Die Zusammenhänge der Gleichungen werden für ausgewählte flächenbezogene Massen näherungsweise auch durch Bilder wiedergegeben. Für diese (inkonsequente) Lösung hatte man sich entschlossen, da man in diesem Fall auf die Anschaulichkeit der grafischen Wiedergabe nicht verzichten wollte.

DIN 4109-35 (Elemente)

Der Bauteilkatalog für Elemente nennt ausschließlich Einzelbeispiele (Fenster, Türen, Fugen ...), deren akustische Kennwerte tabellarisch dargestellt werden.

5.1.8 Rechenwerte im Bauteilkatalog?

Aus der Gewohnheit des Beiblatts 1 zu DIN 4109:1989 heraus scheint es eine weit verbreitete Annahme zu sein, dass man für die Berechnung des Schallschutzes „Rechenwerte" und „Vorhaltemaße" benötige. Die allerdings sind im neuen Bauteilkatalog nicht zu finden. Stattdessen gibt es für die neue DIN 4109 ein Sicherheitskonzept, in welchem die Unsicherheiten der Prognoseverfahren behandelt werden. Näheres dazu findet sich in Abschnitt 4.1.6. Eine Besonderheit der Ausführungsbeispiele in Beiblatt 1 zu DIN 4109:1989 war die Angabe von so genannten Rechenwerten, die mit dem Index „R" gekennzeichnet wurden, z. B. $R'_{w,R}$ oder $\Delta L_{w,R}$. Diese Werte waren ohne weitere Zu- oder Abschläge in den rechnerischen Nachweisen des Beiblatts 1 verwendbar, da in ihnen das so genannte Vorhaltemaß bereits berücksichtigt war. Mit diesem Vorhaltemaß sollten verschiedene Unsicherheiten des Nachweises abgedeckt werden. Zur Einführung des Vorhaltemaßes in die DIN 4109 heißt es dazu im Normentwurf von 1984 [16] in den „Erläuterungen des Obmanns zu den Norm-Entwürfen":

> Neu ist für den Eignungsnachweis die Einführung eines „Vorhaltemaßes" von 2 dB, um eine Unterschreitung der Anforderungen an die Luftschalldämmung von Decken, Wänden und anderen Bauteilen sowie die Trittschalldämmung von Decken in ausgeführten Bauten mit ausreichender Sicherheit zu verhindern.

Dieses Ziel wird in der neuen DIN 4109 im Rahmen des dortigen Sicherheitskonzepts auf andere Art und Weise erreicht. Auf das Vorhaltemaß kann deshalb verzichtet werden.

Wenn früher im Rahmen von Eignungsprüfungen I (Prüfungen von Bauteilen in Prüfständen) Werte für die Verwendung in den Nachweisen des Beiblatts 1 durch Messung ermittelt wurden, so wurden diese mit dem Index „P" gekennzeichnet, z. B. $R'_{w,P}$ oder $\Delta L_{w,P}$. Vor der Verwendung im rechnerischen Nachweis musste allerdings noch das Vorhaltemaß in Ansatz gebracht werden, damit aus dem Prüfstandswert ein Rechenwert wurde, z. B. $\Delta L_{w,R} = \Delta L_{w,P} - 2$ dB. Diese Unterscheidung zwischen Prüfstands- und Rechenwerten wurde in den Nachweisen der DIN 4109-2 aufgegeben, da sie in deren Sicherheitskonzept keine Rolle spielt. Alle in den Rechenverfahren von DIN 4109-2 benötigten und im Bauteilkatalog DIN 4109-31 bis -36 genannten Kennwerte für Bauteile und Konstruktionen können unmittelbar als Eingangsdaten für die Berechnungen vorgesehen werden, ohne dass sie dafür speziell als „Rechenwerte" deklariert werden.

Wenn Kennwerte aus Prüfstandsmessungen (z. B. aus allgemeinen bauaufsichtlichen Prüfzeugnissen (abPs)) vorliegen, können diese ebenfalls ohne weitere Zu- oder Abschläge unmittelbar als Eingangsdaten für die rechnerischen Nachweise verwendet werden. Die Unterscheidung zwischen Prüfstands- und Rechenwerten ist im neuen Sicherheitskonzept nicht mehr relevant.

5.1.9 Verbindlichkeit der Daten aus dem Bauteilkatalog

Im bisherigen Verständnis der DIN 4109:1989 wurde die Verbindlichkeit der Daten aus Beiblatt 1 zu DIN 4109:1989 vorausgesetzt, was durch die bauaufsichtliche Einführung von Beiblatt 1 unterstrichen wurde. Auch dem Konzept der Nachweise der neuen DIN 4109 wurde die Verbindlichkeit der Daten aus dem Bauteilkatalog in DIN 4109-31 bis -36 für die Anwendung der Berechnungsverfahren zugrunde gelegt. Berechnungsverfahren und die dafür notwendigen Eingangsdaten werden als eine Einheit gesehen. Das ist auch die Voraussetzung für die Validierung der Berechnungsverfahren und die Festlegung von Sicherheitsbeiwerten gewesen. Nur mit festgelegten Daten kann für die Berechnungsverfahren im Rahmen des Sicherheitskonzepts der DIN 4109 eine definierte Unsicherheit angegeben werden. Damit bilden Berechnungsverfahren, Eingangsdaten aus dem Bauteilkatalog und das Sicherheitskonzept eine untrennbare Einheit, die nicht beliebig aufgelöst werden kann.

In der Muster-Verwaltungsvorschrift Technische Baubestimmungen (MVV TB) vom 31.08.2017 [146] wird im Abschnitt A.5 (Schallschutz) DIN 4109-1 (Anforderungen) mit einigen zusätzlichen Maßgaben als Technische Baubestimmung vorgesehen. Für die Rechenverfahren und Bauteilkatalog der DIN 4109 ist das nicht ausdrücklich der Fall. Dafür heißt es in Anlage A 5.2/2:

> Der schalltechnische Nachweis kann nach DIN 4109-2:2016-07 in Verbindung mit DIN 4109-31:2016-07, DIN 4109-32:2016-07, DIN 4109-33:2016-07, DIN 4109-34:2016-07, DIN 4109-35:2016-07 und DIN 4109-36:2016-07 geführt werden.

Diese Kann-Bestimmung (siehe dazu auch 3.1.5) relativiert nach dem derzeitigen Stand die Verbindlichkeit der Nachweisverfahren einschließlich des Bauteilkatalogs gegenüber der früheren Verankerung in den Technischen Baubestimmungen durch die Landesbauordnungen und lässt zurzeit viele Fragen offen. Allerdings wird auch in dieser „Kann-Bestimmung" der Zusammenhang zwischen Berechnungsverfahren und zugehörigen Eingangsdaten aus dem Bauteilkatalog gewahrt. Wenn bei der Umsetzung der MVV TB in den jeweiligen Landesbauordnungen tatsächlich die einschränkende Festlegung zur Verbindlichkeit von DIN 4109-2 und DIN 4109-31 bis -36 beibehalten werden sollte, was zum derzeitigen Stand tatsächlich auch so aussieht, dann kann für den Anwender der Nachweisverfahren nur mit Dringlichkeit auf die Einheit von Rechenverfahren und Bauteilkatalog hingewiesen werden.

5.2 DIN 4109-31: Rahmendokument

5.2.1 Die Aufgabe der DIN 4109-31

DIN 4109-31 [33] ist das erste Dokument des sechsteiligen Bauteilkatalogs und nimmt dort eine Sonderrolle ein. Es liefert eine Übersicht über die einzelnen Teile des Bauteilkatalogs, gibt Erläuterungen allgemeiner Art, die für alle Teile des Bauteilkatalogs gelten, und stellt für diesen eine „Handlungsanleitung" dar. Im Anwendungsbereich dieses Normteils wird darauf hingewiesen, dass er „die erklärende Grundlage für DIN 4109-32 bis DIN 4109-36" sei. Daraus ergibt sich, dass die einzelnen Teile des Bauteilkatalogs immer mit dem Rahmendokument anzuwenden sind. Man hätte auf diesen Teil des Bauteilkatalogs auch verzichten können, indem die Hinweise und Erläuterungen in jedem einzelnen Teil separat aufgeführt worden wären. Eine solche Duplizierung der Ausführungen wollte man aber durch die Zusammenfassung in diesem Teil vermeiden.

5.2.2 Regelungen und Hinweise

Allgemeines

Von besonderer Bedeutung für das Verständnis des Bauteilkatalogs ist Abschnitt 4 (Allgemeines) des Rahmendokuments, der quasi einen einführenden Kommentar darstellt (und deshalb an dieser Stelle nicht vollständig wiederholt werden muss). Zur Abgrenzung gegenüber der Vorgehensweise in Beiblatt 1 zu DIN 4109:1989, wo für den Massivbau mit den Kenngrößen R'_{w}, $L_{n,weq}$ und $L'_{n,w}$ keine eindeutige Trennung zwischen Bauteil- und Gebäudeeigenschaften vorlag, wird deutlich auf die geänderte Denkweise hingewiesen:

> Entsprechend den Vorgehensweisen der Prüf- und Bewertungsverfahren werden durch die genannten schalltechnischen Kennwerte ausschließlich Bauteileigenschaften bzw. bei Stoßstellen Eigenschaften von Bauteilverbindungen beschrieben, nicht aber Eigenschaften, die sich resultierend aus der gesamten Übertragungssituation ergeben.

Da es bei den Nachweisen des Beiblatts 1 zu DIN 4109:1989 aufgrund der fehlenden Unterscheidung zwischen Bauteil- und Gebäudeeigenschaften immer wieder zu Missverständnissen und fehlerhaften Interpretationen der Anwender kam, wird nochmals deutlich auf den Charakter der Kennwerte des Bauteilkatalogs und die Rolle der Berechnung hingewiesen:

Eine Aussage darüber, ob mit definierten Bauteilen oder Konstruktionen bestimmte Schallschutzanforderungen aus DIN 4109-1 eingehalten werden, ist alleine auf Grundlage der genannten Kennwerte nicht möglich. Diese Aussage kann nur mit Hilfe der in DIN 4109-2 genannten Berechnungsverfahren durch Berechnung des Bau-Schalldämm-Maßes R'_w bzw. des bewerteten Norm-Trittschallpegels $L'_{n,w}$ unter Berücksichtigung der Sicherheitsbeiwerte aus DIN 4109-2:2016-07, 5.3, für die betrachtete Situation getroffen werden.

Auf diesem Hintergrund erweist sich auch gegenüber Beiblatt 1 die inhaltliche Trennung von Bauteilkatalog und Berechnungsverfahren in unterschiedlichen Normteilen als sinnvoll. So wird klar, dass die Bauteilkennwerte für sich allein noch kein Nachweis sind.

Darstellung im Bauteilkatalog

Im Vorwort wird bezüglich der Darstellung von Ausführungsbeispielen folgender Hinweis gegeben:

Zeichnerische Darstellungen und Bauteilbeschreibungen sind keine vollständigen Konstruktionsbeschreibungen, sie enthalten nur die bauakustisch relevanten Merkmale.

Diese Formulierung zielt auf die Vollständigkeit von Konstruktionsdarstellungen in grafischer oder verbaler Form. Insbesondere bei den Einsprüchen zum Normentwurf DIN 4109:2013 zeigten sich sehr unterschiedliche Vorstellungen gegenüber den Konstruktionszeichnungen. Einerseits wurden zu detaillierte Darstellungen bemängelt, andererseits wiederum wurde kritisiert, dass die Darstellungen unvollständig seien, da sie nicht alle erforderlichen konstruktiven Details wiedergäben. Eine sachgerechte Ausführung sei mit diesen unvollständigen und damit letztlich mangelhaften Konstruktionsdarstellungen nicht möglich. Das betraf vor allem die Ausführungsbeispiele in DIN 4109-33 (Holz-, Leicht- und Trockenbau). Kritisiert wurde auch die uneinheitliche Art der grafischen Darstellung. Auf dem Weg vom Normentwurf 2013 zum Weißdruck 2016 wurde zuerst einmal versucht, allen Konstruktionszeichnungen eine einheitlicher Darstellung zu geben. Bei der grafischen und verbalen Beschreibung von Konstruktionen war vor allem bei den Beispielen in DIN 4109-33 klar, dass eine vollständige Beschreibung unter Berücksichtigung aller aus verschiedenen technischen Gründen notwendiger Schichten nicht möglich war und in zahlreichen Fällen zu völlig unübersichtlichen Darstellungen geführt hätte. Man entschloss sich daher, im Wesentlichen nur diejenigen Details (beim Holz-, Leicht- und Trockenbau nur diejenigen Schichten) in die Darstellungen aufzunehmen, die von akustischer Relevanz sind. Fehlende Details oder Schichten sagen insofern über die Gebrauchsfähigkeit der Konstruktionen unter Berücksichtigung aller anderweitigen Anforderungen nichts aus. Der Anwender hat sicherzustellen, dass die aus Gründen des Feuchteschutzes oder anderer Belange zusätzlich erforderlichen Schichten auch geplant und ausgeführt werden.

Vollständigkeit des Bauteilkatalogs

Auch im Rahmendokument wird darauf hingewiesen, dass der Bauteilkatalog in der vorliegenden Fassung nicht als abgeschlossen betrachtet wird und eine laufende Ergänzung durch weitere schalltechnische Daten für hier bislang nicht aufgeführte Bauteile und Konstruktionen vorgesehen ist. Eine Übersicht zu vorhandenen Lücken und vorgesehenen Ergänzungen wird in 5.1.4 gegeben. Außerdem wird im Rahmendokument auf die Notwendigkeit der Aktualisierung hingewiesen:

> Bauteile und Konstruktionen können technischen Änderungen unterliegen, deshalb ist eine ständige Aktualisierung der zu berücksichtigenden Ausführungsbeispiele vorgesehen.

Bauteilgruppen

Bauteilgruppen sind die Grundlage des Bauteilkatalogs. Abschnitt 3.1 des Rahmendokuments definiert deshalb zuerst einmal den Begriff der Bauteilgruppe:

> Zusammenfassung einzelner Teile, Elemente oder Komponenten mit vergleichbarem schalltechnischen Verhalten, aus denen ein Bauwerk oder Gewerk zusammengesetzt wird, zum Beispiel Wände, Decken, TGA-Anlagen

Anhand übergeordneter Kriterien werden Bauteilgruppen zu einzelnen Teilen des Bauteilkatalogs zusammengefasst, z. B. Bauteilgruppen im Massivbau oder Holz-, Leicht- und Trockenbau. Innerhalb der einzelnen Teile erfolgt dann eine weitere Untergliederung nach konstruktiven Aspekten, z. B. Wände, Decken, Dächer. Auch diese Kategorien können dann bei Bedarf mit Bauteilgruppen noch weiter untergliedert werden.

Um einzelne Bauteilgruppen innerhalb der einzelnen Teile des Bauteilkatalogs schnell auffinden zu können, enthält Abschnitt 6.2 des Rahmendokuments eine Gliederungsübersicht der Teile 32 bis 36 bis zur dritten Gliederungsebene. Die Gliederung der Bauteilgruppen orientiert sich an DIN 276-1 [1]. Die der Kostengruppe 300 (Bauwerk – Baukonstruktionen) zuzuordnenden Bauteilgruppen finden sich in den Teilen 32 bis 35 des Bauteilkatalogs und die der Kostengruppe 400 (Bauwerk – Technische Anlagen) zuzuordnenden Bauteilgruppen in Teil 36. Für die gebäudetechnischen Anlagen in Teil 36 wird der Begriff der Bauteilgruppe übernommen und für eine Gruppe von Anlagen angewendet.

Angabe von Spektrumanpassungswerten, tiefe Frequenzen

In der langen Bearbeitungszeit der neuen DIN 4109 wurde im für die Anforderungen zuständigen Normenausschuss NA 005-55-74 AA (DIN 4109) wiederholt diskutiert, mit welchen Kenngrößen die Anforderungen gestellt werden und welcher Frequenzbereich dafür gelten solle. Bei den Kenngrößen für die Anforderungen ging es dabei nicht nur um die Frage, ob R'_w oder $D_{nT,w}$ herangezogen werden sollte. Es ging auch darum, inwiefern auch Spektrumanpassungswerte zu verwenden seien. Im Endergebnis wurde auf die Verwendung von Spektrumanpassungswerten verzichtet. Die Frage nach dem Frequenzbereich war die Frage nach den tiefen Frequenzen und eine entsprechende Erweiterung bis 50 Hz herunter. Auch hier entschied sich der Normenausschuss für die Beibehaltung der bisherigen Regelung. Die getroffenen Festlegungen hatten auch Auswirkungen auf die Berechnungsverfahren und den Bauteilkatalog. Beide Fragestellungen sind mit den getroffenen Festlegungen aber nicht aus der Welt. In den aktuellen Diskussionen zum baulichen Schallschutz außerhalb des Normenausschusses sind sie nach wie vor an vorderer Stelle zu finden.

Im für den Bauteilkatalog zuständigen Normenausschuss NA 005-55-75 AA wurde unabhängig von den Diskussionen um die Anforderungen schon frühzeitig die Festlegung getroffen, dass bei neu zu ermittelnden Daten die Datenerhebung stets den Frequenzbereich ab 50 Hz berücksichtigt, auch wenn die Kennwerte im Bauteilkatalog nur den Frequenzbereich ab 100 Hz beinhalten. Man wollte damit sicherstellen, dass die Werte des erweiterten Frequenzbereichs zumindest gesammelt werden und verfügbar sind und bei späteren Auswertungen bei Bedarf herangezogen werden können.

Obwohl in den Anforderungen der DIN 4109-1 keine Spektrumanpassungswerte verwendet werden, kann sich in der Planung bestimmter Objekte aufgrund vertraglicher Festlegungen durchaus die Notwendigkeit ergeben, Spektrumanpassungswerte zu berücksichtigen. Da der Bauteilkatalog nicht nur die Bedürfnisse bauaufsichtlicher Regelungen abdecken will, sondern ganz generell die Grundlage für die bauakustische Planung liefern soll, werden (wo verfügbar) die Spektrumanpassungswerte genannt.

Genannt werden bei der Luftschalldämmung neben R_w auch C und C_{tr}, beide entsprechend den Definitionen dieser Größen in DIN EN ISO 717-2 im Frequenzbereich 100 Hz bis 3 150 Hz. Für die Trittschalldämmung wird der Anpassungswert C_I genannt. Spektrumanpassungswerte für einen erweiterten Frequenzbereich, insbesondere für tiefe Frequenzen ab 50 Hz, wurden nicht berücksichtigt. Das Rahmendokument sagt dazu in Abschnitt 4:

> Spektrumanpassungswerte C, C_{tr} und C_I werden, falls verfügbar, in den einzelnen Normteilen ergänzend zu den Kennwerten R_w, $D_{n,f,w}$ und $L_{n,w}$ genannt. Auf die Nennung von Spektrumanpassungswerten für einen erweiterten Frequenzbereich ab 50 Hz wurde verzichtet, da dafür derzeit zu wenige Angaben verfügbar sind und für die Berücksichtigung tiefer Frequenzen noch keine einheitlichen Festlegungen existieren.

5.2.3 Gliederung der Abschnitte in DIN 4109-32 bis DIN 4109-36

Gliederungskriterien

Da der Bauteilkatalog in mehreren Teilen herausgegeben wird, war es für ein einheitliches Erscheinungsbild der einzelnen Teile und deren einfache Anwendung notwendig, für die Darstellung der Bauteilgruppen eine einheitliche Struktur vorzugeben. Unabhängig davon, in welchem Teil sie behandelt wird, folgt damit jede Bauteilgruppe demselben Gliederungsprinzip. Im Sinne einer Mustergliederung wurde eine einheitliche Struktur nach folgenden Unterkapiteln festgelegt:

- Beschreibung der Bauteilgruppe;
- Die Schalldämmung beeinflussende Größen;
- Hinweise für Planung und Ausführung;
- Daten für den rechnerischen Nachweis;
- Herkunft der Daten.

Beschreibung der Bauteilgruppe

Dieser Abschnitt dient der Begriffsbestimmung der jeweiligen Bauteilgruppe und ihrer Abgrenzung gegenüber anderen Bauteilgruppen. Er beschreibt die Bauteile, die der betreffenden Bauteilgruppe zuzuordnen sind. Dies kann sowohl konstruktive als auch akustische Merkmale betreffen. Er legt damit den Anwendungsbereich der nachfolgenden Abschnitte fest, vor allem für die Daten, die für den rechnerischen Nachweis vorgesehen sind. Bei Bedarf finden sich in diesem Abschnitt zur Präzisierung der Beschreibung auch Konstruktionszeichnungen und Hinweise auf Produktnormen oder andere Regelwerke.

Die Schalldämmung beeinflussende Größen

Dazu heißt es:

> In diesem Abschnitt werden Hinweise gegeben, welche Faktoren ausschlaggebend für die schalltechnischen Eigenschaften der beschriebenen Bauteilgruppe sind.

Dieser Abschnitt soll auf die grundlegenden Zusammenhänge hinweisen, die die akustische Leistungsfähigkeit eines Bauteils oder einer Konstruktion beeinflussen und sich damit auf die Einhaltung von Anforderungen auswirken können. Es handelt sich um eine stichpunktartige Zusammenstellung der wesentlichen Einflussgrößen. Diese können physikalisch-akustischer Art oder konstruktiver Art sein. Der Bezug auf die physikalisch-akustischen Zusammenhänge erfolgt im Allgemeinen in verbaler Art, z.T. auch mit Formeln (wie z.B. für die Resonanzfrequenz mehrschaliger Bauteile), aber nie als „Theorieteil" des Bauteilkatalogs. Eine vertiefende Behandlung bleibt der bauakustischen Literatur überlassen.

Hinweise für Planung und Ausführung:

Beiblatt 2 zu DIN 4109:1989 [23] ist wegen seiner Vorschläge für einen erhöhten Schallschutz und der Empfehlungen für den Schallschutz im eigenen Wohn- oder Arbeitsbereich ständig in der Diskussion gewesen. Dabei wurde beinahe vergessen, dass beinahe zwei Drittel des Umfangs dieses Beiblatts den „Hinweisen für Planung und Ausführung" gewidmet waren. Der mit solchen Hinweisen verbundene aufklärende Anspruch hatte in der DIN 4109 eine lange Tradition. DIN 4109:1962 war in 5 Blätter gegliedert. Zwei dieser Blätter beschäftigten sich mit Hinweisen für die Planung und Ausführung. In Blatt 4 [9] wurden Hinweise zur Ausführung schwimmender Estriche gegeben. Blatt 5 [10] war das umfangreichste Dokument der ganzen Norm und enthielt eine Reihe von Hinweisen zur

Realisierung des baulichen Schallschutzes. Es war damit Vorgänger von Beiblatt 2 zu DIN 4109:1989.

Schon in einer frühen Phase der Erarbeitung der neuen DIN 4109 wurde diskutiert, ob es solcher Hinweise überhaupt noch bedarf. Der Bogen der Meinungen spannte sich von „lehrbuchartige Ausführungen vermeiden" bis hin zur Forderung, wesentlich mehr Hinweise für die praktische Umsetzung des baulichen Schallschutzes zu geben. Ergebnis dieser Diskussion war, dass die Hinweise aus Beiblatt 2 als wesentliche Information erhalten bleiben sollten und mit entsprechenden Aktualisierungen und Ergänzungen in die neue DIN 4109 zu übernehmen seien. Man entschied sich bewusst dafür, den „aufklärerischen" Teil der DIN 4109 beizubehalten. Die unterschiedliche Erwartung gegenüber solchen Hinweisen zeigte sich auch deutlich in den Einsprüchen zu E DIN 4109:2013, wo (teilweise von denselben Einsprechern) „lehrbuchartige Ausführungen" bemängelt, andererseits aber wesentlich ausführlichere Hinweise für Planung und Ausführung gewünscht wurden.

Im Endergebnis wurden die „Hinweise für Planung und Ausführung" beibehalten. Sie sind nun ein eigenständiger und obligatorischer Abschnitt bei der Behandlung der einzelnen Bauteilgruppen. In Ausnahmefällen wurde darauf verzichtet, wenn es keine entsprechenden Angaben gab. Im Rahmendokument heißt es dazu:

> In diesem Abschnitt werden bezüglich des Schallschutzes Planungs- und Ausführungsempfehlungen für die beschriebenen Bauteilgruppen sowie Hinweise auf weitere Regelwerke gegeben.

Daten für den rechnerischen Nachweis

Für die rechnerischen Nachweise ist dieser Abschnitt der maßgebliche Teil des Bauteilkatalogs, da er die Daten liefert, die für die Berechnungsverfahren benötigt werden. Im Rahmendokument heißt es dazu:

> In diesem Abschnitt werden die für die Nachweise nach DIN 4109-2 benötigten schalltechnischen Kennwerte genannt, z. B. in Form von Berechnungsformeln, Einzelwerten, tabellierten Werten oder Diagrammen.

Herkunft der Daten

Zu diesem Abschnitt heißt es im Rahmendokument:

> In diesem Abschnitt werden Hinweise auf die Quellen der im jeweiligen Text genannten Daten gegeben.

Das geschieht dort, wo solche Angaben zur Herkunft der Daten möglich sind.

Noch in den Normvorlagen zum Bauteilkatalog der DIN 4109 waren z.T. umfangreiche Angaben zur Herkunft und Streuung der Daten enthalten. Das ging auf die Erfahrungen mit den Daten aus Beiblatt 1 zu DIN 4109:1989 zurück, wo sich bei der Sichtung des Datenbestands z.T. unklare Verhältnisse bezüglich Herkunft und Zustandekommen der Daten ergaben. Für die Erarbeitung des neuen Bauteilkatalogs sollte hier Transparenz geschaffen werden. Deshalb war das entsprechende Kapitel zuerst „Herkunft und Streuung der Daten" genannt worden. Im weiteren Verlauf der Normungsarbeit wurden die Angaben zur Streuung jedoch weggelassen, um den Katalog nicht zu überfrachten. In den Normvorlagen und den ihnen zugrunde liegenden Forschungs- und Untersuchungsberichten sind diese Daten jedoch, falls vorhanden, genannt und stehen damit auch bei späteren Nachfragen zur Verfügung. Ein Beispiel aus der Normvorlage zu DIN 4109-33 vom November 2009 wird in Bild 5.2 gezeigt.

Spalte	1	2	3	4
Zeile	Zeichnung	Details[c]	Beplankung[a]	**R_w (C;C_{tr}) in dB** ($R_{w\,min}$ .. $R_{w,max}$, $R_{w,1/10}$) dB σ von R_w (C / C_{tr}) dB
1	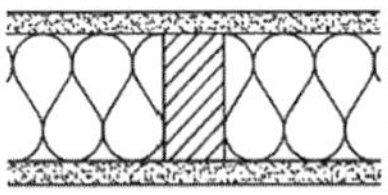	Einfach beplankt Schalenabstand ≥ 60 mm Dämmstoffdicke ≥ 40 mm Raster 625 mm Holzständer 60/60	GKP 12,5 mm	n=8 **38 (-3;-8)** (37..38, 37,6) σ = 0,5 (0,6/1,0)
			GF 12,5 mm	n=5 **42 (-1;-5)** (40..44, 41,8) σ = 1,5 (1,7/2,6)
			HW 15 mm	n=1 **34 (-2;-6)** (-..-, -) σ = 1,5 (1,8/2,6)[b]
2	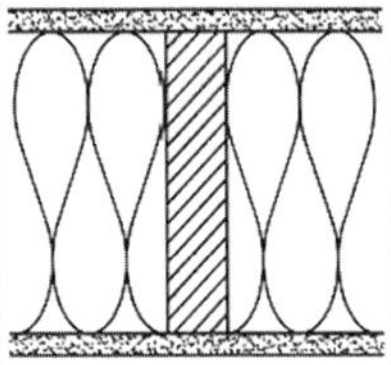	Einfach beplankt Schalenabstand ≥ 140 mm Dämmstoffdicke ≥ 120 mm Raster 625 mm Holzständer 140/60	GKP 12,5 mm	n=2 **41 (-2;-7)** (40..42, 41,0) σ = 1,5 (1,8/2,6)[b]
			GF 12,5 mm	n=8 **44 (-2;-4)** (41..46, 43,5) σ = 1,7 (1,5/2,3)
			HW 15 mm	n=7 **36 (-2;-7)** (34..37, 35,9) σ = 1,2 (1,4/1,7)
3	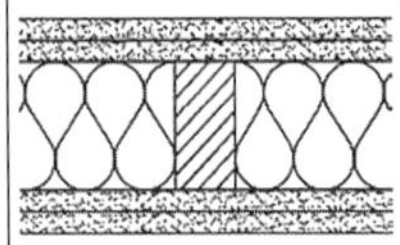	Doppelt beplankt Schalenabstand ≥ 60 mm Dämmstoffdicke ≥ 40 mm Raster 625 mm Holzständer 60/60	GKP 12,5 mm GKP 12,5 mm	n=4 **43 (-1;-5)** (43..43, 43,0) σ = 0,0 (0,6/0,5)
			GF 10 mm GF 12,5 mm	n=4 **47 (-2;-5)** (45..49, 47,0) σ = 1,6 (2,2/3,2)
4	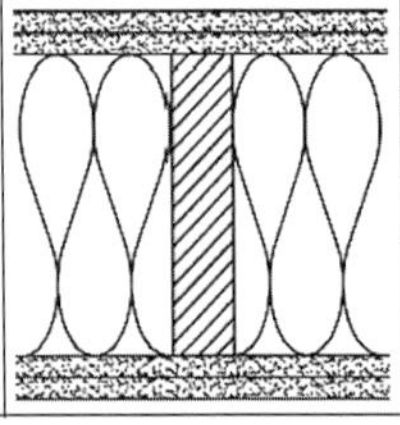	Doppelt beplankt Schalenabstand ≥ 140 mm Dämmstoffdicke ≥ 120 mm Raster 625 mm Holzständer 140/60	GF 10 mm GF 12,5 mm	n=7 **47 (-2;-6)** (46..49, 47,3) σ = 1,1 (1,1/2,5)
			GF 10 mm HW 15 mm	
			GKP 9,5 mm HW 15 mm	n=5 **43 (-2;-8)** (41..46, 42,8) σ = 1,9 (2,2/2,9)

Quelle: Normvorlage zu DIN 4109-33, November 2009

Bild 5.2: Innenwände in Holzrahmenbauweise ohne Vorsatzschalen

Angaben zur Datenermittlung sind:

- Anzahl der herangezogenen Prüfberichte n
- Streubereich der vorhandenen Prüfergebnisse ($R_{w,min}$ ... $R_{w,max}$)
- Angabe des Mittelwerts in 1/10-dB
- Standardabweichung für R_w und die Spektrumanpassungswerte

5.3 DIN 4109-32: Massivbau

5.3.1 Direktschalldämm-Maß einschaliger Bauteile

Massive Bauteile sind einschaliges Mauerwerk, Stahlbetonplatten oder auch mit Beton verfülltes Mauerwerk. Das bewertete Schalldämm-Maß kann mit ausreichender Genauigkeit über die flächenbezogene Masse berechnet werden. Bei gelochten Steinen, in der Regel wärmedämmendes Mauerwerk aus Hochlochziegeln oder Leichtbetonsteinen, gilt dieser Zusammenhang aufgrund von Eigenschwingungen der Steine im relevanten bauakustischen Frequenzbereich nicht mehr. Ein fugendichter Aufbau der Bauteile ist Voraussetzung für den Zusammenhang zwischen flächenbezogener Masse m' und bewertetem Schalldämm-Maß R_w.

Die Ermittlung der flächenbezogenen Masse m' erfolgt aus der Rohdichte des Baustoffes ρ und der Dicke des Bauteils d unter Berücksichtigung der flächenbezogenen Massen von aufgebrachten Putzschichten. Die Rohdichte des Mauerwerks wird in der Regel aus der Rohdichteklasse (RDK) unter Berücksichtigung des verwendeten Mauermörtels (Normalmörtel, Leichtmörtel und Dünnbettmörtel) bestimmt. Bei Füllsteinen wird die Rohdichte des unverfüllten Steines und des Verfüllmaterials anteilig entsprechend ihrem jeweiligen Volumen berücksichtigt.

Für bewehrten Beton ist eine Rohdichte von $\rho = 2\,400$ kg/m^3, für unbewehrten Beton von $\rho = 2\,350$ kg/m^3 anzusetzen. In Beiblatt 1 zu DIN 4109:1989 wurde für Stahlbeton noch eine Rohdichte von $\rho = 2\,300$ kg/m^3 angesetzt. Die höhere Rohdichte in der neuen DIN 4109 ergibt sich aus den tatsächlichen Rohdichten von Beton mit einem üblichen Bewehrungsanteil. Sie kann aber auch mit deutlich höheren Schalldämmwerten begründet werden, die messtechnisch für Bauwerke in Stahlbetonbauweise häufig nachgewiesen werden.

Nachfolgend werden die für die Berechnung der Schalldämmung von homogenen einschaligen Bauteilen erforderlichen Vorgaben genannt. Für diese Bauteile ist die flächenbezogene Masse die Leitgröße, mit der das bewertete Schalldämm-Maß ermittelt werden kann. Darunter werden Baukonstruktionen wie Mauerwerkswände, Betonfertigteile oder Ortbetonbauteile verstanden. Für diese mehr oder weniger homogenen Bauteile kann das Schalldämm-Maß aus der flächenbezogenen Masse ermittelt werden. Gelochtes Mauerwerk kann dann als quasihomogen bezeichnet werden, wenn die Schallabstrahlung der Bauteile im Wesentlichen durch Biegeschwingungen erfolgt bzw. wenn sich bei Lochsteinen aufgrund der Lochung im bauakustischen Frequenzbereich keine Resonanzen (Dickenschwingungen) ausbilden und die Schalldämmung vermindern. In diesem Fall kann die Schalldämmung auch für solche Bauteile aus der flächenbezogenen Masse ermittelt werden.

Mauerwerk aus Lochsteinen kann als quasihomogen betrachtet werden, wenn:

- Hochlochziegel eine Dicke von ≤ 240 mm haben oder bei Wanddicken > 240 mm die Steine eine Rohdichteklasse ≥ 1,0 aufweisen.
- Hohl- oder Vollblöcke aus Leichtbeton eine Wanddicke ≤ 240 mm haben und die Steine eine Rohdichteklasse ≥ 1,0 aufweisen.
- Mauerwerk aus gelochten Mauersteinen aus Beton nach DIN V 18153-100 Wanddicken ≤ 240 mm und eine Rohdichteklasse ≥ 0,8 aufweist.
- Mauerwerk aus Kalksandstein nach DIN 20000-402 einen Lochanteil ≤ 50 % (für runde Löcher) aufweist, ausgenommen Steine mit Schlitzlochung, die gegeneinander von Lochebene zu Lochebene versetzte Löcher aufweisen.

Die Ermittlung der flächenbezogenen Masse *m'* eines Bauteils erfolgt entsprechend den Vorgaben nach DIN 4109-32: 4.1.4 wie gewohnt aus der Rohdichte bzw. Rohdichteklasse des Baustoffs, unter Berücksichtigung der Art des verwendeten Mauermörtels und eventuell vorhandener fest mit dem Bauteil verbundener Materialschichten wie Putze.

Die Direktschalldämmung von Bauteilen hängt neben einer Vielzahl von in dieser Norm vernachlässigbaren Parametern (Einspannbedingungen, Plattengröße etc.) im Wesentlichen von der flächenbezogenen Masse *m'* der Bauteile und vom verwendeten Baustoff ab. Schon im Beiblatt 1 zu DIN 4109:1989 wurde z. B. für den Baustoff Porenbeton ein Zuschlag von 2 dB auf die von der flächenbezogenen Masse abhängigen Schalldämm-Maße der Tabelle 1 vorgesehen. Im Rahmen der umfangreichen Forschungsvorhaben für den Massivbau [321], [322], [323] konnte nachgewiesen werden, dass die flächenbezogene Masse bei unterschiedlichen Baustoffen differenziert zu berücksichtigen ist. Deshalb wurde normativ nach folgenden Baustoffen unterschieden:

- Mauerwerk aus Kalksandsteinen, Ziegeln, Verfüllsteinen sowie Betonbauteile (Decken oder Wände)
- Mauerwerk aus Leichtbeton
- Mauerwerk aus Porenbeton

In den genannten Forschungsvorhaben konnte auch gezeigt werden, dass die Prognosegenauigkeit des Schallschutzes verbessert werden konnte, wenn die Schalldämm-Maße massiver Bauteile auf den Bauverlustfaktor (siehe 4.2.2.1) bezogen werden.

Nachfolgend sind die unter Berücksichtigung des Bauverlustfaktors entstandenen Massekurven aufgeführt. In DIN 4109-32 wurde bewusst auf eine tabellarische Zusammenstellung des Zusammenhangs zwischen flächenbezogener Masse und Schalldämm-Maß wie in DIN 4109:1989 Beiblatt 1, Tabelle 1 verzichtet. Stattdessen wurde eine Darstellung dieses Zusammenhangs durch eine Formel („Massekurve") gewählt, da hier keine Interpolationen erforderlich sind und eine direkte Umsetzung in Berechnungsprogrammen möglich ist.

Für Beton und für Mauerwerk aus Betonsteinen, Kalksandsteinen, Mauerziegeln und Verfüllsteinen (ohne Lochsteine) gilt folgende Massekurve:

$$R_w = 30{,}9 \lg\left(\frac{m'_{ges}}{m'_0}\right) - 22{,}2 \text{ dB}, \quad \text{für } 65\frac{\text{kg}}{\text{m}^2} \leq m'_{ges} < 720\frac{\text{kg}}{\text{m}^2} \tag{5.1}$$

Diese Massekurve wurde für Mauerwerk aus Kalksandsteinen durch Regression von im Labor durchgeführten Prüfungen im Bereich der flächenbezogenen Massen von $m' = 65\ \mathrm{kg/m^2}$ bis $720\ \mathrm{kg/m^2}$ ermittelt. Labormessungen an Mauerwerk aus Ziegelsteinen (quasihomogen) und an Verfüllsteinen zeigten, dass das bewertete Schalldämm-Maß auch dieser Wände mit obiger Gleichung ausreichend genau beschrieben wird.

MERKE

Für Bauteile mit $m' > 720\ \mathrm{kg/m^2}$ (z. B. Beton mit $d > 30$ cm) lagen zum Zeitpunkt der Erstellung der Norm keine Messwerte zur Direktschalldämmung vor. Trotzdem finden sich in ausgeführten Bauten immer wieder Bauteile (z. B. Bodenplatten, Tiefgaragendecken etc.) mit höheren flächenbezogenen Massen. Eine Berechnung der Schalldämmung bei höheren flächenbezogenen Massen kann nach dieser Gleichung zumindest für flankierende Bauteile ohne einen zusätzlichen Sicherheitszuschlag erfolgen. Weist allerdings das Trennbauteil eine entsprechend hohe flächenbezogene Masse auf, sollte bei der Berechnung ein erhöhter Sicherheitszuschlag berücksichtigt werden. Bauteile mit flächenbezogenen Massen unter den $65\ \mathrm{kg/m^2}$ sollten nicht mit der angegebenen Formel berechnet werden.

Für Beton lagen keine Messergebnisse aus Prüfständen ohne Nebenwegübertragung vor. Durchgeführte Berechnungen zur Direktschalldämmung von Betonbauteilen zeigen, dass eine Abschätzung der Schalldämmung dieser Wände mit Gl. (5.1) (mit $\rho = 2\,400\ \mathrm{kg/m^3}$) auf der sicheren Seite liegt. Neuere Ergebnisse aus Wohnungsbauten mit Betontrennwänden belegen dies.

Für Mauerwerk aus Leichtbeton (ohne Lochsteine) gilt folgende Massekurve:

$$R_w = 30{,}9 \lg\left(\frac{m'_{ges}}{m'_0}\right) - 20{,}2\ \mathrm{dB}, \quad \text{für } 140\,\frac{\mathrm{kg}}{\mathrm{m^2}} \le m'_{ges} < 480\,\frac{\mathrm{kg}}{\mathrm{m^2}} \tag{5.2}$$

Diese Massekurve zeigt gegenüber der Gl. (5.1) eine 2 dB höhere Schalldämmung. Sie ist im Bereich der flächenbezogenen Massen von $m' = 140\ \mathrm{kg/m^2}$ bis $480\ \mathrm{kg/m^2}$ anzuwenden.

Für Mauerwerk aus Porenbeton gelten folgende Massekurven:

$$R_w = 32{,}6 \lg\left(\frac{m'_{ges}}{m'_0}\right) - 22{,}5\ \mathrm{dB}, \quad \text{für } 50\,\frac{\mathrm{kg}}{\mathrm{m^2}} \le m'_{ges} < 150\,\frac{\mathrm{kg}}{\mathrm{m^2}} \tag{5.3}$$

$$R_w = 26{,}1 \lg\left(\frac{m'_{ges}}{m'_0}\right) - 8{,}4\ \mathrm{dB}, \quad \text{für } 150\,\frac{\mathrm{kg}}{\mathrm{m^2}} \le m'_{ges} < 300\,\frac{\mathrm{kg}}{\mathrm{m^2}} \tag{5.4}$$

Diese Massekurve zeigt gegenüber der Gl. (5.1) ebenfalls eine etwas höhere Schalldämmung.

Außerhalb der explizit genannten Bereiche in den Gleichungen (5.2), (5.3), (5.4) kann die Gl. (5.1) innerhalb der in dieser Gleichung vorgesehenen Grenzen für die flächenbezogene Masse für die Baustoffe Porenbeton und Leichtbeton angewendet werden.

Eine grafische Darstellung der drei Massekurven findet sich in Bild 5.3.

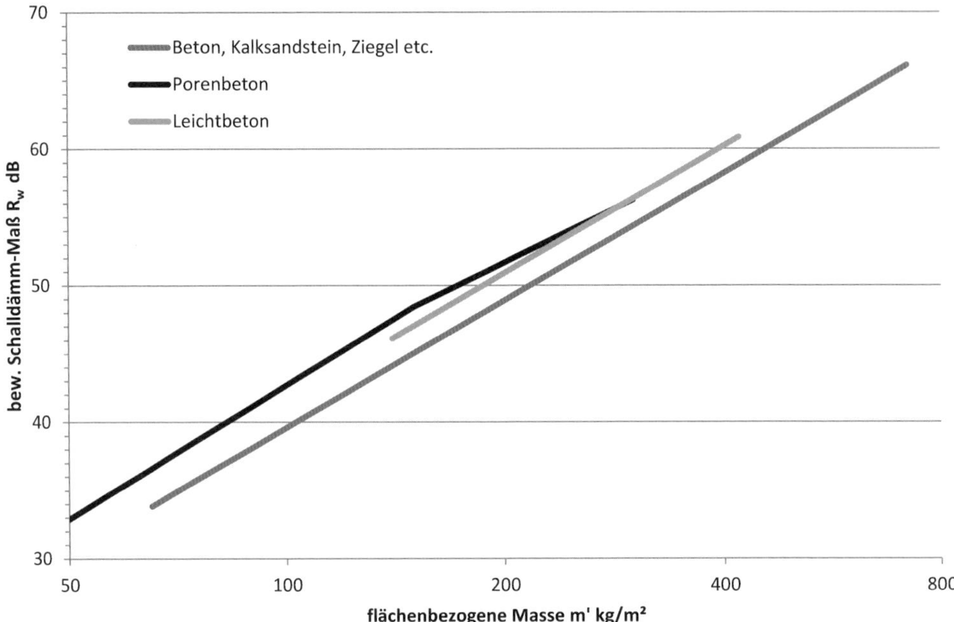

Quelle: Autoren

Bild 5.3: Bewertete Schalldämm-Maße R_w für unterschiedliche Baustoffe in Abhängigkeit von der flächenbezogenen Masse *m*

5.3.2 Direktschalldämm-Maß einschaliger entkoppelter Bauteile

Entkoppelte Massivwände

Während im detaillierten Berechnungsmodell der EN 12354-1 das Schalldämm-Maß der an der Schallübertragung beteiligten Bauteile für die jeweilige Bausituation berechnet wird, ergibt sich bei der Berechnung mit dem hier verwendeten vereinfachten Modell bei deutlich vom üblichen Mittel abweichenden Bausituationen die Notwendigkeit, das Direktschalldämm-Maß zu korrigieren. Freistehende Wände, welche an mehreren Rändern (Kanten) keine Verbindung zu anderen massiven Bauteilen haben bzw. von diesen elastisch entkoppelt sind, weisen aufgrund der geringeren Energieableitung einen gegenüber dem mittleren Bauverlustfaktor verminderten Verlustfaktor und damit ein geringeres Schalldämm-Maß als nach den Massekurven angenommen auf. Dabei wird bei schweren Bauteilen das Schalldämm-Maß aufgrund der fehlenden Ankopplung gegenüber leichteren massiven Bauteilen deutlich stärker vermindert. Dieser Umstand wird in DIN 4109-32, Abschnitt 4.2.2 in Gl. (18) durch die Subtraktion des Korrekturwerts K_E vom bewerteten Schalldämm-Maß folgendermaßen berücksichtigt.

$$R_{w,KE} = R_w - K_E \text{ dB} \tag{5.5}$$

Dieser Korrekturwert K_E ergibt sich in Abhängigkeit von der flächenbezogenen Masse des betrachteten Bauteils nach Tabelle 5.1 wie folgt:

Tabelle 5.1: DIN 4109-32, Tabelle 1 – Korrekturwerte K_E zur Korrektur des Schalldämm-Maßes einschaliger elastisch oder vollständig entkoppelter Bauteile in Abhängigkeit von der Anzahl der entkoppelten Kanten und der flächenbezogenen Masse m' des Bauteils

Spalte	1	2	3
Zeile	Flächenbezogene Masse m' der Wand	Anzahl der entkoppelten Kanten	
		$n = 2$ bis 3	$n = 4$
1	$m' \leq 150$ kg/m^2	$K_E = 2$ dB	$K_E = 4$ dB
2	$m' > 150$ kg/m^2	$K_E = 3$ dB	$K_E = 6$ dB

Quelle: [34]

Eine entkoppelte Kante liegt dann vor, wenn an der betrachteten Kante des Bauteils kein weiteres massives Bauteil anschließt oder alle angrenzenden Bauteile elastisch vom betrachteten Bauteil entkoppelt sind. Während eine einzelne entkoppelte Kante in der Regel noch nicht zu einer signifikanten Verminderung der Schalldämmung des Bauteils führt, wird das bewertete Schalldämm-Maß der Bauteile gegenüber massiv/biegesteif eingebauten Bauteilen bei zwei und drei entkoppelten Kanten entsprechend DIN 4109-32, Tabelle 1, Spalte 2 und bei vollständiger Entkopplung (alle 4 Kanten sind entkoppelt) entsprechend Spalte 3 vermindert.

Der Korrekturwert K_E ist nicht nur bei der Berechnung des bewerteten Schalldämm-Maßes (Direktdämmung) von massiven Trennbauteilen, sondern auch bei der Berechnung der Flankendämmung massiver flankierender Bauteile anzuwenden. Bei sehr kleinen anschließenden Bauteilen mit Längen von $l < 0{,}5$ m ist eine ingenieurmäßige Beurteilung entsprechend 4.6.3 erforderlich.

BEISPIEL

Ein typischer Anwendungsfall ist beispielsweise eine massive Trennwand im Dachgeschoss. Die Trennwand ist dort in der Regel massiv mit der Decke verbunden, während die Abseitenwände und das Dach, in Leichtbauweise ausgeführt, jeweils eine entkoppelte Kante bilden. Mit zwei entkoppelten Kanten und einer flächenbezogenen Masse von $m' > 150$ kg/m^2 ergibt sich nach DIN 4109-32, Tabelle 1, Spalte 2 Zeile 2 ein Korrekturwert von $K_E = 3$ dB, der vom ermittelten Schalldämm-Maß zu subtrahieren ist.

Entkoppelte Wände aus Gipswandbauplatten

Leichte massive Innenwände aus Gipswandbauplatten werden aus konstruktiven Gründen im Geschosswohnungsbau mit Hilfe von Randdämmstreifen von den angrenzenden massiven Bauteilen entkoppelt. Zwischen Wänden aus Gipswandbauplatten sind keine Randdämmstreifen angeordnet. Die Randdämmstreifen bestehen meist aus Kork, Bitumen oder Polyethylen-Schwerschaum und entkoppeln die Wände akustisch, so dass einerseits die Energieableitung in die angrenzenden Strukturen und damit die Direktschalldämmung, andererseits die Flankenschalldämmung verändert wird. Für diese Wände kann deshalb das Verfahren mit der Umrechnung auf einen mittleren Bauverlustfaktor nicht angewendet werden. Gleichzeitig bestimmt die Art des Randdämmstreifens das Direktschalldämm-Maß, so dass hier keine direkte Berechnung des Schalldämm-Maßes aus der flächenbezogenen Masse möglich ist. Umfangreiche Untersuchungen zur Direktschalldämmung im Wandprüfstand [330], [331] zeigten, dass das Schalldämm-Maß der Wände stark vom Material der Randdämmstreifen abhängt. Deshalb wurden in DIN 4109-32 in Tabelle 2 die Materialeigenschaften der Randdämmstreifen definiert, um dann in den Tabellen 3 und 4 für mit diesen Randdämmstreifen entkoppelte Wände das Direktschalldämm-Maß anzugeben. Die angegebenen bewerteten Schalldämm-Maße beziehen sich in Tabelle 3 auf 100 mm dicke Gipswandbauplatten mit mittlerer Rohdichte ($\rho = 900$ kg/m^3) und in Tabelle 4 auf 100 mm dicke Gipswandbauplatten mit hoher Rohdichte ($\rho = 1\,200$ kg/m^3).

5.3.3 Zweischalige Haustrennwände

Haustrennwände werden nahezu ausschließlich, insbesondere im Hinblick auf den Schallschutz, in zweischaliger Bauweise erstellt. Mit dieser zweischaligen Bauweise kann gegenüber einer gleichschweren Einfachwand eine deutlich höhere Schalldämmung erreicht werden. Für Haustrennwände mit einer flächenbezogenen Masse der Einzelschale von $m' = 250$ kg/m^2 können bewertete Schalldämm-Maße von $R'_w \geq 70$ dB erzielt werden. Hierbei ist vor allem die Ausführung der Trennfuge für die erreichte Schalldämmung von entscheidender Bedeutung.

Ein mangelhafter Schallschutz zwischen Doppel- und zwischen Reihenhäusern wird häufig durch Ausführungsfehler wie z. B. durch Schallbrücken zwischen den Schalen verursacht. Weiterhin wird die Schallübertragung über flankierende Bauteile bei der Planung nicht berücksichtigt. Hierbei zeigt sich, dass der Schallschutz zwischen Gebäuden häufig durch die Schallübertragung über das Steildach und bei nichtunterkellerten Gebäuden durch die Schallübertragung über eine unvollständige Trennung im Fundamentbereich oder durch eine gemeinsame Bodenplatte vermindert wird.

Die Berechnung des bewerteten Schalldämm-Maßes einer zweischaligen massiven Haustrennwand ergibt sich aus dem bewerteten Schalldämm-Maß $R'_{w,1}$ einer gleichschweren einschaligen Wand, einem Zweischaligkeitszuschlag ($\Delta R'_{w,Tr}$) und einem Korrekturwert K für die flankierende Übertragung. Die Berechnung des bewerteten Schalldämm-Maßes $R'_{w,1}$ in Abhängigkeit von der flächenbezogenen Masse der beiden Schalen, des von der Übertragungssituation abhängigen Zweischaligkeitszuschlages $\Delta R'_{w,Tr}$ und des Korrekturwertes K zur Berücksichtigung der Übertragung über flankierende Decken und Wände ist in DIN 4109-2 geregelt. Deshalb werden im Bauteilkatalog zum Rechenverfahren und zu den Eingangsdaten keine Angaben gemacht. Allerdings werden hier die Bauteile selbst und die die Schalldämmung beeinflussenden Größen, entsprechend nachfolgender Liste, beschrieben:

- flächenbezogene Masse
- Schalenabstand
- Dämmmaterial in der Fuge
- Ausführungsqualität
- Gestaltung der Anschlüsse im Dach-, Fundament- und Außenwandbereich

- flankierende Übertragung durch an die Wandschalen angekoppelte Bauteile
- Symmetrie der Wandschalen

Der Einfluss der flächenbezogenen Masse der beiden Wandschalen auf das Schalldämm-Maß sowie der Einfluss der flankierenden Übertragung durch Kopplung im Fundamentbereich und durch flankierende Bauteile wird durch Gl. (5.6) umgesetzt.

$$R'_{w,2} = R'_{w,1} + \Delta R_{w,Tr} - K \text{ dB} \tag{5.6}$$

Das bewertete Schalldämm-Maß der gleichschweren einschaligen Wand $R'_{w,1}$ kann mit nachfolgender Gleichung (5.7) aus der Summe der flächenbezogenen Masse der beiden Wandschalen $m'_{Tr,ges}$ ermittelt werden.

$$R'_{w,1} = 28 \lg\left(m'_{Tr,ges}\right) - 18 \text{ dB} \tag{5.7}$$

Gleichung (5.7) entspricht dabei den Tabellenwerten der Tabelle 1 aus Beiblatt 1 zu DIN 4109:1989 mit einem Zuschlag von 2 dB zur Berücksichtigung des Zuschlages für die dort genannten Rechenwerte. Die weiteren oben genannten Einflussparameter bleiben zwar rechnerisch unberücksichtigt, sollten aber bei der Planung berücksichtigt werden.

Die Anwendung der Gleichungen (5.6) und (5.7) bzw. der Formeln (18) und (19) in DIN 4109-2:2018-01 ist jedoch an folgende Voraussetzungen gebunden:

- Die flächenbezogene Masse der Einzelschale muss mindestens 150 kg/m^2 betragen.
- Die Trennfuge muss mindestens 30 mm dick sein.
- Der Fugenhohlraum ist mit dicht gestoßenen und vollflächig verlegten Mineralwolledämmplatten nach DIN EN 13162, Anwendungstyp WTH, auszufüllen.
- Bei Trennfugen mit einer Dicke von mehr als 50 mm kann die flächenbezogene Masse der Einzelschale auf 100 kg/m^2 abgesenkt werden.

Eine Trennfugenbreite von $d = 30$ mm ist anfällig bezüglich Ausführungsfehlern. Eine Trennfugenbreite ≥ 50 mm ergibt neben einer höheren Schalldämmung vor allem eine größere Ausführungssicherheit.

Resonanzfrequenz zweischaliger Haustrennwände

Als Haustrennwände werden nahezu ausschließlich zweischalige Wände verwendet, um eine möglichst hohe Schalldämmung zu erreichen. Gegenüber der Schalldämmung einer einschaligen (gleichschweren) Wand ergibt sich bei mehrschaligen Wänden wie bei allen mehrschaligen Bauteilen oberhalb der Resonanzfrequenz eine höhere Schalldämmung. Die Resonanzfrequenz f_0 einer zweischaligen Konstruktion berechnet sich aus der flächenbezogenen Steifigkeit s' des Dämmmaterials in der Fuge und den flächenbezogenen Massen m'_1 und m'_2 der beiden Wandschalen.

$$f_0 = \frac{1}{2\pi}\sqrt{s'\left(\frac{1}{m'_1} + \frac{1}{m'_2}\right)} \tag{5.8}$$

Der prinzipielle Verlauf der Schalldämmung einer einschaligen und einer gleichschweren zweischaligen Wand ist in nachfolgendem Bild 5.4 dargestellt. Die daraus resultierende Verbesserung ist deutlich zu erkennen.

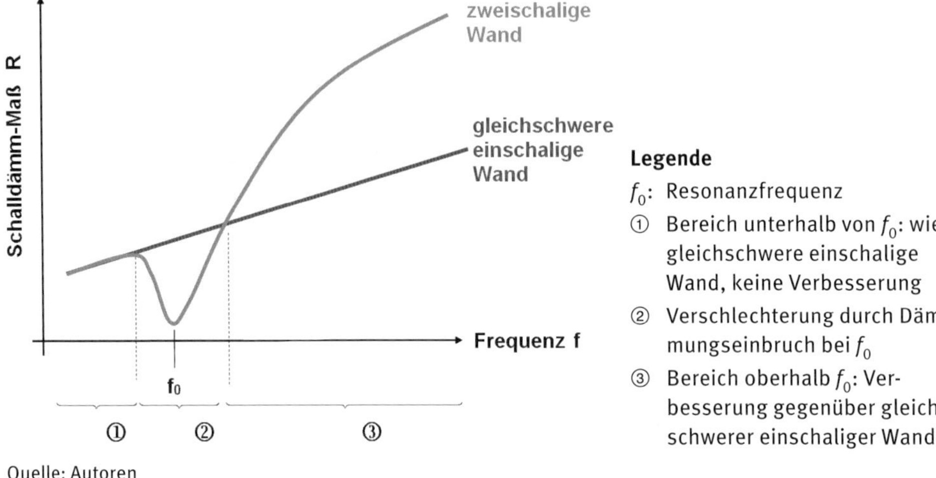

Quelle: Autoren

Bild 5.4: Prinzipieller Verlauf der Schalldämmung einer zweischaligen und einer gleichschweren einschaligen Wand

Um eine möglichst hohe Schalldämmung mit zweischaligen Konstruktionen zu erzielen, muss diese Doppelschalenresonanz f_0 dieser Wände möglichst tief liegen. In Bild 5.5 ist die im Wandprüfstand der Hochschule für Technik Stuttgart gemessene Direktschalldämmung einer ein- und zweischaligen Konstruktion mit einer Resonanzfrequenz von $f_0 < 50$ Hz dargestellt. Gegenüber der idealisierten Darstellung in Bild 5.4 ergeben sich unter anderem durch die Koinzidenzgrenzfrequenz der beiden Mauerwerkswände sowie durch die Randeinspannung Unterschiede sowohl im Frequenzverlauf des Schalldämm-Maßes als auch in der zu erzielenden Verbesserung durch die Zweischaligkeit.

Die einschalige Wand weist dabei ein bewertetes Schalldämm-Maß von $R_w = 46$ dB auf. Eine doppelt so schwere einschalige Wand würde rechnerisch aufgrund der Verdoppelung der Masse ein etwa 9 dB höheres bewertetes Schalldämm-Maß aufweisen. Die zweischalige Wand dagegen weist eine um 28 dB höhere Schalldämmung auf und zeigt damit das Potenzial auf, das mit zweischaligen massiven Konstruktionen zu erreichen ist.

Eine tiefe Resonanzfrequenz und damit eine hohe Schalldämmung kann nach Gl. (5.8) durch eine Vergrößerung der flächenbezogenen Masse der Schalen und durch eine Vergrößerung des Schalenabstandes mit der damit verbundenen Verringerung der Steifigkeit zwischen den Schalen erreicht werden.

Die Lage der Resonanzfrequenz f_0 liefert jedoch noch keine Aussage über die zu erwartende Schalldämmung der Konstruktion. Gösele hat in [444] eine Formel abgeleitet, mit der aus der Fugenbreite d und der flächenbezogenen Masse der Gesamtwand m' das bewertete Bau-Schalldämm-Maß R'_w der Konstruktion abgeschätzt werden kann.

$$R'_w = 50 \lg \frac{m'}{m'_0} + 20 \lg \frac{d}{d_0} + 32 \text{ dB} \tag{5.9}$$

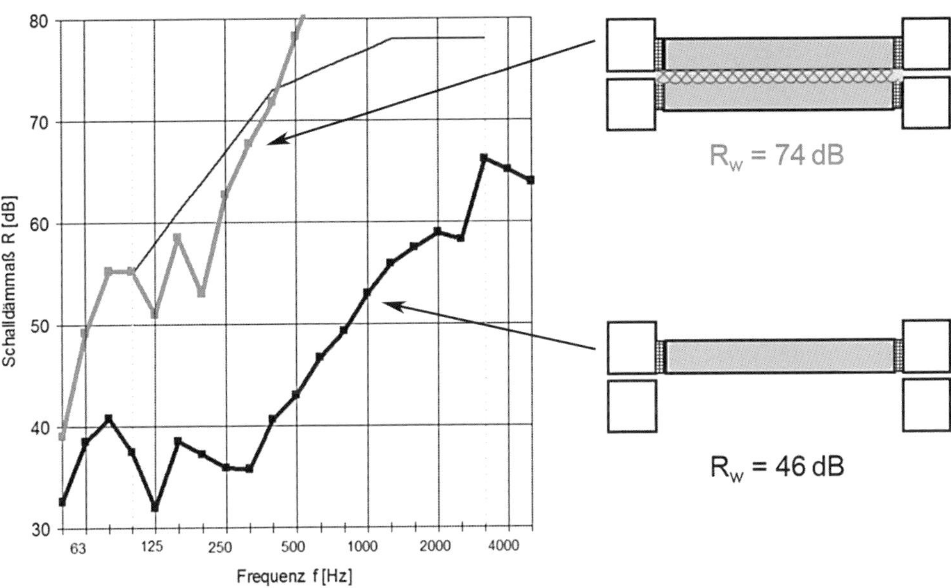

Quelle: Autoren

Bild 5.5: Schalldämm-Maß für einschaliges Mauerwerk (150 mm KSV) und zweischaliges Mauerwerk (2 × 150 mm KSV, 50 mm Fuge) ermittelt im Wandprüfstand

Dabei bedeuten:

m' flächenbezogene Masse der Gesamtwand in kg/m^2

m'_0 Bezugswert mit $m'_0 = 100$ kg/m^2

d Schalenabstand in mm

d_0 Bezugswert mit $d_0 = 10$ mm

Für obige im Wandprüfstand gemessene Wand müsste sich nach Gl. (5.9) ein Bau-Schalldämm-Maß von $R'_w = 84$ dB ergeben. Die gemessene Schalldämmung liegt mit $R_w = 74$ dB deutlich unter dem von Gösele berechneten Wert. Die Formel beschreibt offensichtlich idealisierte Verhältnisse. Mit ihrer Hilfe kann jedoch der Einfluss von Fugenbreite und Wandgewicht abgeschätzt werden. Um ein hohes Schalldämm-Maß zu erreichen, empfiehlt es sich, bei vorgegebener Gesamtdicke der Wand einen etwas größeren Schalenabstand bei geringfügig dünneren Schalen zu wählen.

Einfluss asymmetrischer Wände

Neben Masse und Steifigkeit spielt auch die Modenkopplung der beiden Wandschalen eine wichtige Rolle. Gleiche Wandschalen mit gleichen Randbedingungen, wie sie häufig bei Doppel- und Reihenhäusern vorliegen, weisen ihre ersten Eigenmoden der Wandschalen im jeweils gleichen Frequenzbereich auf. Hierdurch ist eine sehr starke Kopplung zwischen den Schwingungen der angeregten und der abstrahlenden Wandschale gegeben.

Mit der starken Kopplung geht in diesem Frequenzbereich eine verminderte Schalldämmung einher. Diese Kopplung wird bislang bei der Berechnung des Schallschutzes noch nicht berücksichtigt. Seidel [445] hat sowohl durch Messungen im Labor als auch am Bau gezeigt, dass asymmetrische Wände um 3 dB bis 10 dB höhere bewertete Schalldämm-Maße aufweisen können. Asymmetrie wird durch unterschiedliche Dicken und Rohdichten der Wandschalen, aber auch durch unterschiedliche Wandlängen bei unsymmetrischen Grundrissen erreicht.

Diese Unterschiede ergeben sich im tiefen Frequenzbereich. Durch die Übereinstimmung der Eigenmoden der symmetrischen Wände ergibt sich eine gute akustische Kopplung zwischen den Wänden und damit eine geringe Schalldämmung. Bei unterschiedlichen Wanddicken oder verschiedenen Längen ist die Übereinstimmung der Moden geringer, und die Schalldämmung der Wand wird größer. Asymmetrische Wände sind daher günstig in Hinblick auf den Schallschutz.

Flankierende Übertragung

Trotz der Trennfuge ist auch bei der zweischaligen Haustrennwand die Frage nach der flankierenden Übertragung zu stellen. Bei richtiger Trennfugengestaltung treten keine durchlaufenden Wände oder Decken auf. Trotzdem kann Schall über das Fundament, über die Dachkonstruktion, aber auch über durchlaufende Außenwandvormauerungen übertragen werden. Weiterhin leisten die die Trennwand flankierenden Bauteile einen Beitrag zur Gesamtschallübertragung. Im Senderaum nehmen die Innenwände Schallenergie auf und können die Trennwand anregen, im Empfangsraum werden die flankierenden Bauteile von der zweischaligen Trennwand angeregt. Häufig ergeben sich deshalb für zweischalige Haustrennwände am Bau gegenüber Messungen im Prüfstand geringere Schalldämm-Maße.

a) Nichtunterkellerte Gebäude

Die berechneten Schalldämm-Maße von zweischaligen Haustrennwänden sind entsprechend DIN 4109-2, Tabelle 1 in Abhängigkeit von der Ausbildung des Fundamentes zu korrigieren (siehe Tabelle 4.5).

Für Doppel- und Reihenhäuser, bei denen auf die Unterkellerung verzichtet wird, ergibt sich eine verstärkte Schallübertragung zu schutzbedürftigen Räumen im Erdgeschoss, und das im EG-Bereich liegende Fundament wird zum Schallbrückenproblem (siehe Bild 4.39). Die Körperschallübertragung über das gemeinsame bzw. unvollständig getrennte Fundament bestimmt nun die erreichbare Schalldämmung zwischen den schutzbedürftigen Räumen im EG.

Die eintretende Minderung der Schalldämmung hängt einerseits von der konkreten Ausführung im Fundamentbereich ab, andererseits ergibt sich bei durchlaufender Bodenplatte auch ein starker Einfluss der Trennwandmasse. Praxistaugliche Formeln zur Berechnung dieser Stoßstellen und der erreichbaren Schalldämmung können deshalb zurzeit noch nicht angegeben werden. Je nach Ausführung muss mit einer Minderung der Schalldämmung von 5 dB bis 10 dB gerechnet werden.

Die Außenseiten der Trennfugen sind gegen das Eindringen von Feuchtigkeit zu schützen. Hierzu können geeignete Klemmprofile, Blechblenden oder eine dauerelastische Dichtmasse verwendet werden. Bei zweischaligem Außenmauerwerk ist zur Vermeidung einer Schallbrückenwirkung die äußere Vormauerschale akustisch im Bereich der Trennfuge zu trennen.

b) Dach

Im Dachgeschoss von Reihenhäusern kann der Schallschutz durch die flankierende Schallübertragung über das Dach vermindert werden. Ursache ist dabei im Allgemeinen die Schallübertragung über den Lufthohlraum über der Haustrennwand in Verbindung mit Fugenundichtheiten bei der raumseitigen Verkleidung des Daches (z. B. Nut- und Federschalung). Neben den akustischen sind hier auch wärmetechnische und brandschutztechnische Belange bei der Ausbildung des Anschlussdetails zu berücksichtigen.

Besonders bei aufsparrengedämmten Hartschaumkonstruktionen muss gegenüber mit Mineralfasern gedämmten Konstruktionen aufgrund der fehlenden Absorption die Detailausbildung des Dachanschlusses an die zweischalige Haustrennwand sehr sorgfältig geplant werden. Zur Erzielung einer ausreichenden Flankenschalldämmung des Daches sollte die Ausbildung des Dachanschlusses an die zweischalige Haustrennwandkonstruktion entsprechend den Details nach DIN 4109-33 Tabellen 30 bis 35 ausgeführt werden. Dabei sind Konstruktionen zu wählen, deren Norm-Flankenschallpegeldifferenzen $D_{n,f,w}$ mindestens 5 dB über dem Direktschalldämm-Maß der Trennwandkonstruktion liegen.

c) Einfluss flankierender Bauteile

Trotz der Trennfuge ist auch bei der zweischaligen Haustrennwand die Frage nach der flankierenden Übertragung zu stellen. Zwar gibt es in diesem Fall bei richtiger Trennfugengestaltung keine durchlaufenden Wände, jedoch sind die an die Wandschalen angekoppelten Außen- und Innenwände in der Lage, der zweischaligen Konstruktion zusätzliche Schallenergie zuzuführen. Untersuchungen in ausgeführten Doppel- und Reihenhäusern zeigen, dass leichte massive Innenwände durchaus zu einer Erhöhung der Schallübertragung führen können. Falls erhöhter Schallschutz ($R'_w \geq 67$ dB z. B. nach Beiblatt 2 zu DIN 4109) erreicht werden soll, sollten entweder schwere Innenwände eingesetzt oder leichte massive Innenwände mit Hilfe von Entkopplungsprofilen getrennt werden. Der Einfluss leichter flankierender Innenwände auf die Luftschalldämmung wird in der Berechnung der zu erwartenden Schalldämmung nach DIN 4109-2 durch den Korrekturwert K berücksichtigt. Dieser Wert entspricht dem Wert für die Korrektur der flankierenden Übertragung beim Trittschall.

d) Weiße Wanne

Zum Schutz vor eindringendem Wasser wird das Kellergeschoss auch in Reihenhausanlagen häufig als gemeinsame Wanne ausgeführt. Die zweischaligen Trennwände werden im Kellergeschoss nachträglich zwischen den Betonaußenwänden aufgemauert. Dabei ergibt sich durch die Außenwand im Keller eine Schallbrücke. Diese Schallbrücke führt dazu, dass der Schallschutz im Keller um ca. 9 dB gegenüber dem Schallschutz im ungestörten Bereich (1. Obergeschoss) vermindert wird. Im EG direkt über der „Weißen Wanne“

vermindert sich der Schallschutz aufgrund der Kopplung der Trenn- und Außenwände im Bereich des Wandfußes und der Außenwand um bis zu 3 dB. Diese Verminderung um 3 dB wird pauschal durch einen Wert von $\Delta R_{w,Tr} = 9$ dB (gegenüber $\Delta R_{w,Tr} = 12$ dB im ungestörten Bereich) entsprechend DIN 4109-2:2018-01 Tabelle 1, Zeile 2 berücksichtigt, obwohl auch hier ein geringerer Einfluss bei größeren flächenbezogenen Massen der Trennwände zu erwarten ist.

e) Einfluss von Schwächungen im Wandaufbau

Immer wieder werden Fragen gestellt, inwieweit lokale Schwächungen der Wandschalen, z. B. durch Steckdosen oder Schlitze in den zweischaligen Wänden, zu einer Verminderung des Schallschutzes führen. Der berechnete Schallschutz sollte sich, solange die Schwächung kleinformatig bleibt, die flächenbezogene Masse der Schalen dabei nicht wesentlich (< 2 %) herabgesetzt wird und keine der beiden Wandschalen vollständig durchbrochen wird, nicht vermindern. Ebenso führen unvermörtelte Stoßfugen, falls sie auf beiden Seiten mit Putz dicht verschlossen sind, nicht zu einer Verminderung des Schallschutzes.

f) Ausführungsfehler

Immer wieder führen Ausführungsfehler im Bereich der zweischaligen Haustrennwände zu einer Verminderung des Schallschutzes. Häufigste Ursache für eine verminderte Schalldämmung sind Schallbrücken, welche die schalltechnische Funktionsfähigkeit der Trennfuge beeinträchtigen. Schallbrücken treten häufig im Bereich der Deckenstirnseiten beim Betonieren der Geschossdecke durch unsachgerechtes Abstellen bzw. Abmauern der Trennfuge auf. Diese Schallbrücken sind häufig bei Reihenhäusern zu finden, bei denen die Trennfuge besonders knapp dimensioniert ist ($d = 30$ mm). Bei größeren Dicken der Trennfuge ($d = 50$ mm – 70 mm) ist die Gefahr von Ausführungsfehlern deutlich geringer. Aber auch im Bereich des Daches, wenn das Mauerwerk im Bereich des Wandkopfes mit einem Mörtelband als Höhenausgleich versehen wird, sind immer wieder Schallbrücken anzutreffen. Ortbeton ist bei zweischaligen Haustrennwänden, wenn möglich, zu vermeiden. Müssen doch einzelne Bereiche der zweischaligen Haustrennwand betoniert werden, so wird eine Schale betoniert und an diese Schale werden speziell für diesen Zweck vorgesehene Mineralfaserplatten als verlorene Schalung angeklebt.

5.3.4 Massive Außenwände mit Vormauerung

Massive Außenwände mit außenliegender Wärmedämmschicht können anstelle von Putz auch mit einer massiven Verblendschale (Vormauerung) ausgeführt werden. Diese Vormauerung ist in der Regel 75 mm bis 115 mm dick und hat eine flächenbezogene Masse zwischen 100 und 250 kg/m^2. Die Berechnung des bewerteten Direktschalldämm-Maßes solcher Konstruktionen $R_{Dd,w}$ sollte eigentlich aus dem Schalldämm-Maß des Grundbauteils $R_{s,w}$ und der Verbesserung durch die Vorsatzkonstruktion $\Delta R_{Dd,w}$ entsprechend folgender Gleichung erfolgen:

$$R_{Dd,w} = R_{s,w} + \Delta R_{Dd,w} \text{ dB} \quad (5.10)$$

Allerdings lagen für diese Konstruktionen zum Zeitpunkt der Normerstellung keine Daten für die bewertete Verbesserung der Luftschalldämmung vor. Eine rechnerische Ermittlung der Verbesserung aus den Materialdaten erscheint derzeit aufgrund der Anbindung der Vormauerung über Wandanker und Konsolen schwierig. Deshalb wurde als vorübergehende Lösung das alte Berechnungsverfahren nach Beiblatt 1 zu DIN 4109:1989 übernommen. Hierbei wird das bewertete Direktschalldämm-Maß der Gesamtkonstruktion $R_{Dd,w}$ aus der gesamten flächenbezogenen Masse der beiden Schalen $m'_{ges} = m'_i + m'_{VS}$ (m'_i für Hintermauerschale und m'_{VS} für Verblendschale) unter Berücksichtigung eines Korrekturwerts von $K = 5$ dB abgeschätzt. Dieser Korrekturwert ist quasi ein (verringerter) Zweischaligkeitszuschlag für diese Konstruktion. Er darf mit $K = 8$ dB angenommen werden, wenn die flächenbezogene Masse der an die innere Schale angrenzenden Trennwände mehr als 50 % der flächenbezogenen Masse der inneren Schale m'_i beträgt. Für Sandwichkonstruktionen oder Vormauerungen mit Hartschaum als Wärmedämmung beträgt $K = -2$ dB.

BEISPIEL

Für eine massive Außenwand aus 150 mm Kalksandstein-Mauerwerk (Dünnbettmörtel, RDK 1,8, 10 mm Innenputz, $m' = 265$ kg/m^2), 160 mm Mineralwolledämmung und einer Klinkervormauerung (115 mm RDK 2,0, $m' = 218$ kg/m^2) ergibt sich eine gesamte flächenbezogene Masse von $m'_{ges} = 483$ kg/m^2. Da für die die Außenwand flankierenden Innenwände eine flächenbezogene Masse von $m' > 150$ kg/m^2 vorgesehen ist, ist $K = 8$ dB. Das zu erwartende bewertete Direkt-Schalldämm-Maß der Konstruktion beträgt $R_{Dd,w} = 30{,}9 \lg (483) - 22{,}2 + 8$ dB $= 68{,}7$ dB.

Gegenüber Beiblatt 1 zu DIN 4109:1989 ergeben sich für Mauerwerk mit Vormauerung bei gleicher flächenbezogener Masse durch die neue Massekurve für Kalksandstein höhere Direkt-Schalldämm-Maße. Gleichzeitig hat sich allerdings auch die Dicke der verwendeten Dämmschichten aufgrund gestiegener Anforderungen an den Wärmeschutz deutlich erhöht. Mit den größeren Dämmstoffdicken sind geringere Steifigkeiten und entsprechend höher Schalldämm-Maße zu erwarten. Für aktuelle Konstruktionen von Mauerwerk mit Vormauerung sind erste Untersuchungen zur Schalldämmung angelaufen. Sie zeigen insbesondere bei einer hohen Anzahl von Wandankern (diese sind bei hohen Windlasten notwendig) und bei massiven Verbindungen der Schalen, wie sie z. B. im Bereich von Fensterstürzen notwendig sind, eine deutliche Verringerung der zu erwartenden Schalldämmung dieser Konstruktion gegenüber den ungestörten Bereichen.

Insgesamt liegt das bewertete Schalldämm-Maß von massiven Außenwänden mit Vormauerung deutlich über der Schalldämmung der Fenster und Fenstertüren, so dass mit solchen Konstruktionen die resultierende Schalldämmung der Fassade durch die transparenten Außenbauteile bestimmt wird.

5.3.5 Massive Dächer

Für massive Steil- oder Flachdächer (auch wenn in DIN 4109-32 unter 4.7 Flachdächer nochmals extra aufgeführt sind) kann das bewertete Schalldämm-Maß R_w aus der flächenbezogenen Masse m' der tragenden Dachdecke ermittelt werden. Bei der Ermittlung der flächenbezogenen Masse eines Flachdaches darf auch die Masse der Schüttung berücksichtigt werden, wenn die Schüttung nicht durch eine elastische Schicht (z. B. Wärmedämmung) von der Massivdecke im bauakustisch relevanten Frequenzbereich entkoppelt ist. Bauakustisch entkoppelt Schichten sowohl auf der Außen- als auch auf der Innenseite des Massivdaches sind als Vorsatzkonstruktionen zu behandeln.

An begehbare Flachdächer können auch Anforderungen an den Trittschallschutz gestellt werden. Diese sind entsprechend nachfolgendem Abschnitt zu berücksichtigen.

5.3.6 Massive Decken

Massive Decken können vor Ort erstellt oder als Fertigteile eingebaut werden. Sie bestehen in der Regel aus Beton, können aber auch aus anderen Baustoffen (Leichtbeton, Porenbeton, Deckenziegeln etc.) hergestellt werden. In DIN 4109-32, Tabelle 5 werden die entsprechenden Deckenkonstruktionen aufgeführt. Diese Konstruktionen können so lange als massiv angesehen werden, solange sie bei Anregung hauptsächlich Biegewellen abstrahlen und sonstige Schwingungen (z. B. Dickenschwingungen) vernachlässigt werden können. Die Luft- und die Trittschalldämmung dieser massiven Decken kann aus der flächenbezogenen Masse berechnet werden. Die Ermittlung der flächenbezogenen Masse erfolgt für bewehrten Beton mit einer Rohdichte von $\rho = 2\,400$ kg/m², für unbewehrten unverdichteten Beton (z. B. Aufbeton) mit $\rho = 2\,100$ kg/m² und für Zementestrich mit $\rho = 2\,000$ kg/m².

Das bewertete Schalldämm-Maß der Massivdecke wird, wie für massive Wände, aus der flächenbezogenen Masse der Bauteile ermittelt. Für Stahlbetondecken gilt:

$$R_w = 30{,}9 \lg\left(\frac{m'_{ges}}{m'_0}\right) - 22{,}2 \text{ dB}, \quad \text{für } 65\frac{\text{kg}}{\text{m}^2} \leq m'_{ges} < 720\frac{\text{kg}}{\text{m}^2} \tag{5.11}$$

ANMERKUNG

Die Rohdichte von bewehrtem Beton wurde in DIN 4109-32 gegenüber Beiblatt 1 zu DIN 4109:1989 von $\rho = 2\,300$ kg/m² auf $\rho = 2\,400$ kg/m² erhöht.

Für Decken aus Porenbeton mit Aufbeton wird ebenfalls obige Formel verwendet, wenn die flächenbezogene Masse des Aufbetons größer als die Hälfte der flächenbezogenen Masse der Porenbetondecke ist: $m'_{Aufbeton} > \frac{1}{2}\, m'_{Porenbeton}$. Für alle kleineren Verhältnisse der flächenbezogenen Massen kann die Formel (5.4) für Porenbeton innerhalb ihrer Anwendungsgrenzen $\left(150\frac{\text{kg}}{\text{m}^2} \leq m'_{ges} < 300\frac{\text{kg}}{\text{m}^2}\right)$ verwendet werden.

Die Verbesserung der Luft- und Trittschalldämmung durch zusätzlich angebrachte Vorsatzkonstruktionen an der Deckenober- oder Unterseite (z. B. schwimmende Estriche, Bodenbeläge, Unterdecken etc.) wird durch deren bewertete Luft- bzw. Trittschallverbesserung separat berücksichtigt. Angaben zu diesen Vorsatzkonstruktionen finden sich in DIN 4109-34.

An dieser Stelle wird nun der äquivalente bewertete Norm-Trittschallpegel $L_{n,eq,0,w}$ aus der flächenbezogenen Masse der Decke m' berechnet.

$$L_{n,eq,0,w} = 164 - 35 \lg \frac{m'}{1 \frac{kg}{m^2}} \text{ dB}, \quad \text{für } 100 \frac{kg}{m^2} \leq m' \leq 720 \frac{kg}{m^2} \tag{5.12}$$

Aus dem äquivalenten bewerteten Norm-Trittschallpegel $L_{n,eq,0,w}$ wird dann entsprechend nachfolgender Formel für den darunterliegenden Raum der bewertete Norm-Trittschallpegel $L'_{n,w}$ unter Berücksichtigung der bewerteten Trittschallminderung ΔL_w des Bodenaufbaus und des Korrekturwertes K für die flankierende Übertragung berechnet.

$$L'_{n,w} = L_{n,eq,0,w} - \Delta L_w + K \text{ dB} \tag{5.13}$$

Für andere Richtungen der Trittschallübertragung wird entsprechend Gleichung (5.14) anstelle einer Addition des Korrekturwertes K für die flankierende Übertragung der entsprechende K_T-Wert aus DIN 4109-2 subtrahiert.

$$L'_{n,w} = L_{n,eq,0,w} - \Delta L_w - K_T \text{ dB} \tag{5.14}$$

5.3.7 Massive Treppen

DIN 4109-32 behandelt in Abschnitt 4.9 massive Treppen. Abschnitt 4.10 ist für leichte Treppen im Massivbau vorgesehen. Hierzu konnten noch keine Angaben gemacht werden, so dass dieses Kapitel derzeit lediglich einen „Platzhalter" für spätere Angaben darstellt. Die nachfolgenden Ausführungen beschränken sich deshalb auf massive Treppen nach Abschnitt 4.9.

Anforderungen an den Trittschall von Treppen werden in 3.3.2 und Nachweise in 4.3.2.8 behandelt. Da der Nachweis für Treppen anhand der aus Beiblatt 1 zu DIN 4109:1989 übernommenen Ausführungsbeispiele erfolgt, sind Nachweisverfahren und Bauteilkatalog bei Treppen nicht zu trennen. Auf einige wesentliche Aspekte, die in DIN 4109-32 Abschnitt 4.9 behandelt werden, wurde deshalb schon bei den Nachweisverfahren in 4.3.2.8 eingegangen. Hier sollen vor allem die zahlenmäßigen Festlegungen der Norm-Trittschallpegel von Treppen betrachtet werden.

Ausführungsbeispiele für den Nachweis des Trittschallschutzes von Treppenläufen und -podesten

Erstmals hat DIN 4109:1989 Anforderungen an Treppen aufgenommen und dazu auch in Beiblatt 1 zu DIN 4109:1989 die Nachweise geregelt und Ausführungsbeispiele genannt. Bei der Erarbeitung der neuen DIN 4109 waren die parallel laufenden Untersuchungen zum Trittschall entkoppelter Treppen noch nicht so weit vorangeschritten, dass eine normungsfähige Vorgehensweise möglich gewesen wäre. Auch enthielt DIN EN 12354-2: 2000 keine Angaben zur Berechnung des Trittschallschutzes von Treppen. Ein mit den Verfahren der EN 12354 kompatibles Nachweisverfahren für Treppen konnte deshalb in DIN 4109-2 und DIN 4109-32 nicht umgesetzt werden. Man entschied sich deshalb dazu, die Vorgehensweise aus Beiblatt 1:1989 in die neue DIN 4109:2016 aufzunehmen, damit die Handlungsfähigkeit gewährleistet blieb. Man versah das in DIN 4109-32:2016 aber mit folgender Anmerkung:

> DIN EN 12354-2 enthält keine Regelungen und Angaben zum Trittschall massiver Treppen. Interimsweise wird deshalb auf die nachfolgenden Angaben zurückgegriffen.

Ausdrücklich wurde damit schon in der Norm deutlich gemacht, dass das derzeitige Vorgehen nur übergangsweise Anwendung finden sollte. Inzwischen liegt in DIN EN ISO 12354-2: 2017-11 Anhang F [104] ein Berechnungsverfahren für die Trittschallübertragung von Treppen vor und DIN 7396 [45] benennt das Messverfahren, mit dem die für die rechnerische Prognose benötigten Daten für entkoppelte Treppen und Podeste ermittelt werden können. Auf dieser Basis ist eine zukünftige Umsetzung in DIN 4109-2 vorzusehen, so dass dann auch die derzeitigen Angaben in Abschnitt 4.9 zu überarbeiten sind.

Kenngrößen für Treppen sind in DIN 4109-32 wie in Beiblatt 1:1989 der bewertete Norm-Trittschallpegel $L'_{n,w}$ und der äquivalente bewertete Norm-Trittschallpegel $L_{n,eq,0,w}$. Die Angabe als $L'_{n,w}$ lässt vermuten, dass in diesem Wert eine massivbauübliche Flankenübertragung bereits enthalten ist. Dasselbe muss beim $L_{n,eq,0,w}$ vermutet werden. Näheres ist dazu allerdings nicht bekannt. Die genannten Werte werden ohne weitere,

die Flankenübertragung betreffende Korrekturen direkt für den Nachweis verwendet. Beiblatt 1:1989 und DIN 4109-32 nennen die baulichen Randbedingungen, unter denen die Werte ihre Gültigkeit besitzen. Der Nachweis wird also anhand von Musterlösungen, die in Beiblatt 1:1989 als Ausführungsbeispiele bezeichnet werden, geführt, ohne dass weitere Berechnungen zur Trittschallübertragung durchzuführen wären. Davon abweichende Bausituationen können nicht nachgewiesen werden. Falls Treppen und Treppenpodeste mit trittschallmindernden Maßnahmen (z. B. schwimmende Estriche, Bodenbeläge) versehen werden, wird beim Nachweis – genauso wie bei massiven Decken – der bewertete Norm-Trittschallpegel rechnerisch gemäß Gl. (4.139) aus dem äquivalenten Norm-Trittschallpegel $L_{n,eq,0,w}$ und der bewerteten Trittschallminderung ΔL_w ermittelt. Die Ausführungsbeispiele in Abschnitt 4.9 enthalten deshalb auch die Werte für den $L_{n,eq,0,w}$ von Treppenläufen und -podesten. Daten für die bewertete Trittschallminderung ΔL_w von Fußbodenaufbauten und Bodenbelägen können dem Bauteilkatalog in DIN 4109-34 entnommen werden. Sie werden genauso verwendet wie bei massiven Decken.

Die in DIN 4109-32 Abschnitt 4.9.4 genannten „Daten für den rechnerischen Nachweis" sind bezüglich der Anforderungen zu werten, die an den Trittschall von Treppen gestellt werden (siehe 3.3.2). Während DIN 4109:1989 entgegen den Absichten des Normentwurfs von 1984 $L'_{n,w}$ = 58 dB festlegte, wurde dieser Wert in DIN 4109-1 auf 53 dB gesenkt, so dass mit den genannten Ausführungsbeispielen nun höhere Anforderungen zu erfüllen sind. Für starr und entkoppelt angebundene Läufe und Podeste werden nachfolgend die zahlenmäßigen Festlegungen betrachtet.

Starr gelagerte Treppenläufe und -podeste

Ein Vergleich der für die verschiedenen Ausführungsvarianten festgelegten Trittschallpegel findet sich in Tabelle 5.2, in die neben den Werten aus Beiblatt 1:1989 auch die Werte des Normentwurfs von 1979 aufgenommen wurden. Beim Vergleich der Zahlenwerte der unterschiedlichen Normfassungen ist zu berücksichtigen, dass in DIN 4109-32 die aus Beiblatt 1 Tabelle 20 übernommenen Werte um 3 dB abgesenkt wurden. Das ist darauf zurückzuführen, dass bei der Prognoserechnung nach DIN 4109-2 für den Trittschall ein Sicherheitsbeiwert von u_{prog} = 3 dB zu berücksichtigen ist, während die Werte aus Beiblatt 1:1989 ohne Zuschlag in den Nachweis eingehen. Zum direkten Vergleich mit den Werten aus Beiblatt 1:1989 und E DIN 4109-3:1979 sind für DIN 4109-32 deshalb in Klammern die um 3 dB erhöhten Werte angegeben.

In den Ausführungsbeispielen, die schon in Beiblatt 1:1989 enthalten waren, finden sich Ausführungen, die ohne trittschallmindernde Maßnahmen auskommen und damit gerade die Mindestanforderung aus DIN 4109:1989 einhalten. Es schien bei der Anpassung der Anforderungswerte gegenüber dem Normentwurf von 1979 offensichtlich beabsichtigt gewesen zu sein, eine Ausführung ohne zusätzliche trittschallmindernde Maßnahmen gerade noch mit den Werten der Ausführungsbeispiele nachweisen zu können. Das betrifft insbesondere den von der Treppenraumwand abgesetzten Treppenlauf, mit dem zuvor gerade die damaligen Mindestanforderungen mit $L'_{n,w}$ = 58 dB nachgewiesen werden konnten. Nachdem die Werte der Ausführungsbeispiele in DIN 4109-32 deutlich korrigiert wurden, wäre dieser Anforderungswert jetzt mit dieser Konstruktion nicht mehr nachweisbar, schon gar nicht der in DIN 4109-1:2016 auf $L'_{n,w} \leq 53$ abgesenkte Anforderungswert.

Für Treppenläufe ist es also unabdingbar, zusätzliche Maßnahmen zur Trittschallminderung umzusetzen.

Auffallend ist im Vergleich der Tabelle 5.2, dass die Ausführungsbeispiele aus dem Normentwurf 1979 mit denselben Zahlenwerten übernommen wurden, obwohl als Bedingung für deren Gültigkeit nun nicht mehr eine flächenbezogene Masse $m' \geq 480$ kg/m^2 für die Treppenraumwand, sondern nur noch $m' \geq 380$ kg/m^2 vorausgesetzt wird. Dahinter dürfte eine „Anpassung“ an die Baubedingungen stecken, da eine Treppenraumwand, die die Anforderung $R'_w = 52$ aus DIN 4109:1989 erfüllen soll, eine flächenbezogene Masse von 380 kg/m^2 benötigt.

Die in DIN 4109-32 gegenüber den Werten aus Beiblatt 1:1989 vorgenommenen Änderungen betreffen starr gelagerte Treppenläufe nach den Zeilen 2 und 3 der Tabelle 5.2. Es gab Einsprüche zum Normentwurf E DIN 4109-32:2013, in denen auf Grund vorhandener Erfahrungen die Werte in Beiblatt 1 als zum Teil deutlich zu günstig bezeichnet wurden. Eine Überprüfung der Werte der Zeilen 2 und 3 zeigte, dass deutliche Korrekturen zu schlechteren Werten erforderlich waren. Für die Situationen der Zeilen 4, 6 und 7 lagen keine neueren Erfahrungen vor, so dass die bisherigen Werte beibehalten wurden. Es ist jedoch zu vermuten, dass auch hier Korrekturen erforderlich wären.

Tabelle 5.2: Vergleich der äquivalenten bewerteten Norm-Trittschallpegel und bewerteten Norm-Trittschallpegel von Treppen für verschiedene Ausgaben der DIN 4109

Zeile	Treppen[a] und Treppenraumwand	E DIN 4109 Teil 3: 1979 (Tabelle 4)		Beiblatt 1 zu DIN 4109:1989 (Tabelle 20)		DIN 4109-32:2016 (Tabelle 6)[c]	
		$L_{n,w,eq}$ dB	$L'_{n,w}$ dB	$L_{n,w,eq,R}$ dB	$L'_{n,w,R}$ dB	$L_{n,eq,0,w}$ dB	$L'_{n,w}$ dB
1	Treppenpodest, fest verbunden mit einschaliger, biegesteifer Treppenraumwand (flächenbezogene Masse nach Angabe)	66 mit $m' \geq 480$ kg/m²	–	66 mit $m' \geq 380$ kg/m²	70 mit $m' \geq 380$ kg/m²	63 (66) mit $m' \geq 380$ kg/m²	67 (70) mit $m' \geq 380$ kg/m²
2	Treppenlauf, fest verbunden mit einschaliger, biegesteifer Treppenraumwand (flächenbezogene Masse nach Angabe)	61 mit $m' \geq 480$ kg/m²	–	61 mit $m' \geq 380$ kg/m²	65 mit $m' \geq 380$ kg/m²	63 (66) mit $m' \geq 380$ kg/m²	67 (70) mit $m' \geq 380$ kg/m²
3	Treppenlauf, abgesetzt von einschaliger, biegesteifer Treppenraumwand	58	–	58	58	60 (63)	64 (67)
4	Treppenpodest, fest verbunden mit Treppenraumwand, und durchgehender Gebäudetrennfuge nach[b]	≤ 56	–	≤ 53	≤ 50	≤ 50 (≤ 53)	≤ 47 (≤ 50)
5	Treppenlauf, fest verbunden mit Treppenraumwand, und durchgehender Gebäudetrennfuge nach[b]	≤ 51	–	–	–	–	–
6	Treppenlauf, abgesetzt von Treppenraumwand, und durchgehender Gebäudetrennfuge nach[b]	–	–	≤ 46	≤ 43	≤ 43 (≤ 46)	≤ 40 (≤ 43)
7	Treppenlauf, abgesetzt von Treppenraumwand, und durchgehender Gebäudetrennfuge nach[b], auf Treppenpodest elastisch gelagert	–	–	38	42	35 (38)	39 (42)

a gilt für Stahlbetonpodest oder -Treppenlauf mit einer Dicke $d \geq 120$ mm.

b Vorgaben an die zweischalige Wand mit Trennfuge: für E DIN 4109-3:1979 nach Abschnitt 4.2, für Beiblatt 1 zu DIN 4109:1989 nach Abschnitt 2.3, für DIN 4109-32 nach Abschnitt 4.3.3.2

c Da bei der Prognoserechnung nach DIN 4109-2 für den Trittschall ein Sicherheitsbeiwert von u_{prog} = 3 dB zu berücksichtigen ist, wurden die aus Beiblatt 1/Tabelle 20 übernommenen Werte um 3 dB absenkt. Zum direkten Vergleich mit den Werten aus Beiblatt 1 zu DIN 4109:1989 und E DIN 4109-Teil 3:1979 sind in Klammern die um 3 dB erhöhten Werte angegeben.

Elastisch entkoppelte Treppenläufe und -podeste

Schon im DEGA-Memorandum BR 0101 [147] wurde 2011 bei der Trittschalldämmung von Massivtreppenläufen und -podesten in Mehrfamilienhäusern darauf hingewiesen, dass als allgemein anerkannte Regel der Technik für den mindestens erreichbaren Schallschutz $L'_{n,w} \leq 53$ dB anzusetzen ist. Begründet wurde das folgendermaßen:

> Die trittschallgedämmte Ausführung hat sich seit vielen Jahren bewährt und durchgesetzt. Mit folgenden Ausführungen lässt sich ein bewerteter Norm-Trittschallpegel von $L'_{n,w} \leq 53$ dB sicher erreichen. Hierzu zählen beispielsweise: Elastisch gelagerte oder mit Entkopplungselementen befestigte Treppenläufe oder -podeste mit umlaufender Trennung, schwimmend verlegte Gehbeläge, schwimmende Estriche auf Podesten oder weich federnde Bodenbeläge.

Insbesondere elastisch gelagerte Treppenläufe und- podeste sind heutzutage als Standardausführung zu bezeichnen. Insofern kommt den dafür genannten Werten der DIN 4109-32 eine besondere Bedeutung zu. Schon Beiblatt 1 zu DIN 4109:1989 hatte für elastisch gelagerte Treppenkonstruktionen Ausführungsbeispiele genannt. Für Läufe und Podeste aus Stahlbeton mit einer Dicke von mindestens 120 mm wurde pauschal ein bewerteter Norm-Trittschallpegel von $L'_{n,w} \leq 43$ dB vorgesehen. Mit elastisch gelagerten Konstruktionen wurde nach Beiblatt 1 somit ohne Weiteres der erhöhte Schallschutz (z. B. aus Beiblatt 2 zu DIN 4109:1989 mit $L'_{n,w} \leq 46$ dB) nachgewiesen Eine Spezifizierung der Entkopplung erfolgte in Beiblatt 1 nicht. Dies impliziert, dass alle am Markt verfügbaren Entkopplungselemente die gleiche Wirksamkeit besitzen und dass sonstige Einflüsse, wie z. B. die Geometrie von Treppenpodesten und Läufen, Lagerpressung und Schallübertragung über flankierende Bauteile vernachlässigbar sind. In dieser Allgemeinheit sind entsprechend vorliegenden Untersuchungen und Erfahrungen diese Annahmen aber nicht zutreffend.

Die in [403] durchgeführten Untersuchungen an entkoppelten Treppenläufen zeigen, dass mit „weichen“ Lagerungen Verbesserungen von bis zu 30 dB gegenüber starrer Ankopplung erreichbar sind, mit „harten“ Lagerungen beträgt diese jedoch nur 10 dB. Weiter wurde gezeigt, dass die Dämmwirkung von Elastomerlagern nicht nur von Materialeigenschaften (E-Modul) abhängt, sondern auch maßgeblich von der Geometrie und Anordnung bestimmt wird. Aktuelle Messungen am Bau und im Prüfstand [446] zeigen, dass $L'_{n,w} = 43$ dB an der Obergrenze des erreichbaren Trittschallschutzes liegt und oft nicht erreicht wird. In Anbetracht dessen ist die pauschale Festlegung in Beiblatt 1 ungeeignet und nicht mehr zeitgemäß. In DIN 4109-32 wurde deshalb den elastisch gelagerten Ausführungsbeispielen nur noch $L'_{n,w} \leq 50$ dB zugestanden. Unter Berücksichtigung eines Sicherheitsbeiwertes von $u_{prog} = 3$ dB für den Nachweis des Trittschallschutzes entspricht das beim Nachweis einem Wert von 53 dB, so dass damit pauschal die Mindestanforderungen nachgewiesen werden können, keinesfalls jedoch ein erhöhter Schallschutz. Hier sind dann die produktspezifischen Eigenschaften der Lagerungen zu berücksichtigen. DIN 4109-32 sagt dazu in 4.9.4:

> Wenn bewertete Norm-Trittschallpegel unterhalb der Anforderungen aus DIN 4109-1 erreicht werden sollen, wird empfohlen, auf Prüfergebnisse, die in repräsentativen Ver-

suchsaufbauten messtechnisch bestimmt wurden, zurückzugreifen. Ein Labor-Prüfverfahren mit verbindlichen Festlegungen für die Prüfung wird in DIN 7396 beschrieben.

5.3.8 Stoßstellendämm-Maße

5.3.8.1 Grundlagen

Für das Stoßstellendämm-Maß K_{ij} als eine neue zentrale Größe im Nachweisverfahren werden in DIN 4109-32 Abschnitt 5 für „übliche Arten von massiven Stoßstellen" Daten zur Verfügung gestellt. Diese „üblichen Arten" von Stoßstellen sind in Bild 5.6 dargestellt.

Das Stoßstellendämm-Maß K_{ij} kennzeichnet die Dämmung von Körperschall an der Stoßstelle. Es kann messtechnisch aus der Schnellepegeldifferenz ermittelt werden. Die richtungsgemittelte Schnellepegeldifferenz $\overline{D_{v,ij,situ}}$ kennzeichnet die Schallübertragung über die Stoßstelle unter Baubedingungen.

MERKE

Die Definition des Stoßstellendämm-Maßes gestattet es prinzipiell nicht, die Schallübertragung über mehrere Stoßstellen zu berechnen, indem die Stoßstellendämm-Maße mehrerer Bauteilstöße addiert werden.

Stoßstelle	T-Stoß	Kreuzstoß (X-Stoß)	Winkelstoß	Hinweise
Beispiel	Trennwand an Außenwand	Innere Trennwand	Versetzte Grundrisse	
1. Schalltechnisch starrer Anschluss		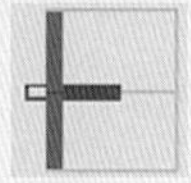		Stumpfstoß[1] und verzahnter Stoß sind in der Berechnung akustisch gleichwertig.
2. Flankierendes Bauteil durchgehend, Trennbauteil einseitig abgekoppelt	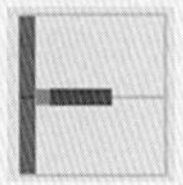			Erhöhte Übertragung über das flankierende Bauteil und Trennbauteil
3. Trennbauteil durchgehend, flankierendes Bauteil einseitig abgekoppelt		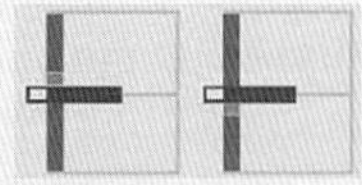	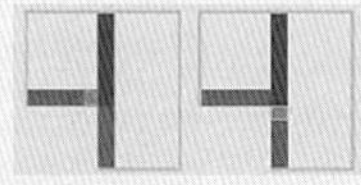	Erheblich verringerte Übertragung über das flankierende Bauteil
4. Trennbauteil durchgehend, flankierendes Bauteil beidseitig abgekoppelt	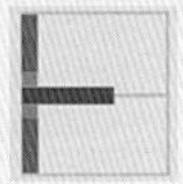	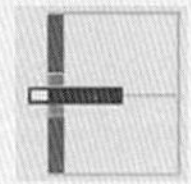		Keine Übertragung über das flankierende Bauteil und erhöhte Übertragung über das Trennbauteil

[1] Bei Baustoffen mit unterschiedlichem Verformungsverhalten ist immer ein akustisch wirksamer Trennriss (= Entkopplung) entsprechend den Beispielen 2 bis 4 anzunehmen.

Quelle: [447]

Bild 5.6: Darstellung üblicher Stoßstellen mit Hinweisen zur flankierenden Übertragung

Bei allen älteren Untersuchungen zur Stoßstellen- oder Verzweigungsdämmung wurde die Körperschall-Nachhallzeit der Bauteile nicht ermittelt. Empirische Formeln zur Berechnung des Verzweigungsdämm-Maßes bzw. der Schnellepegeldifferenz D_v für einen T- und einen Kreuz-Stoß für den Übertragungsweg über ein Trennbauteil hinweg (z.B. entsprechend Weg 1–3 in Bild 5.7) wurden von Gösele in [292] veröffentlicht und sind z.B. in [293] angegeben. Hierbei wird angenommen, dass diese Werte unabhängig von der Bausituation sind. Fasold et al. [267] geben ebenfalls Schnellepegeldifferenzen in Abhängigkeit vom Verhältnis der flächenbezogenen Massen der beteiligten Bauteile an, die für den Übertragungsweg 1–3 in der gleichen Größenordnung liegen, sowie zusätzliche Werte für den Übertragungsweg 1–2 (Übertragung um die Ecke bei einem T- bzw. Kreuz-Stoß).

DIN EN 12354-1 macht in ihrem informativen Anhang E Angaben zur Berechnung von Stoßstellendämm-Maßen. Diese Daten beruhen im Wesentlichen auf empirischen Untersuchungen in Verbindung mit theoretischen Berechnungen, die zur Erstellung des Anhangs E in den 1990er Jahren durchgeführt wurden [300]. Als Eingangsgröße für die Berechnung des Stoßstellendämm-Maßes werden die flächenbezogenen Massen der beteiligten Bauteile verwendet. In DIN EN 12354-1 stehen nur Angaben zum Stoßstellendämm-Maß zur Verfügung, wenn die Fortsetzung des Bauteils jenseits der Stoßstelle die gleiche flächenbezogene Masse hat. Dies ist in vielen Bausituationen der Fall.

Zur Unsicherheit der Stoßstellendaten in DIN EN ISO 12354-1 wird ausgesagt, dass die tatsächlichen Stoßstellendämm-Maße gegenüber den angegebenen Werten eine typische Streuung von ± 3 dB aufweisen, wobei infolge von Detailänderungen und Qualität der handwerklichen Ausführung die Streuung noch größer sein kann. Deshalb wird empfohlen, die Werte entsprechend den nationalen Bauweisen anzupassen.

Im Rahmen mehrerer Forschungsvorhaben wurden in den Jahren 1998–2005 an der HFT Stuttgart umfangreiche Untersuchungen zum Stoßstellendämm-Maß im Labor und am Bau zu Mauerwerk aus Kalksandsteinen, Porenbeton und Leichtbeton durchgeführt [321], [315], [316], [322], [323]. Zu einem späteren Zeitpunkt wurden dann vergleichbare Untersuchungen für Ziegelmauerwerk ergänzt [325], [326]. Aufgrund des aufwändigen Aufbaus der Stoßstellen im Labor wurde die Mehrzahl der Untersuchungen am Bau durchgeführt. Die Ermittlung von Stoßstellendaten im Bau erfolgte in Objekten in Massivbauweise, bei denen ausreichend große Flächen des Trennbauteils und der flankierenden Bauteile vorhanden waren, um Messungen der Körperschallnachhallzeiten und der Schnellepegeldifferenzen durchzuführen. Die Flächen der Bauteile sollten hierzu in einem Bereich von wenigstens 1 m von dem angrenzenden Bauteil nicht durch Fenster oder Türen gestört sein. Vor allem bei der horizontalen Übertragung an Außenwänden erwies sich dies als schwierig. Daher wurden öfter geeignete vertikale Übertragungssituationen gemessen als horizontale. Die Untersuchungen wurden in mehrgeschossigen Wohnhäusern mit Mauerwerk aus Kalksandstein, Leichtbeton, Porenbeton und Ziegel durchgeführt und getrennt für die unterschiedlichen Materialien ausgewertet.

In Bild 5.7 sind beispielhaft die in Porenbetonbauten ermittelten Messwerte des Stoßstellendämm-Maßes für Kreuzstöße auf dem Weg 1–3 (Porenbetonwand über massive Trennwand oder Decke hinweg) den aus der flächenbezogenen Masse ermittelten Rechenwerten nach DIN EN 12354-1:2000, Anhang E und den rechnerisch aus dem Transmissionsgrad nach Craik [300] ermittelten Werten gegenübergestellt. Die in EN 12354 angegebene Streuung der Messwerte um ±3 dB konnte auch bei den durchgeführten Messungen festgestellt werden.

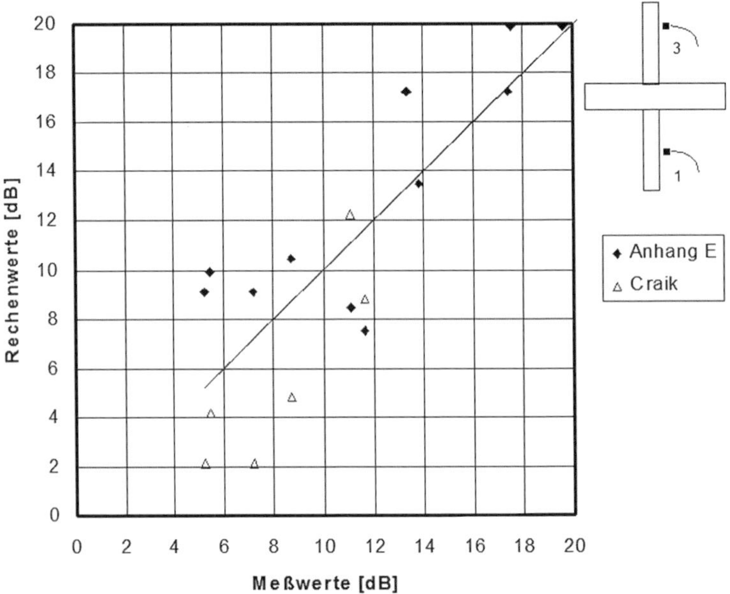

Quelle: [322]

Bild 5.7: Gegenüberstellung von Messwerten und Rechenwerten des Stoßstellendämm-Maßes bei Kreuzstößen mit Porenbeton-Mauerwerk auf dem Übertragungsweg 1–3 ermittelt in mehrgeschossigen Wohnhäusern

Für Kalksandstein, Leichtbeton und homogenes Ziegelmauerwerk wurden in parallel durchgeführten Untersuchungen vergleichbare Ergebnisse erzielt. Trotz geringer Unterschiede wurde bei der Berechnung der Stoßstellendämmung auf eine Differenzierung nach Materialien verzichtet. Allerdings zeigte ein Vergleich zwischen den Berechnungen nach DIN EN 12354-1, Anhang E und den Messungen für die Wege 1–2 (um die Ecke) eine relativ hohe mittlere Abweichung. Für diesen Übertragungsweg wurden neue Gleichungen zur Berechnung des Stoßstellendämm-Maßes mittels einer Regression durch die Messwerte ermittelt. Die Abhängigkeit des Stoßstellendämm-Maßes vom Verhältnis der flächenbezogenen Massen, wie sie in Anhang E angegeben ist, wurde bei der Ermittlung der Regressionsgeraden beibehalten. Mit den derart ermittelten Werten konnte für typische Stoßstellen mit Mauerwerk eine deutlich bessere Übereinstimmung zwischen Mess- und Rechenwerten erreicht werden.

Sowohl bei den theoretischen Berechnungen zum Stoßstellendämm-Maß als auch bei der messtechnischen Ermittlung im Labor und im Bau werden immer Übertragungswege erster Ordnung betrachtet. Dies bedeutet, dass die Schallübertragung ausschließlich vom Sendebauteil über die betrachtete Stoßstelle hinweg direkt auf das Empfangsbauteil erfolgt.

BEISPIEL

Im Rechenmodell wird vereinfachend nur die Schallübertragung über eine Stoßstelle hinweg berücksichtigt (Übertragungsweg erster Ordnung). Tatsächlich kann ein Bauteil auch über mehrere Bauteile hinweg angeregt werden. Betrachtet man beispielsweise die Schallübertragung zwischen zwei nebeneinanderliegenden Räumen mit einer an eine schwere Wohnungstrennwand (Wtw) auf beiden Seiten angeschlossenen Innenwand (Iw), so wird die Innenwand im Empfangsraum durch die Trennwand angeregt. Die Schallübertragung erfolgt dabei von der Iw im Senderaum auf die Iw im Empfangsraum auf dem Weg Ff. Außerdem wird Schall auf dem Weg Df übertragen, nämlich von der Wtw auf die Iw im Empfangsraum. Diese beiden Übertragungswege über die Stoßstelle Wtw – Iw sind Übertragungswege erster Ordnung. Die Innenwand ist allerdings auch fest mit dem Fußboden und mit der Decke verbunden und kann über diese Bauteile ebenfalls angeregt werden. Beispielsweise kann nun Schallenergie über eine erste Stoßstelle von der Decke im Senderaum auf die Decke im Empfangsraum übertragen werden und von dort über eine zweite Stoßstelle auf die Innenwand im Empfangsraum (zwei Stoßstellen = Übertragungsweg zweiter Ordnung).

Rechnerisch werden diese Übertragungswege höherer Ordnung im Rechenmodell nicht berücksichtigt. Vor allem bei sehr hohen Dämm-Maßen, wie sie bei akustisch entkoppelten Bauteilen auftreten, sind solche Übertragungswege höherer Ordnung jedoch bedeutsam. In den im Bauteilkatalog angegebenen Stoßstellendämm-Maßen sind diese Übertragungswege höherer Ordnung durch Obergrenzen bei der akustischen Entkopplung und durch entsprechend verminderte Stoßstellendämm-Maße im Mittel berücksichtigt. Um die zusätzliche Anregung der leichten flankierenden Bauteile durch Übertragungswege zweiter Ordnung im Berechnungsverfahren zu berücksichtigen (siehe auch [448]), werden die Stoßstellendämm-Maße in DIN 4109-2 bei großem Unterschied der flächenbezogenen Massen der am Stoß beteiligten Bauteile rechnerisch durch entsprechend abgeänderte Gleichungen begrenzt.

Aufgrund der durchgeführten Regression der ermittelten Messwerte im Massivbau und der Berücksichtigung der Übertragung über Stoßstellen „höherer Ordnung" ergeben sich für folgende Stoßstellen Abweichungen zwischen DIN EN 12354-1 Anhang E und DIN 4109-32:

- für den Kreuzstoß auf dem Weg 1–3 für $M \geq 0{,}182$
- für den Kreuzstoß auf dem Weg 1–2
- für den T-Stoß auf dem Weg 1–3 für $M \geq 0{,}215$
- für den T-Stoß auf dem Weg 1–2
- für die Ecke

Sind mehrschalige leichte Bauteile wie z. B. Metall- oder Holzständerwände, Vorhangfassaden etc. an massive Bauteile angebunden, bleibt die flankierende Übertragung von massiven Bauteilen auf leichte mehrschalige Bauteile aufgrund ihres in der Regel elastischen Anschlusses bei der Berechnung des Stoßstellendämm-Maßes von massiven Bauteilen unberücksichtigt.

5.3.8.2 Werte des Stoßstellendämm-Maßes in DIN 4109-32

Im Abschnitt 5.2.4 der DIN 4109-32 werden Stoßstellendämm-Maße für massive homogene Bauteile angegeben. Die Berechnung des Stoßstellendämm-Maßes K_{ij} erfolgt für Bauteile in Abhängigkeit von der Stoßstellengeometrie (Kreuz-, T-Stoß, Ecke und Querschnittswechsel) und der flächenbezogenen Masse der mit der Stoßstelle verbundenen Bauteile. Das Stoßstellendämm-Maß ist dabei in Abhängigkeit von der Hilfsgröße M zu ermitteln, die wie folgt definiert ist:

$$M = \lg\left(\frac{m'_{\perp i}}{m'_i}\right) \tag{5.15}$$

m'_i flächenbezogene Masse des Bauteils i auf dem Übertragungsweg ij

$m'_{\perp i}$ flächenbezogene Masse des quer zum Bauteil i angeordneten Bauteils

Dabei ist zu beachten, dass die Hilfsgröße M sich jeweils auf den betrachteten Übertragungsweg bezieht. Das bedeutet, dass sie sich für den Übertragungsweg 1–3 in Bild 5.8 aus dem Verhältnis m'_2/m'_1 entsprechend nachfolgender Gleichung berechnet, da auf dem Weg vom Bauteil 1 zum Bauteil 3 das Bauteil 2 das Querbauteil bildet.

$$M_{13} = \lg\left(\frac{m'_{\perp i}}{m'_i}\right) = \lg\left(\frac{m'_2}{m'_1}\right) \tag{5.16}$$

Für den Übertragungsweg 2–3 nach Bild 5.8 wird die Hilfsgröße M aus dem Verhältnis m'_1 / m'_2 berechnet, da auf dem Weg vom Bauteil 2 zum Bauteil 3 das Bauteil 1 (identisch zu Bauteil 3) das Querbauteil bildet.

$$M_{23} = \lg\left(\frac{m'_{\perp i}}{m'_i}\right) = \lg\left(\frac{m'_1}{m'_2}\right) \tag{5.17}$$

Für die Berechnung des Stoßstellendämm-Maßes werden bei massiven Stößen folgende Geometrien unterschieden:

- Kreuzstoß (siehe Bild 5.9)
- T-Stoß (siehe Bild 5.8)
- Ecke (siehe Bild 5.10)
- Dickenwechsel

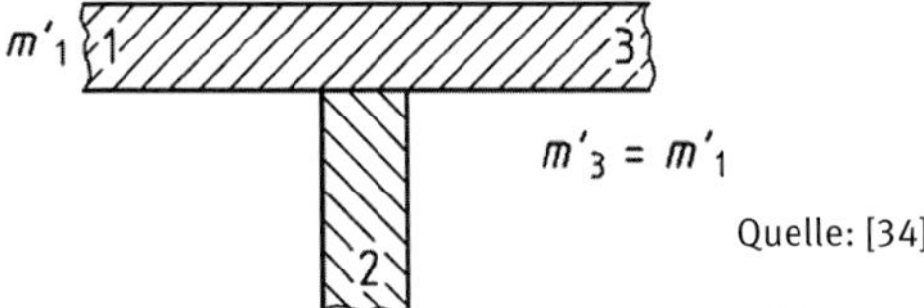

Quelle: [34]

Bild 5.8: T-Stoß mit Bauteilnummerierung

Eine Stoßstelle von massiven Innenwänden mit massiven Decken oder Trennwänden wird üblicherweise als Kreuzstoß (manchmal auch als „X-Stoß“ abgekürzt) bezeichnet. Ein T-Stoß ist ein Stoß z. B. einer Außenwand mit einer Trennwand oder einer Trenndecke, wie es in Bild 5.8 dargestellt ist. Die beiden gegenüberliegenden Bauteile (Bauteil 1 und Bauteil 3) weisen die gleiche flächenbezogene Masse auf: $m'_1 = m'_3$. Zwei Bauteile in einem Winkel von ca. 90° bilden die Ecke, und der Dickenwechsel ist eigentlich ein Wechsel der flächenbezogenen Massen, z. B. wenn im Bereich der Stoßstelle unterschiedliches Mauerwerk verwendet wird.

Bei der Berechnung wird auch hier davon ausgegangen, dass die gegenüberliegenden Bauteile ($m_1 = m_3$; $m_2 = m_4$) entsprechend Bild 5.9 die gleiche flächenbezogene Masse aufweisen. Eine unterschiedliche Anbindung der Bauteile, wie sie im Mauerwerk häufig anzutreffen ist, wie z. B. Stumpfstoß, Einbindung, Durchbindung oder Verzahnung, bleibt bei der Berechnung unberücksichtigt, da bei massiven Bauteilen von einer biegesteifen Anbindung ausgegangen wird. Auch andere konstruktive Details zur Ausbildung der Stoßstelle, wie sie häufig bei monolithischem, wärmedämmendem Außenmauerwerk anzutreffen sind (z. B. Wärmedämmung mit Vormauerung im Bereich des Deckenspiegels), bleiben bislang im Bauteilkatalog unberücksichtigt.

Für einen starren, homogenen Kreuzstoß kann auf dem Weg 1–3 bzw. 1–2 oder 2–3 (siehe Bild 5.9) das Stoßstellendämm-Maß K_{13} bzw. K_{12} wie folgt in Abhängigkeit von der Hilfsgröße M berechnet werden:

$$K_{13} = 8{,}7 + 17{,}1M + 5{,}7M^2 \text{ dB, für } M < 0{,}182 \tag{5.18}$$

$$K_{13} = 9{,}6 + 11M \text{ dB, für } M \geq 0{,}182 \tag{5.19}$$

$$K_{12} = K_{14} = 5{,}7 + 15{,}4M^2 \text{ dB} \tag{5.20}$$

Für einen starren, homogenen T-Stoß kann auf dem Weg 1–3 bzw. 1–2 oder 2–3 (siehe Bild 5.8) das Stoßstellendämm-Maß K_{13} bzw. K_{12} wie folgt in Abhängigkeit von der Hilfsgröße M berechnet werden:

$$K_{13} = 5{,}7 + 14{,}1M + 5{,}7M^2 \text{ dB, für } M < 0{,}215 \tag{5.21}$$

$$K_{13} = 8 + 6{,}8M \text{ dB, für } M \geq 0{,}182 \tag{5.22}$$

$$K_{12} = K_{23} = 4{,}7 + 5{,}7M^2 \text{ dB} \tag{5.23}$$

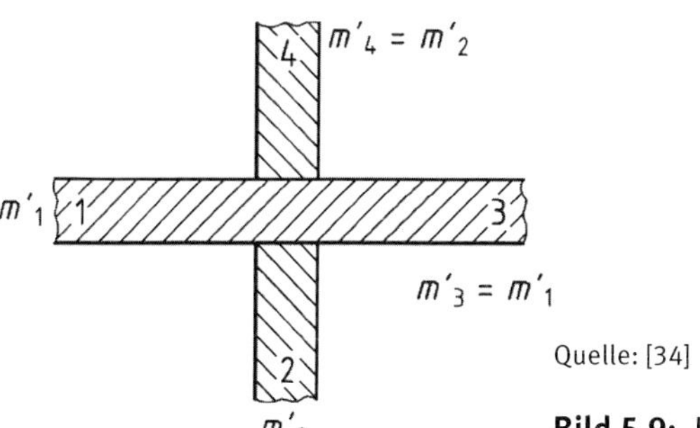

Quelle: [34]

Bild 5.9: Kreuzstoß mit Bauteilnummerierung

Für eine Ecke kann (siehe Gl. (5.24)) das Stoßstellendämm-Maß K_{12} wie folgt in Abhängigkeit von der Hilfsgröße M berechnet werden:

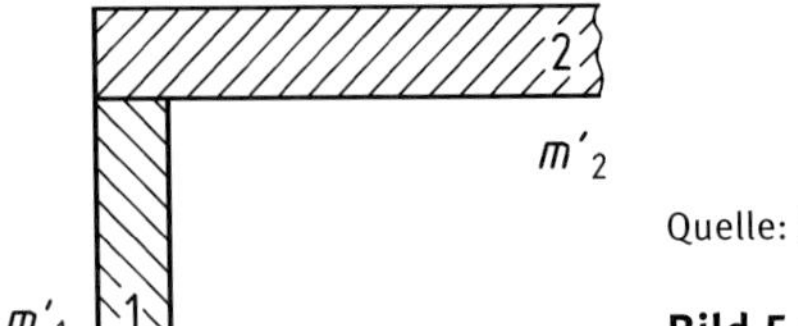

Quelle: [34]

Bild 5.10: Ecke mit Bauteilnummerierung

$$K_{12} = 2{,}7 + 5{,}7M^2 \text{ dB} \tag{5.24}$$

ANMERKUNG

In DIN 4109-32:2016-07, Gl. (24) ist ein redaktioneller Fehler: die genannte Gleichung zum Stoßstellendämm-Maß $K_{12} = 2{,}7 + 2{,}7M^2$ ist falsch und ist wie folgt zu korrigieren: $K_{12} = 2{,}7 + 5{,}7M^2$.

Für einen Dickenwechsel bzw. eine Änderung der flächenbezogenen Masse der Bauteile kann das Stoßstellendämm-Maß K_{12} wie folgt in Abhängigkeit von der Hilfsgröße M berechnet werden:

$$K_{12} = 5M^2 - 5 \text{ dB} \tag{5.25}$$

Eine Berechnung des Stoßstellendämm-Maßes ist für die Ecken nur dann notwendig, wenn ein Bauteil der Stoßstelle z. B. durch eine Leichtbauwand gebildet wird. In diesem Fall wird die Schallübertragung über die beiden massiven Bauteile, die entsprechend Bild 5.11 eine Ecke bilden, berechnet.

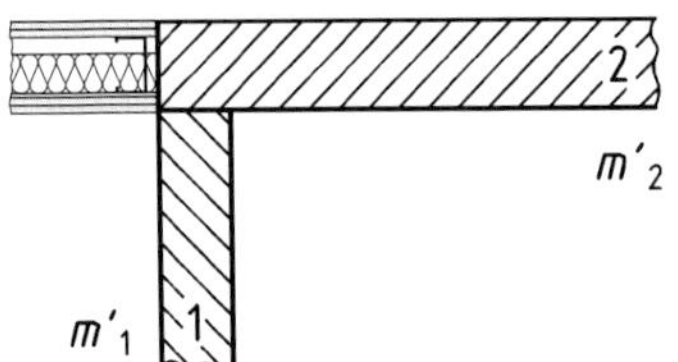

Quelle: Autoren nach [34] und [35]

Bild 5.11: Ecke im Gebäude mit Bauteilnummerierung

HINWEIS

Werden Bauteile des Holz-, Leicht- und Trockenbaus (Metall- oder Holzständerwände, Holzbalkendecken etc., hier vereinfacht „Leichtbaukonstruktion“ genannt) an massive Bauteile angeschlossen (siehe Bild 5.11), werden diese bei der Berechnung des Stoßstellendämm-Maßes der Massivbauteile nicht berücksichtigt. In diesem Bild ist ein massives Bauteil eines T-Stoßes durch ein Leichtbauteil ersetzt. Die massiven Bauteile bilden nun eine Ecke. Für diese Ecke ist das Stoßstellendämm-Maß zu berechnen. Die Flankenübertragung zwischen Leichtbaukonstruktion und Massivbauteil kann für solche Situationen vernachlässigt werden.

5.3.8.3 Frequenzabhängigkeit des Stoßstellendämm-Maßes

Aus theoretischen Betrachtungen wäre für eine starre Stoßstellenverbindung zu erwarten, dass sich das Stoßstellendämm-Maß frequenzunabhängig verhält.

Sowohl bei den zuvor genannten Messungen des Stoßstellendämm-Maßes im Labor als auch bei den durchgeführten Baumessungen wurde festgestellt, dass das Stoßstellendämm-Maß sowohl zu tiefen Frequenzen hin ($f < 400–200$ Hz) als auch zu höheren Frequenzen hin ($f > 1\,250$ Hz) ansteigt [321–323]. In einem mittleren Frequenzbereich besitzt das Stoßstellendämm-Maß eine sehr geringe Frequenzabhängigkeit. Beispielhaft ist dieses Verhalten in Bild 5.12 dargestellt.

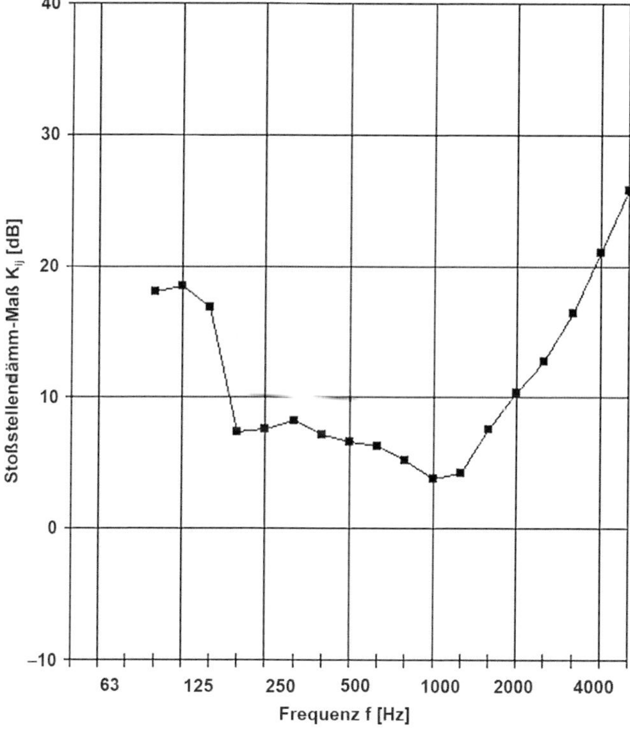

Quelle Autoren

Bild 5.12: Stoßstellendämm-Maß auf dem Weg 1–2 (um die Ecke) an einem T-Stoß mit Porenbetonaußenwänden und einer Kalksandsteintrennwand in Abhängigkeit von der Frequenz

Der messtechnisch ermittelte Anstieg zu tiefen und hohen Frequenzen wird durch zwei verschiedene Mechanismen hervorgerufen. Bei tiefen Frequenzen wird, abhängig von der Größe der Bauteile, die Modendichte der beteiligten Bauteile mit fallender Frequenz immer geringer. Damit kann immer weniger Energie von einem Bauteil auf das andere übertragen werden, und das Stoßstellendämm-Maß nimmt zu. Bei höheren Frequenzen steigt das Stoßstellendämm-Maß mit der Frequenz an, da es in diesem Frequenzbereich auf Mauerwerk zu einer Ausbreitungsdämpfung kommt. Dabei nimmt mit zunehmendem Abstand von der Schallquelle der Pegel auf dem Bauteil ab.

Für die Bewertung der Schalldämmung als Einzahlangabe ist vor allem der mittlere Frequenzbereich entscheidend. Für die Berechnung der Schalldämmung mittels vereinfachtem Rechenverfahren ist es nötig, für das Stoßstellendämm-Maß eine Einzahlangabe zu bilden. Auf Grund des relativ frequenzunabhängigen Verlaufs im mittleren Frequenzbereich wird der arithmetische Mittelwert für die Terzmittenfrequenzen von 200 Hz bis 1 250 Hz ermittelt. Dieses Vorgehen wurde in DIN EN ISO 10848-1 ([98] und [99]) eingeführt.

Bestimmte inhomogene Stoßstellen (z. B. Stoßstellen mit elastischen Zwischenschichten, entkoppelte Bauteile) können einen stark frequenzabhängigen Verlauf des Stoßstellendämm-Maßes aufweisen. Inwieweit hier ein Mittelwert im Frequenzbereich von 200 Hz bis 1 250 Hz bzw. der in DIN EN 123454-1 Anhang E vorgeschlagene Wert bei 500 Hz sinnvoll ist, hängt stark vom Frequenzverlauf des Flanken-Schalldämm-Maßes ab.

5.3.8.4 Stoßstellendämm-Maße bei Lochsteinmauerwerk

Wie bereits in 4.2.2.4 ausführlich dargelegt, weisen bestimmte hochwärmedämmende Lochsteine aufgrund von Steinresonanzen gegenüber Massivmauerwerk bei gleicher flächenbezogener Masse eine verminderte Direktschalldämmung auf. Neben diesem Effekt wird bei bestimmten konstruktiven Ausbildungen der Stoßstelle, z. B. beim Stumpfstoß, durch die auftretenden Steinresonanzen auch das Stoßstellendämm-Maß vermindert.

Untersuchungen an Versuchsaufbauten [326] zur Stumpfstoß-, Einbindungs- und Durchbindungsthematik zeigen, dass auf dem Übertragungsweg 1–3 (Außenwand – Außenwand) gegenüber der Durchbindung (Trennwand durchstößt Außenwand) eine Verminderung der Stoßstellendämmung sowohl bei der Einbindung der Trennwand in die Außenwand (Trennwand bindet bis zu 2/3 in die Außenwand ein) als auch beim Stumpfstoß (Trennwand stößt stumpf an die Außenwand an) auftritt.

Die Verminderung der Stoßstellendämmung ΔK_{ij} für Lochsteine ist direkt von der Größe der Verminderung der Direktdämmung des Lochsteinmauerwerks $\Delta R_{w,L}$ gegenüber einem gleichschweren homogenen Stein abhängig. Ist $\Delta R_{w,L}$ klein, so vermindert sich auch die Stoßstellendämmung nur gering. Weicht also die Schalldämmung des Hochlochziegels von der nach Massekurve zu erwartenden Schalldämmung ab, dann vermindert sich auch die Stoßstellendämmung gegenüber dem aus der Masse zu erwartenden Verhalten. Der zahlenmäßige Zusammenhang zwischen der Verminderung an der Stoßstelle und $\Delta R_{w,L}$ wurde empirisch ermittelt und entspricht der Hälfte der Verminderung des Direktschalldämm-Maßes des Lochsteines. Wenn keine Durchbindung ausgeführt wird, muss beim Knotenpunkt Lochsteinaußenwand – Trennwand die Verminderung des Stoßstellendämm-Maßes ΔK_{ij} zahlenmäßig wie folgt berechnet werden:

$$\Delta K_{ij} = \frac{\Delta R_{w,L}}{2} \text{ dB} \tag{5.26}$$

Das Stoßstellendämm-Maß für Lochsteinmauerwerk $K_{13,L}$ ist auf dem Weg 1–3 beim Stumpfstoß oder der Einbindung der Trennwand entsprechend nachfolgender Gl. (5.27) gegenüber dem Stoßstellendämm-Maß für massives Mauerwerk K_{13} um ΔK_{ij} zu mindern.

$$K_{13,L} = K_{13} - \Delta K_{ij} \text{ dB} \tag{5.27}$$

Häufig wird jedoch wegen der geringen Außenwandflächen (aufgrund von Fenstern bzw. Türen), welche an die Wohnungstrennwand anschließen, die flankierende Übertragung über die Außenwand deutlich vermindert. Besonders bei resonanzbehaftetem Mauerwerk zeigt sich, dass die Eigenschwingungen, die zu der verminderten Schalldämmung führen, häufig auf den Einzelstein begrenzt und nur bedingt ausbreitungsfähig sind. Deshalb erscheint es notwendig, hier die Flankenlänge zu berücksichtigen.

Für den Übertragungsweg 1–3 beim Stoß Trennwand – Außenwand aus HLz wird aufgrund der Ausbreitungsdämpfung bei flankierenden Außenwänden aus Hochlochziegel mit einer Fläche $S_i < 2{,}5$ m² die Stoßstellendämmung wie folgt berechnet:

$$K_{13,L} = K_{13} - \frac{\Delta R_{w,L}}{2} + 10 \lg \left[S_0 \left(\frac{1}{S_1} + \frac{1}{S_3} \right) \right] \text{ dB} \tag{5.28}$$

Hierbei bedeuten:

- $K_{13,L}$ Stoßstellendämm-Maß auf dem Weg 1–3 bei Stumpfstoß der Trennwand mit T2-HLz-Mauerwerk (Hochlochziegelmauerwerk mit verminderter Direktschalldämmung)
- K_{13} Stoßstellendämm-Maß auf dem Weg 1–3 berechnet aus den flächenbezogenen Massen
- S_0 Bezugsfläche mit $S_0 = 1{,}25$ m²
- S_1, S_3 Flächen der flankierenden HLz-Außenwände (Fläche zwischen Trennwand und folgender Diskontinuität, z. B. geschosshohe Fenstertüren etc.)

ANMERKUNG

In DIN 4109-32 ist im Abschnitt 5.2.4.2.2 in Gl. (42) ein Fehler: der Term 10 lg $[S_0/(1/S_1 + 1/S_3)]$ ist von der Verminderung der Stoßstellendämmung $\Delta K_{ij} = \Delta R_{w,L}/2$ zu subtrahieren und nicht wie in Gl. (42) zu addieren. Für sehr kleine Außenwandflächen S_1 und S_3 ergeben sich hierdurch höhere Stoßstellendämm-Maße $K_{13,L}$ und entsprechend höhere Flankendämm-Maße.

Die Flächenkorrektur 10 lg $[S_0\ (1/S_1 + 1/S_3)]$ ist nur für positive Werte anzuwenden, z. B. wenn beide Flächen S_1 und S_3 kleiner sind als 2,5 m² oder eine der Flächen kleiner als 2,5 m² und die Summe der Kehrwerte der beiden Flächen größer als 0,8 ist.

Diese Berechnung ist allerdings entsprechend DIN 4109-32:2016-07 Abschnitt 5.2.4.2.2 nur für Lochsteinmauerwerk aus Ziegeln anzuwenden. Für Lochsteinmauerwerk aus

Leichtbetonsteinen waren zum Zeitpunkt der Normerstellung keine Angaben zur Verminderung des Stoßstellendämm-Maßes verfügbar. Zwischenzeitlich gibt es hierzu allerdings eine Zulassung des DIBt (Z-23.22-2074), in der die Berechnung des Stoßstellendämm-Maßes für einige Leichtbeton-Lochsteine geregelt ist.

Um einen so genannten Winkelstoß handelt es sich, wenn bei versetzten Räumen die Außenwand an der Stoßstelle um 90° abknickt. Normativ ist nicht geregelt, wie mit der Verminderung des Stoßstellendämm-Maßes ΔK_{ij} an Lochsteinaußenwänden mit Winkelstößen umgegangen werden soll. Hier wird von den Autoren empfohlen, die Verminderung ebenfalls zu berücksichtigen.

5.3.8.5 Inhomogene Stöße

Stumpfstoßabriss

Im Bereich des Anschlusses der Trennwand an die Außenwand wurde in der Vergangenheit immer wieder über Probleme beim sogenannten Stumpfstoß von monolithischen Wänden berichtet. Bei dieser Ausführung wird die Wohnungstrennwand stumpf an die durchlaufende Außenwand angeschlossen. Zur Übertragung von statischen Kräften werden bei diesem Detail meist Mauerwerksanker zwischen Trennwand und Außenwand eingelegt. Der biegesteife Verbund zwischen Trennwand und Außenwand, notwendig für die Stoßstellendämmung, muss allerdings durch den Mauermörtel hergestellt werden. Ist dieser Verbund nicht gegeben, z. B. ein Fehlen des Mörtels oder durch einen Abriss der Wand infolge von Schwinden der Trennwand, vermindert sich das Stoßstellendämm-Maß auf dem Weg entlang der Außenwand und damit die Flanken- und die resultierende Dämmung zwischen den Räumen. Viele Hersteller von Mauerwerkssteinen empfehlen deshalb in ihren Ausführungsdetails, die Trennwand mit der Außenwand verzahnt zu mauern oder die Trennwand nach außen zu führen, was allerdings ohne zusätzliche Wärmedämmung auf der Deckenstirnseite nur bei zusatzgedämmten Konstruktionen möglich ist. Ein abgerissener Stoß kann rechnerisch erfasst bzw. seine Auswirkung auf die resultierende Schalldämmung ermittelt werden, indem in einem Berechnungsprogramm (z. B. KS-Schallschutzrechner) die Außenwand von der Trennwand als elastisch entkoppelt angenommen wird.

Stöße außerhalb des Bauteilkataloges

Die Berechnung des Stoßstellendämm-Maßes erfolgt für übliche Stöße in Abhängigkeit vom Verhältnis der flächenbezogenen Massen, unabhängig von der genauen konstruktiven Ausbildung der Stoßstelle. Für homogene Stöße, z. B. zwischen Betondecken und homogenem Mauerwerk, trifft dies zwar zu, jedoch gibt es eine Reihe üblicher Detailausbildungen besonders im Bereich des Anschlusses der Trenndecke an wärmedämmende Außenwände, bei welchen das Stoßstellendämm-Maß von der Ausbildung der Stoßstelle bestimmt wird.

Für den Knotenpunkt Decke – Außenwand ergibt sich auch für monolithisches Mauerwerk eine Abhängigkeit des Stoßstellendämm-Maßes von der Knotenpunktausbildung. In Bild 5.13 sind 2 typische Ausführungsvarianten der Betondeckendämmung im Bereich der wärmedämmenden Außenwand dargestellt.

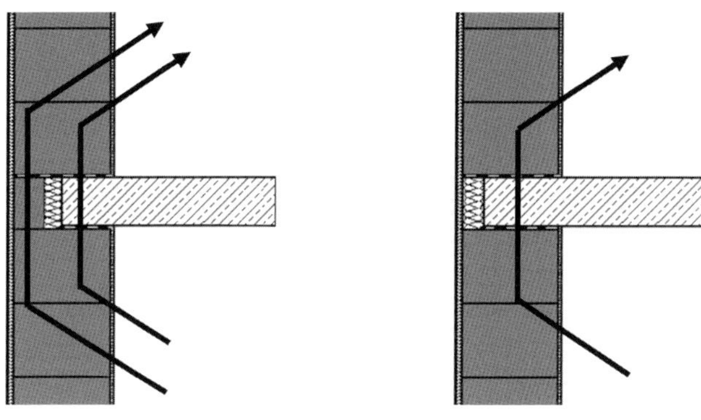

Quelle: Autoren

Bild 5.13: Typische Knotenpunktausbildung Decke – Außenwand für wärmedämmendes Mauerwerk; links: Wärmedämmung und Vormauerung vor der Betondecke; rechts: nur Wärmedämmung vor der Betondecke

Messtechnische Untersuchungen an Versuchsaufbauten mit unterschiedlicher Knotenpunktausbildung zeigen, dass die Konstruktion der Stoßstelle (z. B. Lage der Wärmedämmung oder die Anordnung von Vormauerungen) die Stoßstellendämmung beeinflussen kann [449]. Durch die Anordnung der Wärmedämmung zwischen Vormauerung und Deckenstirnseite (Bild 5.13 links) wird die Vormauerung von der Decke akustisch entkoppelt, und es kommt zu einer Schallübertragung über diese Vormauerung und damit zu einer gegenüber einem homogenen Stoß verminderten Stoßstellendämmung auf dem Übertragungsweg Ff. Diese Messergebnisse bestätigten Berechnungen zum Stoßstellendämm-Maß mittels FEM (siehe hierzu Bild 5.14) [450]. Bei dieser Untersuchung ergab sich für die Variante mit Vormauerung vor der Deckenstirnseite im Frequenzbereich oberhalb 800 Hz eine Verminderung der Schnellepegeldifferenz um ca. 5 dB.

Die ermittelten Stoßstellendämm-Maße hängen bei Lochsteinen nicht nur von den flächenbezogenen Massen der an der Stoßstelle beteiligten Bauteile und der konstruktiven Ausbildung der Stoßstelle, sondern auch vom Lochstein selbst bzw. dessen Schalldämm-Maß ab. Von Seiten der Hersteller wärmedämmender Außenwandsteine wurde deshalb eine Reihe von Messungen an Versuchsaufbauten mit unterschiedlicher Konstruktion der Deckenauflager durchgeführt. Die messtechnisch ermittelten Stoßstellendämm-Maße wurden dann von den Herstellern in ihren Berechnungsprogrammen hinterlegt, so dass hinsichtlich des verwendeten Außenwandsteines und der geplanten konstruktiven Ausbildung der Stoßstelle mit dem entsprechenden Stoßstellendämm-Maß gerechnet werden kann.

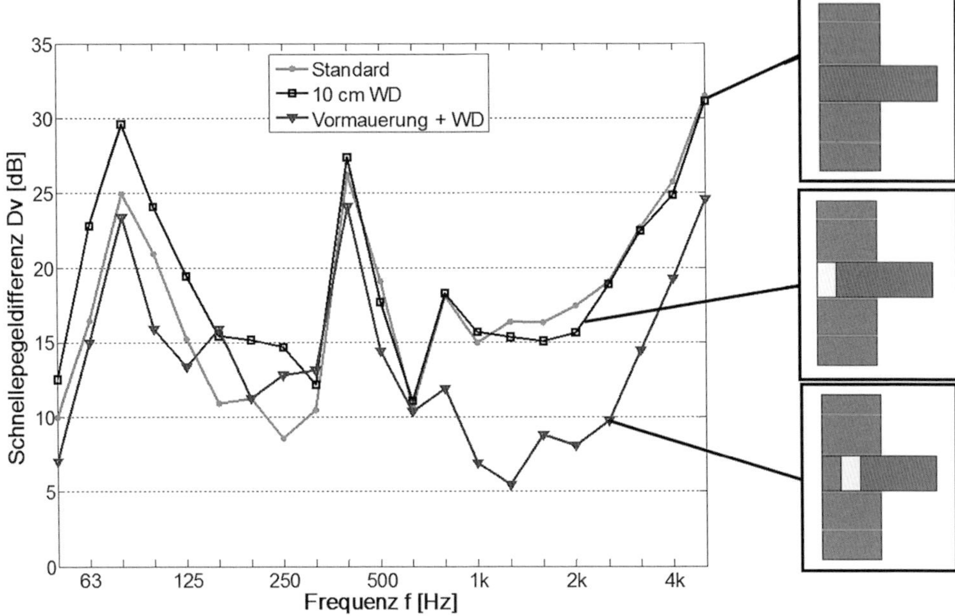

Quelle: Autoren

Bild 5.14: Mittels FEM berechnete Schnellepegeldifferenzen an der Stoßstelle Außenwand – Decke bei unterschiedlicher Ausbildung des Knotenpunktes

Versetzte Stöße

In Planunterlagen finden sich immer wieder Stoßstellen, bei welchen es unklar ist, ob es sich um einen T-Stoß oder um einen Kreuzstoß handelt, da der Versatz der gegenüberliegenden Bauteile wie in der mittleren Abbildung in Bild 5.15 gering ist. Zum Einfluss der Versatzgröße wurden FEM-Berechnungen [451] an Stoßstellen durchgeführt und Schnellepegeldifferenzen zwischen den Bauteilen bei einem unterschiedlichen Versatz der Bauteile berechnet. Es zeigte sich, dass erst bei einem Versatz von 0,5 m im mittleren Frequenzbereich deutliche Pegelunterschiede auf dem Empfangsbauteil auftraten. Zwar ergibt sich mit steigendem Versatz der Bauteile eine kontinuierliche Zunahme der Schnellepegeldifferenz, vereinfachend wurde jedoch folgende Vorgehensweise für die Norm gewählt: Ist der Versatz kleiner als 0,5 m, wird er nicht berücksichtigt, ist der Versatz 0,5 m oder größer, wird das Bauteil zwischen den versetzten Bauteilen zum Empfangsbauteil. Beispielhaft wird dies in Bild 5.15 für die Übertragung zwischen Senderaum (SR) und Empfangsraum (ER) bei einem Kreuzstoß dargestellt. Bei einem Versatz der gegenüberliegenden Wände von $d < 0{,}5$ m wird näherungsweise mit einem Kreuzstoß (und damit entsprechend der linken Abbildung) gerechnet, und der Versatz bleibt gänzlich unberücksichtigt. Bei einem Versatz der gegenüberliegenden Wände von $d \geq 0{,}5$ m wird (wie in der rechten Abbildung dargestellt) das Bauteil, an dem der Versatz auftritt, zum flankierenden Bauteil (f), und es entsteht ein T-Stoß mit einem entsprechend geringeren Stoßstellendämm-Maß.

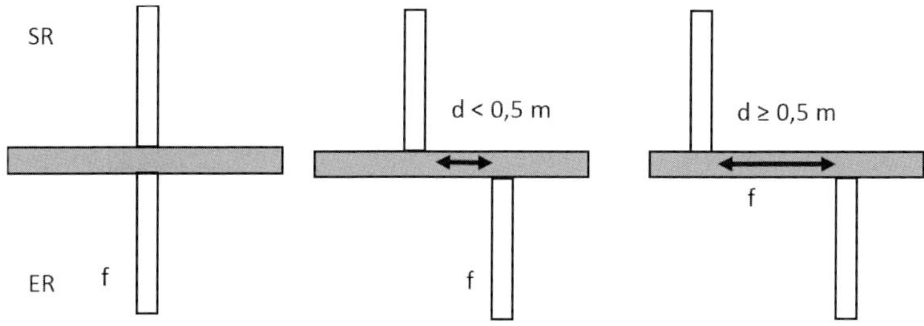

Quelle: Autoren

Bild 5.15: Stöße mit unterschiedlichem Versatz der gegenüberliegenden Bauteile bei einem Kreuzstoß

In nachfolgender Abbildung ist die Problematik des Versatzes für einen T-Stoß dargestellt. Hier entsteht bei einem Versatz von $d \geq 0{,}5$ m ein neuer T-Stoß (Bild 5.16) mit möglicherweise geänderten flächenbezogenen Massen, da das flankierende Bauteil (f) eine andere flächenbezogene Masse aufweisen kann.

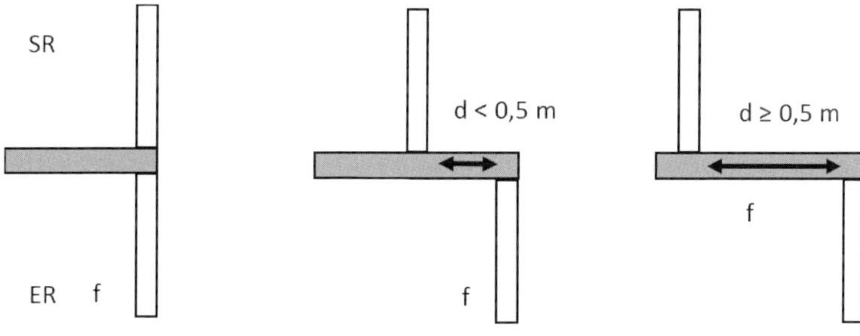

Quelle: Autoren

Bild 5.16: Stöße mit unterschiedlichem Versatz der gegenüberliegenden Bauteile bei einem T-Stoß

Stöße mit unterschiedlichen flächenbezogenen Massen

Wie im vorangegangenen Abschnitt beschrieben, gelten für T- und Kreuz-Stöße die dort genannten Gleichungen nur für Stoßstellen, bei denen die gegenüberliegenden Bauteile (sofern vorhanden) die gleiche flächenbezogene Masse aufweisen. Allerdings haben im realen Baugeschehen diese Bauteile nicht immer die gleiche flächenbezogene Masse. Deshalb kann in einer ersten Näherung bei unterschiedlichen flächenbezogenen Massen der gegenüberliegenden Bauteile mit einer mittleren flächenbezogenen Masse gerechnet werden.

BEISPIEL

Kreuzstoß entsprechend Bild 5.9, allerdings mit $m_2 \neq m_4$. Folgende flächenbezogenen Massen werden angesetzt: Betondecke $m_1 = m_3 = 480$ kg/m², Trennwand $m_2 = 470$ kg/m² und Innenwand $m_4 = 220$ kg/m².

Für den Übertragungsweg 1–3 ergibt sich $M = \lg((470/2 + 220/2)/480) = -0{,}143$ und aus Gl. (5.18) $K_{13} = 6{,}4$ dB. Für die Übertragungswege 1–2 und 1–4 ergibt sich die gleiche Hilfsgröße M und aus Gl. (5.20) folgt $K_{12} = K_{14} = 1{,}8$ dB.

Für den Übertragungsweg 2–4 ergibt sich $M = \lg(480/(470/2 + 220/2)) = 0{,}143$ und aus Gl. (5.18) $K_{24} = K_{13} = 11{,}3$ dB. Für die Übertragungswege 1–2 und 1–4 ergibt sich die gleiche Hilfsgröße M und aus Gl. (5.20) folgt $K_{21} = K_{23} = 1{,}8$ dB.

Allerdings zeigt sich bei einer Grenzwertbetrachtung, wenn z. B. die flächenbezogene Masse eines Bauteils m'_i gegen 0 kg/m² strebt und damit aus dem Kreuz-Stoß ein T-Stoß wird, dass sich hier beträchtliche Unterschiede einstellen. Eine Mittelwertbildung ist deshalb nur in einem gewissen Rahmen, z. B. solange der Massenunterschied kleiner 50 % ist, sinnvoll.

Winkelstöße

In ausgeführten Bauten sind bei T-Stößen häufig so genannte „abknickende“ Stoßstellen anzutreffen. Bei diesen handelt es sich entsprechend Bild 5.17 links z. B. um relativ leichte Außenwände (Bauteile 1 und 3), die im Bereich der schweren Wohnungstrennwand (Bauteil 2) einen 90°-Winkel bilden.

Für solche Stoßstellen ist es nicht mehr sinnvoll, mit der mittleren flächenbezogenen Masse (aus Bauteil 1 und Bauteil 2) das Stoßstellendämm-Maß entsprechend dem vorangegangenen Abschnitt zu ermitteln. Die gewählte Vorgehensweise zur Berechnung des Stoßstellendämm-Maßes für „abknickende“ Stöße ergibt sich aus einer gedachten 90°-Drehung des „abknickenden“ Bauteils entsprechend Bild 5.17 rechts. Das Stoßstellendämm-Maß wird nun entsprechend den Gleichungen aus 5.3.8.2 berechnet. Aufgrund der um 90° gedrehten Position des Bauteils 1 kann auf dem Weg 1–3 eine um 3 dB höhere Stoßstellendämmung angesetzt werden, während sich auf dem Weg 1–2 eine um 3 dB verminderte Stoßstellendämmung ergibt. Eine gleiche flächenbezogene Masse kann auch in solchen Fällen angesetzt werden, bei welchen sich die Bauteile nur geringfügig (z. B. um weniger als 10 %) unterscheiden.

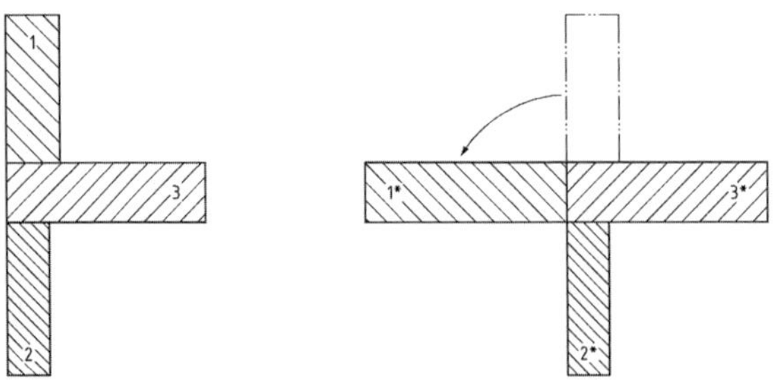

Quelle: [34]

Bild 5.17: Darstellung eines „abknickenden“ T-Stoßes

5.3.8.6 Stoßstellendämm-Maße mit elastischen Zwischenschichten

Elastische Entkopplung

Vor allem im Geschosswohnungsbau kommen leichte, nichttragende Massivwände als Raumtrennwände innerhalb der eigenen Wohnung zum Einsatz. Diese können statisch bei Unterschreitung eines Flächengewichts von 150 kg/m^2 durch einen pauschalen Zuschlag auf die Verkehrslasten der Decken Berücksichtigung finden. Neben diesen nichttragenden Innenwänden wird im Geschosswohnungsbau häufig tragendes Mauerwerk auch in kleinen Rohdichten (z. B. Porenbeton) ausgeführt. Die flankierende Übertragung über diese leichten tragenden und nichttragenden Bauteile kann durch elastische Zwischenschichten vermindert werden. Die Wirksamkeit der Zwischenschichten hängt bei tragenden Wänden stark von der tatsächlich vorhandenen Last ab. Neben der Steifigkeit der Zwischenschicht bestimmt aber auch die Ausführungsqualität die erreichbare Stoßstellendämmung.

Messungen zum Stoßstellendämm-Maß an freistehenden Stößen mit unterschiedlichen elastischen Schichten zwischen trennendem und flankierendem Bauteil ergaben im unverputzten Zustand, gegenüber dem „starren" Stoß, eine deutlich höhere Stoßstellendämmung [452]. Durch ein Überputzen der Entkopplungsschichten wird die flankierende Wand über den Putz angeregt und die akustische Wirkung der Trennung deutlich vermindert. Auch bei einem ausgeführten so genannten „Kellenschnitt" (Trennen des noch plastischen Putzes in der Ecke bei der Verarbeitung) zeigt sich, dass hier gegenüber dem unverputzten Stoß eine deutliche Verminderung der Stoßstellendämmung eintritt. Mittels eines entsprechenden Profils können die Wohnungstrennwand, die flankierende leichte Innenwand und der aufgebrachte Innenputz sicher getrennt werden.

Ein Beispiel für solch eine elastische Entkopplung wird in Bild 5.18 anhand einer massiven nichttragenden Innenwand aus Hochlochziegelmauerwerk, entkoppelt mit einem Polypropylen-Profil, an einem freistehenden Kreuz-Stoß aus Verfüllziegelmauerwerk (d = 240 mm, RDK 2,0) und Hochlochziegelmauerwerk (d = 115 mm, RDK 0,8) beschrieben [453]. Das Profil wurde dabei mit bauüblichem Kleber an der Verfüllziegelwand angebracht und diente dann als Anschlagleiste für die Innenwandsteine. Nach dem Aufmauern wurden die Wände verputzt.

Das Diagramm in Bild 5.18 zeigt das messtechnisch ermittelte Stoßstelldämm-Maß K_{ij} auf dem Weg 1–2 über das Profil hinweg im Vergleich zum Stoßstellendämm-Maß einer massiv angemörtelten Hochlochziegelwand. Die Stoßstellendämmung mit Profil steigt mit der Frequenz an. Als Einzahlangabe wird nach DIN EN ISO 10848-1 [99] das Stoßstellendämm-Maß K_{ij} arithmetisch im Frequenzbereich von 200 Hz bis 1 250 Hz gemittelt. Rechnerisch wird für den starren Anschluss z. B. nach DIN EN 12354-1, Anhang E ein Stoßstellendämm-Maß von K_{ij} = 10,9 dB erwartet, messtechnisch wurde ein K_{ij} = 16,7 dB ermittelt. Durch die flexible Zwischenschicht wird nun das Stoßstellendämm-Maß auf K_{ij} = 34,6 dB erhöht und damit um fast 20 dB gegenüber dem messtechnisch ermittelten Wert für den starren Anschluss verbessert.

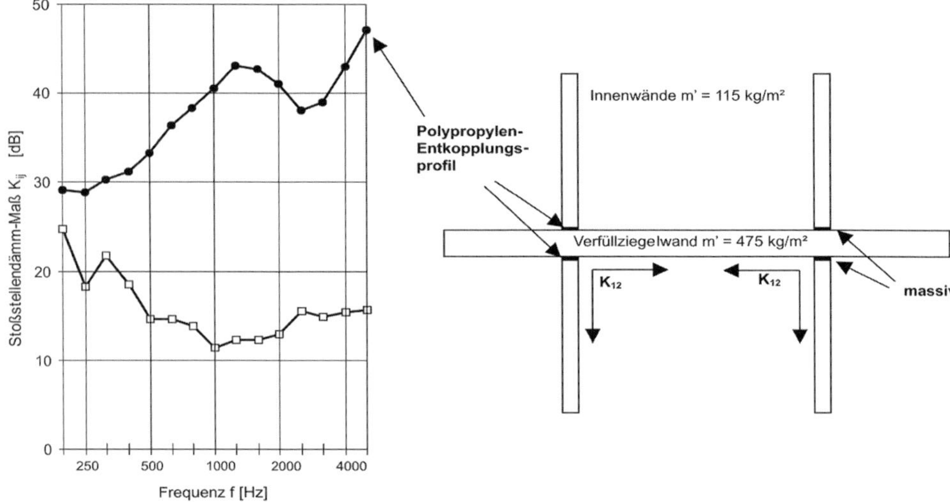

Quelle: Autoren

Bild 5.18: Messtechnisch ermitteltes Stoßstellendämm-Maß K_{ij} für flexiblen und massiven Anschluss einer Hochlochziegelwand an eine Füllziegelwand

Wenn elastische Zwischenschichten zwischen Bauteilen im Bereich der Stoßstelle die Stoßstellendämmung zum entkoppelten Bauteil erhöhen, wird gleichzeitig allerdings die Stoßstellendämmung zwischen den nicht entkoppelten Bauteilen vermindert. Die Verbesserung des Stoßstellendämm-Maßes ΔK_{ij} ist dabei abhängig von der Steifigkeit der Zwischenschicht. Sie ist frequenzabhängig und steigt üblicherweise oberhalb einer von der Steifigkeit der Zwischenschicht abhängigen Frequenz um ca. 3 dB/Oktave an.

Für die Berechnung mit Einzahlangaben kann die Verbesserung ΔK_{ij}, in Abhängigkeit von der Steifigkeit der Zwischenschicht (berechnet aus E-Modul E und Dicke t der Zwischenschicht) für einen Bereich der Steifigkeiten E/t von 20 MN/m^2 bis 200 MN/m^2 wie folgt abgeschätzt werden:

$$\Delta K_{ij} = 36\text{ dB} - 15\lg\left(\frac{E}{t}\right)\left[\text{dB}\right] \tag{5.29}$$

Werden Trennschichten mit geringeren Steifigkeiten verwendet, so kann von einer vollständigen Entkopplung ausgegangen werden und die Verbesserung des Stoßstellendämm-Maßes ist entsprechend 5.3.8.8 zu berechnen. Stoßstellen zwischen Massivbauteilen und Gipswandbauplatten werden in der Norm gesondert behandelt (siehe Abschnitt 5.3.8.7) und sind nicht entsprechend den Vorgaben für elastische Zwischenschichten zu berechnen.

Im nachfolgendem Bild 5.19 ist das Bauteil 1 und sofern vorhanden das Bauteil 3 vom Bauteil 2 und sofern vorhanden vom Bauteil 4 elastisch entkoppelt. Die Stoßstellendämmung zwischen den Bauteilen 1 und 2, zwischen den Bauteilen 1 und 3 und zwischen den Bauteilen 2 und 3 wird verbessert, während die Stoßstellendämmung auf dem Weg 2–4 aufgrund der Entkopplung vermindert wird.

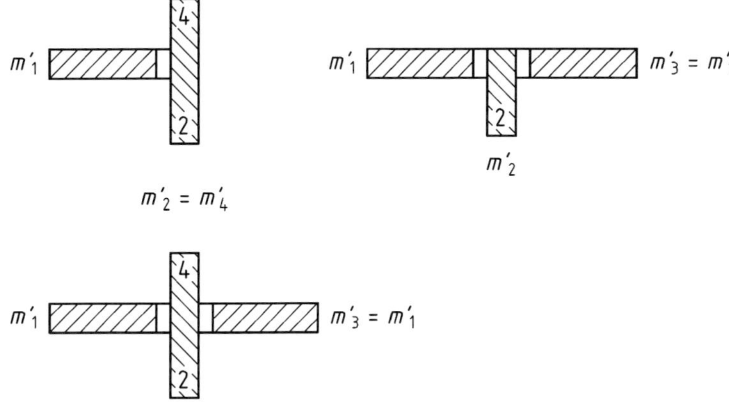

Quelle: [34], geändert durch Autoren (s. Anmerkung)

Bild 5.19: Stoßstellen mit unterschiedlicher Anordnung von elastischen Zwischenschichten

Durch entsprechende Entkopplungsstreifen kann die flankierende Schallübertragung z. B. über relativ leichte nichttragende Innenwände deutlich verbessert werden. Um eine akustisch wirksame Entkopplung sicherzustellen, muss auch der aufgebrachte Putz getrennt werden. Hierzu werden am besten vorgefertigte Profile verwendet, die eine akustische Trennung sicher und dauerhaft gewährleisten.

Die Berechnung des Stoßstellendämm-Maßes auf den verschiedenen Übertragungswegen erfolgt entsprechend den nachfolgenden Gleichungen.

$$\text{mit } M = \lg \frac{m'_2}{m'_1}:\; K_{12} = K_{14} = 5{,}7 + 5{,}7M^2 + \Delta K_{ij} \text{ dB} \tag{5.30}$$

$$K_{13} = 5{,}7 + 14{,}1M + 5{,}7M^2 + 2\Delta K_{ij} \text{ dB} \tag{5.31}$$

$$K_{24} = 3{,}7 + 14{,}1M + 5{,}7M^2 \text{ dB} \quad \text{mit} \quad -4 \le K_{24} < 0 \text{ dB} \tag{5.32}$$

Mit Gl. (5.32) wird aber auch deutlich, dass eine Entkopplung des Trennbauteils von den flankierenden Bauteilen die Stoßstellendämmung entlang des flankierenden Bauteils vermindert und entsprechend zu einer geringeren Schalldämmung zwischen den Räumen führen kann.

ANMERKUNG

In DIN 4109-32:2016-07, Bild 17 ist ein redaktioneller Fehler: In der linken oberen Zeichnung ist die Nummerierung falsch. Das Bauteil mit der Nummer 3 muss die Nummer 4 erhalten, damit in der Norm die nachfolgenden Formeln korrekt angewendet werden können.

In DIN 4109-32:2016-07, Gl. (46) ist ein redaktioneller Fehler: nach dem Komma muss anstelle der Zahl „4“ die Zahl „−4“ stehen.

5.3.8.7 Stoßstellendämm-Maße bei Gipswandbauplatten

Gipswandbauplatten werden im Geschosswohnungsbau als nichttragende Trennwände eingesetzt. Sie werden dort in der Regel durch elastische Randstreifen von den massiven Bauteilen wie Stahlbetondecken, Wohnungstrennwänden oder den Außenwänden entkoppelt. Die Entkopplung der Gipswandbauplatten von trennenden Bauteilen sorgt in Abhängigkeit von den verwendeten Randstreifen für eine erhöhte Stoßstellendämmung. Die Berechnung des Stoßstellendämm-Maßes erfolgt aus den flächenbezogenen Massen entsprechend den Gleichungen in 5.3.8.2 unter Berücksichtigung der in DIN 4109-32 in Tabelle 7 angegebenen Korrekturwerte für elastisch entkoppelte Gipswände.

Mit Korrekturwerten von 2 dB bzw. 5 dB auf dem Weg 1–2 und von 12 dB bzw. 15 dB für den Weg 1–3 jeweils für die vertikale bzw. die horizontale Übertragung wird im Geschosswohnungsbau häufig ein Schallschutz erreicht, der deutlich über den Mindestwerten der DIN 4109-1 liegt. Diese Bauweise mit leichten entkoppelten Wänden wurde hinsichtlich ihrer akustischen Eigenschaften in der Vergangenheit teilweise kritisch betrachtet, es zeigt sich aber, dass trotz geringer flächenbezogener Masse durch entsprechende Entkopplung ein guter Schallschutz möglich ist. Voraussetzung ist allerdings eine handwerklich saubere Ausführung der Trennung der Gipswände von den Massivbauteilen durch die Randdämmstreifen, wobei einzelne punktuelle Verbindungen zwischen Gipswandbauplatte und Massivbauteil (z. B. im Bereich von Elektrokabeldurchführungen) unproblematisch sind.

ANMERKUNG

In DIN 4109-32:2016-07, Tabelle 7, Zeile 1, Spalte 5 ist ein redaktioneller Fehler: Der dort genannte Wert der Verbesserung auf dem Weg Ff von ΔK_{ij} = 2 dB muss korrigiert werden und ist ΔK_{ij} = 12 dB.

5.3.8.8 Besondere Stoßstellendämm-Maße

Stoßstellendämm-Maße bei vollständiger Entkopplung

Werden Bauteile akustisch vollständig entkoppelt, kann keine Schallenergie über diese Stoßstelle übertragen werden. Physikalisch bedeutet dies, dass an der Stoßstelle keine Kräfte oder Momente übertragen werden. Solch ein Bauteil ist dann zwar vom trennenden Bauteil vollständig entkoppelt, hat aber weiterhin Kontakt zu anderen Bauteilen. Über diese anderen angrenzenden Bauteile kann das vom Trennbauteil entkoppelte Bauteil aber weiterhin angeregt werden. Da die Schallübertragung in solch einem Fall über mehrere Stoßstellen erfolgt, werden diese Übertragungswege im Rechenverfahren nicht direkt berücksichtigt. Um jedoch den Einfluss dieser Schallübertragungswege zu berücksichtigen, wird die erreichbare Verbesserung durch das vollständige Entkoppeln der Bauteile auf ΔK_{ij} = 20 dB begrenzt.

BEISPIEL

Eine flankierende leichte massive Innenwand aus Mauerwerk ist z. B. durch 20 mm eingelegten Mineralfaserdämmstoff von einer Wohnungstrennwand getrennt. Damit kann der Anteil der über die Fuge übertragenen Schallenergie vernachlässigt werden. Die betrachtete Innenwand steht allerdings noch auf dem massiven Fußboden. Damit wird die leichte massive Innenwand über den Fußboden angeregt und kann entsprechend Schallenergie abstrahlen. Diese Übertragungswege höherer Ordnung werden durch eine Begrenzung der Verbesserung des Stoßstellendämm-Maßes ΔK_{ij} berücksichtigt.

Stoßstellendämm-Maße Leichtbau

Stoßstellendaten für die Bauteile des Holz-, Leicht- und Trockenbaus sind normativ nicht dargestellt, da bei diesen Bauteilen direkt die Norm-Flankenpegeldifferenz in DIN 4109-33 angegeben wird. In DIN EN ISO 12354-1:2017 werden in Anhang E Stoßstellendämm-Maße für Stoßstellen zwischen zweischaligen Leichtbauwänden und Massivbauteilen in Abhängigkeit vom Verhältnis der flächenbezogenen Massen und von der Frequenz angegeben. Im Anhang F werden Angaben zum Stoßstellendämm-Maß von Massivholzbauteilen (Brettsperrholz, Brettstapel- oder Brettschichtholz) gemacht. Mit diesen frequenzabhängigen Daten können für Massivholzbauten Flankendämm-Maße wie im Massivbau berechnet werden, wobei die Stoßstellendämmung dabei aufgrund der „weicheren" Verbindung an den Stoßstellen deutlich größer ist.

Weitere Berechnungsmöglichkeiten für Stoßstellendämm-Maße

Während die derzeitigen Formeln zur Berechnung des Stoßstellendämm-Maßes nur die flächenbezogene Masse der Bauteile berücksichtigen, werden im Anhang E4 zur DIN EN ISO 12354-1:2017 Angaben zum Stoßstellendämm-Maß in Abhängigkeit von weiteren Materialparametern (Longitudinalwellengeschwindigkeit) für unterschiedliche Frequenzbereiche (tief-, mittel- und hochfrequent) gemacht. Diese Angaben beruhen auf Simulationsberechnungen und sollen die Streuung der Stoßstellendämm-Maße beim Stoß unterschiedlicher Materialien vermindern. Ob hierdurch allerdings die Stoßstellendämmung der betrachteten Bausituation besser beschrieben wird, ist bislang nicht nachgewiesen.

5.4 DIN 4109-33: Holz-, Leicht- und Trockenbau

5.4.1 Grundlagen

DIN 4109-33 ist der Bauteilkatalog für den Holz-, Leicht- und Trockenbau. Während im Massivbau die schalltechnischen Eigenschaften aus der flächenbezogenen Masse berechnet werden, kann diese Herangehensweise für den Holz-, Leicht- und Trockenbau nicht übernommen werden. Die unterschiedlichen Konstruktionen müssen detailliert beschrieben werden und die entsprechenden schalltechnische Kennwerte ermittelt aus Messungen im Prüfstand werden diesen Konstruktionen entsprechend zugeordnet. Schalltechnische Kennwerte sind hierbei das bewertete Direktschalldämm-Maß R_w und bei Decken zusätzlich der bewertete Norm-Trittschallpegel $L_{n,w}$ der Konstruktion. Weiterhin werden für Konstruktionen des Holz-, Leicht- und Trockenbaus Norm-Flankenschallpegeldifferenzen $D_{n,f,w}$ angegeben, mit denen die flankierende Übertragung der Konstruktion meist in Abhängigkeit von der jeweiligen Stoßstellenausbildung beschrieben wird.

Die in DIN 4109-33 behandelten Wandkonstruktionen sind mit Gips-, Holz- oder Holzwerkstoff-Platten beplankte Metall- oder Holzständerwände sowie Massivholzwände. Außerdem werden Dächer und Decken mit einer tragenden Holz- oder Metallkonstruktion behandelt. Die verschiedenen Bauteile des Holz-, Leicht- und Trockenbaus sind dann wie folgt unterteilt:

- Wände
  - Metallständerwände
  - Holztafelwände
    - Innenwände ohne Vorsatzkonstruktion
    - Innenwände mit Vorsatzkonstruktion
    - Gebäudetrennwände
    - Außenwände
  - Massivholzwände
- Dächer
  - geneigte Dächer
    - mit Aufsparrendämmung
    - mit Zwischensparrendämmung
    - mit Auf- und Zwischensparrendämmung
  - Flachdächer
- Decken
  - Holzbalkendecken
    - ohne Unterdecken
    - mit Unterdecken an Lattung
    - mit Unterdecken an Federschienen
  - Brettstapeldecken

Ein solcher Bauteilkatalog kann weder vollständig noch aktuell sein, da von der Baustoffindustrie laufend neue Materialien am Markt platziert und Baukonstruktionen weiterentwickelt werden. Ein Bauteilkatalog kann solche Entwicklungen nur teilweise und verzögert wiedergeben. Ein Großteil der Untersuchungen zur Direkt- und zur Flankenschalldämmung des Holz-, Leicht- und Trockenbaus wurde im Rahmen von Forschungsarbeiten in den Jahren 1998 bis 2003 [340] erarbeitet. Besonders durch steigende Anforderungen im Bereich des Wärmeschutzes hat sich gegenüber den Ausführungen im Beiblatt 1 zu DIN 4109:1989 die Konstruktion der Außenbauteile stark verändert. Die in dieser Norm dargestellten Bauteilaufbauten geben einen Querschnitt über die üblichen und häufig am Bau anzutreffenden Konstruktionen. Manche häufig zu findende Konstruktionen (wie z. B. Stahltrapezblechdächer) fehlen aufgrund nicht vorhandener Prüfwerte.

In DIN 4109-33 wurde wie in den anderen Teilen des Bauteilkatalogs folgende Struktur für die Darstellung der einzelnen Bauteilgruppen gewählt:

- Beschreibung der Bauteilgruppe
- Die Schalldämmung beeinflussende Größen
- Hinweise für Planung und Ausführung
- Daten für den rechnerischen Nachweis
- Herkunft der Daten

Die Beschreibung einer Konstruktion in diesem Teil der Norm erfolgt aus akustischer Sicht und ist keine vollständige Konstruktionsbeschreibung. Auf eine Beschreibung wärme- oder feuchtetechnisch notwendiger Zwischenschichten, die akustisch nicht relevant sind, wird hier verzichtet. Angaben zur Konstruktion (z. B. Abmessungen, Rohdichte, flächenbezogene Masse) werden häufig als Mindest- oder Maximalwerte angegeben, je nachdem wie das akustische Verhalten der Konstruktion von den benannten Einflussgrößen abhängt.

- Beispiel 1: Achsabstand zwischen den Holzsparren: bei kleineren Abständen als die genannten Mindestwerte verschlechtert sich die Schalldämmung.
- Beispiel 2: Abhängehöhe von Unterdecken: bei größeren Abhängehöhen als die genannten Maximalwerte vermindert sich die Flankendämmung.

Die im Bauteilkatalog genannten Werte zur Luft-, Tritt- und Flankenschalldämmung stammen entweder direkt aus Prüfstandsmessungen oder aus dem Beiblatt 1 zu DIN 4109:1989. Bei den Ergebnissen aus Prüfständen wurden diese ohne Abschläge in den Bauteilkatalog übernommen, teilweise wurden Prüfergebnisse von ähnlichen Konstruktionen zusammengefasst. Erkennbar sind diese neueren Prüfungen an der zusätzlichen Angabe der Spektrumanpassungswerte. Wenn Angaben aus dem Beiblatt 1 übernommen wurden, dann wurde das darin enthaltene Vorhaltemaß herausgerechnet, da das Prinzip der so genannten „Rechenwerte" in DIN 4109:2016 durch das neue Sicherheitskonzept ersetzt wurde. Unsicherheiten werden nun nicht mehr unmittelbar beim betrachteten Bauteil (als Vorhaltemaß), sondern als Sicherheitsbeiwert für die gesamte Prognoserechnung berücksichtigt. Aus diesem Grund wurden z. B. die Werte der aus Beiblatt 1 stammenden Schalldämm-Maße von Wand- und Deckenkonstruktionen für DIN 4109-33 um 2 dB angehoben.

5.4.2 Direktschalldämmung

Nachfolgend werden die Daten des Bauteilkatalogs zur Direktschalldämmung vorgestellt.

5.4.2.1 Metallständerwände mit Gipsplatten

Eine umfassende Beschreibung dieser Bauteilgruppe mit entsprechenden Skizzen für Einfach- und Doppelständerwerke sowie den Anschluss dieser Wände an Massivbauteile ist in DIN 4109-33 unter 4.1.1.1 zu finden. Am wichtigsten ist hier die Tabelle 2, die nachfolgend als Tabelle 5.3 abgebildet ist. Sie beschreibt die Schalldämmung der unterschiedlichen Konstruktionen.

Tabelle 5.3: DIN 4109-33, Tabelle 2 – Bewertete Schalldämm-Maße R_w für Metallständerwände mit Gipsplatten nach DIN 18183-1

Spalte	1	3	4	5		6
		Konstruktionsdetails				
Zeile	Schnitt, horizontal	Metallständerprofil[b]	Mindestschalenabstand s	Bekleidung[c] s_B	Mindestdämmschichtdicke[a] s_D	R_w
		mm	mm	mm	mm	dB
1		CW 50	50		40	**41**
2		CW 75	75		60	**42**
3				GK 12,5	40	**43**
4		CW 100	100		60	**44**
5					80	**45**
6		CW 50	50		40	**48**
7		CW 75	75		40	**48**
8				GK 12,5 + GK 12,5	60	**51**
9					40	**49**
10		CW 100	100		60	**51**
11					80	**52**
12		2 × CW 50	105		2 × 40	**60**
13		2 × CW 100	205	GK 12,5 + GK 12,5	80	**61**

a MW: Mineralwolle oder WF: Holzfaser
b W: C-Wandprofil, Achsabstand ≥ 600 mm
c GK: Gipsplatte
1 elastischer Abstandhalter mit d = 5 mm

ANMERKUNG Allgemeine Produktspezifikationen siehe Tabelle 1.

Quelle: [35]

Diese Tabelle 5.3 ist im Wesentlichen vom Änderungsblatt A1 zu Beiblatt 1 vom September 2003 übernommen worden. Die in DIN 4109-33 angegebenen Schalldämm-Maße wurden gegenüber den „Rechenwerten" aus Beiblatt 1 um 2 dB angehoben, um das „Vorhaltemaß" herauszurechnen.

Weiterhin wurde in der Tabelle 2 in der Zeile 2 bei der einfach beplankten CW 75 Einfachständerwand die Mindestdämmschichtdicke (eigentlich Spalte 5, jedoch hat sich hier ein redaktioneller Fehler in der Spaltennummerierung eingeschlichen) von 40 mm auf 60 mm angehoben, wodurch sich die Schalldämmung der Konstruktion um 1 dB verbessert hat.

Die in das Änderungsblatt 2003 aufgenommenen Änderungen der bewerteten Schalldämm-Maße von Metallständerwänden aus Gipsplatten wurden notwendig, da die in Beiblatt 1 zu DIN 4109-1989 in Tabelle 23 angegebenen Schalldämm-Maße der Konstruktionen häufig nicht mehr erreicht wurden. Ursache war eine veränderte Herstellung der Gipsplatten mit einer deutlichen Reduzierung der flächenbezogenen Masse der Platten [454].

ANMERKUNG

Die am Bau noch häufig verwendete Bezeichnung „Gipskartonplatte" wie z. B. auch noch in Beiblatt 1 zu DIN 4109: „Montagewänden aus Gipskartonplatten" wurde ersetzt durch die normativ geregelte Bezeichnung „Gipsplatte". Diese mit Karton ummantelte Gipsplatte darf allerdings nicht mit der Gipswandbauplatte (massive Gipsplatten, meist in einer Dicke von 70 mm–100 mm) verwechselt werden.

Die in der Tabelle 5.3 verwendete Abkürzung GK steht für Gipsplatte, CW für C-Wandprofil, MW für Mineralwolle und WF für Weichfaser. Die entsprechenden normativen Verweise und Angaben zu den Produkteigenschaften werden in der Tabelle 1 der DIN 4109-33 gemacht. Ein Auszug aus dieser Tabelle findet sich in nachfolgender Tabelle 5.4. Es wird ein Mindestabstand zwischen den Metallständern für die angegebenen bewerteten Schalldämm-Maße von $d = 600$ mm vorausgesetzt.

Tabelle 5.4: DIN 4109-33, Tabelle 1 – Abkürzungen und Produktspezifikationen (Auszug)

Abkürzung	Beschreibung
GK	Gipsplatte nach DIN EN 520 in Verbindung mit DIN 18180, mit $m' \geq 8{,}5$ kg/m², bezogen auf 12,5 mm Plattendicke, verarbeitet nach DIN 18181
CW	C-Wandprofil mit einer Blechdicke von 0,6 mm nach DIN EN 14195 in Verbindung mit DIN 18182-1
MW	Mineralwolle nach DIN EN 13162 mit einem längenbezogenen Strömungswiderstand von 5 kPa s/m² $\geq r \geq$ 50 kPa s/m²
WF	Holzfaser nach DIN EN 13171 mit einem längenbezogenen Strömungswiderstand von 5 kPa s/m² $\geq r \geq$ 100 kPa s/m²

Quelle: [35]

Die in Tabelle 2 der DIN 4109-33 (hier als Tabelle 5.3 aufgeführt) genannten bewerteten Schalldämm-Maße reichen von $R_w = 41$ dB für eine einfach beplankte Metallständerwand mit 50 mm C-Wandprofilen bis zu $R_w = 61$ dB für eine doppelt beplankte Doppelständerwand mit 2 × 100 mm C-Wandprofilen. Die Beplankung erfolgt dabei mit Gipsplatten entsprechend Tabelle 1 der DIN 4109-32 mit einer flächenbezogenen Masse von $m' > 8{,}5$ kg/m², so dass bei diesen Konstruktionen mit Wandgewichten von unter

$m' = 20$ kg /m^2 ohne Schwierigkeiten Schalldämm-Maße von über 40 dB realisiert werden können. Gegenüber massiven Wänden ergeben sich durch die zweischalige Konstruktion bezüglich des Gewichts große Vorteile.

ANMERKUNG

Doppelt beplankte Konstruktionen bestehen aus zwei Gipsplatten, welche nacheinander punktweise auf die Metallständer aufgebracht (geschraubt) werden. Sie erhöhen die flächenbezogene Masse der beiden Schalen und vermindern hierdurch die Resonanzfrequenz der zweischaligen Konstruktion. Gleichzeitig führt eine punktweise Verbindung der Platten zu keiner nennenswerten Erhöhung der Biegesteifigkeit der Platten und damit auch nicht zu einer Verminderung der Grenzfrequenz, was sich in der Schalldämmung nachteilig auswirken würde. Damit kann die Schalldämmung der Konstruktion im gesamten Frequenzbereich verbessert werden.

Alle namhaften Hersteller von Gipsplatten produzieren neben den „Standardplatten" auch deutlich schwerere (und in der Regel auch teurere) Gipsplatten. Mit diesen akustisch „hochwertigeren" Platten lassen sich bei sonst gleicher Konstruktion zum Teil deutlich höhere Schalldämmwerte realisieren. Es ist deshalb nicht verwunderlich, dass die von den Herstellern angegebenen Schalldämmwerte für Metallständerwandkonstruktionen mit hochwertigeren Gipsplatten z. T. deutlich über den in der Norm angegebenen Schalldämmwerten liegen.

5.4.2.2 Innenwände in Holztafelbauweise

Im Unterschied zu den Metallständerwänden werden bei dieser Bauteilgruppe Ständer aus Holz eingesetzt. Weiterhin beschränkt sich die Bekleidung (oder Beplankung) hier nicht nur auf Gipsplatten, sondern es werden häufig zur Aussteifung Holzwerkstoffplatten (HW), Spanplatten (SP) oder Gipsfaserplatten (GF) etc. eingesetzt. Diese Platten werden auf die Holzständer genagelt, geklammert oder geschraubt. Eine Verklebung der Platten mit den Ständern führt in der Regel zu einer Verminderung der Schalldämmung.

In der nachfolgenden Tabelle 5.5 sind die Schalldämm-Maße für Innenwände in Holztafelbauweise aus Tabelle 3 der DIN 4109-33 dargestellt.

ANMERKUNG

Im Gegensatz zur Tabelle 2 der DIN 4109-33 werden in den nachfolgenden Tabellen der Norm meist auch die Spektrumanpassungswerte C und C_{tr} angegeben. Diese Spektrumanpassungswerte wurden bei den Messungen zur Erstellung des Bauteilkatalogs ermittelt. Sie enthalten zusätzliche Informationen zu den spektralen Dämmeigenschaften der Bauteile. In den weiteren Tabellen finden sich allerdings immer wieder Schalldämm-Maße ohne Angabe der Spektrumanpassungswerte. Die Schalldämm-Maße dieser Konstruktionen wurden dann aus dem Beiblatt 1 zu DIN 4109:1989 unter Herausrechnung des Vorhaltemaßes übernommen.

Tabelle 5.5: DIN 4109-33, Tabelle 3 – Bewertete Schalldämm-Maße R_w von Innenwänden in Holztafelbauweise ohne Vorsatzschalen

Spalte	1	2	3	4	5	6
		Konstruktionsdetails				
Zeile	Schnitt, horizontal	Mindest-dämm-schicht-dicke[a] s_D mm	Holz-ständer[b] b/h mm	Mindest-schalen-abstand s mm	Be-kleidung[c] s_B mm	R_w (C; C_{tr}) dB
1	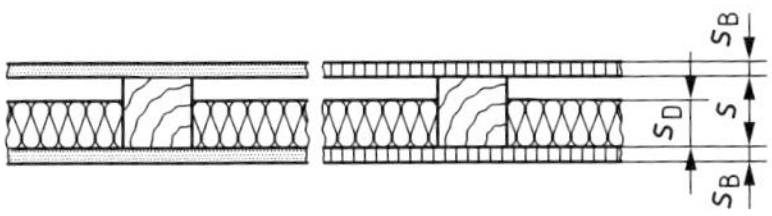	40	60/60	40	GK 12,5	**38 (−3; −8)**
2					GF 12,5	**42 (−1; −5)**
3					HW 15	**34 (−2; −6)**
4					SP 13	**40**
5	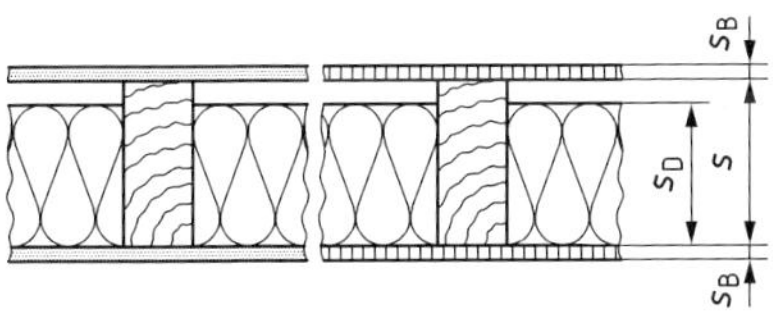	120	60/140	120	GK 12,5	**41 (−2; −7)**
6					GF 12,5	**44 (−2; −4)**
7					HW 15	**36 (−2; −7)**
8	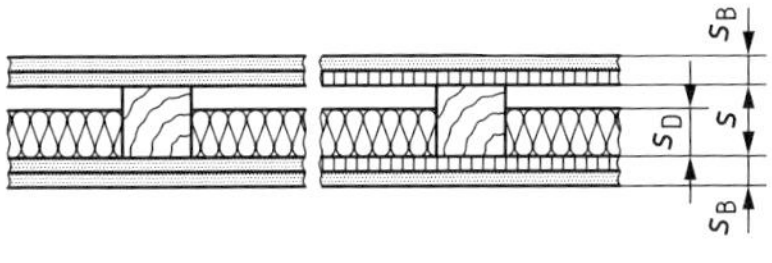	40	60/60	40	GK 12,5 + GK 12,5	**43 (−1; −5)**
9					GF 12,5 + GF 10	**47 (−2; −5)**
10					GK 9,5 + SP 13	**48**
11	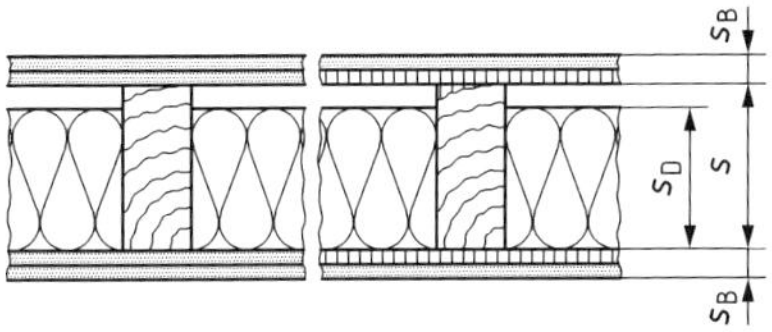	120	60/140	120	GF 10 + GF 12,5	**47 (−2; −6)**
12					GF 10 + HW 15	**47 (−2; −6)**
13					GK 9,5 + HW 15	**43 (−2; −8)**
14	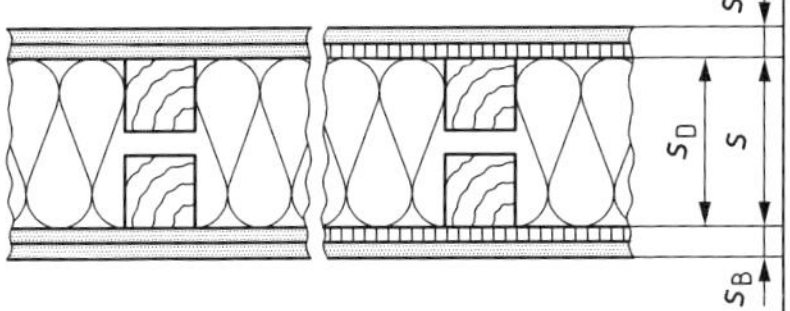	140	2 × 60/60[d]	140	GK 12,5+ HW 13	**54 (−2; −5)**
15					GF 10 + GF 12,5	**54 (−2; −5)**
16			2 × 60/60[e]		GF 10 + GF 12,5	**66 (−3; −7)**

Spalte	1	2	3	4	5	6
Zeile	Schnitt, horizontal	Konstruktionsdetails				R_w (C; C_{tr})
		Mindestdämmschichtdicke[a] s_D mm	Holzständer[b] b/h mm	Mindestschalenabstand s mm	Bekleidung[c] s_B mm	dB

a MW: Mineralwolle oder
WF: Holzfaser, Übermaß des Dämmstoffs ist zu vermeiden.
b Holzständer, Achsabstand ≥ 600 mm; der angegebene Wert für b ist ein Höchstwert, für h ein Mindestwert.
c GF: Gipsfaserplatte
GK: Gipsplatte
HW: Holzwerkstoffplatte, eine Erhöhung der Plattendicke bis 16 mm ist zulässig.
SP: Spanplatte, eine Erhöhung der Plattendicke bis 16 mm ist zulässig.
d Rähm durchlaufend.
e Rähm und Schwelle getrennt.

Quelle: [35]

Die Schalldämmung wird durch die Holzständer, durch die Beplankung und die Art der Anbringung der Beplankung am Ständer sowie durch die Dämpfung des Hohlraumes (mit Mineralwolle oder Holzfaser) bestimmt. Bei den Holzständern ist das ein gemeinsames oder ein getrenntes Ständerwerk und die Dicke der Holzständer, die bei dem gemeinsamen Ständer dem Abstand der Beplankung (meist $d = 60$ mm, 80 mm und 140 mm) entspricht. Bei der Beplankung bestimmen das Material (Holzwerkstoff oder Gipsplatte) die Dicke der einzelnen Beplankungsebenen und die Anzahl der Beplankungslagen die Schalldämmung. Die Anbringung kann direkt oder über eine Holzlattung bzw. über eine Federschiene erfolgen und beeinflusst entsprechend die Schalldämmung.

Gegenüber den Metallständern sind die beiden Wandschalen über die Holzständer deutlich stärker gekoppelt, wodurch sich in Verbindung mit der höheren Steifigkeit der Holzständer eine geringere Schalldämmung gegenüber vergleichbaren Konstruktionen mit Metallständern ergibt.

ANMERKUNG

Die Bilder in der Spalte 1 sollen die unterschiedlichen Möglichkeiten zur Ausführung der Beplankung darstellen: die Gips(karton)platten (GK) bzw. Gipsfaserplatte (GF) sind dabei punktiert (grau) gezeichnet, Holzwerkstoffplatten (HW) oder Spanplatten SP mit Kästchen. Zu beachten ist, dass die in Zeile 5 genannte Bekleidung jeweils beidseitig anzubringen ist.

Die Schalldämmung dieser Konstruktionen steigt mit dem Abstand zwischen den Holzständern. Für die angegebenen bewerteten Schalldämm-Maße wird ein Mindestabstand von $d = 600$ mm vorausgesetzt. Werden die Ständer getrennt (wie in den Zeilen 14–16 angedeutet) oder versetzt angeordnet, so dass die Bekleidung über die Holzständer konstruktiv nicht verbunden ist, können wie bei den getrennten Ständern deutlich höhere Schalldämm-Maße erreicht werden.

Die erreichbare Schalldämmung bei getrenntem Holzständerwerk hängt stark davon ab, ob die beiden Schalen auch im Bereich des Wand-Kopfes und -Fußes (Schwelle und Rähm) durchgehend getrennt oder hier verbunden sind. Der Unterschied von 12 dB zwischen Zeile 15 und 16 ergibt sich durch eine konsequente Trennung der Schalen auch in diesem Bereich.

Die Zeilen 17 bis 19 der Tabelle 3 aus DIN 4109-33 zeigen Konstruktionen, bei welchen eine der Schalen nicht direkt an den Holzständern befestigt, sondern über eine Querlattung oder mittels Federschienen bzw. durch Federbügel angebracht wurde. Sowohl durch eine Querlattung als auch durch die Federschienen wird die Beplankung von den Holzständern entkoppelt. Die Entkopplung durch die Federschiene ist gegenüber der Querlattung allerdings akustisch viel wirksamer, da die Federschiene, wie der Name schon sagt, eine gewisse „Feder-Wirkung" bzw. eine deutlich geringere Steifigkeit aufweist. Obwohl die Bekleidung durch die Lattung oder die Federschiene vor die eigentliche Tragkonstruktion gesetzt ist, handelt es sich bei diesen Konstruktionen nicht um Wände mit Vorsatzkonstruktion. Die Bekleidung auf der Lattung/Federschiene bildet den Wandabschluss, und es ist keine Platte direkt auf der Tragkonstruktion angebracht.

ANMERKUNG

Federschienen und Federbügel sind Bauteile aus gekantetem Blech. Sie dienen zur akustischen Entkopplung der Beplankung von der Tragkonstruktion (z. B. Holzständer oder Holzbalken). Sie werden quer zu dieser Tragkonstruktion angeschraubt. Zeichnungen zu Federschienen und Federbügeln sind in Bild 2 der DIN 4109-33 dargestellt.

5.4.2.3 Innenwände in Holztafelbauweise mit Vorsatzkonstruktionen

Vorsatzkonstruktionen vor Leichtbaukonstruktionen werden verwendet, um deren Schalldämmung zu erhöhen. Da die erreichte Verbesserung wesentlich von den akustischen Eigenschaften der Grundkonstruktion abhängt, ist es nicht möglich, die gesamte Schalldämmung wie für den Massivbau aus dem bewerteten Schalldämm-Maß der Grundkonstruktion R_w und einem Verbesserungsmaß ΔR_w für die Vorsatzkonstruktion zu berechnen. Für die Schalldämmung von Leichtbaukonstruktionen mit Vorsatzkonstruktionen wird deshalb stets das bewertete Schalldämm-Maß der Gesamtkonstruktion angegeben. Beispiele für solche Konstruktionen werden in DIN 4109-33 in Tabelle 4 gezeigt. Einen Auszug aus dieser Tabelle enthält Tabelle 5.6.

Tabelle 5.6: DIN 4109-33, Tabelle 4 – Bewertete Schalldämm-Maße R_w von Innenwänden in Holztafelbauweise mit Vorsatzschalen (Auszug)

Spalte	1	2	3	4	5		6
		Konstruktionsdetails					
Zeile	Schnitt, horizontal	**Mindestdämmschichtdicke**[a] s_D mm	**Holzständer**[b] b/h mm	**Mindestschalenabstand** s mm	**Bekleidung**[c] $s_{B,n}$ mm		R_w (C; C_{tr}) dB
1[d]		70	60/140	140	$s_{B,1}$	GK 12,5 + HW 13	**54 (–3; –9)**
					$s_{B,2}$	HW 13	
					$s_{B,3}$	HW 13 + GK 12,5	
2[d, e]		140	60/140	140	$s_{B,1}$	GK 12,5	**56 (–5; –12)**
					$s_{B,2}$	HW 13	
					$s_{B,3}$	HW 13 + GK 12,5	
3[d, e]		120	60/140	140	$s_{B,1}$	GK 12,5 + HW 13	**60 (–5; –12)**
					$s_{B,2}$	HW 13	
					$s_{B,3}$	HW 13 + GK 12,5	
4[e, f]		60	60/100	100	$s_{B,1}$	GF 10 + GF 10	**61 (–4; –11)**
					$s_{B,2}$	GF 12,5	
					$s_{B,3}$	GF 12,5 + GF 10	
					$s_{B,2}$	HW 13	
					$s_{B,3}$	HW 13 + GK 12,5	

Spalte	1	2	3	4	5	6
Zeile	Schnitt, horizontal	Konstruktionsdetails				R_w (C; C_{tr})
		Mindest-dämm-schicht-dicke[a] s_D	Holz-ständer[b] b/h	Mindest-schalen-abstand s	Bekleidung[c] $s_{B,n}$	
		mm	mm	mm	mm	dB

a MW: Mineralwolle oder
WF: Holzfaser, Übermaß des Dämmstoffs ist zu vermeiden.
b Holzständer, Achsabstand ≥ 600 mm; der angegebene Wert für *b* ist ein Höchstwert, für *h* ein Mindestwert.
c GF: Gipsfaserplatte
GK: Gipsplatte
HW: Holzwerkstoffplatte, eine Erhöhung der Plattendicke bis 16 mm ist zulässig.
SP: Spanplatte, eine Erhöhung der Plattendicke bis 16 mm ist zulässig.
d Federschiene mit Achsabstand 400 mm.
e Hohlraum zwischen den Federschienen gedämmt.
f Federschiene mit Achsabstand 500 mm.

Quelle: [35]

Gegenüber den Wänden ohne Vorsatzkonstruktion wird mit diesen Konstruktionen eine deutlich höhere Schalldämmung erreicht. Zu beachten ist allerdings, dass diese Konstruktionen bei tieferen Frequenzen aufgrund der Resonanzfrequenz der Vorsatzschale in diesem Frequenzbereich meist eine sehr geringe Schalldämmung aufweisen. Erkennbar ist dies an dem Spektrumanpassungswert C_{tr}, der hier bei Werten zwischen −9 dB und −12 dB liegt und damit gegenüber den Wänden ohne Vorsatzkonstruktion im Mittel um ca. 5 dB geringer ist.

ANMERKUNG

Die Bilder in der Spalte 1 dieser Tabelle zeigen links einen Schnitt durch die Federschiene und rechts einen Schnitt in einer anderen Ebene. Mit dem linken Bild wird gezeigt, dass alle Vorsatzkonstruktionen über Federschienen an der Wand befestigt sind. Durch das rechte Bild wird deutlich, dass in Zeile 1 keine Dämmstoffeinlage zwischen Wand und Vorsatzkonstruktion eingebracht ist, während in den Konstruktionen der Zeilen 2 bis 6 dieser Hohlraum mit Dämmstoff zu füllen ist.

5.4.2.4 Gebäudetrennwände in Holztafelbauweise

Gebäudetrennwände werden üblicherweise als Trennwände zwischen Doppel- und Reihenhäusern eingesetzt. Jede der beiden Wandschalen kann dabei einem Haus oder einer Wohneinheit zugeordnet werden und ist durch eine meist 40 mm breite Trennfuge von der zweiten Wandschale getrennt. Durch diese vollständig getrennte Konstruktion können sehr hohe Schalldämm-Maße (DIN 4109-33, Tabelle 5, Zeile 6: $R_w = 75$ dB) realisiert werden. Einen Auszug aus Tabelle 5 der DIN 4109-33 zeigt Tabelle 5.7.

Tabelle 5.7: DIN 4109-33, Tabelle 5 – Bewertete Schalldämm-Maße R_w von Gebäudetrennwänden in Holztafelbauweise (Auszug)

Spalte	1	2	3	4	5		6
Zeile	Schnitt, horizontal	Konstruktionsdetails Mindestdämmschichtdicke[a] s_D mm	Holzständer[b] b/h mm	Mindestwandabstand s_W mm	Bekleidung[c] $s_{B,n}$ mm		R_w $(C; C_{tr})$ dB
1	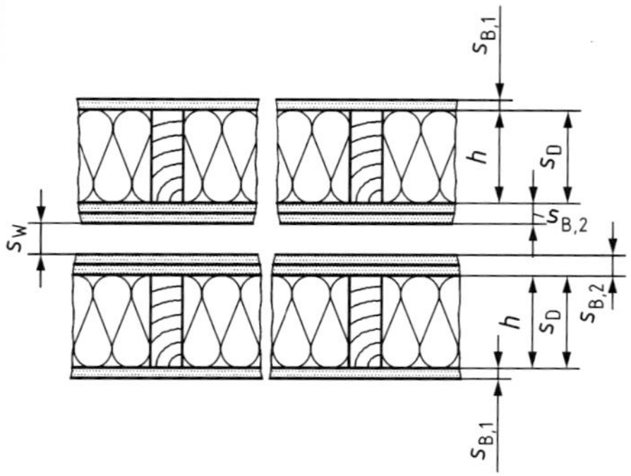	120	60/120	40	$s_{B,1}$	GKF 12,5	**70** **(−8; −16)**
					$s_{B,2}$	GKF 18 + GKF 18	
2					$s_{B,1}$	GF 12,5	**70** **(−8; −16)**
					$s_{B,2}$	GF 15 + GF 15	
3	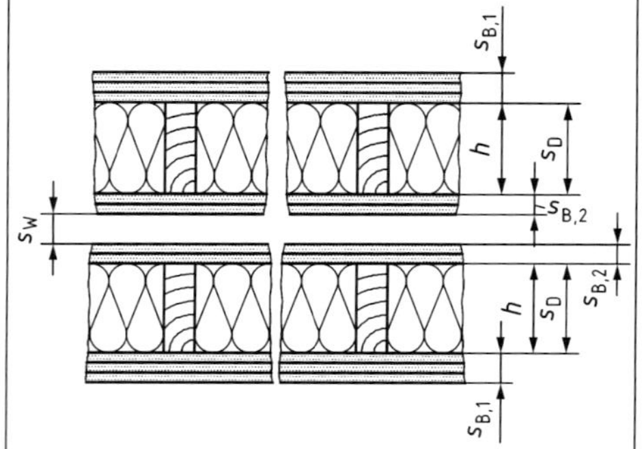	120	60/120	40	$s_{B,1}$	GF 15 + GF 15 + GF 12,5	**69** **(−1; −4)**
					$s_{B,2}$	GF 15 + GF 15	

Spalte	1	2	3	4	5		6
Zeile	Schnitt, horizontal	Konstruktionsdetails					R_w (C; C_{tr})
		Mindestdämmschichtdicke[a]	Holzständer[b]	Mindestwandabstand	Bekleidung[c]		
		s_D	b/h	s_W	$s_{B,n}$		
		mm	mm	mm	mm		dB
4		120	60/120	160 mit 2 × 60 MW	$s_{B,1}$	GKF 12,5	**66 (−2; −8)**
					$s_{B,2}$	GKF 18 + GKF 18	
5					$s_{B,1}$	GF 12,5	
					$s_{B,2}$	GF 15 + GF 15	

a MW: Mineralwolle oder
WF: Holzfaser, Übermaß des Dämmstoffs ist zu vermeiden;

b Holzständer, Achsabstand ≥ 600 mm; der angegebene Wert für *b* ist ein Höchstwert, für *h* ein Mindestwert.

c GF Gipsfaserplatte
GK Gipsplatte
HW Holzwerkstoffplatte, eine Plattendicke bis 16 mm ist zulässig
SP Spanplatte, eine Plattendicke bis 16 mm ist zulässig

Quelle: [35]

Zu beachten ist auch hier, dass im tiefen Frequenzbereich die Schalldämmung bei einigen Konstruktionen deutlich vermindert ist. Der Spektrumanpassungswert C_{tr} reicht dabei von −4 bis −16 dB. In den Zeilen 4 und 5 können entweder Gipsplatten Typ F (Feuerschutzplatten GKF) oder Gipsfaserpatten (GF) in unterschiedlicher Stärke verwendet werden.

5.4.2.5 Außenwände in Holztafelbauweise

Außenwände müssen zusätzlich zu den statischen und akustischen Eigenschaften eine ausreichende Wärmedämmung und einen ausreichenden Schlagregenschutz aufweisen. In DIN 4109-33 wird in den Tabellen 6 und 7 dann auf eine genauere Beschreibung der Wetterschutz-Schicht (WS-S) verzichtet, wenn diese einen vernachlässigbaren Einfluss auf die Schalldämmung der Konstruktion aufweist.

Die Dämmschicht kann sowohl außenseitig als Wärmedämmverbundsystem als auch im Zwischenraum zwischen den beiden Schalen sowie zusätzlich raumseitig angeordnet werden. Auf der Innenseite kann zusätzlich eine raumseitige Vorsatzkonstruktion ausgeführt werden. Diese raumseitige Vorsatzkonstruktion dient dabei meist als Installationsebene, hinter der eine diffusionshemmende Schicht (Dampfbremse) ohne Durchdringungen durch die Installationen angeordnet wird. Die Tabelle 6 der DIN 4109-33 beschreibt Konstruktionen in Holztafelbauweise ohne Vorsatzkonstruktionen, die Tabelle 7 Konstruktionen mit raumseitigen Vorsatzkonstruktionen. Aufgrund der gestiegenen Anforderungen an den Wärmeschutz sind allerdings einige der in den Tabellen 6 und 7 dargestellten Konstruktionen bei Neubauten nicht mehr zeitgemäß. Auszüge aus diesen Tabellen der DIN 4109-33 finden sich in Tabelle 5.8 und Tabelle 5.9.

Tabelle 5.8: DIN 4109-33, Tabelle 6 – Bewertete Schalldämm-Maße R_w von Außenwänden in Holztafelbauweise ohne raumseitige Vorsatzschalen (Auszug)

Spalte	1	2	3	4	5		6
		Konstruktionsdetails					
Zeile	Schnitt, horizontal	Mindestdämmschichtdicke[a] s_D mm	Holzständer[b] b/h mm	Mindestschalenabstand s mm	Bekleidung[c] $s_{B,n}$ mm		R_w (C; C_{tr}) dB
2	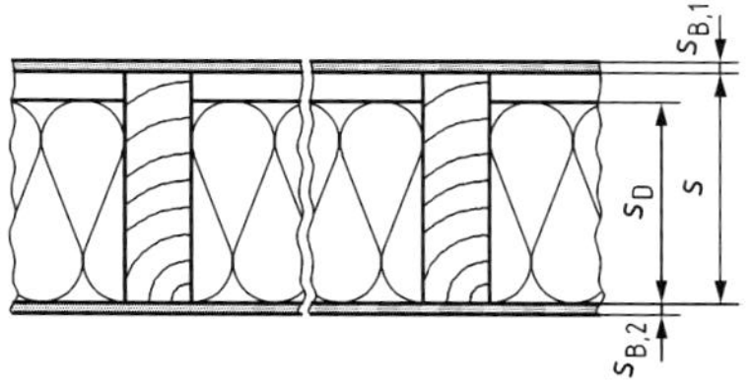	140	60/160	160	$s_{B,1}$	MD 16	**41 (−1; −5)**
					$s_{B,2}$	HW 19	
3	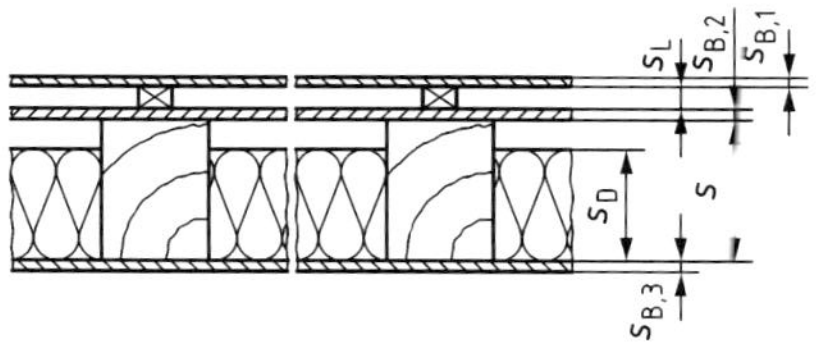	80	60/80	80	$s_{B,1}$	WS-S[d]	**37**
					s_L	≥ 20	
					$s_{B,2}$	SP ≥ 10 oder NFS ≥18 oder FZ ≥ 4	
					$s_{B,3}$	SP ≥ 10 oder NFS ≥ 18 oder GK ≥ 12,5	
4	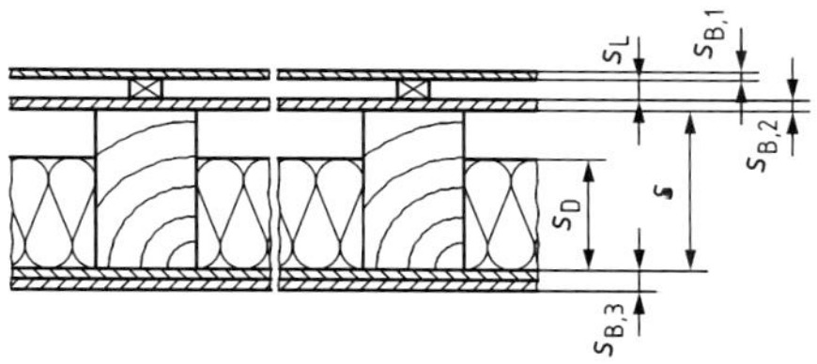	70	60/100	100	$s_{B,1}$	WS-S[d]	**44**
					s_L	≥ 20	
					$s_{B,2}$	HW ≥ 10[e]	
					$s_{B,3}$	HW 10 – 19[e] + GK oder GFe	

Spalte	1	2	3	4	5		6
		Konstruktionsdetails					
Zeile	Schnitt, horizontal	Mindestdämmschichtdicke[a] s_D mm	Holzständer[b] b/h mm	Mindestschalenabstand s mm	Bekleidung[c] $s_{B,n}$ mm		R_w $(C; C_{tr})$ dB
Wärmedämm-Verbundsysteme (WDVS)							
5		70	60/100	100	$\boldsymbol{s}_{WDVS}$	Putz auf EPS 20 – 40	**44**
					$\boldsymbol{s}_{B,1}$	HW ≥ 10[e]	
					$\boldsymbol{s}_{B,2}$	HW ≥ 10[e] + GK 12,5	
6		160	60/160	160	$\boldsymbol{s}_{WDVS}$	Putz auf EPS_{15} 20 – 40	**45 (–1; –6)**
					$\boldsymbol{s}_{B,1}$	SP 13	
					$\boldsymbol{s}_{B,2}$	SP 13 + GK 12,5	
					$\boldsymbol{s}_{B,2}$	HW 15 + GK 12,5	
					$\boldsymbol{s}_{LS}$	≥ 30	
					$\boldsymbol{s}_{B,1}$	HW 16	
					$\boldsymbol{s}_{B,2}$	HW 15 + GK 12,5	

Spalte	1	2	3	4	5	6
Zeile	Schnitt, horizontal	Konstruktionsdetails				R_w (C; C_{tr})
		Mindestdämmschichtdicke[a] s_D	Holzständer[b] b/h	Mindestschalenabstand s	Bekleidung[c] $s_{B,n}$	
		mm	mm	mm	mm	dB

a MW: Mineralwolle oder
WF: Holzfaser, Übermaß des Dämmstoffs ist zu vermeiden.

b Holzständer, Achsabstand $\geq$ 600 mm; der angegebene Wert für *b* ist ein Höchstwert, für *h* ein Mindestwert.

c EPS: Polystyrol-Hartschaumplatten, Anwendungsgebiet WAB, $\rho \geq 15\ kg/m^3$
FZ: Faserzementplatten
GF: Gipsfaserplatte
GK: Gipsplatte
LS: Luftschicht
HW: Holzwerkstoffplatte, eine Erhöhung der Plattendicke bis 16 mm ist zulässig
NFS: geschlossene Schalung
SP: Spanplatte, eine Erhöhung der Plattendicke bis 16 mm ist zulässig
WF: Holzfaser WF, Anwendungsgebiet WAB-ds, $\rho \geq 210\ kg/m^3$
WS-S: Wetterschutzbekleidung/-schale.

d $m' \geq 10\ kg/m^2$

e $m' \geq 8\ kg/m^2$

Quelle: [35]

Die bewerteten Schalldämm-Maße der Konstruktionen der DIN 4109-33, Tabelle 6 liegen zwischen 37 dB (einfache Holzständerwand entsprechend Zeile 1 in Tabelle 6) und 52 dB (Zeile 11 in Tabelle 6: Holzständerwand mit massiver Vormauerung) und decken damit den für übliche Außenlärmpegel erforderlichen Schallschutz ab.

Die bewerteten Schalldämm-Maße der Konstruktionen mit raumseitiger Vorsatzschale in Tabelle 5.9 weisen mit bewerteten Schalldämm-Maßen zwischen 48 dB und 52 dB eine deutlich höhere Schalldämmung auf. Allerdings sind die Spektrumanpassungswerte besonders bei den Konstruktionen der Zeilen 1 und 3 mit C_{tr} = –13/–14 dB aufgrund der ungünstigen Resonanzfrequenz der raumseitigen Vorsatzkonstruktion deutlich kleiner, so dass z. B. bei tieffrequentem Außenlärm mit einem geringeren Schallschutz zu rechnen ist.

Tabelle 5.9: DIN 4109-33, Tabelle 7 – Bewertete Schalldämm-Maße R_w von Außenwänden in Holztafelbauweise mit raumseitigen Vorsatzschalen

Spalte	1	2	3	4	5		6
		Konstruktionsdetails					
Zeile	Schnitt, horizontal	Mindestdämmschichtdicke[a] s_D mm	Holzständer[b] b/h mm	Mindestschalenabstand s mm	Bekleidung[c] $s_{B,n}$ mm		R_w (C; C_{tr}) dB
1[d]	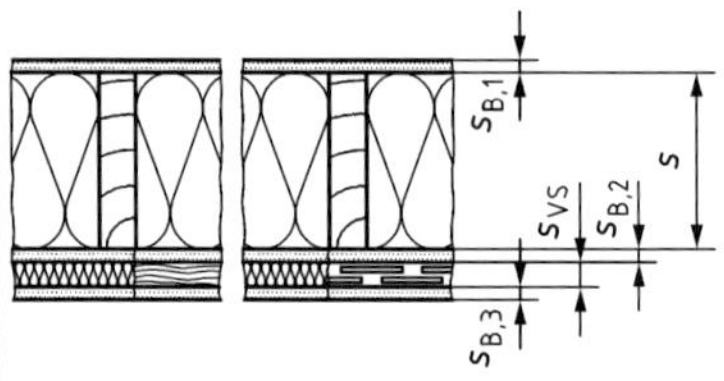	160	60/160	160	$s_{B,1}$	MD 16	**52 (–6; –14)**
					$s_{B,2}$	HW 19	
					$s_{B,3}$	GF 12,5	
Wärmedämm-Verbundsysteme (WDVS)							
2[e]	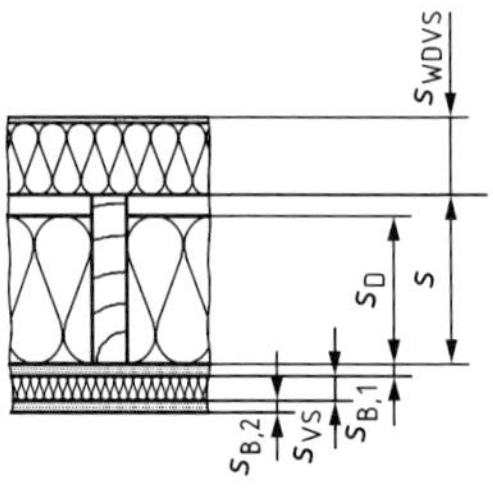	140	60/160	160	s_{WDVS}	Putz[f] + WF 60	**51 (–1; –6)**
					$s_{B,1}$	HW 15	
					$s_{B,2}$	GK 12,5	
3[g]	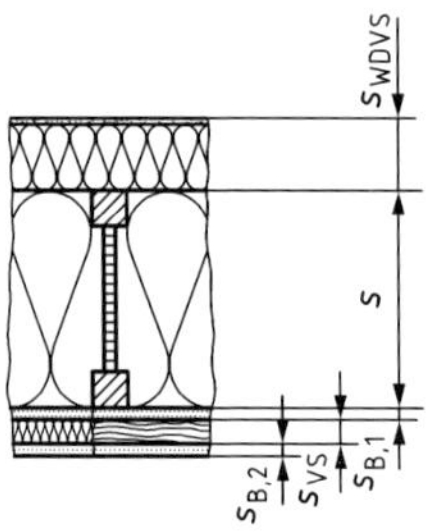	200	Stegträger	200	s_{WDVS}	Putz[f] + WF 60	**48 (–6; –13)**
					$s_{B,1}$	HW 15	
					$s_{B,2}$	GK 12,5	

Spalte	1	2	3	4	5	6
		Konstruktionsdetails				
Zeile	Schnitt, horizontal	Mindest-dämm-schicht-dicke[a] s_D mm	Holz-ständer[b] b/h mm	Mindest-schalen-abstand s mm	Bekleidung[c] $s_{B,n}$ mm	R_w $(C; C_{tr})$ dB

a MW: Mineralwolle oder
WF: Holzfaser, Übermaß des Dämmstoffs ist zu vermeiden.
b Holzständer, Achsabstand $\geq$ 600 mm; der angegebene Wert für *b* ist ein Höchstwert, für *h* ein Mindestwert.
c GF: Gipsfaserplatte
GK: Gipsplatte
HW: Holzwerkstoffplatte, eine Erhöhung der Plattendicke bis 16 mm ist zulässig
MD: mitteldichte Faserplatte
WF: Holzfaserdämmstoff, Anwendungsgebiet WAB-ds, $\rho \geq 210$ kg/m³.
d s_{VS} = Vorsatzschale auf Federschiene 27 mm oder Holzlattung 30 mm mit Dämmung.
e s_{VS} = Vorsatzschale: Holzlattung 45 mm mit Dämmung.
f $m' \geq 8$ kg/m².
g s_{VS} = Vorsatzschale: Holzlattung 60 mm mit Dämmung.

ANMERKUNG Allgemeine Produktspezifikationen siehe Tabelle 1.

Quelle: [35], geändert durch Autoren (siehe Hinweis)

HINWEIS

Die Indizes $s_{B,1}$ und $s_{B,2}$ zur Bezeichnung der Bekleidungsebenen in Tabelle 7 der DIN 4109-33, Zeile 2 sind in der Zeichnung vertauscht. Die Holzwerkstoffplatte (HW) ist auf dem Stegträger angebracht, die Gipsplatte (GK) ist die raumseitige Bekleidung vor der Holzlattung.

5.4.2.6 Massivholzwände als Gebäudetrennwände

Für Massivholzwände lagen bei der Erstellung des Bauteilkatalogs nur wenige Messergebnisse aus Prüfstanden vor. Die Direktschalldämmung von Massivholzwänden steigt mit der flächenbezogenen Masse der Wände und damit mit der Wanddicke an. Deshalb verhalten sie sich schalltechnisch ähnlich wie Massivwände, allerdings fehlen bislang zu den Massivholzwänden ausreichend Daten für eine Massekurve, und es ist noch unklar, wie mit Vorsatzkonstruktionen bei diesen Wänden umzugehen ist.

In Tabelle 8 der DIN 4109-33 (hier als Tabelle 5.10 dargestellt) sind zwei Konstruktionen dargestellt, die üblicherweise als Gebäudetrennwände für Einfamilien-Reihenhäuser und Doppelhäuser verwendet werden.

Tabelle 5.10: DIN 4109-33, Tabelle 8 – Bewertete Schalldämm-Maße R_w von mehrschaligen Massivholzkonstruktionen (Auszug)

Spalte	1	2	3	4	5		6
		Konstruktionsdetails					
Zeile	Schnitt, horizontal	Mindestdämmschichtdicke[a] s_D mm	Massivholzbauteil[b] s_{Massiv} mm	Mindestwandabstand s_W mm	Bekleidung[c] $s_{B,n}$ mm		R_w $(C; C_{tr})$ dB
1	$s_{B,1}$ $s_{B,2}$ s_{Massiv} s_D s_W $s_{B,2}$ s_{Massiv} $s_{B,1}$	40	80	60	$s_{B,1}$	GF 12,5	**74 (–2; –8)**
					$s_{B,2}$	GF 15 + GF 15	

a MW: Mineralwolle oder
WF: Holzfaser, Übermaß des Dämmstoffs ist zu vermeiden.
b Massivholzelement oder Holzwerkstoffplatte aus Brettsperrholz, Brettstapel- oder Brettschichtholz, Mindestdicke 80 mm.
c GF: Gipsfaserplatte
GK: Gipsplatte
GKF: Gipsplatte (Feuerschutzplatte)

Quelle: [35]

Mit der in Tabelle 8 Zeile 1 dargestellten Konstruktion können erhöhte Anforderungen an den Schallschutz für Doppel- und Reihenhäuser (z. B. $R'_w \geq 67$ dB nach Beiblatt 2 zu DIN 4109:1989) erreicht werden.

5.4.2.7 Dächer

Der Abschnitt Dächer ist in DIN 4109-33, 4.2 in geneigte Dächer und Flachdächer aufgeteilt. In beiden Fällen bestehen im Holz-, Leicht- und Trockenbau die Dächer aus einer tragenden Konstruktion: Holzsparren oder Metallträgern (die allerdings in dieser Norm noch nicht zu finden sind). Bei den geneigten Dächern wird zwischen der Anordnung der Dämmung auf oder zwischen den Sparren sowie zwischen dem Wärmedämm-Material aus Hartschaum- und Mineralwolle- oder Holzweichfaserdämmung unterschieden, da dies die Schalldämmung mitbestimmt. Weiterhin wird die Schalldämmung unter anderem wesentlich durch die akustische Qualität des raumseitigen Abschlusses (hohe flächenbezogene Masse und trotzdem biegeweich), der Bedämpfung des Hohlraumes bei der

Zwischensparrendämmung und der Art der Dachdeckung bestimmt. DIN 4109-33 enthält in Tabelle 9 (hier als Auszug in Tabelle 5.11 dargestellt) bewertete Schalldämm-Maße R_w von Dächern mit Aufsparrendämmung mit Hartschaum-Wärmedämmung.

Das bewertete Schalldämm-Maß der in Tabelle 9 dargestellten mit Hartschaum aufsparrengedämmten Konstruktionen liegt zwischen 34 dB und 45 dB. Wie in Tabelle 5.11 bereits zu erkennen ist, ergibt sich durch eine zusätzliche Beschwerung der inneren Bekleidung (z. B. durch eine entsprechend schwere Gipsplatte) eine Verbesserung des Schallschutzes um 5 dB.

Der Einfluss der Art der Dacheindeckung wird in dieser und in den folgenden Tabellen durch einen Korrekturwert ΔR_w berücksichtigt. Dieser Korrekturwert beträgt für übliche Dachsteine (z. B. Beton-Dachsteine) $\Delta R_w = 0$ dB, für eine Dachziegeleindeckung $\Delta R_w = -2$ dB und für eine Biberschwanzeindeckung $\Delta R_w = +2$ dB.

Tabelle 5.11: DIN 4109-33, Tabelle 9 – Bewertete Schalldämm-Maße R_w von Dächern mit Aufsparrendämmungen mit Hartschaum-Wärmedämmung (Auszug)

Spalte	1	2		3
Zeile	Schnitt, vertikal	Konstruktionsdetails		R_w (C; C_{tr})
		mm	Bauteilbeschreibung	dB
1			Dachdeckung,	**34 (–2; –6)**
			Lattung, Konterlattung	
		≥ 100	Hartschaumplatte[a]	
		≥ 19	Nut und Feder-Schalung NFS oder Holzwerkstoffplatten HW	
2			Dachdeckung,	**39 (–2; –7)**
			Lattung, Konterlattung	
		≥ 100	Hartschaumplatte[a]	
			Zusätzliche Beschwerungslage[b] einlagig $m' \geq 10$ kg/m²	
		≥ 19	Nut und Feder-Schalung NFS oder Holzwerkstoffplatten HW	

a Hartschaumplatten EPS, XPS oder PUR mit dem Anwendungsgebiet DAD.

b Zusätzliche Beschwerungslage, ein- oder mehrlagig bestehend aus z. B.: Bitumenbahnen ($d \geq 4$ mm, schwer), Gipsplatte GK, Gipsfaserplatte GF, Zement gebundene Spanplatte ZSP.

Quelle: [35]

HINWEIS

Die in Fußnote d zur Tabelle 9 beschriebene Dämmschicht für die zusätzliche Dämmung oben sollte aus Mineralwolleplatten, Holzwolleleichtbauplatten oder aber auch aus Weichschaumplatten bestehen (entsprechend der originalen Publikation in [340]). Die in DIN 4109-33 Tabelle 9 Fußnote d angegebene zusätzliche Dämmschicht aus Hartschaumplatten entspricht nicht den gemessenen Aufbauten und bringt vermutlich auch nicht das angegebene bewertete Schalldämm-Maß.

Das bewertete Schalldämm-Maß von Dachkonstruktionen mit einer Aufsparrendämmung aus Mineralwolle ist in DIN 4109-33 in Tabelle 10 angegeben. Für die verschiedenen Konstruktionen werden Schalldämm-Maße von 46 dB bis 53 dB genannt. Dabei werden unterschiedliche Dämmstoffdicken sowie eine zusätzliche Beschwerungslage auf der raumseitigen Bekleidung aus Nut- und Federschalung berücksichtigt. Für alle in Tabelle 10 angegebenen Konstruktionen gilt, dass die Lattung über Doppelgewindeschrauben mit den Sparren verbunden wird, so dass ein geringer Anpressdruck der Dämmung an die Bekleidung gewährleistet wird. Bei anderen Befestigungsarten sind die Werte in Abhängigkeit von der Dämmstoffdicke entsprechend den Fußnoten in Tabelle 10 zu vermindern.

Gleiches gilt für die Tabelle 11 aus DIN 4109-33, bei welcher die Mineralwolle durch Holzfaserdämmstoff ersetzt wird. Aufgrund der höheren Dämmstoffdicke und der damit verbundenen größeren flächenbezogenen Masse ergeben sich etwas höhere bewertete Schalldämm-Maße der Konstruktionen mit Werten zwischen 48 dB und 58 dB.

In Tabelle 12 der DIN 4109-33 ist das bewertete Schalldämm-Maß von zwischen den Sparren mit Faserdämmstoff gedämmten Konstruktionen angegeben. Die Schalldämm-Maße der dargestellten Konstruktionen betragen zwischen 50 dB und 59 dB. Die Schalldämmung der Konstruktion wird wesentlich von der Dämmschichtdicke und der Anzahl der raumseitigen Plattenlagen bestimmt. Mit einer akustischen Entkopplung der raumseitigen Beplankung, z. B. durch Federschienen, kann gegenüber Dachlatten eine Verbesserung der Schalldämmung von $\Delta R_w = 2$ dB erzielt werden.

HINWEIS

In den allgemeinen Hinweisen zu Tabelle 12 findet sich die Anmerkung, dass die „Raumseitige Bekleidung mit Nut und Feder-Schalung NFS $\Delta R_w = -5$ dB“ ergibt. Diese Angabe bezieht sich nur auf die Zeilen 1 und 2.

In DIN 4109-33 Tabelle 13 ist das bewertete Schalldämm-Maß von Dachkonstruktionen mit Auf- und Zwischensparrendämmung angegeben, wobei im Unterschied zur Aufsparrendämmung die innere Schale unter den Sparren angeordnet ist. Ein Auszug aus dieser Tabelle wird als Tabelle 5.12 gezeigt.

Tabelle 5.12: DIN 4109-33, Tabelle 13 – Bewertete Schalldämm-Maße R_w von Dächern mit Auf- und Zwischensparrendämmungen

Spalte	**1**	**2**		**3**
Zeile	**Schnitt, vertikal**	**Konstruktionsdetails**		R_w (C; C_{tr})
		mm	Bauteilbeschreibung	dB
1			Dachdeckung,	**58c (–2; –8)**
			Lattung, Konterlattung,	
		≥ 120	Aufsparrendämmung[a,b]	
			Holzschalung NFS	
		≥ 140	Zwischensparrendämmung[a]	
			Lattung	
		2 × 12,5	Gipsplatten GK	
2			Dachdeckung,	**46c (–2; –9)**
			Lattung, Konterlattung,	
		≥ 120	Aufsparrendämmung[b]	
			Sparren/Lufthohlraum	
			Lattung	
		2 × 12,5	Gipsplatten GK	

a MW Mineralwolle oder
WF Holzfaser
Anwendungsgebiet DZ (zwischen Sparren), Anwendungsgebiet DAD (auf den Sparren).

b Hartschaumplatten EPS, XPS oder PU, Anwendungsgebiet DAD.

c Auf das bewertete Schalldämm-Maß der Konstruktion R_w ist nachfolgender Korrekturwert ΔR_w zu addieren:
Zu Zeile 1: Eine Lage Gipsplatten GK an Stelle von zwei Lagen: $\Delta R_w = -4$ dB;
Zu Zeile 2: Sparrenflanken mit z. B. 50 mm Mineralwolle MW oder Holzfaserdämmstoff WF bedämpft: $\Delta R_w = +5$ dB;
Zu Zeile 2: eine Lage Gipsplatten GK an Stelle von zwei Lagen: $\Delta R_w = -3$ dB;
Zu Zeile 2: raumseitige Bekleidung an Federschiene: $\Delta R_w = +2$ dB.

Quelle: [35]

Neben den Hinweisen zum Einfluss der Dacheindeckung wird in den Fußnoten zur Tabelle 13 zusätzlich der Einfluss der Bedämpfung des Sparrenzwischenraums (für Zeile 2 in Tabelle 13) und von Federschienen oder einer fehlenden zweiten Gipsplattenlage zahlenmäßig festgelegt.

In Tabelle 14 der DIN 4109-33 werden für drei Flachdächer in Holztafelbauart die bewerteten Schalldämm-Maße angegeben. Die in Zeile 3 dargestellte Flachdachkonstruktion war die einzige mit einer heute üblichen Dämmstoffdicke, für die eine Prüfstandsmessung verfügbar war.

5.4.2.8 Decken

Im Abschnitt 4.3 der DIN 4109-33 werden Decken in Holzbauweise behandelt. Darunter werden Holzbalken- und Stegträgerdecken, aber auch Massivdecken aus Holz wie Brettstapel-, Dübelholz- oder Brettschichtholzdecken verstanden. Entsprechende Konstruktionen finden sich in den Tabellen 15 bis 25 des Teils 33.

Zusätzlich zum bewerteten Schalldämm-Maß der Konstruktion ist für diese Leichtkonstruktionen auch der bewertete Norm-Trittschallpegel $L_{n,w}$ mit dem entsprechenden Spektrumanpassungswert C_I, falls verfügbar, angegeben.

Während im Massivbau der schwimmende Estrich ebenso wie eine Unterdecke sowohl bei der Berechnung der Luft- als auch der Trittschalldämmung rechnerisch separat durch die bewertete Verbesserung auf die Deckenkonstruktion angerechnet wird, erfolgt bei den Deckenkonstruktionen des Teils 33 die Angabe des bewerteten Schalldämm-Maßes R_w und des bewerteten Norm-Trittschallpegels $L_{n,w}$ einschließlich des Estrichaufbaus und einer möglicherweise vorhandenen Unterdecke. Bei den Estrichaufbauten wird unterschieden zwischen mineralisch gebundenen Estrichen (meist Zementestriche), Fertigteilestrichen (Trockenestrichen) und Gussasphaltestrichen, wobei der mineralisch gebundene Estrich im Holzbau aufgrund des Feuchteeintrages und der längeren Trocknungszeiten deutlich weniger eingesetzt wird. Die Angaben in den verschiedenen Tabellen erfolgen jeweils mit und ohne Unterdecke.

Durch eine Beschwerung der Rohdecke kann das Schalldämm-Maß erhöht und der Norm-Trittschallpegel vermindert werden. Die Beschwerung soll die Biegesteifigkeit der Konstruktion nicht erhöhen, weshalb meist trockene Schüttungen oder kleinformatige Betonplatten eingesetzt werden.

In den Tabellen 15 bis 23 der DIN 4109-33 werden für die Holzbalkendecken unterschiedliche konstruktive Ausführungen betrachtet. Es geht um Konstruktionen ohne oder mit Unterdecke (an Lattung oder an Federschiene). Weiterhin wird unterschieden, ob die Konstruktion eine zusätzliche Beschwerung der Rohdecke aufweist und ob der Estrich mineralisch gebunden oder ein Fertigteil- bzw. Gussasphaltestrich ist. Eine Übersicht über die konstruktiven Varianten ist hier in Tabelle 5.13 dargestellt.

Tabelle 5.13: Unterscheidung der Tabellen 15 bis 23 der DIN 409-33 bezüglich des konstruktiven Aufbaus der Holzbalkendecke

Tabellen Nummer	Anzahl der angegebenen Konstruktionen	Unterdecke	Estrich	Rohdecken-beschwerung
15	2	ohne Unterdecke	mineralischer Estrich	mit Rohdecken-beschwerung
16	2	ohne Unterdecke	Fertigteilestrich	mit Rohdecken-beschwerung
17	2	mit Unterdecke	mineralischer Estrich	ohne Rohdecken-beschwerung
18	3	mit Unterdecke	mineralischer Estrich	ohne Rohdecken-beschwerung
19	1	mit Unterdecke	Fertigteilestrich	mit Rohdecken-beschwerung
20	3	mit Unterdecke an Federschiene	mineralischer Estrich	ohne Rohdecken-beschwerung
21	5	mit Unterdecke an Federschiene	mineralischer Estrich	mit Rohdecken-beschwerung
22	4	mit Unterdecke an Federschiene	Gussasphalt-/ Fertigteil-Estrich	ohne Rohdecken-beschwerung
23	2	mit Unterdecke an Federschiene	Gussasphalt-/ Fertigteil-Estrich	mit Rohdecken-beschwerung

Beispielhaft ist nachfolgend in Tabelle 5.14 die Tabelle 15 aus DIN 4109-33 dargestellt. Mit bewerteten Schalldämm-Maßen von 70 bzw. 67 dB werden die Mindestanforderungen an den Luftschallschutz der DIN 4109-1:2016-07 weit übererfüllt. Im Gegensatz hierzu sind beim Trittschallschutz die Mindestanforderungen (abhängig von den Korrekturwerten zur flankierenden Übertragung) nach DIN 4109-2:2016-07 mit den Konstruktionen der Tabelle 15 schwierig zu erreichen, obgleich Trittschalldämmplatten mit einer sehr geringen Steifigkeit ($s' \leq 6$ MN/m^3) verwendet werden. Diese relativ hohen Trittschallpegel sind für die Holzbalkendecken ohne Unterdecke und auch mit Unterdecke zu beobachten, sofern die Unterdecke nicht über Federschienen abgehängt wird.

Tabelle 5.14: DIN 4109-33, Tabelle 15 – Bewertete Schalldämm-Maße R_w und bewertete Norm-Trittschallpegel $L_{n,w}$ von Holzbalkendecken mit Aufbauten aus mineralisch gebundenen Estrichen und Rohdeckenbeschwerungen

Spalte	1	2		3	4
Zeile	Schnitt, vertikal	Konstruktionsdetails		$L_{n,w}$ (C_I)	R_w (C; C_{tr})
		mm	Bauteilbeschreibung	dB	dB
1		≥ 50	Estrich[a]	**47** **(–3)**	≥ **70**
		≥ 40	Mineralwolledämmplatte ($s' \leq 6$ MN/m³; Anwendungsgebiet DES-sh)[b]		
		≥ 40	Betonsteinbeschwerung ($m' \geq 100$ kg/m²)[c]		
		22	Holzwerkstoffplatte HW[d]		
		220	Balken[e]		
2		≥ 50	Estrich[a]	**50** **(–2)**	**67** **(–2; –6)**
		≥ 40	Mineralwolledämmplatte ($s' \leq 6$ MN/m³; Anwendungsgebiet DES-sh)[b]		
		≥ 30	Schüttung[f], ($m' \geq 45$ kg/m²) Rieselschutz		
		22	Holzwerkstoffplatte HW[d]		
		220	Balken[e]		

a Zement-Magnesia- oder Calciumsulfatestrich nach DIN 18560 mit flächenbezogener Masse $m' \geq 120$ kg/m².

b Mineralwolle-Dämmplatte MW mit Anwendungsgebiet nach Einsatzbereich: Für mineralisch gebundene Estriche: DES-sh; mit der angegebenen dynamischen Steifigkeit s'.

c Betonplatten mit Flächenmaßen von ≤ 300 mm × 300 mm und einer Rohdichte von $\rho \geq 2\,500$ kg/m³; Restfeuchte ≤ 1,8 %; auf Rohdecke verklebt oder in Sandbett gelagert.

d Spanplatte SP, OSB-Verlegeplatte oder BFU-Platte der Dicke 18 mm bis 25 mm, bei offener Holzbalkendecke alternativ 28 mm Sichtschalung + 12 mm BFU-Platte. Zusätzliche Verkleidungen der Holzwerkstoffplatten aus GK, GF oder Sichtschalungen NFS im Balkenzwischenraum sind direkt auf die Holzwerkstoffplatte aufzubringen (ohne zusätzlichen Hohlraum).

e Tragkonstruktion nach Statik je nach Deckentyp: Balken aus Vollholz oder Brettschichtholz; Mindestmaße 60 mm × 180 mm, alternativ auch Stegträger der Höhe 240 mm bis 406 mm; Achsabstand $e \geq 625$ mm.

f Trockenes Schüttgut mit einer Schüttdichte $\rho \geq 1\,500$ kg/m³; Restfeuchte ≤ 1,8 %; gegen Verrutschen gesichert mittels Pappwaben, Sandmatten, Lattengitter (Feldgröße etwa 800 mm × 800 mm), o. ä.

Quelle: [35]

In den Tabelle 24 und 25 der DIN 4109-33 sind Brettstapeldecken ohne Rohdeckenbeschwerung (Tabelle 24) und mit Rohdeckenbeschwerung (Tabelle 25) dargestellt. Die Anforderungen an den Trittschallschutz der DIN 4109-1 werden allerdings nur mit den beschwerten Brettstapeldecken der Tabelle 25 erreicht.

5.4.3 Flankenschalldämmung

Während im Massivbau die flankierende Übertragung aus Direktschalldämm-Maß und Stoßstellendämm-Maß berechnet wird, ist das beim Holz-, Leicht- und Trockenbau auf einfache Art und Weise nicht möglich, da eine Vielzahl möglicher Übertragungswege am Knotenpunkt (über die innere und äußere Bekleidung und über die Tragkonstruktion selbst) vorhanden ist. Die einzelnen Übertragungswege haben sehr unterschiedliche Stoßstellendämm-Maße und Direktschalldämm-Maße, weshalb auf eine Berechnung des Flanken-Schalldämm-Maßes verzichtet wird. Stattdessen sind im Teil 33 bewertete Norm-Flankenschallpegeldifferenzen $D_{n,f,w}$ für die flankierenden Bauteile unter Berücksichtigung der konstruktiven Ausbildung an der Stoßstelle angegeben. Diese bewerteten Norm-Flankenschallpegeldifferenzen $D_{n,f,w}$ repräsentieren dabei die gesamte flankierende Übertragung, d. h. die Übertragungswege Ff, Df und Fd.

Bei den Konstruktionen des Teils 33 spielt für die Höhe der Flankenschallpegeldifferenz die konstruktive Ausbildung der Stoßstelle eine entscheidende Rolle. Im Besonderen bestimmt die innere (raumseitige) Beplankung der flankierenden Wand das Flanken-Schalldämm-Maß: läuft diese inneren Beplankung vom Sende- in den Empfangsraum durch, wird sehr viel Schallenergie übertragen. Ist die Bekleidungsebene im Bereich der Stoßstelle unterbrochen, erfolgt die Anregung der empfangsraumseitigen Schale über andere Übertragungswege, und höhere Flankenschallpegeldifferenzen können erreicht werden.

5.4.3.1 Metallständerwände

In Tabelle 26 der DIN 4109-33 (hier als Tabelle 5.15 wiedergegeben) sind bewertete Norm-Flankenschallpegeldifferenzen von Metallständerwänden bei horizontaler Schallübertragung dargestellt. Während in den Zeilen 1–4 die raumseitige Gipsplattenlage (in Tabelle 26 mit der Ziffer „4“ gekennzeichnet) durchläuft, ist diese in den Zeilen 5–8 mittels eines Trennschnittes ($d \geq 3$ mm) unterbrochen. Allerdings wird durch den Metallständer im Bereich des Trennschnittes immer noch Schallenergie übertragen. Bei der vollständigen Trennung in Zeile 9 (GK-Platten werden über spezielle Eckprofile angeschlossen) wird diese Übertragung verhindert, was zu einer deutlich höheren Flankenschallpegeldifferenz führt.

Tabelle 5.15: DIN 4109-33, Tabelle 26 – Bewertete Norm-Flankenschallpegeldifferenz $D_{n,f,w}$ von Metallständerwänden mit 12,5 mm dicken Gipsplatten nach DIN 18183-1 bei horizontaler Schallübertragung

Spalte	1	2	3	4
		Flankierende Wand		
Zeile	Schnitt, horizontal	Schalenabstand s mm	Anzahl Plattenlagen auf Innenseite	$D_{n,f,w}$ (C; C_{tr}) dB
1	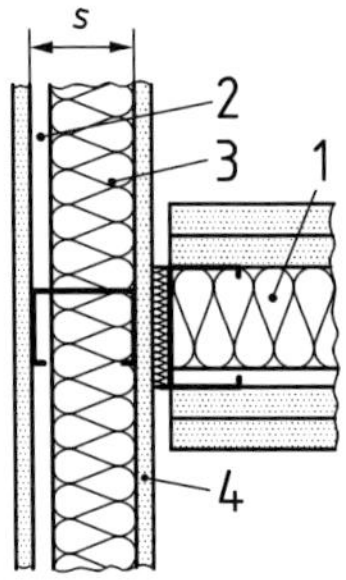	50	1	**53 (–5;–5)**
2			2	**56 (–6;–4)**
3		100	1	**55 (–6;–5)**
4			2	**59 (–7;–4)**
5	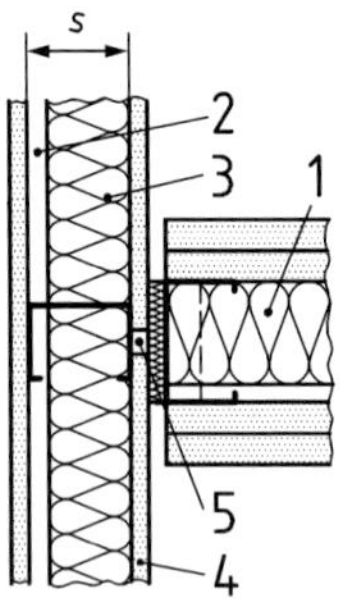	50	1	**57 (–4;–9)**
6			2	**60 (–4;–6)**
7		100	1	**59 (–3;–9)**
8			2	**61 (–2;–5)**
9	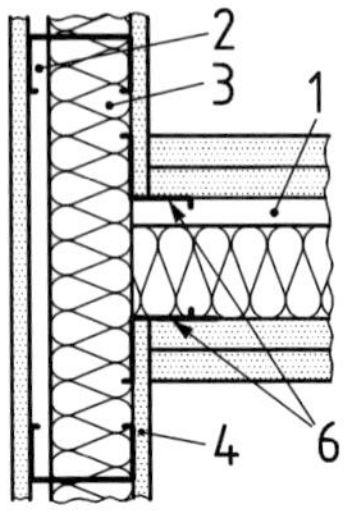	100	1	**65 (–2;–7)**

1 Trennwand als Einfach- oder Doppelständerwand nach DIN 18183-1 mit dichtem Anschluss an die flankierende Wand.
2 Flankierende Wand als Einfach- oder Doppelständerwand nach DIN 18183-1 mit 12,5 mm dicken Gipsplatten GK oder Gipsfaserplatten GF.
3 Etwa 80 %ige Hohlraumfüllung aus Mineralwolle MW oder Holzfaser WF.
4 Innenseitige Bekleidung.
5 Durchgehende Fuge an innenseitiger Bekleidung, z. B. Fugenschnitt ≥ 3 mm.
6 Inneneckprofil.

Quelle: [35]

Sind die flankierenden Metallständerwände doppelt mit Gipsplatten beplankt, erhöht sich die Flankenschallpegeldifferenz um 2 dB bis 4 dB. Durch ein Vergrößern des Schalenabstandes („s“ in Tabelle 26) kann ebenfalls eine höhere Flankenschallpegeldifferenz erreicht werden.

Die Schallübertragung von Metallständerwänden über Massivbauteile hinweg wurde bislang meist vernachlässigt (siehe Beiblatt 1 zu DIN 4109:1989). Im Skelettbau findet sich dieser Übertragungsweg z. B. in vertikaler Richtung dann, wenn Metallständerwände auf massiven Trenndecken stehen. Für die in Bild 5.20 links gezeigte Situation einer flankierenden Metallständerwand und einem massiven Trennbauteil mit $m' \geq 350$ kg/m^2 kann zukünftig entsprechend DIN 4109-33 mit einer Flankenschallpegeldifferenz von pauschal $D_{n,f,w} = 76$ dB gerechnet werden.

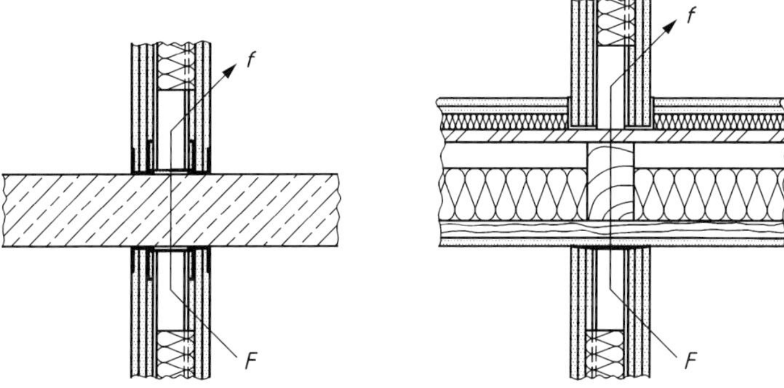

Quelle: [35]

Bild 5.20: DIN 4109-33, Bild 5 und Bild 6 – Flankierende Schallübertragung von Metallständerwänden über ein trennendes Bauteil;
links: massives trennendes Bauteil (Decke oder Wand);
rechts: Trenndecke (Holzbalken- oder Massivholzdecke)

Im Gegensatz zu dem in Bild 5.20 eingezeichneten Übertragungsweg Ff erfolgt in der realen Bausituation jedoch die Anregung der flankierenden Wand im Empfangsraum nicht über die Metallständerwand im Senderaum („*F*“), sondern über das Massivbauteil, an das die Metallständerwand angeschlossen ist.

Für Massivbauteile mit $m' < 350$ kg/m^2 sind normativ bislang keine Angaben zur Flankenschalldämmung von Metallständerwänden verfügbar. Da die flankierende Übertragung der Leichtbauwand von der Direktschalldämmung des Massivbauteils abhängt, kann die Flankendämmung bei flächenbezogenen Massen mit 150 kg/m$^2 \leq m'_{tr} \leq 350$ kg/m^2 näherungsweise wie folgt abgeschätzt werden:

$$D_{n,f,w} = 76\text{ dB} - 30\log\left(\frac{350\left[\frac{\text{kg}}{\text{m}^2}\right]}{m'_{tr}}\right)\text{dB} \qquad (5.33)$$

Bild 5.20 rechts zeigt die Verhältnisse für die flankierende Übertragung einer Metallständerwand über eine Holzbalkendecke als Trennbauteil. Hier kann pauschal eine bewertete Norm-Flankenschallpegeldifferenz von $D_{n,f,w}$ = 67 dB angesetzt werden.

HINWEIS

An dieser Stelle sei angemerkt, dass die flankierende Übertragung entlang eines Massivbauteils über eine Leichtbauwand hinweg entsprechend DIN 4109-2 berechnet werden kann. Das zu berücksichtigende Stoßstellendämm-Maß ergibt sich dabei aus der Berechnung von $K_{ij,min}$.

Für die Holzbalkendecke (entsprechend obiger Abbildung rechts) werden für die horizontale Übertragung entlang der Holzbalkendecke (über die Leichtbauwand hinweg) für die Unterseite in DIN 4109-33, Tabelle 36 Norm-Flankenschallpegeldifferenzen angegeben. Sind entsprechend obiger Abbildung rechts auf der Oberseite im Sende- und Empfangsraum schwimmende Estriche vorhanden, kann ebenfalls mit einer Norm-Flankenschallpegeldifferenz von $D_{n,f,w}$ = 67 dB gerechnet werden.

5.4.3.2 Holztafelwände

Für Holztafelwände gelten die Angaben zur Norm-Flankenschallpegeldifferenz für die Übertragung nach Bild 5.20 entsprechend. Für Außenwände können für $D_{n,f,w}$ ohne besonderen Nachweis Werte von 52 dB angenommen werden, wenn die innere Bekleidung einer Vorsatzkonstruktion nicht durchläuft.

In DIN 4109-33 sind in Tabelle 27 bewertete Norm-Flankenschallpegeldifferenzen für flankierende Holztafelwände ohne Vorsatzschale und in Tabelle 28 für flankierende Wände mit Vorsatzschale angegeben. Einen Auszug aus Tabelle 27 zeigt nachfolgend Tabelle 5.16.

In DIN 4109-33 werden in den Konstruktionszeichnungen der Tabellen 27 und 28 die trennenden Bauteile bewusst stark vereinfacht gezeichnet, um darauf hinzuweisen, dass die Tabelle für unterschiedlichste Trennwände gilt. Die Trennwände können dabei einfach oder doppelt beplankte Holztafelwände oder auch Metallständerwände sein. Entscheidend für die Flankendämmung ist die Qualität der Trennung der inneren (raumseitigen) Schale. Während eine durchlaufende Bekleidung die Flankendämmung auf $D_{n,f,w}$ = 53 dB (Zeile 1 in Tabelle 5.16) begrenzt, kann durch das Trennen der inneren (raumseitigen) Schale eine bewertete Norm-Flankenschallpegeldifferenz von $D_{n,f,w}$ = 58 dB erreicht werden. Bei einer durchlaufenden Bekleidung auf Federschienen (Tabelle 29) sind die Unterschiede aufgrund der konstruktiven Trennung der raumseitigen Bekleidung wesentlich größer. Mit einer vollständig getrennten inneren Bekleidung können bewertete Norm-Flankenschallpegeldifferenzen bis $D_{n,f,w}$ = 68 dB erreicht werden.

Tabelle 5.16: DIN 4109-33, Tabelle 27 – Bewertete Norm-Flankenschallpegeldifferenz $D_{n,f,w}$ von Holztafelwänden ohne Vorsatzschale bei horizontaler Schallübertragung (Auszug)

Spalte	1	2	3	4		5	6
		Konstruktionsdetails					
Zeile	Schnitt, horizontal	Mindestdämmschichtdicke[a] s_D mm	Mindestschalenabstand s mm	Bekleidung[c] $s_{B,n}$ mm		Holzständer[b] b/h mm	$D_{n,f,w}$ $(C; C_{tr})^d$ dB
1[e]	$s_{B,1}$ $s_{B,2}$	160	160	$s_{B,1}$	MDF 15	60/160	**53** **(–1; –2)**
				$s_{B,2}$	HW 13		
2[f]	$s_{B,1}$ $s_{B,2}$	160	160	$s_{B,1}$	MDF 15	60/160	**58** **(–1; –5)**
				$s_{B,2}$	HW 13		

a MW: Mineralwolle oder
WF: Holzfaser, Übermaß des Dämmstoffs ist zu vermeiden.
b Holzständer, Achsabstand ≥ 600 mm; der angegebene Wert für *b* ist ein Höchstwert, für *h* ein Mindestwert.
c Holzwerkstoffplatte HW, OSB-Verlegeplatte oder Spanplatte SP, Mitteldichte Faserplatte MDF.
d Für Trennwände nach Tabellen 2 bis 4.
e Raumseitige Bekleidung ($s_{B,2}$), durchlaufend.
f Raumseitige Bekleidung ($s_{B,2}$), getrennt.

Quelle: [35]

5.4.3.3 Durchlaufende Vorsatzkonstruktionen vor Massivwänden

Laufen innere (raumseitige) Bekleidungen von Vorsatzkonstruktionen, wie in DIN 4109-33 Tabelle 29 gezeigt, unter dem Trennbauteil hindurch, vermindern diese die erreichbare Flankenschalldämmung. Dabei bestimmt nicht nur die innere Schale (Bekleidung) und ihre konstruktive Ausbildung im Bereich der Stoßstelle die Flankendämmung, sondern auch die flächenbezogene Masse der Grundwand hat, wie in Tabelle 29 zu erkennen, einen Einfluss auf die Schalldämmung.

In nachfolgender Tabelle 5.17 werden die Norm-Flankenschallpegeldifferenzen für eine typische Vorsatzkonstruktion für eine durch die Trennwand getrennte ($D_{nij,w}$ in Tabelle 5.17, Spalte 5) und für die durchlaufende Variante ($D_{n,f,w}$ in Tabelle 5.17, Spalte 6) in Abhängigkeit von der flächenbezogenen Masse der Grundwand m' miteinander verglichen. Die Resonanzfrequenz der Vorsatzkonstruktion beträgt nach DIN 4109-34 Gl. (1) (mit $m'_1 = 100$ bis $400\ kg/m^2$; $m'_2 = 10\ kg/m^2$; $s' = 6\ MN/m^3$) $f_0 = 130\ Hz - 125\ Hz$ (Tabelle 5.17, Spalte 2). Die Verbesserung des bewerteten Schalldämm-Maßes ΔR_w ist abhängig von der flächenbezogenen Masse der Grundwand. Das bewertete Schalldämm-Maß der Grundwand wird nach DIN 4109-32 Gl. (13) aus der flächenbezogenen Masse berechnet. (Tabelle 5.17, Spalte 1).

Mit der Gleichung in Zeile 1 der Tabelle 1 in DIN 4109-34 kann dann aus der Resonanzfrequenz und dem Schalldämm-Maß die Verbesserung ΔR_w (siehe nachfolgende Tabelle 5.17, Spalte 3) der Vorsatzkonstruktion berechnet werden. Die Norm-Flankenschallpegeldifferenz $D_{n,ij,w}$ ergibt sich aus der 1,5-fachen bewerteten Verbesserung des Schalldämm-Maßes durch die Vorsatzkonstruktion ΔR_w nach DIN 4109-32, Tabelle 1 Zeile 1 und dem Stoßstellendämm-Maß ($K_{ij,min}$ DIN 4109-32 Gl. (17)) unter Berücksichtigung eines Korrekturterms 10 lg $(10/l_f)$.

Tabelle 5.17: Vergleich der Norm-Flankenschallpegeldifferenz von Vorsatzkonstruktionen vor Massivwänden berechnet nach DIN 4109-2 (für getrennte Vorsatzkonstruktionen) und entsprechend DIN 4109-33 Tabelle 29 (für durchlaufende Vorsatzkonstruktionen)

Spalte	**1**	**2**	**3**	**4**	**5**	**6**
m' kg/m²	R_w dB	f_0 Hz	ΔR_w dB	R_w+ 1,5*ΔR_w dB	$D_{n,ij,w}$ **berechnet** dB	$D_{n,f,w}$ **(aus DIN 4109-33 Tabelle 29)** dB
100	39,6	130	12,3	58,1	61,1	55
200	48,9	127	7,9	60,7	63,7	59
250	51,9	126	6,4	61,5	64,5	59
300	54,3	126	5,2	62,2	65,2	60
400	58,2	125	3,3	63,2	66,2	60

Wäre die in DIN 4109-33 Tabelle 29 gezeigte Vorsatzschale der Zeilen 1–5 vollständig unterbrochen und würde man die Norm-Flankenschallpegeldifferenz entsprechend DIN 4109-2 berechnen, ergäben sich aufgrund der Ausbildung der Stoßstelle gegenüber den Werten in Tabelle 29 um 5 dB bis 6 dB höhere Norm-Flankenschallpegeldifferenzen.

Für durchlaufende schwimmende Estriche gilt Gleiches, allerdings sind hier die massiven Bauteile so schwer, dass der Einfluss der flächenbezogenen Masse nicht berücksichtigt werden muss.

5.4.3.4 Dächer

Die flankierende Übertragung über Dächer hängt von der Konstruktion des Daches und von der konstruktiven Ausbildung der Stoßstelle, d. h. von der schalltechnischen Qualität des Anschlusses des Daches an die aufgehende Trennwand, ab. Der größte Teil der flankierenden Schallübertragung erfolgt bei üblichen Dachkonstruktionen aufgrund der starken Gliederung der Bauteile über die trennwandnahen Sparrenfelder, so dass akustische Maßnahmen im Bereich dieser Felder am wirksamsten sind.

Diese schalltechnische Qualität des Anschlusses der Trennwand an das Dach wird in DIN 4109-33 Tabelle 30 in die 4 Zeilen A bis D unterteilt, wobei die Zeile A der geringsten Qualität (mit den kleinsten Flankendämm-Maßen) und die Zeile D der höchsten Qualität (Dachhaut vollständig unterbrochen; Trennwand wird nach außen geführt) entspricht. In den Konstruktionszeichnungen der Tabelle 30 werden die trennenden Bauteile ebenfalls bewusst stark vereinfacht gezeichnet, um darauf hinzuweisen, dass die Tabelle für unterschiedlichste Trennwände gilt. Die Trennwände können dabei massive Einfach- oder Doppelwände genauso wie Holztafelwände oder auch Metallständerwände sein. Die Dächer selbst werden entsprechend ihrer Einteilung bei der Direktschalldämmung eingeteilt: unterschieden wird auch hier zwischen auf- und zwischensparrengedämmt, sowie aufgrund des Dämmstoffmaterials (Mineralwolle, Hartschaum und Holzfaserdämmstoffe) und bezüglich einer raumseitigen zusätzliche Beschwerungslage.

Bei allen vier in Tabelle 30 angegebenen Anschlüssen der Trennwand an das Dach werden zumindest wesentliche Teile der Dachkonstruktion durch die Trennwand unterbrochen, wie z. B. die Wärmedämmung. Dies ist bei Wohnungs- oder Haustrennwänden auch brandschutztechnisch notwendig. Hier sind in der Regel zusätzliche wärmetechnische Maßnahmen am Wandkopf notwendig, um Wärmebrücken zu vermeiden. Zur Berechnung des Schallschutzes innerhalb von Wohnungen, wenn die Trennwand die Wärmedämmung nicht durchbricht, werden keine Angaben zum Flankendämm-Maß gemacht. Durchlaufende Bauteile wie Pfetten werden in der Regel nicht betrachtet, liefern allerdings einen Beitrag zur Flankenübertragung, besonders dann, wenn zwischen den Holzbauteilen und der Trennwand Fugen entstehen können.

Die verschiedenen Dachanschlusstypen unterscheiden sich wie folgt:

- Dachanschlusstyp nach Zeile A:
  Die Wärmedämmung (Zwischensparren- oder Aufsparrendämmung) ist durch die Trennwand getrennt und auch die Dachlattung ist im Bereich der Trennwand unterbrochen.
- Dachanschlusstyp nach Zeile B:
  Zusätzlich zu den zuvor genannten Maßnahmen muss der Wandkopf bedämpft werden.
- Dachanschlusstyp nach Zeile C:
  Zusätzlich zu den zuvor genannten Maßnahmen muss der Wandkopf bedämpft und abgeschottet werden. Das Abschotten kann z. B. durch das Einmörteln der Dachsteine erfolgen.
- Dachanschlusstyp nach Zeile D:
  Die Trennwand wird über die Dachhaut hinausgeführt. Diese Konstruktion fand sich früher bei bestimmten Brandwänden. Diesem Dachanschlusstyp sind auch Konstruktionen zuzuordnen, bei welchen die Dächer höhenversetzt angeordnet sind.

ANMERKUNG

Die nachfolgend genannten Norm-Flankenschallpegeldifferenzen gelten auch für Dächer mit zweischaligen massiven Haustrennwänden. Allerdings wird im Berechnungsmodell der DIN 4109-2 für diese Trennbauteile die flankierende Übertragung über Dächer, bzw. allgemein über Bauteile des Leichtbaus, zurzeit nicht explizit behandelt. Die flankierende Übertragung über die Dächer kann aber auch bei diesen Trennbauteilen entsprechend ihren Norm-Flankenschallpegeldifferenzen wie im Holz-, Leicht- und Trockenbau (DIN 4109-2 Gl. (22)) berücksichtigt werden. In DIN 4109-2 wird vereinfacht eine Norm-Flankenschallpegeldifferenz der Dachkonstruktion von mindestens 5 dB über dem berechneten bewerteten Bau-Schalldämm-Maß gefordert.

Die bewerteten Norm-Flankenschallpegeldifferenzen von Dächern werden dann für die dargestellte Grundkonstruktion in Abhängigkeit vom Dachanschlusstyp (A, B oder C) angegeben. Bei Konstruktionen der Zeile D kann die flankierende Übertragung über das Dach vernachlässigt werden.

In den Tabellen 31 bis 35 der DIN 4109-33 werden abhängig von der Dachkonstruktion bewertete Norm-Flankenschallpegeldifferenzen ohne Spektrumanpassungswerte angegeben:

- Tabelle 31: Dächer mit Aufsparrendämmung aus Hartschaum
- Tabelle 32: Dächer mit Aufsparrendämmung aus Mineralwolle
- Tabelle 33: Dächer mit Aufsparrendämmung aus Holzfaserdämmstoffen
- Tabelle 34: Dächer mit Zwischensparrendämmung aus Faserdämmstoffen
- Tabelle 35: Dächer mit Auf- und Zwischensparrendämmung

In nachfolgender Tabelle 5.18 sind als Auszug aus DIN 4109-33 Tabelle 31 bewertete Norm-Flankenschallpegeldifferenzen von Dächern mit Aufsparrendämmung aus Hartschaum angegeben. In den Spalten 2, 3 und 4 finden sich die bewerteten Norm-Flankenschallpegeldifferenzen für die entsprechenden Dachanschlüsse (nicht „Deckenanschlüsse“ wie im Tabellenkopf geschrieben) nach Tabelle 30.

WARNUNG

In den Tabellen 31, 32, 33 und 34 sind in allen Fußnoten die Angaben zu den entsprechenden Spalten falsch. Der Wert der Spaltennummerierung ist dort jeweils um eins zu vermindern.

BEISPIEL: in DIN 4109-33 Tabelle 31 Fußnote a heiß es „– zu Zeilen 1 bis 4, Spalte 3:“. Korrekt ist: „– zu Zeilen 1 bis 4, Spalte 2:“.

Tabelle 5.18: DIN 4109-33, Tabelle 31 – Bewertete Norm-Flankenschallpegeldifferenz $D_{n,f,w}$ von Dächern mit Aufsparrendämmungen aus Hartschaum bei horizontaler Schallübertragung (Auszug)

Spalte	1		2	3	4
			Deckenanschluss nach Tabelle 30		
Zeile	Schnitt, vertikal		A	B	C
			$D_{n,f,w}$ dB		
Grundkonstruktion					
1	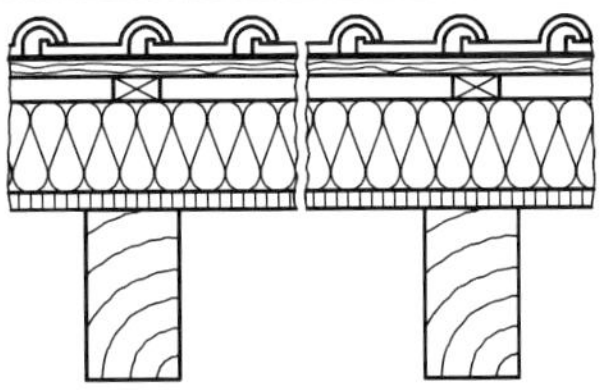	nach Tabelle 9, Zeile 1	**53**[a]	**58**[a]	**65**
Zusätzliche Beschwerungslage					
2	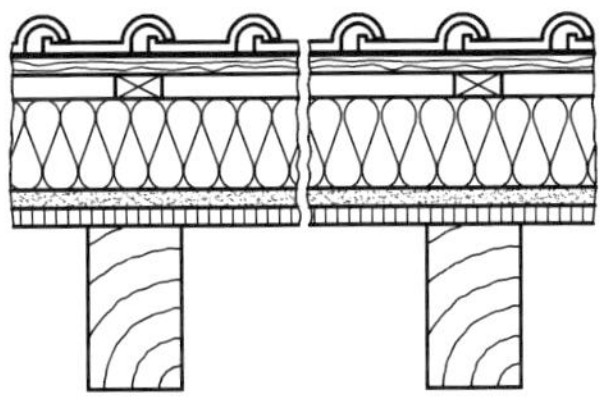	nach Tabelle 9, Zeile 2	**56**[a]	**60**	**69**
Zusätzliche Dämmschicht					
3	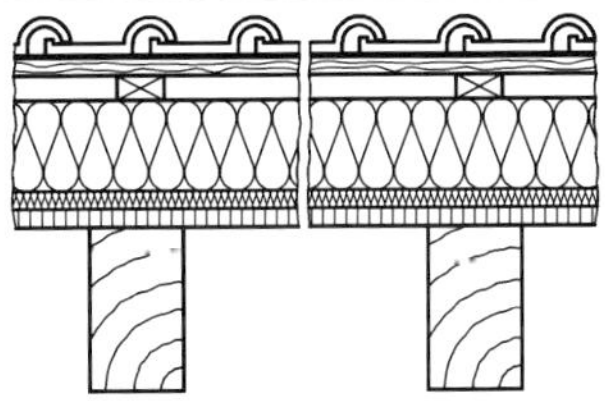	nach Tabelle 9, Zeile 4	**53**[a]	$>$ **60**	**72**

a Bei Konstruktionsänderungen sind nachfolgende Korrekturwerte $\Delta D_{n,f,w}$ auf die Norm-Flankenschallpegeldifferenz $D_{n,f,w}$ zu addieren:
- zu Zeilen 1 bis 4, Spalte 2: Durchlaufende Vordachschalung; für den Wohnungsbau nicht geeignet,
- zu Zeile 1, Spalte 2: Durchlaufende Hartschaum-Dämmschicht über der Trennwand: $\Delta D_{n,f,w} = -5$ dB,
- zu Zeile 1, Spalte 3: Zusätzliche Unterschale aus Gipsplatten mit Bedämpfung zwischen bzw. unter den Sparren: $\Delta D_{n,f,w} \geq +8$ dB.

Quelle: [35], geändert durch Autoren (siehe Warnung)

Die erreichten Werte liegen in der Tabelle 31 Spalte 2 (Dachanschluss Typ A) bei 53 dB und sind damit auch für Wohnungstrennwände ungeeignet. Wird ein erhöhter Schallschutz im Doppel- und Reihenhaus z. B. nach Beiblatt 2 zu DIN 4109:1989 ($R'_{w\ erf.} \geq 67$ dB) angestrebt, sind bewertete Norm-Flankenschallpegeldifferenzen von $D_{n,f,w} \geq 72$ dB erforderlich. Diese werden bei Aufsparrendämmung nur mit Dachanschlüssen der Trennwand Typ C erreicht.

Für Flachdächer liegen keine gesonderten Daten zur Flankendämmung vor. Die bewerteten Norm-Flankenschallpegeldifferenzen der Steildächer können jedoch auch für Flachdächer herangezogen werden.

5.4.3.5 Holzbalkendecken

In horizontaler Richtung wird die flankierende Schallübertragung über eine Holzbalkendecke auf der Deckenoberseite durch den schwimmenden Estrich bestimmt. Ist dieser vollständig unterbrochen, kann die bewertete Norm-Flankenschallpegeldifferenz mit $D_{n,f,w}$ = 67 dB angenommen werden. Entlang der Deckenunterseite wird die flankierende Übertragung der Holzbalkendecke durch deren raumseitige Bekleidung (Spanplatte, Gipsplatte etc.; einlagig oder mehrlagig) und die Trennung dieser Bekleidung im Bereich der Trennwand (durchlaufend oder geschlitzt) sowie die Befestigung der Bekleidung (über Lattung oder über Federschienen) bestimmt. Ob die Trennwand senkrecht oder parallel zur Balkenlage angeordnet wird, bleibt bei der Berechnung der Flankendämmung unberücksichtigt.

Als Auszug aus DIN 4109 Tabelle 36 zeigt Tabelle 5.19 einige Fälle der horizontalen flankierenden Übertragung über Holzbalkendecken.

Tabelle 5.19: DIN 4109-33, Tabelle 36 – Bewertete Norm-Flankenschallpegeldifferenz $D_{n,f,w}$ von Holzbalkendecken mit Unterdecken bei horizontaler Schallübertragung (Auszug)

Spalte	1	2	3	4
Zeile	**Schnitt, vertikal**	**Konstruktionsdetails**	**Bekleidung**	$D_{n,f,w}$ dB
1	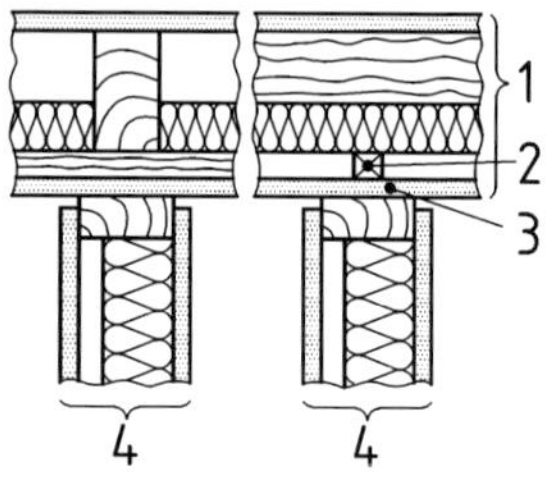 1, 2, 3, 4, 4	1 flankierende Decke 2 Lattung (durchlaufend) 3 Bekleidung aus biegeweicher Schale 4 Trennwand, parallel oder senkrecht zur Balkenlage	Gipsplatte GK	52
2			Spanplatte SP	48
3	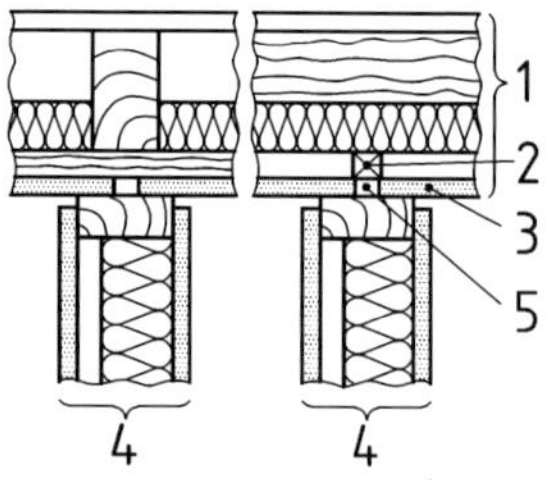 1, 2, 3, 5, 4, 4	1 flankierende Decke 2 Lattung (durchlaufend) 3 Bekleidung aus biegeweicher Schale 4 Trennwand, parallel oder senkrecht zur Balkenlage 5 Trennfuge (Schlitz)	Gipsplatte GK	54

Quelle: [35]

Die angegebenen bewerteten Norm-Flankenschallpegeldifferenzen liegen dabei im Bereich von $D_{n,f,w}$ = 48 dB bei einer durchlaufenden Spanplatte (siehe Tabelle 5.19 Zeile 2) bis $D_{n,f,w}$ = 67 dB bei Trennwandanschlüssen, welche eine doppelt beplankte, an Federschienen befestigte Bekleidung aus Gipsfaserplatten unterbrechen.

5.4.3.6 Unterdecken unter Massivdecken

Wie bei den durchlaufenden Vorsatzkonstruktionen vor Massivwänden wird die Flankendämmung auch bei Unterdecken unter Massivdecken nicht über die bewertete Verbesserung des Schalldämm-Maßes der Vorsatzkonstruktion ΔR_w, sondern direkt über eine bewertete Norm-Flankenschallpegeldifferenz $D_{n,f,w}$ definiert. Allerdings wird im Gegensatz zu den Vorsatzkonstruktionen vor den Massivwänden bei Unterdecken unter Massivdecken die flächenbezogene Masse der Massivdecke nicht berücksichtigt, da es eigentlich nach 4.4 um die Übertragung über ein System (Weg „*s*") geht. Die Schallübertragung erfolgt dabei vom Senderaum durch die Unterdecke in den Hohlraum und über den meistens bedämpften Hohlraum und die Unterdecke in den Empfangsraum. Dabei sind die Schalldämmung der Unterdecke, die Bedämpfung des Hohlraumes und die Abhängehöhe sowie die Konstruktion des Trennwandanschlusses die bestimmenden Parameter.

Wesentliches akustisches Unterscheidungsmerkmal der Unterdecken ist, inwieweit diese eine geschlossene Fläche (z. B. Gipsplatten) oder eine gegliederte Fläche (z. B. Deckenplatten aus Mineralfasern oder Metall in Einlegemontage) aufweisen. Unterdecken mit gegliederter Oberfläche besitzen gegenüber geschlossenen Flächen eine geringere Schalldämmung und damit bei gleichen Einbauparametern als Unterdecke auch eine geringere Flankendämmung. Die Schalldämmung und damit natürlich auch die Flankendämmung von Unterdecken kann durch Einbauten wie Deckenleuchten oder Lüftungsauslässe vermindert werden. Die Aussage in DIN 4109-33, 5.3.3.2.1.1 „Sind solche vorgesehen, so sind sie gesondert zu berücksichtigen." hilft dem Anwender nur bedingt weiter, zeigt aber die Notwendigkeit, die verstärkte Nebenwegübertragung zu berücksichtigen.

Werte für die bewertete Norm-Flankenschallpegeldifferenz $D_{n,f,w}$ von Unterdecken mit geschlossenen Flächen (Abhängehöhe 400 mm) finden sich in DIN 4109-33 Tabelle 37 und werden hier in Tabelle 5.20 wiedergegeben.

Bei der Konstruktion des Trennwandanschlusses werden 3 Typen unterschieden:

- Trennwand an Unterdecke anschließend
- Trennwand an Unterkonstruktion anschließend
- Trennwand an Massivdecke anschließend

Diese drei Typen sind in DIN 4109-33 in den Bildern 7, 8 und 9 dargestellt. Die bewertete Norm-Flankenschallpegeldifferenz der Unterdecke ist mit $D_{n,f,w}$ = 48 dB am geringsten, wenn die Trennwand an die Unterdecke anschließt und die Unterdecke ohne Trennung durchläuft. Bei dieser Variante ergibt sich durch eine Dämmstoffauflage nur eine Verbesserung von 1 dB bis 2 dB, da die Schallübertragung direkt über die durchgehenden Gipsplatten erfolgt. Eine zweite Lage Gipsplatten erhöht allerdings aufgrund der größeren Direktschalldämmung die bewertete Norm-Flankenschallpegeldifferenz um 6 dB bis 7 dB. Mit diesen Konstruktionen lässt sich dann schon ein zwischen Räumen mit üblicher

Bürotätigkeit im eigenen Arbeitsbereich vorzusehendes Schalldämm-Maß von R'_w = 37 dB erreichen.

Ist die Unterdecke im Bereich der Trennwand durch eine Fuge getrennt, wird ein beträchtlicher Teil der Schallenergie bereits über den Hohlraum übertragen. Durch die Faserdämmstoff-Auflage wird dabei die Übertragung über den Hohlraum vermindert.

Deutlich höhere Schalldämm-Maße können erreicht werden, wenn die Trennwand direkt an die Unterkonstruktion der Unterdecke oder sogar bis zur Massivdecke geführt wird.

Bei größeren Abhängehöhen sind die Werte der Tabelle 37 um 1 dB abzumindern.

Tabelle 5.20: DIN 4109-33, Tabelle 37 – Bewertete Norm-Flankenschallpegeldifferenz $D_{n,f,w}$ von Unterdecken mit geschlossenen Flächen, Abhängehöhe 400 mm bei horizontaler Schallübertragung

Spalte	1	2	3	4	5
Zeile	Konstruktionsdetails	Flächenbezogene Masse der Decklage	Dicke der Faserdämmstoff-Auflage[a]		
			0 mm	40 mm	80 mm
		kg/m²	$D_{n,f,w}$ dB		
1	Nach Bild 7 Trennwand an Unterdecke anschließend, Decklage jedoch durchlaufend ohne Fuge	GK $m' \geq 8,5$	**48**	**49**	**50**
2		2 × GK $m' \geq 8,5$	**55**	**56**	**56**
3	Nach Bild 7 Trennwand an Unterdecke anschließend, Decklage durch Fuge getrennt	GK $m' \geq 8,5$	**50**	**54**	**56**
4	Nach Bild 8 Trennwand an Unterkonstruktion der Unterdecke anschließend, Decklage in Trennwanddicke getrennt	2 × GK $m' \geq 8,5$	**57**	**59**	**59**
5	Nach Bild 9 Trennwandanschluss an Massivdecke mit Trennung der Unterdecke in Decklage und Unterkonstruktion	2 × GK $m' \geq 8,5$	**57**	**65**	

a Die Werte der Norm-Flankenschallpegeldifferenz $D_{n,f,w}$ dieser Tabelle gelten für die für die Spalten 3, 4 und 5 angegebenen Dicken einer vollflächigen Faserdämmstoff-Auflage.

Quelle: [35]

Bei Unterdecken mit gegliederter Fläche werden Mineralfaser-Deckenplatten hinsichtlich ihrer Dichtheit unterschieden. Für Platten mit durchbrochener Oberfläche und ohne oberseitige Dichtschicht werden in Tabelle 38 der DIN 4109-33 in den Zeilen 1 bis 4 bewertete Norm-Flankenschallpegeldifferenzen in Abhängigkeit von der flächenbezogenen Masse der „Decklage“ angegeben. Die Zeilen 5–8 sind für Mineralfaserplatten mit geschlossener Fläche oder mit oberseitiger Dichtschicht vorgesehen. Ist die Mineralfaserauflage nicht vollflächig, sondern als einzelne Plattenstücke aufgelegt, sind die angegebenen $D_{n,f,w}$-Werte entsprechend der Fußnote b in Tabelle 38 um 4 dB (bei 40 mm Auflagendicke) bzw. um 6 dB (bei 80 mm Auflagendicke) abzumindern.

Für größere Abhängehöhen sind die Werte der Tabelle 38 entsprechend der Tabelle 39 abzumindern. Aufgrund der unterschiedlichen Ausführung der Decken können hier auch Prüfwerte der Hersteller verwendet werden.

Durch eine Abschottung des Hohlraumes über der Trennwand kann die Flankendämmung der Unterdecke weiter verbessert werden. Diese Abschottung ist mit folgenden drei Varianten in der DIN 4109-33 beschrieben:

- Abschottung durch ein Plattenschott
- Abschottung mittels durchlaufender Trennwand
- Abschottung durch ein Absorberschott.

Das Abschotten durch ein Plattenschott ist handwerklich sehr aufwändig auszuführen mit der Gefahr von Undichtheiten im Bereich des Anschlusses des Schotts an die Trennwand. Ein Hochführen der Trennwand bis zur Massivdecke (Abschottung mittels durchlaufender Trennwand) schränkt nicht nur die Variabilität ein. Durchführungen von Lüftungsleitungen, Kabelkanälen etc. müssen mit großer Sorgfalt abgedichtet werden, um die gewünschte Wirkung zu erhalten. Genau genommen müsste bei hochgeführter Trennwand das bewertete Flankendämm-Maß $R_{Ff,w}$ über das Schalldämm-Maß R_w der Massivdecke und das Verbesserungsmaß ΔR_w der Unterdecke entsprechend DIN 4109-2 Gl. (10) bestimmt werden. Eine Berechnung über die angegebene bewertete Norm-Flankenschallpegeldifferenz ist als vereinfachter Nachweis jedoch zulässig. Dabei können bis zu 20 dB zu den in den Tabellen 37 und 38 angegebenen $D_{n,f,w}$-Werten addiert werden, wobei der durch eine Abschottung erreichbare $D_{n,f,w}$-Wert auf 67 dB begrenzt ist.

Als dritte Möglichkeit zum Abschotten nennt DIN 4109-33 in 5.3.3.3.3 ein dichtes Ausstopfen des Deckenhohlraumes über der Trennwand mit Mineralwolle. Die Verbesserung durch das Absorberschott hängt dabei von der Breite des Schotts über der Trennwand ab. Die damit erreichbaren Verbesserungen der bewerteten Norm-Flankenschallpegeldifferenzen sind in Tabelle 40 der DIN 4109-33 zu finden, die hier als Tabelle 5.21 gezeigt wird.

Tabelle 5.21: DIN 4109-33, Tabelle 40 – Verbesserungsmaße der bewerteten Norm-Flankenschallpegeldifferenz $\Delta D_{n,f,w}$ von Unterdecken nach DIN 4109-33 Tabellen 38 und 39 durch Absorberschott bei horizontaler Schallübertragung

Spalte	**1**	**2**	**3**
Zeile	**Schnitt, vertikal**	**Mindestbreite des Absorberschotts** b mm	$\Delta D_{n,f,w}$ dB
1	b; 1	300	**12**
2		400	**14**
3		500	**15**
4		600	**17**
5		800	**20**
6		1 000	**22**
1 Absorberschott aus Mineralwolle MW, Anwendungsgebiet DI, längenbezogener Strömungswiderstand $r \geq 8$ kPa s/m².			

Quelle: [35]

5.4.3.7 Durchlaufende schwimmende Estriche auf Massivdecken

Wie bei den Unterdecken und den Vorsatzkonstruktionen wird auch bei durchlaufenden schwimmenden Estrichen auf Massivdecken die bewertete Norm-Flankenschallpegeldifferenz zur Beschreibung der flankierenden Übertragung benötigt. Sie ist nach DIN 4109-33 Tabelle 41 (hier als Tabelle 5.22 dargestellt) abhängig von der ausgeführten Konstruktionsvariante. Im Gegensatz zu den hier beschriebenen Ausführungsvarianten wird die Flankendämmung über Massivdecken, bei welchen der schwimmende Estrich durch die Trennwand getrennt ist (Wand steht auf der Massivdecke), entsprechend DIN 4109-2 über die Direktschalldämmung der Massivdecke, das Stoßstellendämm-Maß und die gesamte bewertete Verbesserung des Estrichs nach DIN 4109-34 berechnet.

Tabelle 5.22: DIN 4109-33, Tabelle 41 – Bewertete Norm-Flankenschallpegeldifferenz $D_{n,f,w}$ von schwimmenden Estrichen bei horizontaler Schallübertragung

Spalte	**1**	**2**	**3**
Zeile	**Schnitt, vertikal**	**Zement-, Calciumsulfat- oder Magnesia-Estrich**	**Gussasphalt-Estrich**
		Norm-Flankenschallpegeldifferenz $D_{n,f,w}$ dB	
1	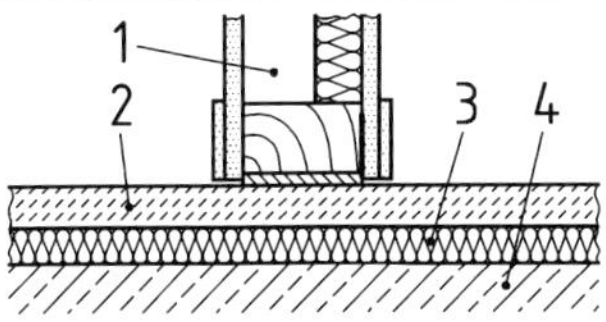	40	46
2	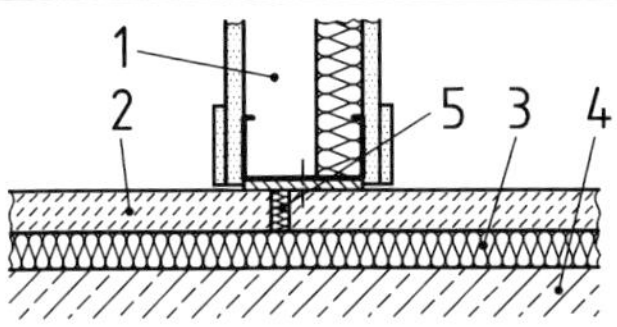	57[a]	
1 Trennwand als Einfach- oder Doppelständerwand mit Unterkonstruktion aus Holz oder Metall oder elementierte Trennwand; Trennwand mit Anschlussdichtung ausführen. 2 Estrich. 3 Mineralwolle MW Anwendungsgebiet DES. 4 Flächenbezogene Masse der Massivdecke $m' \geq 300$ kg/m². 5 durchgehende Fuge im Estrich. a Nachträglich ausgeführte Fugenschnitte seitlich der Trennwand führen zu ungünstigeren Werten.			

Quelle: [35]

Die bewertete Norm-Flankenschallpegeldifferenz liegt bei $D_{n,f,w} = 40$ dB für einen durchgehenden Zement-, Calciumsulfat- (häufig Anhydrit-Estrich genannt) oder Magnesia-Estrich. Mit solch einem durchgehenden Estrich ist ein vorgesehenes Schalldämm-Maß von $R'_w = 37$ dB zwischen Räumen mit üblicher Bürotätigkeit dann schon schwierig zu erreichen.

Für einen durchgehenden Gussasphaltestrich kann (vermutlich aufgrund einer höheren Dämpfung) $D_{n,f,w} = 46$ dB angesetzt werden. Für einen mittels einer Fuge getrennten Estrich kann dann $D_{n,f,w} = 57$ dB erreicht werden. Die handwerkliche Ausführung der Fuge kann die Qualität der schalltechnischen Trennung stark vermindern. So führen, wie in der Fußnote a zu Tabelle 5.22 angemerkt, häufig nachträglich seitlich der Trennwand ausgeführte Fugenschnitte zu ungünstigeren Werten, da sich dann beide Wandschalen der Trennwand auf einer Estrichseite befinden und in den Randbereichen häufig aufgrund handwerklicher Mängel die Trennung dann doch nicht vollständig ist.

5.4.4 Ausblick für DIN 4109-33

Erhöhte Anforderungen an den Wärmeschutz, Innovationen bei den Bauprodukten oder auf dem Gebiet der Befestigungstechnik verändern die eingesetzten Baukonstruktionen des Holz-, Leicht- und Trockenbaues. Im Laufe der letzten Jahre wurden z. B. im Bereich des Holzbaus eine Reihe neuer Massivholzkonstruktionen im mehrgeschossigen Wohnungsbau eingesetzt, die (noch) nicht in dieser Norm dargestellt sind. Viele weitere (Spezial-)Konstruktionen sowie Konstruktionen aus dem Nichtwohnungsbau (z. B. Stahlbau, Stahltrapezblechdächer etc.) finden sich bislang noch gar nicht bzw. nicht ausreichend in DIN 4109-33. Hier sollen in den nächsten Jahren die Lücken geschlossen und das Dokument aktualisiert werden.

Dazu ist es allerdings notwendig, diese Konstruktionen in den entsprechenden Prüfständen zu testen und die Prüfergebnisse systematisch für die Norm aufzuarbeiten. Trotzdem sollte man sich darüber im Klaren sein, dass nicht alle Baukonstruktionen des Holz-, Leicht- und Trockenbaus in der Norm dargestellt werden können.

5.5 DIN 4109-34: Vorsatzkonstruktionen

DIN 4109-34 als eigener Normteil für Vorsatzkonstruktionen behandelt die bewertete Verbesserung des Luftschalldämm-Maßes von Vorsatzkonstruktionen ΔR_w und die bewertete Trittschallminderung von Deckenauflagen ΔL_w. Die angegebenen Werte gelten nur für massive Grundbauteile. Bei Konstruktionen des Holz-, Leicht- und Trockenbaus sind Vorsatzkonstruktionen bereits in der Gesamtkonstruktion enthalten und werden in DIN 4109-33 behandelt (siehe 5.4). Das grundsätzliche akustische Verhalten von Vorsatzkonstruktionen (zweischalige Systeme) ist unter 4.2.1.7.2 und 4.2.2.3 beschrieben. Nachfolgend wird auf die Ermittlung der bewerteten Verbesserung der Direktschalldämmung bzw. der bewerteten Trittschallminderung von Deckenauflagen entsprechend DIN 4109-34 und auf Besonderheiten bei deren Anwendung eingegangen.

Folgende Konstruktionen werden in DIN 4109-34 unter dem Oberbegriff Vorsatzkonstruktionen gelistet:

- Vorsatzschalen vor Wänden (freistehend oder angekoppelt mit Unterkonstruktion, flächig befestigt über Dämmschichten)
- Wärmedämmverbundsysteme
- Unterdecken (freitragend oder abgehängt mit Unterkonstruktion, direkt befestigt mit Lattung, Profilen, Federschienen)
- Schwimmende Estriche
- Doppel- und Hohlraumböden
- vorgehängte, hinterlüftete Fassaden

Ungewöhnlich bei der Darstellung der akustischen Eigenschaften ist, dass die Berechnung der bewerteten Verbesserung der Luftschalldämmung durch Vorsatzkonstruktionen ΔR_w und die Beschreibung der übergreifend geltenden Eigenschaften in DIN 4109-34 unter dem Abschnitt 4.1 (Allgemeines) erfolgen. Hierauf wird dann in den nachfolgenden Abschnitten stets verwiesen, so dass im Abschnitt 4.2 bei den Vorsatzschalen keine zusätzlichen Informationen mehr gegeben werden. Man hatte sich für diese Art der Darstellung entschieden, weil sie für die nachfolgenden Abschnitte gleichermaßen gilt. Für Wärmedämmverbundsysteme werden in 4.3 bislang noch keine Angaben zur bewerteten Verbesserung der Luftschalldämmung gemacht, da dies bislang über Zulassungen geregelt ist. Hierzu sind allerdings entsprechende Änderungen geplant. Ein Normentwurf zur Behandlung von Wärmedämmverbundsystemen in DIN 4109-34 wurde im November 2018 zur Verabschiedung freigegeben. Auch bei den Unterdecken in 4.4 sowie bei den schwimmenden Estrichen in 4.5 wird auf den Abschnitt 4.1 verwiesen.

Bei den Bodenbelägen in 4.6 ist anzumerken, dass diese im akustischen Sinn keine Vorsatzkonstruktionen sind, jedoch in Abschnitt 4 (Vorsatzkonstruktionen) behandelt werden. Da sie zusammen mit den schwimmenden Estrichen als trittschallmindernde Maßnahme behandelt werden sollten, wurden sie diesem Normteil des Bauteilkatalogs zugeschlagen.

Bei der nachfolgenden Erläuterung von DIN 4109-34 wird nicht die Gliederung dieses Normteils übernommen, sondern es wird erst die bewertete Verbesserung der Luftschalldämmung und anschließend die bewertete Trittschallminderung behandelt.

5.5.1 Bewertete Verbesserung des Schalldämm-Maßes ΔR_w von Vorsatzkonstruktionen

Maßgebliche Einflussgröße für die Verbesserung der Luftschalldämmung ist die Lage der Resonanzfrequenz des durch die Vorsatzkonstruktion entstehenden zweischaligen Schwingungssystems. Die Berechnung der Resonanzfrequenz erfolgt gemäß 4.2.2.3 aus der flächenbezogenen Masse m' der Vorsatzschale, gegebenenfalls auch unter Berücksichtigung der flächenbezogenen Masse des Grundbauteils m', sowie aus der flächenbezogenen dynamischen Steifigkeit der Dämmschicht s' nach DIN 4109-34, Gl. (1) bzw. bei freistehenden Vorsatzschalen aus der Hohlraumtiefe d nach DIN 4109-34, Gl. (2). Die vorgesetzte Schale wird häufig auch als Bekleidung oder Beplankung bezeichnet und besteht in der Regel aus einer oder mehreren biegeweichen Schichten/Schalen mit einer Grenzfrequenz der Platte von über 1 600 Hz. Obwohl Estrichplatten eine deutlich geringere Grenzfrequenz aufweisen, kann deren Verbesserung ebenfalls mit den nachfolgenden Formeln berechnet werden. Sind mehrere Platten in der Vorsatzkonstruktion angeordnet, sollten diese nicht vollflächig miteinander verklebt, sondern nur punktweise verbunden werden, damit die Biegesteifigkeit der Konstruktion nicht erhöht bzw. die Grenzfrequenz der Platten nicht vermindert wird.

ANMERKUNG

Die „bewertete Verbesserung des Schalldämm-Maßes ΔR_w“ aus DIN 4109-2 wird in DIN 4109-34 als „bewertete Verbesserung der Direktschalldämmung ΔR_w“ bezeichnet. Eine einheitliche Bezeichnung in allen Normteilen wäre wünschenswert.

Werte für die bewertete Verbesserung des Schalldämm-Maßes ΔR_w finden sich in DIN 4109-34 Tabelle 1, die hier als Tabelle 5.23 wiedergegeben wird. Diese Tabelle basiert auf den ursprünglich in DIN EN 12354-1:2000 Anhang D genannten und tabellierten Werten. Dort wurden allerdings keine Werte für Resonanzfrequenzen unter 80 Hz angegeben. Aufgrund der Untersuchungen in [455] stehen nun in der Tabelle 1 Werte bis $f_0 = 30$ Hz zur Verfügung, die über Gl. (5.34) ermittelt werden können. Die in dieser Gleichung angegebene Beziehung kann für Resonanzfrequenzen bis 160 Hz angewendet werden. Durch diese Gleichung ergibt sich eine direkte Abhängigkeit der bewerteten Verbesserung ΔR_w von der Resonanzfrequenz f_0 und dem bewerteten Schalldämm-Maß der Grundwand R_w:

$$\Delta R_w = \left(74{,}4 - 20\lg(f_0) - \frac{R_w}{2}\right) \geq 0 \text{ dB} \tag{5.34}$$

Damit haben Vorsatzkonstruktionen, welche auf Resonanzfrequenzen unter 100 Hz ausgelegt werden, deutlich höhere Verbesserungen, die dann bei der Berechnung des Schallschutzes berücksichtigt werden können.

Tabelle 5.23: DIN 4109-34, Tabelle 1 – Bewertete Verbesserung des Schalldämm-Maßes ΔR_w durch Vorsatzkonstruktionen vor Massivbauteilen in Abhängigkeit von der Resonanzfrequenz f_0

Spalte	**1**	**2**
Zeile	**Resonanzfrequenz f_0 der Vorsatzkonstruktion** Hz	ΔR_w dB
1	$30 \leq f_0 \leq 160$	$\max\begin{cases} 74{,}4 - 20\lg f_0 - 0{,}5\,R_w \\ 0 \end{cases}$
2	200	–1
3	250	–3
4	315	–5
5	400	–7
6	500	–9
7	630 bis 1 600	–10
8	$> 1\,600 \leq 5\,000$	–5

Quelle: [36]

Für Vorsatzkonstruktionen mit Resonanzfrequenzen unter 30 Hz kann näherungsweise mit einer Resonanzfrequenz von $f_0 = 30$ Hz gerechnet werden. Das ist z. B. der Fall bei einer zweilagigen Gipskartondecke ($m' = 17$ kg/m^2) mit einer Abhängehöhe von 200 mm vor einer 200 mm dicken Stahlbetondecke ($m' = 480$ kg/m^2). Für die Resonanzfrequenz ergibt sich hier mit Gl. (2) aus DIN 4109-34 $f_0 = 160\sqrt{0{,}08/0{,}2 \cdot (1/17 + 1/480)} = 25$ Hz.

Für Frequenzen $f_0 > 160$ Hz ist die bewertete Verbesserung des Schalldämm-Maßes ΔR_w in Abhängigkeit von der Frequenz tabelliert angegeben. Ungünstig sind Vorsatzkonstruktionen, deren Resonanzfrequenz f_0 mitten im bauakustischen Frequenzbereich (300 Hz bis 1 600 Hz) liegt, z. B. verputzte Hartschaumplatten oder Gipskarton-Verbundplatten mit Hartschaum auf jeglichen Massivbauteilen. Für solche Konstruktionen ergibt sich aufgrund der Vorsatzkonstruktion ein um 5 bis 10 dB vermindertes Direktschalldämm-Maß.

Bei Anwendung der tabellierten Werte von ΔR_w ist es zulässig, Zwischenwerte zu interpolieren. Auf der sicheren Seite liegen die Werte allerdings, wenn in Tabelle 5.23 für den gesamten Frequenzbereich unter dem in der Spalte 1 genannten Wert das in Spalte 2 angegebene ΔR_w verwendet wird. So würde z. B. für den Frequenzbereich 250 Hz $< f \leq$ 315 Hz der in Zeile 4 genannte Wert $\Delta R_w = -5$ dB angesetzt werden.

Die bewerteten Verbesserungen des Schalldämm-Maßes der Vorsatzkonstruktionen ΔR_w können sowohl für die Direkt- als auch für die Flankenübertragung verwendet werden.

Die bewertete Verbesserung des Schalldämm-Maßes ΔR_w von **schwimmenden Estrichen** wird ebenfalls nach Tabelle 5.23 berechnet. Hier ist bei der Berechnung der Verbesserung unter anderem darauf zu achten, dass das Verhältnis der flächenbezogenen Massen des schwimmenden Estrichs zur flächenbezogenen Masse der Rohdecke nicht zu groß wird. Die in Zeile 1 der Tabelle 5.23 genannte Formel ist für schwimmende Estriche mit maximal 1/5 bis 1/3 der flächenbezogenen Masse der Rohdecke gültig. Bei Massivdecken aus Leichtbeton, Porenbeton oder Hohlkörpern ist dies bei dicken schwimmenden Estrichen häufig nicht mehr der Fall und die Verbesserung durch den Estrich wird bei Anwendung der Gleichung in Tabelle 5.23 überschätzt. Die flächenbezogenen Massen der schwimmenden Estriche sind entsprechend den Vorgaben in DIN 4109-32, Abschnitt 2 zu berechnen, für Gussasphaltestriche siehe nachfolgenden Abschnitt.

Die bewertete Verbesserung des Schalldämm-Maßes ΔR_w von **Unterdecken** kann bei geschlossenen Flächen wie z. B. Gipsplatten ebenfalls nach der Tabelle 5.23 berechnet werden, da es sich um nichts anderes als eine Vorsatzschale vor einem massiven Bauteil handelt. Bei gegliederten oder gelochten Flächen kann sich ebenfalls eine Verbesserung der Luftschalldämmung ergeben. Allerdings können hierzu keine pauschalen Werte angegeben werden, sondern es wird auf Prüfwerte der Hersteller verwiesen.

Hinterlüftete Fassaden vor massiven Außenwänden könnten ebenfalls als Vorsatzkonstruktionen betrachtet werden und akustisch über Resonanzfrequenz, flächenbezogene Masse oder direkt durch die bewertete Verbesserung des Schalldämm-Maßes charakterisiert werden. Allerdings sind die Fassadenelemente, wie der Name schon sagt, hinterlüftet und damit auch akustisch nicht dicht und meist relativ starr über eine Unterkonstruktion mit der Grundwand verbunden, so dass diese Konstruktionen gesondert von den Vorsatzkonstruktionen zu behandeln sind. Leider lag zum Zeitpunkt der Normerstellung kein Berechnungsverfahren für die bewertete Luftschallverbesserung dieser Konstruktionen vor. Untersuchungen zur Verbesserung werden zurzeit an der HFT Stuttgart durchgeführt.

Die bewertete Verbesserung des Schalldämm-Maßes ΔR_w von **Doppel- und Hohlraumböden** auf massiven Decken ist allgemeinen Prüfzeugnissen der Hersteller zu entnehmen. Die VDI-Richtlinie VDI 3762: „Schalldämmung von Doppel- und Hohlböden“ beschreibt sehr ausführlich diese Konstruktionen und ihre schalltechnischen Eigenschaften und macht im Anhang „Schalltechnische Eigenschaften marktüblicher Konstruktionen“ Angaben zur Norm-Flankenschallpegeldifferenz $D_{n,f,w}$, unterschiedlicher Hohlböden und zur Luftschalldämmung von Massivdecken mit unterschiedlichen Hohlböden. Dabei liegt die bewertete Verbesserung des Schalldämm-Maßes bei ca. $\Delta R_w = 5$ dB.

Wärmedämmverbundsysteme (WDVS) sind grundsätzlich ebenfalls eine Vorsatzkonstruktion. Deshalb können sie prinzipiell auch über die Resonanzfrequenz gekennzeichnet werden, und ihre bewertete Verbesserung des Schalldämm-Maßes ΔR_w könnte daher entsprechend Tabelle 5.23 berechnet werden. Da WDVS allerdings meist zusätzlich mit Dübeln versehen sind, ist eine Berechnung der tatsächlichen Resonanzfrequenz und damit der Luftschallverbesserung nur eingeschränkt möglich. Wärmedämmverbundsysteme benötigen allerdings eine bauaufsichtliche Zulassung, in der auch der Schallschutz geregelt ist. Die Verbesserung des Schallschutzes erfolgt dabei für Standardbedingungen in Abhängigkeit von der Steifigkeit des Dämmstoffes und der flächenbezogenen Masse der Putzschicht. Durch Korrekturen für die Dämmstoffart (Mineralfaser oder Polystyrol), für den Klebeflächenanteil, für die Verdübelung und für das bewertete Schalldämm-Maß der Trägerwand können die Standardbedingungen auf die jeweilige Bausituation umgerechnet werden [456].

An dieser Stelle sei darauf hingewiesen, dass nach den Ausführungen dieses Beitrags auch die Verbesserung des bewerteten Schalldämm-Maßes unter Berücksichtigung des Spektrumanpassungswertes $C_{tr,50\text{-}5000}$ berechnet werden kann. Besonders bei tieffrequentem, innerstädtischem Lärm sollte dieser Wert für die Beurteilung herangezogen werden, da bei einer energetischen Sanierung von Fassaden mit WDVS die Schalldämmung im Bereich der Resonanzfrequenz deutlich vermindert wird und die Bewohner nach der Sanierung mit erhöhten Schalldruckpegeln konfrontiert werden können. Die berechneten oder in den Zulassungen genannten Werte sind im Regelfall als Eingangsdaten für die Berechnung des Schallschutzes zu verwenden. In der neuen DIN EN ISO 12354-1:2017-11 [103] wird im Anhang D.2.3 ein auf dem oben genannten Verfahren beruhendes vereinfachtes Verfahren für WDVS genannt, das ebenfalls zur Abschätzung der bewerteten Verbesserung des Schalldämm-Maßes von WDVS vorgesehen ist. Es lässt gegenüber dem in Deutschland üblichen Verfahren allerdings keine Vorteile erkennen. Deshalb soll das in [456] genannte und den Zulassungen zugrunde gelegte Verfahren zur Ermittlung von ΔR_w von WDVS zukünftig in DIN 4109-34 übernommen werden, so dass auf die Angaben in den Zulassungen verzichtet werden kann. Ein entsprechender Normentwurf zur Ergänzung der DIN 4109-34 wurde im November 2018 zur Verabschiedung freigegeben.

Die bewertete Verbesserung des Schalldämm-Maßes ΔR_w durch ein Wärmedämmverbundsystem wird dabei für Standardbedingungen über die Resonanzfrequenz f_0 des Systems nach Gl. (5.35) aus der dynamischen Steifigkeit der Dämmplatten (s' in MN/m^3) und der flächenbezogenen Masse des Putzes (m'_P in kg/m^2), bestehend aus Unterputz und Schlussbeschichtung, berechnet:

$$f_0 = 160 \sqrt{\frac{s'}{m'_p}} \text{ Hz} \qquad (5.35)$$

Dabei soll zukünftig die Verbesserung ΔR_w in Abhängigkeit von der Resonanzfrequenz f_0 getrennt für Schaumkunststoffe (z. B. EPS-Platten) und Faserdämmstoffe (z. B. Mineralwolle, Holzfaser- und vergleichbare -Dämmstoffe) sowie mit und ohne Dübel nachfolgender Tabelle 5.24 entnommen werden:

Tabelle 5.24: Bewertete Verbesserung des Schalldämm-Maßes durch WDVS in Abhängigkeit von der Resonanzfrequenz f_0

Resonanzfrequenz f_0 [Hz]	Verbesserung ΔR_w [dB]			
	Schaumkunststoffe		Faserdämmstoffe	
	ohne Dübel	mit Dübeln	ohne Dübel	mit Dübeln
$f_0 < 60$ Hz	17	11	19	12
60 Hz $< f_0 \leq$ 70 Hz	16	10	17	11
70 Hz $< f_0 \leq$ 80 Hz	14	9	15	10
80 Hz $< f_0 \leq$ 90 Hz	12	8	13	8
90 Hz $< f_0 \leq$ 100 Hz	10	6	12	7
100 Hz $< f_0 \leq$ 120 Hz	8	5	9	6
120 Hz $< f_0 \leq$ 140 Hz	6	3	7	4
140 Hz $< f_0 \leq$ 160 Hz	4	2	4	2
160 Hz $< f_0 \leq$ 180 Hz	3	1	2	1
180 Hz $< f_0 \leq$ 200 Hz	1	0	1	0
200 Hz $< f_0 \leq$ 220 Hz	0	0	–1	–1
220 Hz $< f_0 \leq$ 240 Hz	–1	–1	–2	–2
240 Hz $< f_0$	–2	–2	–3	–2

Durch Korrekturen für den Klebeflächenanteil, für den längenbezogenen Strömungswiderstand bei Faserdämmstoffen sowie für das bewertete Schalldämm-Maß der Trägerwand können die Standardbedingungen auf die jeweilige Bausituation umgerechnet werden.

An dieser Stelle sei darauf hingewiesen, dass in [456] auch Angaben zur Berechnung der Verbesserung (bzw. Verminderung) des bewerteten Schalldämm-Maßes unter Berücksichtigung des Spektrumanpassungswertes $C_{tr,50\text{-}5000}$ enthalten sind. Besonders bei tieffrequentem, innerstädtischem Lärm sollte dieser Wert für die Beurteilung mit herangezogen werden, da bei einer energetischen Sanierung von Fassaden mit WDVS die Schalldämmung im Bereich der Resonanzfrequenz deutlich vermindert wird und die Bewohner bei falscher Auslegung der Resonanzfrequenz nach der Sanierung mit erhöhten Schalldruckpegeln konfrontiert werden können.

Der Korrekturwert K_K wird zur Ermittlung des bewerteten Schalldämm-Maßes der Konstruktion $\Delta R_{w,WDVS}$ (in DIN 4109-2:2018 bewertete Verbesserung des Schalldämm-Maßes ΔR_w) in Abhängigkeit von der prozentualen Klebefläche des WDVS und in Abhängigkeit vom bewerteten Schalldämm-Maß der Trägerwand bestimmt. Bei Mineralfaserdämmstoffen erfolgt eine weitere Korrektur K_S in Abhängigkeit vom Strömungswiderstand der Platten, wobei zwischen Mineralwolleplatten mit hauptsächlich in Plattenebene ausgerichteten Fasern (MWP) und Mineralwolle-Lamellenplatten (MWL), die hauptsächlich senkrecht zur Plattenebene ausgerichtet sind, unterschieden wird. Außerdem erfolgt eine weitere

Korrektur K_{TW}, die sich aus den Eigenschaften der Trägerwand ergibt. Insgesamt wird das durch den folgenden Zusammenhang in Gl. (5.36) beschrieben:

$$\Delta R_{w,WDVS} = \Delta R_w - K_K - K_S - K_{TW} \text{ dB} \quad (5.36)$$

Bei einer teilflächigen Verklebung ergibt sich durch die geringere Auflagerfläche bei der Klebung gegenüber einer vollflächigen Verklebung eine geringere resultierende Steifigkeit der Dämmschicht. Die damit einhergehende Verbesserung wird durch den Korrekturwert K_K entsprechend Tabelle 5.25 berücksichtigt.

Der Korrekturwert K_S entsprechend Tabelle 5.26 für den Strömungswiderstand der Mineralwolle-Putzträgerplatten (MWP) bzw. Mineralwolle-Lamellenplatten (MWL) ergibt sich durch die Schalldämmung der Dämmplatten selbst, da Platten mit hohem Strömungswiderstand gegenüber Platten mit geringem Strömungswiderstand eine höhere Schalldämmung aufweisen.

Zusätzlich kommt die Korrektur K_{TW} entsprechend Tabelle 5.27 in Abhängigkeit vom bewerteten Schalldämm-Maß der Trägerwand hinzu. Hierbei werden die unterschiedliche Lage der Grenzfrequenz und der damit verbundene unterschiedliche Frequenzgang des Schalldämm-Maßes berücksichtigt. Während sehr schwere Wände (mit entsprechend großem bewerteten Schalldämm-Maß) eine Grenzfrequenz im Bereich von 100 Hz aufweisen und damit in diesem Frequenzbereich eine geringe Schalldämmung, ergibt sich für die Verbesserung durch WDVS mit einer Resonanzfrequenz in diesem Frequenzbereich eine Verminderung der Schalldämmung gegenüber leichteren Wänden.

Tabelle 5.25: Korrekturwert K_K für die prozentuale Klebefläche bei WDVS

Prozentuale Klebefläche [%]	K_k [dB]
20	−1
40	0
60	1
80	2
100	3

Tabelle 5.26: Korrekturwert K_S für den längenbezogenen Strömungswiderstand bei Faserdämmstoffen

längenbezogener Strömungswiderstand der Dämmplatten[a] in kPa s/m²	K_S [dB]	
	MWP[b]	**MWL**[c]
5	4	8
10	3	6
15	2	4
20	2	2
25	1	0
30	0	−2
35	0	−4

a nach DIN EN 13162, DIN EN 13171 bzw. europäischer technischer Bewertung oder allgemeiner bauaufsichtlicher Zulassung

b MWP = Mineralwolle-Putzträgerplatte

c MWL = Mineralwolle-Lamellenplatte

Bei Holzfaserdämmplatten und vergleichbaren Faserdämmstoffen sind die Werte für MWP zu verwenden.

Tabelle 5.27: Korrekturwert K_{TW} für das bewertete Schalldämm-Maß der Trägerwand

Resonanzfrequenz f_0 in Hz	K_{TW} [dB] **in Abhängigkeit vom bewerteten Schalldämm-Maß der Trägerwand R_w in dB, ermittelt nach DIN 4109-32**					
	43–45	**46–48**	**49–51**	**52–54**	**55–57**	**58–61**
$f_0 < 60$ Hz	−10	−7	−3	0	3	7
60 Hz $< f_0 \leq$ 80 Hz	−9	−6	−3	0	3	6
80 Hz $< f_0 \leq$ 100 Hz	−8	−5	−3	0	3	5
100 Hz $< f_0 \leq$ 140 Hz	−6	−4	−2	0	2	4
140 Hz $< f_0 \leq$ 200 Hz	−4	−3	−1	0	1	3
200 Hz $< f_0 \leq$ 300 Hz	−2	−1	−1	0	1	1
300 Hz $< f_0 \leq$ 400 Hz	0	0	0	0	0	0
400 Hz $< f_R \leq$ 500 Hz	1	1	0	0	0	−1
500 Hz $< f_R$	2	1	1	0	−1	−1

Werden WDVS zweilagig mit einer Klebeschicht zwischen den Lagen aufgebracht (z. B. bei entsprechend hohen Dämmstoffdicken oder beim Erhöhen der Dämmstoffdicke eines bestehenden Dämmsystems), kann die bewertete Verbesserung des Schalldämm-Maßes wie bei einlagigen Dämmsystemen berechnet werden, sofern die flächenbezogene Masse der Verklebung zwischen den beiden Dämmstoffschichten maximal 4,0 kg/m^2 beträgt und 40 % der Masse des gesamten Außenputzes nicht überschreitet.

ANMERKUNG

Ist auf dem betrachteten Übertragungsweg von außen nach innen zusätzlich zum WDVS eine raumseitige Vorsatzkonstruktion angeordnet, so ist auch mit WDVS entsprechend DIN 4109-2 die gesamte bewertete Verbesserung für den Übertragungsweg aus dem größeren Wert und der Hälfte des kleineren Wertes der Verbesserungen zu ermitteln.

5.5.2 Trittschallminderung

Die bewertete Trittschallminderung ΔL_{w} ist das Pendant zur bewerteten Verbesserung der Luftschalldämmung bei der Trittschallanregung von Decken. Sie beschreibt die Eigenschaft von Bodenbelägen oder sonstigen Deckenaufbauten wie z. B. schwimmende Estriche zur Minderung der Trittschallübertragung. Bodenbeläge (Teppich, Parkett, Laminat usw.) lassen sich im Gegensatz zu schwimmenden Estrichen vergleichsweise problemlos austauschen, unterscheiden sich aber auch in Hinblick auf die Art und Weise der trittschallmindernden Wirkung:

- Schwimmende Estriche bilden mit der Rohdecke ein Masse-Feder-System mit einer Verminderung der Trittschalldämmung im Bereich der Resonanzfrequenz und einer deutlichen Verbesserung oberhalb der Resonanzfrequenz.
- Bodenbeläge vermindern in einem weiten Frequenzbereich den Eintrag von Schallenergie bei der Anregung z. B. mittels des Norm-Hammerwerks oder beim Begehen der Decke durch eine verminderte Eingangsimpedanz der Oberfläche.

Die bewertete Trittschallminderung ΔL_{w} von **schwimmenden Mörtelestrichen** kann entsprechend nachfolgender Gleichung in Abhängigkeit von der flächenbezogenen Masse m' des Mörtelestrichs und der dynamischen Steifigkeit s' der Dämmschicht berechnet werden:

$$\Delta L_{\mathrm{w}} = 13 \lg(m') - 14{,}2 \lg(s') + 20{,}8 \text{ dB} \qquad (5.37)$$

Diese Gleichung gilt für dynamische Steifigkeiten von 6 MN/m^3 $\leq s' \leq$ 50 MN/m^3 und für flächenbezogene Massen der Estrichplatte von 60 kg/m^2 $\leq m' \leq$ 160 kg/m^2. Zu beachten ist, dass in DIN 4109-34 unter Gl. (3) die falschen Einheiten angegeben sind. Die Gleichung wurde mittels Regression aus den Grafiken im Anhang C der DIN EN 12354-2 entwickelt und durch Messungen im Prüfstand abgesichert [336]. Für ausgewählte flächenbezogene Massen wird der in Gl. (5.37) angegebene Zusammenhang in DIN 4109-34, Bild 1 auch grafisch dargestellt.

BEISPIEL

Für einen Zementestrich (d = 45 mm, m' = 90 kg/m²) auf einer Trittschalldämmschicht (22/20 mm, s' = 15 MN/m³) ergibt sich nach Gl. (5.37) eine bewertete Trittschallminderung von ΔL_w = 29,5 dB.

Die bewertete Trittschallminderung ΔL_w von **schwimmenden Gussasphaltestrichen und Fertigteilestrichen** kann entsprechend nachfolgender Gleichung in Abhängigkeit von der flächenbezogene Masse des Estrichs und der dynamischen Steifigkeit der Dämmschicht berechnet werden:

$$\Delta L_w = \left(-0{,}21\frac{m'}{\text{kg/m}^2} - 5{,}45\right)\lg\left(\frac{s'}{\text{MN/m}^3}\right) + 0{,}46\lg\left(\frac{m'}{\text{kg/m}^2}\right) + 23{,}8\ \text{dB} \qquad (5.38)$$

Diese Gleichung gilt bei **Fertigteilestrichen** für dynamische Steifigkeiten von 15 MN/m³ $\leq s' \leq$ 40 MN/m³ und für flächenbezogene Massen der Estrichplatte von 15 kg/m² $\leq m' \leq$ 40 kg/m². Die Gleichung gilt bei **Gussasphaltestrichen** für dynamische Steifigkeiten von 15 MN/m³ $\leq s' \leq$ 50 MN/m³ und für flächenbezogene Massen der Estrichplatte von 58 kg/m² $\leq m' \leq$ 87 kg/m². Die Gleichung wurde mittels Regression aus den Grafiken im Anhang der DIN EN 12354-2 entwickelt und durch Messungen im Prüfstand abgesichert [336].

BEISPIEL

Für einen Gussasphaltestrich (d = 30 mm, Rohdichte ρ = 2 300 kg/m³, m' = 69 kg/m² entsprechend DIN EN 1991-1-1/NA) auf einer Trittschalldämmschicht (20 mm, s' = 40 MN/m³, Typ DES-sg) ergibt sich nach Gl. (5.38) eine bewertete Trittschallminderung von ΔL_w = 23,6 dB.

Die bewertete Trittschallminderung ΔL_w von typischen **weichfedernden Bodenbelägen** auf massiven Decken kann DIN 4109 34, Tabelle 2 entnommen werden. Die Werte in DIN 4109-34 Tabelle 2 wurden direkt aus Beiblatt 1 übernommen. Allerdings wurde dabei offensichtlich kein Vorhaltemaß korrigiert. Werden weichfedernde Bodenbeläge auf einem schwimmenden Estrich angeordnet, dann ist aufgrund des gleichen Frequenzverlaufes der Minderung als bewertete Trittschallminderung ΔL_w nur der höhere Wert zu berücksichtigen.

Etwas irritierend ist es, wenn es in der Beschreibung der Bauteilgruppe heißt: „Unmittelbar ohne elastische Zwischenschicht auf der Rohdecke oder einem schwimmenden Estrich aufgebrachte harte Beläge (z. B. Fliesenbeläge, Steinbeläge, Parkett, usw.) werden hier nicht betrachtet.“ Dies impliziert beim Leser, dass Bodenbeläge, die über eine elastische Zwischenschicht (z. B. schwimmend verlegter Parkettboden) verlegt werden, in der Bauteilgruppe behandelt werden. Das werden sie allerdings bislang nicht.

HINWEIS

Während in DIN 4109:1989 bei den Anforderungen an Wohnungstrenndecken noch als Formulierung „weichfedernde Bodenbeläge dürfen ... nicht angerechnet werden" gewählt wurde, wird in DIN 4109-1:2018/01 davon gesprochen, dass „trittschallmindernde, leicht austauschbare Bodenbeläge (z. B. weichfedernde Bodenbeläge ..., sowie schwimmend verlegte Parkett- und Laminatböden)" beim Nachweis im Wohnungsbau nicht angerechnet werden dürfen. Diese geänderte Formulierung wurde gewählt, um nicht weichfedernde Parkettböden etc. ebenfalls auszuschließen. Unter dem Begriff „leicht austauschbar" werden im Sinne der Norm auch Bodenbeläge verstanden, die geklebt sind.

HINWEIS

Bei der Berechnung der direkten Trittschalldämmung einer Massivdecke (Weg Dd) mit schwimmendem Estrich oder Bodenbelag und einer zusätzlichen Unterdecke ergibt sich die gesamte Verbesserung frequenzabhängig durch Addition der Trittschallminderung des schwimmenden Estrichs und der Luftschallverbesserung der Unterdecke. Bei der Berechnung mit Einzahlangaben dürfen allerdings die bewertete Trittschallminderung und die bewertete Verbesserung der Luftschalldämmung der Unterdecke nicht einfach addiert werden. Die Unterdecke weist frequenzabhängig meist die gleiche Verbesserung wie der schwimmende Estrich auf, so dass Einzahlangaben nicht einfach addiert werden können. Näherungsweise können bei der Addition der Einzahlwerte wie bei der Berechnung der bewerteten Verbesserung der Luftschalldämmung ΔR_{w} der größere Wert und die Hälfte des kleineren Wertes berücksichtigt werden.

Die bewertete Trittschallminderung ΔL_{w} von **Doppel- und Hohlraumböden** auf massiven Decken ist üblicherweise Prüfzeugnissen der Hersteller zu entnehmen. Die VDI-Richtlinie VDI 3762 „Schalldämmung von Doppel- und Hohlböden" beschreibt sehr ausführlich diese Konstruktionen und ihre schalltechnischen Eigenschaften und macht im Anhang „Schalltechnische Eigenschaften marktüblicher Konstruktionen" Angaben zur Trittschallschalldämmung von Massivdecken mit unterschiedlichen Hohlböden und zur bewerteten Trittschallminderung der Konstruktionen. Dabei liegt die bewertete Trittschallminderung abhängig vom jeweiligen Aufbau (ohne/mit Trittschallentkopplung, ohne/mit Bodenbelag) bei $\Delta L_{\mathrm{w}} = 10–25$ dB. In diesem Anhang werden weitere schalltechnische Eigenschaften (bewertete Norm-Flankenschallpegeldifferenzen $D_{\mathrm{n,f,w}}$ in horizontaler Richtung, bewertetes Schalldämm-Maß R_{w} der Konstruktion mit 15 cm Stahlbetondecke) in Abhängigkeit von der Konstruktion (Doppelboden, Hohlraumboden in Trockenbauweise und Hohlraumboden mit gegossener Tragschicht) angegeben.

5.6 DIN 4109-35: Elemente, Fenster, Türen, Vorhangfassaden

Entsprechend dem Inhaltsverzeichnis in DIN 4109-35 werden schalltechnische Daten für folgende Bauteile genannt: Fenster, Glas, Türen, Rollladenkästen, Öffnungen und Fugen, Vorhangfassaden, Lichtkuppeln, Dachlichtbänder und Sandwichelemente. Bei diesen Bauteilen handelt es sich (mit Ausnahme der Fugen) um Bauelemente, die vorgefertigt an die Baustelle geliefert und dort eingebaut werden. Die Schalldämmung dieser Bauteile kann deshalb meist unabhängig vom Baukörper beschrieben werden. Fugen und Öffnungen entstehen häufig beim Einbau dieser Elemente und werden deshalb ebenfalls in diesem Teil der Norm behandelt.

Gegenüber Beiblatt 1 zu DIN 4109:1989, in welchem nur Werte für Fenster und Rollladenkästen zu finden waren, hat sich der Umfang der angegebenen Daten deutlich vergrößert. Dabei wurde in der Regel auf aktuelle Daten zurückgegriffen. Allerdings zeigt sich bei den Rollladenkästen, dass hier nur die Daten aus Beiblatt 1 bzw. aus der sehr veralteten VDI 2719:1987-08 übernommen wurden und in Bezug auf den Wärmeschutz moderner Konstruktionen nicht abgebildet sind.

Da üblicherweise zum Zeitpunkt der Erstellung des Schallschutznachweises weder Hersteller noch der genaue Aufbau der Elemente (Fenster, Türen, etc.) festgelegt sind, helfen die Daten im Teil 35, die entsprechenden Konstruktionen im Voraus festzulegen bzw. zu planen. Der Anforderungswert ist dann bei der Ausschreibung für das jeweilige Element durch einen deklarierten Wert nachzuweisen.

Fenster

Die Produktnorm für Fenster ist DIN EN 14351-1 [79], wobei die Bauteilterminologie zu Fenstern in DIN EN 12519 [77] enthalten ist. Im Gegensatz zu den anderen Normteilen des Bauteilkatalogs sind bei Fenstern nicht primär die in den Tabellen genannten Werte als Eingangswerte zu verwenden, sondern entsprechend nachfolgendem Zitat aus DIN 4109-35 so genannte deklarierte Werte bzw. der Tabellenwert aus DIN EN 14351-1, Anhang B.

> Der Eingangswert für den rechnerischen Nachweis entspricht dem nach DIN EN 14351-1 deklarierten Wert des bewerteten Schalldämm-Maßes R_w als Prüfergebnis einer Prüfung nach DIN EN ISO 10140-2 oder dem Tabellenwert nach DIN EN 14351-1:2010-08, Anhang B. Für den Fall, dass kein bewertetes Schalldämm Maß deklariert ist oder Fensterkonstruktionen erst festgelegt werden sollen, gelten die Tabellen 1 und 2.

Für die Schalldämmung von Fenstern werden in der Tabelle 2 der DIN 4109-35 Konstruktionsmerkmale für eine Mehrscheibenisolierverglasung und in der Tabelle 3 für Einfachglas, Verbund- und Kastenfenster angegeben.

In der Tabelle 2 kann das bewertete Schalldämm-Maß R_w eines „üblichen" Fensters ($1{,}5\ m^2 \leq S \leq 3\ m^2$, öffenbar, ohne Sprossen) in Abhängigkeit von den Konstruktionsmerkmalen Glasaufbau und Dichtung ermittelt werden. Hierzu sind die Gesamtglasdicke (d_{ges}), der Scheibenzwischenraum (SZR) bzw. das bewertete Schalldämm-Maß der Verglasung $R_{w,Glas}$ sowie die erforderliche Anzahl der umlaufenden Dichtungen in der Spalte 5 angegeben. Korrekturwerte für das bewertete Schalldämm-Maß eines vom „üblichen" abweichenden Fensters (Aluminium-Holzfenster, Rahmenanteil < 30 %, Festverglasung, Sprossenfenster etc.) sind in den Spalten 6–10 der Tabelle 1 sowie in der Beschreibung zu Gl. (1) der DIN 4109-35 angegeben. Beispielsweise beträgt der Korrekturwert $K_{F,3}$ für Einzelscheiben mit einer Fläche > 3 m² $K_{F,3} = -2$ dB. Die unterschiedlichen Korrekturwerte sind dann wie folgt anzuwenden:

$$R_{w,Fenster} = R_w + K_{AH} + K_{RA} + K_S + K_{FV} + K_{F,1,5} + K_{F,3} + K_{Sp} \text{ dB} \tag{5.39}$$

In der Tabelle 2 werden dann Einfachfenster mit Einfachglas, Verbundfenster und Kastenfenster beschrieben. Bei den Einfachverglasungen sind für bewertete Schalldämm-Maße von $R_w > 30$ dB Prüfzeugnisse erforderlich. Die Werte für Verbund- und Kastenfenster wurden der Tabelle 40 des Beiblattes 1 zu DIN 4109:1989 entnommen. Allerdings wurde auch dabei offensichtlich kein Vorhaltemaß korrigiert, so dass in Tabelle 2, Zeile 1 die Werte für R_w für die Konstruktionen aus den Zeilen 4 und 5 eigentlich um 2 dB zu erhöhen sind.

Glas

Glas (u. a. Einfachglas, Verbundglas und Verbundsicherheitsglas sowie Mehrscheiben-Isolierglas) ist in DIN EN 12758 [78] beschrieben. Die Schalldämmung von Verglasungen wird nach DIN EN ISO 10140-1 mit einem Prüfformat 1,23 m × 1,48 m ermittelt. Bei abweichenden Formaten kann sich das bewertete Schalldämm-Maß deutlich verändern, z. B. bei kleinen Scheiben und bei Rechteckscheiben mit einer kleinen Abmessung $a < 0{,}4$ m. Formatunterschiede werden bei der Beurteilung von Fensterkonstruktionen mit Korrekturwerten nach DIN EN 14351-1 Anhang B oder, wenn diese nicht angewendet werden, nach Gl. (5.39) berücksichtigt.

Als Eingangswert für den rechnerischen Nachweis ist der nach DIN EN 12758 deklarierte Wert des bewerteten Schalldämm-Maßes R_w bzw. der Wert nach Tabelle 3 zu verwenden.

In Tabelle 3 sind standardisierte Schalldämm-Maße in Oktavbändern und bewertete Schalldämm-Maße mit Spektrumanpassungswerten für Einfachglas, Verbundglas bzw. Verbundsicherheitsglas sowie für Mehrscheiben-Isolierglas angegeben. Diese Daten sind DIN EN 12758:2011-04, Tabelle 3, entnommen.

Türen

Das Bauteil Tür umfasst das gesamte Türelement aus Türblatt, Zarge und Dichtungssystem. Eine Terminologie ist in DIN EN 12519 enthalten. Als Eingangswert für den rechnerischen Nachweis ist der nach DIN EN 14351-1 (Außentüren) bzw. nach DIN EN 14351-2 (Innentüren) deklarierte Wert des bewerteten Schalldämm-Maßes zu verwenden. Jedoch werden in DIN 4109-35 in Abschnitt 4.34 Tabelle 4 Anforderungen an das Türblatt, an die Falzdichtung und an die Bodendichtung in Abhängigkeit vom erforderlichen bewerteten Schalldämm-Maß erf. R_w der betriebsfertigen Tür gestellt, mit denen ein erforderliches bewertetes Schalldämm-Maß von erf. $R_w \leq 35$ dB nachgewiesen werden kann. So muss beispielsweise das bewertete Fugendämm-Maß $R_{S,w}$ von Falz- und Bodendichtungen 10 dB über dem geforderten bewerteten Schalldämm-Maß der betriebsfertigen Tür liegen.

In Tabelle 5 der DIN 4109-35 werden Korrekturwerte für das bewertete Schalldämm-Maß von Türen bei konstruktiven Veränderungen, wie beispielsweise dem Einbau unterschiedlich großer Lichtausschnitte mit verschiedenen Verglasungen, angegeben, so dass für diese Veränderungen kein zusätzlicher prüftechnischer Nachweis erforderlich ist.

Rollladenkästen

Die Produktnorm für Rollläden ist DIN EN 13659 mit Verweisung auf DIN EN 14759. Allerdings finden sich dort bezüglich des Schallschutzes nur Angaben, dass R_w, C und C_{tr} zu ermitteln sind. Die Daten für den rechnerischen Nachweis sind in DIN 4109-35 der Tabelle 6 zu entnehmen. Für Rollladenkästen mit $R_w \geq 45$ dB ist eine entsprechende bauakustische Prüfung im Labor vorgesehen.

Die Angaben in Tabelle 6 entsprechen dabei den Werten aus VDI 2719:1987-08 [121] und waren in ähnlicher Art und Weise in Beiblatt 1 zu DIN 4109:1989 zu finden. In Beiblatt 1 waren allerdings Rechenwerte ($R_{w,R}$) angegeben und vor die Werte der Schalldämm-Maße war kein „≥“-Zeichen gestellt. Wie Sälzer [169] bereits 1995 (damals noch bezogen auf Beiblatt 1 zu DIN 4109:1989) ausführte, sind die Werte zu den Rollladenkästen in dieser Tabelle „... praktisch bedeutungslos, da vom überwiegenden Teil der Rollladenkasten-Hersteller Eignungsprüfungen vorliegen, die zu deutlich günstigeren Werten führen“. Sollte Tabelle 6 doch angewendet werden, ist der in Spalte A genannte Zahlenwert für einen Nachweis zu verwenden, wobei zur Berechnung der Dämmung des gesamten Außenbauteils als Fläche S des Rollladenkastens die raumseitige Stirnwandfläche zu verwenden ist. Insgesamt wäre für diese Bauteilgruppe eine Aktualisierung der Bauteilkenndaten wünschenswert. Zum Zeitpunkt der Erarbeitung von DIN 4109-35 waren aktuellere Werte allerdings nicht verfügbar, so dass auf die alten Werte aus Beiblatt 1 zurückgegriffen werden musste.

Öffnungen und Fugen

Nichtgedämmte Öffnungen weisen in der Regel eine zu vernachlässigende Schalldämmung auf. Aufgrund der Öffnungsfläche im Verhältnis zur Gesamtfläche ergeben sich für kleine Öffnungen entsprechende auf die Trennfläche bezogene Schalldämm-Maße. Fugen weisen gegenüber Öffnungen bereits eine gewisse Schalldämmung auf, die unter anderem von der Ausführung der Fuge (leer, gefüllt, ...), der Fugenlänge, der Fugentiefe und der Fugenbreite abhängt.

In DIN 4109-35 enthält Tabelle 7 Fugen-Schalldämm-Maße $R_{S,w}$ von öffenbaren Fugen (z. B. Fuge zwischen Türblatt und Zarge, Bodenfuge zwischen Türblatt und Fußboden oder Fuge zwischen Fensterflügel und Fensterrahmen). Tabelle 8 enthält Fugen-Schalldämm-Maße $R_{S,w}$ von dauerhaft abgedichteten Bauanschlussfugen (z. B. Fuge zwischen Zarge und Mauerwerk oder Fuge zwischen Fensterrahmen und Mauerwerk). In beiden Fällen bezieht sich das Fugen-Schalldämm-Maß $R_{S,w}$ auf eine Bauteilfläche von 1 m^2 und eine Fugenlänge von 1 m. Das Schalldämm-Maß einer Tür oder eines Fensters R_w kann dann mit Gl. (5.43) aus DIN 4109-2, die hier als Gl. (5.40) wiedergegeben wird, unter Berücksichtigung der

Fläche S des Bauteils, der Fugenlänge l_K und des Fugen-Schalldämm-Maßes $R_{S,w}$ in ein Schalldämm-Maß des Fensters oder der Tür inklusive der Einbaufuge $R_{i,w}$ umgerechnet werden.

$$R_{i,w} = -10\lg\left(10^{-0,1R_w} + \sum_{k=1}^{n} \frac{l_k l_0}{S} 10^{-0,1R_{S,w,k}}\right) \text{dB} \tag{5.40}$$

Vorhangfassaden, Lichtkuppeln, Dachlichtbänder und Sandwichelemente

Die Produktnormen für diese Bauteile sind in den Abschnitten 4.6 bis 4.9 der DIN 4109-35 angegeben. Für diese Bauteile stehen im Moment im Bauteilkatalog noch keine Daten zur Verfügung. Hier sind die von den Herstellern entsprechend den verschiedenen Produktnormen deklarierten schalltechnischen Kennwerte zu verwenden.

Für Vorhangfassaden ist allerdings kurzfristig eine Erweiterung in DIN 4109-35 vorgesehen. Am ift Rosenheim wurde ein Forschungsprojekt durchgeführt, bei dem bestehende Messdaten zur Luftschalldämmung sowie Längsschalldämmung von Vorhangfassaden analysiert und ergänzende Labormessungen durchgeführt wurden [442]. Die erarbeiteten Planungstabellen sollen kurzfristig in den Bauteilkatalog der DIN 4109-35 integriert werden. Ein Normentwurf wurde im November 2018 zur Verabschiedung freigegeben.

5.7 DIN 4109-36: Gebäudetechnische Anlagen

5.7.1 Einführung und Übersicht

Ausgangssituation: Bauteilkatalog für gebäudetechnische Anlagen?

Im Rahmen des Bauteilkatalogs sollen Daten für die rechnerischen Nachweise des Schallschutzes zur Verfügung gestellt werden. Für die gebäudetechnischen Anlagen in DIN 4109-36 würde man gemäß Bild 4.81 erwarten, dass es sich hierbei in erster Linie um Daten handelt, die die Schallemission der in Frage kommenden Quellen beschreiben. Darüber hinaus wäre es vorstellbar, dass auch Daten zur Beschreibung der Transmission angegeben werden.

Diesem Ansatz folgt DIN 4109-36 jedoch nicht. Bis heute bietet die DIN 4109 kein in sich geschlossenes System zur Behandlung gebäudetechnischer Anlagen. Defizite bei der Quellencharakterisierung und der Beschreibung der Übertragungsverhältnisse führen dazu, dass rechnerische Nachweise zur Erfüllung der Anforderungen in DIN 4109-2 derzeit noch nicht möglich sind. Aus diesem Grund können auch die benötigten Daten nicht im Bauteilkatalog benannt werden. DIN 4109-36 nimmt deshalb innerhalb des Bauteilkatalogs eine Sonderrolle ein. Dieser Normteil sieht seine Aufgabe schwerpunktmäßig darin, ersatzweise das zur Verfügung zu stellen, was für die schalltechnische Planung und Ausführung zum Schutz vor Geräuschen gebäudetechnischer Anlagen verfügbar ist. Damit soll sichergestellt werden, dass grundlegende Planungsansätze und mögliche Maßnahmen zur Geräuschminderung ins Bewusstsein gebracht und umgesetzt werden. Die spezifischen Kenntnisse von Fachplanern sollen damit nicht ersetzt werden. Es soll aber sichergestellt werden, dass elementare Grundsätze und Möglichkeiten des Schallschutzes beachtet werden. Das vorliegende Dokument stellt einen Versuch dar, die maßgeblichen schalltechnischen Kriterien unter Berücksichtigung aller wesentlichen Quellen zusammenzufassen.

Inhalt und Aufbau von DIN 4109-36

Im Anwendungsbereich von DIN 4109-36 heißt es:

> Diese Norm behandelt den Bereich der sanitärtechnischen Anlagen und legt dafür die Nachweise fest. Sie enthält Hinweise und Daten für die schalltechnische Planung und Ausführung gebäudetechnischer Anlagen.

Auch bezüglich der Nachweise nimmt dieser Teil des Bauteilkatalogs eine Sonderrolle ein, da er dafür (in einem bestimmten Bereich) Regelungen trifft. Das ist insofern berechtigt, als die hier genannten Nachweise keine rechnerischen Verfahren sind, die man in DIN 4109-2 ansiedeln würde, sondern im Sinne von Musterlösungen die konstruktive Ausführung der Installationswände und die Betriebsweise der Installationen regeln, bei deren Einhaltung der Nachweis als geführt gilt. Weiterhin heißt es in der Einleitung zu DIN 4109-36:

> In der vorliegenden Norm wird der Bereich der sanitärtechnischen Anlagen in Abschnitt 6 in erweitertem Umfang behandelt. Ziel dieser Norm ist es, neben den sanitärtechnischen Anlagen auch die übrigen TGA-Anlagen aufzunehmen.

DIN 4109-36 gliedert sich in einen normativen und einen informativen Teil. Die normativen Regelungen betreffen die Ausführungen zu den sanitärtechnischen Anlagen in Abschnitt 6. Nur für diesen Bereich, der schon in den vorausgegangenen Ausgaben der DIN 4109 eine besondere Behandlung erfahren hatte, war es möglich, im Sinne von Nachweisen den Schallschutz betreffende verbindliche Festlegungen zu treffen. Auch den gewerkeübergreifenden Hinweisen zum Schallschutz gebäudetechnischer Anlagen in DIN 4109-36 Abschnitt 5 wollte man durch die Berücksichtigung im normativen Teil entsprechendes Gewicht verleihen. Alle Angaben zu den gebäudetechnischen Anlagen außerhalb des sanitärtechnischen Bereichs sind dagegen als beispielhafte Ausführungen zu verstehen, die deshalb im informativen Anhang A aufgeführt werden. Langfristig sollen die Angaben dieses Anhangs durch normativ geregelte Angaben ersetzt werden.

Verschiedentlich wurde der Umfang von DIN 4109-36 kritisch beurteilt. Mit einem Umfang von derzeit 57 Seiten ist DIN 4109-36 nicht das umfangreichste Dokument des Bauteilkatalogs. Dennoch ist es gegenüber den Ausführungen zu den gebäudetechnischen Anlagen in Beiblatt 2 zu DIN 4109:1989 [23] deutlich gewachsen. Das ist vor allem dem Umstand geschuldet, dass nun zum ersten Mal systematisch der gesamte Bereich der gebäudetechnischen Anlagen unter schalltechnischen Gesichtspunkten in einem Dokument dargestellt wird. Trotz des Umfangs ist zu berücksichtigen, dass dieser Normteil noch Lücken enthält, die bis zum Zeitpunkt der Veröffentlichung nicht geschlossen werden konnten.

Historische Entwicklung gebäudetechnischer Anlagen in der DIN 4109

Hinweise zum Schallschutz gegenüber Geräuschen gebäudetechnischer Anlagen haben in der DIN 4109 eine lange Tradition. Dabei nehmen von Anfang an die Geräusche der Sanitärinstallationen eine besondere Rolle ein. Bereits in **DIN 4109:1962** hieß es dazu im Blatt 2 [7] in Abschnitt 5.2:

> Wasser- und Abwasseranlagen dürfen deshalb – insbesondere an Wänden, die an Wohn-, Schlaf- und Arbeits-(z. B. Büro-)räume angrenzen – nur unter Beachtung besonderer Maßnahmen angeordnet werden. Empfehlungen zur Geräuschminderung bei Wasser- und Abwasseranlagen enthält Blatt 5 Abschnitt 4.

Im genannten Blatt 5 [10] finden sich dann in Abschnitt 4 (Schallschutz bei Wasserleitungen) und Abschnitt 5 (Schallschutz bei haustechnischen Gemeinschaftsanlagen) umfangreiche Hinweise zu den maßgeblichen Einflussgrößen und zu Planung und Ausführung.

Neben den Hinweisen zum Schallschutz gibt es aber auch schon Festlegungen, die der Einhaltung der Anforderungen dienen sollen. Nachdem in DIN 4109:1962 Blatt 2 [7] in Abschnitt 5.2 für Wohn-, Schlaf- und Arbeitsräume auch für Geräusche von Wasser- und Abwasseranlagen eine einzuhaltende Lautstärke von 30 DIN-phon (entsprechend einem Schalldruckpegel von 30 dB(A)) festgelegt worden war, kamen Zweifel auf, ob diese Anforderung eingehalten werden könne. Im Rahmen eines nachträglich eingeführten Erlasses [143] erfolgte auf der Grundlage von Messergebnissen eine Präzisierung der schalltechnischen Bedingungen für die Wasserinstallation. Folgende Punkte wurden dabei benannt:

- Verwendung von Armaturen mit Prüfzeichen und Einteilung der Armaturen in die Armaturengruppen I und II.
- Verwendbarkeit der Armaturen entsprechend ihrer Armaturengruppe in bestimmten Grundrissanordnungen.
- Festlegung einer flächenbezogenen Masse von mindestens 200 kg/m^2 für Wände mit Rohrleitungen, die in mehrgeschossigen Mehrfamilienhäusern unmittelbar an einen Wohnraum grenzen.
- Verwendbarkeit von Armaturen der Gruppen I und II bei zweischaligen Haustrennwänden mit vollständig durchgehender Trennfuge.
- Einhaltung eines Fließdrucks an Armaturen von höchstens 0,5 MPa (5 bar).

Im **Normentwurf DIN 4109:1979** gab es einen eigenen Teil 5, der sich mit gebäudetechnischen Anlagen beschäftigte [14]. Dort wurden diese Regelungen aufgegriffen und in Abschnitt 5.1.2 zum ersten Mal als „Eignungsnachweis bei Armaturen und Geräten der Wasserinstallation durch Prüfzeichen“ ausgewiesen. Damit wurde der „Nachweis ohne bauakustische Messungen“ in die DIN 4109 eingeführt, auch wenn er sich noch nicht so nannte. Abweichend von den oben genannten Vorgaben wurde für die Installationswände jedoch eine flächenbezogene Masse von mindestens 250 kg/m^2 festgelegt. Ob es in der Praxis gelingt, mit diesen nun normativen Vorgaben die Anforderungen einzuhalten, wurde von Gösele in [422] untersucht. Er kam dort zusammenfassend zu folgendem Ergebnis:

> Durch Messungen mit einem Installationsgeräusch-Normal (IGN) in verschiedenen Wohnbauten wurde nachgewiesen, dass diese Bedingungen gut ausreichen, um die genannte Forderung zu erfüllen. Die Pegel ergaben sich um 5–10 dB (A) niedriger als gefordert ...

Die vorgesehene Regelung erwies sich hinsichtlich der Einhaltung der Anforderungen also als sinnvoll und lag mit ausreichendem Abstand auf der sicheren Seite. Was in den 1960er-Jahren für den Schallschutz eine wegweisende Regelung war, wurde so dann auch in die DIN 4109:1989 übernommen. Offensichtlich funktionierte die damit etablierte Methodik so gut und erfolgreich, dass wenig Anstrengung unternommen wurde, daran etwas zu ändern. Mangels ausreichend validierter Alternativen fand diese Methodik deshalb auch Eingang in die DIN 4109:2016, wo sie auch heute noch den bisher einzigen Ansatz für einen Schallschutznachweis im Bereich der gebäudetechnischen Anlagen liefert.

Der Normentwurf zu DIN 4109:1979 ist auch insofern bemerkenswert, als er mit Abschnitt 6 zum ersten Mal einen eigenen Abschnitt „Hinweise für Planung und Ausführung" für Geräusche gebäudetechnischer Anlagen und von Betrieben enthielt. Neben allgemeinen Hinweisen fanden sich dort auch Hinweise für die Grundrissplanung, Hinweise für die Luftschalldämmung und Hinweise für die Tritt- bzw. Körperschalldämmung. Damit war die Grundlage gegeben für die später in Beiblatt 2 zu DIN 4109:1989 [23] gegebenen „Hinweise für Planung und Ausführung", die dann im Bauteilkatalog der DIN 4109:2016 aufgegriffen und ergänzt wurden.

Auch im **Normentwurf DIN 4109:1984** finden sich diese Hinweise im Teil 5 des Entwurfs [19]. Dort wurden auch die aus dem vorhergehenden Normentwurf stammenden Festlegungen zur Erfüllung der Anforderungen an Wasserinstallationen aufgegriffen. Ergänzt durch Präzisierungen der Festlegungen wurden sie nun in einem eigenen Kapitel 5.3 (Nachweis für die Wasserinstallation) zusammengefasst, so dass der „Nachweis ohne bauakustische Messungen"), wie er dann im nachfolgenden Weißdruck der DIN 4109:1989 genannt wurde, in sich geschlossen in Erscheinung trat. Die dort gestellten Anforderungen wurden folgendermaßen gegliedert:

- Anforderungen an Armaturen und Geräte der Wasserinstallation
- Anforderungen an Installation und Betrieb
- Anforderungen an das Gebäude.

Damit war die gewählte Nachweismethodik als Musterlösung unter definierten anlagen- und bautechnischen Randbedingungen klar erkennbar.

Im Weißdruck der **DIN 4109:1989** griff Beiblatt 2 zu DIN 4109:1989 [23] die in den vorhergehenden Normentwürfen genannten Hinweise für Planung und Ausführung auf und widmete den gebäudetechnischen Anlagen in Abschnitt 2 insgesamt 3 Seiten. Die für den „Nachweis ohne bauakustische Messungen" gemachten Vorgaben fanden sich nun allerdings im Hauptteil der DIN 4109:1989.

Da sich bis zum Zeitpunkt der Veröffentlichung von DIN 4109:2016 noch keine umsetzbaren Ansätze für rechnerische Nachweise bei gebäudetechnischen Anlagen gefunden hatten, wurde in DIN 4109-36 die Nachweismethodik aus DIN 4109:1989 für die Sanitärinstallationen in ergänzter Form aufgegriffen und die Hinweise für Planung und Ausführung wurden in erweiterter Form fortgeführt. So steht der Bereich der gebäudetechnischen Anlagen insgesamt und der Bereich der Sanitärinstallationen im Besonderen noch in der Tradition der vorhergehenden Normversionen.

Der Vollständigkeit halber sei bei der historischen Entwicklung auch auf eine Aktivität des Normenausschusses Akustik, Lärmminderung und Schwingungstechnik (NALS) hingewiesen, die parallel zur Erarbeitung von DIN 4109-36 lief. Unter dem Titel „Schallschutz durch akustisch entkoppelte Installationen" sollte eine VDI-Richtlinie 3768 erarbeitet werden, die als Zweck unter anderem die „Darstellung von Beispielen für schalltechnisch günstige Installationssysteme" nannte. Die Arbeit an dieser Richtlinie war 1995 initiiert worden, jedoch ruht sie – nachdem eine erste Entwurfsvorlage 2000 erarbeitet worden war – seit 2005, da in wesentlichen Punkten keine Fortschritte erzielt werden konnten.

5.7.2 Abschnitt 5: Gewerkeübergreifende Hinweise zum Schallschutz gebäudetechnischer Anlagen

Neben den anlagenspezifischen Maßnahmen zum Schutz gegen Geräusche gibt es allgemeine Prinzipien für die Planung und Ausführung von Schallschutzmaßnahmen. In Abschnitt 5 von DIN 4109-36 werden diese als „gewerkeübergreifende Hinweise zum Schallschutz gebäudetechnischer Anlagen" zusammengefasst. Die Hinweise beziehen sich auf die Emission (Quellen) und die Transmission (Übertragungswege). Bei den Quellen werden primäre Maßnahmen (Minderung der Geräuscherzeugung) und bei der Übertragung sekundäre Maßnahmen (Minderung der Geräuschübertragung) betrachtet.

Behandelt werden folgende Aspekte:

- Grundsätzliches zur Geräuschentstehung und Geräuschausbreitung
- Die Schalldämmung beeinflussende Größen
- Primäre Maßnahmen zur Minderung der Geräuschausbreitung
- Sekundäre Maßnahmen zur Minderung der Geräuschausbreitung, darunter Grundrissausbildung, Minderung des Luftschallpegels in lauten Räumen, schallabsorbierende Bekleidung und Kapselung
- Verbesserung der Luftschalldämmung von Bauteilen
- Verbesserung der Körperschalldämmung

Da die Ausführungen zu diesen Themen selbsterklärend sind, wird an dieser Stelle auf Details dieses Abschnitts nicht weiter eingegangen. Für weiterführende Informationen wird auf die einschlägige Fachliteratur der Technischen Akustik (z. B. [457]–[462]) verwiesen.

5.7.3 Abschnitt 6: Sanitärtechnische Anlagen

5.7.3.1 Allgemeines

Bei Abschnitt 6 handelt es sich um den einzigen Abschnitt in DIN 4109-36, der im normativen Rahmen eine bestimmte Anlagenart behandelt. Es kann hier auf die Vorgängernormen der DIN 4109 verwiesen werden, die den Geräuschen der Wasserinstallation schon immer eine hohe Aufmerksamkeit geschenkt haben. Offensichtlich war die Sanitärinstallation mit als besonders störend wahrgenommenen Geräuschen in Erscheinung getreten.

Unter dem Oberbegriff „Sanitärtechnische Anlagen" werden in diesem Abschnitt auf Grund der jeweiligen Besonderheiten Abwasseranlagen, Anlagen der Trinkwasserinstallation, Installationssysteme und sanitäre Ausstattungsgegenstände in eigenen Unterkapiteln separat behandelt. Wie in den anderen Teilen des Bauteilkatalogs (DIN 4109-32 bis DIN 4109-35) wird auch hier die allgemeine Struktur der einzelnen Kapitel beibehalten, so dass die Beschreibung der Bauteilgruppe, die Schalldämmung beeinflussende Größen, Hinweise für Planung und Ausführung, Daten für den Nachweis und Herkunft der Daten behandelt werden. Bei der Trink- und Abwasserinstallation sind die Ausführungen zu den Daten für den Nachweis sehr kurz gehalten, da noch nicht verbindlich festgelegt ist, wie mit den angegebenen Daten im Rahmen eines rechnerischen Verfahrens umgegangen werden soll. Im Gegensatz dazu wird bei den Installationssystemen und sanitären Ausstattungsgegenständen ausführlich dargestellt, wie beim schalltechnischen Nachweis vorzugehen ist. Dieser basiert auf Musterinstallationen, die anhand von Musterinstallationswänden und den Bedingungen für die Installation beschrieben werden.

5.7.3.2 Durchführung von Nachweisen für sanitärtechnische Anlagen

Allgemeine Grundsätze für Nachweise

DIN 4109-36 enthält in Abschnitt 6.1 einige allgemeine Hinweise zur Durchführung von Nachweisen bei Anlagen der Wasserinstallation, die hier noch durch weitere Hinweise ergänzt werden sollen.

Zu Recht wird zu Anfang des Abschnitts 6.1 auf folgende Tatsache hingewiesen:

> Sowohl bei der Planung und Ausführung als auch beim schalltechnischen Nachweis ist dabei stets das Zusammenwirken der Sanitärinstallation und der Installationswand zu berücksichtigen, da die resultierenden Installationsgeräusche von beiden Bereichen beeinflusst werden.
>
> Die Eignung einer bestimmten Sanitärinstallation oder einer bestimmten Installationswand kann jeweils für sich alleine und unabhängig von der Höhe der Anforderungen nicht deklariert werden.

Damit wird ein wesentliches Problem der schalltechnischen Nachweise angesprochen: weder für die Installationswand, an der die Sanitärkomponenten befestigt werden, noch für die Installation kann separat die Eignung für ein bestimmtes Anforderungsniveau deklariert werden (siehe Bild 5.21).

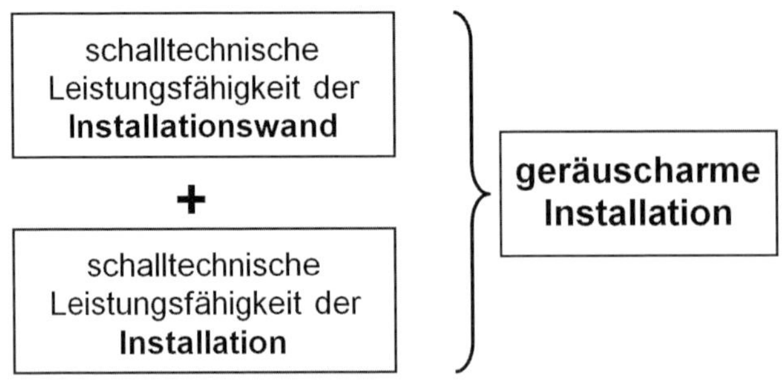

Quelle: Autoren

Bild 5.21: Zusammenwirken von Installationswand und Sanitärinstallation

Schalltechnisch bilden Installationswand und Sanitärinstallation eine Einheit, die dafür verantwortlich ist, wie stark Installationsgeräusche in schutzbedürftige Räume übertragen werden. So macht es unter den derzeitigen Verhältnissen mit Hinblick auf einen Schallschutznachweis keinen Sinn, die schalltechnischen Eigenschaften für Installationswände oder Sanitärinstallationen separat beschreiben zu wollen, da im Endergebnis nur die tatsächliche Kombination entscheidend ist. Mit Hinblick auf die zukünftigen rechnerischen Nachweise, die der Methodik der DIN EN ISO 12354-5 [75] folgen, ist aber genau das vorgesehen: die Geräuscherzeugung der sanitärtechnischen Schallquellen muss separat charakterisiert werden, was insbesondere deren Körperschallerzeugung betrifft. Diese steht bei Geräuschen der Sanitärinstallation üblicherweise im Vordergrund, da Probleme mit Sanitärgeräuschen vorrangig durch Körperschallerzeugung und -übertragung entstehen. Genauso muss bei den Installationswänden deren „Körperschallempfindlichkeit" (ausgedrückt durch die Anregbarkeit/Admittanz der Wand) separat ausgedrückt werden. Rechnerisch können dann die spezifischen akustischen Eigenschaften von Baukörper und Installation so kombiniert werden, dass eine Prognose des Schalldruckpegels in einem benachbarten schutzbedürftigen Raum möglich wird. Auch wenn solche Methoden im Rahmen von Forschungsvorhaben (z. B. [261], [262], [414]) bereits erfolgreich erprobt wurden und für die zukünftigen Schallschutznachweise als geeignet erscheinen, ist für den jetzigen Augenblick eine Anwendung im Rahmen der DIN 4109 noch nicht in geeigneter Art und Weise umgesetzt worden. Es bleibt somit nur die Möglichkeit, Sanitärinstallation und Installationswand als ein schalltechnisches System zu behandeln, das in seiner Gesamtheit betrachtet werden muss. Genau das ist die gewählte Methode, die im Sinne einer Musterlösung schon seit dem Normentwurf DIN 4109 Teil 5:1979 in der DIN 4109 zugrunde gelegt wurde und auch in DIN 4109:2016 beibehalten wurde.

Zwei Arten von Nachweisen?

Unter dieser Prämisse nennt DIN 4109-36 – wie schon die Vorgängernorm von 1989 – zwei Möglichkeiten für den Nachweis:

- Nachweise ohne bauakustische Messungen,
- Nachweise mit bauakustischen Messungen.

Zum Nachweis ohne bauakustische Messungen sagt DIN 4109-36 in Abschnitt 6.1:

Nachweise ohne bauakustische Messungen werden für die sanitärtechnischen Anlagen anhand von Referenzlösungen (Musterinstallationswände) entsprechend 6.4.4 behandelt.

Es ist bei dieser Aussage allerdings zu beachten, dass durch den Verweis auf Abschnitt 6.4.4 nur die Nachweise für Installationssysteme und sanitäre Ausstattungsgegenstände angesprochen werden. Für Abwasseranlagen gelten diese Nachweise nicht. Anlagen der Trinkwasserinstallation sind damit nicht explizit angesprochen, jedoch ergibt sich aus der Vorgeschichte dieser Regelungen, dass Armaturengeräusche durch die Festlegungen für Armaturen und Geräte und für den Betrieb von Trinkwasserinstallationen in Abschnitt 6.4.4.2.3 der DIN 4109-36 sowie die Festlegungen zum Einsatz von Armaturengruppen in den Abschnitten 6.4.4.2.4 und 6.4.4.2.5 (Grundrissanordnungen) selbstverständlich ebenfalls nachgewiesen werden können. Hier wäre ein entsprechender Verweis in DIN 4109-36 Abschnitt 6.3 (Trinkwasserinstallation) sinnvoll gewesen. Eine ausführliche Behandlung der Nachweise ohne bauakustische Messungen erfolgt im Handbuch in 5.7.3.5.

Nur halbherzig beschäftigt sich DIN 4109-36 in Abschnitt 6.1 mit den „Nachweisen mit bauakustischen Messungen". Da sich alles, was dazu gesagt wird, in einer Anmerkung befindet, hat es nur informativen Charakter und stellt, obwohl die Überschrift dieses Abschnitts etwas anderes erwarten lässt, in keiner Weise eine normative Festlegung für die Durchführung eines messtechnischen Nachweises dar. Es handelt sich damit nur um einen Hinweis, wie eine messtechnische Überprüfung stattfinden könnte. Dazu heißt es in der Anmerkung:

Die Einhaltung von Schallschutzanforderungen für eine bestimmte Sanitärinstallation in Verbindung mit einer bestimmten baulichen Situation kann durch messtechnische Untersuchungen in einer praxisgerechten Situation (z. B. Installationsprüfstand) überprüft werden.

Weiterführende Aussagen, die die messtechnischen Nachweise mit einer entsprechenden Verbindlichkeit regeln könnten, sind in DIN 4109-36 nicht zu finden.

In DIN 4109:1989 hatte es zwar in Abschnitt 7.2 noch explizit geheißen:

Im Regelfall kann der Nachweis zur Erfüllung der Anforderungen ohne bauakustische Messungen geführt werden.

Dennoch wurden in DIN 4109:1989 in Abschnitt 7.3 der „Nachweis mit bauakustischen Messungen in ausgeführten Bauten" und in Abschnitt 8 der „Nachweis der Güte der Ausführung (Güteprüfung)" normativ geregelt. Beides findet sich nun in DIN 4109-36 auf normativer Ebene nicht mehr. Man hat sich ganz offensichtlich entschlossen, diesen Bereich der Nachweise nicht mehr normativ zu behandeln. Auf die Hintergründe soll nachfolgend eingegangen werden.

Messtechnische Untersuchungen in einer praxisgerechten Situation

In DIN 4109:1989, Abschnitt 7.2.2.4 gab es bezüglich der geforderten flächenbezogenen Masse einer (massiven) Installationswand im Sinne einer Öffnungsklausel folgende Regelung:

> Wände, die eine geringere flächenbezogene Masse als 220 kg/m² haben, dürfen verwendet werden, wenn durch Eignungsprüfung nachgewiesen ist, dass sie sich – bezüglich Übertragung von Installationsgeräuschen – nicht ungünstiger verhalten.

Was in DIN 4109:1989 unter dem Titel „Nachweis mit bauakustischen Messungen" beschrieben wurde, war dort gleichzeitig als Eignungsprüfung III betrachtet worden. Das Konzept der schalltechnischen Eignungsprüfungen der DIN 4109:1989, wie es in deren Abschnitt 6.3 festgelegt worden war, war aber von bauaufsichtlicher Seite schon lange durch die Einführung der allgemeinen bauaufsichtlichen Prüfzeugnisse (abP) abgelöst worden, ohne dass diese es de facto aber vollständig ersetzen konnten. In die entstehende Lücke fallen auch die Eignungsprüfungen für Installationswände. Neben diesem formalen Grund gibt es aber vor allem schwerwiegende sachliche Gründe dafür, dass die Eignungsprüfung für Wasserinstallationen nicht in DIN 4109-36 übernommen wurde.

Nach Abschnitt 7.3 (Nachweis mit bauakustischen Messungen in ausgeführten Bauten) der DIN 4109:1989 sah das Vorgehen der Eignungsprüfung III so aus, dass in einem Musterbau für bestimmte Bauausführungen, die nicht den Vorgaben des Nachweises ohne bauakustische Messungen entsprechen, anstelle der Armatur das Installationsgeräuschnormal (IGN) an den vorgesehenen Anschlüssen angebracht wird und in den schutzbedürftigen Räumen der so genannte IGN-Schallpegel L_{IGN} ermittelt wird. „Der Nachweis der Eignung hinsichtlich des Schallschutzes einer bestimmten Bauausführung in Verbindung mit einer bestimmten Armatur galt dann als erbracht", wenn für den Armaturengeräuschpegel L_{ap} der vorgesehenen Armatur die Bedingung

$$L_{ap} \leq 72\ \text{dB} - L_{IGN}\ \text{dB} \tag{5.41}$$

erfüllt war. Die als Nachweis der Eignung einer bestimmten Ausführung deklarierte Vorgehensweise war damit nichts anderes als die Feststellung eines erforderlichen Armaturengeräuschpegels, damit mit der vorgesehenen Armatur unter den genannten Bau- und Installationsbedingungen die Anforderungen erfüllt werden. Aus heutiger Sicht kann die nach Gl. (5.41) vorgesehene Vorgehensweise nicht mehr als gültig betrachtet werden, da sich zum einen bei vielen Armaturen die Geräuschcharakteristik bezüglich Wasserschall- und Körperschallerzeugung geändert hat [283], zum anderen aber die Übertragungseigenschaften der damals zugrunde gelegten Stahlrohrleitungen bei vielen heutigen Leitungssystemen der Trinkwasserversorgung nicht mehr zutreffen. Dazu kommt, dass dieser „Nachweis" ausdrücklich nur die Armaturengeräusche berücksichtigte. Abwassergeräusche oder Geräusche von Sanitärobjekten (wie WC-Spüleinrichtungen, Wannen, Becken, etc.) wurden dagegen überhaupt nicht betrachtet, so dass angesichts der heutzutage relevanten Schallquellen des Installationsbereichs diese Art von Nachweis wertlos ist. Eine solche „Eignungsprüfung" wurde tatsächlich nur in sehr wenigen Fällen durchgeführt, i. d. R. wurde vielmehr die Forderung nach einer Eignungsprüfung für Installationswände schlichtweg ignoriert. Unter Berücksichtigung der genannten Umstände ist verständlich, dass dieser Nachweis zur Übernahme in DIN 4109-36 nicht vorgesehen werden konnte.

Während es zu dieser Entscheidung im für DIN 4109-36 zuständigen Normenausschuss keine Diskussionen gab, wurde der mögliche Einsatz von **Installationsprüfständen** kontrovers diskutiert. Der fehlenden normativen Verankerung auf der einen Seite wurde auf der anderen Seite entgegengehalten, dass sich Prüfzeugnissen für Musterinstallationen im Installationsprüfstand in der Praxis quasi als Standard durchgesetzt hätten und zur Wahrung der Kontinuität und zur Sicherstellung der Handlungsfähigkeit der betroffenen Kreise eine solche Lösung deshalb auch weiterhin zur Verfügung stehen müsse.

Als Installationsprüfstand kann eine im Labor errichtete Anordnung von Prüfräumen bezeichnet werden, wie sie beispielsweise in [289] und [463] beschrieben wird. Sie gestattet es, für verschiedene Übertragungssituationen (horizontal, vertikal, diagonal) die Geräuscherzeugung und -übertragung beliebiger Sanitärinstallationen an beliebigen Installationswänden unter bauähnlichen Bedingungen zu überprüfen. Mangels anderer praktikabler Möglichkeiten, die eine praxisnahe und einfache schalltechnische Beurteilung kompletter Sanitärinstallationen ermöglichen, hat die Prüfung in einem Installationsprüfstand trotz fehlender normativer Verankerung bei Herstellern und Anwendern eine ausgesprochen große Akzeptanz auf dem Markt gefunden.

Trotz dieser Akzeptanz und der Vorteile, die Untersuchungen in einem Installationsprüfstand bieten, werden diese auch kritisch gesehen. Dabei werden vor allem folgende Punkte geltend gemacht:

- Die Prüfstandsbedingungen, insbesondere die baulichen Randbedingungen, sind nicht genormt. Eine Vergleichbarkeit zwischen unterschiedlichen Installationsprüfständen ist nicht gegeben.
- Das messtechnische Vorgehen ist nicht genormt. Es kann jedoch analog zu einer Messung im Bau entsprechend den dafür festgelegten Regularien (siehe dazu die Ausführungen zu DIN 4109-4 in 6) vorgegangen werden.
- Ergebnisse aus Installationsprüfständen berücksichtigen nur einen ganz bestimmten Einzelfall. Als allgemeiner Nachweis zur Erfüllung der Anforderungen der DIN 4109 durch eine bestimmte Sanitärinstallation (in Verbindung mit einer bestimmten Installationswand) sind sie deshalb nur sehr eingeschränkt heranziehbar, auch wenn sie in diesem Sinne immer wieder herangezogen werden. Einerseits gelten die Ergebnisse nur für die baulichen Bedingungen des Installationsprüfstandes. Andererseits gelten sie nur für die bei der Prüfung vorliegenden Installationen unter Berücksichtigung sämtlicher Details der verwendeten Komponenten und deren Montagebedingungen. Damit ist die Übertragbarkeit auf praktische Bausituationen sehr eingeschränkt.

Bei der Behandlung der Labormessungen in Abschnitt 5 der DIN 4109-4 werden in Tabelle 5 die derzeit genormten Prüfverfahren für Messungen an gebäudetechnischen Anlagen aufgeführt. Dazu gehören u. a. die Messungen des Armaturengeräuschpegels nach DIN EN ISO 3822 [91], die Messung von Abwassergeräuschen nach DIN EN 14366 [80] oder die Messung der Luft- und Körperschallerzeugung gebäudetechnischer Anlagen nach DIN EN 15657 [82]. Nicht genannt werden jedoch Messungen von Geräuschen der Sanitärinstallation in einem Installationsprüfstand, da es dazu keine spezifischen normativen Regelungen gibt. Genauso sieht es bei den Baumessungen in Abschnitt 6.3 der

DIN 4109-4 aus, wo ebenfalls keine Regelungen für einen Installationsprüfstand enthalten sind. Diese hätte man im normativen Anhang A der DIN 4109-4 (Nationale Ergänzungen für Prüfungen im Prüfstand) zwar als Ergänzung zu DIN EN ISO 10052 [93] und DIN EN 14366 als nationale Regelung schaffen können, jedoch fand sich im für DIN 4109-4 zuständigen Normenausschuss dafür keine Mehrheit. Dort wurden die Normbarkeit eines Installationsprüfstandes im Allgemeinen und die Festlegung von Prüfverfahren für einen solchen Prüfstand im Besonderen heftig in Frage gestellt. Infolgedessen wurde in DIN 4109-36 auf normative Festlegungen für Messungen in Installationsprüfständen verzichtet und es blieb bei der schon genannten informativen Behandlung in Form einer Anmerkung. In DIN 4109-4 wurde erst gar nicht versucht, auf Messungen in Installationsprüfständen einzugehen.

Zusammenfassend kann gesagt werden, dass im Normenausschuss angesichts der kontroversen Positionen keine Möglichkeit gesehen wurde, Nachweise mit bauakustischen Messungen über die unverbindlichen Aussagen hinaus normativ festzulegen. In der Praxis hat das gegenüber der bisherigen Situation in DIN 4109:1989 aber de facto keine Konsequenzen. Die Durchführung der Eignungsprüfung III nach Gl. (5.41) hatte in der Praxis sowie keine Bedeutung, da sie so gut wie nie angewendet wurde. Untersuchungen in Installationsprüfständen fanden schon damals außerhalb eines normativ geregelten Bereichs statt, und dabei bleibt es auch weiterhin.

Durchführung von Güteprüfungen am Bau

Das Instrument der Güteprüfungen (als Abnahmemessungen in ausgeführten Gebäuden) findet sich – zumindest unter diesem Namen – in DIN 4109:2016 nicht mehr. In DIN 4109-1 wurde der Abschnitt 8 (Nachweis der Güte der Ausführung (Güteprüfung)) aus DIN 4109:1989 nicht übernommen. Auch DIN 4109-4, die sich unter anderem auch mit Baumessungen beschäftigt, nennt diesen Begriff an keiner Stelle. Der Begriff der Güteprüfung wurde somit in der DIN 4109 getilgt. Folgerichtig ist deshalb auch in DIN 4109-36 keine Regelung mehr zu finden, die Abschnitt 8 in DIN 4109:1989 entsprechen würde. Stattdessen heißt es in der schon genannten Anmerkung des Abschnitts 6.1:

> Im Sinne einer Güteprüfung kann die Einhaltung der Schallschutzanforderungen für eine konkrete Bausituation vor Ort mit festgelegten Messverfahren überprüft werden.

Gemeint sind mit den „festgelegten Prüfverfahren" diejenigen, die in DIN 4109-4 in Tabelle 8 des Abschnittes 6.3 (Messung der Schallpegel von gebäudetechnischen Anlagen und aus baulich verbundenen Betrieben) genannt werden und durch die Festlegungen des normativen Anhangs B.4 ergänzt werden.

5.7.3.3 Abwasseranlagen

Allgemeines

Abwasseranlagen werden in Abschnitt 6.2 der DIN 4109-36 behandelt. Zu den Abwasseranlagen werden dort in Abschnitt 6.2.1 neben den Abwassersystemen auch Abwasserhebeanlagen, Abscheider und Abwasserbehandlungsanlagen gezählt. Im Vordergrund der Ausführungen stehen aber die Geräusche der Abwassersysteme, die in der Praxis auch die größte Rolle spielen.

Abwassersysteme

Als Abwassersystem werden nicht nur die abwasserführenden Rohrleitungen, sondern auch die dazugehörigen Formstücke, Verbindungen und Befestigungselemente bezeichnet. Diese Betrachtungsweise ist aus schalltechnischer Sicht wichtig, da die Erzeugung der Abwassergeräusche und deren Übertragung auf das Gebäude von all diesen Komponenten abhängen. Die Gesamtheit dieser Komponenten wird als die relevante Schallquelle betrachtet. Das hat zur Folge, dass dieser Systemgedanke auch bei der Laborprüfung nach DIN EN 14366 [80] zugrunde gelegt und demzufolge als Prüfobjekt ein definiertes Abwassersystem betrachtet wird.

Wichtig ist bei dieser Systematik die Abgrenzung gegenüber den eigentlichen Abwasserquellen, z. B. Ausgussbecken, Toiletten, Badewannen, Abflussrinnen oder alle aktiven Elemente (Pumpen usw.). Solche Sanitärobjekte, die die eigentlichen Abwasserquellen darstellen, werden nicht dem Abwassersystem zugerechnet. Sie müssen separat betrachtet werden. Das bedeutet z. B., dass die bei der Betätigung der WC-Spülung entstehenden Geräusche, wie z. B. Geräuschspitzen beim Auslösen des Spülvorgangs, Geräusche beim Füllen des Spülkastens oder Gurgel- und Entleergeräusche der Sanitärkeramik, nicht zu diesen Abwassergeräuschen gehören.

Übertragung von Geräuschen der Abwasserinstallation

Von Abwassersystemen wird Luftschall direkt abgestrahlt, was zur hauptsächlichen Geräuschimmission im Installationsraum selbst führt (Bild 5.22). Da nach DIN 4109-1 an diese Übertragungssituation keine Anforderungen gestellt werden, ist dieser Geräuschanteil in der Praxis unbedeutend. Die durch Abflussvorgänge angeregten Schwingungen der Rohre werden entsprechend Bild 5.22 durch die Befestigungselemente, aber auch als Körperschall auf die Installationswand und ggf. auch über Körperschallbrücken in Deckendurchgängen auf die Decken übertragen. Diese Körperschallübertragung ist der eigentliche Grund für die in den benachbarten Räumen wahrnehmbaren Abwassergeräusche. Demgegenüber kann in der Regel die Luftschallübertragung aus dem Senderaum (Installationsraum) vernachlässigt werden. Abwassergeräusche in schutzbedürftigen Räumen sind also ein Körperschallproblem. Bei der schalltechnischen Charakterisierung von Abwassersystemen muss demnach vor allem die Körperschallübertragung berücksichtigt werden. Dem trägt das Prüfverfahren nach DIN EN 14366 Rechnung, das neben der Körperschallübertragung aber auch die Luftschallabstrahlung beschreibt.

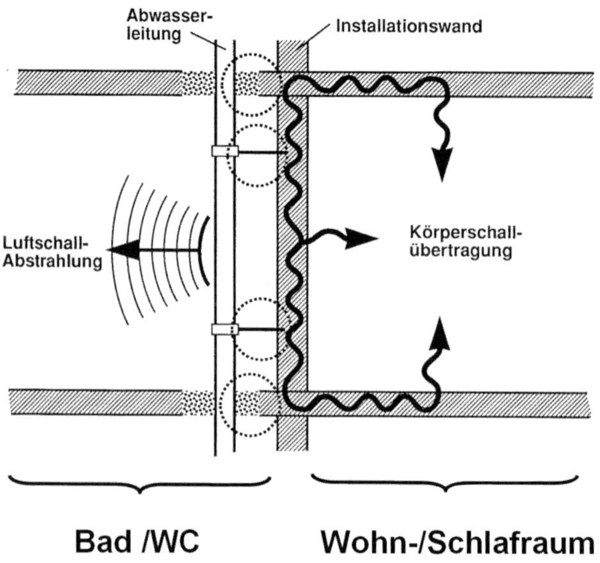

Quelle: Autoren

Bild 5.22: Geräuschverhalten eines Abwassersystems

Daten für Abwassergeräusche in DIN 4109-36

In DIN 4109-36 Abschnitt 6.2.4 wird unter dem Titel „Daten für den rechnerischen Nachweis“ folgender Hinweis gegeben:

> Die für die Planung notwendigen akustischen Kennzahlen des Abwasserleitungssystems werden mit Hilfe von Labormessungen nach DIN EN 14366 ermittelt.

Damit wird der Zusammenhang zu den nach DIN EN 14366 ermittelten Kennwerten zur Beschreibung der akustischen Eigenschaften von Abwassersystemen hergestellt. Allerdings steht dieser Hinweis nur in Zusammenhang mit der Planung, aber nicht mit einem (rechnerischen) Nachweis. Auch an dieser Stelle wird also (noch) nicht der Schritt zu einem verbindlichen Nachweisverfahren gemacht. Der Grund besteht auch hier darin, dass zum Zeitpunkt der Normerarbeitung ein erprobtes und validiertes Nachweisverfahren auf der Basis der Kennwerte von DIN EN 14366 nicht zur Verfügung stand. Andererseits kann aber aufgezeigt werden, wie mit den Kenngrößen der DIN EN 14366 eine Prognose der zu erwartenden Schalldruckpegel möglich ist, so dass zumindest für Planungszwecke eine Hilfestellung gegeben werden kann. So hat die zitierte Formulierung in Abschnitt 6.2.4, auch wenn sie nicht völlig zufriedenstellend ist, dennoch ihre Berechtigung. Wie auf der Grundlage von Daten der DIN EN 14366 eine (vorläufige) Prognose aussehen kann, wird nachfolgend skizziert.

Prüfverfahren für Abwassersysteme nach DIN EN 14366

Das in DIN EN 14366 festgelegte Prüfverfahren hat zum Ziel, die in Bild 5.22 dargestellte Luftschallabstrahlung und Körperschallübertragung eines Abwassersystems messtechnisch zu charakterisieren. Das dafür festgelegte Vorgehen wird in Bild 5.23 dargestellt.

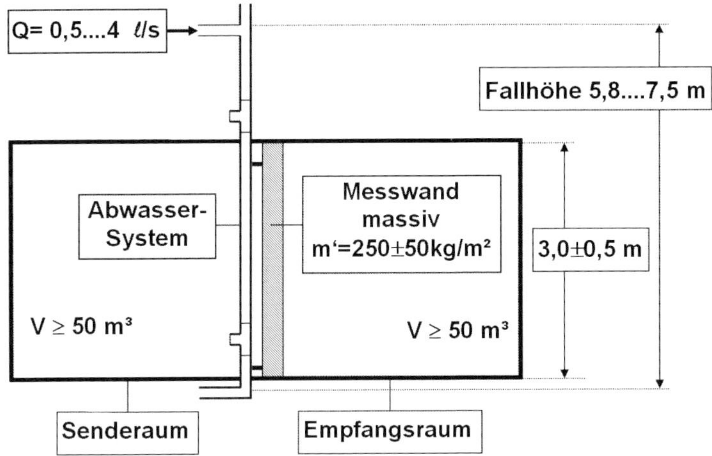

Quelle: Autoren

Bild 5.23: Anordnung zur Messung der Geräusche eines Abwassersystems im Prüfstand nach DIN EN 14366

Für das zu untersuchende Abwassersystem wird eine so genannte Standardkonfiguration festgelegt, bestehend aus einem Fallstrang mit zwei Geschossabzweigen, einem 2 × 45°-Bogen (Kellerbogen) am unteren Ende des vertikalen Leitungsabschnitts, den notwendigen Verbindungsstücken und den vom Hersteller vorgesehenen Befestigungselementen. Das Abwassersystem wird mit einem stationären Volumenstrom beaufschlagt, der bei den üblichen DN-100-Rohren zwischen 0,5 und 4 l/s variiert wird. Die Fallhöhe zwischen Wassereinlauf und Kellerbogen liegt zwischen 5,8 bis 7,5 m. Mit den vom Hersteller vorgesehenen Befestigungselementen werden die Rohre an der einschaligen massiven Messwand befestigt, die eine flächenbezogene Masse von (250 ± 50) kg/m^2 haben soll. Die in Deutschland aufgrund der Festlegungen in DIN 4109 bei Prüfungen gerne verwendete flächenbezogene Masse von 220 kg/m^2 kann damit ebenfalls realisiert werden. Ermittelt werden der im Senderaum (Installationsraum) abgestrahlte Luftschall mit der kennzeichnenden Größe L_{an} und der durch Körperschallübertragung im Nachbarraum verursachte Schalldruckpegel L_{sc}.

Da die Eigenschaften der Messwand die Messung von L_{sc} beeinflussen, muss eine „Kalibrierung" dieser Wand vorgenommen werden. Damit sollen das Messergebnis unabhängig von den spezifischen Prüfstandseigenschaften und das Prüfresultat zwischen verschiedenen Prüfständen vergleichbar werden. Diese Kalibrierung ist in Zusammenhang mit schalltechnischen Prognosen von Bedeutung, da aus dem dabei angewandten Messprinzip auch ein Prognoseverfahren abgeleitet werden kann.

Zu diesem Zweck wird messtechnisch die vorhandene „Körperschallempfindlichkeit“ der Messwand ermittelt, die nach [423] als eine Übertragungsfunktion α_F definiert werden kann und sich aus dem Verhältnis von anregender Kraft (auf der Messwand) F und in den Empfangsraum abgestrahlter Schallleistung W ergibt:

$$\alpha_F = \frac{\rho c}{k^2} \cdot \frac{W}{F^2} \tag{5.42}$$

mit

k Wellenzahl

ρc Kennimpedanz von Luft (ρ: Dichte der Luft, c: Schallgeschwindigkeit in Luft)

Zur Vereinfachung des messtechnischen Vorgehens kann diese Körperschallempfindlichkeit der Messwand nach dem Reziprozitätsprinzip ermittelt werden [423], [431]. Dieses Verfahren wird in DIN EN 14366 angewandt. Die so ermittelte Körperschallempfindlichkeit hängt von den spezifischen Eigenschaften des Prüfstandes und seiner Messwand ab und charakterisiert damit die für die Körperschallanregung und -übertragung charakteristischen Verhältnisse der aktuellen Prüfsituation. Um jedoch von dieser prüfstandsspezifischen Situation unabhängig zu werden, wird für die Körperschallübertragung in den Nachbarraum eine rechnerische Korrektur des Messergebnisses vorgenommen, indem von der aktuellen Körperschallempfindlichkeit auf eine Referenz-Körperschallempfindlichkeit umgerechnet wird. Der dafür verwendete frequenzabhängige Referenzwert charakterisiert eine (ideale) einschalige Wand mit festgelegten Materialeigenschaften und einer flächenbezogenen Masse von 250 kg/m^2.

Genauso wie damit unterschiedliche flächenbezogene Massen der Messwände und unterschiedliche Prüfstandsbedingungen auf einen einheitlichen Bezugswert normalisiert werden können, kann auch eine Umrechnung auf eine bestimmte Situation in einem Gebäude vorgenommen werden, so lange die physikalischen Voraussetzungen einer Kraftquellensituation erfüllt sind. Das bedeutet vereinfacht gesagt, dass die auf die Wand ausgeübte Kraft von den Eigenschaften der Wand nicht beeinflusst wird. Damit besteht eine Möglichkeit zur Prognose des Schalldruckpegels in einer anderen baulichen Situation als der im Prüfstand vorliegenden. Genau diese Möglichkeit wird angesprochen, wenn es in DIN EN 14366 in der Anmerkung von Abschnitt 9.6 heißt:

> Der bei jeder der Konfigurationen (im Prüfstand oder in Gebäuden) erhaltene Pegel kann anschließend entsprechend der betrachteten Konfiguration durch Addition von L_{sc} zur Berichtigung $L_{SS,situ}$ berechnet werden.

Ohne weitere Erläuterung ist diese Anmerkung wenig verständlich. Wie eine Umsetzung erfolgen kann, wird in DIN EN ISO 12354-5 erläutert, ohne dass in DIN EN 14366 dieser Zusammenhang explizit hergestellt wird.

Möglichkeiten zur Prognose von Schallpegeln auf der Basis von DIN EN 14366

Das Konzept des auf eine Referenz-Übertragungssituation normierten charakteristischen Körperschallpegels erlaubt die Prognose des in anderen Übertragungssituationen (z. B.

bestimmten Gebäudesituationen) sich einstellenden Schalldruckpegels des Abwassersystems.

Die Anpassung des charakteristischen Körperschallpegels L_{sc} aus der Prüfstandsmessung an die aktuelle Übertragungssituation erfolgt frequenzabhängig über folgende Beziehung:

$$L_{sc,situ} = L_{sc} + \Delta L_{SS,situ} \text{ dB} \tag{5.43}$$

$L_{sc,situ}$ ist der im Gebäude zu erwartende Schalldruckpegel desselben Abwassersystems wie im Prüfstand. Die vorzunehmende Anpassung der Prüfstands- an die Bausituation („in situ") erfolgt mit dem Korrekturterm

$$\Delta L_{SS,situ} = 10 \lg\left(\frac{\alpha_{F,situ}}{\alpha_{F,R}}\right) = L_{SS,situ} - L_{SSR} \text{ dB} \tag{5.44}$$

wobei $\alpha_{F,situ}$ und $\alpha_{F,R}$ die Körperschallempfindlichkeiten für die Gebäudesituation (in situ) und für die Referenzsituation im Prüfstand und $L_{SS,situ}$ bzw. L_{SSR} die Pegeldarstellung dieser beiden Größen sind. Man rechnet somit von der Körperschallempfindlichkeit des Prüfstandes auf die Körperschallempfindlichkeit einer bestimmten Gebäudesituation um. Benötigt wird dazu die Übertragungsfunktion „in situ" $\alpha_{F,situ}$ bzw. deren Pegelspektrum $L_{SS,situ}$. Die Messung dieser Größe unter In-situ-Bedingungen kann nach den Vorgaben der DIN EN 14366 erfolgen. Eine Berechnung ist grundsätzlich auch nach den Prinzipien der DIN EN ISO 12354-5 [75] möglich.

Eine Prognosemöglichkeit, die direkt den Prinzipien der DIN EN ISO 12354-5 für die Berechnung der Körperschallübertragung folgt, wird in Abschnitt 4.4 dieser Norm beschrieben. Um diesem „regulären" Berechnungsweg zu folgen, wird als Eingangsgröße die charakteristische Körperschallleistung einer Schallquelle $W_{s,c}$ bzw. deren charakteristischer Körperschallleistungspegel $L_{Ws,c}$ benötigt. Diese Größe kann nach Anhang D.1.2.5, Gl. (D.8a), dieser Norm aus den Kenngrößen der DIN EN 14366 folgendermaßen ermittelt werden:

$$L_{Ws,c} = L_{sc} - L_{SSR} + 34{,}7 - 10 \lg f^2 = L_{sc} + 8 \lg f + 23{,}5 \text{ dB} \tag{5.45}$$

Dabei sind

L_{sc} charakteristischer Schalldruckpegel durch Körperschallübertragung nach DIN EN 14366

L_{SSR} Körperschallempfindlichkeit der Referenzwand nach DIN EN 14366

Nach Umrechnung dieser charakteristischen Körperschallleistung in die installierte Körperschallleistung nach DIN EN ISO 12354-5 Gl. (18b) kann dann die gesamte Körperschallübertragung über die in Frage kommenden Wege nach den Gleichungen (17) und (18a) der DIN EN ISO 12354-5 berechnet werden. Dies entspricht dem „üblichen" Berechnungsvorgang der EN 12354-5 für die von einer Körperschallquelle verursachten Körperschallübertragung im Gebäude und dem daraus resultierenden Schalldruckpegel in einem Empfangsraum.

Zur Interpretation der Kenngrößen nach DIN EN 14366

Abschnitt 6.2.4 (Daten für den rechnerischen Nachweis) der DIN 4109-36 nimmt aus gutem Grund auch in einer Anmerkung Bezug auf Messergebnisse für Abwassersysteme nach DIN EN 14366. Dazu heißt es:

Diese Prüfnorm legt Verfahren fest, wie der durch Abwasserinstallationen entstehende Luft- und Körperschall unter Laborbedingungen zu messen ist. Die erhaltenen Ergebnisse können für einen direkten Vergleich von Produkten und Werkstoffen und für die schalltechnische Planung verwendet werden.

Auch hier ist nicht die Rede von Nachweisen, sondern von der schalltechnischen Planung. Damit ist gesagt, dass die angegebenen Daten derzeit nur für Planungszwecke herangezogen werden können, nicht aber unmittelbar als Nachweis zur Erfüllung der Anforderungen der DIN 4109-1. In der Vergangenheit kam es immer wieder vor, dass anhand von Prüfergebnissen nach DIN EN 14366 missverständlicherweise oder missbräuchlicherweise der Eindruck erweckt wurde, dass mit den Prüfergebnissen gleichzeitig auch ein Nachweis zur Einhaltung der Anforderungen der DIN 4109-1 gegeben sei.

Eine solche bedingungslose Interpretation der Prüfergebnisse ist nach DIN EN 14366 nicht vorgesehen. So heißt es dort im Anwendungsbereich:

Die erhaltenen Ergebnisse können für den Vergleich von Produkten und Werkstoffen verwendet werden. Sie können zur Einschätzung des Verhaltens von Abwassersystemen in einem Gebäude unter bestimmten Bedingungen dienen. Diese Norm liefert jedoch kein normiertes Verfahren zur Berechnung der akustischen Eigenschaften solcher Installationen in einem Gebäude.

Um hier noch mehr Klarheit zu schaffen, wurde von deutscher Seite beantragt, in die Norm einen zusätzlichen Hinweis aufzunehmen, der folgenden Inhalt hat:

Der Prüfbericht muss einen Hinweis darauf enthalten, dass die Prüfergebnisse nur für das im Prüfbericht beschriebene Prüfobjekt gelten und zur Abschätzung der in einem Gebäude zu erwartenden Luftschallpegel nur für solche Situationen herangezogen werden können, die hinsichtlich der baulichen Gegebenheiten, der Grundrisssituation und der verwendeten Abwasserinstallation den der Prüfung zugrunde gelegten Bedingungen entsprechen.

Diesem Antrag wurde beim zuständigen europäischen Normungsgremium CEN/TC 126 stattgegeben.

In welcher Weise können die Kenngrößen der DIN EN 14366 hinsichtlich einer realen Bausituation interpretiert werden? Die Messwand mit $m' = (250 \pm 50)$ kg/m^2 wird in Deutschland üblicherweise so ausgelegt, dass die in DIN 4109-36 genannten 220 kg/m^2

als Bedingung für die massive Musterinstallationswand erfüllt werden. Als Messung im Prüfstand könnte man so die Messung nach DIN EN 14366 als eine Musterinstallation im Installationsprüfstand verstehen. Dann aber gelten auch dieselben Bedingungen für die Übertragbarkeit auf eine reale Bausituation. Das heißt vor allem, dass nur für dieselbe Anordnung, die auch bei der Laborprüfung zugrunde gelegt wurde, eine Aussage zum Verhalten im Gebäude möglich ist. Bauliche Abweichungen, vor allem eine andere flächenbezogene Masse der Installationswand als bei der Laborprüfung, könnten nach den oben erläuterten Grundsätzen im Rahmen der Gültigkeitsbedingungen (Kraftquellensituation!) prinzipiell korrigiert werden. Gravierender steht aber einer Übertragung auf Bauverhältnisse in vielen Fällen entgegen, dass es unter üblichen Montagebedingungen zu vielerlei Abweichungen gegenüber dem geprüften Aufbau kommen kann. So fehlen z. B. bei der Laborprüfung oft relevante Ausführungsdetails, die in der Praxis dann doch eine Rolle spielen können, z. B. brandschutztechnisch erforderliche Maßnahmen (Brandschutzmanschetten im Deckendurchgang) oder Fallrohrstützen. Selbstverständlich sind auch Abweichungen von der im Labor vorzusehenden Standardkonfiguration nicht abgedeckt, z. B. Verziehungen oder andere Formstücke bei der Umlenkung am Kellerbogen. Eine herausragende Rolle bei der Übertragbarkeit spielen die verwendeten Rohrschellen. Von ihnen hängt es ab, wie viel Körperschall auf die Installationswand übertragen wird. Werden bei der Labormessung andere Befestigungselemente verwendet als später bei der Baumontage vorgesehen, dann ist die Aussagekraft der Prüfung null und nichtig. Das gilt auch dann, wenn bei der Laborprüfung sehr geringe Anzugsmomente für die Rohrschellen gewählt werden, die bei der praktischen Montage am Bau so nie zu erwarten sind, aber für sehr günstige Messwerte bei der Prüfung sorgen. Auf diese besondere Problematik wird in eine Stellungnahme des Fraunhofer-Instituts für Bauphysik [464] eingegangen.

Ein wesentlicher Unterschied zu realen Entwässerungsvorgängen besteht darin, dass bei der Laborprüfung mit konstanten Durchflüssen gemessen wird. Aus langjährigen Erfahrungen kann aber davon ausgegangen werden, dass ein bei der Laborprüfung verwendeter Volumenstrom von 2 l/s beim im schutzbedürftigen Raum verursachten Schalldruckpegel recht gut eine typische WC-Spülung repräsentiert. Diese Aussage bezieht sich aber lediglich auf das reine Abwassergeräusch. Geräuschanteile der angeschlossenen Sanitärobjekte (insbesondere WC-Spüleinrichtungen, aber auch Wannen und Becken etc.) sind dabei nicht berücksichtigt. Es wäre also irreführend, wenn mit Messergebnissen nach DIN EN 14366 der Anspruch erhoben würde, die Geräuschsituation einer kompletten Abwasseranlage inklusive der Entwässerungsgegenstände zu charakterisieren und sie in Bezug zu den daran gestellten Anforderungen der DIN 4109 zu setzen.

Bei allen Fragen zur Übertragbarkeit von Messergebnissen nach DIN EN 14366 auf eine reale Bausituation wäre abschließend noch zu klären, inwiefern und in welcher Höhe auf solche Messergebnisse ein geeigneter Sicherheitsbeiwert anzuwenden ist, wenn ein Vergleich mit Anforderungen der DIN 4109-1 vorgenommen werden soll.

Ausblick auf die Überarbeitung der DIN EN 14366 und Konsequenzen für rechnerische Nachweise in DIN 4109-2

Im April 2016 wurde im zuständigen Normenausschuss bei CEN/TC 126 die Revision der EN 14366 in die Wege geleitet. Ein wesentliches Ziel dieser Überarbeitung soll darin bestehen, die derzeitigen Kenngrößen sowohl für die Luftschallabstrahlung als auch für die Körperschallübertragung von Schalldruckpegeln auf Schallleistungspegel umzustellen. Unter Beibehaltung der grundsätzlichen Messanordnung soll dabei die in EN 15657 [82] festgelegte Empfangsplattenmethode zur Ermittlung von Körperschallleistungen dem Messverfahren zugrunde gelegt werden. Die derart ermittelten Kenngrößen können dann unmittelbar in die Prognoserechnungen nach DIN EN 12354-5 übernommen werden, so dass eine Umsetzung in DIN 4109-2 erwartet werden kann. Eine größere praktische Relevanz der Messungen soll dadurch erreicht werden, dass auch Schachtinstallationen, horizontal liegende Leitungen und Leitungen mit Umlenkungen und Verziehungen in den Anwendungsbereich der EN 14366 übernommen werden sollen.

5.7.3.4 Wasseranlagen (Trinkwasserinstallation)

Anwendungsbereich

Wasseranlagen der Trinkwasserinstallation werden in Abschnitt 6.3 der DIN 4109-36 behandelt. Dazu zählen Armaturen, Trinkwasserleitungen, Trinkwassererwärmer, Druckerhöhungsanlagen, Zirkulationspumpen, Speicherladepumpen und Wasserbehandlungsanlagen. Der Anwendungsbereich geht also über die reinen Armaturengeräusche, die bei früheren Versionen der DIN 4109 stets im Vordergrund standen, hinaus. Diesem erweiterten Bereich wird aber nur bei den Hinweisen für Planung und Ausführung in Abschnitt 6.3.3 Rechnung getragen, wobei die Behandlung der Armaturengeräusche dominiert.

Daten für den Nachweis

In Abschnitt 6.3.4 der DIN 4109-36 (Daten für den Nachweis) wird ausschließlich auf Armaturen und Geräte der Wasserinstallation eingegangen, die der Prüfzeichenpflicht unterliegen (siehe dazu 3.6.4.1). Dort heißt es:

> Für Armaturen und Geräte der Trinkwasserinstallation wird zur Kennzeichnung der Schallerzeugung der Armaturengeräuschpegel L_{ap} nach DIN EN ISO 3822-1 herangezogen. Die Kennwerte sind einem allgemeinen bauaufsichtlichen Prüfzeugnis zu entnehmen. Es gelten die Vorgaben nach DIN 4109-1:2016-07, Abschnitt 11.

Auch hier sind die unter der Überschrift „Daten für den Nachweis“ gegebenen Hinweise nicht das, was gemäß dieser Überschrift eigentlich zu erwarten wäre. Als relevante Größe wird lediglich der Armaturengeräuschpegel L_{ap} genannt (siehe dazu 3.6.4.2). Es wird an dieser Stelle nicht gesagt, wie diese Größe in das Nachweissystem der DIN 4109 eingebunden wird, was insofern notwendig wäre, als sie derzeit die einzige Kenngröße ist, die für den Schallschutznachweis bei gebäudetechnischen Anlagen durch normative Festlegung herangezogen wird. Es geht dabei um den „Nachweis ohne bauakustische Messungen“. Hilfreich wäre an dieser Stelle ein Verweis auf DIN 4109-36, Abschnitt 6.4.4 (für massive Installationswände) und insbesondere auf die Abschnitte 6.4.4.2.3, 6.4.4.2.4 und 6.4.4.2.5, wo Bezug auf den Armaturengeräuschpegel und die Anwendbarkeit von Armaturen in bestimmten Einbau- und Grundrisssituationen genommen wird. Für Leichtbau-Installationswände wäre entsprechend der Bezug auf Abschnitt 6.4.4.3 zu nennen.

Es kann festgehalten werden, dass bei der Trinkwasserinstallation lediglich Armaturen und Geräte mit einem durch Prüfzeichen ausgewiesenen L_{ap} in die Nachweise der DIN 4109 einbezogen sind. Für die restlichen im Anwendungsbereich genannten Komponenten der Trinkwasserinstallation kann ein Nachweis ohne bauakustische Messungen derzeit nicht geführt werden. Zu berücksichtigen ist auch, dass der Armaturengeräuschpegel nur im Rahmen der für den Nachweis definierten Musterinstallationen angewendet werden kann. Für eine rechnerische Prognose, die derzeit noch nicht ausreichend formuliert werden konnte, wäre er keine geeignete Größe, da er die relevanten Eigenschaften einer Armatur bei der Erzeugung von Wasser- und Körperschall und die relevante Übertragung der Armaturengeräusche auf das Gebäude nicht in akustisch zufriedenstellender Art und Weise charakterisiert.

5.7.3.5 Installationssysteme und sanitäre Ausstattungsgegenstände

Anwendungsbereich

Zu den Installationssystemen zählen in Abschnitt 6.4 der DIN 4109-36 Vorwand- und Inwand-Installationselemente sowie Installationsregister und Installationsschächte. Präzisiert wird dieser übergreifende Begriff in Abschnitt 3.1 der DIN 4109-36 folgendermaßen:

Installationssystem
Werkseitig vormontierte, systemtypisch abgestimmte Installationselemente mit Tragwerk aus Profilen für Vorwand oder Inwandmontage sowie für freistehende Aufstellung mit Bauteilen für Kombinationen zum raumhohen sowie teilhohen Ausbau als Installationstrennwand und/oder Installationsschacht, auch mit Zu- und Ablaufverrohrung, mit Systembeplankung

An anderer Stelle werden folgende Ausführungsvarianten für Installationssysteme genannt:

- Installationen in einer Vormauerung,
- Vorwandinstallation an einer Massivwand,
- Vorwandinstallation im Trockenbau,
- Montage vor einer Ständerwand,
- Montage in einer Ständerwand,
- Installationsgestellkombination,
- Installationsregister.

Zu den sanitären Ausstattungsgegenständen gehören u. a. Waschbecken, Wannen, WC-Spüleinrichtungen (Spülkästen), Klosettbecken, Bidets, Urinale, bodenebene Ablaufeinrichtungen von Duschen und Sanitärarmaturen. Eine vollständige, klare Abgrenzung gegenüber den Abwasseranlagen in DIN 4109-36 Abschnitt 6.2 und der Trinkwasserinstallation in Abschnitt 6.3 gibt es nicht. Auch in Installationssystemen befinden sich Teile der Abwasseranlagen und der Trinkwasserinstallation. Auf diese wird in DIN 4109-36 Abschnitt 6.4.2 (Die Schalldämmung beeinflussende Größen) ausdrücklich hingewiesen.

Eigenschaften von Installationswänden

Im Mittelpunkt der Ausführungen des Abschnitts 6.4 in DIN 4109-36 stehen die Installationswände. Es ist deshalb sinnvoll, deren bauakustische Rolle genauer zu betrachten. Jedoch kann hinsichtlich der einzuhaltenden Anforderungen die Wand nie für sich alleine betrachtet werden, da die an ihr befestigten Komponenten der Sanitärinstallation (Armaturen, Rohrleitungen der Trinkwasserversorgung und Abwasserentsorgung, Sanitärobjekte wie Dusch- oder Badewannen, Waschtische, Spülkästen etc.) als die verursachenden Schallquellen ebenfalls zu berücksichtigen sind.

Die schalltechnischen Kriterien für eine Installationswand, die für möglichst geringe Installationsgeräusche in benachbarten Räumen sorgen, sollen lassen sich entsprechend Bild 5.24 beschreiben:

- geringe Anregbarkeit durch die Komponenten der Sanitärinstallation,
- geringe Abstrahlung von Luftschall,
- geringe Weiterleitung von Körperschall auf benachbarte Bauteile.

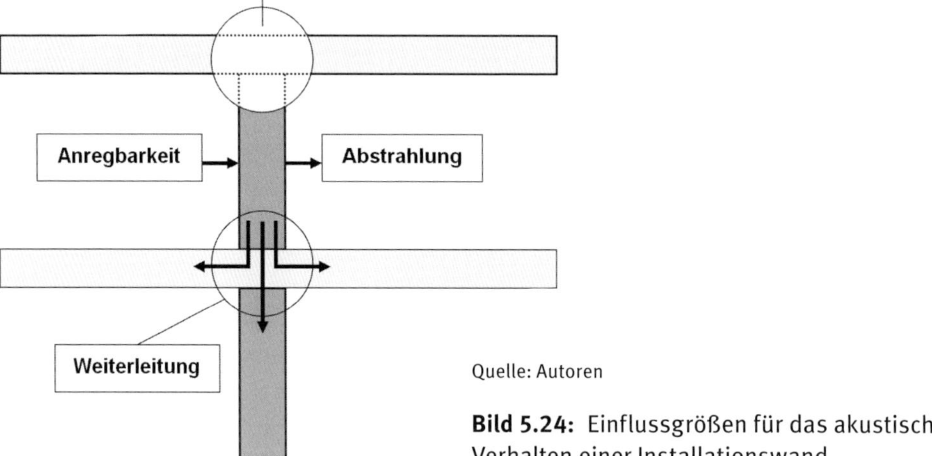

Quelle: Autoren

Bild 5.24: Einflussgrößen für das akustische Verhalten einer Installationswand

Eine möglichst geringe Anregbarkeit der Installationswand kann dadurch erzielt werden, dass die Wand der Anregung einen großen Widerstand entgegensetzt, was mit einer ausreichend großen flächenbezogenen Masse realisiert werden kann. Aus dieser Betrachtung resultiert die Anforderung der DIN 4109 nach einer flächenbezogenen Masse von mindestens 220 kg/m^2.

Anregbarkeit und Abstrahlung können gemeinsam durch die Körperschallempfindlichkeit charakterisiert werden, die in Abschnitt 5.7.3.3 Gl. (5.42) beschrieben wird. Stattdessen kann aber auch der Norm-Trittschallpegel herangezogen werden, der ebenfalls die Körperschallanregbarkeit und -übertragung beschreibt und auch für eine Wand angewendet werden kann. Die Weiterleitung auf benachbarte Bauteile kann durch das Stoßstellendämm-Maß K_{ij} beschrieben werden. Das grundsätzliche Verhalten beider Größen zeigt für eine einschalige massive Wand Bild 5.25. Grundsätzlich ist zu erkennen, dass mit größerer flächenbezogener Masse der Installationswand der Norm-Trittschallpegel und damit die Körperschallempfindlichkeit geringer wird, gleichzeitig aber auch die Stoßstellendämmung geringer wird, so dass eine stärkere Übertragung am Knotenpunkt Wand/Decke erfolgt. Beide Effekte sind also gegenläufig.

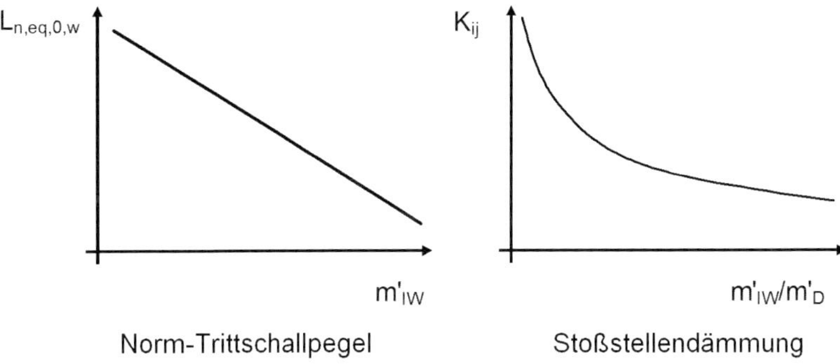

Quelle: Autoren

Bild 5.25: Qualitative Darstellung des Norm-Trittschallpegels $L_{n,eq,0,w}$ und des Stoßstellendämm-Maßes K_{ij} einer einschaligen massiven Installationswand in Abhängigkeit von den flächenbezogenen Massen m'_{IW} der Installationswand und m'_{D} der Decke

Im Folgenden werden zwei typische Übertragungssituationen für den Körperschall der Installationswand betrachtet. Bild 5.26 zeigt die direkte Übertragung in einen hinter der Installationswand liegenden Raum. Ein solcher Raum ist in der Regel allerdings ein Raum des eigenen Wohnbereichs, so dass hier die Anforderungen der DIN 4109 nicht gelten.

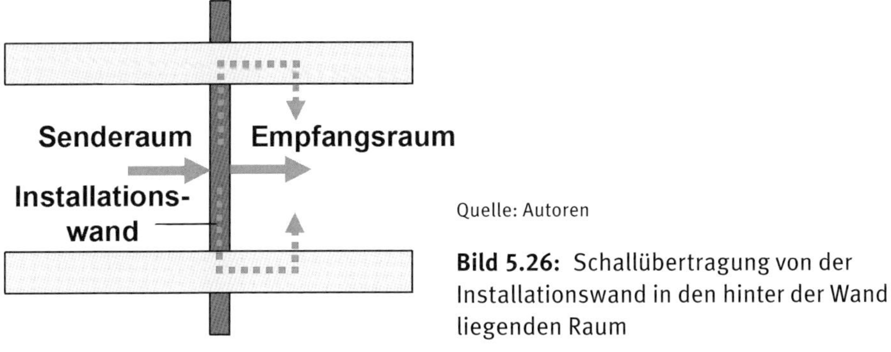

Quelle: Autoren

Bild 5.26: Schallübertragung von der Installationswand in den hinter der Wand liegenden Raum

Bild 5.27 zeigt die Übertragung in einen schräg darunterliegenden Raum (diagonale Übertragung). Sinngemäß gilt dieselbe Übertragungssituation auch für einen schräg darüberliegenden Raum. Solche Räume sind in der Regel die schalltechnisch nächsten schutzbedürftigen Räume im fremden Wohnbereich. Da sie nicht vom direkt abgestrahlten Schall der Installationswand, sondern nur über flankierende Bauteile erreicht werden können, ist für sie die Weiterleitung von Körperschall entscheidend. Installationsgeräusche in fremden schutzbedürftigen Räumen sind deshalb in allererster Linie ein Körperschallproblem.

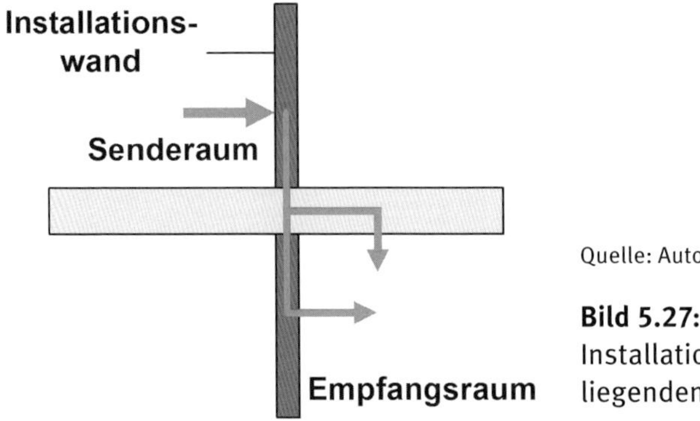

Quelle: Autoren

Bild 5.27: Schallübertragung von der Installationswand in den diagonal darunterliegenden Raum

Während bei der Übertragung in den hinter der Installationswand liegenden Raum nach Bild 5.26 die Direktübertragung dominiert, ist bei der Übertragung in darunter- oder darüberliegende Räume nach Bild 5.27 nur die flankierende Übertragung relevant. Eine einfache Abschätzung der Verhältnisse kann in beiden Fällen mit dem vereinfachten Modell für die Trittschallübertragung der DIN EN ISO 12354-2:2017 [104] durchgeführt werden. Man betrachte dazu die Körperschallanregung einer Installationswand als vergleichbar mit der Trittschallanregung.

Für die Übertragung in den direkt hinter der Wand liegenden Raum kann (unter Vernachlässigung der Flankenübertragung) der äquivalente bewertete Norm-Trittschallpegel $L_{n,eq,0,w}$ als Maß der Körperschallübertragung herangezogen werden. Dafür gilt für die Installationswand mit der flächenbezogenen Masse m'_{IW} nach Gl. (4.135)

$$L_{n,eq,0,w} = 164 - 35\lg\frac{m'_{IW}}{1\ \mathrm{kg/m^2}}\ \mathrm{dB} \tag{5.46}$$

Eine Verdoppelung von m'_{IW} verringert den durch Körperschallanregung abgestrahlten Luftschall um ca. 10,5 dB, während eine Halbierung von m'_{IW} ihn um denselben Wert erhöht.

Wenn man nach Bild 5.27 von zwei übereinanderliegenden Sanitärräumen mit dahinter liegenden Wohn- oder Schlafräumen ausgeht, dann ist unter üblichen Baubedingungen der nächste schutzbedürftige Raum derjenige in der darunter- (oder darüber-)liegenden Etage. Es interessiert also die Diagonalübertragung. Für diese kann die flankierende Trittschallübertragung als Maß der von der Installationswand verursachten Körperschallübertragung herangezogen werden. Dafür gilt nach DIN EN 12353-2:2017 folgende Beziehung:

$$L_{n,ij,w} = L_{n,eq,0,w} - \Delta L_w + \frac{R_{i,w} - R_{j,w}}{2} - \Delta R_{j,w} - K_{ij} - 10\lg\frac{S_i}{l_0 \cdot l_{ij}}\ \mathrm{dB} \tag{5.47}$$

Auf die Herleitung dieser Beziehung und die benötigten Größen wird in 4.3.2.6 eingegangen. Von Interesse für eine einfache Betrachtung zum Einfluss der flächenbezogenen Masse der Installationswand sind in diesem Fall der bewertete äquivalente Norm-Trittschallpegel $L_{n,eq,0,w}$, die bewerteten Schalldämm-Maße $R_{i,w}$ und $R_{j,w}$ der an der Übertragung beteiligten Bauteile i und j und das Stoßstellendämm-Maß K_{ij}.

Für den Übertragungsweg über die Installationswände kann angenommen werden, dass beide Wände von gleicher Art sind. Damit entfällt in Gl. (5.47) der Summand mit den Schalldämm-Maßen.

Für das Stoßstellendämm-Maß an einem Kreuzstoß können die Gl. (5.18) und (5.19) herangezogen werden. Eine größere flächenbezogene Masse der Installationswand verringert die Stoßstellendämmung am Knotenpunkt mit der Decke, während eine kleineres m'_{IW} die Stoßstellendämmung erhöht. Eine Veränderung der flächenbezogenen Masse der Installationswand führt somit zu zwei gegenläufigen Effekten, die in der Summe zu betrachten sind. Generell gilt, dass eine schwerere Installationswand insgesamt zu einer deutlichen Verringerung der Übertragung und Abstrahlung führt. Wird als beispielhafte Situation eine Decke mit $m'_D = 440$ kg/m² angesetzt, was einer Stahlbetondecke von etwa 18 cm Dicke entspricht, und für die Installationswand als Referenzsituation eine flächenbezogene Masse $m'_{IW} = 220$ kg/m² herangezogen, dann tritt durch eine Verdoppelung von m'_{IW} auf 440 kg/m² eine Verminderung der Installationsgeräusche um ca. 6 dB auf. Wird m'_{IW} dagegen vom Referenzwert auf 110 kg/m² halbiert, dann erhöht sich das Installationsgeräusch um ca. 7 dB.

Wird ergänzend nach Bild 5.27 auch der flankierende Übertragungsweg von der Installationswand auf die Decke betrachtet, dann kommt man zu qualitativ vergleichbaren Ergebnissen. In diesem Fall ist für das Stoßstellendämm-Maß Gl. (5.20) heranzuziehen. Allerdings fallen die Veränderungen gegenüber der Referenzsituation geringer aus. So verringert sich die Übertragung bei einer Verdoppelung von m'_{IW} auf 440 kg/m² um ca. 4 dB auf. Eine Halbierung von m'_{IW} auf 110 kg/m² erhöht die Übertragung um ca. 2 dB. Werden in Bild 5.26 zusätzlich zur Direktübertragung noch die zuvor nicht betrachteten Flankenwege über die Decke berücksichtigt, dann gilt diese Aussage auch für diese Übertragungswege.

Zusammenfassend kann also für die in Bild 5.26 und Bild 5.27 dargestellten Übertragungssituationen festgehalten werden, dass eine größere flächenbezogene Masse der massiven Installationswand sich vor allem bei der Direktübertragung von Installationsgeräuschen in den hinter der Wand liegenden Raum vorteilhaft auswirkt. Auch bei der Übertragung über flankierende Bauteile (z. B. Diagonalsituation) führt eine höhere flächenbezogene Masse der Installationswand zu einer Verringerung der Installationsgeräusche, wenn auch in geringerem Maße als bei der Direktübertragung.

Auf diese Zusammenhänge wurde von Gösele bereits 1968 in [273] hingewiesen. Sie beziehen sich auf den herkömmlichen Massivbau. Allerdings ist eine ausreichend große flächenbezogene Masse der Installationswand nicht der einzige Weg zur Verringerung der Installationsgeräusche in schutzbedürftigen Räumen. Es ist bekannt, dass auch eine hohe Stoßstellendämmung sehr wirkungsvoll zur Minderung von Installationsgeräuschen eingesetzt werden kann. Das ist z. B. der Fall bei Leichtbauwänden, die als Installationswände eine breite Anwendung gefunden haben. Auf die konstruktiven Bedingungen solcher Leichtbau-Installationswände wird nachfolgend eingegangen. Auch bei massiven Installationswänden kann eine hohe Stoßstellendämmung gegenüber den angrenzenden Bauteilen erreicht werden, wenn durch rundumlaufende Dämmstreifen eine entsprechende Entkopplung realisiert wird. Dies ist bei Wänden aus Gips-Wandbauplatten der Fall, wie sie in DIN 4109-32, Abschnitt 4.2.3 beschrieben werden. Über Erfahrungen mit solchen Installationswänden wird in [465] und [466] berichtet. Auch mit dieser Bauweise können gute Ergebnisse erzielt werden, wenn sichergestellt wird, dass die Entkopplung über die Randstreifen sorgfältig ausgeführt wurde.

Musterlösungen als Nachweis ohne bauakustische Messungen

Von besonderer Bedeutung ist in DIN 4109-36 der Abschnitt 6.4.4 (Daten für den rechnerischen Nachweis). Man hat sich auch bei diesem Abschnitt an die Mustergliederung aus DIN 4109-31 gehalten, obwohl hier in Wirklichkeit nicht die Daten für den rechnerischen Nachweis, sondern die Nachweisverfahren selbst behandelt werden. Es handelt sich dabei um die einzige (normative) Nachweismethode, die in DIN 4109-36 für gebäudetechnische Anlagen festgelegt wird. Hierzu heißt es in Abschnitt 6.4.4.1:

> Ein rechnerischer Nachweis mit schalltechnischen Kennwerten der Bauteile und Installationen kann zurzeit nicht durchgeführt werden, da weder die Berechnungsverfahren noch die benötigten Daten der Installationen zur Verfügung stehen. Deshalb werden zum Nachweis ohne bauakustische Messungen nachfolgend Musterinstallationswände als Referenzkonstruktionen aufgeführt, mit denen unter Einhaltung der beschriebenen Konstruktionsmerkmale und Randbedingungen der Nachweis zur Erfüllung der Anforderungen geführt werden kann.

In Wirklichkeit werden bei diesem Vorgehen nicht nur verbindliche Vorgaben für die als Referenzkonstruktionen definierten massiven und Leichtbau-Installationswände, sondern auch für die Sanitärinstallationen und die baulichen Randbedingungen getroffen. Es handelt sich de facto also um die Festlegung von Musterlösungen, mit denen bei Erfüllung der Vorgaben der Nachweis ohne bauakustische Messungen geführt werden kann.

Festlegungen im Sinne von Anforderungen für die vorgesehenen Musterlösungen finden sich in DIN 4109-36 für beide Typen von Installationswänden zu folgenden Kriterien:

- Konstruktive Voraussetzungen der Muster-Installationswände (Abschnitte 6.4.4.2.2 bzw. 6.4.4.3.2)
- Festlegungen für Armaturen und Geräte und für den Betrieb von Trinkwasser-Installationen (Abschnitte 6.4.4.2.3 bzw. 6.4.4.3.3)
- Sonstige Festlegungen für die Installationen (Abschnitte 6.4.4.2.4 bzw. 6.4.4.3.4)
- bauliche Randbedingungen (Abschnitte 6.4.4.2.5 bzw. 6.4.4.3.5)

Durch die dort genannten Festlegungen werden die Musterlösungen und ihr Anwendungsbereich präzisiert. Eine Übersicht über diese Festlegungen im Vergleich zur vorhergehenden Regelung in DIN 4109:1989 (dort Abschnitt 7.2) findet sich in Tabelle 5.28.

Tabelle 5.28: Vergleich der Anforderungen an Wasserinstallationen für den Nachweis ohne bauakustische Messungen in DIN 4109:1989 und DIN 4198-36

Kriterium für Nachweis		DIN 4109:1989	DIN 4109-36	
		nur Massivbau	Leichtbau	Massivbau
Anforderungen an Installation und Betrieb	Verwendung von Armaturen und Geräten	nur geprüfte Armaturen und Geräte mit Prüfzeichen		
	zulässiger Ruhedruck	$\leq$ 0,5 MPa, ansonsten Verwendung von Druckminderern		
	Durchgangs-armaturen	im Betrieb voll geöffnet, keine Verwendung zum Drosseln		
	zulässiger Durchfluss von Armaturen	für die Eingruppierung zugrunde gelegter Durchfluss darf nicht überschritten werden, auch nicht für Auslaufvorrichtungen		
Anforderungen an Wände mit Wasserinstallationen	Art der Wand	einschalige Wand, $m' \geq 220$ kg/m^2	Leichtbau-Muster-installationswand	Massivbau-Muster-installationswand: einschalige massive Wand, $m' \geq 220$ kg/m^2
	abweichende Wände und Installationen	Eignungsprüfung (mit Festlegungen für Durchführung)	Nachweis mit bauakustischen Messungen (ohne Festlegungen für Durchführung)	
bauliche Randbedingungen	Anordnung von Armaturen	Vorgaben für Armaturen der Armaturengruppen I und II und deren Wasserleitungen	–	Vorgaben für Armaturen der Armaturengruppen I und II und deren Wasserleitungen
	Anordnung von Abwasserleitungen und von sanitären Ausstattungsgegenständen	–	–	Anordnung wie Armaturengruppe I nur mit Nachweis zur Einhaltung der Anforderungen, sonst wie Armaturengruppe II
	Anforderungen an Decke	–	$m' \geq 450$ kg/m^2	–
sonstige Festlegungen	Verwendung von Armaturen	Armaturengruppe I generell, Armaturengruppe II mit besonderen baulichen Bedingungen (s.o.)	ohne weiteren Nachweis nur Armaturengruppe I vorgesehen	Armaturengruppe I generell, Armaturengruppe II mit besonderen baulichen Bedingungen (s.o.)

Kriterium für Nachweis		DIN 4109:1989	DIN 4109-36	
		nur Massivbau	Leichtbau	Massivbau
sonstige Festlegungen	Anforderungen an freiliegende Abwasserleitungen	keine freiliegende Verlegung an Wänden in schutzbedürftigen Räumen	–[a]	keine freiliegende Verlegung an Wänden in schutzbedürftigen Räumen
	schallentkoppelte Anbringung von Trink- und Abwasserleitungen	–	ja	ja
	körperschallentkoppelter Einbau von Installationssystemen	–	ja	ja
	entkoppelte Durchdringungen von massiven Wänden	–	–[a]	ja
	körperschallentkoppelte Befestigung von sanitären Ausstattungsgegenständen an der Installationswand	–	ja	ja
besondere Regelungen für sanitäre Ausstattungsgegenstände		–	Nachweis durch bauakustische Messungen, wenn Befestigung an flankierender Wand oder am Boden vorliegt	
a keine Festlegung für Leichtbauwände als Installationswände. Vorgehen sollte wie bei Regelung für massive Installationswände gehandhabt werden				

Musterinstallationswände

Der grundlegende Ansatz dieser Nachweismethode geht auf den Ergänzungserlass [143] zu DIN 4109:1962 von 1968 zurück und ist durch DIN 4109:1989 auch fester Bestandteil der DIN 4109 geworden. Dort wurden u. a. auch Anforderungen an die Installationswand gestellt, indem eine flächenbezogene Masse von mindestens 220 kg/m^2 festgelegt wurde.

Bei der Erarbeitung der neuen DIN 4109 war zuerst in Erwägung gezogen worden, die Anforderung $m' \geq 220$ kg/m^2 an massive Installationswände fallen zu lassen, da die physikalisch-akustische Begründung für den genannten Wert nicht ausreichend stichhaltig geliefert werden konnte. Es war bekannt, dass einerseits auch mit leichteren Wänden (in Verbindung mit einer schalltechnisch günstigen Installation) die Anforderungen eingehalten werden konnten, andererseits auch deutlich schwerere Wände die Anforderungen verfehlen konnten, wenn eine schalltechnisch ungünstige Installation verwendet wurde. Dazu kam, dass neben den massiven Installationswänden zunehmend Leichtbau-

Installationswände Verbreitung gefunden hatten, von denen bekannt war, dass sie in der Regel ein günstiges schalltechnisches Verhalten aufweisen. Es wurde deshalb geltend gemacht, auch solche Installationswände in das Nachweisprinzip einzubeziehen. Dabei wurde auf langjährige positive Erfahrungen mit dieser Bauweise verwiesen. Schon 1980 hatte Gösele in [422] anhand von Untersuchungen folgendermaßen auf diese Tatsache aufmerksam gemacht:

> Es ist aus diesem Ergebnis zu entnehmen, dass derartige leichte, zweischalige Wände bezüglich der Installationsgeräuschübertragung nicht ungünstiger zu sein brauchen als massive Wände. Im Gegenteil: da sie relativ leicht zusätzlich gedämpft werden können, und da sie weniger Körperschall an massive Decken abgeben, erscheinen sie insgesamt betrachtet günstiger als massive Trennwände. Eingehendere Messungen darüber sind jedoch noch erforderlich.

Es bestand deshalb ein berechtigtes Interesse daran, solche Installationswände in der neuen DIN 4109 ebenfalls „nachweisfähig" zu machen. Allerdings waren solche Erfahrungen bislang nicht systematisch ausgewertet worden, so dass eine sofortige Umsetzung für die Normung nicht erkennbar war.

Da es nicht auf Anhieb möglich war, objektive und überprüfbare Kriterien für die schalltechnische Eignung massiver und leichter Installationswände zu formulieren, war deshalb in Erwägung gezogen worden, vorerst keine Festlegungen an Installationswände zu treffen. Damit wäre aber der gesamte „Nachweis ohne bauakustische Messungen" hinfällig gewesen. Demgegenüber wurde geltend gemacht, dass sich die Anforderung an die flächenbezogene Masse von massiven Installationswänden trotz methodischer Defizite in der Praxis bewährt habe und deshalb auch weiterhin Bestand haben solle, solange es keine alternativen Regelungen gäbe. Es wurde darauf verwiesen, dass ohne eine solche Festlegung gar nichts mehr verfügbar sei, worauf Planer und Ausführende sich beziehen könnten. So wurde letztlich der Beibehaltung dieses Ansatzes zugestimmt, allerdings mit zwei Vorgaben:

- Die Festlegungen für die (massive) Installationswand sind zu aktualisieren und zu ergänzen. Insbesondere soll beim Nachweis nicht mehr nur die Trinkwasserinstallation mit den Armaturengeräuschen behandelt werden, sondern die Geräusche der gesamten Sanitärinstallation sollen abgedeckt werden.
- Neben der massiven soll zukünftig auch eine Leichtbau-Installation in gleicher Weise für den Nachweis in Bezug genommen werden können.

Neu ist in DIN 4109-36 deshalb der Begriff der Musterinstallationswände. Er resultiert aus der Ausweitung des Ansatzes, Anforderungen nicht nur an massive, sondern auch an Leichtbau-Installationswände zu stellen. Um den Nachweis zur Erfüllung der Anforderungen aus DIN 4109-1 Tabelle 9 ohne bauakustische Messungen führen zu können, wurden in DIN 4109-36 zwei Arten von Musterinstallationswänden definiert: die einschalige Massivbau-Musterinstallationswand (Abschnitt 6.4.4.2.2) und die Leichtbau-Musterinstallationswand (Abschnitt 6.4.4.3.2), die nachfolgend erläutert werden. Es ist dabei zu berücksichtigen, dass für den Nachweis nicht nur die konstruktiven Bedingungen der jeweiligen Musterinstallationswand zu erfüllen sind, sondern auch die zur jeweiligen Wand gehörenden zusätzlichen Bedingungen, die die Installation und die baulichen Randbedingungen betreffen.

Massivbau-Musterinstallationswand

Als einschalige massive Referenzkonstruktion wird in DIN 4109-36 in Abschnitt 6.4.4.2.2 eine Wand aus massiven Baustoffen festgelegt, die unter Berücksichtigung von Putzschichten eine flächenbezogene Masse $m' \geq 220$ kg/m^2 haben muss. Dies entspricht der schon in DIN 4109:1989 getroffenen Vorgabe an m'. Es ist zu berücksichtigen, dass zu dieser Vorgabe noch weitere Bedingungen gehören, die in Abschnitt 6.4.4.2 der DIN 4109-36 formuliert werden und die beim Nachweis ohne bauakustische Messungen ebenfalls erfüllt sein müssen. Dazu gehören z. B. für Armaturen die Anwendungsbedingungen entsprechend ihrer Armaturengruppe in dafür vorgesehenen Grundrissanordnungen und die Betriebsbedingungen für die Wasserinstallation. Nur in diesem Kontext kann die Festlegung der flächenbezogenen Masse gesehen werden. Eine Übersicht über die mitgeltenden Bedingungen findet sich Tabelle 5.28. Zur Herkunft dieser Festlegungen sagt DIN 4109-36 in Abschnitt 6.4.5.1:

> Die Festlegungen für massive Installationswände entstammen DIN 4109:1989-11. Sie wurden bezüglich Abwassersystemen und sanitären Ausstattungsgegenständen sinngemäß erweitert, um den gesamten Bereich der Sanitärinstallation über die Armaturen hinaus abzudecken. Eine Validierung der Festlegungen ergibt sich aus den praktischen Erfahrungen und aus Untersuchungen in Installationsprüfständen.

Nur recht vage wird die Validierung dieser Festlegungen angesprochen. Aus der fast vierzigjährigen Historie der zugrunde gelegten Nachweismethode und der dabei gemachten praktischen Erfahrungen mit diesem Ansatz wird gefolgert, dass die Erfüllung der Anforderungen mit ausreichender Sicherheit gewährleistet ist.

Aus den zuvor angegebenen Beziehungen für die akustischen Eigenschaften von Installationswänden lässt sich die in DIN 4109 festgelegte flächenbezogene Mindestmasse von 220 kg/m^2 für eine massive Installationswand methodisch nicht herleiten, da weder Annahmen zur Anregestärke der Körperschallquellen noch zu den flankierenden Bedingungen über die Decke genannt werden. Es kann lediglich davon ausgegangen werden, dass dafür Bedingungen angenommen wurden, die zum Zeitpunkt der Festlegung, also in den 1960er und 1970er Jahren, „üblich" waren und der genannte Zahlenwert empirischen Untersuchungen entsprang. Über eine empirische Überprüfung der Festlegungen wird von Gösele 1980 in [422] berichtet.

Eine flächenbezogene Masse von 220 kg/m^2 war offensichtlich jedoch keine unstrittige Größe. Im schon genannten Ergänzungserlass von 1968 [143] findet sich die Festlegung einer flächenbezogenen Masse von mindestens 200 kg/m^2 für Wände mit Rohrleitungen, die in mehrgeschossigen Mehrfamilienhäusern unmittelbar an einen Wohnraum grenzen. Gösele schrieb dagegen in [422]:

Man sieht, dass man eine flächenbezogene Masse von etwa 250 kg/m² braucht, damit das Installationsgeräusch im Nachbarraum nicht größer als 30 dB (A) wird.

Dieser Wert wurde auch im Normentwurf zu DIN 4109-5:1979 [14] genannt, während der nachfolgende Normentwurf zu DIN 4109-5:1984 [19] dann erstmals $m' \geq 220$ kg/m² nannte. Diese Festlegung wurde schließlich auch in DIN 4109:1989 übernommen und blieb dann eine feste Größe für den Schallschutznachweis. Allerdings wurde schon kurz nach Erscheinen von DIN 4109:1989 von Gösele in einer Stellungnahme darauf hingewiesen, dass dieser Wert nicht zwingend und die Erfüllung der Anforderungen auch bei kleineren flächenbezogenen Massen möglich sei.

Mit einer gewissen Berechtigung wurde deshalb bei der Überarbeitung der DIN 4109 der Ansatz des Nachweises ohne bauakustische Messungen unter Zugrundelegung einer flächenbezogenen Masse von mindestens 220 kg/m² in Frage gestellt. Es wurde als kritisch betrachtet, eine über 40 Jahre alte Vorgehensweise trotz zwischenzeitlich geänderter baulicher und installationstechnischer Bedingungen unverändert als Nachweismethode zu belassen. Mangels gangbarer Alternativen wurde diese Art des Nachweises beibehalten und dann auch sinngemäß auf Leichtbau-Installationswände übertragen.

Leichtbau-Musterinstallationswand

Neu ist in DIN 4109-36 der Nachweis ohne bauakustische Messungen für Leichtbau-Installationswände. Dafür heißt es in Abschnitt 6.4.4.3.1 der DIN 4109-36:

Leichtbauwände, an oder in denen Abwasserinstallationen (Rohrleitungen usw.) und/oder Trinkwasserinstallationen (Armaturen, Trinkwasserleitungen usw.) und/oder sanitäre Ausstattungsgegenstände (z. B. Waschbecken, Klosettbecken, Bidets, Urinale) befestigt sind, können zur Erfüllung der Anforderungen der DIN 4109-1:2016-07, Tabelle 9, Zeile 1 ohne weitere bauakustische Prüfung eingesetzt werden, wenn die Installationswände nach 6.4.4.3.2 aufgebaut sind, die installationstechnischen Randbedingungen 6.4.4.3.3 und 6.4.4.3.4 entsprechen und die baulichen Randbedingungen von 6.4.4.3.5 eingehalten werden.

Auch hier werden also wie bei der massiven Installationswand konstruktive Vorgaben an die Wand mit zusätzlichen Bedingungen für die Installation und die baulichen Randbedingungen verknüpft.

Als Referenzkonstruktion wird eine Wand aus Gipsplatten nach DIN 18183-1 mit Metallunterkonstruktion benannt. Dabei kommen als Ausführungsvarianten folgende Aufbauten in Frage:

- Einfachständerwand mit zusätzlicher Vorwandinstallation;
- Doppelständerwand mit zusätzlicher Vorwandinstallation oder Doppelständerwand mit innenliegender Sanitärinstallation.

Die konstruktiven Eigenschaften dieser Aufbauten werden verbindlich in Abschnitt 6.4.4.3.2 der DIN 4109-36 festgelegt. Zu diesen Festlegungen und den sonstigen verbindlichen Randbedingungen heißt es in Abschnitt 6.4.5.2:

> Die Angaben stammen aus schalltechnischen Untersuchungen an unterschiedlichen Musterinstallationen in Leichtbauweise, die in Installationsprüfständen durchgeführt wurden. Die baulichen Bedingungen dieser Installationsprüfstände wurden bei den getroffenen baulichen Festlegungen berücksichtigt.

Es gab für Leichtbau-Installationswände eine geringe Anzahl von älteren Eignungsprüfungen in Anlehnung an die Vorgaben von DIN 4109:1989 sowie in größerem Umfang Prüfberichte zu neueren Untersuchungen in einem Installationsprüfstand. Grundlage der Validierung der Angaben in DIN 4109-36 Abschnitt 6.4.4.3 war eine statistische Auswertung der Prüfergebnisse in Verbindung mit den konstruktiven Eigenschaften der geprüften Wände [467]. Herangezogen wurden 14 Trockenbau-Vorwandinstallationen vor Trockenbau-Trennwänden und 16 Trockenbau-Trennwände mit Inwandinstallation. Insgesamt konnte damit ein guter schalltechnischer Stand nachgewiesen werden, der mit ausreichender Sicherheit die Einhaltung der Anforderungen aus DIN 4109-1 erwarten ließ. Es ist dabei jedoch zu beachten, dass dabei häufig Abwassersysteme mit guten akustischen Eigenschaften und eine Befestigung mit guter Entkopplungswirkung zum Einsatz kamen.

In Abschnitt 6.4.4.3.4 der DIN 4109-36 heißt es deshalb bei der Nennung der installationstechnischen Maßnahmen völlig zu Recht:

> Die Wirksamkeit der nachfolgend genannten schalltechnischen Maßnahmen zur Einhaltung der Anforderungen aus DIN 4109-1 unter Leichtbaubedingungen ist vom jeweiligen Produkthersteller nachzuweisen.

Zur abschließenden Festlegung der verbindlichen Vorgaben an Wandaufbau (Ständer, Beplankung, Hohlraumfüllung, Verschraubung etc.), Anschluss an flankierende Decken und Wände (Trennstreifen, Dichtfugen), Installationselemente, Einbauweise (Körperschallisolierung), und an die Bausituation wurde ein Messprogramm für Leichtbau-Installationswände in einem Installationsprüfstand durchgeführt. Die dort zugrunde gelegten Bedingungen flossen direkt in die Festlegungen der Abschnitte 6.4.4.3.2 (Leichtbau-Musterinstallation) und 6.4.4.3.4 (Sonstige Festlegungen) ein.

Unter Abschnitt 6.4.4.3.5 heißt es in DIN 4109-36 zu den baulichen Randbedingungen:

> Der Nachweis anhand der in 6.4.4.3.2 genannten Leichtbau-Musterinstallationswand ist nur zulässig, wenn die flächenbezogene Masse der Decke ≥ 450 kg/m² beträgt.
>
> ANMERKUNG Bei einer Stahlbetondecke entspricht dies einer Deckendicke von ≥ 190 mm.

Diese Festlegung für die Decke resultiert aus der Validierung der Aufbauten in Installationsprüfständen, deren bauliche Randbedingungen (hier: eine Deckendicke von 190 mm) bei den Festlegungen berücksichtigt wurden. Es kann rechnerisch gezeigt werden [468], dass der Einfluss der Deckendicke auf die Übertragung von Installationsgeräuschen bei Leichtbau-Installationswänden nicht vernachlässigt werden kann. So führt bei einer Stahlbetondecke die Reduzierung der Dicke von 220 mm auf 180 mm zu einer rechnerischen Erhöhung der Schallabstrahlung um 2,6 dB.

Festlegungen für Armaturen und Geräte und für den Betrieb von Trinkwasserinstallationen

Wie schon beim Nachweis ohne bauakustische Messungen in DIN 4109:1989 und zuvor beim Ergänzungserlass von 1968 [143] und den Normentwürfen von 1979 und 1984 wurden auch in DIN 4109-36 Festlegungen für Armaturen und Geräte der Wasserinstallation und für den Betrieb von Trinkwasserinstallationen getroffen. Sie werden für massive Installationswände in DIN 4109-36, Abschnitt 6.4.4.2.3 und für Leichtbauinstallationswände in Abschnitt 6.4.4.3.3 geregelt. In beiden Fällen handelt es sich um dieselben Festlegungen. Sie entsprechen den Regelungen in DIN 4109:1989. Eine Darstellung dieser Regelungen findet sich in Tabelle 5.28.

Sonstige Festlegungen für die Musterlösungen

Zur Vervollständigung der Musterlösungen werden außer den Vorgaben für die Installationswände und die Vorgaben für den Betrieb von Armaturen und Geräten der Wasserinstallation auch zusätzliche Vorgaben getroffen, die im Wesentlichen die Körperschallentkopplung von Rohrleitungen und sanitären Ausstattungsgegenständen gegenüber der Installationswand und anderen Bauteilen betreffen. Sie werden in DIN 4109-36 für die verschiedenen Installationswände spezifisch formuliert, für massive Installationswände in Abschnitt 6.4.4.2.4 und für Leichtbau-Installationswände in Abschnitt 6.4.4.3.4.

Abschnitt 6.4.4.2.4 enthält eine besondere Regelung für massive Installationswände:

> Die massive Installationswand ist ohne weiteren Nachweis nur in Verbindung mit dem Einsatz von Armaturen der Armaturengruppe I nach DIN 4109-1:2016-07, Tabelle 11 zulässig, wobei die Verwendungsauflagen und Angaben zum zulässigen Durchfluss (Durchflussklasse) des Armaturenherstellers einzuhalten sind. Zur Verwendung von Armaturen der Armaturengruppe II siehe 6.4.4.2.5.

Es wird hier auf die besonderen Regelungen bezüglich der zulässigen Grundrissanordnungen in Abschnitt 6.4.4.2.5 verwiesen, die nachfolgend behandelt werden. Hier wird (endlich) der Zusammenhang zu den Anforderungen an Armaturen und Geräte der Trinkwasser-Installation nach Abschnitt 11 der DIN 4109-1 hergestellt, so dass die Vorgaben zur Eingruppierung in Armaturengruppen und für die Durchflussklassen nicht mehr „in der Luft hängen“. In DIN 4109-1 war nämlich versäumt worden, einen Bezug zur späteren Anwendung dieser Vorgaben im Rahmen des „Nachweises ohne bauakustische Messungen“ herzustellen.

Für Leichtbau-Installationswände gibt es keine entsprechende Regelung. Stattdessen heißt es in Abschnitt 6.4.4.3.4:

Die Leichtbau-Installationswand ist ohne weiteren Nachweis nur in Verbindung mit dem Einsatz von Armaturen der Armaturengruppe I nach DIN 4109-1:2016-07, Tabelle 11, zulässig, wobei die Verwendungsauflagen und Angaben zum zulässigen Durchfluss (Durchflussklasse) des Armaturenherstellers einzuhalten sind.

Auf die Verwendung von Armaturen der Armaturengruppe II wird hier im Rahmen des Nachweises ohne bauakustische Messungen verzichtet. Folgerichtig gibt es auch keine besonderen Vorgaben für die Verwendbarkeit der Armaturen in bestimmten Grundrissanordnungen, wie es in 6.4.4.2.5 für die massiven Installationswände der Fall ist.

Eines Kommentars bedarf folgende Anmerkung für massive Installationswände in 6.4.4.2.4:

Die Eignung von schalldämmenden Rohrschellen in Verbindung mit schalldämmenden Abwasserrohren kann vom Rohrhersteller auf Basis einer Prüfung nach DIN EN 14366 bestätigt werden.

Es ist inzwischen ausreichend bekannt, dass die schalltechnischen Eigenschaften von Abwassersystemen ganz maßgeblich von den Eigenschaften der Rohrschellen abhängen. Es gibt deshalb ein gewisses Interesse, diese Eigenschaften auch messtechnisch unter Beweis zu stellen. In der Vergangenheit, gelegentlich auch heute noch, wurden von einzelnen Herstellern „Rohrschellen nach DIN 4109“ angeboten. Eine solche Aussage ist irreführend, da DIN 4109 weder in der Vergangenheit noch aktuell jemals (zahlenmäßige) Anforderungen an die Befestigungselemente gestellt hat. Der zweifelhafte Bezug zu den Anforderungen der DIN 4109 wurde durch Prüfstandsmessungen unterschiedlichster Art hergestellt, die keinem genormten Verfahren entsprachen und untereinander nicht vergleichbar waren. Deshalb weist die genannte Anmerkung darauf hin, dass seit Februar 2005 die DIN EN 14366 [80] existiert, die ein genormtes Verfahren für die Laborprüfung von Abwassersystemen vorsieht. In 5.7.3.3 wird dieses Verfahren ausführlich beschrieben. Ohne dass dieses Verfahren explizit für die Prüfung von Rohrschellen vorgesehen ist, kann es sinngemäß auch zu deren schalltechnischer Charakterisierung herangezogen werden. In diesem Fall wäre für dasselbe Abwassersystem jeweils eine Prüfung mit starren und mit entkoppelnden Rohrschellen durchzuführen. Die Differenz beider Messwerte ergäbe dann eine (frequenzabhängige) Pegeldifferenz für die Verbesserung, die als Einfügungsdämmung interpretiert werden kann. Dabei ist allerdings zu berücksichtigen, dass diese Einfügungsdämmung für das bei der Messung verwendete Rohrleitungssystem gilt. Sie kann nicht stillschweigend auf andere Rohrleitungen (anderes Material, anderer Aufbau, anderer Durchmesser) übertragen werden, da entsprechende Untersuchungen gezeigt haben, dass die durch die Rohrschelle erreichbare Verbesserung auch von der Art des Rohrleitungssystems abhängen kann. Eine vom Rohrleitungssystem unabhängige akustische Charakterisierung der Rohrschelle ist mit diesem Verfahren also nicht möglich. Völlig zu Recht wird in der Anmerkung deshalb von der „Eignung von schalldämmenden Rohrschellen in Verbindung mit schalldämmenden Abwasserrohren“ gesprochen. Als Adressat der durchzuführenden Prüfung wird deshalb auch nicht der Hersteller der Rohrschellen, sondern folgerichtig der Rohrhersteller genannt.

Für Leichtbau-Installationswände wird in DIN 4109-36 Abschnitt 6.4.4.3.4 eine solche Rohrschellenprüfung nicht genannt. Der Grund liegt darin, dass die Festlegungen der DIN EN 14366 für Massivbaubedingungen getroffen wurden. Es spräche allerdings nichts dagegen, die Durchführung einer solchen Prüfung auch auf leichte Installationswände sinngemäß zu übertragen. Es ist, wie bei allen akustisch entkoppelnden Maßnahmen, allerdings davon auszugehen, dass dasselbe Produkt unter Leichtbaubedingungen eine geringere Einfügungsdämmung als für den Massivbau aufweist.

Grundrissanordnung und Armaturengruppen in DIN 4109-36, Abschnitt 6.4.4.2.5

Die in DIN 4109-1, Abschnitt 11 geforderte Zuordnung von Armaturen und Geräten der Wasserinstallation zu den Armaturengruppen I und II hat den Sinn, die Anwendbarkeit dieser Schallquellen für ganz bestimmte zulässige Grundrissanordnungen verbindlich zu regeln. Armaturengruppen und Grundrissanordnungen gehören deshalb zum Konzept der „Nachweise ohne bauakustische Messungen“. Dieser Zusammenhang zwischen Armaturengruppen und Grundrissanordnungen wurde in 3.6.4.6 bereits erläutert. Hier soll nun näher auf die Grundrissanordnungen und deren Umsetzung eingegangen werden.

In Abschnitt 6.4.4.2.5 (Bauliche Randbedingungen: Grundrisse) behandelt DIN 4109-36 die Grundrissanordnungen für massive Musterinstallationswände und sagt dazu an erster Stelle:

> Armaturen der Armaturengruppe I und deren Wasserleitungen dürfen an Wänden nach 6.4.4.2.2 angebracht werden (siehe Bild 2). Abwasserleitungen und sanitäre Ausstattungsgegenstände dürfen an Wänden nach 6.4.4.2.2 angebracht werden (siehe Bild 2), wenn vom Produkthersteller die Einhaltung der Anforderungen nachgewiesen wird.

Voraussetzung ist hier die Verwendung der massiven Musterinstallationswand – selbstverständlich in Verbindung mit den besonderen Bedingungen an Installation und Betrieb der Sanitärinstallation. Eine besondere Grundrissanordnung wird in diesem Zusammenhang nicht genannt. Jedoch macht der Verweis auf das genannte Bild, das nachfolgend als Bild 5.28 dargestellt wird, klar, dass für die Position der Installationswand alle Grundrissanordnungen in Frage kommen, mit Ausnahme der horizontalen Übertragungsrichtung, bei der sich direkt hinter der Installationswand ein schutzbedürftiger Raum eines fremden Bereichs befindet. Zulässig ist also auch die diagonale Übertragungssituation, die unter üblichen Bedingungen bei nichtversetzten Wohnungsgrundrissen als die ungünstigste Situation zu betrachten ist.

Die angesprochene Übertragung in einen direkt hinter der Installationswand liegenden schutzbedürftigen Raum eines fremden Wohnbereichs wird vom Nachweis ohne bauakustische Messungen explizit ausgeschlossen. Denn es heißt dazu:

> Die Installationswand ist ohne weiteren Nachweis nicht zulässig, wenn die Wand unmittelbar an fremde schutzbedürftige Räume grenzt.

Mit dieser Festlegung wird dafür gesorgt, dass Wohnungstrennwände nur dann auch als Installationswände verwendet werden dürfen, wenn dafür die Einhaltung der Anforderungen nachgewiesen wird. Auch hier wird allerdings nichts darüber gesagt, wie dieser „weitere Nachweis“ auszusehen hat.

Gegenüber der Vorgehensweise in DIN 4109:1989 ist zu beachten, dass nicht nur Armaturen und deren Wasserleitungen im Nachweisverfahren berücksichtigt werden, sondern nun auch Abwasserleitungen und sanitäre Ausstattungsgegenstände einbezogen werden können, allerdings nur dann, wenn hinsichtlich der Anforderungen deren Anwendbarkeit vom Produkthersteller nachgewiesen wird. Auch hier wird wiederum nicht gesagt, wie dieser die Einhaltung der Anforderungen nachzuweisen hat. In der bisherigen Praxis, zu Zeiten der DIN 4109:1989, hat man sich bei Abwassersystemen mit Prüfungen nach DIN EN 14366 und bei sanitären Ausstattungsobjekten mit Messungen in einem Installationsprüfstand beholfen. Dabei wird es auch trotz der in 5.7.3.2 genannten Einschränkungen mangels Alternativen bis auf weiteres bleiben.

Die Anwendbarkeit von Armaturen der Armaturengruppe II wird in DIN 4109-36 durch Abschnitt 6.4.4.2.5 folgendermaßen geregelt:

> Armaturen der Armaturengruppe II und deren Wasserleitungen, Abwasserleitungen und sanitäre Ausstattungsgegenstände ohne besonderen Nachweis dürfen nicht an Wänden angebracht werden, die im selben Geschoss, in den Geschossen darüber oder darunter an schutzbedürftige Räume grenzen (siehe Bild 2).
>
> Armaturen der Armaturengruppe II und deren Wasserleitungen, Abwasserleitungen und sanitäre Ausstattungsgegenstände ohne besonderen Nachweis dürfen außerdem nicht an Wänden angebracht sein, die auf vorgenannte Wände stoßen.

Bei den zulässigen Grundrissanordnungen kommen die Direkt- und die Diagonalübertragung also nicht in Frage. Man könnte das bauakustisch auch so formulieren, dass im Übertragungsweg von der Installationswand zum schutzbedürftigen Raum mindestens zwei Stoßstellen liegen müssen. Auch im vorliegenden Fall gelten die Aussagen nicht nur für Armaturen (und deren Wasserleitungen), sondern wiederum auch für Abwasserleitungen und sanitäre Ausstattungsgegenstände. In DIN 4109:1989 waren diese Sanitärkomponenten im Nachweis ohne bauakustische Messungen noch nicht enthalten. In DIN 4109-36 werden sie für die Nachweise nun berücksichtigt. Berechtigterweise werden sie bezüglich der zulässigen Grundrissanordnungen wie Armaturen der Gruppe II behandelt, solange kein „besonderer Nachweis“ vorliegt.

Die noch im Normentwurf zu DIN 4109-5:1979 [14] enthaltene Klassifizierung von Grundrissen als Grundrissanordnung I („bauakustisch ungünstig“) und Grundrissanordnung II („bauakustisch günstig“) findet sich in den nachfolgenden Ausgaben seit dem Normentwurf DIN 4109-5:1984 nicht mehr. Es ist eine Darstellung ohne Nennung der Grundrissanordnungen verblieben, wie sie auch in DIN 4109-36 übernommen wurde und in Bild 5.28 dargestellt wird.

Armaturen-gruppe	Anordnung von Räumen mit Wasserinstallationen und schutzbedürftigen Räumen
I	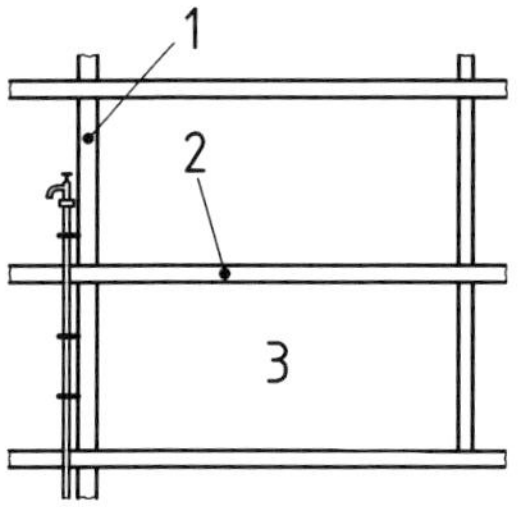 1 2 3
II	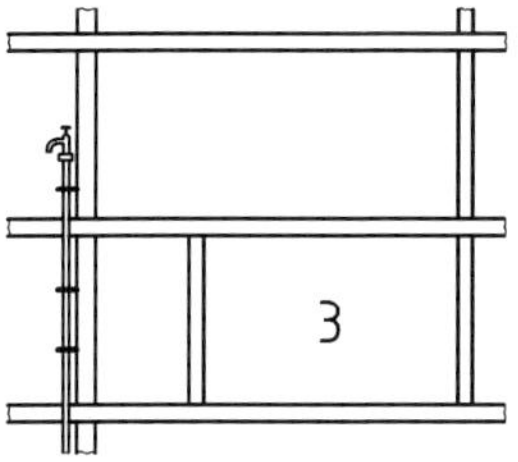 3 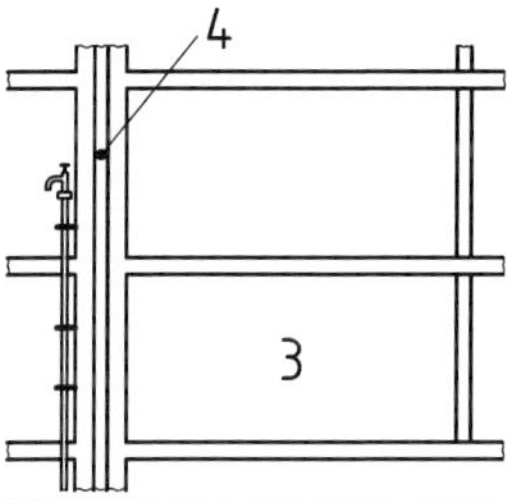 4 3

Legende

1 Trennwand $m' \geq 220$ kg/m²
2 Wohnungstrenndecke
3 schutzbedürftiger Raum
4 Gebäudetrennfuge

Quelle: [38]

Bild 5.28: DIN 4109-36, Bild 2 – Anordnung von Sanitärinstallationen

Was anfänglich als Grundrissanordnung I („bauakustisch ungünstig“) bezeichnet wurde, wird sinngemäß in der ersten Zeile von Bild 5.28 wiedergegeben. Es handelt sich um die Diagonalübertragung, die in Wohngebäuden mit nicht versetzten Grundrissen die ungünstigste Situation darstellt.

Die ursprünglich als Grundrissanordnung II („bauakustisch günstig“) bezeichnete Situation wird sinngemäß in Zeile 2 von Bild 5.28 dargestellt. Auch wenn in diesem Zusammenhang nur die Armaturengruppe II genannt wird, können hier selbstverständlich auch die Armaturen der Armaturengruppe I eingesetzt werden. Allerdings ist der erläuternde Text zu dieser Anordnung, genauso wie schon zuvor in DIN 4109:1989, nicht vollständig. Die im Bild für Armaturengruppe II ebenfalls dargestellte Grundrissanordnung der Installationswand an einer zweischaligen Trennwand mit Trennfuge wird weder im zitierten Text noch an anderer Stelle des Abschnitts 6.4.4.2.5 angesprochen. Dieses Versäumnis sollte bei der nächsten Aktualisierung der Norm beseitigt werden. Offen bleibt in diesem Zusammenhang auch, ob in Bild 5.28 mit der Bezeichnung „Gebäudetrennfuge“ stillschweigend eine massive zweischalige Haustrennwand (Doppel- oder Reihenhäuser) oder jegliche Art von zweischaliger Gebäudetrennung (also auch in Mehrfamilienhäusern) gemeint ist. Die Anforderungen an die Luft- und Trittschalldämmung sowie an Geräusche der Sanitärinstallation wären unterschiedlich. Auch ist unklar, warum der in Frage kommende schutzbedürftige Raum hinter der zweischaligen Wand lediglich in der Diagonal- und nicht auch in der Horizontalsituation angeordnet sein darf. Diese Unklarheiten sollten ebenfalls beseitigt werden. Was ursprünglich gemeint war, kann allerdings aus Bild 4 im Normentwurf zu DIN 4109-5:1979 [14] geschlossen werden, das nachfolgend als Bild 5.32 gezeigt wird. Hier wird explizit von einer zweischaligen Wohnungstrennwand gesprochen, und die gezeigte Übertragungssituation ist die Horizontalübertragung.

Der Normentwurf zu DIN 4109-5:1979 führte zu den Grundrissanordnungen einige Beispiele auf, die im nachfolgenden Normentwurf von 1984 schon nicht mehr berücksichtigt wurden. Es war das erklärte Ziel, den Umfang der Norm zu begrenzen, so dass solche Beispiele nicht mehr aufgenommen wurden. Es zeigt sich aus heutiger Sicht jedoch, dass die Berücksichtigung bauakustischer Aspekte bei der Grundrissplanung vielfach nicht mehr Gemeingut der Planer ist. Was früher noch als bekannt vorausgesetzt wurde, scheint heute vielfach keine Rolle mehr zu spielen. Zur Erläuterung des Anliegens, das ursprünglich mit dem Ansatz der bauakustisch günstigen bzw. ungünstigen Grundrissanordnungen in Verbindung mit den Armaturengruppen verfolgt wurde, seien hier in den Bildern Bild 5.29 und Bild 5.30 die Beispiele aus dem Normentwurf zu DIN 4109-5:1979 aufgegriffen. Es sei ergänzend angemerkt, dass die in den Grundrissbeispielen dargestellten Sachverhalte nicht nur für Armaturen gelten, sondern allgemein auf die gesamte Wasserinstallation übertragen werden können.

In den Bildern Bild 5.29 und Bild 5.30 wird für die flächenbezogene Masse der Installationswand noch $m' \geq 250$ kg/m^2 gefordert. Im Weißdruck DIN 4109:1989 wurde stattdessen $m' \geq 220$ kg/m^2 angesetzt, was dann auch für DIN 4109-36 beibehalten wurde. Es zeigt sich, dass schon damals keine einheitliche Vorstellung bezüglich der flächenbezogenen Masse der Installationswand vorhanden war, sondern ein Wert festgelegt wurde, von dem man glaubte, dass er aus Schallschutzgründen ausreichend sei.

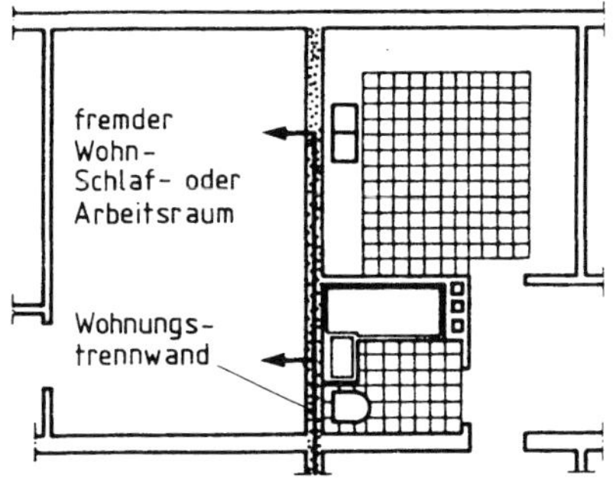

a) Armatur oder Rohrleitung an Wohnungstrennwand; fremder Wohn-, Schlaf- oder Arbeitsraum grenzt unmittelbar an; besonders starke Übertragung

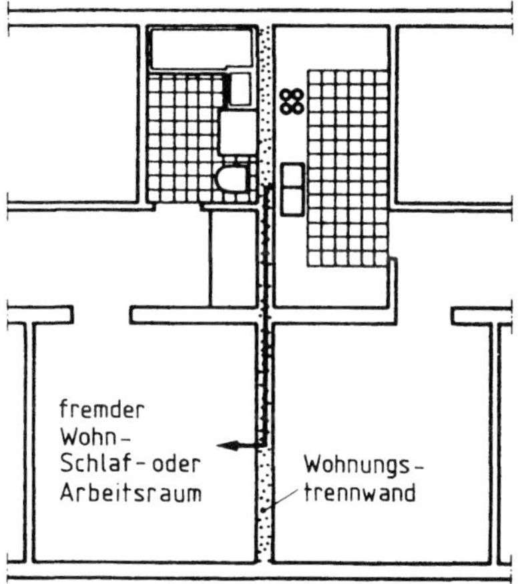

b) Armatur oder Rohrleitung an Wohnungstrennwand; fremder Wohn-, Schlaf- oder Arbeitsraum grenzt mittelbar an; starke Übertragung

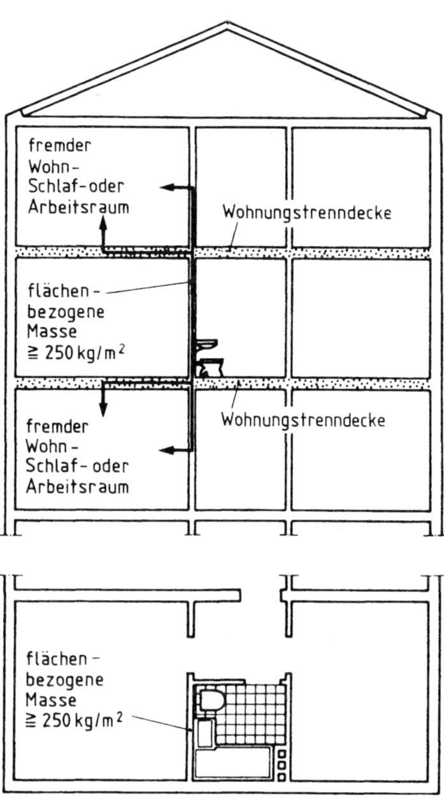

c) Armatur oder Rohrleitung an Trennwand, die einen Wohn-, Schlaf- oder Arbeitsraum begrenzt; starke Übertragung zum fremden Wohn-, Schlaf- oder Arbeitsraum im darunter- und darüberliegenden Geschoss

Quelle: [14]

Bild 5.29: E DIN 4109-5:1979, Bild 1 – Grundrissanordnung I; Armatur oder Rohrleitung an Wänden, die einen Wohn-, Schlaf- oder Arbeitsraum begrenzen (starke Übertragung)

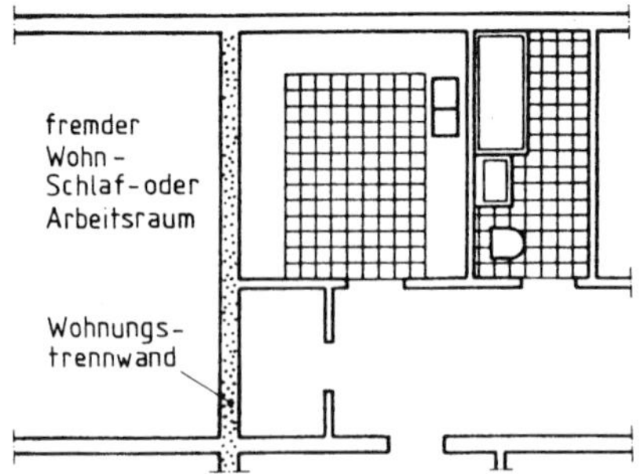

a) Armatur oder Rohrleitung nicht an Wohnungstrennwand (und nicht an Wänden, die einen Wohn-, Schlaf- oder Arbeitsraum begrenzen)

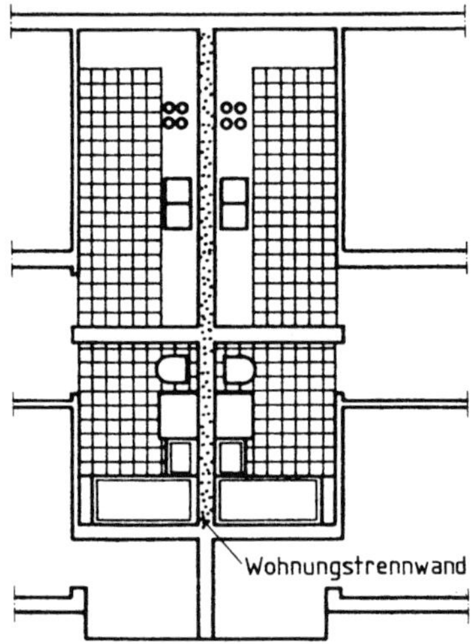

b) Armatur oder Rohrleitung zwar an Wohnungstrennwand, jedoch keine Wohn-, Schlaf- oder Arbeitsräume an Wohnungstrennwand angrenzend

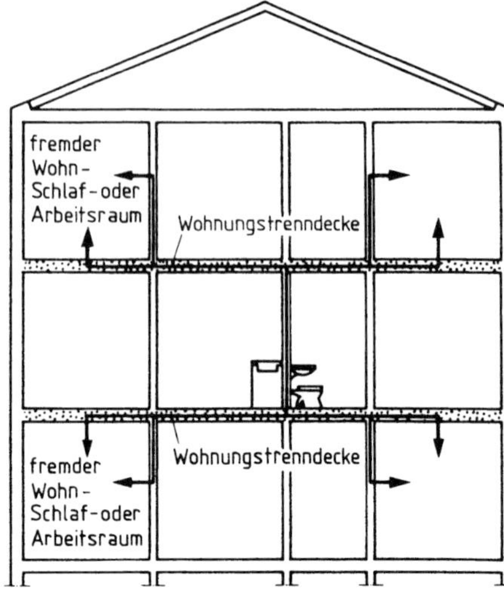

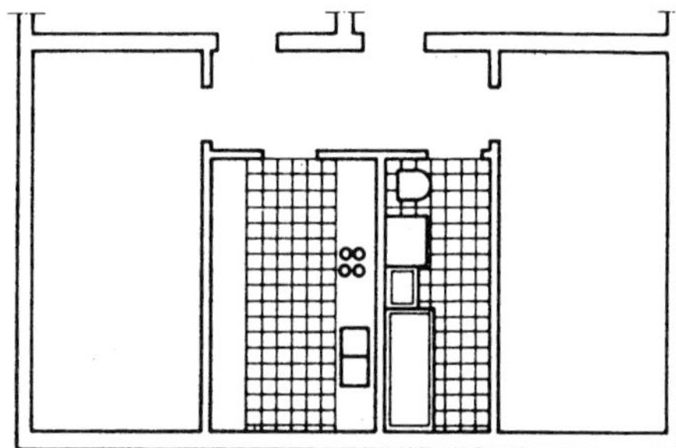

c) Armatur oder Rohrleitung nicht an Trennwand, die einen Wohn-, Schlaf- oder Arbeitsraum begrenzt, sondern an Zwischenwand zwischen Bad und Küche

Quelle: [14]

Bild 5.30: E DIN 4109-5:1979, Bild 2 – Grundrissanordnung II; Armatur oder Rohrleitung nicht an Wänden, die einen Wohn-, Schlaf- oder Arbeitsraum begrenzen (um 5 bis 10 dB(A) geringere Übertragung)

Der Entwurf zu DIN 4109-5:1979 nennt zur Erläuterung der Grundrissanordnung noch zwei weitere Beispiele, die in Bild 5.31 und Bild 5.32 gezeigt werden:

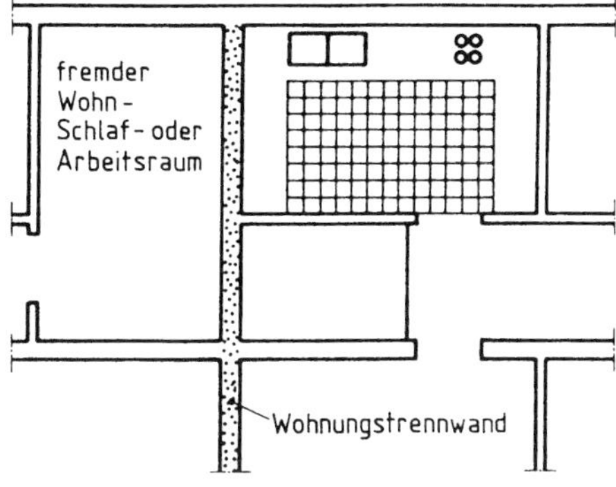

Quelle: [14]

Bild 5.31: E DIN 4109-5:1979, Bild 3 – Armatur oder Rohrleitung in der Nähe der Wohnungstrennwand, deshalb Grundrissanordnung I

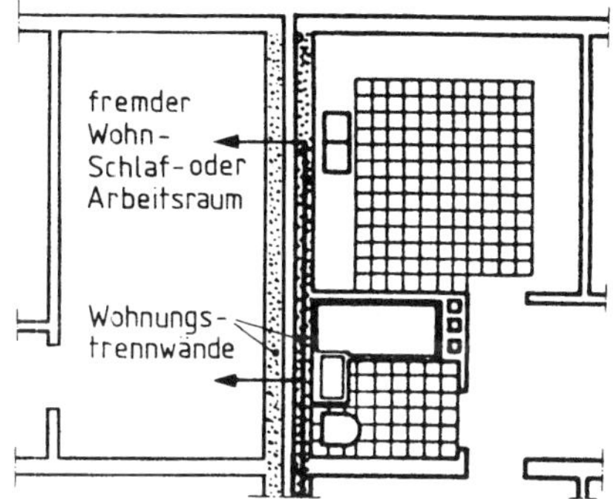

Quelle: [14]

Bild 5.32: E DIN 4109-5:1979, Bild 4 – Armatur oder Rohrleitung an zweischaliger Wohnungstrennwand mit durchgehender Gebäudetrennfuge, deshalb auch Armaturengruppe II geeignet

Im Gegensatz zur DIN 4109 hat die VDI 4100 (Ausgaben 1994 und 2007) die Klassifizierung der Grundrisse in bauakustisch günstige und bauakustisch ungünstige Anordnungen beibehalten. Sie zeigt dort auch die Grundrissbeispiele aus dem Entwurf zu DIN 4109-5:1979.

Eine systematische Betrachtung von Wohnungsgrundrissen unter schalltechnischen Gesichtspunkten findet sich in [469].

Auch für die neu in das Nachweiskonzept ohne bauakustische Messungen aufgenommene Leichtbau-Musterinstallationswand werden bauliche Randbedingungen genannt. Diese finden sich in Abschnitt 6.4.4.3.5 der DIN 4109-36. Im Unterschied zu den massiven Installationswänden werden hier, mit Ausnahme der Direktübertragung in einen schutzbedürftigen Raum direkt hinter der Installationswand, keine Einschränkungen bezüglich der zulässigen Grundrissanordnung gemacht. Für Armaturen ist diese Vorgehensweise unmittelbar nachvollziehbar, da in den sonstigen Festlegungen des Abschnitts 6.4.4.3.4 ohne besonderen Nachweis nur Armaturen der Gruppe I vorgesehen sind. Für Abwasserleitungen und sanitäre Ausstattungsgegenstände gibt es in Abschnitt 6.4.4.3.4 unter den sonstigen Festlegungen Vorgaben zur erforderlichen Körperschallentkopplung. Zur Absicherung dieser Maßnahmen heißt es zu Anfang dieses Abschnitts:

> Die Wirksamkeit der nachfolgend genannten schalltechnischen Maßnahmen zur Einhaltung der Anforderungen aus DIN 4109-1 unter Leichtbaubedingungen ist vom jeweiligen Produkthersteller nachzuweisen.

Zu beachten ist, dass es ausdrücklich um die Wirksamkeit der Maßnahmen unter Leichtbaubedingungen geht. Entkoppelnde Maßnahmen sind dort üblicherweise weniger wirksam als unter Massivbaubedingungen.

Einschränkungen des Anwendungsbereichs der Musterlösungen

Der Nachweis ohne bauakustische Messungen setzt voraus, dass die für die Musterlösungen benannten Bedingungen vollständig eingehalten werden. Wenn dies nicht zutrifft, gilt nach DIN 4109-36, Abschnitt 6.4.4.1, folgende Regelung:

> Installationswände, Installationen und bauliche Bedingungen, die den Vorgaben dieses Abschnitts nicht entsprechen, müssen mit bauakustischen Messungen nachgewiesen werden. Die Wirksamkeit bestimmter schalltechnischer Maßnahmen zur Einhaltung der Anforderungen aus DIN 4109-1 ist vom Produkthersteller nachzuweisen.

Das ist dieselbe Formulierung, die auch schon in Abschnitt 6.1 von DIN 4109-36 verwendet wurde und bereits kommentiert wurde. Besonders an dieser Stelle, wo eine aussagekräftige Regelung zu erwarten wäre, da andere Installationswände als die genannten Musterinstallationswände und abweichende Installationen in der Praxis ständig vorkommen, bleibt DIN 4109-36 im Ungefähren und lässt sich auf eine klare Regelung nicht ein. Einerseits wird für diesen Fall verbindlich der Nachweis mit bauakustischen Messungen gefordert, andererseits aber wird nicht gesagt, wie dieser auszusehen hat. Auch DIN 4109-4 enthält dazu keine Regelungen. Man wird sich folglich in der Praxis an das halten, was bereits jetzt ohne besondere Regelungen getan wird, nämlich Messungen unter baulichen oder bauähnlichen Bedingungen, wie sie z. B. in einem Installationsprüfstand durchgeführt werden können. Es zeigt sich, dass der Nachweis über Musterinstallationswände Lücken aufweist, wenn es über den Geltungsbereich der benannten Musterlösungen hinausgeht. Hier ist eine Überarbeitung des Nachweiskonzeptes anzuraten.

Die Musterlösungen des Abschnitts 6.4.4 sind nicht für die in Bild 5.26 dargestellte Direktübertragung zulässig, da ihre Validierung unter den Bedingungen der Diagonalübertragung nach Bild 5.27 vorgenommen wurde. Deshalb heißt es in Abschnitt 6.4.4.1 zusätzlich:

> Der Nachweis über die nachfolgend genannten Musterinstallationswände kann nur für Installationswände durchgeführt werden, die nicht direkt an schutzbedürftige Räume angrenzen (diagonale Übertragung). Wenn diese Wände unmittelbar an schutzbedürftige Räume grenzen (direkte Übertragung), muss ein besonderer Nachweis mit bauakustischen Messungen geführt werden. Für den Schallschutz sind besondere Maßnahmen zu treffen. Die Wirksamkeit schalltechnischer Maßnahmen zur Einhaltung der Anforderungen aus DIN 4109-1 ist vom Produkthersteller nachzuweisen.

Über den „besonderen Nachweis mit bauakustischen Messungen" gilt das schon oben Gesagte.

Eine weitere Einschränkung des Anwendungsbereichs der Musterlösungen betrifft die Verwendung sanitärer Ausstattungsgegenstände. Dazu heißt es in Abschnitt 6.4.4.2.1 für die massive Installationswand und wortgleich in Abschnitt 6.4.4.3.1 für die Leichtbau-Installationswand:

> Sanitäre Ausstattungsgegenstände, die außer an der Installationswand zusätzlich an den flankierende Wänden oder dem Boden befestigt sind (z. B. Wannen), bedürfen eines besonderen Nachweises durch bauakustische Messungen. Die Einhaltung der Anforderungen aus DIN 4109-1 ist vom Produkthersteller nachzuweisen.

Die Regelung resultiert daraus, dass der ursprüngliche Geltungsbereich der Musterlösungen in DIN 4109:1989 auf Armaturen und deren Leitungen bezogen war, jetzt aber in DIN 4109-36 in allgemeinerer Form auf die gesamte Sanitärinstallation ausgedehnt wurde. Bei den genannten sanitären Ausstattungsgegenständen, die außer mit der Installationswand auch mit dem Boden oder flankierenden Wänden verbunden sind, wie es typischerweise bei Wannen der Fall ist, treten zusätzliche Übertragungswege auf, die über die Musterinstallationswände nicht abgedeckt sind. Es kommt in solchen Fällen stark auf die an den Sanitärobjekten vorhandenen Maßnahmen zur Körperschallentkopplung an. Deshalb wird auch in diesen Fällen ein „besonderer Nachweis durch bauakustische Messungen" gefordert. Für diesen Nachweis gelten die zuvor getätigten Aussagen. Die Verpflichtung zur Durchführung solcher Messungen wird dem Produkthersteller auferlegt, der die Einhaltung der Anforderungen nachzuweisen hat. De facto wird damit die schon seit langem gehandhabte Praxis beschrieben, die sich außerhalb der Regelungen der DIN 4109 am Markt etabliert hat: Hersteller lassen ihre Produkte (mit den vorgesehenen Maßnahmen zur Körperschallentkopplung) in einem Installationsprüfstand prüfen und weisen unter den dafür geltenden Bedingungen die Einhaltung der Anforderungen der DIN 4109-1 nach. Inwiefern diese Aussage dann tatsächlich auch außerhalb des Installationsprüfstandes zutrifft, wurde bereits in 5.7.3.2 diskutiert.

5.7.4 Anhang A: Hinweise zu weiteren gebäudetechnischen Anlagen

5.7.4.1 Allgemeines

Anwendungsbereich

Der informative Anhang A vervollständigt den normativen Teil der DIN 4109-36, indem er die dort behandelten sanitärtechnischen Anlagen durch weitere gebäudetechnische Anlagen ergänzt. Damit ist beabsichtigt, den Bereich der Gebäudetechnik in der DIN 4109 so darzustellen, dass zumindest die schalltechnischen Fragestellungen benannt und Hinweise für die Planung und Ausführung gegeben werden. Im Abschnitt A.1 heißt es dazu:

> Im diesem Anhang werden beispielhaft einige Anlagen der Technischen Gebäudeausrüstung behandelt. Zur Zeit stehen für die im informativen Anhang aufgeführten Teile

der Technischen Gebäudeausrüstung noch keine Nachweisverfahren und dafür benötigte Daten mit ausreichender Absicherung zur Verfügung. Es ist vorgesehen, die zukünftigen Nachweise und die dafür vorzusehenden Kennwerte insbesondere für die Körperschallerzeugung und Körperschallübertragung auf der Basis von DIN EN 12354-5 zu erstellen.

Damit wird neben einer Beschreibung des aktuellen Standes auch schon ein Ausblick auf die Weiterentwicklung der Norm gegeben. Der vorliegende informative Anhang soll die Grundlage zur Weiterentwicklung der Behandlung gebäudetechnischer Anlagen in der DIN 4109 sein.

Behandelt werden in diesem Anhang folgende Anlagen der Technischen Gebäudeausrüstung:

- Sanitärtechnische Anlagen
- Wärmeversorgungsanlagen
- Lufttechnische Anlagen (RLT-Anlagen)
- Starkstromanlagen
- Förderanlagen (Aufzüge)
- Nutzungsspezifische Anlagen (Zentralstaubsauger- und Müllentsorgungsanlagen)

Gliederungsprinzipien und Inhalte der einzelnen Abschnitte

Die Darstellung der einzelnen Anlagen folgt derselben Mustergliederung, die nach DIN 4109-31 auch sonst dem Bauteilkatalog zugrunde gelegt wird, so dass die einzelnen Teile des Bauteilkatalogs einen einheitlichen Aufbau aufweisen. Nicht ganz glücklich ist es, dass im Sinne dieser Einheitlichkeit die Kapitelüberschrift „Die Schalldämmung beeinflussende Größen“ beibehalten wurde, obwohl es bei den gebäudetechnischen Anlagen in diesem Kapitel eher um „Den Schallschutz beeinflussende Größen“ geht. Auch wenn die vorliegenden Ausarbeitungen zu den einzelnen Abschnitten zum Teil noch fragmentarisch sind, sind damit zumindest Struktur und Grundlagen für eine spätere Vervollständigung geschaffen. Im Vordergrund stehen momentan die Gliederungsabschnitte „Die Schalldämmung beeinflussende Größen“ und „Hinweise für Planung und Ausführung“, die gegenüber den anlagenübergreifenden Aussagen in Abschnitt 5 der DIN 4109-36 auf die jeweiligen Anlagen bezogen sind. Diese Abschnitte sorgen dafür, dass die wesentlichen schalltechnischen Prinzipien und Randbedingungen berücksichtigt werden können, wenn schon keine (rechnerischen) Nachweisverfahren zur Verfügung stehen. Da in diesen Abschnitten immer wieder einschlägige VDI-Richtlinien genannt werden, die sich mit dem Schallschutz gebäudetechnischer Anlagen ausführlich beschäftigen (z. B. VDI 2715 [120] für Heizungsanlagen oder VDI 2566 ([118] und [119] für Aufzugsanlagen), hätte man auch nur auf diese Regelwerke verweisen können. Man entschloss sich dennoch, wesentliche Grundzüge des Schallschutzes in den Anhang A zu übernehmen, damit sie ohne weiteren Rückgriff auf andere Regelwerke in der DIN 4109 zur Verfügung stehen.

In den Gliederungsabschnitten „Daten für den rechnerischen Nachweis“ werden beispielhafte Daten für verschiedene Anlagen benannt. Diese wurden in der Regel verschiedenen

VDI-Richtlinien entnommen (siehe dazu Tabelle 5.29). Auch hier hätte man einfach auf diese Richtlinien verweisen können. Man wollte aber (quasi als Ersatz für den nicht existierenden Datenkatalog) einige beispielhafte Daten wiedergeben, damit gezeigt wird, was an relevanten Daten benötigt wird und bereits verfügbar ist.

Die genannten Daten beziehen sich vollständig auf die Luftschallerzeugung bzw. -abstrahlung von Anlagen. Im Prinzip wären mit solchen Daten auch einfache Prognoserechnungen für die schalltechnische Planung möglich, z. B. die Bestimmung von Schalldruckpegeln im Raum der Anlage oder in einem Nachbarraum. DIN 4109-2 hat solche Möglichkeiten bis jetzt aber noch nicht berücksichtigt. In 4.5.2 wird gezeigt, wie einfache rechnerische Ansätze für solche Daten angewendet werden können. In DIN 4109-36 Anhang A.1 heißt es zu diesen Daten:

> Die als Beispiel gekennzeichneten tabellarischen Angaben von Schalldruckpegel $L_{AF,10}$ oder maximalen A-bewerteten Schallleistungspegeln L_{WA} in dB(A) geben Hinweise für die Auslegung von Schallschutzmaßnahmen.

Die genannten Kenngrößen sind hier allerdings falsch bezeichnet. Anstelle der Schalldruckpegel $L_{AF,10}$, was in heute üblicher Schreibweise ein auf eine äquivalente Absorptionsfläche $A_0 = 10\ m^2$ normierter A-bewerteter Schalldruckpegel $L_{AF,n}$ wäre, werden tatsächlich maximale A-bewertete Schalldruckpegel $L_{AF,max}$ genannt, die nicht auf A_0 bezogen sind. Anstelle der genannten „maximalen A-bewerteten Schallleistungspegel" handelt es sich bei den angegebenen Daten um A-bewertete Schallleistungspegel.

Für die Körperschallerzeugung und -übertragung von gebäudetechnischen Anlagen stehen weder Daten noch Berechnungsverfahren zur Verfügung. Hier besteht hinsichtlich notwendiger Ergänzungen der größte Handlungsbedarf für DIN 4109-2 und DIN 4109-36.

Grundsätze zur Angabe von Daten

In Anhang A werden zur Angabe von Daten folgende Möglichkeiten genutzt:

- Tabellarische Angabe von A-bewerteten Schallleistungspegeln, gelegentlich auch von maximalen A-bewerteten Schalldruckpegeln. Die Daten stammen aus VDI-Richtlinien. Eine Übersicht über die Datentabellen wird in 5.7.4.2 gegeben.
- Hinweis auf Messnormen zur Gewinnung von anlagenspezifischen Daten. So wird z. B. in A.2.3.4 auf die messtechnische Ermittlung der Luftschallabstrahlung von Kraftwärmekopplungsanlagen nach DIN EN ISO 9614-1 und DIN EN ISO 9614-2 verwiesen.
- Hinweis auf Herstellerangaben.

In einigen Fällen wie z. B. in A.3.4.3.5 (Kälteanlagen) wird allerdings darauf hingewiesen, dass „derzeit keine Angaben zur Verfügung" stehen.

5.7.4.2 Anlagenspezifische Daten

Da die Angaben zu weiteren gebäudetechnischen Anlagen der Anhänge A.2 bis A.6 weitgehend selbsterklärend sind, sollen hier nur ein paar wenige Punkte angesprochen werden. Eine vertiefte Betrachtung des Schallschutzes ist für einige gebäudetechnische Anlagen anhand der genannten VDI-Richtlinien möglich. Tabelle 5.29 nennt diese VDI-Richtlinien und gibt eine Übersicht über die in Tabellenform angegebenen Daten für Schalldruck- und Schallleistungspegel verschiedener Anlagen.

Tabelle 5.29: Übersicht über die tabellarische Angabe von schalltechnischen Daten in DIN 4109-36, Anhang A

Tabelle	Anlage	Spezifikation	Kenngröße		Herkunft Regelwerk
			Name	Bezeichnung	
A.1	Wärmeerzeugungsanlagen	Gebläsebrenner	Minderung der A-bewerteten Schalldruckpegel durch Schalldämmhauben (Einfügungsdämm-Maß)	D_1	VDI 2715 [120]
A.2	Wärmeerzeugungsanlagen	–	A-bewerteter Schallleistungspegel	L_{WA}	VDI 2715 [120]
A.3	Wärmeerzeugungsanlagen	Mündungsgeräusch Abgasanlage	A-bewerteter Schallleistungspegel an der Mündung der Abgasanlage	L_{WA}	VDI 2715 [120]
A.4	Kompressoranlagen	–	A-bewerteter Schallleistungspegel	L_{WA}	VDI 3731, Blatt 1 [123]
A.5	Kompressoranlagen	separate Ölanlagen	A-bewerteter Schallleistungspegel	L_{WA}	VDI 3731, Blatt 1 [123]
A.6	Rückkühlanlagen	–	A-bewerteter Schallleistungspegel	L_{WA}	VDI 3734, Blatt 1 [124]
A.7	Starkstromanlagen	Transformatoren der Gruppe 1	A-bewerteter Schallleistungspegel	L_{WA}	VDI 3739 [125]
A.8	Starkstromanlagen	Transformatoren der Gruppen 2 und 3	A-bewerteter Schallleistungspegel	L_{WA}	VDI 3739 [125]
A.9	Starkstromanlagen	Stromerzeugungsapparate	Maximaler A-bewerteter Schalldruckpegel (fälschlicherweise wird der A-bewertete Schallleistungspegel genannt)	L_{AF}	Herstellerangaben
A.10	Aufzugsanlagen	Triebwerk, Bremse und Schaltgeräte im Triebwerksraum	Maximaler A-bewerteter Schalldruckpegel	$L_{AF,TWR}$	VDI 2566 Blatt 1 [118]

Wärmeerzeugungsanlagen

Zu den Wärmeerzeugungsanlagen des Abschnitts A.2.1 heißt es in A.2.1.5 (Daten für den rechnerischen Nachweis) bezüglich der Verwendung der Daten:

> Mittels der Ergebnisse kann über die bekannten Berechnungsverfahren (siehe DIN 4109-2) der Schalldruckpegel im jeweiligen Aufstellraum unter Berücksichtigung der jeweiligen schalltechnischen Raumparameter berechnet werden.

Dieser Hinweis ist (zurzeit noch) unzutreffend, da DIN 4109-2 (bis jetzt noch) ein solches Berechnungsverfahren nicht berücksichtigt. VDI 2715 nennt dieses Verfahren zur Berechnung des Schalldruckpegels im Aufstellungsraum aus dem Schallleistungspegel der Quelle. Es wird auf dessen Behandlung in 4.5.2.2 verwiesen.

In VDI 2715 wird auch ein Verfahren genannt, mit dem unter Kenntnis des Schalldruckpegels im Aufstellungsraum der Heizungsanlage der Schalldruckpegel in einem benachbarten schutzbedürftigen Raum prognostiziert wird. Auch dieses Verfahren wird in 4.5.2.2 dargestellt.

Lufttechnische Anlagen (RLT-Anlagen)

Mit der VDI 2081 [114], [116] existiert für raumlufttechnische Anlagen ein umfassendes Kompendium zur Behandlung des Schallschutzes. In der Einleitung zu VDI 2081 Blatt 1 heißt es dazu:

> Die Richtlinienreihe VDI 2081 vermittelt die gesammelten Erfahrungen für den Schallschutz bei raumlufttechnischen Anlagen (RLT-Anlagen) und führt als Regel der Technik zu praxisgerechten Problemlösungen.

Die dort behandelten Verfahren sind bei Fachplanern als die maßgeblichen Instrumente zur schalltechnischen Auslegung von RLT-Anlagen anerkannt. Für DIN 4109-2 wurde deshalb nicht vorgesehen, einen „eigenen" rechnerischen Nachweis für RLT-Anlagen zu implementieren, da man die schalltechnische Auslegung solcher Anlagen zu Recht als anspruchsvoll und in der Zuständigkeit der Fachplaner gesehen hat. Lediglich für Wohngebäude wird in Anhang A.3.1 eine vereinfachte Vorgehensweise vorgesehen, die in DIN 4109-36 im Ablaufdiagramm des Bildes A.1 dargestellt wird und hier in Bild 5.33 gezeigt wird.

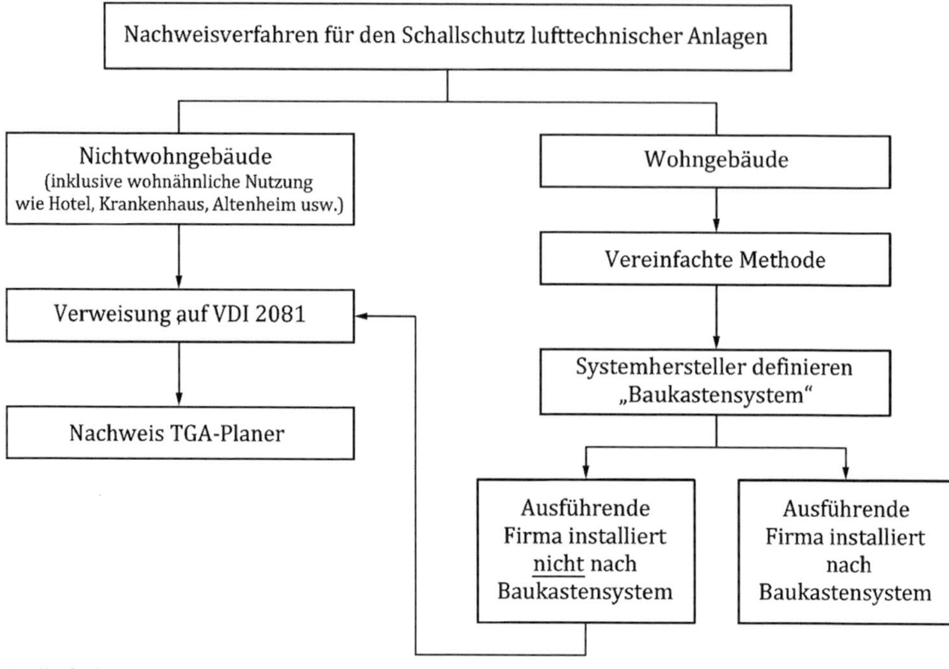

Quelle: [38]

Bild 5.33: DIN 4109-36, Bild A.1 – Schematische Darstellung der ausführlichen und vereinfachten Nachweisverfahren bei lufttechnischen Anlagen

In Nichtwohngebäuden (inklusive wohnähnlicher Nutzung wie Hotel, Krankenhaus, Altenheim usw.) erfolgt die schalltechnische Berechnung der Lüftungsanlagen durch den TGA-Planer nach den Vorgaben der VDI 2081, Blatt 1. In Wohngebäuden kann für die RLT-Anlage auf eine detaillierte Berechnung nach VDI 2081, Blatt 1 und Blatt 2 verzichtet werden, wenn die Herstellerfirma der Produkte detaillierte Zusammenstellungen und Ausführungsleitfäden auf Basis der VDI 2081 (Baukastensystem) zur Verfügung gestellt hat und die Ausführung der installierenden Fachfirma auf diesem Baukastensystem beruht. Bei Abweichung von diesen Vorgaben kann der Nachweis direkt nach VDI 2081, Blatt 1 und Blatt 2 erbracht werden.

Aufzugsanlagen

In der Vergangenheit hat sich die DIN 4109 nicht explizit zum Schutz gegenüber Geräuschen von Aufzugsanlagen geäußert. Anhang A.5.1 beschäftigt sich im Rahmen der DIN 4109 zum ersten Mal ausführlicher damit und nennt die wesentlichen schalltechnischen Ansätze und die grundsätzlichen Planungskriterien. Außerdem werden als Orientierung Daten für typische Geräusche von Aufzugsanlagen genannt. Diese wurden der VDI 2566 [118] entnommen. Es handelt sich dabei um maximale A-bewertete Schalldruckpegel. Das ist insofern sinnvoll, als die Anforderungen der DIN 4109-1 bei gebäudetechnischen Anlagen ja ebenfalls an einen maximalen A-bewerteten Schalldruckpegel gerichtet werden.

Auf die VDI 2566 wird auch in Anhang A.5.1 bezüglich einer weiterführenden Behandlung des Schallschutzes verwiesen, da dort detaillierte Hinweise gegeben werden. VDI 2566 nennt für die schalltechnische Planung auch einfache rechnerische Verfahren für die Bestimmung des Schalldruckpegels im Triebwerksraum aus dem Schallleistungspegel einer Anlage und für die Bestimmung der benötigten Schalldämmung gegenüber einem benachbarten schutzbedürftigen Raum, wenn der Schalldruckpegel im Aufstellungsraum bekannt ist. Diese Verfahren entsprechen denjenigen, die auch in VDI 2715 für die Heizungsanlagen genannt werden. Sie werden in 4.5.2.2 behandelt.

5.7.5 Weiterentwicklung von DIN 4109-36

Im Regelfall nennt der Bauteilkatalog der DIN 4109 diejenigen Daten, die für Berechnungen nach DIN 4109-2 benötigt werden. DIN 4109-36 nimmt in dieser Beziehung einen Sonderstatus ein, da für gebäudetechnische Anlagen in DIN 4109-2 noch keine rechnerischen Verfahren verfügbar sind. Die weitere Entwicklung von DIN 4109-36 hängt also in erster Linie von der Weiterentwicklung der Rechenverfahren in DIN 4109-2 ab.

Auf der Grundlage des in DIN EN 12354-5 [75] genannten Berechnungsverfahrens ergibt sich der Bedarf an Daten für gebäudetechnische Anlagen aus der Darstellung in Bild 5.34.

Für die Luftschallabstrahlung der Quellen sind Angaben der abgestrahlten Schallleistung erforderlich, die nach den einschlägigen Messnormen mit den dort festgelegten Messverfahren (Hallraumverfahren, Hüllflächenverfahren) zu ermitteln sind. Gerätespezifische Festlegungen und die Besonderheiten einschlägiger Produktnormen (sofern vorhanden) sind dabei zu beachten.

Während für die Luftschallleistung der Quellen schon jetzt in DIN 4109-36 einige beispielhafte Daten genannt werden, müssten die den Körperschall betreffenden Daten (Körperschallleistung, Quell- und Strukturadmittanzen) komplett neu ermittelt werden. Dies kann auf der Grundlage der DIN EN 15657 [82] geschehen.

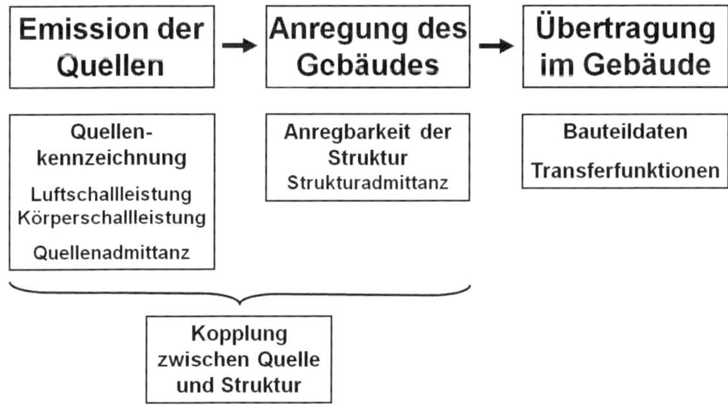

Quelle: Autoren

Bild 5.34: Benötigte Daten zur rechnerischen Prognose der Geräusche gebäudetechnischer Anlagen

Angesichts der Vielzahl unterschiedlicher Quellen erscheint eine Sammlung von Quelldaten in DIN 4109-36 nicht sinnvoll. Vielmehr wird es darauf hinauslaufen, Festlegungen zur messtechnischen Ermittlung der Daten zu treffen, so dass diese für die vorgesehenen Berechnungsverfahren verwendbar sind. Die benötigten Daten wären dann von den Geräteherstellern zu benennen. Für die Strukturadmittanzen wäre eine Sammlung repräsentativer Daten für den Massiv-, Holz- und Leichtbau in DIN 4109-36 denkbar, wenn man sich auf wesentliche Konstruktionen beschränkt.

Für die Charakterisierung der Schallübertragung im Gebäude kommen zwei Möglichkeiten in Frage. Die erste Möglichkeit beruht auf der Berechnung aus den Daten des jeweiligen Übertragungsweges (Schalldämm-Maße der beteiligten Bauteile, Stoßstellendämm-Maße, Verbesserung durch Vorsatzkonstruktionen). Dieser Ansatz eignet sich in erster Linie für den Massivbau. In diesem Fall werden keine zusätzlichen Daten benötigt, da diese dem Bauteilkatalog in DIN 4109-32 entnommen werden können. Schwieriger ist es bei der Übertragung in Gebäuden in Holz- oder Leichtbauart. Eine in die Einzelschritte aufgeteilte Berechnung des Übertragungsweges wie im Massivbau ist dort in der Regel nicht angebracht. Stattdessen kann auf die in der revidierten DIN EN ISO 10848-1:2018-02 [99] geschaffene Möglichkeit der neuen Kenngröße des Flankengeräteschallpegels $L_{ne0,f}$ zurückgegriffen werden. Solche Daten könnten dann im Sinne eines Bauteilkatalogs für repräsentative Bausituationen in DIN 4109-36 aufgenommen werden.

Der damit angesprochene Ansatz lässt sich dahingehend verallgemeinern, dass sowohl im Holz- als auch im Massivbau so genannte globale Übertragungsfunktionen ermittelt werden, die den kompletten Übertragungsweg im Gebäude von der Körperschallquelle bis zur Abstrahlung in einem schutzbedürftigen Raum beschreiben. Dies könnte rechnerisch oder experimentell für repräsentative Übertragungssituationen geschehen, die dann in geeigneter Form im Bauteilkatalog angegeben werden.

6 DIN 4109-4: Bauakustische Prüfungen

6.1 Einführung

Dieser Abschnitt kommentiert nicht nur die Inhalte der DIN 4109-4, sondern geht bei Bedarf auch auf bestimmte messtechnische Fragestellungen im Kontext mit den angesprochenen Messverfahren und den dazu genannten Regelwerken ein. Solche messtechnische Einzelfragen sind z. B. die Handhabung der Luftschallkorrektur bei der Trittschallmessung, die Verlustfaktor-Korrektur bei massiven Bauteilen oder die Messung von Schalldruckpegeln gebäudetechnischer Anlagen nach Verzicht auf die Eckpositionen.

Es ist allerdings nicht beabsichtigt, die akustischen Grundlagen der einzelnen Messverfahren darzustellen, die messtechnischen Normen im Detail zu erläutern und die ganze Bandbreite anwendungstechnischer Fragen zu diskutieren. Bezüglich der Grundlagen und Messverfahren wird auf die einschlägige Literatur, z. B. [470], [471] und [472] verwiesen. Bezüglich anwendungstechnischer Fragestellungen seien die Beschlussbücher des Arbeitskreises Schallprüfstellen [150] und der VMPA-Prüfstellen [151] genannt.

6.2 Anwendungsbereich und Regelungsumfeld

Die üblichen bauakustischen Messverfahren sind durchgängig in Messnormen niedergelegt. Der größte Teil davon findet sich in ISO- bzw. EN-Normen. Ein kleiner Rest ist im nationalen Normenbestand der DIN-Normen verblieben, wenn es dafür kein internationales Äquivalent gibt. So ist der Bestand der noch in DIN 4109:1989 genannten nationalen Messnormen weitestgehend durch die internationalen Normen abgelöst worden. Die dadurch verursachten Änderungen erfolgten über einen längeren Zeitraum und wurden bei den Labor- und Baumessungen in der praktischen Anwendung schrittweise nachvollzogen. DIN 4109:2016 stellt mit DIN 4109-4 nun erstmals einen vollständigen Bezug zu den geänderten Regelwerken her. In ihrem Anwendungsbereich sagt sie:

> Diese Norm gibt an, nach welchen bauakustischen Prüfverfahren die in der Normenreihe DIN 4109 verwendeten schalltechnischen Größen zu bestimmen sind, wenn nicht bereits Festlegungen im Rahmen von Produktnormen oder bauaufsichtlichen Bestimmungen (z. B. allgemeinen bauaufsichtlichen Zulassungen) vorliegen.

Sie unterscheidet zwischen Labormessungen (Abschnitt 5) und Baumessungen (Abschnitt 6). Bei den Labormessungen werden Luftschalldämmung, Trittschalldämmung und Flankenübertragung von Luft- und Trittschall zwischen benachbarten Räumen behandelt. Außerdem kommen noch Messungen an gebäudetechnischen Anlagen hinzu. Bei den Gebäudemessungen geht es um Schalldämmung und Schallschutz im Gebäude sowie gebäudetechnische Anlagen und baulich verbundene Gewerbebetriebe.

DIN 4109-4 nennt nicht nur die anzuwendenden messtechnischen Normen für Prüfungen im Prüfstand und in ausgeführten Bauten. Eine weitere wesentliche Bedeutung dieses Normteils besteht vielmehr in der Benennung von nationalen Ergänzungen zu den genormten Messverfahren. Diese Ergänzungen betreffen Festlegungen zur messtechnischen

Durchführung der Prüfungen, die entweder in den genannten Normen nicht enthalten sind oder die abweichend von diesen Normen einzelne Durchführungsdetails anders gehandhabt haben wollen. Es findet damit eine Anpassung an die Anforderungen der DIN 4109-1 statt, deren messtechnische Grundlage die Festlegungen früherer, inzwischen zurückgezogener DIN-Normen war.

In DIN 4109-2 (Rechnerische Nachweise) wird in Zusammenhang mit der Datenbeschaffung für die Berechnungsverfahren unmittelbar auf DIN-4109-4 Bezug genommen:

Bei Konstruktionen, für die keine Kennwerte nach DIN 4109-32 bis DIN 4109-36 zur Verfügung stehen, sind die benötigten Angaben durch bauakustische Prüfungen aufgrund von Messungen nachzuweisen, wenn nicht bereits Festlegungen im Rahmen von harmonisierten Produktnormen oder bauaufsichtlichen Bestimmungen (z. B. allgemeinen bauaufsichtlichen Zulassungen) existieren. Hierbei sind die Vorgaben aus DIN 4109-4 zu berücksichtigen. DIN 4109-4 gibt an, nach welchen messtechnischen Verfahren die schalltechnischen Größen zu bestimmen sind, die in dieser Normenreihe verwendet werden.

Sofern eine Konstruktion wegen bestimmter einschränkender oder zusätzlicher Merkmale schalltechnisch anders beurteilt werden kann als im Bauteilkatalog DIN 4109-32 bis DIN 4109-36 angegeben, dürfen deren Daten ebenfalls einem Prüfbericht entnommen werden, der den in DIN 4109-4 genannten Kriterien genügt.

ANMERKUNG 2 Die vorgenannten bauakustischen Prüfungen sind für den bauaufsichtlichen Nachweis im Rahmen eines „allgemeinen bauaufsichtlichen Prüfzeugnisses“ gefordert.

In insgesamt 8 Tabellen werden in DIN 4109-4 für verschiedene Anwendungsbereiche die Messgrößen, die geltenden Messverfahren und die ggf. anzuwendenden nationalen Ergänzungen zusammengestellt. Die Auflistung von „Messgrößen“ in diesen Tabellen ist begrifflich allerdings unpräzise, da es in den meisten Fällen um die Einzahlangaben (z. B. R_w, R'_w oder $L'_{n,w}$) geht. Solche Einzahlangaben nach ISO 717-2 bzw. ISO 717-2 sind nicht die eigentlichen Messgrößen, sondern die aus den (frequenzabhängigen) Messgrößen gebildeten Einzahlwerte. Entweder müssten im Kontext mit den genannten Messnormen die dort genannten Messgrößen (also z. B. R, R' oder L'_n) genannt werden oder man wählt als Spaltenüberschrift „Einzahlangabe der Messgrößen“.

Durch die Niederlegung solcher zusätzlicher Regelungen in DIN 4109-4 sollen eine sachgerechte und einheitliche Durchführung bauakustischer Prüfungen sowie eine Anpassung an die festgelegten Anforderungen sichergestellt werden. Es ist dabei zu berücksichtigen, dass DIN 4109-4 nicht explizit als Technisches Regelwerk für die bauaufsichtliche Einführung vorgesehen ist (siehe dazu auch weitere Ausführungen in 3.1.5). Jedoch verweist die Muster-Verwaltungsvorschrift Technische Baubestimmungen (MVV TB) vom August 2017 [146] auf DIN 4109-4. Es heißt dort in der Anlage A 5.2/1:

Zu den Abschnitten 7, 8 und 9:

Bei baulichen Anlagen, die nach Tabelle 9, Zeilen 3 und 4 einzuordnen sind, ist die Einhaltung des geforderten Schalldruckpegels durch Vorlage von Messergebnissen nachzuweisen. Das Gleiche gilt für die Einhaltung des geforderten Schalldämm-Maßes bei Bauteilen nach Tabelle 8 und bei Außenbauteilen, an die Anforderungen entsprechend Tabelle 7, Spalten 3 und 4 gestellt werden, sofern das bewertete Schalldämm-Maß $R'_{w,res} \geq 50$ dB betragen muss. Diese Messungen sind unter Beachtung von DIN 4109-4:2016-07 von bauakustischen Prüfstellen durchzuführen, die entweder nach § 24 Abs. 1 Nr. 1 MBO anerkannt sind oder in einem Verzeichnis über „anerkannte Schallschutzprüfstellen" bei dem Verband der Materialprüfungsanstalten VMPA geführt werden.

Hiermit ist bauaufsichtlich geregelt, in welchen Fällen eine messtechnische Überprüfung zur Einhaltung der Anforderungen der DIN 4109-1 stattfinden muss. Gemeint sind mit Abschnitt 7 die Anforderungen an die Luftschalldämmung von Außenbauteilen, mit Abschnitt 8 die Anforderungen an die Luft- und Trittschalldämmung zwischen „besonders lauten" und schutzbedürftigen Räumen und mit Abschnitt 9 der maximal zulässige A-bewertete Schalldruckpegel in fremden schutzbedürftigen Räumen, erzeugt von gebäudetechnischen Anlagen und baulich mit dem Gebäude verbundenen Gewerbebetrieben.

Damit wird DIN 4109-4 bauaufsichtlich in Bezug genommen, ohne allerdings explizit als Technische Baubestimmung geführt zu werden. Das ist jedoch kein völlig neuer Sachstand, da auch schon für die vorhergehenden Regelungen in DIN 4109-11 [28] keine bauaufsichtliche Einführung als Technisches Regelwerk vorlag. Dabei muss aber beachtet werden, dass im Rahmen der alten DIN 4109 die Regelungen zur Durchführung messtechnischer Nachweise nicht alleine in DIN 4109-11 enthalten waren. Dieser Normteil enthielt lediglich die so genannten Nationalen Ergänzungen. Der wesentliche Teil des Regelungsbereichs, der die Eignungs- und Güteprüfungen betraf, fand sich in der DIN 4109:1989 selbst. Damit waren sie bauaufsichtlich eingeführt, da es in den Einführungserlassen, z. B. [473], diesbezüglich keine Einschränkungen des Anwendungsbereichs der DIN 4109:1989 gab. Das ist mit den aktuellen Regelungen nicht mehr der Fall.

„Eignungsprüfungen" und „Güteprüfungen" gibt es als Begriffe in DIN 4109-1 und DIN 4109-4 nicht mehr. Konsequenterweise wurde deshalb der noch bei DIN 4109-11 geführte Titel „Nachweis des Schallschutzes – Güte- und Eignungsprüfung" in DIN 4109-4 schlicht und unverbindlich zu „Bauakustische Prüfungen". Hier zeigt sich der in der Zwischenzeit erfolgte Paradigmenwechsel im Nachweissystem der DIN 4109. Das bisherige System der Eignungsprüfungen mit eigens dafür vorgesehenen Normteilen wurde in Zusammenhang mit den Bauregellisten durch die allgemeinen bauaufsichtlichen Prüfzeugnisse (abPs) abgelöst, die aber de facto das alte System nicht vollständig ersetzt haben.

Nach den Landesbauordnungen ist für einen Teil der nicht geregelte Bauprodukte und Bauarten als Verwendbarkeits- bzw. Anwendbarkeitsnachweis ein abP vorgesehen. Die Erteilung von abPs obliegt Prüfstellen, die von den obersten Baubehörden der Länder nach § 21 a Abs. 1 MBO für diesen Zweck anerkannt sind. Um ein einheitliches Vorgehen dieser Prüfstellen bei der Durchführung und Beurteilung der zu Grunde liegenden Prüfungen sicherzustellen, trifft der „Arbeitskreis Schallprüfstellen" Festlegungen, die in dessen Beschlussbuch [150] geführt und veröffentlicht werden. In Form von Pflichtenheften enthält das Beschlussbuch allgemeine und spezielle Messregeln für bestimmte Prüfobjekte, die von den für die abPs zugelassenen Prüfstellen verbindlich einzuhalten sind. Im Sinne der früheren Eignungsprüfung I beziehen sich diese Regeln auf Laborprüfungen. Außerdem werden im Beschlussbuch Regeln für die Auswertung und Dokumentation genannt. Darüber hinaus wird, mit besonderer Bedeutung für den Bauteilkatalog der DIN 4109, auf „bauakustische Prüfungen, die für die Erarbeitung von Bauteilsammlungen im nationalen deutschen Nachweisverfahren (‚Bauteilkatalog DIN 4109') herangezogen werden können", hingewiesen.

Die messtechnischen Regelungen des Arbeitskreises Schallprüfstellen sind allerdings nicht die einzigen außerhalb der Normen. Für die so genannten VMPA-Prüfstellen, die auch in der MVV TB genannt werden, enthält das VMPA-Beschlussbuch [151] Prüfregeln zur Durchführung von Güteprüfungen, die zusätzlich zu den genormten Festlegungen zu berücksichtigen sind. Auch diese Regelungen sind von den davon betroffenen Prüfstellen bei der Durchführung entsprechender Prüfungen zu berücksichtigen.

Die Aufteilung dieser zusätzlichen Prüfregeln auf zwei verschiedene Beschlussbücher liegt an der institutionellen Aufteilung der verschiedenen Aufgaben. Die abPs liegen im Zuständigkeitsbereich der Länder. Die dafür zugelassenen Prüfstellen (frühere bauakustische Prüfstellen der Gruppe I des beim DIBt geführten Verzeichnisses für Eignungsprüfungen I im Prüfstand) betreiben ein eigenes System von Regelungen, die im Beschlussbuch der Schall-Prüfstellen verbindlich festgelegt und ständig aktualisiert werden. Die für Güteprüfungen am Bau nach DIN 4109 benannten Prüfstellen (früher: bauakustische Prüfstellen der Gruppe II für Güteprüfungen) werden schon seit langer Zeit vom Verband der Materialprüfanstalten e. V. (VMPA) organisatorisch und seit 2012 von der Fachkommission Schallschutz als Gremium der Deutschen Gesellschaft für Akustik (DEGA) fachlich betreut. Auch für diesen Kreis von Prüfstellen existiert ein entsprechendes Beschlussbuch.

6.3 Entwicklung der messtechnischen Hinweise in der DIN 4109

Dass Hinweise und Festlegungen zur Durchführung messtechnischer Prüfungen gegeben werden, hat in der DIN 4109 eine lange Tradition. Immer geht es dabei darum, wie die Einhaltung der Anforderungen durch messtechnische Prüfungen nachgewiesen wird.

DIN 4109 Teil 2:1962

DIN 4109 Blatt 2:1962 [7] enthielt in Abschnitt 4 (Nachweis ausreichenden Schallschutzes für Decken, Wände, Schächte und Kanäle) Festlegungen zur Durchführung von Eignungsprüfungen im Sinne eines „Nachweises der Eignung der Bauart". Außerdem gab es Regelungen zum „Nachweis der Güte der Ausführung (Güteprüfung)". In beiden Fällen wurde in geringem Umfang auf Aspekte der messtechnischen Durchführung Bezug genommen.

DIN 4109:1989

Die 1989 erschienene DIN 4109 trug noch den Titel „Schallschutz im Hochbau – Anforderungen und Nachweise". Sie hatte als wesentlichen Inhaltspunkt die Regelungen zur Durchführung der Nachweise zur Erfüllung der Anforderungen. In nicht unerheblichem Maße beschäftigte sich DIN 4109:1989 deshalb auch mit der Durchführung messtechnischer Nachweise im Labor und im Bau. Zusammen mit DIN 52210, wo in Teil 3 [62] die für die DIN 4109 relevanten Begriffe (Eignungsprüfungen I, II, III, Güteprüfungen) festgelegt und in den anderen Teilen [59] die Mess- und Beurteilungsverfahren geregelt wurden, wurde ein auf die DIN 4109 und deren Anforderungen bezogenes System der messtechnischen Nachweise etabliert, das eine in sich geschlossene und stimmige Einheit darstellte. In dieser Geschlossenheit hat sich das messtechnische Nachweissystem danach nie wieder präsentiert.

In Abschnitt 4.1 wurde für den Installations-Schallpegel L_{In} der Wasserinstallationen die Messung nach DIN 52219 [67] festgelegt. Für „sonstige haustechnische Anlagen“ galt der „max. Schalldruckpegel $L_{AF,max}$ in Anlehnung an DIN 52219“. Abschnitt 4.3.1 legte fest, dass Armaturen und Geräte der Wasserinstallation nach DIN 52218 [66] zu prüfen sind. Für den „Nachweis der Eignung von Bauteilen“ wurde in den Abschnitt 6.3 bis 6.5 der Nachweis der Eignung mit bauakustischen Messungen (Eignungsprüfungen I und III) festgelegt. Für die schalltechnische Eignung von Wasserinstallationen galten die Vorgaben des Abschnitts 7.3 (Nachweis mit bauakustischen Messungen in ausgeführten Bauten). Abschnitt 8 enthielt schließlich die Festlegungen für den „Nachweis der Güte der Ausführung (Güteprüfung)“.

Beiblatt 1 und 2 zu DIN 4109:1989 beschäftigten sich gemäß ihrer Aufgabenstellung nicht mit den Messverfahren.

Entwurf Beiblatt 4 zu DIN 4109:2000

Im Normentwurf zu Beiblatt 4 zu DIN 4109:2000-11 (Schallschutz im Hochbau, Nachweis des Schallschutzes, Güte- und Eignungsprüfungen) fanden sich zum ersten Mal in einem Dokument der DIN 4109 „nationale Ergänzungen“ zu den anzuwendenden Prüfverfahren. Begründet wurde das in der Einleitung des Entwurfs wie folgt:

> DIN 4109 nimmt hinsichtlich der Nachweisverfahren und erforderlicher bauakustischer Prüfungen Bezug auf die Normen der Reihe DIN 52210.
>
> Mit Erscheinen der Normen der Reihen DIN EN 20140, DIN EN ISO 140 und DIN EN ISO 717 ersetzen diese die Normen der Reihe DIN 52210.
>
> Bei der praktischen Anwendung der Europäischen Normen haben sich teilweise bei mit DIN 4109 zusammenhängenden Prüfungen Schwierigkelten ergeben, da einige der in DIN 52210 enthaltenen Festlegungen nicht in die Europäischen Normen übernommen wurden, z. B. der Nachweis des Schallschutzes durch Güte- und Eignungsprüfung.

Zusätzlich wurde der Anwendungsbereich dieses Normentwurfs so beschrieben:

> Dieses Beiblatt enthält Regelungen und solche Festlegungen aus der zurückgezogenen DIN 52210, die ergänzend zu den o. g. Europäischen Normen im Nationalen Bereich weiterhin anzuwenden sind, um bei bauakustischen Prüfungen im Zusammenhang mit DIN 4109 eine einheitliche und mit DIN 4109 konforme Vorgehensweise sicherzustellen.

Im weiteren Text des Entwurfs wurden Ergänzungen aus den zurückgezogenen Teilen der DIN 52210 aufgeführt, die die Grundlage für alle weiteren „Nationalen Ergänzungen" nachfolgender Teile der DIN 4109 sind. DIN 4109 löste sich damit vom bisherigen Normungskonzept, das Festlegungen von Anforderungen und Vorgaben für die (messtechnischen) Nachweise in einem gemeinsamen Normenteil darstellte. Von nun an wurde ein Teil der Regelungen für messtechnische Nachweise separat dargestellt, was in letzter Konsequenz in DIN 4109:2016 zur vollständigen Trennung von Anforderungen (DIN 4109-1) und messtechnischen Nachweisen (DIN 4109-4) führte.

DIN 4109-11:2003 und 2010

Als Beiblatt 4 zu DIN 4109 wurden die Regelungen des zuvor genannten Normentwurfs nicht veröffentlicht. Stattdessen erschienen sie 2003 als DIN 4109-11 [28]. Die Begründung für die Notwendigkeit der nationalen Ergänzungen wurde beibehalten. Das war auch so, als 2010 die aktualisierte Version der DIN 4109-11 erschien. Wesentlicher Anlass der Überarbeitung war das Erscheinen der DIN EN ISO 10052 [93] im Jahr 2005, die in wesentlichen Punkten die zurückzuziehende DIN 52219 ersetzte und mit einigen nationalen Ergänzungen in DIN 4109-11 versehen werden musste, damit Konformität mit dem von DIN 4109 geforderten Vorgehen und den darauf bezogenen Anforderungen hergestellt wurde.

DIN 4109/A1:2001

DIN 4109/A1 [26] enthält die geänderten Werte für die zulässigen Schalldruckpegel in schutzbedürftigen Räumen von Geräuschen aus gebäudetechnischen Anlagen und Gewerbebetrieben. Messtechnisch von Bedeutung sind die beiden Fußnoten zur korrigierten Tabelle 4. Fußnote a) betrifft die Sonderregelung für kurzzeitige Spitzen beim Betätigen von Armaturen und Geräten der Wasserinstallation, die auch schon in DIN 4109:1989 enthalten war. Fußnote b) nennt unter den „werkvertraglichen Voraussetzungen zur Erfüllung des zulässigen Installationsschalldruckpegels" die Vorlage der „erforderlichen Schallschutznachweise". Es handelt sich dabei um messtechnisch zu erbringende Nachweise, für die allerdings bis heute nichts dazu gesagt wird, wie sie zu erbringen sind.

6.4 Allgemeines

6.4.1 Frühere Ausgaben

Die Zusammenstellung der früheren Ausgaben ist in DIN 4109-4 etwas irritierend, da einerseits mit DIN 4109 Blatt 1:1962-09, DIN 4109 Blatt 5:1963-04, DIN 4109/A1:2001-01, DIN 4109 Berichtigung 1:1992-08 und DIN 4109 Beiblatt 2:1989-11 Normen genannt werden, die mit den messtechnischen Nachweisen überhaupt nichts zu tun haben, andererseits aber DIN 4109-11:2010 [28] komplett unterschlagen wurde, obwohl sie das maßgebliche Dokument ist, das durch DIN 4109-4 ersetzt wurde.

6.4.2 Normative Verweise in DIN 4109-4

Normen unterliegen einer ständigen Veränderung. Für DIN-Normen und internationale Normen ist üblicherweise alle 5 Jahre eine Überprüfung bezüglich Bestätigung, Revision oder Zurückziehung erforderlich. Diesem Prozess ist in DIN 4109-4 bei den herangezogenen Messnormen durch Aktualisierung selbstverständlich Rechnung zu tragen. Das geschieht i.d.R. automatisch dadurch, dass die anzuwendenden Messnormen durch undatierte Verweise in Bezug genommen werden. Es gilt dann stets die aktuelle Ausgabe einer Norm. In besonderen Fällen können jedoch auch datierte Verweise getätigt werden, wenn bestimmte Festlegungen gemeint sind, die nur in der genannten Ausgabe in dieser Form enthalten sind. Es ist dann nur die mit dem genannten Ausgabedatum versehene Norm heranzuziehen.

Solche datierten Verweise gelten in DIN 4109-4 für

- DIN 4109-1:2016-07
- DIN EN ISO 717-1:2013-06
- DIN EN ISO 3822-1:2009-07
- DIN EN ISO 10052:2010-10
- DIN EN ISO 10140-1:2014-09
- DIN EN ISO 16283-1:2014-06
- E DIN EN ISO 16283-3:2014-07

Die Datierung von DIN 4109-1 als Anforderungsnorm erscheint unnötig, da dort bezüglich Messverfahren keine Festlegungen getroffen wurden, die eine Datierung erforderlich gemacht hätten. Auch der datierte Verweis auf DIN 4109-1:2016 in DIN 4109-4, Anhang B.4.2 hätte undatiert erfolgen können. Er ist außerdem unvollständig, da er außer Tabelle 10 auch die Tabellen 9 und B.1 betrifft.

Der datierte Verweis auf den Normentwurf E DIN ISO 16283-3:2017-07 ist plausibel, da zum Zeitpunkt der Drucklegung von DIN 4109-4 die inzwischen erschienene DIN EN ISO 16283-3:2016-09 noch nicht vorlag. Bei den anderen oben genannten Messnormen erscheint die Datierung nicht schlüssig. In den maßgeblichen Zusammenstellungen der anzuwendenden Messverfahren (Tabellen 2 bis 8) werden stets die undatierten Messnormen genannt. Das gilt dort auch für die hier als datiert aufgeführten Normen. Allerdings finden sich die genannten Normen im Text an verschiedenen Stellen dann doch in datierter Form, ohne dass ein besonderer Grund dafür erkennbar wäre.

Von den datierten Normen sind seit Veröffentlichung von DIN 4109-4:2016 aktuellere Versionen erschienen. Das betrifft DIN EN ISO 10140-1:2014-09 (ersetzt durch DIN EN ISO 10140-1:2016-12), DIN EN ISO 16283-1:2014-06 (ersetzt durch DIN EN ISO 16283-1:2018-04) und den Normentwurf E DIN EN ISO 16283-3:2014-07 (gefolgt von DIN EN ISO 16283-3:2016-09).

6.4.3 Begriffe und Symbole in DIN 4109-4

DIN 4109-4 verweist in Abschnitt 3 auf die Begriffe der anderen Normteile DIN 4109-1, DIN 4109-2 und DIN 4109-31 bis -36 und nennt in Tabelle 1 die Symbole für diePrüfgrößen. Die in dieser Tabelle aufgelisteten Benennungen sind allerdings nicht einheitlich. In der Regel werden die Namen der Kenngrößen genannt, z.B. „bewertetes Bau-Schalldämm-Maß“ für R'_w in Zeile 1, in einigen Fällen aber auch statt des Namens eine Erläuterung des Begriffs. So wird z.B. in Zeile 23 für die Kenngröße $L_{AF,max,n}$ anstelle des Namens (maximaler A-bewerteter Norm-Schalldruckpegel) die Erläuterung („maximaler A-bewerteter Schalldruckpegel mit Zeitbewertung FAST, auf $A_0 = 10\ m^2$ bezogen") herangezogen. Hier sollte für Einheitlichkeit gesorgt werden.

In Zeile 6 sollte es besser „bewertete Verbesserung des Schalldämm-Maßes" statt „Verbesserung des bewerteten Schalldämm-Maßes" heißen.

Wenn in Zeile 14 die bewertete Standard-Schallpegeldifferenz $D_{nT,w}$ und in Zeile 16 der bewertete Standard-Trittschallpegel $L'_{nT,w}$ genannt werden, dann sollte der Vollständigkeit halber auch als dritte Standardgröße der maximale A-bewertete Standard-Schalldruckpegel $L_{AF,max,nT}$ aufgeführt werden.

In den Zeilen 19 und 20 werden für Abwassersysteme falsche Kenngrößen genannt. Für die Luftschallabstrahlung eines Abwassersystems nach DIN EN 14366 Abschnitt 10.2 ist in Zeile 19 richtigerweise die Größe $L_{a,A}$ und für die Körperschallübertragung nach DIN EN 14366 Abschnitt 10.1 in Zeile 20 die Größe $L_{sc,A}$ zu verwenden. Leider wurde in DIN EN 14366 versäumt, diesen Einzahlangaben einen Namen zu geben. Es wird vorgeschlagen, $L_{sc,A}$ als A-bewerteten charakteristischen Körperschallpegel und $L_{a,A}$ als A-bewerteten Luftschallpegel des Abwassersystems zu bezeichnen.

Dass beim Beurteilungspegel L_r in Zeile 21 als Benennung „A-bewerteter Beurteilungspegel" erscheint, ist unnötig. Laut Definition in den einschlägigen Regelwerken wird der Beurteilungspegel auf der Grundlage eines A-bewerteten Dauerschallpegels (Mittelungspegels) gebildet, so dass die Nennung der A-Bewertung in der Bezeichnung eher irritiert. In der TA Lärm [140] heißt es dazu in Abschnitt 2.10 eindeutig:

> Der Beurteilungspegel L_r ist der aus dem Mittelungspegel L_{Aeq} des zu beurteilenden Geräusches und ggf. aus Zuschlägen gemäß dem Anhang für Ton- und Informationshaltigkeit und für Tageszeiten mit erhöhter Empfindlichkeit gebildete Wert zur Kennzeichnung der mittleren Geräuschbelastung während jeder Beurteilungszeit.

In Zeile 25 führt die Benennung des äquivalenten Norm-Trittschallpegels den Zusatz „ohne Prüfobjekt". Das ist irritierend und unnötig, da bei der Bestimmung des $L_{n,eq,0,w}$ stets die Rohdecke alleine (d. h. ohne irgendwelche Deckenauflagen) betrachtet wird.

6.4.4 Allgemeines in Abschnitt 4

Allgemeine Anforderungen an die verwendeten Messeinrichtungen werden in Abschnitt 4 formuliert:

> Die Einhaltung der Anforderungen an die bei den Messungen verwendeten Lautsprecher und Norm-Hammerwerke oder alternative Trittschallquellen sind nach DIN EN ISO 10140-5:2014-09, Anhänge D bis F nachzuweisen. Sofern für die verwendeten Schallmessgeräte eine Eichpflicht besteht, ist diese zu beachten.

Diese Festlegungen stellen eine aktualisierte und abgeänderte Formulierung von Abschnitt 4 in DIN 4109-11:2010 dar. Der datierte Verweis auf DIN EN ISO 10140-5:2014-09 ist nicht plausibel. Ein undatierter Verweis hätte hier genügt. Der Verweis auf alternative Trittschallquellen ist überflüssig, da diese in Zusammenhang mit DIN 4109 bei Prüfungen nicht vorgesehen sind.

6.4.5 Behandlung der Unsicherheit in DIN 4109-4

Neben der Nennung der anzuwendenden Prüfverfahren und der Nationalen Ergänzungen geht DIN 4109-4 auch auf die Unsicherheit der Prüfverfahren ein. DIN 4109-4 liefert damit die Ergänzung zur Behandlung der Unsicherheit bei den rechnerischen Verfahren in DIN 4109-2, so dass in allen Teilen der DIN 4109, die mit den Nachweisen zu tun haben, auf die Unsicherheiten eingegangen wird. Abschnitt 5.1.2 geht auf die Unsicherheit bei Messungen an Bauteilen im Prüfstand ein, Abschnitt 5.2.2 nennt die Unsicherheit bei Messungen an gebäudetechnischen Anlagen im Prüfstand. Für Messungen in Gebäuden werden Unsicherheiten in den Abschnitten 6.1.2 und 6.2.2 (Messungen an Bauteilen und Messungen des Schallschutzes) sowie 6.3.2 (Messungen an gebäudetechnischen Anlagen) genannt.

Grundlage für die Angabe von Unsicherheiten für bauakustische Messungen ist DIN EN ISO 12999-1 [106]. Als Nachfolgenorm von DIN EN 20140-2, die 2014 zurückgezogen wurde, stellt sie das aktuelle Regelwerk zur Behandlung von Unsicherheiten in den bauakustischen Messverfahren dar – derzeit allerdings nur für Messungen der Luft- und Trittschalldämmung. Ein zweiter Teil von ISO 12999, der die Unsicherheit bei der Messung der Schallabsorption behandeln soll, ist in Vorbereitung.

DIN 4109-4 nimmt dort Bezug auf DIN EN ISO 12999-1, wo diese zutreffende Festlegungen zu den Unsicherheiten enthält. In Zusammenhang mit den Unsicherheiten in DIN 4109-4 wird auf die detaillierten Untersuchungen der PTB verwiesen ([348], [350], [351], [352], [474]).

Messungen im Prüfstand an Bauteilen

Zur Unsicherheit von Messungen an Bauteilen in Prüfständen äußert sich DIN 4109-4 in Abschnitt 5.1.2. Für die Laborprüfung von Bauteilen (Luftschalldämmung, Trittschalldämmung, Flankendämmung) werden die verschiedenen Unsicherheitseinflüsse genannt:

- Einflüsse des Messverfahrens und der Laborbedingungen, ausgedrückt durch die Standardabweichung u_{lab}
- Einflüsse aus der Reproduzierbarkeit der Prüfobjekte, ausgedrückt durch die Standardabweichung $u_{BT,repro}$
- Die Gesamtunsicherheit des Bauteilkennwertes u_{Kennw}

In Zusammenhang mit der Unsicherheit durch Reproduzierbarkeit $u_{BT,repro}$ wird gesagt:

> Die daraus gebildete Gesamt-Unsicherheit des Bauteilkennwertes u_{Kennw} ist vom Hersteller des Elements anzugeben.

Diese Formulierung ist irritierend, da nach DIN 4109-2, Anhang C (Gl. C.1) die Gesamt-Unsicherheit des Bauteilkennwertes u_{Kennw} mit

$$u_{\text{Kennw}} = \sqrt{\frac{u_{\text{lab}}^2 + u_{\text{BT,repro}}^2}{n} + u_{\text{BT,einzel}}^2} \tag{6.1}$$

zu ermitteln ist, sich also nicht nur auf $u_{\text{BT,repro}}$ bezieht. Insgesamt wäre es hilfreich, wenn in Zusammenhang mit den in Abschnitt 5.1.2 genannten Unsicherheitsgrößen auch auf DIN 4109-2, Anhang C verwiesen würde, damit die Bedeutung und der Zusammenhang der genannten Unsicherheitsgrößen erkennbar wird. In diesem Anhang wird verdeutlicht (siehe Anhang C, Bild C.1), dass u_{Kennw} die relevante Größe für die Bestimmung der Prognoseunsicherheit ist.

Die Festlegung in Abschnitt 5.1.2, dass u_{Kennw} vom Hersteller anzugeben ist, dürfte in der Realität wohl nicht erfüllt werden, da i. d. R. die dafür erforderlichen prüfobjektbezogenen Erhebungen nicht vorliegen dürften. Der Anreiz dafür ist derzeit auch gering, da u_{Kennw} nur bei der detaillierten Bestimmung der Prognoseunsicherheit nach DIN 4109-2, Anhang C benötigt wird. Der Regelfall ist aber die vereinfachte Ermittlung der Sicherheitsbeiwerte nach DIN 4109-2, Abschnitt 5.3.3. Dafür werden die Gesamtunsicherheiten der Bauteilkennwerte nicht benötigt.

Falls im Einzelfall dennoch auf solche Unsicherheitswerte der Bauteile zurückgegriffen werden sollte, können nach DIN 4109-2, Anhang C.3 auch Pauschalwerte für die Unsicherheitsbeiträge herangezogen werden. Für u_{Kennw} wird dort bei bewerteten Schalldämm-Maßen 1,9 dB genannt, bei bewerteten Norm-Trittschallpegeln 2,1 dB und bei der bewerteten Trittschallminderung von Deckenauflagen 3,7 dB.

Unsicherheit bei Messungen im Prüfstand an gebäudetechnischen Anlagen

Angaben zur Unsicherheit bei Messungen an gebäudetechnischen Anlagen im Prüfstand werden in DIN 4109-4, Abschnitt 5.2.2 nur für Messungen an Armaturen nach DIN EN ISO 3822 gemacht. Die Angaben in DIN 4109-4 entstammen der detaillierten Darstellung der Unsicherheiten in DIN EN ISO 3822-1, Anhang D, die in einem europäischen Ringversuch ermittelt wurden. Für eine übliche Armatur der Trinkwasserinstallation wird dort die Standard-Abweichung der Wiederholpräzision mit 0,5 dB und der Vergleichspräzision mit 1,5 dB angegeben. Eine detaillierte Betrachtung der Unsicherheiten nach DIN EN ISO 3822 findet sich in [352].

Für Messungen an Abwassersystemen nach DIN EN 14366 liegen in der noch aktuellen Normausgabe von 2004 keine Angaben zur Unsicherheit vor. Anderweitige Angaben zur Unsicherheit dieses Verfahrens sind nicht bekannt, da dazu bis jetzt noch keine systematische Untersuchung im Sinne eines Ringversuchs durchgeführt wurde. Eine entsprechende Ergänzung sollte im Zuge der Überarbeitung dieser Norm vorgesehen werden.

Für Messungen an Körperschallquellen nach DIN EN 15657 [82] werden in der Messnorm derzeit keine Werte der Unsicherheit angegeben. Es wurde jedoch ein Ringversuch durchgeführt, der erste Hinweise auf die Unsicherheit des Verfahrens lieferte [475], [476]. Eine Auswertung des Ringversuchs mit Angaben zur Unsicherheit findet sich in [352]. Dort wird für die Wiederhol-Standardabweichung in Terzen ein Wert von 3 dB und für den A-bewerteten Gesamtwert 2,8 dB angegeben. Wegen einiger Besonderheiten des Ringversuchs ist zu erwarten, dass niedrigere Werte erreicht werden können. Ein neu geplanter Ringversuch soll für DIN 15657 aktuelle Daten liefern.

Bei der Handhabung der DIN EN ISO 10052 zur Messung von Schalldruckpegeln gebäudetechnischer Anlagen im Labor liegen im vorliegenden Abschnitt der DIN 4109-4 keine Aussagen vor. Es dürften hierfür aber vergleichbare Verhältnisse gelten wie bei der primär vorgesehenen Anwendung dieses Messverfahrens bei Baumessungen. Darauf wird in DIN 4109-4, Abschnitt 6.3.2 eingegangen.

Unsicherheit bei Messungen an Bauteilen und bei Messungen des Schallschutzes in Gebäuden

Unsicherheiten bei Messungen an Bauteilen in Gebäuden (Abschnitt 6.1.2) und bei Messungen des Schallschutzes in Gebäuden (Abschnitt 6.2.2) werden in DIN 4109-4 getrennt betrachtet, weil die Prüfverfahren in zwei verschiedenen Abschnitten behandelt werden. Jedoch sind die Angaben zur Behandlung der Unsicherheit dieselben, da es sich ja auch um dieselben Prüfverfahren handelt. In beiden Fällen wird auf die σ_{situ}-Werte nach DIN EN ISO 12999-1 verwiesen.

Die Standardunsicherheiten für die Luftschalldämmung finden sich in DIN EN ISO 12999-1, Abschnitt 7.2 für Terzwerte in Tabelle 2 und für Einzahlwerte nach DIN EN ISO 717-1 in Tabelle 3. Für R'_{w} und $D_{\text{nT,w}}$ wird unter In-situ-Bedingungen eine Standardunsicherheit von 0,9 dB angegeben.

Für die Trittschalldämmung kommen für Baumessungen die in DIN EN ISO 12999-1 in den Tabellen 4 (Terzbänder) und 5 (Einzahlwerte nach DIN EN ISO 717-2) für Situation B genannten Werte der Standardunsicherheit in Frage. Für $L'_{\text{n,w}}$ und $L'_{\text{nT,w}}$ wird unter In-situ-Bedingungen eine Standardunsicherheit von 1 dB angegeben.

Unsicherheit bei Messungen an gebäudetechnischen Anlagen in ausgeführten Bauten

Unsicherheiten bei Baumessungen an gebäudetechnischen Anlagen werden in DIN 4109-4, Abschnitt 6.3.2 behandelt. Die dortigen Angaben zur Unsicherheit gelten, ohne dass das in Abschnitt 6.3.2 explizit gesagt wird, nur für Messungen nach DIN EN ISO 10052. Darauf sollte in diesem Abschnitt hingewiesen werden. Die genannten Werte entstammen den detaillierten Untersuchungen in [352]. Für Messungen der Schachtpegeldifferenz nach DIN 52210-6 können die Angaben nicht herangezogen werden. Auch für die Messung des Beurteilungspegels sind sie nicht ohne weiteres anwendbar.

Die in Abschnitt 6.3.2 angegebenen Werte der Unsicherheit u sind als Standardabweichungen unter In-situ-Bedingungen (Situation B nach DIN EN ISO 12999-1) zu verstehen. Dafür heißt es in Abschnitt 6.3.2:

$$u_{\text{situ}} = 5{,}0\text{ dB} - 0{,}1 \cdot L_{\text{AF,max,n}} \quad \text{für } L_{\text{AF,max,n}} < 35\text{ dB} \tag{6.2}$$

$$u_{\text{situ}} = 1{,}5\text{ dB} \quad \text{für } L_{\text{AF,max,n}} > 35\text{ dB} \tag{6.3}$$

Die Unsicherheiten sind bei Pegeln unterhalb von 35 dB also größer anzusetzen und werden erwartungsgemäß umso größer, je kleiner das zu messende Geräusch der Anlage wird. Während oberhalb von 35 dB eine Unsicherheit von 1,5 dB angenommen werden kann, wäre sie bei einem niedrigen Pegel von 20 dB mit 3,0 dB doppelt so groß.

Umgang mit Unsicherheiten bei Baumessungen

Die Frage, wie bei Baumessungen mit den Unsicherheiten umgegangen werden soll, stellt sich insbesondere dann, wenn durch eine bauakustische Messung die Einhaltung von gesetzlichen oder anderweitig getroffenen Anforderungen überprüft werden soll. DIN 4109-4 nennt zwar die Unsicherheiten, sagt aber nicht, wie damit im konkreten Fall umgegangen werden soll. Das muss sie auch nicht, da es sich hier um eine eher juristisch relevante Frage handelt.

Im Beschlussbuch der VMPA-Prüfstellen (Ausgabedatum 04.12.2017) [151] wird zu dieser Frage in Abschnitt 7.1 (Messunsicherheit bei Messungen in Gebäuden) folgendermaßen Stellung genommen:

> In der DIN 4109-1:2018-01 werden als Anforderungswerte ganzzahlige Einzahlwerte genannt.
>
> Endergebnisse von Prüfungen sind als ganzzahlige Einzahlwerte ohne Messtoleranz anzugeben.
>
> Die Angabe von Messergebnissen ohne Messtoleranz ist auch dadurch begründet, dass bei der Erstellung der DIN 4109:1989-11 bereits Vorhaltemaße und bei der DIN 4109-2:2018-01 bereits Sicherheitsbeiwerte berücksichtigt wurden und die Angabe der Messunsicherheit in der Mehrzahl der Fälle eher zur Verunsicherung als zur Klärung beiträgt.

Weiter sagt das VMPA-Beschlussbuch in Anlage 5:

> Die nach DIN EN ISO 16283-1 ermittelten Einzahlwerte sind ohne Einschränkung zu verwenden und können direkt mit einem Anforderungswert verglichen werden.

Die genannte Angabe von Prüfwerten ohne Messtoleranz bedeutet bei ganzzahligen Anforderungswerten und ganzzahligen Prüfergebnissen, dass bei einer Unterschreitung der Anforderung um 1 dB bei der Luftschalldämmung bzw. einer Überschreitung um 1 dB bei der Trittschalldämmung die Anforderung nicht eingehalten wurde.

Zusätzlich heißt es im VMPA-Beschlussbuch in Abschnitt 7.1:

> Frühere Ringversuche und neuere Untersuchungen der PTB haben gezeigt, dass im Normalfall, das heißt bei nicht komplizierter Raumgeometrie und zeitinvarianten Messbedingungen, die Unsicherheit (einfache Standardabweichung) für das bewertete Bau-Schalldämm-Maß 0,9 dB, den bewerteten Norm-Trittschallpegel 1 dB beträgt. Siehe auch DIN EN ISO 12999-1:2014-09.
>
> Die Messunsicherheit bei Messungen gebäudetechnischer Anlagen ist nach DIN 4109-4:2016-07, Abschnitt 6.3.2 zu ermitteln.

Das sind die Angaben, die auch in DIN 4109-4 durch den Bezug auf DIN EN ISO 12999-1 geltend gemacht werden.

6.5 Labormessungen

6.5.1 Allgemeine Regeln

6.5.1.1 Prüfung von Sonderbauteilen und Sonderbauarten

Abschnitt 5 der DIN 4109-4 nennt in den Tabellen 2 bis 5 die anzuwendenden Messverfahren in Prüfständen und verweist dort auch auf die nationalen Ergänzungen, die in den normativen Anhängen A und B im Detail festgelegt werden. Weiterhin heißt es in Abschnitt 5.1.1:

> Bauteile oder Bauarten, die nicht nach DIN EN ISO 10140-1 in Prüfständen nach DIN EN ISO 10140-5 geprüft werden können, sind in drei Bauten zu prüfen. Der gemittelte Wert kann sinngemäß für die Planung und den Nachweis der Schalldämmung in Gebäuden der gleichen Bauweise verwendet werden. Der Aufbau des jeweiligen Prüfobjekts, die Randbedingungen des Einbaus sowie die Prüfbedingungen sind im Prüfbericht entsprechend den Anforderungen nach DIN EN ISO 10140-2 oder DIN EN ISO 10140-3 zu beschreiben.

Das entspricht der bisherigen Eignungsprüfung III nach DIN 4109:1989 Abschnitt 6.3. Dafür hieß es:

> Eignungsprüfung III: Prüfung in ausgeführten Bauten
> - von Bauteilen, die sich wegen ihrer Größe nicht in genormten Prüfstände einbauen lassen (Sonderbauteile),
> - von Bauarten, zu deren Prüfung die genormten Prüfstände nicht geeignet sind (Sonderbauarten)."

Nach der Ablösung des alten Nachweissystems aus DIN 4109:1989 (siehe dazu auch Festlegungen in DIN 52210-3) durch allgemeine bauaufsichtliche Prüfzeugnisse (abPs) tritt diese Art von Prüfungen in Zusammenhang mit den abPs nicht mehr in Erscheinung. So geht auch das Beschlussbuch des Arbeitskreises Schallprüfstellen [150] darauf nicht ein. Für die Erstellung von abPs werden dort nur Prüfungen im Labor genannt. Damit ist der genannte Absatz in Abschnitt 5.1.1 der DIN 4109-4 der einzige verbliebene Hinweis auf diese Art von Prüfung. Der dort getätigte Hinweis, dass der gemittelte Wert einer solchen Prüfung „sinngemäß für die Planung und den Nachweis der Schalldämmung in Gebäuden der gleichen Bauweise verwendet werden" kann, ist allerdings sehr allgemein gehalten, ohne konkret zu sagen, wie der Umgang mit solchen Werten zu erfolgen habe. DIN 4109:1989 enthielt dazu in ihrem Abschnitt 6.5 (Prüfung von Sonderbauteilen und Sonderbauarten (Eignungsprüfung III)) noch konkrete Hinweise.

6.5.1.2 Angabe von Einzahlwerten

In Abschnitt 5.1.3 findet sich als Nationale Ergänzung zur Angabe von Einzahlwerten folgende Festlegung:

> Als Eingangsdaten für die Berechnung nach DIN 4109-2 sind die benötigten Kenngrößen mit einer Nachkommastelle anzugeben.

Das ist in DIN 4109 neu. Hiermit wird den Berechnungsmodalitäten der DIN 4109-2 Rechnung getragen, die in Abschnitt 5.2 (Rundungsregeln) für Eingangsdaten aus Prüfberichten folgende Festlegung trifft:

> In Prüfständen ermittelte Eingangsdaten müssen, sofern im Prüfbericht angegeben, mit 1/10 dB-Angaben verwendet werden.

Weiterhin heißt es in Abschnitt 5.2 der DIN 4109-2:

> Ist der kennzeichnende Einzahlwert im Prüfbericht nur in ganzen dB angegeben, kann er nach dem in DIN EN ISO 717-1 und DIN EN ISO 717-2 genannten Verfahren nachträglich in 1/10 dB ermittelt werden, wenn die dazu benötigten frequenzabhängigen Angaben dem Prüfbericht entnommen werden können.

Eine weitere Festlegung zur Angabe von Einzahlwerten findet sich in DIN 4109-4 im normativen Anhang A.7. Dort geht es um die Verlustfaktor-Korrektur bei Massivwänden. Unter Punkt f) dieses Anhangs heißt es:

> Um eine größtmögliche Berechnungsgenauigkeit bei der Anwendung von DIN EN 12354-1 sicherzustellen, kann $R_{w,Bau,ref}$ im Prüfbericht mit einer Genauigkeit von einer Nachkommastelle angegeben werden.

Hier sollte die in Bezug genommene DIN EN 12354-1 durch DIN 4109-2 ersetzt werden. Die genannte Festlegung ist hier als „Kann-Bestimmung" formuliert, wird jedoch in DIN 4109-2 zutreffender als verbindliche Vorgabe genannt:

> Schalldämm-Maße von massiven Bauteilen aus Prüfständen, die als Eingangsdaten verwendet werden, werden mit dem in DIN 4109-4 genannten Verfahren auf den mittleren Bauverlustfaktor bezogen. Diese Werte sind auf 1/10 dB zu runden.

Auch das Beschlussbuch des Arbeitskreises Schallprüfstellen [150] enthält in seinem Abschnitt 4 (Regeln für Auswertung und Dokumentation) eine Festlegung zur Angabe von Einzahlwerten in 1/10 dB in Zusammenhang mit den Angaben zur Messunsicherheit.

6.5.2 Nationale Ergänzungen für Prüfungen im Prüfstand

Die Nationalen Ergänzungen für Prüfungen im Prüfstand werden im normativen Anhang A behandelt. Nachfolgend werden diese Ergänzungen kommentiert. Bei Bedarf erfolgt eine zusätzliche vertiefte Diskussion bei der Behandlung der Abschnitte 5.1 und 5.2.

A.1: Allgemeines

Die nationale Ergänzung A.1 behandelt die mehrkanalige Messung der Luftschalldämmung. Sie ist eine wörtliche Übernahme von DIN 4109-11:2014, Abschnitt 3. Dazu wird in DIN 4109-4 gesagt:

> Die folgenden Anforderungen an Messgeräte gelten für alle Messungen nach dieser Norm.

Das ist insofern unzutreffend, als es im danach folgenden Text nur um die Messungen der Luftschalldämmung im Labor und im Bau geht. Zu berücksichtigen ist darüber hinaus, dass diese Regelung zwar unter den Nationalen Ergänzungen für Prüfungen im Prüfstand aufgeführt wird, sie später aber auch ausdrücklich für entsprechende Baumessungen angewendet werden soll.

A.2: Prüfungen zur Kennzeichnung des Materials

Vorgaben zur Kennzeichnung von zu prüfenden Materialien waren bereits in DIN 4109-11:2010 in Abschnitt 6 enthalten. Die Festlegungen in Anhang A.2 der DIN 4109-4 entsprechen den dortigen Vorgaben. Es wurden lediglich die Bezüge zu allgemeinen bauaufsichtlichen Prüfzeugnissen (abPs) weggelassen, da diese nicht zum Regelungsbereich der DIN 4109 gehören. Entsprechende Festlegungen zu Prüfungen für abPs finden sich im Beschlussbuch des Arbeitskreises Schallprüfstellen [150].

A.3: Prüfung der Luftschalldämmung von Wänden und der Luft- und Trittschalldämmung von Decken

In dieser Nationalen Ergänzung geht es um die Handhabung und Kontrolle des Feuchteverhaltens massiver Bauteile. Die Regelung wurde wörtlich aus DIN 4109-11:2010, Abschnitt 7 übernommen.

A.4: Prüfung der Luftschalldämmung von Fenstern, Türen, Verglasungen und Fassadenelementen im Prüfstand

In dieser Nationalen Ergänzung geht es um Vorgaben zur Prüfung von Fenstern, Türen, Fassaden, Verglasungen und Fassadenelementen. Eine entsprechende Regelung gab es in DIN 4109-11:2010 noch nicht. Sie finden sich jedoch in den Pflichtenheften des Beschlussbuches des Arbeitskreises Schallprüfstellen [150].

A.5: Korrektur der Luftschallübertragung bei Bestimmung des Trittschallpegels

Die Korrektur einer möglichen Luftschallübertragung bei der Bestimmung des Trittschallpegels ist in Deutschland seit langem Bestandteil der nationalen Normung gewesen. Schon in der 1998 zurückgezogenen DIN 52210-3 [62] fand sich eine verbindliche Regelung zur Korrektur der Luftschallübertragung. Wie Bild 6.1 zeigt, wird bei der Anregung einer Decke durch das Norm-Hammerwerk auch Luftschall in den Senderaum abgestrahlt. Dieser kann so stark sein, dass er bei der Übertragung in den Empfangsraum einen merkbaren Anteil am dort gemessenen Schalldruckpegel liefert. Das gewünschte Messergebnis L, das nur den Anteil der Trittschallübertragung über die Decke (und ggf. bei Baumessungen als L' auch über flankierende Bauteile) enthalten sollte, wird dadurch verfälscht.

Durch eine Korrektur, die sinngemäß einer Störpegelkorrektur entspricht, muss dann der gemessene Schalldruckpegel im Empfangsraum vom störenden Luftschall bereinigt werden. Dazu werden nach Bild 6.2 zuerst der vom Hammerwerk in den Senderaum abgestrahlte Schalldruckpegel L_{HW} sowie der gleichzeitig im Empfangsraum vorhandene Gesamtpegel L_E gemessen. In einem zweiten Schritt wird dann die Luftschall-Pegeldifferenz ermittelt, die sich bei Lautsprecherabstrahlung im Senderaum aus der Differenz der Schalldruckpegel L_1 im Senderaum und L_2 im Empfangsraum ergibt:

$$D = L_1 - L_2 \qquad (6.4)$$

Der aus der Luftschallübertragung des Hammerwerks stammende Schalldruckpegel L_{LS} ergibt sich dann durch

$$L_{LS} = L_{HW} - D \qquad (6.5)$$

und die Korrektur des Messwertes wie bei einer Störpegelkorrektur durch

$$L = 10\lg\left(10^{L_E/10} - 10^{(L_{HW}-D)/10}\right) \qquad (6.6)$$

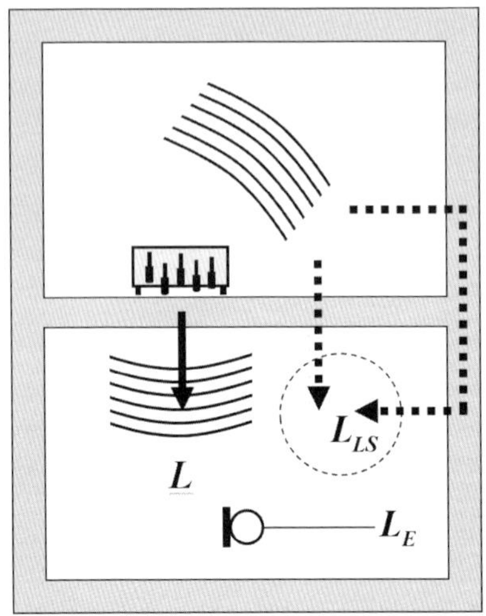

Legende

L Trittschallpegel

L_{LS} Schalldruckpegel durch direkte und flankierende Luftschallübertragung

L_E gemessener Gesamtpegel (energetische Summe aus L und L_{LS})

Quelle: Autoren

Bild 6.1: Luftschallübertragung bei der Trittschallmessung

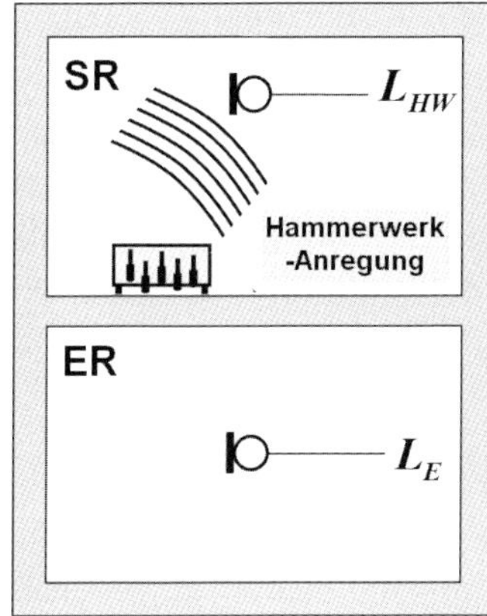

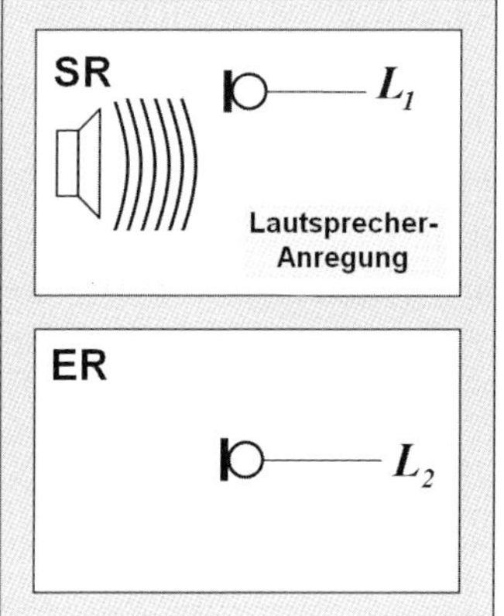

Quelle: Autoren

Legende

L_{HW} vom Hammerwerk im Senderaum (SR) abgestrahlter Schalldruckpegel
L_E gemessener Gesamtpegel im Empfangsraum (ER)
L_1 Schalldruckpegel im SR bei Betrieb eines Lautsprechers
L_2 Schalldruckpegel im ER bei Betrieb eines Lautsprechers

Bild 6.2: Korrektur der Luftschallübertragung bei der Trittschallmessung

Diese im deutschen Regelwerk verankerte und fachlich gut begründete Korrektur fand in den internationalen Normen (zuerst in der Normenreihe ISO 140 und später ISO 10140 und ISO 16283-2) nicht entsprechende Berücksichtigung. So wurde sie nach Zurückziehung der DIN 52210-1 zuerst als nationale Ergänzung in DIN 4109-11:2003/2010 und danach in DIN 4109-4 aufgenommen. In DIN 4109-4 entspricht sie der **Nationalen Ergänzung A.5**. Durch das Erscheinen der Änderung A1 zu DIN EN ISO 10140-3:2013-08 ist dort durch den neu aufgenommenen Abschnitt 5.4 die nach der beschriebenen Methode gemäß Gl. (6.4) bis (6.6) durchzuführende Korrektur inzwischen vollständig berücksichtigt worden. Es finden sich darüber hinaus noch einige sinnvolle Präzisierungen des Verfahrens, die in der Nationalen Ergänzung A.5 nicht enthalten sind. Der zuständige deutsche Normenausschuss NA 062-02-31 AA hatte dieser Änderung zugestimmt. Im Beschlussbuch des Arbeitskreises der Prüfstellen [150] wurde aus diesem Grunde die bisherige Regelung zur Luftschallkorrektur mit Verweis auf die aktualisierte DIN EN ISO 10140-3 im März 2016 ersatzlos gestrichen. Entsprechend wäre auch A.5 in DIN 4109-4 zu streichen.

Während für eine übliche Störpegelkorrektur der Pegelbereich angegeben wird, in dem eine Korrektur durchzuführen ist, sagt die Nationale Ergänzung A.5 dazu nichts. Hier geht die DIN EN ISO 10140-3 seit der Änderung A3 weiter, indem sie folgende Regelung vorsieht:

- eine Korrektur ist nicht erforderlich, wenn L_E mindestens 10 dB über L_{LS} liegt
- wenn die Differenz zwischen L_E und $L_{LS} \leq 3$ dB ist, wird die Schallübertragung vom Luftschall beherrscht und die Trittschalldämmung kann nicht fehlerfrei gemessen werden. Eine Korrektur ist dann nicht mehr zulässig.

Auf die Handhabung der Luftschallkorrektur bei Baumessungen wird in 6.6.2.4 eingegangen.

A.6: Prüfung der Trittschallminderung von Deckenauflagen im Prüfstand

Die Nationale Ergänzung A.6 wurde weitgehend aus DIN 4109-11:2019, Abschnitt 8 übernommen. Ergänzt wurden die übernommenen Festlegungen durch die Vorgabe einer Prüffläche von mindestens 10 m^2. Aus DIN 4109-11:2010, Abschnitt 6 wurde die Vorgabe zur Aufbewahrungspflicht von Probestücken übernommen.

Eine Überarbeitung dieser Ergänzung ist zu empfehlen, da bei folgender Formulierung ein Fehler vorzuliegen scheint:

> Nass hergestellte Estriche dürfen frühestens zwei (nach DIN EN ISO 10140-1:2014-09, H.4.4 nach mindestens drei) Wochen nach dem Einbau, mineralisch gebundene Estriche frühestens nach drei Tagen geprüft werden.

In DIN 4109-11:2010 hatte es noch geheißen:

> Nass hergestellte Estriche dürfen frühestens zwei (nach DIN EN ISO 140-8:1998-03, 5.3.2.2 drei) Wochen nach dem Einbau, Asphalt-Estriche frühestens nach drei Tagen geprüft werden.

Die richtige Formulierung, bei der es um eine Präzisierung der Estricharten geht, sollte dann wie folgt lauten:

> Mineralisch gebundene Estriche dürfen frühestens zwei (nach DIN EN ISO 10140-1:2016-12, 4.4 drei) Wochen nach dem Einbau, Asphalt-Estriche frühestens nach drei Tagen geprüft werden.

Der datierte Verweis auf DIN EN ISO 10140-1:2014-09 könnte durch einen undatierten Verweis ersetzt werden.

A.7: Verlustfaktor-Korrektur bei Massivwänden

In den detaillierten Berechnungsverfahren der DIN EN 12354 (siehe 4.2.1.5 und 4.3.2.6) werden die Eingangsdaten für die Prognoserechnungen als so genannte In-situ-Daten betrachtet, um den Bedingungen der aktuellen Prognosesituation Rechnung zu tragen. Diesem Ansatz liegt zugrunde, dass die akustischen Eigenschaften von der jeweiligen Einbausituation abhängen können. Es kann gezeigt werden, dass die Abhängigkeit von der Einbausituation insbesondere bei massiven Bauteilen eine große Rolle spielen kann und dass der Verlustfaktor dabei die maßgebliche Einflussgröße ist. In DIN EN 12354 wird deshalb eine so genannte In-situ-Korrektur vorgesehen. Diese beruht auf dem Verlustfaktor des betrachteten Bauteils und wird deshalb auch Verlustfaktor-Korrektur genannt. Für das in DIN 4109-2 verwendete vereinfachte Berechnungsverfahren der DIN EN 12354-1 wurde für massive Bauteile eine vereinfachte Verlustfaktor-Korrektur implementiert. Die Hintergründe und die Vorgehensweise für diese Korrektur werden in 4.2.1.5 und 4.2.2.1 beschrieben.

Die im Bauteilkatalog für den Massivbau (DIN 4109-32) angegebenen „Massekurven" der Gl. (13) bis (16) für die bewerteten Schalldämm-Maße einschaliger massiver Bauteile enthalten bereits eine für den Massivbau repräsentative Verlustfaktor-Korrektur. Damit auch Werte aus Prüfzeugnissen (abPs) unter gleichen Voraussetzungen für die Berechnungen verwendet werden können, muss die Verlustfaktor-Korrektur auch für gemessene Daten angewendet werden. Erst die verlustfaktorkorrigierten Werte können dann als Eingangsdaten für die Berechnung eingesetzt werden. Diese Vorgehensweise wird in DIN 4109-2, Abschnitt 5.1 gefordert:

In Prüfständen ermittelte Schalldämm-Maße von massiven Bauteilen, die als Eingangsdaten verwendet werden, müssen nach DIN 4109-4 auf den mittleren Bauverlustfaktor bezogen werden.

Entsprechend sagt DIN 4109-4 im Anhang A.7:

Sollen die in einem bauakustischen Prüfstand nach DIN EN ISO 10140-5 ermittelten bewerteten Schalldämm-Maße für Berechnungen der Schalldämmung nach dem vereinfachten Verfahren nach DIN EN 12354-1 (DIN 4109-2) verwendet werden, ist zuvor eine Verlustfaktor-Korrektur mit Bezug auf einen für Massivbauten typischen mittleren Bauverlustfaktor durchzuführen. Als einheitlicher Bezugswert dient hierbei ein für Massivbauten typischer mittlerer Bauverlustfaktor [477] und [478].

Die in Anhang A.7 als Nationale Ergänzung formulierte Vorgehensweise entspricht derjenigen, die zuvor im Beschlussbuch des Arbeitskreises der Prüfstellen [150] für die Erstellung allgemeiner bauaufsichtlicher Prüfzeugnisse (abPs) vorgeschrieben war und auch bereits in einer allgemeinen bauaufsichtlichen Zulassung für Mauerwerk aus Hochlochziegeln [311] 2010 festgelegt wurde. Mit Aufnahme in DIN 4109-4 konnte eine separate Regelung im aktuellen Beschlussbuch entfallen. Stattdessen wird auf den Anhang A.7 der DIN 4109-4 verwiesen.

Entgegen der Überschrift des Anhangs A.7, die nur die Verlustfaktor-Korrektur bei massiven Wänden nennt, ist nach DIN 4109-2 die Verlustfaktor-Korrektur auf massive Bauteile insgesamt, also auch auf massive Decken, anzuwenden. Dem wird in DIN 4109-4 in Tabelle 2, Zeile 2 Rechnung getragen, indem dort auch für Decken der Verlustfaktor als Messgröße genannt wird. Insofern sollte die Überschrift der Nationalen Ergänzung A.7 in „Verlustfaktor-Korrektur bei massiven Bauteilen (Wände und Decken)" geändert werden.

Zur Durchführung der Verlustfaktor-Korrektur heißt es in A.7:

Andere Lochsteine (z. B. Blöcke aus Bims- oder Leichtbeton)

Mangels ausreichender Kenntnisse über das akustische Verhalten (insbesondere in Bezug auf Steinresonanzen und Dämpfung) ist eine Verlustfaktor-Korrektur hier derzeit nicht möglich.

Das hat sich in der Zwischenzeit geändert. Seit 2017 liegen allgemeine bauaufsichtliche Zulassungen [479] vor, in denen für bestimmte Produkte von Mauerwerk aus Leichtbeton- oder Beton-Lochsteinen eine Vorgehensweise für die Verlustfaktor-Korrektur gemäß DIN 4109-4 Anhang A.7 festgelegt wird.

6.5.3 Bauakustische Messungen an Bauteilen

6.5.3.1 Allgemeines zu den Tabellen 2, 3 und 4

In den Tabellen 2, 3 und 4 geht es um die Messung der Luftschall-, Trittschall- und Flankendämmung in Prüfständen. Weitere Festlegungen, die bei der Erstellung von allgemeinen bauaufsichtlichen Prüfzeugnissen (abPs) von den dazu vorgesehenen Prüfstellen zu berücksichtigen sind, finden sich im Beschlussbuch des Arbeitskreises der Prüfstellen [150].

6.5.3.2 Messungen der Luftschalldämmung (Tabelle 2)

Die Festlegung von Messverfahren und Nationalen Ergänzungen für die Messung der Luftschalldämmung in Prüfständen findet sich in der Tabelle 2 der DIN 4109-4.

Messverfahren

Die Messverfahren für Prüfstandsmessungen der Luftschalldämmung sind in der Normenreihe der DIN EN ISO 10140 niedergelegt. Anzuwenden sind für die Messung der Direktdämmung DIN EN ISO 10140-1, DIN EN ISO 10140-2, DIN EN ISO 10140-4 und DIN EN ISO 10140-5.

Durch die Struktur der Normenreihe ist es erforderlich, für eine Prüfung stets auf mehrere der genannten Normteile zurückzugreifen.

Nationale Ergänzungen

In Zeile 6 (mit Füllstoffen oder Dichtungen ausgefüllte Fugen) könnte ein Verweis auf **A.2** (Prüfungen zur Kennzeichnung des Materials) sinnvoll sein, um das Fugenmaterial hinsichtlich seiner akustisch relevanten Materialeigenschaften zu charakterisieren.

Die Ergänzung **A.7** fehlt in Zeile 2 (Decken), obwohl bei den Messgrößen auf den Verlustfaktor hingewiesen wird und auch bei massiven Decken nach DIN 4109-2 eine Verlustfaktor-Korrektur durchzuführen ist.

6.5.3.3 Messungen der Trittschalldämmung (Tabelle 3)

Die Festlegung von Messverfahren und Nationalen Ergänzungen für die Messung der Trittschalldämmung in Prüfständen findet sich in der Tabelle 3 der DIN 4109-4.

Messverfahren

Die Messverfahren für Prüfstandsmessungen der Luftschalldämmung sind in der Normenreihe der DIN EN ISO 10140 niedergelegt. Anzuwenden sind davon DIN EN ISO 10140-1, DIN EN ISO 10140-3, DIN EN ISO 10140-4 und DIN EN ISO 10140-5.

Zeile 1 ist für Treppen und Podeste durch DIN 7396 [45] zu ergänzen, welche das Prüfverfahren zur akustischen Kennzeichnung von Entkopplungselementen für Massivtreppen festlegt. Diese Messnorm ist im Juni 2016 zum ersten Mal erschienen und konnte deshalb bei DIN 4109-4:2016 noch nicht berücksichtigt werden. Die nach dieser Norm ermittelten Kennwerte können nach den Berechnungsverfahren der revidierten DIN EN 12354-2 von 2017-11 (Anhang F) für die rechnerischen Nachweise der Trittschalldämmung angewendet werden. Eine entsprechende Ergänzung ist für DIN 4109-2 vorgesehen.

Die Nennung von DIN EN ISO 10140-2 bei der Messung von Deckenauflagen in den Zeilen 2 und 4 dieser Tabelle dürfte ein Irrtum sein, da in dieser Norm die Messung der Luftschalldämmung behandelt wird. Stattdessen fehlt in den betreffenden Zeilen DIN EN ISO 10140-3 (Messung der Trittschalldämmung). DIN EN ISO 10140-2 wäre also durch DIN EN ISO 10140-3 zu ersetzen.

In Zeile 3 (Rohdecken) ist die Nennung von DIN EN ISO 10140-3 nicht ausreichend. Es fehlt DIN EN ISO 10140-4, da diese in den Abschnitten 4.4 und 5.3 auf die Trittschallmessung im Prüfstand eingeht. Es fehlt außerdem DIN EN ISO 10140-5, da dort die für Deckenprüfungen vorzusehenden Prüfstände festgelegt werden.

Nationale Ergänzungen

Entfallen kann in allen Zeilen der Tabelle 3 der Verweis auf die **Nationale Ergänzung A.1**, da sich diese nur auf die Messung der Luftschalldämmung bezieht. Der Bezug auf **A.2** (Prüfungen zur Kennzeichnung des Materials) ist für die Zeilen 2 und 4 (Deckenauflagen) offensichtlich, für die Zeilen 1 und 3 eher von der untersuchten Konstruktion abhängig. **A.3** (Luft- und Trittschalldämmung bei massiven Bauteilen: Trocknung und Feuchtegehalt) ist bei den Zeilen 1 und 3 zutreffend. Bei den Zeilen 2 und 4 (Deckenauflagen) ist sie fehl am Platz und sollte gestrichen werden. Auf die Anwendung von **A.5** (Luftschallübertragung bei der Trittschallmessung) wurde bereits in 6.5.2 eingegangen. **A.6** (Trittschallminderung von Deckenauflagen) trifft auf Zeile 1 nicht zu. In dieser Ergänzung kann der dort vorhandene Verweis auf A.5 gestrichen werden, da er in Tabelle 3 sowieso enthalten ist.

6.5.3.4 Messungen der Flankenübertragung von Luft- und Trittschall (Tabelle 4)

Die Festlegung von Messverfahren und Nationalen Ergänzungen für die Messung der Flankenübertragung von Luft- und Trittschall in Prüfständen findet sich in der Tabelle 4 der DIN 4109-4.

Messverfahren

Die Messverfahren für Prüfstandsmessungen der Flankendämmung sind in der Normenreihe DIN EN ISO 10848 vollständig niedergelegt. Anzuwenden sind die Teile 1 bis 4.

DIN EN 10848 wurde seit Erscheinen von DIN 4109-4:2016 in allen 4 Teilen komplett überarbeitet und liegt derzeit in der aktuellen Ausgabe vom Februar 2018 vor. Wesentlich ist vor allem die stärkere Einbindung von Bauteilen des Holz- und Leichtbaus und demzufolge eine Unterscheidung von Bauteilen des Typs A und Typs B. Bei einer Revision der DIN 4109-4 muss bei der Nennung der Bauteile in Tabelle 4 die Unterscheidung von Typ-A- und Typ-B-Bauteilen berücksichtigt werden. Zukünftig wird als weiterer Teil noch DIN EN ISO 10848-5 (Abstrahlgrad von Bauteilen) dazukommen, der derzeit in Vorbereitung ist.

Als neue Kenngröße ist bei der Revision von DIN 4109-4 der Norm-Flankengeräteschallpegel $L_{ne0,f,w}$ aufzunehmen, der in der Neuauflage von DIN EN ISO 10848-1 vom Februar 2018 [99] neu in die Normung eingeführt wurde. Diese Kenngröße beschreibt die durch Körperschallanregung verursachte Luftschallabstrahlung durch ein flankierendes Bauteil. Sie ist bei der Revision von DIN 4109-4 in den Zeilen 1 und 2 zu ergänzen.

In Zeile 2 ist der Verweis auf DIN EN ISO 10848-2 zu streichen, da dieser Normteil hier nicht zutreffend ist.

Nationale Ergänzungen

In Tabelle 4 wäre die Nennung von **A.2** in Zeile 3 sinnvoll, da auch leichte Bauteile (in Kombination mit einem massiven Bauteil) als Prüfanordnung vorkommen können. **A.3** sollte bei Zeile 3 genannt werden, da bei auch bei massiven Stoßstellen das Feuchteverhalten der Bauteile eine Rolle spielen kann.

6.5.4 Messungen an gebäudetechnischen Anlagen

6.5.4.1 Messverfahren für gebäudetechnische Anlagen in Prüfständen

Als Prüfverfahren für gebäudetechnische Anlagen werden in Tabelle 5 DIN EN ISO 3822, DIN EN 14366 und DIN EN 15675-1 genannt. Das sind explizit für Laborprüfungen vorgesehene Messverfahren. Die ebenfalls angesprochene DIN 52210-6 [64] ist der letzte Rest der ursprünglich aus 7 Teilen bestehenden und inzwischen zurückgezogenen DIN 52210, die auf deutscher Ebene die bauakustischen Prüfungen festgelegt hatte. Die dort beschriebene Bestimmung der Schachtpegeldifferenz kann sowohl im Labor als auch im Bau erfolgen. Tabelle 5 nennt aber auch die DIN EN ISO 10052 [93], die hier in Zusammenhang mit „sonstigen gebäudetechnische Anlagen (z. B. Aufzüge, Garagentore u. ä., auch Installationswände)“ aufgeführt wird. Sie ist ausdrücklich für Kurzprüfverfahren in Gebäuden vorgesehen, ist also kein Laborprüfverfahren. Deshalb ist es auf den ersten Blick verwunderlich, dass sie in Zeile 4 der Tabelle 5 neben den Laborprüfungen der anderen Zeilen genannt wird. In Zeile 4 geht es um solche gebäudetechnische Anlagen, für die keine spezifischen Prüfregeln für Prüfstandsmessungen existieren, die aber in Prüfständen eingebaut werden könnten und dort quasi unter „bauähnlichen Bedingungen“ mit den Messmethoden für Gebäudemessungen gemessen werden könnten. Hier käme dann das in DIN EN ISO 10052 für gebäudetechnische Anlagen genannte Prüfverfahren zum Zuge. Das häufigste Beispiel sind Messungen für Sanitärinstallationen in einem Installationsprüfstand. Wenn in Tabelle 5, Zeile 4 Installationswände genannt werden, dann ist damit deren messtechnische Überprüfung in einem Installationsprüfstand gemeint. Für eine solche Überprüfung hatte man sich im zuständigen Normenausschuss nicht entschließen können, eine vollständige und eigenständige Regelung zu treffen, so dass sie mit der genannten Messmethode nach DIN EN ISO 10052 wie eine Messung im Bau behandelt werden kann.

Messungen nach DIN EN ISO 3822

Das für die Prüfung von Armaturen und Geräten der Wasserinstallation vorgesehene Messverfahren der DIN EN ISO 3822 (siehe Bild 3.26) geht auf die frühere, zurückgezogene DIN 52218 zurück. Der nach den 4 Teilen der Normenreihe DIN EN ISO 3822 ermittelte Armaturengeräuschpegel L_{ap} ist die Grundlage für die Einstufung von Armaturen und Geräten der Wasserinstallation in Armaturengruppen nach DIN 4109-1 Abschnitt 11. Für die Anwendung des genannten Verfahrens werden in DIN 4109-4 Tabelle 5 keine nationalen Ergänzungen genannt. Es wäre aber sinnvoll, wenn sie der Vollständigkeit halber durch die Inhalte der Fußnoten a) (Messung auch bei 0,5 MPa) und c) (Betätigungsgeräusche bei Armaturen) aus DIN 4109-1 Tabelle 11 ergänzt würden.

Für die fachliche Koordination der Durchführung von Armaturenprüfungen ist der „Arbeitskreis der Prüfstellen für die Erteilung allgemeiner bauaufsichtlicher Prüfzeugnisse (abPs) für Armaturen und Geräte der Wasserinstallation" zuständig. Dieser trifft bei Bedarf auch Festlegungen zur Durchführung der Prüfungen.

Eine kritische Betrachtung des durch DIN EN ISO 3822 festgelegten Messverfahrens findet sich in 3.6.4.2, 3.6.4.4 und 4.5.3.1.

Messung von Abwassergeräuschen nach DIN EN ISO 14366

Mit DIN EN 14366 [80] wird die Labormessung der Geräusche von Abwassersystemen geregelt. DIN 4109-4 verweist auf diese Norm, ohne dass die danach ermittelten kennzeichnenden Größen derzeit in die Nachweise eingegangen sind. In 5.7.3.3 wird eingehend auf die Nachweise für Abwassergeräusche eingegangen. Dort finden sich Erläuterungen zu den kennzeichnenden Größen, zum Prüfverfahren und den Daten nach DIN EN 14366, zu den Möglichkeiten für Prognosen auf der Basis von DIN EN 14366 und zur Übertragbarkeit auf die Bausituation.

Da DIN 4109-2 noch keine Prognoseverfahren für die Geräusche von Abwassersystemen enthält und die Anwendung der DIN 14366 in DIN 4109 noch nicht normativ umgesetzt wurde, enthält DIN 4109-4 auch keine weitergehenden Ausführungen zu dieser Messnorm. Es ist jedoch abzusehen, dass hier über die DIN EN 14366 hinausgehende Nationale Regelungen zu berücksichtigen wären, z. B. für die Handhabung von Befestigungselementen (z. B. Rohrschellen) bei der Montage der Abwassersysteme im Prüfstand (siehe hierzu auch [464]).

DIN EN 14366 wird derzeit komplett überarbeitet. Vorgesehen ist eine Umstellung der Kenngrößen auf Leistungsgrößen, die entsprechend der Vorgehensweise in DIN EN 15657 (Empfangsplattenmethode) ermittelt werden sollen. Es bleibt abzuwarten, ob in der Neuausgabe eine Präzisierung kritischer Punkte erfolgt oder ob diese im Rahmen zukünftiger Nationaler Ergänzungen getroffen werden muss.

Messung der Körperschallleistung nach DIN EN 15657

Das Messverfahren der DIN EN 15657-1 [81] zur Ermittlung von Körperschallleistungen nach dem Empfangsplattenverfahren hat als Laborverfahren ebenfalls Eingang in die DIN 4109-4 gefunden. Abschnitt 4.5.3 des Handbuchs enthält eine ausführliche Behandlung der Berechnungsverfahren nach DIN EN 12354-5 für Körperschallquellen auf der Basis von Körperschallleistungen. In DIN 4109-2 sind solche Verfahren bis jetzt noch nicht als Nachweisverfahren umgesetzt worden. Erst wenn das der Fall ist, wäre zu entscheiden, ob weitergehende nationale Festlegungen, die über den aktuellen Normeninhalt der DIN EN 15657 hinausgehen, zu treffen wären. Bei der nächsten Überarbeitung von DIN 4109-4 wäre auch zu berücksichtigen, dass die in Tabelle 5 der DIN 4109-4 genannte DIN EN 15657-1 aus dem Jahr 2009 inzwischen durch DIN 15657:2017 [82] ersetzt wurde. Gegenüber der Vorgängernorm enthält sie eine deutliche Erweiterung des Anwendungsbereichs.

Messungen in einem Installationsprüfstand

Messungen in einem Installationsprüfstand (siehe Bild 6.3) sind aktuell die verbreitetste Methode, um der Forderung der Fußnote b) in den Tabellen 9 und 10 der DIN 4109-1 nachzukommen. Dort wird als Voraussetzung zur Erfüllung des zulässigen Schalldruckpegels von Sanitärinstallationen die Vorlage der „erforderlichen Schallschutznachweise" gefordert (siehe dazu die Ausführungen in 3.6.3.1). Allerdings wird in der ganzen DIN 4109 an keiner Stelle gesagt, wie diese „Schallschutznachweise" aussehen sollen und nach welchen Kriterien sie zu ermitteln sind. Auch DIN 4109-4 sagt dazu nichts. Wenn es aber in Tabelle 5 in Zeile 4 (Sonstige gebäudetechnische Anlagen) „auch Installationswände" heißt, dann sind damit die in Installationsprüfständen durchführbaren Untersuchungen an Sanitärinstallationen gemeint. Man hat sich in DIN 4109-4 angesichts großer Vorbehalte im zuständigen Normenausschuss davor gescheut, Installationsprüfstände als eigenständiges Überprüfungsinstrument in DIN 4109-4 aufzunehmen. Auf einige dieser Vorbehalte wurde schon in 5.7.3.2 eingegangen. So tauchen Prüfungen in Installationsprüfständen hier nur in verklausulierter Form auf. Ohne dass auf die besonderen Bedingungen eines Installationsprüfstandes eingegangen wird, wird durch die Nennung der DIN EN ISO 10052 vorausgesetzt, dass die Messung in einem Installationsprüfstand messtechnisch wie eine Baumessung zu behandeln ist. Folgerichtig werden dafür dann auch dieselben Nationalen Ergänzungen wie für die Baumessungen an gebäudetechnischen Anlagen in Tabelle 8 genannt. Wie dort fehlt allerdings auch hier der Verweis auf die Nationale Ergänzung im Anhang B.4.3.

Messungen in Installationsprüfständen, die insbesondere auch bezüglich der Einhaltung der Anforderungen in DIN 4109 herangezogen werden, sind schon seit vielen Jahren [289], [463] eine Methode, die bei Herstellern und Anwendern eine große Akzeptanz gefunden hat. Auf einige Aspekte der Verwendung von Installationsprüfständen wurde bereits in 5.7.3.2 eingegangen.

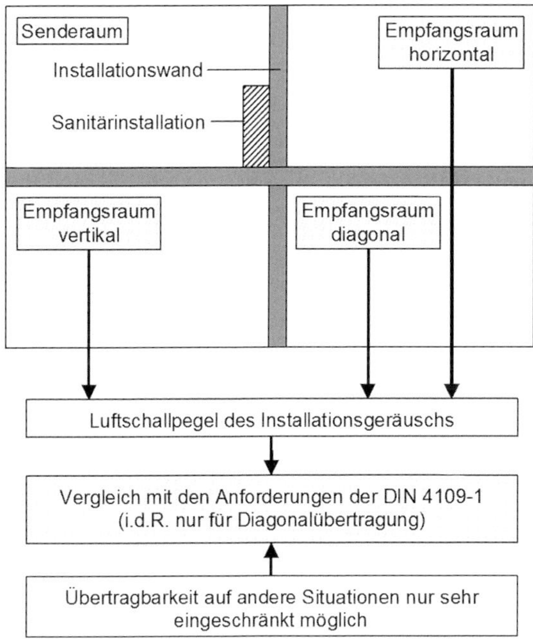

Quelle: Autoren

Bild 6.3: Messungen in einem Installationsprüfstand

Trotz der starken Einschränkungen bezüglich der Übertragbarkeit auf reale Bausituationen sind Untersuchungen in Installationsprüfständen sinnvoll, wenn es um die Überprüfung ganzer Installationssysteme geht und darum, unter bauähnlichen Bedingungen das Gesamtverhalten aller Komponenten zu erfassen. Sinnvoll sind sie auch bei der Produktentwicklung. Als Nachweis zur Erfüllung der Anforderungen der DIN 4109-1 müssen allerdings die engen Grenzen solcher Prüfungen gesehen werden. De facto handelt es sich um eine Musterlösung mit begrenzter Aussage, die ausschließlich für die den Prüfungen im Prüfstand zugrunde gelegten Bedingungen (Komponenten des Installationssystems, Montagebedingungen der Komponenten, bauliche Bedingungen des Prüfstandes) gelten kann. Abweichungen von diesen geprüften Bedingungen, die in der baulichen Praxis nahezu unvermeidlich sind, führen dazu, dass die ermittelten Werte nicht mehr herangezogen werden können. Bestenfalls sind sie noch eine näherungsweise Beschreibung der Geräuscheigenschaften. Bei Änderung der Montagebedingungen (vor allem bei den Rohrschellen) können die Ergebnisse aus dem Prüfstand als hinfällig betrachtet werden.

Für eine „offizielle" Einbindung von Installationsprüfständen in das Nachweiskonzept der DIN 4109 hätten zudem Fragen der Vergleichbarkeit von Ergebnissen aus unterschiedlichen Prüfständen und der anzuwendenden Sicherheitsbeiwerte geklärt werden müssen. Außerdem wären Festlegungen zu den Prüfberichten, insbesondere zu Umfang und Inhalt der Dokumentation der geprüften Anordnung (Stückliste und Montagebedingungen der Sanitärinstallation, Beschreibung von Installationswand und flankierenden Bauteilen) erforderlich geworden. So weit wollte der zuständige Normenausschuss nicht gehen, da er die Erarbeitung solcher Festlegungen zu Recht nicht in seinem Aufgabenbereich angesiedelt sah. So blieb es beim bisherigen unverbindlichen Status des Installationsprüfstandes.

6.5.4.2 Nationale Ergänzungen für Messungen an gebäudetechnischen Anlagen

Für Messungen an gebäudetechnischen Anlagen in Prüfständen gibt es in Tabelle 5 der DIN 4109-4 Nationale Ergänzungen nur in Zeile 4 für „sonstige gebäudetechnische Anlagen", die nach DIN EN ISO 10052 gemessen werden sollen. Genannt werden dafür die Ergänzungen der Anhänge **B.4.1** und **B.4.2**. Das sind dieselben Regelungen, die auch in Tabelle 8 der DIN 4109-4 für die Messungen an gebäudetechnischen Anlagen in Gebäuden gelten. Wie bei den Baumessungen nach Tabelle 8 fehlt auch in Tabelle 5 bei den „sonstigen gebäudetechnischen Anlagen" der Verweis auf die Nationale Ergänzung B.4.3. Diese sollte bis bei Messungen an gebäudetechnischen Anlagen stets berücksichtigt werden.

6.6 Baumessungen

6.6.1 Allgemeines

6.6.1.1 Güteprüfungen nach DIN 4109?

Messungen in ausgeführten Gebäuden sind hinsichtlich DIN 4109 dann von Bedeutung, wenn es um die Erfüllung der Anforderungen der DIN 4109-1 geht. In DIN 4109:1989 wurde dafür noch der Begriff der „Güteprüfung" verwendet. Dazu heißt es unter „Änderungen" in DIN 4109-1 gegenüber DIN 4109:1989:

> Streichung des Abschnittes 8 „Nachweis der Güte der Ausführung (Güteprüfung)" (Teile dieses Abschnittes wurden in DIN 4109-4 übernommen)

Dieser Abschnitt 8 trug den Namen „Nachweis der Güte der Ausführung (Güteprüfung)" und regelte explizit die Durchführung solcher Güteprüfungen.

Eine weitere Nennung dieses Begriffs erfolgt in DIN 4109-1 dann konsequenterweise nicht mehr. In DIN 4109-4 taucht er überhaupt nicht mehr auf, so dass die „Güteprüfungen" aus dem Wortlaut der DIN 4109 vollständig getilgt wurden. Damit ist das frühere Nachweissystem aus Eignungs- und Güteprüfungen, wie es in DIN 4109:1989 etabliert war, zumindest von den Begrifflichkeiten her, aus der DIN 4109 vollständig verschwunden.

Hingegen ist im „Beschlussbuch der VMPA anerkannten Schallschutzprüfstellen nach DIN 4109" selbst in der Version vom Dezember 2017 [151] noch die Rede davon, dass Festlegungen „zur Durchführung von Güteprüfungen" getroffen werden. Ein Prüfstellenleiter übernimmt „die fachliche Verantwortung für die Güteprüfungen nach DIN 4109" und es wird ein „Verzeichnis der vom VMPA anerkannten Schallschutzprüfstellen für Güteprüfungen nach DIN 4109 – Schallschutz im Hochbau" geführt. Weiterhin heißt es im VMPA-Beschlussbuch:

> Nach den Landesbauordnungen können die Bauaufsichtsbehörden zur Erfüllung ihrer Aufgaben Sachverständige und sachverständige Stellen heranziehen (§ 59 Abs. 3 MBO 1981).
>
> Dies trifft bei der Prüfung und Bewertung des baulichen Schallschutzes auf die Güteprüfung des erreichten Schallschutzes zu.

Diese Prüfstellen sind also begrifflich noch völlig in den Güteprüfungen verankert und nehmen dabei Bezug auf die bauaufsichtlichen Regelungen.

Hinsichtlich der bauaufsichtlichen Anwendung von Prüfungen in Gebäuden heißt es in der Muster-Verwaltungsvorschrift Technische Baubestimmungen (MVV TB) [146] mit Bezug auf DIN 4109-1:

> Bei baulichen Anlagen, die nach Tabelle 9, Zeilen 3 und 4 einzuordnen sind, ist die Einhaltung des geforderten Schalldruckpegels durch Vorlage von Messergebnissen nachzuweisen. Das Gleiche gilt für die Einhaltung des geforderten Schalldämm-Maßes bei Bauteilen nach Tabelle 8 und bei Außenbauteilen, an die Anforderungen entsprechend Tabelle 7, Spalten 3 und 4 gestellt werden, sofern das bewertete Schalldämm-Maß $R'_{w,res} \geq 50$ dB betragen muss. Diese Messungen sind unter Beachtung von DIN 4109-4:2016-07 von bauakustischen Prüfstellen durchzuführen, die entweder nach § 24 Abs. 1 Nr. 1 MBO anerkannt sind oder in einem Verzeichnis über „anerkannte Schallschutzprüfstellen“ bei dem Verband der Materialprüfungsanstalten VMPA geführt werden.

Das ist der einzige Bezug der MVV TB zu messtechnischen Nachweisen in Gebäuden, die auch hier nicht als Güteprüfungen bezeichnet werden.

Unter diesen Umständen ist es folgerichtig, dass DIN 4109-4 nicht von „Güteprüfungen“, sondern ganz allgemein nur noch von „Baumessungen“ spricht. Für solche Baumessungen nennt Abschnitt 6 dieser Norm in den Tabellen 6, 7 und 8 die anzuwendenden Messverfahren sowie die ggf. zu berücksichtigenden Nationalen Ergänzungen.

6.6.1.2 Prüfregeln nach Beschlussbuch VMPA

Ergänzende Regeln für Messungen am Bau werden nicht nur in DIN 4109-4 festgelegt. Auch das Beschlussbuch der VMPA-Prüfstellen [151] trifft in Abschnitt 6 zusätzliche Prüfregeln. Dafür werden „Verfahrensanweisungen für Messsituationen definiert und festgelegt, die in den entsprechenden Prüfnormen und Prüfvorschriften nicht exakt beschrieben sind“. Ohne an dieser Stelle auf die Details der einzelnen Regelungen einzugehen, wird auf die Festlegungen des Beschlussbuchs verwiesen.

6.6.2 Schalldämmung und Schallschutz in Gebäuden

6.6.2.1 Allgemeines

DIN 4109-4 unterscheidet bei den Baumessungen zwischen „Messungen zur Bestimmung der Schalldämmung in Gebäuden“ (Abschnitt 6.1 und Tabelle 6) und „Messungen zur Bestimmung des Schallschutzes zwischen Räumen“ (Abschnitt 6.2 und Tabelle 7). Diese Unterscheidung zwischen „Schalldämmung“ und „Schallschutz“ entstammt der Festlegung der DIN 4109-1, dass bei der Luft- und Trittschallübertragung die Anforderungen an die Schalldämmung gestellt werden. Aus dieser Denkweise heraus wird dann von „Schallschutz“ gesprochen, wenn die kennzeichnenden Größen für die Anforderungen nicht für Bauteile formuliert werden, sondern auf der Grundlage von Schalldruckpegeln und Schallpegeldifferenzen (fälschlicherweise immer wieder als „nachhallzeitbezogene Größen“ bezeichnet) beruhen. Da es messtechnisch zwischen Schalldämmung und „Schallschutz“ keine Unterschiede gibt, werden die in DIN 4109-4 getrennt dargestellten Bereiche hier gemeinsam behandelt.

6.6.2.2 Messverfahren für Schalldämmung und „Schallschutz“ in Gebäuden

Für die Messung der Schalldämmung und des „Schallschutzes“ in Gebäuden werden in DIN 4109-4 in den Tabellen 6 und 7 DIN EN ISO 16283-1 [109], DIN EN ISO 16283-2 [111] und E DIN EN ISO 16283-3 genannt. Von DIN EN ISO 16283-1 ist inzwischen eine neue Version vom April 2018 erschienen. Der in DIN 4109-4 in Bezug genommene Normentwurf zu DIN EN ISO 16283-3 (Fassadenschalldämmung) ist im September 2016 durch die veröffentlichte Norm abgelöst worden.

Die Normenreihe der DIN EN ISO 16283 enthält die kompletten Prüfverfahren, die bei Messungen in Gebäuden anzuwenden sind. Einzige Ausnahme sind Messungen von Schallpegeln gebäudetechnischer Anlagen, die nach DIN EN ISO 10052 [93] zu ermitteln sind. DIN EN ISO 10052 enthält außerdem Kurzverfahren für die Luft- und Trittschalldämmung, die bei Baumessungen zur Anwendung kommen können, in Deutschland dafür allerdings nicht vorgesehen sind.

In DIN 4109-4 könnte die Tabelle 6 zugleich auch mit Tabelle 7 (Messungen zur Bestimmung des Schallschutzes zwischen Räumen) zusammengefasst werden, da es für den „Schallschutz“ keine eigenen messtechnischen Regelungen gibt. DIN EN ISO 16283-1 nennt als bestimmbare Größe neben dem Bau-Schalldämm-Maß R' auch die Standard-Schallpegeldifferenz D_{nT}. Die messtechnische Vorgehensweise ist für beide Größen dieselbe. Das gilt auch für DIN EN ISO 16283-2, wo Norm-Trittschallpegel L'_{n} und Standard-Trittschallpegel L'_{nT} denselben Vorgaben folgen. Insofern sind für die Kenngrößen des „Schallschutzes“ dieselben messtechnischen Regeln anzuwenden wie für die Schalldämmung. Es gelten dann folgerichtig auch dieselben Nationalen Ergänzungen.

6.6.2.3 Nationale Ergänzungen für Messungen in Gebäuden

Für Messungen in Gebäuden werden in den Tabellen 6 und 7 der DIN 4109-4 neben den ausdrücklich für Baumessungen vorgesehenen Nationalen Ergänzungen des Anhanges B (Prüfungen in ausgeführten Bauten) auch Nationale Ergänzungen des Anhanges A herangezogen, die dort für Prüfungen im Prüfstand definiert werden, hier aber (sinngemäß) auch für Baumessungen Geltung haben.

Folgende Ergänzungen des Anhanges B kommen für Messungen der Schalldämmung und des „Schallschutzes“ in Frage:

Nationale Ergänzung B.1: Prüfung der Trittschallminderung von Deckenauflagen in Gebäuden

Die im Anhang B.1 getroffenen Festlegungen zur Prüfung der Trittschallminderung von Deckenauflagen in Gebäuden entsprechen vollständig den schon in DIN 4109-11, Abschnitt 9 festgelegten Vorgaben. Lediglich der Bezug auf „Prüfungen für bauaufsichtliche Zulassungen“ wurde entfernt, da diese nicht dem Regelungsbereich der DIN 4109-4 unterliegen.

Nationale Ergänzung B.2: Prüfung der Luftschalldämmung von Türen am Bau

Die in Anhang B.2 formulierten Nationalen Ergänzungen betreffen die Messung der Schalldämmung von Türen am Bau. **Anhang B.2.1** betrifft Türen zwischen zwei Räumen. Die Formulierung entspricht Abschnitt 10.1 in DIN 4109-11:2010. Aktualisiert wurde lediglich der Bezug auf die anzuwendende Messnorm, da DIN EN ISO 140-4:1998-12 durch DIN EN ISO 16283-1 abgelöst wurde. Es wird deshalb auf den Anhang C.4 dieser Norm verwiesen, allerdings als datierte Norm (Juni 2014). Die Datierung erscheint unnötig und führt zu einem inhaltlichen Problem. Inzwischen gilt nämlich DIN EN ISO 16283-1:2018-04. Anhang C.4 blieb in dieser neuen Ausgabe bis auf eine Ausnahme gegenüber der datierten Ausgabe von 2014 unverändert. Korrigiert wurde aber Gl. (C.5), die in der Fassung von 2014 falsch wiedergegeben ist. Durch den datierten Verweis wird also weiterhin die falsche Version in Bezug genommen.

Die Nationale Ergänzung **B.2.2** bezieht sich auf Türen zwischen einem Flur und einem Raum. Die Regelungen wurden auch hier aus DIN 4109-11:2010 übernommen und entsprechen deren Abschnitt 10.2. Aktualisiert wurde auch hier der veraltete Bezug auf DIN EN ISO 140. So wurde der Hinweis auf DIN EN ISO 140-4:1998 durch den Verweis auf DIN EN ISO 16283-3 (datiert auf den Normentwurf vom Juli 2014) ersetzt. Da DIN EN ISO 140-4 sich mit der Messung der Luftschalldämmung zwischen Räumen in Gebäuden beschäftigte, in DIN EN ISO 16283-3 aber die Messung der Fassadenschalldämmung behandelt wird, ist davon auszugehen, dass hier ein fehlerhafter Verweis vorliegt. Richtig wäre stattdessen der Verweis auf die DIN EN ISO 16283-1, die wie die früher in Bezug genommene DIN EN ISO 140-4 die Messung der Luftschalldämmung im Bau behandelt. Von dieser Norm liegt mittlerweile die Ausgabe April 2018 vor.

Im Beschlussbuch der VMPA-Prüfstellen [151] werden die Prüfregeln für Türenmessungen in Abschnitt 6.2.1 folgendermaßen präzisiert:

> Die Schalldämmung von Türen ist nach DIN EN ISO 16283-1 mit dem Zwei-Raum-Verfahren zu bestimmen.
>
> Die Messung nach DIN 4109-4:2016-07 Anhang B Absatz. B.2.2 (dies entspricht der Beschreibung in der ersetzten DIN 4109-11:2010-05 Abschn. 10.2) von Türen zwischen einem Flur und einem Raum (mit Abtastung des Sendeschallpegels im Nahbereich) muss weiterhin angewendet werden.

Nationale Ergänzung B.3: Messung der Luftschalldämmung von Außenbauteilen am Bau

Auch hier wurde der vollständige Wortlaut aus DIN 4109-11:2010 (Abschnitt 11) übernommen. Bei der Aktualisierung wurde der Verweis auf DIN EN ISO 140-5:1998 aktualisiert und durch den datierten Verweis auf den Normentwurf E DIN EN ISO 16283-3:2014 ersetzt. Inzwischen liegt DIN EN ISO 16283-3:2016 vor, so dass der datierte Verweis entfallen kann.

Die **Nationale Ergänzung B.4** bezieht sich auf Messungen von Geräuschen aus gebäudetechnischen Anlagen und hat für Messungen der Luft- und Trittschalldämmung keine Bedeutung. Sie wird zwar in Tabelle 7 Zeile 4 (Decken, Treppen, Podeste) genannt, allerdings zu Unrecht und muss dort gestrichen werden.

Nationale Ergänzung B.5: Kleine Trennwandflächen, versetzte Räume

B.5 bezieht sich auf die Messung der Schalldämmung von Wänden und Decken. Sie regelt die Vorgehensweise bei Trennflächen $< 10\ \text{m}^2$ und bei versetzten Räumen, wie es nach DIN 4109-1 vorgesehen ist. Dort heißt es in Abschnitt 4:

> In den Fällen, bei denen die gemeinsame Trennfläche $< 10\ \text{m}^2$ ist oder es keine gemeinsame Trennfläche (z. B. diagonale Übertragungssituationen) gibt, wird die Anforderung an $D_{n,w}$ gestellt. Es gelten dafür die Anforderungswerte für R'_w (entsprechende Regelungen siehe DIN 4109-2 und DIN 4109-4).

Die Hintergründe dieser Regelung werden in 3.3.1 erläutert.

DIN 4109-11:2010 enthielt dazu keine besondere Regelung, da in der damals anzuwendenden Messnorm DIN EN ISO 140-4:1998 festgelegt war, wie in solchen Fällen vorzugehen ist. Die neue Vorgehensweise weicht davon ab. Deshalb nimmt das VMPA-Beschlussbuch [151] in Abschnitt 6.2.2 dazu folgendermaßen Stellung:

> Nach DIN EN ISO 16283-1 wird bei der Prüfung von Bauteilen, die zwischen zwei Räumen ein gemeinsames Trennbauteil bilden, unabhängig von der Größe der gemeinsamen Fläche, das Bau-Schalldämm-Maß ausgewertet.
>
> Die nationale Umsetzung schreibt mit der DIN 4109-4:2016-07 vor, dass bei einer Fläche des gemeinsamen Trennbauteils unter $10\ \text{m}^2$ die Norm-Schallpegeldifferenz auszuwerten ist.
>
> Damit ergibt sich eine Differenz zur bis Juni 2014 angewendeten DIN EN ISO 140-4:1998-12, so dass in Zweifelsfällen/Rechtsstreitigkeiten (insbesondere bei Gebäuden, die vor Juni 2014 fertiggestellt wurden) empfohlen wird, zusätzlich das bewertete Schalldämm-Maß nach DIN EN ISO 140-4:1998-12 mit max (S; V/7,5 m) auszuwerten.
>
> Die in den beiden vorangegangenen Absätzen beschriebenen Vorgehensweisen werden auch empfohlen, wenn – wie geplant – in einer Änderung der DIN EN 16283-1 die Auswertung des bewerteten Schalldämm-Maßes entsprechend DIN EN ISO 140-4:1998-12 aufgenommen wird.

Nationale Ergänzung B.6: Messung der Trittschalldämmung von Feuchtraumböden

Bodenabläufe sind eine potenzielle Körperschallbrücke im schwimmenden Estrich eines Bades oder WCs und können bei ungeeigneten Produkten oder fehlerhaftem Einbau die geforderte Trittschalldämmung nach DIN 4109-1 erheblich gefährden. Einige Hinweise finden sich in [480] und [481]. Selbst bei technisch richtiger Produktwahl und Ausführung kann es zu einer Erhöhung des Norm-Trittschallpegels (und zu einer Überschreitung der Anforderungen) kommen, wenn bei einer messtechnischen Überprüfung die Anregung durch das Norm-Hammerwerk nahe dem Ablauf erfolgt. Die Nationale Ergänzung B.6 legt deshalb fest, dass bei der Messung der Trittschalldämmung von Feuchtraumböden mit Bodenabläufen die Anregung mit dem Hammerwerk außerhalb eines Umkreises von $r = 60$ cm um den Bodenablauf zu erfolgen hat. In DIN 4109-11:2010 war eine solche Festlegung nicht enthalten. Jedoch enthielt DIN 4109:1989 in der Anforderungstabelle 3 in Zeile 9 (Decken unter Bad und WC ohne/mit Bodenentwässerung) eine entsprechende Bemerkung mit gleichem Regelungsinhalt. Auch in DIN 4109-1 werden in Tabelle 2, Zeile 10 Anforderungen an solche Decken gestellt. Jedoch wurde dort die Bemerkung zur messtechnischen Überprüfung der Anforderungen gestrichen und stattdessen als Nationale Ergänzung B.6 in DIN 4109-4 aufgenommen.

6.6.2.4 Umsetzung für Messungen der Schalldämmung und des Schallschutzes in Gebäuden

Dass in Tabelle 6 Zeile 1 bei der Messung des bewerteten Bau-Schalldämm-Maßes R'_w auch DIN EN ISO 16283-2 (Messung der Trittschalldämmung im Bau) genannt wird, ist eine irrtümliche Zuordnung, die korrigiert werden muss. Ebenso ist für diese Zeile die Zuordnung von DIN EN ISO 16283-3 (Schalldämmung von Außenbauteilen und Fassaden) nicht ersichtlich. Sie kann an dieser Stelle entfallen, da diese Messnorm in Zeile 3 (Fenster, Fassaden) in der richtigen Zuordnung aufgelistet wird. Dass in dieser Zeile der Normentwurf der DIN EN 16283-3 vom Juli 2014 genannt wird und diese Norm in weiteren Zusammenhängen der DIN 4109-4 datiert aufgeführt wird, liegt daran, dass zum Zeitpunkt der Drucklegung von DIN 4109-4 nur dieser Normentwurf verfügbar war. Inzwischen ist er durch die Veröffentlichung von DIN EN ISO 16283-3:2016 abgelöst worden.

Nachfolgend wird die Anwendung der Nationalen Ergänzungen in Tabelle 6 betrachtet. Die Aussagen gelten sinngemäß auch für Tabelle 7.

Nationale Ergänzung A.1

A.1 gilt auch bei den Baumessungen nur für Messungen der Luftschalldämmung. Insofern ist sie in Tabelle 6 nur für die Zeilen 1 bis 3 zutreffend. In den Zeilen 4 und 5 ist sie zu streichen.

Nationale Ergänzung A.2

A.2 (Prüfungen zur Kennzeichnung des Materials) ist eine für Laborprüfungen spezifische Festlegung, die bereits in DIN 52210-3 [62] enthalten war und sich dort ausdrücklich auf Prüfungen in Prüfständen/Eignungsprüfungen I bezog. So war das auch in DIN 4109-11 gemeint, von der A.2 den Wortlaut übernommen hat, allerdings ohne den zusätzlichen

Hinweis auf Prüfungen für die Erstellung von abPs, aus dem dann ersichtlich wurde, dass es sich um eine Festlegung für Laborprüfungen (früher Eignungsprüfungen I) handelte. Bei Baumessungen sind solche materialbezogenen Prüfungen unüblich. Insofern ist die Nennung von A.2 in Tabelle 6 bestenfalls informativ zu sehen, mit Ausnahme von Zeile 4 (Deckenauflagen), wo bei der Bestimmung der Trittschallminderung von Deckenauflagen die Materialeigenschaften bei Bedarf eine zu bestimmende Größe wären.

Nationale Ergänzung A.3

A.3 behandelt Prüfungen an Bauteilen aus Beton und Mauerwerk. Die Festlegungen bezüglich Zeitpunkt der Messung und Ermittlung des massebezogenen Feuchtegehaltes wurden wortwörtlich aus DIN 4109-11 (Abschnitt 7) übernommen. Dort wird allerdings in der Abschnittsüberschrift unmissverständlich deutlich gemacht, dass diese Regelungen sich nur auf Prüfstandsmessungen beziehen. Für Baumessungen ist der Zeitpunkt der Messung in vielen Fällen nicht beeinflussbar. Die Ermittlung des massebezogenen Feuchtegehalts ist i. d. R. nicht möglich und unüblich. Insofern ist die Nennung von A.3 in den Zeilen 1, 4 und 5 als unzutreffend zu bezeichnen.

Nationale Ergänzung A.4

Auch A.4 enthält auf Laborprüfungen bezogene Regelungen, die für Baumessungen zu nichtdurchführbaren Bedingungen führen würden. Eine entsprechende Regelung gab es in DIN 4109-11 für Baumessungen nicht. Insofern ist auch die Nennung dieser nationalen Ergänzung in Zusammenhang mit den Baumessungen an Türen in Zeile 2 der Tabelle 6 unzutreffend.

Nationale Ergänzung A.5

Mit A.5 wird die Korrektur der Luftschallübertragung bei Bestimmung des Trittschallpegels angesprochen. Ausführlich behandelt wurde diese in DIN 4109-4 eigentlich für Prüfstandsmessungen benannte Nationale Ergänzung bereits in 6.5.2. Hier wird sie in den Zeilen 4 und 5 der Tabelle 6 nun auch für Trittschallmessungen in Gebäuden herangezogen, da sie dort oft eine viel größere Rolle spielt als bei den Labormessungen. Unter den Nationalen Ergänzungen für Baumessungen des Anhangs B ist keine entsprechende Regelung zu finden, so dass offensichtlich dieselbe Regelung wie bei Prüfstandsmessungen Anwendung finden soll.

Dass auch für Baumessungen eine Nationale Regelung zur Luftschallkorrektur anzuwenden ist, ergibt sich aus der Tatsache, dass selbst in der aktuellen Version der DIN EN ISO 16283-2 vom Mai 2016 nur sehr knapp und lediglich in einem informativen Anhang D.6 (Beitrag des Hammerwerks zum Luftschall) auf die Behandlung der Luftschallübertragung eingegangen wird. Vorgesehen ist dort, dass anhand einer Luftschallmessung, die der Methode in 6.5.2 entspricht, festgestellt wird, welcher Pegelunterschied sich zwischen gemessenem Gesamtpegel im Empfangsraum und dem Anteil der Luftschallübertragung durch das Hammerwerk ergibt. Wenn dieser Pegelunterschied größer als 10 dB ist, „darf der Einfluss des vom Hammerwerk stammenden Luftschalls als vernachlässigbar angesehen werden“. Was zu tun ist, wenn das nicht der Fall ist, wird nicht gesagt. Es geht also nicht um eine Korrektur, sondern um ein Kriterium, ob eine von der Luftschallübertragung unbeeinflusste Messung vorliegt. Auch im Normentwurf prEN 16283-3 vom September 2017 wurde diese Formulierung ohne Änderung übernommen. Das ist aus deutscher Sicht unzureichend. Allerdings ist auch die sinngemäße Anwendung der Nationalen Ergänzung A.5 für Baumessungen des Trittschalls noch nicht hinreichend, da kein Kriterium genannt wird, bei welchem Pegelabstand eine Korrektur erforderlich bzw. zulässig ist. Im Beschlussbuch der VMPA-Prüfstellen wurde deshalb in der Ausgabe vom 04.12.2017 unter Abschnitt 6.3.1 (Prüfung der Trittschalldämmung, Luftschallkorrektur) folgende Regelung aufgenommen:

> In DIN EN ISO 16283-2:2016-05 wird angegeben, dass bei einer Luftschallübertragung des Hammerwerksgeräuschs der Einfluss auf das Ergebnis dann vernachlässigbar ist, wenn die Differenz (nachfolgend DELTA genannt) zwischen dem im Empfangsraum gemessenen Trittschallpegel L_E und dem beim Betrieb des Hammerwerkes im Senderaum gemessenen Luftschallpegel L_{HW} minus der Luftschallpegeldifferenz zwischen Sende- und Empfangsraum D kleiner als 10 dB ist. Eine Korrektur der gemessenen Trittschallpegel bei geringeren Differenzen ist nicht vorgesehen.
>
> Sofern Luftschallübertragungen vom Hammerwerk vorliegen, ist bei Messungen in Gebäuden eine Korrektur nach DIN 4109-4:2016-07 gemäß Tabelle 6 Zeile 5 nach Anhang A Abschnitt A.5 vorzunehmen. Nach Abschnitt A.5 wird ausschließlich mathematisch korrigiert und nicht wie bisher nach DIN 4109-11:2010-05 Abschnitt 5 (mathematische Korrektur nur bis zu einer Differenz DELTA von 6 dB, bei geringeren Differenzen Korrektur pauschal mit 1,3 dB).
>
> Da bei Messungen in Gebäuden bei sehr geringen Differenzen DELTA und mathematischer Korrektur wegen der Messtoleranzen merkliche Abweichungen entstehen können, wird empfohlen, gutachterlich zu entscheiden, ob bei geringeren Differenzen DELTA als 6 dB wie bisher die pauschale Korrektur mit 1,3 dB vorgenommen wird. Diese Abweichung von der Vorgabe in DIN 4109-4:2016-07 ist zu kennzeichnen und zu begründen.

Anzumerken ist zur Richtigstellung dieser Regelung des VMPA-Beschlussbuches, dass die genannte Methode der Korrektur (Pegelabstand zwischen 6 dB bis 10 dB, darunter pauschale Korrektur mit 1,3 dB) nicht DIN 4109-11:2010 entstammt, sondern sich auf die in DIN EN ISO 16283-2 (Abschnitt 9.2) gehandhabte Störpegelkorrektur bezieht.

Nationale Ergänzung A.7

Unnötig ist in Tabelle 6 in Zeile 1 der Verweis auf die Nationale Ergänzung nach Anhang A.7. Diese betrifft die Verlustfaktor-Korrektur bei der Bestimmung der Schalldämmung massiver Bauteile, die nur bei Prüfstandsmessungen (R_w) anzuwenden ist. Hingegen ist der Verweis auf diese Regelung bei allen anderen Zeilen der Tabelle 6 falsch.

Bezüglich der Anwendung der **Nationalen Ergänzungen B.1, B.2, B.3 und B.5** in Tabelle 6 ist nichts anzumerken.

Nationale Ergänzung B.4

Die Ergänzung B.4 bezieht sich auf Messungen von Geräuschen aus gebäudetechnischen Anlagen. Sie wird in Tabelle 6 zu Recht nicht in Bezug genommen, wird aber in Tabelle 7 sowohl in Zeile 5 (gebäudetechnische Anlagen) als auch in Zeile 4 (Decken, Treppen, Podeste) genannt. Für Zeile 4 ist diese Nennung falsch.

Nationale Ergänzung B.6

Diese Ergänzung wird in Tabelle 6 überhaupt nicht genannt. Da sie die Messung der Trittschalldämmung von Feuchtraumböden regelt, muss sie in Zeile 5 nachgetragen werden.

Angesichts der angesprochenen Änderungen und Korrekturen sollte für Tabelle 6 der DIN 4109-4 eine vollständige Überarbeitung vorgesehen werden. Ein Vorschlag für die Korrektur wird in nachfolgender Tabelle 6.1 gemacht.

Tabelle 6.1: Messungen zur Bestimmung der Schalldämmung in Gebäuden – Vorschlag für eine korrigierte Version der Tabelle 6 in DIN 4109-4

Nr.	Bauteile	Einzahlangabe der Messgröße	Messverfahren nach	Nationale Ergänzung nach
1	Wände, Decken	R'_w	DIN EN ISO 16283-1	B.5 außerdem: A.1, (A.2)
2	Türen, Wohnungseingangstüren	R_w	DIN EN ISO 16283-1	B.2 außerdem: A.1, (A.2)
3	Fenster, Fassaden	R'_w, $R'_{w,45°}$	DIN EN ISO 16283-3	B.3 außerdem: A.1, (A.2)
4	Deckenauflagen, z. B. schwimmende Estriche, Bodenbeläge auf Massivdecken	ΔL_w	DIN EN ISO 16283-2	B.1 außerdem: A.2
5	Decken, Treppen, Podeste	$L'_{n,w}$	DIN EN ISO 16283-2	B.6 außerdem: (A.2)

Durch die Übernahme von Tabelle 7 in die (korrigierte) Tabelle 6 wären gleichzeitig auch die falschen oder fehlenden Verweise auf nationale Ergänzungen in Tabelle 7 bereinigt. Da Anforderungen an $D_{nT,w}$ nur außerhalb der bauaufsichtlichen Anforderungen gestellt werden können, z. B. nach VDI 4100:2012, gilt hier nicht automatisch die Vorgabe der DIN 4109-1 für gemeinsame Trennflächen $< 10\ m^2$. Die Anwendung der Nationalen Ergänzung B.5 wäre demnach Vereinbarungsangelegenheit. Bei Zeile 3 der Tabelle 7 ist zu berücksichtigen, dass nach DIN EN ISO 16283-3 Tabelle 1 ein D_{nT} nur für Fassaden (Gesamtverfahren) möglich ist. Für ein einzelnes Bauteil (Fenster) kann dagegen nur das Bauteil-Verfahren mit dem Schalldämm-Maß R' (z. B. $R'_{45°}$) angewendet werden.

Zum „Schallschutz zwischen Räumen" gehören die gebäudetechnischen Anlagen in Tabelle 7 Zeile 5 nicht. Falsch ist auch hier der Bezug auf die Nationale Ergänzung A.1. Diese

Zeile hätte eigentlich in Tabelle 8 (Messung der Schallpegel von gebäudetechnischen Anlagen und aus baulich verbundenen Betrieben) aufgenommen werden können, da es auch hier für die Standard-Größe gegenüber der Norm-Größe keine besonderen Festlegungen gibt. In Tabelle 8 würde dann in den Zeilen 1 und 2 neben dem schon genannten $L_{AF,max,\,n}$ noch der $L_{AF,max,nT}$ stehen.

6.6.3 Gebäudetechnische Anlagen und baulich verbundene Gewerbebetriebe

6.6.3.1 Allgemeines zu DIN 4109-4, Abschnitt 6.3

In Abschnitt 6.3 behandelt DIN 4109-4 die Baumessung der Schallpegel von gebäudetechnischen Anlagen und aus baulich verbundenen Betrieben. Während bei den Anforderungen an die Luft- und Trittschalldämmung und gegenüber Außenlärm die Nachweise im Rahmen der DIN 4109 rechnerisch erbracht werden können, ist das bei Schalldruckpegeln von Anlagen und Betrieben i. d. R. nicht der Fall. Die Einhaltung der Anforderungen kann (mit Ausnahme der Geräusche der Wasserinstallation) nur durch Messungen überprüft werden. Es besteht ein offensichtlicher Zusammenhang zwischen Anforderungen und Messverfahren. Die Anwendung von Messverfahren spielt hier deshalb eine besondere Rolle. Besonderheiten der Messverfahren sind als mitgeltende Festlegungen quasi in die Anforderungen einbezogen. Hervorzuheben sind in diesem Zusammenhang zwei Besonderheiten bei Anwendung der DIN EN ISO 10052: der Verzicht auf die Berücksichtigung von so genannten Betätigungsgeräuschen und der Verzicht auf die Eckpositionen. Beide Besonderheiten haben unmittelbare Auswirkungen auf die Anforderungen. Sie wurden deshalb auch in den Nationalen Ergänzungen aufgenommen. Sie werden gesondert in den Abschnitten 6.6.3.4 (Betätigungsgeräusche) und 6.6.3.5 (Eckmethode) behandelt.

6.6.3.2 Messverfahren für Schallpegel von gebäudetechnischen Anlagen und aus baulich verbundenen Betrieben

Für die Messung der Schallpegel von gebäudetechnischen Anlagen und aus baulich verbundenen Betrieben werden in DIN 4109-4, Tabelle 8 die anzuwendenden Regelwerke genannt.

Für Installationsgeräusche (Zeile 1) und sonstige gebäudetechnische Anlagen ist **DIN EN ISO 10052** [93] heranzuziehen. Diese Messnorm ist in Tabelle 8 mit einer Fußnote versehen, die besagt:

> Abweichend von den Vorgaben aus DIN EN ISO 10052 werden zur Ermittlung der Bewertungsgrößen die Eckpositionen nicht herangezogen (siehe DIN 4109-1:2016-07, Tabelle 10).

Diese Fußnote a) stellt eine Nationale Ergänzung dar. Deren Nennung ist an dieser Stelle nicht zwingend, da sie in den Nationalen Ergänzungen B.4.1, B.4.2 und B.4.3 explizit angesprochen wird. Auf die Hintergründe dieser Regelung wird in 6.6.3.5 eingegangen.

In DIN 4109 Blatt 2 von 1962 [7] waren noch keine Festlegungen zur Durchführung bauakustischer Messungen für Geräusche von gebäudetechnischen Anlagen und Betrieben enthalten. Seit 1972 wurde die Messung von Geräuschen der Wasserinstallationen in

Gebäuden durch die DIN 52219 [67] geregelt. Für sonstige gebäudetechnische Anlagen konnten die Messungen in Anlehnung an diese Norm erfolgen. Im Rahmen der DIN 4109 wurde DIN 52219 zum ersten Mal im Normentwurf DIN 4109 Teil 5:1979 [14] aufgeführt. Mit DIN 4109:1989 wurde dann offiziell als kennzeichnende Größe für die Anforderungen an Wasserinstallationen in Tabelle 2 der Installations-Schallpegel L_{In} nach DIN 52219 und für sonstige gebäudetechnische Anlagen der $L_{AF,max}$ in Anlehnung an DIN 52219 festgelegt. In DIN 4109:1989 hieß es in Abschnitt 4.1 dazu:

> Der Installations-Schallpegel L_{In} der Wasserinstallationen wird nach DIN 52219 bestimmt; von anderen haustechnischen Anlagen wird der Schalldruckpegel L_{AF} in Anlehnung an DIN 52219 bestimmt.

Für die Durchführung von Messungen am Bau (Güteprüfungen) hieß es in Abschnitt 8.4 der DIN 4109:1989 für gebäudetechnische Anlagen:

> Der Nachweis der Güte der Ausführung ist im Bedarfsfall durch Schallpegelmessungen zu erbringen. Für die Durchführung der Messungen gilt bei Anlagen der Wasserinstallation DIN 52219. Die Schallpegelmessungen sind unter regelmäßig auftretenden Betriebsbedingungen der Anlage bzw. des Betriebes durchzuführen.

DIN 52219 war für DIN 4109 somit das zentrale Regelwerk für die Durchführung von Messungen an gebäudetechnischen Anlagen.

Im Jahr 2001 erschien dann die DIN EN ISO 16032 [108], die ein als „Ingenieurverfahren" gedachtes Messverfahren für gebäudetechnische Anlagen vorsah. Als Ersatz für DIN 52219 wurde sie nicht in Betracht gezogen, da die vorgesehene Methode gegenüber DIN 52219 als zu aufwändig angesehen wurde. DIN EN ISO 10052, die als Kurzprüfverfahren auch die Messung von Schalldruckpegeln gebäudetechnischer Anlagen enthielt, erschien dann im Jahr 2005. Sie wurde aber nicht sofort als Ersatz für DIN 52219 vorgesehen, da es aus deutscher Sicht einige gravierende Abweichungen und Lücken gegenüber dem bisherigen Vorgehen nach DIN 52219 gab. Erst als nach längerer Bearbeitungszeit mit DIN 4109-11:2010-05 die notwendigen Nationalen Ergänzungen zu DIN EN ISO 10052 veröffentlicht worden waren, konnte zum gleichen Zeitpunkt auch DIN 52219 zurückgezogen und durch DIN EN ISO 10052 (zusammen mit DIN 4109-11:2010) ersetzt werden.

Für baulich verbundene Gewerbebetriebe wird in DIN 4109-4, Tabelle 8 (Zeile 3) als Messgröße der **Beurteilungspegel L_r** genannt. Eine ausführliche Behandlung dieser Größe findet sich in 3.6.2.1. Für ihre messtechnische Ermittlung sind nach Tabelle 8 **DIN 45645-1, TA Lärm und VDI 2058** heranzuziehen. Die Angabe von VDI 2058 ist allerdings unvollständig; gemeint ist VDI 2058 Blatt 1 [113]. Diese Richtlinie ist allerdings seit 1999 zurückgezogen. DIN 4109:1989 hatte sich in Tabelle 2 für den Beurteilungspegel noch auf DIN 45645-1 und VDI 2058 Blatt 1 bezogen. Als die TA Lärm von 1998 erschien, wurde VDI 2028 Blatt 1 als mitgeltendes Regelwerk durch diese Ausgabe der TA Lärm (weitgehend) ersetzt und konnte deshalb zurückgezogen werden. Vom Regelsetzer VDI wird seitdem die Anwendung der TA Lärm:1998 [140] empfohlen. So ist es konsequent, dass

DIN 4109-1 in Tabelle 1 (Kennzeichnende Größen für die Anforderungen) für den Beurteilungspegel diese VDI-Richtlinie nicht mehr in Bezug nimmt und stattdessen nur noch auf DIN 45645-1 bzw. TA Lärm verweist. VDI 2058 Blatt 1 kann deshalb auch in Tabelle 8 der DIN 4109-4 entfallen. DIN 45645-1 [55] liegt immer noch mit Ausgabedatum Juli 1996 vor.

Direkt im Anschluss an Tabelle 8 heißt es:

> Soll der Schallschutz eines Gebäudes oder einer Wohnung beurteilt werden, sind statt der in Tabelle 8 angegebenen Prüfgrößen die nachhallzeitbezogenen Messgrößen $L_{AF,max,nT}$ und L_{rT} (jeweils bezogen auf $T_0 = 0{,}5$ s) nach den in Tabelle 8 angegebenen Messverfahren zu bestimmen.

Während der maximale A-bewertete Standard-Schalldruckpegel $L_{AF,max,nT}$ in den messtechnischen Regelwerken als offizielle Kenngröße geführt wird, ist ein Beurteilungspegel L_{rT} in den einschlägigen Regelwerken nicht definiert. In der Tat wäre es aber sinnvoll, bei der messtechnischen Bestimmung des Beurteilungspegels den Bezug auf $T_0 = 0{,}5$ s herzustellen, wenn auch die anderen Standard-Kenngrößen dem zu beurteilenden Schallschutz zugrunde gelegt werden.

Tabelle 8 nennt in Zeile 4 zur Bestimmung der Schachtpegeldifferenz **DIN 52210-6.** Diese Norm wurde bereits bei den Labormessungen der Tabelle 5 genannt. Sie kann auch für Baumessungen herangezogen werden, hat dafür allerdings keine große Bedeutung.

6.6.3.3 Nationale Ergänzungen für Schalldruckpegel von gebäudetechnischen Anlagen und Betrieben

Die Nationale Ergänzung B.4 fasst zusätzliche Regelungen zusammen, die bei den Messungen von Geräuschen aus gebäudetechnischen Anlagen zu berücksichtigen sind. Sie gehen auf entsprechende Regelungen in DIN 4109-11:2010 zurück, die nach der Zurückziehung von DIN 52219 erforderlich wurden, um Kontinuität bei den messtechnischen Nachweisen sicherzustellen. DIN 4109-11:2010 sagte dazu im Vorwort:

> Die Übernahme von EN ISO 10052:2004 in das Deutsche Normenwerk als teilweiser Ersatz von DIN 52219:1993-07 macht eine Ergänzung der DIN 4109-11:2003-09 mit Festlegungen zur Anwendung der DIN EN ISO 10052:2005-03 erforderlich, die bei der Durchführung von Güteprüfungen nach DIN 4109-1:1989-11, 8.4, für Geräusche von haustechnischen Anlagen zu beachten sind, um Ergebnisse zu erhalten, die mit den entsprechenden Anforderungen der DIN 4109 verglichen werden können.

Diese Regelungen wurden nun in DIN 4109-4 übernommen.

Nationale Ergänzung B.4.1: Allgemeines

Bei der Ergänzung B.4.1 handelt es sich um Regelungen aus DIN 4109-11:2010, Abschnitt 12.1. Mit einer Ausnahme (Verzicht auf die Eckposition) wurden diese ohne inhaltliche Änderungen mit redaktionellen Überarbeitungen übernommen. Die Normenbezüge wurden aktualisiert und der Verweis auf Güteprüfungen gestrichen.

Von entscheidender Bedeutung ist folgender Passus, der gegenüber DIN 4109-11:2010 neu aufgenommen wurde:

> Abweichend von DIN EN ISO 10052:2010-10, 6.3.3, wird entsprechend DIN 4109-1 auf die Messung des Schalldruckpegels nahe der Ecke mit den offensichtlich härtesten Oberflächen verzichtet.

Damit wird an dieser Stelle auch messtechnisch nachvollzogen, was in den Tabellen 9 und 10 der DIN 4109-1 durch die Fußnote c) zum Ausdruck gebracht wird. Es ist dabei anzumerken, dass diese messtechnische Regelung – entgegen den sonstigen messtechnischen Regelungen in DIN 4109-4 – durch die bauaufsichtliche Einführung von DIN 4109-1 auch Gegenstand der technischen Baubestimmungen geworden ist. Der Verzicht auf die Eckposition bei Messungen nach DIN EN ISO 10052 wird in 6.6.3.5 weitergehend behandelt.

In B.4.1 heißt es gleich zu Anfang:

> Geräusche von gebäudetechnischen Anlagen sind nach DIN EN ISO 10052:2010-10, 6.3.3, zu messen.

Diese Aussage sollte ergänzt werden, da bei der Anwendung der DIN EN ISO 10052 zusätzlich zu Abschnitt 6.3.3 insbesondere deren normativer Anhang B (Betriebsbedingungen und Betriebszyklen) zu beachten ist. Falls Regeln zu berücksichtigen sind, die von diesem Anhang abweichen, werden diese in der Nationalen Ergänzung B.4.2 genannt.

Geregelt wird in B.4.1 außerdem, dass bei unterschiedlichen möglichen Betriebszuständen die Messungen im lautesten Betriebszustand durchzuführen sind. Weitere Regelungen betreffen u.a. Einschränkungen bei der Bestimmung des Nachhallmaßes und die Notwendigkeit einer Fremdgeräuschkorrektur.

Auch hierzu finden sich zusätzliche Prüfregeln im Beschlussbuch der VMPA-Prüfstellen [151]. Dort behandelt Abschnitt 6.4 Festlegungen, die bei der Prüfung von gebäudetechnischen Anlagen zu berücksichtigen sind. Eine Präzisierung des messtechnischen Vorgehens beim geforderten Verzicht auf die Eckpositionen erfolgt in diesem Beschlussbuch in Abschnitt 6.4.1 (siehe hierzu Abschnitt 6.6.3.5). Die in DIN 4109-4 (Ergänzung B.4.1) fehlende Vorgehensweise bei der geforderten Rundung der $L_{\mathrm{AF,max,n}}$-Werte auf ganzzahlige dB-Werte wird im Beschlussbuch in Abschnitt 6.4.2 festgelegt.

Nationale Ergänzung B.4.2: Messung von Geräuschen der Wasserinstallation

In B.4.2 finden sich weitere Regelungen, die mit redaktioneller Überarbeitung und Aktualisierung der Normbezüge aus DIN 4109-11:2010, Abschnitt 12.2 übernommen wurden. Neu ist auch hier der Hinweis, dass bei der Messung auf die in DIN EN ISO 10052 vorgesehene Eckposition verzichtet wird.

Die Fußnote a) aus DIN 4109-1, Tabelle 9 findet in B.4.2 ihre messtechnische Umsetzung, indem auch hier festgehalten wird, dass einzelne, kurzzeitige Spitzen, die beim Betätigen der Armaturen und Geräte (Öffnen, Schließen, Umstellen, Unterbrechen u. a.) entstehen, zurzeit nicht zu berücksichtigen sind. Auf diese Thematik wird aus grundsätzlicher Sicht in 3.6.3.3 und 3.6.4.4 und aus messtechnischer Sicht in 6.6.3.4 näher eingegangen.

Da bei der messtechnischen Umsetzung dieser Vorgabe in der Praxis immer wieder Fragen aufgetaucht sind, wurde im VMPA-Beschlussbuch [151] in Abschnitt 6.4.3 für den häufigen Fall der Auslösegeräusche bei der WC-Spülung eine eigene Prüfregel erlassen. Im selben Abschnitt formuliert das VMPA-Beschlussbuch darüber hinaus auch Prüfregeln zu den Betriebszyklen bei der Messung von Armaturengeräuschen, die bei Bedarf von den in DIN EN ISO 10052 vorgegebenen Bedingungen abweichen können. Präzisierende Angaben finden sich auch zur Messung der von Duschköpfen verursachten Prallgeräusche.

Nationale Ergänzung B.4.3: Messung von Geräuschen sonstiger gebäudetechnischer Anlagen

Die Ergänzung B.4.3 ist mit Aktualisierung der Normenbezüge eine vollständige Übernahme der Regelungen aus DIN 4109-11:2010, Abschnitt 12.3. Verwiesen wird auf die in DIN EN ISO 10052 vorgesehenen Betriebsbedingungen und Betriebszyklen, wobei die Berücksichtigung von Ein- und Ausschaltgeräuschen der Anlagen explizit vorgegeben wird. Auch in B.4.3 wird ausdrücklich noch einmal auf den Verzicht der Eckposition hingewiesen.

Als Nationale Ergänzung ist B.4.3 zwar im Anhang B formuliert, es fehlt in Tabelle 8 jedoch der Verweis zur Anwendung dieser Regel. B.4.3 ist deshalb in Zeile 2 dieser Tabelle zu ergänzen.

6.6.3.4 Messtechnische Behandlung von Betätigungsgeräuschen

Die Behandlung von Betätigungsgeräuschen in den Anforderungen der DIN 4109 wurde eingehend in 3.6.3.3 und 3.6.4.4 erörtert. Beispiele für Geräuschspitzen bei der Betätigung werden dort in Bild 3.22 und Bild 3.23 gegeben. Die Festlegung in den Anforderungen, zuerst in DIN 4109:1989 und jetzt in DIN 4109-1, sieht vor, dass einzelne kurzzeitige Geräuschspitzen, die beim Betätigen (Öffnen, Schließen, Umstellen, Unterbrechen) der Armaturen und Geräte der Wasserinstallation entstehen, derzeit nicht zu berücksichtigen sind. Zu dieser Festlegung musste auch eine entsprechende messtechnische Umsetzung vorgenommen werden. In DIN 52219 wurde schon in ihren früheren Versionen als Messgröße der Installations-Schallpegel L_{In} verwendet, zu dem es z. B. in DIN 52219:1993 hieß:

> Der Installations-Schallpegel L_{In} ist der in Gebäuden beim Gebrauch einer Armatur gemessene A-bewertete Schallpegel L_A.

Diese Größe war allerdings nicht nur ein üblicher A-bewerteter Schalldruckpegel, sondern sie definierte von Anfang an, welche Geräuschanteile bei der Messung von Installationsgeräuschen zu berücksichtigen sind. Deshalb wurden die Festlegungen für den L_{In} in

Abschnitt 4.2 der DIN 52219:1993 modifiziert, um der Nichtberücksichtigung von Betätigungsgeräuschen in DIN 4109:1989 auch messtechnisch Rechnung zu tragen und den Vorgaben für die Anforderungen zu entsprechen:

> Als Messwert gilt bei der Untersuchung von Auslaufarmaturen und Klosett-Spüleinrichtungen der größte A-bewertete Schallpegel, der sich bei dreimaligem Öffnen und Schließen der Armatur im arithmetischen Mittel ergibt. Einzelne, kurzzeitige Spitzen, die beim Betätigen der Armaturen und Geräte (Öffnen, Schließen, Umstellen, Unterbrechen u. a.) entstehen, sind zur Zeit nicht zu berücksichtigen.

Damit war die Nichtberücksichtigung von Betätigungsgeräuschen als messtechnische Regel in den L_{In} implementiert.

Als Messgröße war der L_{In} in den internationalen Regelwerken weder in DIN EN ISO 10052 noch in DIN EN ISO 16032 vorgesehen. Nachdem DIN EN ISO 10052 die DIN 52219 als maßgebliche Messnorm für die Messung von Geräuschen gebäudetechnischer Anlagen abgelöst hatte, mussten die Besonderheiten der deutschen Vorgehensweise als national abweichende Regelungen in DIN 4109-11:2010 aufgenommen werden. Dort hieß es dann in Abschnitt 12.2 (Messung von Geräuschen der Wasserinstallation):

> Bei Messungen der Geräusche von Wasserinstallationen ersetzt $L_{\mathrm{AFmax,n}}$ den Installations-Schallpegel L_{In} nach DIN 52219. (...) Dabei ist jeweils der Maximalwert von $L_{\mathrm{AFmax,n}}$ zu bestimmen; einzelne, kurzzeitige Spitzen, die beim Betätigen der Armaturen und Geräte (Öffnen, Schließen, Umstellen, Unterbrechen u. a.) entstehen sowie nutzerabhängige Geräusche (Öffnen und Schließen des WC-Deckels, Abstellen von Gegenständen u. a.), sind zurzeit nicht zu berücksichtigen.

Wenn auch in der damals noch geltenden DIN 4109:1989 der Begriff des Installations-Schallpegels L_{In} noch weiterbestand, so war er als Kenngröße in den messtechnischen Regelwerken seit DIN 4109-11:2010 eliminiert. Schon der Normentwurf DIN 4109-1:2006 verzichtete dann auch im Rahmen der Anforderungen auf den L_{In}. In der DIN 4109-1 hat man sich dann endgültig von dieser Größe gelöst und sie auch dort als das bezeichnet, was sie ist: ein $L_{\mathrm{AF,max,n}}$.

Damit die von den Anforderungen der DIN 4109 vorgegebene Regel für Betätigungsgeräusche auch weiterhin bei der messtechnischen Handhabung Berücksichtigung findet, wurde sie in DIN 4109-4 in die Nationale Ergänzung B.4.2 aufgenommen. Das alte Problem im Umgang mit dieser Regel bleibt allerdings bestehen. Um die Einhaltung der Anforderungen der DIN 4109 messtechnisch zu überprüfen, steht der Messingenieur nach wie vor vor der Aufgabe, zu entscheiden, ob aufgetretene Geräuschspitzen „Betätigungsgeräusche" im Sinne der DIN 4109 sind und damit unberücksichtigt bleiben müssen oder ob es sich um „reguläre" Geräuschspitzen handelt. Diese Unterscheidung erfordert viel Erfahrung, ist bei der messtechnischen Erfassung aufwändig und in vielen Fällen vor Ort nicht eindeutig zu entscheiden. Es handelt sich um eine Vorgabe, die in der messtechnischen Durchführung völlig unpraktikabel ist und immer wieder zu Irritationen führt.

Ein immer wieder auftretender Problemfall ist die Geräuschspitze beim Auslösen des Spülvorgangs der WC-Spülung. Im VMPA-Beschlussbuch wurde deshalb im Sinne einer einheitlichen (und an den Bedürfnissen der betroffenen Bewohner orientierten) Vorgehensweise in Abschnitt 6.4.3 folgende Prüfregel festgelegt:

> Bei Messungen von WC-Spülungen ist die Auslösung „normal", das heißt, in der Art des üblichen Gebrauches vorzunehmen. Das Aufschlagen der Hand auf die Spültaste/den Drücker ist zu vermeiden. Der Messzyklus ist vor Betätigung der Spülung zu starten. Der gesamte Messzyklus ist der Auswertung und Beurteilung zugrunde zu legen.

Im Messzyklus ist also nach dieser Vorgabe die Geräuschspitze des Auslösevorgangs zu berücksichtigen. So war das auch vor der Änderung des L_{In} in DIN 52219:1993 vorgesehen gewesen.

6.6.3.5 Messtechnische Behandlung der Eckpositionen

Als im Jahr 2010 die bisher geltende DIN 52219 als maßgebliche Norm für die Messung von Geräuschen gebäudetechnischer Anlagen durch DIN EN ISO 10052 und DIN 4109-11:2010 abgelöst wurde, wurde damit auch die in DIN EN ISO 10052 vorgegebene Berücksichtigung von Eckpositionen bei der Messung von Schalldruckpegeln gebäudetechnischer Anlagen Bestandteil des in Deutschland verbindlichen Regelwerkes. Mit Hinblick auf die Anforderungen wurde bereits in 3.6.3.1 der Verzicht auf die Eckpositionen erörtert.

Die Intention der gegenüber DIN 52219 geänderten Methode war eine Verringerung der Unsicherheiten bei der Messung von Schalldruckpegeln in Räumen, insbesondere bei Geräuschen mit dominierenden tieffrequenten Anteilen. Man trug damit der Tatsache Rechnung, dass unter den bauüblichen Bedingungen nur eingeschränkt von diffusen Schallfeldern ausgegangen werden kann und sich deshalb je nach vorhandener Situation eine mehr oder weniger große Abhängigkeit des gemessenen Schalldruckpegels von der Messposition im Raum ergibt. Um die damit verbundenen messtechnischen Unsicherheiten zu vermindern, wurde schon in der ersten Ausgabe von DIN EN ISO 10052 nach langer und kontroverser Diskussion im internationalen Normenausschuss die so genannte Eckmethode bei der Messung von Schalldruckpegeln gebäudetechnischer Anlagen vorgeschrieben. Akustischer Hintergrund ist die Tatsache, dass bei tieferen Frequenzen die Bedingungen eines diffusen Schallfeldes bei den üblichen Raumgrößen und Raumausstattungen nicht mehr erfüllt sind. Einzelne Raummoden nehmen an Bedeutung zu und sorgen für eine mehr oder wenige starke Ortsabhängigkeit der gemessenen Schalldruckpegel. Als Folge können sich starke Streuungen der Messwerte ergeben, die zu einer erhöhten Unsicherheit der Messungen führen. Eine grundsätzliche Regel ist dafür nicht ohne weiteres angebbar, da die zu erwartende Streuung von den aktuellen Raumeigenschaften und der Frequenzzusammensetzung des zu messenden Geräusches abhängt.

Aus grundsätzlichen akustischen Betrachtungen heraus wird in einer (harten) Raumecke eine Raummode immer erfasst, was bei anderen Messpositionen im Raum nicht gewährleistet ist. Daraus resultiert der Ansatz der DIN EN ISO 10052, zusätzlich zu einer Messposition im Raum auch eine weitere Messposition in der akustisch härtesten Ecke vorzusehen und eine räumliche Mittelung über die einzelnen Messpositionen vorzunehmen. Maßgebend für die Aufnahme dieser „Eckmethode" in die Norm waren die in [482] beschriebenen Untersuchungen. Dort wurden die verfügbaren Messmethoden und Messnormen hinsichtlich der Mikrofonpositionen verglichen, und es wurde die Eckmethode als neue Vorgehensweise vorgeschlagen. Von dieser Methode, die in DIN EN ISO 10052 zu den so genannten Kurzverfahren zählt, wurde erwartet, dass sie gegenüber anderen Methoden den Aufwand reduziert und zu einer Verminderung der Streuung der Messwerte führt.

In DIN EN ISO 10052 wird die neue Methode in Abschnitt 6.3.3 folgendermaßen beschrieben:

> Der Schalldruckpegel von haustechnischen Anlagen ist im Raum zu messen. Zwei feste Positionen sind erforderlich. Position 1 muss nahe der Ecke mit den offensichtlich akustisch härtesten Oberflächen, vorzugsweise in einem Abstand von 0,5 m von den Wänden, sein. Position 2 muss im Hallfeld des Raumes sein. Der Abstand zu sämtlichen Schallquellen (z. B. Lüftungsabzügen) muss mindestens 1,5 m betragen.
>
> Es müssen insgesamt drei Messungen durchgeführt werden. Eine Messung ist an Position 1 in der Nähe der Ecke durchzuführen und zwei Messungen sind an Position 2 durchzuführen. Das Messzeitintervall für jede der drei Messungen muss so gewählt werden, dass mindestens ein vollständiger unter üblichen Bedingungen auszuführender Betriebszyklus der Anlage erfasst wird. Für jede Messung muss ein getrennter Betriebszyklus verwendet werden. Die Betriebszyklen sind in Anhang B angegeben. Der mittlere Schalldruckpegel ist nach Gleichung (14) zu berechnen.

Die Übernahme der neuen messtechnischen Vorgehensweise wurde anfänglich lediglich als eine Anpassung im messtechnischen Bereich betrachtet, die über DIN EN ISO 10052 und DIN 4109-11:2010 hinaus keine weiteren Auswirkungen auf die DIN 4109 habe. Dann wurde im für die Anforderungen zuständigen Normenausschuss über Erfahrungen berichtet, dass im direkten Vergleich von alter Vorgehensweise nach DIN 52219 und neuer Vorgehensweise nach DIN EN ISO 10052 durch die neue Methode eine systematische Erhöhung der Messwerte aufträte. Infolgedessen komme es immer wieder dazu, dass in ein und derselben Situation mit der neuen Methode eine Überschreitung des zulässigen Schalldruckpegels konstatiert werde, wo nach bisheriger Vorgehensweise die Anforderungen noch eingehalten worden seien.

Eine detaillierte Untersuchung zur Vergleichbarkeit der Messergebnisse nach DIN 52219 und DIN EN ISO 10052/DIN 4109-11 wurde von der PTB durchgeführt [352], [483]. Es wurde dabei berücksichtigt, dass nicht nur die Verwendung von Eckpositionen zu Unterschieden zwischen beiden Verfahren führt, sondern noch weitere Unterschiede (z. B. arithmetische oder energetische Mittelung der 3 Messungen, Art der Raumkorrektur über die Nachhallzeit, Art der Störgeräuschkorrektur) vorliegen. Aus einem Messprogramm mit Messungen in als repräsentativ betrachteten Geräuschsituationen im Massivbau (mehrere Messteams, mehrere Geräuschquellen) ergab sich „im Mittel über alle Teilnehmer ein um 0–3 dB höherer Installationsgeräuschpegel nach der neuen Norm". Zur weiteren Klärung der Zusammenhänge wurde eine umfangreiche Monte-Carlo-Simulation durchgeführt. „Es zeigte sich, dass die Einführung einer Mikrofonposition in der Raumecke wesentlich ist. Bei tiefen Frequenzen sind die Schalldruckpegel hier um ca. 10 dB höher als an wandfernen Messpunkten, was bei tieffrequenten Geräuschen zu einer Erhöhung des A-Werts führt.“ Die Untersuchungen kamen insgesamt zum Schluss, dass im betrachteten Massivbau die Messung nach DIN EN ISO 10052/DIN 4109-4, abhängig von Spektrum und Störabstand, systematisch höhere Installationsgeräuschpegel liefert als die Messung nach DIN 52219.

Als Folge dieser Untersuchungen wurde im Normenausschuss von im Mittel 2 dB höheren Messresultaten nach der geänderten Methode ausgegangen. Zur „Kompensation“ dieses Effektes wurde im Normentwurf DIN 4109-1:2013 eine Erhöhung der maximal zulässigen Schalldruckpegel für Wasserinstallationen und sonstige gebäudetechnische Anlagen um 2 dB vorgesehen. So galten z. B. als Anforderung für den maximalen zulässigen A-bewerteten Schalldruckpegel in Wohn- und Schlafräumen statt bisher 30 dB nun 32 dB. Damit sollte nach dem damaligen Verständnis aber keine Änderung des tatsächlichen Schallschutzniveaus bewirkt werden. Im Sinne kontinuierlicher Bedingungen (Bestandsschutz etc.) sollte lediglich eine Anpassung an das geänderte Messverfahren erfolgen, ohne dass sich das tatsächliche Schallschutzniveau änderte.

Diese im Normentwurf DIN 4109-1:2013 umgesetzte Regelung erfuhr im Einspruchsverfahren heftigen Widerspruch. Von vielen Einsprechern wurde geltend gemacht, dass gemäß eigenen Erfahrungen die vorausgesetzte Erhöhung der Messwerte durch Anwendung der Eckmethode in der Praxis nicht bzw. nicht in der angenommenen Höhe nachgewiesen werden könne. Die vorgesehene Änderung der zulässigen Schalldruckpegel wurde deshalb als unzutreffend und nicht sachgerecht eingestuft und als nicht ausreichend abgesichert betrachtet. In der im Normentwurf vorgenommenen Erhöhung der zulässigen Schalldruckpegel wurde deshalb eine Absenkung des geforderten Schallschutzniveaus gesehen. Nachdem auch aus messtechnischer Sicht Zweifel an der Berechtigung der Eckmethode und deren praktikabler Durchführung geäußert worden waren, gelangte der zuständige Normenausschuss zu der Ansicht, bei der messtechnischen Überprüfung im Bau die Verwendung der Eckposition zu streichen und die zulässigen Schalldruckpegel wieder auf die alten Werte zurückzusetzen. Diese Vorgehensweise wurde dann auch in DIN 4109-1:2016 als Fußnote c) in den Tabellen 9 und 10 umgesetzt.

Mit dieser Vorgabe der DIN 4109-1 war dann der Verzicht auf die Eckpositionen auch im messtechnischen Vorgehen zu verankern. Die entsprechenden Formulierungen in den Nationalen Ergänzungen des Anhangs B.4 der DIN 4109-4 tragen diesem Umstand Rechnung. Allerdings wurde übersehen, dass damit aus messtechnischer Sicht noch keine abschließende Regelung für das praktische Vorgehen getroffen war. Weitere Festlegungen wären erforderlich gewesen, um nach Wegfall der Eckpositionen die nun entstandenen Unklarheiten bei der Anwendung der DIN EN ISO 10052 zu beseitigen. Infolgedessen kam es nach Erscheinen von DIN 4109-1 und DIN 4109-4 zu Verunsicherungen, wie bei Baumessungen zu verfahren sei. So blieb offen, ob nach Wegfall der Eckposition zukünftig nur noch zwei Messungen an einem Messpunkt im Raum durchzuführen seien. Dies hätte allerdings dem Grundsatz widersprochen, dass eine Mittelung über drei unabhängige Messzyklen vorzunehmen und eine räumliche Mittelung zur Minderung von Streuungen notwendig ist. Das VMPA-Beschlussbuch [151] hat deshalb im Dezember 2017 eine Aktualisierung seiner Prüfregeln vorgenommen, um die bestehende Regelungslücke nach Verzicht auf die Eckposition zu füllen. In Abschnitt 6.4.1 heißt es dort mit Bezug auf DIN 4109-4:

Bei der Ermittlung der Bewertungsgrößen wird nach DIN 4109-4:2016-07 Anlage B bei der Messung von Geräuschen der Wasserinstallation (Abschnitt B.4.2) und der Messung von Geräuschen sonstiger gebäudetechnischer Anlagen (Abschnitt B.4.3) die Eckposition, wie sie nach DIN EN ISO 10052 vorgesehen ist, nicht herangezogen. Dies bedeutet nicht den Verzicht auf die Messung eines Messzyklus. Es sind daher weiterhin 3 Messzyklen zu messen. Die örtliche Mittelung muss über 3 Messpositionen im Hallfeld des Empfangsraumes erfolgen.

Eine solche Regelung sollte als Nationale Ergänzung in DIN 4109-4 aufgenommen werden.

6.6.3.6 Nutzergeräusche

Eine ausführliche Behandlung der Nutzergeräusche hinsichtlich ihrer Bedeutung und der Behandlung in DIN 4109-1 erfolgte bereits in 3.6.3.4. In DIN 4109-4 werden Nutzergeräusche nicht erwähnt, da sie nach DIN 4109-1 keinen Anforderungen unterliegen. Da Nutzergeräusche unbestritten ein hohes Störpotenzial besitzen, gibt es in anderen Regelwerken (siehe 3.6.3.4) entweder Anforderungen (z. B. SIA 181 [129]) oder Hinweise zur Berücksichtigung solcher Geräusche (z. B. VDI 4100 oder DEGA-Schallschutzausweis). Deshalb sollen hier in Kürze einige Hinweise gegeben werden, wie eine messtechnische Behandlung dieser Geräusche aussehen kann. Es zeigt sich insgesamt, dass bereits eine breite Palette messtechnischer Möglichkeiten zur Verfügung steht, so dass die sachgerechte Berücksichtigung von Nutzergeräuschen in einem umfassenden Schallschutzkonzept nicht an der Verfügbarkeit messtechnischer Methoden scheitert.

Grundsätzlich gibt es drei mögliche Ansätze zur messtechnischen Beurteilung von Nutzergeräuschen:

1) Nutzergeräusche werden durch reale Nutzervorgänge (z. B. Absetzen einer Seifenschale) möglichst praxisgerecht erzeugt („Nachahmung“) und mit den verfügbaren Methoden der DIN EN ISO 10052 (zusammen mit DIN 4109-4) gemessen.
2) Nutzergeräusche werden mit definierten Körperschallquellen (z. B. Kleinhammerwerk oder Pendelfallhammer) simuliert.
3) Es werden nicht Geräusche (als Schalldruckpegel) gemessen, sondern Übertragungsfunktionen bestimmt.

Der erste Ansatz stellt die einfachste und scheinbar praxisgerechte Lösung dar. Zu Recht unterliegt er aber dem Einwand, dass eine ausreichende Reproduzierbarkeit der Anregevorgänge nicht sichergestellt werden kann.

Der zweite Ansatz, der anstelle der realen Anregung „Ersatzschallquellen“ verwendet, sorgt für größere Reproduzierbarkeit der Messergebnisse. Es wird nicht das Nutzergeräusch selbst, sondern der Schalldruckpegel einer standardisierten Anregung gemessen. Verschiedene Körperschallquellen sind dafür vorgeschlagen worden, z. B. ein Kleinhammerwerk [277], [278], [279], (siehe Bild 3.25, ein so genanntes Körperschall-Geräuschnormal (KGN) [484], [485], [486] bzw. JNS (Jet Noise Standard) [82] (siehe Bild 6.4) oder der in [274] beschriebene Pendelfallhammer nach SIA 181 (siehe Bild 3.24).

Ein Vergleich verschiedener Körperschallquellen findet sich in [275]. Die Anwendung unterschiedlicher Körperschallquellen für den Sanitärbereich zeigt Bild 6.5.

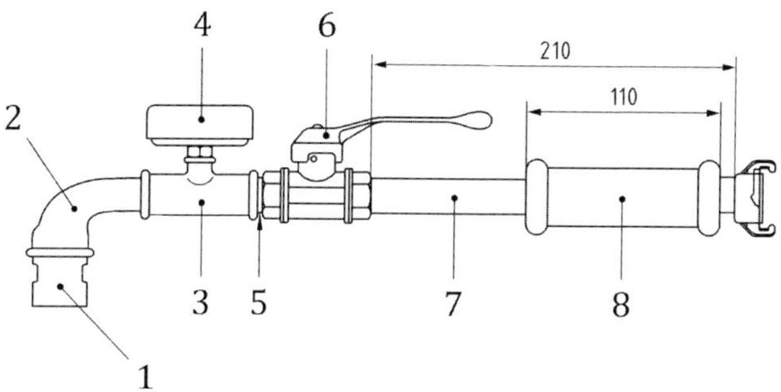

Legende

1 Installationsgeräuschnormal nach DIN EN ISO 3822-1
2 $^3/_4$"-Bogen
3 $^3/_4$"/$^1/_4$"-T-Stück
4 Druckmessgerät
5 $^3/_4$"-Rohrnippel
6 $^3/_4$"-Kugelventil
7 $^3/_4$"-Rohrverbindungsstück
8 Handgriff

Quelle: nach [81]

Bild 6.4: Körperschall-Geräuschnormal (KGN)

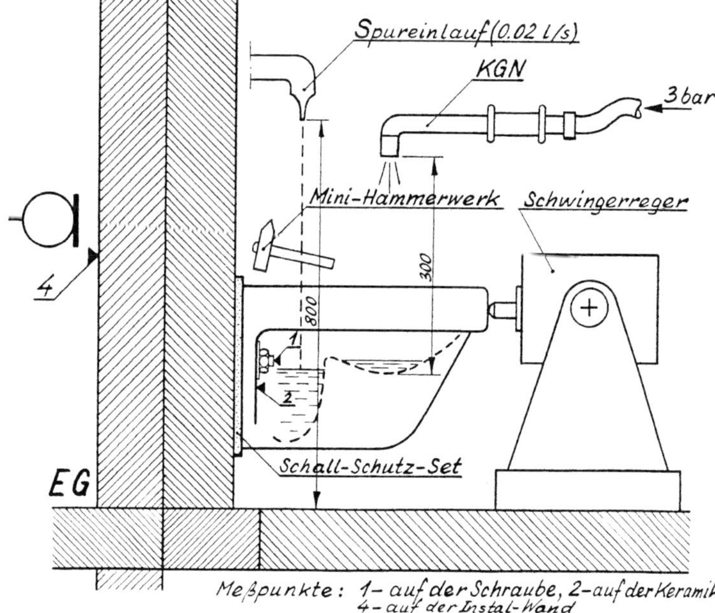

Quelle: [484]

Bild 6.5: Verwendung verschiedener Schallquellen zur Charakterisierung von Nutzergeräuschen und deren Übertragung als Körperschall

Unabhängig von der gewählten Quelle muss ein definierter Zusammenhang zwischen der künstlichen Anregung und einem bestimmten realen Anregevorgang hergestellt werden, z. B. durch Korrekturwerte. Dieser Weg wird in der SIA 181 beschritten, die in einer Liste von Nutzergeräuschen auch entsprechende Korrekturwerte nennt, mit denen dieser Zusammenhang anregungsbezogen hergestellt wird und die Einhaltung von Anforderungen überprüft werden kann. Nach den bisherigen Erfahrungen mit dem Pendelfallhammer wurde das Verfahren einer eingehenden Überprüfung unterzogen, um Fragen bezüglich Festlegungen für eine definierte Anregung, Präzisierung des Messverfahrens, Messunsicherheiten und Festlegung der Korrekturpegel zu klären [276].

Der dritte Ansatz geht davon aus, dass den Störungen durch Nutzergeräusche eine ungenügende Körperschallentkopplung zwischen Anregeort und schutzbedürftigem Raum zugrunde liegt. Es geht also nicht primär um bestimmte Nutzergeräusche, sondern um deren Übertragung als Körperschall. Eine Charakterisierung der Körperschallübertragung im Sinne von Übertragungsfunktionen zwischen Anrege- und Einwirkungsort liefert Aussagen darüber, ob eine erhöhte „Körperschallempfindlichkeit" als Ursache starker Nutzergeräusche vorliegt. Solche Übertragungsfunktionen können mit einer definierten Anregung gemessen werden, bei der z. B. die anregenden Kräfte gemessen werden. In Frage kommt dafür z. B. die Anregung mit elektrodynamischem Schwingerreger oder mit einem Impulshammer.

Die Grundlagen zur messtechnischen Ermittlung der Körperschallempfindlichkeit wurden 1979 von Buhlert und Feldmann in [423] dargestellt. Dort wird ein auf Reziprozitätsbedingungen beruhendes Messverfahren abgeleitet und dessen Anwendung bei der Ermittlung von Übertragungsfunktionen und von Anregespektren für die einwirkenden Kräfte beschrieben. Über Anwendungen dieses Verfahrens wird im Jahr 2000 in [431] und [432] berichtet. In [428] wird 2001 neben der Ermittlung von (globalen) Übertragungsfunktionen auch die Ermittlung von Kraftspektren für Nutzergeräusche auf der Basis reziproker Messungen beschrieben. Mit der messtechnischen Bestimmung von Übertragungsfunktionen und Anregespektren steht damit schon lange ein komplettes Instrumentarium zur methodischen Behandlung von Nutzergeräuschen zur Verfügung.

Eine Weiterführung haben solche Untersuchungen dadurch gefunden, dass die Möglichkeiten der Körperschallquellencharakterisierung nach DIN EN 15657 [82] (siehe 4.5.3.1) auch für Nutzergeräusche verfügbar gemacht wurden. In [487] wird beschrieben, wie mit der Empfangsplattenmethode die Körperschallleistung von Nutzergeräuschen bestimmt werden kann.

Zur Beschreibung der Körperschallübertragung ist auch ein Ansatz denkbar, wie er bei der Ermittlung des Norm-Trittschallpegels mit Hilfe des Norm-Hammerwerkes gehandhabt wird. Unter der Annahme einer gleichbeibenden Anregekraft, was eine Kraftquellensituation voraussetzt (siehe 4.5.3.1), kann der von einer solchen Quelle erzeugte Schalldruckpegel in einem schutzbedürftigen Raum als Maß für die Körperschallübertragung betrachtet und wie eine Übertragungsfunktion behandelt werden (siehe Gl. (4.120)). In Frage kommen für die Bestimmung solcher „Übertragungsfunktionen" die schon zuvor genannten Körperschallquellen (Minihammerwerk, KGN, Pendelfallhammer). Diese Methode ist vom Ansatz her vergleichbar mit der in [277], [278] beschriebenen Vorgehensweise. Sie liegt auch der Berücksichtigung von Nutzergeräuschen im DEGA-Schallschutzausweis [148] zugrunde.

Auch der in der überarbeiteten DIN EN ISO 10848-1 von 2018 [99] neu definierte Norm-Flankengeräteschallpegel $L_{ne0,f}$ ist eine Art Körperschallempfindlichkeit. Es handelt sich dabei um eine Übertragungsfunktion, die mit definierter Kraftanregung ermittelt wird. Damit hat das Konzept der Übertragungsfunktionen auch Eingang in die Normung gefunden. Die genannte Kenngröße kann für Berechnungen der Geräusche gebäudetechnischer Anlagen (oder auch von Nutzergeräuschen) nach DIN EN 12354-5 verwendet werden, wenn die anregenden Kräfte oder Schallleistungen bekannt sind. Mit den Schallleistungen nach DIN EN 15657, den Übertragungsfunktionen nach DIN EN ISO 10848-1 und den Prognoseverfahren nach DIN EN 12354-5 steht somit auf internationaler Ebene mittlerweile ein komplettes Instrumentarium zur Verfügung, das auch für Nutzergeräusche verwendbar ist.

6.7 Anhang C: Ermittlung des maßgeblichen Außengeräuschpegels durch Messungen

In Anhang C behandelt die DIN 4109-4 die Ermittlung des maßgeblichen Außengeräuschpegels durch Messungen. In den einzelnen Abschnitten geht es um Straßen-, Schienen-, Wasser- und Luftverkehr sowie um Messzeitpunkte und Messdauer. Das entspricht der Gliederung, die für diesen Bereich bereits in DIN 4109:1989 vorhanden war.

Während in DIN 4109-4 als Begriff konsequent „Außengeräuschpegel“ verwendet wird, spricht DIN 4109-1 (in Abschnitt 7 mit Tabelle 7) vom „Außenlärmpegel“. Gemeint ist in beiden Fällen dasselbe. Eine Vereinheitlichung der Begriffe sollte vorgenommen werden. Die Ursache unterschiedlicher Begriffe liegt aber bereits bei DIN 4109-1. Während dort bei den Begriffen in Abschnitt 3.12 (und nur an dieser Stelle) vom „maßgeblichen Außengeräuschpegel“ gesprochen wird, wird in allen weiteren Zusammenhängen der Begriff „Außenlärmpegel“ verwendet. Dies entspricht auch der Bezeichnung aus DIN 4109:1989.

DIN 4109:1989 enthielt noch eine einheitliche Darstellung der gesamten Außenlärmthematik. Abschnitt 5 behandelte den Schutz gegen Außenlärm, nannte dort die Anforderungen und traf Festlegungen für die Ermittlung des maßgeblichen Außenlärmpegels. Es hieß dazu:

> Zur Bestimmung des „maßgeblichen Außenlärmpegels“ werden die Lärmbelastungen in der Regel berechnet.

Dazu wurden in Abschnitt 5.5 für die unterschiedlichen Lärmarten die notwendigen Festlegungen getroffen. Weiterhin hieß es:

> Sofern es im Sonderfall gerechtfertigt erscheint, sind zur Ermittlung des „maßgeblichen Außenlärmpegels“ auch Messungen zulässig.

Die entsprechenden Festlegungen wurden dafür im Anhang B getroffen. Dort wurde die „Ermittlung des maßgeblichen Außenlärmpegels durch Messung“ komplett geregelt.

Durch die in DIN 4109:2016 umgesetzte neue Gliederung der Norm wurde die Außenlärmthematik auf drei Normteile aufgeteilt: nun nennt DIN 4109-1 die Anforderungen, DIN 4109-2 enthält die Vorgaben für die Berechnung und DIN 4109-4 messtechnische Festlegungen für den Außenlärm.

In DIN 4109-4 ist der Anhang C eine überarbeitete und aktualisierte Übernahme aus DIN 4109:1989, Anhang B. In diesem Zusammenhang sollte im Abschnitt „Änderungen" der DIN 4109-4 die Aussage, dass die „rechnerische Ermittlung des maßgeblichen Außengeräuschpegels übernommen" wurde, korrigiert werden. Es handelt sich stattdessen um die Ermittlung durch Messungen, wie es im Titel des Anhangs C auch richtig genannt wird.

Anhang: Kenngrößentabelle

In nachfolgenden Tabellen sind die im Handbuch enthaltenen bauakustischen Pegelgrößen und sonstigen Kenngrößen entsprechend ihrem Formelzeichen alphabetisch geordnet aufgeführt. Es werden die in DIN 4109 verwendeten Bezeichnungen der Kenngrößen angegeben. Diese Bezeichnungen können im Einzelfall von den Bezeichnungen in anderen Regelwerken abweichen, da es mangels notwendiger Abstimmung oder sorgfältiger Übersetzung häufiger zu unterschiedlichen Benennungen für dieselbe Größe oder sogar zu fehlerhaften Bezeichnungen kommt. Auch DIN 4109:2016 hat es nicht geschafft, durchgängig mit einheitlichen Benennungen zu arbeiten. In diesem Fall werden in den Tabellen mehrere Bezeichnungen genannt, wobei die nicht kursiv gekennzeichneten Bezeichnungen nach Meinung der Autoren verwendet werden sollten.

Tabelle A.1: Pegelgrößen (alle Größen in dB)

Formelzeichen	Name	Norm
C	Spektrumanpassungswert für A-bewertetes rosa Rauschen	DIN EN ISO 717-1
	Spektrumanpassungswert	DIN 4109-2
C_I	Spektrumanpassungswert für Gehgeräuschspektren	DIN EN ISO 717-2
	Spektrumanpassungswert Trittschall	DIN 4109-2
$C_{I,\Delta}$	Spektrumanpassungswert für die Trittschallminderung durch Deckenauflagen	DIN EN ISO 717-2
C_{tr}	Spektrumanpassungswert für städtischen Straßenverkehrslärm	DIN EN ISO 717-1
	Spektrumanpassungswert Straßenverkehr	DIN 4109-2
D	Pegeldifferenz	DIN EN ISO 16283-1
D_{2m}	Fassadenpegeldifferenz; mit der Differenzierung $D_{ls,2m}$, falls ein Lautsprecher und $D_{tr,2m}$, falls Verkehrslärm für die Anregung verwendet wird	DIN EN ISO 10052
$D_{2m,n}$	Norm-Fassadenpegeldifferenz	DIN EN ISO 10052
$D_{2m,nT}$	Standard-Fassadenpegeldifferenz	DIN EN ISO 10052
	Standard-Schallpegeldifferenz	DIN EN ISO 16283-3
$D_{2m,nT,w}$	bewertete Standard-Pegeldifferenz	DIN EN ISO 717-1
D_i	Einfügungsdämm-Maß	DIN 4109-36
	Einfügungsdämpfungsmaß	DIN EN ISO 14163

Formelzeichen	Name	Norm
$D_{k,w}$	(bewertete) Schachtpegeldifferenz	DIN 4109-4, DIN 52210-6
D_n	Norm-Schallpegeldifferenz	DIN EN ISO 12354-1
$D_{n,w}$	bewertete Norm-Schallpegeldifferenz	DIN EN ISO 717-1
$D_{n,e}$	Norm-Schallpegeldifferenz eines kleinen Bauteils	DIN EN ISO 12354-1
	Norm-Schallpegeldifferenz des Bauteils	DIN EN ISO 717-1
$D_{n,e,w}$	bewertete Norm-Schallpegeldifferenz des Bauteils	DIN EN ISO 717-1
$D_{n,e,lab,w}$	im Labor ermittelte bewertete Norm-Schallpegeldifferenz	DIN 4109-2
$D_{n,f}$	*Norm-Flankenpegeldifferenz*	DIN EN ISO 12354-1
	Norm-Flankenschallpegeldifferenz	DIN EN ISO 10848
$D_{n,f,w}$	bewertete Norm-Flankenschallpegeldifferenz	DIN 4109-2, -33
$D_{n,Ff,w}$	bewertete Norm-Flankenschallpegeldifferenz für den Weg Ff	DIN 4109-2
$D_{n,s}$	Norm-Schallpegeldifferenz für Luftschall-Nebenweg-Übertragung	DIN EN ISO 12354-1
D_{nT}	Standard-Schallpegeldifferenz	DIN EN ISO 12354-1
$D_{nT,w}$	bewertete Standard-Schallpegeldifferenz	DIN EN ISO 717-1
$D_{v,ij}$	Schnellepegeldifferenz	DIN EN ISO 10848-1
$\overline{D_{v,ij}}$	richtungsgemittelte Schnellepegeldifferenz	DIN EN ISO 10848-1
$\overline{D_{v,ij,n}}$	richtungsgemittelte Norm-Schnellepegeldifferenz	DIN EN ISO 12354-1
	richtungsgemittelte Norm-Schwingungspegeldifferenz	DIN EN ISO 10848-1
erf. $L'_{n,w}$	der nach DIN 4109-1 geforderte bewertete Norm-Trittschallpegel	DIN 4109-2
erf. R'_w	das nach DIN 4109-1 geforderte bewertete Bau-Schalldämm-Maß	DIN 4109-2
erf. $R'_{w,ges}$	das nach DIN 4109-1 geforderte gesamte bewertete Bau-Schalldämm-Maß	DIN 4109-2
k	Nachhallmaß	DIN EN ISO 10052
K	Korrekturwert Flankenübertragung	DIN 4109-2
K_1	Korrekturwert zur Berücksichtigung der flankierenden Trittschallübertragung auf dem Weg Df	DIN 4109-2

Formel-zeichen	Name	Norm
K_2	Korrekturwert zur Berücksichtigung der flankierenden Trittschallübertragung auf dem Weg DFf	DIN 4109-2
K_{AH}	Korrekturwert für Aluminium-Holzfenster; $K_{AH} = -1$ dB	DIN 4109-35
K_{AL}	Korrekturwert Außenlärm	DIN 4109-2
K_E	Korrekturwert für das Schalldämm-Maß von entkoppelten massiven Bauteilen	DIN 4109-32
$K_{F1,5}$	Korrekturwert für Fenster $< 1{,}5$ m^2	DIN 4109-35
K_{F3}	Korrekturwert für Fenster mit Einzelscheibe > 3 m^2	DIN 4109-35
K_{FV}	Korrekturwert für Festverglasungen mit erhöhtem Scheibenanteil	DIN 4109-35
K_{ij}	Stoßstellendämm-Maß auf dem Übertragungsweg ij	DIN EN ISO 12354-1 DIN EN ISO 10848-1
$K_{ij,E}$	Stoßstellendämm-Maß für entkoppelte Gipswände auf dem Übertragungsweg ij	DIN 4109-32
$K_{ij,max}$	Maximalwert für das Stoßstellendämm-Maß bei entkoppelten Bauteilen	DIN 4109-32
$K_{ij,min}$	Mindestwert für das Stoßstellendämm-Maß	DIN EN ISO 12354-1
$K_{Raumart}$	Korrekturwert für die Raumnutzung	DIN 4109-1
K_{RA}	Korrekturwert für einen Rahmenanteil < 30 %	DIN 4109-35
K_S	Korrekturwert für Stulpfenster	DIN 4109-35
K_{Sp}	Korrekturwert für glasteilende Sprossen	DIN 4109-35
K_T	Korrekturwert für unterschiedliche räumliche Zuordnung	DIN 4109-2
L	mittlerer Schalldruckpegel in einem Raum energetisch gemittelter Schalldruckpegel in einem Raum	DIN EN ISO 10848-1 DIN EN ISO 10140-4
L_1	A-bewerteter Schalldruckpegel, der während 1 % der Messzeit überschritten wird. Bei Straßengeräuschen wird dieser Wert als mittlerer Maximalpegel bezeichnet	DIN 4109-4
L_a	maßgeblicher Außengeräuschpegel maßgeblicher Außenlärmpegel	DIN 4109-1 DIN 4109-1

Formelzeichen	Name	Norm
$L_{a,res}$	resultierender maßgeblicher Außenlärmpegel bei Überlagerung mehrerer Quellen	DIN 4109-1 DIN 4109-2
L_{AF}	A-bewerteter Schalldruckpegel mit der Zeitbewertung FAST	DIN 4109-1
$L_{AF,95}$	Grundgeräuschpegel: A-bewerteter Schalldruckpegel mit der Zeitbewertung FAST, der während 95 % der Messzeit überschritten wird	DIN 4109-1
L_{AFm}	A-bewerteter Mittelungspegel mit der Zeitbewertung FAST	DIN 4109-4
$L_{AF,max}$	maximaler A-bewerteter Schalldruckpegel	DIN 4109-1
$L_{AF,max,n}$	maximaler Norm-Schalldruckpegel A-bewerteter maximaler Norm-Schalldruckpegel *maximaler A-bewerteter Schalldruckpegel*	DIN 4109-1 DIN 4109-2 DIN 4109-4
L_{an}	Luftschallpegel des Abwassersystems *abgeglichener Bezugs-Luftschalldruckpegel von Abwassersystemen*	DIN 4109-4
$L_{an,A}$	A-bewerteter Luftschallpegel des Abwassersystems *A-bewerteter abgeglichener Bezugs-Luftschalldruckpegel von Abwassersystemen*	DIN 4109-4
L_{ap}	Armaturengeräuschpegel	DIN 4109-1, DIN 4109-36
L_b	Fremdgeräuschpegel	DIN 4109-4
L_E	der im Empfangsraum gemessene Trittschallpegel	DIN 4109-4
L_{eq}	äquivalenter Dauerschallpegel	DIN 4109-2
L_{HW}	der bei Betrieb des Hammerwerks im Senderaum gemessene Luftschallpegel	DIN 4109-4
L_i	energetisch gemittelter Trittschallpegel in einem Raum Trittschallpegel	DIN EN ISO 16283-2 DIN EN ISO 10140-3
L_n	Norm-Trittschallpegel	DIN EN ISO 12354-2, DIN EN ISO 10140-3
$L_{n,w}$	bewerteter Norm-Trittschallpegel	DIN EN ISO 717-2
L'_n	Norm-Trittschallpegel am Bau	DIN EN ISO 12354-2

Formelzeichen	Name	Norm
$L'_{n,w}$	bewerteter Norm-Trittschallpegel im Bau	DIN 4109-2
	bewerteter Norm-Trittschallpegel	DIN EN ISO 717-2
	bewerteter Norm-Trittschallpegel unter Baubedingungen	DIN EN ISO 12354-2
$L_{n,d}$	Norm-Trittschallpegel für die direkte Trittschallübertragung	DIN EN ISO 12354-2
$L_{n,d,w}$	bewerteter Norm-Trittschallpegel für die direkte Übertragung	DIN EN ISO 12354-2
$L_{n,eq,0,w}$	äquivalenter bewerteter Norm-Trittschallpegel	DIN 4109-32, DIN 4109-2
$L_{ne0,f}$	Norm-Flankengeräteschallpegel	DIN EN ISO 10848-1
$L_{n,f}$	Norm-Flankentrittschallpegel	DIN EN ISO 10848-1
	Norm-Trittschallpegel flankierender Bauteile	DIN EN ISO 12354-2
$L_{n,f,w}$	bewerteter Norm-Flankentrittschallpegel	DIN 4109-4
L'_{nf}	Norm-Trittschallpegel flankierender Bauteile	DIN EN ISO 12354-2
L'_{nT}	Standard-Trittschallpegel	DIN EN ISO 12354-2
$L'_{nT,w}$	bewerteter Standard-Trittschallpegel	DIN EN ISO 717-2
L_{sb}	gemeinsamer Pegel von Signal und Fremdgeräusch	DIN 4109-4
$L_{sn,A}$	A-bewerteter charakteristischer Körperschallpegel	DIN EN 14366
	A-bewerteter abgeglichener Bezugs-Körperschalldruckpegel	DIN 4109-4
L_r	Beurteilungspegel	DIN 4109-1, DIN 4109-4
L_v	Schnellepegel	DIN EN ISO 10848-1
L_{WA}	A-bewerteter Schallleistungspegel	DIN 4109-36
R	Schalldämm-Maß	DIN EN ISO 717-1, DIN EN ISO 10140-2
R_w	bewertetes Schalldämm-Maß	DIN EN ISO 717-1
R'	Bau-Schalldämm-Maß	DIN EN ISO 717-1, DIN EN ISO 16283-1
R'_w	bewertetes Bau-Schalldämm-Maß	DIN EN ISO 717-1
R'_δ	bei gerichtetem Schalleinfall im Winkel δ ermitteltes Schalldämm-Maß	DIN 4109-4

Formel-zeichen	Name	Norm
$R'_{w,\delta}$	bewertetes bei gerichtetem Schalleinfall im Winkel δ ermitteltes Schalldämm-Maß	DIN 4109-4
$R'_{w,1}$	bewertetes Bau-Schalldämm-Maß einer gleichschweren einschaligen Wand	DIN 4109-2
$R'_{w,2}$	bewertetes Bau-Schalldämm-Maß einer zweischaligen Wand	DIN 4109-2
$R'_{w,45}$	bewertetes Bau-Schalldämm-Maß, Schalleinfall 45°	DIN 4109-4
$R'_{w,ges}$	gesamtes bewertetes Bau-Schalldämm-Maß von Außenbauteilen	DIN 4109-1, DIN 4109-2
$R'_{w,GLAS}$	deklariertes bewertetes Schalldämm-Maß der Verglasung	DIN 4109-35
$R'_{w,L}$	bewertetes Bau-Schalldämm-Maß einer Wand aus Lochsteinmauerwerk ermittelt im Prüfstand	DIN 4109-32
$R_{w,res}$	bewertetes resultierendes Direktschalldämm-Maß der Fassade	DIN 4109-1
$R_{Bau,ref}$	auf den mittleren Bauverlustfaktor bezogenes Schalldämm-Maß	DIN 4109-4
$R_{w,Bau,ref}$	bewertetes auf den mittleren Bauverlustfaktor bezogenes Schalldämm-Maß	DIN 4109-4
$R_{Dd,w}$	bewertetes Direktschalldämm-Maß	DIN 4109-2
$R_{e,i,w}$	bewertetes flächenbezogenes Schalldämm-Maß von Elementen	DIN 4109-2
R_{ij}	Flanken-Schalldämm-Maß	DIN EN ISO 12354-1
$R_{ij,w}$	bewertetes Flanken-Schalldämm-Maß	DIN 4109-2
R_{lab}	im Prüfstand gemessenes Schalldämm-Maß	DIN 4109-4
R_S	Fugen-Schalldämm-Maß	DIN 10140-1
$R_{S,w}$	bewertetes Fugen-Schalldämm-Maß	DIN 4109-35
u_{Bau}	Unsicherheit für das geplante Bauwerk	DIN 4109-2
$u_{BT,einzel}$	Unsicherheit für das Bauteil aufgrund seiner Streuung	DIN 4109-2
$u_{BT,repro}$	Unsicherheit für das Bauteil, mit der es reproduziert werden kann	DIN 4109-2
u_{Kennw}	Gesamte Unsicherheit eines Bauteilkennwertes	DIN 4109-2
u_{Lab}	Unsicherheit der Messung im Labor	DIN 4109-2

Formelzeichen	Name	Norm
u_{prog}	Unsicherheit der Prognose	DIN 4109-2
u_{rech}	Unsicherheit aus der Prognoserechnung	DIN 4109-2
u_{situ}	Unsicherheit in ausgeführten Bauten	DIN 4109-2
$\Delta D_{n,f,w}$	Verbesserungsmaß/Korrekturwert für die bewertete Norm-Flankenschallpegeldifferenz	DIN 4109-33
ΔK_{ij}	Korrekturwert für das Stoßstellendämm-Maß in Abhängigkeit von der Stoßstellenausbildung	DIN 4109-32
ΔK_{ij}	Korrekturwert für das Stoßstellendämm-Maß bei elastischen Zwischenschichten	DIN 4109-32
ΔL	Trittschallminderung	DIN EN ISO 12354-2
	Trittschallpegelminderung	DIN EN ISO 717-2
ΔL_w	bewertete Trittschallminderung	DIN 4109-2
	bewertete Trittschallpegelminderung	DIN EN ISO 717-2
ΔL_d	Trittschallminderung durch eine Unterdecke	DIN EN ISO 12354-2
$\Delta L_{d,w}$	bewertete Trittschallminderung durch eine Unterdecke	DIN EN ISO 12354-2
$\Delta L_{t,1,w}$	bewertete Trittschallminderung auf der leichten Bezugsdecke	DIN 4109-4
ΔR	Verbesserung des Schalldämm-Maßes (durch Vorsatzkonstruktionen)	DIN 4109-2
	Luftschallverbesserungsmaß	DIN EN ISO 12354-1
ΔR_w	bewertete Verbesserung des Schalldämm-Maßes (durch Vorsatzkonstruktionen)	DIN 4109-2 DIN 4109-34
ΔR_w	Korrekturwert für das bewertete Schalldämm-Maß	DIN 4109-33
$\Delta R_{w,L}$	Differenz des bewerteten Schalldämm-Maßes von Lochsteinen gegenüber dem aus der flächenbezogenen Masse zu erwartenden Wert	DIN 4109-32
$\Delta R_{Dd,w}$	gesamte bewertete Verbesserung des Schalldämm-Maßes durch Vorsatzkonstruktionen für die direkte Schallübertragung	DIN 4109-32
$\Delta R_{ij,w}$	gesamte bewertete Verbesserung des Schalldämm-Maßes durch Vorsatzkonstruktionen auf dem Schallübertragungsweg ij	DIN 4109-2
$\Delta R_{w,Tr}$	Zweischaligkeitszuschlag	DIN 4109-2

Tabelle A.2: Weitere akustische, geometrische und sonstige Größen

Formel-zeichen	Name	Norm
A	äquivalente Absorptionsfläche in m^2	
A_0	Bezugsabsorptionsfläche mit $A_0 = 10\ m^2$	
c	Federsteifigkeit der körperschalldämmenden Elemente	DIN 4109-36
d	Dicke des Bauteils in m	DIN 4109-32
f_0	Resonanzfrequenz in Hz	DIN 4109-32
f_E	Erregerfrequenz in Hz	DIN 4109-36
f_g	(Koinzidenz-)Grenzfrequenz in Hz	DIN 4109-32
f_R	Doppelwandresonanzfrequenz in Hz	DIN 4109-33
k	Erweiterungsfaktor der Unsicherheit	DIN 4109-2
l	umlaufende Kantenlänge in m	DIN 4109-2
l_f	Kopplungslänge in m	DIN 4109-2
l_k	Länge der Fuge in m	DIN 4109-2
l_{situ}	Länge von Bauteilen am Bau in m	DIN 4109-2
l_{lab}	Länge von Bauteilen im Labor in m	DIN 4109-2
l_{lab}	Bezugskantenlänge mit $l_{lab} = 2{,}8$ bzw. 4,5 m	DIN 4109-2
l_0	Bezugskopplungslänge mit $l_0 = 1$ m	DIN 4109-2
m'	flächenbezogene Masse in kg/m^2	DIN 4109-2
m'_0	Bezugsgröße der flächenbezogenen Masse mit $m_0 = 1\ kg/m^2$	DIN 4109-32
$m'_{f,i}$	flächenbezogene Masse des flankierenden Bauteils i in kg/m^2	DIN 4109-2
$m'_{f,m}$	mittlere flächenbezogene Masse der flankierenden Bauteile in kg/m^2	DIN 4109-2
m'_{ges}	gesamte flächenbezogene Masse eines Bauteils in kg/m^2	DIN 4109-2
m'_s	flächenbezogene Masse des trennenden Bauteils in kg/m^2	DIN 4109-2
M	Hilfsgröße zur Berechnung des Stoßstellendämm-Maßes	DIN 4109-32
s'	flächenbezogene dynamische Steifigkeit in MN/m^3	DIN 4109-32, DIN 4109-34

Formelzeichen	Name	Norm
s'_{tot}	resultierende flächenbezogene dynamische Steifigkeit in MN/m^3	DIN 4109-34
S	Fläche des Bauteils in m^2	DIN 4109-2
S_0	Bezugsfläche bei flankierendem Lochsteinmauerwerk mit $S_0 = 1{,}25\ m^2$	DIN 4109-32
S_i	Fläche des Bauteils i im Senderaum in m^2	DIN 4109-2
S_j	Fläche des Bauteils j im Empfangsraum in m^2	DIN 4109-2
S_G	Grundfläche des Raumes in m^2	DIN 4109-2
$S_{Öffnung}$	Fläche einer Öffnung in m^2	DIN 4109-2
S_s	Fläche des trennenden Bauteils in m^2	DIN 4109-2
S_s	vom Raum aus gesehene gesamte Fassadenfläche in m^2	DIN 4109-2
T	Nachhallzeit in s	
δ	Schalleinfallswinkel (Winkel zwischen der Verbindungslinie Mitte Lautsprecher bis Mitte Prüfgegenstand und der Flächennormalen des Prüfgegenstandes) in °	DIN 4109-4
η	Verlustfaktor	
η_{lab}	Gesamtverlustfaktor der Wand im Labor	DIN 4109-4
η_{min}	Mindestverlustfaktor	DIN EN ISO 10140-5
$\eta_{Bau,ref}$	mittlerer Bauverlustfaktor	DIN 4109-4
ρ	Rohdichte in kg/m^3	DIN 4109-32

Literatur

Normen und Regelwerke werden i. d. R. undatiert zitiert. Eine datierte Nennung erfolgt bei alten Normen oder dann, wenn auf Inhalte einer bestimmten Ausgabe Bezug genommen wird.

DIN-Normen

[1] DIN 276-1 Kosten im Bauwesen — Teil 1: Hochbau

[2] DIN 820-1 Normungsarbeit – Teil 1: Grundsätze

[3] DIN 1333 Zahlenangaben

[4] DIN 4109:1944 Richtlinie für den Schallschutz im Hochbau (eingeführt durch Erlass des Reichsarbeitsministers vom 18.04.1944, IVa 8 Nr. 9613-4/43)

[5] DIN 4109:1962/1963 Schallschutz im Hochbau, Blatt 1 bis Blatt 5, *(siehe auch nachfolgende Nennungen)*

[6] DIN 4109 Blatt 1:1962-09 Schallschutz im Hochbau, Begriffe

[7] DIN 4109 Blatt 2:1962-09 Schallschutz im Hochbau, Anforderungen

[8] DIN 4109 Blatt 3:1962-09 Schallschutz im Hochbau, Ausführungsbeispiele

[9] DIN 4109 Blatt 4:1962-09 Schallschutz im Hochbau, Schwimmende Estriche auf Massivdecken; Richtlinien für die Ausführung

[10] DIN 4109 Blatt 5:1963-04 Schallschutz im Hochbau, Erläuterungen

[11] E DIN 4109:1979 Schallschutz im Hochbau, Teile 1, 2, 3, 5, 6, *(siehe auch nachfolgende Nennungen)*

[12] E DIN 4109 Teil 2:1979-02 Schallschutz im Hochbau, Luft- und Trittschalldämmung in Gebäuden, Anforderungen und Nachweise; Hinweise für Planung und Ausführung

[13] E DIN 4109 Teil 3:1979-02 Schallschutz im Hochbau, Luft- und Trittschalldämmung in Gebäuden; Ausführungsbeispiele für Massivbauteile

[14] E DIN 4109 Teil 5:1979-02 Schallschutz im Hochbau, Schallschutz gegenüber Geräuschen aus haustechnischen Anlagen und Betrieben; Anforderungen und Nachweise; Hinweise für Planung und Ausführung

[15] E DIN 4109:1984-10 Schallschutz im Hochbau, Teile 1–3 und Teile 5–7, *(siehe auch nachfolgende Nennungen)*

[16] E DIN 4109-1:1984-10 Schallschutz im Hochbau – Einführung und Begriffe

[17] E DIN 4109-2:1984-10 Schallschutz im Hochbau – Luft- und Trittschalldämmung in Gebäuden; Anforderungen und Nachweise; Hinweise für Planung und Ausführung

[18] E DIN 4109 Teil 3:1984-10 Schallschutz im Hochbau – Ausführungsbeispiele mit nachgewiesener Schalldämmung für Gebäude in Massivbauart

[19] E DIN 4109 Teil 5:1984-10 Schallschutz im Hochbau, Schallschutz gegenüber Geräuschen aus haustechnischen Anlagen und aus Betrieben; Anforderungen, Nachweise und Hinweise für Planung und Ausführung

[20] E DIN 4109 Teil 7:1984-10 Schallschutz im Hochbau – Luft- und Trittschalldämmung in Gebäuden; Rechenverfahren und Ausführungsbeispiele für den Nachweis des Schallschutzes in Skelettbauten und Holzhäusern

[21] DIN 4109:1989-11 Schallschutz im Hochbau, Anforderungen und Nachweise

[22] DIN 4109 Beiblatt 1:1989-11 Schallschutz im Hochbau, Ausführungsbeispiele und Rechenverfahren

[23] DIN 4109 Beiblatt 2:1989-11 Schallschutz im Hochbau, Hinweise für Planung und Ausführung; Vorschläge für einen erhöhten Schallschutz; Empfehlungen für den Schallschutz im eigenen Wohn- oder Arbeitsbereich

[24] DIN 4109 Berichtigungsblatt 1:1992-08, Berichtigungen zu DIN 4109/11.89; DIN 4109 Bbl. 1/11.89 und DIN 4109 Bbl. 2/11.89

[25] DIN 4109 Beiblatt 3:1996-06 Schallschutz im Hochbau, Berechnung von $R'_{w,R}$ für den Nachweis der Eignung nach DIN 4109 aus Werten des im Labor ermittelten Schalldämm-Maßes R_w

[26] DIN 4109/A1:2001-01 Schallschutz im Hochbau, Anforderungen und Nachweise, Änderung A1

[27] E DIN 4109-10:2000-06 Schallschutz im Hochbau – Teil 10: Vorschläge für einen erhöhten Schallschutz von Wohnungen (*zurückgezogen*)

[28] DIN 4109-11 Schallschutz im Hochbau – Teil 11: Nachweis des Schallschutzes – Güte- und Eignungsprüfung, Ausgaben 2003-09 und 2010-05 *(zurückgezogen 2016)*

[29] E DIN 4109-1:2006-10 Schallschutz im Hochbau – Teil 1: Anforderungen

[30] E DIN 4109-1:2013-06 Schallschutz im Hochbau – Teil 1: Anforderungen

[31] DIN 4109-1:2016-07 Schallschutz im Hochbau – Teil 1: Mindestanforderungen *(ersetzt durch DIN 4109-1:2018-01)*

[32] DIN 4109-2:2016-07 Schallschutz im Hochbau – Teil 2: Rechnerische Nachweise der Erfüllung der Anforderungen *(ersetzt durch DIN 4109-2:2018-01)*

[33] DIN 4109-31:2016-07 Schallschutz im Hochbau – Teil 31: Daten für die rechnerischen Nachweise des Schallschutzes (Bauteilkatalog) – Rahmendokument

[34] DIN 4109-32:2016-07 Schallschutz im Hochbau – Teil 32: Daten für die rechnerischen Nachweise des Schallschutzes (Bauteilkatalog) – Massivbau

[35] DIN 4109-33:2016-07 Schallschutz im Hochbau – Teil 33: Daten für die rechnerischen Nachweise des Schallschutzes (Bauteilkatalog) – Holz-, Leicht- und Trockenbau

[36] DIN 4109-34:2016-07 Schallschutz im Hochbau – Teil 34: Daten für die rechnerischen Nachweise des Schallschutzes (Bauteilkatalog) – Vorsatzkonstruktionen vor massiven Bauteilen

[37] DIN 4109-35:2016-07 Schallschutz im Hochbau – Teil 35: Daten für die rechnerischen Nachweise des Schallschutzes (Bauteilkatalog) – Elemente, Fenster, Türen, Vorhangfassaden

[38] DIN 4109-36:2016-07 Schallschutz im Hochbau – Teil 36: Daten für die rechnerischen Nachweise des Schallschutzes (Bauteilkatalog) – Gebäudetechnische Anlagen

[39] DIN 4109-4:2016-07 Schallschutz im Hochbau – Teil 4: Bauakustische Prüfungen

[40] E DIN 4109-1/A:2017-01 Schallschutz im Hochbau – Teil 1: Mindestanforderungen; Änderung A1

[41] DIN 4109-1:2018-01 Schallschutz im Hochbau – Teil 1: Mindestanforderungen

[42] DIN 4109-2:2018-01 Schallschutz im Hochbau – Teil 2: Rechnerische Nachweise der Erfüllung der Anforderungen

[43] DIN 4110:1938-07 Technische Bestimmungen für die Zulassung neuer Bauweisen, 2. Ausgabe, Berlin Juli 1938, eingeführt als Richtlinie für die Baupolizei durch Erlass des Reichsarbeitsministers vom 12.07.1938, IV 2 Nr. 9600/6

[44] DIN 5045 Messgeräte für DIN-Lautstärken, Richtlinien *(Ausgaben 1942, 1959, 1963; zurückgezogen 1966)*

[45] DIN 7396:2016-06 Bauakustische Prüfungen – Prüfverfahren zur akustischen Kennzeichnung von Entkopplungselementen für Massivtreppen

[46] DIN 18005-1:2002-07 Schallschutz im Städtebau – Teil 1: Grundlagen und Hinweise für die Planung

[47] DIN 18005-1 Beiblatt 1: Schallschutz im Städtebau; Berechnungsverfahren; Schalltechnische Orientierungswerte für die städtebauliche Planung

[48] DIN 18041 Hörsamkeit in Räumen – Anforderungen, Empfehlungen und Hinweise für die Planung

[49] DIN 45631 Berechnung des Lautstärkepegels und der Lautheit aus dem Geräuschspektrum, Verfahren nach E. Zwicker

[50] DIN 45631/A1 Berechnung des Lautstärkepegels und der Lautheit aus dem Geräuschspektrum – Verfahren nach E. Zwicker – Änderung 1: Berechnung der Lautheit zeitvarianter Geräusche; mit CD-ROM

[51] DIN 45645-1:1996-07 Ermittlung von Beurteilungspegeln aus Messungen – Teil 1: Geräuschimmissionen in der Nachbarschaft

[52] DIN 45633-1 Präzisionsschallpegelmesser – Allgemeine Anforderungen *(zurückgezogen 1981)*

[53] DIN 45641 Mittelung von Schallpegeln

[54] DIN 45645-1:1977-04, Einheitliche Ermittlung des Beurteilungspegels für Geräuschimmissionen *(zurückgezogen 1996)*

[55] DIN 45645-1 Ermittlung von Beurteilungspegeln aus Messungen – Teil 1: Geräuschimmissionen in der Nachbarschaft

[56] DIN SPEC 45660-1 Leitfaden zum Umgang mit der Unsicherheit in der Akustik und Schwingungstechnik – Teil 1: Unsicherheit akustischer Kenngrößen

[57] DIN 45680:1997-03 Messung und Bewertung tieffrequenter Geräuschimmissionen in der Nachbarschaft

[58] E DIN 45680:2013-09 Messung und Beurteilung tieffrequenter Geräuschimmissionen

[59] DIN 52210 Bauakustische Prüfungen, Teile 1–7 *(zurückgezogen außer Teil 6, siehe auch nachfolgende Nennungen)*

[60] DIN 52210-1:1984-08 Bauakustische Prüfungen, Luft- und Trittschalldämmung – Teil 1: Meßverfahren *(letzte Ausgabe 1984, zurückgezogen 1998)*

[61] DIN 52210-2:1984-08 Bauakustische Prüfungen, Luft- und Trittschalldämmung – Teil 2: Prüfstände für Schalldämm-Messungen an Bauteilen *(letzte Ausgabe, zurückgezogen 1998)*

[62] DIN 52210-3:1987-02 Bauakustische Prüfungen; Luft- und Trittschalldämmung – Teil 3: Prüfung von Bauteilen in Prüfständen und zwischen Räumen am Bau *(letzte Ausgabe, zurückgezogen 2002)*

[63] DIN 52210-4:1984-08 Bauakustische Prüfungen, Luft- und Trittschalldämmung – Teil 4: Ermittlung von Einzahlangaben *(letzte Ausgabe, zurückgezogen 1997)*

[64] DIN 52210-6:2013-07 Bauakustische Prüfungen – Luft- und Trittschalldämmung – Bestimmung der Schachtpegeldifferenz

[65] DIN 52217 Bauakustische Prüfungen, Flankenübertragung Begriffe *(letzte Ausgabe 1984-08, zurückgezogen 2001)*

[66] DIN 52218 Akustik; Prüfung des Geräuschverhaltens von Armaturen und Geräten der Wasserinstallation im Laboratorium, Teile 1–4 *(erste Ausgabe Vornorm 1968, letzte Ausgabe 1986, zurückgezogen und ersetzt durch DIN EN ISO 3822)*

[67] DIN 52219 Bauakustische Prüfungen, Messung von Geräuschen der Wasserinstallation am Bau *(erste Ausgabe 1972, letzte Ausgabe 1993, zurückgezogen 2010 und ersetzt durch DIN EN ISO 10052 in Verbindung mit DIN 4109-11)*

[68] DIN SPEC 91314:2017-01 Schallschutz im Hochbau – Anforderungen für einen erhöhten Schallschutz

DIN-EN-Normen

[69] DIN EN 3740 Akustik – Bestimmung der Schallleistungspegel von Geräuschquellen, Leitlinien zur Anwendung der Grundnormen

[70] DIN EN 12354 Bauakustik – Berechnung der akustischen Eigenschaften von Gebäuden aus den Bauteileigenschaften, Normenreihe mit den Teilen 1 bis 6 *(siehe nachfolgende Nennungen)*

[71] DIN EN 12354-1:2000-09 Bauakustik – Berechnung der akustischen Eigenschaften von Gebäuden aus den Bauteileigenschaften – Teil 1: Luftschalldämmung zwischen Räumen *(ersetzt durch DIN EN ISO 12354-1:2017-11)*

[72] DIN EN 12354-2:2000-09 Bauakustik – Berechnung der akustischen Eigenschaften von Gebäuden aus den Bauteileigenschaften – Teil 2: Trittschalldämmung zwischen Räumen *(ersetzt durch DIN EN ISO 12354-2:2017-11)*

[73] DIN EN 12354-3:2000-09 Bauakustik – Berechnung der akustischen Eigenschaften von Gebäuden aus den Bauteileigenschaften – Teil 3: Luftschalldämmung gegen Außenlärm *(ersetzt durch DIN EN ISO 12354-3:2017-11)*

[74] DIN EN 12354-4:2001-04 Bauakustik – Berechnung der akustischen Eigenschaften von Gebäuden aus den Bauteileigenschaften – Teil 4: Schallübertragung von Räumen ins Freie *(ersetzt durch DIN EN ISO 12354-4:2017-11)*

[75] DIN EN 12354-5:2009-10 Bauakustik – Berechnung der akustischen Eigenschaften von Gebäuden aus den Bauteileigenschaften – Teil 5: Installationsgeräusche

[76] DIN EN 12354-6:2002-03 Bauakustik – Berechnung der akustischen Eigenschaften von Gebäuden aus den Bauteileigenschaften – Teil 6: Schallabsorption in Räumen

[77] E DIN EN 12519:2015-01 Fenster und Türen – Terminologie

[78] DIN EN 12758 Glas im Bauwesen – Glas und Luftschalldämmung – Produktbeschreibungen und Bestimmung der Eigenschaften

[79] DIN EN 14351-1:2010-08 Fenster und Türen — Produktnorm, Leistungseigenschaften — Teil 1: Fenster und Außentüren ohne Eigenschaften bezüglich Feuerschutz und/oder Rauchdichtheit

[80] DIN EN 14366 Messung der Geräusche von Abwasserinstallationen im Prüfstand

[81] DIN EN 15657-1:2009-10 Akustische Eigenschaften von Bauteilen und von Gebäuden – Messung des Luft- und Körperschalls von haustechnischen Anlagen im Prüfstand – Teil 1: Vereinfachte Fälle, in denen die Admittanzen der Anlagen wesentlich höher sind als die der Empfänger am Beispiel von Whirlwannen *(ersetzt durch DIN EN 15657:2017-10)*

[82] DIN EN 15657:2017-10 Akustische Eigenschaften von Bauteilen und von Gebäuden – Messung des Körperschalls von haustechnischen Anlagen im Prüfstand für alle Installationsbedingungen

[83] DIN EN 60651 Schallpegelmesser *(zurückgezogen 2004)*

[84] DIN EN 61672-1 Elektroakustik – Schallpegelmesser – Teil 1: Anforderungen

DIN-EN-ISO- und DIN-ISO-Normen

[85] DIN EN ISO 140-4:1998-12 Akustik – Messung der Schalldämmung in Gebäuden und von Bauteilen – Teil 4: Messung der Luftschalldämmung zwischen Räumen in Gebäuden *(zurückgezogen 2014)*

[86] DIN EN ISO 140-16:2006-11 Akustik – Messung der Schalldämmung in Gebäuden und von Bauteilen – Teil 16: Messung der Verbesserung des Schalldämm-Maßes durch zusätzliche Vorsatzschalen im Prüfstand *(zurückgezogen 2010)*

[87] DIN ISO 226 Akustik – Normalkurven gleichen Lautstärkepegels

[88] DIN EN ISO 717-1 Akustik – Bewertung der Schalldämmung in Gebäuden und von Bauteilen – Teil 1: Luftschalldämmung

[89] DIN EN ISO 717-2 Akustik – Bewertung der Schalldämmung in Gebäuden und von Bauteilen – Teil 2: Trittschalldämmung

[90] DIN EN ISO 1683 Bevorzugte Bezugswerte für Pegel in der Akustik und Schwingungstechnik

[91] DIN EN ISO 3822 Akustik – Prüfung des Geräuschverhaltens von Armaturen und Geräten der Wasserinstallation im Laboratorium, Teile 1 bis 4

[92] DIN EN ISO 3822-1 Akustik – Prüfung des Geräuschverhaltens von Armaturen und Geräten der Wasserinstallation im Laboratorium – Teil 1: Messverfahren

[93] DIN EN ISO 10052 Akustik – Messung der Luftschalldämmung und Trittschalldämmung und des Schalls von haustechnischen Anlagen in Gebäuden – Kurzverfahren

[94] DIN EN ISO 10140-1 Akustik — Messung der Schalldämmung von Bauteilen im Prüfstand — Teil 1: Anwendungsregeln für bestimmte Produkte

[95] DIN EN ISO 10140-2 Akustik — Messung der Schalldämmung von Bauteilen im Prüfstand — Teil 2: Messung der Luftschalldämmung

[96] DIN EN ISO 10140-3 Akustik — Messung der Schalldämmung von Bauteilen im Prüfstand — Teil 3: Messung der Trittschalldämmung

[97] DIN EN ISO 10140-5 Akustik — Messung der Schalldämmung von Bauteilen im Prüfstand — Teil 5: Anforderungen an Prüfstände und Messeinrichtungen

[98] DIN EN ISO 10848:2006/2010 Akustik – Messung der Flankenübertragung von Luftschall und Trittschall zwischen benachbarten Räumen in Prüfständen, Teile 1–4 *(Teile 1–3 ersetzt 2018-02, siehe auch nachfolgende Nennungen)*

[99] DIN EN ISO 10848-1:2018-02 Akustik – Messung der Flankenübertragung von Luftschall, Trittschall und Schall von Gebäudetechnischen Anlagen zwischen benachbarten Räumen im Prüfstand und am Bau – Teil 1: Rahmendokument

[100] DIN EN ISO 10848-2:2018-02 Akustik – Messung der Flankenübertragung von Luftschall, Trittschall und Schall von Gebäudetechnischen Anlagen zwischen benachbarten Räumen im Prüfstand und am Bau – Teil 2: Anwendung auf Typ B-Bauteile, wenn die Verbindung geringen Einfluss hat

[101] DIN EN ISO 10848-3:2018-02 Akustik – Messung der Flankenübertragung von Luftschall, Trittschall und Schall von Gebäudetechnischen Anlagen zwischen benachbarten Räumen im Prüfstand und am Bau – Teil 3: Anwendung auf Typ B-Bauteile, wenn die Verbindung wesentlichen Einfluss hat

[102] Normvorlage zu EN ISO 10848-5:2017 Acoustics – Laboratory and field measurement of the flanking transmission for airborne, impact and building service equipment sound between adjoining rooms – Part 5: Radiation efficiencies of building elements

[103] DIN EN ISO 12354-1:2017-11 Bauakustik – Berechnung der akustischen Eigenschaften von Gebäuden aus den Bauteileigenschaften – Teil 1: Luftschalldämmung zwischen Räumen

[104] DIN EN ISO 12354-2:2017-11 Bauakustik – Berechnung der akustischen Eigenschaften von Gebäuden aus den Bauteileigenschaften – Teil 2: Trittschalldämmung zwischen Räumen

[105] DIN EN ISO 12354-3:2017-11 Bauakustik – Berechnung der akustischen Eigenschaften von Gebäuden aus den Bauteileigenschaften – Teil 3: Luftschalldämmung von Außenbauteilen gegen Außenlärm

[106] DIN EN ISO 12999-1 Akustik – Bestimmung und Anwendung der Messunsicherheiten in der Bauakustik – Teil 1: Schalldämmung

[107] DIN EN ISO 15036-1 Heizkessel – Prüfverfahren für Luftschallemissionen von Wärmeerzeugern – Teil 1: Luftschallemissionen von Wärmeerzeugern

[108] DIN EN ISO 16032 Akustik – Messung des Schalldruckpegels von haustechnischen Anlagen in Gebäuden – Standardverfahren

[109] DIN EN ISO 16283-1:2014-06 Akustik – Messung der Schalldämmung in Gebäuden und von Bauteilen am Bau – Teil 1: Luftschalldämmung

[110] DIN EN ISO 16283-1:2018-04 Akustik – Messung der Schalldämmung in Gebäuden und von Bauteilen am Bau – Teil 1: Luftschalldämmung

[111] DIN EN ISO 16283-2 Akustik – Messung der Schalldämmung in Gebäuden und von Bauteilen am Bau – Teil 2: Trittschalldämmung

[112] DIN ISO 61672-1 Elektroakustik – Schallpegelmesser – Teil 1: Anforderungen

VDI-Richtlinien

[113] VDI 2058 Blatt 1 Beurteilung von Arbeitslärm in der Nachbarschaft *(letzte Ausgabe 1985, zurückgezogen 1999)*

[114] VDI 2081 Blatt 1:2001-07 Geräuscherzeugung und Lärmminderung in Raumlufttechnischen Anlagen

[115] E VDI 2081 Blatt 1:2016-12 Raumlufttechnik – Geräuscherzeugung und Lärmminderung

[116] VDI 2081 Blatt 2:2005-05 Geräuscherzeugung und Lärmminderung in Raumlufttechnischen Anlagen – Beispiele

[117] E VDI 2569:2016-02 Schallschutz und akustische Gestaltung im Büro (Entwurf)

[118] VDI 2566 Blatt 1 Schallschutz bei Aufzugsanlagen mit Triebwerksraum

[119] VDI 2566-2 Schallschutz bei Aufzugsanlagen ohne Triebwerksraum

[120] VDI 2715 Schallschutz an heiztechnischen Anlagen

[121] VDI 2719 Schalldämmung von Fenstern und deren Zusatzeinrichtungen

[122] VDI 3722 Blatt 1 Wirkungen von Verkehrsgeräuschen

[123] VDI 3731 Blatt 1 Emissionskennwerte technischer Schallquellen – Kompressoren

[124] VDI 3734 Blatt 1 Emissionskennwerte technischer Schallquellen – Rückkühlanlagen – Luftgekühlte Wärmeaustauscher (Luftkühler)

[125] VDI 3739 Emissionskennwerte technischer Schallquellen – Transformatoren

[126] VDI 4100:1994-09 Schallschutz von Wohnungen – Kriterien für Planung und Beurteilung

[127] VDI 4100:2007-08 Schallschutz von Wohnungen – Kriterien für Planung und Beurteilung

[128] VDI 4100:2012-10 Schallschutz im Hochbau – Wohnungen – Beurteilung und Vorschläge für erhöhten Schallschutz

Sonstige Normen

[129] SIA 181/Schweizer Norm SN 520 181 Schallschutz im Hochbau, Schweizerischer Ingenieur- und Architektenverein

[130] ÖNORM B 8115-4:1992-11 Schallschutz und Raumakustik im Hochbau, Maßnahmen zur Erfüllung der schalltechnischen Anforderungen

[131] ISO/R 1996:1971 Acoustics – Assessment of noise with respect to community response *(zurückgezogen 1982; ersetzt durch ISO 1996-1:1982-09, aktuelle Version: ISO 1996-1:2016-03 Acoustics – Description, measurement and assessment of environmental noise – Part 1: Basic quantities and assessment procedures)*

[132] ISO/DIS 19488:2017-09 Akustik – Akustisches Klassifizierungssystem für Wohngebäude

[133] EN 15037-3 + A1:2011-02 Betonfertigteile – Balkendecken mit Zwischenbauteilen – Teil 3: Keramische Zwischenbauteile

Sonstige Regelwerke und Verordnungen

[134] Richtlinie des Rates vom 21. Dezember 1988 zur Angleichung der Rechts- und Verwaltungsvorschriften der Mitgliedsstaaten über Bauprodukte (Bauproduktenrichtlinie). Dokument 89/106/EWG, Amtsblatt der Europäischen Gemeinschaften Nr. L40/12 vom 11. Februar 1989

[135] Grundlagendokument 5 Schallschutz: Endgültiger Entwurf des erläuternden Dokuments „Wesentliche Anforderungen Nr. 5 – Schallschutz", Dokument TC5/010 der Kommission der europäischen Gemeinschaften, November 1990

[136] Verordnung (EU) Nr. 305/2011 des Europäischen Parlaments und des Rates vom 9. März 2011 zur Festlegung harmonisierter Bedingungen für die Vermarktung von Bauprodukten und zur Aufhebung der Richtlinie 89/106/EWG des Rates (BauPVO)

[137] Gesetz zum Schutz vor schädlichen Umwelteinwirkungen durch Luftverunreinigungen, Geräusche, Erschütterungen und ähnliche Vorgänge (Bundes-Immissionsschutzgesetz – BImSchG) vom 26. September 2002 (BGBl. I S. 3830), zuletzt geändert durch Art. 1 des Gesetzes vom 25. Juni 2005 (BGBl. I, Nr. 39), S. 1865

[138] 16. BImSchV, Sechzehnte Verordnung zur Durchführung des Bundes-Immissionsschutzgesetzes (Verkehrslärmschutzverordnung), Ausgabe 2014-12

[139] 24. BImSchV: Vierundzwanzigste Verordnung zur Durchführung des Bundes-Immissionsschutzgesetzes (Verkehrswege-Schallschutzmaßnahmenverordnung), Ausgabe 1997-09

[140] TA Lärm, Sechste Allgemeine Verwaltungsvorschrift zum Bundes-Immissionsschutzgesetz (Technische Anleitung zum Schutz gegen Lärm – TA Lärm), 1998-08, veröffentlicht in: GMBl, 1998, Nr. 26, S. 503 bis 515

[141] Fluglärmschutzgesetz: Neufassung des Gesetzes zum Schutz gegen Fluglärm vom 31.10.2007, BGBl. I 2007 Nr. 56, S. 2550–2556, Bonn 9. November 2007

[142] Flugplatz-Schallschutzmaßnahmenverordnung vom 8. September 2009 (BGBl. I S. 2992)

[143] Ergänzung zu DIN 4109 „Schallschutz im Hochbau – Armaturen und Geräte der Wasserinstallation". Niedersächsisches Ministerialblatt, Ausgabe A, 18. Jahrgang, Nr. 35, S. 847, vom 26.8.1968

[144] Ausführungsvorschriften über bauaufsichtliche Anforderungen an den Schallschutz bei Armaturen und Geräten der Wasserinstallation, z. B. Amtsblatt von Berlin 26 (1976), Nr. 22 vom 15. April 1976 bzw. RdErl. vom 10.3.1967 (Nds. MBl. S. 312 – GültL. 122/686)

[145] Musterbauordnung – MBO – Fassung November 2002, zuletzt geändert durch Beschluss der Bauministerkonferenz vom 13.05.2016

[146] Muster-Verwaltungsvorschrift Technische Baubestimmungen (MVV TB), Ausgabe 2017, veröffentlicht vom Deutschen Institut für Bautechnik 31.08.2017

[147] DEGA-Memorandum BR 0101 „Die allgemein anerkannten Regeln der Technik in der Bauakustik", Deutsche Gesellschaft für Akustik e.V., Fachausschuss Bau- und Raumakustik, März 2011

[148] DEGA-Empfehlung 103 „Schallschutz im Wohnungsbau – Schallschutzausweis", Deutsche Gesellschaft für Akustik e.V., Fachausschuss Bau- und Raumakustik, Januar 2018

[149] DEGA-Memorandum BR 0104 „Schallschutz im eigenen Wohnbereich", Deutsche Gesellschaft für Akustik e.V., Fachausschuss Bau- und Raumakustik, Februar 2015

[150] Beschlussbuch des Arbeitskreises der Prüfstellen für die Erteilung allgemeiner bauaufsichtlicher Prüfzeugnisse für den Schallschutz im Hochbau – Arbeitskreis Schallprüfstellen, aktuelle Ausgabe: Beschlussbuch 25 vom 19.03.2018, veröffentlicht vom DIBt unter http://www.schall-pruefstellen.de/beschlussbuch.html

[151] Beschlussbuch der VMPA anerkannten Schallschutzprüfstellen nach DIN 4109, 2016-12-19 (veröffentlicht vom Verband der Materialprüfungsanstalten VMPA)

[152] Vergabe- und Vertragsordnung für Bauleistungen (VOB), Teil B: Allgemeine Vertragsbedingungen für die Ausführung von Bauleistungen, Ausgabe 2009

[153] Guide Qualitel, Association Qualitel, Paris, 1989

[154] GUM, Evaluation of measurement data – Guide to the expression of uncertainties in measurement. Joint Committee for Guides in Metrology, JCGM 100:2008

Gerichtsurteile

[155] Leitsatz gemäß OLG Hamm, Urteil vom 04.11.1993 – 17 U 187/91

[156] BVerwG, Beschluss vom 30.09.1996 – 4 B 175/96

[157] BGH, Urteil vom 14.05.1998 – VII ZR 184/97, BGHZ 139, 16, 18

[158] BGH, Entscheidung vom 14.06.2007 – Az. VII ZR 45/06 zur DIN 4109/Schallschutz

[159] BGH, Entscheidung vom 04.06.2009 – Az. VII ZR 54/07 zur DIN 4109/Schallschutz

[160] BGH, Urteil vom 20.12.2012 – VII ZR 209/11

Internetadressen

[161] Optimierung der BNB-Kriteriensteckbriefe Schallschutz und Akustischer Komfort: http://www.bbsr.bund.de/BBSR/DE/FP/ZB/Auftragsforschung/2NachhaltigesBauenBauqualitaet/2015/bnb-schallschutz/01_start.html?nn=436654¬First=true&docId=1189040

[162] Wikipedia, https://de.wikipedia.org/wiki/Modell, Zugriff 18.09.2017

[163] BASTIAN: http://www.datakustik.com/produkte/bastian/

[164] ACOUBAT: http://www.cstb.fr/dae/en/nos-produits/logiciels/acoubat-sound.htm

Literatur

[165] Niemann, H., Hoebel, J., Laußmann, D.: Lärmbelästigung in Deutschland – Ausgewählte Ergebnisse der GEDA-Studie 2012, Umweltmedizinischer Informationsdienst UMID 1, 2015, S. 20–24

[166] Wothge, J.: Die körperlichen und psychischen Wirkungen von Lärm, Umweltmedizinischer Informationsdienst UMID 1, 2016, S. 38–43

[167] Ortscheid, J., Wende, H.: Lärmbelästigung in Deutschland. Ergebnisse einer repräsentativen Umfrage, Zeitschrift für Lärmbekämpfung 49, Heft 2, 2002, S. 41–45

[168] Kutzer, D.: Schallschutz im Hochbau – Die Entwicklung der DIN 4109, Blick zurück im Zorn?, wksb Neue Folge 51 (2003), S. 1–8

[169] Sälzer, E.: Kommentar zur DIN 4109 Schallschutz im Hochbau, Bauverlag Wiesbaden u. Berlin, 1995

[170] Moll, W., Moll, A.: DIN 4109 – eine unendliche Geschichte; Kapitel 3.1 in: Schallschutz im Wohnungsbau – Gütekriterien, Möglichkeiten, Konstruktionen, Wilhelm Ernst & Sohn, Berlin, 2011

[171] Meyer, H. G.: Die neue Bauprodukten-Richtlinie, Bauphysik 10 (1988), Heft 6, S. 176–179

[172] Goydke, H.: Entwürfe zur Neufassung der internationalen Normen für die Messung der Schalldämmung in Gebäuden und von Bauelementen, wksb-Sonderausgabe 1990, S. 20–24

[173] Scholl, W., Maysenhölder, W., Fischer, H.-M.: Vorbereitung auf Änderungen der Normung im baulichen Schallschutz durch den Europäischen Binnenmarkt, Forschungsbericht B-BA 1/1995, Fraunhofer-Institut für Bauphysik, Stuttgart, 1995

[174] Moll, W.: Vorschläge für eine Neufassung von Anforderungen in DIN 4109 „Schallschutz im Hochbau“, Bauphysik (2001), Heft 3

[175] Ertel, H., Moll, W.: R'_{w} oder $D_{nT,w}$? Überlegungen zur Kennzeichnung des Schallschutzes und Konsequenzen für eine Neufassung von DIN 4109, Bauphysik (2007) Heft 2

[176] Kötz, W.-D.; Moll, W.: Wie hoch sollte die Luftschalldämmung zwischen Wohnungen sein?, Bauphysik (1988), Heft 3, S. 72–76

[177] Moll, W.: Analytische Herleitung von Anforderungen an den Luftschallschutz zwischen Räumen, Bauphysik 31 (2009), Heft 4, S. 235–243

[178] Moll, W., Moll, A.: Schallschutz im Wohnungsbau, Gütekriterien, Möglichkeiten, Konstruktionen, Wilhelm Ernst & Sohn, Berlin, 2011

[179] Summ, J., Schimmer, A., Schneider, M.: Stand des Luft- und Trittschallschutzes im Geschosswohnungsbau in Deutschland, Bauphysik 37 (2015), Heft 6, S. 323–333

[180] Weeber, R., Merkel, H., Rossbach-Lochmann, H., Gösele, K.: Schallschutz in Mehrfamilienhäusern aus der Sicht der Bewohner, Bauforschungsberichte des Bundesministers für Raumordnung, Bauwesen und Städtebau, F 2049, Fraunhofer-IRB-Verlag, Stuttgart, 1986

[181] Rasmussen, B., Rindel, J. H.: Wohnungen für die Zukunft: das Konzept des akustischen Komforts und welcher Schallschutz von den Bewohnern als zufriedenstellend beurteilt wird. wksb Neue Folge 38 (1996)

[182] Hongisto, V., Mäkilä, M., Haapakangas, A., Hakala, J., Hyönä, J., Kylliäinen, M.: Acoustic satisfaction in multi-storey buildings built after 1950 – preliminary results of a field survey, Proceedings of Internoise 2013, Innsbruck

[183] Lang, J.: Schallschutz im Wohnungsbau, wksb Neue Folge 59 (2007), S. 5–19

[184] Rasmussen, B.: Acoustic classification of housing according to ISO/CD 19488 compared with VDI 4100 and DEGA Recommendation 103, Fortschritte der Akustik – DAGA 2017, Kiel, S. 1093–1096

[185] Gösele, K.: Zur Festlegung von Mindestanforderungen an den Luftschallschutz zwischen Wohnungen, Bauphysik 10 (1988), Heft 6, S. 165–172

[186] Schneider, P., Böckl, W.: Zur Neufassung von DIN 4109 Schallschutz im Hochbau, Sonderdruck aus „Die Schalltechnik", Heft 51 bis 55/1963 und 56/1964, herausgegeben im Auftrage des Bundesministers für Wohnungswesen, Städtebau und Raumordnung, 1964

[187] Eisenberg, A.: Zur neuen DIN 4109 – Schallschutz im Hochbau – Entwurf Februar 1979; wksb Neue Folge 36 (1979)

[188] Locher-Weiß, S.: Rechtliche Probleme des Schallschutzes, Rechtsfragen mit technischer Einführung, Werner Verlag, Düsseldorf, 2004

[189] Hettler, S.: Technische Regelwerke zum Schallschutz, Rechtliche Einordnung, Beuth Verlag, Berlin, 2018

[190] Locher-Weiß, S.: Schallschutz im Wohnbau – Eine unendliche Geschichte – die Auswirkungen der Entscheidungen des BGH zum Schallschutz vom 14.06.2007 und 04.06.2009, Baurecht 2010, S. 368 ff.

[191] Hierl, R.: Bündnis für bezahlbares Wohnen und Bauen setzt Zusammenarbeit fort, Special 2017 Wohnungsbau, Ernst & Sohn, S. 82

[192] Gösele, K.; Kandel, L.; Linhardt, A.: Schallschutzkosten im Wohnungsbau, Verlagsgesellschaft Rudolf Müller, Köln, 1991

[193] Kötz, W.-D.: Kosten des Schallschutzes im Wohnungsbau – Beispiele für kostengünstige Lösungen, Zeitschrift für Lärmbekämpfung ZfL 48 (2001), Heft 1, S. 20–22

[194] Schick, A., Lärm beim Wohnen aus der Sicht der Psychologie, Bauwelt 1990, Heft 20, S. 987–990

[195] Schick, A.: Ziele des Schallschutzes aus der Sicht der Lärmwirkungsforschung, Zeitschrift für Lärmbekämpfung ZfL 40 (1993), Heft 1, S. 1–4

[196] Maschke, C., Widmann U.: Schallwirkungen beim Menschen, in: Taschenbuch der Technischen Akustik, Hrsg. G. Müller und M. Möser, Springer-Verlag Berlin Heidelberg New York, 2004

[197] Lang, J.: Zur Erweiterung des bauakustischen Frequenzbereichs bis 50 Hz, wksb 62/2009, S. 19–32

[198] Finke, H.-O., Martin, R.: Innengeräusch im Schallpegelbereich unter 30 dB, Kampf dem Lärm/Lärmbekämpfung 21. Jahrgang, Dez. 1974, Heft 6, S. 149–153

[199] Kurz, R., Schnelle, F.: DIN 4109 Teil 10 – ein Fortschritt der Bauakustik? Fortschritte der Akustik – DAGA 2003 Aachen, S. 154–155

[200] Niemann, H., Maschke, C., Hecht, K., Huber, M.: Nachbarschaftslärmbedingte Belästigung und Erkrankungsrisiko – Ergebnisse des Paneuropäischen LARES-Survey, Fortschritte der Akustik – DAGA 2005 München, S. 373–374

[201] Belästigung durch Lärm: Psychische und körperliche Reaktionen; Autoren des interdisziplinären Arbeitskreises für Lärmwirkungsfragen beim Umweltbundesamt, Zeitschrift für Lärmbekämpfung ZfL 37 (1990), S. 1–6

[202] Schick, A.: Das Konzept der Belästigung in der Lärmforschung, Pabst Science Publishers, Lengerich, 1997

[203] Maschke, C.: Reiz – Wahrnehmung – Aktivierung: Die Wirkung von Schall auf den Menschen; Manuskript zum Vortrag am 29.09.1995 anlässlich der Verabschiedung von M. Heckl, Institut für Techn. Akustik, TU Berlin

[204] Kötz, W.-D., Ortscheid, J.: Vergleichende Bewertung der Dämmqualitäten von Wohnungstrennwänden und -decken, Zeitschrift für Lärmbekämpfung ZfL 39 (1992), Heft 2, S. 1–9

[205] Gösele, K.; Schüle, W.; Künzel, H.: Schall, Wärme, Feuchte, Bauverlag, Gütersloh, 2000

[206] Maack, J.: Mindestschallschutz 2010 – die a.a.R.d.T. und DIN 4109, Bauphysik 32 (2010), Heft 2, S. 83–96

[207] Schwartzenberger, A., Burkhart, C.: Bauakustische Anforderungen – Vergangenheit und Zukunft, Proceedings of the Joint Congress CFA/DAGA'04, Strasbourg, 2004

[208] Burkhart, C.: Erhöhter Schallschutz – Mehrstufiges Anforderungssystem in der Bauakustik, Fortschritte der Akustik – DAGA 2007 Stuttgart

[209] Arnold, J., Kornadt, O.: Lärm auf Intensivstationen in Krankenhäusern, in: Bauphysik-Kalender 2009, 9. Jahrgang, Hrsg. N. A. Fouad, Ernst & Sohn, Berlin, 2009

[210] Feldmann, J., Jakob, A.: Tieffrequenter Wohnlärm – Ursachen, Auswirkungen und Minderungsmöglichkeiten, Fortschritte der Akustik – DAGA 2006 Braunschweig, S. 97–98

[211] Kürer, R.: VDI 4100 – Schallschutz von Wohnungen – Kriterien für Planung und Beurteilung, Zeitschrift für Lärmbekämpfung ZfL 40 (1993), Heft 2, S. 37–42

[212] Wolf, M., Burkhart, C.: Erfahrungen mit der DEGA-Empfehlung 103 und dem Schallschutzausweis, Fortschritte der Akustik – DAGA 2015 Nürnberg, S. 373–374

[213] Locher-Weiss, S.: Rechtliche Fragen zum Schallschutz, Mauerwerk 9 (2005), Heft 5

[214] Hils, T.: DIN 4109 und (k)ein Ende? Kommentar zum vorliegenden Entwurf der DIN 4109, Der Bausachverständige 3 (2014), S. 36–40

[215] Scholl, W., Lang, J., Wittstock, V.: Rating of Sound Insulation at Present and in Future: The Revision of ISO 717, Acta Acustica united with Acustica, Vol 97 (2011), No. 4

[216] Scholl, W., Wittstock, V.: Does it matter whether single-number values of sound reduction indices were evaluated from third octave band values or from octave band values?, Acta Acustica united with Acustica, Vol 98 (2012), No. 2

[217] Rychtáriková, M., Muellner, H., Chmelík, V., Roozen, N. B., Urbán, D., Garcia, D. P., Glorieux, C.: Perceived loudness of neighbour sounds heard through heavy and light-weight walls with equal $R_w + C_{50-5000}$, Acta Acustica united Acustica. 2016; 102: 58–66

[218] Hongisto V, Oliva D, Keränen J. Subjective and objective rating of airborne sound insulation – Living Sounds, Acta Acustica united Acustica. 2014; 100: 848-863

[219] Scholl, W.: Revision of ISO 717: Why Not Use Impact Sound Reduction Indices Instead of Impact Sound Pressure Levels?, Acta Acustica united with Acustica, Vol 97 (2011), No. 3

[220] Gösele K.: Zur Neufassung von DIN 4109 „Schallschutz im Hochbau" Grundlagen und Ziele, Plenarvortrag zur DAGA 1976, Fortschritte der Akustik – DAGA 1976 Heidelberg

[221] Gösele K.: 50 Jahre baulicher Schallschutz – Rückblick und Ausblick, Fortschritte der Akustik – DAGA 2002 Bochum

[222] Lutz P.: Neufassung der DIN 4109 – Kritische Anmerkungen aus der Sicht der Praxis, wksb-Sonderausgabe, 1990

[223] Veres, E. et al.: Schalltechnische Bestandsaufnahme in Mehrfamilienhäusern aus den 50er und frühen 60er Jahren, Bauphysik 11 (1989), Heft 1

[224] Sälzer, E.: Die Praxis der Bauakustik im Wohnungsbau. Die neue DIN 4109 „Schallschutz im Hochbau" und der Wohnungsmarkt 5, Weimarer Bauphysiktage 2007

[225] Meier, A.: Abschätzung des maximal planbaren Schallschutzes im massiven Geschosswohnungsbau, Fortschritte der Akustik – DAGA 2015 Nürnberg

[226] Kötz, W.-D.: Vorbeugender Schallschutz im Wohnungsbau, Meinungen – Vorschläge – Richtlinien; BBauBl Heft 12/2000

[227] DIN-Anzeiger für technische Regeln, DIN-Mitteilungen 6/2005, S. 306

[228] Lein, P., Wolff, O.: Erhöhter Schallschutz im Wohnungsbau; Kommentar zu VDI 4100:2012-10, VDI Kommentar, Beuth Verlag, Berlin, 2014

[229] Maack, J.: Erhöhter Schallschutz – Zur Neufassung VDI 4100, Ausgabe 2012, Bauphysik 34 (2012), Heft 6, Seite 304–308

[230] Rasmussen, B., Machimbarrena, M.: (Editors), COST Action TU0901 – Building acoustics throughout Europe. Volume 1: Towards a common framework in building acoustics throughout Europe

[231] Sälzer, E.: Kommentar zur DIN 4109 Schallschutz im Hochbau, Bauverlag, Wiesbaden, 1995

[232] Blessing, S.: Balkone in der DIN 4109, Fortschritte der Akustik – DAGA 2018 München

[233] Bertsch, K., Ertel, H., Mechel, F. P.: Bautechnische Erfahrungen zur Verbesserung des Trittschallschutzes bei Treppen; Bauphysik-Taschenbuch 1985, Bauverlag Wiesbaden – Berlin, 1985

[234] Ertel, H.: Verbesserung des Trittschallschutzes von Massivtreppen durch elastische Lagerungen, IBP-Mitteilung 79 (1982), Fraunhofer-Institut für Bauphysik, Stuttgart

[235] Ertel, H.: Trittschalltechnische Untersuchungen an elastisch gelagerten Treppen, Forschungsbericht BS 91/83 des Fraunhofer-Instituts für Bauphysik, IRB-Verlag, Stuttgart, 1983

[236] Marin, R. Drechsler, A., Fischer, H.-M.: Vom Altbau zum akustisch optimierten Passivhaus – Schallschutz von Rollladenkästen und Lüftungsöffnungen bei der Altbausanierung, Fortschritte der Akustik – DAGA 2010 Berlin

[237] Steger, G.: Der maßgebliche Außenlärmpegel – Bindeglied zwischen Außen und Innen; Tagungsband zum 24. Bauphysikertreffen der Hochschule für Technik Stuttgart am 26.11.2010

[238] Meier, A.: Schallschutz gegen Außenlärm in DIN 4109 – Anforderungen und Hintergründe, Bauphysik 39 (2017), Heft 4, S. 272–276

[239] Kübler, B., Leupoldt, P.: Untersuchung des Bemessungsansatzes der VDI 2719 für den Schallschutz von Fenstern unter Berücksichtigung aktueller Außenlärmspektren des Bahn- und Fluglärms, Bauphysik 39 (2017), Heft 5, S. 306–315

[240] Möhler U. et al.: Vergleichende Untersuchungen über die Lärmwirkung bei Straßen- und Schienenverkehr. Zeitschrift für Lärmbekämpfung ZfL 47 (2000), Heft 4, S. 144–151

[241] Kutzer, D.: Schallschutz bei haustechnischen Anlagen – Zu den Anforderungen der DIN 4109/1989, ihrer Entwicklung und ihrer baulichen Umsetzung; wksb-Sonderausgabe 1990

[242] Gösele, K., Voigtsberger, C. A.: Armaturengeräusche und Wege zu ihrer Verminderung, Gesundheitsingenieur, 89. Jahrgang, Heft 5 und 6, S. 129–135 und 168–172

[243] Gösele, K., Voigtsberger, C. A.: Grundlagen zur Geräuschminderung bei Wasserauslaufarmaturen, Veröffentlichung der Forschungsgemeinschaft Bauen und Wohnen, Stuttgart, Mai 1970

[244] Ammon, J.: Zeitgemäße Sanitärinstallationen – Möglichkeiten und Grenzen des baulichen Schallschutzes, Zeitschrift für Lärmbekämpfung ZfL 39 (1992), S. 158–164

[245] Fuchs, H., Fischer, H.-M.: Zum Schallschutz gegenüber Geräuschen haustechnischer Anlagen, Zeitschrift für Lärmbekämpfung ZfL 36 (1989), S. 159–166

[246] Kötz, W. D.: Der bauliche Schallschutz in der Praxis – Die Geräusche der Wasserinstallation, Zeitschrift für Lärmbekämpfung ZfL 39 (1992), S. 151–157

[247] Fischer, H.-M., Sohn, M., Efinger, S.: Installationsgeräusche im Spannungsfeld zwischen Anforderungen und Machbarem, Bauphysik 15 (1993), Heft 3, S. 77–85

[248] Memorandum DIN 4109 „Schallschutz im Hochbau“ keine allgemein anerkannte Regel der Technik, BBauBl März 1993, Heft 3, S. 192

[249] Schmitz, A., Vorländer, M.: Kurzprüfverfahren für Luft- und Trittschall sowie für haustechnische Anlagen in Gebäuden, wksb Neue Folge 40 (1997), S. 12–17

[250] Zwicker, E.: Psychoakustik, Springer-Verlag, Berlin Heidelberg New York, 1982

[251] Feldmann, J.: Schallpegelmesstechnik und ihre Anwendung, in: Messtechnik der Akustik, Hrsg. M. Möser, Springer-Verlag, Berlin Heidelberg New York, 2010

[252] Fastl, H., Zwicker, E.: Psychoacoustics – Facts and Models, Springer-Verlag, Berlin Heidelberg New York, 1999

[253] Hellbrück, J., Ellermeier, W.: Hören – Physiologie, Psychologie und Pathologie, Hogrefe-Verlag, Göttingen, 2004

[254] Kalivoda, M. T., Steiner, J. W. (Hrsg.): Taschenbuch der angewandten Psychoakustik, Springer-Verlag, Berlin Heidelberg New York, 1998

[255] Fastl, H.: Psychoakustische Methoden; in: Kalivoda, M. T., Steiner, J. W. (Hrsg.): Taschenbuch der angewandten Psychoakustik, Springer-Verlag, Berlin Heidelberg New York, 1998

[256] Alphei, H., Hils, T.: Welche Abstufung der Schalldämm-Maße sind bei Anforderungen an die Luftschalldämmung sinnvoll?, wksb Neue Folge 59 (2007), S. 26–31

[257] Hils, T., Alphei, H.: Welche Abstufung der Normtrittschall-Pegel sind bei Anforderungen an die Trittschalldämmung sinnvoll?, wksb Neue Folge 59 (2007), S. 32–33

[258] Hils, T., Alphei, H., Köhler, K.: Beurteilung gebäudetechnischer Anlagen (Teil 1), Fortschritte der Akustik – DAGA 2017 Kiel, S. 1108–1110

[259] Alphei, H., Hils, T., Köhler, K.: Vorschlag zur Bildung eines Beurteilungspegels für gebäudetechnische Anlagen (Teil 2), Fortschritte der Akustik – DAGA 2017 Kiel, S. 1111–1114

[260] Groß, D., Kurz, R., Schnelle, F.: Schalldämmende Installationswand – Anwendung in der Baupraxis, Fortschritte der Akustik – DAGA 2002 Bochum

[261] Späh, MM., Gibbs, BM.: Reception plate method for characterisation of structure-borne sound sources in buildings: Installed power and sound pressure from laboratory data, Applied Acoustics 70 (2009), S. 1431–1439

[262] Fischer, I., Scheck, J., Zeitler, B.: Charakterisierung von Klimageräten als Körperschallquellen, Fortschritte der Akustik – DAGA 2018 München

[263] Gösele, K., Voigtsberger, C. A.: Grundlagen zur Geräuschminderung bei Wasserauslaufarmaturen, Gesundheits-Ingenieur, 91. Jahrgang 1970, Heft 4

[264] Fuchs, H. V.: Generation and Control of Noise in Water Supply Installations: Part 1: Fundamental Aspects; Applied Acoustics 16 (1983), S. 325–346

[265] Fuchs, H. V.: Generation and Control of Noise in Water Supply Installations: Part 2: Sound Source Mechanisms; Applied Acoustics 38 (1993), S. 59–85

[266] Fuchs, H. V.: Generation and Control of Noise in Water Supply Installations: Part 3: Rating and Abating Procedures; Applied Acoustics 39 (1993), S. 165–190

[267] Fasold, W., Sonntag, E., Winkler, H. (Hrsg.): Bauphysikalische Entwurfslehre. Bau- und Raumakustik, VEB Verlag für Bauwesen, Berlin, 1987

[268] Gösele, K.: Stellungnahme zur Festlegung der zulässigen Geräusche der Wasserinstallation in der Folgeausgabe von DIN 4109 (November 1989), Bauphysik 12 (1990), Heft 2 und DIN-Mitt. 68 (1989), Nr. 11

[269] Eisenberg, A. in VDI-Berichte 336: Die neue DIN 4109 und ihre Anwendung in der Praxis, VDI-Tagung 1979 Essen

[270] Merkblatt und Fachinformation Schallschutz, März 2003, Hrsg. Fachverband Sanitär Heizung Klima

[271] Fuchs, H. V.; Stromski, K.: Geräuschverhalten von Sanitär-Installationen, IKZ Haustechnik 19 (1984), 55–58

[272] Wolff, O. et al.: Erhöhter Schallschutz bei Installationsgeräuschen – Normanforderungen und Kundenerwartung, Fortschritte der Akustik – DAGA 2015 Nürnberg

[273] Gösele, K., Voigtsberger, C. A.: Geräuschstörung durch Körperschallanregung der Wände, wie z. B. Türenschlagen, Schalterknipsen; Schriftenreihe „Berichte aus der Bauforschung“, Heft 56 (Schallschutz in Gebäuden), Berlin, 1968

[274] Walk, M., Emrich, F., Leuthardt, F.: Entwicklung von Simulationsmethoden für haustechnische Benutzungsgeräusche, Fortschritte der Akustik – DAGA 2003 Aachen

[275] Mohr, J., Weber, L., Teller, P.: Der Pendelfallhammer nach SIA 181 im Vergleich zu anderen Körperschallquellen, IBP-Mitteilung 472 (2006) Fraunhofer-Institut für Bauphysik, Stuttgart

[276] Eggenschwiler, K., Sperdin, V., Schoenwald, S.: Neue Untersuchungen zum Messverfahren zur Simulation haustechnischer Benutzungsgeräusche mit dem Pendelfallhammer gemäss Schweizer Norm SIA 181 „Schallschutz im Hochbau“, Fortschritte der Akustik – DAGA 2018 München

[277] Gösele, K., Engel, V.: Körperschalldämmung von Sanitärräumen, Bericht Bauforschung für die Praxis, Band 11 (1995), IRB-Verlag Stuttgart 410/94

[278] Schnelle, F., Kurz, R.: Messung und Beurteilung von Nutzergeräuschen, Fortschritte der Akustik – DAGA 2007 Stuttgart

[279] Kurz, R., Schnelle, F.: Nutzergeräusche im Spannungsfeld zwischen Störpotential und Normung, Fortschritte der Akustik – DAGA 2015 Nürnberg

[280] Ruhe, Z.: Frischwasserinstallation im Mehrfamilienhaus – Unzulässig laute Geräusche durch No-name-Armaturen; Bauschäden-Sammlung DAB 2/98

[281] Weber, L., Efinger, S.: Wie laut sind Billig-Armaturen?, IKZ Haustechnik 2004, Ausgabe 11, S. 22–24

[282] Fuchs, H. V.: Neue Anforderungen an Installationsgeräusche?, VDI-Berichte 784, 1989

[283] Fischer, H.-M.: Describing Noise of Water Appliances by ISO 3822: what happens really?, Proceedings CFA/DAGA 2004 Strasbourg, 2004, S. 165–166

[284] Alber, T., Fischer, H.-M., Gibbs, B.: Fluid-structure interaction in domestic piping systems, Fortschritte der Akustik – DAGA 2007 Stuttgart, S. 459–460

[285] Fischer, H.-M., Efinger, S.: Vereinfachtes Verfahren zur Erfassung des von Auslaufarmaturen verursachten Körperschalls, IBP-Bericht B-BA 1/1991 Fraunhofer-Institut für Bauphysik, Stuttgart, 1991

[286] Alber, T., Fischer, H.-M., Gibbs, B.: Approach to describe valves as sound sources for fluid- and structure-borne sound, Proceedings Forum Acusticum 2005 Budapest

[287] Albert, T., Gibbs, B., Fischer, H.-M.: Characterisation of valves as sound sources: Fluid-borne sound, Applied Acoustics, Volume 72, Issue 7, June 2011, Pages 428–436

[288] Albert, T., Gibbs, B., Fischer, H.-M.: Characterisation of valves as sound sources: Structure-borne sound, Applied Acoustics, Volume 70, Issue 5, May 2009, Pages 661–673

[289] Fuchs, H. V., Stromski. K.: Zur Messung des Geräuschverhaltens von Sanitär-Installationen, IBP-Mitteilung 89, (1984), Fraunhofer-Institut für Bauphysik, Stuttgart

[290] Zertifizierungskriterien für fassadenintegrierte Einzelraum-Lüftungsgeräte Juli 2015, herausgegeben vom Passivhaus-Institut Darmstadt, 07/2015

[291] Burkhart, C.: DEGA-Memorandum 0104 – Schallschutz im eigenen Wohnbereich, Fortschritte der Akustik – DAGA 2015 Nürnberg, S. 367–37

[292] Gösele, K.: Berechnung der Luftschalldämmung in Massivbauten unter Berücksichtigung der Schall-Längsleitung, Bauphysik 3 (1984), S. 79–8 und Bauphysik 4 (1984), S. 121–126

[293] Lutz, P.: Einfluss der Schalllängsleitung, in Lehrbuch der Bauphysik, Teil „Schall“, Kapitel 4.1.2, Teubner-Verlag, Stuttgart, 1.–6. Auflage

[294] Cremer, L., Heckl, M.: Körperschall, Springer-Verlag, Berlin, Heidelberg 1967

[295] Rosenhouse, G., Ertel, H., Mechel, F.: Modell zur Berechnung der Körperschallübertragung durch flankierende Bauteile, IBP-Mitteilung 53 (1980), Fraunhofer-Institut für Bauphysik, Stuttgart

[296] Gießelmann, K.: Körperschallempfindlichkeit von Bauteilen, Bericht BS 51/80 des Fraunhofer-Instituts für Bauphysik, Stuttgart, 1980

[297] Heckl, M.: Some Structure Borne Noise Problems in Buildings, Proceedings 5th FASE Symposium Thessaloniki, 1985

[298] Gagliardini,L., Roland, J., Guyader, J.-L.: Calculation of the transmission loss of multiple-panel walls using a modal method, Proceedings 12. International Congress of Acoustics ICA, Toronto 1986

[299] Lyon, R.H.: Statistical Energy Analysis of Dynamic systems, MIT Press 1971

[300] Craik, R.J.M.: Sound transmission through Buildings using Statistical Energy Analysis, Gower Publishing Ltd, Hampshire, Vermont, 1996

[301] Craik, R.J.M.: A collection of papers about SEA application in Building and Structural Acoustics – submitted by R.J.M. Craik

[302] Gibbs, B., Maluski, S.: The Inter-Relation between the Modal Characteristics of the Rooms and the separating wall, in the Sound insulation between Dwellings at Low Frequencies, Proceedings of Forum Acusticum 2001, Sevilla, 2002

[303] Clasen, D.: Numerische Untersuchung der akustischen Eigenschaften von trennenden und flankierenden Bauteilen, Dissertation TU Braunschweig 2007, Braunschweiger Schriften zur Mechanik, Nr. 64-2008

[304] Gerretsen, E.: Europäische Entwicklungen zur Prognose des Schallschutzes in Bauten, wksb Neue Folge 34 (1994), S. 1–9

[305] Homb, A., Hveem, S., Strøm, S.: Lydisolerende konstruksjoner, Datasamling og beregningsmetode, Anvisning 28, Norges Byggforsknings Institutt, Oslo, 1983

[306] Lang, J.: Maßnahmen zur Erfüllung der schalltechnischen Anforderungen, Die neue ÖNORM B 8115, Teil 4, „Neues vom Bau", 37. Jahrgang, Ausgaben Januar/Februar 1991 und März/April 1991

[307] Flankerende Geluitoverdracht – Berekening van de isolatie-index tussen vertrekken, Stichting Bouwresearch, sbr-publikatie 45, 1974

[308] Berekening van de isolatie-index tussen vertrekken, Stichting Bouwresearch, sbr-publikatie 45, 1974

[309] Gerretsen, E.: Calculation of the sound transmission between dwellings by partitions and flanking structures, Applied Acoustics 19 (1979), S. 413–433

[310] CADBA – Computer Aided Design in Building Acoustics (EBD-program til beregning af lydisolation i bygninger), Version 2.0, Jysk Teknologisk, Århus, 1989

[311] Allgemeine bauaufsichtliche Zulassung Z-23.22-1787 „Mauerwerk aus Hochlochziegeln nach DIN V 105-100 oder DIN EN 771-1 in Verbindung mit DIN V 20000-401" – Deutsches Institut für Bautechnik, März 2010

[312] Naßhan, K.: Wie genau läßt sich das akustische Verhalten von Gebäuden aus Bauteildaten berechnen?, wksb Neue Folge 34 (1994), S. 6–14

[313] Naßhan, K.: Untersuchung der CEN-Normentwürfe zur Luft- und Trittschallübertragung, Bauphysik 19 (1997), Heft 5, S. 137–143

[314] Cejnek, T.: Vergleichende Untersuchungen zur Berechnung der Luftschalldämmung zwischen Räumen in Massivbauten, Diplomarbeit im Studiengang Bauphysik der HFT-Stuttgart, 1995, veröffentlicht in: wksb Neue Folge 36 (1995), S. 28–34

[315] Späh, M., Fischer, H.-M., Blessing, S., Schneider, M., Zobec, B.: Bestimmung des Stoßstellendämm-Maßes K_{ij} in Gebäuden aus Massivbauweise als Eingangsgröße für EN 12354, Fortschritte der Akustik – DAGA 2000 Oldenburg

[316] Schneider, M., Fischer, H.-M.: Messung des Stoßstellendämm-Maßes K_{ij} an Wänden aus Mauerwerk im Labor, Fortschritte der Akustik – DAGA 2000, Oldenburg

[317] Späh, M., Blessing, S., Schneider, M., Fischer, H.-M.: Prognose der Flankendämm-Maße bei der Berechnung der Schalldämmung nach DIN EN 12354-1 und Vergleich mit Messwerten, Fortschritte der Akustik – DAGA 2002 Bochum

[318] Fischer, H.-M., Schneider, M., Blessing, S.: Einheitliches Konzept zur Berücksichtigung des Verlustfaktors bei Messung und Berechnung der Schalldämmung massiver Wände, Fortschritte der Akustik – DAGA 2001 Hamburg

[319] Schneider, M., Fischer, H.-M.: Probleme bei der in-situ-Korrektur nach EN 12354, Fortschritte der Akustik – DAGA 2002 Bochum

[320] Blessing, S., Späh, M., Fischer, H.-M., Schneider, M.: Verifizierung des Rechenverfahrens für die Luftschalldämmung nach EN 12354-1 für den Massivbau; Teil 2: Erreichbare Genauigkeit, Fortschritte der Akustik – DAGA 2001 Hamburg

[321] Schneider, M., Späh, M., Blessing, S., Fischer, H.-M.: Ermittlung und Verifizierung schalltechnischer Grundlagendaten für Wandkonstruktionen aus Kalksandstein-Mauerwerk auf der Grundlage neuer europäischer Normen des baulichen Schallschutzes; Abschlussbericht Nr. 1370 zum gleichnamigen AIF-Forschungsvorhaben der Hochschule für Technik Stuttgart, Februar 2002

[322] Blessing, S., Schneider, M., Späh, M., Fischer, H.-M.: Umsetzung der europäischen Normen des baulichen Schallschutzes für die Porenbetonindustrie; Abschlussbericht Nr. 1371 zum gleichnamigen AIF-Forschungsvorhaben der Hochschule für Technik Stuttgart, Januar 2002

[323] Späh, M., Schneider, M., Blessing, S., Fischer, H.-M.: Umsetzung der europäischen Normen des baulichen Schallschutzes für die Bims- und Leichtbetonindustrie; Abschlussbericht Nr. 1372 zum gleichnamigen AIF-Forschungsvorhaben der Hochschule für Technik Stuttgart, Februar 2002

[324] Metzen, H. A.: Accuracy of CEN-prediction Models Applied to German Building Situations, Journal of Building Acoustics Vol. 6 (1999), Numbers 3 & 4, S. 325–340

[325] Schneider, M., Fischer, H.-M.: Umsetzung der europäischen Normen des baulichen Schallschutzes für die Ziegelindustrie; Abschlussbericht Nr. 1373 zum gleichnamigen Forschungsvorhaben der Hochschule für Technik Stuttgart, April 2005

[326] Schneider, M., Fischer, H.-M.: Ermittlung von Einzahlangaben für das Stoßstellendämm-Maß von Hochlochziegelmauerwerk, Bericht Nr. 122-007-04P-122 der Hochschule für Technik Stuttgart, 2010

[327] Schneider, M., Fischer, H.-M.: Korrektur des Verlustfaktors bei der Schalldämmung von Ziegelwänden, Bericht Nr. 122 004 05P-rev der Hochschule für Technik Stuttgart, 2007

[328] Schneider, M., Weber, L., Fischer, H.-M., Müller, S., Gierga, M.: Verlustfaktor-Korrektur der Schalldämmung bei gefülltem Ziegelmauerwerk, Bauphysik 32 (2010), Heft 1, S. 17–26

[329] Gierga, M., Schneider, M., Fischer, H.-M.: Luftschalldämmung im mehrgeschossigen Wohnungsbau mit Hochlochziegelmauerwerk – Prognosen nach DIN 4109:2016 und Vergleich mit Messwerten, Bauphysik 38 (2016), Heft 4, S. 183–192

[330] Ruff, A., Fischer, H.-M.: Umsetzung der europäischen Normen des baulichen Schallschutzes für das Bauen mit Gips-Wandbauplatten; Abschlussbericht zum AIF-Vorhaben 14656 N/1 der Hochschule für Technik Stuttgart, April 2009

[331] Ruff, A., Fischer, H.-M.: Direkt- und Flankendämmung von Wänden aus Gips-Wandbauplatten, Bauphysik 31 (2009), Heft 6, S. 354–365

[332] Maack, J., Schallschutz zwischen Reihenhäusern mit unvollständiger Trennung, Abschlussbericht zum Forschungsvorhaben BBR Z 6–5.4-02.19, gefördert durch Bundesamt für Bauwesen und Raumordnung, 2005

[333] Maack, J.: Schallschutz zwischen Reihenhäusern mit unvollständiger Trennung, Bauphysik 28 (2006), Heft 4, S. 244–252

[334] Schneider, M., Fischer, H.-M.: Schallschutznachweis für zweischalige Haustrennwände in Doppel- und Reihenhäusern, Abschlussbericht zum Projekt Nr. 122-012-10P-3 der Hochschule für Technik Stuttgart, gefördert vom DIBt, 2012

[335] Schneider, M., Fischer, H.-M.: Schallschutznachweis für zweischalige massive Haustrennwände, Fortschritte der Akustik – DAGA 2012 Darmstadt

[336] Kohler, K., Schneider, M., Fischer, H.-M.: Schallschutznachweis für die Trittschalldämmung auf der Basis der DIN EN 12354-2; Forschungsbericht der Hochschule für Technik Stuttgart zum gleichnamigen Forschungsvorhaben, gefördert vom DIBt, IRB-Verlag, Stuttgart, 2006

[337] Schneider, M., Kohler, K., Fischer, H.-M.: Influence of flanking transmission on impact sound insulation in solid multi-dwellings, Proceedings CFA/DAGA 2004 Strasbourg

[338] Wagner, C.: Trittschalldämmung nach EN 12354-2 – Vergleich der Rechenmodelle, Bachelorarbeit im Studiengang Bauphysik der Hochschule für Technik Stuttgart, Juli 2015

[339] Bietz, H., Scholl, W.: Zur Überarbeitung der DIN 4109 „Schallschutz im Hochbau" unter besonderer Berücksichtigung des Holz-/Leichtbaus, Bauphysik 28 (2006), Heft 6, S. 349–395

[340] Scholl, W., Bietz, H.: Integration des Holz- und Skelettbaus in die neue DIN 4109, Abschlussbericht der PTB Braunschweig, gefördert von Deutsches Institut für Bautechnik Berlin, AZ ZP 52-5-5.68-1044/03 sowie Holzabsatzfonds, Bonn, AZ 540-2003-I 15/5 über die Deutsche Gesellschaft für Holzforschung München; Braunschweig, Juli 2005

[341] Scholl, W., Bietz, H.: Überarbeitung der DIN 4109 „Schallschutz im Hochbau" mit Hinblick auf den Holz-/Leichtbau, wksb Neue Folge 54 (2005), S. 3–20

[342] Schumacher, R., Saß, B., Pütz, M.: Grundlagenuntersuchungen zum Stoßstellendämm-Maß im Holzbau, Forschungsbericht des ift Rosenheim, 2001

[343] Schumacher, R., Saß, B., Pütz, M.: Überprüfung des Einflusses von Stoßstellen bei Fassaden, Forschungsbericht des ift Rosenheim, 2000

[344] Rabold, A., Hessinger, J., Bacher, S.: Abschlussbericht zum Forschungsvorhaben „Ergänzende Deckenmessungen zur DIN 4109“, ift Rosenheim, April 2005

[345] Metzen, H. A.: Berechnungsmodelle und Berechnungsansätze für den Holzbau, Abschlussbericht zum gleichnamigen Teilprojekt im Rahmen des Vorhabens „Integration des Holz- und Skelettbaus in die neue DIN 4109“, Greifenberg, 2004

[346] Metzen, H., Schumacher, R.: Prediction of sound insulation in timber frame buildings. Proceedings, Forum Acusticum, Budapest, 2005, S. 2347–2352

[347] Froelich, H., Schumacher, R., Saß, B.: Konstruktionsmerkmale für schalldämmende Wohnungseingangstüren und Bürotüren aus Holz und Holzwerkstoffen; Forschungsbericht des ift Rosenheim zum gleichnamigen Forschungsprojekt, gefördert durch die Arbeitsgemeinschaft industrieller Forschungsvereinigungen AIF, 1996

[348] Wittstock, V.: Quantitative Kriterien für die Verwendbarkeit bauakustischer Messergebnisse und für die bauaufsichtliche Anerkennung von Prüfstellen für bauakustische Messungen nach den neuen europäischen Messnormen. Abschlussbericht der Physikalisch-Technischen Bundesanstalt Braunschweig zu den DIBt-Projekten P 32-5-5-.61-1010/02 und P 32-5-5-.61.1-1043/03, Braunschweig, Dezember 2004

[349] Wittstock, V.; Erarbeitung brauchbarer Schalldämm-Definitionen für die neue DIN 4109. Abschlussbericht der Physikalisch-Technischen Bundesanstalt Braunschweig zum gleichnamigen DIBt-Projekt, Braunschweig, Oktober 2007

[350] Wittstock, V.; Scholl, W.: Berechnung der Prognoseunsicherheit nach DIN 4109. Abschlussbericht der Physikalisch-Technischen Bundesanstalt Braunschweig zum gleichnamigen DIBt-Forschungsprojekt, Braunschweig, September 2008

[351] Wittstock, V., Scholl, W.: Berücksichtigung von Unsicherheiten beim Trittschall in der neuen DIN 4109, Bericht der Physikalisch-Technischen Bundesanstalt Braunschweig zum gleichnamigen DIBt-Forschungsprojekt, Braunschweig, März 2010

[352] Wittstock, V., Bietz, H.: Unsicherheitsbudget für Installationsgeräusche nach DIN 4109 „Schallschutz im Hochbau“, Bericht der Physikalisch-Technischen Bundesanstalt Braunschweig zum gleichnamigen DIBt-Forschungsprojekt, Braunschweig, Mai 2012

[353] Lang, J.: Ergebnisse des Vergleichs von Messwerten des Schallschutzes in Gebäuden mit Rechenwerten nach EN 12354, wksb Neue Folge 47 (2001)

[354] Berekening van luchtgeluid – en contactgeluitisolatie, TNO-Rapport TPD-HAG-RPT-91-0167, TPD/TNO-TU Delft, 1983

[355] Pedersen, D. B.: Nordic Basis of Calculation of Sound Insulation in Buildings. Report Nordtest project 1346-97, 1998

[356] Simmons, C.: Reproducibility of measurements with ISO 140 and calculation with EN 12354. NT Technical Report 603, Final report of project 04030, Nordic Innovation Centre, Oslo, 2005

[357] Simmons, C.: Uncertainty of measured and calculated sound insulation in buildings – Results of a round robin test; Proceedings Forum Acusticum, Budapest, 2005, S. 2341–2346

[358] Pedersen, D. B.: Nordic Basis of Calculation of Sound Insulation in Buildings. Report Nordtest Project 1346-97, 1998

[359] Esteban, A., Fuente, M., Arribillaga, O., Garcia-Borreguero, I.: Accuracy of prediction models applied to Spanish buildings, Proceedings Forum Acusticum, Budapest, 2005, S. 2365–2369

[360] Blessing, S., Fischer, H.-M., Schneider, M.,Späh, M., Zobec, B.: In-situ Korrektur für Bauteile im Massivbau, Fortschritte der Akustik – DAGA 2000 Oldenburg

[361] Novacek, J.: Design Benefits from the use of EN 12354-1 prediction models for residential buildings in the Czech Republic; Proceedings Forum Acusticum, Aalborg, 2011, S. 1789–1792

[362] Novacek, J.: Experience from the use of European prediction models for airborne sound insulation in new resdential buildings; Proceedings Internoise 2013, Innsbruck, 2013

[363] Wittstock, V.: On the Uncertainty of Single-Number Quantities for Rating Airborne Sound Insulation, Acta Acustica united with Acustica, Vol 93 (2007), S. 375–386

[364] Wittstock, V.: Unsicherheiten in der Bauakustik und ein Vorschlag zu ihrer Berücksichtigung in der DIN 4109, Tagungsband zum Bauphysikertreffen 2007, Hochschule für Technik Stuttgart/Studiengang Bauphysik, November 2007, S. 15–22

[365] Wittstock, V., Scholl W. Determination of the uncertainty of predicted values in building acoustics. Proceedings of NAG/DAGA 09, Rotterdam, 2009

[366] Gösele, K.: Nachweise des Schallschutzes durch Berechnung, in: Tagungsband IBK-Fachtagung 103, Auswirkungen der DIN 4109 (1989) auf die Baupraxis (26./27. September 1989)

[367] Craik, J. M., Stelle, J. A.: The Effect of Workmanship on Sound Transmission through Buildings: Part 1 – Airborne Sound, Applied Acoustics 27 (1989), S. 57–63

[368] Craik, J. M., Stelle, J. A.: The Effect of Workmanship on Sound Transmission through Buildings: Part 2 – Structure-borne Sound, Applied Acoustics 27 (1989), S. 137–145

[369] Ruff, A., R. Mayr, A., Fischer H.-M.: Prognose für die Schallübertragung von Heizungsanlagen in Gebäuden. Fortschritte der Akustik – DAGA 2010 Düsseldorf

[370] Gerretsen, E.: „Calculation of airborne and impact sound insulation between dwellings“, Applied Acoustics 19 (1986), S. 245–264

[371] Schneider, M., Fischer, H-M.: Einfluss des Verlustfaktors auf die Schalldämmung von Lochsteinmauerwerk, Bauphysik 30 (2008), Heft 6, S. 453–462

[372] Weber, L., Buchele, A.: Verbesserung der Schalldämmung durch Vorsatzschalen, Fortschritte der Akustik – DAGA 2008 Berlin

[373] Naumann, K.; Einfluss einer Innendämmung aus Multipor auf die flankierende Schallübertragung; Mauerwerk 19 (2015), Heft 3, S. 187–196

[374] Nicolai, M., Scholl, W., Fischer, H.-M.: Verbesserung der Luftschalldämmung, IBP Mitteilung 281, 22 (1995) Fraunhofer-Institut für Bauphysik, Stuttgart

[375] Gösele, K.: Verringerung der Luftschalldämmung von Wänden durch Dickenresonanzen, Bauphysik 12 (1990), Heft 6

[376] Gösele, K., Kurz, R.: Schall-Längsdämmung von leichten massiven Außenwänden bei übereinander liegenden Räumen, Bauphysik 14 (1992), Heft 2, S. 33–38

[377] Lott, G.; Lutz, P.: Einfluss der Dickenresonanzen leichter Außenwände auf die Schalllängsleitung, Bauphysikertreffen 91, Veröffentlichungen der Fachhochschule für Technik Stuttgart, Band 132 (1991)

[378] Schneider, M., Lutz, P.: Konstruktive Maßnahmen zur Verringerung der Schall-Längsleitung bei leichten Außenwänden, Veröffentlichungen der Fachhochschule für Technik Stuttgart, Band 16 (1992), S. 78–103

[379] Gösele, K.: Zur Schallängsleitung über leichte Außenwände, Bauphysik 12 (1990), Heft 5

[380] Weber, L.: Kriterien für die schalltechnisch günstige Ausführung von Wänden aus gelochten Mauersteinen, IBP-Berichte B-BA 3/2002 und B-BA 3/2003, Fraunhofer-Institut für Bauphysik, Stuttgart

[381] Einflüsse unterschiedlicher Dämm-Materialien im Fugenbereich von zweischaligen Trennwänden auf die Luftschalldämmung; Bericht T 2768 zum gleichnamigen Forschungsvorhaben im Auftrag des Bundesministeriums für Raumordnung, Bauwesen und Städtebau an der BAM Berlin, Fraunhofer IRB Verlag, Stuttgart, 1998

[382] Seidel, J.: Direktdämmung Zweischaliger Haustrennwände im Wandprüfstand, Fortschritte der Akustik – DAGA 2003 Aachen, S. 136–137,

[383] Scholl, W., Maysenhölder, W.: Wird das Trittschallverhalten von Gebäudedecken derzeit richtig und ausreichend beschrieben?, wksb Neue Folge 43 (1999)

[384] Scholl, W., Maysenhölder, W.: Impact sound insulation of timber floors: Interaction between Source, floor coverings and load bearing floor, Journal of Building Acoustics, Vol. 6 Nr. q, 1999, S. 43–61

[385] Brunskog, J., Hammer, P.: The interaction between the ISO tapping machine and lightweight floors, Acta Acustica united with Acustica Vol. 89 (2003), S. 296–308

[386] Mondot J. M, Petersson B.A.T.: Characterisation of structure-borne sound sources: the source descriptor and the coupling function. J Sound Vibrations, 114, 1987, S. 507–18

[387] Gibbs B. M., Qi N., Moorhouse A. T.: A practical characterization for vibro-acoustic sources in buildings. Acta Acustica united with Acustica 2007, **93** S. 84–93

[388] Fasold, W.: Untersuchungen über den Verlauf der Sollkurve für den Trittschallschutz im Wohnungsbau, Acustica, 15, 1965, S. 271–284

[389] Gerretsen, E.: A new system for rating impact sound insulation. Applied Acoustics, 9, 1976, S. 247–263

[390] Bodlund, K.: Rating of impact sound insulation between dwellings. J. Sound Vibrations, 102, 1985, S. 381–402

[391] Aubrée, D., Carmann, T. A. et al.: A comparison of methods for rating the insulation of floors against impact noise. CSTB/BRE Report, 1988

[392] Gösele, K.: Verfahren zur Vorausbestimmung des Trittschallschutzes von Holzbalkendecken, Holz als Roh- und Werkstoff 37 (1979), S. 213–220

[393] KS-Schallschutzrechner©: Herausgeber: Bundesverband Kalksandstein e. V.; Version 5.11

[394] Gösele, K., Gieselmann, K.: Berechnung des Trittschallschutzmaßes von Rohdecken, Fortschritte der Akustik – DAGA 1976 Heidelberg

[395] Cremer, H., Cremer, L.: Theorie der Entstehung des Klopfschalls, Frequenz Band 2, Nr. 3, 1948, S. 61 ff.

[396] Gösele, K.: Die Beurteilung des Trittschallschutzes von Rohdecken, Gesundheits-Ingenieur 85 (1964), S. 261

[397] Gösele K.: Zur Abhängigkeit der Trittschallminderung von Fußböden von der verwendeten Deckenart, Schallschutz von Bauteilen, Verlag Ernst & Sohn, Berlin, 1960, S. 11

[398] Gösele, K.: Die zahlenmäßige Kennzeichnung der Trittschalldämmung von Fußböden durch das Verbesserungsmaß. Veröffentlichungen aus dem Inst. f. Technische Physik Stuttgart 1962, Heft 47

[399] Di Bella, A., Schiavi, A., Barbaresi, L., Astolfi, A.: Proposta di definizione di una curva di riferimento per solai in laterizio e cemento. Rivista Italiana di Acustica. 2011, 35 (1) S. 47–51, ISSN 0393-1110

[400] Schnelle, F., Kurz, R.: Korrekturwerte K_T beim Nachweis des Trittschallschutzes, Fortschritte der Akustik – DAGA 2010 Berlin

[401] Rabold, A., Hessinger, J., Bacher, S.: Abschlussbericht zum Forschungsvorhaben „Ergänzende Deckenmessungen zur DIN 4109", ift Rosenheim, April 2005

[402] Morse, P. M., Ingard, K. U.: Theoretical Acoustics, Princeton University Press, 1986

[403] Ertel, H., Mechel, F. P.: Verbesserung des Trittschallschutzes von Massivtreppen durch elastische Lagerungen, Forschungsbericht BS 79/82 des Fraunhofer-Instituts für Bauphysik, Stuttgart, 1983

[404] Ertel, H.: Verbesserung des Trittschallschutzes von Treppen durch körperschallisolierte Wandverankerungen, Forschungsbericht BS 92/83 des Fraunhofer-Instituts für Bauphysik, Stuttgart, 1983

[405] Ertel, H.: Schallschutzmaßnahmen an Tragwerkstreppen in Reihen- und Doppelhäusern. Treppe + Geländer, Heft 1/1987

[406] Taskan, E., Scheck, J., Fichtel, C., Fischer, H.-M.: Ansatz für ein Rechenmodell zur Prognose der Trittschallübertragung von entkoppelten Massivtreppen, Fortschritte der Akustik – DAGA 2010 Berlin

[407] Scheck, J., Taskan, E., Fischer, H.-M., Fichtel, C.: Impact sound transmission from decoupled heavy stairs, Proceedings of Internoise Innsbruck, 2013

[408] Scheck, J., Taskan, E., Fischer, H.-M., Fichtel, C.: Schallschutz von entkoppelten Massivtreppen – Teil 1: Prüfverfahren im Labor, Bauphysik 35 (2013), Heft 5, S. 328–337

[409] Kötz: Zur Berechnung des „maßgeblichen Außenlärmpegels" nach DIN 4109 – ein klärendes Wort zum „3-dB-Zuschlag", Zeitschrift für Lärmbekämpfung ZfL 43 (1996), S. 41–44

[410] Villot, M., Guigou-Carter, C.: Airborne sound insulation; case of a small airborne sound source close to a wall, Proceedings of ICA Kyoto Japan, 2004, S. IV-3083–3084

[411] Gerretsen, E.: Prediction Modell for Sound Transmission from Machinery in Buildings: Feasible Approaches and Problems to be solved, Proceedings of Internoise 2000, Nizza

[412] A. T. Moorhouse, A. T.: On the characteristic power of structureborne sound sources. J. Sound Vibrations, 248, 2001, S. 441–459

[413] Ten Wolde, T., Gadefelt, G.R.: Development of Standard Measurement Methods for Structureborne Sound Emission, Noise Control Engineering Journal, Jan–Feb 1987, S. 5–14

[414] Späh, M., Fischer, H.-M.: Erfahrungen mit dem Empfangsplattenprüfstand zur Ermittlung der Körperschall-Leistung von Körperschallquellen in Gebäuden, Fortschritte der Akustik – DAGA 2006 Braunschweig

[415] Mayr, A., Gibbs, B., Fischer, H.-M.: Consideration of Vibration Sources in Buildings on a Power Basis, Proceedings of ICSV 13 (Thirteenth International Congress on Sound and Vibration), Wien, 2006

[416] Späh, M., Fischer, H.-M., Gibbs, B.: New Laboratory for Measurement of Structure-Borne Sound Power of Sanitary Installations, Fortschritte der Akustik – DAGA 2005 München

[417] Späh, M., Gibbs, B. M.: Reception plate method for characterisation of structure-borne sound sources in buildings: assumptions and application. Applied Acoustics (2009), S. 361–368

[418] Späh, M., Gibbs, B. M.: Reception plate method for characterisation of structure-borne sound sources in buildings: Installed power and sound pressure from laboratory data, Applied Acoustics 70 (2009), S. 1431–1439

[419] Späh, M.: Characterisation of structure-borne sound sources in buildings, Ph.D. Thesis, University of Liverpool; 2006

[420] Ginters, K.-H., Heckl, M., Möser, M.: Theoretische und experimentelle Untersuchungen zur Schallausbreitung in flüssigkeitsgefüllten Räumen und die Auswirkungen auf die Schallabstrahlung – Große Rohre; Forschungshefte Forschungskuratorium Maschinenbau Band 112-2, Verlag FKM, Frankfurt/M, 1984

[421] Heckl, Westphal, Kristen, Müller Rupprecht, Gösele: Körperschall in Gebäuden, Schriftenreihe „Forschungen und Fortschritte im Bauwesen", Wilhelm Ernst & Sohn, Berlin, 1960

[422] Gösele, K., Voigtsberger, C. A.: Der Einfluss der Bauart und der Grundrißgestaltung auf das entstehende Installationsgeräusch in Bauten, Gesundheits-Ingenieur, 101. Jahrgang (1980), Heft 4, S. 79–87

[423] Buhlert, K.-J., Feldmann, J.: Ein Meßverfahren zur Bestimmung von Körperschallanregung und -Übertragung; Acustica Vol. 42 (1979), S. 108–113

[424] Sonntag, E., Klein, B.: Bericht über Ausarbeitung und messtechnische Überprüfung eines Berechnungsverfahrens für die Luftschallabstrahlung bei Körperschallanregung durch Maschinen in angrenzenden Räumen, Bauakademie der DDR, ZESB TK Schallschutz, 1973

[425] Villot, M.: Predicting in situ sound levels generated by structure-borne sound sources in buildings. Short Communication – Acta Acustica united with Acustica 103 (2017), S. 885–886

[426] Gerretsen, E.: Estimation of Air-Borne and structure-Borne Sound Transmission from Machinery in Buildings, Applied Acoustics 40 (1993), S. 255–265

[427] Sonntag, E.: Körperschallanregung von Gebäuden durch Maschinen, in: Taschenbuch Akustik Teil 2, Hrsg. W. Fasold et al., VEB Verlag Technik, Berlin, 1984

[428] Fischer, H.-M.: Determination and use of transfer functions to describe structure-borne sound transmission caused by equipment and installations, Proceedings of International Congress on Acoustics ICA, Rom 2001

[429] Schöpfer, F., Hopkins, C., Mayr, A., Schanda, U.: Measurement of transmission functions in lightweight buildings for the prediction of structure-borne sound transmission from machinery. Acta Acustica United with Acustica 103 (2017), S. 451–464

[430] Arnold, J., Kornadt, O.: Beschreibung körperschallinduzierter Schalldruckpegel mit Hilfe von Übertragungsfunktionen; in: Bauphysikkalender 2014 (Raumakustik und Schallschutz), S. 641–663, Hrsg. N. A. Fouad, Wilhelm Ernst & Sohn, Berlin, 2014

[431] Fischer, H.-M.: Anwendung der Reziprozität zur Kalibrierung von Messwänden, Fortschritte der Akustik – DAGA 2000 Oldenburg

[432] Focke, K., Fischer, H.-M.: Erprobung eines Messverfahrens zur Kennzeichnung von Körperschallquellen unter Anwendung der Reziprozität, Fortschritte der Akustik – DAGA 2000 Oldenburg

[433] Gösele, K., Voigtsberger, C. A.: Der Einfluß der Installationswand auf die Abstrahlung von Wasserleitungsgeräuschen, Acustica Vol. 35 (1976), S. 300–315

[434] Weber, L., Öhler, S.: Schallschutznachweis bei Sanitärinstallationen, Der Bausachverständige 6 (2010), S. 26–30

[435] Villot, M.: Structure borne sound from waste water installations in buildings; Proceedings of 10. International Congress on Sound and Vibration (ICSV) 2003, Stockholm, S. 1865–1868

[436] Messtechnische Untersuchungen zur Schall-Längsübertragung zwischen Räumen durch RL T-Anlagen, Abschlussbericht zum Vorhaben Nr. L 207, Fraunhofer-Institut für Bauphysik, Stuttgart, 2005

[437] Herget, W., Bay, K., Brandstätt, P.: Messtechnische Untersuchungen zur Durchgangsdämpfung von Luftauslässen, Fortschritte der Akustik – DAGA 2011 Düsseldorf, S. 75–76

[438] Bay, K., Leistner, P., Brandstätt, P.: Sound Transmission between Rooms – Effect of Air inlets and Outlets, Proceedings of AIA-DAGA 2013 Meran, S. 1969–1972

[439] Schwinn, O.: Vergleichende Untersuchungen von Rechenprogrammen zur Berechnung der Luftschalldämmung zwischen Räumen, Diplomarbeit im Studienfach Bauphysik im SS 97 an der Hochschule für Technik Stuttgart

[440] Reinhold, U.: Untersuchungen zur Berechnung der Trittschalldämmung zwischen Räumen in Massivbauten nach DIN EN 12354-2 Bachelorarbeit im Studienfach Bauphysik im WS 01/02 an der Hochschule für Technik Stuttgart

[441] Voit, C.: Vergleich von Softwarelösungen zur Berechnung der Schallübertragung nach DIN 4109:2016-07, Bachelorarbeit im Studienfach Bauphysik an der Hochschule für Technik Stuttgart, 2018

[442] Saß, B., Mörchen, H., Sack, N.: Erarbeitung eines Bauteilkataloges zur Ermittlung der Luftschalldämmung sowie Längsschalldämmung von Vorhangfassaden, Abschlussbericht des ift Rosenheim, 2017

[443] Sälzer, E.: Sanierung des Schallschutzes historischer Wände in Wohngebäuden – Sanierung alter Wohngebäude, Industriegebäude, Kasernen; Bauphysik 37 (2015), Heft 4, S. 237 ff.

[444] Gösele, K.: Verbesserung der Schalldämmung von Haustrennwänden, Fortschritt der Akustik – DAGA Stuttgart 1985, S. 325–326

[445] Seidel, J.: Einfluss der Symmetrie auf die Schalldämmung zweischaliger Haustrennwände, Tagungsband zum Bauphysikertreffen 2003, Hochschule für Technik Stuttgart

[446] Fichtel, C., Scheck, J., Fischer, H.-M.: Untersuchungen zur Schallübertragung von Massivtreppen, Fortschritt der Akustik – DAGA 2008, Dresden

[447] Kalksandstein Planungshandbuch: Planung, Konstruktion Ausführung, Kapitel Schallschutz, 7. Auflage, Bundesverband Kalksandsteinindustrie

[448] Kurz, R., Schneider, M.: Einfluß von flexiblen Zwischenschichten auf die Schall-Längsdämmung leichter einschaliger Wände im Massivbau, Fortschritte der Akustik – DAGA 1998 Zürich

[449] Gierga, M., Schneider, M., Fischer, H.-M.: Luftschalldämmung im mehrgeschossigen Wohnungsbau mit Hochlochziegelmauerwerk – Prognosen nach DIN 4109:2016 und Vergleich mit Messwerten, Bauphysik 38 (2016), Heft 4, S. 183–192

[450] Schneider, M., Schatz, R., Fischer, H.-M.: Berechnung des Stoßstellendämm-Maßes an Mauerwerkswänden mittels FEM, Fortschritte der Akustik – DAGA 2006 Braunschweig

[451] Schatz, R.: Berechnung der Körperschallübertragung in Gebäudestrukturen mit der FEM, Diplomarbeit im Studiengang Bauphysik der Hochschule für Technik Stuttgart, 2006

[452] Schneider, M.; Fischer, H.-M.: Verbesserung der Stoßstellendämmung von Porenbetonwänden durch elastische Zwischenschichten; Abschlussbericht Nr. 132 009 03P – 10 zum gleichnamigen Forschungsvorhaben an der Hochschule für Technik Stuttgart 2007

[453] Gierga M., Schneider, M.: Einfluss leichter massiver Trennwände auf den Schallschutz trennender Bauteile, Bauphysik 26 (2004), Heft 1, S. 36–42

[454] Scholl, W.; Brandstetter, D.: Neue Schalldämmwerte bei Gipskartonbauplatten-Metallständerwänden, Bauphysik 22 (2000), Heft 2, S. 101–107

[455] Weber, L., Buchele, A.: Akustische Sanierung von Wohngebäuden mit Vorsatzschalen und Vorsatzkonstruktionen; Berechnung, Planung, Optimierung Bau- und Wohnforschung, Band F 2550, Fraunhofer-Institut für Bauphysik -IBP-, Fraunhofer IRB Verlag, Stuttgart, 2010

[456] Weber, L.: Technische Systeminfo 7 WDV-Systeme zum Thema Schallschutz; Herausgeber: WDVSystem Fachverband Wärmedämmverbundsysteme e.V. Baden-Baden; https://www.wdv-systeme.de/service/infodownload

[457] Möser, M.: Technische Akustik, Springer-Verlag, Berlin Heidelberg New York, 2015

[458] Müller, G., Möser, M. (Hrsg.): Taschenbuch der Technischen Akustik, Springer-Verlag, Berlin Heidelberg New York, 2004

[459] Schirmer, W. (Hrsg.): Technischer Lärmschutz, Springer-Verlag, Berlin Heidelberg New York, 2006

[460] Henn, H., Sinambari, G. R., Fallen, M.: Ingenieurakustik, Vieweg + Teubner Verlag, Wiesbaden, 2008

[461] Bies, D. A., Hansen, C. H., Howard, C. Q.: Engineering Noise Control, Theory and Practice, CRC Press/Taylor & Francis, 2017

[462] Lips, W.: Strömungsakustik in Theorie und Praxis, expert verlag, Renningen, 2008

[463] Fischer, H.-M., Sohn, M.: Musterinstallationen im Installationsprüfstand – praxisgerechte Analyse des Geräuschverhaltens, IBP-Mitteilung 214 (1991), Fraunhofer-Institut für Bauphysik, Stuttgart

[464] Hinweise zur Prüfung des Geräuschverhaltens von Abwassersystemen im Prüfstand nach DIN EN 14366, Mitteilung des Fraunhofer-Instituts für Bauphysik Stuttgart, Juni 2016

[465] Berg, G., Ostkamp, G.: Körperschallübertragung von leichten und mittelschweren Flanken auf eine Wohnungstrennwand, Bauphysik 22 (2000), Heft 2, S. 108–113

[466] Ruff, A., Fischer, H.-M.: Leicht und leistungsstark Installationswände, TrockenBau Akustik, 4.2014, S. 54–58

[467] Statistik – Installationsgeräusche bei Trockenbau-Installationswänden, Bericht des Fraunhofer-Instituts für Bauphysik, März 2015 (im Auftrag des Bundesverbandes der Gips-Industrie e.V.)

[468] Scholl, W.: Einfluss der Massivdecke auf das Installationsgeräusch einer Leichtbauwand, Stellungnahme für den Normenausschuss NA 005-55-75 AA „Nachweisverfahren, Bauteilkatalog, Sicherheitskonzept" vom 21.07.2009

[469] Kötz, W. D.: Schalltechnische Optimierung von Wohnungsgrundrissen, VDI-Berichte 784, VDI-Verlag, Düsseldorf, 1989, S. 147–165

[470] Hopkins, C.: Sound Insulation, Elsevier, 2007

[471] Fischer, H.-M.: Bauakustische Messungen, in: M. Möser (Hrsg.): Messtechnik der Akustik, S. 185–333, Springer-Verlag Heidelberg Dordrecht London New York

[472] Schmitz, A.: Schallmessungen am Bau; in: Bauphysikkalender 2014 (Raumakustik und Schallschutz), S. 497–539, Hrsg. N. A. Fouad, Wilhelm Ernst & Sohn, Berlin, 2014

[473] Bekanntmachung des Innenministeriums des Landes Baden-Württemberg über die Einführung technischer Baubestimmungen; DIN 4109 Ausgabe November 1989, Gemeinsames Amtsblatt des Landes Baden-Württemberg vom 6.11.1990, Az: 5-7115/342

[474] Wittstock, V., Scholl, W.: Unsicherheiten beim Trittschall, Fortschritte der Akustik – DAGA 2010 Berlin, S. 377–388

[475] Scheck, J., Chamaoun, M., Fischer, H.-M., Gibbs, B.: Preparation of a Round Robin on the Reception Plate Method to Characterise Structure-Borne Sound Sources in Buildings, Proceedings of InterNoise 2010, Lisbon

[476] Wittstock, V.; Villot, M., Scheck, J.: Results of a round robin on structure-borne sound power. Proceedings of Forum Acusticum, Aalborg, Denmark, Juni 2011

[477] Schneider, M.; Fischer, H.-M.: Korrektur des Verlustfaktors bei der Schalldämmung von Ziegelwänden; Bericht Nr. HFT 122 004 05P im Auftrag der Arbeitsgemeinschaft Mauerziegel e.V., Hochschule für Technik, Stuttgart, Juni 2007

[478] Schneider, M.; Weber, L.; Fischer, H.-M.; Müller, S.; Gierga, M.: Verlustfaktor-Korrektur der Schalldämmung bei gefülltem Ziegelmauerwerk. Bauphysik 32 (2010), Heft 1, S. 17–26

[479] Allgemeine bauaufsichtliche Zulassungen Z-23.22-2074 und Z-23.22-2075 „Mauerwerk aus Leichtbeton- oder Beton-Lochsteinen nach DIN EN 771-3 in Verbindung mit DIN V 20000-403 sowie DIN V 18151-100, DIN V 18152-100 und DIN V 18153-100 oder nach allgemeiner bauaufsichtlicher Zulassung" – Deutsches Institut für Bautechnik, Januar 2017

[480] Baumgartner, H., Kurz, R.: Mangelhafter Schallschutz von Gebäuden, Band 27 der Reihe Schadenfreies Bauen, Fraunhofer IRB Verlag, Stuttgart, 2003

[481] Lippe, M., Mertin, B.: Planung, Ausführung und Abnahme von Bodenabläufen und barrierefreien Duschanlagen, Teil 2; Werkstatt + Montagepraxis, März 2003, S. 42–46

[482] Simmons, C.: Measurements of Sound Pressure Levels at Low Frequencies in Rooms – SP Report 1997:27 zum Nordtest Project No. 1347-97, SP Swedish National Testing and Research Institute, Borås, 1997

[483] Bietz, Wittstock, V.: Installationsgeräuschmessungen nach alter und neuer Norm im Vergleich, Fortschritte der Akustik – DAGA 2012 Darmstadt

[484] Fischer, H.-M., Stromski, K.: Körperschall von Sanitärobjekten, Bericht BS 183/88 des Fraunhofer-Instituts für Bauphysik, Stuttgart, März 1988

[485] Fischer, H.-M., Sohn, M.: Das KGN – Eine Vergleichsschallquelle für Körperschall und Installationsgeräusche, IBP-Mitteilung 220, (1992), Fraunhofer-Institut für Bauphysik, Stuttgart

[486] Sohn, M., Fischer, H.-M.: Anwendungsmöglichkeiten des Körperschall-Geräuschnormals (KGN) in Gebäuden, IBP-Mitteilung 238 (1993), Fraunhofer-Institut für Bauphysik, Stuttgart

[487] Armbruster, R.: Nutzergeräusche – Erhebung der Nutzergeräusche anhand einer Umfrage und die Charakterisierung der wichtigsten Geräuschquellen, Diplomarbeit im Studiengang Bauphysik der Hochschule für Technik Stuttgart, 2008

Stichwortverzeichnis

B

F

H

L

M

T

U

Z

Inserentenverzeichnis

Die inserierenden Firmen und die Aussagen in Inseraten stehen nicht notwendigerweise in einem Zusammenhang mit den in diesem Buch abgedruckten Normen. Aus dem Nebeneinander von Inseraten und redaktionellem Teil kann weder auf die Normgerechtheit der beworbenen Produkte oder Verfahren geschlossen werden, noch stehen die Inserenten notwendigerweise in einem besonderen Zusammenhang mit den wiedergegebenen Normen. Die Inserenten dieses Buches müssen auch nicht Mitarbeiter eines Normenausschusses oder Mitglied von DIN sein. Inhalt und Gestaltung der Inserate liegen außerhalb der Verantwortung von DIN.

Zuschriften bezüglich des Anzeigenteils werden erbeten an:

Beuth Verlag GmbH
Anzeigenverwaltung
Saatwinkler Damm 42/43
13627 Berlin